AF525608

Beyer/Kirchner-Khairy

Wert- und risikoorientiertes Controlling

Wert- und risikoorientiertes Controlling

Der Unternehmenswert als Handlungsmaxime im Controlling

von

Prof. Dr. Dirk Beyer

und

Prof. Dr. Sandra Kirchner-Khairy

Verlag Franz Vahlen München

Prof. Dr. Dirk Beyer lehrt Betriebliches Rechnungswesen und Controlling an der Hochschule Harz. **Prof. Dr. Sandra Kirchner-Khairy** lehrt Financial und Management Accounting sowie Risikocontrolling an der Hochschule Ludwigshafen.

vahlen.de

ISBN Print 978 3 8006 5934 0
ISBN E-Book (ePDF) 978 3 8006 5935 7

Wilhelmstr. 9, 80801 München
Druck und Bindung: Beltz Grafische Betriebe GmbH
Am Fliegerhorst 8, 99947 Bad Langensalza

Satz: Fotosatz Buck
Zweikirchener Str. 7, 84036 Kumhausen
Umschlag: Ralph Zimmermann – Bureau Parapluie
Bildnachweis: © begemot_30, © MilosBekic
(beide depositphotos.com)

vahlen.de/nachhaltig

Gedruckt auf säurefreiem, alterungsbeständigem Papier
(hergestellt aus chlorfrei gebleichtem Zellstoff)

Vorwort

Unternehmenswerte stehen im Zentrum vielfältigster ökonomischer Entscheidungen und Transaktionen. Ihre Höhe wird dabei vor allem durch die zukünftig erwarteten Erfolge und die damit verbundenen Risiken bestimmt, denen wiederum vielfältige Einflussgrößen und Werttreiber zugrunde liegen. Insofern bilden quantifizierte Unternehmenswerte als unternehmerische Zielgrößen und ein hierauf ausgerichtetes wert- und risikoorientiertes Controlling einen untrennbaren Dreiklang. Das Verständnis der bestehenden Zusammenhänge und die Fähigkeit eines zielgerichteten Einsatzes entsprechender Steuerungs-Tools sind ein wesentlicher Grundstock für ein langfristig erfolgreiches Management. Dies zu fördern, ist das zentrale Anliegen dieses Buchs.

Besonderheiten dieses Lehrbuches

Das Lehrbuch hebt sich in verschiedener Hinsicht von anderen Lehrbüchern ab, da es Themenfelder miteinander verzahnt, die sonst oftmals nicht oder nur in deutlich geringerem Umfang gemeinsam dargestellt werden. Neben der eigentlichen Unternehmensbewertung betrifft dies Aspekte des wertorientierten Controllings sowie die Bewertung und Analyse der damit verbundenen Risiken. Zu allen drei genannten Bereichen werden sowohl die relevanten theoretischen Grundlagen vermittelt als auch der praxisorientierte Einsatz zeitgemäßer Verfahren und Tools dargestellt. Dabei liegt durchgängig ein einheitliches, in sich geschlossenes Fallbeispiel eines fiktiven Unternehmens zugrunde, sodass bestehende Zusammenhänge auch anhand der illustrierenden Zahlenbeispiele leicht nachvollzogen werden können. Im Einzelnen zeigen sich die folgenden Besonderheiten in den drei genannten Themenfeldern:

- Fokus auf Unternehmensbewertung

  Die bereits bestehende Literatur zu Fragen der Unternehmensbewertung ist sehr umfangreich. Indem jedoch der Unternehmenswert die zentrale Zielgröße der wert- und risikoorientierten Unternehmenssteuerung bildet, ist eine umfassende und verständliche Darstellung der relevanten Bewertungsverfahren auch hier unerlässlich. Entsprechend der grundlegenden Ausrichtung auf Controlling-Aspekte wurde dabei besonderer Wert auf eine detaillierte Analyse der zugrunde liegenden Planungsparameter gelegt. Zudem wurden die sonst oftmals landesspezifisch dargestellten Aspekte der Besteuerung hier in eine allgemeine Form gebracht, was sowohl die flexible Anpassbarkeit an andere nationale oder auch sich im Zeitverlauf verändernde Steuersysteme erhöht als auch das Verständnis grundlegender Zusammenhänge erleichtert.

- Fokus auf wertorientiertes Controlling

  Eine Ergänzung der Bewertungsverfahren um ausgewählte wertorientierte Performance-Maße und Steuerungsgrößen ist regelmäßiger Bestandteil verschiedener Lehrbücher zur Unternehmensbewertung und bildet dementsprechend auch ein wichtiges Element des vorliegenden Buches. Allerdings werden die grundlegenden Inhalte hier um vielfältige weiterführende Controlling-relevante Themenfelder ergänzt und in eine umfassende wertorientierte Controlling-Konzeption eingebettet. Dies beinhaltet insbesondere Aspekte wie wertorientierte Kennzahlensysteme, Break-even- oder Abweichungsanalysen, Portfolio-Ansätze, die Ausgestaltung von Anreizsystemen oder Fragen einer zeitgemäßen wertorientierten Berichterstattung.

- Fokus auf Risikoanalyse und -bewertung

  Unternehmenswerte wie auch die für deren Ermittlung benötigten Eingangsparameter sind regelmäßig in hohem Maße unsicherheitsbehaftet. Für die Beschreibung und Analyse der Mehrwertigkeit dieser Größen stehen aus den Bereichen Statistik und Risiko-Controlling verschiedene Verfahren und Kenngrößen zur Verfügung. Im vorliegenden Buch werden diese unter Einbezug der statistischen Grundlagen detailliert dargestellt und mit den Themenfeldern der Unternehmensbewertung und des wertorientierten Controllings verzahnt. Besondere Bedeutung hat dabei vor allem die Monte-Carlo-Simulation, welche in ihrer Anwendung mithilfe zeitgemäßer Software-Tools veranschaulicht wird.

Um die Nutzung des Buches zu erleichtern, wurden eine ansprechende farbliche Gestaltung und gute Lesbarkeit angestrebt. Zudem werden die Abbildungen und Tabellen als Online-Ressourcen bereitgestellt, die unter www.vahlen.de abrufbar sind.

Zielgruppe des Buches

Das vorliegende Lehrbuch ist primär für den Einsatz an Hochschulen gedacht. Zielgruppe sind hierbei die Lehrenden und Studierenden in entsprechenden Vertiefungsveranstaltungen des Bachelorstudiums sowie insbesondere des Masterstudiums. Gleichermaßen richtet sich das Buch aber auch an interessierte Praktiker, die eine zielgerichtete Auffrischung oder Weiterbildung in den dargestellten Themenfeldern anstreben.

Dabei ist eine Nutzung im gesamten deutschsprachigen Raum möglich. Wenngleich der Schwerpunkt der Beispiele und Darstellungen auf Deutschland liegt, werden auch entsprechende Bezüge zu Österreich und der Schweiz hergestellt. In den formalen Darstellungen, insbesondere mit Blick auf Steuern, wird daher eine neutrale Notation verwendet, die leicht auf die Spezifika des jeweiligen nationalen Steuersystems adaptierbar ist.

Einsatz in der Lehre

Das Lehrbuch soll eine möglichst breite wie auch flexible Abdeckung von Lehrveranstaltungen mit Bezug zur Unternehmensbewertung und der wert- und risikoorientierten Steuerung ermöglichen. Hierbei sind vielseitige inhaltliche Profile realisierbar, die sowohl eine klare Schwerpunktsetzung als auch eine flexible Kombination der genannten Themenfelder zulassen. Beispielsweise wären folgende inhaltliche Profile einer Lehrveranstaltung möglich:

(A) Unternehmensbewertung: Inhaltlicher Schwerpunkt dieses Profils ist die umfassende und detaillierte Behandlung der gängigen Unternehmensbewertungsverfahren. Dies schließt eine intensive Auseinandersetzung mit theoretischen Grundlagen und der Gewinnung der benötigten Eingangsparameter ein.

(B) Wertorientiertes Controlling: Dieses inhaltliche Veranstaltungsprofil rückt eine auf die Zielgröße Unternehmenswert ausgerichtet Steuerung ins Zentrum. Aufbauend auf den Grundlagen der DCF-Bewertung werden vielfältige Controlling-Tools vorgestellt und bezüglich ihrer Eignung diskutiert.

(C) Risikoorientiertes Controlling: Im Vordergrund steht hier primär der Umgang mit Unsicherheit im Kontext der Unternehmensbewertung. Anknüpfend an DCF-basierten Unternehmenswerten werden unterschiedliche Aspekte der Risikoanalyse und -bewertung erörtert und entsprechende Verfahren vorgestellt. Grundlage hierfür ist eine intensive Auseinandersetzung mit relevanten statistischen Grundlagen.

(A + B) Unternehmensbewertung und wertorientiertes Controlling: Dieses Profil verbindet die grundlegende Ermittlung von DCF-basierten Unternehmenswerten als zentrale Zielgröße der Unternehmensführung mit Ansätzen zu deren zielgerichteter Steuerung. Entsprechend werden vielfältige, auf die Steigerung des Unternehmenswertes gerichtete Kennzahlen und Tools vorgestellt und hinsichtlich ihrer Eignung diskutiert.

(B + C) Wert- und risikoorientiertes Controlling: In dieser Kombination treten Fragen der Unternehmenssteuerung im Vordergrund, was wert- und risikoorientierte Aspekte gleichermaßen einschließt. Hierzu werden diverse Steuerungsgrößen und Analysemethoden vorgestellt. Zentrale Zielgröße der Unternehmenssteuerung ist dabei der Unternehmenswert, dessen DCF-basierte Ermittlung in grundlegender Weise vorangestellt wird.

(A + C) Unternehmensbewertung und Risikoanalyse: Im Fokus steht zunächst die DCF-basierte Ermittlung von Unternehmenswerten und der hierfür benötigten Eingangsparameter. Darauf aufbauend folgt eine intensive Auseinandersetzung mit deren Unsicherheit bzw. Mehrwertigkeit.

Mit Blick auf einen typischen Semesterzyklus mit 14 Veranstaltungswochen wird nachfolgender Vorschlag zur Verteilung der einzelnen Themenfelder über die einzelnen Semesterwochen (SW) innerhalb der genannten Profile unterbreitet. Je nach Umfang der dabei wöchentlich verfügbaren Stundenzahl kann in den jeweiligen Themenfeldern leicht eine Anpassung von Umfang und Tiefe vorgenommen werden, indem bestimmte Aspekte priorisiert werden oder eine selektive Auswahl von Verfahren und Kenngrößen erfolgt. Folgende Ausgestaltungen der oben beschriebenen inhaltlichen Veranstaltungsprofile wären daher denkbar:

Themenfelder	Kapitel im Buch	Schwerpunktprofile			Kombinationsprofile		
		(A)	(B)	(C)	(A+B)	(B+C)	(A+C)
Allg. Anknüpfungspunkte zur Bestimmung des Unternehmenswerts	1.1	SW 1	SW 1		SW 1		SW 1
Grundlegende Aspekte der Zukunftserfolgswertermittlung	1.2.1	SW 1–3			SW 1–2		SW 1–2
Bestimmung der Kapitalkosten	1.2.2	SW 4–5	SW 1–2	SW 6	SW 3		SW 3
Ermittlung der bewertungsrelevanten Überschüsse	1.2.3	SW 6–7	SW 1–2	SW 7	SW 4		SW 4
Grundformen der DCF-Verfahren	1.2.4	SW 8–10	SW 3–4	SW 8–9	SW 5–6	SW 3	SW 5–6
DCF-Verfahren unter Einbezug persönlicher Steuern	1.2.5	SW 11–12					
Weitere Unternehmensbewertungsverfahren	1.2.6–1.4	SW 13–14					
Wertorientierte Controlling-Konzeption	2.1		SW 1		SW 7	SW 1–2	
Wertorientierte Performance-Maße	2.2		SW 5–6		SW 7–8	SW 8	
Wertorientierte Kennzahlensysteme	2.3		SW 7		SW 9	SW 9	
Wertorientierte Break-even-Analyse	2.4		SW 8–9		SW 10	SW 10	
Wertorientierte Abweichungs-analysen	2.5		SW 10		SW 11	SW 11	
Wertorientiertes Portfolio-Management	2.6		SW 11–12		SW12	SW12	
Wertsteigerungspotenziale von Wettbewerbsstrategien	2.7		SW 12		SW 12	SW 12	

Themenfelder	Kapitel im Buch	Schwerpunktprofile			Kombinationsprofile		
		(A)	(B)	(C)	(A+B)	(B+C)	(A+C)
Wertorientierte Anreizsysteme	2.8		SW 13		SW 13	SW 13	
Wertorientierte Berichterstattung	2.9		SW 14		SW 14	SW 14	
Grundlagen des Risiko-Controllings	3.1 – 3.4			SW 1–2		SW 1–2	SW 7
Wahrscheinlichkeit	3.5			SW 3			SW 8
Statistische Parameter	3.6			SW 3			SW 8
Verteilungen	3.7			SW 4–5			SW 9–10
Stochastische Abhängigkeiten	3.8			SW 5		SW 6–7	SW 10
Grundlegende Aspekte der Risikobewertung	4.1			SW 10		SW 6–7	SW 11
Bandbreitenanalyse	4.2			SW 10		SW 4	SW 11
Sensitivitätsanalyse	4.3			SW 11		SW 5	SW 12
Monte-Carlo-Simulation	4.4			SW 12–14		SW 6–7	SW 13–14

(SW = Semesterwoche)

Dabei ist zu betonen, dass es sich hierbei lediglich um Vorschläge handelt, welche die Breite der didaktischen Einsatzmöglichkeiten illustrieren sollen. Einzelne Themen können dabei ohne Weiteres intensiviert und andere im Gegenzug reduziert oder gar ausgeblendet werden. Die Verwendung eines durchgängig einheitlichen Beispiels unterstützt hierbei eine relativ freie Kombinationsmöglichkeit ausgewählter Themengebiete durch die Lehrenden.

Danksagung

Die Erstellung eines Lehrbuches ist ein langwieriger und aufwendiger Prozess, der ohne Unterstützung nicht denkbar ist. Unser Dank gilt dabei zunächst unseren Kollegen, Praktikern und natürlich auch akademischen Lehrern, die uns in vielfältiger Weise geholfen haben, unser Wissen und Verständnis in den relevanten Themenfeldern zu erweitern und zu vertiefen. Stellvertretend und an allererster Stelle sei hierbei Prof. Dr. Thomas Günther genannt, der unseren Werdegang wie auch unser Verständnis eines wert- und risikoorientierten Controllings nachhaltig prägte und uns mit seinem Wissen sowie seiner Erfahrung insbesondere in der Anfangsphase dieses Buchprojektes unterstützt hat. Ihm widmen wir dieses Buch.

Besonderer Dank gilt auch dem Verlag Vahlen und insbesondere dem Lektorat von Dennis Brunotte, der uns während des gesamten Erstellungsprozesses durch vielfältige Ratschläge und wertvolle Anregungen unterstütze und nie das Vertrauen in den erfolgreichen Abschluss dieses Projektes verlor.

Inhaltsübersicht

Kapitel 1 Unternehmensbewertung

1.1 Anknüpfungspunkte zur Bestimmung des Unternehmenswerts

Monetär quantifizierte Unternehmenswerte werden im Kontext von unterschiedlichsten Bewertungsanlässen mit verschiedenen Zielsetzungen benötigt (z. B. Ballwieser/Hachmeister, 2021, S. 1 ff.; Drukarczyk/Schüler, 2021, S. 3 ff.; Mandl/Rabel, 2019, S. 55 ff.; Moxter, 1983, S. 5 ff.). Der Bewertungsanlass kann dabei mit einer Neuordnung der Eigentumsverhältnisse des betrachteten Unternehmens verbunden sein, wie dies z. B. bei Unternehmenskäufen, Börsengängen, Fusionen oder Gesellschafterwechseln der Fall ist. Daneben existieren jedoch auch vielfältige Bewertungsanlässe, die nicht mit Veränderungen der Eigentumsrechte einhergehen. Stellvertretend seien hierfür z. B. Kreditwürdigkeitsprüfungen, Impairment Tests sowie insbesondere der Einsatz einer wertorientierten Unternehmenssteuerung genannt. Der bei derartigen Anlässen verfolgte Bewertungszweck kann zum einen in der Ermittlung eines Grenzpreises liegen, oberhalb dessen ein Erwerb bzw. unterhalb dessen eine Veräußerung für den Betreffenden wirtschaftlich nachteilig wird. Andere unternehmenswertbezogene Entscheidungswerte unterstützen das Management im Rahmen einer wertorientierten Steuerung bei der Auswahl geeigneter Handlungsalternativen. Daneben können Unternehmenswerte auch die Argumentation einzelner Parteien im Kontext von Verhandlungen unterstützen oder hierbei als Schiedswerte dem Ausgleich divergierender Interessen dienen. Dementsprechend werden in der Beratungs-, der Argumentations- und der Vermittlungsfunktion auch die Hauptfunktionen der Unternehmensbewertung gesehen (IDW, 2014, S. Tz. A 14). Darüber hinaus werden Unternehmenswerte zu vielfältigen weiteren Zwecken benötigt, wie z. B. zur Ermittlung von Besteuerungsgrundlagen oder Bilanzwerten sowie bei Erbauseinandersetzungen oder familienrechtlichen Abfindungen. In den genannten Bewertungssituationen können sowohl subjektive Unternehmenswerte unter Berücksichtigung individueller Rahmenbedingungen und Ziele angestrebt sein als auch solche, die ein möglichst hohes Maß an Unabhängigkeit von individuellen Wertvorstellungen aufweisen. In dieser Weise objektivierte Unternehmenswerte erfordern eine nachvollziehbare Methodik sowie transparente Annahmen, um eine intersubjektive Nachprüfbarkeit der Ergebnisse zu ermöglichen.

Bedingt durch die dargestellte Vielfalt an unterschiedlichen anlass- und zweckabhängigen Bewertungssituationen hat sich eine große Bandbreite an möglichen Bewertungsverfahren entwickelt, die in Wissenschaft und Praxis nach wie vor einer intensiven Diskussion sowie einer beständigen Weiterentwicklung unterliegen. Abb. 1-1 bietet hierzu einen Überblick über die wichtigsten Verfahrensgruppen, welche nachfolgend detaillierter dargestellt werden (Ballwieser/Hachmeister, 2021, S. 9 ff.; Mandl/Rabel, 2019, S. 56 ff.).

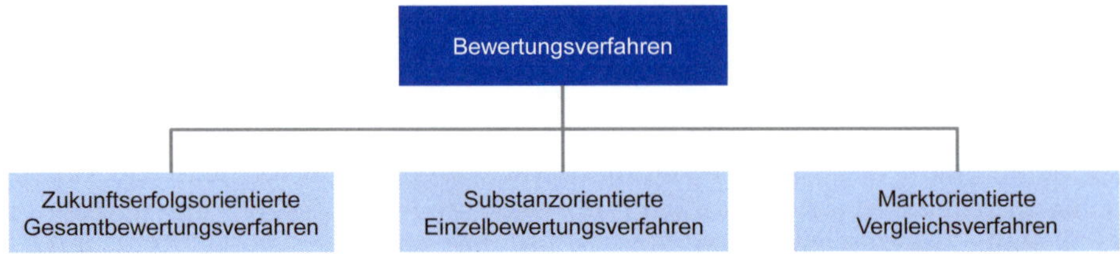

Abb. 1-1: Verfahrensgruppen der Unternehmensbewertung im Überblick

An erster Stelle stehen hierbei Gesamtbewertungsverfahren, die das Unternehmen im Ganzen als Bewertungseinheit betrachten und der Bewertung den zukünftig erwarteten Erfolg zugrunde legen (Mandl/Rabel, 2019, S. 57 ff.). Zur Ermittlung solcher Zukunftserfolgswerte werden die zukünftig erwarteten Überschüsse des Unternehmens mit geeigneten Diskontierungssätzen abgezinst. Diesen Aspekten widmet sich Kapitel 1.2 in detaillierter Weise, indem nach einigen grundlegenden Aspekten die Ermittlung der Überschüsse und der hierzu passenden Kapitalkostensätze beleuchtet wird. Hierauf aufbauend werden dann verschiedene Ausgestaltungsvarianten der international weit verbreiteten Discounted-Cashflow-Verfahren (DCF) vorgestellt, die eng mit dem betriebswirtschaftlichen Shareholder-Value-Ansatz verknüpft sind und seit Längerem z. B. auch Eingang in die Bewertungsstandards deutscher und österreichischer Wirtschaftsprüfer bzw. -treuhänder gefunden haben (IDW, 2008, Tz. 124 ff.; KSW, 2014, Tz. 34 ff.). Gründe für diese Entwicklung liegen nicht zuletzt in einer fortschreitenden Globalisierung, sodass international übliche Herangehensweisen neben traditionelle, national geprägte Verfahren treten. Dabei haben die angesprochenen DCF-Verfahren sowohl Anpassungen an nationale Erfordernisse, wie z. B. steuerrechtliche Spezifika, erfahren als auch die Anwendung und Weiterentwicklung des im deutschsprachigen Raum traditionell verbreiteten Ertragswertverfahrens geprägt, welches in Abschnitt 1.2.6 vorgestellt wird. Insofern sind neben der bestehenden Methodenvielfalt auch konvergierende Entwicklungen beobachtbar.

Eine weitere Verfahrensgruppe bilden die sogenannten Substanzwertverfahren, die anders als die Gesamtbewertungsverfahren auf einzelne Vermögensgegenstände und Schulden abstellen (Mandl/Rabel, 2019, S. 86 ff.). Diese werden jeweils separat bewertet und der Unternehmenswert ergibt sich als Summe dieser Einzelkomponenten. Je nachdem, ob hierbei die Perspektive einer Zerschlagung oder der Rekonstruktion eines Unternehmens eingenommen wird, ergeben sich Liquidations- oder Rekonstruktionswerte als zwei grundlegende Ausprägungsformen des Substanzwerts. Beide Ansätze werden in Kapitel 1.3 näher vorgestellt.

Eine dritte Gruppe von Unternehmensbewertungsverfahren bilden schließlich die sogenannten Vergleichsverfahren, welche einen Bezug zu real beobachtbaren Marktpreisen herstellen. Letztere werden hierbei anhand von Kennzahlenrelationen, die auch als Marktwertmultiplikatoren bezeichnet werden, an das konkret interessierende Bewertungsobjekt angepasst. Daher wird in diesem Zusammenhang mitunter auch von Multiplikator-Verfahren gesprochen, deren Bezugspunkte beobachtete Börsenkurse oder im Rahmen von Börsengängen oder Unternehmenstransaktionen realisierte Preise sein können (z. B. Mandl/Rabel, 2019, S. 81 ff.). Die Vorgehensweise dieser Methodik, die in erster Linie den Charakter einer groben Überschlagsrechnung aufweist, wird in Kapitel 1.4 beschrieben.

Neben diesen drei Verfahrensgruppen wird zum Teil eine weitere Gruppe in sogenannten Mischverfahren gesehen (Ballwieser/Hachmeister, 2021, S. 247 ff.; Mandl/Rabel, 2019, S. 90 ff.). Wenn hierbei jedoch lediglich Mittelwerte aus den oben bereits angesprochenen Substanz- und Zukunftserfolgswerten gebildet werden, liegt damit jedoch kein weiterer originärer Bewertungsansatz vor. Daneben werden mitunter auch sogenannte Residualgewinnverfahren dieser Gruppe zugerechnet, bei denen sich der Unternehmenswert aus einer zum Bewertungszeitpunkt bestehenden Kapitalbasis zuzüglich der abgezinsten zukünftig erwarteten Residualgewinne ergibt. Bei Letzteren wird eine periodenbezogene Erfolgsgröße um eine kalkulatorische Verzinsung der Kapitalbasis gemindert. Die hierdurch entstehende Verbindung zwischen der substanzorientierten Kapitalbasis und den zukunftserfolgsorientierten Residualgewinnen dient dabei mitunter als Begründung für eine Einordnung der Residualgewinnverfahren als Mischverfahren. Bei Einhaltung des sogenannten Kongruenzprinzips bzw. der Clean Surplus Relation lassen sich mit diesen Ansätzen jedoch völlig identische Unternehmenswerte bestimmen wie mithilfe der DCF- oder Ertragswertverfahren. Daher werden auch die Residualgewinnverfahren hier grundsätzlich der Zukunftserfolgsperspektive zugerechnet. Da Residualgewinne in unterschiedlichen Ausgestaltungsformen jedoch auch eine wichtige Rolle als periodenbezogene wertorientierte Performance-Maße spielen, erfolgt deren Darstellung erst im Rahmen der wertorientierten Controlling-Ansätze in Kapitel 2.2 Die angesprochene Kompatibilität dieser Größen mit den Unternehmenswerten der DCF-Verfahren und damit auch deren Einsatzmöglichkeiten als Bewertungsverfahren werden dort jedoch ausführlich dargestellt.

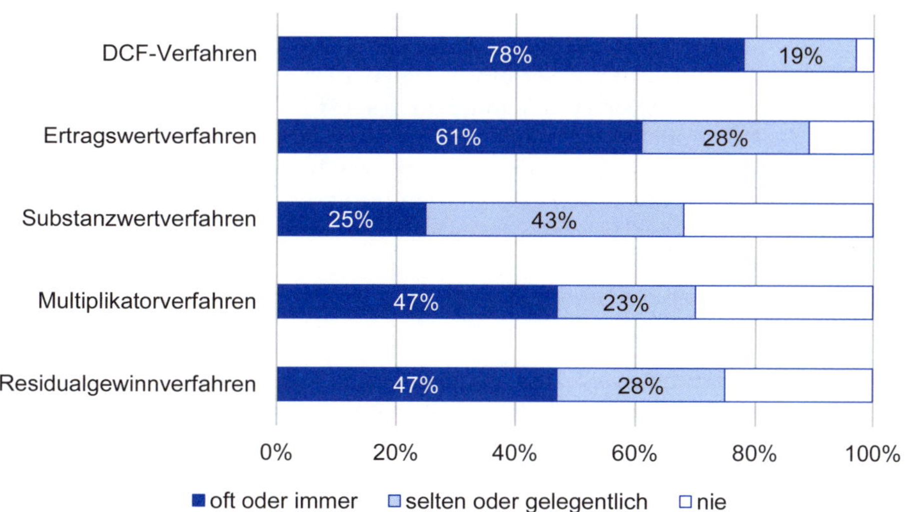

Abb. 1-2: Anwendungshäufigkeit verschiedener Bewertungsverfahren in Deutschland (in Anlehnung an Homburg et al., 2011, S. 120)

In Bezug auf die Verbreitung der drei hier unterschiedenen Verfahrensgruppen in der Bewertungspraxis weisen in Deutschland traditionell das Ertragswertverfahren und in jüngerer Zeit zunehmend die DCF-Verfahren eine dominierende Stellung auf (z. B. Homburg et al., 2011; Welfonder/Bensch, 2017). Diese Entwicklung zeigte sich auch bereits in früheren Jahren (für einen Überblick z. B. Matschke/Brösel, 2013, S. 641; Peemöller/Kunowski, 2019, S. 337 ff.). Ähnliche Befunde ergeben sich auch für Österreich und die Schweiz (z. B. Hüttche, 2012; Nadvornik/Sylle, 2012).

Damit zeigt sich, dass die Bestimmung des Unternehmenswerts als Zukunftserfolgswert eine zentrale Stellung in der Bewertungspraxis einnimmt. Andere Verfahren werden in erster Linie zur ergänzenden Plausibilitätskontrolle oder als erste Überschlagsrechnung eingesetzt. Inzwischen dürfte die Bedeutung insbesondere der DCF-Verfahren eher noch gestiegen sein. Aus diesem Grund liegt der Schwerpunkt der nachfolgenden Darstellungen vor allem auf der Ermittlung des Zukunftserfolgswerts, insbesondere auf Basis der DCF-Methodik (Kapitel 1.2). Daran anschließend werden jedoch auch die wesentlichen methodischen Ansatzpunkte und praktischen Herangehensweisen für die Ermittlung von Substanzwerten (Kapitel 1.3) sowie zur Gewinnung marktorientierter Vergleichswerte mithilfe von Multiplikatoren (Kapitel 1.4) in ihren wesentlichen Grundzügen vorgestellt. Eine detaillierte Auseinandersetzung mit verschiedenen Residualgewinnen und der Möglichkeit, diese neben der Performance-Messung auch zur Ermittlung völlig DCF-äquivalenter Unternehmenswerte zu nutzen, findet sich in Kapitel 2.2.

1.2 Zukunftserfolgswerte

1.2.1 Grundlegende Aspekte der Zukunftserfolgswertermittlung

Die Bestimmung von Zukunftserfolgswerten basiert auf einer Vielzahl weitreichender Prämissen, die sich unter anderem in spezifischen Annahmen über die Qualität des Kapitalmarkts, die Art der Finanzierung, die Wirkung von Steuern und Inflation sowie das Zusammenwirken verschiedener Wertkomponenten ausdrücken. Einige dieser Aspekte werden in diesem Kapitel zunächst näher dargestellt.

1.2.1.1 Barwerte zukünftiger Überschüsse als grundlegendes Bewertungskalkül

Knüpft die Bewertung eines Unternehmens am erhaltenen bzw. aufzugebenden Strom der zukünftig erwirtschafteten Überschüsse an, wird dies hier als die Ermittlung eines Zukunftserfolgswerts bezeichnet. Dieser Begriff wird innerhalb der Bewertungsliteratur jedoch nicht einheitlich verwendet und steht dabei vor allem dem alternativen und historisch älteren Begriff des Ertragswerts gegenüber (Matschke/Brösel, 2013, S. 244 ff.). Gründe für die hier vertretene begriffliche Präferenz des Zukunftserfolgswerts liegen zum einen darin, dass dies die Zukunftsbezogenheit dieses Bewertungsansatzes betont sowie eine eventuell missverständliche Orientierung auf Ertrags- bzw. Gewinngrößen des Rechnungswesens vermeidet. Zudem wird der Begriff des Ertragswertverfahrens insbesondere im Kontext von Bewertungen durch Wirtschaftsprüfer bzw. -treuhänder nach spezifischen berufsständischen Vorgaben genutzt, wie sie z. B. für Deutschland mit dem IDW S 1 i. d. F. 2008 oder für Österreich mit dem KFS/BW 1 vorliegen.

Als Zukunftserfolgswert soll hier daher allgemein die Bewertung der zukünftigen Unternehmensüberschüsse mittels Diskontierung verstanden werden. Dabei handelt es sich um einen sogenannten Gesamtwertansatz, da das Unternehmen als Gesamtheit betrachtet wird, ohne auf die Wertansätze einzelner Vermögensgegenstände abzustellen (Münstermann, 1970, S. 18). Dieses Vorgehen weist sehr enge Bezüge zur Kapitalwertmethode der dynamischen Investitionsrechnung auf (z. B. Brealey et al., 2014, S. 18 ff.; Perridon et al., 2012, S. 49 ff.). Bei Letzterer werden die in zukünftigen Zeitpunkten t aus einem Investitionsobjekt hervorgehenden Überschüsse $Ü_t$ durch Multiplikation mit entsprechenden Abzinsungsfaktoren auf einen gewählten Bewertungszeitpunkt bezogen. Dieser Bewertungszeitpunkt wird hier als $t = 0$ definiert, sodass der Zeitindex t den zeitlichen Abstand eines Überschusses vom Bewertungszeitpunkt durch die Anzahl der dazwischenliegenden Perioden ausdrückt. Der hieraus resultierende Barwert PV_0 (Present Value) spiegelt den Wert des Zukunftserfolges im Bewertungszeitpunkt $t = 0$ wider, welcher typischerweise am Beginn der ersten Periode des Investitionsprojektes bzw. im Zeitpunkt der Investitionsentscheidung liegt. Eine Investition ist immer dann als vorteilhaft zu beurteilen, wenn der Barwert des zukünftigen Rückflusses größer ist als die hierfür zu leistende Investitionsauszahlung. Der in diesem Fall positive Differenzbetrag wird als Kapitalwert dieser Investition bezeichnet. Könnte ein Investor das Investitionsprojekt exakt zum Betrag des ermittelten Barwerts der Rückflüsse erwerben oder veräußern, würde ihn dies weder ärmer noch reicher machen. Überträgt man diese Logik auf den Erwerb bzw. die Veräußerung eines Unternehmens, so entspricht dessen Zukunftserfolgswert UW^{ZEW} zu einem bestimmten Bewertungszeitpunkt $t = 0$ dem Barwert der zukünftigen Überschüsse $PV_0(Ü_t)$.

$$UW_0^{ZEW} = PV_0\left(Ü_t\right)$$

PV ... *Present Value (Barwert)*
t ... *Zeit- bzw. Periodenindex*
UW^{ZEW} ... *Zukunftserfolgswert des Unternehmens*

Wird dabei zunächst nur ein einzelner Überschuss $Ü_t$ betrachtet, der zeitlich genau t Perioden nach dem Bewertungszeitpunkt liegt, ermittelt sich dessen Zukunftserfolgswert bzw. Barwert allgemein durch Multiplikation mit einem Abzinsungsfaktor:

$$UW_0^{ZEW} = PV_0\left(\ddot{U}_t\right) = \ddot{U}_t \times Abzinsungsfaktor_t = \ddot{U}_t \times \frac{1}{(1+k)^t}$$

k	… *Kalkulationszinssatz (Kapitalkostensatz)*
PV	… *Present Value (Barwert)*
t	… *Zeit- bzw. Periodenindex*
$\ddot{U}$	… *Bewertungsrelevanter Überschuss*
UW^{ZEW}	… *Zukunftserfolgswert des Unternehmens*

Dieser Abzinsungsfaktor hängt zum einen davon ab, welcher zeitliche Abstand zwischen dem betrachteten zukünftigen Überschuss $\ddot{U}_t$ und dem gewählten Bewertungszeitpunkt $t = 0$ liegt. Diese Zeitspanne von t Perioden drückt sich im Exponenten des Nenners aus. Eine Verschiebung des Überschusses in die Zukunft führt zu einer Verringerung des Barwerts im Bewertungszeitpunkt $t = 0$, was häufig auch unter dem Stichwort ‚Zeitwert des Geldes' diskutiert wird.

Neben der genannten zeitlichen Komponente geht in den Abzinsungsfaktor zudem ein Kalkulationszinssatz k ein, der alternativ auch als Diskontierungszins, Kapitalisierungszins oder Kapitalkostensatz bezeichnet wird. Im Rahmen von individualistisch geprägten investitionstheoretischen Modellierungen lässt sich dieser Kalkulationszins aus den internen Zinssätzen der durch die betrachtete Investition veränderten Investitions- und Finanzierungsprogramme des Entscheiders ableiten (z. B. Hering, 2014, S. 25 ff.; Matschke/Brösel, 2013, S. 183 ff.). Der so ermittelte Diskontierungssatz fungiert als Vergleichsmaßstab und repräsentiert die nächstbeste Kapitalverwendungsmöglichkeit des Investors im Sinne von individuellen Opportunitätskosten. Der Barwert bildet dann einen Entscheidungswert im Sinne eines subjektiven Grenzpreises. Sowohl die Erstellung derartiger Bewertungsmodelle als auch ihre Lösung mittels Verfahren der linearen Optimierung weisen ein erhebliches Maß an Komplexität auf und verursachen einen hohen Aufwand in der Informationsbeschaffung und -verarbeitung (Matschke/Brösel, 2013, S. 273 ff.). Dies bereitet umso größere Schwierigkeiten, wenn eine Vielzahl von Anteilseignern mit unterschiedlichen Rahmenbedingungen zu berücksichtigen ist. Zudem ergeben sich die benötigten Kalkulationszinssätze simultan mit der Bestimmung des gesuchten Zukunftserfolgswerts und werden somit eigentlich nicht mehr benötigt, da das Bewertungsproblem dann bereits gelöst ist (Matschke/Brösel, 2013, S. 254). Aus diesen Gründen sind den praktischen Anwendungsmöglichkeiten einer modellendogenen Bestimmung des benötigten Diskontierungssatzes deutliche Grenzen gesetzt. Daher wird anstatt einer Berücksichtigung des individuellen Entscheidungsfeldes häufig auf am Kapitalmarkt beobachtbare Renditen vergleichbarer Investitionsalternativen zurückgegriffen (Kuhner/Maltry, 2017b, S. 102). Die für die Auswahl einer adäquaten Vergleichsinvestition anzuwendenden Äquivalenzkriterien werden in Abschnitt 1.2.1.8 näher vorgestellt. Grundsätzlich wird für den angesprochenen Kapitalmarkt von einem Gleichgewichtszustand ausgegangen. Zudem werden weitere, teils sehr weitreichende Prämissen gesetzt. So zeichnet sich ein hierbei geforderter vollkommener Kapitalmarkt unter anderem durch die Abwesenheit von Steuern und Transaktionskosten, eine beliebige Teilbarkeit der Investitions- und Finanzierungsmöglichkeiten sowie vollständig informierte, rational handelnde Akteure aus, die in vollkommenem

Wettbewerb zueinander stehen (Kruschwitz/Husmann, 2012, S. 114 f.; Perridon et al., 2012, S. 81 f.).

Wäre der zu bewertende Rückfluss sicher, müsste der Investor auf Basis seiner individuellen Zeitpräferenz über einen Verzicht auf gegenwärtige Konsummöglichkeiten zugunsten zukünftigen Konsums entscheiden. Unter der angesprochenen Annahme eines vollkommenen Kapitalmarkts, der unbeschränkte Möglichkeiten der Geldanlage und -aufnahme zu einem für alle Marktteilnehmer einheitlichen Zinssatz bietet, lassen sich derartige Investitionsentscheidungen anhand des oben genannten Kapitalwertkriteriums treffen. Dabei sind unabhängig von den individuellen Zeitpräferenzen sämtliche Investitionen vorteilhaft, deren Investitionsauszahlungen geringer sind, als die mit dem einheitlichen Marktzinssatz diskontierten zukünftigen Rückflüsse (Kapitalwert >0). Die hieraus resultierende Unabhängigkeit der Investitionsentscheidungen von individuellen Präferenzen bzw. Konsumplänen wird auch als Fisher-Separationstheorem bezeichnet (Fisher, 1930, S. 61 ff.). Als Konsequenz ergeben sich auf einem vollkommenen Kapitalmarkt die Marktwerte von risikolosen Investitionsprojekten als Barwerte ihrer Rückflüsse, welche durch Diskontierung mit dem risikolosen Zinssatz ermittelt werden (Kruschwitz/Husmann, 2012, S. 141 ff.).

Sofern der zukünftig erwartete Rückfluss jedoch risikobehaftet ist, sind neben dem Aspekt des zeitlichen Anfalls zusätzlich auch die Risikopräferenzen der Investoren zu berücksichtigen. Im Rahmen einer Barwertermittlung kann dies auf unterschiedliche Weise erfolgen. Zum einen lässt sich die betrachtete Überschussgröße $\tilde{U}_t$ entsprechend der zugrunde liegenden Risikoneigung durch risikobezogene Zu- oder Abschläge modifizieren. Zum anderen kann alternativ der Kalkulationszins entsprechend angepasst werden. Beide Ansatzpunkte werden in Abschnitt 1.2.1.4 näher erläutert. Individuelle Lösungen dieses Problems stoßen dabei auf die Schwierigkeit, dass detaillierte Informationen über die Risikonutzenfunktion des Investors erforderlich sind, wodurch eine praktische Anwendung erschwert wird. Einen möglichen Ausweg bietet auch hier die Einbettung des Bewertungsproblems in die Rahmenbedingungen eines idealtypischen Kapitalmarkts. Neben den bereits angesprochenen Teilattributen der Vollkommenheit muss dieser dann zusätzlich das Merkmal der Vollständigkeit aufweisen. Dies bedeutet, dass mindestens genauso viele Wertpapiere mit linear unabhängigen Rückflüssen gehandelt werden, wie es mögliche Umweltzustände gibt (Kruschwitz/Husmann, 2012, S. 141 ff.). Unter diesen Bedingungen wäre eine Reproduktion der erwarteten zustandsabhängigen Rückflüsse einer Investition durch ein Portfolio bereits existierender Wertpapiere möglich, was auch als Spanning-Eigenschaft des Markts bezeichnet wird (Laux, 2006, S. 222). Dieses Portfolio bildet dann eine äquivalente Alternative gegenüber der konkret betrachteten Investition, sodass bei Arbitragefreiheit der Wert der Investition gleich dem Wert dieses perfekt korrelierenden Portfolios sein muss. Im Ergebnis resultiert ein eindeutiges Preissystem für zustandsabhängige Zahlungen, was eine Bewertung risikobehafteter Überschüsse unabhängig von individuellen Zeit- und Risikopräferenzen ermöglicht. Im Rahmen von theoretischen Kapitalmarktmodellen lassen sich die in einem Marktgleichgewicht resultierenden Risikoanpassungen der Überschüsse $\tilde{U}_t$ bzw. der Diskontierungssätze k

quantifizieren und ermöglichen eine Anwendung des Barwertkalküls auch bei Unsicherheit. Allerdings basiert eine derartige Bestimmung des Zukunftserfolgswerts auf den genannten, sehr weitreichenden Forderungen idealtypischer Kapitalmarkteigenschaften. Diese werden in der Realität in vielen Teilaspekten nicht erfüllt. Marktunvollkommenheiten resultieren unter anderem aus der Existenz von Steuern und Transaktionskosten, aus beschränkten Kredit- und Anlagemöglichkeiten mit auseinanderfallenden Zinssätzen, einer eingeschränkten Handelbarkeit bestimmter Investitionsobjekte oder einer mangelnden Informationseffizienz des Markts. Eine präferenzunabhängige Bewertung der erwarteten Rückflüsse auf Basis kapitalmarktbasierter Diskontierungssätze ist somit unter realen Kapitalmarktbedingungen strenggenommen nicht möglich. Dennoch kann der auf dem Barwertkalkül beruhende Ansatz des Zukunftserfolgswerts zumindest als brauchbare Näherungslösung betrachtet werden, der den Unternehmenswert als jenen Anlagebetrag auffasst, der am Kapitalmarkt zu investieren wäre, um vergleichbare Rückflüsse zu erzielen.

Im Falle von Unternehmen, wie auch bei den allermeisten anderen Investitionsprojekten, ergeben sich die zukünftigen Überschüsse über längere Zeiträume. Üblicherweise wird hierbei im Rahmen der Modellierung unterstellt, dass diese jeweils zum Periodenende eintreten. Der Gesamtwert dieses Stroms zukünftiger Rückflüsse setzt sich dann additiv aus den Barwerten der einzelnen Periodenrückflüsse zusammen. Da die Lebensdauer eines Unternehmens typischerweise nicht von vornherein begrenzt ist, wird dies in der Regel durch einen hypothetisch in die Unendlichkeit reichenden Zahlungsstrom abgebildet. Dies ist jedoch nicht unmittelbar mit einer postulierten ewigen Existenz des zu bewertenden Unternehmens gleichzusetzen, sondern stellt vielmehr eine bewertungstechnische Grenzwertbetrachtung dar. Wird von einem zeitlich konstanten Kalkulationszins ausgegangen, ergibt sich der Zukunftserfolgswert eines Unternehmens UW^{ZEW} zum Bewertungszeitpunkt $t = 0$ als Barwert aller zukünftig erwirtschafteten Überschüsse wie folgt:

$$UW_0^{ZEW} = PV_0\left(\ddot{U}_t\right) = \sum_{t=1}^{\infty} \frac{\ddot{U}_t}{\left(1+k\right)^t}$$

k	…	*Kalkulationszinssatz (Kapitalkostensatz)*
PV	…	*Present Value (Barwert)*
t	…	*Zeit- bzw. Periodenindex*
$\ddot{U}$	…	*Bewertungsrelevanter Überschuss*
UW^{ZEW}	…	*Zukunftserfolgswert des Unternehmens*

Die Annahme eines zeitlich konstanten Diskontierungssatzes ist hierbei jedoch nicht zwingend. Werden periodenspezifische Kapitalkostensätze zugelassen, verändert sich die grundlegende Bewertungsgleichung zu:

$$UW_0^{ZEW} = PV_0(\ddot{U}_t) = \sum_{t=1}^{\infty} \frac{\ddot{U}_t}{\prod_{n=1}^{t}(1+k_n)} = \frac{\ddot{U}_1}{1+k_1} + \frac{\ddot{U}_2}{(1+k_1)\times(1+k_2)} + \ldots$$

$$+ \frac{\ddot{U}_t}{(1+k_1)\times\ldots\times(1+k_t)} + \ldots$$

k … *Kalkulationszinssatz (Kapitalkostensatz)*
PV … *Present Value (Barwert)*
t … *Zeit- bzw. Periodenindex*
Ü … *Bewertungsrelevanter Überschuss*
UW^{ZEW} … *Zukunftserfolgswert des Unternehmens*

Weisen die zukünftig erwarteten Zahlungen bestimmte Eigenschaften auf, nämlich dass sie periodenweise in gleichbleibender Höhe anfallen oder mit einem konstanten Faktor wachsen, lassen sich im Rahmen der Barwertermittlung finanzmathematische Vereinfachungen nutzen, die auch als Rentenbarwertformeln bezeichnet werden (z. B. Brealey et al., 2014, S. 26 ff.). So berechnet sich der Barwert eines unendlichen, in konstanten Beträgen *Ü* zum jeweiligen Periodenende auftretenden Zahlungsstromes bei konstantem Diskontierungssatz *k* zu Beginn der ersten Periode ($t = 0$) als ewige nachschüssige Rente:

$$UW_0^{ZEW} = PV_0(\ddot{U}_t) = \frac{\ddot{U}}{k}$$

k … *Kalkulationszinssatz (Kapitalkostensatz)*
PV … *Present Value (Barwert)*
t … *Zeit- bzw. Periodenindex*
Ü … *Bewertungsrelevanter Überschuss*
UW^{ZEW} … *Zukunftserfolgswert des Unternehmens*

Würden sich diese ewig zum Periodenende anfallenden Überschüsse hingegen mit einer zeitlich konstanten Wachstumsrate $g^{\ddot{U}}$ verändern [$\ddot{U}_{t+1} = (1 + g^{\ddot{U}}) \times \ddot{U}_t$], lässt sich der Barwert dieser Zahlungsreihe zu Beginn der ersten Periode ($t = 0$) bei konstantem Diskontierungssatz *k* bestimmen als ewige, konstant wachsende, nachschüssige Rente:

$$UW_0^{ZEW} = PV_0(\ddot{U}_t) = \frac{\ddot{U}_1}{k - g^{\ddot{U}}}$$

$g^{\ddot{U}}$ … *Wachstumsrate des bewertungsrelevanten Überschusses*
k … *Kalkulationszinssatz (Kapitalkostensatz)*
PV … *Present Value (Barwert)*
t … *Zeit- bzw. Periodenindex*
Ü … *Bewertungsrelevanter Überschuss*
UW^{ZEW} … *Zukunftserfolgswert des Unternehmens*

Derartige Vereinfachungen sind insbesondere im Rahmen von sogenannten Phasenmodellen hilfreich, wie in Abschnitt 1.2.3.5 näher dargestellt. Dort werden für erst in der ferneren Zukunft erwartete Überschüsse, die sich einer detaillierten Planbarkeit weitestgehend entziehen, entsprechende vereinfachte Annahmen genutzt. Der Zukunftserfolgswert setzt sich dann aus dem Barwert der Überschüsse einer bis zur Periode *T* reichenden Detailplanungsphase und dem ebenfalls auf den Bewertungszeitpunkt ($t = 0$) bezogenen Barwert der Überschüsse in der Fortführungsphase zusammen. Dabei wird der sich zum Ende der Planungsphase ergebende Unternehmenswert (Terminal Value) nochmals über T Perioden abgezinst. Für die Ermittlung des Terminal Value wird im nachfolgenden Beispiel ein konstantes Wachstum $g^{Ü}$ der Überschüsse ab Periode $T + 1$ unterstellt.

$$UW_0^{ZEW} = PV_0\left(Ü_t\right) = \underbrace{\sum_{t=1}^{T} \frac{Ü_t}{\prod_{n=1}^{t}\left(1+k_n\right)}}_{\text{Wertbeitrag der Detailplanungsphase}} + \underbrace{\underbrace{\frac{Ü_T \times \left(1+g^{Ü}\right)}{k_{T+1} - g^{Ü}}}_{\text{Terminal Value}} \times \frac{1}{\prod_{n=1}^{T}\left(1+k_n\right)}}_{\text{Wertbeitrag der Fortführungsphase}}$$

$g^{Ü}$	…	*Wachstumsrate des bewertungsrelevanten Überschusses (im Fortführungszeitraum)*
k	…	*Kalkulationszinssatz (Kapitalkostensatz)*
PV	…	*Present Value (Barwert)*
T	…	*Ende des Detailplanungszeitraums*
t	…	*Zeit- bzw. Periodenindex*
$Ü$	…	*Bewertungsrelevanter Überschuss*
UW^{ZEW}	…	*Zukunftserfolgswert des Unternehmens*

Zusammenfassend lässt sich somit der in einem konkreten Bewertungszeitpunkt $t = 0$ bestimmte Zukunftserfolgswert eines Unternehmens UW^{ZEW} als jenen Geldbetrag charakterisieren, der zu diesem Zeitpunkt am Kapitalmarkt in vergleichbare Investitionsprojekte investiert werden müsste, um hieraus einen identischen Strom erwarteter Rückflüsse zu generieren. Sofern Vorstellungen über Höhe und Zeitpunkt der zukünftig erwarteten Überschüsse $Ü_t$ existieren und zudem die Renditen vergleichbarer Investitionsalternativen des Kapitalmarkts bekannt sind, lässt sich dieser gesuchte Investitionsbetrag im Wege einer Barwertermittlung bestimmen.

Dies soll nachfolgend noch einmal an einem einfachen Zahlenbeispiel illustriert werden. Hierbei wird ein Unternehmen unterstellt, das bereits nach zwei Perioden liquidiert bzw. veräußert wird. Die in Abb. 1-3 dargestellten bewertungsrelevanten Überschüsse $Ü_t$ treten jeweils zum Ende der beiden auf den Bewertungszeitpunkt $t = 0$ folgenden Perioden ein. Sofern vergleichbare Investitionsalternativen am Kapitalmarkt eine Rendite von 8 % pro Periode bieten, würde der als Barwert zukünftiger Rückflüsse bestimmte Zukunftserfolgswert dieses Unternehmens 282,189 M€ betragen.

$$UW_0^{ZEW} = \frac{1{,}500}{1{,}08} + \frac{327{,}525}{1{,}08^2} = 282{,}189$$

Zeitpunkt	t = 0	1	2
Bewertungsrelevanter Überschuss in M€		**1,500**	**327,525**
Abzinsungsfaktor *(k = 8,0 %)*		0,926	0,857
Barwert des Überschusses		1,389	280,800
Zukunftserfolgswert	**282,189**		

Abb. 1-3: Allgemeines Beispiel zur Ermittlung des Zukunftserfolgswerts

Wären am Kapitalmarkt in beiden betrachteten Perioden vergleichbare Investitionen mit einer Verzinsung von 8 % möglich, so ließe sich der erwartete Erfolg des zu bewertenden Unternehmens exakt nachbilden. Ein originärer Anlagebetrag von 282,189 M€ könnte in diesem Fall für beide Perioden gegenüber dem Unternehmen identische Entnahmen generieren, wie Abb. 1-4 zeigt.

Zeitpunkt	t = 0	1	2
Originärer Anlagebetrag	**282,189**		
Zinsertrag (8 %)		22,575	24,261
Gesamtvermögen		304,764	327,525
Entnahme		**1,500**	**327,525**
Verbleibender Wiederanlagebetrag		303,264	0,000

Abb. 1-4: Duplikation eines Zahlungsstromes am Kapitalmarkt

Das Beispiel verdeutlicht noch einmal die hinter der Diskontierung zukünftiger Rückflüsse stehenden Duplikationsüberlegungen. Ein potenzieller Erwerber des betrachteten Unternehmens bzw. der hierdurch generierten Überschüsse würde bei entsprechenden auf dem Kapitalmarkt verfügbaren Anlagealternativen keinen höheren Kaufpreis als 282,189 M€ akzeptieren, da er einen äquivalenten Zahlungsstrom durch eine Alternativinvestition in dieser Höhe selbst erzeugen könnte. Ein potenzieller Veräußerer würde sich nicht mit einem geringeren Verkaufspreis zufriedengeben, da er mindestens diesen Betrag für eine äquivalente Wiederanlage benötigt. Der als Zukunftserfolgswert bezeichnete Barwert der zukünftigen Überschüsse bildet dann den für beide Akteure relevanten Grenzpreis.

1.2.1.2 Wertadditivität und nichtbetriebsnotwendiges Vermögen

Bereits im vorhergehenden Abschnitt wurde die Wertadditivitätseigenschaft des Barwertkalküls berührt, indem sich der mehrperiodige Zukunftserfolgswert eines Unternehmens UW^{ZEW} additiv aus den Barwerten der separat diskontierten Periodenüberschüsse zusammensetzte. In verallgemeinerter Form besagt das zugrunde liegende Wertadditivitätstheorem, dass sich die zu bewertenden Überschüsse beliebig zerlegen und separat bewerten lassen. Die Summe dieser Teilwerte entspricht jedoch immer dem Gesamtwert. Aufspaltungen oder Zusammenfassungen der relevanten Überschüsse wirken sich damit grundsätzlich nicht auf das Bewertungsergebnis aus (z. B. Brealey et al., 2014, S. 881 f.; Perridon et al., 2012, S. 550). Daher ist es unerheblich, ob z. B. zwei Ströme von Überschüssen $Ü^A$ und $Ü^B$ separat diskontiert und die erhaltenen Teilbarwerte addiert werden oder ob der Barwert des Gesamtüberschusses ($Ü^A + Ü^B$) bestimmt wird, wie nachfolgend dargestellt ist. Dabei sind die zur Diskontierung verwendeten Kapitalkostensätze, entsprechend der in Abschnitt 1.2.1.8 zusammengefassten Äquivalenzprinzipien an die Charakteristik der jeweils betrachteten Überschüsse anzupassen.

$$UW_0^{ZEW} = PV_0\left(\ddot{U}_t^A\right) + PV_0\left(\ddot{U}_t^B\right) = PV_0\left(\ddot{U}_t^A + \ddot{U}_t^B\right)$$
$$= \sum_{t=1}^{\infty} \frac{\ddot{U}_t^A}{\prod_{n=1}^{t}\left(1+k_n^A\right)} + \sum_{t=1}^{\infty} \frac{\ddot{U}_t^B}{\prod_{n=1}^{t}\left(1+k_n^B\right)} = \sum_{t=1}^{\infty} \frac{\ddot{U}_t^A + \ddot{U}_t^B}{\prod_{n=1}^{t}\left(1+k_n^{A+B}\right)}$$

k … *Kalkulationszinssatz (Kapitalkostensatz)*
PV … *Present Value (Barwert)*
t … *Zeit- bzw. Periodenindex*
$\ddot{U}$ … *Bewertungsrelevanter Überschuss*
UW^{ZEW} … *Zukunftserfolgswert des Unternehmens*

Diese Zerlegbarkeit in separat bearbeitbare Teilbewertungsprobleme wird an vielen Stellen zur Komplexitätsreduktion genutzt. So ermöglicht zum Beispiel eine zeitliche Dekomposition der Überschüsse die Unterscheidung verschiedener Planungsphasen, wenn eine Detailplanungsphase und eine spätere Fortführungsphase, gegebenenfalls mit einem zwischengeschalteten Anpassungsintervall, unterschieden werden (vgl. Abschnitt 1.2.3.5). Der Gesamtunternehmenswert setzt sich in diesem Fall aus den auf einen gemeinsamen Bewertungszeitpunkt $t = 0$ bezogenen Wertbeiträgen der angesprochenen Zeitabschnitte zusammen.

$$UW_0^{ZEW} = WB_0^{Detailplanungsphase} + WB_0^{Anpassungsphase} + WB_0^{Fortführungsphase}$$

UW^{ZEW} … *Zukunftserfolgswert des Unternehmens*
WB … *Wertbeitrag*

Neben einer zeitlichen bzw. phasenbezogenen Zerlegung werden auch verschiedene Möglichkeiten für eine sachliche Dekomposition der Überschüsse genutzt, um die Komplexität des Bewertungsproblems zu reduzieren.

Ein erster wesentlicher Aspekt betrifft hierbei die Unterscheidung betriebsnotwendiger und nichtbetriebsnotwendiger Wertkomponenten. Hintergrund hierfür ist, dass zu übertragende Unternehmensvermögen oftmals Wirtschaftsgüter enthalten, die keinen unmittelbaren Bezug zum eigentlichen Unternehmenszweck aufweisen. Dies betrifft zum Beispiel überschüssige Liquidität, ungenutzte bzw. fremdvermietete Grundstücke und Gebäude sowie Kunstgegenstände, Wertpapiere oder Beteiligungen ohne strategische Bedeutung einschließlich der jeweils eventuell damit verbundenen Schulden. In diesen Fällen hätte eine isolierte Veräußerung dieser Positionen keine unmittelbare Beeinträchtigung der operativen Geschäftstätigkeit zur Folge. Dabei handelt es sich im Grunde um die gleichen Vermögenskomponenten, die auch im Rahmen des internen Rechnungswesens als sogenanntes neutrales oder nichtbetriebsnotwendiges Vermögen bei der Bestimmung von kalkulatorischen Verzinsungsanforderungen regelmäßig ausgeklammert werden (Coenenberg et al., 2016, S. 99 ff.). Diese Unabhängigkeit gegenüber dem eigentlichen betriebsnotwendigen Vermögen ermöglicht es, für die nichtbetriebsnotwendigen Positionen separate Dispositionsüberlegungen anzustellen und damit einhergehend gegebenenfalls auch einen abweichenden Bewertungsansatz zu wählen. Dementsprechend wird aus Gründen der Komplexitätsreduktion eine separate Bewertung empfohlen (IDW, 2008, Tz. 59 ff.; KSW, 2014, Tz. 25 ff.), wobei sich der Unternehmenswert dann additiv aus den Wertbeiträgen beider Vermögenskomponenten zusammensetzt:

$$UW_0^{ZEW} = WB_0^{bV} + WB_0^{nbV}$$

UW^{ZEW} ... *Zukunftserfolgswert des Unternehmens*
WB^{bV} ... *Wertbeitrag des betriebsnotwendigen Vermögens*
WB^{nbV} ... *Wertbeitrag des nichtbetriebsnotwendigen Vermögens*

Bezüglich des nichtbetriebsnotwendigen Vermögens sollte hierbei die bestmögliche Verwendung unterstellt werden, was eine Fortführung dieser Positionen oder auch deren Liquidation beinhalten kann. Soll die Wertermittlung der betriebsnotwendigen wie auch der nichtbetriebsnotwendigen Komponenten am Zukunftserfolgswert anknüpfen, sind dann die erwarteten Überschüsse wie auch die zugehörigen Diskontierungssätze separat zu bestimmen. Wenngleich diese Zerlegung der Überschüsse mit zugehörigen Diskontierungssätzen nicht zwingend ist und auch eine Bewertung des gemeinsamen Erfolgsstroms möglich wäre, bietet sie sich aus praktischen Erwägungen an, da beiden Bereichen zumeist völlig unterschiedliche Prognoseüberlegungen und Risikoprofile zugrunde liegen. Der entsprechende Zukunftserfolgswert des Unternehmens ergibt sich dann wie folgt:

$$UW_0^{ZEW} = \underbrace{\sum_{t=1}^{\infty} \frac{\ddot{U}_t^{bV}}{\prod_{n=1}^{t}\left(1+k_n^{bV}\right)}}_{\text{Zukunftserfolgswert des betriebsnotwendigen Vermögens}} + \underbrace{\sum_{t=1}^{\infty} \frac{\ddot{U}_t^{nbV}}{\prod_{n=1}^{t}\left(1+k_n^{nbV}\right)}}_{\text{Zukunftserfolgswert des nichtbetriebsnotwendigen Vermögens}}$$

k^{bV} ... *Kalkulationszinssatz für betriebsnotwendiges Vermögen*
k^{nbV} ... *Kalkulationszinssatz für nichtbetriebsnotwendiges Vermögen*
t ... *Zeit- bzw. Periodenindex*
$\ddot{U}^{bV}$ ... *Überschüsse aus betriebsnotwendigem Vermögen*
$\ddot{U}^{nbV}$ ... *Überschüsse aus nichtbetriebsnotwendigem Vermögen*
UW^{ZEW} ... *Zukunftserfolgswert des Unternehmens*

Im Falle einer Liquidation des nichtbetriebsnotwendigen Vermögens ergeben sich die erwarteten Überschüsse aus den entsprechenden Liquidationshandlungen unter Zugrundelegung relevanter Marktpreise und Realisationszeiträume. Insofern handelt es sich auch hierbei gewissermaßen um den Spezialfall einer Zukunftserfolgswertermittlung. Im Folgenden werden jedoch die nichtbetriebsnotwendigen Vermögenswerte und damit eventuell zusammenhängende Schulden nicht weiter betrachtet. Vielmehr wird der Fokus ausschließlich auf betriebliche Aspekte gelegt. Grundsätzlich lassen sich aber die nachfolgenden Bewertungsmethoden auch auf das nichtbetriebsnotwendige Vermögen anwenden. Sofern diese Bestandteil einer Unternehmenstransaktion sind, ist die Bewertung dann entsprechend zu erweitern (IDW, 2014, Tz. A 136 ff.).

Auch innerhalb des betrieblichen Unternehmensvermögens ergeben sich verschiedene weitere Ansatzpunkte für eine wertadditive Dekomposition des Unternehmenswerts nach sachlichen Aspekten. Hierzu gehört zum Beispiel die im nachfolgenden Abschnitt nochmals näher vorgestellte Unterscheidung einer Brutto- und Nettoperspektive (vgl. Abschnitt 1.2.1.3). Dabei setzt sich der Gesamtwert eines verschuldeten Unternehmens UW^{Brutto} additiv aus den Marktwerten von Eigen- und Fremdkapital zusammen. Dieser Gesamtwert wird alternativ auch als Entity Value oder Enterprise Value bezeichnet (z. B. Enzinger/Kofler, 2011; Koller et al., 2010, S. 102).

$$UW_0^{Brutto} = EK_0^M + FK_0^M$$

EK^M ... *Marktwert des Eigenkapitals*
FK^M ... *Marktwert des Fremdkapitals*
UW^{Brutto} ... *Brutto-Unternehmenswert (Wert des Gesamtkapitals bzw. Enterprise Value)*

Ein weiteres Beispiel für eine wertadditive Dekomposition von Zahlungsströmen bildet die Zerlegung des gerade angesprochenen Brutto-Wertes eines verschuldeten Unternehmens in den Wert bei unterstellter Eigenfinanzierung und den zusätzlichen Wertbeitrag fremdfinanzierungsbedingter Steuervorteile. Dieses Vorgehen ist charakteristisch für den Bewertungsansatz des Adjusted Present Value (APV-Ansatz, vgl. Abschnitt 1.2.4.1), wo die Summe beider Komponenten den oben angesprochenen Gesamtunternehmenswert aus Eigen- und Fremdkapital ergibt.

$$UW_0^{Brutto} = EK_0^M + FK_0^M = UW_0^u + WB_0^{TS}$$

UW^{Brutto} ... *Brutto-Unternehmenswert (Wert des Gesamtkapitals bzw. Enterprise Value)*
UW^u ... *Unternehmenswert bei reiner Eigenfinanzierung (unlevered)*
WB^{TS} ... *Wertbeitrag der fremdfinanzierungsbedingten Steuervorteile (Tax Shields)*

Bei Gültigkeit des Wertadditivitätstheorems lassen sich die betrieblichen Zahlungsströme einer Unternehmung grundsätzlich beliebig weiter aufspalten und separat bewerten, ohne dass hieraus eine Veränderung des Gesamtwerts resultiert. Dadurch kann die Bewertung eines Unternehmens prinzipiell auf verschiedenen Aggregationsstufen ansetzen, indem zum Beispiel eine komplexitätsreduzierende Zerlegung nach strategischen Geschäftseinheiten, beliebigen aufbauorganisatorischen Bereichen oder nach spezifischen Investitionsprojekten vorgenommen wird (Schumann, 2008, S. 20 ff.). Mitunter wird hierbei auch der Wertbeitrag der Unternehmenszentrale separat betrachtet. Eine konsistente, mehrdimensionale Zerlegung des Gesamtstroms der bewertungsrelevanten Überschüsse einschließlich der Bestimmung adäquater Kalkulationssätze würde theoretisch immer wieder zum selben Unternehmenswert führen, wie nachfolgend mit Blick auf den Brutto-Unternehmenswert eines verschuldeten Unternehmens dargestellt ist. Entsprechende Überlegungen lassen sich allerdings auch in der im nachfolgenden Abschnitt 1.2.1.3 dargestellten Netto-Perspektive anstellen.

$$UW_0^{Brutto} = EK_0^M + FK_0^M = \sum_{j=1}^{J} WB_j^{SGE} + WB_0^{Zentrale} = \sum_{k=1}^{K} WB_k^{Bereich} + WB_0^{Zentrale} = \sum_{l=1}^{L} WB_l^{Projekt}$$

UW^{Brutto} ... *Brutto-Unternehmenswert (Wert des Gesamtkapitals bzw. Enterprise Value)*
$WB^{Bereich}$ ... *Wertbeitrag eines aufbauorganisatorischen Unternehmensbereichs*
$WB^{Projekt}$ ... *Wertbeitrag eines Investitionsprojektes*
WB^{SGE} ... *Wertbeitrag einer strategischen Geschäftseinheit (SGE)*
$WB^{Zentrale}$ ... *Wertbeitrag der Zentrale*

Abb. 1-5 veranschaulicht bestimmte Aspekte dieser Zusammenhänge nochmals grafisch:

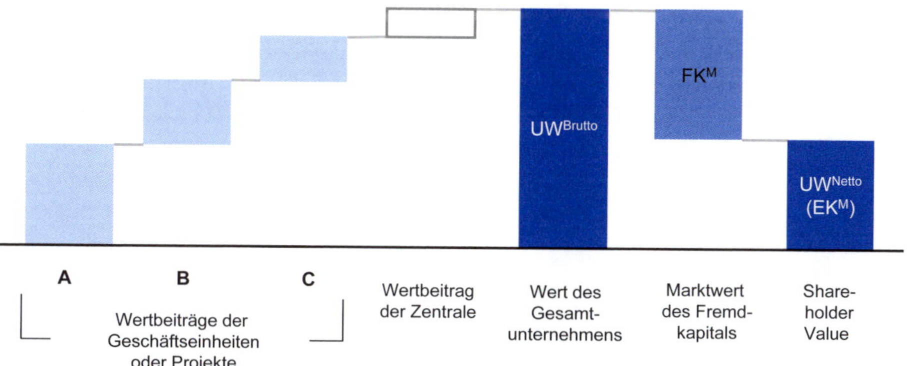

Abb. 1-5: Wertadditive Ermittlung des Gesamtunternehmenswerts (in Anlehnung an Günther, 1997, S. 99)

Wenngleich eine derart flexible bzw. mehrdimensionale Aufspaltung des Gesamtunternehmenswerts in Teilzahlungsströme zwar theoretisch ohne weiteres denkbar ist, sind der praktischen Realisierbarkeit einer vollständigen und eindeutigen Zuordnung der Überschussanteile wie auch der Bestimmung adäquater Kalkulationssätze häufig deutliche Grenzen gesetzt. Dies gilt insbesondere bei Abgrenzungsproblemen aufgrund von zwischen den betrachteten Elementen auftretenden Synergieeffekten bzw. Verbundwirkungen (IDW, 2014, Tz. A 89 ff.; Meichelbeck, 2019, S. 919 ff.). Die Wertadditivitätsannahme ist dann nicht mehr uneingeschränkt gültig. Dennoch werden diese Zusammenhänge regelmäßig im Rahmen bereichsbezogener Wertermittlungen oder entsprechender Controllingansätze genutzt.

1.2.1.3 Brutto- bzw. Netto-Perspektive (Entity- vs. Equity-Approach)

Bei der Ermittlung von Zukunftserfolgswerten werden die zukünftigen Überschüsse mittels Diskontierung bewertet. Diese Überschüsse stehen letztlich den Kapitalgebern zu, was in dieser allgemeinen Formulierung zunächst sowohl die Eigen- als auch die Fremdkapitalgeber einschließt. Entsprechend lassen sich separate Marktwerte für beide Vermögenspositionen bestimmen. Der bei Bewertungsanlässen typischerweise im Vordergrund stehende Marktwert des Eigenkapitals (Shareholder Value) kann rechnerisch grundsätzlich auf zwei Wegen ermittelt werden, die häufig als Brutto- und Netto-Ansatz bzw. im Englischen als Entity- und Equity-Approach bezeichnet werden (Baetge et al., 2019, S. 415 f; Günther, 1997, S. 104 f.; IDW, 2008, Tz. 99; KSW, 2014, Tz. 32 f.).

Brutto-Kapitalisierung (Entity-Approach)

Die Ermittlung des Marktwerts des Eigenkapitals erfolgt bei dieser Vorgehensweise zweistufig. Zunächst wird in einem ersten Bewertungsschritt der Marktwert des verschuldeten Gesamtunternehmens als Bruttogröße UW^{Brutto} bezogen auf den Bewertungszeitpunkt $t = 0$ bestimmt. Dieser Marktwert des

Gesamtkapitals wird mitunter auch als „Enterprise Value" bzw. „Entity Value" bezeichnet (z. B. Enzinger/Kofler, 2011; Koller et al., 2010, S. 102). Hierbei werden zunächst die insgesamt durch das unternehmerische Gesamtkapital erwirtschafteten und damit Eigen- und Fremdkapitalgebern gemeinsam zustehenden Brutto-Überschüsse $\ddot{U}^{Brutto}$ betrachtet. Diese Brutto-Überschüsse resultieren aus dem operativen Geschäft bzw. dem Leistungsbereich des Unternehmens und sind nicht durch Zinszahlungen oder Fremdkapitaltilgungen bzw. -aufnahmen gemindert oder erhöht. Sofern die zur Diskontierung verwendeten Kapitalkostensätze zeitlich konstant sind, ergibt sich der nachfolgende grundsätzliche Bewertungsansatz:

$$UW_0^{Brutto} = EK_0^M + FK_0^M = \sum_{t=1}^{\infty} \frac{\ddot{U}_t^{Brutto}}{(1+k)^t}$$

EK^M ... *Marktwert des Eigenkapitals*
FK^M ... *Marktwert des Fremdkapitals*
k ... *Kalkulationszinssatz (Kapitalkostensatz)*
t ... *Zeit- bzw. Periodenindex*
$\ddot{U}^{Brutto}$ ... *Operativ erwirtschaftete Brutto-Überschüsse, allen Kapitalgebern zustehend*
UW^{Brutto} ... *Brutto-Unternehmenswert (Wert des Gesamtkapitals bzw. Enterprise Value)*

Ist eine zeitliche Konstanz der Diskontierungssätze nicht gegeben, so sind periodenspezifische Kapitalkosten zu berücksichtigen. Die Bewertungsgleichung lautet in diesem Fall:

$$UW_0^{Brutto} = \sum_{t=1}^{\infty} \frac{\ddot{U}_t^{Brutto}}{\prod_{n=1}^{t}(1+k_n)} = \frac{\ddot{U}_1^{Brutto}}{1+k_1} + \frac{\ddot{U}_2^{Brutto}}{(1+k_1)\times(1+k_2)} + \ldots + \frac{\ddot{U}_t^{Brutto}}{(1+k_1)\times\ldots\times(1+k_t)} + \ldots$$

Erst im zweiten Schritt erfolgt im Brutto-Ansatz die Ermittlung des Eigenkapitalmarktwerts EK^M, indem vom Marktwert des Gesamtkapitals UW^{Brutto} der Marktwert des Fremdkapitals FK^M abgezogen wird.

$$EK_0^M = UW_0^{Brutto} - FK_0^M$$

Eine sehr verbreitete Ausprägungsform dieser grundsätzlichen Vorgehensweise ist z. B. der sogenannte WACC-Ansatz (Weighted Average Cost of Capital, s. hierzu Abschnitt 1.2.4.2). Dort wird der im unverschuldeten operativen Geschäft erwirtschaftete und nach Investitionen verbleibende Brutto-Zahlungsstrom mit der gewichteten durchschnittlichen Renditeforderung der Eigen- und Fremdkapitalgeber abgezinst. Ebenfalls der Bruttokapitalisierung zuzuordnen ist der APV-Ansatz (Adjusted Present Value, s. Abschnitt 1.2.4.1), der den Gesamtkapitalwert durch separate Bewertung der Zahlungsströme des unverschuldeten Unternehmens und der fremdfinanzierungsbedingten Steuerwirkungen berechnet. Ebenso ermittelt auch der TCF-Ansatz (Total Cashflow, s. Abschnitt 1.2.4.3) zunächst die Brutto-Unternehmenswerte des Gesamtkapitals. Alle diese Verfahren unterscheiden sich allein dadurch, dass die fremdfinanzierungsbedingten Steuervorteile (Tax Shields) an verschiedenen Stellen in die Bewertungsgleichungen des Brutto- bzw. Gesamtunternehmenswerts einfließen. Erst in einem zweiten

Schritt wird hiervon noch der Marktwert des Fremdkapitals abgespalten, um schließlich den Wert des Eigenkapitals EK^M zu erhalten.

Netto-Kapitalisierung (Equity-Approach)

Beim Netto- bzw. Equity-Ansatz wird der Marktwert des Eigenkapitals EK^M im Bewertungszeitpunkt $t = 0$ unmittelbar bzw. in einem einzigen Bewertungsschritt bestimmt. Hierzu werden die nach Bedienung der Fremdkapitalansprüche noch für die Eigenkapitalgeber verbleibenden Netto-Überschüsse $\ddot{U}^{Netto}$ mit der risikoadjustierten Renditeforderung der Eigner abgezinst.

$$UW_0^{Netto} = EK_0^M = \sum_{t=1}^{\infty} \frac{\ddot{U}_t^{Netto}}{\prod_{n=1}^{t}(1+k_n)} = \frac{\ddot{U}_1^{Netto}}{1+k_1} + \frac{\ddot{U}_2^{Netto}}{(1+k_1)\times(1+k_2)} + \ldots + \frac{\ddot{U}_t^{Netto}}{(1+k_1)\times\ldots\times(1+k_t)} + \ldots$$

EK^M ... *Marktwert des Eigenkapitals*
k ... *Kalkulationszinssatz (Kapitalkostensatz)*
t ... *Zeit- bzw. Periodenindex*
$\ddot{U}^{Netto}$ ... *Netto-Überschüsse, allein den Eigenkapitalgebern zustehend*
UW^{Netto} ... *Netto-Unternehmenswert (Wert des Eigenkapitals bzw. Equity Value)*

Als Beispiele für diese Herangehensweise lassen sich als DCF-Verfahren der sogenannte FTE-Ansatz (Flow to Equity, s. Abschnitt 1.2.4.4) und das sehr ähnliche, im deutschsprachigen Raum weit verbreitete Ertragswertverfahren (vgl. Abschnitt 1.2.6) nennen.

Unter konsistenten Annahmen können mit allen genannten Verfahren der Brutto- und Netto-Kapitalisierung identische Unternehmenswerte bestimmt werden, was Abb. 1-6 nochmals zusammenfassend veranschaulicht. Dies schließt hier auch die in Kapitel 2.2 vorgestellten Residualgewinnverfahren mit ein, die ebenfalls als Brutto- oder Nettoansätze konzipiert sein können und unter bestimmten Voraussetzungen ebenfalls auf identische Unternehmenswerte führen.

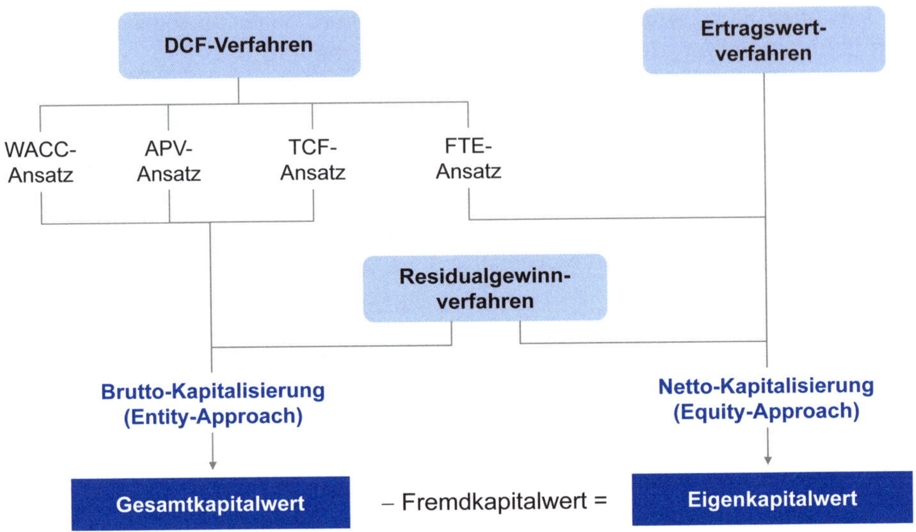

Abb. 1-6: Kapitalisierungsansätze der Zukunftserfolgswertermittlung (in Anlehnung an Schultze/Hirsch, 2005, S. 48)

1.2.1.4 Unsicherheit (Risikozuschläge vs. Sicherheitsäquivalente)

Bei den im Rahmen der Zukunftserfolgswertermittlung zu diskontierenden Überschüssen eines Unternehmens handelt es sich in der Regel um unsichere Größen, deren tatsächliche Realisierung im Bewertungszeitpunkt noch nicht bekannt ist. Zum Zwecke der Bewertung sind zunächst die in den verschiedenen möglichen Zuständen denkbaren Ausprägungen der Periodenüberschüsse $Ü_{Zt}$ zu bestimmen. Diese lassen sich mit subjektiven Eintrittswahrscheinlichkeiten p_{Zt} verbinden (siehe Abschnitt 3.5.1). Letztere quantifizieren das Ausmaß der Überzeugtheit des Bewerters, dass ein bestimmter Überschuss auf Basis eines möglichen Entwicklungszustandes Z in der Periode t eintritt (Drukarczyk/Schüler, 2021, S. 38). Das sich in der Verteilung dieser zustandsabhängigen Überschüsse ausdrückende Risiko, kann im Rahmen der Bewertung auf verschiedene Weise berücksichtigt werden. In der Literatur werden hierfür vorwiegend die Risikozuschlagsmethode sowie die Sicherheitsäquivalentmethode vorgeschlagen (z. B. Ballwieser/Hachmeister, 2021, S. 79 ff.; Drukarczyk/Schüler, 2021, S. 37 ff.; Hommel/Dehmel, 2021, S. 179 ff.; IDW, 2008, Tz. 89; KSW, 2014, Tz. 99 ff.; Kuhner/Maltry, 2017b, S. 157 ff.). Beide Methoden lassen eine Berücksichtigung von Unsicherheit sowohl auf Basis von individuellen Risikoneigungen als auch im Bewertungskontext des Kapitalmarkts zu.

Individuelle Berücksichtigung von Unsicherheit

Die Sicherheitsäquivalentmethode basiert auf der Theorie des Risikonutzens (Bernoulli, 1996; Neumann/Morgenstern, 1944). Hierbei ist es einem Entscheider mithilfe seiner individuellen Nutzenfunktion möglich, das Risikoprofil der erwarteten Überschüsse einer Periode t zu erfassen und in einen individuellen Erwartungsnutzen $EU(Ü_{Zt})$ zu überführen. Letzterer ergibt sich, indem die Nutzenwerte der einzelnen zustandsabhängigen Überschüsse mit ihren jeweiligen Eintrittswahrscheinlichkeiten gewichtet werden.

$$EU\left(\ddot{U}_{Zt}\right)=\sum_{Z=1}^{n}p_{Zt}\times u\left(\ddot{U}_{Zt}\right)$$

$EU(\ddot{U})$	...	*Erwartungsnutzen der Überschüsse*
p	...	*Eintrittswahrscheinlichkeit*
$\ddot{U}$	...	*Bewertungsrelevanter Überschuss*
$u(\ddot{U})$	...	*Nutzenwert des Überschusses Ü*
Zt	...	*Zustands-/Zeitindex (Eintritt von Zustand Z in Periode t)*

Als Sicherheitsäquivalent $S\ddot{A}_t$ wird dann jener fiktive Überschussbetrag bezeichnet, der bei sicherer Vereinnahmung dem Entscheider einen identischen Nutzen verspricht wie das Profil der möglichen Überschüsse einer konkreten Periode *t*. Es gilt somit:

$$u\left(S\ddot{A}_t\right)=EU\left(\ddot{U}_{Zt}\right)=\sum_{Z=1}^{n}p_{Zt}\times u\left(\ddot{U}_{Zt}\right)$$

Zur konkreten Bestimmung derartiger Sicherheitsäquivalente ist jedoch die Kenntnis der individuellen Nutzenfunktion erforderlich. Hiermit lassen sich aus den erwarteten Überschüssen zunächst deren Nutzenwerte bestimmen und durch Multiplikation mit ihren jeweiligen Eintrittswahrscheinlichkeiten zum Erwartungsnutzen verdichten. Die Bestimmung des Sicherheitsäquivalentes gelingt danach durch Anwendung der mathematischen Umkehrfunktion der Nutzenfunktion auf den ermittelten Wert des Erwartungsnutzens.

$$S\ddot{A}_t=u^{-1}\left[EU\left(\ddot{U}_{Zt}\right)\right]$$

Da das Sicherheitsäquivalent das nutzengleiche, jedoch risikolose Pendant zur erwarteten Überschussverteilung einer Periode darstellt, ist die Ermittlung eines entsprechenden Barwerts durch Diskontierung mit dem risikolosen Zinssatz i^f durchzuführen. Sofern der verwendete risikolose Zinssatz zeitlich konstant ist, ergibt sich dann ein auf Sicherheitsäquivalenten basierender Zukunftserfolgswert wie folgt:

$$UW_0^{ZEW}=\sum_{t=1}^{\infty}\frac{S\ddot{A}_t}{\left(1+i^f\right)^t}$$

i^f	...	*Risikoloser Zinssatz*
$S\ddot{A}$	...	*Sicherheitsäquivalent*
t	...	*Zeit- bzw. Periodenindex*
UW^{ZEW}	...	*Zukunftserfolgswert des Unternehmens*

Die Krümmung der verwendeten Nutzenfunktion gibt hierbei Aufschluss über die generelle Risikoeinstellung des Bewerters. Dies wird in der Gegenüberstellung des ermittelten Sicherheitsäquivalentes $S\ddot{A}_t$ mit dem Erwartungswert der Überschüsse in Periode *t* deutlich, welcher sich wie folgt ermittelt (siehe hierzu auch Abschnitt 3.6.1):

$$E(\ddot{U}_t) = \sum_{Z=1}^{n} p_{Zt} \times \ddot{U}_{Zt}$$

E(Ü)	…	*Erwarteter Überschuss*
p	…	*Eintrittswahrscheinlichkeit*
Ü	…	*Bewertungsrelevanter Überschuss*
Zt	…	*Zustands-/Zeitindex (Eintritt von Zustand Z in Periode t)*

Sofern das Sicherheitsäquivalent $SÄ_t$ kleiner ist als der Erwartungswert der Überschüsse, wäre der Bewerter bereit, auf einen Teil des erwarteten (positiven) Überschussbetrags zu verzichten, wenn er dafür von dessen Risikogehalt befreit würde. In diesem Fall wird von bestehender Risikoaversion bzw. Risikoscheu gesprochen, was aus einem rechtsgekrümmten bzw. konkaven Verlauf der Nutzenfunktion resultiert. Die angesprochene Differenz aus statistisch erwartetem Überschuss $E(\ddot{U}_t)$ und dessen Sicherheitsäquivalent $SÄ_t$ ist in diesem Fall positiv und wird als Risikoprämie RP_t bzw. Risikoabschlag bezeichnet. Diesen Betrag würde ein risikoaverser Entscheider maximal opfern, z. B. in Form einer Versicherungsprämie, um sich im Gegenzug von der bestehenden Unsicherheit zu befreien.

$$RP_t = E(\ddot{U}_t) - SÄ(\ddot{U}_t)$$

E(Ü)	…	*Erwarteter Überschuss*
RP	…	*Risikoprämie*
SÄ	…	*Sicherheitsäquivalent*
t	…	*Zeit- bzw. Periodenindex*

Hätte die Nutzenfunktion hingegen einen linearen Verlauf, wäre der Investor als risikoneutral einzustufen und bei einem linksgekrümmten bzw. konvexem Verlauf als risikofreudig. Hier erhöht ein aus der Unsicherheit der Überschüsse resultierender ‚Nervenkitzel' sogar die Attraktivität. In diesem Fall würde der

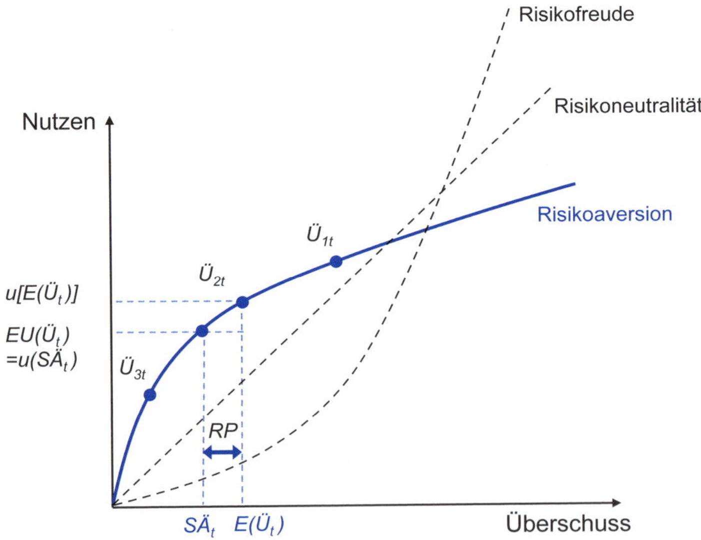

Abb. 1-7: Nutzenfunktionen und Risikoeinstellung für drei Beispielszenarien

Entscheider für einen Verzicht auf dieses Risiko eine Kompensation in Höhe der dann negativen Risikoprämie verlangen. Im Kontext der Unternehmensbewertung wird jedoch üblicherweise von risikoaversen Investoren ausgegangen. Abb. 1-7 skizziert die beschriebenen Zusammenhänge mit Bezug zu den drei Szenarien des nachfolgenden Beispiels nochmals in grafischer Weise.

Zur exemplarischen Veranschaulichung wird im Folgenden ein rein eigenfinanziertes Unternehmen unterstellt, das bereits am Ende der zweiten Periode veräußert oder liquidiert wird. Dementsprechend enthalten die für Periode 2 erwarteten (hohen) Überschüsse neben dem operativen Ergebnis in erster Linie den erwarteten Liquidations- bzw. Veräußerungserfolg. Hierzu wurde ein Trendszenario (Real Case) hinsichtlich der als am wahrscheinlichsten eingestuften Größen erstellt. Gleichzeitig wird in beiden Perioden für möglich gehalten, dass die Überschüsse jeweils um 30 % höher (Best Case) bzw. um 30 % niedriger (Worst Case) ausfallen könnten als im erwarteten Trendszenario (Real Case). Letzterem wird eine Eintrittswahrscheinlichkeit von 60 % beigemessen, während diese für die beiden Extremszenarien jeweils bei nur 20 % liegt. Eine Wechselwirkung zwischen beiden Perioden wird hierbei nicht gesehen, was als stochastische Unabhängigkeit bezeichnet wird (Drukarczyk/Schüler, 2021, S. 45 ff.).

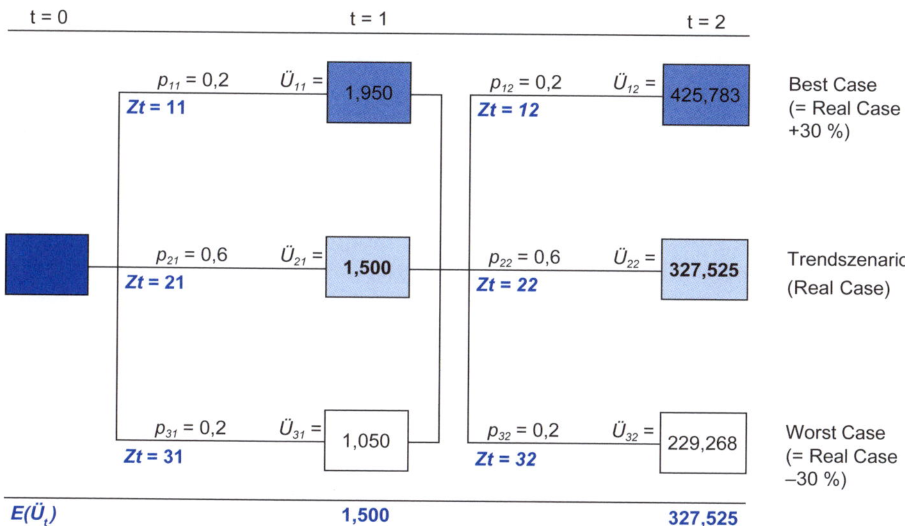

Abb. 1-8: Zweiperiodiges Beispielszenario für stochastische Unabhängigkeit

Als typisches und leicht handhabbares Beispiel einer risikoaversen Nutzenfunktion wird häufig die Logarithmusfunktion verwendet (Ballwieser/Hachmeister, 2021, S. 83 ff.; Kruschwitz/Husmann, 2012, S. 78 ff.). Entsprechend soll auch hier angenommen werden, dass sich der Nutzen erwarteter Überschüsse für den Bewerter wie folgt bemisst:

$$u(\ddot{U}_{Zt}) = ln(\ddot{U}_{Zt})$$

Aufgrund der jeweils drei denkbaren Zustände mit den oben genannten Eintrittswahrscheinlichkeiten ergeben sich in den beiden betrachteten Perioden die folgenden Erwartungsnutzen $EU(Ü_{Zt})$:

$$EU(Ü_{Z1}) = \sum_{Z=1}^{3} p_{Z1} \times u(Ü_{Z1}) = 0{,}2 \times ln(1{,}950) + 0{,}6 \times ln(1{,}500) + 0{,}2 \times ln(1{,}050) = 0{,}387$$

$$EU(Ü_{Z2}) = \sum_{Z=1}^{3} p_{Z2} \times u(Ü_{Z2}) = 0{,}2 \times ln(425{,}783) + 0{,}6 \times ln(327{,}525) + 0{,}2 \times ln(229{,}268) = 5{,}773$$

Die gesuchten Sicherheitsäquivalente für beide Perioden müssen definitionsgemäß einen jeweils identischen Nutzenwert bewirken. Zu dessen Ermittlung wird die Umkehrfunktion benötigt, was im vorliegenden Beispiel die Exponentialfunktion zur Basis der Eulerschen Zahl (≈ 2,718) ist. Die Sicherheitsäquivalente für Perioden 1 und 2 ergeben sich somit als:

$$SÄ_1 = u^{-1}\left[EU(Ü_{Z1})\right] = exp\left[EU(Ü_{Z1})\right] = exp(0{,}387) = 1{,}472$$

$$SÄ_2 = exp(5{,}773) = 321{,}405$$

Diese Sicherheitsäquivalente liegen jeweils unterhalb der statistischen Erwartungswerte der Überschüsse von 1,500 bzw. 327,525, was die Risikoaversion der im Beispiel verwendeten Nutzenfunktion zum Ausdruck bringt. Wird ein risikoloser Zinssatz von 4 % für beide Perioden unterstellt, lässt sich der Zukunftserfolgswert des betrachteten Unternehmens von 298,572 durch eine Diskontierung der Sicherheitsäquivalente mit dem risikolosen Zins berechnen:

$$UW_0^{ZEW} = \frac{1{,}472}{1{,}04} + \frac{321{,}405}{1{,}04^2} = 298{,}572$$

Der bisherigen Argumentation wurde eine vorzunehmende Bewertung von zu vereinnahmenden bzw. positiven risikobehafteten Überschüssen zugrunde gelegt. Es stellt sich die Frage, welche Konsequenzen ein mögliches Auftreten von negativen Erwartungswerten der Überschussgrößen hätte, das heißt wenn der Investor mit risikobehafteten Abflüssen rechnet. In diesem Fall beschreibt das Sicherheitsäquivalent in analoger Weise denjenigen sicheren Betrag, den der Investor bereit wäre, anstelle der unsicheren Auszahlungen zu entrichten (Drukarczyk/Schüler, 2021, S. 76). Dieses nun negative Sicherheitsäquivalent müsste bei bestehender Risikoaversion jedoch betragsmäßig höher ausfallen als der Erwartungswert der drohenden Auszahlungen. Die Interpretation der Risikoprämie bleibt damit unverändert als derjenige Betrag, den der Entscheider bereit ist über den Erwartungswert hinaus aufzuwenden, um von der unsicherheitsbedingten Verteilung der denkbaren Auszahlungen befreit zu werden. Somit ergeben sich auch bei negativen Erwartungswerten der Überschüsse keine grundsätzlich anderen Überlegungen.

Als gegenüber einer Bewertung mithilfe von Sicherheitsäquivalenten zumeist präferierte Alternative wird die Anwendung der sogenannten Risikozuschlagsmethode vorgeschlagen (z. B. Hommel/Dehmel, 2021, S. 195 ff.; Kuhner/Maltry, 2017b, S. 171 ff.). Hierbei werden die unsicheren zukünftigen Überschüsse des Unternehmens zunächst zu periodenbezogenen Erwartungswerten $E(Ü_t)$ verdichtet. Letztere erhält man, indem die zeit- und zustandsabhängig für möglich gehaltenen Ausprägungen der Überschüsse $Ü_{Zt}$ mit ihren Eintrittswahrscheinlichkeiten gewichtet werden.

$$E(\ddot{U}_t) = \sum_{Z=1}^{n} p_{Zt} \times \ddot{U}_{Zt}$$

$E(\ddot{U})$	… *Erwarteter Überschuss*
p	… *Eintrittswahrscheinlichkeit*
t	… *Zeit- bzw. Periodenindex*
$\ddot{U}$	… *Bewertungsrelevanter Überschuss*
Zt	… *Zustands-/Zeitindex (Eintritt von Zustand Z in Periode t)*

Der unsichere Erwartungswert der denkbaren Überschüsse ist dann mit einem risikoangepassten Diskontierungssatz abzuzinsen. Letzterer ergibt sich, indem der risikolose Zinssatz um einen der individuellen Risikoneigung entsprechenden Risikozuschlag z ergänzt wird. Für den Fall, dass zwischen den betrachteten Perioden keinerlei Verbundeffekte bestehen (stochastische Unabhängigkeit) und der risikolose Zinssatz zeitlich konstant ist, lässt sich der Zukunftserfolgswert eines Unternehmens allgemein wie folgt bestimmen (Ballwieser/Hachmeister, 2021, S. 95 ff.; Drukarczyk/Schüler, 2021, S. 46 ff.):

$$UW_0^{ZEW} = \sum_{t=1}^{\infty} \frac{E(\ddot{U}_t)}{(1+i^f+z_t) \times (1+i^f)^{t-1}}$$

$E(\ddot{U})$	… *Erwarteter Überschuss*
i^f	… *Risikoloser Zinssatz*
UW^{ZEW}	… *Zukunftserfolgswert des Unternehmens*
z	… *Risikozuschlag*

In dieser Barwertgleichung finden die Risikozuschläge z_t für die Überschüsse $\ddot{U}_t$ immer nur einmalig für die Diskontierung der Periode t Anwendung. Für alle übrigen zwischen t und dem Bewertungszeitpunkt liegenden Perioden erfolgt die Diskontierung hingegen allein mit dem risikolosen Zinssatz i^f. Der Grund dafür liegt in der oben unterstellten stochastischen Unabhängigkeit, durch die sich das gesamte in Bezug auf die Realisation von $\ddot{U}_t$ bestehende Risiko vollständig und einmalig in der Periode t auflöst (Hommel/Dehmel, 2021, S. 213; Kuhner/Maltry, 2017b, S. 174).

Bei unterstellter Gleichheit des Bewertungsergebnisses von Risikozuschlags- und Sicherheitsäquivalentmethode ergibt sich folgende Beziehung bezüglich der Höhe der periodischen Risikozuschläge z_t:

$$z_t = \left[\frac{E(\ddot{U}_t)}{S\ddot{A}_t} - 1\right] \times (1+i^f) = \frac{RP_t}{S\ddot{A}_t} \times (1+i^f)$$

Für das obige zweiperiodige Beispiel mit stochastischer Unabhängigkeit resultieren hieraus die folgenden, näherungsweise identischen Risikozuschläge z_t:

$$z_1 = \left(\frac{E(\ddot{U}_1)}{S\ddot{A}_1} - 1\right) \times (1+i^f) = \left(\frac{1{,}500}{1{,}472} - 1\right) \times 1{,}04 = 0{,}020$$

$$z_2 = \left(\frac{E(\ddot{U}_2)}{S\ddot{A}_2} - 1\right) \times (1+i^f) = \left(\frac{327{,}525}{321{,}405} - 1\right) \times 1{,}04 = 0{,}020$$

Der in diesem Beispiel erhaltene, hier für beide Perioden weitestgehend einheitliche Zuschlagssatz entspräche einer Erhöhung des risikolosen Zinssatzes um einen mitunter angesprochenen 50%igen ‚Praktikerzuschlag' (z.B. Hommel/Dehmel, 2021, S. 197 ff.).

Wenn diese Risikozuschläge zur Diskontierung der unsicherheitsbehafteten Erwartungswerte genutzt werden, erhöht sich für die jeweils letzte zu diskontierende Periode t der Diskontierungssatz, indem der risikolose Zins von 4% um einen Risikozuschlag von rund 2% erhöht wird. Für alle übrigen zwischen dem Bewertungszeitpunkt und der jeweils letzten Periode t liegenden Perioden erfolgt die Diskontierung hingegen mit dem risikolosen Zins. Im Ergebnis führt dies zu einem identischen Zukunftserfolgswert des Unternehmens wie die Bewertung auf Basis von Sicherheitsäquivalenten.

$$UW_0^{ZEW} = \sum_{t=1}^{\infty} \frac{E\left(\ddot{U}_t\right)}{\left(1+i^f+z_t\right)\times\left(1+i^f\right)^{t-1}} = \frac{1{,}500}{1{,}06} + \frac{327{,}525}{1{,}06\times 1{,}04} = 298{,}572$$

Auch bei Vorliegen von negativen Erwartungswerten ermittelt sich der Risikozuschlag in analoger Weise. Da hierbei aber sowohl der Erwartungswert der Überschüsse als auch deren Sicherheitsäquivalent negative Größen sind, wobei Letzteres betragsmäßig höher ausfällt, ergeben sich in diesem Falle negative Risikozuschläge im Diskontierungssatz (Drukarczyk/Schüler, 2021, S. 76).

Der Barwert risikobehafteter Überschüsse lässt sich somit bei hier unterstellter Risikoaversion grundsätzlich auf zweierlei Wegen bestimmen. Bei der Sicherheitsäquivalentmethode wird das Risiko innerhalb der Zählergröße berücksichtigt, indem die Erwartungswerte der Überschüsse um Risikoprämien RP korrigiert werden. Entsprechend wird hierfür bisweilen auch der Begriff ‚Ergebnisabschlagsmethode' verwendet (IDW, 2014, Tz. A 321). Die resultierenden Sicherheitsäquivalente sind dann mit dem risikolosen Zinssatz zu diskontieren.

Bei der Risikozuschlagsmethode erfolgt hingegen die Berücksichtigung der Unsicherheit innerhalb der Nennergröße, indem der risikolose Zinssatz um einen entsprechenden Risikozuschlag ergänzt wird. Mit diesem risikoangepassten Zinsfuß werden dann unmittelbar die risikobehafteten Erwartungswerte der Überschüsse diskontiert. Beide Vorgehensweisen führen bei konsistenter Anwendung zu identischen Bewertungsergebnissen, wobei sich die bestehende Unsicherheit bei unterstellter Risikoaversion zulasten des Bewertungsergebnisses auswirkt.

Da die periodenspezifischen Risikozuschläge jedoch nach dem oben dargestellten Vorgehen an zuvor ermittelten Sicherheitsäquivalenten $S\ddot{A}_t$ anknüpfen, deren Diskontierung mit i^f bereits den gesuchten Zukunftserfolgswert ergibt, ist die Bestimmung von hierzu konsistenten Risikozuschlägen z_t eigentlich entbehrlich, da lediglich ein bereits vorliegendes Ergebnis nochmals repliziert wird. Dennoch lässt sich der oben beschriebene Zusammenhang nutzen, um damit logisch zulässige Bandbreiten für Risikozuschläge auszuloten, indem ökonomisch irrationale Werte ausgeschlossen werden. So kann auch bei bestehender Risikoaversion das Sicherheitsäquivalent eines unsicheren Überschusses niemals kleiner sein als dessen im schlechtesten Fall denkbare Ausprägung $\ddot{U}^{min}$

(Worst Case). Der maximal zulässige Risikozuschlag z^{max} lässt sich daher wie folgt bestimmen, ohne dass hierzu ein konkretes Sicherheitsäquivalent oder die zugrunde liegende Nutzenfunktion bekannt sein müssen (Ballwieser/Hachmeister, 2021, S. 111 f.):

$$z_t^{max} = \left(\frac{E\left(\ddot{U}_t\right)}{\ddot{U}_t^{min}} - 1 \right) \times \left(1 + i^f\right)$$

$E(\ddot{U})$	… *Erwarteter Überschuss*
i^f	… *Risikoloser Zinssatz*
t	… *Zeit- bzw. Periodenindex*
$\ddot{U}^{min}$	… *Minimalwert des denkbaren Überschusses (Worst Case)*
z^{max}	… *Maximal zulässiger Risikozuschlag*

Die bisher dargestellten Formeln und Beispiele zur Sicherheitsäquivalent- bzw. Risikozuschlagsmethode bezogen sich durchgehend auf den Fall der stochastischen Unabhängigkeit. Dieser unterstellt, dass keinerlei Verbundeffekte zwischen den einzelnen Perioden bestehen und die möglichen Überschüsse einer Periode t nicht von der in den Vorperioden eingetretenen Entwicklung abhängen. Wird diese Einschränkung fallengelassen und eine stochastische Abhängigkeit unterstellt, erhöht dies die Komplexität der Bewertung deutlich. In diesem Fall sind differenzierte (zustandsabhängige) Sicherheitsäquivalente und Risikozuschläge in den jeweiligen Ästen der denkbaren Entwicklungspfade mithilfe einer rekursiven Vorgehensweise (Roll-Back-Verfahren) für jede betrachtete Periode zu bestimmen (Ballwieser/Hachmeister, 2021, S. 86 ff.; Drukarczyk/Schüler, 2021, S. 48 ff.; Hommel/Dehmel, 2021, S. 216 ff.). Die Risikozuschläge treten dann nicht mehr allein in der Periode des jeweiligen Überschusses auf, sondern über den gesamten Diskontierungszeitraum, da sich das entsprechende Risiko nun kontinuierlich auflöst.

Nur für den Fall, dass in jedem Entwicklungspfad über alle Perioden hinweg das Verhältnis zwischen Erwartungswert und Sicherheitsäquivalent identisch bleibt, würde ein einziger konstanter Risikozuschlagssatz z resultieren. Allein in diesem Sonderfall, bei gleichzeitiger zeitlicher Konstanz des risikolosen Zinses, ist somit strenggenommen die nachfolgende weit verbreitete Bewertungsgleichung für die Risikozuschlagsmethode gerechtfertigt, bei der die unbedingten Erwartungswerte der Überschüsse mit einem einheitlichen risikoadjustierten Diskontierungssatz abgezinst werden können (Drukarczyk/Schüler, 2021, S. 67). Gleichwohl entspricht dies dem regelmäßig in der praktischen Anwendung vorzufindenden Ansatz.

$$UW_0^{ZEW} = \sum_{t=1}^{\infty} \frac{E\left(\ddot{U}_t\right)}{\left(1 + i^f + z\right)^t}$$

Dieses Problem soll hier jedoch nicht in Bezug auf individuelle Risikoeinstellungen an einem Beispiel dargestellt werden, sondern nachfolgend im Kontext einer kapitalmarktorientierten Berücksichtigung von Unsicherheit, wobei die bereits angesprochene rekursive Vorgehensweise auch hier in analoger Weise Anwendung findet.

Kapitalmarktorientierte Berücksichtigung von Unsicherheit

Für eine kapitalmarktorientierte Berücksichtigung von Unsicherheit wird regelmäßig auf das sogenannte Capital Asset Pricing Model (CAPM) zurückgegriffen (Lintner, 1965; Mossin, 1966; Sharpe, 1964). Dabei handelt es sich in seiner Grundversion um ein einperiodiges Kapitalmarktmodell zur Beschreibung von im Marktgleichgewicht zu erwartenden Wertpapierpreisen und -renditen. Die in der Literatur weit verbreitete CAPM-Renditegleichung für ein bestimmtes Wertpapier *j* beschreibt einen linearen Zusammenhang zwischen Rendite und Risiko (sogenannte Wertpapierlinie) in verschiedenen geläufigen Schreibweisen:

$$E\left(r^j\right)=i^f+\left[E\left(r^m\right)-i^f\right]\times\beta^j=i^f+mrp\times\beta^j=i^f+\lambda\times COV\left(r^j,r^m\right)$$

$$mit \quad \beta^j=\frac{COV\left(r^j,r^m\right)}{VAR\left(r^m\right)}, \quad mrp=E\left(r^m\right)-i^f \quad und \quad \lambda=\frac{E\left(r^m\right)\text{-}i^f}{VAR\left(r^m\right)}$$

β^j	…	*Beta-Faktor des Wertpapiers j*
λ	…	*Marktpreis des Risikos*
$COV(r^j,r^m)$	…	*Kovarianz zwischen der Rendite des Wertpapiers j und der Marktrendite*
$E(r^j)$	…	*Erwartete Rendite des Wertpapiers j*
$E(r^m)$	…	*Erwartete Rendite des Marktportfolios*
i^f	…	*Risikoloser Zinssatz*
mrp	…	*Marktrisikoprämie*
$VAR(r^m)$	…	*Varianz der Marktrendite*

Die für das Wertpapier *j* erwartete Rendite $E(r^j)$ setzt sich in diesem Modell aus dem risikolosen (Basis-)Zinssatz i^f und einem risikoabhängigen Zuschlag zusammen, bei dem die allgemeine Marktrisikoprämie mrp mit einem wertpapierspezifischen Risikofaktor β^j gewichtet wird. Die Marktrisikoprämie ergibt sich als Differenz zwischen der erwarteten Rendite eines ideal diversifizierten, sämtliche riskante Anlagemöglichkeiten umfassenden Marktportfolios $E(r^m)$ und dem risikolosen Zins i^f. Als vereinfachende Näherungsgrößen für das umfassende Marktportfolio werden in der Praxis oft möglichst breit diversifizierte Wertpapierindizes genutzt. Der Beta-Faktor β^j als zentrales wertpapierspezifisches Risikomaß drückt aus, welche Renditeschwankung sich für ein konkretes Wertpapier ergibt, wenn die Rendite des Gesamtmarkts schwankt. Rechnerisch entspricht dies dem Verhältnis der Kovarianz von Wertpapier- und Gesamtmarktrendite gegenüber der Varianz der Gesamtmarktrendite (siehe auch Abschnitt 3.6.2 bzw. Kapitel 3.8). Dieser Teil des Wertpapierrisikos wird als systematisch bezeichnet und lässt sich nicht durch Diversifikation beseitigen. Nur die Übernahme dieses unvermeidbaren Risikos wird in der Modellwelt des CAPM durch eine höhere erwartete Rendite vergütet. Positive Beta-Faktoren bedeuten dabei, dass die Renditeschwankungen des Kapitalmarkts und des betrachteten Wertpapiers gleichgerichtet sind. Beta-Faktoren größer bzw. kleiner als 1 beschreiben eine entsprechende Relation des wertpapierspezifischen Risikos gegenüber dem Gesamtmarktrisiko. (Kruschwitz/Husmann, 2012, S. 187 ff.).

In einer hierzu äquivalenten Schreibweise drückt λ den Marktpreis des Risikos aus und wird als Quotient von Marktrisikoprämie und Varianz der Gesamtmarktrendite ermittelt. Die erwartete Rendite eines Wertpapiers ergibt sich dann aus dem risikolosen Zins und dem mit dem wertpapierindividuellen Kovarianzrisiko zu gewichtenden Marktpreis des Risikos λ (Drukarczyk/Schüler, 2021, S. 55).

Der im Rahmen einer kapitalmarktorientierten Anwendung der Risikozuschlagsmethode gesuchte risikoadjustierte Zuschlagssatz z entspricht in der einperiodigen Modellwelt des CAPM somit der über die risikolose Verzinsung hinausgehenden Renditeerwartung. Sie ermittelt sich, indem die allgemeine Marktrisikoprämie mit dem spezifischen Risikomaß β gewichtet wird in folgender Weise:

$$z = mrp \times \beta^j = \underbrace{\left[E\left(r^m\right) - i^f\right]}_{Marktrisikoprämie} \times \underbrace{\frac{COV\left(r^j, r^m\right)}{VAR\left(r^m\right)}}_{\beta} = \lambda \times COV\left(r^j, r^m\right)$$

β^j ... *Beta-Faktor des Wertpapiers j*
λ ... *Marktpreis des Risikos*
$COV(r^j, r^m)$ ... *Kovarianz zwischen der Rendite des Wertpapiers j und der Marktrendite*
$E(r^j)$ ... *Erwartete Rendite des Wertpapiers j*
$E(r^m)$ ... *Erwartete Rendite des Marktportfolios*
i^f ... *Risikoloser Zinssatz*
mrp ... *Marktrisikoprämie*
$VAR(r^m)$ ... *Varianz der Marktrendite*
z ... *Risikozuschlag*

Ebenso lassen sich CAPM-basierte Sicherheitsäquivalente definieren, indem die erwarteten Überschüsse mit den kapitalmarktbezogenen Renditeerwartungen verknüpft werden (Drukarczyk/Schüler, 2021, S. 56 ff.). Für diese gilt dann:

$$SÄ = E\left(Ü\right) - \underbrace{\lambda \times COV\left(Ü, r^m\right)}_{RP}$$

λ ... *Marktpreis des Risikos*
$COV(Ü, r^m)$ ... *Kovarianz zwischen Überschuss und Marktrendite*
$E(Ü)$ ... *Erwarteter Überschuss*
r^m ... *Rendite des Marktportfolios (Erwartungswert)*
RP ... *Risikoprämie*
$SÄ$ ... *Sicherheitsäquivalent*
$Ü$ ... *Bewertungsrelevanter Überschuss*

Zwischen der renditebezogenen und der überschussbezogenen Kovarianz von betrachtetem Unternehmen und Marktportfolio besteht bei einperiodiger Betrachtung der folgende Zusammenhang (Drukarczyk/Schüler, 2021, S. 57):

$$COV\left(r^j, r^m\right) = \frac{1}{UW^{ZEW}} \times COV\left(Ü, r^m\right)$$

Dabei beschreibt UW^{ZEW} den zu Beginn der hier betrachteten Einzelperiode ermittelten Zukunftserfolgswert. Dieser lässt sich alternativ mit der Sicherheitsäquivalentmethode oder der Risikozuschlagsmethode bestimmen als:

$$UW^{ZEW} = \frac{SÄ}{1+i^f} = \frac{E(Ü)}{1+i^f+z}$$

Für den Risikozuschlag z gilt damit auch im kapitalmarktbezogenen einperiodigen Kontext wieder der bereits oben beschriebene Zusammenhang:

$$z = \left(\frac{E(Ü)}{SÄ} - 1\right) \times \left(1+i^f\right)$$

Zusammenfassend ergeben sich zur Bestimmung des Unternehmenswerts zu Beginn der einen zunächst hier betrachteten Periode folgende äquivalente Bewertungsansätze mithilfe der Risikozuschlags- bzw. Sicherheitsäquivalentmethode:

$$UW^{ZEW} = \frac{SÄ}{1+i^f} = \frac{E(Ü) - \overbrace{\lambda \times COV\left(Ü, r^m\right)}^{RP}}{1+i^f}$$
$$= \frac{E(Ü)}{1+i^f+z} = \frac{E(Ü)}{1+i^f + \underbrace{mrp \times \beta}_{\text{Risikozuschlag } z}} = \frac{E(Ü)}{1+i^f + \underbrace{\lambda \times COV\left(r^j, r^m\right)}_{\text{Risikozuschlag } z}}$$

Die beschriebene Bewertungsgleichung ist dabei grundsätzlich auch für den Fall von negativen Erwartungswerten der Überschüsse anwendbar (Drukarczyk/Schüler, 2021, S. 77 ff.). Ob die resultierenden Sicherheitsäquivalente jedoch betragsmäßig größer oder kleiner sind als der Erwartungswert der Überschüsse bzw. welches Vorzeichen der Risikozuschlag im Diskontierungssatz erhält, hängt vom Vorzeichen des Kovarianzterms ab. Anders als im individualistischen Ansatz ist hier beides möglich. Die kapitalmarktorientierte Bestimmung der Risikozuschläge oder Sicherheitsäquivalente setzt allerdings immer voraus, dass die relevanten Marktparameter bekannt sind. Praktische Ansatzpunkte zur Bestimmung dieser Größen werden in Kapitel 1.2.2 näher erörtert.

Durch eine Verkettung der zunächst einperiodig dargestellten Zusammenhänge lässt sich die kapitalmarktorientierte Berücksichtigung von Unsicherheit auf Basis des CAPM auf mehrperiodige Konstellationen ausdehnen (Drukarczyk/Schüler, 2021, S. 59 ff.). Dies soll im Folgenden für den Fall stochastischer Abhängigkeit (siehe hierzu auch Kapitel 3.8) der erwarteten Überschüsse an einem Beispiel illustriert werden. Hierfür wird wieder ein zweiperiodiger Zeitraum betrachtet. Neben einem Trendszenario der erwarteten Überschüsse, welches identisch mit dem im vorherigen Beispiel bei stochastischer Unabhängigkeit ist, werden nun jedoch als Best Case- und Worst Case-Szenarien höher oder geringer ausfallende Wachstumsraten unterstellt, sodass spezifische Entwicklungspfade entstehen. Die zugrunde gelegten Werte entsprechen dem in Abschnitt 1.2.3.5 dargestellten Planungsbeispiel, mit dem Unterschied, dass hier erneut eine Veräußerung bzw. Liquidation bereits nach Periode 2 unterstellt wird, um einen verkürzten Betrachtungszeitraum für dieses Beispiel zu erzeugen. Indem sowohl für Periode 1 als auch für Periode 2 jeweils drei Szenarien möglich sind (Worst, Best und Real Case), ergeben sich hieraus bis zum Ende der Periode 2 bereits neun denkbare Entwicklungspfade, wie Abb. 1-9 veranschaulicht. Dabei hängen die in Periode 2 erwarteten Überschüsse nun davon ab, welcher Zustand in Periode 1 eingetreten ist. Die in den beiden betrachteten Perioden resultierenden Erwartungswerte sind zum vorherigen Beispiel der stochastischen Unabhängigkeit vollkommen identisch, nicht aber die Verteilung aller denkbaren Ausprägungen der Überschüsse. Insofern ist auch ein abweichendes Bewertungsergebnis aufgrund der nun anders getroffenen Risikoannahmen zu erwarten.

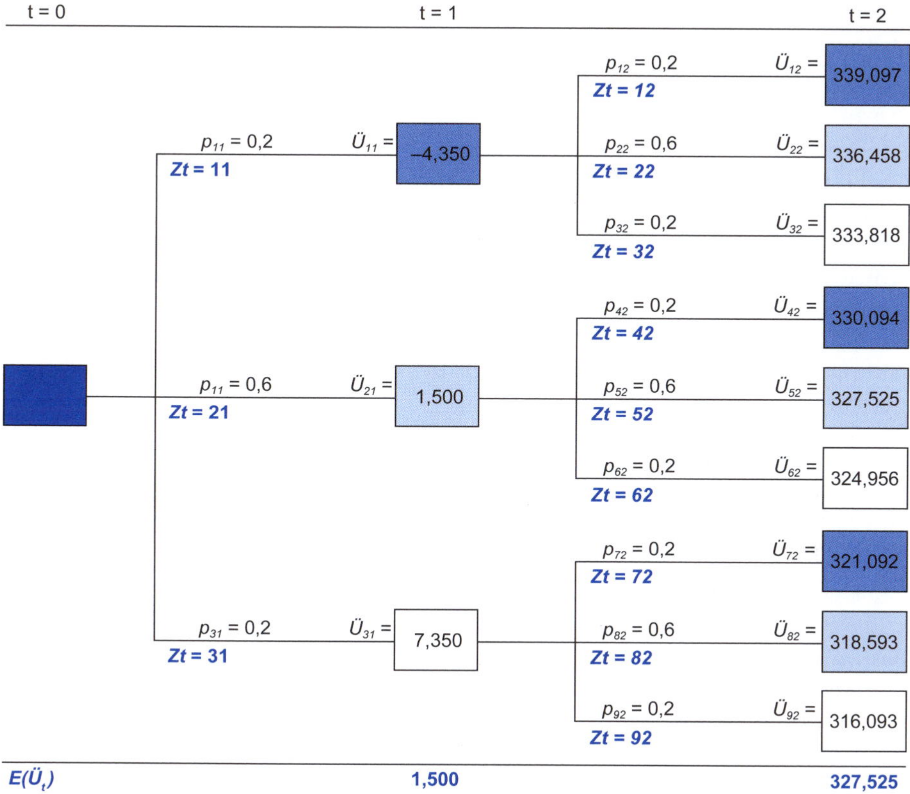

Abb. 1-9: Zweiperiodiges Beispielszenario für stochastische Abhängigkeit

Neben den dargestellten erwarteten Überschüssen liegen für die betrachteten drei Szenarien auch Erwartungen bezüglich der Kapitalmarktrenditen vor, wie sie in Abb. 1-10 dargestellt sind. Der risikolose Zinssatz i^f soll hierbei in jedem Fall 4,0 % für beide betrachtete Perioden betragen.

		Periode 1	Periode 2
Erwartete Marktrenditen der drei Szenarien			
Best Case (p = 0,2)		r_{11}^m = 10,0723 %	$r_{12}^m = r_{42}^m = r_{72}^m$ = 10,0590 %
Real Case (p = 0,6)		r_{21}^m = 9,0 %	$r_{22}^m = r_{52}^m = r_{82}^m$ = 9,0 %
Worst Case (p = 0,2)		r_{31}^m = 7,9277 %	$r_{32}^m = r_{62}^m = r_{92}^m$ = 7,9410 %
Resultierende Modellparameter des CAPM			
Erwartungswert der Marktrendite	$E(r^m)$	9,0 %	9,0 %
Varianz der Marktrendite	$VAR(r^m)$	0,000046	0,000045
Risikoloser Zinssatz	i^f	4,0 %	4,0 %
Marktrisikoprämie	$mrp = E(r^m) - i^f$	5,0 %	5,0 %
Marktpreis des Risikos	λ	1.087,025	1.114,568

Abb. 1-10: Erwartete Kapitalmarktrenditen für das zweiperiodige Beispielszenario

Für die Bewertung wird nun ein rekursives Vorgehen gewählt, das in der letzten betrachteten Periode ansetzt. Im vorliegenden Beispiel ist dies die Periode 2. Hierbei soll zunächst der Fall betrachtet werden, dass in Periode 1 tatsächlich das erwartete Trendszenario (Real Case), das heißt der Zustand $Zt = 21$, eintritt. In dieser Konstellation wären dann für die Periode 2 lediglich noch die drei mittleren in Abb. 1-9 dargestellten Ausprägungen der Überschüsse in Gestalt von $Ü_{42}$, $Ü_{52}$ und $Ü_{62}$ zu erwarten. In diesem Fall ergibt sich folgender bedingter Erwartungswert $E(Ü_{2|21})$ für die dann noch möglichen Überschüsse der Periode 2:

$$\begin{aligned} E\left(Ü_{2|21}\right) &= \sum_{Z=4}^{6} p_{Z2} \times Ü_{Z2} \\ &= 0,2 \times 330,094 + 0,6 \times 327,525 + 0,2 \times 324,956 \\ &= 327,525 \end{aligned}$$

Gleichzeitig lässt sich für den betrachteten bedingten Fall die Kovarianz zwischen den Überschüssen und den für möglich gehaltenen Kapitalmarktrenditen bestimmen, indem die Abweichungen der denkbaren Ausprägungen vom jeweiligen bedingten Erwartungswert gewichtet mit ihren Eintrittswahrscheinlichkeiten kumuliert werden:

$$\begin{aligned} COV\left(Ü_{2|21}, r_{2|21}^m\right) &= \sum_{Z=4}^{6} p_{Z2} \times \left[Ü_{Z2} - E\left(Ü_{Z2}\right)\right] \times \left[r_{Z2}^m - E\left(r_{Z2}^m\right)\right] \\ &= 0,2 \times (330,094 - 327,525) \times (0,100590 - 0,090) \\ &\quad + 0,6 \times (327,525 - 327,525) \times (0,090 - 0,090) \\ &\quad + 0,2 \times (324,956 - 327,525) \times (0,079410 - 0,090) \\ &= 0,010884 \end{aligned}$$

Hieraus lässt sich für den zunächst betrachteten Fall, dass in Periode 1 der Real Case ($Zt = 21$) eintritt, wiederum ein bedingtes Sicherheitsäquivalent $SÄ_{2|21}$ für die in Periode 2 denkbaren Überschüsse bestimmen als:

$$S\ddot{A}_{2|21} = E\left(\ddot{U}_{2|21}\right) - \underbrace{\lambda_2 \times COV\left(\ddot{U}_{2|21}, r^m_{2|21}\right)}_{RP_{2|21}}$$
$$= 327{,}525 - 1.114{,}568 \times 0{,}010884 = 315{,}394$$

Basierend auf diesem bedingten Sicherheitsäquivalent kann durch Diskontierung mit dem risikolosen Zins schließlich ein bedingter Unternehmenswert UW^{ZEW} im Zeitpunkt $t = 1$ bestimmt werden, und zwar für den Fall, dass in der ersten Periode das Trendszenario (Real Case bzw. $Zt = 21$) eingetreten ist.

$$UW^{ZEW}_{1|21} = \frac{S\ddot{A}_{2|21}}{1+i^f} = \frac{315{,}394}{1{,}04} = 303{,}264$$

Entsprechend der oben beschriebenen Zusammenhänge lassen sich hieraus wiederum auch die renditebezogene Kovarianz und schließlich ein Beta-Faktor von 0,8 für den betrachteten Fall bestimmen, der hier zu einem Risikozuschlag $z_{2|21}$ von 4,0 % führt. Dieser ist dann für Periode 2 anzuwenden, wenn in Periode 1 der Real Case eingetreten ist.

$$COV\left(r_{2|21}, r^m_{2|21}\right) = \frac{1}{UW^{ZEW}_{1|21}} \times COV\left(\ddot{U}_{2|21}, r^m_{2|21}\right) = \frac{1}{303{,}264} \times 0{,}01088 = 0{,}000036$$

Da im Beispiel die erwarteten Marktrenditen nicht von der Vorperiode abhängen, kann hier betragsmäßig auf deren unbedingte Varianz bzw. Marktrisikoprämie und den Marktpreis des Risikos aus Abb. 1-10 zurückgegriffen werden.

$$\beta_{2|21} = \frac{COV\left(r_{2|21}, r^m_{2|21}\right)}{VAR\left(r^m_{2|21}\right)} = \frac{0{,}000036}{0{,}000045} = 0{,}8$$

Der Risikozuschlag $z_{2|21}$ ergibt sich dann gemäß der CAPM-Renditegleichung unter Anwendung der übrigen unterstellten Marktparameter aus Abb. 1-10.

$$z_{2|21} = mrp \times \beta^j_{2|21} = 0{,}05 \times 0{,}8 = 0{,}04$$
$$= \lambda \times COV\left(r_{2|21}, r^m_{2|21}\right) = 1.114{,}568 \times 0{,}000036 = 0{,}04$$

Die Anwendung der Risikozuschlagsmethode führt dann bei Diskontierung des bedingten Erwartungswerts mit einem risikoadjustierten Kalkulationszins zum selben bedingten Unternehmenswert im Zeitpunkt 1 wie die oben dargestellte Berechnung auf Basis des Sicherheitsäquivalents.

$$UW^{ZEW}_{1|21} = \frac{E\left(\ddot{U}_{2|21}\right)}{1+i^f+z_{2|21}} = \frac{327{,}525}{1{,}08} = 303{,}264$$

Der dargestellte Rechenweg für Periode 2 lässt sich in analoger Weise auch für die beiden weiteren Fälle beschreiten, nämlich dass in Periode 1 anstatt des Trendszenarios (Real Case) die alternativen Extremszenarien (Best und Worst Case) eingetreten wären. Dies führt zu weiteren bedingten Sicherheitsäquivalenten, Risikozuschlägen und Unternehmenswerten im Zeitpunkt $t = 1$, wie sie in Abb. 1-11 dargestellt sind.

Zustand in Periode 1		**Best Case** (Zt = 11)	**Trendszenario (Real Case)** (Zt = 21)	**Worst Case** (Zt = 31)
Resultierende bedingte Parameter der Periode 2				
Überschussbezogene Kovarianz	$COV\ (\ddot{U}_{2\vert Z1}, r^m_{2\vert Z1})$	0,01118	0,01088	0,01059
Sicherheitsäquivalent	$S\ddot{A}_{2\vert Z1}$	323,996	315,394	306,793
Beta-Faktor	$\beta_{2\vert Z1}$	0,8	0,8	0,8
Risikozuschlag	$z_{2\vert Z1}$	0,04	0,04	0,04
Unternehmenswert	$UW^{ZEW}_{1\vert Z1}$	311,535	303,264	294,993

Abb. 1-11: Bedingte Bewertungsparameter für das zweiperiodige Beispielszenario bei stochastischer Abhängigkeit

Die im Zeitpunkt t = 1 ermittelten bedingten Unternehmenswerte reflektieren den Wert der in Periode 2 denkbaren Überschüsse, hängen allerdings von den jeweils für Periode 1 unterstellten Zuständen ab. Für die periodenübergreifende Verknüpfung von Periode 1 und 2 wird nun vorgeschlagen, die zustandsabhängigen Unternehmenswerte mit den entsprechenden Überschüssen der Vorperiode zusammenzufassen (Drukarczyk/Schüler, 2021, S. 63 ff.). Ansonsten bleibt die grundsätzliche Herangehensweise unverändert. Im vorliegenden Beispiel führt dies zu den nachfolgenden Werten:

$$E\left(\ddot{U}_1+UW_1^{ZEW}\right)=\sum_{Z=1}^{3}p_{Z1}\times\left(\ddot{U}_{Z1}+UW_{Z1}^{ZEW}\right)$$
$$=0,2\times(-4,350+311,535)+0,6\times(1,500+303,264)+0,2\times(7,350+294,993)$$
$$=304,764$$

Die Kovarianz zwischen den in t = 1 ermittelten Summen aus Überschüssen und Unternehmenswerten gegenüber den möglichen Marktrenditen der Periode 1 ergibt sich als:

$$COV\left[\left(\ddot{U}_1+UW_1^{ZEW}\right),r_1^m\right]=\sum_{Z=1}^{3}p_{Z1}\times\left[\left(\ddot{U}_{Z1}+UW_{Z1}^{ZEW}\right)-E\left(\ddot{U}_{Z1}+UW_{Z1}^{ZEW}\right)\right]\times\left[r_{Z1}^m-E\left(r_{Z1}^m\right)\right]$$
$$=0,2\times(307,185-304,764)\times(0,100723-0,090)$$
$$+0,6\times(304,764-304,764)\times(0,090-0,090)$$
$$+0,2\times(302,343-304,764)\times(0,079277-0,090)$$
$$=0,010384$$

Hieraus lässt sich wiederum ein Sicherheitsäquivalent für Periode 1 bestimmen, welches nicht mehr zustandsabhängig ist.

$$S\ddot{A}_1=E\left(\ddot{U}_1+UW_1^{ZEW}\right)-\underbrace{\lambda_1\times COV\left[\left(\ddot{U}_1+UW_1^{ZEW}\right),r_1^m\right]}_{RP_1}$$
$$=304,764-1.087,025\times0,010384=293,476$$

Die Diskontierung dieses Sicherheitsäquivalents mit dem risikolosen Zinssatz führt schließlich auf den gesuchten Unternehmenswert im Zeitpunkt $t = 0$.

$$UW_0^{ZEW} = \frac{SÄ_1}{1+i^f} = \frac{293{,}476}{1{,}04} = 282{,}189$$

Damit erhält die renditebezogene Kovarianz für Periode 1 den folgenden Wert:

$$COV\left(r_1, r_1^m\right) = \frac{1}{UW_0^{ZEW}} \times COV\left[\left(Ü_1 + UW_1^{ZEW}\right), r_1^m\right] = \frac{1}{282{,}189} \times 0{,}010384 = 0{,}000037$$

Hieraus ergibt sich für Periode 1 erneut ein Beta-Faktor von 0,8.

$$\beta_1 = \frac{COV\left(r_1, r_1^m\right)}{VAR\left(r_1^m\right)} = \frac{0{,}000037}{0{,}000046} = 0{,}8$$

Der in Periode 1 zu verwendende Risikozuschlag z beträgt dementsprechend erneut 0,04.

$$\begin{aligned} z_1 &= mrp \times \beta_1^j = 0{,}05 \times 0{,}8 = 0{,}04 \\ &= \lambda \times COV\left(r_1, r_1^m\right) = 1.087{,}025 \times 0{,}000037 = 0{,}04 \end{aligned}$$

Eine Diskontierung der erwarteten Überschüsse und Unternehmenswerte in $t = 1$ mit einem risikoadjustierten Zinssatz führt dann wieder auf den identischen Unternehmenswert in $t = 0$.

$$UW_0^{ZEW} = \frac{E\left(Ü_1 + UW_1^{ZEW}\right)}{1+i^f + z_1} = \frac{304{,}764}{1{,}08} = 282{,}189$$

Durch die periodenübergreifende Verkettung von Überschüssen und bedingten Unternehmenswerten lässt sich somit durch das beschriebene rekursive Vorgehen eine Unternehmenswertermittlung in $t = 0$ für den Fall einer stochastischen Abhängigkeit erreichen. Abb. 1-12 fasst das Vorgehen und die Ergebnisse des vorliegenden Beispiels mit Blick auf die Sicherheitsäquivalent- wie auch die Risikozuschlagsmethode nochmals zusammen.

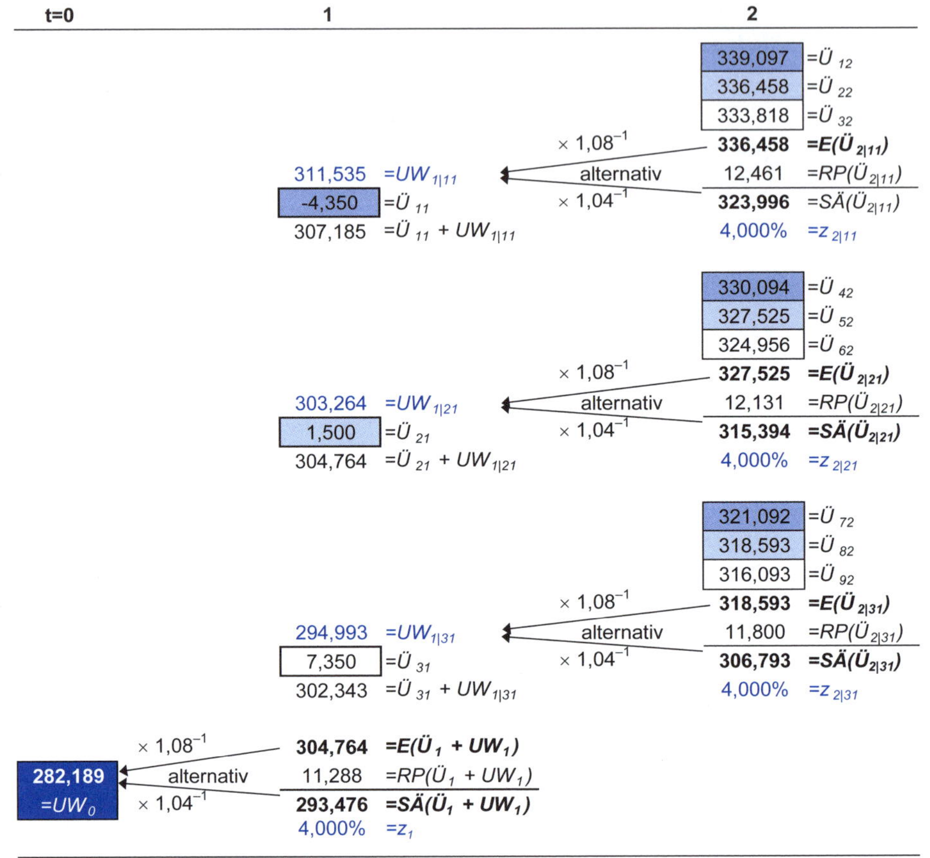

Abb. 1-12: Zusammenfassung der Bewertungsergebnisse für das zweiperiodige Beispielszenario bei stochastischer Abhängigkeit

Für den im Beispiel betrachteten Fall der stochastischen Abhängigkeit löst sich die bestehende Unsicherheit kontinuierlich auf. Entsprechend sind ausgehend von jedem Knoten spezifische Sicherheitsäquivalente bzw. Risikozuschläge zu bestimmen. Mit Blick auf den hier stark vereinfachten Beispielfall mit nur zwei Perioden und drei denkbaren Szenarien werden Aufwand und Komplexität dieses Vorgehens für reale Bewertungsfälle deutlich. Für das vorliegende Beispiel ergeben sich in allen Ästen identische Risikozuschläge von 4,0 %. Dies liegt daran, dass die Parameter hier bewusst so gewählt wurden, dass die Relation zwischen erwartetem Überschuss und Sicherheitsäquivalent bzw. zwischen Risikoprämie und Sicherheitsäquivalent in jedem Ast und in jeder Periode identisch ist (Drukarczyk/Schüler, 2021, S. 67). In diesem speziellen Sonderfall würde auch eine Diskontierung der unbedingten Erwartungswerte der Überschüsse mit dem sich in jedem Ast identisch ergebenden, risikoadjustierten Zinssatz unmittelbar zum korrekten Ergebnis führen.

$$UW_0^{ZEW} \sum_{t=1}^{2} \frac{E\left(\ddot{U}_t\right)}{\left(1+i^f+z\right)^t} = \frac{1{,}500}{1{,}08} + \frac{327{,}525}{1{,}08^2} = 282{,}189$$

Für reale Bewertungssituationen ist eine solche periodenweise Verwendung konstanter Risikozuschläge daher als eine stark vereinfachende Annahme bei implizit unterstellter stochastischer Abhängigkeit anzusehen. Die Bedingungen für den hier dargestellten Sonderfall einheitlicher Risikozuschläge dürften in der Realität jedoch regelmäßig nicht gegeben sein.

Die Berücksichtigung von Unsicherheit im Rahmen der Unternehmensbewertung in der dargestellten Weise unterliegt damit vielfältigen Einflussfaktoren. So ist grundsätzlich zu unterscheiden, ob die Bewertung auf Basis individualistischer Risikoneigungen oder im Kontext eines modellmäßig erfassten Kapitalmarkts erfolgen soll. Als ein weiterer wichtiger Aspekt wurde der Einfluss eventuell auftretender Periodeninterdependenzen (stochastische Un-/Abhängigkeit) dargestellt. In all diesen Konstellationen scheinen die Sicherheitsäquivalentmethode wie auch die Risikozuschlagsmethode brauchbare und in sich konsistente Lösungsmöglichkeiten zur adäquaten Berücksichtigung von Unsicherheit zu eröffnen.

Dabei ist allerdings nicht zu verkennen, dass dies die Akzeptanz der jeweiligen Modellgrundlagen voraussetzt, die in beiden Fällen alles andere als unstrittig und teils erheblichen Einwänden ausgesetzt sind. In Bezug auf die individualistische Anwendung der Sicherheitsäquivalentmethode oder hieraus abgeleiteter Risikozuschläge erscheint vor allem die praktische Ermittlung der relevanten Nutzenfunktionen als äußerst schwierig. Da es Individuen oftmals bereits selbst schwerfällt, sich hypothetische Nutzenvorstellungen bewusst zu machen, gilt dies für bewertende Dritte umso mehr (Moxter, 1983, S. 139). Bei mehreren oder gar einer Vielzahl von Beteiligten ergibt sich zusätzlich das Problem, dass diese Personen eventuell gar nicht bekannt sind oder miteinander unvereinbare Risikopräferenzen aufweisen (Baetge et al., 2019, S. 442; Kuhner/Maltry, 2017b, S. 169). Eine notwendige Aggregation der individuellen Präferenzen zu einer Gesamtnutzenfunktion ist daher kaum erreichbar. Zudem werden auch die entscheidungstheoretischen Grundlagen dieses Ansatzes zum Teil als äußerst problematisch angesehen (z. B. Kürsten, 2002; Reichling et al., 2006). Entsprechend ist diese Vorgehensweise in der Bewertungspraxis kaum anzutreffen.

Im Gegensatz hierzu versucht der kapitalmarktorientierte Ansatz einen gewissermaßen objektivierten Preis des Risikos aus Börsenkursen abzuleiten. In der Praxis ist diese Vorgehensweise sehr weit verbreitet und akzeptiert. Dies darf allerdings ebenfalls nicht darüber hinwegtäuschen, dass die Berücksichtigung von Risiko in der dargestellten Form von der grundsätzlichen Gültigkeit des CAPM als geeignetes Kapitalmarktmodell ausgeht. Kritiker bemängeln zurecht, dass es sich hierbei in seiner Grundform lediglich um ein Einperiodenmodell handelt, welches auf den sehr weitreichenden Annahmen eines vollkommenen und vollständigen Kapitalmarktes basiert. Die damit implizierte Abwesenheit von Steuern und Transaktionskosten, wie auch die unterstellten in vollständigem Wettbewerb stehenden Akteure mit homogenen Erwartungen, beschreiben real nicht gegebene theoretische Ideale (Hering, 2014, S. 208 ff.). Zudem führt der dabei postulierte Gleichgewichtszustand zu dem logischen Ergebnis, dass eine hierauf basierende Unternehmensbewertung regelmäßig zu Transaktionserfolgen von null führen müsste, da keiner der beteiligten Akteure reicher oder ärmer werden würde (Schneider, 1998). Darüber hinaus stützen empirische Untersuchungen nur bedingt die Gültigkeit des CAPM (stellvertretend Fama/French, 1992). Auch die praktische Bestimmung der notwendigen Kapitalmarktparameter gestaltet sich im Detail oftmals als schwierig, wie in Kapitel 1.2.2 noch näher beleuchtet wird. Insofern weist auch der kapitalmarktorientierte Ansatz bei Weitem nicht das Maß an umfassender Akzeptanz oder theoretischer Überlegenheit auf, wie dies mitunter suggeriert wird. Gleichwohl bildet die kapitalmarktorientierte Risikozuschlagsmethode den derzeit in Theorie und Praxis bedeutendsten Ansatzpunkt zur Berücksichtigung von Bewertungsrisiken, da es vor allem an praktikablen Alternativen mangelt. Aus diesem Grund wird er auch hier für die weitere Vorgehensweise genutzt. Dabei wird im Folgenden jedoch die Notation dahingehend vereinfacht, dass auch bei risikobehafteten Überschussgrößen auf den expliziten Ausweis eines Erwartungswertoperators verzichtet wird.

1.2.1.5 Finanzierungsprämissen (atmende vs. autonome Finanzierung)

Nachdem sich, wie bereits in Abschnitt 1.2.1.2 dargestellt, der Unternehmenswert im Brutto-Ansatz als Summe der Marktwerte von Eigen- und Fremdkapital ergibt, stellt sich die Frage, welchen Einfluss diese Finanzierungsstruktur auf den Unternehmenswert ausübt.

Eine erste Antwort geht auf die richtungsweisenden Arbeiten von Modigliani und Miller zurück, die in ihrem berühmten Aufsatz aus dem Jahr 1958 nachwiesen, dass unter den idealisierten Bedingungen eines vollkommenen und vollständigen Kapitalmarkts der Unternehmenswert völlig unabhängig von der Kapitalstruktur ist (Modigliani/Miller, 1958). Unter den genannten Voraussetzungen, das heißt insbesondere bei Abwesenheit von Steuern und Transaktionskosten sowie bei unbeschränkten Anlage- und Verschuldungsmöglichkeiten zum risikolosen Zinssatz, können Kapitalstrukturveränderungen innerhalb des Unternehmens keinen Wertbeitrag generieren, da diese Wirkungen von den Anteilseignern in beliebigem Umfang am Kapitalmarkt selbst erzeugt werden könnten (vgl. ausführlich z. B. Drukarczyk/Schüler, 2021, S. 89 ff.). Am vielleicht prägnantesten wurde dieser Zusammenhang von Miller selbst mit der Formulierung „more pieces but not more pizza“ umschrieben (Miller, zitiert nach Ross et al., 2013, S. 544). Diese Irrelevanz der Kapitalstruktur für den Unternehmenswert geht jedoch verloren, sobald die genannten strengen Anforderungen gelockert werden. In besonderem Maße gilt dies für die Berücksichtigung von Steuern, die in der Realität in teils recht komplexer Weise mit Finanzierungsaspekten zusammenwirken. Je nach konkreter Ausgestaltung des Steuersystems können sich fremdfinanzierungsbedingte Vor- oder Nachteile (sogenannte Tax Shields) ergeben, die sich von den Anteilseignern nicht gleichwertig auf persönlicher Ebene duplizieren lassen (Drukarczyk/Schüler, 2021, S. 101 ff.). Der Gesamt- bzw. Brutto-Unternehmenswert eines verschuldeten Unternehmens UW^{Brutto}, der sich aus den Marktwerten von Eigen- und Fremdkapital zusammensetzt, liegt dann um den Wertbeitrag dieser fremdfinanzierungsbedingten Steuervorteile WB^{TS} über dem Wert eines hypothetisch unverschuldeten Unternehmens UW^{u}. Eine detaillierte Darstellung der periodenbezogenen Bestimmung und Bewertung von Tax Shields findet sich insbesondere in Abschnitt 1.2.4.1 zum APV-Ansatz sowie mit Berücksichtigung persönlicher Steuern in Abschnitt 1.2.5.

$$UW_0^{Brutto} = EK_0^M + FK_0^M = UW_0^u + WB_0^{TS}$$

EK^M	… *Marktwert des Eigenkapitals*
FK^M	… *Marktwert des Fremdkapitals*
UW^{Brutto}	… *Brutto-Unternehmenswert (Wert des Gesamtkapitals bzw. Enterprise Value)*
UW^u	… *Unternehmenswert bei reiner Eigenfinanzierung (unlevered)*
WB^{TS}	… *Wertbeitrag der fremdfinanzierungsbedingten Steuervorteile (Tax Shields)*

Durch diesen steuerlich bedingten Werteinfluss wird die Festlegung der zugrunde zu legenden Finanzierungsprämissen zu einem wesentlichen Aspekt der Unternehmensbewertung. Hierfür sind die erwartete Entwicklung des Fremdkapitalbestands sowie die daraus resultierenden Auswirkungen auf die bewertungsrelevanten Überschüsse zu formulieren. Relevante Effekte ergeben sich dabei sowohl aus den Veränderungen des Fremdkapitalbestands durch Fremdkapitalaufnahmen und -tilgungen als auch aus den periodenbezogenen Zinszahlungen in Verbindung mit deren steuerlichen Konsequenzen.

Eine erste Schwierigkeit liegt hierbei jedoch bereits in der Frage, welche Positionen und Sachverhalte im Rahmen der Unternehmensbewertung überhaupt als Fremdkapital zu interpretieren sind. Aus bilanzieller Perspektive werden unter Fremdkapital all diejenigen Kapitalbeträge verstanden, die in absehbarer Zeit eine hinreichend konkretisierte Zahlungsverpflichtung des Unternehmens gegenüber Dritten darstellen (Coenenberg et al., 2021, S. 443 ff.). Dies umfasst neben Verbindlichkeiten auch Rückstellungen und passive Rechnungsabgrenzungsposten. Im Rahmen einer bewertungsbezogenen Sicht ist jedoch eine differenziertere Betrachtung hilfreich. Grundsätzlich sollten hier nur diejenigen Verpflichtungen gegenüber Nicht-Eigentümern erfasst werden, die einen tatsächlichen Marktwert aufweisen, was deren Handelbarkeit und damit eine Duplizierbarkeit auf Kapitalmärkten impliziert (Kruschwitz et al., 2010). Diese Marktwerte des Fremdkapitals sind dann im zweiten Rechenschritt des Brutto-Ansatzes (Entity-Approach) zur Ermittlung des Eigenkapitalmarktwerts vom Gesamtwert des verschuldeten Unternehmens abzuziehen bzw. gehen sie im Rahmen des Netto-Ansatzes (Equity-Approach) in die entsprechenden Anpassungsgleichungen der Eigenkapitalkostensätze ein.

Demzufolge werden alle kurzfristigen, primär leistungswirtschaftlich bedingten Passivpositionen wie Lieferantenverbindlichkeiten, erhaltene Anzahlungen, kurzfristige Rückstellungen oder Rechnungsabgrenzungsposten hier nicht als Fremdkapital im Bewertungssinne interpretiert. Vielmehr gehen die genannten Größen saldierend in die Position des Net Working Capital ein. Entsprechend wird zum Beispiel eine Verringerung dieser Positionen nicht als Fremdkapitaltilgung interpretiert, sondern als Investition in das Net Working Capital. Die ‚Kapitalkosten' dieser Sachverhalte schlagen sich unmittelbar in den Überschüssen des Leistungsbereichs nieder, was sich z. B. in Form von durch Skontoverlust erhöhten Materialaufwendungen bei Lieferantenverbindlichkeiten oder in eventuell verringerten Erlösen bei erhaltenen Kundenanzahlungen zeigt. Alle genannten Aspekte, wie auch deren steuerliche Wirkungen werden somit unmittelbar innerhalb der bewertungsrelevanten Überschüsse erfasst. Sie bilden damit durchaus wertbeeinflussende Größen, die detailliert im Rahmen der Planung zu berücksichtigen sind.

Einen in der Literatur nicht einheitlich behandelten Aspekt bildet der Umgang mit langfristigen Rückstellungen, die in Deutschland insbesondere für Pensionsverpflichtungen in größerem Umfang gebildet werden. Diese werden bisweilen auch als Fremdkapital im bewertungstheoretischen Sinne interpretiert (Baetge et al., 2019, S. 425; Ernst et al., 2012, S. 156 ff.). Allerdings erfordert dies eine Bestimmung des Marktwerts dieser Positionen sowie der entsprechenden Renditeforderungen seitens der Anspruchsberechtigten. Letztere fließen dann in die durchschnittlichen Kapitalkostensätze des Brutto-Ansatzes bzw. in die Anpassungsgleichungen der Eigenkapitalkostensätze des Netto-Ansatzes ein. Dieses Vorgehen erhöht zum einen die Komplexität der rechnerischen Bewertungsansätze und erfordert zum anderen ein deutlich ausgeweitetes Setzen von notwendigen Annahmen. Zudem ist eine Handelbarkeit auf liquiden Märkten, z. B. bei Pensionsverpflichtungen, tatsächlich nur eingeschränkt gegeben (Meitner/Streitferdt, 2019a, S. 627 f.). Daher erscheint es oftmals als zweckmäßig, auch langfristige (Pensions-)Rückstellungen im Bewertungskontext nicht als Fremdkapital aufzufassen, sondern die entsprechenden Sachverhalte einschließlich ihrer steuerlichen Wirkungen ebenfalls direkt innerhalb der bewertungsrelevanten Überschüsse abzubilden (Kruschwitz et al., 2009, S. 79 f.). Diesem Vorgehen wird auch hier gefolgt, indem sämtliche aus der Bildung und Inanspruchnahme von Rückstellungen resultierenden Konsequenzen, einschließlich ihrer steuerlichen Wirkungen wie auch der Verwendungsannahmen für die rückstellungsbedingte Mittelbindung, implizit im Rahmen der geplanten Überschüsse erfasst werden. Dies entspricht grundsätzlich dem Vorgehen zur Berücksichtigung von kurzfristigen Rückstellungen innerhalb des Net Working Capital, sodass Rückstellungen hier generell dem leistungswirtschaftlichen Bereich zugeordnet werden. Eine alternativ mögliche, separate Bestimmung von rückstellungsbedingten Wertbeiträgen setzt demgegenüber deutlich detailliertere Informationen voraus und und erfordert komplexere Überlegungen. Dabei gilt es insbesondere zu modellieren, welche Veränderung der bewertungsrelevanten Überschüsse durch die Rückstellungsbildung gegenüber deren Nichtexistenz ausgelöst werden. Bei den resultierenden Steuereffekten betrifft dies auch die Frage, ob die rückstellungsbedingte Mittelbindung für zusätzliche Sach- oder Finanzinvestitionen genutzt werden soll oder eine Verdrängung von Eigen- oder Fremdkapital eintritt (z. B. Drukarczyk/Schüler, 2021, S. 271 ff.; Schwetzler, 2006, S. 109 ff.).

Im Ergebnis konzentriert sich damit das Fremdkapital in der hier vertretenen Sicht auf die verbleibenden Finanzschulden, denen in der Regel Kreditverträge oder vergleichbare Wertpapierkontrakte zugrunde liegen, aus welchen sich die zu leistenden Zins- und Tilgungszahlungen ergeben. Für die Modellierung im Rahmen der Unternehmensbewertung wird üblicherweise unterstellt, dass Zins- und Tilgungszahlungen jeweils zum Periodenende zu leisten sind, sodass sich folgende, am buchmäßigen Schuldenstand zu Periodenbeginn FK_{t-1} anknüpfende Berechnung des Fremdkapitaldienstes aus Unternehmenssicht ergibt:

$$Zinsaufwand_t = i_t^{FK} \times FK_{t-1}$$

$$Kreditaufnahme\ bzw.\ \text{-}tilgung_t = \Delta FK_t = FK_t - FK_{t-1}$$

Eine äquivalente Duplikation dieser Zahlungsströme am Anleihenmarkt durch Erwerb oder Veräußerung von Fremdkapitalansprüchen mit gleichem Betrag und Risiko erscheint vergleichsweise unproblematisch, sodass auch die oben angesprochenen Marktwerte als bestimmbar angesehen werden können. Aus den entsprechenden am Kapitalmarkt beobachtbaren Anleihepreisen lassen sich die periodenspezifischen risikoadjustierten Kapitalkosten bzw. Renditeerwartungen der Fremdkapitalgeber k^{FK} ableiten. Der Marktwert des Fremdkapitals bestimmt sich dann auch hier als Zukunftserfolgswert, das heißt als Barwert der zukünftig erwarteten Überschüsse für die Fremdkapitalgeber auf Basis von deren Renditeforderungen (Diedrich/Dierkes, 2015, S. 290 ff.). Der hierbei im Zähler abzubildende Zahlungsstrom an die Fremdkapitalgeber FTD_t (Flow to Debt) errechnet sich als saldierte Nettogröße der erwarteten Zuflüsse aus Zinsen und Tilgungen bzw. Abflüsse aus Fremdkapitalausreichungen. Entspricht die in den Kreditverträgen festgelegte nominale Verzinsung der risikoadjustierten Renditeforderung der Fremdkapitalgeber ($k^{FK} = i^{FK}$), ergibt sich zu jedem Zeitpunkt eine weitestgehende betragsmäßige Übereinstimmung der Marktwerte dieser Schulden mit ihren jeweiligen Buchwerten (Meitner/Streitferdt, 2011, S. 12 ff.).

$$FK_0^M = \sum_{t=1}^{\infty} \frac{FTD_t}{\prod_{n=1}^{t}\left(1+k_n^{FK}\right)} = \sum_{t=1}^{\infty} \frac{\overbrace{i_t^{FK} \times FK_{t-1}}^{Zinsen} + \overbrace{\left(FK_{t-1} - FK_t\right)}^{Tilgungen}}{\prod_{n=1}^{t}\left(1+k_n^{FK}\right)} \approx FK_0 \quad wenn\ k_t^{FK} \approx i_t^{FK}$$

FK	…	*Fremdkapital (Buchwert)*
FK^M	…	*Marktwert des Fremdkapitals*
FTD	…	*Flow to Debt (Erwartungswert)*
i^{FK}	…	*Fremdkapitalzinssatz*
k^{FK}	…	*Kalkulationszinssatz bzw. Kapitalkostensatz der FK-Geber*
t	…	*Zeit- bzw. Periodenindex*

Die Annahme, dass der Buchwert des Fremdkapitals eine geeignete Näherungsgröße für dessen Marktwert darstellt, wird nachfolgend durchgehend unterstellt. Entsprechend wird im Folgenden die Notation FK allgemein für die als wertgleich unterstellten Buch- und Marktwerte des bewertungsrelevanten Fremdkapitals genutzt, ohne eine differenzierende Indexierung zu verwenden. Gleichzeitig wird auch der buchmäßige Zinssatz i^{FK} als Näherungsgröße für den Kapitalkostensatz der FK-Geber interpretiert.

Damit ist jedoch noch nicht geklärt, nach welchen Kriterien die zukünftigen Aufnahmen bzw. Rückführungen des Fremdkapitals erfolgen. Hierfür wird im Rahmen der Unternehmensbewertung regelmäßig auf zwei idealtypische Finanzierungsstrategien zurückgegriffen, die als autonom sowie als wertorientiert bzw. atmend bezeichnet werden (vgl. auch nachfolgend Drukarczyk/Schüler, 2021, S. 172 ff.; Hommel/Dehmel, 2021, S. 331 ff.; Richter, 1998, S. 379 ff.; Wallmeier, 1999, S. 1474).

Autonome Finanzierung

Bei einer autonomen Finanzierungsstrategie steht aus Sicht des Bewertungszeitpunktes die Entwicklung der zukünftigen Fremdkapitalbestände bereits betragsmäßig fest. Grundlage hierfür können z. B. bestehende Finanzierungs- bzw. Tilgungspläne sein, die den Fremdkapitalbestand unabhängig bzw. ‚autonom' von der Unternehmenswertentwicklung festschreiben. Die resultierenden zukünftigen Zinszahlungen und steuerlichen Konsequenzen sind hierdurch ebenfalls bereits determiniert. Bezogen auf zukünftig eintretende Umfeldzustände lässt eine autonome Finanzierung daher keinerlei spätere Anpassungen der Finanzierung zu. Die zukünftigen Unternehmenswerte selbst bilden jedoch typischerweise eine unsichere Größe, die z. B. von unsicheren konjunkturellen Entwicklungen abhängt. Damit wird auch die sich zukünftig als Relation zwischen Fremdkapitalbestand FK und Gesamtunternehmenswert UW^{Brutto} ergebende marktwertbasierte Fremdkapitalquote fkq^{M} zu einer im Bewertungszeitpunkt zunächst noch unbekannten Zufallsgröße. Für eine pfadabhängige Entwicklung des Unternehmenswerts (stochastische Abhängigkeit) wird dies in Abb. 1-13 exemplarisch dargestellt. In diesem Beispiel ergeben sich in Abhängigkeit von konjunkturbedingt möglichen Wachstumsraten des Umsatzes g^{U} verschiedene zustandsabhängige Unternehmenswerte. Während der Unternehmenswert damit für zukünftige Perioden potenziell verschiedene, pfadabhängige Werte annehmen kann, bildet der Bestand an Fremdkapital in jeder Periode eine deterministische Größe. Dementsprechend variiert das durch die Variable fkq^{M} beschriebene Verhältnis zwischen Fremdkapitalbestand und Gesamtunternehmenswert ebenfalls zustandsabhängig. Diese Fremdkapitalquote drückt das Verhältnis der jeweiligen Marktwerte aus, wobei sich aufgrund der hier unterstellten marktgerechten Verzinsung des Fremdkapitals dessen Buch- und Marktwerte entsprechen.

$$fkq_t^{M} = \frac{FK_t}{UW_t^{Brutto}} = \frac{FK_t}{EK_t^{M} + FK_t}$$

EK^{M} ... *Marktwert des Eigenkapitals*
FK ... *Fremdkapital (Annahme: Marktwert = Buchwert)*
fkq^{M} ... *Marktwertbasierte Fremdkapitalquote bzw. Zielkapitalstruktur*
t ... *Zeit- bzw. Periodenindex*
UW^{Brutto} ... *Brutto-Unternehmenswert (Wert des Gesamtkapitals bzw. Enterprise Value)*

Kurzfristig erscheint eine solche betragsmäßig festgelegte Fremdkapitalentwicklung als durchaus plausibel, indem sich diese z. B. aus bereits bestehenden Kreditverträgen ergibt. Dass aber einmal gefasste Finanzierungspläne auch auf lange Sicht keinerlei Anpassungsmöglichkeiten an die eintretende Umfeldentwicklung zulassen, bildet eine relativ stark einschränkende bzw. wenig realistische Annahme.

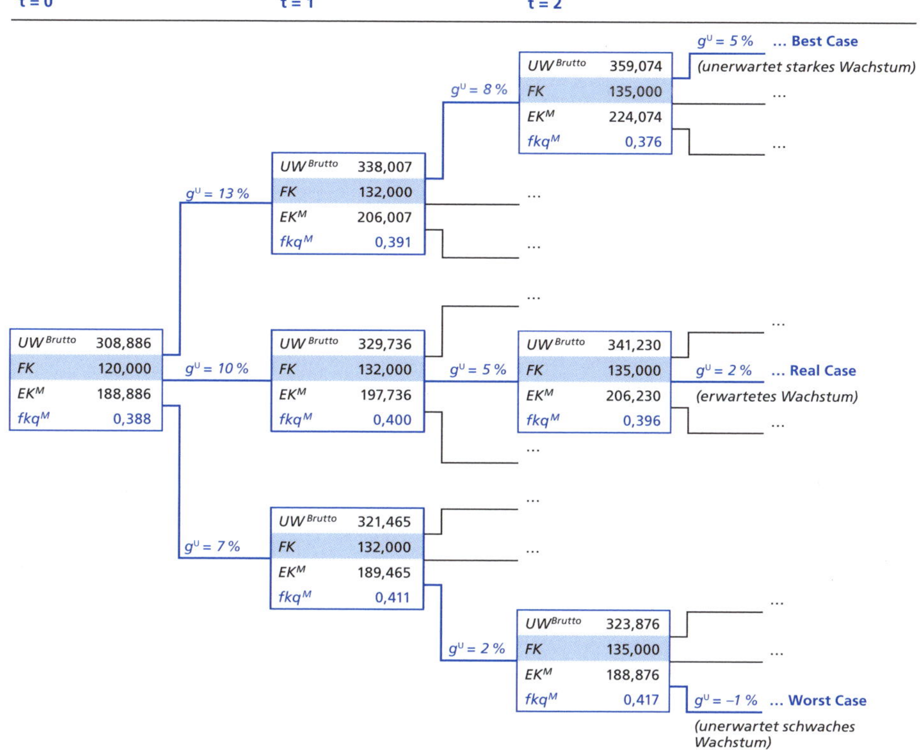

Abb. 1-13: Beispiel einer autonomen Finanzierungspolitik

Wertorientierte bzw. atmende Finanzierung

Bei dieser am Unternehmenswert anknüpfenden Finanzierungsstrategie werden deterministische Verschuldungsgrade für alle zukünftigen Zeitpunkte als quotale Anteile des Unternehmenswerts planerisch festgelegt. Diese lassen sich durch periodenspezifische Fremdkapitalquoten fkq^M beschreiben.

$$fkq_t^M = \frac{FK_t}{UW_t^{Brutto}} = \frac{FK_t}{EK_t^M + FK_t}$$

Damit ist jedoch nicht zwingend verbunden, dass diese Verschuldungsgrade im Zeitablauf konstant bleiben müssen, sondern lediglich, dass sie in jeder Periode einen konkreten, zustandsunabhängigen Wert fkq^M aufweisen. Dadurch wird auch der betragsmäßige Umfang des Fremdkapitals der zukünftigen Perioden aus Sicht des Bewertungszeitpunktes zu einer unsicheren Größe, die sich jeweils an den zustandsabhängigen Unternehmenswert anpasst. Dementsprechend wird diese Finanzierungspolitik auch als „atmend“ bezeichnet (z. B. Drukarczyk/Schüler, 2021, S. 172 sowie S. 176 ff.). Aus Vereinfachungsgründen wird in der Praxis sehr häufig eine zeitliche Konstanz dieses Verschuldungsgrades im Sinne einer dauerhaft angestrebten Zielkapitalstruktur unterstellt, wie dies exemplarisch auch in Abb. 1-14 dargestellt ist. Unabhängig vom eintretenden Umfeldzustand wird in diesem Beispiel das Fremdkapital immer auf 40 %

des Unternehmenswerts angepasst. Gegenüber dem vorherigen Beispiel einer autonomen Finanzierung ergeben sich hieraus jedoch abweichende Gesamtunternehmenswerte, da die aus einer wertorientierten Finanzierungspolitik resultierenden unsicheren Steuervorteile einen anderen Wertbeitrag generieren als die sichereren Tax Shields einer autonomen Finanzierung.

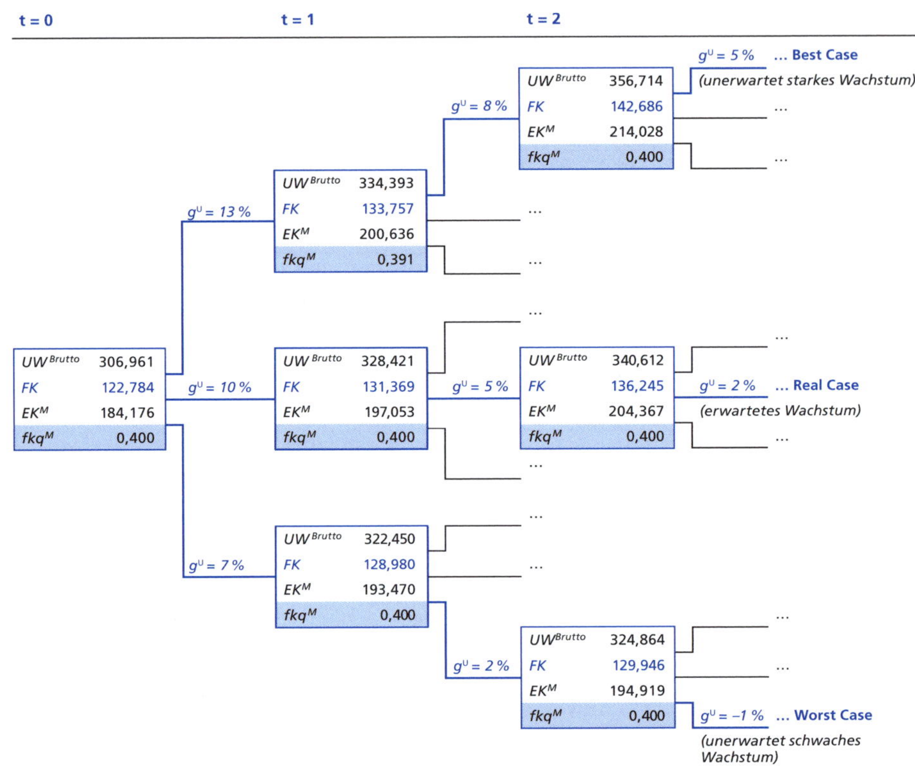

Abb. 1-14: Beispiel einer wertorientierten Finanzierungspolitik

Zusammenfassend lässt sich damit noch einmal festhalten, dass bei der annahmegemäßen Unterstellung einer autonomen Finanzierungsstrategie die zukünftigen betragsmäßigen Fremdkapitalumfänge wie auch deren steuerliche Konsequenzen als deterministische Größen unmittelbar festgelegt werden. Die wertorientierte bzw. atmende Finanzierungspolitik unterstellt hingegen deterministische Verschuldungsgrade in Form einer marktwertbasierten Fremdkapitalquote fkq^M. Beide Finanzierungsannahmen dienen im Rahmen der Bewertung in erster Linie der rechnerischen Vereinfachung. So ermöglichen die betragsmäßig bekannten Tax Shields der autonomen Finanzierung deren unmittelbare Bewertung mittels Diskontierung. Demgegenüber lassen sich auf Basis der im Rahmen der wertorientierten Finanzierungspolitik festgelegten Markwertrelationen von Eigen- und Fremdkapital unmittelbar die relevanten Kapitalkostensätze bestimmen. Bei der hierbei häufig genutzten Annahme einer zeitlichen Konstanz der Kapitalstruktur sowie der übrigen Kapitalmarktparameter bleiben diese Kapitalkostensätze zudem noch über alle Perioden hinweg konstant (Drukarczyk/Schüler, 2021, S. 223 f.).

Mit Blick auf die Unternehmenswirklichkeit erscheinen im Grunde beide Finanzierungsannahmen als relativ realitätsfern. So lässt sich das bedingungslose, autonome Festzurren der zukünftigen Fremdkapitalbeträge allenfalls kurzfristig begründen, indem von bereits bestehenden Finanzierungsplänen und -verträgen ausgegangen wird. Zukünftige Fremdkapitalaufnahmen werden jedoch der tatsächlich eintretenden wirtschaftlichen Entwicklung Rechnung tragen müssen und bilden dann keine aus heutiger Sicht deterministischen Größen. Umgekehrt erscheint auch die Annahme einer permanenten wertorientierten Finanzierungspolitik, bei der kurzfristige Ausschläge des Aktienkurses zu unmittelbaren Anpassungen des Fremdkapitalbestands führen müssten, vor allem auf kurze Sicht zweifelhaft (Schildbach, 2000, S. 717). Temporäre Unternehmenskrisen dürften dann gerade nicht mit steigendem Fremdkapitalbedarf, sondern vielmehr mit entsprechenden Rückführungen einhergehen. Andererseits erscheint es durchaus naheliegend, dass auch das Fremdkapital auf lange Sicht durchaus der allgemeinen wirtschaftlichen Unternehmensentwicklung und damit auch dessen Marktwert folgt.

Empirische Untersuchungen zeigen, dass reale Finanzierungsentscheidungen sehr vielfältigen Einflüssen unterliegen und keine dieser beiden Finanzierungspolitiken die Unternehmenswirklichkeit tatsächlich abzubilden vermag (Dierkes/Schäfer, 2017, S. 364 ff.). Insofern sind autonome und wertorientierte Finanzierung lediglich als zwei idealtypische Extrempunkte theoretisch denkbarer Verschuldungspolitiken zu interpretieren. Dementsprechend werden in der Literatur auch weitere Finanzierungspolitiken oder Mischformen (hybride Finanzierung) diskutiert, indem z. B. nur für die nähere Zukunft eine autonome Finanzierung unterstellt wird, die langfristig in eine wertorientierte übergeht (Kruschwitz/Löffler, 2006, S. 90 ff.; Kruschwitz et al., 2007) oder dass Bestandteile beider Finanzierungspolitiken permanent in bestimmten Umfängen kombiniert werden (Dierkes/Schäfer, 2017, S. 363 ff.). Allerdings erhöhen solche hybriden Konstrukte die Komplexität des Bewertungsansatzes in deutlichem Maße. Daher bilden die beiden oben dargestellten Prämissen einer autonomen oder einer wertorientierten Finanzierung die typischen Grundlagen verschiedener Bewertungsverfahren und werden im Folgenden regelmäßig wieder aufgegriffen.

1.2.1.6 Ertragsteuern (Unternehmenssteuern und persönliche Besteuerung)

Wie bereits mehrfach angesprochen, beinhaltet die Ermittlung des Zukunftserfolgswerts eine Bewertung der zukünftig durch das Unternehmen generierten Überschüsse, welche den Kapitalgebern zur Realisierung ihrer individuellen Konsumpläne zur Verfügung stehen. Da die Erhebung von Ertragsteuern diese Überschüsse verringert, bilden Steuern grundsätzlich eine wertrelevante Größe, die mit in die Betrachtung einzubeziehen ist. Dies wird in der Literatur seit Längerem relativ einhellig vertreten (stellvertretend Ballwieser/Hachmeister, 2021, S. 150 ff.; Hommel/Dehmel, 2021, S. 108 ff.; Mandl/Rabel, 1997, S. 167; Moxter, 1983, S. 177 ff.).

Eine Belastung der vom Unternehmen erwirtschafteten Überschüsse durch Ertragsteuern entsteht in der Regel sowohl auf Ebene des Unternehmens als auch auf Ebene der Kapitalgeber. Beide Ebenen sind grundsätzlich für Fragen der Unternehmensbewertung relevant (IDW, 2008, Tz. 28; KSW, 2014, Tz. 83 ff.). Während die Besteuerung auf Unternehmensebene regelmäßig im Rahmen der Planungsrechnungen zur Bestimmung der bewertungsrelevanten Überschüsse eine explizite Berücksichtigung findet, wird die Ebene der persönlichen Besteuerung in unterschiedlicher Weise behandelt. Zum einen kann versucht werden, auf Basis sachgerechter Annahmen die bewertungsrelevanten Überschüsse nach Abzug der persönlichen Ertragsteuern abzubilden und diese dann mit adäquaten Nachsteuer-Diskontierungssätzen abzuzinsen. Das deutsche Institut der Wirtschaftsprüfer sieht diese ‚unmittelbare Typisierung' bei Bewertungen von Kapitalgesellschaften aus vertraglich oder gesellschaftsrechtlich bedingten Anlässen vor (IDW, 2008, Tz. 31). Auch bei der Bewertung von Einzelunternehmen und Personengesellschaften ist eine explizite Berücksichtigung der persönlichen Besteuerung stets geboten (IDW, 2008, Tz. 47; KSW, 2014, Tz. 85). Erfolgt die Bewertung von Kapitalgesellschaften hingegen anlässlich unternehmerischer Initiativen, kann eine Berücksichtigung persönlicher Ertragsteuern unterbleiben (IDW, 2008, Tz. 30; KSW, 2014, Tz. 84). Bei diesem als ‚mittelbare Typisierung' bezeichneten Vorgehen wird vereinfachend unterstellt, dass die bewertungsrelevanten Unternehmensüberschüsse wie auch die aus vergleichbaren Alternativanlagen abgeleiteten Diskontierungssätze identischen Steuerbelastungen auf persönlicher Ebene unterliegen. Daher wird angenommen, dass sich diese Wirkungen auf Zähler und Nenner des Bewertungsansatzes weitestgehend aufheben. Diese starke Vereinfachung erscheint insbesondere bei Bewertungsanlässen vertretbar, bei denen es nicht auf die persönliche Besteuerung ankommt (z. B. bei Kreditwürdigkeitsprüfungen oder Impairment Tests) oder wenn z. B. internationale Anteilseigner verschiedenen Steuersystemen unterliegen. Im Falle einer solchen ‚mittelbaren Typisierung' sind dann persönliche Steuern weder in den bewertungsrelevanten Überschüssen noch in den Diskontierungssätzen zu berücksichtigen, sodass sich beide Größen äquivalent gegenüberstehen (vgl. hierzu auch Abschnitt 1.2.1.8).

Im Folgenden werden relevante Elemente bzw. grundsätzliche Zusammenhänge der Besteuerung auf Unternehmens- und persönlicher Ebene jeweils zunächst in allgemeiner Form dargestellt. Anschließend erfolgt deren exemplarische Konkretisierung anhand der gegenwärtigen Ausgestaltung des deutschen Steuerregimes. Für andere nationale Steuersysteme können analoge Anpassungen vorgenommen werden.

Besteuerung auf Unternehmensebene (Unternehmenssteuern)

Die Besteuerung von Einkünften auf Unternehmensebene knüpft allgemein am periodengerecht zu ermittelnden steuerlichen Gewinn vor Steuern an und unterwirft diesen dem für die Periode geltenden Unternehmenssteuersatz s^{Unt}. Die steuerliche Bemessungsgrundlage resultiert dabei aus dem steuerlichen Ergebnis der Periode vor Zinsen und Steuern *EBIT*, welches noch um den abzugsfähigen Zinsaufwand für Fremdkapital zu reduzieren ist. Letzteres kann durch fiskalische Regelungen eingeschränkt sein, wie dies z. B. in Deutschland der Fall ist. Die steuermindernde Wirkung der Fremdkapitalzinsen (Tax Shield) als gegebenenfalls nur begrenzt abziehbare Betriebsausgabe wird daher durch einen separaten unternehmensbezogenen Tax-Shield-Satz ts^{Unt} ausgedrückt. Damit errechnen sich die periodenbezogenen Gewinnsteuern eines Unternehmens S^{Unt} in allgemeiner Form vereinfacht wie folgt:

$$S_t^{Unt} = \underbrace{s_t^{Unt} \times EBIT_t}_{S_t^{adj}} - \underbrace{ts_t^{Unt} \times i_t^{FK} \times FK_{t-1}}_{TS_t}$$

$$= S_t^{adj} - TS_t$$

$EBIT$	…	*Earnings before Interest and Taxes (Ergebnis vor Zinsen und Steuern)*
FK	…	*Fremdkapital (Buchwert)*
i^{FK}	…	*Fremdkapitalzinssatz*
S^{adj}	…	*Angepasste Steuern (Steuerbelastung bei hypothetischer Eigenfinanzierung)*
S^{Unt}	…	*Unternehmenssteuern*
s^{Unt}	…	*Unternehmenssteuersatz*
t	…	*Zeit- bzw. Periodenindex*
TS	…	*Tax Shield (fremdfinanzierungsbedingter Steuervorteil)*
ts^{Unt}	…	*Tax-Shield-Satz auf Unternehmensebene*

Die Steuerbelastung auf Unternehmensebene lässt sich damit in zwei Komponenten zerlegen, die im Kontext von Unternehmensbewertung und wertorientiertem Controlling von Bedeutung sind. Der erste Term S^{adj} wird als ‚angepasste Steuern' bezeichnet und beschreibt die hypothetische Steuerbelastung für den Fall einer reinen Eigenfinanzierung. Nach Verminderung um die als Tax Shields bezeichneten fremdfinanzierungsbedingten Steuervorteile TS ergibt sich die tatsächliche Steuerbelastung auf Unternehmensebene. Sofern das relevante Steuersystem einen unbegrenzten Abzug von Fremdkapitalzinsen zulässt, ist der unternehmensbezogene Tax-Shield-Satz ts^{Unt} identisch mit dem Unternehmenssteuersatz s^{Unt}. Da nationale Steuersysteme in der Realität hinsichtlich ihrer Ausgestaltung und den festgelegten Steuersätzen im Zeitverlauf Veränderungen unterliegen können, ist dies grundsätzlich periodenspezifisch zu berücksichtigen.

Wesentliche Grundelemente der Unternehmensbesteuerung sollen im Folgenden am Beispiel von Deutschland illustriert werden. Hier bilden die Gewerbesteuer (GewSt) und die Körperschaftsteuer (KSt) zuzüglich eines ergänzenden Solidaritätszuschlags (SolZ) die grundsätzlich auf Unternehmensebene relevanten Steuerarten. Dabei kommt es jedoch zu rechtsformabhängigen Unterschieden. Auch der Unternehmenssteuersatz s^{Unt} weicht regelmäßig vom unternehmensbezogenen Tax-Shield-Satz ts^{Unt} ab. Wenngleich die im Folgenden dargestellten Steuerarten in relativ komplexer Weise zusammenwirken und die entsprechenden Regelungen in der Vergangenheit durch vielfältige Änderungen geprägt waren, sollen die Rahmenbedingungen der Unternehmensbesteuerung nachfolgend zumindest in ihrer grundlegenden gegenwärtigen Ausgestaltung am Beispiel Deutschlands kurz skizziert werden:

Die Gewerbesteuer erfasst gemäß §2 (1) GewStG die Einkünfte aus Gewerbebetrieb aller inländischen Unternehmen unabhängig von ihrer Rechtsform. Als Bemessungsgrundlage dient dabei nach §6 GewStG der Gewerbeertrag.

Dieser knüpft gemäß §7 GewStG zunächst am nach den Vorschriften des Einkommensteuergesetzes oder des Körperschaftsteuergesetzes zu ermittelnden Gewinn aus dem Gewerbebetrieb an, der dann jedoch noch verschiedenen Hinzurechnungen (§8 GewStG) und Kürzungen (§9 GewStG) unterliegt. Die im hier betrachteten Bewertungskontext besonders wichtige Regelung des §8 Nr. 1 GewStG führt dabei zu einer 25%igen Hinzurechnung der Entgelte für Schulden. Somit besteht in Konsequenz eine nur 75%ige Abzugsfähigkeit der Fremdkapitalzinsen bei der Gewerbesteuer, soweit ein Hinzurechnungsfreibetrag von 100.000 € überschritten wird. Der Gewerbeertrag wird gem. §11 GewStG in verschiedenen Konstellationen noch um einen Freibetrag gekürzt, der z. B. für Einzelunternehmen und Personengesellschaften 24.500 € beträgt. Zur Berechnung der periodenbezogenen Gewerbesteuer ist der in dieser Weise ermittelte Gewerbeertrag zunächst mit der Steuermesszahl von gegenwärtig 3,5% zu multiplizieren, woraus der sogenannte Steuermessbetrag resultiert (§11 GewStG). Die eigentliche Steuerbelastung ergibt sich, indem dieser Steuermessbetrag noch mit einem durch die erhebende Gemeinde individuell festgelegten Hebesatz H multipliziert wird (§§11, 14 und 16 GewStG). Der sich als Produkt aus Steuermesszahl und Hebesatz ergebende Gewerbesteuersatz s^{GewSt} variiert somit regional. In vereinfachter Weise lässt sich der periodische Gewerbesteueraufwand daher wie folgt beschreiben, wenn von gewährten Freibeträgen und Rundungen nach §11 (1) GewStG abgesehen wird:

$$\begin{aligned} S_t^{GewSt} &= Gewerbeertrag_t \times s_t^{GewSt} \\ &= \left(EBIT_t - 0{,}75 \times i_t^{FK} \times FK_{t-1}\right) \times \underbrace{mz_t^{GewSt} \times H_t}_{s_t^{GewSt}} \\ &= \left(EBIT_t - 0{,}75 \times i_t^{FK} \times FK_{t-1}\right) \times 0{,}035 \times H_t \end{aligned}$$

$EBIT$ … *Earnings before Interest and Taxes (Ergebnis vor Zinsen und Steuern)*
FK … *Fremdkapital (Buchwert)*
H … *Gewerbesteuerhebesatz*
i^{FK} … *Fremdkapitalzinssatz*
mz^{GewSt} … *Gewerbesteuermesszahl*
S^{GewSt} … *Gewerbesteuer*
s^{GewSt} … *Gewerbesteuersatz*
t … *Zeit- bzw. Periodenindex*

Unternehmen in der Rechtsform einer Kapitalgesellschaft, das heißt Aktiengesellschaften (AG), Gesellschaften mit beschränkter Haftung (GmbH) oder haftungsbeschränkte Unternehmergesellschaften (UG), mit Sitz und Gewerbebetrieb in Deutschland unterliegen auf Unternehmensebene neben der Gewerbesteuer zusätzlich noch der Körperschaftsteuer. Bemessungsgrundlage ist hier gemäß §7 (1) KStG das zu versteuernde Einkommen nach den Regelungen des Einkommensteuergesetzes und des Körperschaftsteuergesetzes, dessen Ermittlung nach §4 (1) und §5 (1) EStG am handelsbilanziellen Gewinn der Gesellschaft anknüpft. Auf das zu versteuernde Einkommen der Körperschaft ist gemäß §23 (1) KStG eine Steuer von 15% zu entrichten. Zudem erhöht der sogenannte Solidaritätszuschlag laut §4 SolZG die Steuerbelastung nochmals um 5,5%. Hierbei handelt es sich um eine eigentlich zeitlich befristete Ergänzungsabgabe, die jedoch schon seit längerer Zeit in dieser Form erhoben wird. Daraus ergibt sich gegenwärtig eine effektive Belastung in Höhe von 15,825 %. Der periodische Körperschaftsteueraufwand inklusive Solidaritätszuschlag ermittelt sich somit in vereinfachter Form prinzipiell als:

$$S_t^{KSt} = Gewinn_t \times s_t^{KSt} \times \left(1 + s_t^{SolZ}\right)$$
$$\left(EBIT_t - i_t^{FK} \times FK_{t-1}\right) \times s_t^{KSt} \times \left(1 + s_t^{SolZ}\right)$$
$$= \left(EBIT_t - i_t^{FK} \times FK_{t-1}\right) \times 0{,}15 \times (1 + 0{,}055) = \left(EBIT_t - i_t^{FK} \times FK_{t-1}\right) \times 0{,}15825$$

EBIT ... *Earnings before Interest and Taxes (Ergebnis vor Zinsen und Steuern)*
FK ... *Fremdkapital (Buchwert)*
i^{FK} ... *Fremdkapitalzinssatz*
S^{KSt} ... *Körperschaftsteuer*
s^{KSt} ... *Körperschaftsteuersatz*
s^{SolZ} ... *Solidaritätszuschlag*
t ... *Zeit- bzw. Periodenindex*

Die steuerliche Abzugsfähigkeit von Fremdkapitalzinsen wird jedoch hierbei noch durch eine sogenannte Zinsschranke gemäß § 8a KStG i. V. m. § 4h EStG limitiert. Vollständig abzugsfähig ist der Zinsaufwand nur, solange der sogenannte Schuldzinsüberhang, berechnet als Differenz von Zinsaufwand und Zinsertrag, 3 M€ nicht übersteigt. Ist dies jedoch der Fall, sind die abzugsfähigen Schuldzinsen auf maximal 30 % des steuerlichen Ergebnisses vor Zinsen, Steuern und Abschreibungen *EBITDA* (Earnings before Interest, Taxes, Depreciation and Amortization) begrenzt. Nichtabzugsfähige Schuldzinsen können dann jedoch vorgetragen und in den Folgejahren innerhalb der genannten Beschränkungen verrechnet werden. Daneben bestehen weitere Ausnahmeregelungen (sogenannte Escape- und Konzernklauseln), auf die hier nicht näher eingegangen werden soll. Da die oben beschriebene Gewerbesteuer jedoch ebenfalls auf das körperschaft- bzw. einkommensteuerliche Ergebnis zurückgreift, schlagen die Regelungen dieser Zinsschranke auch auf die Gewerbesteuer durch.

In Zusammenfassung der obigen Ausführungen ergibt sich für Personengesellschaften und Einzelunternehmen auf Unternehmensebene lediglich eine Belastung durch die Gewerbesteuer. Diese wirkt dann wiederum in spezifischer Weise auf die persönliche Besteuerung der Gesellschafter fort, was nachfolgend noch näher erläutert wird. Für Kapitalgesellschaften resultiert in Deutschland hingegen auf Unternehmensebene eine kombinierte Belastung durch Gewerbesteuer, Körperschaftsteuer und Solidaritätszuschlag, wobei Unternehmenssteuersatz s^{Unt} und Tax-Shield-Satz ts^{Unt} regelmäßig auseinanderfallen. Für eine zusammenfassende Abbildung der Besteuerung von Kapitalgesellschaften auf Unternehmensebene lassen sich beide Größen wie folgt vereinfachend beschreiben (Bachmann/Schultze, 2008, S. 23; Baetge et al., 2019, S. 493 f.):

$$s_t^{Unt} = s_t^{KSt} \times \left(1 + s_t^{SolZ}\right) + s_t^{GewSt}$$
$$= 0{,}15 \times (1 + 0{,}055) + 0{,}035 \times H_t$$

$$ts^{Unt} = s_t^{KSt} \times \left(1 + s_t^{SolZ}\right) \times \left[\frac{ZE_t + min\left(0{,}3 \times EBITDA_t ; ZA_t - ZE_t\right)}{i_t^{FK} \times FK_{t-1}}\right]$$
$$+0{,}75 \times 0{,}035 \times H_t \times \left[\frac{ZE_t + min\left(0{,}3 \times EBITDA_t ; ZA_t - ZE_t\right)}{i_t^{FK} \times FK_{t-1}}\right]$$

$EBITDA$ ... *Earnings before Interest, Taxes, Depreciation and Amortization (Ergebnis vor Zinsen, Steuern und Abschreibungen)*
FK ... *Fremdkapital (Buchwert)*
H ... *Gewerbesteuerhebesatz*
i^{FK} ... *Fremdkapitalzinssatz*
s^{Unt} ... *Unternehmenssteuersatz*
s^{GewSt} ... *Gewerbesteuersatz*
s^{KSt} ... *Körperschaftsteuersatz*
s^{SolZ} ... *Solidaritätszuschlag*
t ... *Zeit- bzw. Periodenindex*
ts^{Unt} ... *Tax-Shield-Satz auf Unternehmensebene*
ZA ... *Zinsaufwand*
ZE ... *Zinsertrag*

Ohne Berücksichtigung der Zinsschranke bzw. im Falle ihres Nichtgreifens vereinfacht sich die Ermittlung des Tax-Shield-Satzes ts^{Unt} zu:

$$ts_t^{Unt} = s_t^{KSt} \times \left(1 + s_t^{SolZ}\right) + 0{,}75 \times s_t^{GewSt} = 0{,}15 \times \left(1 + 0{,}055\right) + 0{,}75 \times 0{,}035 \times H_t$$

Wird z. B. ein in dieser Größenordnung relativ verbreiteter gewerbesteuerlicher Hebesatz von 400 % unterstellt, resultiert für deutsche Kapitalgesellschaften ohne die Berücksichtigung der Zinsschranke ein Unternehmenssteuersatz von 29,825 % und ein Tax-Shield-Satz von 26,325 %.

Die Besteuerung auf Unternehmensebene wird ergänzt durch die Besteuerung des persönlichen Einkommens, was bezüglich einiger besonders relevanter Aspekte im Folgenden ebenfalls allgemein formuliert und wieder am Beispiel Deutschlands exemplarisch konkretisiert wird.

Besteuerung auf persönlicher Ebene

Bei der Besteuerung natürlicher Personen wird deren steuerliches Einkommen mit einem persönlichen Einkommensteuersatz belastet. Auch diese Steuerbelastung kann sich einkommensabhängig entsprechend der §§ 3 und 4 SolZG durch den Solidaritätszuschlag um bis zu 5,5 % erhöhen. Die Besteuerung auf persönlicher Ebene erfolgt demnach grundsätzlich wie folgt:

$$S_t^{ESt} = s_t^{ESt} \times \left(1 + s_t^{SolZ}\right) \times ZVE_t$$

S^{ESt} ... *Einkommensteuer auf persönlicher Ebene*
s^{ESt} ... *Persönlicher Einkommensteuersatz*
s^{SolZ} ... *Solidaritätszuschlag*
t ... *Zeit- bzw. Periodenindex*
ZVE ... *Zu versteuerndes Einkommen*

Der Steuertarif weist dabei in Deutschland sowohl Freibeträge als auch einen progressiven Verlauf in Abhängigkeit von der Einkommenshöhe auf (§ 32a EStG). Der oben genannte persönliche Einkommensteuersatz s^{ESt} ist daher als

Durchschnittssteuersatz des relevanten Einkommens zu interpretieren, der sich aufgrund des progressiven Tarifs mit der Höhe des Gesamteinkommens verändert. Hierbei wird regelmäßig zwischen verschiedenen Einkunftsarten (§2 EStG) differenziert, die spezifischen Regelungen unterworfen sein können. Die im Kontext der Unternehmensbewertung besonders relevanten Einkünfte aus Kapitalvermögen (§20 EStG) werden nachfolgend wieder mit exemplarischem Bezug auf das deutsche Steuersystem kurz vorgestellt. Von besonderer Bedeutung sind hierbei die Rechtsform des betrachteten Unternehmens sowie die Frage, ob der Investor sein Kapital als Eigen- oder Fremdkapital zur Verfügung stellt. Die nachfolgend in ihren Grundzügen dargestellten Regelungen des deutschen Steuersystems unterlagen in der Vergangenheit vielfältigen Veränderungen, was auch für die Zukunft erwartbar ist. Nachfolgend wird dabei nur auf die gegenwärtige Situation Bezug genommen.

Ist das betrachtete Unternehmen eine Kapitalgesellschaft, unterliegen Gewinnausschüttungen bzw. Dividenden als Einkünfte aus Kapitalvermögen (§20 EStG) in Deutschland einem spezifischen Steuersatz von 25% (Abgeltungsteuersatz s^{ASt} gem. §32d (1) EStG), sofern der Steuerpflichtige nicht einen niedrigeren persönlichen Einkommensteuersatz aufweist (§32d (6) EStG). Auch die zu zahlende Abgeltungsteuer wird durch den Solidaritätszuschlag um 5,5% erhöht (§§3 und 4 SolZG). Die persönliche Steuer auf Dividendenerträge ergibt sich daher allgemein wie folgt:

$$S_t^D = s_t^D \times D_t$$

$$s_t^D = s_t^{ASt} \times \left(1 + s_t^{SolZ}\right) = 0{,}25 \times (1 + 0{,}055) = 0{,}26375$$

D … *Gewinnausschüttung bzw. Dividende*
s^{ASt} … *Abgeltungsteuersatz auf Kapitalerträge*
S^D … *Einkommensteuer auf Gewinnausschüttungen bzw. Dividenden*
s^D … *Persönlicher Steuersatz auf Gewinnausschüttungen bzw. Dividenden*
s^{SolZ} … *Solidaritätszuschlag*
t … *Zeit- bzw. Periodenindex*

Neben Gewinnausschüttungen bzw. Dividenden werden auch Kursgewinne in Deutschland der Besteuerung unterworfen. Allerdings erfolgt dies nicht in kontinuierlicher Weise im Entstehungszeitpunkt, sondern erst final bei Realisation einer Veräußerung (§20 (1) EStG). Bei längerfristigen Investments entsteht dadurch ein im Bewertungskontext relevanter Steuerstundungseffekt, sodass der effektive Steuersatz auf Kursgewinne in Abhängigkeit von der unterstellten Haltedauer deutlich unter den nominalen Steuersatz sinken kann, welcher in Deutschland gegenwärtig dem oben genannten 25%igen Abgeltungsteuersatz zuzüglich Solidaritätszuschlag entspricht. Auf die konkrete Ermittlung dieses effektiven Kursgewinnsteuersatzes wird im Rahmen der Ausführungen zum Tax-CAPM in Abschnitt 1.2.2.1 näher eingegangen.

Eine Anrechnung von bereits auf Unternehmensebene gezahlten Steuern erfolgt im Rahmen der deutschen Abgeltungsbesteuerung nicht. Ebenso ist der Abzug von Werbungskosten, die in einem wirtschaftlichen Zusammenhang mit diesen Einkünften stehen, bis auf einen sogenannten Sparer-Pauschbetrag von 1.000 € ausgeschlossen (§20 (9) EStG). Dies betrifft dann zum Beispiel private Schuldzinsen aus der Finanzierung dieses Investments. Ausschüttungen an andere Kapitalgesellschaften bleiben jedoch steuerfrei (§ 8b (1) KStG).

Wird die Beteiligung an einer Kapitalgesellschaft jedoch im Betriebsvermögen einer natürlichen Person oder Personengesellschaft gehalten oder werden bestimmte Beteiligungsgrenzen überschritten, kommt anstatt der beschriebenen Abgeltungsteuer von 25 % das sogenannte Teileinkünfteverfahren zur Anwendung. Hierbei werden Gewinnausschüttungen bzw. Dividenden sowie realisierte Kursgewinne zu 60 % mit dem allgemeinen persönlichen Einkommensteuersatz versteuert. Gleichzeitig ist dann allerdings auch ein 60 %iger Abzug von Werbungskosten zulässig.

Zinserträge, die aus der Bereitstellung von Fremdkapital resultieren, werden derzeit in Deutschland in analoger Weise wie Dividendeneinkünfte besteuert. Für diese Einkünfte aus Kapitalvermögen ist daher wieder der um den Solidaritätszuschlag erhöhte Abgeltungsteuersatz anzuwenden (§ 20 EStG, §§ 3 und 4 SolZG). Somit gilt derzeit für Deutschland $s^D = s^Z$, was in der Vergangenheit jedoch nicht immer der Fall war.

$$S_t^Z = s^Z \times ZE_t$$

$$s^Z = s^{ASt} \times \left(1 + s^{SolZ}\right) = 0,25 \times \left(1 + 0,055\right) = 0,26375$$

s^{ASt} ... *Abgeltungsteuersatz auf Kapitalerträge*
s^{SolZ} ... *Solidaritätszuschlag*
S^Z ... *Einkommensteuer auf Zinserträge*
s^Z ... *Persönlicher Steuersatz auf Zinserträge*
t ... *Zeit- bzw. Periodenindex*
ZE ... *Zinsertrag*

Handelt es sich beim betrachteten Unternehmen jedoch um ein gewerblich tätiges Einzelunternehmen oder um eine Personengesellschaft, so erzielen die Eigenkapitalgeber in Deutschland damit Einkünfte aus Gewerbebetrieb (§ 15 EStG). Diese unterliegen dem allgemeinen persönlichen Einkommensteuersatz. Allerdings ist hierauf die gezahlte Gewerbesteuer bis zum maximal 3,8-fachen des für den Erhebungszeitraum festgesetzten Gewerbesteuer-Messbetrags anrechenbar (§ 35 EStG). Dies entspricht einem maximal anrechenbaren Gewerbesteuersatz von 13,3 %. Diese Anrechnung der Gewerbesteuer vermindert die Steuerbelastung auf persönlicher Ebene. Die Ermittlung der persönlichen Einkommensteuer erfolgt dabei ausschüttungsunabhängig, wenn von der optionalen Thesaurierungsbegünstigung des § 34a EStG abgesehen wird. In vereinfachter Weise lässt sich der aus dem beschriebenen Zusammenhang resultierende persönliche Steuersatz für gewerbliche Einkünfte s^G wie folgt formulieren, wobei die grundsätzlich auch für Personengesellschaften und Einzelunternehmen geltenden Regelungen zur Zinsschranke hierbei aus Vereinfachungsgründen vernachlässigt werden:

$$S^G = \left(EBIT_t - i_t^{FK} \times FK_{t-1}\right) \times s^G$$

$$s^G = \left[s^{ESt} - \frac{\left(EBIT_t - 0{,}75 \times i_t^{FK} \times FK_{t-1}\right) \times min\left(s^{GewSt};0{,}133\right)}{EBIT_t - i_t^{FK} \times FK_{t-1}}\right] \times \left(1 + s^{SolZ}\right)$$

$EBIT$ … *Earnings before Interest and Taxes (Ergebnis vor Zinsen und Steuern)*
FK … *Fremdkapital (Buchwert)*
i^{FK} … *Fremdkapitalzinssatz*
S^G … *Einkommensteuer auf gewerbliche Einkünfte*
s^G … *Persönlicher Steuersatz auf gewerbliche Einkünfte*
s^{SolZ} … *Solidaritätszuschlag*
t … *Zeit- bzw. Periodenindex*

Die Bestimmung der relevanten Steuersätze und Bemessungsgrundlagen auf Unternehmens- und Personenebene ist entsprechend den konkreten Bedingungen des jeweiligen nationalen Steuersystems vorzunehmen. So bestehen z. B. auch in Österreich und der Schweiz strukturell vergleichbare Besteuerungsansätze, die sich aber in den jeweiligen Detailregelungen und Steuersätzen dennoch deutlich unterscheiden. Zudem sind insbesondere im Falle der Schweiz auch regionale Vorschriften der einzelnen Kantone und Gemeinden zu beachten. Grundsätzlich lassen sich jedoch auch hier die oben dargestellten allgemeinen Parameter des auf Unternehmensebene wirksamen Steuer- und Tax-Shield-Satzes sowie die persönlichen Steuersätze für Kapitalerträge und unternehmerisches Erwerbseinkommen bestimmen und entsprechend berücksichtigen.

1.2.1.7 Inflation (Nominal- vs. Realrechnung)

Im Rahmen der Zukunftserfolgswertermittlung werden Ströme zukünftiger Überschüsse bewertet, die den Kapitalgebern letztlich zur Erfüllung von Konsumzielen zur Verfügung stehen. Insofern bildet die Kaufkraft dieser Überschüsse ebenfalls einen wertrelevanten Aspekt und erwartete Geldwertänderungen sind entsprechend im Bewertungskalkül zu berücksichtigen (Friedl/Schwetzler, 2017, S. 949 ff.; Hommel/Dehmel, 2021, S. 93 ff.; Mandl/Rabel, 1997, S. 189 ff.; Moxter, 1983, S. 185 ff.). Für die Planung der zukünftig erzielbaren nominalen Unternehmensüberschüsse ist dabei insbesondere die Frage relevant, in welchem Maße sich etwaige auf den Beschaffungsmärkten des Unternehmens auftretende, inflationsbedingte Preissteigerungen auf die eigenen Abnehmer überwälzen lassen (IDW, 2008, Tz. 96). Eine unvollständige Weitergabe von inflationsbedingt steigenden Beschaffungspreisen würde bei einer gleichbleibenden Unternehmensleistung zu permanent sinkenden nominalen Wachstumsraten der Überschüsse und langfristig zu negativen Werten führen (Drukarczyk/Schüler, 2021, S. 162 ff.). Ist hingegen eine vollständige Überwälzbarkeit gegeben, entwickeln sich die Unternehmensüberschüsse im Gleichklang mit der beschaffungsseitigen Preisentwicklung. Daher ist im Rahmen der unternehmensspezifischen Analyse zu berücksichtigen, dass verschiedene Einsatzfaktoren in unterschiedlichem Maße von inflationsbedingten Preissteigerungen betroffen sein können und auch bei den Absatzpreisen regelmäßig unterschiedliche Überwälzungsmöglichkeiten auf die Endkunden bestehen. Strenggenommen wären somit sämtliche Überschusskomponenten hinsichtlich ihrer erwarteten

Preisveränderungen und Wachstumsraten im Rahmen der Planung separat zu modellieren (Mandl/Rabel, 1997, S. 191). Von diesen Detailaspekten wird nachfolgend vereinfachend abgesehen, indem eine zusammenfassende unternehmensspezifische Inflationsrate π^{Unt} genutzt wird, die als gewichtete Summe dieser periodenspezifischen Einzeleffekte zu interpretieren ist. Sie beschreibt in aggregierter Form die Auswirkung von Inflation auf die erwarteten Unternehmensüberschüsse (IDW, 2014, Tz. A 391 ff.).

Das nominale Wachstum der zukünftig erwarteten Überschüsse beinhaltet jedoch neben den angesprochenen unternehmensspezifischen Inflationsentwicklungen der Beschaffungs- und Absatzpreise vor allem auch die realwirtschaftlichen Mengenveränderungen und Investitionen des Leistungsbereichs (IDW, 2008, Tz. 95). Damit lässt sich die Entwicklung der nominalen Überschüsse und die damit einhergehende nominale Wachstumsrate vereinfacht mithilfe der folgenden Beziehung beschreiben:

$$\ddot{U}_t^{nom} = \ddot{U}_{t-1}^{nom} \times \left(1 + g_t^{\ddot{U}(nom)}\right) = \ddot{U}_{t-1}^{nom} \times \left(1 + g_t^{Mengen}\right) \times \left(1 + \pi_t^{Unt}\right)$$

$$g_t^{\ddot{U}(nom)} = \left(1 + g_t^{Mengen}\right) \times \left(1 + \pi_t^{Unt}\right) - 1$$

π^{Unt} … *Unternehmensspezifische Inflationsrate*
g^{Mengen} … *Wachstum aufgrund von Mengenänderungen*
$g^{\ddot{U}(nom)}$ … *Nominale Wachstumsrate des bewertungsrelevanten Überschusses*
t … *Zeit- bzw. Periodenindex*
$\ddot{U}^{nom}$ … *Nominaler Überschuss*

Das leistungswirtschaftliche Mengenwachstum resultiert aus einer Ausweitung oder Reduktion der Produktions- und Absatzmengen einschließlich der hierfür benötigten Kapazitäten, beinhaltet aber auch Aspekte wie Effizienzverbesserungen oder technischen Fortschritt (Baetge et al., 2019, S. 507 f.). Demgegenüber bezieht sich das durch π^{Unt} beschriebene inflationsbedingte Wachstum auf reine Preiseffekte. Eine Berücksichtigung der letztgenannten Aspekte kann im Rahmen der Bewertung alternativ in Form einer Nominalrechnung oder aber als Realrechnung erfolgen, die beide nachfolgend näher dargestellt werden. Dabei werden inflationsbedingte Kaufkraftverluste in unterschiedlicher Weise in den Überschussgrößen (Zählerterme) und Diskontierungsfaktoren (Nennerterme) berücksichtigt. Während die Nominalrechnung die Überschüsse einschließlich der zukünftig erwarteten Preissteigerungen erfasst, bildet die Realrechnung diese im Lichte des zum Bewertungszeitpunkt bestehenden Preis- bzw. Kaufkraftniveaus ab. Bei konsistenter Anwendung führen jedoch beide Wege zu völlig identischen Bewertungsergebnissen. Wird von einer im Bewertungszeitpunkt $t = 0$ gegebenen Unternehmenssituation ausgegangen, so entspricht ein in diesem Zeitpunkt erwirtschafteter nominaler Überschuss gleichzeitig seinem realen Wert, da beiden das aktuelle Preisniveau zugrunde liegt. Hiervon ausgehend entwickeln sich beide Größen wie in Abb. 1-15 dargestellt:

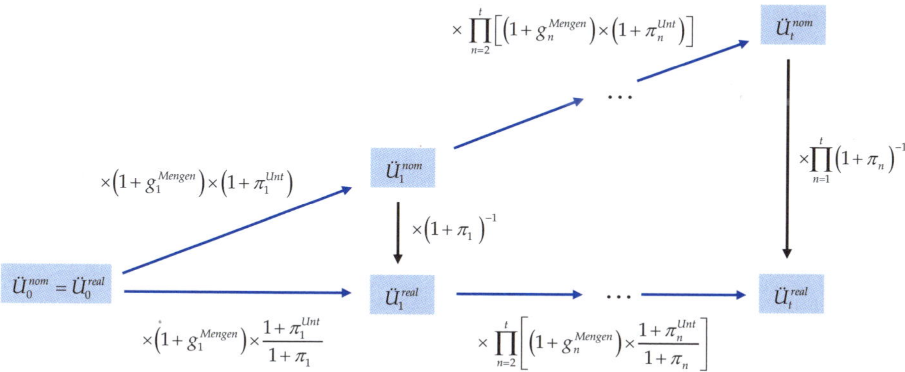

Abb. 1-15: Zusammenhänge zwischen realen und nominalen Überschüssen

Sofern keinerlei Inflation auftritt, stimmen die nominalen und realen Überschüsse der einzelnen Perioden auch weiterhin überein und zeitliche Veränderungen werden allein durch Mengeneffekte ausgelöst. Entspricht die unternehmensbezogene Inflation der allgemeinen Teuerungsrate ($\pi^{Unt} = \pi$), resultiert das Wachstum der realen Überschüsse ebenfalls nur aus den eintretenden Mengenveränderungen. Das nominale Wachstum erhöht sich dann jedoch um die Inflationswirkung. Liegt die unternehmensspezifische Inflation hingegen unterhalb der allgemeinen Teuerungsrate ($\pi^{Unt} < \pi$), wiegt der inflationsbedingte allgemeine Kaufkraftverlust schwerer als die preisbedingte Steigerung der nominalen Unternehmensüberschüsse. In diesem Fall kann es selbst bei positivem Mengenwachstum dennoch zu sinkenden realen Überschüssen kommen. Der Mengeneffekt zusammen mit der unternehmensspezifischen Inflation würde dann die eintretende Geldentwertung nicht kompensieren können. Damit auch das reale Überschusswachstum positiv ist, muss das Mengenwachstum in Relation zur auftretenden allgemeinen und unternehmensspezifischen Inflation hinreichend groß sein, wie nachfolgend beschrieben ist:

$$g_t^{Mengen} > \frac{\pi_t - \pi_t^{Unt}}{1+\pi_t^{Unt}} \Leftrightarrow g_t^{\ddot{U}(real)} > 0$$

Liegt die unternehmensspezifische Inflation oberhalb der allgemeinen Teuerungsrate ($\pi^{Unt} < \pi$), wirkt sich der preisbedingte Anstieg der nominalen Überschüsse hingegen stärker aus als der allgemein auftretende Kaufkraftverlust, sodass hierdurch auch die realen Überschüsse ansteigen. Die Umrechnung periodenspezifischer nominaler Überschüsse in ihre realen Werte erfolgt durch deren Deflationierung mit der allgemeinen Preissteigerungsrate π. Dadurch werden die erwarteten nominalen Überschüsse zukünftiger Perioden in der Kaufkraft des Bewertungszeitpunktes abgebildet.

$$\ddot{U}_t^{real} = \frac{\ddot{U}_t^{nom}}{\prod_{n=1}^{t}\left(1+\pi_n\right)}$$

Das bereits angesprochene reale Wachstum der Überschüsse kann analog zur obigen Darstellung des nominalen Wachstums dann wie folgt beschrieben werden:

$$\ddot{U}_t^{real} = \ddot{U}_{t-1}^{real} \times \left(1 + g_t^{\ddot{U}(real)}\right) = \ddot{U}_{t-1}^{real} \times \left(1 + g_t^{Mengen}\right) \times \frac{1 + \pi_t^{Unt}}{1 + \pi_t}$$

$$g_t^{\ddot{U}(real)} = \left(1 + g_t^{Mengen}\right) \times \frac{1 + \pi_t^{Unt}}{1 + \pi_t} - 1 = \frac{g_t^{\ddot{U}(nom)} - \pi_t}{1 + \pi_t}$$

π … *Allgemeine Inflationsrate*
π^{Unt} … *Unternehmensspezifische Inflationsrate*
g^{Mengen} … *Wachstum aufgrund von Mengenänderungen*
$g^{\ddot{U}(real)}$ … *Reale Wachstumsrate des bewertungsrelevanten Überschusses*
t … *Zeit- bzw. Periodenindex*
$\ddot{U}^{real}$ … *Realer Überschuss*

Die Bestimmung der realen und nominalen Wachstumsraten ist insbesondere für die vereinfachenden Modellierungsannahmen nach Ende des Detailplanungszeitraums von großer Relevanz (siehe Abschnitt 1.2.3.5). Hier gehen diese Größen regelmäßig als sogenannte Wachstumsabschläge in die entsprechenden Rentenbarwertformeln ein (Baetge et al., 2019, S. 510 ff.). Diese Wachstumsannahmen können durch das oben formal beschriebene Zusammenspiel von Mengenwachstum und allgemeinen bzw. unternehmensspezifischen Inflationswirkungen transparenter und damit leichter plausibilisierbar dargestellt werden.

Nominalrechnung

Nominalrechnungen spiegeln in den zu bewertenden Überschüssen die sich gegebenenfalls verändernden Preisniveaus zukünftiger Perioden wider. Auftretende Inflation führt dabei zu einem entsprechenden Ansteigen der nominalen Überschüsse. Gleichzeitig verlangen Investoren neben einer realen Verzinsung zusätzlich noch eine Kompensation für die während der Anlagedauer erlittenen Kaufkrafteinbußen. Dieser Zusammenhang wird als Fisher-Effekt (Fisher, 1930, S. 36 ff.) bezeichnet und drückt sich in folgenden Gleichungen bezüglich der Kapitalkosten bzw. zu verwendenden Diskontierungssätze aus:

$$k_t^{nom} = \left(1 + k_t^{real}\right) \times \left(1 + \pi_t\right) - 1$$

$$k_t^{real} = \frac{k_t^{nom} - \pi_t}{1 + \pi_t}$$

π … *Allgemeine Inflationsrate*
k^{nom} … *Nominaler Kalkulationszinssatz*
k^{real} … *Realer Kalkulationszinssatz*
t … *Zeit- bzw. Periodenindex*

Der Zukunftserfolgswert einer Unternehmung lässt sich im Rahmen einer Nominalrechnung durch Diskontierung der nominalen Überschüsse mit einem nominalen Kalkulationszinssatz bestimmen, was nachfolgend für das sogenannte Zwei-Phasen-Modell dargestellt ist (siehe Abschnitt 1.2.3.1). Hierbei werden die Zukunftserwartungen in eine Detailplanungsphase und einen sich anschließenden Fortführungszeitraum unterteilt. Der zum Ende der Planungsphase erwartete Unternehmenswert wird hierbei als Terminal Value bezeichnet (siehe auch Abschnitt 1.2.3.5).

$$UW_0^{ZEW} = \sum_{t=1}^{T} \frac{\ddot{U}_t^{nom}}{\prod_{n=1}^{t}\left(1+k_n^{nom}\right)} + \underbrace{\frac{\ddot{U}_T^{nom} \times \left(1+g^{\ddot{U}(nom)}\right)}{k_{T+1}^{nom} - g^{\ddot{U}(nom)}}}_{\text{Terminal Value}} \times \frac{1}{\prod_{n=1}^{T}\left(1+k_n^{nom}\right)}$$

$g^{\ddot{U}(nom)}$ … *Nominale Wachstumsrate des bewertungsrelevanten Überschusses (im Fortführungszeitraum)*
k^{nom} … *Nominaler Kalkulationszinssatz*
T … *Ende des Detailplanungszeitraums*
t … *Zeit- bzw. Periodenindex*
$\ddot{U}^{nom}$ … *Nominaler Überschuss*
UW^{ZEW} … *Zukunftserfolgswert des Unternehmens*

Bei zeitlich konstanten Kalkulationssätzen vereinfacht sich die Gleichung zu:

$$UW_0^{ZEW} = \sum_{t=1}^{T} \frac{\ddot{U}_t^{nom}}{\left(1+k^{nom}\right)^t} + \frac{\ddot{U}_T^{nom}\left(1+g^{\ddot{U}(nom)}\right)}{k^{nom} - g^{\ddot{U}(nom)}} \times \frac{1}{\left(1+k^{nom}\right)^T}$$

Der jeweils zweite Term dieser Barwertgleichungen dient der Ermittlung des Fortführungswerts aus der Zeit nach der Detailplanungsphase. Hier geht neben dem ersten in der Fortführungsphase erwarteten Überschuss und den nominalen Diskontierungssätzen auch die für die nachfolgende Zeit erwartete nominale Wachstumsrate $g^{\ddot{U}(nom)}$ ein. Diese Größe wird dabei als für alle späteren Perioden konstant angenommen. Die nominale Wachstumsgröße drückt, wie bereits angesprochen, implizite Annahmen zu erwarteten Mengeneffekten sowie zu unternehmensspezifischen Inflationsaspekten aus. Dies sei nachfolgend anhand eines Beispiels illustriert, bei dem die in Abb. 1-16 dargestellten nominalen Überschüsse betrachtet werden. Die unternehmensspezifische Inflationsrate π^{Unt} soll hierbei durchgehend 1 % betragen.

(Angaben in M€)	Symbol	t = 1	2	3	4	5 (= T)
Nominale Überschüsse	$\ddot{U}^{nom}$	1,500	12,375	19,751	22,443	22,667
Unternehmens-spezifische Inflation	π^{Unt}		1,00 %	1,00 %	1,00 %	1,00 %
Mengenwachstum	g^{Mengen}		716,83 %	58,02 %	12,51 %	0,00 %
Wachstum der nom. Überschüsse	$g^{\ddot{U}(nom)}$		725,00 %	59,60 %	13,63 %	1,00 %

Abb. 1-16: Erwartete nominale Überschüsse und deren Wachstumsparameter

In diesem Beispiel liegt ab Periode 5 ein eingeschwungener Zustand vor, der sich durch eine dauerhaft gleichbleibende Wachstumsrate auszeichnet. Die Wachstumsparameter der Periode 5 werden somit als repräsentativ für alle Folgeperioden angenommen. Die für eine solche Annahme notwendigen Bedingungen werden in Abschnitt 1.2.3.5 näher erläutert. Demnach steigt der zum Ende des Planungshorizonts in Periode 5 (= *T*) erwartete nominale Überschuss von 22,667 M€ auch in allen nachfolgenden Perioden nominal um 1 % an, was genau der unternehmensspezifischen Inflationsrate entspricht. Insofern werden neben diesen Preiseffekten dann keinerlei Mengenwirkungen mehr erwartet, sodass nur noch ein rein inflationsbedingtes Wachstum vorliegt. In den Perioden 1 bis 4 ist das nominale Wachstum neben den 1 %igen Preiswirkungen jedoch in sehr unterschiedlichem Maße auf Mengenveränderungen zurückzuführen. Wird zudem ein für alle Perioden konstanter nominaler Diskontierungszins k^{nom} in Höhe von 8 % unterstellt, ergibt sich die nachfolgende Ermittlung des Zukunftserfolgswerts:

$$UW_0^{ZEW} = \frac{1,500}{1,08} + \frac{12,375}{1,08^2} + \frac{19,751}{1,08^3} + \frac{22,443}{1,08^4} + \frac{22,667}{1,08^5} + \frac{22,667 \times 1,01}{0,08 - 0,01} \times \frac{1}{1,08^5} = 282,189$$

Eine derartige Nominalrechnung bildet im Rahmen von praktischen Unternehmensbewertungen den Regelfall (IDW, 2008, Tz. 94 ff.; KSW, 2014, Tz. 57). Gründe hierfür sind unter anderem, dass Steuerzahlungen auf Basis von nominalen Ergebnisgrößen berechnet werden. Zudem ist eine einfachere Modellierung unternehmensspezifischer Preisentwicklungen von gegebenenfalls verschiedenen Überschusskomponenten möglich und auch die zu verwendenden Diskontierungssätze liegen typischerweise als Nominalgrößen vor. Für die alternative Erstellung einer Realrechnung müssten die Bewertungsparameter zunächst ebenfalls als Nominalgrößen bestimmt und diese dann in einem weiteren Schritt mittels Deflationierung in Realgrößen überführt werden. Insofern bedeutet die Realrechnung zusätzlichen Berechnungsaufwand mit entsprechenden Fehlermöglichkeiten (Baetge et al., 2019, S. 509). Gleichwohl sind auch mittels Realrechnung bei konsistenter Anwendung identische Bewertungsergebnisse bestimmbar, wie nachfolgend exemplarisch gezeigt wird.

Realrechnung

In der Realrechnung werden die zukünftig erwarteten nominalen Überschüsse hinsichtlich ihrer Kaufkraft auf das im Bewertungszeitpunkt bestehende Preisniveau bezogen. Die so ermittelten realen Überschüsse sind dann mit realen Diskontierungssätzen und unter Berücksichtigung realer Wachstumsaussichten zu diskontieren. Liegen bereits die auf Basis unternehmensspezifischer Preis- und Mengenentwicklungen geplanten nominalen Überschüsse vor, sind diese zunächst durch einen weiteren Rechenschritt zu deflationieren, um die realen Überschüsse zu bestimmen. Wird exemplarisch von einer zeitlich konstanten, allgemeinen Inflationsrate π in Höhe von 3 % ausgegangen, lässt sich das obige Beispiel hierzu wie folgt fortführen:

(Angaben in M€)	Symbol	t = 1	2	3	4	5 (= T)
Nominale Überschüsse	$\ddot{U}^{nom}$	1,500	12,375	19,751	22,443	22,667
Allgemeine Inflationsrate	π	3,00 %	3,00 %	3,00 %	3,00 %	3,00 %
Deflationierungs-faktor	$(1+\pi)^t$	0,971	0,943	0,915	0,888	0,863
Reale Überschüsse	$\ddot{U}^{real}$	1,456	11,665	18,075	19,940	19,553
Wachstum der realen Überschüsse	$g^{\ddot{U}(real)}$		700,97 %	54,95 %	10,32 %	–1,94 %

Abb. 1-17: Erwartete reale Überschüsse und deren Wachstumsparameter

Neben den realen Überschüssen sind ferner die realen Kalkulationssätze zu bestimmen. Da im Rahmen des obigen Beispiels der nominale Kalkulationszinssatz wie auch die Inflationsrate zeitlich unveränderlich sind, ist dies hier nur einmalig nötig, was ansonsten periodenspezifisch erfolgen müsste. Der reale Diskontierungssatz ergibt sich somit für alle Perioden konstant als:

$$k^{real} = \frac{k^{nom} - \pi}{1+\pi} = \frac{0{,}08 - 0{,}03}{1{,}03} = 0{,}0485 \ bzw. \ 4{,}85\%$$

Als letzte Größe wird im Rahmen des hier dargestellten Zwei-Phasen-Modells eine langfristig erwartete reale Wachstumsrate benötigt, die aus Abb. 1-17 entnommen werden kann. Indem die Periode 5 (= T) als repräsentativ für das Wachstum aller Folgeperioden angenommen wird, ist in der gesamten Fortführungsphase mit einem kontinuierlichen Absinken der realen Überschüsse um 1,94 % zu rechnen. Dies resultiert daraus, dass die im Unternehmen auftretenden preisbedingten Erhöhungen der Überschüsse ($\pi^{Unt} = 1$ %) unterhalb der allgemeinen Geldentwertung von 3 % liegen. Bezogen auf das im Bewertungszeitpunkt geltende Preisniveau nimmt die Kaufkraft der zukünftigen Überschüsse somit kontinuierlich ab. Dies zeigt, dass für die Bestimmung realer Wachstumsraten keinesfalls allein auf reine Mengenwirkungen abzustellen ist, die im Beispiel ab Periode 5 ein Nullwachstum verzeichnen. Damit liegen nun alle notwendigen Parameter zur Bestimmung des Zukunftserfolgswerts auf Basis einer Realrechnung vor, was nach folgender Vorschrift geschieht:

$$UW_0^{ZEW} = \sum_{t=1}^{T} \frac{\ddot{U}_t^{real}}{\prod_{n=1}^{t}\left(1+k_n^{real}\right)} + \frac{\ddot{U}_T^{real} \times \left(1+g^{\ddot{U}(real)}\right)}{k_{T+1}^{real} - g^{\ddot{U}(real)}} \times \frac{1}{\prod_{n=1}^{T}\left(1+k_n^{real}\right)}$$

$g^{\ddot{U}(real)}$	… *Reale Wachstumsrate des bewertungsrelevanten Überschusses (im Fortführungszeitraum)*
k^{real}	… *Realer Kalkulationszinssatz*
T	… *Ende des Detailplanungszeitraums*
t	… *Zeit- bzw. Periodenindex*
$\ddot{U}^{real}$	… *Realer Überschuss*
UW^{ZEW}	… *Zukunftserfolgswert des Unternehmens*

Da im vorliegenden Beispiel der reale Kalkulationszins zeitlich konstant ist, vereinfacht sich die Barwertermittlung wieder und führt im Ergebnis auf denselben Zukunftserfolgswert wie zuvor bereits die Nominalrechnung.

$$UW_0^{ZEW} = \frac{1{,}456}{1{,}0485} + \frac{11{,}665}{1{,}0485^2} + \frac{18{,}075}{1{,}0485^3} + \frac{19{,}940}{1{,}0485^4} + \frac{19{,}553}{1{,}0485^5} + \frac{19{,}553 \times 0{,}9806}{0{,}0485 - (-0{,}0194)} \times \frac{1}{1{,}0485^5}$$
$$= 282{,}189$$

Aufgrund ihrer Ergebnisidentität sind Nominal- und Realrechnung prinzipiell völlig gleichwertig. Entscheidend ist dabei die strikte Einhaltung des sogenannten Homogenitätsprinzips (Moxter, 1983, S. 185 ff.). Dieses besagt, dass es nicht zu einer Vermengung von nominalen und realen Rechengrößen kommen darf. Bestehende Inflation bildet somit einen wichtigen Einflussfaktor auf den zu bestimmenden Unternehmenswert, was sich in besonderem Maß auf die Wachstumserwartungen in der Fortführungsphase auswirkt. Hierbei erscheint es relativ plausibel von einem lediglich inflationsgetriebenen Wachstum auszugehen und von einem als ewig anhaltend unterstellten realen Wachstum abzusehen. Dementsprechend werden in der Praxis häufig nominale Wachstumsraten verwendet, die auf Höhe oder sogar unterhalb der allgemeinen Inflationsrate liegen (Munkert, 2005, S. 360 ff.; Schüler/Lampenius, 2007, S. 243).

1.2.1.8 Äquivalenzprinzipien der Zukunftserfolgswertermittlung

Die Bestimmung des Unternehmenswerts als Zukunftserfolgswert durch Diskontierung erfolgt wie bereits in Abschnitt 1.2.1.1 dargestellt grundsätzlich nach der folgenden formalen Methodik:

$$UW_0^{ZEW} = \sum_{t=1}^{\infty} \frac{\ddot{U}_t}{\prod_{n=1}^{t} (1 + k_n)}$$

k ... *Kalkulationszinssatz (Kapitalkostensatz)*
t ... *Zeit- bzw. Periodenindex*
$\ddot{U}$ ... *Bewertungsrelevanter Überschuss*
UW^{ZEW} ... *Zukunftserfolgswert des Unternehmens*

Dieser rechnerische Ansatz beinhaltet eine vergleichende Gegenüberstellung der zukünftig erwarteten Überschüsse des Bewertungsobjektes mit den als Vergleichsmaßstab herangezogenen Kapitalkosten. Letztere verkörpern die durchschnittliche Rendite der bestmöglichen Alternativverwendung und werden als interner Zinsfuß aus deren Erträgen und Preis abgeleitet (Ballwieser/Hachmeister, 2021, S. 99; Kuhner/Maltry, 2017b, S. 100). Um hierbei zu sinnvollen Aussagen zu gelangen, müssen jedoch das zu bewertende Unternehmen und die als Benchmark fungierende Handlungsalternative hinsichtlich verschiedener Dimensionen vergleichbar sein. Mit Blick auf die vorzunehmende Diskontierung ist dies gegeben, wenn die bewertungsrelevanten Überschüsse als Zählergrößen mit den als Nennergrößen anzusetzenden Kapitalkosten in geeigneter Weise zueinander passen. Diesbezüglich wurden verschiedene Anforderungskriterien formuliert, die auch als Äquivalenzprinzipien bezeichnet werden. Wenngleich einige dieser Aspekte bereits in den vorangegangenen Abschnitten berührt wurden, sollen sie an dieser Stelle nochmals kurz zusammengefasst bzw. um weitere Elemente ergänzt werden. Die geforderte Äquivalenz von Zähler- und Nennergrößen der Diskontierung bezieht sich insbesondere auf die nachfolgenden Aspekte (Ballwieser/Hachmeister, 2021, S. 99 ff.; Dehmel/Hommel, 2017, S. 123 ff.; Kuhner/Maltry, 2017b, S. 102 ff.; Mandl/Rabel, 1997, S. 75 ff.; Moxter, 1983, S. 155 ff.):

Risikoäquivalenz

Bei einer Bewertung mittels Diskontierung muss das Risikoprofil der erwarteten Überschüsse mit dem Risiko der in den Kapitalkosten reflektierten Handlungsalternative übereinstimmen. Zwei grundsätzliche Möglichkeiten für eine entsprechende Berücksichtigung von Risiken wurden bereits in Abschnitt 1.2.1.4 dargestellt. Wenn risikoaverse Investoren unterstellt werden, mindert Unsicherheit den Wert positiver erwarteter Rückflüsse. Dies lässt sich rechentechnisch durch die sogenannte Sicherheitsäquivalent- bzw. Ergebnisabschlagsmethode im Zähler abbilden, indem die Erwartungswerte der risikobehafteten Überschüsse um einen Risikoabschlag gekürzt werden. Diese einem sicheren Überschuss gleichwertigen Zählergrößen werden dann entsprechend mit dem sicheren Zinssatz diskontiert. Im Rahmen der Risikozuschlagsmethode erfolgt die Risikoberücksichtigung hingegen im Nenner. Dort werden die unkorrigierten risikobehafteten Erwartungswerte im Zähler mit einem risikoadjustierten Zinssatz diskontiert. Dieser ergibt sich, indem der sichere Zinssatz bei Risikoaversion um einen Risikozuschlag erhöht wird. Für den hypothetischen Fall risikofreudiger Investoren würden sich die Vorzeichen der genannten Risikokorrekturen umkehren. Risikoäquivalenz bedeutet demnach, dass sichere – oder zu diesen äquivalente – Überschüsse mit dem risikolosen Zinssatz zu diskontieren sind. Risikobehaftete Erwartungswerte werden hingegen mit einem risikoangepassten Zins diskontiert. In der praktischen Anwendung wird der Risikozuschlagsmethode oftmals der Vorzug gegeben (IDW, 2008, Tz. 90; KSW, 2014, Tz. 100). Konkrete Ansatzpunkte zur praktischen Gewinnung des risikolosen Zinssatzes sowie geeigneter Risikozuschläge werden in Kapitel 1.2.2 näher dargestellt.

Kaufkraftäquivalenz

Dieses Äquivalenzprinzip fordert, dass die Überschüsse des zu bewertenden Unternehmens im Zähler auch hinsichtlich ihrer unterstellten Kaufkraft der als Vergleichsmaßstab gewählten Handlungsalternative entsprechen. Das bedeutet, dass die Überschüsse entweder als unkorrigierte und gegebenenfalls durch Inflationswirkungen aufgeblähte Nominalgrößen in die Berechnung eingehen oder hinsichtlich ihrer Kaufkraft auf den Bewertungsstichtag bezogen werden. Im erstgenannten Fall werden nominale Überschüsse mit den beobachtbaren nominalen Zinssätzen abgezinst. Letztere enthalten gemäß der sogenannten Fisher-Formel (Fisher, 1930, S. 36 ff.) auch eine von den Investoren geforderte Kompensation für die während der Anlagedauer erlittenen Kaufkrafteinbußen. Sollen demgegenüber reale, das heißt inflationsbereinigte Überschüsse der Diskontierung zugrunde gelegt werden, muss auch der Diskontierungssatz in eine reale Größe umgewandelt werden. In Abschnitt 1.2.1.7 wurde bereits detailliert dargestellt, dass diese Real- und Nominalrechnungen vollkommen äquivalent sind und zu identischen Bewertungsergebnissen führen. Aufgrund des höheren Aufwandes bei der Bestimmung der Zähler- wie auch der Nennergrößen spielen Realrechnungen in der Bewertungspraxis jedoch keine nennenswerte Rolle (IDW, 2008, Tz. 94; KSW, 2014, Tz. 57). Allerdings ist auch bei als Nominalrechnungen ausgestalteten Unternehmensbewertungen eine intensive Auseinandersetzung mit eventuellen Inflationswirkungen unerlässlich, da diese Effekte in unterschiedlichem Maße auf den Beschaffungsmärkten des Unternehmens wirken und sich oftmals nur teilweise auf die Absatzseite überwälzen lassen.

Verfügbarkeitsäquivalenz

Die Forderung nach Verfügbarkeitsäquivalenz betrifft die Berücksichtigung von Steuern. Diese mindern potenziell sowohl die konsumbezogenen Verwendungsmöglichkeiten der bewertungsrelevanten Unternehmensüberschüsse als auch der Erträge aus der äquivalenten Alternativanlage. Deshalb müssen bei einer Bewertung mittels Diskontierung die eintretenden Besteuerungseffekte in den Überschussgrößen des Zählers sowie in den Kapitalkostensätzen des Nenners in gleicher Weise erfasst werden. Dabei ist zu berücksichtigen, dass eine Besteuerung typischerweise sowohl auf Unternehmensebene als auch auf der persönlichen Ebene der Investoren erfolgt, wie bereits in Abschnitt 1.2.1.6 dargestellt wurde. Zwischen beiden Ebenen kann es zudem auch zu Wechselwirkungen kommen. Eine Möglichkeit zur Vereinfachung dieser Problematik besteht darin, sich lediglich auf die Berücksichtigung der Unternehmenssteuern zu beschränken und Aspekte der persönlichen Besteuerung sowohl bei den bewertungsrelevanten Überschüssen als auch bei den Kapitalkostensätzen vollständig auszublenden. Diese Vorgehensweise wird vom deutschen Institut der Wirtschaftsprüfer als ‚mittelbare Typisierung' bezeichnet und bei der Ermittlung objektivierter Informationsgrundlagen als zulässig erachtet (IDW, 2008, Tz. 30). Auch in Österreich ist eine solche Vereinfachung bei der Bewertung von Kapitalgesellschaften statthaft, sofern hierdurch das Bewertungsergebnis nicht maßgeblich beeinflusst wird (KSW, 2014, Tz. 84). In vertraglich oder gesellschaftsrechtlich bedingten Bewertungsfällen ist hingegen regelmäßig eine Berücksichtigung persönlicher Steuern geboten (IDW, 2008, Tz. 31). Auch bei Einzelunternehmen und Personengesellschaften wird der Einbezug von Steuern auf persönlicher Ebene in beiden Ländern grundsätzlich als notwendig erachtet (IDW, 2008, Tz. 47; KSW, 2014, Tz. 85). Die konkrete Verfahrensweise zur Berücksichtigung der persönlichen Besteuerung wird in Kapitel 1.2.5 am Beispiel einer Kapitalgesellschaft näher erläutert.

Laufzeitäquivalenz

Der bei Unternehmensbewertungen als Zählergrößen angesetzte Strom bewertungsrelevanter Überschüsse ist typischerweise nicht zeitlich begrenzt und reicht damit theoretisch bis in die Unendlichkeit. Daher müssen sich auch die für die Diskontierung verwendeten Zinssätze auf diesen Zeithorizont erstrecken. Ein zentrales Basiselement der Diskontierungssätze bildet hierbei der risikolose Zinssatz, der bei Anwendung der oben angesprochenen Risikozuschlagsmethode noch durch eine Risikoanpassung modifiziert wird. Dem theoretischen Konstrukt des risikolosen Zinses kommen in der Realität vor allem Anleihen nahe, deren Schuldner eine höchstmögliche Bonität und nur vernachlässigbar kleine Währungs-, Termin- oder Ausfallrisiken aufweisen. Diese Eigenschaften werden am ehesten den Staatsanleihen von wirtschaftlich sehr stabilen Nationen zugebilligt. Allerdings weisen diese Anleihen häufig laufzeitabhängige Renditen auf, was als nichtflache Zinsstrukturkurve bezeichnet wird. Diese laufzeitabhängige Zinsstruktur ist grundsätzliche auch im Rahmen der Unternehmensbewertung zu berücksichtigen (IDW, 2008, Tz. 117; KSW, 2014, Tz. 104). Praktische Ansatzpunkte zur Gewinnung laufzeitäquivalenter risikoloser Zinssätze aus beobachtbaren Marktdaten werden in Abschnitt 1.2.2.2 näher erläutert.

Arbeitseinsatzäquivalenz

Sofern die relevante Handlungsalternative in einer Kapitalmarktanlage liegt, werden die hieraus generierten Erträge bzw. Renditen allein aus dem investierten Kapital ohne Einsatz der eigenen Arbeitskraft generiert (Passivanlage). Sollen nun die bewertungsrelevanten Überschüsse eines Unternehmens mit solchen Kapitalmarktrenditen verglichen werden, dürfen auch die Überschüsse keinerlei Entlohnungskomponenten für die eigene Arbeitsleistung des Investors enthalten. Daher sind die Unternehmensüberschüsse um einen kalkulatorischen Unternehmerlohn zu kürzen, sofern der Anteilseigner z. B. geschäftsführend mitarbeitet und hierfür keine adäquaten Lohnzahlungen bereits bei der Ermittlung der bewertungsrelevanten Überschüsse in Abzug gebracht wurden (IDW, 2008, Tz. 40; KSW, 2014, Tz. 146). Schwierigkeiten könnte jedoch die Festlegung der Höhe eines solchen kalkulatorischen Unternehmerlohnes bereiten. Geeignete Ansatzpunkte bieten hierfür Opportunitätskostenkalküle, wie sie zu diesen Aspekten auch im Rahmen der Kosten- und Leistungsrechnung angestellt werden, indem sich z. B. an branchen- und regionaltypischen Richtwerten entsprechender Tätigkeitsvergütungen orientiert wird (Coenenberg et al., 2016, S. 106). Eine alternativ denkbare Erhöhung der Diskontierungssätze durch einen entsprechenden Zuschlag erscheint demgegenüber weniger praktikabel und weist zudem eine geringere Transparenz auf.

Währungsäquivalenz

Der Grundsatz der Währungsäquivalenz fordert die Rückflüsse des zu bewertenden Unternehmens wie auch die hiermit verglichene bestmögliche Handlungsalternative in derselben Währung abzubilden (Ballwieser/Hachmeister, 2021, S. 99 f.). Für international tätige Unternehmen ist diesbezüglich eine geeignete Währungswahl vorzunehmen. Zum Bewertungsstichtag sind dann entsprechende Umrechnungen anhand der zugrunde zu legenden Wechselkurse vorzunehmen. Die Problematik dieses Äquivalenzkriteriums liegt hier primär in der notwendigen Datenbeschaffung und -aufbereitung, die gegebenenfalls Fehlermöglichkeiten und Verzerrungen der Ergebnisse verursachen können. Zudem sind auch Währungsrisiken, die sich auf eine mögliche Verschiebung der Kaufkraftparitäten beziehen, in den Risikoanpassungen zu berücksichtigen (Meitner/Streitferdt, 2019a, S. 630 f.).

Nachdem in den vorangegangenen Abschnitten wesentliche Grundelemente der Zukunftserfolgswertermittlung dargestellt wurden, soll es in den folgenden Abschnitten um Möglichkeiten der Konkretisierung bzw. praktischen Bestimmung der beiden bislang relativ allgemein verwendeten Begriffe der bewertungsrelevanten Überschüsse sowie der zur Diskontierung verwendeten Kapitalkostensätze gehen. Letztere werden hierbei primär im Kontext des Kapitalmarkts betrachtet.

1.2.2 Bestimmung der Kapitalkosten (Nennergröße)

Bei der Bestimmung von Zukunftserfolgswerten eines Unternehmens wird ein zu bewertender Strom zukünftig erwarteter Überschüsse $Ü_t$ mithilfe eines geeigneten Diskontierungszinsfußes k, der auch als Kapitalkostensatz bezeichnet wird, auf den Bewertungszeitpunkt abgezinst. Dies wurde bereits allgemein in Abschnitt 1.2.1.1 dargestellt. Neben den später noch zu präzisierenden Überschussgrößen bilden die für die Diskontierung verwendeten Kapitalkostensätze das zweite grundlegende Element einer Zukunftserfolgswertbestimmung mithilfe des Barwertkalküls. Wie bereits im vorhergehenden Abschnitt erläutert wurde, müssen die zu bewertenden Überschüsse und der verwendete Kapitalkostensatz hinsichtlich verschiedener Merkmale zueinander passen bzw. äquivalent sein. Dies gilt in besonderem Maße für die Berücksichtigung des Risikos der zu bewertenden Überschussgrößen. Von den beiden in 1.2.1.4 dargestellten Möglichkeiten der Sicherheitsäquivalent- bzw. Risikozuschlagsmethode hat sich vor allem Letztere in der Bewertungspraxis durchgesetzt. Als geeignete Referenzpunkte für die Ableitung von Zuschlagssätzen werden vor allem vergleichbare Anlagealternativen am Kapitalmarkt angesehen. Daher konzentriert sich die nachfolgende Darstellung auf kapitalmarktorientierte Diskontierungssätze und deren anwendungsbezogene Bestimmung. Hierfür werden zunächst grundlegende Aspekte der bereits in Abschnitt 1.2.1.4 vorgestellten Modellwelt des CAPM nochmals kurz zusammengefasst und alternativen Ansätzen gegenübergestellt. Die darauffolgenden Abschnitte gehen näher auf die anwendungsbezogene Bestimmung des risikolosen Basiszinses (1.2.2.2) und der Marktrisikoprämie (1.2.2.3) sowie auf die Gewinnung und Anpassung von Beta-Faktoren (1.2.2.4) ein. Darüber hinaus werden abschließend noch weitere in Literatur und Praxis diskutierte Risikozuschläge kurz vorgestellt (1.2.2.5).

1.2.2.1 Grundlagen kapitalmarktorientierter Diskontierungssätze

In individualistischen Bewertungsansätzen werden geeignete Kalkulationszinsfüße aus den spezifischen Handlungsalternativen des Bewerters abgeleitet (z. B. Hering, 2014, S. 25 ff.; Matschke/Brösel, 2013, S. 183 ff.) bzw. Risikozuschläge aus individuellen Nutzenfunktionen gewonnen (z. B. Ballwieser/Hachmeister, 2021, S. 109 ff.; Drukarczyk/Schüler, 2021, S. 37 ff.; Hommel/Dehmel, 2021, S. 195 ff.). Demgegenüber versucht die Orientierung am Kapitalmarkt ein höheres Maß an Objektivierung bzw. intersubjektiver Vergleichbarkeit zu erreichen, indem an allgemein nachprüfbaren Marktbeobachtungen angeknüpft wird (Hommel/Dehmel, 2021, S. 224 ff.). Dies ist vor allem dann nützlich, wenn die Interessen einer Mehrzahl von Personen berücksichtigt werden sollen, deren individuelle Risikoeinstellungen schwer ermittel- bzw. aggregierbar sind. Den konkreten Bezugspunkt am Kapitalmarkt liefert dabei ein sogenanntes Duplikationsportfolio aus gehandelten Wertpapieren, das den Strom der zu bewertenden Unternehmensüberschüsse perfekt nachbildet (Diedrich/Dierkes, 2015, S. 48 ff.). Die Renditeerwartungen für diese äquivalente Investitionsalternative liefern dann den relevanten Vergleichsmaßstab für die Bewertung des Unternehmens. Investoren werden nicht bereit sein, geringere Renditen zu akzeptieren als diejenigen, die ihnen aus einer verdrängten äquivalenten Anlagealternative am Kapitalmarkt verloren gehen. Insofern bilden Kapitalkostensätze ein Opportunitätskalkül ab und beschreiben entsprechende Renditeforderungen der Kapitalgeber (Kruschwitz/Löffler, 2008, S. 805). Eine Diskontierung der erwarteten Unternehmensüberschüsse mit diesen Kapitalkosten ergibt dann jenen Investitionsbetrag, der am Kapitalmarkt in das alternative Duplikationsportfolio investiert werden müsste, um daraus identische Überschüsse zu generieren (vgl. Abb. 1-4). Dieser alternative Investitionsbetrag bildet damit einen Grenzpreis für das Unternehmen, oberhalb dessen sich ein Erwerber bzw. unterhalb dessen sich ein Veräußerer wirtschaftlich gegenüber der alternativen Kapitalmarktanlage verschlechtern würden. In der Literatur finden sich verschiedene differenziertere Auseinandersetzungen mit der ökonomischen Interpretation des Kapitalkostenbegriffs und den damit einhergehenden formalen Bestimmungsgleichungen (z. B. Kruschwitz et al., 2012; Meitner/Streitferdt, 2014), worauf an dieser Stelle jedoch aus Vereinfachungsgründen verzichtet werden soll.

Zur anwendungsorientierten Quantifizierung von kapitalmarktbezogenen Renditeerwartungen wird in erster Linie auf das sogenannte Capital Asset Pricing Model (CAPM) zurückgegriffen, welches bereits in Abschnitt 1.2.1.4 kurz vorgestellt wurde. Dieses Modell wurde in den 1960er Jahren durch verschiedene Akteure entwickelt (Lintner, 1965; Mossin, 1966; Sharpe, 1964) und beschreibt in seiner Grundversion die zu erwartenden einperiodigen Wertpapierrenditen auf einem sich im Gleichgewicht befindenden, idealisierten Kapitalmarkt. Basierend auf den Erkenntnissen der Portfolio-Selection-Theorie (Markowitz, 1952) halten in einem solchen Marktgleichgewicht alle Anleger ein identisch strukturiertes Marktportfolio, welches aus sämtlichen riskanten Wertpapieren besteht, und kombinieren dieses entsprechend ihrer Risikoeinstellung mit einer Anlage bzw. Kreditaufnahme zum sicheren Zins. Diese Unabhängigkeit der Zusammensetzung des Marktportfolios von der individuellen Risikoeinstellung der Investoren wird auch als Tobin-Separation bezeichnet (Tobin, 1958). Die entsprechend dem CAPM erwarteten Gleichgewichtsrenditen der einzelnen Wertpapiere stehen in einem linearen Zusammenhang mit deren Risiko, was sich anhand der sogenannten Wertpapierlinie veranschaulichen lässt, wie dies in Abb. 1-18 darstellt ist.

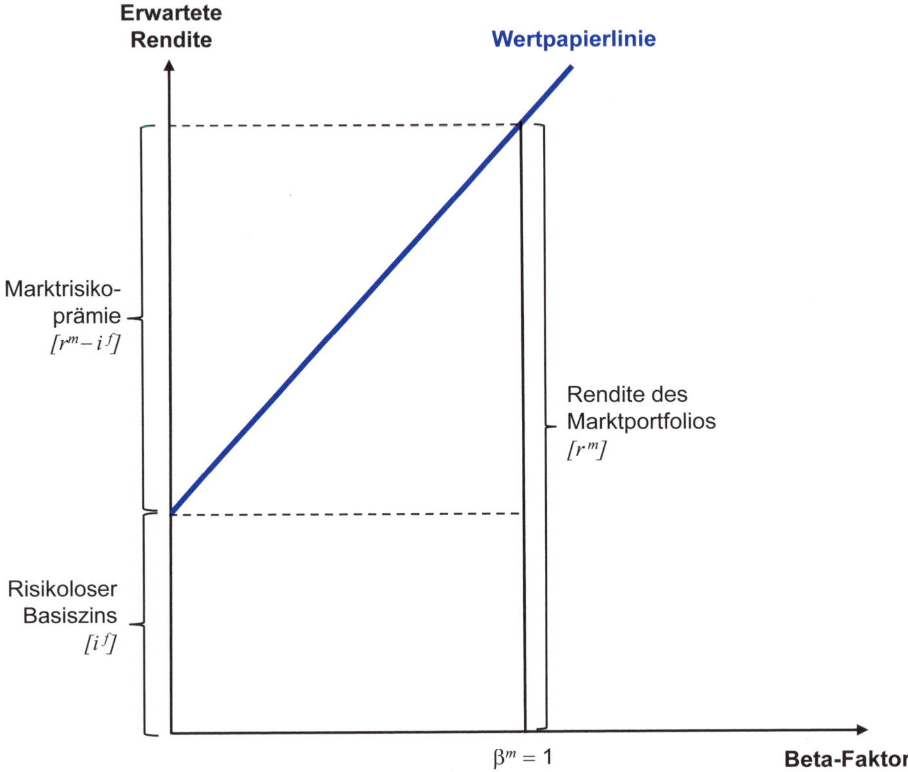

Abb. 1-18: Wertpapierlinie im Standard-CAPM

Formal lässt sich dieser Zusammenhang wie folgt beschreiben (z.B. Brealey et al., 2014, S.190ff.; Kruschwitz/Husmann, 2012, S.187ff.; Perridon et al., 2012, S.270ff.), wobei in der nachfolgend verwendeten Notation vereinfachend auf einen Erwartungswertoperator verzichtet wird:

$$r^j = i^f + mrp \times \beta^j \quad mit \quad \beta^j = \frac{COV\left(r^j, r^m\right)}{VAR\left(r^m\right)} \quad und \quad mrp = r^m - i^f$$

β^j	…	*Beta-Faktor des Wertpapiers j*
$COV(r^j, r^m)$	…	*Kovarianz zwischen der Rendite des Wertpapiers j und der Marktrendite*
i^f	…	*Risikoloser Zinssatz*
mrp	…	*Marktrisikoprämie*
r^j	…	*Rendite des Wertpapiers j (Erwartungswert)*
r^m	…	*Rendite des Marktportfolios (Erwartungswert)*
$VAR(r^m)$	…	*Varianz der Marktrendite*

Die im Marktgleichgewicht erwartete Rendite r^j eines bestimmten Wertpapiers *j* setzt sich nach diesem Modell aus dem risikolosen Basiszins i^f und einem risikoabhängigen Zuschlag zusammen. Dieser Risikozuschlag ergibt sich aus der mit dem wertpapierspezifischen Risikomaß β^j gewichteten allgemeinen Marktrisikoprämie *mrp*. Letztere beschreibt die Differenz zwischen der erwarteten Rendite eines ideal diversifizierten, sämtliche riskante Anlagemöglichkeiten umfassenden Marktportfolios r^m und dem risikolosen Zins i^f.

Der Beta-Faktor β^j verkörpert das zentrale Risikomaß innerhalb dieses Modells und bildet alle mit dem Wertpapier j verbundenen Risikokomponenten ab, welche sich innerhalb eines Portfolios nicht durch Diversifikation beseitigen lassen und daher als systematisch bezeichnet werden. Unsystematische, das heißt durch eine breite Anlagenstreuung vermeidbare Einzelrisiken, werden in der Modellwelt des CAPM hingegen nicht durch höhere Renditeerwartungen honoriert. Dies begründet sich damit, dass sich positive und negative Auswirkungen der unsystematischen Risiken einzelner Wertpapiere in einem geeignet diversifizierten Portfolio vollständig aufheben. Der Beta-Faktor β^j drückt aus, wie stark die Rendite eines konkreten Wertpapiers auf Schwankungen der Gesamtmarktrendite reagiert. Er ergibt sich rechnerisch als Verhältnis der Kovarianz von Wertpapier- und Gesamtmarktrendite gegenüber der Varianz der Gesamtmarktrendite. Bei positiven Beta-Faktoren verhalten sich die Renditeschwankungen des Kapitalmarkts und des betrachteten Wertpapiers gleichgerichtet, bei negativen Beta-Faktoren sind sie gegenläufig. Der numerische Betrag des Beta-Faktors drückt die Höhe des wertpapierspezifischen Risikos in Relation zum Gesamtmarktrisiko aus. Wertpapiere mit Beta-Faktoren größer bzw. kleiner einem Wert von 1 weisen somit gegenüber dem Gesamtmarkt ein entsprechend Vielfaches an systematischem Risiko auf.

Für die Übernahme dieses Risikos erwarten Investoren einen Zuschlag auf den risikolosen Zinssatz i^f, der genau demselben Vielfachen der allgemeinen Marktrisikoprämie *mrp* entspricht. Hieraus ergibt sich der lineare Verlauf der in Abb. 1-18 dargestellten Wertpapierlinie. Auf Basis der drei Modellparameter risikoloser Zins i^f, Marktrisikoprämie *mrp* und Beta-Faktor β, deren anwendungsbezogene Bestimmung Gegenstand der nachfolgenden Abschnitte sein wird, lassen sich mithilfe der oben genannten CAPM-Gleichung unmittelbar risikoadjustierte Kapitalkosten im Sinne der Risikozuschlagsmethode gewinnen (vgl. Abschnitt 1.2.1.4). Allerdings basiert die Herleitung des CAPM auf einer Reihe sehr restriktiver Annahmen. Vorausgesetzt wird im Grundmodell ein vollkommener und vollständiger Kapitalmarkt, auf dem (z. B. Perridon et al., 2012, S. 272; Wiese, 2017, S. 369):

- risikoscheue Investoren mit homogenen Erwartungen den erwarteten Risikonutzen ihres Vermögens zum Ende einer einzelnen Planungsperiode maximieren,
- unbeschränkte Kapitalaufnahme- und Anlagemöglichkeiten zum risikolosen Zins bestehen,
- eine endliche Anzahl an riskanten Wertpapieren mit beliebiger Teilbarkeit gehandelt wird,
- Informationseffizienz mit vollständigem und kostenlosem Informationszugang für alle Investoren herrscht sowie
- keinerlei Friktionen oder Marktunvollkommenheiten wie Transaktionskosten oder Steuern existieren.

Diese sehr weitreichenden Anforderungen werden in der Realität in vielfältiger Weise verletzt. Daher wurden zahlreiche Modellerweiterungen des CAPM vorgeschlagen, um diese Einschränkungen zu überwinden. Sie richten sich unter anderem auf den Einbezug von heterogenen Erwartungen, die Nichtexistenz tatsächlich risikoloser Anlagen, die Einbeziehung von Mehrperiodigkeit sowie die Berücksichtigung verschiedener Unvollkommenheiten des Kapitalmarkts (für einen Überblick z. B. Perridon et al., 2012, S. 281 ff.). Besondere Beachtung fand dabei im Kontext der Unternehmensbewertung der Einbezug von Steuern auf persönlicher Ebene im Rahmen eines sogenannten Tax-CAPM (Brennan, 1970). Hiermit lassen sich die steuerlichen Konsequenzen verschiedener aus Wertpapieren resultierender Einkommenskomponenten in differenzierter Weise berücksichtigen, indem zwischen Zins- und Dividendeneinkünften sowie Kursgewinnen unterschieden wird (Baetge et al., 2019, S. 445 ff.; Kuhner/Maltry, 2017b, S. 201 ff.; Wiese, 2017, S. 375 ff.). Mit dem Tax-CAPM lassen sich Gleichgewichtsrenditen nach persönlichen Steuern formulieren, die ebenfalls einem linearen Rendite-Risikozusammenhang in Abhängigkeit des konzeptionell unveränderten Beta-Faktors folgen. Formal lässt sich dies wie folgt beschreiben:

$$
\begin{aligned}
r^{j^*} &= i^f \times \left(1-s^Z\right) + \beta^j \times mrp^* = i^f \times \left(1-s^Z\right) + \beta^j \times \left[r^{m^*} - i^f \times \left(1-s^Z\right)\right] \\
&= i^f \times \left(1-s^Z\right) + \beta^j \times \underbrace{\left[r^{m(K)} \times \left(1-s^{K(eff)}\right) + r^{m(D)} \times \left(1-s^D\right) - i^f \times \left(1-s^Z\right)\right]}_{\text{Marktrisikoprämie nach persönlichen Steuern}}
\end{aligned}
$$

β^j	…	*Beta-Faktor des Wertpapiers j*
i^f	…	*Risikoloser Zinssatz*
mrp^*	…	*Marktrisikoprämie nach persönlichen Steuern*
r^{j^*}	…	*Rendite des Wertpapiers j nach persönlichen Steuern (Erwartungswert)*
$r^{m(D)}$	…	*Dividendenrendite des Marktportfolios vor Steuern (Erwartungswert)*
$r^{m(K)}$	…	*Kursgewinnrendite des Marktportfolios vor Steuern (Erwartungswert)*
r^{m^*}	…	*Rendite des Marktportfolios nach Steuern (Erwartungswert)*
s^D	…	*Persönlicher Steuersatz auf Gewinnausschüttungen bzw. Dividenden*
$s^{K(eff)}$	…	*Effektiver persönlicher Steuersatz auf Kursgewinne*
s^Z	…	*Persönlicher Steuersatz auf Zinserträge*

In einer zum Standard-CAPM strukturell ähnlichen Weise ergibt sich die erwartete Nachsteuerrendite eines Wertpapiers *j*, indem der risikolose Zins nach Steuern um eine mit dem Beta-Faktor gewichtete Marktrisikoprämie nach Steuern erhöht wird. Die erwartete Gesamtrendite des Marktportfolios vor Steuern ist dabei in eine Dividenden- und eine Kursrendite zu zerlegen, die gegebenenfalls verschiedenen steuerlichen Belastungen unterliegen.

$$
r^{m^*} = r^m - r^{m(D)} \times s^D - r^{m(K)} \times s^{K(eff)}
$$

r^m	…	*Rendite des Marktportfolios (Erwartungswert vor Steuern)*
$r^{m(D)}$	…	*Dividendenrendite des Marktportfolios vor Steuern (Erwartungswert)*
$r^{m(K)}$	…	*Kursgewinnrendite des Marktportfolios vor Steuern (Erwartungswert)*
r^{m^*}	…	*Erwartete Rendite des Marktportfolios nach persönlichen Steuern*
s^D	…	*Persönlicher Steuersatz auf Gewinnausschüttungen bzw. Dividenden*
$s^{K(eff)}$	…	*Effektiver persönlicher Steuersatz auf Kursgewinne*

Die Marktrisikoprämie nach Steuern drückt die Renditedifferenz zwischen der erwarteten Nachsteuerrendite des Marktportfolios und dem risikolosen Zins nach Steuern aus. Ein besonderer Aspekt ergibt sich dabei hinsichtlich der steuerlichen Belastung von Kursgewinnen, die im Mehrperiodenkontext nicht kontinuierlich während der Haltedauer entsteht, sondern erst final bei einer Veräußerung. Aufgrund des hierbei mit Blick auf die jährlichen Kursgewinnrenditen eintretenden Steuerstundungseffekts ist die effektive Wirkung abhängig von der unterstellten Haltedauer und liegt in der Regel deutlich unter dem nominalen Steuersatz auf Kursgewinne. Ein entsprechender effektiver Steuersatz auf Kursgewinne lässt sich in Abhängigkeit von der periodischen Kursrendite bzw. -wachstumsrate sowie von der veranschlagten Haltedauer wie folgt berechnen (Auerbach, 1983, S. 919 f.; Wiese, 2007, S. 370 f.; Zeidler et al., 2008, S. 281):

$$s^{K(eff)} = 1 - \frac{\left\{1 + \left[\left(1 + r^K\right)^{HD} - 1\right] \times \left(1 - s^K\right)\right\}^{\frac{1}{HD}} - 1}{r^K}$$

HD … *Haltedauer*
r^K … *Kursrendite bzw. -wachstumsrate*
s^K … *Nominaler persönlicher Steuersatz auf Kursgewinne*
$s^{K(eff)}$ … *Effektiver persönlicher Steuersatz auf Kursgewinne*

Graphisch lässt sich die Bestimmung der Gleichgewichtsrendite im Tax-CAPM auf Basis der oben beschriebenen Komponenten durch Abb. 1-19 veranschaulichen. Dabei verläuft die Wertpapierlinie des Tax-CAPM aufgrund der persönlichen Steuerbelastung unterhalb der Wertpapierlinie des Standard-CAPM.

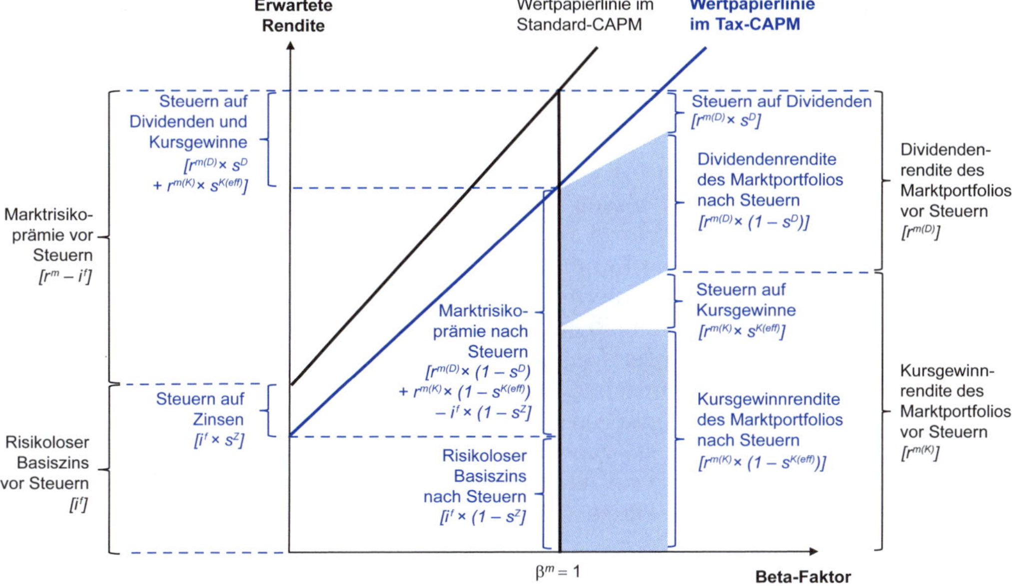

Abb. 1-19: Wertpapierlinie im Tax-CAPM (in Anlehnung an IDW, 2014, Tz. A 348)

Damit kann das Tax-CAPM auch eine spezifische Ausschüttungspolitik hinsichtlich ihrer Steuerwirkungen auf persönlicher Ebene in den erwarteten Renditen bzw. den zur Diskontierung genutzten Kapitalkostensätzen abbilden. Allerdings sind die damit einhergehenden konzeptionellen Prämissen zum Teil noch einschneidender als im Falle des Standard-CAPM (Wiese, 2017, S. 376 f.). Dies betrifft z. B. die Annahme deterministischer Dividendenrenditen, die Kombination eines annahmegemäß globalen Kapitalmarkts mit nationalen Steuervorschriften sowie die Berücksichtigung von investorenspezifischen Steuersätzen. Hieraus resultieren für eine praktische Anwendung weitere notwendige Vereinfachungen und Typisierungen.

Wenngleich sich das CAPM wie auch das daraus abgeleitete Tax-CAPM durch eine konzeptionelle Geschlossenheit mit intuitiv einleuchtenden Ergebnissen auszeichnen, war und ist dieser grundlegende Ansatz dennoch Gegenstand vielfältiger Kritikpunkte (Kuhner/Maltry, 2017b, S. 193 ff.; Wiese, 2017, S. 370 f.). Diese beziehen sich insbesondere auf die teils sehr realitätsfernen Annahmen, die sich auch durch konzeptionelle Modellerweiterungen nur bedingt auflösen lassen. Neben den dargestellten Steueraspekten betrifft dies unter anderem eine Anwendung im Mehrperiodenkontext sowie die in den Modellen unterstellten idealisierten Eigenschaften des Kapitalmarkts. Auch die Tatsache, dass bei einem tatsächlichen Vorliegen des im CAPM postulierten Gleichgewichts aus Unternehmenstransaktionen keinerlei wirtschaftliche (Miss-)Erfolge mehr erzielt werden könnten, führt teilweise zu generellen Zweifeln an der Eignung dieses Modells für eine Ableitung sinnvoller Diskontierungssätze (Hering, 2014, S. 233 ff.; Matschke/Brösel, 2013, S. 39 ff.). Zudem zeigt sich auch bei Versuchen der empirischen Überprüfung ein sehr heterogenes und zum Teil widersprüchliches Bild, sodass keinesfalls von einer zweifelsfreien Bestätigung dieses Modells ausgegangen werden kann (für einen Überblick z. B. Kruschwitz/Husmann, 2012, S. 238 ff.; Perridon et al., 2012, S. 285 ff.). Dies liegt insbesondere auch daran, dass sich das CAPM aufgrund der faktischen Nichtbeobachtbarkeit des umfassenden theoretischen Marktportfolios einer empirischen Überprüfung weitestgehend entzieht (Roll, 1977).

Allerdings existieren für eine am Kapitalmarkt orientierte Bestimmung von Diskontierungssätzen bislang kaum praktikable Alternativen zum CAPM (Kuhner/Maltry, 2017b, S. 199 ff.). So versucht z. B. die sogenannte Arbitrage Pricing Theory (Ross, 1976) im Rahmen von Mehrfaktorenmodellen eine differenziertere Bestimmung von Determinanten der Risikoprämie zu erreichen. Einflussgrößen auf die erwartete Rendite sind dabei z. B. die Unternehmensgröße oder das Marktwert-Buchwert-Verhältnis (Fama/French, 1992) sowie weitere makro- und mikroökonomische Einflussfaktoren, die eine mehrdimensionale Analyse relevanter Risikoquellen ermöglichen (Perridon et al., 2012, S. 288 ff.). Diese Modellierungen weisen gegenüber dem CAPM deutlich weniger restriktive Prämissen auf, indem z. B. statt eines sich im Gleichgewicht befindenden Kapitalmarkts lediglich dessen Arbitragefreiheit vorausgesetzt wird. Allerdings ist eine empirische Überprüfung ähnlich schwierig und zeigt ebenfalls diffuse Ergebnisse, sodass Kritiker des CAPM auch dieses Modell nicht als vorteilhaft ansehen (Hering, 2014, S. 239). Als ein weiterer Ansatz wird schließlich auch die unternehmensindividuelle Gewinnung impliziter Kapitalkosten genannt. Dabei werden aus der aktuellen Börsenkapitalisierung und Analystenschätzungen zur weiteren Gewinn- und Eigenkapitalentwicklung entsprechend implizierte Kapitalkostensätze abgeleitet (Daske et al., 2006; Gebhardt et al., 2001). Diesem Vorgehen liegen regelmäßig residualgewinnbasierte Bewertungsmodelle zugrunde, wie sie in Kapitel 2.2 näher vorgestellt werden. Als vorteilhaft an diesem Vorgehen wird der konsequente Zukunftsbezug angesehen. Da hierbei jedoch beobachtbare Börsenwerte vorausgesetzt werden, erscheint die Anwendbarkeit im Rahmen der allgemeinen Unternehmensbewertung zumindest als eingeschränkt (Kuhner/Maltry, 2017b, S. 201).

Daher bildet das CAPM als Grundmodell bzw. bei Einbezug persönlicher Steuern das Tax-CAPM trotz der zum Teil sehr praxisfernen Prämissen und eingeschränkten empirischen Validierung den gegenwärtig in Literatur und Praxis dominierenden Ansatz zur Ableitung von kapitalmarktorientierten Diskontierungssätzen (IDW, 2008, Tz. 92; KSW, 2014, Tz. 101; Wiese, 2017, S. 380). Dies ist nicht zuletzt der Tatsache geschuldet, dass sich die praktische Anwendung des CAPM auf nur drei Parameter konzentriert. Dies sind der risikolose Basiszins, die Marktrisikoprämie sowie der Beta-Faktor. Obwohl diese Größen nur eingeschränkt beobachtbar sind und im Detail vielfältigen Ermittlungsproblemen unterliegen, lassen sich mit vertretbarem Datenbeschaffungsaufwand zumindest Näherungswerte ermitteln, wie in den folgenden Abschnitten näher dargestellt wird.

1.2.2.2 Gewinnung des risikolosen Basiszinssatzes

Der risikolose Zinssatz bildet den Ausgangspunkt für die Bestimmung risikoadjustierter Renditeerwartungen bzw. Kapitalkostensätze, indem dieser Basiszins dann um einen entsprechenden Risikozuschlag erhöht wird. Grundsätzlich beschreibt dieser risikolose Zinssatz den unmittelbaren Zeitwert des Geldes, der die reinen Zeitpräferenzen der Kapitalmarktteilnehmer ohne eine Berücksichtigung von Risiken ausdrückt (Meitner/Streitferdt, 2019b, S. 657 ff.). Für eine empirische Bestimmung dieser Größe am Kapitalmarkt müsste daher nach Wertpapieren gesucht werden, deren Erträge keinerlei Streuung aufweisen, das heißt, dass in Bezug auf die damit einhergehenden Zahlungen keine Termin-, Ausfall-, Wechselkurs-, Wiederanlage- oder sonstigen Risiken bestehen dürfen (Ballwieser/Hachmeister, 2021, S. 100).

Insbesondere in Krisensituationen zeigt sich jedoch, dass es letztlich keinen Schuldner von absoluter Bonität gibt und damit auch keine völlig risikolose Anlagemöglichkeit tatsächlich existiert (Moxter, 1983, S. 146). Vielmehr handelt es sich hierbei um ein theoretisches Konstrukt, dem sich die Realität bestenfalls annähern kann. Am ehesten werden die geforderten Eigenschaften einer risikolosen Anlagemöglichkeit den Staatsanleihen mit höchstmöglicher Bonität bzw. einem Rating mit AAA zuerkannt. Da aber auch bei derartigen Anlagen noch unterschiedliche Verzinsungen beobachtbar sind, was auf eine Einpreisung gewisser (Rest-)Risiken hindeutet, sollte auf diejenigen Staatsanleihen mit der niedrigsten beobachtbaren Verzinsung in der entsprechenden Währung zurückgegriffen werden. Eventuell auch darin noch verbleibende Risikobestandteile werden dann als vernachlässigbar gering eingestuft, sodass sich auf diese Weise ein landesüblicher quasi-sicherer Zins ergibt.

Auch für verschiedene (Rest-)Laufzeiten solcher Anleihen sind oftmals unterschiedliche Renditen beobachtbar, was als eine nichtflache Zinsstruktur bezeichnet wird. Gehen dabei mit ansteigenden Laufzeiten auch steigende Renditen einher, wird von einem normalen Verlauf dieser Zinsstrukturkurve gesprochen bzw. bei mit zunehmender Laufzeit fallenden Renditen von einer inversen Zinsstruktur. Auch buckelige Verläufe sind bisweilen beobachtbar. Bei den in der Zinsstrukturkurve abgebildeten laufzeitabhängigen Zinssätzen handelt es sich in der Regel um sogenannte Zerobondrenditen, die auch als Kassazinssätze bzw. Spot Rates bezeichnet werden. Formal entsprechen diese der internen Verzinsung einer Nullkuponanleihe mit einer einzigen Zahlung zum Ende der jeweils betrachteten Laufzeit (Kruschwitz/Husmann, 2012, S. 156; Perridon et al., 2012, S. 440 f.), wodurch ein zwischenzeitliches Wiederanlagerisiko entfällt. Die Zerobondrenditen bzw. Spot Rates beschreiben somit den jährlichen Durchschnittszins über die jeweilige Gesamtlaufzeit. Da das in Abschnitt 1.2.1.8 vorgestellte Kriterium der Laufzeitäquivalenz fordert, dass sich die Zahlungsströme des zu bewertenden Unternehmens wie auch der Alternativanlage hinsichtlich Höhe, Struktur und betrachtetem Zeitraum entsprechen, muss auch die bestehende Zinsstruktur innerhalb des Bewertungskalküls adäquat berücksichtigt werden (Dehmel/Hommel, 2017, S. 126 ff.; IDW, 2008, Tz. 117). Dies kann prinzipiell auf zweierlei Weise erfolgen. Zum einen lassen sich bei der Diskontierung differenzierte laufzeitabhängige Zinssätze verwenden, zum anderen ist auch deren Verdichtung zu einem einheitlichen Basiszinssatz denkbar. Beide Ansatzpunkte werden im Folgenden näher dargestellt.

Soll die vorliegende Zinsstruktur durch differenzierte laufzeitabhängige Zinssätze berücksichtigt werden, so kann dies unmittelbar auf Basis der oben beschriebenen Kassazinssätze bzw. Spot Rates erfolgen. Alternativ lassen sich diese auch in die impliziten Terminzinssätze bzw. Forward Rates der einzelnen Perioden umrechnen (Kruschwitz/Husmann, 2012, S. 157 f.). Dabei handelt es sich um implizite einperiodige Zinssätze für jede einzelne Periode der Gesamtlaufzeit. Bei einer betrachteten Laufzeit von t Perioden besteht zwischen beiden Größen der folgende formale Zusammenhang:

$$\left(1+i_{0,t}^{f}\right)^{t}=\prod_{n=1}^{t}\left(1+i_{n}^{f}\right)=\left(1+i_{1}^{f}\right)\times\left(1+i_{2}^{f}\right)\times\ldots\times\left(1+i_{t}^{f}\right)$$

$$i_{0,t}^{f}=\sqrt[t]{\left(1+i_{1}^{f}\right)\times\ldots\times\left(1+i_{t}^{f}\right)}-1=\left[\prod_{n=1}^{t}\left(1+i_{n}^{f}\right)\right]^{\frac{1}{t}}-1$$

$i_{0,t}^{f}$ ... *Risikoloser Kassazinssatz (Spot Rate) einer Laufzeit von t Perioden*
i_{n}^{f} ... *Risikoloser impliziter Terminzins (Forward Rate)*
t, n ... *Zeit- bzw. Periodenindex*

Während die Kassazinssätze bzw. Spot Rates als Durchschnittsrendite einer t Perioden währenden Gesamtlaufzeit zu interpretieren sind, gelten die impliziten Terminzinssätze nur für die jeweiligen Einzelperioden. Wird eine Laufzeit von nur einer Periode betrachtet, entsprechen beide Größen einander. Bei der Diskontierung einer sicheren Zahlung im Zeitpunkt t mit der Spot Rate als Kalkulationszins ergibt sich derselbe Barwert, den man bei Verwendung der einzelnen periodenspezifischen Forward Rates erhält. Die Unterscheidung zwischen Kassa- und Terminzins verändert jedoch dann das Bewertungsergebnis, wenn der risikolose Basiszinssatz noch um einen Risikozuschlag z erhöht wird. In diesem Fall resultieren unterschiedliche Diskontierungsfaktoren für den erwarteten Überschuss einer konkreten Periode t (Bassemir et al., 2012, S. 666; Drukarczyk/Schüler, 2021, S. 251; Meitner/Streitferdt, 2019b, S. 663), da im Mehrperiodenfall gilt:

$$\left(1+i_{0,t}^{f}+z\right)^{t} \neq \prod_{n=1}^{t}\left(1+i_{n}^{f}+z\right)$$

$i_{0,t}^{f}$ … *Risikoloser Kassazinssatz (Spot rate) einer Laufzeit zum Zeitpunkt t*
i_{n}^{f} … *Risikoloser impliziter Terminzins (Forward Rate)*
t, n … *Zeit- bzw. Periodenindex*
z … *Risikozuschlag*

Wenngleich in der Literatur an vielen Stellen eine unmittelbare Verwendung der laufzeitabhängigen Kassazinssätze bzw. Spot Rates als risikoloser Basiszins empfohlen wird (z. B. IDW, 2014, Tz. A 352; Jonas et al., 2005, S. 647; Kruschwitz/Löffler, 2008, S. 806; Mandl/Rabel, 1997, S. 137; Reese/Wiese, 2007, S. 38), spricht aus theoretischer Sicht einiges für eine Verwendung der impliziten Terminzinssätze bzw. Forward Rates (Ballwieser/Hachmeister, 2021, S. 154; Bassemir et al., 2012, S. 665 f.; Diedrich/Dierkes, 2015, S. 257 f.; Drukarczyk/Schüler, 2021, S. 251 f.; Meitner/Streitferdt, 2019b, S. 662 ff.). Das gilt insbesondere, wenn die verwendeten Risikozuschläge auf Basis des CAPM bestimmt werden. Die Erweiterung dieses ursprünglichen Einperiodenmodells auf den mehrperiodigen Fall führt zu einer sequentiellen Verkettung der Einzelperioden (Fama, 1977). Bei dieser Herleitung existiert dann für jede betrachtete Einzelperiode ein risikoloser Periodenzins, der im Zeitablauf variieren kann. Aus diesem Grund wird auch hier im Folgenden primär auf die einperiodigen Forward Rates als periodenspezifische risikolose Basiszinssätze zurückgegriffen, da sich diese für eine periodenspezifische Diskontierung mit risikoadjustierten Kapitalkosten besser eignen. Liegen die Kassazinssätze bzw. Spot Rates der Zinsstruktur für alle Laufzeiten vor, lassen sich die periodenspezifischen, einperiodigen Forward Rates hieraus wie folgt errechnen:

$$i_{t}^{f}=\frac{\left(1+i_{0,t}^{f}\right)^{t}}{\left(1+i_{0,t-1}^{f}\right)^{t-1}}-1$$

$i_{0,t}^{f}$ … *Risikoloser Kassazinssatz (Spot Rate) einer Laufzeit von t Perioden*
i_{t}^{f} … *Risikoloser impliziter Terminzins (Forward Rate)*
t … *Zeit- bzw. Periodenindex*

Für eine empirische Bestimmung der gesuchten Forward Rates ist deren unmittelbare Ableitung aus entsprechenden derivativen Termingeschäften, wie z. B. Zinsswaps in der Regel ungeeignet, da aufgrund bestehender Kontrahenten- bzw. Ausfallrisiken hieraus keine risikolosen Zinssätze resultieren und auch die beobachtbaren Laufzeiten relativ kurz sind (Meitner/Streitferdt, 2019b, S. 664; Reese/Wiese, 2007, S. 40 ff.). Daher ist zunächst die Zinsstruktur auf Basis der Kassazinssätze bzw. Spot Rates zu bestimmen. Hierfür existieren verschiedene Ansatzpunkte (z. B. Ballwieser/Hachmeister, 2021, S. 100 ff.; Meitner/Streitferdt,

2019a, S. 665 ff.). Zum einen können Zerobondrenditen aus den Preisen von tatsächlich gehandelten Nullkuponanleihen bzw. sogenannten Strips (Separate Trading of Registered Interest and Principal Securities) gewonnen werden. Allerdings sind sowohl die vorhandene Bandbreite an Laufzeiten als auch die Marktliquidität bei real beobachtbaren Nullkuponanleihen beschränkt. Eine weitere Möglichkeit zur sukzessiven Bestimmung laufzeitspezifischer Periodenzinsen bietet die Anwendung des sogenannten Bootstrapping-Verfahrens, mit dem sich aus den Preisen und zukünftigen Zahlungsströmen von nicht ausfallgefährdeten Kuponanleihen schrittweise die einzelnen Spot Rates der vorhandenen Laufzeiten ableiten lassen (Diedrich/Dierkes, 2015, S. 256; Meitner/Streitferdt, 2019b, S. 665 ff.). Fehlende Laufzeiten können dabei mittels Interpolation zumindest näherungsweise bestimmt werden. Eine eingeschränkte Marktliquidität und fehlende Preise führen jedoch auch hier, insbesondere bei längeren Laufzeiten, zu Anwendungsproblemen.

Als ein weiterer Ansatz zur Gewinnung von Zerobondrenditen bzw. Spot Rates hat in jüngerer Zeit vor allem die sogenannte Svensson-Methode (Nelson/Siegel, 1987; Svensson, 1994) besondere Bedeutung erlangt, welche auch von verschiedenen Zentralbanken zur Abbildung der Zinsstruktur genutzt wird. Beispielsweise veröffentlichen sowohl die Deutsche Bundesbank als auch die Europäische Zentralbank börsentäglich entsprechende Daten online. Bei der Svensson-Methode wird ein stetiger funktionaler Zusammenhang zwischen Laufzeit und Zinsstruktur unterstellt. Diese stetigen Zerobondrenditen bzw. Spot Rates i^s ergeben sich dabei im Grundmodell mit folgendem Funktionsverlauf in Abhängigkeit von einer betrachteten Laufzeit bis zum Zeitpunkt t. Aus Konsistenzgründen zu anderen hier verwendeten Notationen von Zinssätzen wurde die sonst übliche Darstellung dieses Ansatzes noch durch 100 dividiert.

$$i^s_{0,t} = \frac{\beta_0^{Sv} + \beta_1^{Sv} \times \left[\frac{1-exp\left(\frac{-t}{\tau_1^{Sv}}\right)}{\frac{t}{\tau_1^{Sv}}}\right] + \beta_2^{Sv} \times \left[\frac{1-exp\left(\frac{-t}{\tau_1^{Sv}}\right)}{\frac{t}{\tau_1^{Sv}}} - exp\left(\frac{-t}{\tau_1^{Sv}}\right)\right] + \beta_3^{Sv} \times \left[\frac{1-exp\left(\frac{-t}{\tau_2^{Sv}}\right)}{\frac{t}{\tau_2^{Sv}}} - exp\left(\frac{-t}{\tau_2^{Sv}}\right)\right]}{100}$$

$exp(x)$	…	*Natürliche Exponentialfunktion (Basis ist die Eulersche Zahl)*
i^s	…	*Stetiger Zinssatz nach der Svensson-Methode*
t	…	*Zeit- bzw. Periodenindex*
β^{Sv}	…	*Empirischer Schätzparameter der Svensson-Methode*
τ^{Sv}	…	*Empirischer Schätzparameter der Svensson-Methode*

Die Funktionsparameter β^{Sv} und τ^{Sv} werden mithilfe statistischer Verfahren so geschätzt, dass sie bestmöglich zu beobachtbaren Kapitalmarktdaten kupontragender Staatsanleihen passen (Svensson, 1994, S. 6). Dabei bestimmt der Parameter β_0 das grundlegende langfristige Zinsniveau, während β_1 dessen kurzfristige Höhe determiniert und β_2 sowie β_3 den mittelfristigen Verlauf prägen. Die dargestellte Notation dieser Variablen ist allgemein gebräuchlich für das Svensson-Modell und wurde deshalb auch hier übernommen. Diese Funktionsparameter haben jedoch nichts mit dem Beta-Faktor des CAPM zu tun, worauf an dieser Stelle zumindest hingewiesen sein soll.

Bei den im Grundmodell der Svensson-Methode gewonnenen Spot Rates handelt es sich um eine stetige Verzinsung. Werden hierbei jeweils die Werte für Laufzeiten ganzzahliger Perioden betrachtet, lassen sich diese stetigen Spot Rates wie folgt in diskrete Spot Rates der jeweiligen Laufzeit bis zum Ende einer Periode t umrechnen.

$$i_{0,t}^{f} = exp\left(i_{0,t}^{s}\right) - 1$$

Aus den so erhaltenen diskreten risikolosen Spot Rates lassen sich dann wiederum die gesuchten impliziten Terminzinssätze bzw. Forward Rates der einzelnen Perioden wie oben dargestellt ableiten. Alternativ können diese auch unmittelbar aus den stetigen Spot Rates der originären Svensson-Methode gewonnen werden.

$$i_{t}^{f} = \frac{exp\left(i_{0,t}^{s} \times t\right)}{exp\left[i_{0,t-1}^{s} \times (t-1)\right]} - 1$$

Diese Unterscheidung von stetigen und diskreten Zinssätzen besitzt eine gewisse Relevanz für die praktische Anwendung, wenn auf die von bestimmten Institutionen bereitgestellten Informationen zu den Parametern der Svensson-Methode bzw. die hieraus resultierenden risikolosen Spot Rates zurückgegriffen wird. So stellt die Europäische Zentralbank tagesaktuell die Schätzparameter und die hieraus resultierende Zinsstruktur auf Basis europäischer Staatsanleihen der Ratingklasse AAA nach der oben dargestellten Methodik als stetige Größen bereit. Die Deutsche Bundesbank nutzt hingegen einen modifizierten Ansatz und leitet die Parameter der Svensson-Methode auf Basis beobachteter diskreter Zerobondrenditen von deutschen Bundeswertpapieren ab, sodass die daraus resultierenden Spot Rates ebenfalls bereits diskrete Werte darstellen und eine nochmalige Umrechnung entfällt (Reese/Wiese, 2007, S. 42; Schich, 1997, S. 17 ff.). Die betragsmäßigen Unterschiede zwischen den stetigen und diskreten Spot Rates sowie gegenüber den hieraus abgeleiteten impliziten Forward Rates dürften in vielen Fällen jedoch relativ gering ausfallen.

Ein demgegenüber vermutlich schwerer wiegendes Anwendungsproblem resultiert aus der Tatsache, dass die Parameter der Svensson-Methode aus beobachtbaren Kapitalmarktdaten von Staatsanleihen geschätzt werden, deren Laufzeit in der Regel nicht über 30 Jahre hinausreicht. Da im Rahmen der Unternehmensbewertung jedoch laufzeitäquivalente Diskontierungssätze für bis in die Unendlichkeit reichende Zahlungsströme benötigt werden, stellt sich die Frage, wie die sehr langfristigen Zinssätze dieser ‚Anschlussfinanzierung' bestimmt werden sollen. Eine Möglichkeit besteht darin, die Svensson-Funktion auf Basis der aktuellen Funktionsparameter einfach über den 30-Jahres-Horizont hinaus fortzuführen. In diesem Fall nähert sich die Zinsstrukturkurve langfristig dem durch β_0 festgelegten Niveau an (Schich, 1997, S. 15). Häufig wird jedoch vorgeschlagen, das sich am Ende des 30-jährigen Beobachtungshorizonts ergebende Zinsniveau auch für alle darauffolgenden Jahre beizubehalten (z. B. Ballwieser/Hachmeister, 2021, S. 104 f.; Dehmel/Hommel, 2017, S. 130; Drukarczyk/Schüler, 2021, S. 249; Reese/Wiese, 2007, S. 45). Damit wird ab diesem Zeitpunkt eine flache Zinsstrukturkurve mit konstanten Spot Rates unterstellt.

Aus Gründen der Komplexitätsreduktion wird in der Bewertungspraxis oftmals eine Verdichtung der Zinsstruktur zu einem laufzeitunabhängigen Einheitszinssatz angestrebt (Jonas et al., 2005, S. 652). In sehr stark vereinfachender Weise könnte dies im Wege einfacher Durchschnittsbildungen erfolgen oder durch eine Orientierung am einjährigen Zinsniveau bzw. dem der längsten beobachtbaren Laufzeit. Methodisch ist ein solches Vorgehen jedoch kaum begründbar und führt zwangsläufig zu Verzerrungen des Bewertungsergebnisses. Diese Verzerrungen sollen durch die Verwendung eines barwertäquivalenten Einheitszinses vermieden werden (Jonas et al., 2005, S. 648). Hierbei wird derjenige konstante Zinssatz i^e gesucht, dessen Verwendung als Kalkulationszins zu einem identischen Barwert führt wie die Diskontierung mit laufzeitabhängigen Zinssätzen. Für einen mit der konstanten Rate $g^{Ü}$ wachsenden sicheren Überschuss und die für einen Beobachtungshorizont von T Perioden vorliegenden laufzeitabhängigen Spotrates der Zinsstrukturkurve würde sich ein solcher konstanter Einheitszins i^e wie nachfolgend dargestellt ermitteln (Baetge et al., 2019, S. 437):

$$\sum_{t=1}^{T} \frac{Ü_0 \times \left(1+g^{Ü}\right)^t}{\left(1+i_{0,t}^f\right)^t} + \frac{Ü_0 \times \left(1+g^{Ü}\right)^{T+1}}{\left(1+i_{0,t}^f\right)^T \times \left(i_{0,T}^f - g^{Ü}\right)} = \frac{Ü_0 \times \left(1+g^{Ü}\right)}{i^e - g^{Ü}}$$

$$i^e = \frac{1+g^{Ü}}{\sum_{t=1}^{T} \frac{\left(1+g^{Ü}\right)^t}{\left(1+i_{0,t}^f\right)^t} + \frac{\left(1+g^{Ü}\right)^{T+1}}{\left(1+i_{0,T}^f\right)^T \times \left(i_{0,T}^f - g^{Ü}\right)}} + g^{Ü}$$

$g^{Ü}$ … *Wachstumsrate des bewertungsrelevanten Überschusses*
$i_{0,t}^f$ … *Risikoloser Kassazinssatz (Spot Rate) einer Laufzeit von t Perioden*
i^e … *Einheitlicher laufzeitunabhängiger Basiszins*
T … *Empirischer Beobachtungshorizont für Spot Rates*
t … *Zeit- bzw. Periodenindex*
$Ü_0$ … *Startwert der bewertungsrelevanten Überschüsse*

Dabei wird unterstellt, dass ab der Periode T eine flache Zinsstruktur besteht und die Spot Rate der längsten beobachtbaren Laufzeit T auch für alle nachfolgenden Perioden gilt. Diese angenommene Konstanz der Spot Rates ab Periode T bewirkt dann auch konstante Forward Rates in gleicher Höhe im Rahmen dieser Anschlussfinanzierung. Der empirische Beobachtungshorizont T für die Spot Rates liegt für Deutschland bei ca. 30 Jahren. Der Startwert der Zahlungsreihe $Ü_0$ ist für die Berechnung des Einheitszinses jedoch unerheblich, da er sich gewissermaßen herauskürzt. Als nachhaltige Wachstumsrate $g^{Ü}$ wird regelmäßig ein typisierter Wert von 1 % vorgeschlagen, wobei auch dessen Höhe nur einen relativ geringen Einfluss auf den zu berechnenden Einheitszinssatz ausübt (IDW, 2014, Tz. A 356). Des Weiteren wird vorgeschlagen, die Zinsstruktur als Durchschnittswerte der laufzeitabhängigen Spot Rates eines 3-Monats-Zeitraums vor dem Bewertungsstichtag zu ermitteln (IDW, 2014, Tz. A 355; Jonas et al., 2005, S. 648). Dies wird mit einer Glättung kurzfristiger Marktschwankungen zur Reduktion von Schätzfehlern begründet. Zudem soll der aus der Zinsstruktur abgeleitete einheitliche Basiszins aus Praktikabilitätsgründen noch auf volle 0,25 Prozentpunkte bzw. bei sehr geringen Basiszinssätzen auf volle 0,1 Prozentpunkte gerundet werden (Franken et al., 2020, S. 375; Zwirner/Lindmayr, 2016, S. 2561). In der Literatur werden die letztgenannten Vorschläge jedoch zum Teil kritisch gesehen, da dies ein Unterlaufen des Stichtagsprinzips sowie die bewusste Inkaufnahme von vermeidbaren Bewertungsfehlern bedeutet (Baetge et al., 2019, S. 439; Ballwieser/Hachmeister, 2021, S. 105; Dehmel/Hommel, 2017, S. 131; Reese/Wiese, 2007, S. 44).

Die oben beschriebene Methodik zur Ermittlung des risikolosen Basiszinses soll nachfolgend noch einmal an einem Beispiel illustriert werden. Würden die stichtagsbezogenen Funktionsparameter der Svensson-Methode $\beta_0 = 4{,}2$; $\beta_1 = -1{,}5$; $\beta_2 = 0{,}4$; $\beta_3 = -1{,}8$ sowie $\tau_1 = 5{,}9$ und $\tau_2 = 0{,}2$ betragen, so ergäben sich daraus die in Abb. 1-20 genannten Werte für Spot Rates mit den hierin implizierten einperiodigen Forward Rates bzw. dem in Abb. 1-21 dargestellten grafischen Verlauf der Zinsstrukturkurve. Diese exemplarisch gewählte Parameterkonstellation der Svensson-Funktion ist z. B. den Gegebenheiten in der Jahresmitte von 2006 relativ ähnlich (Reese/Wiese, 2007, S. 41). Von einer Durchschnittsbildung über einen längeren bzw. den vorgeschlagenen 3-Monats-Zeitraum vor dem Bewertungsstichtag wird dabei abgesehen.

	Laufzeit bzw. Perioden				
Zinssatz	t = 1	t = 2	t = 3	…	T = 30
Stetige Spot Rate der Svensson-Funktion	2,505 %	2,802 %	2,977 %	…	3,971 %
Diskrete Spot Rate	2,537 %	2,842 %	3,022 %	…	4,050 %
Forward Rate	2,537 %	3,148 %	3,383 %	…	4,293 %
Einheitlicher barwertidentischer Basiszins	4,000 %				

Abb. 1-20: Werte einer exemplarischen Zinsstruktur

In diesem Beispiel führt die Unterscheidung von stetigen und diskreten Spot Rates nur zu marginalen Differenzen. Die periodenspezifischen Forward Rates weichen demgegenüber jedoch deutlicher von den Spot Rates ab. Gleichwohl führt eine Diskontierung mit den Spot Rates zu identischen Abzinsungsfaktoren wie die Verwendung der Forward Rates, wie nachfolgend exemplarisch für einen zum Ende der Periode 3 eintretenden sicheren Überschuss gezeigt wird:

$$\frac{1}{(1{,}03022)^3} = \frac{1}{(1{,}02537)\times(1{,}03148)\times(1{,}03383)} = 0{,}91456$$

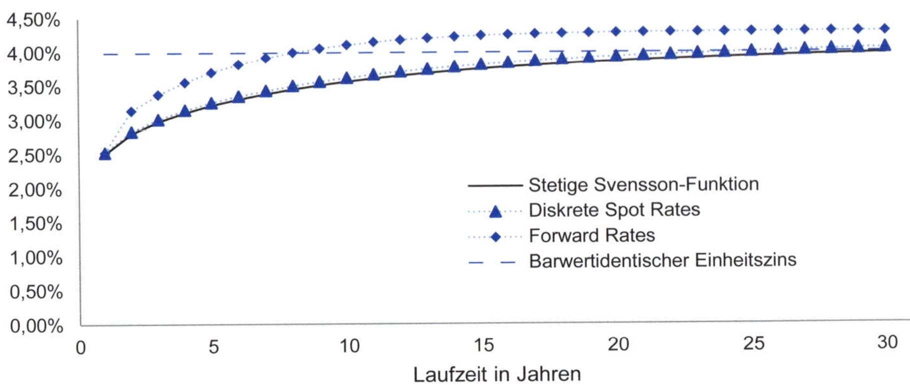

Abb. 1-21: Grafischer Verlauf der exemplarischen Zinsstrukturkurve

Für den ebenfalls ausgewiesenen barwertidentischen Einheitszins wurde eine typisierte Wachstumsrate der Überschüsse von 1,0 % unterstellt sowie eine flache Zinsstruktur mit konstanten Spot Rates ab der Periode 30 angenommen. Unter dieser Annahme sind ab Periode 31 auch die Forward Rates identisch mit den Spot Rates (Drukarczyk/Schüler, 2021, S. 249). Der resultierende barwertidentische Einheitszins weist bereits einen „glatten" Wert von 4,0 % auf, sodass die oben angesprochene und vielfach kritisierte Rundungsproblematik für dieses Beispiel entfällt.

Wird als Startwert eines ewig konstant wachsenden, risikolosen Überschussstroms $\ddot{U}_0$ der Betrag von 100 € unterstellt, ergibt sich bei einer Diskontierung mit Forward Rates, Spot Rates sowie dem barwertidentischen Einheitszins in diesem Beispiel ein identischer Zukunftserfolgswert von 3.366,71 €.

$$UW_0^{ZEW} = 3.366,71$$

$$(Forward\ Rates) = \frac{100 \times 1,01}{1,02537} + \ldots + \frac{100 \times 1,01^{30}}{1,02537 \times \ldots \times 1,04293} + \frac{100 \times 1,01^{31}}{1,02537 \times \ldots \times 1,04293 \times (0,04050 - 0,01)}$$

$$(Spot\ Rates) = \frac{100 \times 1,01}{1,02537} + \ldots + \frac{100 \times 1,01^{30}}{1,04050^{30}} + \frac{100 \times 1,01^{31}}{1,04050^{30} \times (0,04050 - 0,01)}$$

$$(Einheitszins) = \frac{100 \times 1,01}{1,04} + \ldots + \frac{100 \times 1,01^{30}}{1,04^{30}} + \frac{100 \times 1,01^{31}}{1,04^{30} \times (0,04 - 0,01)} = \frac{100 \times 1,01}{0,04 - 0,01}$$

Die Barwertidentität dieser drei Rechnungen geht jedoch verloren, wenn die verwendeten Zinssätze um einen Risikozuschlag erhöht werden, der sich entsprechend bei Anwendung des CAPM aus dem Produkt von Marktrisikoprämie und Beta-Faktor ergibt. Dies ist erforderlich, wenn die Zählergrößen keine sicheren Überschüsse, sondern die Erwartungswerte risikobehafteter Überschüsse verkörpern (siehe Abschnitt 1.2.1.4). In dieser Situation, die den Regelfall der Unternehmensbewertung bildet, wäre den laufzeitabhängigen Forward Rates als periodenspezifischer sicherer Zins aus theoretischer Sicht der Vorzug zu geben. Insbesondere die Verwendung eines Einheitszinses führt dann zu systematisch abweichenden Ergebnissen (Bassemir et al., 2012, S. 666 ff.; Knoll et al., 2019, S. 264 ff.). Gleichwohl bildet dieser, aus einem vereinfachenden Bewertungsmodell unter den dargestellten Annahmen abgeleitete, laufzeitunabhängige

Einheitszins derzeit den weithin akzeptierten Standardfall in der praktischen Anwendung (Knoll et al., 2019, S. 262). Diese Vereinfachungen erscheinen jedoch dann als hinnehmbar, wenn der Verlauf der Zinsstruktur relativ flach bzw. das generelle Zinsniveau sehr niedrig ist. Dann erlangen die allgemeine Marktrisikoprämie und der Beta-Faktor als die beiden weiteren Determinanten der CAPM-basierten Kapitalkostensätze eine vergleichsweise stärkere Wirkung auf das Bewertungsergebnis. Möglichen Ansatzpunkten zur praktischen Gewinnung dieser Größen widmen sich die beiden folgenden Abschnitte.

1.2.2.3 Bestimmung der Marktrisikoprämie

Als Marktrisikoprämie *mrp* wird im Rahmen des CAPM die Differenz zwischen der erwarteten Rendite eines perfekt diversifizierten Marktportfolios aus riskanten Anlagen gegenüber dem risikolosen Zinssatz bezeichnet (vgl. Abschnitt 1.2.2.1). Durch diese Renditedifferenz wird die am Kapitalmarkt allgemein geforderte Vergütung für die Übernahme von Risiko quantifiziert.

$$mrp = r^m - i^f$$

i^f ... *Risikoloser Zinssatz*
mrp ... *Marktrisikoprämie*
r^m ... *Rendite des Marktportfolios (Erwartungswert)*

Beide Renditen zur Bestimmung der Marktrisikoprämie bilden theoretische Konstrukte. Bei dem zugrunde liegenden Marktportfolio handelt es sich um ein ideal diversifiziertes Portfolio aus sämtlichen global verfügbaren, riskanten Anlagemöglichkeiten, das neben Aktien z. B. auch Edelmetalle, Immobilien, Kunstgegenstände, Humankapital oder andere reale Investitionsprojekte einschließt. Ein solches Portfolio und auch ein entsprechender Gesamtmarkt aller riskanten Anlagen sind jedoch praktisch nicht beobachtbar. Auf die Problematik der faktischen Nichtexistenz vollständig risikoloser Anlagen wurde bereits im vorangegangenen Abschnitt hingewiesen. Aus diesem Grund lässt sich auch die Marktrisikoprämie allenfalls näherungsweise bestimmen, wobei ein hohes Maß an Unsicherheit und Unschärfe verbleibt.

Diese Ermittlungsprobleme betreffen zunächst den zeitlichen Aspekt. Denn die Marktrisikoprämie drückt zukunftsbezogene Erwartungen der Marktteilnehmer aus. Praktizierte Ansätze zur Quantifizierung der Marktrisikoprämie stützen sich jedoch primär auf historische Zeitreihen realisierter Renditen (Pratt/Grabowski, 2014, S. 110 ff.). Dies impliziert die Annahme, dass die beobachteten Vergangenheitswerte auch die zukünftig erwarteten Überrenditen zuverlässig beschreiben und somit konstante Marktbedingungen vorliegen. Dementsprechend wird die Marktrisikoprämie als langfristig konstant angenommen und geht daher regelmäßig als periodenunabhängige Größe in die Ermittlung des Kapitalkostensatzes ein.

Für die Gewinnung der historischen Renditen muss zunächst ein geeigneter Markt definiert werden, der möglichst liquide und friktionsarm ist sowie gleichzeitig die benötigte Datenbasis bereitstellt. Dies sind typischerweise die börslichen Aktien- und Anleihemärkte. Als Stellvertretergröße für das Marktportfolio wird dabei zumeist ein möglichst breit gestreuter Aktienindex genutzt, der als sogenannter Performance-Index ausgestaltet sein sollte, um neben reinen Kursbewegungen auch Ausschüttungen und Kapitalveränderungen adäquat zu berücksichtigen. In Deutschland kann hierbei auf den DAX und den CDAX zurückgegriffen werden. Auch international existieren entsprechende Indizes, wie z. B. MSCI World oder Stoxx Europe 600. Als Maßstab für die risikolose Verzinsung kann in ähnlicher Weise ein Perfomance-Index des Rentenmarkts genutzt werden, der möglichst risikoarme Wertpapiere der öffentlichen Hand abbildet. Für Deutschland wäre z. B. der sogenannte REXP ein solcher Index.

Die als Stellvertretergrößen für das Marktportfolio und die risikolose Anlage ausgewählten Indizes sollten dabei möglichst demselben Kapitalmarkt zugehören, um Inkompatibilitäten zu vermeiden (Diedrich/Dierkes, 2015, S. 262). Die hierbei berechneten Renditen beziehen sich entsprechend der Modellierung des CAPM sowie der späteren Nutzung im Diskontierungssatz jeweils auf ein Jahr. Diesbezüglichen Kapitalmarktstudien liegen häufig sehr lange Beobachtungszeiträume zugrunde, was den Vorteil hat, dass temporäre Störterme, wie besondere Krisen- oder Boomzeiten, sich weitestgehend ausgleichen. Allerdings könnte ein langer Zeitraum die Prognosetauglichkeit der historischen Ergebnisse auch mindern, wenn sich die Marktrisikoprämien langfristig verändern. Für Letzteres sprechen die Ergebnisse einiger Studien, die im sehr langfristigen Zeitverlauf absinkende Marktrisikoprämien vermuten lassen (für einen Überblick z. B. Drukarczyk/Schüler, 2021, S. 255 ff.; Pratt/Grabowski, 2014, S. 147 ff.). Als mögliche Gründe hierfür werden verbesserte Diversifikationsmöglichkeiten der Investoren vermutet sowie hohe Wachstumsgeschwindigkeiten von Unternehmen im Zuge der Weiterentwicklung von Technologie und Management.

Bevor die aus den gewählten Stellvertretern des Marktportfolios sowie des sicheren Zinssatzes abgeleiteten Renditen einander gegenübergestellt werden, sind sie noch durch eine geeignete Mittelwertbildung zu verdichten. Nicht abschließend geklärt ist hierbei die Frage, ob die Durchschnittsbildung als arithmetisches oder geometrisches Mittel erfolgen sollte (siehe hierzu auch Abschnitt 3.6.1). Für einen N Perioden umfassenden Beobachtungszeitraum ermitteln sich diese jeweils nach den folgenden Vorschriften:

$$\overline{r} = \frac{1}{N}\sum_{n=1}^{N} r_n$$

$$\overline{r}^{GEO} = \left[\prod_{n=1}^{N}(1+r_n)\right]^{\frac{1}{N}} - 1$$

n	… *Index der Beobachtungsperioden*
N	… *Untersuchungszeitraum (Gesamtzahl der Beobachtungsperioden)*
$\overline{r}$	… *Arithmetisches Mittel der Renditen*
r	… *Rendite (beobachtet)*
$\overline{r}^{GEO}$	… *Geometrisches Mittel der Renditen*

Der potenzielle Unterschied der Ergebnisse wird schnell deutlich, wenn man z. B. für zwei aufeinanderfolgende Perioden Jahresrenditen von +100 % und –50 % unterstellt (Pratt/Grabowski, 2014, S. 144). Während das arithmetische Mittel dieser Renditen +25 % beträgt, ergibt sich ein geometrisches Mittel von

0 %. Unabhängig von der konkreten Datenkonstellation liegt das geometrische Mittel jedoch niemals oberhalb des arithmetischen Mittels, wobei die Differenz mit zunehmender Streuung der Renditen ansteigt. Da die Renditestreuung am Aktienmarkt typischerweise deutlich höher ausfällt als am Rentenmarkt, ergeben sich bei Anwendung des arithmetischen Mittels auch entsprechend höhere Marktrisikoprämien als bei Nutzung des geometrischen Mittels.

Das geometrische Mittel bringt die durchschnittliche Rendite während des gesamten Untersuchungszeitraums zum Ausdruck. Dem gegenüber liefert das arithmetische Mittel einen erwartungstreuen Schätzer, wenn die Renditen eine gleichbleibende Verteilung stochastisch unabhängiger Zufallsvariablen bilden. Im Lichte einiger Studien erscheint Letzteres jedoch zumindest fraglich (Diedrich/Dierkes, 2015, S. 264). Gleichwohl bildet das arithmetische Mittel den derzeit tendenziell weiter verbreiteten Ansatz (Pratt/Grabowski, 2014, S. 145). Diese Vorgehensweise wird nachfolgend an einem stark vereinfachten Beispiel illustriert, in das hier nur sechs Datenpunkte über einen Beobachtungszeitraum von 5 Perioden einfließen.

t	Aktien-index	Rentenindex (Staatsanleihen)	Renditen des Aktienindexes (r^m)	Renditen des Rentenindexes (i^f)
–5	8.600	395		
–4	9.632	415	12,0 %	5,0 %
–3	10.403	428	8,0 %	3,0 %
–2	11.131	440	7,0 %	3,0 %
–1	12.244	463	10,0 %	5,0 %
0	13.224	481	8,0 %	4,0 %
$\bar{r}$			9,0 %	4,0 %
mrp			5,0 %	

Abb. 1-22: Beispiel zur Bestimmung der Marktrisikoprämie auf Basis des arithmetischen Mittels

Die sich bei einer alternativen Anwendung des geometrischen Mittels ergebende Marktrisikoprämie liegt in diesem Beispiel jedoch nur marginal unter dem oben dargestellten Wert. Gleichwohl könnte aus der arithmetischen Durchschnittsbildung grundsätzlich eine systematische Überschätzung der Marktrisikoprämie auf Basis der historischen Werte resultieren. Zudem führen auch Anpassungen der Indexzusammensetzung, die in der Regel mit einem Ausscheiden von eher schwächer performenden Unternehmen einhergehen, tendenziell zu einer Verzerrung nach oben (Survivorship Bias). Vor dem Hintergrund dieser Probleme wurden verschiedene Vorschläge zur Bereinigung bzw. zukunftsorientierten Adjustierung der Größen unterbreitet bzw. auch alternative Konzepte zur Ermittlung der Marktrisikoprämie auf Basis von fundamentalen Bewertungsmodellen, Arbitrageansätzen oder auch Expertenbefragungen vorgelegt (vgl. für einen Überblick z. B. Meitner/Streitferdt, 2019b, S. 687 ff.). Dennoch bleibt das Ergebnis grundsätzlich stark durch das verwendete Renditemaß, die Aggregationsmethodik sowie die Zusammensetzung des betrachteten Index beeinflusst. Daher ist ein verhältnismäßig hoher Unsicherheitsgrad in Bezug auf die anzusetzende Marktrisikoprämie kaum vermeidbar. Dies zeigt sich nicht zuletzt in der breiten Streuung der Ergebnisse verschiedener empirischer Studien, die je nach Betrachtungszeitraum und Art der Mittelwertbildung Marktrisikoprämien zwischen 0,24 % und 10,4 % ergaben (vgl. z. B. die Übersichten bei Ballwieser/ Hachmeister, 2021, S. 102 f.; Diedrich/Dierkes, 2015, S. 265).

Für Zwecke der Unternehmensbewertung in Deutschland hatte das Institut der Wirtschaftsprüfer (IDW) nach Einführung der Abgeltungsbesteuerung auf Kapitaleinkünfte im Jahr 2009 für längere Zeit die Verwendung einer Marktrisikoprämie vor persönlichen Steuern in der Größenordnung von 4,5 % bis 5,5 % vorgeschlagen (IDW, 2014, Tz. A 360). Diese Empfehlung wurde durch den zuständigen Fachausschuss für Unternehmensbewertung und Betriebswirtschaft (FAUB) des IDW aufgrund der in den Folgejahren zu verzeichnenden Auswirkungen der Finanz- und Kapitalmarktkrise sowie einer anhaltenden Niedrigzinsphase mehrfach angehoben (für einen Überblick Franken et al., 2020, S. 391 ff.). Wird auch in einer solchen Konstellation von gleichbleibenden Gesamtrenditeerwartungen ausgegangen, was manche Marktanalysen nahelegen, ergibt sich bei einem sinkenden risikolosen Zinssatz eine entsprechend ansteigende Marktrisikoprämie und umgekehrt (Wagner et al., 2013, S. 950).

Dennoch erscheint eine für den US-Markt betont zurückhaltend formulierte Einschätzung zur angemessenen Bandbreite der Marktrisikoprämie von 5 % bis 8 % (Brealey et al., 2014, S. 167) vor dem Hintergrund der bisherigen Studien als eine auch für Deutschland durchaus plausible Größenordnung, was auch jüngere Untersuchungen bestätigen (z. B. Franken et al., 2020, S. 384 ff.). Innerhalb dieser Spanne liefern die Empfehlungen des FAUB dann eine aktualisierte Orientierung. Ähnliche, fortlaufend angepasste Empfehlungen zur anzusetzenden Marktrisikoprämie existieren auch für andere Länder, wie sie z. B. in Österreich durch den Fachsenat für Betriebswirtschaft der Kammer der Wirtschaftstreuhänder (KFS/BW) abgegeben werden. Weitere Anhaltspunkte im internationalen Vergleich werden durch verschiedene Institutionen in fortlaufend aktualisierter Weise veröffentlicht. Als stellvertretendes Beispiel seien die seit Jahren erscheinenden Kapitalkostenstudien der Wirtschaftsprüfungsgesellschaft KPMG genannt (z. B. KPMG, 2020). Mit Blick auf die zumeist bewusst sehr lang gewählten Untersuchungszeiträume zur Ermittlung der Marktrisikoprämie ist jedoch kurzfristigen Anpassungen eher mit einer gewissen Zurückhaltung zu begegnen.

1.2.2.4 Ermittlung und Anpassung von Beta-Faktoren

Neben dem risikolosen Zins und der Marktrisikoprämie bildet der sogenannte Beta-Faktor den dritten grundlegenden Teilparameter zur Bestimmung risikoadjustierter Kapitalkostensätze im Modellrahmen des CAPM. Während die ersten beiden Größen allgemeine Marktparameter darstellen, quantifiziert der Beta-Faktor das systematische Risiko eines konkreten Wertpapiers bzw. Unternehmens in Form eines normierten Kovarianzmaßes. Dieses beschreibt die Veränderung der erwarteten Wertpapierrendite aufgrund einer Veränderung der Gesamtmarktrendite. Formal berechnet sich der Beta-Faktor des CAPM wie folgt:

$$\beta^j = \frac{COV\left(r^j, r^m\right)}{VAR\left(r^m\right)}$$

β^j	… *Beta-Faktor des Wertpapiers j*
$COV(r^j,r^m)$	… *Kovarianz zwischen der Rendite des Wertpapiers j und der Marktrendite*
r^j	… *Rendite des Wertpapiers j (Erwartungswert)*
r^m	… *Rendite des Marktportfolios (Erwartungswert)*
$VAR(r^m)$	… *Varianz der Marktrendite*

Bei einem positiven Beta-Faktor entwickelt sich die betrachtete Wertpapierrendite tendenziell gleichgerichtet zum Gesamtmarkt. Auch negative Beta-Faktoren, die für gegenläufige Renditeveränderungen stehen, sind theoretisch möglich, jedoch praktisch kaum zu beobachten. Eine betragsmäßige Ausprägung von größer oder kleiner 1,0 beschreibt die entsprechend über- bzw. unterproportionale Höhe der Reaktion auf allgemeine Marktschwankungen.

Wenngleich für die Unternehmensbewertung eine zukunftsorientierte Schätzung dieses Risikomaßes benötigt wird, erfolgt die Ermittlung regelmäßig auf Basis von Vergangenheitsdaten. Damit ist auch hier wieder die Annahme verbunden, dass stabile Kapitalmarkt- und Unternehmensverhältnisse vorliegen und die in der Vergangenheit beobachtbaren Zusammenhänge repräsentativ für die Zukunft sind.

Die Bestimmung des Beta-Faktors eines börsennotierten Unternehmens wird typischerweise mithilfe einer univariaten linearen Regressionsanalyse vorgenommen, bei der historisch beobachtete Markt- und Unternehmensrenditen einander gegenübergestellt werden. Die Qualität der dabei erzielten Ergebnisse wird durch verschiedene Einflussfaktoren mit teils gegenläufiger Wirkung beeinflusst (Diedrich/Dierkes, 2015, S. 271 ff.; Dörschell et al., 2012, S. 149 ff.; Meitner/Streitferdt, 2019a, S. 601 ff.). Grundsätzlich erhöht sich die Belastbarkeit der Resultate, wenn der betrachtete Stichprobenumfang, das heißt die Anzahl der Beobachtungen steigt. Damit tendenziell einhergehende längere Beobachtungszeiträume bergen jedoch die Gefahr, dass die Vergangenheitsdaten aufgrund von zwischenzeitlich eingetretenen Strukturbrüchen nicht mehr repräsentativ sind. In Bezug auf die Aktien eines konkreten Unternehmens könnte dies z. B. aus Veränderungen des Geschäftsmodells, der Wettbewerbssituation, der Kostenstruktur oder auch der Finanzierungspolitik resultieren. Der Stichprobenumfang lässt sich jedoch auch durch eine höhere Beobachtungsfrequenz, das heißt kürzere Renditeintervalle, vergrößern. Das begünstigt jedoch Verzerrungen durch den sogenannten Intervalling-Effekt, welcher aus unterschiedlichen Reaktionsgeschwindigkeiten in den Kursanpassungen von Marktteilen mit ungleicher Liquidität resultiert. Dieser Störeffekt nimmt bei längeren Renditeintervallen in seiner Wirkung ab. Im Ergebnis wären somit möglichst viele Datenpunkte aus tendenziell kurzen Beobachtungszeiträumen mit möglichst langen Renditeintervallen anzustreben, was in sich konträre Forderungen sind. Gewissermaßen als Kompromisslösungen haben sich daher in der Praxis folgende Berechnungsmodi als günstige Konstellationen der Beta-Faktor-Bestimmung etabliert (IDW, 2014, Tz. A 365):

- Fünf-Jahres-Beta-Faktoren auf Basis von monatlichen Renditen,
- Zwei-Jahres-Beta-Faktoren auf Basis von wöchentlichen Renditen oder
- Ein-Jahres-Beta-Faktoren auf Basis von täglichen Renditen.

Neben den genannten Aspekten wird die Bestimmung des Beta-Faktors vor allem durch die Wahl des zugrunde gelegten Referenzindexes beeinflusst, welcher als Stellvertretergröße des theoretischen Marktportfolios herangezogen wird. Mit Blick auf die theoretischen Grundlagen des CAPM, insbesondere für eine Bewertung internationaler Zahlungsströme, ist ein möglichst breiter bzw. weltweiter Index zu präferieren (Franken et al., 2020, S. 410 ff.). Datenverfügbarkeit, statistische Güte der Ergebnisse sowie eine versuchte Annäherung an den ‚typischen Investment-Horizont' der Anleger begünstigen jedoch in der Praxis die Verwendung lokaler Indizes. Dementsprechend wird in Deutschland häufig auf die nationalen Indizes des DAX bzw. CDAX zurückgegriffen bzw. auf europaweite Indizes, welche als sogenannte Performance-Indizes ausgestaltet sein sollten. Anders als bei reinen Kursindizes werden durch Performance-Indizes auch Dividendenerträge erfasst und deren Wiederanlage impliziert. Dementsprechend sollten die hiermit zu vergleichenden Kursentwicklungen der jeweiligen Aktie ebenfalls um Dividenden, Kapitalmaßnahmen oder Aktiensplits bereinigt sein (Diedrich/Dierkes, 2015, S. 272 f.). Entsprechende Kurs- und Indexzeitreihen werden von verschiedenen Börsenportalen oder Kapitalmarktinformationsdienstleistern online bereitgestellt, welche zum Teil auch kostenlos zugänglich sind (vgl. z. B. die Übersichten bei Dörschell et al., 2012, S. 214 ff.; Meitner/Streitferdt, 2019a, S. 607 f.).

Im Rahmen einer Regressionsanalyse wird dann die funktionale Beschreibung einer linearen Beziehung zwischen Markt- bzw. Indexrendite als unabhängige bzw. erklärende Variable sowie der Aktienrendite als davon abhängige Variable gesucht. Die entsprechende Geradengleichung in der nachfolgenden Struktur wird auch als Marktmodell bezeichnet (Sharpe, 1963, S. 281):

$$r^j = \alpha^j + \beta^j \times r^m$$

β^j	… *Beta-Faktor der Aktie j*
α^j	… *Von der Marktrendite unabhängiger, konstanter Renditeteil der Aktie j*
r^j	… *Rendite der Aktie j (beobachtet)*
r^m	… *Rendite des Marktportfolios bzw. stellvertretenden Aktienindex (beobachtet)*

Hierbei wird regelmäßig auf die Methode der kleinsten Quadrate zurückgegriffen, deren Ziel es ist, die Funktionsparameter α und β so anzupassen, dass die Summe der quadrierten Abweichungen zwischen den Funktionswerten und den beobachteten Werten minimiert wird. Diese Abweichungen werden als Residuen bezeichnet. Der Anstieg der gesuchten linearen Regressionsfunktion entspricht dem Verhältnis der Kovarianz von Aktien- und Marktrendite gegenüber der Varianz der Marktrendite und damit gleichzeitig dem gesuchten Beta-Faktor des CAPM. Rechnerisch lässt sich dieser Wert aus den vorliegenden Beobachtungen wie folgt bestimmen:

$$\beta^j = \frac{COV\left(r^j, r^m\right)}{VAR\left(r^m\right)} = \frac{\sum_{n=1}^{N}\left(r_n^j - \overline{r}^j\right) \times \left(r_n^m - \overline{r}^m\right)}{\sum_{n=1}^{N}\left(r_n^m - \overline{r}^m\right)^2} \quad mit$$

$$COV\left(r^j, r^m\right) = \frac{\sum_{n=1}^{N}\left(r_n^j - \overline{r}^j\right) \times \left(r_n^m - \overline{r}^m\right)}{N-1} \quad und \quad VAR\left(r^m\right) = \frac{\sum_{n=1}^{N}\left(r_n^m - \overline{r}^m\right)^2}{N-1}$$

β^j ... *Beta-Faktor der Aktie j*
$COV(r^j,r^m)$ ... *Kovarianz zwischen der Rendite des Wertpapiers j und der Marktrendite*
n ... *Index der Renditeintervalle*
N ... *Untersuchungszeitraum (Gesamtzahl der beobachteten Renditeintervalle)*
$\overline{r}^j$ ... *Arithmetisches Mittel der Renditen von Aktie j*
r^j ... *Rendite der Aktie j (beobachtet)*
$\overline{r}^m$ ... *Arithmetisches Mittel der Renditen des Marktportfolios*
r^m ... *Rendite des als Marktportfolio verwendeten Aktienindex (beobachtet)*
$VAR(r^m)$ ... *Varianz der Marktrendite*

Dieser Methodik liegt eine Reihe weiterer Annahmen zugrunde, was z. B. die Verteilungen der Parameter oder die Abwesenheit von Autokorrelationen betrifft, worauf hier jedoch nicht näher eingegangen werden soll (vgl. hierzu z. B. Dörschell et al., 2012, S. 141 ff.). Die konkrete Vorgehensweise zur Berechnung des Beta-Faktors auf Basis historischer Renditen wird im Folgenden exemplarisch anhand eines sehr stark vereinfachten Beispiels veranschaulicht. Dabei sollen lediglich sechs Datenpunkte mit jährlichem Renditeintervall betrachtet werden, während hierbei sonst typischerweise wesentlich kürzere Renditeintervalle und deutlich höhere Stichprobenumfänge zur Anwendung kommen. Für einen ausgewählten Aktienindex und die Aktie einer fiktiven Y AG liegen dem Beispiel die in Abb. 1-23 dargestellten exemplarischen Werte zu Kursnotierungen und Dividenden zugrunde. Die Gesamtrendite der Y AG errechnet sich hieraus gemäß folgender Vorschrift:

$$r_t^Y = \frac{K_t^Y - K_{t-1}^Y + D_t^Y}{K_{t-1}^Y}$$

D^Y ... *Dividendenausschüttung je Aktie der Y AG*
K^Y ... *Aktienkurs der Y AG*
r^Y ... *Rendite der Y AG*
t ... *Zeit- bzw. Periodenindex*

Das arithmetische Mittel der beobachteten Renditen des als Marktportfolio fungierenden Aktienindexes $\overline{r}^m$ beträgt 9,0 % und für die Y AG ergibt sich ein entsprechender Durchschnitt der Aktienrenditen $\overline{r}^Y$ in Höhe von 11,5 %.

t	Aktienindex	Aktienkurs der Y AG	Dividende der Y AG	r^m	r^Y	$(r^m - \bar{r}^m)^2$	$(r^Y - \bar{r}^Y) \times (r^m - \bar{r}^m)$
–5	8.600	55,65					
–4	9.632	61,90	2,10	12,0 %	15,0 %	0,0009	0,00105
–3	10.403	65,07	2,40	8,0 %	9,0 %	0,0001	0,00025
–2	11.131	68,00	2,60	7,0 %	8,5 %	0,0004	0,00060
–1	12.244	75,50	2,70	10,0 %	15,0 %	0,0001	0,00035
0	13.224	80,00	3,05	8,0 %	10,0 %	0,0001	0,00015
Summe						0,0016	0,00240

Abb. 1-23: Beispiel zur Bestimmung des historischen Beta-Faktors

Mit den in Abb. 1-23 dargestellten Werten resultiert in diesem Beispiel für die Y AG ein historischer Beta-Faktor von 1,5. Dieses berechnet sich im Detail wie folgt:

$$\beta^Y = \frac{\sum_{n=1}^{5}\left(r_n^Y - \bar{r}^Y\right)\times\left(r_n^m - \bar{r}^m\right)}{\sum_{n=1}^{5}\left(r_n^m - \bar{r}^m\right)^2} = \frac{0{,}0024}{0{,}0016} = 1{,}5$$

$$mit \quad COV\left(r^Y, r^m\right) = \frac{\sum_{n=1}^{5}\left(r_n^Y - \bar{r}^Y\right)\times\left(r_n^m - \bar{r}^m\right)}{5-1} = 0{,}0006 \quad und \quad VAR\left(r^m\right) = \frac{\sum_{n=1}^{5}\left(r_n^m - \bar{r}^m\right)^2}{5-1} = 0{,}0004$$

Steigt die Rendite des als Marktportfolio genutzten Aktienindexes um 1 %, führt dies durchschnittlich zu einer Erhöhung der Rendite der Y AG um 1,5 %. Die Y AG reagiert somit überproportional auf Marktschwankungen und weist ein höheres systematisches Risiko auf als der Gesamtmarkt.

Auf das Absolutglied des Regressionsmodells α wird an dieser Stelle nicht weiter eingegangen, da es für den hier gesuchten Beta-Faktor nicht benötigt wird. Zur Beurteilung der statistischen Güte der mithilfe eines solchen Regressionsmodells ermittelten Beta-Faktoren werden verschiedene Parameter diskutiert (Diedrich/Dierkes, 2015, S. 275 ff.; Franken et al., 2020, S. 417 ff.; Meitner/Streitferdt, 2019a, S. 596 ff.). Häufig wird hierbei auf das Bestimmtheitsmaß R^2 zurückgegriffen, welches den durch das Modell erklärten Anteil der Variabilität der Beobachtungen beschreibt. Für das oben dargestellte Beispiel beträgt R^2 0,86. Das bedeutet, dass 86 % der beobachteten Streuung der Aktienrendite durch das Regressionsmodell erklärt werden. Allerdings ist die Aussagekraft dieses statistischen Güteparameters im hier betrachteten Kontext des CAPM sehr begrenzt, da niedrige Werte von R^2 aus unsystematischen bzw. diversifizierbaren Risikobestandteilen der betrachteten Aktie resultieren könnten. Diese werden in der Modellwelt des CAPM zwar nicht honoriert, sind jedoch ohne weiteres mit dem Modell vereinbar. Daher wird neben dem Bestimmtheitsmaß und den methodisch eng verwandten Signifikanztests alternativ auch der Einsatz von Konfidenzintervallen vorgeschlagen. Hierdurch lassen sich Bandbreiten für den tatsächlichen Wert des gesuchten Beta-Faktors auf Basis eines festgelegten Wahrscheinlichkeitsniveaus quantifizieren. Anders als im obigen stark vereinfachten

Beispiel sollte der praktischen Bestimmung von historischen Beta-Faktoren jedoch eine Vielzahl von Datenpunkten zugrunde liegen. Für deren Analyse stellen verschiedene Tabellenkalkulationsprogramme oder auch statistische Softwarepakete geeignete Tools zur Durchführung entsprechender Regressionsanalysen einschließlich der angesprochenen Gütemaße zur Verfügung (für ausführliche Anwendungsbeispiele z. B. Dörschell et al., 2012, S. 217 ff.; Meitner/Streitferdt, 2019a, S. 608 ff.).

Wie bereits angesprochen, beschreiben die gewonnenen historischen Beta-Faktoren den in der Vergangenheit beobachteten Zusammenhang zwischen der Renditeentwicklung konkreter Aktien und der des Gesamtmarkts. Das sich darin ausdrückende systematische Risiko wurde dabei sowohl durch das bisherige operative Geschäftsrisiko der betrachteten Unternehmen als auch durch deren finanzwirtschaftliches Kapitalstrukturrisiko geprägt. Um jedoch diese aus Vergangenheitsdaten gewonnenen historischen Beta-Faktoren im Rahmen einer zukunftsorientierten Bewertung anwenden zu können, sind gegebenenfalls Anpassungen des Beta-Faktors erforderlich, wenn zukünftig von Veränderungen der Kapitalstruktur oder der operativen Geschäftsrisiken ausgegangen wird. Diese Anpassungsrechnungen nutzen insbesondere die Eigenschaft, dass sich der Beta-Wert eines Gesamtportfolios aus den marktwertgewichteten Betas der darin enthaltenen Anteile summiert. Dies resultiert aus der Tatsache, dass sich die Renditekovarianzen gegenüber der Marktrendite ebenfalls additiv verhalten (Drukarczyk/Schüler, 2021, S. 236 f.). Eine Auswahl derartiger Anpassungsrechnungen wird nachfolgend dargestellt.

Sollen Veränderungen der Kapitalstruktur durch eine entsprechende Anpassung des Beta-Faktors berücksichtigt werden, wird dies als sogenanntes ‚Unlevern' bzw. ‚Relevern' bezeichnet, da der Umfang der Fremdfinanzierung wie ein Hebel auf das von den Eignern zu tragende Risiko wirkt (Meitner/Streitferdt, 2019a, S. 617 ff.). Durch das sogenannte ‚Unlevern' kann der Einfluss einer beobachteten Kapitalstruktur zunächst vollständig entfernt und die fiktive Situation einer reinen Eigenfinanzierung erzeugt werden. Hiervon ausgehend beschreibt dann das anschließende ‚Relevern' die eigentliche Anpassung an eine für das Bewertungsobjekt zukünftig angenommene Kapitalstruktur. Wie bereits in Abschnitt 1.2.1.2 angesprochen, umfasst der Brutto-Unternehmenswert eines verschuldeten Unternehmens die Marktwerte von Eigen- und Fremdkapital und setzt sich aus dem Wert des unverschuldeten Unternehmens und dem Wertbeitrag fremdfinanzierungsbedingter Steuervorteile (Tax Shields) zusammen. Für das Fremdkapital wird hierbei unterstellt, dass dessen Marktwert dem Buchwert entspricht, wie dies bereits in Abschnitt 1.2.1.5 dargestellt wurde. Daher wird auch im Folgenden auf eine entsprechende Indexierung des Fremdkapitals verzichtet.

$$UW^{Brutto} = EK^{M} + FK = UW^{u} + WB^{TS}$$

EK^M	… *Marktwert des Eigenkapitals*
FK	… *Fremdkapital (Annahme: Marktwert = Buchwert)*
UW^{Brutto}	… *Brutto-Unternehmenswert (Wert des Gesamtkapitals bzw. Enterprise Value)*
UW^u	… *Unternehmenswert bei reiner Eigenfinanzierung (unlevered)*
WB^{TS}	… *Wertbeitrag der fremdfinanzierungsbedingten Steuervorteile (Tax Shields)*

Da sich der Beta-Faktor eines Portfolios aus der Summe der marktwertgewichteten Teil-Betas ergibt, lässt sich hieraus der nachfolgende Zusammenhang zwischen dem Beta-Faktor eines verschuldeten (Index *l* für levered) bzw. unverschuldeten (Index *u* für unlevered) Unternehmens durch entsprechende Umstellungen der nachfolgenden Gleichungen ableiten (Enzinger/Kofler, 2011, S. 52. ff.):

$$\beta^{u} \times \frac{UW^{u}}{UW^{Brutto}} + \beta^{TS} \times \frac{WB^{TS}}{UW^{Brutto}} = \beta^{l} \times \frac{EK^{M}}{UW^{Brutto}} + \beta^{FK} \times \frac{FK}{UW^{Brutto}}$$

$$\beta^{l} = \beta^{u} + \left(\beta^{u} - \beta^{FK}\right) \times \frac{FK}{EK^{M}} - \left(\beta^{u} - \beta^{TS}\right) \times \frac{WB^{TS}}{EK^{M}}$$

$$\beta^{u} = \frac{\beta^{l} + \beta^{FK} \times \frac{FK}{EK^{M}} - \beta^{TS} \times \frac{WB^{TS}}{EK^{M}}}{1 + \frac{FK - WB^{TS}}{EK^{M}}}$$

β^{FK}	… *Beta-Faktor des Fremdkapitals*
β^{l}	… *Beta-Faktor des verschuldeten Unternehmens (levered)*
β^{TS}	… *Beta-Faktor der fremdfinanzierungsbedingten Steuervorteile (Tax Shields)*
β^{u}	… *Beta-Faktor bei reiner Eigenfinanzierung (unlevered)*
EK^M	… *Marktwert des Eigenkapitals*
FK	… *Fremdkapital (Annahme: Marktwert = Buchwert)*
UW^{Brutto}	… *Brutto-Unternehmenswert (Wert des Gesamtkapitals bzw. Enterprise Value)*
WB^{TS}	… *Wertbeitrag der fremdfinanzierungsbedingten Steuervorteile (Tax Shields)*

Hierbei wirken sich auch steuerliche Aspekte aus, indem eine anteilige Fremdfinanzierung typischerweise zu steuerlichen Vorteilen (Tax Shields) führt, deren Wertbeitrag WB^{TS} mit in die Betrachtung einfließt. Zudem gehen als weitere Gewichtungsfaktoren die jeweiligen Marktwerte von Eigen- und Fremdkapital ein, deren Kenntnis vorausgesetzt ist bzw. dies durch weitere vereinfachende Annahmen ersetzt wird. Letztere führen dann zur Gleichsetzung einzelner Parameter innerhalb der obigen Gleichung oder lassen diese einen Wert von null annehmen.

Eine dieser Annahmen betrifft die Frage nach einer möglichen Ausfallgefährdung des Fremdkapitals. Wird diese verneint und somit völlig risikoloses Fremdkapital unterstellt, würde $\beta^{FK} = 0$ gelten und gemäß dem CAPM eine Verzinsung des Fremdkapitals in Höhe des risikolosen Zinssatzes resultieren. Bestehen jedoch Ausfallrisiken ($\beta^{FK} > 0$), so übernehmen auch die Fremdkapitalgeber einen Teil desjenigen Unternehmensrisikos, welches sonst bei einer reinen Eigenfinanzierung vorläge. Dies lassen sich die Fremdkapitalgeber dann jedoch durch eine höhere Verzinsung vergüten, was aber gleichzeitig auch den Risikozuschlag der Eigenkapitalgeber verändert. Das entsprechende Fremdkapital-Beta (Debt Beta) lässt sich ermitteln, indem ein für das Fremdkapital bestehender Zinsaufschlag bzw. Credit Spread ($i^{FK} - i^f$) durch die Marktrisikoprämie *mrp* dividiert wird.

$$\beta^{FK} = \frac{i^{FK} - i^f}{mrp} = \frac{i^{FK} - i^f}{r^m - i^f}$$

β^{FK} … *Beta-Faktor des Fremdkapitals*
i^f … *Risikoloser Zinssatz*
i^{FK} … *Fremdkapitalzinssatz*
mrp … *Marktrisikoprämie*
r^m … *Rendite des Marktportfolios*

Des Weiteren sind Annahmen über die unterstellte Finanzierungspolitik des Unternehmens zu treffen, was Auswirkungen auf den resultierenden Wertbeitrag der fremdfinanzierungsbedingten Steuervorteile WB^{TS} hat. Als idealtypische Grenzfälle werden hierbei wieder die autonome sowie die wertorientierte bzw. atmende Finanzierungspolitik unterschieden, wie diese bereits in Abschnitt 1.2.1.5 beschrieben wurden.

Liegt eine autonome Finanzierung vor, so sind die zukünftigen Fremdkapitalbestände bereits im Bewertungszeitpunkt betragsmäßig fixiert. Die Steuervorteile tragen dabei annahmegemäß das gleiche Risiko wie das Fremdkapital selbst, sodass $\beta^{TS} = \beta^{FK}$ gilt. Daraus lassen sich die nachfolgenden Anpassungsformeln gewinnen (Hamada, 1972; Modigliani/Miller, 1958), die für das Un- bzw. Relevern bei autonomer Finanzierung jeweils nach β^u bzw. β^l umgestellt sind.

$$\text{Unlevern (autonom, } \beta^{TS} = \beta^{FK}\text{):} \quad \beta^u = \frac{\beta^l + \beta^{FK} \times \dfrac{FK - WB^{TS}}{EK^M}}{1 + \dfrac{FK - WB^{TS}}{EK^M}}$$

$$\text{Relevern (autonom, } \beta^{TS} = \beta^{FK}\text{):} \quad \beta^l = \beta^u + \left(\beta^u - \beta^{FK}\right) \times \frac{FK - WB^{TS}}{EK^M}$$

β^{FK} … *Beta-Faktor des Fremdkapitals*
β^l … *Beta-Faktor des verschuldeten Unternehmens (levered)*
β^{TS} … *Beta-Faktor der fremdfinanzierungsbedingten Steuervorteile (Tax Shields)*
β^u … *Beta-Faktor bei reiner Eigenfinanzierung (unlevered)*
EK^M … *Marktwert des Eigenkapitals*
FK … *Fremdkapital (Annahme: Marktwert = Buchwert)*
WB^{TS} … *Wertbeitrag der fremdfinanzierungsbedingten Steuervorteile (Tax Shields)*

Wird als noch weitergehende Vereinfachung vollkommen risikoloses Fremdkapital ($\beta^{TS} = \beta^{FK} = 0$) in betragsmäßig konstanter Höhe unterstellt, ergibt sich der Wertbeitrag der Tax Shields als Rentenmodell mit $WB^{TS} = ts^{Unt} \times FK$, wobei

ts^{Unt} den Tax-Shield-Satz auf Unternehmensebene beschreibt (siehe hierzu Abschnitt 1.2.1.6). Nur unter diesen sehr weitreichenden Annahmen vereinfachen sich die Anpassungsgleichungen für das Un- und Relevern zu den nachfolgenden, in der Praxis weit verbreiteten ‚Standardformeln' bei autonomer Finanzierung (z. B. IDW, 2014, Tz. A 371):

$$\text{Unlevern (autonom, } \beta^{TS} = \beta^{FK} = 0, \text{ FK = konstant): } \beta^u = \frac{\beta^l}{1+\left(1-ts^{Unt}\right)\cdot\frac{FK}{EK^M}}$$

$$\text{Relevern (autonom, } \beta^{TS} = \beta^{FK} = 0, \text{ FK = konstant): } \beta^l = \beta^u \times \left[1+\left(1-ts^{Unt}\right)\cdot\frac{FK}{EK^M}\right]$$

Soll hingegen eine wertorientierte Finanzierung unterstellt werden, so treten an die Stelle der deterministisch geplanten Fremdkapitalbestände nun deterministisch geplante Verschuldungsgrade als Bruchteile am Gesamtunternehmenswert bzw. marktwertbasierte Fremdkapitalquoten fkq^M. Die zukünftigen betragsmäßigen Fremdkapitalbestände wie auch deren steuerliche Konsequenzen werden dadurch jedoch zu zustandsabhängigen unsicheren Größen, wie dies in Abb. 1-14 veranschaulicht ist. Wird hierbei angenommen, dass Anpassungen der Fremdfinanzierung an vorgegebene Verschuldungsgrade immer nur periodenweise vorgenommen werden, weist aus Sicht eines konkreten Bewertungszeitpunktes die fremdkapitalinduzierte Steuerersparnis in der ersten hierauf folgenden Periode das gleiche Risiko auf wie das Fremdkapital, während das Risiko der Tax Shields späterer Perioden demjenigen der operativen Cashflows entspricht (Löffler, 1998; Miles/Ezzell, 1980). Entsprechend würde dann für die erste auf den Bewertungszeitpunkt folgende Periode $\beta^{TS} = \beta^{FK}$ gelten und für alle nachfolgenden Perioden $\beta^{TS} = \beta^u$. Die sich hieraus ergebenden Anpassungsgleichungen für das Un- und Relevern erhalten hierdurch eine höhere Komplexität (vgl. hierzu z. B. Pratt/Grabowski, 2014, S. 248 ff.). Da jedoch die durch eine solche differenzierte Betrachtung der ersten Periode bewirkten Ergebnisunterschiede relativ gering ausfallen, erscheint es gerechtfertigt, als noch weitergehende Vereinfachung von einer permanenten Anpassung des Fremdkapitalbestands an den vorgegebenen Verschuldungsgrad auszugehen. Entsprechend wird dann unterstellt, dass die Tax Shields durchgängig das gleiche Risiko aufweisen wie die operativen Cashflows des Unternehmens, sodass generell $\beta^{TS} = \beta^u$ gilt (Harris/Pringle, 1985). Für eine derartige wertorientierte bzw. atmende Verschuldungspolitik ergeben sich daraus die nachfolgenden Beta-Anpassungen für das Un- und Relevern:

$$\text{Unlevern (atmend, } \beta^{TS} = \beta^u\text{): } \beta^u = \frac{\beta^l + \beta^{FK}\times\frac{FK}{EK^M}}{1+\frac{FK}{EK^M}} = \frac{\beta^l + \beta^{FK}\times\frac{fkq^M}{1-fkq^M}}{\frac{1}{1-fkq^M}}$$

$$\text{Relevern (atmend, } \beta^{TS} = \beta^u\text{): } \beta^l = \beta^u + \left(\beta^u - \beta^{FK}\right)\times\frac{FK}{EK^M}$$

$$= \beta^u + \left(\beta^u - \beta^{FK}\right) \times \frac{fkq^M}{1 - fkq^M}$$

β^{FK}	...	*Beta-Faktor des Fremdkapitals*
β^l	...	*Beta-Faktor des verschuldeten Unternehmens (levered)*
β^{TS}	...	*Beta-Faktor der fremdfinanzierungsbedingten Steuervorteile (Tax Shields)*
β^u	...	*Beta-Faktor bei reiner Eigenfinanzierung (unlevered)*
EK^M	...	*Marktwert des Eigenkapitals*
FK	...	*Fremdkapital (Annahme: Marktwert = Buchwert)*
fkq^M	...	*Marktwertbasierte Fremdkapitalquote*
WB^{TS}	...	*Wertbeitrag der fremdfinanzierungsbedingten Steuervorteile (Tax Shields)*

Wenn zudem noch eine vollkommene Risikofreiheit des Fremdkapitals ($\beta^{FK} = 0$) unterstellt wird, vereinfachen sich die Anpassungsgleichungen für das Un- und Relevern zum sogenannten ‚Praktikeransatz' bei wertorientierter Finanzierung (IDW, 2014, Tz. A 371; Koller et al., 2010, S. 251; Pratt/Grabowski, 2014, S. 253 f.).

Unlevern (atmend, $\beta^{TS} = \beta^u$, $\beta^{FK} = 0$): $\beta^u = \dfrac{\beta^l}{1 + \dfrac{FK}{EK^M}} = \beta^l \times \left(1 - fkq^M\right)$

Relevern (atmend, $\beta^{TS} = \beta^u$, $\beta^{FK} = 0$): $\beta^l = \beta^u \times \left(1 + \dfrac{FK}{EK^M}\right)$

$$= \beta^u \times \left(1 + \frac{fkq^M}{1 - fkq^M}\right)$$

Vor einer praktischen Anwendung der dargestellten Beta-Anpassungen an das Kapitalstrukturrisiko in Form des sogenannten Un- und Releverns sollte daher Klarheit über die hierdurch implizit getroffenen Finanzierungsannahmen bestehen. Korrespondierende Anpassungsformeln lassen sich jedoch nicht nur für die Beta-Faktoren, sondern auch direkt für die entsprechenden Renditeerwartungen formulieren. Diese Aspekte werden im Rahmen der konkreten Bewertungsverfahren in Kapitel 1.2.4 erneut aufgegriffen.

Die oben angesprochene Additivitätseigenschaft der marktwertgewichteten Beta-Faktoren lässt sich jedoch nicht nur für eine Anpassung an die unterstellten Finanzierungsprämissen nutzen, sondern auch zur differenzierteren Betrachtung der operativen Risiken. Unter anderem ist eine Bereinigung um nichtbetriebsnotwendige Aspekte oder die Abbildung veränderter Kostenstrukturen möglich, wie nachfolgend dargestellt wird.

Wenn ein aus Vergangenheitsdaten gewonnener Beta-Faktor mittels des dargestellten Unleverns von den enthaltenen Kapitalstrukturrisiken befreit wurde, reflektiert der verbleibende Beta-Faktor β^u nur noch das aus den Vermögenspositionen des Unternehmens hervorgehende Risiko (sogenanntes Asset-Beta). Für dieses könnte zusätzlich eine noch weitergehende Bereinigung um nichtbetriebsnotwendige Aspekte angestrebt werden. Dafür wird angenommen, dass sich der Beta-Faktor des unverschuldeten Unternehmens aus den anteiligen, marktwertgewichteten Beta-Faktoren der betriebsnotwendigen und nichtbetriebsnotwendigen Vermögensteile zusammensetzt. Letztere könnten zum Beispiel in Form von überschüssigen Liquiditätsreserven, Wertpapieren oder Immobilien vorliegen, die in keiner Beziehung zum operativen Geschäft stehen. Sofern für solche Vermögensteile Marktwerte und zugehörige Beta-Faktoren bestimmbar sind, lässt sich in Analogie zum finanzierungsbezogenen Unlevern auch hier der Beta-Faktor des betriebsnotwendigen Vermögens ableiten, der dann das verbleibende, eigentliche operative Geschäftsrisiko verkörpert. Hierzu wird der nachfolgende vereinfachende Ansatz vorgeschlagen (Meitner/Streitferdt, 2019a, S. 625 f.; Pratt/Grabowski, 2014, S. 262 ff.):

$$\beta^u = \beta^{bV} \times \frac{EK^M + FK - WB^{nbV}}{EK^M + FK} + \beta^{nbV} \times \frac{WB^{nbV}}{EK^M + FK} = \beta^u + \left(\beta^{nbV} - \beta^u\right) \times \frac{WB^{nbV}}{EK^M + FK}$$

$$\beta^{bV} = \frac{\beta^u - \beta^{nbV} \times \frac{WB^{nbV}}{EK^M + FK}}{1 - \frac{WB^{nbV}}{EK^M + FK}}$$

β^{bV} ... *Beta-Faktor des betriebsnotwendigen Vermögens*
β^{nbV} ... *Beta-Faktor des nichtbetriebsnotwendigen Vermögens*
β^u ... *Beta-Faktor bei reiner Eigenfinanzierung (unlevered)*
EK^M ... *Marktwert des Eigenkapitals*
FK ... *Fremdkapital (Annahme: Marktwert = Buchwert)*
WB^{nbV} ... *Wertbeitrag des nichtbetriebsnotwendigen Vermögens*

Die derartige Ermittlung eines nur noch die leistungswirtschaftlichen Risiken des betriebsnotwendigen Vermögens reflektierenden Beta-Faktors β^{bV} setzt jedoch wie bereits angesprochen die Kenntnis sowohl der Marktwerte WB^{nbV} als auch der spezifischen Beta-Faktoren β^{nbV} der nichtbetriebsnotwendigen Vermögenskomponenten voraus. Für Liquiditätsbestände sowie Finanzinvestments sollten diese jedoch in vielen Fällen zumindest näherungsweise ermittelbar sein. Zur Bestimmung der ebenfalls benötigten Marktwertrelation zwischen nichtbetriebsnotwendigem Vermögen und Gesamtunternehmenswert kann auf die beobachtete Marktkapitalisierung und den bilanziellen Fremdkapitalbestand zurückgegriffen werden. Eine solche Vorgehensweise zur Abspaltung nichtbetriebsnotwendiger Komponenten korrespondiert mit der oftmals empfohlenen separaten Bewertung dieser Vermögensteile (IDW, 2008, Tz. 59 ff.; KSW, 2014, Tz. 25 ff.). Hierdurch wird zudem vermieden, den Risikogehalt des operativen Geschäfts zu unterschätzen. Diese Gefahr besteht dann, wenn die nichtbetriebsnotwendigen Vermögensteile vor allem aus liquiden Mittel oder sehr risikoarmen Wertpapieren bestehen, deren Beta-Faktoren sehr gering sind oder gar gegen null tendieren. Ein empirisch beobachteter und durch Unlevern um die Finanzierungsrisiken befreiter Beta-Faktor wäre dann durch diese anteiligen Beimengungen von risikoarmen Vermögenswerten entsprechend verringert, was durch die obige Herangehensweise mit Blick auf das eigentliche operative Geschäft wieder korrigiert würde.

Neben der beschriebenen Abschichtung der Risikoeinflüsse von nichtbetriebsnotwendigen Vermögenskomponenten ist auch eine Berücksichtigung von Veränderungen der Kostenstruktur möglich. Dabei wird das durch β^{bV} quantifizierte leistungswirtschaftliche Risiko des Unternehmens in besonderem Maße durch die Relation von variablen und fixen Kostenbestandteilen beeinflusst. Steigende Fixkostenanteile wirken sich hierbei risikoerhöhend wie ein Hebel auf die operative Ergebnissensitivität aus, wenn es zu Beschäftigungsschwankungen kommt. Dies wird daher auch als Operating Leverage bezeichnet (Brealey et al., 2014, S. 227 f.). Zur Abbildung dieses Kostenstruktureffekts wird oftmals die Kennzahl des sogenannten Degree of Operating Leverage *dol* herangezogen, welche die resultierende prozentuale Ergebnisschwankung infolge einer Umsatzschwankung ausdrückt.

$$dol = \frac{\frac{\Delta EBIT}{EBIT}}{\frac{\Delta Umsatz}{Umsatz}} = 1 + \frac{Fixkosten}{EBIT}$$

In Analogie zum finanzwirtschaftlichen Unlevern wird daher mitunter auch ein leistungswirtschaftliches Unlevern zur Abspaltung der fixkostenbedingten Kostenstrukturrisiken vorgeschlagen (Meitner/Streitferdt, 2019a, S. 635 f.; Pratt/Grabowski, 2014, S. 261 f.). Das danach noch verbleibende operative Risiko lässt sich mithilfe eines operativen, mitunter auch als „naked" bezeichneten, Beta-Faktors β^{op} darstellen, der das aus zyklizitätsbedingten Umsatzschwankungen resultierende Risiko beschreibt. Hierfür wird der folgende vereinfachende Zusammenhang unterstellt:

$$\beta^{op} = \frac{\beta^{bV}}{dol} = \frac{\beta^{bV}}{1 + \frac{Fixkosten}{EBIT}}$$

$$\beta^{bV} = \beta^{op} \times dol = \beta^{op} \times \left(1 + \frac{Fixkosten}{EBIT}\right)$$

β^{bV} … *Beta-Faktor des betriebsnotwendigen Vermögens*
β^{op} … *Operativer Beta-Faktor ohne Fixkosteneinfluss (naked)*
dol … *Degree of Operating Leverage*
EBIT … *Earnings before Interest and Taxes (Ergebnis vor Zinsen und Steuern)*

Detaillierte Kostenstrukturinformationen können regelmäßig nur mit Zugriff auf das interne Rechnungswesen erlangt werden. Dennoch ist eine zumindest grobe Bestimmung der Fixkosten auch im Rahmen der externen Jahresabschlussanalyse möglich (Coenenberg et al., 2021, S. 1263 ff.). Dabei werden mangels näherer Anhaltspunkte nur die Materialaufwendungen als variabel betrachtet und alle übrigen im EBIT berücksichtigten Aufwandspositionen vereinfachend als fix angenommen.

Mithilfe der dargestellten Anpassungsgleichungen lassen sich somit aus den historischen Beta-Faktoren die Einflüsse der Finanzierung, betriebsfremder Vermögensteile und der Kostenstruktur eliminieren (Unlevern). Dies ermöglicht es, die in dieser Weise bereinigten Beta-Faktoren dann in umgekehrter Richtung (Relevern) mit denjenigen Annahmen zu verknüpfen, welche für die Zukunft zugrunde gelegt werden, wenn von Veränderungen dieser Einflussfaktoren ausgegangen wird. Wesentlich bedeutsamer als die zukunftsbezogene Anpassung der Beta-Faktoren eines zu bewertenden börsennotierten Unternehmens sind die beschriebenen Anpassungsgleichungen jedoch für eine mögliche Übertragung auf nichtbörsennotierte Unternehmen im Wege eines Analogieschlusses. Dabei wird für ein zu bewertendes nichtbörsennotiertes Unternehmen ein geeignetes börsennotiertes Vergleichsunternehmen gesucht, dessen beobachtbarer Beta-Faktor dann per Analogieschluss auf das zu bewertende Unternehmen übertragen wird. Diese Vorgehensweise wird als Pure-Play-Technik bezeichnet (Fuller/Kerr, 1981; Gordon/Halpern, 1974). Mögliche Unterschiede zwischen dem zu bewertenden Unternehmen und dem börsennotierten Referenzunternehmen in Bezug auf die Finanzierung oder die Vermögens- und Kostenstruktur lassen sich dann mithilfe der oben beschriebenen Anpassungsgleichungen berücksichtigen.

Dieses Vorgehen soll in Bezug auf Finanzierungsunterschiede nachfolgend an einem einfachen Beispiel illustriert werden. Hierfür wird erneut auf die bereits in Abb. 1-23 bzw. Abb. 1-22 dargestellten historischen Kapitalmarktdaten eines börsennotierten Unternehmens (Y AG) zurückgegriffen. Dort wurde mithilfe einer Regressionsanalyse für dieses börsennotierte Referenzunternehmen ein Beta von 1,5 bestimmt, welches nun auf ein zu bewertendes nichtbörsennotiertes Unternehmen (X AG) übertragen werden soll. Beide Unternehmen weisen ein identisches bzw. sehr ähnliches operatives Geschäftsmodell auf. Insbesondere sollen keine Unterschiede in der Vermögens- und Kostenstruktur erkennbar sein, sodass entsprechende Anpassungen vernachlässigt werden. Für beide Unternehmen wird von einer wertorientierten Finanzierungspolitik mit permanenter Anpassung des Fremdkapitalbestands ausgegangen ($\beta^{TS} = \beta^{u}$), allerdings mit unterschiedlichen Fremdkapitalquoten und -konditionen. Es liegen die in Abb. 1-24 dargestellten Informationen bzw. Annahmen vor:

Allgemeine Kapitalmarktparameter:	
Risikoloser Zinssatz r^f	4,0 %
Rendite des Marktportfolios r^m	9,0 %
Informationen zum börsennotierten Vergleichsunternehmen (Y AG):	
Börsenkurs	80,00 €/Aktie
Anzahl der Aktien	500.000 Stück
Beobachtetes historisches Beta	1,5
Fremdkapitalbestand (gemäß Bilanz)	40,0 M€
Zinsaufwand (gemäß GuV)	1,8 M€
Finanzierungsannahme des zu bewertenden nichtbörsennotierten Unternehmens (X AG):	
Marktwertbasierte Fremdkapitalquote $fkq^M = FK^M / (EK^M + FK^M)$	40 %
Fremdkapitalzinssatz i^{FK}	5,0 %

Abb. 1-24: Beispiel zur Pure-Play-Technik mit finanzwirtschaftlichem Un- und Relevern

Aus den Jahresabschlussinformationen der Y AG, welche für börsennotierte Unternehmen typischerweise leicht zugänglich sind, ergibt sich für dieses Unternehmens ein Fremdkapitalzinssatz von 4,5 % (1,8 M€ / 40,0 M€). Der Marktwert des Fremdkapitals der Y AG entspricht bei marktgerechter Verzinsung dessen

Bilanzwert. Der Marktwert des Eigenkapitals beträgt ebenfalls 40,0 M€ (80,0 €/ Aktie × 500.000 Stück), was einer marktwertbasierten Fremdkapitalquote von 50 % entspricht. Daraus ergeben sich die folgenden Werte für das Fremdkapital-Beta und das unlevered Beta des Vergleichsunternehmens Y AG:

$$\text{Fremdkapital-Beta der Y AG: } \beta^{FK} = \frac{i^{FK} - i^f}{mrp} = \frac{i^{FK} - i^f}{r^m - i^f} = \frac{0{,}045 - 0{,}04}{0{,}09 - 0{,}04} = 0{,}1$$

$$\text{Unlevered Beta der Y AG: } \beta^u = \frac{\beta^l + \beta^{FK} \times \frac{FK}{EK^M}}{1 + \frac{FK}{EK^M}} = \frac{1{,}5 + 0{,}1 \times \frac{40{,}0}{40{,}0}}{1 + \frac{40{,}0}{40{,}0}} = 0{,}8$$

Unter der Annahme identischer bzw. sehr ähnlicher operativer Geschäftsrisiken müssten auch die unverschuldeten Beta-Faktoren beider Unternehmen identisch sein, sodass sich das unlevered Beta der Y AG im Wege eines Analogieschlusses auf die X AG übertragen lässt. Bei einer marktwertorientierten Finanzierung der X AG, lässt sich unter Berücksichtigung ihres Fremdkapital-Betas und ihrer Fremdkapitalquote das verschuldete bzw. levered Beta wie folgt bestimmen:

$$\text{Fremdkapital-Beta der X AG: } \beta^{FK} = \frac{i^{FK} - i^f}{mrp} = \frac{i^{FK} - i^f}{r^m - i^f} = \frac{0{,}05 - 0{,}04}{0{,}09 - 0{,}04} = 0{,}2$$

$$\text{Levered Beta der X AG: } \beta^l = \beta^u + \left(\beta^u - \beta^{FK}\right) \times \frac{fkq^M}{1 - fkq^M}$$

$$= 0{,}8 + \left(0{,}8 - 0{,}2\right) \times \frac{0{,}4}{1 - 0{,}4} = 1{,}2$$

Der verschuldete Beta-Faktor der X AG liegt somit im Beispiel trotz identischer Geschäftsrisiken ($\beta^u = 0{,}8$) unter dem des Vergleichsunternehmens, was aus dem geringeren Verschuldungsgrad resultiert sowie aus dem Umstand, dass die Fremdkapitalgeber hier einen größeren Anteil der Geschäftsrisiken tragen ($\beta^{FK} = 0{,}2$). In ähnlicher Weise könnte im Beispiel bei entsprechender Datenverfügbarkeit auch ein Unlevern des beobachteten Beta-Faktors der Y AG bis zu einer Abspaltung nichtbetriebsnotwendiger Vermögensteile oder der Eliminierung von fixkostenbedingten leistungswirtschaftlichen Risiken vorgenommen werden. Das resultierende ‚nackte' operative Risiko kann dann auf die X AG übertragen und im Wege eines leistungs- und finanzwirtschaftlichen Releverns noch an deren Kostenstruktur und Finanzierungspolitik angepasst werden.

Die praktische Anwendbarkeit des dargestellten Pure-Play-Ansatzes wird jedoch dadurch begrenzt, dass es in der Realität kaum Unternehmen mit tatsächlich identischen operativen Risiken gibt. Für eine Beurteilung der angestrebten Vergleichbarkeit wären neben den bereits angesprochenen Vermögens- und Kostenstrukturen vielfältige weitere Kriterien wie Branche, Größe, Diversifikationsgrad, Absatzwege, Rentabilität etc. heranzuziehen. In vielen Fällen wird es daher sehr schwer sein, ein tatsächlich geeignetes Referenzunternehmen zu identifizieren.

Aus diesem Grund wird anstelle des Vergleichs mit nur einem einzelnen Referenzunternehmen oftmals die Nutzung ganzer Vergleichsgruppen (Peer Groups) vorgeschlagen (Meitner/Streitferdt, 2019a, S. 628 ff.). Dabei steht auch hier wieder die operative Vergleichbarkeit im Vordergrund. Bei stark diversifizierten Bewertungsunternehmen sind ähnlich diversifizierte Vergleichsunternehmen zu suchen bzw. kann die Diversifikation durch ein Portfolio von ausgewählten Referenzunternehmen nachgebildet werden. Aus den um Kapitalstruktureffekte bereinigten unlevered Betas der Peer Group-Unternehmen wird dann ein entsprechendes „Durchschnitts-Beta“ ermittelt, wobei auch unterschiedliche Gewichtungen der Referenzunternehmen möglich sind.

Analog lassen sich auch Beta-Faktoren für ganze Branchen ermitteln (Industry Beta), indem nicht nur eine ausgewählte Gruppe herangezogen wird, sondern alle Branchenunternehmen mit in die Betrachtung einfließen. Eine nützliche Grundlage zur Bestimmung von Branchen-Betas liefern unter anderem von den Börsen veröffentlichte Branchenindizes (mit einem exemplarischen Überblick für Deutschland z. B. Diedrich/Dierkes, 2015, S. 269 f.). Die Branchen sollten möglichst homogen sein und dem Bewertungsobjekt entsprechen, was in der Realität nicht immer gegeben ist. Daher ist die bewusste Auswahl und Analyse einer spezifischen Peer Group der pauschalen Branchenbetrachtung vorzuziehen. Andererseits reduziert der Rückgriff auf regelmäßig von verschiedenen Anbietern veröffentlichte Branchen-Betas den notwendigen Ermittlungsaufwand (vgl. z. B. die Übersichten bei Franken et al., 2020, S. 49 ff.).

Zur Erhöhung der Prognoseeignung von empirisch gewonnenen ‚rohen‘ Beta-Faktoren (Raw Betas) auf Basis historischer Kursinformationen werden darüber hinaus weitere Beta-Adjustierungen vorgeschlagen (Franken et al., 2020, S. 423 f.; Meitner/Streitferdt, 2019a, S. 634 f.). Diese basieren unter anderem auf empirisch statistischen Untersuchungen zur zeitlichen Stabilität von Beta-Faktoren. Insbesondere wird hierbei die beobachtete Tendenz eines Rücklaufens der Beta-Faktoren zu langfristigen Durchschnittswerten (Mean-Reversion) berücksichtigt. So werden beispielsweise durch die Blume-Anpassung die beobachteten Raw Betas einem Wert von 1 angenähert (Blume, 1971). Die sogenannte Vasicek-Schrumpfung nähert hingegen die historischen Unternehmens-Betas dem Durchschnitt einer Branche oder Peer Group an (Vasicek, 1973). Solche Anpassungsrechnungen liegen z. B. den ‚Adjusted Betas‘ zugrunde, wie sie von verschiedenen Finanzinformationsdienstleistern wie Bloomberg oder Ibbotson Associates veröffentlicht werden.

Neben derartigen statistischen Anpassungen wird mitunter auch die Möglichkeit einer freien gutachterlichen Anpassung von Beta-Faktoren angesprochen (z. B. Franken et al., 2020, S. 424). Dies birgt jedoch in besonderem Maße die Gefahr von Subjektivität und Willkür. Gleiches gilt grundsätzlich auch für die im folgenden Abschnitt dargestellten Versuche, spezifischen Bewertungsaspekten durch zusätzliche oder modifizierte Risikozuschläge Rechnung zu tragen.

1.2.2.5 Berücksichtigung weiterer Risikozuschläge

Über die in den vorherigen Abschnitten dargestellten Möglichkeiten zur Bestimmung von risikoadjustierten Kapitalkostensätzen auf Basis des CAPM hinaus werden in Literatur und Praxis auch verschiedene weitere Ansatzpunkte für spezifische Ergänzungen diskutiert. Dabei geht es primär um die Bestimmung zusätzlicher bzw. modifizierter Risikozuschläge für bestimmte Einzelaspekte, die im Rahmen des CAPM bzw. dessen praktischer Anwendung vermeintlich nicht hinreichend berücksichtigt werden (für einen Überblick z. B. Ballwieser/ Hachmeister, 2021, S. 128 ff.). Einige dieser Ansätze sollen im Folgenden kurz vorgestellt werden.

Zuschläge für besondere Unternehmensrisiken

Erweiterungen des CAPM um verschiedene Risikoprämien werden unter dem Begriff der sogenannten Build-up-Methode diskutiert (Pratt/Grabowski, 2014, S. 177 ff.). Dabei werden unter anderem Risikozuschläge für geringe Unternehmensgrößen, Einschränkungen der Handelbarkeit (Fungibilität) oder bestehende Insolvenzrisiken erwogen, deren zusätzlicher Einbezug in die Kapitalkosten dann zu entsprechenden Abschlägen beim Unternehmenswert führt. Solche Ergänzungen werden insbesondere für nicht börsengehandelte, kleine und mittelgroße Unternehmen (KMU) vorgeschlagen, wenn deren Kapitalkosten aus Marktdaten von börsennotierten Vergleichsunternehmen gewonnen werden sollen (Zwirner/Zimny, 2017a, S. 1244 ff.).

Ein weiterer in der Bewertungspraxis für KMU intensiv diskutierter Aspekt betrifft die mutmaßlich geringe Diversifikation der Eigner und wird als Total-Beta-Ansatz bezeichnet (Damodaran, 2002, S. 668; Gleißner/Wolfrum, 2008, S. 602 ff.). Ausgangspunkt ist hierbei das Argument, dass die Unternehmer neben ihrer Arbeitskraft oftmals auch nahezu ihr gesamtes Vermögen in diesem einen Unternehmen binden. Das CAPM geht jedoch von rationalen, vollständig informierten Investoren aus, die im Ergebnis eine perfekte Diversifikation ihrer Anlagen betreiben. Entsprechend wird im CAPM auch nur die Übernahme des unvermeidbaren systematischen Marktrisikos honoriert, welches sich nicht durch Anlagenstreuung beseitigen lässt. Der Beta-Faktor als CAPM-spezifisches Risikomaß ist dabei im Grundmodell wie folgt definiert:

$$\beta^j = \frac{COV\left(r^j, r^m\right)}{VAR\left(r^m\right)} = \frac{\sigma^j}{\sigma^m} \times \rho^{j,m}$$

β^j	…	*Beta-Faktor des Wertpapiers j*
$\beta^{j\,(total)}$	…	*Total-Beta-Faktor des Wertpapiers j*
σ^j	…	*Standardabweichung der Rendite des Wertpapiers j*
σ^m	…	*Standardabweichung der Rendite des Marktportfolios*
$\rho^{j,m}$	…	*Korrelationskoeffizient zwischen Wertpapier- und Marktrendite*
$COV(r^j,r^m)$	…	*Kovarianz zwischen der Rendite des Wertpapiers j und der Marktrendite*
r^j	…	*Rendite des Wertpapiers j (Erwartungswert)*
r^m	…	*Rendite des Marktportfolios (Erwartungswert)*
$VAR(r^m)$	…	*Varianz der Marktrendite*

Der hierin enthaltene Korrelationskoeffizient $\rho^{j,m}$ kann Werte von –1 bei perfekter negativer Korrelation bis +1 bei perfekter positiver Korrelation annehmen und ist Ausdruck des Diversifikationspotenzials eines Wertpapiers (Franken et al., 2020, S. 435). Im Rahmen des Total-Beta-Ansatzes wird der Korrelationskoeffizient hingegen pauschal auf +1 gesetzt bzw. der Beta-Faktor des CAPM durch $\rho^{j,m}$ dividiert. Die resultierende, als Total Beta bezeichnete Größe ist damit um jegliche Korrelationseffekte bereinigt und drückt nur noch das Verhältnis der renditebezogenen Standardabweichungen aus (Meitner/Streitferdt, 2019a, S. 639 ff.). Formal ergibt sich daraus der folgende Zusammenhang:

$$\beta^{j(total)} = \frac{\beta^j}{\rho^{j,m}} = \frac{\sigma^j}{\sigma^m}$$

Wird in der Renditegleichung des CAPM der bisherige Beta-Faktor durch das so ermittelte $\beta^{j(total)}$ ersetzt, ergeben sich regelmäßig höhere Kapitalkostensätze, da nun auch eine Kompensation für das übernommene unsystematische Risiko enthalten ist. Im Ergebnis wird damit die gesamte Renditestreuung eines Wertpapiers bzw. Unternehmens gegenüber der des Gesamtmarkts honoriert und implizit die Abwesenheit jeglicher Diversifikation unterstellt. Die praktische Ermittlung dieses Risikomaßes aus den Kapitalmarktdaten der Vergleichsunternehmen erfolgt ähnlich der bisherigen Bestimmung des Beta-Faktors mit dem Unterschied, dass lediglich die Standardabweichung der beobachteten Renditen ermittelt wird und nicht deren Kovarianz (siehe auch Abschnitt 3.6.2 bzw. Kapitel 3.8).

Die Vorgehensweise des Total Beta-Ansatzes wird jedoch teils sehr heftig kritisiert (Kruschwitz/Löffler, 2014). Als problematisch ist insbesondere der Versuch anzusehen, Bewertungsaspekte in das CAPM zu integrieren, die explizit gegen dessen Grundannahmen verstoßen.

Zuschläge für spezifische Länderrisiken

Ein weiterer Vorschlag zur Ergänzung des CAPM betrifft die Berücksichtigung von spezifischen Länderrisikoprämien im Rahmen von internationalen Bewertungsproblemen (Damodaran, 2003; Ernst/Gleißner, 2012). Hierbei wird argumentiert, dass höhere Diskontierungssätze erforderlich seien, um beobachtbare Marktpreise mit rechnerisch ermittelten Unternehmenswerten in Einklang bringen zu können. Daher sollte die bisherige Marktrisikoprämie des CAPM, welcher typischerweise Kapitalmarktdaten eines entwickelten Landes zugrunde liegen, um einen weiteren Zuschlag erhöht werden, wenn der zu bewertende Zahlungsstrom besonderen landesspezifischen Risiken ausgesetzt ist. Für die Ermittlung dieser Länderrisikoprämie und deren Integration in den Kapitalisierungszinssatz werden unterschiedliche Herangehensweisen diskutiert (Franken et al., 2020, S. 438 ff.; Pratt/Grabowski, 2014, S. 1011 ff.). Einer dieser Ansätze unterstellt zum Beispiel, dass sich das Länderrisiko proportional zum übrigen Marktrisiko auswirkt, woraus die folgende Vorschrift zur Bestimmung des Kapitalkostensatzes abgeleitet ist:

$$r^j = i^f + \left(mrp + lrp\right) \times \beta^j$$

β^j … *Beta-Faktor des Wertpapiers j*
i^f … *Risikoloser Zinssatz*
lrp … *Länderrisikoprämie*
mrp … *Marktrisikoprämie*
r^j … *Rendite des Wertpapiers j (Erwartungswert)*

Bei anderen Vorschlägen wird hingegen die jeweilige Länderrisikoprämie pauschal den Kapitalkosten des CAPM zugeschlagen oder aber in ihrer Wirkung von weiteren unternehmensindividuellen Einflussfaktoren abhängig gemacht

(Damodaran, 2003, S. 69 ff.). Die Höhe dieser Länderrisikoprämie *lrp* kann wiederum aus den Länder-Bonitätsratings von Ratingagenturen oder entsprechenden Kapitalmarktdaten abgeleitet werden. Letzteres könnte dann z. B. an länderspezifischen Vergleichen von beobachtbaren Bonitätsaufschlägen bei Staatsanleihen, relativen Schwankungen der Aktienmärkte oder einer Kombination dieser Ansätze anknüpfen (Damodaran, 2003, S. 65 ff.). Insofern besteht bereits konzeptionell eine relativ große Bandbreite für die Ermittlung einer Länderrisikoprämie wie auch für deren Berücksichtigung im Kapitalkostensatz.

Auch diesen Überlegungen wird aus theoretischer Sicht teilweise heftig widersprochen, was mit einer mangelhaften modelltheoretischen Fundierung sowie der prinzipiellen Unvereinbarkeit mit den Grundannahmen des CAPM begründet wird (Kruschwitz et al., 2011).

Alle angesprochenen Versuche die auf Basis des CAPM gewonnenen Kapitalkostensätze durch weitere bzw. modifizierte Risikozuschläge zu ergänzen, gründen sich auf Schwächen des Modells bei seiner empirischen Bestätigung. Wenn deshalb eine Anwendung des CAPM abgelehnt wird, bleibt jedoch die Frage nach einer brauchbaren Alternative. Problematisch erscheint allerdings der Versuch, vermeintlich unberücksichtigte Aspekte in dieses Modell zu integrieren, wenn dadurch gegen fundamentale Modellannahmen verstoßen wird. Folglich verbleibt innerhalb der in sich geschlossenen und widerspruchsfreien Modellwelt des CAPM grundsätzlich kein Raum für weitere Zuschläge. Zudem weisen auch die oben angesprochenen Risikofaktoren ihrerseits oftmals selbst nur eine geringe empirische Evidenz auf. Mit Blick auf die ohnehin für die Ermittlung der unmittelbaren CAPM-Parameter bestehenden Unsicherheiten erhöhen die beschriebenen Einzelzuschläge in starkem Maße die Gefahr von zusätzlicher Subjektivität und Willkür bei der Bewertung von Unternehmen. Daher wird im Folgenden lediglich auf die in den vorhergehenden Abschnitten dargestellten Kapitalkostensätze gemäß dem Standard- bzw. Tax-CAPM Bezug genommen.

1.2.3 Ermittlung der bewertungsrelevanten Überschüsse (Zählergröße)

Wenngleich sich die Bewertungstheorie in besonders intensiver Weise mit den zu verwendenden Diskontierungssätzen auseinandersetzt, liegt das vermutlich gewichtigere Problem der Unternehmensbewertung in der Abschätzung der zukünftigen Unternehmensentwicklung und der sich hieraus ableitenden erwarteten Überschüsse $\ddot{U}_t$. In Abhängigkeit vom verwendeten Bewertungsansatz existieren unterschiedliche definitorische Abgrenzungsmöglichkeiten dieser bewertungsrelevanten Überschüsse, welche bei konsistenter Anwendung jedoch zu identischen Bewertungsergebnissen führen (vgl. Abschnitt 1.2.3.6). Die Grundlage einer entsprechenden Prognoserechnung bildet regelmäßig eine detaillierte Vergangenheits- und Lageanalyse (vgl. Abschnitt 1.2.3.2), woraus extrapolationsfähige Daten gewonnen werden. Gleichzeitig liefert diese Vergangenheitsanalyse wichtige Vergleichsmaßstäbe zur Plausibilitätsbeurteilung der formulierten Zukunftserwartungen. In der hierauf aufbauenden Planungs- und Prognoserechnung sind die analysierten Wirkungszusammenhänge und die hinsichtlich der zukünftigen Gegebenheiten getroffenen Annahmen in konsistenter Weise zu verarbeiten und in die Zukunft fortzuentwickeln. Dabei lassen sich für die nähere Zukunft relativ detaillierte Erwartungen durch integrierte Planungsrechnungen aus Plan-Bilanzen, Plan-Erfolgs- und Plan-Cashflow-Rechnungen beschreiben (vgl. Abschnitt 1.2.3.3). Gleichzeitig ist auch für die fernere, praktisch bis in die Unendlichkeit reichende Unternehmenszukunft ein plausibles und konsistentes Erwartungsbild zu entwickeln (vgl. Abschnitt 1.2.3.5), da sich dieses regelmäßig in besonders starkem Maße auf das Bewertungsergebnis auswirkt. Vereinfachende Werttreibermodelle bieten hierfür oftmals ein geeignetes Werkzeug (vgl. Abschnitt 1.2.3.4). All diese Teilprobleme werden im Folgenden näher erläutert und an einem durchgängigen Beispiel illustriert. Zuvor sollen jedoch noch einige sehr grundlegende Aspekte etwas näher beleuchtet werden.

1.2.3.1 Grundlagen der Planungs- und Prognoserechnung

Im Rahmen der Planungs- und Prognoserechnung geht es um eine quantifizierte zukunftsbezogene Projektion der erwarteten Überschüsse des zu bewertenden Unternehmens. Begrifflich bezieht sich ‚Prognose‘ dabei vor allem auf die Entwicklung der unternehmensseitig nicht beeinflussbaren Markt- und Umfeldfaktoren, während ‚Planung‘ vor allem die diesbezüglichen unternehmensseitigen Reaktionen im Rahmen geschäftspolitischer Entscheidungen beschreibt (Drefke, 2016, S. 47 f.). Beides ist untrennbar miteinander verknüpft. Aufgrund des Zukunftsbezuges und der Unsicherheitsbehaftung sind die hierbei ermittelten Ergebnisse jedoch nur eingeschränkt theoretisch verifizierbar und lassen sich allenfalls logisch bezüglich ihrer Plausibilität und des adäquaten Methodeneinsatzes beurteilen. Letzteres schließt praktisch die gesamte Palette des betriebswirtschaftlichen Instrumentariums ein.

Unter methodischen Gesichtspunkten lassen sich dabei unter anderem statistische und modellgestützte Verfahren unterscheiden (Kuhner/Maltry, 2017b, S. 121 ff.). Statistische Prognoseverfahren übertragen aus Vergangenheitsdaten gewonnene Verlaufsmuster auf die Zukunft. Hierbei eröffnen vorliegende Zeitreihen relevanter Parameter die Möglichkeit der Trendexploration. Wenngleich die Methoden der statistischen Zeitreihenanalyse eine differenzierte Analyse von verschiedenen Trendkomponenten und zyklischen Einflüssen ermöglichen, wird eine pauschale Extrapolation von Vergangenheitsdaten jedoch kritisch gesehen (Popp, 2019b, S. 198). Durch statistische Auswertungen gewonnene Regressions- und Korrelationsbeziehungen können zudem auch im Rahmen von Sensitivitätsanalysen und Simulationen genutzt werden (siehe hierzu auch die Kapitel 4.3 und 4.4). In jüngerer Zeit finden auch Verfahren der sogenannten künstlichen Intelligenz, wie z. B. künstliche neuronale Netze, eine zunehmende Beachtung. Demgegenüber basieren modellgestützte Prognoseverfahren auf postulierten Ursache-/Wirkungsbeziehungen, indem sie eine zumeist heuristische Verbindung zwischen beobachtbaren Vergangenheitsgrößen und unbekannten Zukunftsgrößen herstellen (Kuhner/Maltry, 2017b, S. 124). Exemplarisch seien hierfür die Konzepte des Produktlebenszyklus oder der Erfahrungskurve genannt (Baum et al., 2013, S. 116 ff. bzw. S. 124 ff.).

Ferner kann zwischen einwertigen und mehrwertigen Ansätzen unterschieden werden. Einwertige Verfahren bilden die relevanten Parameter nur in jeweils einer Größe ab, die oftmals dem wahrscheinlichsten Entwicklungspfad entspricht. Die Modellierung dieses Entwicklungspfades erfolgt üblicherweise in Form einer integrierten Unternehmensplanung. Hierbei werden Erfolgs-, Vermögens- und Zahlungsebene als in sich geschlossene Darstellung von Bilanz, Gewinn- und Verlustrechnung sowie Kapitalflussrechnung mit konsistenter zeitlicher Entwicklung abgebildet, wie dies exemplarisch in Abschnitt 1.2.3.3 dargestellt ist. Eine stark vereinfachte Alternative hierzu bilden in Abschnitt 1.2.3.4 vorgestellte Werttreibermodelle, bei denen eine entsprechende Modellierung auf Basis von nur wenigen Schlüsselkennzahlen erfolgt.

Mehrwertige Verfahren der Planungs- und Prognoserechnung bilden alternativ mögliche Verläufe der zukünftigen Unternehmensentwicklung ab und sind damit Ausdruck der bestehenden Prognoseunsicherheit (Drukarczyk/Schüler, 2021, S. 136 f.). Neben den bereits oben angesprochenen Simulationen (siehe hierzu Kapitel 4.4) werden auch im Rahmen von Szenarioanalysen verschiedene mögliche Zukunftsbilder dargestellt, indem der wahrscheinlichste Entwicklungspfad, der auch als Trend- oder Basisszenario (Real Case) bezeichnet wird, um alternativ mögliche Entwicklungspfade ergänzt wird (Baum et al., 2013, S. 398 ff.). Die günstigsten bzw. ungünstigsten denkbaren Verläufe werden hierbei als sogenannte Extrem- bzw. Best-Case-/Worst-Case-Szenarien bezeichnet. Diese Grenzfälle entfernen sich mit zunehmendem zeitlichem Abstand typischerweise immer weiter vom Trend- oder Basisszenario, woraus sich die typische trichterförmige Verlaufsdarstellung ergibt, wie Abb. 1-25 veranschaulicht.

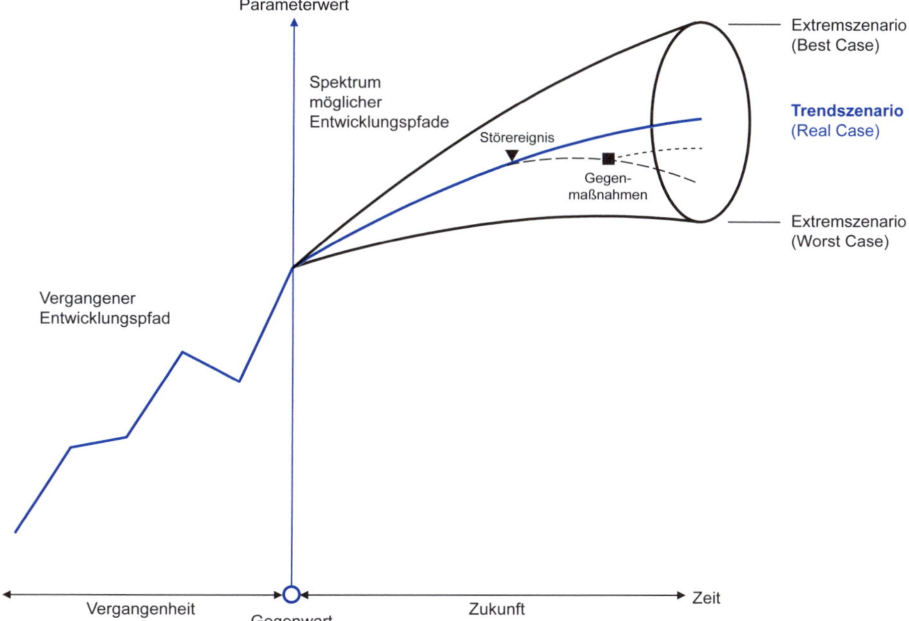

Abb. 1-25: Szenariotrichter (in Anlehnung an Baum et al., 2013, S. 399)

Die Szenariotechnik bietet eine strukturierte, methodische Herangehensweise, um sich mit denkbaren zukünftigen Entwicklungen in systematischer Weise auseinanderzusetzen. Eine häufig vorgenommene Eingrenzung auf die Basis- und Extremszenarien dient hierbei vor allem der Komplexitätsreduktion und legt die Bandbreite der für möglich gehaltenen Zukunftsentwicklungen offen (Kuhner/Maltry, 2017b, S. 139 ff.). Innerhalb des hierdurch aufgespannten Trichters lassen sich auch die Wirkungen von zukünftigen (Stör-)Ereignissen und daraufhin einzuleitenden Reaktionsstrategien diskutieren. Letzteres ist insbesondere auch Gegenstand des sogenannten Entscheidungsbaumverfahrens. Dieses verdeutlicht, dass die zukünftige Unternehmensentwicklung nicht auf einer einmal eingeschlagenen und unveränderlichen Optimalstrategie basiert, sondern das Ergebnis situationsabhängiger Entscheidungen sein wird. Entscheidungsbäume verbinden die mit subjektiven Wahrscheinlichkeiten versehenen Umfeldentwicklungen (Zustandsbaum) mit den Handlungsmöglichkeiten des Entscheiders und quantifizieren deren Folgen im Rahmen einer flexiblen Planung (Laux et al., 2014, S. 269 ff.). Sie konkretisieren somit gewissermaßen das Innenleben des oben nur grob dargestellten Szenariotrichters. Die unmittelbaren praktischen Einsatzmöglichkeiten solcher Entscheidungsbäume im Rahmen der Unternehmensbewertung dürften jedoch aufgrund der Vielfalt der möglichen Umfeldentwicklungen und Handlungsalternativen relativ begrenzt sein. Gleichwohl verdeutlicht dieser Ansatz die Mehrwertigkeit der bewertungsrelevanten Überschüsse sowie die notwendige Berücksichtigung der Interaktionen zwischen Umfeldentwicklung und Geschäftspolitik im Rahmen der Planungs- und Prognoserechnung (Ballwieser/Hachmeister, 2021, S. 53 ff.; Kuhner/Maltry, 2017b, S. 149 ff.).

Mit zunehmender Länge des Planungshorizonts steigt die Unsicherheit bezüglich der Ausprägungen der Planungs- und Prognoseparameter an. Gleichzeitig nimmt der mit der Informationsbeschaffung und -aufbereitung verbundene Aufwand zu. Aus diesen Gründen erscheint eine detaillierte Modellierung ab einem bestimmten Zeitpunkt nicht mehr sinnvoll und es wird stattdessen auf vereinfachende pauschale Annahmen zurückgegriffen. Diese Zerlegung des gesamten und regelmäßig unbegrenzten Planungshorizonts in Zeitabschnitte mit unterschiedlichem Detaillierungsgrad wird als Phasenmodell bzw. Phasenmethode bezeichnet (Ballwieser/Hachmeister, 2021, S. 57 f.; IDW, 2008, Tz. 76; KSW, 2014, Tz. 59; Kuhner/Maltry, 2017b, S. 126 f.).

In der direkt ab dem Bewertungszeitpunkt beginnenden Detailplanungsphase lassen sich die relevanten Parameter noch relativ plausibel und zuverlässig prognostizieren und finden eine unmittelbare periodenspezifische Berücksichtigung. Dies lässt sich in Form einer integrierten Unternehmensplanung mit Gewinn- und Verlustrechnungen, Bilanzen und Kapitalflussrechnungen realisieren, bei der diese Teilrechnungen aufeinander abgestimmt, plausibel und konsistent sind (IDW, 2008, Tz. 27; KSW, 2014, Tz. 58; Zwirner et al., 2017, S. 275 ff.). Hieraus lassen sich die periodenspezifischen bewertungsrelevanten Überschüsse des Detailplanungszeitraums ableiten. Eine vereinfachte Alternative hierzu bieten die bereits oben angesprochenen Werttreibermodelle. Innerhalb der Detailplanungsphase sollten möglichst alle bestehenden Erkenntnisse zur erwarteten Entwicklung der relevanten Umfeldparameter und zu diesbezüglichen geschäftspolitischen Reaktionsstrategien Berücksichtigung finden. Diese Form einer detaillierten Planung ist so lang fortzuführen, bis die Annahme eines eingeschwungenen Zustandes realistisch erscheint. Je nach Branche sowie Unternehmens- und Wettbewerbssituation dürfte dies unterschiedlich ausfallen. Oftmals werden hierfür Zeiträume von 3 bis 8 Jahren vorgeschlagen (exemplarisch IDW, 2008, Tz. 77; Koller et al., 2010, S. 186; KSW, 2014, Tz. 60; Kuhner/Maltry, 2017b, S. 126).

In einem Gleichgewichts- bzw. Beharrungszustand bleiben die erwarteten bewertungsrelevanten Rückflüsse konstant oder weisen ein gleichmäßiges Wachstum mit einer konstanten Rate auf (IDW, 2008, Tz. 78; KSW, 2014, Tz. 63). In diesen Fällen eröffnet der Einsatz finanzmathematischer Rentenbarwertformeln eine Bewertung bis in die Unendlichkeit reichender Überschüsse, solange der Ausgangswert und das Wachstum dieser Größen bekannt sind. Die Bedingungen für das Vorliegen eines solchen stabilen Zustands (Steady State) werden in Abschnitt 1.2.3.5 näher beleuchtet. Dieser auf pauschalisierenden Trendentwicklungen basierende Abschnitt des Prognosezeitraums wird als Fortführungsphase bzw. -zeitraum bezeichnet. Der hieraus resultierende Anteil am Unternehmenswert bildet den Fortführungswert bzw. Terminal Value. Sofern sich diese Planungsphase unmittelbar an die Detailplanung anschließt, liegt ein sogenanntes Zwei-Phasen-Modell vor, was hierbei den häufigsten Fall bildet (IDW, 2008, Tz. 77). Die allgemeine Bewertungsgleichung für diesen Standardfall lautet wie folgt:

$$UW_0^{ZEW} = \underbrace{\sum_{t=1}^{T} \frac{\ddot{U}_t}{\prod_{n=1}^{t}(1+k_n)}}_{\text{Wertbeitrag der Detailplanungsphase}} + \underbrace{\underbrace{\frac{\ddot{U}_{T+1}}{k_{T+1} - g^{\ddot{U}}}}_{\text{Terminal Value}} \times \frac{1}{\prod_{n=1}^{T}(1+k_n)}}_{\text{Wertbeitrag der Fortführungsphase}}$$

$g^{\ddot{U}}$	…	*Wachstumsrate des bewertungsrelevanten Überschusses (im Fortführungszeitraum)*
k	…	*Kalkulationszinssatz (Kapitalkostensatz)*
T	…	*Ende des Detailplanungszeitraums*
t	…	*Zeit- bzw. Periodenindex*
$\ddot{U}$	…	*Bewertungsrelevanter Überschuss*
UW^{ZEW}	…	*Zukunftserfolgswert des Unternehmens*

Liegt am Ende der Detailplanungsphase noch kein eingeschwungener Zustand vor, der sich mittels Rentenbarwertformeln angemessen beschreiben lässt, ist zunächst eine Ausweitung des Detailplanungszeitraums zu erwägen (IDW, 2008, Tz. 77; Kuhner/Maltry, 2017b, S. 127). Alternativ lässt sich in diesem Fall der Übergang zwischen Detailplanungs- und Fortführungszeitraum durch Einbezug einer zusätzlichen Anpassungs- bzw. Konvergenzphase modellieren (KSW, 2014, Tz. 64). In diesem Fall wäre ein sogenanntes Drei-Phasen-Modell gegeben, bei dem im mittelfristigen Prognosebereich eine Überleitung auf das langfristige Rentabilitäts- und Wachstumsniveau erfolgt (Drukarczyk/Schüler, 2021, S. 137 f.). Einige ausgewählte Möglichkeiten einer entsprechenden Modellierung werden in Abschnitt 1.2.3.5 näher vorgestellt.

Die zentrale Grundlage der zu erstellenden Planungs- und Prognoserechnung sollte jedoch in jedem Fall eine fundierte Vergangenheits- und Lageanalyse sein, wie sie im folgenden Abschnitt detailliert vorgestellt wird.

1.2.3.2 Vergangenheits- und Lageanalyse

Um eine fundierte Prognose der zukünftigen Unternehmensentwicklung erstellen zu können, ist es zunächst erforderlich, sich mit den spezifischen Gegebenheiten des Unternehmens im Detail vertraut zu machen und ein Verständnis relevanter Wirkungszusammenhänge und Rahmenbedingungen zu entwickeln. Diesem Zweck dient die Analyse der vergangenen Unternehmensentwicklung und der gegenwärtigen Lage, welche den Ausgangspunkt der sich anschließenden Prognoserechnung bildet (IDW, 2008, Tz. 72). Hierbei ist eine Zerlegung des komplexen unternehmens- und umfeldbezogenen Wirkungsgeflechts in geeignete Subsysteme hilfreich, z. B. durch eine Unterscheidung bestimmter Stakeholder-Gruppen. Die zwischen diesen Elementen bestehenden Wirkungszusammenhänge sollten dann Gegenstand einer detaillierten Analyse sein. Hierfür ist zunächst das Unternehmen als Bewertungsobjekt zu präzisieren, indem eine klare Abgrenzung gegenüber dem nichtbetriebsnotwendigen Vermögen sowie gegenüber der Privatsphäre der Unternehmenseigner erfolgt (Popp, 2019b, S. 192 f.). Für die Analyse des verbleibenden betrieblichen Kernbereichs bietet sich dann ein strukturiertes mehrstufiges Vorgehen an, um die hohe Komplexität dieser Aufgabe zu reduzieren. Als Top-Down-Analyse wird hierbei ein Vorgehen bezeichnet, welches zunächst das globale Unternehmensumfeld betrachtet und anschließend den Fokus immer weiter verfeinert (Hommel/Dehmel, 2021, S. 142). Letzteres erstreckt sich dann über die Analyse branchenbezogener Aspekte bis hin zu den charakteristischen Merkmalen des konkret betrachteten Unternehmens. Dabei gilt es, besonders relevante Eigenschaften des Unternehmens (Stärken/Schwächen) in Relation zu den maßgeblichen Umfeldfaktoren (Chancen/Risiken) herauszuarbeiten und zu beurteilen. Dies erfolgt indem die bisherige Unternehmensentwicklung vor dem Hintergrund der vergangenen Markt- und Umfeldgegebenheiten beleuchtet wird (IDW, 2008, Tz. 74; KSW, 2014, Tz. 56). Dabei liegt der Fokus vor allem auf dauerhaft wirkenden Aspekten, da diese für die anschließende Prognose von besonderer Bedeutung sind.

Grundsätzlich lassen sich äußerst vielfältige Instrumentarien aus dem Bereich des strategischen Managements sowie der Jahresabschlussanalyse einsetzen, um eine entsprechende vergangenheitsbezogene Analyse des Unternehmens und seines Umfeldes zu erstellen. Die Anwendbarkeit dieser Werkzeuge wird allerdings in sehr starkem Maße vom Umfang und der Qualität der verfügbaren Informationen bestimmt. So besteht bei einer Analyse aus unternehmensinterner Sicht oder auch im Falle einer sogenannten Due-Diligence-Prüfung (z. B. Peemöller, 2019, S. 257 ff.) Zugang zu sehr weitreichenden Informationen. Ungleich bescheidener stellt sich jedoch die verfügbare Informationsbasis dar, wenn sich eine Analyse aus externer Sicht auf öffentlich zugängliche Daten beschränken muss. Entsprechend der gegebenen Rahmenbedingungen muss daher eine Auswahl der einzusetzenden Analyseinstrumente erfolgen und es sind gegebenenfalls Anpassungen vorzunehmen. Die nachfolgenden Ausführungen sind daher als naheliegende Anregungen und nicht als abschließende Auflistung zu verstehen.

Analyse des globalen Unternehmensumfeldes (Makroumfeld-Analyse)

Der Fokus dieses Analyseschritts liegt zunächst auf allgemeinen Faktoren des Makroumfeldes, die weder unternehmens- noch branchenspezifischer Natur sind. Sie nehmen jedoch Einfluss auf die Erreichung des unternehmerischen Sachziels, indem sie die relevanten Handlungsspielräume des Unternehmens determinieren (Baum et al., 2013, S. 80 ff.; Welge et al., 2017, S. 302 ff.). Gebräuchliche Strukturierungsvorschläge unterscheiden hierbei insbesondere politisch-rechtliche (political, legal), ökonomische (economical), gesellschaftliche (socio-cultural), technologische (technological) und ökologische (environmental) Einflussfaktoren (Farmer/Richman, 1965). Entsprechend wird dieses Analysemodell auch als PESTEL-Analyse bezeichnet, wobei sich mit im Detail leicht variierenden Zuschnitten der untersuchten Felder in der Literatur auch weitere Akronyme aus Kombinationen dieser symbolisierenden Anfangsbuchstaben finden (Yüksel, 2012). Innerhalb der benannten Bereiche sind wiederum relevante Unterkriterien festzulegen und hierfür geeignete Indikatoren zur Beurteilung auszuwählen. So könnten z. B. für eine Analyse des gesellschaftlichen Umfeldes Aspekte wie Bevölkerungsstruktur, Gesellschafts- und Wirtschaftsordnung, Religion, Lebensstil oder Bildung herangezogen werden (Baum et al., 2013, S. 82). Indikatoren bzw. Messgrößen für den letztgenannten Aspekt der Bildung könnten zum Beispiel Bevölkerungsanteile mit bestimmten Qualifikationsniveaus oder die Bildungsausgaben relevanter Regionen sein.

Grundsätzlich sind die genannten Analysemodelle vor allem als Strukturierungshilfen zu sehen, die eine systematische Auseinandersetzung mit relevanten Umfeldfaktoren durch geeignete Rasterungen im Sinne einer Checkliste fördern.

Analyse des aufgabenspezifischen Umfeldes (Branchenanalyse)

In diesem Analyseteil wird das aufgabenspezifische bzw. branchenbezogene Wettbewerbsumfeld innerhalb des betrachteten Geschäftsfeldes untersucht. Im Fokus stehen diejenigen Umfeldelemente, mit denen das Unternehmen zur Erreichung seiner Sachziele unmittelbar interagiert (Welge et al., 2017, S. 309 ff.). Ein hierfür sehr häufig eingesetztes Instrument ist das sogenannte Branchenstrukturmodell von Porter, welches fünf grundlegende Wettbewerbskräfte (five forces) unterscheidet (Porter, 2013, S. 37 ff.). Dabei handelt es sich im Einzelnen um:

- Bedrohung durch neue Konkurrenten sofern keine Markteintrittsbarrieren bestehen,
- Verhandlungsstärke der Abnehmer,
- Verhandlungsstärke der Lieferanten,
- Gefahr einer Verdrängung durch Substitutionsprodukte sowie
- Grad der Rivalität unter den existierenden Wettbewerbern.

Die Beurteilung dieser Wettbewerbskräfte erfolgt wiederum auf Basis differenzierterer Unterkriterien (Baum et al., 2013, S. 84 ff.). So sind z. B. die Verhandlungsstärken von Kunden und Lieferanten abhängig vom gegebenen

Konzentrationsgrad auf Anbieter- bzw. Abnehmerseite, vom Wert und dem Standardisierungsgrad der Produkte sowie von der potenziellen Möglichkeit einer Vorwärts- oder Rückwärtsintegration und der bestehenden Markttransparenz einer Branche. Mit Blick auf die Rivalität unter den bestehenden Wettbewerbern empfiehlt sich zudem die Durchführung einer detaillierten Konkurrenzanalyse, um die spezifischen Stärken und Schwächen der Hauptkonkurrenten herauszuarbeiten (Welge et al., 2017, S. 355 ff.).

Über diese fünf unmittelbaren Wettbewerbskräfte hinaus können in die Analyse auch noch weitere Stakeholder-Gruppen einbezogen werden, welche den Unternehmenserfolg maßgeblich beeinflussen (Baum et al., 2013, S. 80). Abb. 1-26 fasst die angesprochenen Analysebereiche des Unternehmensumfeldes noch einmal überblicksartig zusammen.

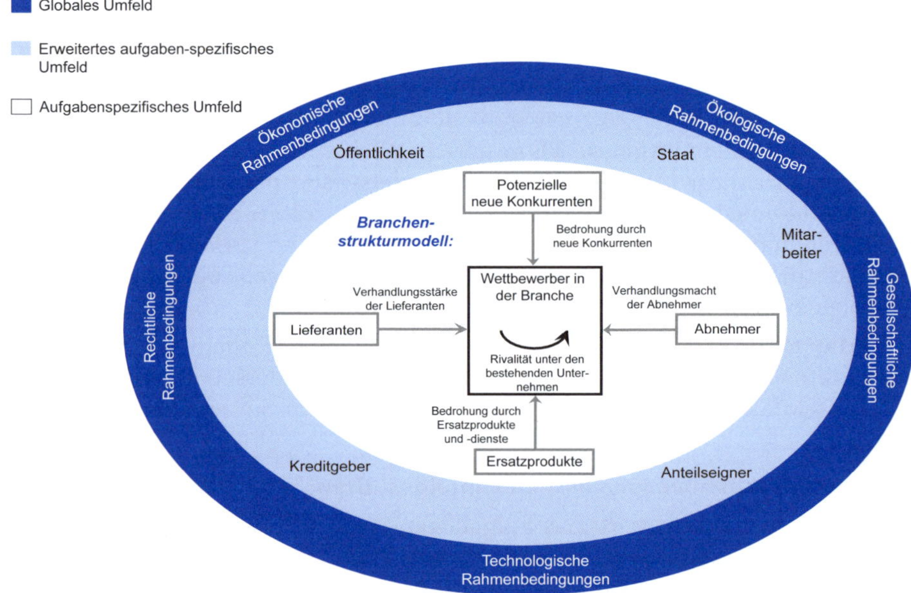

Abb. 1-26: Überblick zur Umfeldanalyse (in Anlehnung an Baum et al., 2013, S. 81)

Unternehmensanalyse

Während die Umfeldanalyse sich auf unternehmensexterne Faktoren konzentriert, die durch das Unternehmen nicht oder nur wenig beeinflusst werden können, ist der Fokus der Unternehmensanalyse auf interne Aspekte gerichtet. Ziel ist eine Identifikation und Bewertung derjenigen Unternehmenseigenschaften, die sich gegenüber den Wettbewerbern als relevante Stärken oder Schwächen erweisen. Entscheidende Grundlagen hierfür bilden die durch das Unternehmen selbst gestaltbaren Ressourcen und Kompetenzen, aus denen sich die Wertschöpfungsprozesse des Unternehmens generieren. Auch für diese Aspekte stehen aus dem Bereich des strategischen Managements bzw. Controllings vielfältige qualitative und quantitative Analysemodelle zur Verfügung, welche eine systematische Beurteilung erleichtern (Baum et al., 2013, S. 90 ff.; Welge et al., 2017, S. 360 ff.). So ermöglicht zum Beispiel das ebenfalls auf Porter zurückgehende Konzept der Wertkette eine differenzierte Auseinandersetzung mit den primären wertschöpfenden und den unterstützenden sekundären Aktivitäten des Unternehmens, wie in Abb. 1-27 dargestellt ist.

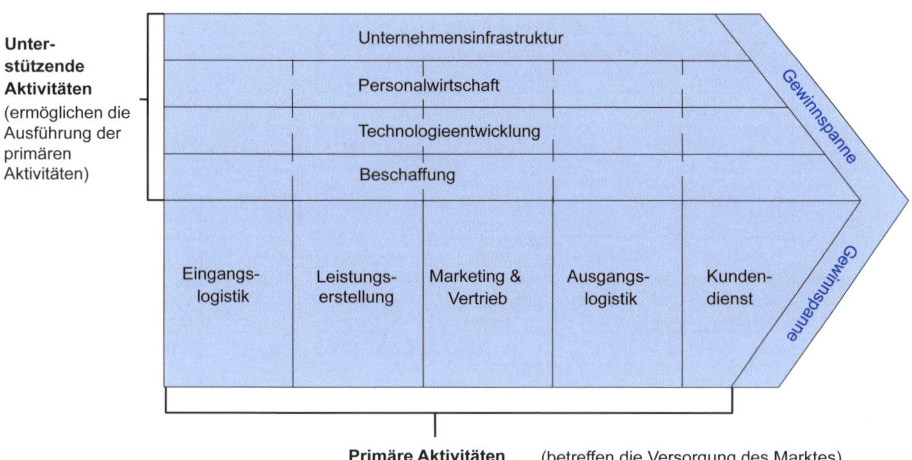

Abb. 1-27: Grundstruktur der Wertkette (in Anlehnung an Porter, 2010, S. 66)

Dieses Strukturierungsmodell der unmittelbar wertschöpfenden bzw. diese lediglich unterstützenden Aktivitäten liefert verschiedene Anknüpfungspunkte für weiterführende Analysen (Baum et al., 2013, S. 90 ff.; Welge et al., 2017, S. 364 ff.). So können zum Beispiel Kostenschwerpunkte in Relation zum Marktpreis zugeordnet werden, wobei eine Unterscheidung zwischen eigener Wertschöpfung und bezogenen Vorleistungen möglich ist. Ferner lassen sich die mit den direkten und indirekten Wertschöpfungsaktivitäten verbundenen Organisationseinheiten und Kernkompetenzen sowie mögliche Ansatzpunkte für Differenzierungsmöglichkeiten analysieren. Nicht zuletzt ergeben sich hieraus auch konkrete Anknüpfungspunkte zu den Werttreibern des Unternehmens (Rappaport, 1986, S. 85 ff.; Welge et al., 2017, S. 381 f.), wie Abb. 1-28 veranschaulicht.

<table>
<tr><td colspan="5">Unternehmensinfrastruktur</td></tr>
<tr><td colspan="5">Personalwirtschaft</td></tr>
<tr><td colspan="5">Technologieentwicklung</td></tr>
<tr><td colspan="5">Beschaffung</td></tr>
<tr><td>Eingangslogistik</td><td>Operations</td><td>Ausgangslogistik</td><td>Marketing und Vertrieb</td><td>Kundendienst</td></tr>
<tr><td></td><td></td><td></td><td>Originärer Absatz</td><td>After-Sales-Services</td><td>Umsätze und Umsatzwachstum</td><td rowspan="2">Ergebnis vor Zinsen und Steuern (EBIT), Umsatzrentabilität (ros)</td><td rowspan="3">Net Operating Profit less adjusted Taxes (NOPLAT)</td></tr>
<tr><td>Materialtransport
Lagerhaltung
Wareneingang
Administration</td><td>Bearbeitung
Montage
Qualitätskontrolle
Verpackung</td><td>Materialtransport
Lagerhaltung
Warenausgang
Administration</td><td>Außendienst
Werbung
Verkaufsunterstützung
Administration</td><td>Installation
Schulung
Wartung
Rücknahme</td><td>– betrieblicher Aufwand</td></tr>
<tr><td colspan="5"></td><td colspan="2">– Angepasste Steuern (EBIT × Steuersatz)</td></tr>
<tr><td>Materiallagerbestand
Lieferantenverbindlichkeiten</td><td>Lagerbestand an unfertigen Erzeugnissen
Instandhaltungsrückstellungen</td><td>Lagerbestand an fertigen Erzeugnissen</td><td>Kundenforderungen aus Erzeugnisabsatz
Erhaltene Anzahlungen
Gewährleistungsrückstellungen</td><td>Ersatzteillagerbestand
Kundenforderungen aus Serviceleistungen</td><td colspan="2">– Erweiterungsinvestitionen in das Net Working Capital</td><td rowspan="3">Erweiterungsinvestitionen</td></tr>
<tr><td>Lager
Transportflotte
Ausstattung</td><td>Produktionsanlagen
Ausstattung</td><td>Lager
Transportflotte
Ausstattung</td><td>Vertriebseinrichtungen des Außendienstes und andere Vertriebsausstattung</td><td>Serviceeinrichtungen
Transportflotte
Servicegeräte</td><td colspan="2">– Erweiterungsinvestitionen in das operative Anlagevermögen</td></tr>
<tr><td>Pensionsrückstellungen</td><td>Pensionsrückstellungen
Umweltschutzrückstellungen</td><td>Pensionsrückstellungen</td><td>Pensionsrückstellungen
Gewährleistungsrückstellungen</td><td>Pensionsrückstellungen</td><td colspan="2">+ Veränderung der langfristigen Rückstellungen</td></tr>
<tr><td colspan="5"></td><td colspan="3">= **Free Cashflow**</td></tr>
</table>

Abb. 1-28: Bezugspunkte zwischen Wertkette und Werttreibern (in Anlehnung an Rappaport, 1986, S. 87)

Neben den exemplarisch angesprochenen wertschöpfungsbezogenen Ansätzen existieren zahlreiche weitere Vorschläge zur Unternehmensanalyse, die den Fokus zum Beispiel auf die organisatorischen Funktionsbereiche oder die Ressourcen bzw. Kompetenzen des Unternehmens legen (Baum et al., 2013, S. 90 ff.; Welge et al., 2017, S. 383 ff.).

Ob es sich bei den untersuchten Unternehmenseigenschaften tatsächlich um Stärken oder Schwächen handelt, ergibt sich jedoch erst aus der Gegenüberstellung mit einem geeigneten Referenzmaßstab. Diesen bilden in erster Linie die übrigen Wettbewerber innerhalb des Branchenumfeldes, indem die Unternehmensanalyse hier mit der bereits oben angesprochenen umfeldbezogenen Konkurrenzanalyse zu einem umfassenden Wettbewerbsvergleich verzahnt wird. Daneben bieten auch branchenübergreifende Vergleiche (Benchmarking), die Analyse der kaufentscheidenden Faktoren aus Kundensicht und anderer kritischer Erfolgsfaktoren sowie die Betrachtung der zeitlichen Entwicklung dieser Aspekte mögliche Ansatzpunkte für eine Beurteilung (Baum et al., 2013, S. 96 ff.; Welge et al., 2017, S. 405 ff.).

Einen weiteren Bezugspunkt für die Bewertung von Unternehmenseigenschaften als relevante Stärken oder Schwächen liefert zudem auch der sogenannte Produktlebenszyklus (Baum et al., 2013, S. 116 ff.). Dieser unterstellt, dass Produkte häufig eine zeitlich beschränkte Lebensdauer aufweisen und einen idealtypischen Diffusionsprozess mit den Phasen Einführung, Wachstum, Reife und Sättigung durchlaufen, wobei hierzu auch alternative Phaseneinteilungen existieren. Aus diesen Phasen ergeben sich unterschiedliche Herausforderungen für die Unternehmen, sodass die Beurteilung relevanter Stärken und Schwächen phasenspezifisch erfolgen sollte. Dabei sind die genannten Lebenszyklusphasen durch charakteristische Absatz-, Rentabilitäts- und Cashflow-Profile gekennzeichnet, wie Abb. 1-29 dies zeigt. Der phasentypische dynamische Verlauf dieser Größen liefert daher gleichzeitig wichtige Hinweise zu ihrer erwarteten zukünftigen Entwicklung, was im Rahmen der späteren Prognoserechnung entsprechend zu berücksichtigen ist.

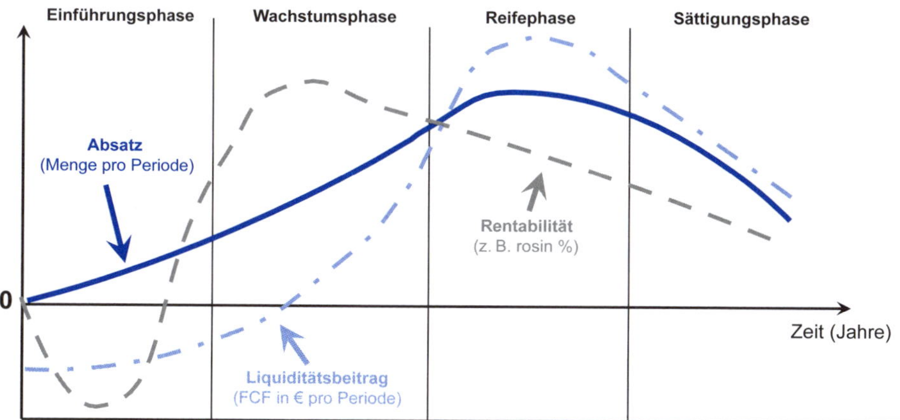

Abb. 1-29: Idealtypische Entwicklung von Absatz, Rentabilität und Liquidität im Produktlebenszyklus (in Anlehnung an Baum et al., 2013)

Die bislang im Rahmen der Umfeld- und Unternehmensanalyse angesprochenen Aspekte weisen häufig einen eher qualitativen Charakter auf. Für die Beurteilung der unternehmensbezogenen Chancen und Risiken bzw. Stärken und Schwächen sind diese äußerst facettenreichen Informationen in geeigneter Weise aufzubereiten und zu verdichten. Dies kann zum Beispiel in Form grafischer bzw. zusammenfassender Profildarstellungen erfolgen, wie in Abb. 1-30 skizziert. Darüber hinaus lassen sich auch Scoring-Modelle oder andere multikriterielle Entscheidungsverfahren für eine quantitative Aggregation einsetzen (Yüksel, 2012). In der Interpretation der Analyseergebnisse ist dabei von besonderem Interesse, ob in der Vergangenheit bestimmte günstige oder ungünstige Umfeldentwicklungen auf relevante Stärken oder Schwächen des Unternehmens gestoßen sind, was der Logik der sogenannten SWOT-Analyse (Strengths, Weaknesses, Opportunities, Threats) entspricht (Baum et al., 2013, S. 99 f.).

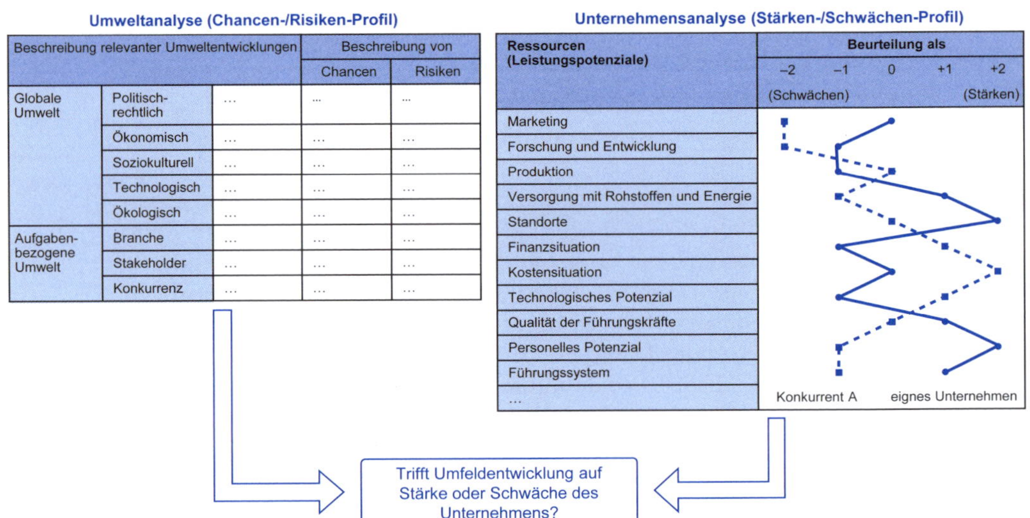

Abb. 1-30: Verdichtete Profildarstellungen zur Unternehmens- und Umfeldanalyse (in Anlehnung an Welge et al., 2017, S. 418)

Neben den bislang dargestellten, überwiegend qualitativen Aspekten ist im Bereich der unternehmensbezogenen Vergangenheits- und Lageanalyse jedoch vor allem die Auswertung von Informationen des Rechnungswesens von Bedeutung (IDW, 2008, Tz. 74; KSW, 2014, Tz. 55). Bei freiem Zugang zu Daten des internen Rechnungswesens steht hierfür die vollständige Bandbreite der im Unternehmenscontrolling genutzten Kennzahlen der verschiedensten Teilsysteme des Rechnungswesens zur Verfügung (z. B. Reichmann et al., 2017). Bei einer externen Analyse beschränkt sich dies hingegen weitestgehend auf veröffentlichte Jahresabschlussinformationen. Diese bilden die wirtschaftliche Entwicklung der vergangenen Perioden in der Kodifizierung des externen Rechnungswesens ab. Kernelemente sind Bilanz sowie Gewinn- und Verlustrechnung (GuV), die in Abhängigkeit von Rechtsform, Größe und Kapitalmarktbezug gegebenenfalls unterschiedliche Detaillierungen aufweisen und um weitere Berichtselemente wie Kapitalflussrechnung (KFR), Anhang oder Lagebericht ergänzt werden. Letztere stellen auch wesentliche Informationen zu verschiedenen bereits oben angesprochenen qualitativen Aspekten der Unternehmens- und Umfeldanalyse bereit, auf welche auch in Kapitel 2.9 nochmals eingegangen werden wird. Im Folgenden werden insbesondere Bilanz, GuV und KFR kurz vorgestellt und bezüglich möglicher Ansatzpunkte der Vergangenheits- und Lageanalyse thematisiert. Das komplementäre Zusammenwirken dieser drei primären Rechenwerke ermöglicht dabei weitreichende Einblicke in die Vermögens-, Finanz- und Ertragslage eines Unternehmens, wie Abb. 1-31 zusammenfassend veranschaulicht.

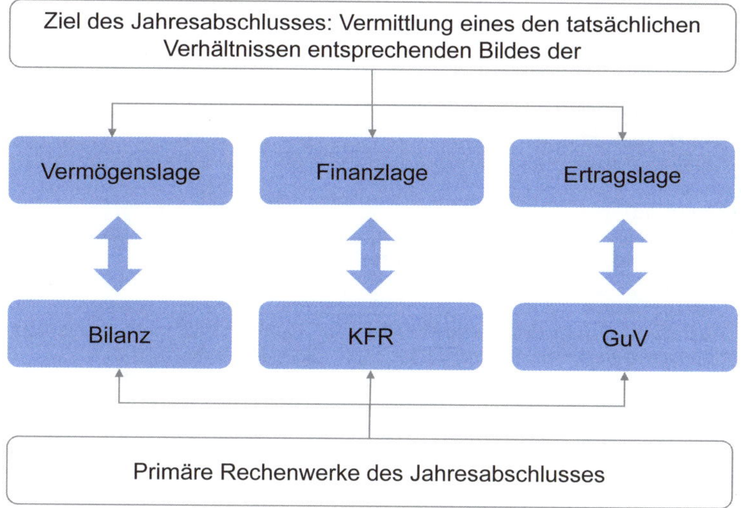

Abb. 1-31: Analyse des Jahresabschlusses (in Anlehnung an Coenenberg et al., 2021, S. 818)

In der Bilanz werden für einen bestimmten Stichtag das dem Unternehmen zur Verfügung gestellte Kapital (Passiva) sowie das hieraus beschaffte Vermögen (Aktiva) abgebildet. Deren Auflistung folgt dabei vorwiegend dem Liquiditätsgliederungsprinzip, indem Aktivposten nach dem Grad ihrer Liquidierbarkeit und Passivposten nach ihrer Fälligkeit geordnet werden (Coenenberg et al., 2021, S. 142 ff.). In Abhängigkeit von Rechtsform und Unternehmensgröße bestehen dabei unterschiedliche Anforderungen bezüglich des Detaillierungsgrades. Exemplarisch ist nachfolgend in Abb. 1-32 die Mindestgliederung für deutsche mittelgroße und große Kapitalgesellschaften gemäß § 266 des Handelsgesetzbuchs (HGB) dargestellt. Für Österreich ergibt sich die Mindestgliederung der Bilanz in ähnlicher Weise aus § 224 des Unternehmensgesetzbuches (UGB) bzw. für die Schweiz aus Art. 959a des Obligationenrechts (OR). Auch in international relevanten Rechnungslegungssystemen existieren mit IAS 1.54 der International Financial Reporting Standards (IFRS) oder Regulation S-X der United States Generally Accepted Accounting Principles (US-GAAP) vergleichbare Vorgaben (Coenenberg et al., 2021, S. 148 ff.).

AKTIVA

A. Anlagevermögen
- I. Immaterielle Vermögensgegenstände
  1. Selbst geschaffene gewerbliche Schutzrechte und ähnliche Rechte und Werte
  2. Entgeltlich erworbene Konzessionen, gewerbliche Schutzrechte und ähnliche Rechte und Werte sowie Lizenzen an solchen Rechten und Werten
  3. Geschäfts- oder Firmenwert
  4. Geleistete Anzahlungen
- II. Sachanlagen
  1. Grundstücke, grundstücksgleiche Rechte und Bauten einschließlich der Bauten auf fremden Grundstücken
  2. Technische Anlagen und Maschinen
  3. Andere Anlagen, Betriebs- und Geschäftsausstattung
  4. Geleistete Anzahlungen und Anlagen im Bau
- III. Finanzanlagen:
  1. Anteile an verbundenen Unternehmen
  2. Ausleihungen an verbundene Unternehmen
  3. Beteiligungen
  4. Ausleihungen an Unternehmen, mit denen ein Beteiligungsverhältnis besteht
  5. Wertpapiere des Anlagevermögens
  6. Sonstige Ausleihungen

B. Umlaufvermögen
- I. Vorräte
  1. Roh-, Hilfs- und Betriebsstoffe
  2. Unfertige Erzeugnisse, unfertige Leistungen
  3. Fertige Erzeugnisse und Waren
  4. geleistete Anzahlungen
- II. Forderungen und sonstige Vermögensgegenstände
  1. Forderungen aus Lieferungen und Leistungen
  2. Forderungen gegen verbundene Unternehmen
  3. Forderungen gegen Unternehmen, mit denen ein Beteiligungsverhältnis besteht
  4. Sonstige Vermögensgegenstände
- III. Wertpapiere
  1. Anteile an verbundenen Unternehmen
  2. Sonstige Wertpapiere
- IV. Kassenbestand, Bundesbankguthaben, Guthaben bei Kreditinstituten und Schecks

C. Rechnungsabgrenzungsposten

D Aktive latente Steuern

E. Aktiver Unterschiedsbetrag aus der Vermögensverrechnung

PASSIVA

A. Eigenkapital
- I. Gezeichnetes Kapital
- II. Kapitalrücklage
- III. Gewinnrücklagen
  1. Gesetzliche Rücklage
  2. Rücklage für Anteile an einem herrschenden oder mehrheitlich beteiligten Unternehmen
  3. Satzungsmäßige Rücklagen
  4. Andere Gewinnrücklagen
- IV. Gewinnvortrag/Verlustvortrag
- V. Jahresüberschuss/Jahresfehlbetrag

B. Rückstellungen
1. Rückstellungen für Pensionen und ähnliche Verpflichtungen
2. Steuerrückstellungen
3. Sonstige Rückstellungen

C. Verbindlichkeiten
1. Anleihen
2. Verbindlichkeiten gegenüber Kreditinstituten
3. Erhaltene Anzahlungen auf Bestellungen
4. Verbindlichkeiten aus Lieferungen und Leistungen
5. Verbindlichkeiten aus der Annahme gezogener Wechsel und der Ausstellung eigener Wechsel
6. Verbindlichkeiten gegenüber verbundenen Unternehmen
7. Verbindlichkeiten gegenüber Unternehmen, mit denen ein Beteiligungsverhältnis besteht
8. Sonstige Verbindlichkeiten

D. Rechnungsabgrenzungsposten

E. Passive latente Steuern

Abb. 1-32: Mindestgliederung der Bilanz für mittelgroße und große Kapitalgesellschaften gemäß § 266 (2) und (3) HGB

Die Gewinn- und Verlustrechnung (GuV) schafft Transparenz über die aus den unternehmerischen Aktivitäten resultierenden wertmäßigen Vermögensveränderungen einer Periode. Dies umfasst das aus der eigentlichen Betriebstätigkeit resultierende Betriebsergebnis sowie die darüber hinausgehenden Bestandteile des Finanzergebnisses und der Steuern (Coenenberg et al., 2021, S. 547 ff.). Die Ermittlung des Betriebsergebnisses kann in Form des Gesamtkostenverfahrens (GKV) sowie des Umsatzkostenverfahrens (UKV) erfolgen. Dabei stellt das Gesamtkostenverfahren die strukturelle Zusammensetzung der im betrieblichen Bereich verbrauchten Ressourcen gegliedert nach Kostenarten in den Vordergrund. Diesen Gesamtkosten wird dann die insgesamt hieraus hervorgegangene Leistung, bestehend aus Umsätzen und Bestandsveränderungen, gegenübergestellt. Demgegenüber legt das Umsatzkostenverfahren den Fokus unmittelbar auf den Markterfolg der abgesetzten Unternehmensleistungen, was um weitere Funktionskosten für Entwicklung, Verwaltung und Vertrieb ergänzt wird. Beide Verfahren führen stets zu identischen Betriebsergebnissen. Auch hier existieren wieder größen- und rechtsformabhängige Anforderungsunterschiede bezüglich der Detaillierung. Der grundsätzliche für deutsche Kapitalgesellschaften maßgebliche Aufbau der Gewinn- und Verlustrechnung gemäß § 275 HGB ist nachfolgend in Abb. 1-33 exemplarisch dargestellt.

GuV-Rechnung nach dem		
	Gesamtkostenverfahren	**Umsatzkostenverfahren**
	Umsatzerlöse +/– Erhöhung/Verminderung des Bestands an fertigen oder unfertigen Erzeugnissen + Andere aktivierte Eigenleistungen + Sonstige betriebliche Erträge – Materialaufwand – Personalaufwand – Abschreibungen – Sonstige betriebliche Aufwendungen – Sonstige Steuern	Umsatzerlöse – Herstellungskosten der zur Erzielung der Umsatzerlöse erbrachten Leistungen = Bruttoergebnis vom Umsatz – Vertriebskosten – Allgemeine Verwaltungskosten + Sonstige betriebliche Erträge – Sonstige betriebliche Aufwendungen – Sonstige Steuern
	= Betriebsergebnis	
	Erträge aus Beteiligungen + Erträge aus anderen Wertpapieren und Ausleihungen des Finanzanlagevermögens + Sonstige Zinsen und ähnliche Erträge – Abschreibungen auf Finanzanlagen und Wertpapiere des Umlaufvermögens – Zinsen und ähnliche Aufwendungen	
+	**= Finanzergebnis**	
= Ergebnis vor Steuern		
–	Steuern vom Einkommen und vom Ertrag	
= Jahresüberschuss bzw. Jahresfehlbetrag		

Abb. 1-33: Komponenten der Gewinn- und Verlustrechnung gemäß § 275 (2) und (3) HGB

Für Österreich und die Schweiz existieren mit §231 UGB und Art. 959b OR vergleichbare Vorgaben. Auch Ergebnisrechnungen nach internationalen Rechnungslegungsvorschriften wie IFRS oder US-GAAP weisen grundsätzlich ähnliche Strukturen und Inhalte auf. Besonderheiten ergeben sich hier jedoch zum Beispiel bezüglich separat auszuweisender Ergebnisbestandteile aus Geschäftsbereichen, deren Aufgabe bereits vollzogen oder mit hinreichender Sicherheit geplant ist (*discontinued operations*) (Coenenberg et al., 2021, S. 581 ff.). Neben dem Periodenergebnis der Gewinn- und Verlustrechnung (*net income*) werden zudem auch Ergebniskomponenten gezeigt (*other comprehensive income*), die direkt mit dem Eigenkapital verrechnet werden. Solche erfolgsneutralen Verrechnungen resultieren insbesondere aus Anwendungen des Fair-Value-Prinzips (Coenenberg et al., 2021, S. 538 ff.).

Die Kapitalflussrechnung (KFR) weist einen liquiditätsorientierten Fokus auf und bildet die periodenbezogenen Zahlungsströme (Cashflows) und Finanzmittelbestände einer Periode ab (Coenenberg et al., 2021, S. 817 ff.). Sie ist in recht ähnlicher Ausgestaltung verbreiteter Bestandteil sowohl der nationalen (z. B. §297 HGB, DRS 21 für Deutschland bzw. §250 UGB für Österreich sowie Art. 961 OR für die Schweiz) als auch der internationalen Rechnungslegung (IAS 7, ASC 230) und weist typischerweise die in Abb. 1-34 dargestellte Grundstruktur auf.

Ursachenrechnung	Operativer Bereich: Mittelzuflüsse aus operativen Geschäften – Mittelabflüsse für operative Geschäfte **= Cashflow aus der laufenden Geschäftstätigkeit (1)**
	Investitionsbereich: Mittelzuflüsse aus Desinvestitionen – Mittelabflüsse für Investitionen + **= Cashflow aus der Investitionstätigkeit (2)**
	Finanzierungsbereich: Mittelzuflüsse aus Finanzierungen – Mittelabflüsse aus Definanzierung + **= Cashflow aus der Finanzierungstätigkeit (3)**
Fondsveränderungs-rechnung	= **Veränderung des Finanzmittelfonds** (Summe 1, 2 und 3) + Anfangsbestand des Finanzmittelfonds
	= Endbestand des Finanzmittelfonds

Abb. 1-34: Grundstruktur einer Kapitalflussrechnung (in Anlehnung an Coenenberg et al., 2021, S. 833)

Die konkrete Abgrenzung des im unteren Teil der Rechnung angesprochenen Finanzmittelfonds determiniert den Inhalt der vorangehenden Ursachenrechnung, da die Veränderung genau dieses Fonds durch die betrachteten Teilströme erklärt wird. Um Bewertungsaspekte und bilanzpolitische Gestaltungsspielräume zu minimieren, werden relevante Fondsabgrenzungen typischerweise relativ eng gehalten und beschränken sich regelmäßig auf Zahlungsmittel und als Liquiditätsreserve gehaltene Zahlungsmitteläquivalente. Dies schließt jedoch auch Passivpositionen aus jederzeit fälligen Kontokorrentverhältnissen mit ein, sodass der Fondsbestand die verfügbare Netto-Liquidität widerspiegelt.

Da für die zukunftserfolgswertbezogenen Verfahren der Unternehmensbewertung ein tieferes Verständnis bezüglich Abgrenzung und Ermittlung von Cashflows von besonderer Bedeutung ist, werden im Folgenden exemplarisch die für Deutschland geltenden Mindestvorgaben gemäß DRS 21 zu den drei einzubeziehenden Teilcashflows detaillierter dargestellt.

Ausgangspunkt der Rechnung ist der operative Bereich des Unternehmens. Für die Ermittlung des Cashflows aus der laufenden Geschäftstätigkeit können die hier zuzuordnenden Zahlungsströme direkt saldiert werden, wie dies in Abb. 1-35 dargestellt ist.

	Einzahlungen von Kunden für den Verkauf von Erzeugnissen, Waren und Dienstleistungen
–	Auszahlungen an Lieferanten und Beschäftigte
+	Sonstige Einzahlungen, die nicht der Investitions- oder Finanzierungstätigkeit zuzuordnen sind
–	Sonstige Auszahlungen, die nicht der Investitions- oder Finanzierungstätigkeit zuzuordnen sind
+	Einzahlungen aus außerordentlicher Größenordnung oder Bedeutung
–	Auszahlungen aus außerordentlicher Größenordnung oder Bedeutung
–/+	Ertragsteuerzahlungen
=	**Cashflow aus der laufenden Geschäftstätigkeit (direkt)**

Abb. 1-35: Mindestgliederungsschema bei direkter Darstellung des operativen Bereich nach DRS 21

Alternativ kann auch das Periodenergebnis als Ausgangsgröße dienen, welches dann im Wege einer Rückrechnung um nicht zahlungswirksame Aspekte bereinigt bzw. um die nicht in der GuV erfassten operativen Zahlungen ergänzt wird. Zudem werden operative Sachverhalte mit Investitions- oder Finanzierungsbezug in diese Bereiche umgegliedert. Die entsprechende Rechnung ist in Abb. 1-36 dargestellt, wobei im Ergebnis ein gegenüber Abb. 1-35 identischer Zahlungsstrom ausgewiesen wird.

	Periodenergebnis
+/–	Abschreibungen/Zuschreibungen auf Gegenstände des Anlagevermögens
+/–	Zunahme/Abnahme der Rückstellungen
+/–	Sonstige zahlungsunwirksame Aufwendungen/Erträge
–/+	Zunahme/Abnahme der Vorräte, der Forderungen aus Lieferungen und Leistungen sowie anderer Aktiva, die nicht der Investitions- oder Finanzierungstätigkeit zuzuordnen sind
+/–	Zunahme/Abnahme von Verbindlichkeiten aus Lieferungen und Leistungen sowie anderer Passiva, die nicht der Investitions- oder Finanzierungstätigkeit zuzuordnen sind
–/+	Gewinn/Verlust aus dem Abgang von Gegenständen des Anlagevermögens
+/–	Zinsaufwendungen/Zinserträge
–	Sonstige Beteiligungserträge
+/–	Aufwendungen/Erträge aus außerordentlicher Größenordnung oder Bedeutung
+/–	Ertragsteueraufwand/-ertrag
+	Einzahlungen aus außerordentlicher Größenordnung oder Bedeutung
–	Auszahlungen aus außerordentlicher Größenordnung oder Bedeutung
–/+	Ertragsteuerzahlungen
=	**Cashflow aus der laufenden Geschäftstätigkeit (indirekt)**

Abb. 1-36: Überleitungsrechnung zur indirekten Darstellung des operativen Bereichs gemäß der Mindestgliederung nach DRS 21

Im Cashflow aus der Investitionstätigkeit werden alle Ein- und Auszahlungen erfasst, die in Zusammenhang stehen mit dem Auf- bzw. Abbau von Anlagevermögen sowie von bestimmten Komponenten des Umlaufvermögens, welche nicht der laufenden Geschäftstätigkeit oder dem Finanzmittelfonds selbst zuzuordnen sind. Dies umfasst insbesondere die in Abb. 1-37 dargestellten Bestandteile.

	Einzahlungen aus Abgängen von Gegenständen des immateriellen Anlagevermögens
–	Auszahlungen für Investitionen in das immaterielle Anlagevermögen
+	Einzahlungen aus Abgängen von Gegenständen des Sachanlagevermögens
–	Auszahlungen für Investitionen in das Sachanlagevermögen
+	Einzahlungen aus Abgängen von Gegenständen des Finanzanlagevermögens
–	Auszahlungen für Investitionen in das Finanzanlagevermögen
+	Einzahlungen aus Abgängen zum Konsolidierungskreis
–	Auszahlungen für Zugänge aus dem Konsolidierungskreis
+	Einzahlungen aufgrund von Finanzmittelanlagen im Rahmen der kurzfristigen Finanzdisposition
–	Auszahlungen aufgrund von Finanzmittelanlagen im Rahmen der kurzfristigen Finanzdisposition
+	Einzahlungen aus außerordentlicher Größenordnung oder Bedeutung
–	Auszahlungen aus außerordentlicher Größenordnung oder Bedeutung
+	Erhaltene Zinsen
+	Erhaltene Dividenden
=	**Cashflow aus der Investitionstätigkeit**

Abb. 1-37: Mindestgliederungsschema für den Investitionsbereich nach DRS 21

Als dritter Teilbereich einer KFR bildet der Cashflow aus der Finanzierungstätigkeit Zahlungen im Bereich des Eigenkapitals und der Finanzschulden ab. Dies beinhaltet die Aufnahme und Rückführung von Eigen- und Fremdkapital sowie die damit in Zusammenhang stehenden Dividenden- und Zinszahlungen, wie in Abb. 1-38 dargestellt ist.

	Einzahlungen aus Eigenkapitalzuführungen von Gesellschaftern des Mutterunternehmens
+	Einzahlungen aus Eigenkapitalzuführungen von anderen Gesellschaftern
–	Auszahlungen aus Eigenkapitalherabsetzungen an Gesellschafter des Mutterunternehmens
–	Auszahlungen aus Eigenkapitalherabsetzungen an andere Gesellschafter
+	Einzahlungen aus der Begebung von Anleihen und der Aufnahme von (Finanz-)Krediten
–	Auszahlungen aus der Tilgung von Anleihen und Finanzkrediten
+	Einzahlungen aus erhaltenen Zuschüssen/Zuwendungen
+	Einzahlungen aus außerordentlicher Größenordnung oder Bedeutung
–	Auszahlungen aus außerordentlicher Größenordnung oder Bedeutung
–	Gezahlte Zinsen
–	Gezahlte Dividenden an Gesellschafter des Mutterunternehmens
–	Gezahlte Dividenden an andere Gesellschafter
=	**Cashflow aus der Finanzierungstätigkeit**

Abb. 1-38: Mindestgliederungsschema für den Finanzierungsbereich nach DRS 21

Die drei dargestellten Rechenwerke aus Bilanz, GuV und KFR liefern eine umfangreiche Datengrundlage für eine Analyse der bisherigen Vermögens-, Finanz- und Erfolgsentwicklung eines Unternehmens. Nicht eindeutig beantworten lässt sich jedoch die Frage, wie weit die Vergangenheitsanalyse zurück reichen sollte. Zumeist wird hierfür ein Zeitraum von drei bis fünf Jahren vorgeschlagen (Ballwieser/Hachmeister, 2021, S. 53; Moxter, 1983, S. 99; Popp, 2019b, S. 198), wobei mitunter auch deutlich längere Analysezeiträume empfohlen werden (z. B. Koller et al., 2010, S. 183). Dementsprechend werden im Folgenden die drei genannten Hauptrechenwerke (Bilanz, GuV und KFR) der letzten vier Jahresabschlüsse der X AG, eines fiktiven Beispielunternehmens zunächst in ihrer unbereinigten Ausgangsform exemplarisch dargestellt, bevor ausgewählte Analysemöglichkeiten im Detail vorgestellt werden. Aus Gründen der Übersichtlichkeit erfolgt auch hierbei bereits eine Konzentration auf besonders wesentliche Positionen. Bei dem betrachteten Unternehmensbeispiel handelt es sich um eine deutsche große Kapitalgesellschaft im Sinne des § 267 HGB.

(Angaben in M€)	t = –4	–3	–2	–1	0
Sachanlagen	144,200	157,600	184,000	200,000	240,000
Finanzanlagen	20,000	20,000	22,000	23,000	28,000
Vorräte an Roh-, Hilfs- und Betriebsstoffen (RHB)	8,100	10,560	10,800	15,000	18,000
Vorräte an unfertigen und fertigen Erzeugnissen (UE/FE)	16,200	21,120	21,600	30,000	36,000
Forderungen aus Lieferungen und Leistungen	13,500	18,560	26,400	35,000	42,000
Liquide Mittel (Kassenbestand und Bankguthaben)	5,670	6,080	8,400	10,000	12,000
Summe Aktiva	**207,670**	**233,920**	**273,200**	**313,000**	**376,000**
Gezeichnetes Kapital	20,000	20,000	20,000	20,000	20,000
Kapitalrücklage	40,000	40,000	40,000	40,000	40,000
Gewinnrücklagen	50,450	49,360	55,800	53,000	64,000
Finanzschulden	20,000	40,000	65,000	90,000	120,000
Langfristige Rückstellungen	29,700	33,680	34,400	40,000	48,000
Kurzfristige Rückstellungen	30,510	32,000	36,800	45,000	54,000
Verbindlichkeiten aus Lieferungen und Leistungen	17,010	18,880	21,200	25,000	30,000
Summe Passiva	**207,670**	**233,920**	**273,200**	**313,000**	**376,000**

Abb. 1-39: Unbereinigte Ausgangsbilanzen der X AG

Die Gewinn- und Verlustrechnungen gestalten sich bei Anwendung des Gesamtkostenverfahrens für das Beispielunternehmen wie in Abb. 1-40 dargestellt.

(Angaben in M€)	t = –3	–2	–1	0
Umsatzerlöse	320,000	400,000	500,000	600,000
+ Bestandserhöhungen FE/UE	4,920	0,480	8,400	6,000
+ Sonstige betriebliche Erträge	0,000	0,000	14,000	0,000
– Materialaufwand	202,684	257,602	368,368	403,200
– Personalaufwand	61,127	63,439	74,152	86,400
– Abschreibungen auf Sachanlagen	12,869	17,686	22,963	28,800
– Sonstige betriebliche Aufwendungen	47,041	45,753	46,405	57,600
= Betriebsergebnis	1,200	16,000	10,512	30,000
+ Erträge aus Finanzanlagen	1,400	1,000	0,880	0,920
– Zinsaufwand	1,300	2,400	3,575	4,500
– Abschreibungen auf Finanzanlagen	0,000	0,000	3,000	0,000
= Ergebnis vor Steuern (EBT)	1,300	14,600	4,817	26,420
– Ertragssteueraufwand	0,442	4,476	1,588	8,106
= Jahresüberschuss	**0,858**	**10,124**	**3,229**	**18,314**

Abb. 1-40: Unbereinigte GuV der X AG als Gesamtkostenverfahren

Wird alternativ das Umsatzkostenverfahren zur Ermittlung des Betriebsergebnisses genutzt, entspricht dies der Darstellung in Abb. 1-41, wobei hieraus identische Periodenergebnisse resultieren.

	(Angaben in M€)	t = –3	–2	–1	0
	Umsatzerlöse	320,000	400,000	500,000	600,000
–	Herstellungskosten des Umsatzes	234,432	295,680	404,788	456,000
=	Bruttoergebnis vom Umsatz	85,568	104,320	95,212	144,000
–	Verwaltungs- und Vertriebskosten	82,368	88,320	98,700	114,000
+	Sonstige betriebliche Erträge	0,000	0,000	14,000	0,000
–	Sonstige betriebliche Aufwendungen	2,000	0,000	0,000	0,000
=	Betriebsergebnis	1,200	16,000	10,512	30,000
+	Finanzerträge	1,400	1,000	0,880	0,920
–	Abschreibungen auf Finanzanlagen	0,000	0,000	3,000	0,000
–	Zinsaufwendungen	1,300	2,400	3,575	4,500
=	Ergebnis vor Steuern (EBT)	1,300	14,600	4,817	26,420
–	Ertragsteueraufwand	0,442	4,476	1,588	8,106
=	**Jahresüberschuss**	**0,858**	**10,124**	**3,229**	**18,314**

Abb. 1-41: Unbereinigte GuV der X AG als Umsatzkostenverfahren

Folgt die Ergebnisrechnung dem Umsatzkostenverfahren, so bleiben Ressourcenverbräuche zur Erhöhung von Erzeugnisbeständen hierin unberücksichtigt. Als Zusatzangaben sind jedoch gemäß § 284 und § 285 HGB die Abschreibungen sowie die in der Periode insgesamt angefallenen Personal- und Materialaufwendungen ergänzend auszuweisen. Auf Basis dieser Informationen und den aus der Bilanz ableitbaren Bestandsveränderungen ist damit auch eine GuV nach dem Umsatzkostenverfahren näherungsweise in das Gesamtkostenverfahren überführbar, wobei sich die mögliche Detaillierung dann auf die genannten Positionen beschränkt und die sonstigen betrieblichen Aufwendungen die verbleibende Residualgröße bilden.

Die Mittelflüsse des Unternehmens sind in Bezug auf das vorliegende Beispiel in Abb. 1-42 als Kapitalflussrechnung dargestellt.

	(Angaben in M€)	t = –3	–2	–1	0
	Periodenergebnis	0,858	10,124	3,229	18,314
+	Abschreibungen auf Anlagevermögen	12,869	17,686	25,963	28,800
+	Zunahme der Rückstellungen	5,470	5,520	13,800	17,000
–	Zunahme der Vorräte und der Kundenforderungen	12,440	8,560	21,200	16,000
+	Zunahme von Lieferantenverbindlichkeiten	1,870	2,320	3,800	5,000
–	Abgangsgewinne aus Anlagevermögen	0,000	0,000	12,000	0,000
+	Zinsaufwendungen	1,300	2,400	3,575	4,500
–	Finanzerträge	1,400	1,000	0,880	0,920
=	**Cashflow aus der laufenden Geschäftstätigkeit (indirekt)**	**8,527**	**28,490**	**16,287**	**56,694**
	Einzahlungen aus Abgängen von Sachanlagen	0,000	0,000	32,000	0,000
–	Auszahlungen für Investitionen in Sachanlagen	26,269	44,086	58,963	68,800
+	Einzahlungen aus Abgängen von Finanzanlagen	0,000	0,000	0,000	0,000
–	Auszahlungen für Investitionen in Finanzanlagen	0,000	2,000	4,000	5,000
+	Finanzerträge	1,400	1,000	0,880	0,920
=	**Cashflow aus der Investitionstätigkeit**	**–24,869**	**–45,086**	**–30,083**	**–72,880**
	Einzahlungen aus der Aufnahme von Krediten	20,000	25,000	25,000	30,000
–	Gezahlte Zinsen	1,300	2,400	3,575	4,500
–	Gezahlte Gewinnausschüttungen	1,948	3,684	6,029	7,314
=	**Cashflow aus der Finanzierungstätigkeit**	**16,752**	**18,916**	**15,396**	**18,186**
	Zahlungswirksame Veränderung des Finanzmittelfonds	0,410	2,320	1,600	2,000
+	Finanzmittelfonds am Anfang der Periode	5,670	6,080	8,400	10,000
=	Finanzmittelfonds am Ende der Periode	6,080	8,400	10,000	12,000

Abb. 1-42: Unbereinigte Kapitalflussrechnung der X AG

In der oben dargestellten Kapitalflussrechnung wurde der Cashflow aus der laufenden Geschäftstätigkeit indirekt aus dem Periodenergebnis ermittelt. Bei einer alternativen direkten Ermittlung hätte sich für den Cashflow aus der laufenden Geschäftstätigkeit das in Abb. 1-43 dargestellte Bild ergeben.

(Angaben in M€)	t = −3	−2	−1	0
Einzahlungen von Kunden	314,940	392,160	491,400	593,000
– Auszahlungen an Lieferanten und Beschäftigte	262,420	318,241	435,320	479,600
– Sonstige Auszahlungen, die nicht der Investitions- oder Finanzierungstätigkeit zuzurechnen sind	43,551	40,953	38,205	48,600
– Ertragsteuerzahlungen	0,442	4,476	1,588	8,106
= Cashflow aus der laufenden Geschäftstätigkeit (direkt)	**8,527**	**28,490**	**16,287**	**56,694**

Abb. 1-43: Unbereinigter Cashflow aus laufender Geschäftstätigkeit der X AG bei direkter Ermittlung

Die dargestellten Rechenwerke sind in ihrem Ausgangszustand allerdings nur dann unmittelbar als Grundlage für weitergehende Analysen geeignet, wenn sie keine verzerrenden bzw. nicht prognoserelevanten Sachverhalte enthalten. Zur Vermeidung solcher Störeinflüsse wird häufig eine Bereinigung der Jahresabschlussdaten empfohlen (z. B. Ballwieser/Hachmeister, 2021, S. 36 ff.; Hommel/Dehmel, 2021, S. 151 ff.; IDW, 2014, Tz. A 256 ff.; KSW, 2014, Tz. 55; Popp, 2019b, S. 209 ff.), was insbesondere folgende Aspekte betrifft:

- Eliminierung von Einflüssen nichtbetriebsnotwendiger Vermögensteile,
- Bereinigungen von nicht periodengerechten Erfolgsausweisen,
- Eliminierung von außerordentlichen Einflussfaktoren,
- Bereinigung um bilanzpolitische Einflüsse (z. B. Ausübung von Wahlrechten, Abschreibungspolitik, Rückstellungsbildung) und
- Bereinigung um personenbezogene Einflüsse (z. B. Geschäftsführergehälter und Dotierung von Pensionsrückstellungen).

Ziel einer entsprechenden Bereinigung ist es, ein zutreffendes Bild des normalisierten Geschäftsverlaufs der Vergangenheit zu erlangen, welches als Ausgangspunkt sowie als Plausibilitätsmaßstab für die nachfolgende Prognoserechnung geeignet ist. Insbesondere wird eine entsprechende Vergleichbarkeit zwischen den einzelnen Perioden sowie auch gegenüber anderen Unternehmen angestrebt.

Sofern bereinigende Korrekturen erfolgen sollen, ist jedoch darauf zu achten, dass die Konsistenz der Rechenwerke erhalten bleibt. Daher können zu bereinigende Positionen in der Regel nicht einfach ‚herausgestrichen' werden, sondern es sind korrespondierende Folgeanpassungen vorzunehmen. Sollen z. B. bestimmte Vermögenspositionen der Bilanz aufgrund ihres nichtbetriebsnotwendigen Charakters ausgeblendet werden, so sind auch alle hieraus hervorgegangenen Erfolgswirkungen in der GuV zu eliminieren und schließlich eine entsprechende Steueranpassung vorzunehmen. Gleiches gilt bei etwaigen Korrekturen bilanzpolitischer Einflüsse, da sich aus alternativen Ansätzen bzw. Bewertungen in der Bilanz wiederum korrespondierende Erfolgs- und Besteuerungskonsequenzen in der GuV ergeben (Coenenberg et al., 2021, S. 1096 ff.). Soll

z. B. die Erfolgswirkung einer Rückstellungsauflösung ausgeblendet werden, muss dies auch für die vorangegangene Rückstellungsbildung gelten, einschließlich der hiermit einhergehenden bilanziellen und steuerlichen Konsequenzen.

Damit zeigt sich, dass die angesprochenen Bereinigungsbemühungen zusätzlichen Aufwand verursachen und dass sie aufgrund einer gewissen Komplexität zudem recht anfällig für Fehler sind. Darüber hinaus eröffnen die Bereinigungsmaßnahmen ihrerseits selbst nicht unerhebliche Ermessens- bzw. Manipulationsspielräume. Insofern wird der Nutzen solcher Bereinigungen durchaus kritisch gesehen (Popp, 2019b, S. 217 ff.). Auch die Gefahr einer Vermengung von Vergangenheitsanalyse und Prognose ist hierbei nicht von der Hand zu weisen (Mandl/Rabel, 1997, S. 146 ff.). Um die prinzipielle Vorgehensweise möglicher Bereinigungsmaßnahmen dennoch zu veranschaulichen, soll dies nachfolgend bezogen auf die in Abb. 1-39 bis Abb. 1-43 dargestellten Ausgangsdaten demonstriert werden. Hierbei wird unterstellt, dass die in Abb. 1-44 genannten Einflüsse zu bereinigen sind.

Für das Beispielunternehmen identifizierte nicht prognoserelevante Einflussgrößen:

a) Die gehaltenen Finanzanlagen sind spekulativer Natur und somit als nichtbetriebsnotwendiges Vermögen (nb FAV) zu klassifizieren. Die hieraus resultierenden Erträge unterliegen im Beispiel vollständig der Unternehmensbesteuerung.

b) In Periode -1 wurde ein ungenutztes, ebenfalls nichtbetriebsnotwendiges unbebautes Grundstück (nb SAV) für 32,0 M€ veräußert (Buchwert 20,0 M€).

c) Durch Turbulenzen auf dem Beschaffungsmarkt zu Beginn der Periode –1 ergab sich in der ersten Jahreshälfte ein temporärer „Preisschock" für produktionsnotwendige Rohstoffe. Die Materialaufwendungen der Periode –1 lagen daher insgesamt bei 110 % des sonst üblichen Niveaus. In der zweiten Jahreshälfte normalisierte sich die Situation bereits wieder vollständig. Aufgrund der relativ geringen Umschlagsdauer wirkt sich der temporäre Materialpreisanstieg bereits nicht mehr auf die Bestandsbewertung von Materialien und Erzeugnissen zum Jahresende aus.

d) Im Zuge eines anhängigen Rechtsstreits wurde in Periode –3 eine langfristige Rückstellung für eventuell drohende Schadenersatzansprüche in Höhe von 2 M€ gebildet. Der gegnerische Anspruch wurde im Jahr –1 vollständig abgewehrt und die Rückstellung wieder aufgelöst. Die Höhe dieser Rückstellungsdotierung erscheint dabei nicht frei von bilanzpolitischen Einflüssen. Der Sachverhalt selbst wird als äußerst ungewöhnlich eingestuft.

Der Unternehmenssteuersatz beträgt 30 %. Anhaltspunkte für personenbezogene Einflüsse liegen nicht vor. Die Geschäftsführung erfolgt seit Jahren durch ein professionelles Management, sodass keine zu korrigierenden Unternehmerlöhne oder Pensionsdotierungen bestehen.

Abb. 1-44: Im Rahmen der Vergangenheitsanalyse zu bereinigende Sondereinflüsse der X AG

Sollen sämtliche oben genannte Aspekte eliminiert werden, so ergeben sich in Bezug auf die Erfolgsrechnung die in Abb. 1-45 dargestellten Korrekturen einschließlich einer korrespondierenden Steueranpassung.

(Angaben in M€)	t = −3	−2	−1	0
Umsatzerlöse	320,000	400,000	500,000	600,000
+ Bestandserhöhungen FE/UE	4,920	0,480	8,400	6,000
+ Sonstige betriebliche Erträge	0,000	0,000	14,000	0,000
b) Kürzung um Abgangserträge aus nb SAV			*−12,000*	
d) Kürzung um Rückstellungsauflösung			*−2,000*	
− Materialaufwand	202,684	257,602	368,368	403,200
c) Kürzung um temporär überhöhten Materialpreisanstieg			*−33,488*	
− Personalaufwand	61,127	63,439	74,152	86,400
− Abschreibungen auf Sachanlagen	12,869	17,686	22,963	28,800
− Sonstige betriebliche Aufwendungen	47,041	45,753	46,405	57,600
d) Kürzung um Rückstellungsbildung	*−2,000*			
= Betriebsergebnis	3,200	16,000	30,000	30,000
+ Erträge aus Finanzanlagen	1,400	1,000	0,880	0,920
a) Kürzung um Erträge aus nb FAV	*−1,400*	*−1,000*	*−0,880*	*−0,920*
− Zinsaufwand	1,300	2,400	3,575	4,500
− Abschreibungen auf Finanzanlagen	0,000	0,000	3,000	0,000
a) Kürzung um Abschreibungen auf nb FAV	*0,000*	*0,000*	*−3,000*	*0,000*
= Ergebnis vor Steuern (EBT)	1,900	13,600	26,425	25,500
− Ertragsteueraufwand	0,442	4,476	1,588	8,106
Steueranpassung [30 % der Wirkungen von a) bis d)]	*0,180*	*−0,300*	*6,482*	*-0,276*
= Jahresüberschuss (bereinigt)	**1,278**	**9,424**	**18,355**	**17,670**

Abb. 1-45: Ergebnisbereinigung der X AG bei Anwendung des Gesamtkostenverfahrens

Resultat der Bereinigung sind im vorliegenden Beispiel bei Anwendung des Gesamtkostenverfahrens bzw. des Umsatzkostenverfahrens die in Abb. 1-46 bzw. Abb. 1-47 dargestellten Werte.

(Angaben in M€)	t = –3	–2	–1	0
Umsatzerlöse	320,000	400,000	500,000	600,000
+ Bestandserhöhung FE/UE	4,920	0,480	8,400	6,000
– Materialaufwand	202,684	257,602	334,880	403,200
– Personalaufwand	61,127	63,439	74,152	86,400
– Abschreibungen auf Sachanlagen	12,869	17,686	22,963	28,800
– Sonstiger betrieblicher Aufwand	45,041	45,753	46,405	57,600
= Ergebnis vor Zinsen und Steuern	3,200	16,000	30,000	30,000
– Zinsaufwand	1,300	2,400	3,575	4,500
= Ergebnis vor Steuern	1,900	13,600	26,425	25,500
– Ertragsteueraufwand	0,622	4,176	8,071	7,830
= Jahresüberschuss	**1,278**	**9,424**	**18,355**	**17,670**

Abb. 1-46: Bereinigte GuV der X AG bei Anwendung des Gesamtkostenverfahrens

Auf eine nochmalige detaillierte Darstellung der einzelnen im Beispiel relevanten Bereinigungsschritte für das Umsatzkostenverfahren wird verzichtet. Dort kürzen sich die Herstellungskosten des Umsatzes um die überhöhten Materialaufwendungen in Periode -1. Zudem entfallen die sonstigen betrieblichen Erträge sowie auch die sonstigen betrieblichen Aufwendungen vollständig. Dabei wird auch deutlich, dass die sonstigen betrieblichen Aufwendungen des Umsatzkostenverfahrens typischerweise nicht identisch mit denen des Gesamtkostenverfahrens sind, sondern jeweils eine verfahrensspezifische Restgröße bilden. Allgemein lässt sich jedoch sagen, dass für die Bereinigung nichtnachhaltiger Erfolgskomponenten die sonstigen betrieblichen Erträge wie auch die sonstigen betrieblichen Aufwendungen von besonderer Relevanz sind, da sich außerordentliche bzw. aperiodische Sachverhalte regelmäßig in diesen Positionen niederschlagen (Coenenberg et al., 2021, S. 1198 ff.).

(Angaben in M€)	t = –3	–2	–1	0
Umsatzerlöse	320,000	400,000	500,000	600,000
– Herstellungskosten des Umsatzes	234,432	295,680	371,300	456,000
= Bruttoergebnis vom Umsatz	85,568	104,320	128,700	144,000
– Verwaltungs- und Vertriebskosten	82,368	88,320	98,700	114,000
= Ergebnis vor Zinsen und Steuern	3,200	16,000	30,000	30,000
– Zinsaufwand	1,300	2,400	3,575	4,500
= Ergebnis vor Steuern	1,900	13,600	26,425	25,500
– Unternehmenssteuern	0,622	4,176	8,070	7,830
= Jahresüberschuss	**1,278**	**9,424**	**18,355**	**17,670**

Abb. 1-47: Bereinigte GuV der X AG bei Anwendung des Umsatzkostenverfahrens

In korrespondierender Weise ist dann auch die Bilanz zu bereinigen, indem z. B. im vorliegenden Fall die gesamten nichtbetriebsnotwendigen Finanzanlagen und der nichtbetriebsnotwendige Teil der Sachanlagen in Höhe von 20,0 M€ in den Perioden bis t = -1 eliminiert werden. Ebenso sind im Beispiel die langfristigen Rückstellungen in den Perioden -3 und -2 hinsichtlich der Rückstellung für Prozessrisiken um 2,0 M€ zu kürzen. Da sich die durchgeführten Bilanzbereinigungen vor allem auf die nichtbetriebsnotwendigen Vermögensteile beziehen, wird in der nachfolgenden Darstellung implizit angenommen, dass die Fremdfinanzierung bis auf die genannte Rückstellungskorrektur ansonsten unverändert bleibt und die Ausschüttungen sich als Residualgröße entsprechend anpassen. Dies entspricht dem Prinzip einer sogenannten residualen Ausschüttungspolitik (Drukarczyk/Schüler, 2021, S. 131 ff.). Im vorliegenden Beispiel sind die bestehenden Gewinnrücklagen hinreichend groß, um einen entsprechenden Ausgleich über die Ausschüttungspolitik zu ermöglichen. Andernfalls wären weiterführende Annahmen über Mittelaufnahmen und -verwendungen erforderlich.

(Angaben in M€)	t = −4	−3	−2	−1	0
Operatives Anlagevermögen	124,200	137,600	164,000	200,000	240,000
Vorräte RHB	8,100	10,560	10,800	15,000	18,000
Vorräte Erzeugnisse	16,200	21,120	21,600	30,000	36,000
Kundenforderungen	13,500	18,560	26,400	35,000	42,000
Liquide Mittel	5,670	6,080	8,400	10,000	12,000
Bilanzsumme	**167,670**	**193,920**	**231,200**	**290,000**	**348,000**
Gezeichnetes Kapital	20,000	20,000	20,000	20,000	20,000
Kapitalrücklage	40,000	40,000	40,000	40,000	40,000
Gewinnrücklagen	10,450	11,360	15,800	30,000	36,000
Finanzschulden	20,000	40,000	65,000	90,000	120,000
Langfristige Rückstellungen	29,700	31,680	32,400	40,000	48,000
Kurzfristige Rückstellungen	30,510	32,000	36,800	45,000	54,000
Lieferantenverbindlichkeiten	17,010	18,880	21,200	25,000	30,000
Bilanzsumme	**167,670**	**193,920**	**231,200**	**290,000**	**348,000**

Abb. 1-48: Vereinfachte bereinigte Bilanz der X AG

Die gegebenenfalls in dieser Weise bereinigten Jahresabschlussdaten können schließlich mit dem gesamten Instrumentarium der erfolgs- und finanzwirtschaftlichen Kennzahlenanalyse durchleuchtet werden (z. B. Coenenberg et al., 2021, S. 1085 ff.). Die Bildung von Analyseschwerpunkten sowie die Auswahl geeigneter Kennzahlen müssen hierbei branchen- und unternehmensspezifisch erfolgen. Insofern beschränkt sich die nachfolgende Darstellung auf einige grundsätzliche Anregungen zur Analysemethodik.

Unter der Bezeichnung Trendanalyse wird eine Analyse der Bilanz und GuV auf Basis von Indexzahlen einzelner Bilanz- bzw. GuV-Positionen vorgeschlagen, um deren zeitliche Entwicklung transparent zu machen (Hommel/Dehmel, 2021, S. 145 ff.; Penman, 2013, S. 316 f.). Der Trendwert einer Bilanz- bzw. GuV-Position *i* in Periode *t* ermittelt sich dabei als Quotient mit derselben Position im gewählten Basisjahr.

$$Trendwert_t^i = \frac{Position_t^i}{Position_{Basisperiode}^i}$$

Im Beispiel wurde als Basisjahr die Periode -3 zugrunde gelegt, deren Werte dann auf 100% normiert werden. Dabei zeigt sich, dass die Positionen der Aktivseite sich in der Vergangenheit relativ ähnlich entwickelten, wobei die Forderungsbestände überproportional angewachsen sind. Allerdings gestaltet sich eine isolierte Interpretation der resultierenden Indexbeträge mit zunehmendem zeitlichem Abstand zur gewählten Basisperiode als schwierig.

Indexbildung mit t = (-3) als gewähltes Basisjahr	t = –3	–2	–1	0
Sachanlagen	100 %	119 %	145 %	174 %
Vorräte RHB	100 %	102 %	142 %	170 %
Vorräte Erzeugnisse	100 %	102 %	142 %	170 %
Kundenforderungen	100 %	142 %	189 %	226 %
Liquide Mittel	100 %	138 %	164 %	197 %
Summe Aktiva	**100 %**	**119 %**	**150 %**	**179 %**
Gezeichnetes Kapital	100 %	100 %	100 %	100 %
Kapitalrücklage	100 %	100 %	100 %	100 %
Gewinnrücklagen	100 %	139 %	264 %	317 %
Finanzschulden	100 %	163 %	225 %	300 %
Langfristige Rückstellungen	100 %	102 %	126 %	152 %
Kurzfristige Rückstellungen	100 %	115 %	141 %	169 %
Lieferantenverbindlichkeiten	100 %	112 %	132 %	159 %
Summe Passiva	**100 %**	**119 %**	**150 %**	**179 %**

Abb. 1-49: Trendanalyse der Bilanzpositionen der X AG

Ähnliche Erkenntnisse zur zeitlichen Entwicklung einzelner Positionen lassen sich auch aus der Betrachtung von Wachstumsraten gewinnen. Eine periodenbezogene Wachstumsrate g_t drückt die in der Periode t eingetretene relative Veränderung einer Position i gegenüber ihrem Vorjahreswert aus.

$$g_t^i = \frac{Position_t^i - Position_{t-1}^i}{Position_{t-1}^i} = \frac{Position_t^i}{Position_{t-1}^i} - 1$$

Bei längerfristigen Entwicklungen sind durchschnittliche Wachstumsraten von besonderem Interesse. Diese werden mitunter auch als sogenannte Compound Annual Growth Rate (CAGR) angegeben. Wird die Entwicklung der Position i im Zeitraum von t bis $t + n$ betrachtet, so ergibt sich diese durchschnittliche jährliche Wachstumsrate eines n-Jahreszeitraums wie folgt:

$$CAGR^i = \sqrt[n]{\frac{Position_{t+n}^i}{Position_t^i}} - 1$$

Derartige Wachstumsraten sind in Abb. 1-50 exemplarisch für die Daten der GuV nach dem Umsatzkostenverfahren dargestellt.

Wachstumsraten	CAGR (n = 3)	t = –2	–1	0
Umsatzerlöse	23 %	25 %	25 %	20 %
Herstellungskosten des Umsatzes	25 %	26 %	26 %	23 %
Bruttoergebnis vom Umsatz	19 %	22 %	23 %	12 %
Verwaltungs- und Vertriebskosten	11 %	7 %	12 %	16 %
Ergebnis vor Zinsen und Steuern	111 %	400 %	88 %	0 %
Zinsaufwand	51 %	85 %	49 %	26 %
Ergebnis vor Steuern	138 %	616 %	94 %	–4 %
Unternehmenssteuern	133 %	571 %	93 %	–3 %
Jahresüberschuss	140 %	637 %	95 %	–4 %

Abb. 1-50: Periodische Wachstumsraten und CAGR (-3 bis 0) der bereinigten GuV-Positionen des Umsatzkostenverfahrens der X AG

Neben der Analyse von zeitlichen Entwicklungen wird auch die Durchführung einer sogenannten Common-Size-Analyse empfohlen, um wesentliche Werttreiber der Vergangenheit zu identifizieren (Hommel/Dehmel, 2021, S. 148 ff.; Penman, 2013, S. 314 ff.). Hierbei werden einzelne Positionen in Relation zu einer meist aus demselben Rechenwerk stammenden Referenzgröße dargestellt. Bezogen auf die Positionen der GuV bieten sich beim Umsatzkostenverfahren hierfür der Umsatz bzw. beim Gesamtkostenverfahren die Gesamtleistung (Umsatz zuzüglich Bestandsveränderung der fertigen und unfertigen Erzeugnisse) als jeweils auf 100 % zu normierende Referenzgrößen an. Die entsprechenden Ergebnisse werden im Rahmen der Jahresabschlussanalyse auch als sogenannte Aufwandsintensitäten bezeichnet und ermöglichen Aussagen zur strukturellen Zusammensetzung der Periodenergebnisse (Coenenberg et al., 2021, S. 1222 ff.). Für das Umsatzkostenverfahren ist dies in Abb. 1-51 exemplarisch dargestellt. Der mit ∅ symbolisierte Durchschnittswert entspricht dem arithmetischen Mittel.

Umsatz als Bezugsbasis	t = –3	–2	–1	0	∅
Umsatzerlöse	100,0 %	100,0 %	100,0 %	100,0 %	100,0 %
Herstellungskosten des Umsatzes	73,3 %	73,9 %	74,3 %	76,0 %	74,4 %
Bruttoergebnis vom Umsatz	26,7 %	26,1 %	25,7 %	24,0 %	25,6 %
Verwaltungs- und Vertriebskosten	25,7 %	22,1 %	19,7 %	19,0 %	21,6 %
Ergebnis vor Zinsen und Steuern	1,0 %	4,0 %	6,0 %	5,0 %	4,0 %
Zinsaufwand	0,4 %	0,6 %	0,7 %	0,8 %	0,6 %
Ergebnis vor Steuern	0,6 %	3,4 %	5,3 %	4,3 %	3,4 %
Unternehmenssteuern	0,2 %	1,0 %	1,6 %	1,3 %	1,0 %
Jahresüberschuss	0,4 %	2,4 %	3,7 %	2,9 %	2,3 %

Abb. 1-51: Common-Size-Analyse der bereinigten GuV-Positionen des Umsatzkostenverfahrens der X AG in Relation zum Periodenumsatz

Ein weiterer Ansatzpunkt zur detaillierteren Analyse der operativen Kostenstruktur mithilfe einer Common-Size-Analyse liegt ferner darin, die relativen Anteile verschiedener eingesetzter Ressourcenarten an den auf 100 % normierten Gesamtkosten herauszuarbeiten. Ein entsprechender Anteil a_t^i der Aufwandsart i in Periode t am Gesamtaufwand des Unternehmens ergibt sich dann gemäß nachstehender Formel:

$$a_t^i = \frac{Aufwand_t^i}{Gesamtaufwand_t}$$

Für das vorliegende Beispiel sind die Ergebnisse in Abb. 1-52 dargestellt. Hieraus ergibt sich insbesondere dann eine erhöhte Aussagekraft gegenüber der zuvor dargestellten Relativierung an umsatz- bzw. gesamtleistungsbezogenen Größen, wenn nennenswerte Bestandsveränderungen bei fertigen und unfertigen Erzeugnissen auftreten. In diesem Fall variieren typischerweise die Relationen zwischen den lediglich zu Herstellungskosten bewerteten Bestandsveränderungen und den einen zusätzlichen Gewinnaufschlag enthaltenden Umsatzerlösen, woraus sich Verzerrungen der Aufwandsintensitäten ergeben. Gleiches gilt bei im Zeitablauf schwankenden Gewinnspannen. Die Betrachtung der reinen Kostenstrukturanteile blendet diese Einflüsse hingegen aus. Für das Beispiel zeigt sich dabei eine tendenzielle Verstetigung auf dem Niveau der Letztjahreswerte. Dieser Zusammenhang, der Aussagen über die Wertschöpfungsstrukturen zulässt, wird im nachfolgenden Abschnitt zur Prognoserechnung erneut aufgegriffen.

Gesamtkosten als Bezugsbasis	t = −3	−2	−1	0	∅
Materialkostenanteil	63,0 %	67,0 %	70,0 %	70,0 %	67,5 %
Personalkostenanteil	19,0 %	16,5 %	15,5 %	15,0 %	16,5 %
Abschreibungsanteil	4,0 %	4,6 %	4,8 %	5,0 %	4,6 %
Anteil sonstiger betrieblicher Kosten	14,0 %	11,9 %	9,7 %	10,0 %	11,4 %
Summe	**100,0 %**	**100,0 %**	**100,0 %**	**100,0 %**	**100,0 %**

Abb. 1-52: Common-Size-Analyse der Aufwandsstruktur des Gesamtkostenverfahrens der X AG

Bezogen auf die Bilanz bietet sich zunächst die Bilanzsumme als Maßstab für einfache strukturelle Analysen an, wie in Abb. 1-53 veranschaulicht ist. Auch hier könnten jedoch in weiterführenden Analysen die Zusammensetzungen innerhalb der einzelnen Positionen noch näher untersucht werden.

Bilanzsumme als Bezugsbasis	t = –3	–2	–1	0	∅
Sachanlagen	71,0 %	70,9 %	69,0 %	69,0 %	70,0 %
Vorräte RHB	5,4 %	4,7 %	5,2 %	5,2 %	5,1 %
Vorräte Erzeugnisse	10,9 %	9,3 %	10,3 %	10,3 %	10,2 %
Kundenforderungen	9,6 %	11,4 %	12,1 %	12,1 %	11,3 %
Liquide Mittel	3,1 %	3,6 %	3,4 %	3,4 %	3,4 %
Summe Aktiva	**100,0 %**	**100,0 %**	**100,0 %**	**100,0 %**	**100,0 %**
Gezeichnetes Kapital	10,3 %	8,7 %	6,9 %	5,7 %	7,9 %
Kapitalrücklage	20,6 %	17,3 %	13,8 %	11,5 %	15,8 %
Gewinnrücklagen	5,9 %	6,8 %	10,3 %	10,3 %	8,3 %
Finanzschulden	20,6 %	28,1 %	31,0 %	34,5 %	28,6 %
Langfristige Rückstellungen	16,3 %	14,0 %	13,8 %	13,8 %	14,5 %
Kurzfristige Rückstellungen	16,5 %	15,9 %	15,5 %	15,5 %	15,9 %
Lieferantenverbindlichkeiten	9,7 %	9,2 %	8,6 %	8,6 %	9,0 %
Summe Passiva	**100,0 %**	**100,0 %**	**100,0 %**	**100,0 %**	**100,0 %**

Abb. 1-53: Common-Size-Analyse der bereinigten Bilanz der X AG in Relation zur Bilanzsumme

Ein besonderer Fokus muss hierbei auf denjenigen Positionen liegen, die einen engen Bezug zum Leistungsbereich des Unternehmens aufweisen. Diese Positionen gilt es im Rahmen der sich anschließenden Prognoserechnung in plausibler Weise mit Bezug zu den erwarteten Produktions- und Absatzmengen fortzuentwickeln, während der Finanzierungsbereich typischerweise Gegenstand einer separaten Annahmensetzung ist. Für eine kennzahlenbasierte Analyse des Leistungsbereichs bieten sich sogenannte Umsatzrelationen bzw. Bindungskoeffizienten an, die eine Verknüpfung von Bilanz und GuV herstellen. Eine entsprechende Bindungskennziffer b_t einer Bilanzposition i für Periode t ermittelt sich nach folgender Formel:

$$b_t^i = \frac{Bilanzposition_t^i}{Umsatz_t}$$

Auch eine solche Relativierung gegenüber dem Umsatz lässt sich als Variante der Common-Size-Analyse interpretieren, wie in Abb. 1-54 exemplarisch dargestellt ist.

Umsatz als Bezugsbasis	t = –3	–2	–1	0	∅
Sachanlagen	43,0 %	41,0 %	40,0 %	40,0 %	41,0 %
Vorräte RHB	3,3 %	2,7 %	3,0 %	3,0 %	3,0 %
Vorräte Erzeugnisse	6,6 %	5,4 %	6,0 %	6,0 %	6,0 %
Kundenforderungen	5,8 %	6,6 %	7,0 %	7,0 %	6,6 %
Liquide Mittel	1,9 %	2,1 %	2,0 %	2,0 %	2,0 %
Langfristige Rückstellungen	9,9 %	8,1 %	8,0 %	8,0 %	8,5 %
Kurzfristige Rückstellungen	10,0 %	9,2 %	9,0 %	9,0 %	9,3 %
Lieferantenverbindlichkeiten	5,9 %	5,3 %	5,0 %	5,0 %	5,3 %

Abb. 1-54: Umsatzrelationen leistungswirtschaftlicher Bilanzpositionen der X AG

Eine derartige Verknüpfung von Bestandsgrößen der Bilanz mit Bewegungsgrößen der GuV findet sich darüber hinaus in vielfältigen weiteren Kennzahlen zur Analyse von Bindungsdauern, Umschlagshäufigkeiten bzw. Auslastungs- oder Abnutzungsgraden (Coenenberg et al., 2021, S. 1142 ff.). Ein typisches Beispiel hierfür sind die sogenannten Reichweitenkennziffern aus dem Bereich des Working Capital Managements, mit denen sich der Geldumschlagszyklus des operativen Geschäftes (Cash Conversion Cycle bzw. CCC) näherungsweise abschätzen lässt. Dabei werden die durchschnittlichen, in Tagen gemessenen Bindungsdauern der Vorräte DIH (Days Inventory Held) und der Kundenforderungen DSO (Day Sales Outstanding) addiert und hiervon das durchschnittliche Lieferantenziel DPO (Days Payables Outstanding) abgezogen. Grundsätzlich ermittelt sich die in Tagen gemessene Bindungsdauer einer Bilanzposition i für Periode t gemäß folgender Vorschrift:

$$Bindungsdauer_t^i = \frac{Durchschnittsbestand_t^i}{Jahresbewegung_t^i} \times 365 = \frac{0{,}5 \times \left(Bestand_{t-1}^i + Bestand_t^i\right)}{Jahresbewegung_t^i} \times 365$$

In einer stark vereinfachten, jedoch weit verbreiteten Variante dieser Kennzahlen wird generell der Periodenumsatz als approximative Bewegungsgröße für die drei oben angesprochenen Teilgrößen genutzt. Die entsprechenden Ergebnisse und der hieraus resultierende Geldumschlagszyklus sind in Abb. 1-55 exemplarisch dargestellt.

(Angaben in Tagen)	t = –3	–2	–1	0	∅
Days Inventory Held (DIH)	31,9	29,2	28,3	30,1	29,9
+ Days Sales Outstanding (DSO)	18,3	20,5	22,4	23,4	21,2
– Days Payables Outstanding (DPO)	20,5	18,3	16,9	16,7	18,1
= Cash Conversion Cycle (CCC)	**29,7**	**31,5**	**33,8**	**36,8**	**33,0**

Abb. 1-55: Reichweitenkennzahlen des Working Capital Managements

Da diese Kennziffern entscheidende Zielgrößen des Working Capital Managements bilden, sind auch hierbei in der Vergangenheit beobachtbare Trendverläufe von besonderem Interesse. So zeigt sich im vorliegenden Beispiel eine in den letzten Jahren erkennbare Tendenz zur Erhöhung des Kundenziels (DSO) bei gleichzeitiger Verringerung des Lieferantenziels (DPO), woraus ein relativer Anstieg des Net Working Capitals im Referenzzeitraum resultierte.

Die Interpretation der ermittelten Vergangenheitskennziffern und das Erkennen von bestehenden Wirkungszusammenhängen und Entwicklungstendenzen sind daher von großer Bedeutung für die Qualität der angestrebten Prognoserechnung. Eine bloße Fortschreibung von ermittelten Durchschnittswerten liefert hierfür nur einen vergleichsweise schwachen Ansatzpunkt. Vielmehr geht es darum, beobachtbare Entwicklungen aufzugreifen und diese entsprechend in die Prognoserechnung zu integrieren. Dabei sollten die aktuellen Gegebenheiten mit stärkerem Gewicht in die Betrachtung einfließen als gegebenenfalls längst überkommene Vergangenheitswerte. Eine einfache Mittelwertbildung der errechneten Kennzahlen würde all diese Aspekte ausblenden. Exemplarisch sei dies für das vorliegende Beispiel an der Relation der Sachanlagen zum Umsatz (Sachanlagenbindung) in Abb. 1-56 veranschaulicht. Hier zeigt sich ein zunächst fallender Trend mit zunehmender Verstetigung in den letzten Perioden. Eine Orientierung am arithmetischen Mittel würde den Bestand an Sachanlagen im Rahmen der Prognose tendenziell überschätzen, während eine Fortschreibung der Sachanlagenbindung als linear fallender Trend zu geringe zukünftige Werte suggeriert.

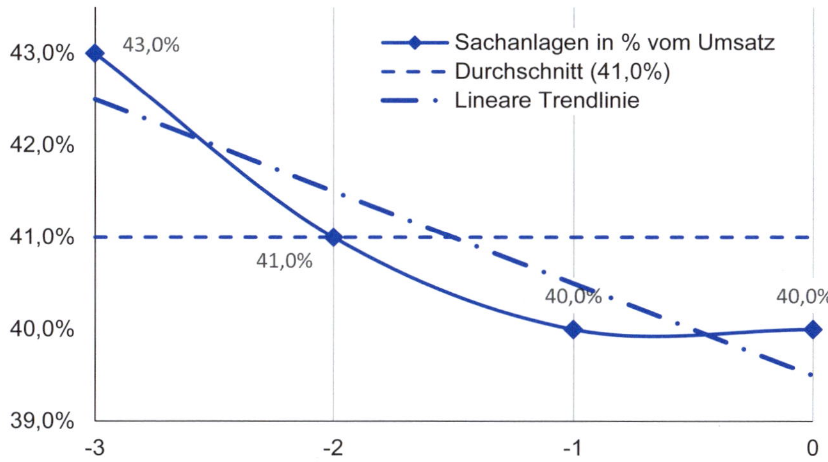

Abb. 1-56: Durchschnittswerte versus Trendentwicklung am Beispiel der Sachanlagenbindung

Ähnliche sich verstetigende Trendentwicklungen der Umsatzrelationen zeigen sich für das Beispiel auch bei den Kundenforderungen oder Lieferantenverbindlichkeiten. Ob sich die anschließende Prognoserechnung stärker an solchen beobachteten Trends, mehrjährigen Durchschnitten oder primär den Werten des jüngsten Jahresabschlusses orientiert, hat daher maßgeblichen Einfluss auf die späteren Unternehmenswerte und sollte Gegenstand begründeter Entscheidungen sein. Ein Auseinanderfallen dieser Parameter liefert jedoch Ansatzpunkte für spätere Sensitivitätsanalysen bzw. zur Abbildung möglicher Bandbreiten der Unternehmenswerte (siehe hierzu auch Kapitel 4.2 bis 4.4).

1.2.3.3 Ausgestaltungsmöglichkeiten einer integrierten Detailplanung

Die Prognoserechnung greift die in der Vergangenheits- und Lageanalyse gewonnenen Erkenntnisse auf und entwickelt diese auf Basis der für die Zukunft getroffenen Annahmen fort. Da es sich hierbei um eine modellhafte Abbildung der erwarteten Unternehmensentwicklung handelt, sind Vereinfachungen und Schwerpunktsetzungen unumgänglich.

Die zentrale Grundlage der Planung bildet zunächst eine zukunftsbezogene Annahmesetzung bezüglich der wesentlichen Einflussfaktoren und Rahmenbedingungen des Unternehmensumfeldes. Diese schließt sowohl das globale Umfeld als auch relevante Stakeholder-Gruppen und vor allem das unmittelbare

Wettbewerbsumfeld mit ein. Ausgehend von den Erkenntnissen der Vergangenheitsanalyse ist hierbei die Frage zu beantworten, ob sich die Wettbewerbsbedingungen verschärfen oder bestimmte Umfeldfaktoren vielleicht sogar attraktiver werden. Ähnliche Überlegungen sind auch bezüglich der unternehmensbezogenen Planungsparameter anzustellen. Für die hierbei notwendige Auswahl und Schwerpunktsetzung besonders relevanter Felder kann z.B. eine in Abb. 1-57 skizzierte Issue-Impact-Matrix genutzt werden, die eine Konzentration auf diejenigen Aspekte fördert, welche mit hoher Wahrscheinlichkeit einen maßgeblichen Einfluss auf die zukünftige Unternehmensentwicklung ausüben (Baum et al., 2013, S. 83). Den hierdurch priorisierten Aspekten sollte dann mit entsprechend hoher Sorgfalt bei der Modellierung und Annahmensetzung begegnet werden.

Wahrscheinlichkeit der Entwicklung \ Einfluss auf die Unternehmung	hoch	mittel	gering
hoch	hohe Priorität	hohe Priorität	mittlere Priorität
mittel	hohe Priorität	mittlere Priorität	geringe Priorität
gering	mittlere Priorität	geringe Priorität	geringe Priorität

Abb. 1-57: Issue-Impact-Matrix (in Anlehnung an Wilson, 1983, S. 9)

Die postulierten unternehmens- und umfeldbezogenen Entwicklungstrends relevanter Faktoren sollten zudem in einem logisch widerspruchsfreien Verhältnis zueinanderstehen. Beispielsweise ist eine zunehmende Rivalität innerhalb der Branche mit potenziellem Eintritt weiterer Wettbewerber typischerweise nicht mit überdurchschnittlichen Wachstums- und Ertragserwartungen vereinbar.

Ein weiterer Aspekt der Vereinfachung liegt darin, dass sich eine detaillierte Planung nur auf einen begrenzten Zeitraum der näheren Zukunft beziehen kann, wie dies in Abschnitt 1.2.3.1 bereits dargestellt wurde. Vorgeschlagen werden hierfür zumeist Zeiträume von 3 bis 8 Jahren (z.B. IDW, 2008, Tz. 77; Koller et al., 2010, S. 186; KSW, 2014, Tz. 60; Kuhner/Maltry, 2017b, S. 126; Zwirner et al., 2017, S. 285). Die Detailplanung sollte dann in Form einer integrierten Unternehmensplanung als aufeinander abgestimmte Plan-Bilanzen, Plan-Gewinn- und Verlustrechnungen sowie Plan-Kapitalflussrechnungen erstellt werden (IDW, 2008, Tz. 27; KSW, 2014, Tz. 58). Diese (Teil-)Planungsrechnungen sind ausgehend von den historischen und aktuellen Zahlenwerten auf Basis von realistischen Annahmen in konsistenter, widerspruchsfreier und nachvollziehbarer Weise fortzuentwickeln (Zwirner et al., 2017, S. 277). Die Grundlage hierfür bilden verschiedene weitere Teilpläne, welche primär an funktionalen Aspekten anknüpfen, wie Abb. 1-58 dies illustriert. Die sich hierbei ergebende Problemstellung einer stimmigen Aggregation dieser Teilpläne bzw. -budgets wird im Rahmen des internen Rechnungswesens auch als sogenanntes Master-Budget bezeichnet (z.B. Coenenberg et al., 2016, S. 919). Eine Verzahnung dieser Teilpläne kann zum Beispiel in der nachfolgend beschriebenen Weise erfolgen (Baumüller et al., 2018, S. 24 ff.; Zwirner et al., 2017, S. 278 f.).

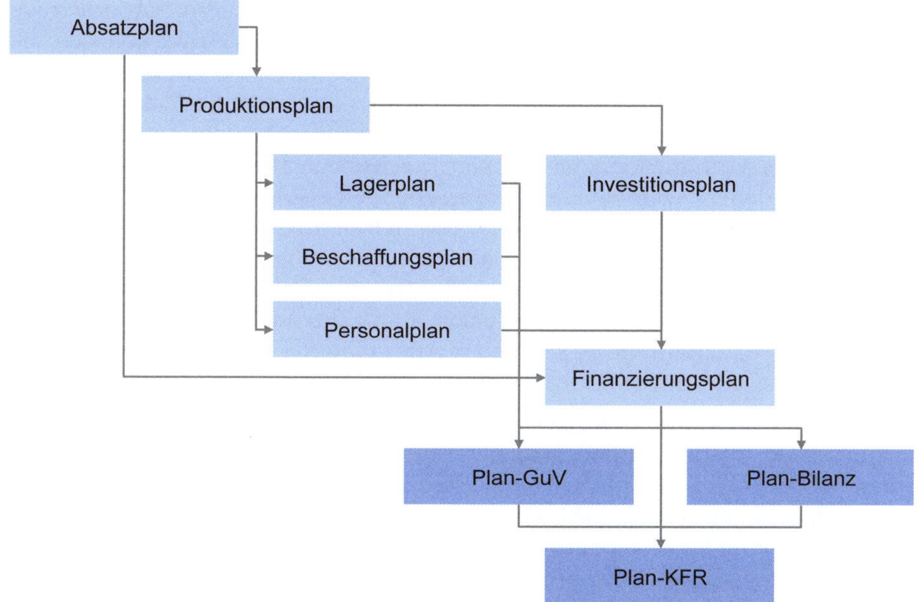

Abb. 1-58: Typische Elemente einer integrierten Unternehmensplanung

Die in der Grafik dargestellten Pfeilbeziehungen veranschaulichen die hierbei grundsätzlich wirksame, nachfolgend beschriebene Denkrichtung. In der Realität bestehen zwischen den Elementen jedoch oftmals weitere Interdependenzen, die es zu berücksichtigen gilt. Den Ausgangspunkt der Überlegungen bildet typischerweise der Absatzplan, der auf Basis einer Markteinschätzung die erwartete absatzbezogene Mengen- und Preisentwicklung konkretisiert. Hieraus leitet sich die Planung des Umsatzes ab. Dies gilt ebenso für die Entwicklung des Forderungsbestands, welchem zusätzlich das erwartete Zahlungsverhalten der Kunden zugrunde liegt. Eng mit der Absatzplanung verbunden sind zudem die entsprechenden Marketing- und Vertriebsaktivitäten mit den hieraus resultierenden Aufwendungen. Aus dem Absatzplan ergeben sich die benötigten Mengen der zu erzeugenden Güter und Dienstleistungen, was den Produktionsplan determiniert. Hiermit stehen drei weitere, untergeordnete Teilpläne in engem Zusammenhang: Der Lagerplan beschreibt die zukünftigen Umfänge von Roh-, Hilfs- und Betriebsstoffen sowie der fertigen und unfertigen Erzeugnisse und quantifiziert eventuell entstehende Lagerkosten. Aus den geplanten Produktionsmengen und Lagerwerten ergeben sich die im Beschaffungsplan anzusetzenden Mengen und Wertgrößen. Aus Beschaffung, Produktion und Lagerbeständen lassen sich wiederum die periodenspezifischen Ressourcenverbräuche ableiten, die sich vor allem in den Materialaufwendungen niederschlagen. Der Personalplan gibt die benötigten Personalkapazitäten mit den hiermit verbundenen Aufwendungen wieder.

Für die Umsetzung des Produktions- und Absatzplans muss jedoch auch eine adäquate Infrastruktur verfügbar sein. Der Investitionsplan beschreibt die hierfür benötigten Maßnahmen und Mitteleinsätze, wenn z. B. eine wachstumsbedingte Ausweitung der Maschinen- und Anlagenkapazität erforderlich ist. Neben den Mittelflüssen der entsprechenden Anschaffungen wirken sich die Investitionen durch resultierende Abschreibungen auch auf das Ergebnis der Gewinn- und Verlustrechnung und bezüglich der verbleibenden Buchwerte auf die Bilanz aus. Die Deckung des insbesondere aus Investitionen resultierenden Mittelbedarfs wird im Finanzierungsplan beschrieben. Hierbei sind jedoch auch die sich aus dem operativen Geschäft ergebenden Zahlungsströme zu berücksichtigen, einschließlich der erwarteten Mittelbindungen oder -freisetzungen im Bereich des Working Capitals. Insofern bestehen bezüglich der erwarteten Mittelflüsse vielfältige Abhängigkeiten zu den anderen bereits genannten Teilplänen. Verbleibende Finanzierungslücken sind dann durch Eigen- oder Fremdfinanzierungsmaßnahmen zu schließen. Aus Letzteren ergeben sich wiederum die erwarteten Zinsaufwendungen.

Die monetär quantifizierten Konsequenzen all dieser Teilpläne spiegeln sich bezüglich der resultierenden Erfolgswirkungen, Bestandsgrößen und Mittelflüsse schließlich in der üblichen Darstellungsstruktur des externen Rechnungswesens mit Gewinn- und Verlustrechnung, Bilanz und Kapitalflussrechnung wider. Diese drei konsistent aufeinander abgestimmten Teilrechnungen bilden damit das finale Ergebnis einer integrierten Planungsrechnung. Sie werden für bewertungsbezogene Prognoserechnungen jedoch typischerweise in stark vereinfachter Form genutzt, indem eine Verdichtung auf wesentliche Positionen erfolgt und betriebsfremde Aspekte aus der Planungsrechnung von vornherein ausgeklammert werden. Die hierbei mögliche Vorgehensweise wird nachfolgend detaillierter erläutert und in Fortführung des bereits im Rahmen der Vergangenheitsanalyse eingeführten Fallbeispiels der X AG exemplarisch illustriert.

Bei der Erstellung einer Plan-Gewinn- und Verlustrechnung (GuV) kann auf die bereits im vorherigen Abschnitt beschriebenen Darstellungsformen des Umsatzkostenverfahrens (UKV) bzw. des Gesamtkostenverfahrens (GKV) zurückgegriffen werden, um das Betriebsergebnis zu ermitteln. Da dieses keinerlei Finanzierungsaufwand und Steuern enthält, wird hierfür auch oft die Bezeichnung Ergebnis vor Zinsen und Steuern bzw. Earnings before Interest and Taxes (EBIT) verwendet (Coenenberg et al., 2021, S. 1123 f.). Einschließlich der auch im weiteren Verlauf verwendeten Notationen ist der grundsätzliche Aufbau einer vereinfachten Gewinn- und Verlustrechnung für beide Verfahren nochmals in Abb. 1-59 dargestellt. Auf den Ausweis von sonstigen betrieblichen Erträgen sowie sonstigem betrieblichem Aufwand im Umsatzkostenverfahren wird hierbei verzichtet, da diese Größen regelmäßig nicht prognosefähiger Natur sind (siehe hierzu Abschnitt 1.2.3.2 zur Vergangenheitsanalyse). Die dargestellten Positionen werden anschließend im Einzelnen näher betrachtet.

Gesamtkostenverfahren (GKV)			Umsatzkostenverfahren (UKV)	
	Umsatzerlöse	U	Umsatzerlöse	U
±	Bestandsveränderungen bei fertigen und unfertigen Erzeugnissen	$\Delta V^{FE/UE}$	– Herstellungskosten des Umsatzes	HKU
–	Materialaufwand	MA	– Verwaltungs- und Vertriebskosten	VVK
–	Personalaufwand	PA		
–	Abschreibungen	A		
–	Sonstiger betrieblicher Aufwand	SBA		
=	Ergebnis vor Zinsen und Steuern			$EBIT$
–	Zinsaufwendungen			ZA
=	Ergebnis vor Steuern			EBT
–	Unternehmenssteuern			S^{Unt}
=	**Jahresüberschuss**			$JÜ$
–	Dividende			D
=	Thesaurierung (Veränderung des EK aus Innenfinanzierung)			ΔEK^{IF}

Abb. 1-59: Vereinfachte Gewinn- und Verlustrechnung mit Notationen

Umsatzerlöse

Das zentrale Element der gesamten Prognoserechnung bildet typischerweise die Schätzung der zukünftigen Entwicklung von Absatzmengen und -preisen des Unternehmens. Da diese Absatzmengen zunächst erzeugt werden müssen, ergeben sich hieraus auch wesentliche Einflüsse auf die Planung der übrigen Unternehmensaktivitäten. Aus den erwarteten Umfeldentwicklungen sind hierfür die Marktchancen für die aktuellen und zukünftigen Produkte abzuleiten. Dies betrifft sowohl die Entwicklung der Absatzzahlen als auch die wettbewerbsbedingt realisierbaren Preise bzw. Margen. Zur Abbildung der erwarteten Umsätze sind beide Parameter für das gesamte Produkt- bzw. Leistungsspektrum eines Unternehmens im Zeitablauf zu schätzen und zu aggregieren, was Gegenstand des oben angesprochenen Absatzplanes ist.

Den Ausgangspunkt der Modellierung bildet hierbei in der Regel das im Bewertungszeitpunkt ($t = 0$) bereits erreichte Umsatzniveau. Erwartete periodische Veränderungen lassen sich hiervon ausgehend durch entsprechende Wachstumsraten des Umsatzes g^U beschreiben. Diese Betrachtung ist grundsätzlich differenziert für alle Produkt- bzw. Leistungsarten eines Unternehmens durchzuführen, worauf in der folgenden formalen Darstellung jedoch vereinfachend verzichtet wird.

$$U_t = U_{t-1} \times \left(1 + g_t^U\right)$$

U ... *Umsatzerlöse*
g^U ... *Wachstumsrate des Umsatzes*
t ... *Zeit- bzw. Periodenindex*

Die Wachstumsraten des Umsatzes resultieren aus vielfältigen mengen- und preisbezogenen Einflussfaktoren, die im Vorfeld Gegenstand einer differenzierten Analyse sein sollten. Dies betrifft Aspekte wie Marktvolumen, Marktanteil, Produktmix oder Absatzpreisentwicklung. Von besonderer Bedeutung ist dabei auch die Wirkung von Inflation auf der Absatzseite, was Ausdruck der bereits in Abschnitt 1.2.1.7 angesprochenen Überwälzungsmöglichkeiten ist.

$$g_t^U = \left(1 + g_t^{Absatzmenge}\right) \times \left(1 + \pi_t^{Absatz}\right) - 1 = g_t^{Absatzmenge} + \pi_t^{Absatz} + g_t^{Absatzmenge} \times \pi_t^{Absatz}$$

π^{Absatz} ... *Veränderungsrate des Absatzpreises (z. B. durch Inflation)*
$g^{Absatzmenge}$ ... *Wachstumsrate der Absatzmenge*
t ... *Zeit- bzw. Periodenindex*

Einen wichtigen Bezugspunkt zur Konkretisierung und Plausibilisierung der zukünftigen Umsatzerwartungen bildet auch der bereits in Abb. 1-29 veranschaulichte Produktlebenszyklus. Dieser verdeutlicht, dass Zuwachsraten sich im Zeitverlauf dynamisch verändern und Wachstumsphasen in der Regel zeitlich begrenzt sind.

Bestandsveränderungen bei fertigen und unfertigen Erzeugnissen

In Abhängigkeit von den erwarteten Absatzzahlen werden sich typischerweise auch die Bestände an fertigen und unfertigen Erzeugnissen verändern. So gehen steigende Absatzvolumina regelmäßig mit höheren Produktionsmengen einher, was oftmals zu einem Anstieg der sich in Arbeit befindlichen, das heißt unfertigen Produkte und Leistungen führen dürfte. Zudem werden die Vorratsbestände an fertigen Erzeugnissen in vielen Fällen ebenfalls mit den steigenden Absatzzahlen anwachsen, z. B. um entsprechende Lieferreserven für Nachfragespitzen aufzubauen. Derartige Effekte sollten sich im oben angesprochenen Lagerplan adäquat niederschlagen.

Als eine vereinfachte Variante zur Berücksichtigung dieses Zusammenhangs lässt sich die Entwicklung des Vorratsvolumens an fertigen und unfertigen Erzeugnissen mithilfe einer periodenspezifischen Relation zum Periodenumsatz ausdrücken. Diese Kenngröße wird in der Bilanzanalyse auch als Vorräte- bzw. Erzeugnisbindung bezeichnet (Coenenberg et al., 2021, S. 1142 f.). Liegen bezüglich dieser Bindungskennzahl $b^{FE/UE}$ Erfahrungs- bzw. Planwerte vor, können die zukünftig erwarteten Veränderungen der Erzeugnisbestände in Abhängigkeit von der erwarteten Umsatzentwicklung modelliert werden. Strukturelle Veränderungen in der Lagerhaltungspolitik wie auch Bewertungsänderungen der Erzeugnisbestände lassen sich gegebenenfalls durch periodenspezifische Anpassungen der Erzeugnisbindungskennziffer $b^{FE/UE}$ berücksichtigen.

$$\Delta V_t^{FE/UE} = V_t^{FE/UE} - V_{t-1}^{FE/UE} = \left(b_t^{FE/UE} \times U_t\right) - \left(b_{t-1}^{FE/UE} \times U_{t-1}\right)$$

$b^{FE/UE}$ ... *Umsatzrelation der fertigen und unfertigen Erzeugnisse (Erzeugnisbindung)*
t ... *Zeit- bzw. Periodenindex*
U ... *Umsatzerlöse*
$V^{FE/UE}$ ... *Vorratsbestand an fertigen und unfertigen Erzeugnissen*

Wird das Umsatzwachstum g^U der Periode in diesen Zusammenhang integriert, so ergibt sich:

$$\Delta V_t^{FE/UE} = \left(b_t^{FE/UE} - b_{t-1}^{FE/UE} + b_t^{FE/UE} \times g_t^U\right) \times U_{t-1} = \left(\Delta b_t^{FE/UE} + b_t^{FE/UE} \times g_t^U\right) \times U_{t-1}$$

Bei einer zeitlich konstant bleibenden Umsatzrelation der Erzeugnisbestände, entspricht die Wachstumsrate dieser Vorratsposition genau dem Umsatzwachstum der Periode. Alternativ ließe sich auch ein zeitlicher Versatz zwischen Bestandsaufbau und Absatz mit diesem Ansatz modellieren. In dem Fall wären die geplanten Erzeugnisbestände formal an den erwarteten Umsatz der jeweiligen Folgeperiode zu binden, anstatt wie hier vorgenommen an den aktuellen Periodenumsatz.

Operative Aufwendungen

Operative Aufwendungen entstehen durch Faktorverbräuche im Rahmen der leistungswirtschaftlichen Unternehmensprozesse. Sie ergeben sich aus der Produktions- und Investitionsplanung in Verbindung mit den korrespondierenden Lager-, Beschaffungs- und Personalplänen und werden grundsätzlich beeinflusst vom gegebenen Beschäftigungsniveau. Allerdings liegen hierbei in der Realität nur in Ausnahmefällen lineare oder gar direkt proportionale Beziehungen zugrunde. Dies gilt insbesondere für Fixkosten, die innerhalb bestimmter Kapazitätsgrenzen unveränderlich bzw. beschäftigungsunabhängig sind, darüberhinausgehend aber oft sprunghafte Verläufe aufweisen. Auch variable Aufwandsgrößen verlaufen in der Realität nur selten tatsächlich proportional zum Beschäftigungsumfang. Ohne detaillierte Informationen über Kostenstrukturen, Kapazitäten und Auslastungsgrade lassen sich die operativen Aufwendungen daher nur sehr vereinfacht abbilden. Hierfür werden häufig die verschiedenen Aufwandsarten einfach als festgelegte Relationen an den Periodenumsatz gebunden. Insbesondere für das Gesamtkostenverfahren ist dies jedoch nur bedingt plausibel, da die zu betrachtenden Aufwendungen nicht nur durch die abgesetzte Leistung verursacht werden, sondern auch durch einen etwaigen Lageraufbau von Erzeugnisbeständen. Dieser Lagerbestandsaufbau hängt jedoch weniger von der Höhe des Umsatzes ab, sondern eher von dessen Wachstum. Die Umsatzrelationen der Aufwandsarten müssten dann bei gleichbleibenden Kostenstrukturen in Abhängigkeit von den wachstumsbedingten Bestandsveränderungen periodisch angepasst werden, um logische Inkonsistenzen zu vermeiden.

Dieses Problem lässt sich etwas mildern, indem anstatt der genannten aufwandsbezogenen Umsatzrelationen in der Modellierung eine bestimmte strukturelle Zusammensetzung der Gesamtkosten unterstellt wird. Dem kann z. B. eine kostenbezogenen Zerlegung der Wertschöpfungsprozesse zugrunde liegen (Baum et al., 2013, S. 93). Die resultierenden Strukturanteile beschreiben dann im Gesamtkostenverfahren die Anteile der eingesetzten Ressourcenarten an den Gesamtkosten und beinhalten vor allem Materialaufwand (MA), Personalaufwand (PA), Abschreibungen (A) sowie sonstige betriebliche Aufwendungen (SBA). Im Umsatzkostenverfahren beziehen sich die angesprochenen Aufwandsanteile dann zunächst auf die Umsatzkosten in Form der Herstellungskosten des Umsatzes (HKU) sowie der Verwaltungs- und Vertriebskosten (VVK). Diese unterschiedlichen Perspektiven von GKV bzw. UKV auf die Aufwandsstruktur werden auch als Primär- und Sekundärgliederung bezeichnet (Coenenberg et al., 2021, S. 548).

Somit lassen sich für n betrachtete Aufwandsarten entsprechende Anteile an den Gesamt- bzw. Umsatzkosten durch eine Variable a^n ausdrücken, was für alle Positionen des GKV wie auch des UKV möglich ist. Innerhalb des jeweiligen Verfahrens ergänzen sich diese Aufwandsanteile einer Periode jeweils zu einem Wert von 100 % der Gesamt- bzw. der Umsatzkosten und folgen damit der Logik der im vorherigen Abschnitt dargestellten Common-Size-Analyse. Dabei gelten die folgenden grundlegenden Zusammenhänge:

Gesamtkostenverfahren: $U_t + \Delta V_t^{FE/UE} - MA_t - PA_t - A_t - SBA_t = EBIT_t$

Umsatzkostenverfahren: $U_t - HKU_t - VVK_t = EBIT_t$

$$\underbrace{MA_t + PA_t + A_t + SBA_t}_{\text{Gesamtkosten}} = \underbrace{HKU_t + VVK_t}_{\text{Umsatzkosten}} + \Delta V_t^{FE/UE}$$

$\Delta V^{FE/UE}$ ... *Bestandsveränderungen der fertigen und unfertigen Erzeugnisse*
A ... *Abschreibungen*
$EBIT$ ... *Earnings before Interest and Taxes (Ergebnis vor Zinsen und Steuern)*
HKU ... *Herstellungskosten des Umsatzes*
MA ... *Materialaufwand*
PA ... *Personalaufwand*
SBA ... *Sonstiger betrieblicher Aufwand*
t ... *Zeit- bzw. Periodenindex*
U ... *Umsatzerlöse*
VVK ... *Verwaltungs- und Vertriebskosten*

Da auch bei Anwendung des UKV aufgrund von geforderten Zusatzangaben (z. B. § 285 Nr. 8 HGB) regelmäßig die gesamten periodenspezifischen Materialaufwendungen (*MA*), Personalaufwendungen (*PA*) und Abschreibungen (*A*) bekannt sind, lassen sich deren ressourcenartenbezogene Kostenstrukturanteile grundsätzlich aus den Jahresabschlussinformationen beider Ergebnisdarstellungsformen in äquivalenter Weise bestimmen, wobei im UKV die Bestandsveränderungen der Erzeugnisse dann unmittelbar aus den Bilanzangaben anstatt aus der GuV abzuleiten wären. Für den Materialaufwandsanteil a_t^{MA} stellt sich dies exemplarisch wie folgt dar:

$$a_t^{MA} = \underbrace{\frac{MA_t}{MA_t + PA_t + A_t + SBA_t}}_{\text{GKV als Informationsgrundlage}} = \underbrace{\frac{MA_t}{HKU_t + VVK_t + \Delta V_t^{FE/UE}}}_{\text{UKV als Informationsgrundlage}}$$

a^{MA} ... *Aufwandsstrukturanteil für Materialaufwand*

Der strukturelle Anteil des sonstigen betrieblichen Aufwandes a^{SBA} an den Gesamtkosten ergibt sich dann aus den Informationen des UKV als verbleibende Restgröße:

$$a_t^{SBA} = \frac{SBA_t}{MA_t + PA_t + A_t + SBA_t} = 1 - \frac{MA_t + PA_t + A_t}{HKU_t + VVK_t + \Delta V_t^{FE/UE}} = 1 - a_t^{MA} - a_t^{PA} - a_t^{A}$$

a^{A} ... *Aufwandsstrukturanteil für Abschreibungen*
a^{PA} ... *Aufwandsstrukturanteil für Personalaufwand*
a^{SBA} ... *Aufwandsstrukturanteil für sonstigen betrieblichen Aufwand*

Für das Umsatzkostenverfahren selbst lassen sich entsprechende Strukturanteile innerhalb der Umsatzkosten (= Selbstkosten) in analoger Weise bestimmen:

$$a_t^{HKU} = \frac{HKU_t}{HKU_t + VVK_t} \quad bzw. \quad a_t^{VVK} = \frac{VVK_t}{HKU_t + VVK_t} = 1 - a_t^{HKU}$$

a^{HKU} ... *Aufwandsstrukturanteil für Herstellungskosten des Umsatzes*
a^{VVK} ... *Aufwandsstrukturanteil für Verwaltungs- und Vertriebskosten*

Aus Sicht des internen Rechnungswesens können die Aufwandsanteile des Umsatzkostenverfahrens alternativ auch aus dem kostenrechnerischen Kalkulationssatz für die Verwaltungs- und Vertriebskosten (ks^{VVK}) abgeleitet werden, welcher im Rahmen einer Kalkulation auf die Herstellungskosten aufgeschlagen wird:

$$a_t^{HKU} = \frac{1}{1 + ks_t^{VVK}} \quad bzw. \quad a_t^{VVK} = \frac{ks_t^{VVK}}{1 + ks_t^{VVK}}$$

ks^{VVK} ... *Kostenrechnerischer Kalkulationssatz für Verwaltungs- und Vertriebskosten*

Die aktuellen Aufwandsstrukturanteile des letzten Jahresabschlusses sowie ihre historische Entwicklung lassen sich im Rahmen der Vergangenheitsanalyse mithilfe einer entsprechenden Common-Size-Analyse ermitteln, wie dies in Abb. 1-52 bereits exemplarisch für das Gesamtkostenverfahren dargestellt wurde.

Für die betragsmäßige Modellierung der zukünftigen operativen Aufwendungen ist zuvor allerdings noch die Umsatzrentabilität abzuschätzen. Diese ließe sich z. B. aus dem in der Kalkulation verwendeten Gewinnaufschlag auf die Selbstkosten ableiten oder als branchentypische Gewinnmarge bestimmen. Ausgangspunkt für die zukünftigen Erwartungen sollte auch hierbei wieder der jüngste Jahresabschluss sein. In Abhängigkeit von der prognostizierten Entwicklung relevanter Unternehmens- und Umfeldfaktoren ermöglicht eine periodenspezifische Abschätzung der Rentabilitätsentwicklung auch eine differenzierte Berücksichtigung von sich verbessernden oder verschärfenden Wettbewerbssituationen.

$$ros_t = \frac{EBIT_t}{U_t} = \frac{Gewinnzuschlagssatz}{1 + Gewinnzuschlagssatz}$$

EBIT ... *Earnings before Interest and Taxes (Ergebnis vor Zinsen und Steuern)*
ros ... *Return on Sales (Umsatzrentabilität)*
t ... *Zeit- bzw. Periodenindex*
U ... *Umsatzerlöse*

Aus der prognostizierten Umsatzentwicklung (*U*), der abzuschätzenden Umsatzrentabilität (*ros*) sowie den erwarteten Veränderungen der Erzeugnisbestände ($\Delta V^{FE/UE}$), lassen sich dann sowohl für das GKV als auch für das UKV die betragsmäßig erwarteten operativen Aufwendungen in konsistenter Weise mithilfe von deren Strukturanteilen modellieren. Für den Materialaufwand (*MA*) im GKV bzw. die umsatzbezogenen Herstellungskosten (*HKU*) im UKV ergibt sich dies beispielsweise wie folgt:

Materialaufwand (GKV): $MA_t = a_t^{MA} \times \left(U_t \times \left(1 - ros_t\right) + \Delta V_t^{FE/UE}\right)$

$$MA_t = a_t^{MA} \times \left(HKU_t + VVK_t + \Delta V_t^{FE/UE}\right)$$

Herstellungskosten des Umsatzes (UKV): $HKU_t = a_t^{HKU} \times U_t \times \left(1 - ros_t\right)$

$$HKU_t = a_t^{HKU} \times \left(MA_t + PA_t + A_t + SBA_t - \Delta V_t^{FE/UE}\right)$$

Die nachfolgende Tabelle stellt das Zusammenwirken aller Aufwandsstrukturanteile nochmals in ihrer Gesamtheit dar und ähnelt dem strukturellen Aufbau eines Betriebsabrechnungsbogens des internen Rechnungswesens (z. B. Coenenberg et al., 2016, S. 121 f.):

	Herstellungskosten der Erzeugung	Verwaltungs- und Vertriebskosten	Σ =
Materialaufwand	$a_t^{MA} \times \left(U_t \times \left(1 - ros_t\right) \times a_t^{HKU} + \Delta V_t^{FE/UE}\right)$	$a_t^{MA} \times U_t \times \left(1 - ros_t\right) \times a_t^{VVK}$	MA_t
Personalaufwand	$a_t^{PA} \times \left(U_t \times \left(1 - ros_t\right) \times a_t^{HKU} + \Delta V_t^{FE/UE}\right)$	$a_t^{PA} \times U_t \times \left(1 - ros_t\right) \times a_t^{VVK}$	PA_t
Abschreibungen	$a_t^{A} \times \left(U_t \times \left(1 - ros_t\right) \times a_t^{HKU} + \Delta V_t^{FE/UE}\right)$	$a_t^{A} \times U_t \times \left(1 - ros_t\right) \times a_t^{VVK}$	A_t
sonst. betr. Aufwand	$a_t^{SBA} \times \left(U_t \times \left(1 - ros_t\right) \times a_t^{HKU} + \Delta V_t^{FE/UE}\right)$	$a_t^{SBA} \times U_t \times \left(1 - ros_t\right) \times a_t^{VVK}$	SBA_t
Σ =	$HKU_t + \Delta V_t^{FE/UE}$	VVK_t	Gesamtkosten

Abb. 1-60: Zusammenhänge der Aufwandsstrukturanteile

Würden aktuelle bzw. vergangenheitsbezogene Informationen eines solchen Betriebsabrechnungsbogens aus dem internen Rechnungswesen vorliegen, ließen sich daraus differenzierte Kostenstrukturanteile für die Herstellungs- sowie die Verwaltungs- und Vertriebsprozesse gewinnen und für eine wesentlich detailliertere Aufwandsmodellierung innerhalb der Prognoserechnung nutzen. Ebenso könnten bei Vorliegen entsprechender Informationen einer Teilkostenrechnung die variablen und fixen Anteile der genannten Kostenkomplexe berücksichtigt werden. Bei einer externen Analyse auf Basis von Jahresabschlussinformationen ist eine solche Differenzierung jedoch nicht erreichbar.

Ausgehend von einer, zum Beispiel aus dem letzten Jahresabschluss gewonnenen, aktuellen Aufwandsstruktur lassen sich auch zukünftig erwartete Veränderungen einzelner Größen integrieren, indem die Relationen der Strukturanteile a^n entsprechend verschoben werden. Dies lässt sich mithilfe von aufwandsartenbezogenen Wachstumsraten g^n darstellen. Wird zum Bespiel für die Periode t mit einer 4 %igen rationalisierungsbedingten Einsparung des Materialeinsatzes gerechnet bei einem gleichzeitig erwarteten 10 %igen Preisanstieg der Einsatzstoffe, so beträgt die resultierende Wachstumsrate der Materialaufwendungen insgesamt $g^{MA} = (1 - 0{,}04) \times (1 + 0{,}1) - 1 = 0{,}056$ bzw. 5,6 %. Die sich dadurch verändernden Aufwandsstrukturanteile lassen sich entsprechend der erwarteten

Entwicklung von Preisen und Einsatzkoeffizienten periodenbezogen anpassen, was exemplarisch wieder nur für die Materialkosten dargestellt werden soll, wobei *n* der Index aller betrachteten Aufwandsarten ist. Hätte im genannten Beispiel der bisherige Aufwandsstrukturanteil für Material 70 % ausgemacht ($a^{MA} = 0{,}7$) und sämtliche übrigen Aufwandsarten blieben hingegen unverändert ($g^{n \neq MA} = 0$), so würde sich der Anteil der Materialaufwendungen an den Gesamtkosten in Periode *t* auf 71,1 % erhöhen. Die übrigen Aufwandsstrukturanteile würden sich entsprechend verringern.

$$a_t^{MA} = \frac{\left(1+g_t^{MA}\right) \times a_{t-1}^{MA}}{\sum_n \left(1+g_t^{n}\right) \times a_{t-1}^{n}} = \frac{1{,}056 \times 0{,}7}{1{,}056 \times 0{,}7 + 0{,}3} = 0{,}711$$

a^n … *Aufwandsstrukturanteil der Aufwandsart n*
g^n … *Wachstumsrate der Aufwandsart n*
t … *Zeit- bzw. Periodenindex*

Somit ließen sich auch zukünftig erwartete Verschiebungen zwischen Einsatzfaktoren durch entsprechende Anpassungen der Aufwandsstrukturanteile in die Modellierung integrieren. Solche Verschiebungen könnten zum Beispiel durch Automatisierung ($a^A\uparrow$, $a^{PA}\downarrow$) oder Outsourcing ($a^{MA}\uparrow$, $a^{PA}\downarrow$, $a^A\downarrow$) hervorgerufen werden. Analog sind im UKV Veränderungen der dortigen Aufwandsarten darstellbar, wenn z. B. die notwendigen Marketingaktivitäten zunehmen. Mit solchen Anpassungen der Aufwandsstruktur ist per se jedoch noch keine unmittelbar zwingende Veränderung der Umsatzrentabilität verbunden. Ermöglicht der Markt eine vollständige Überwälzung von Aufwandserhöhungen auf die Kunden, könnte durch adäquate Preiserhöhungen der *ros* konstant gehalten werden. Bleiben die Absatzpreise und Volumina hingegen konstant, würden die Aufwandsveränderungen vollständig auf die Rentabilität des Unternehmens durchschlagen. In diesem Fall gilt:

$$ros_t = 1 - \left(1 - ros_{t-1}\right) \times \sum_n \left(1 + g_t^n\right) \times a_{t-1}^n$$

a^n … *Aufwandsstrukturanteil der Aufwandsart n*
g^n … *Wachstumsrate der Aufwandsart n*
ros … *Return on Sales (Umsatzrentabilität)*
t … *Zeit- bzw. Periodenindex*

Damit bilden die Umsatzrentabilität *ros* und die dargestellten Aufwandsstrukturparameter a^n in der hier genutzten Modellierung die periodenspezifisch festzulegenden Eingangsparameter, um bezogen auf die zukünftig erwarteten Umsatz- und Vorratsvolumina eine konsistente Modellierung der operativen Aufwendungen zu ermöglichen. Die Auswirkungen von alternativen Rentabilitäts- oder Aufwandsstrukturveränderungen und unterschiedlichen Preisanpassungsmöglichkeiten könnten zudem auch zur Erstellung von entsprechenden Szenarioanalysen genutzt werden.

Zins- und Steueraufwand

Außerhalb des Betriebsergebnisses bzw. EBIT sind für die Erstellung einer Plan-GuV noch die erwarteten Aufwendungen für Zinsen und Steuern zu bestimmen.

Zinsanteile aus der Zuführung abgezinster langfristiger Rückstellungen sind hierin jedoch nicht enthalten. Vielmehr wird zur Berechnung des Zinsaufwandes hier vereinfachend nur das Fremdkapital im Bewertungssinne, das heißt echte Finanzschulden, zugrunde gelegt. Wenngleich auch diese Position sich üblicherweise aus verschiedenen Einzelschulden mit unterschiedlichen Laufzeiten und Verzinsungen zusammensetzt, wird an dieser Stelle nur ein einziger Fremdkapitalzins genutzt, der als gewichteter Durchschnittswert interpretiert werden kann. Der Fremdkapitalzinssatz einer Periode bezieht sich rechnerisch auf den buchmäßigen Bestand an Fremdkapital zu Periodenbeginn. Die relevante Informationsquelle ist hierbei der Finanzierungsplan. Der Zinsaufwand einer Periode ergibt sich damit vereinfacht als:

$$ZA_t = i_t^{FK} \times FK_{t-1}$$

FK	...	*Fremdkapital (Buchwert)*
i^{FK}	...	*Fremdkapitalzinssatz*
t	...	*Zeit- bzw. Periodenindex*
ZA	...	*Zinsaufwand*

Die Ertragsteuerbelastung auf Unternehmensebene resultiert wiederum aus dem steuerlichen Ergebnis vor Zinsen und Steuern *EBIT*, welches noch um abzugsfähigen Zinsaufwand für Fremdkapital zu reduzieren ist. Diese steuerliche Bemessungsgrundlage wird dann mit dem Unternehmenssteuersatz s^{Unt} versteuert. Die gegebenenfalls durch fiskalische Regelungen eingeschränkte steuermindernde Wirkung der Fremdkapitalzinsen (Tax Shield) lässt sich durch einen unternehmensbezogenen Tax-Shield-Satz ts^{Unt} abbilden, sodass sich die Unternehmenssteuern wie folgt ermitteln:

$$S_t^{Unt} = \underbrace{s_t^{Unt} \times EBIT_t}_{S_t^{adj}} - \underbrace{ts_t^{Unt} \times i_t^{FK} \times FK_{t-1}}_{TS_t}$$
$$= S_t^{adj} - TS_t$$

$EBIT$	...	*Earnings before Interest and Taxes (Ergebnis vor Zinsen und Steuern)*
FK	...	*Fremdkapital (Buchwert)*
i^{FK}	...	*Fremdkapitalzinssatz*
S^{adj}	...	*Angepasste Steuern (Steuerbelastung bei hypothetischer Eigenfinanzierung)*
s^{Unt}	...	*Unternehmenssteuersatz*
t	...	*Zeit- bzw. Periodenindex*
TS	...	*Tax Shield (fremdfinanzierungsbedingter Steuervorteil)*
ts^{Unt}	...	*Tax-Shield-Satz auf Unternehmensebene*

Der erste Term S^{adj} wird als ‚angepasste Steuern' bezeichnet und beschreibt diejenige Steuerlast, die bei einer reinen Eigenfinanzierung zu tragen wäre. Diese verringert sich um den sogenannten Tax Shield *TS* aufgrund der steuerlichen Abzugsfähigkeit von Zinsaufwendungen. Sofern das relevante Steuersystem einen unbegrenzten Abzug von Fremdkapitalzinsen zulässt, ist der unternehmensbezogene Tax-Shield-Satz ts^{Unt} identisch mit dem Unternehmenssteuersatz s^{Unt}. Eine detailliertere Betrachtung zur Ausgestaltung dieser Parameter am Beispiel des für Deutschland maßgeblichen Steuersystems erfolgte bereits in Abschnitt 1.2.1.6, sodass an dieser Stelle hierauf verwiesen werden kann.

Jahresüberschuss und Ergebnisverwendung

Aus der Verknüpfung aller dargestellten Ertrags- und Aufwandskomponenten lässt sich schließlich der Jahresüberschuss einer Periode entsprechend der Darstellung in Abb. 1-59 bestimmen als:

$$J\ddot{U}_t = EBIT_t - ZA_t - S_t^{Unt}$$

$J\ddot{U}$	… *Jahresüberschuss*
S^{Unt}	… *Unternehmenssteuern*
t	… *Zeit- bzw. Periodenindex*
ZA	… *Zinsaufwand*

Dieser Periodenüberschuss kann daraufhin in Form von Dividenden bzw. Gewinnausschüttungen D an die Eigenkapitalgeber ausgezahlt werden oder durch Thesaurierung die aus Innenfinanzierung gebildeten Rücklagen stärken und somit das Eigenkapital erhöhen.

$$\Delta EK_t^{IF} = EK_t^{IF} - EK_{t-1}^{IF} = J\ddot{U}_t - D_t$$

D	… *Gewinnausschüttung bzw. Dividende*
EK^{IF}	… *Eigenkapital aus Innenfinanzierung (Thesaurierung)*
$J\ddot{U}$	… *Jahresüberschuss*
t	… *Zeit- bzw. Periodenindex*

Die dargestellte Gewinnverwendung bildet gleichzeitig den Übergang zur bilanziellen Betrachtung. Auch die Abbildung der Vermögensgegenstände und Kapitalquellen durch eine Plan-Bilanz erfolgt im Rahmen von Prognoserechnungen typischerweise in einer gegenüber den Mindestgliederungen des externen Rechnungswesens deutlich verdichteten Form. Als besonders wesentliche Bilanzpositionen werden häufig die in Abb. 1-61 dargestellten Elemente genutzt, die im Folgenden bezüglich der bestehenden Zusammenhänge und für die Modellierung genutzten Notationen und Einflussparameter näher erläutert werden.

Aktiva		Passiva	
Operatives Anlagevermögen	OAV	Eigenkapital aus Außenfinanzierung	EK^{AF}
Vorräte RHB	V^{RHB}	Eigenkapital aus Innenfinanzierung	EK^{IF}
Vorräte Erzeugnisse	$V^{FE/UE}$	Finanzschulden	FK
Kundenforderungen	KF	Langfristige Rückstellungen	LRS
Liquide Mittel	LM	Kurzfristige Rückstellungen	KRS
		Lieferantenverbindlichkeiten	LV
Summe Aktiva	BS	Summe Passiva	BS

Abb. 1-61: Vereinfachte Bilanzstruktur mit Notationen

Operatives Anlagevermögen (OAV)

Das operative Anlagevermögen bildet die Kapazitäten des Leistungsbereichs eines Unternehmens ab. Dies umfasst in erster Linie Sachanlagen, wie Grundstücke und Gebäude, Maschinen und Anlagen sowie die sonstige Betriebs- und Geschäftsausstattung. Daneben kann das operative Anlagevermögen auch immaterielle Komponenten aufweisen, wie zum Beispiel erworbene Patente oder Lizenzen, die im Rahmen der operativen Leistungserstellungsprozesse genutzt werden. Der Auf- bzw. Abbau des operativen Anlagevermögens erfolgt durch (Des-)Investitionen (I^{OAV}), der nutzungsbedingte Verzehr wird durch Abschreibungen (A^{OAV}) abgebildet. Damit ergibt sich folgender Periodenzusammenhang für diese Bilanzposition:

$$OAV_t = OAV_{t-1} + I_t^{OAV} - A_t^{OAV}$$

A^{OAV}	...	*Abschreibungen auf das operative Anlagevermögen*
I^{OAV}	...	*Investitionen in das operative Anlagevermögen*
OAV	...	*Operatives Anlagevermögen*
t	...	*Zeit- bzw. Periodenindex*

Abschreibungen können hierbei nach unterschiedlichen Regeln, z. B. in linearer oder degressiver Weise, berechnet werden. Der oben für die Abschreibungen bereits als Planungsparameter eingeführte periodenbezogene Aufwandsstrukturanteil a^A ist daher so festzulegen, dass er dem realen Abschreibungsverlauf insbesondere bezogen auf seine steuerliche Wirkung möglichst nahekommt. Sieht man von anderen möglichen Abschreibungsgründen ab, ergibt sich a^A als Anteil der Abschreibungen auf operatives Anlagevermögen am Gesamtaufwand wie folgt:

$$a_t^A = \frac{A_t^{OAV}}{U_t \times \left(1 - ros_t\right) + \Delta V_t^{FE/UE}}$$

$\Delta V^{FE/UE}$	...	*Bestandsveränderungen der fertigen und unfertigen Erzeugnisse*
a^A	...	*Aufwandsstrukturanteil für Abschreibungen*
A^{OAV}	...	*Abschreibungen auf das operative Anlagevermögen*
ros	...	*Return on Sales (Umsatzrentabilität)*
t	...	*Zeit- bzw. Periodenindex*
U	...	*Umsatzerlöse*

Für die Planung der zukünftigen Entwicklung des operativen Anlagevermögens *OAV*, das heißt der leistungswirtschaftlichen Unternehmenskapazitäten, sind relevante Einflussgrößen auf das Investitionsverhalten zu identifizieren. Der Investitionsplan reflektiert im Zusammenspiel mit entsprechenden Kapazitätsrechnungen die hierfür relevanten Daten. Im einfachsten Fall kann dabei wieder der Umsatz zur groben Abschätzung genutzt werden, indem vereinfachend eine bestimmte Anlagenbindung unterstellt wird (Koller et al., 2010, S. 200). Diese ermittelt sich, wie schon im vorangegangenen Abschnitt dargestellt, wie folgt:

$$b_t^{OAV} = \frac{OAV_t}{U_t}$$

b^{OAV}	...	*Umsatzrelation des operativen Anlagevermögens (operat. Anlagenbindung)*
OAV	...	*Operatives Anlagevermögen*
t	...	*Zeit- bzw. Periodenindex*
U	...	*Umsatzerlöse*

Ausgangspunkt der Planung sollten auch hier wieder die sich in den bisherigen Jahresabschlüssen zeigenden Erfahrungswerte zur Anlagenbindung sein. Die zukünftig erwarteten Buchwerte des operativen Anlagevermögens lassen sich dann durch Multiplikation der periodenspezifisch festzulegenden Plan-Anlagenbindung mit dem jeweiligen Plan-Umsatz berechnen als:

$$OAV_t = b_t^{OAV} \times U_t$$

Diese Beziehung zwischen dem Buchwert des operativen Anlagevermögens und dem Umsatz liegt auch der sogenannten Erweiterungsinvestitionsrate e^{OAV} zugrunde, wie sie im nachfolgend noch darzustellenden Wertgeneratorenmodell von Rappaport genutzt wird (Rappaport, 1986, S. 50 ff.). Sie beschreibt die Reagibilität des Anlagevermögens auf Umsatzveränderungen, indem sie die Veränderung des operativen Anlagevermögens in Relation zur Veränderung des Umsatzes einer Periode setzt. Die Zählergröße beschreibt hierbei die Erweiterungs- bzw. Nettoinvestitionen im Bereich des operativen Anlagevermögens für diese Position.

$$e_t^{OAV} = \frac{OAV_t - OAV_{t-1}}{U_t - U_{t-1}} = \frac{\Delta OAV_t}{\Delta U_t}$$

e^{OAV}	… *Erweiterungsinvestitionsrate des operativen Anlagevermögens*
OAV	… *Operatives Anlagevermögen*
t	… *Zeit- bzw. Periodenindex*
U	… *Umsatzerlöse*

Wird hierbei die Wachstumsrate des Umsatzes g^U mit einbezogen, macht dies den engen Zusammenhang zwischen Anlagenbindung und Erweiterungsinvestitionsrate deutlich.

$$e_t^{OAV} = \frac{b_t^{OAV} - b_{t-1}^{OAV}}{g_t^U} + b_t^{OAV} = \frac{\Delta b_t^{OAV}}{g_t^U} + b_t^{OAV} \quad \text{mit} \quad g_t^U = \frac{U_t - U_{t-1}}{U_{t-1}} = \frac{U_t}{U_{t-1}} - 1$$

Wird eine konstant bleibende Anlagenbindung b^{OAV} unterstellt, so entspricht auch die Erweiterungsinvestitionsrate e^{OAV} genau diesem Wert. Periodenspezifisch variierende Anlagenbindungen hängen hingegen von ihrem Vorjahresniveau, der Erweiterungsinvestitionsrate und dem Umsatzwachstum ab. Anlagenbindung und Erweiterungsinvestitionsrate können daher nicht unabhängig voneinander festgelegt werden. Es gilt der folgende Zusammenhang:

$$b_t^{OAV} = \frac{b_{t-1}^{OAV} + e_t^{OAV} \times g_t^U}{1 + g_t^U}$$

Zur Prognose der Entwicklung des operativen Anlagevermögens können aus Vergangenheitsanalysen oder Wettbewerbsvergleichen gewonnene, eventuell um zukünftig erwartete Veränderungen korrigierte Vorgaben für b^{OAV} bzw. e^{OAV} genutzt werden. Die in der hier vorgestellten Modellierung genutzte und auch sonst weit verbreitete Anbindung des operativen Anlagevermögens an die erwartete Umsatzentwicklung stellt jedoch eine äußerst grobe Vereinfachung dar. Da die leistungswirtschaftlichen Kapazitäten vor allem mit den konkreten Produktions- und Absatzmengen anstatt mit dem Periodenumsatz zusammenhängen, werden damit z. B. verzerrende Einflüsse durch veränderte Absatzpreise in Kauf genommen. Vor allem aber erfolgen Anlagenerweiterungen regelmäßig in Sprüngen und stehen nicht in einer tatsächlich proportionalen Beziehung zur

Ausbringungsmenge oder gar dem Umsatz. Eine exakte Modellierung ist jedoch nur mit Kenntnis der tatsächlichen leistungswirtschaftlichen Kapazitäten und deren Inanspruchnahme möglich. Zudem sind Informationen bezüglich der zukünftigen Investitionsgüterpreise und Nutzungsdauern erforderlich. Eine Anbindung der Buchwerte des Anlagevermögens an die Umsatzentwicklung unterstellt hingegen eine laufende Anpassung der Kapazitäten an den Absatzmarkt mit einem gleichbleibenden Auslastungs- und Abnutzungsgrad und ist daher nur als grobe Näherung bei externer Perspektive zu akzeptieren. Liegen detailliertere interne Informationen der Kapazitäts- und Investitionsplanung vor, sollten diese berücksichtigt werden.

Kurzfristige Vermögens- und Schuldpositionen bzw. Net Working Capital (NWC)

Kurzfristige Vermögens- und Schuldpositionen, wie Vorräte von Erzeugnissen und Materialien, Kundenforderungen und Liquiditätsreserven sowie Lieferantenverbindlichkeiten und kurzfristige Rückstellungen, sind regelmäßig sehr eng mit den operativen Umschlagsprozessen eines Unternehmens verknüpft. Daher wird auch für deren Modellierung häufig der Periodenumsatz als maßgeblicher Einflussfaktor genutzt, indem aus der Vergangenheitsanalyse oder durch zusätzliche Planungsüberlegungen entsprechende Bindungskennziffern b abgeleitet werden. Diese beschreiben wieder die Relationen der periodischen Buchwerte dieser kurzfristigen operativen Positionen gegenüber dem Periodenumsatz.

$$b_t^i = \frac{\textit{kurzfristige Vermögens- oder Schuldposition}_t^i}{U_t}$$

Die zukünftig erwarteten Buchwerte der einzelnen Positionen ergeben sich dann wieder durch Multiplikation dieser planerisch festzulegenden Bindungskoeffizienten mit dem jeweiligen erwarteten Periodenumsatz. Die Entwicklung der Bindungskennziffer gibt gleichzeitig Aufschluss über die implizit unterstellten Umschlags- bzw. Bindungsdauern dieser Positionen (Coenenberg et al., 2021, S. 1143 ff.). Sofern der Umsatz auch hierbei vereinfachend als maßgebliche jährliche Bewegungsgröße genutzt wird, lassen sich die in Abb. 1-55 bereits vorgestellten Reichweitenkennziffern des sogenannten Cash Conversion Cycle unmittelbar aus den Umsatzrelationen und -wachstumsraten ableiten.

$$\textit{Days Inventory Held (Vorratsreichweite): } DIH_t = \frac{365}{2} \times \left(b_t^V + \frac{b_{t-1}^V}{1+g_t^U} \right)$$

$$\textit{Days Sales Outstanding (Kundenziel): } DSO_t = \frac{365}{2} \times \left(b_t^{KF} + \frac{b_{t-1}^{KF}}{1+g_t^U} \right)$$

$$\textit{Days Payables Outstanding (Lieferantenziel): } DPO_t = \frac{365}{2} \times \left(b_t^{LV} + \frac{b_{t-1}^{LV}}{1+g_t^U} \right)$$

Dieser Zusammenhang lässt sich wiederum zur Plausibilitätsprüfung der planerisch festgelegten Umsatzrelationen nutzen. Umgekehrt können diese jedoch auch aus den erwarteten Zeitspannen für das Kunden- (DSO) und Lieferantenziel (DPO) bzw. die Vorratsreichweite (DIH) abgeleitet werden (Koller et al., 2010, S. 200).

Ein noch weitergehender Schritt zur Vereinfachung der Planung kann erfolgen, indem sämtliche kurzfristige, mit dem operativen Geschäft verbundene Positionen zu einer einzigen saldierten Größe verdichtet werden. Diese wird hier als Net Working Capital (NWC) bezeichnet, um den angesprochenen Saldierungsaspekt hervorzuheben. Langfristige Rückstellungen werden trotz ihrer Verbundenheit mit dem Leistungsbereich des Unternehmens hierin üblicherweise nicht miterfasst, sodass sie nachfolgend eigenständig dargestellt werden.

$$NWC_t = \underbrace{\left(V_t^{RHB} + V_t^{FE/UE} + KF_t + LM_t\right)}_{\text{kurzfristige operative Aktiva}} - \underbrace{\left(KRS_t + LV_t\right)}_{\text{kurzfristige operative Passiva}}$$

KF	...	*Kundenforderungen*
KRS	...	*Kurzfristige Rückstellungen*
LM	...	*Liquide Mittel (Mindestliquidität)*
LV	...	*Lieferantenverbindlichkeiten*
NWC	...	*Net Working Capital (Netto-Umlaufvermögen)*
t	...	*Zeit- bzw. Periodenindex*
V	...	*Vorräte an Materialien und Erzeugnissen*

Die Bezeichnung Net Working Capital wird allerdings in der Literatur nicht einheitlich verwendet. Zum einen wird mitunter auf den Zusatz ‚Net' verzichtet und nur von Working Capital gesprochen (Baetge et al., 2019, S. 430). Zum anderen wird durch Einbezug dieses Zusatzes bisweilen der Bestand an liquiden Mitteln ausgeklammert (z. B. Drukarczyk/Schüler, 2021, S. 122). In der hier verwendeten Abgrenzung wird unter Net Working Capital das gesamte kurzfristig durch das operative Geschäft gebundene Nettokapital verstanden. Da es sich bei den liquiden Mitteln in der hier vorgenommenen Modellierung um eine zur Aufrechterhaltung des reibungslosen Geschäftsbetriebs notwendige Mindestkassenhaltung bzw. Liquiditätsreserve handelt, ist auch diese Position mit in das Net Working Capital einzubeziehen (Ballwieser/Hachmeister, 2021, S. 166; Ernst et al., 2012, S. 33; Koller et al., 2010, S. 137). Daher steht das ‚Net' in der hier vertretenen Sicht für die vorgenommene Saldierung der zugehörigen Aktiva und Passiva mit kurzfristigem operativem Charakter. Die Struktur der Plan-Bilanz lässt sich hierdurch sehr stark verdichten, wie Abb. 1-62 zeigt.

Aktiva		Passiva	
Operatives Anlagevermögen	*OAV*	Eigenkapital	*EK*
Net Working Capital	*NWC*	Finanzschulden	*FK*
		Langfristige Rückstellungen	*LRS*

Abb. 1-62: Vereinfachte Bilanzstruktur mit saldiertem Net Working Capital

Die wachstumsbedingte Veränderung des im Net Working Capital gebundenen Kapitals lässt sich analog zum operativen Anlagevermögen auch durch eine Erweiterungsinvestitionsrate e^{NWC} beschreiben, wie sie z. B. im Wertgeneratorenmodell von Rappaport genutzt wird (Rappaport, 1986, S. 50 ff.). Die Berechnung ergibt sich gemäß der nachfolgenden Vorschrift und drückt die Veränderung der kurzfristigen operativen Kapitalbindung in Relation zur Umsatzveränderung aus.

$$e_t^{NWC} = \frac{NWC_t - NWC_{t-1}}{U_t - U_{t-1}} = \frac{\Delta NWC_t}{\Delta U_t}$$

e^{NWC}	…	*Erweiterungsinvestitionsrate des Net Working Capitals*
NWC	…	*Net Working Capital (Netto-Umlaufvermögen)*
t	…	*Zeit- bzw. Periodenindex*
U	…	*Umsatzerlöse*

Langfristige Rückstellungen (LRS)

Langfristige Rückstellungen werden gebildet für zukünftig erwartete Zahlungsverpflichtungen, deren Höhe und Fälligkeit im Bilanzierungszeitpunkt noch nicht eindeutig feststehen. ‚Langfristig' bedeutet hierbei, dass die zugrunde liegende Außenverpflichtung um mehr als ein Jahr in der Zukunft liegt. Die Bildung einer Rückstellung erfolgt ergebniswirksam, während die spätere Zahlung bei Inanspruchnahme aus dem Rückstellungsgrund direkt mit der gebildeten Rückstellung verrechnet wird. Somit lassen sich die Fortentwicklung von Rückstellungen und die bei Inanspruchnahme aus den Rückstellungsgründen tatsächlich ausgelösten Zahlungen CF^{RS} generell wie folgt veranschaulichen (Drukarczyk/Schüler, 2021, S. 126):

$$RS_t = RS_{t-1} + Aufwand_t^{RS} - Ertrag_t^{RS} - Inanspruchnahmebetrag_t^{RS}$$

$$CF_t^{RS} = -Inanspruchnahmebetrag_t^{RS} = \underbrace{Ertrag_t^{RS} - Aufwand_t^{RS}}_{\text{RS-bezogene Ergebnis-Bestandteile in } t} + \underbrace{RS_t - RS_{t-1}}_{\Delta RS_t}$$

$Aufwand^{RS}$	…	*Aufwand bei der Bildung von Rückstellungen*
CF^{RS}	…	*Cashflow, der durch den Rückstellungsgrund ausgelöst wird*
$Ertrag^{RS}$	…	*Ertrag aus der Auflösung unbeanspruchter Rückstellungen*
$Inanspruchnahmebetrag^{RS}$	…	*Auszahlung, die direkt mit der Rückstellung verrechnet wird*
RS	…	*Rückstellungen (Buchwert)*
t	…	*Zeit- bzw. Periodenindex*

Wenn also in den üblichen Berechnungsansätzen zur indirekten Cashflow-Ermittlung zum jeweiligen Ausgangsergebnis (*Ertrag – Aufwand*) die Veränderung der Rückstellungen hinzuaddiert wird, korrigiert dies die im Periodenergebnis enthaltenen rückstellungsbezogenen Sachverhalte auf den Wert von deren tatsächlicher Zahlungswirkung. Dabei muss im besagten Ausgangsergebnis auch ein etwaiger Aufwand für Zinsanteile aus der Zuführung abgezinster langfristiger Rückstellungen mit enthalten sein. Da nur die kurzfristigen Rückstellungen in der oben dargestellten Abgrenzung des Net Working Capital miterfasst werden, müssen eventuell vorhandene langfristige Rückstellungen in der Modellierung als eigenständige Position separat abgebildet werden. Dies ist insbesondere deshalb sinnvoll, weil gerade in Deutschland größere Bilanzanteile auf langfristige Rückstellungen (z. B. Pensionsrückstellungen zur Altersversorgung) entfallen (Drukarczyk/Schüler, 2021, S. 271 ff.).

Einflussfaktoren auf die Höhe derartiger Rückstellungsbildungen ergeben sich in vielfältiger Weise aus der operativen Geschäftstätigkeit. Die einfachste Möglichkeit, dies für die Zukunft zumindest grob abzuschätzen, liegt wieder in einer unmittelbaren Anbindung an den Umsatz, wie dies aus Gründen der Komplexitätsreduktion auch im Folgenden erfolgt. Die Relation zwischen den langfristigen Rückstellungen und dem Periodenumsatz wird in Analogie zu den bereits betrachteten operativen Größen wieder durch eine entsprechende Bindungskennziffer b^{LRS} beschrieben, die aus der Vergangenheitsanalyse und gegebenenfalls weiterführenden Planungsüberlegungen abgeleitet wird.

$$b_t^{LRS} = \frac{LRS_t}{U_t}$$

b^{LRS} ... *Umsatzrelation der langfristigen Rückstellungen*
LRS ... *Langfristige Rückstellungen*
t ... *Zeit- bzw. Periodenindex*
U ... *Umsatzerlöse*

Die zukünftig für die langfristigen Rückstellungen erwarteten Buchwerte ergeben sich dann wieder durch Multiplikation einer gegebenenfalls periodenspezifisch festzulegenden Bindungskennzahl mit dem jeweiligen Plan-Umsatz.

$$LRS_t = b_t^{LRS} \times U_t$$

Wie auch bereits beim operativen Anlagevermögen *OAV* und dem Net Working Capital *NWC* lässt sich auch hier die Relation der langfristigen Rückstellungsveränderung zur Umsatzveränderung in Form einer entsprechenden Erweiterungsrate e^{LRS} ausdrücken.

$$e_t^{LRS} = \frac{LRS_t - LRS_{t-1}}{U_t - U_{t-1}} = \frac{\Delta LRS_t}{\Delta U_t}$$

e^{LRS} ... *Erweiterungsrate der langfristigen Rückstellungen*
LRS ... *Langfristige Rückstellungen*
t ... *Zeit- bzw. Periodenindex*
U ... *Umsatzerlöse*

Alternativ könnten die langfristigen Rückstellungen jedoch auch an andere Größen als den Umsatz gebunden werden. So stehen Pensionsrückstellungen typischerweise in einem relativ engen Verhältnis zum Personalaufwand. Für andere Rückstellungsgründe könnten analoge Beziehungen bestehen, die für eine Modellierung gegebenenfalls differenziertere Ansätze ermöglichen.

Fremdkapital (FK)

Als Fremdkapital werden hier nur echte Finanzschulden des Unternehmens bezeichnet, die unabhängig von ihrer Fristigkeit zu einer einzigen Position verdichtet werden. Der jeweilige Anfangsbestand einer Periode FK_{t-1} wird dann mit dem Fremdkapitalzinssatz i^{FK} verzinst und geht als Zinsaufwand in die Ergebnisrechnung ein, wie oben bereits dargestellt wurde. Zinsanteile aus der Zuführung abgezinster langfristiger Rückstellungen sind hierin nicht enthalten, sondern wären gegebenenfalls innerhalb des *EBIT* zu berücksichtigen. Veränderungen des Fremdkapitalbestands ergeben sich durch Kreditaufnahmen oder -tilgungen. Der insgesamt als Nettogröße aus dieser Fremdfinanzierung resultierende Zahlungsstrom an die Fremdkapitalgeber wird auch als Fremdkapitaldienst bzw. Flow to Debt (FTD) bezeichnet.

$$FTD_t = ZA_t + FK_{t-1} - FK_t = ZA_t - \Delta FK_t$$

FK	…	*Fremdkapital (Buchwert)*
FTD	…	*Flow to Debt*
t	…	*Zeit- bzw. Periodenindex*
ZA	…	*Zinsaufwand*

Da der Flow to Debt FTD den Nettofluss an die Fremdkapitalgeber beschreibt, geht er mit umgekehrten Vorzeichen als Zahlungsmittelabfluss in den Finanzierungsbereich der Kapitalflussrechnung des Unternehmens ein. Eine explizite Modellierung des Fremdkapitals im Rahmen der Prognoserechnung kann jedoch nur erfolgen, wenn hierfür ein betragsmäßig konkretisierter Finanzierungsplan vorliegt, z. B. auf Basis einer autonomen Finanzierungspolitik gemäß Abschnitt 1.2.1.5. Eine wertorientierte bzw. atmende Finanzierung lässt sich hingegen erst quantifizieren, wenn die Unternehmenswerte bereits bestimmt worden sind. Diese nachträgliche Ermittlung hat dann allerdings nur noch konfirmatorischen Charakter, indem dies die marktwertbezogen quotal unterstellte Finanzierungspolitik lediglich nochmals betragsmäßig transparent macht. Dies erscheint jedoch im Rahmen einer Plausibilitätsprüfung dieser Finanzierungsannahme als durchaus sinnvoll.

Eigenkapital (EK)

Als letzte noch zu modellierende Größe innerhalb der Bilanz verbleibt damit lediglich noch das Eigenkapital des Unternehmens. Dieses beinhaltet zum einen die tatsächlich von den Eignern geleisteten Einlagen als Maßnahme der Außenfinanzierung. Zum anderen entsteht Eigenkapital auch durch Innenfinanzierung, wenn erwirtschaftete Gewinne nicht ausgeschüttet, sondern thesauriert werden. Das gesamte Eigenkapital des Unternehmens setzt sich somit aus den durch Außen- und Innenfinanzierung gebildeten Teilen zusammen.

$$EK_t = EK_t^{AF} + EK_t^{IF}$$

EK	…	*Eigenkapital*
EK^{AF}	…	*Eigenkapital aus Außenfinanzierung (Einlagen)*
EK^{IF}	…	*Eigenkapital aus Innenfinanzierung (Thesaurierung)*
t	…	*Zeit- bzw. Periodenindex*

Bezogen auf die in Abb. 1-32 dargestellte Mindestgliederung des Eigenkapitals von mittelgroßen und großen Kapitalgesellschaften umfasst EK^{AF} das gezeichnete Kapital und die Kapitalrücklage, während EK^{IF} sich aus Gewinnrücklagen, vorgetragenen Ergebnissen früherer Perioden sowie dem aktuellen Thesaurierungsbetrag zusammensetzt. Die Unterscheidung dieser beiden Eigenkapitalkomponenten ist vor allem bei Berücksichtigung der persönlichen Besteuerung sinnvoll. Während Kapitalzuführungen bzw. -herabsetzungen ΔEK^{AF} in der Regel steuerlich unbeachtlich sind, unterliegen ausgeschüttete Gewinne der Besteuerung auf persönlicher Ebene. Ist diese Differenzierung nicht von Interesse, kann das Eigenkapital auch zu nur einer Position zusammenfasst werden. Indem sich Veränderungen des Eigenkapitals in der vorliegenden Modellierung nur durch das Periodenergebnis sowie aus Zahlungen gegenüber den Eignern ergeben, entspricht dies der sogenannten Clean Surplus Relation bzw. dem Kongruenzprinzip (Coenenberg et al., 2021, S. 538; Ewert/Wagenhofer, 2014, S. 528 f.), was eine zentrale Voraussetzung für die Anwendung residualgewinnbasierter Bewertungsansätze bildet, wie sie in Kapitel 2.2 vorgestellt werden.

$$EK_t^{IF} = EK_{t-1}^{IF} + JÜ_t - D_t$$

D	…	*Gewinnausschüttung bzw. Dividende*
EK^{AF}	…	*Eigenkapital aus Außenfinanzierung (Einlagen)*
EK^{IF}	…	*Eigenkapital aus Innenfinanzierung (Thesaurierung)*
$JÜ$	…	*Jahresüberschuss*
t	…	*Zeit- bzw. Periodenindex*

Der Jahresüberschuss soll dabei die Obergrenze für Gewinnausschüttungen bilden, soweit nicht in der Vergangenheit thesaurierte Gewinne bestehen und dieses durch Innenfinanzierung gebildetes Eigenkapital EK^{IF} aufgelöst werden kann. Ferner wird unterstellt, dass eventuell in der Vergangenheit entstandene Verlustvorträge zunächst erst durch Thesaurierungen ausgeglichen werden müssen, bevor es zu Gewinnausschüttungen kommt. Damit sind Gewinnausschüttungen einerseits in folgender Weise begrenzt:

$$D_t \leq max\left(EK_{t-1}^{IF} + JÜ_t ; 0\right)$$

Andererseits muss für Gewinnausschüttungen auch die entsprechende Liquidität verfügbar sein. Diese wird durch die Zahlungsströme des Unternehmens bestimmt, die in der Plan-Kapitalflussrechnung (KFR) genauer dargestellt werden. Die bereits modellierten Positionen der Bilanz sowie der Gewinn- und Verlustrechnung lassen sich hierdurch in einen geschlossenen Gesamtzusammenhang bringen. Bezogen auf die in Abb. 1-34 vorgestellte Grundstruktur einer KFR ergibt sich der nachfolgende Aufbau mit den Notationen des hier verwendeten Planungsmodells.

	Ergebnis vor Zinsen und Steuern	$EBIT$
–	Unternehmenssteuern	S
+	Abschreibungen auf operatives Anlagevermögen	A^{OAV}
+	Veränderung der langfristigen Rückstellungen	ΔLRS
–	Veränderung der Materialbestände	ΔV^{RHB}
–	Veränderung der Erzeugnisbestände	$\Delta V^{FE/UE}$
–	Veränderung der Kundenforderungen	ΔKF
+	Veränderung der Lieferantenverbindlichkeiten	ΔLV
+	Veränderung der kurzfristigen Rückstellungen	ΔKRS
Cashflow aus der laufenden Geschäftstätigkeit (indirekt)		
–	Investitionen in operatives Anlagevermögen	I^{OAV}
Cashflow aus der Investitionstätigkeit		
	Veränderung des Eigenkapitals aus Außenfinanzierung	ΔEK^{AF}
–	Gewinnausschüttung bzw. Dividende	D
+	Veränderung der Finanzschulden	ΔFK
–	Zinsaufwand	ZA
Cashflow aus der Finanzierungstätigkeit		
=	Veränderung der liquiden Mittel	ΔLM

Abb. 1-63: Vereinfachte Kapitalflussrechnung mit Notationen

Der gesamte Mittelfluss gegenüber den Eigenkapitalgebern, bestehend aus Gewinnausschüttungen sowie Einlagen bzw. deren Rückgewähr, lässt sich auch hier zu einer als Flow to Equity *FTE* bezeichneten Nettogröße verdichten, die sich dann wie folgt ergibt:

$$FTE_t = D_t - \Delta EK_t^{AF}$$

ΔEK^{AF}	…	*Veränderung des Eigenkapitals aus Außenfinanzierung (Einlagen oder deren Rückgewähr*
D	…	*Gewinnausschüttung bzw. Dividende*
FTE	…	*Flow to Equity*
t	…	*Zeit- bzw. Periodenindex*

Bereits oben wurde bei der Beschreibung der Position des Net Working Capital (NWC) darauf hingewiesen, dass ein als notwendige Liquiditätsreserve gehaltener Bestand an liquiden Mitteln hier als kurzfristige Vermögensposition des Leistungsbereichs interpretiert wird. Dies wird im Umfang von bis zu maximal 2 % der Umsätze als angemessen angesehen (Koller et al., 2010, S. 143). Wird der Auf- bzw. Abbau der Mittelbindung für diese Liquiditätsreserve in den operativen Bereich bzw. in das Net Working Capital umgegliedert und eine darüberhinausgehende Kassenhaltung ausgeschlossen, ändert sich die Darstellung der Kapitalflussrechnung wie folgt:

	Position	Notation	
	Ergebnis vor Zinsen und Steuern	*EBIT*	
–	Unternehmenssteuern	*S*	
+	Abschreibungen auf operatives Anlagevermögen	A^{OAV}	
+	Veränderung der langfristigen Rückstellungen	ΔLRS	
–	Veränderung der Materialbestände	ΔV^{RHB}	ΔNWC
–	Veränderung der Erzeugnisbestände	$\Delta V^{FE/UE}$	
–	Veränderung der Kundenforderungen	ΔKF	
–	Veränderung der liquiden Mittel (Liquiditätsreserve)	ΔLM	
+	Veränderung der Lieferantenverbindlichkeiten	ΔLV	
+	Veränderung der kurzfristigen Rückstellungen	ΔKRS	
Operativer Cashflow (verschuldet)		OCF^{l}	
–	Investitionen in operatives Anlagevermögen	I^{OAV}	
Cashflow aus Investitionstätigkeit			
	Veränderung des Eigenkapitals aus Außenfinanzierung	ΔEK^{AF}	*FTE*
–	Dividendenausschüttung	*D*	
+	Veränderung der Finanzschulden	ΔFK	*FTD*
–	Zinsaufwand	*ZA*	
Cashflow aus Finanzierungstätigkeit			
=	0		

Abb. 1-64: Modifizierte Kapitalflussrechnung mit residualer Ausschüttung eines verschuldeten Unternehmens mit Notationen

Der hierdurch gegenüber der ursprünglichen Kapitalflussrechnung des externen Rechnungswesens modifizierte Cashflow aus der laufenden Geschäftstätigkeit wird im Folgenden als operativer Cashflow (OCF^l) eines verschuldeten Unternehmens (levered) bezeichnet. Der letztgenannte einschränkende Zusatz ist erforderlich, da die einbezogenen Unternehmenssteuern hierbei durch abziehbare Fremdkapitalzinsen gemildert sind (Tax Shield). Dabei wird unterstellt, dass sich die Zahlungsströme des Leistungsbereichs und des Finanzbereichs vollständig ausgleichen, wie in Abb. 1-65 dargestellt ist.

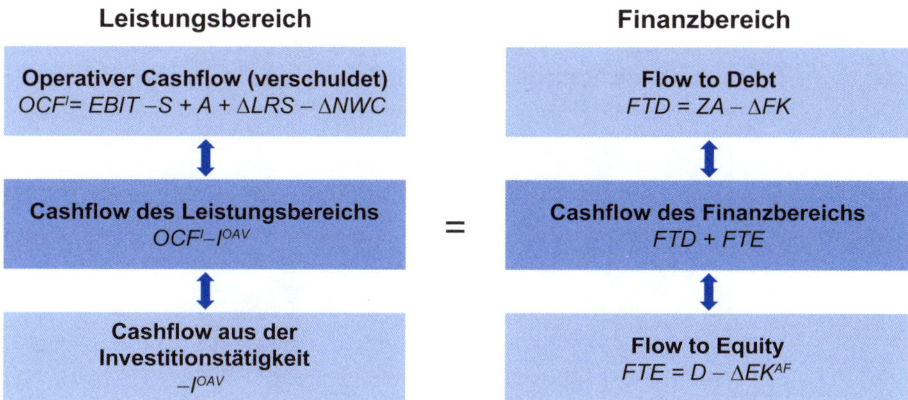

Abb. 1-65: Zahlungsströme des Leistungs- und des Finanzbereichs (in Anlehnung an Diedrich/Dierkes, 2015, S. 35)

Der für den rechnerischen Ausgleich dieser Zahlungsströme notwendige Mechanismus erfordert es, eine dieser Größen zu einer Residualgröße im Sinne einer abhängigen Ausgleichsvariablen zu machen. Im vorliegenden Fall ist dies der Zahlungsstrom gegenüber den Eignern *FTE*, was auch als residuale Ausschüttung bezeichnet wird (Drukarczyk/Schüler, 2021, S. 130 ff.). Dabei mindert sich der operativ erwirtschaftete Zahlungsüberschuss um Investitionen in das operative Anlagevermögen sowie um den aus Zins- und Tilgungsleistungen bestehenden Kapitaldienst gegenüber den Fremdkapitalgebern *FTD*. Der danach verbleibende Liquiditätsüberschuss wird dann zunächst durch Gewinnausschüttungen oder nachrangig im Wege von Kapitalherabsetzungen an die Eigenkapitalgeber ausgezahlt. Im Falle eines nach Investitionen und Fremdfinanzierungsmaßnahmen verbleibenden Liquiditätsdefizits müssten die Eigner hingegen entsprechend ausgleichende Einlagen leisten.

Für eine Herabsetzung des Eigenkapitals bestehen in der Realität vielfältige rechtliche Beschränkungen in Abhängigkeit von der jeweiligen Rechtsform des Unternehmens. Im Rahmen des hier verwendeten Planungsmodells soll dem lediglich in sehr vereinfachter Weise Rechnung getragen werden, indem zumindest für einen Teil des durch Außenfinanzierung gebildeten Eigenkapitals unterstellt wird, dass wirksame Sperrvorschriften eine Herabsetzung und Ausschüttung verhindern würden. Ausschüttungssperren in Bezug auf Gewinne werden hingegen vollständig vernachlässigt. Für den Fall, dass durch Verluste eine bilanzielle Überschuldung droht, wird eine ausgleichende Einlagepflicht der Kapitalgeber unterstellt.

Die nachfolgend dargestellte Modellierung führt dann praktisch immer zu einer vollständigen Ausschüttung von nicht benötigter Liquidität, solange bestimmte, nachfolgend noch präzisierte Modellgrenzen eingehalten werden. Abb. 1-66 veranschaulicht dieses Prinzip einer residualen Ausschüttung nochmals grafisch. Alternativ wäre es allerdings auch denkbar, dass zunächst die im Flow to Equity *FTE* abgebildeten Ausschüttungen betragsmäßig vorgegeben werden und ein Ausgleich dann über entsprechend anzupassende Fremdfinanzierungsmaßnahmen oder Investitionsumfänge erfolgt, was als residuale Finanzierungspolitik bzw. residuale Investitionspolitik bezeichnet wird (Drukarczyk/Schüler, 2021, S. 132).

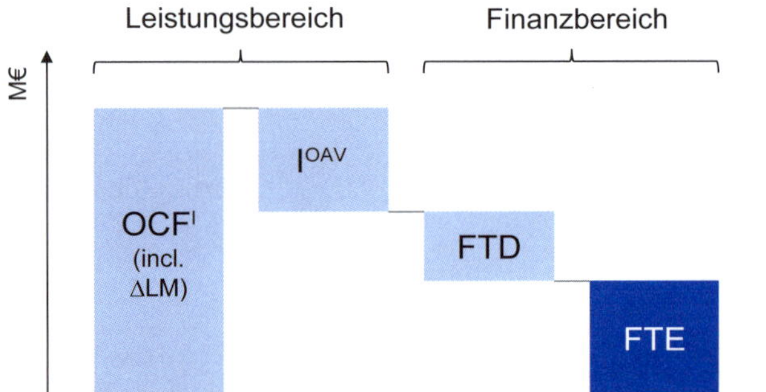

Abb. 1-66: Zahlungsströme des Leistungs- und des Finanzbereichs (in Anlehnung an Drukarczyk/Schüler, 2021, S. 131)

In formaler Hinsicht lässt sich die beschriebene Variante einer residualen Ausschüttung wie folgt beschreiben: Aus dem operativen Bereich generierte Liquiditätsüberschüsse werden nach Berücksichtigung von betrieblichen Investitionen und Fremdfinanzierungsmaßnahmen vollständig an die Eigenkapitalgeber ausgeschüttet.

$$FTE_t = OCF_t^l - I_t^{OAV} - FTD_t$$

FTD	…	*Flow to Debt*
FTE	…	*Flow to Equity*
I^{OAV}	…	*Investitionen in das operative Anlagevermögen*
OCF^l	…	*Operativer Cashflow (verschuldet)*
t	…	*Zeit- bzw. Periodenindex*

Der Flow to Equity *FTE* als Gesamtzahlungsstrom gegenüber den Eignern kann dabei sowohl positive als auch negative Werte annehmen. Im erstgenannten Fall setzt er sich vorrangig aus Gewinnausschüttungen *D* sowie erst nachrangig aus der eventuellen Rückgewähr von Einlagen zusammen. Ein negativer Flow to Equity beschreibt hingegen von den Eignern zu leistende Einlagen.

$$FTE_t = D_t - \Delta EK_t^{AF} = D_t - EK_t^{AF} + EK_{t-1}^{AF}$$

D	…	*Gewinnausschüttung bzw. Dividende*
EK^{AF}	…	*Eigenkapital aus Außenfinanzierung (Einlagen)*
FTE	…	*Flow to Equity*
t	…	*Zeit- bzw. Periodenindex*

Dabei können Gewinnausschüttungen jedoch maximal in Höhe der verfügbaren Liquidität oder des vorhandenen Gewinnpotenzials erfolgen. Da Gewinnausschüttungen per Definition nicht negativ sein können, werden sie durch die beiden folgenden Nebenbedingungen begrenzt.

$$D_t \leq max\left(OCF_t^l - I_t^{OAV} - FTD_t ;0\right) \text{ bezüglich der verfügbaren Liquidität}$$

$$D_t \leq max\left(EK_{t-1}^{IF} + JÜ_t ;0\right) \text{ bezüglich des ausschüttbaren Gewinnpotenzials}$$

Die anzusetzende residuale Gewinnausschüttung ergibt sich somit als:

$$D_t = min\left[max\left(OCF_t^l - I_t^{OAV} - FTD_t ;0\right); max\left(EK_{t-1}^{IF} + JÜ_t ;0\right)\right]$$

Ohne hinreichende Liquidität kommt es dann zu Gewinnthesaurierungen. Bei negativen Liquiditätsüberschüssen ($OCF_t^l - I_t^{OAV} - FTD_t < 0$) müssen die Eigenkapitalgeber zusätzliche Einlagen leisten, um die Zahlungsfähigkeit aufrechtzuerhalten. Besteht jedoch ein positiver Liquiditätsüberschuss, dem keine ausschüttbaren Gewinne gegenüberstehen, könnte dieser prinzipiell auch im Wege einer Einlagenrückgewähr, z. B. durch eine ordentliche Kapitalherabsetzung, an die Eigner ausgezahlt werden. Dies ist aufwendiger und nur in gewissen Grenzen möglich, solange ein unter Berücksichtigung gesetzlicher Vorschriften festzulegender Minimalwert $EK^{AF(min)}$ nicht unterschritten wird. Eine Kapitalherabsetzung ist auch dann auszuschließen, wenn damit aufgrund aktueller oder vergangener Verluste (z. B. negatives EK^{IF} aufgrund von Verlustvorträgen) eine bilanzielle Überschuldung drohen würde. Damit kann das durch Außenfinanzierung bereitgestellte Eigenkapital zum Periodenende innerhalb der angesprochenen Grenzen und unter vollständigem Abfluss des frei verfügbaren Liquiditätspotenzials wie folgt berechnet werden:

$$EK_t^{AF} = EK_{t-1}^{AF} - OCF_t^l + I_t^{OAV} + FTD_t + D_t$$

solange $EK_t^{AF} \geq EK^{AF(min)}$ (Untergrenze für Kapitalherabsetzungen)

sowie $EK_t^{AF} \geq D_t - EK_{t-1}^{IF} - JÜ_t$ (keine bilanzielle Überschuldung)

D ... *Gewinnausschüttung bzw. Dividende*
EK^{AF} ... *Eigenkapital aus Außenfinanzierung (Einlagen)*
$EK^{AF(min)}$ ... *Mindestbestand an Eigenkapital aus Außenfinanzierung (nicht herabsetzbar)*
FTD ... *Flow to Debt*
I^{OAV} ... *Investitionen in das operative Anlagevermögen*
$JÜ$ ... *Jahresüberschuss*
OCF^l ... *Operativer Cashflow (verschuldet)*
t ... *Zeit- bzw. Periodenindex*

Außerhalb der oben beschriebenen Grenzen käme es aufgrund von dann wirksam werdenden Ausschüttungssperren oder der zum Verlustausgleich zu tätigenden Einlagen zu einem Ansteigen der Liquidität im Unternehmen über die notwendige Mindestkassenhaltung hinaus. Für diese zusätzlichen Mittel wäre dann eine geeignete Verwendungsannahme zu treffen. Wird davon ausgegangen, dass bereits alle vorteilhaften betrieblichen Investitionen in der Unternehmensplanung berücksichtigt sind, bliebe hierfür nur der Aufbau von nichtbetriebsnotwendigem Vermögen, z. B. in Form von Überschussliquidität oder Finanzanlagen. Dies wird hier jedoch aus Vereinfachungsgründen bewusst vermieden. Zudem ist auch vorstellbar, dass es in diesen Fällen auch zu ausgleichenden Anpassungen im Bereich der Fremdfinanzierung käme. Entsprechende Modellerweiterungen sind prinzipiell möglich, erhöhen allerdings die Komplexität. Auch bei einem rechnerischen Unterschreiten der oben beschriebenen Untergrenzen für EK^{AF} wären entsprechende Modellerweiterungen erforderlich, worauf hier verzichtet wird.

Die dargestellte differenzierte Modellierung des Zusammenspiels von Eigen- und Fremdkapital wird im Rahmen mancher Bewertungsverfahren jedoch überflüssig, indem Fremdfinanzierungseinflüsse dort bei der Ermittlung der bewertungsrelevanten Überschüsse zunächst ausgeblendet werden und gedanklich eine vollständige Eigenfinanzierung unterstellt wird. Die hieraus resultierende, zusammengefasste (Gesamt-)Kapitalposition wird auch als investiertes Kapital (IC) bezeichnet (Koller et al., 2010, S. 132 f.). Hierdurch reduziert sich nochmals die Komplexität der integrierten Planungsrechnung, wie Abb. 1-67 dies für die Bilanz zeigt.

Aktiva		Passiva	
Operatives Anlagevermögen	*OAV*	Investiertes Kapital	*IC*
Net Working Capital	*NWC*	Langfristige Rückstellungen	*LRS*

Abb. 1-67: Vereinfachte Bilanzstruktur bei unterstellter Eigenfinanzierung

Das investierte Kapital *IC* beschreibt damit denjenigen buchwertbezogenen Betrag, der durch Eigen- oder Fremdkapitalgeber gemeinsam zur Finanzierung der Bilanzpositionen des Leistungsbereichs aufzubringen ist. Es umfasst das Anlagevermögen und das Net Working Capital abzüglich der langfristigen Rückstellungen und entspricht somit dem Eigenkapitalbuchwert bei einer hypothetischen reinen Eigenfinanzierung. Insofern lässt sich das investierte Kapital auch einfach als Ausgleichsgröße in die Planbilanz einsetzen, nachdem die operativen Vermögens- und Schuldpositionen entsprechend der erwarteten Geschäftsentwicklung geplant wurden.

$$IC_t = OAV_t + NWC_t - LRS_t$$

IC ... *Invested Capital*
LRS ... *Langfristige Rückstellungen*
NWC ... *Net Working Capital (Netto-Umlaufvermögen)*
OAV ... *Operatives Anlagevermögen*
t ... *Zeit- bzw. Periodenindex*

Die aus dem investierten Kapital erwirtschaftete periodenbezogene Erfolgsgröße wird als Ergebnis vor Zinsen nach angepassten Steuern bezeichnet (Net Operating Profit less adjusted Taxes bzw. NOPLAT) und errechnet sich als mit dem Unternehmenssteuersatz belastetes Ergebnis vor Zinsen und Steuern (Earnings before Interst and Taxes bzw. EBIT). Dies entspricht dem hypothetischen Jahresüberschuss, der bei reiner Eigenfinanzierung eingetreten wäre, da Fremdkapitalzinsen nicht ergebnis- und steuermindernd berücksichtigt werden

(Tax Shield = 0). Für die hierdurch erhöhte bzw. angepasste Steuerbelastung bei unterstellter Eigenfinanzierung wurde bereits zuvor die Notation S^{adj} eingeführt.

$$NOPLAT_t = EBIT_t \times \left(1 - s_t^{Unt}\right) = EBIT_t - S_t^{adj} = J\ddot{U}_t + ZA_t - TS_t$$

EBIT	...	*Earnings before Interest and Taxes (Ergebnis vor Zinsen und Steuern)*
JÜ	...	*Jahresüberschuss*
NOPLAT	...	*Net Operating Profit less adjusted Taxes (Ergebnis vor Zinsen nach angepassten Steuern)*
S^{adj}	...	*Angepasste Steuern (Steuerbelastung bei hypothetischer Eigenfinanzierung)*
s^{Unt}	...	*Unternehmenssteuersatz*
t	...	*Zeit- bzw. Periodenindex*
TS	...	*Tax Shield (fremdfinanzierungsbedingter Steuervorteil)*
ZA	...	*Zinsaufwand*

Da sich diese Anpassungen allein auf den Zinsaufwand und die Steuern erstrecken und das Ergebnis vor Zinsen und Steuern (EBIT) ansonsten unverändert bleibt, wird auf eine nochmalige Darstellung der Gewinn- und Verlustrechnung verzichtet. Dies soll lediglich für die Kapitalflussrechnung (KFR) erfolgen, welche für den Fall einer unterstellten reinen Eigenfinanzierung in Abb. 1-68 dargestellt ist.

	Ergebnis vor Zinsen und Steuern	*EBIT*	
–	Angepasste Steuern	S^{adj}	
+	Abschreibungen auf operatives Anlagevermögen	A^{OAV}	
+	Veränderung der langfristigen Rückstellungen	*ΔLRS*	
–	Veränderung der Materialbestände	ΔV^{RHB}	*ΔNWC*
–	Veränderung der Erzeugnisbestände	$\Delta V^{FE/UE}$	
–	Veränderung der Kundenforderungen	*ΔKF*	
–	Veränderung der liquiden Mittel (Liquiditätsreserve)	*ΔLM*	
+	Veränderung der Lieferantenverbindlichkeiten	*ΔLV*	
+	Veränderung der kurzfristigen Rückstellungen	*ΔKRS*	
Operativer Cashflow (unverschuldet)		OCF^u	
–	Investitionen in operatives Anlagevermögen	I^{OAV}	
Cashflow aus Investitionstätigkeit			
=	**Free Cashflow**	*FCF*	

Abb. 1-68: Modifizierte Kapitalflussrechnung bei unterstellter Eigenfinanzierung

Der operative Cashflow reduziert sich hier um das nicht mehr vorhandene Tax Shield. Der aus diesem operativen Cashflow eines unverschuldeten Unternehmens OCF^u nach Abzug von Investitionen in das operative Anlagevermögen verbleibende Liquiditätsüberschuss wird als sogenannter Free Cashflow (FCF) bezeichnet. Er bildet den bewertungsrelevanten Überschuss verschiedener Bewertungsverfahren, konkret des APV- bzw. des WACC-Ansatzes (vgl. hierzu Abschnitte 1.2.4.1 und 1.2.4.2).

$$FCF_t = OCF_t^u - I_t^{OAV}$$

FCF	…	*Free Cashflow*
I^{OAV}	…	*Investitionen in das operative Anlagevermögen*
OCF^u	…	*Operativer Cashflow bei unterstellter Eigenfinanzierung (unverschuldet)*
t	…	*Zeit- bzw. Periodenindex*

Die Fortentwicklung des investierten Kapitals ergibt sich dann entsprechend als:

$$IC_t = IC_{t-1} + Noplat_t - FCF_t$$

FCF	…	*Free Cashflow*
IC	…	*Invested Capital*
NOPLAT	…	*Net Operating Profit less adjusted Taxes (Ergebnis vor Zinsen nach angepassten Steuern)*
t	…	*Zeit- bzw. Periodenindex*

Für eine Ermittlung dieser Größen bedarf es keinerlei Annahmen zur Fremdfinanzierung, was die Planungsrechnung deutlich vereinfacht. Auch die Verdichtung des Kapitaleinsatzes auf die Größe des investierten Kapitals *IC* erspart differenziertere Überlegungen zum Zusammenspiel von Außen- und Innenfinanzierung. Daher soll im Folgenden eine Detailplanungsrechnung des Beispielunternehmens zunächst für den zuletzt beschriebenen Fall einer hypothetischen reinen Eigenfinanzierung dargestellt werden.

Der hierbei als am wahrscheinlichsten eingestufte Pfad der zukünftigen Unternehmensentwicklung wird als Trendszenario bzw. Real Case bezeichnet. Anknüpfend an die Ausgangssituation des Beispielunternehmens in $t = 0$ wurden zur Illustration Parameterkonstellationen gewählt, die sich an langjährigen Durchschnittswerten deutscher Kapitalgesellschaften orientieren. Bezüglich der Kostenstrukturanteile und der erwarteten Umsatzrentabilität sind dies:

		Symbol	Wert im Trendszenario (Real Case)	∅ BACH (Ge)*
GKV (Relation innerhalb der Gesamtkosten)	Materialkostenanteil	a^{MA}	0,70	0,73
	Personalkostenanteil	a^{PA}	0,15	0,15
	Abschreibungsanteil	a^{A}	0,05	0,03
	Anteil sonst. betr. Aufwand	a^{SBA}	0,10	0,09
UKV (Relation innerhalb der Umsatzkosten)	Herstellungskostenanteil	a^{HK}	0,80	
	Verwaltungs- und Vertriebskostenanteil	a^{VVK}	0,20	
Umsatzrentabilität		*ros*	0,05	0,05
* 10-Jahres Durchschnittswerte für deutsche Kapitalgesellschaften gemäß der BACH-Datenbank für den Zeitraum 2007-2016, https://www.bach.banque-france.fr (Abruf 31.8.2018)				

Abb. 1-69: Erwartete Rentabilitätsparameter des Trendszenarios

Die genannten Parameter verändern sich typischerweise im Zeitablauf und sind daher im Rahmen der Planung grundsätzlich periodenspezifisch festzulegen, um erwartete Veränderungen der Marktsituation abzubilden. Zugunsten einer leichter nachvollziehbaren Darstellung wird hierauf jedoch im Folgenden verzichtet und eine Konstanz der oben genannten Parameter unterstellt. Der einzige dynamische Parameter in diesem Beispiel ist die Wachstumsrate des Umsatzes, die sich am erwarteten Produktlebenszyklus orientiert. In einer exemplarischen Szenarioanalyse werden zudem die Konsequenzen von alternativen Realisationsmöglichkeiten dieser Wachstumsrate näher untersucht. Dabei liegen folgende Annahmen zugrunde:

Umsatz-Szenarien	t = 1	t = 2	t = 3	t = 4...
Best Case (bester für realistisch gehaltener Fall)	um jeweils 3 % höhere Wachstumsraten aufgrund unerwartet guter Konjunktur			
Im **Real Case** (Trendszenario) erwartetes Umsatzwachstum g^U	10 %	5 %	2 %	1 %
Worst Case (schlechtester für realistisch gehaltener Fall)	um jeweils 3 % geringere Wachstumsraten aufgrund unerwartet schwacher Konjunktur			

Abb. 1-70: Erwartete Wachstumsraten des Umsatzes

Als umsatzbezogene Bindungskennziffern sollen im Trendszenario die folgenden, aus der Vergangenheitsanalyse abgeleiteten Werte veranschlagt werden, die sich ebenfalls an langjährigen Durchschnittswerten deutscher Unternehmen orientieren. Auch hier wird zugunsten einer leichteren Nachvollziehbarkeit auf einen Einbezug periodischer Veränderungen verzichtet.

	Symbol / Berechnung	Wert im Real Case (Trendszenario)	∅ BACH (Ge)*
Anlagenbindung	$b^{OAV} = OAV/U$	0,40	0,45
Vorrätebindung (RHB)	$b^{RHB} = V^{RHB}/U$	0,03	0,10
Vorrätebindung (FE/UE)	$b^{FE/UE} = V^{FE/UE}/U$	0,06	
Forderungsbindung	$b^{KF} = KF/U$	0,07	0,07
Liquiditätsbindung	$b^{LM} = LM/U$	0,02	0,05
lfr. Rückstellungsbindung	$b^{LRS} = LRS/U$	0,08	0,05
kfr. Rückstellungsbindung	$b^{KRS} = KRS/U$	0,09	0,10
Lieferantenkreditbindung	$b^{LV} = LV/U$	0,05	0,05
* 10-Jahres Durchschnittswerte für deutsche Kapitalgesellschaften gemäß der BACH-Datenbank für den Zeitraum 2007-2016, https://www.bach.banque-france.fr (Abruf 31.8.2018)			

Abb. 1-71: Erwartete Bindungskoeffizienten bzw. Umsatzrelationen verschiedener operativer Bilanzpositionen der X AG im Real Case

Wird ferner ein für alle Perioden geltender Unternehmenssteuersatz s^{Unt} von 30 % unterstellt, lassen sich die nachfolgenden Plan-Bilanzen bzw. Plan-Gewinn- und Verlustrechnungen für das am wahrscheinlichsten erachtete Trendszenario (Real Case) erstellen. Nachfolgend wird dies für einen Detailplanungszeitraum mit einer Dauer von fünf Perioden (T) dargestellt, wobei zunächst eine reine Eigenfinanzierung neben den aus dem operativem Geschäft resultierenden Rückstellungen unterstellt wird. Das investierte Kapital IC bildet dann die residuale Ausgleichsposition. Für die fünf Planungsperioden ergeben sich daraus die folgenden Bilanzwerte des Trendszenarios:

(Angaben in M€)	Symbol	t = 0	1	2	3	4	5 (= T)
Operat. Anlageverm.	OAV	240,000	264,000	277,200	282,744	285,571	288,427
Vorräte RHB	V^{RHB}	18,000	19,800	20,790	21,206	21,418	21,632
Vorräte Erzeugnisse	$V^{FE/UE}$	36,000	39,600	41,580	42,412	42,836	43,264
Kundenforderungen	KF	42,000	46,200	48,510	49,480	49,975	50,475
Liquide Mittel	LM	12,000	13,200	13,860	14,137	14,279	14,421
Bilanzsumme	BS	**348,000**	**382,800**	**401,940**	**409,979**	**414,079**	**418,219**
Investiertes Kapital	IC	216,000	237,600	249,480	254,470	257,014	259,584
Langfr. Rückstellungen	LRS	48,000	52,800	55,440	56,549	57,114	57,685
Kurzfr. Rückstellungen	KRS	54,000	59,400	62,370	63,617	64,254	64,896
Lieferantenverb.	LV	30,000	33,000	34,650	35,343	35,696	36,053
Bilanzsumme	BS	**348,000**	**382,800**	**401,940**	**409,979**	**414,079**	**418,219**

Abb. 1-72: Planbilanzen des Detailplanungszeitraums der X AG im Real Case bei unterstellter Eigenfinanzierung

Die hierzu korrespondierende Modellierung der Plan-Periodenergebnisse nach dem Gesamtkostenverfahren sowie alternativ nach dem Umsatzkostenverfahren sind in Abb. 1-73 dargestellt. Auch hierbei wird eine reine Eigenfinanzierung unterstellt. Dementsprechend wird das resultierende Periodenergebnis als Net Operating Profit less adjusted Taxes (NOPLAT) bezeichnet.

(Angaben in M€)	Symbol	t = 1	2	3	4	5 (= T)
Umsatzerlöse	*U*	660,000	693,000	706,860	713,929	721,068
+ Bestandserhöhung FE/UE	$\Delta V^{FE/UE}$	3,600	1,980	0,832	0,424	0,428
– Materialaufwand	*MA*	441,420	462,231	470,644	475,059	479,810
– Personalaufwand	*PA*	94,590	99,050	100,852	101,798	102,816
– Abschreibungen	*A*	31,530	33,017	33,617	33,933	34,272
– Sonst. betr. Aufwand	*SBA*	63,060	66,033	67,235	67,866	68,544
= Ergebnis vor Zinsen und Steuern	*EBIT*	33,000	34,650	35,343	35,696	36,053
– Angepasste Steuern	S^{adj}	9,900	10,395	10,603	10,709	10,816
= Jahresüberschuss bei Eigenfinanzierung	***NOPLAT***	**23,100**	**24,2550**	**24,740**	**24,988**	**25,237**

(Angaben in M€)	Symbol	t = 1	2	3	4	5 (= T)
Umsatzerlöse	*U*	660,000	693,000	706,860	713,929	721,068
– Herstellungskosten des Umsatzes	*HKU*	501,600	526,680	537,214	542,586	548,012
= Bruttoergebnis vom Umsatz		158,400	166,320	169,646	171,343	173,056
– Verwaltungs- u. Vertriebskosten	*VVK*	125,400	131,670	134,303	135,646	137,003
= Ergebnis vor Zinsen und Steuern	*EBIT*	33,000	34,650	35,343	35,696	36,053
– Angepasste Steuern	S^{adj}	9,900	10,395	10,603	10,709	10,816
= Jahresüberschuss bei Eigenfinanzierung	***NOPLAT***	**23,100**	**24,255**	**24,740**	**24,988**	**25,237**

Abb. 1-73: Plan-Gewinn- und Verlustrechnungen des Detailplanungszeitraums der X AG im Real Case bei unterstellter Eigenfinanzierung

In einer entsprechenden Plan-Kapitalflussrechnung ergibt sich bei unterstellter Eigenfinanzierung der sogenannte Free Cashflow als Liquiditätsüberschuss des Leistungsbereichs für die fünf Planungsperioden, wie in Abb. 1-74 dargestellt:

	(Angaben in M€)	Symbol	t = 1	2	3	4	5 (= T)
	Ergebnis vor Zinsen und Steuern	$EBIT$	33,000	34,650	35,343	35,696	36,053
–	Unternehmenssteuern	S^{adj}	9,900	10,395	10,603	10,709	10,816
+	Abschreibungen auf operat. Anlageverm.	A^{OAV}	31,530	33,017	33,617	33,933	34,272
+	Veränderung der langfristigen Rückst.	ΔLRS	4,800	2,640	1,109	0,565	0,571
–	Veränderung der Materialbestände	ΔV^{RHB}	1,800	0,990	0,416	0,212	0,214
–	Veränderung der Erzeugnisbestände	$\Delta V^{FE/UE}$	3,600	1,980	0,832	0,424	0,428
–	Veränderung der Kundenforderungen	ΔKF	4,200	2,310	0,970	0,495	0,500
–	Veränderung der liquiden Mittel	ΔLM	1,200	0,660	0,277	0,141	0,143
+	Veränderung der Lieferantenverb.	ΔLV	3,000	1,650	0,693	0,353	0,357
+	Veränderung der kurzfristigen Rückst.	ΔKRS	5,400	2,970	1,247	0,636	0,643
	Operativer Cashflow (unverschuldet)	OCF^{u}	**57,030**	**58,592**	**58,912**	**59,203**	**59,795**
–	Investitionen in operat. Anlageverm.	I^{OAV}	55,530	46,217	39,161	36,760	37,128
	Cashflow aus Investitionstätigkeit		**–55,530**	**–46,217**	**–39,161**	**–36,760**	**–37,128**
=	**Free Cashflow**	FCF	**1,500**	**12,375**	**19,751**	**22,443**	**22,667**

Abb. 1-74: Plan-Kapitalflussrechnungen des Detailplanungszeitraums der X AG im Real Case bei unterstellter Eigenfinanzierung

Der durch das Trendszenario gezeichnete Entwicklungspfad orientiert sich hierbei am idealisierten Verlauf des in Abb. 1-29 dargestellten Produktlebenszyklus. Die in der Vergangenheitsanalyse betrachteten Jahre waren durch ein hohes, jedoch abnehmendes Umsatzwachstum geprägt. Dabei erreichte auch die Umsatzrentabilität (*ros*) ihren Höhepunkt in den Phasen des stärksten Wachstums ($t = -1$). Gleichzeitig wurde der im operativen Geschäft erwirtschaftete Liquiditätsüberschuss (*OCF*) durch wachstumsbedingte Investitionsauszahlungen (I^{OAV}) in den Vorjahren stark belastet. Die Saldierung dieser beiden Teilcashflows ergibt für den hier dargestellten Fall einer hypothetischen Eigenfinanzierung den Free Cashflow (*FCF*), der während dieser Wachstumsphase noch negativ war. Da sich das Umsatzwachstum wie auch die Rentabilität bereits abschwächen, liegt die Vermutung nahe, dass sich der unterstellte Produktlebenszyklus im Bewertungszeitpunkt ($t = 0$) im Übergang von der Wachstumsphase zum Stadium der Reife befindet. Dementsprechend wird in den kommenden Jahren mit weiterhin sinkenden Wachstumsraten des Umsatzes gerechnet. Gleichzeitig ist zukünftig von positiven und zunächst ansteigenden Free Cashflows auszugehen, da die wachstumsbedingten Erweiterungsinvestitionen abnehmen. Für den analysierten Vergangenheitszeitraum und die Detailplanungsphase ergibt sich damit nachfolgendes Bild, welches mit den Grundannahmen des Produktlebenszyklus-Konzeptes weitestgehend im Einklang steht. Allerdings blendet ein für den sich anschließenden Fortführungszeitraum angenommener eingeschwungener Zustand den späteren Niedergang einer Sättigungsphase aus, sondern verstetigt das dann erreichte Niveau.

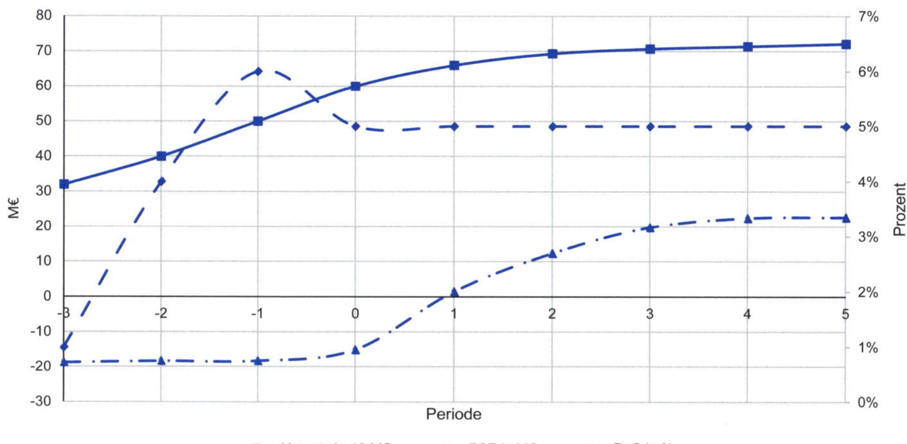

Abb. 1-75: Charakteristische Lebenszyklusparameter der X AG im Zeitraum der Vergangenheitsanalyse und Detailplanung

Die dargestellten Planungsrechnungen lassen sich leicht bezüglich der eingehenden Parameterkonstellationen variieren. Die hierdurch mögliche Abbildung von alternativ denkbaren Zukunftsbildern wurde bereits als sogenannte Szenariotechnik vorgestellt. Dies ist im Folgenden exemplarisch für den Beispielfall illustriert, indem Variationen des erwarteten Umsatzwachstums implementiert werden. Dabei sollen für den Best Case und den Worst Case jeweils Wachstumsraten denkbar sein, die um bis zu 3 % über oder unter dem Wert des Trendszenarios liegen. Bereits diese geringe Modifikation der Wachstumsraten führt zu einer relativ großen Bandbreite möglicher Umsätze, wobei sich die Abweichungen vom Trendszenario im Zeitverlauf akkumulieren. Der sich aus diesen Extremszenarien ergebende Unsicherheitsbereich der Umsatzentwicklung ist in Abb. 1-76 dargestellt. Er konkretisiert den bereits in Abb. 1-25 vorgestellten Szenariotrichter.

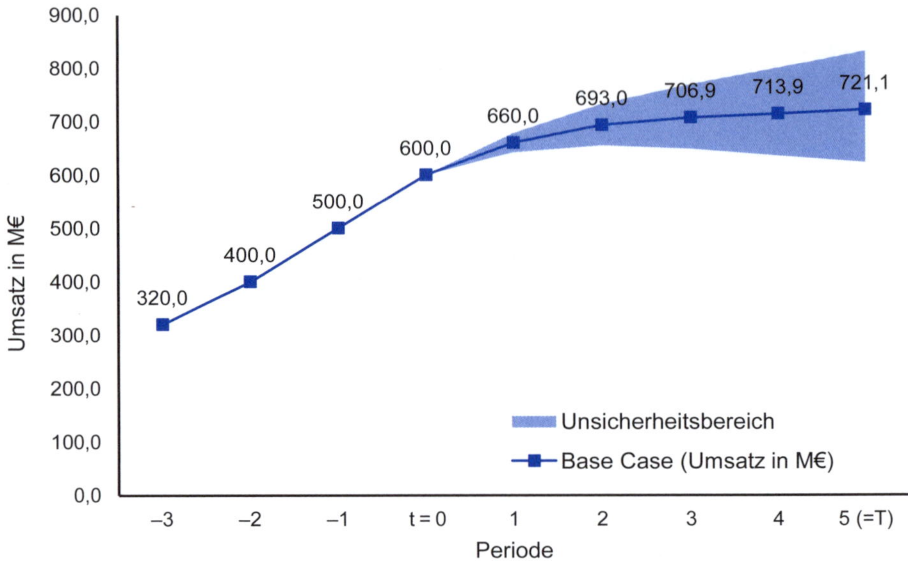

Abb. 1-76: Bandbreiten möglicher Umsatzentwicklungen der X AG als Szenario-Modell

Wird die vollständige Unternehmensplanung für diese drei Umsatzszenarien unter Beibehaltung der übrigen Planungsparameter durchgeführt, so ergeben sich aus den integrierten Planungen für Bilanz, GuV und KFR unter anderem die in Abb. 1-77 skizzierten Verläufe ausgewählter Kennzahlen. Die Bezeichnung der Szenarien als Best- bzw. Worst Case bezieht sich auf den erwarteten Umsatz. Für andere Parameter muss daraus nicht gleichzeitig ein bester oder schlechtester denkbarer Wert resultieren, wie man hier am Beispiel des Free Cashflows sieht. Diese sinken bei hohem Umsatzwachstum aufgrund der benötigten Erweiterungsinvestitionen.

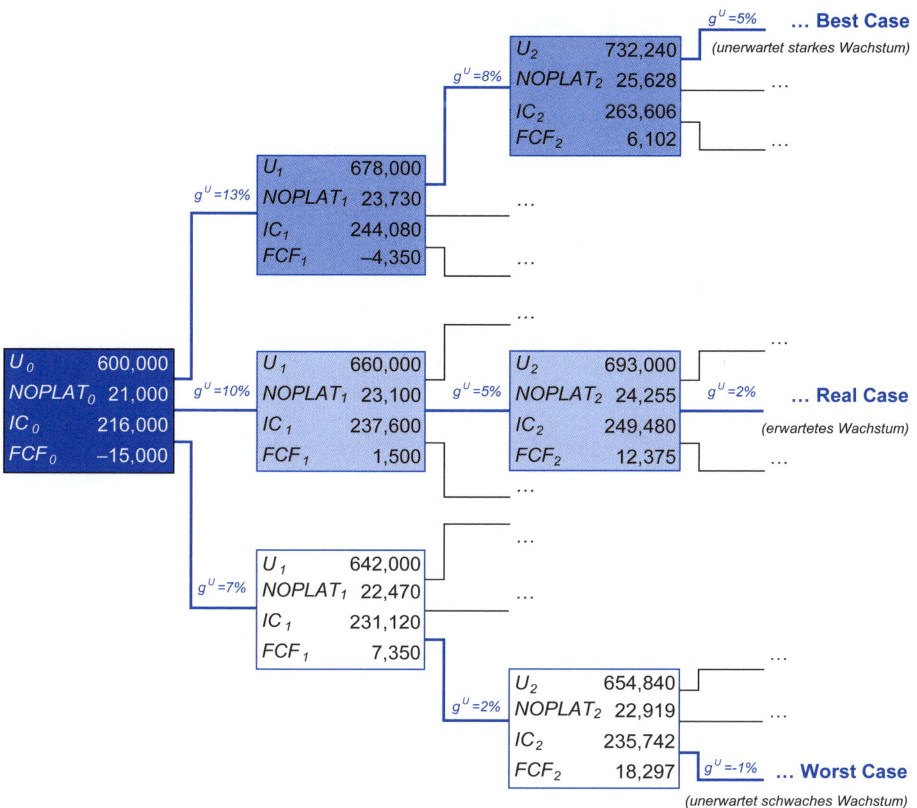

Abb. 1-77: Ausgewählte Parameter einer mehrwertigen integrierten Unternehmensplanung der X AG bei unterstellter Eigenfinanzierung

Während sich alle drei oben dargestellten Szenarien auf den unter Planungsgesichtspunkten vereinfachten Fall einer vollständigen Eigenfinanzierung bezogen haben, soll nachfolgend lediglich für den Real Case die Erweiterung um eine Fremdfinanzierung dargestellt werden. Hierzu müssen allerdings konkrete betragsmäßige Planwerte vorliegen, die z. B. aus einer autonomen Finanzierungspolitik resultieren, wie sie in 1.2.1.5 vorgestellt wurde. Diese unterstellt eine identische Fremdkapitalaufnahme für alle denkbaren Szenarien. Hiervon wird im Folgenden ausgegangen, indem die als Finanzschulden in der Bilanz ausgewiesenen Fremdkapitalbestände deterministisch geplant und mit einem konstanten Fremdkapitalzinssatz i^{FK} in Höhe von 5 % verzinst werden. Der maßgebliche Unternehmenssteuersatz beträgt weiterhin 30 %. Allerdings soll die steuerliche Anrechenbarkeit der Zinsen beschränkt sein, sodass die Tax-Shield-Rate ts^{Unt} nur 26 % ausmacht. Unter ansonsten unveränderten Planungsannahmen ergeben sich für das Trendszenario die nachfolgend dargestellten Werte einer integrierten Unternehmensplanung mit autonomer Fremdfinanzierung.

(Angaben in M€)	Symbol	t = 0	1	2	3	4	5 (= T)
Operatives Anlageverm.	*OAV*	240,000	264,000	277,200	282,744	285,571	288,427
Vorräte RHB	V^{RHB}	18,000	19,800	20,790	21,206	21,418	21,632
Vorräte Erzeugnisse	$V^{FE/UE}$	36,000	39,600	41,580	42,412	42,836	43,264
Kundenforderungen	*KF*	42,000	46,200	48,510	49,480	49,975	50,475
Liquide Mittel	*LM*	12,000	13,200	13,860	14,137	14,279	14,421
Bilanzsumme	***BS***	**348,000**	**382,800**	**401,940**	**409,979**	**414,079**	**418,219**
EK aus Außenfinanzierung	EK^{AF}	60,000	60,000	60,000	60,000	60,000	60,000
EK aus Innenfinanzierung	EK^{IF}	36,000	45,600	54,480	56,470	57,634	58,811
Finanzschulden (autonom)	*FK*	120,000	132,000	135,000	138,000	139,380	140,774
Langfr. Rückstellungen	*LRS*	48,000	52,800	55,440	56,549	57,114	57,685
Kurzfr. Rückstellungen	*KRS*	54,000	59,400	62,370	63,617	64,254	64,896
Lieferantenverb.	*LV*	30,000	33,000	34,650	35,343	35,696	36,053
Bilanzsumme	***BS***	**348,000**	**382,800**	**401,940**	**409,979**	**414,079**	**418,219**

Abb. 1-78: Planbilanzen des Detailplanungszeitraums der X AG im Real Case bei autonomer Fremdfinanzierung

Bezogen auf die Stabilitätsgrenzen der vorliegenden Modellierung zeigt sich, dass es während der Detailplanung zu Gewinnthesaurierungen kommt und überschüssige Liquidität vollständig in Form von Gewinnausschüttungen an die Eigenkapitalgeber ausgezahlt wird. Eine Kapitalherabsetzung wird in keiner Periode vorgenommen, sodass auch keine diesbezüglichen Ausschüttungssperren bzw. eine Untergrenze in Form von $EK^{AF(min)}$ wirksam werden. In der vorliegenden Parameterkonstellation kann somit das hier genutzte Modell eine integrierte Unternehmensplanung vollständig und widerspruchsfrei abbilden.

	(Angaben in M€)	Symbol	t = 1	2	3	4	5 (= T)
	Umsatzerlöse	U	660,000	693,000	706,860	713,929	721,068
+	Bestandserhöhung FE/UE	$\Delta V^{FE/UE}$	3,600	1,980	0,832	0,424	0,428
–	Materialaufwand	MA	441,420	462,231	470,644	475,059	479,810
–	Personalaufwand	PA	94,590	99,050	100,852	101,798	102,816
–	Abschreibungen	A	31,530	33,017	33,617	33,933	34,272
–	Sonst. betr. Aufwand	SBA	63,060	66,033	67,235	67,866	68,544
=	Ergebnis vor Zinsen und Steuern	$EBIT$	33,000	34,650	35,343	35,696	36,053
–	Zinsaufwand	ZA	6,000	6,600	6,750	6,900	6,969
=	Ergebnis vor Steuern	EBT	27,000	28,050	28,593	28,796	29,084
–	Unternehmenssteuern	S^{Unt}	8,340	8,679	8,848	8,915	9,004
=	**Jahresüberschuss**	$JÜ$	**18,660**	**19,371**	**19,745**	**19,882**	**20,080**

Abb. 1-79: Plan-Gewinn- und Verlustrechnungen des Detailplanungszeitraums der X AG im Real Case bei autonomer Fremdfinanzierung nach dem GKV

	(Angaben in M€)	Symbol	t = 1	2	3	4	5 (= T)
	Ergebnis vor Zinsen und Steuern	$EBIT$	33,000	34,650	35,343	35,696	36,053
–	Unternehmenssteuern	S	8,340	8,679	8,848	8,915	9,004
+	Abschreibungen auf operat. AV	A^{OAV}	31,530	33,017	33,617	33,933	34,272
+	Veränderung der langfristigen Rückst.	ΔLRS	4,800	2,640	1,109	0,565	0,571
–	Veränderung der Materialbestände	ΔV^{RHB}	1,800	0,990	0,416	0,212	0,214
–	Veränderung der Erzeugnisbestände	$\Delta V^{FE/UE}$	3,600	1,980	0,832	0,424	0,428
–	Veränderung der Kundenford.	ΔKF	4,200	2,310	0,970	0,495	0,500
–	Veränderung der liquiden Mittel	ΔLM	1,200	0,660	0,277	0,141	0,143
+	Veränderung der Lieferantenverbindl.	ΔLV	3,000	1,650	0,693	0,353	0,357
+	Veränderung der kurzfristigen Rückst.	ΔKRS	5,400	2,970	1,247	0,636	0,643
	Operativer Cashflow (verschuldet)	OCF^{l}	**58,590**	**60,308**	**60,667**	**60,997**	**61,607**
–	Investitionen in operat. AV	I^{OAV}	55,530	46,217	39,161	36,760	37,128
	Cashflow aus Investitionstätigkeit		**–55,530**	**–46,217**	**–39,161**	**–36,760**	**–37,128**

(Angaben in M€)	Symbol	t = 1	2	3	4	5 (= T)
+ Veränderung des EK aus Außenfin.	ΔEK^{AF}	0,000	0,000	0,000	0,000	0,000
– Gewinnausschüttung	D	9,060	10,491	17,756	18,717	18,904
+ Veränderung der Finanzschulden	ΔFK	12,000	3,000	3,000	1,380	1,394
– Zinsaufwand	ZA	6,000	6,600	6,750	6,900	6,969
Cashflow aus Finanzierungstätigkeit		**–3,060**	**–14,091**	**–21,506**	**–24,237**	**–24,479**

Abb. 1-80: Plan-Kapitalflussrechnungen des Detailplanungszeitraums der X AG im Real Case bei autonomer Fremdfinanzierung

Die dargestellten Ergebnisse der Detailplanung sind im Nachgang einer intensiven Plausibilitätsprüfung zu unterziehen (KSW, 2014, Tz. 68 ff.). Dabei ist die Stimmigkeit der Teilpläne untereinander zu analysieren, was in formeller Hinsicht die rechnerische Richtigkeit und Konsistenz der Annahmen beinhaltet und zudem die internen und externen Faktoren der Unternehmens- und Umfeldentwicklung im Lichte der Vergangenheitsanalyse und anderer Vergleichswerte betrifft (Zwirner et al., 2017, S. 286 f.). Hierbei können vielfältige Kennzahlen der Unternehmens- und Bilanzanalyse Anwendung finden, die in Form von Zeit- und Unternehmensvergleichen auszuwerten sind. Die Planungs- und Prognoserechnung des Detailplanungszeitraums bildet damit ein Kernstück der Informationsbasis, sodass sichergestellt sein sollte, dass diese konsistent und schlüssig ist und auf realistischen und zutreffenden Annahmen beruht.

1.2.3.4 Werttreibermodelle zur vereinfachten Planung

Die im vorangegangenen Abschnitt beschriebene integrierte Unternehmensplanung liefert eine umfassende und in sich konsistente Datenbasis zur Ableitung bewertungsrelevanter Überschüsse. Diese ermöglicht es, die Konsistenz und Schlüssigkeit der zugrunde liegenden Annahmen in differenzierter Weise zu analysieren. Allerdings stellt eine solche vollständige Modellierung eine relativ komplexe und aufwendige Aufgabe dar.

Die unmittelbare rechnerische Ermittlung bestimmter bewertungsrelevanter Überschüsse kann jedoch auch in einfacherer Weise auf Basis von sogenannten Werttreibermodellen gelingen. Unter Verwendung nur weniger Schlüsselparameter und grundlegender Wirkungszusammenhänge in Bezug auf Rentabilität und Wachstum lässt sich mit diesen Modellen in sehr kompakter Form eine Zukunftsextrapolation durchführen. Dies gelingt insbesondere für diejenigen Überschüsse, die sich auf den Leistungsbereich des Unternehmens konzentrieren und Finanzierungsaspekte durch die Annahme einer vollständigen Eigenfinanzierung zunächst ausblenden. Dies soll nachfolgend am Beispiel des Free Cashflows (*FCF*) gezeigt werden, für dessen Ermittlung verschiedene Werttreibermodelle vorgeschlagen wurden (für einen Überblick Mandl/Rabel, 1997, S. 335 ff.).

Einen sehr verbreiteten Ansatz zur Bestimmung des Free Cashflows bildet dabei das von Rappaport entwickelte Wertgeneratorenmodell (Rappaport, 1986,

S. 50 ff.). Es knüpft am gegenwärtigen Umsatzniveau und dem diesbezüglich erwarteten Wachstum an und basiert auf Annahmen zur Umsatzrentabilität und zu den wachstumsbedingten Netto- bzw. Erweiterungsinvestitionen. Der Free Cashflow (*FCF*) einer Periode ermittelt sich hierbei wie folgt:

$$\begin{aligned} FCF_t &= NOPLAT_t - NI_t^{OAV} - NI_t^{NWC} + \Delta LRS_t \\ &= NOPLAT_t - \left(I_t^{OAV} - A_t^{OAV}\right) - \Delta NWC_t + \Delta LRS_t \\ &= \underbrace{U_{t-1} \times \left(1 + g_t^U\right) \times ros_t \times \left(1 - s_t^{Unt}\right)}_{\substack{\text{Net operating profit les adjusted taxes} \\ = OCF^u \text{ – Erhaltungsinvesitionen}}} - \underbrace{U_{t-1} \times g_t^U \times \left(e_t^{OAV} + e_t^{NWC} - e_t^{LRS}\right)}_{\text{wachstumsbedinge Erweiterungsinvestitionen}} \end{aligned}$$

A^{OAV}	…	*Abschreibungen auf das operative Anlagevermögen*
e^{LRS}	…	*Erweiterungsrate der langfristigen Rückstellungen*
e^{NWC}	…	*Erweiterungsinvestitionsrate des Net Working Capitals*
e^{OAV}	…	*Erweiterungsinvestitionsrate des operativen Anlagevermögens*
g^{U}	…	*Wachstumsrate des Umsatzes*
I^{OAV}	…	*Investitionen in das operative Anlagevermögen*
LRS	…	*Langfristige Rückstellungen*
NI^{NWC}	…	*Netto- bzw. Erweiterungsinvestitionen in das Net Working Capital*
NI^{OAV}	…	*Netto- bzw. Erweiterungsinvestitionen in das operative Anlagevermögen*
$NOPLAT$	…	*Net Operating Profit less adjusted Taxes (Ergebnis vor Zinsen nach angepassten Steuern)*
NWC	…	*Net Working Capital (Netto-Umlaufvermögen)*
ros	…	*Return on Sales (Umsatzrentabilität)*
s^{Unt}	…	*Unternehmenssteuersatz*
t	…	*Zeit- bzw. Periodenindex*
U	…	*Umsatzerlöse*

Bei obiger Darstellung wurde der ursprüngliche Modellierungsvorschlag von Rappaport der übrigen hier verwendeten Notation angepasst sowie zusätzlich um den Aspekt der langfristigen Rückstellungen erweitert. Letzteres ist erforderlich, um die Ergebnisgröße *NOPLAT* konsistent in den zahlungswirksamen Free Cashflow zu überführen (Kuhner/Maltry, 2017b, S. 138). Die dargestellten Erweiterungsinvestitionsraten lassen sich mit den im vorherigen Abschnitt bereits zur Detailplanung verwendeten Umsatzrelationen bzw. Bindungskennzahlen verknüpfen. Bleiben diese umsatzbezogenen Bindungskennzahlen zeitlich konstant, so entsprechen die Erweiterungsinvestitionsraten genau diesen Größen. Im Einzelnen lassen sich diese Parameter wie folgt beschreiben bzw. mit der bisherigen Modellierung aus der Detailplanung verknüpfen.

$$ros_t = \frac{EBIT_t}{U_t}$$

$$e_t^{OAV} = \frac{\Delta OAV_t}{\Delta U_t} = \frac{OAV_t - OAV_{t-1}}{U_t - U_{t-1}} = \frac{\Delta b_t^{OAV}}{g_t^U} + b_t^{OAV}$$

$$e_t^{NWC} = \frac{\Delta NWC_t}{\Delta U_t} = \frac{NWC_t - NWC_{t-1}}{U_t - U_{t-1}} = \frac{\Delta b_t^{NWC}}{g_t^U} + b_t^{NWC}$$

$$e_t^{LRS} = \frac{\Delta LRS_t}{\Delta U_t} = \frac{LRS_t - LRS_{t-1}}{U_t - U_{t-1}} = \frac{\Delta b_t^{LRS}}{g_t^U} + b_t^{LRS}$$

b^{IC} … *Umsatzrelation des Invested Captital (Kapitalbindung des IC)*
b^{LRS} … *Umsatzrelation der langfristigen Rückstellungen*
b^{NWC} … *Umsatzrelation des Net Working Capitals (Kapitalbindung des NWC)*
b^{OAV} … *Umsatzrelation des operativen Anlagevermögens (operat. Anlagenbindung)*
$EBIT$ … *Earnings before Interest and Taxes (Ergebnis vor Zinsen und Steuern)*
e^{LRS} … *Erweiterungsrate der langfristigen Rückstellungen*
e^{NWC} … *Erweiterungsinvestitionsrate des Net Working Capitals*
e^{OAV} … *Erweiterungsinvestitionsrate des operativen Anlagevermögens*
g^{U} … *Wachstumsrate des Umsatzes*
LRS … *Langfristige Rückstellungen*
NWC … *Net Working Capital (Netto-Umlaufvermögen)*
OAV … *Operatives Anlagevermögen*
ros … *Return on Sales (Umsatzrentabilität)*
t … *Zeit- bzw. Periodenindex*
U … *Umsatzerlöse*

Werden die Parameter des Wertgeneratorenmodells korrespondierend zu den in Abb. 1-69 bis Abb. 1-71 dargestellten Annahmen des Beispiels aus der Detailplanung festgelegt, ergeben sich hieraus völlig identische Werte für die Free Cashflows (*FCF*). Beginnend bei einem Ausgangswert des Umsatzes in $t = 0$ von 600 M€ und den erwarteten Wachstumsraten errechnen sich die nachfolgenden Werte:

(Angaben in M€)		t = 1	2	3	4	5 (= T)
Umsatz	U	660,000	693,000	706,860	713,929	721,068
Umsatzwachstum	g^U	10,00 %	5,00 %	2,00 %	1,00 %	1,00 %
Umsatzrentabilität	ros	5,00 %	5,00 %	5,00 %	5,00 %	5,00 %
Unternehmens-steuersatz	s^{Unt}	30,00 %	30,00 %	30,00 %	30,00 %	30,00 %
Erweiterungs-investitionsrate OAV	e^{OAV}	40,00 %	40,00 %	40,00 %	40,00 %	40,00 %
Erweiterungs-investitionsrate NWC	e^{NWC}	4,00 %	4,00 %	4,00 %	4,00 %	4,00 %
Erweiterungsrate LRS	e^{LRS}	8,00 %	8,00 %	8,00 %	8,00 %	8,00 %
Free Cashflow	***FCF***	**1,500**	**12,375**	**19,751**	**22,443**	**22,667**

Abb. 1-81: Free Cashflows der X AG des Detailplanungszeitraums im Trendszenario auf Basis des Wertgeneratorenmodells von Rappaport

Ein weiteres, relativ ähnlich gelagertes Werttreibermodell geht auf Vorschläge von Copeland et. al zurück (Copeland et al., 1990, S. 210 ff.). Anders als das vorherige knüpft es jedoch nicht am Umsatz, sondern an der Rentabilität des investierten Kapitals (Return on Invested Capital bzw. *roic*) an und entwickelt den diesbezüglichen Ausgangswert auf Basis von Thesaurierungs- und Rentabilitätsannahmen in die Zukunft fort. Der Free Cashflow lässt sich dabei nach der folgenden Vorschrift bestimmen (Koller et al., 2010, S. 37 ff.):

$$
\begin{aligned}
FCF_t &= NOPLAT_t - NI_t^{IC} \\
&= NOPLAT_t \times \left(1 - n_t^{IC}\right) \\
&= roic_t \times IC_{t-1} \times \left(1 - n_t^{IC}\right)
\end{aligned}
$$

IC	…	*Investiertes Kapital*
n^{IC}	…	*Nettoinvestitionsrate bzw. Thesaurierungsquote des NOPLAT*
NI^{IC}	…	*Netto- bzw. Erweiterungsinvestitionen in das Invested Capital*
NOPLAT	…	*Net Operating Profit less adjusted Taxes (Ergebnis vor Zinsen nach angepassten Steuern)*
roic	…	*Return on Invested Capital*
t	…	*Zeit- bzw. Periodenindex*

Die Nettoinvestitionsrate n^{IC} beschreibt die investitionsbedingte Ausweitung des investierten Kapitals als quotalen Anteil vom Periodenergebnis *NOPLAT*. Letzteres ergibt sich aus der Rentabilität des zu Periodenbeginn eingesetzten Kapitals. Da auch hier eine reine Eigenfinanzierung unterstellt wird, lässt sich die Nettoinvestitionsrate auch als Thesaurierungsquote interpretieren (Diedrich/Dierkes, 2015, S. 238 f.; Drukarczyk/Schüler, 2021, S. 148 f.). Der danach als Differenz von *NOPLAT* und Nettoinvestition verbleibende Betrag ergibt den Free Cashflow. Das investierte Kapital verdichtet dabei die verschiedenen Bilanzpositionen des Anlagevermögens, des Net Working Capitals sowie der langfristigen Rückstellungen zu einer aggregierten Größe. Entsprechend kann diesbezüglich auch eine umsatzbezogene Bindungskennzahl b^{IC} durch Zusammenfassung der Einzelgrößen formuliert werden. Die einzelnen Parameter des obigen Modells lassen sich unter Anpassung an die hier verwendete Notation wie folgt beschreiben bzw. mit den bisherigen Modellparametern verknüpfen. Auch hierbei erfolgt wieder eine Erweiterung des ursprünglichen Modells um langfristige Rückstellungen:

$$NOPLAT_t = EBIT_t \times \left(1 - s_t^{Unt}\right) = U_{t-1} \times \left(1 + g_t^U\right) \times ros_t \times \left(1 - s_t^{Unt}\right)$$

$$IC_t = OAV_t + NWC_t - LRS_t$$

$$b_t^{IC} = \frac{IC_t}{U_t} = \frac{OAV_t + NWC_t - LRS_t}{U_t} = b_t^{OAV} + b_t^{NWC} - b_t^{LRS}$$

$$roic_t = \frac{NOPLAT_t}{IC_{t-1}} = \frac{\left(1 + g_t^U\right) \times ros_t \times \left(1 - s_t^{Unt}\right)}{b_{t-1}^{IC}}$$

$$NI_t^{IC} = IC_t - IC_{t-1} = b_t^{IC} \times U_t - b_{t-1}^{IC} \times U_{t-1} = \left(\Delta b_t^{IC} + b_t^{IC} \times g_t^U\right) \times U_{t-1}$$

$$n_t^{IC} = \frac{NI_t^{IC}}{NOPLAT_t} = \frac{\Delta b_t^{IC} + b_t^{IC} \times g_t^U}{\left(1 + g_t^U\right) \times ros_t \times \left(1 - s_t^{Unt}\right)}$$

b^{IC}	... *Umsatzrelation des Invested Captital (Kapitalbindung des IC)*
b^{LRS}	... *Umsatzrelation der langfristigen Rückstellungen*
b^{NWC}	... *Umsatzrelation des Net Working Capitals (Kapitalbindung des NWC)*
b^{OAV}	... *Umsatzrelation des operativen Anlagevermögens (operat. Anlagenbindung)*
EBIT	... *Earnings before Interest and Taxes (Ergebnis vor Zinsen und Steuern)*
g^U	... *Wachstumsrate des Umsatzes*
IC	... *Invested Capital*
LRS	... *Langfristige Rückstellungen*
n^{IC}	... *Nettoinvestitionsrate bzw. Thesaurierungsquote des NOPLAT*
NI^{IC}	... *Netto- bzw. Erweiterungsinvestitionen in das Invested Capital*
NOPLAT	... *Net Operating Profit less adjusted Taxes (Ergebnis vor Zinsen nach angepassten Steuern)*
NWC	... *Net Working Capital (Netto-Umlaufvermögen)*
OAV	... *Operatives Anlagevermögen*
roic	... *Return on Invested Capital*
ros	... *Return on Sales (Umsatzrentabilität)*
s^{Unt}	... *Unternehmenssteuersatz*
t	... *Zeit- bzw. Periodenindex*
U	... *Umsatzerlöse*

Wird beginnend in $t = 0$ von einem gegebenen Betrag des investierten Kapitals *IC* in Höhe von 216,0 M€ sowie den folgenden Rentabilitäten und Nettoinvestitionsraten ausgegangen, lassen sich auch hieraus wieder identische Free Cashflows berechnen. Diese Eingangsparameter stehen in Einklang mit dem bisherigen Beispiel und lassen sich aus den Modellparametern der Planung ableiten.

(Angaben in M€)		t = 1	2	3	4	5 (= T)
Net Operating Profit less adjusted Taxes	*NOPLAT*	23,100	24,255	24,740	24,988	25,237
Investiertes Kapital (OAV+NWC-LRS)	*IC*	237,600	249,480	254,470	257,014	259,584
Nettoinvestitionen	*NI*	21,600	11,880	4,990	2,545	2,570
Investitionsrate	n^{IC}	93,51 %	48,98 %	20,17 %	10,18 %	10,18 %
Rentabilität des investierten Kapitals	*roic*	10,69 %	10,21 %	9,92 %	9,82 %	9,82 %
Free Cashflow	***FCF***	**1,500**	**12,375**	**19,751**	**22,443**	**22,667**

Abb. 1-82: Free Cashflows der X AG des Detailplanungszeitraums im Trendszenario auf Basis des Werttreibermodells von Copland et al.

Beide Werttreibermodelle verdeutlichen, dass nominales Ergebniswachstum des *NOPLAT* mit entsprechenden Erweiterungsinvestitionen verbunden ist. Während im obigen Beispiel die Umsatzrentabilität konstant bleibt, gilt dies nicht für die Kapitalrentabilität, da sich diese auf den Vorjahreswert des investieren Kapitals bezieht. Pauschale Konstanzannahmen der Eingangsparameter können daher leicht zu Fehleinschätzungen oder Modellinkonsistenzen führen.

Gleichwohl können derartige Werttreibermodelle ein hohes Maß an Komplexitätsreduktion bewirken, da nur für eine Handvoll an Schlüsselparametern Annahmen zu setzten sind, um eine einfache, fortschreibende Berechnung der gesuchten Überschüsse zu ermöglichen. Dies ersetzt allerdings nicht die notwendige Erstellung einer fundierten Planungsrechnung (Mandl/Rabel, 1997, S. 344). Dennoch eignen sich diese Modelle für Grobabschätzungen von Bandbreiten (siehe z. B. Kapitel 4.2) und zur Unterstützung von Plausibilitätsüberlegungen. Die beiden beschriebenen Ansätze werden daher im nachfolgenden Abschnitt zur Modellierung der Fortführungsphase erneut aufgegriffen.

1.2.3.5 Modellierungsaspekte der Fortführungsphase und eventueller Konvergenzprozesse

Eine detaillierte Unternehmensplanung zur Ableitung der bewertungsrelevanten Überschüsse, wie sie in den vorangegangenen Abschnitten dargestellt wurde, ist nur für einen überschaubaren Zeitraum realisierbar. Diese Detailplanung umfasst eine unternehmensspezifisch zu konkretisierende Anzahl von T Perioden. Für den danach verbleibenden, ab Periode $T + 1$ beginnenden Fortführungszeitraum lässt sich die erwartete Unternehmensentwicklung aufgrund zunehmender Unschärfe und Prognoseunsicherheit nur noch grob durch mehr oder weniger pauschalisierte Annahmen beschreiben. Damit wird das gesamte Bewertungsproblem komplexitätsreduzierend in mindestens zwei Teilbewertungen zerlegt, indem die Wertbeiträge der Detailplanungsphase und der Fortführungsphase separat bestimmt werden. Dies wird als sogenanntes Zwei-Phasen-Modell bezeichnet und bildet in Deutschland den Regelfall (IDW, 2008, Tz. 77). Allgemein findet bei diesem zweistufigen Vorgehen die folgende Bewertungsvorschrift Anwendung:

$$UW_0^{ZEW} = \underbrace{\sum_{t=1}^{T} \frac{\ddot{U}_t}{\prod_{n=1}^{t}(1+k_n)}}_{\text{Wertbeitrag der Detailplanungsphase}} + \underbrace{\underbrace{\frac{\ddot{U}_{T+1}}{k_{T+1} - g^{\ddot{U}}}}_{\text{Terminal Value}} \times \frac{1}{\prod_{n=1}^{T}(1+k_n)}}_{\text{Wertbeitrag der Fortführungsphase}}$$

$g^{\ddot{U}}$ ... *Wachstumsrate des bewertungsrelevanten Überschusses (im Fortführungszeitraum)*
k ... *Kalkulationszinssatz (Kapitalkostensatz)*
T ... *Ende des Detailplanungszeitraums*
t ... *Zeit- bzw. Periodenindex*
$\ddot{U}$ ... *Bewertungsrelevanter Überschuss*
UW^{ZEW} ... *Zukunftserfolgswert des Unternehmens*

Um den Wertbeitrag der Fortführungsphase zu bestimmen, wird zunächst der auch als Terminal Value bzw. Restwert bezeichnete Unternehmenswert zum Ende des Detailplanungszeitraums im Zeitpunkt T bestimmt. Dieser ist dann nochmals über T Perioden auf den eigentlichen Bewertungszeitpunkt $t = 0$ abzuzinsen. Da der als Fortführungsphase verbleibende Restzeitraum hypothetisch bis in die Unendlichkeit reicht, wird für die Bestimmung des Terminal Value regelmäßig die finanzmathematische Barwertgleichung einer ewigen nachschüssigen Rente mit geometrischem Wachstum genutzt (z. B. Brealey et al., 2014, S. 26 ff.). Diese knüpft rechnerisch am Überschuss des ersten Jahres des Fortführungszeitraums $\ddot{U}_{T+1}$ an, für den dann eine konstante Wachstumsrate größer, gleich oder kleiner null unterstellt wird. Unter den weiteren Bedingungen, dass diese Wachstumsrate $g^{\ddot{U}}$ kleiner als der Diskontierungssatz k ist und Letzterer zudem im Fortführungszeitraum konstant bleibt, ergibt sich der Terminal Value im Zeitpunkt T als finanzmathematischer Grenzwert der Summe aller diskontierten Überschüsse (Kuhner/Maltry, 2017a, S. 981 f.). Dieser lässt sich nach folgender Vorschrift bestimmen, die bisweilen auch als Gordon/Shapiro-Modell bezeichnet wird (Gordon/Shapiro, 1956; Williams, 1938):

$$UW_T^{ZEW} = \frac{\ddot{U}_{T+1}}{k - g^{\ddot{U}}} = \text{Terminal Value}$$

Der Wertbeitrag der Fortführungsphase macht regelmäßig den bei Weitem überwiegenden Teil des Gesamtunternehmenswerts aus, wobei insbesondere die Festlegung des erwarteten Wachstums einen entscheidenden Einfluss auf das Bewertungsergebnis ausübt. Daher ist eine sorgfältige Analyse der dem Terminal Value zugrunde liegenden Bewertungsparameter sehr wichtig, was neben einer unternehmensbezogenen Konsistenzprüfung auch den Abgleich mit den externen Rahmenbedingungen des Markts bzw. der Branche einschließt (IDW, 2008, Tz. 79; KSW, 2014, Tz. 65). Selbst geringfügige Variationen dieser Prämissen führen hierbei zu großen Wertausschlägen. Zudem ist auch eine plausible Überleitung aus der Detailplanung in den Fortführungszeitraum anzustreben. Soll dabei unmittelbar an das letzte Jahr der Detailplanung angeknüpft werden, lässt sich die oben genannte Berechnung des Terminal Value in folgender Weise modifizieren:

$$UW_T^{ZEW} = \frac{\ddot{U}_{T+1}}{k - g^{\ddot{U}}} = \frac{\ddot{U}_T \times \left(1 + g^{\ddot{U}}\right)}{k - g^{\ddot{U}}}$$

Die mit $g^{Ü}$ bezeichnete Wachstumsrate der Überschüsse bezieht sich dann bereits auf den letzten im Rahmen der Detailplanung ermittelten Überschuss $Ü_T$. Ferner wird dabei unterstellt, dass das auf diese Ausgangsgröße bezogene Wachstum in unveränderter Höhe ab der Periode $T + 1$ während des gesamten Fortführungszeitraums dauerhaft anhält. Eine solche Situation gleichbleibender ($g^{Ü} = 0$) oder sich mit einer konstanten Wachstumsrate verändernder Überschüsse bildet einen sogenannten eingeschwungenen Zustand, der alternativ auch als Gleichgewichts- oder Beharrungszustand bzw. „Steady State" bezeichnet wird (IDW, 2008, Tz. 78; KSW, 2014, Tz. 61; Kuhner/Maltry, 2017a, S. 978 f.). Dieser zeichnet sich insbesondere durch eine konstant bleibende Profitabilität, Thesaurierungsquote und Kapitalstruktur aus, woraus sich gleichbleibende bzw. konstant wachsende Nettoinvestitionen und Überschüsse ergeben (Drefke, 2016, S. 111 ff.; Koller et al., 2010, S. 186; Kuhner/Maltry, 2017b, S. 127). Die formal notwendigen Prämissen und ökonomischen Implikationen eines solchen eingeschwungenen Zustands sollten daher bekannt sein bzw. für das konkrete Bewertungsproblem sorgfältig überprüft werden.

Als Ausgangspunkt dieser Überlegungen bietet sich auch hier das nominal erwartete Umsatzwachstum an, welches wie in Abschnitt 1.2.3.3 dargestellt, sowohl Mengen- als auch Preiseffekte beinhaltet.

$$g_t^U = \left(1 + g_t^{Absatzmenge}\right) \times \left(1 + \pi_t^{Absatz}\right) - 1$$

π^{Absatz} ... *Veränderungsrate des Absatzpreises (z. B. durch Inflation)*
$g^{Absatzmenge}$ ... *Wachstumsrate der Absatzmenge*
g^U ... *Wachstumsrate des Umsatzes*
t ... *Zeit- bzw. Periodenindex*

Da ein unendlich lang anhaltendes Mengenwachstum oberhalb des realen volkswirtschaftlichen Wachstums wenig plausibel ist, wird häufig vorgeschlagen, das nominal erwartete Umsatzwachstum für den Fortführungszeitraum auf die Höhe des nominalen Wirtschaftswachstums bzw. sogar nur auf die erwartete Inflation zu begrenzen (Baetge et al., 2019, S. 514; Ballwieser/Hachmeister, 2021, S. 293 ff.; Hommel/Dehmel, 2021, S. 92 ff.). Für den gesamten Fortführungszeitraum wird eine Konstanz dieses nominalen Umsatzwachstums unterstellt. Allerdings zeigt sich in der nachfolgenden Diskussion an verschiedenen Stellen, dass diese Bedingung für ein nahtloses Anknüpfen an die Detailplanungsphase auch schon auf die letzte Periode der Detailplanung ausgedehnt werden muss. Daher wird bereits hier die Annahme getroffen, dass das Umsatzwachstum der letzten Detailplanungsperiode T auch für die nachfolgende Fortführungsphase repräsentativ ist und dauerhaft konstant bleibt, sodass gilt:

$$g_t^U = konstant\ für\ alle\ t = T, \ldots, \infty$$

Ein eingeschwungener Zustand im obigen Sinne würde sich insbesondere dann ergeben, wenn alle Bilanz-, GuV- bzw. Überschussgrößen sich während der Fortführungsphase im Gleichklang mit dem erwarteten Umsatzwachstum verändern und somit identische Wachstumsraten aufweisen (Lobe, 2006, S. 22 ff.). Dies soll nachfolgend in Bezug auf die im vorherigen Abschnitt eingeführten Werttreibermodelle von Rappaport bzw. Copeland et al. sowie mit Blick auf die übrige im bisherigen Planungsbeispiel verwendete Modellierung diskutiert werden. Die diesen beiden Werttreibermodellen zugrunde liegende Überschussgröße des Free Cashflows verhält sich insbesondere dann analog zum Umsatzwachstum, wenn *NOPLAT* sowie die Erweiterungs- bzw. Nettoinvestitionen mit derselben Rate wachsen. Als Voraussetzung hierfür wird eine Konstanz von Umsatzrentabilität und Kapitalumschlag gefordert (Copeland et al., 1990, S. 219; Drefke, 2016, S. 122 f.). Letzteres ist gleichbedeutend mit einer konstanten Kapitalbindung im Sinne einer entsprechenden Umsatzrelation, wie sie hier bereits in der Detailplanung als Planungsparameter genutzt wurde. Darüber hinaus soll eine ebenfalls konstante Thesaurierungsrate das investierte Kapital erhöhen und eine konstante Rentabilität des bisherigen Geschäfts sowie des Neugeschäfts realisiert werden.

Für den Fortführungszeitraum wird daher im Folgenden angenommen, dass auch die sich in der letzten detailliert geplanten Periode T ergebende Umsatzrentabilität auf Dauer Bestand hat. Die Kapitalbindung, darf sich in der letzten Detailplanungsperiode nicht mehr verändern und muss daher bereits ab dem Zeitpunkt $T-1$ konstant bleiben, wie nachfolgend noch begründet wird. Es wird somit per Annahme unterstellt:

$$ros_t = \frac{EBIT_t}{U_t} = \text{konstant für alle } t = T, \ldots, \infty$$

$$b_t^{IC} = \frac{IC_t}{U_t} = \frac{OAV_t + NWC_t - LRS_t}{U_t} = \text{konstant für alle } t = T-1, \ldots, \infty$$

b^{IC}	…	*Umsatzrelation des Invested Capitals (Kapitalbindung des IC)*
EBIT	…	*Earnings before Interest and Taxes (Ergebnis vor Zinsen und Steuern)*
IC	…	*Invested Capital*
LRS	…	*Langfristige Rückstellungen*
NWC	…	*Net Working Capital (Netto-Umlaufvermögen)*
OAV	…	*Operatives Anlagevermögen*
ros	…	*Return on Sales (Umsatzrentabilität)*
t	…	*Zeit- bzw. Periodenindex*
U	…	*Umsatzerlöse*

Sofern von zeitlich konstanten Steuersätzen ausgegangen wird, ergibt sich das Wachstum des NOPLAT für eine Periode t wie folgt:

$$g_t^{Noplat} = \frac{NOPLAT_t}{NOPLAT_{t-1}} - 1 = \frac{\left(1 + g_t^U\right) \times ros_t}{ros_{t-1}} - 1$$

g^{NOPLAT}	…	*Wachstumsrate des NOPLAT*
g^U	…	*Wachstumsrate des Umsatzes*
NOPLAT	…	*Net Operating Profit less adjusted Taxes (Ergebnis vor Zinsen nach angepassten Steuern)*
ros	…	*Return on Sales (Umsatzrentabilität)*
t	…	*Zeit- bzw. Periodenindex*

Unter der oben formulierten Annahme einer ab der letzten Detailplanungsperiode T konstanten Umsatzrentabilität entspricht die Wachstumsrate des *NOPLAT* dann ab der Periode $T+1$ genau dem Umsatzwachstum.

Bezüglich des Wachstums der Nettoinvestitionen ergibt sich für die beiden hier betrachteten Werttreibermodelle von Rappaport und Copeland et al. der nachfolgende Zusammenhang, wenn bei Letzterem zudem auch konstante Steuersätze unterstellt werden:

$$g_t^{NI} = \frac{NI_t}{NI_{t-1}} - 1 = \frac{\left(e_t^{OAV} + e_t^{NWC} - e_t^{LRS}\right) \times g_t^U \times \left(1 + g_{t-1}^U\right)}{\left(e_{t-1}^{OAV} + e_{t-1}^{NWC} - e_{t-1}^{LRS}\right) \times g_{t-1}^U} - 1 = \frac{n_t^{IC} \times ros_t \times \left(1 + g_{t-1}^U\right)}{n_{t-1}^{IC} \times ros_{t-1}} - 1$$

e^{LRS} … *Erweiterungsrate der langfristigen Rückstellungen*
e^{NWC} … *Erweiterungsinvestitionsrate des Net Working Capitals*
e^{OAV} … *Erweiterungsinvestitionsrate des operativen Anlagevermögens*
g^{NI} … *Wachstumsrate der Netto- bzw. Erweiterungsinvestitionen*
g^{U} … *Wachstumsrate des Umsatzes*
NI … *Netto- bzw. Erweiterungsinvestitionen*
n^{IC} … *Nettoinvestitionsrate bzw. Thesaurierungsquote des NOPLAT*
ros … *Return on Sales (Umsatzrentabilität)*
t … *Zeit- bzw. Periodenindex*

Sofern ab der Periode T die Umsatzrentabilität *ros* konstant bleibt und zudem sowohl das Umsatzwachstum als auch die Erweiterungs- bzw. die Nettoinvestitionsraten unverändert bleiben, entspricht das Wachstum der Nettoinvestitionen ab Periode $T + 1$ ebenfalls der Wachstumsrate des Umsatzes. Unter diesen Voraussetzungen wachsen dann auch die Free Cashflows ab der Periode $T + 1$ mit der als konstant angenommenen Wachstumsrate des Umsatzes. Eine Konstanz der Kapitalbindung und der Kapitalrentabilität ist damit jedoch noch nicht sichergestellt, sondern wird erst durch Erfüllung der nachfolgenden Bedingungen erreicht.

Die Annahmen zum Umsatzwachstum und zur Kapitalbindung, die sich in aggregierter Form in der Bindungskennzahl b^{IC} ausdrücken, wirken sich auf die Höhe des investierten Kapitals *IC* sowie auf die diesbezüglichen Netto- bzw. Erweiterungsinvestitionen *NI* aus. Das Wachstum des investierten Kapitals einer Periode ergibt sich im Rahmen der vorliegenden Modellierung allgemein wie folgt:

$$g_t^{IC} = \frac{IC_t}{IC_{t-1}} - 1 = \frac{b_t^{IC} \times \left(1 + g_t^U\right)}{b_{t-1}^{IC}} - 1$$

b^{IC} … *Umsatzrelation des Invested Capitals (Kapitalbindung)*
g^{IC} … *Wachstumsrate des Invested Capitals*
g^{U} … *Wachstumsrate des Umsatzes*
IC … *Invested Capital*
t … *Zeit- bzw. Periodenindex*

Unter der oben getroffenen Annahme, dass die Kapitalbindung b^{IC} bereits ab dem Zeitpunkt $T - 1$ dauerhaft konstant bleibt, entspricht das Wachstum des investierten Kapitals *IC* schon ab der Periode T dem dann ebenfalls konstanten Umsatzwachstum.

Das oben bereits angesprochene Wachstum der Nettoinvestitionen einer Periode lässt sich in Abhängigkeit von der Kapitalbindung wie folgt beschreiben:

$$g_t^{NI} = \frac{NI_t}{NI_{t-1}} - 1 = \frac{\left(\Delta b_t^{IC} + b_t^{IC} \times g_t^U\right) \times \left(1 + g_{t-1}^U\right)}{\Delta b_{t-1}^{IC} + b_{t-1}^{IC} \times g_{t-1}^U} - 1$$

b^{IC}	… *Umsatzrelation des Invested Capitals (Kapitalbindung)*
IC	… *Invested Capital*
g^{NI}	… *Wachstumsrate der Netto- bzw. Erweiterungsinvestitionen*
g^U	… *Wachstumsrate des Umsatzes*
NI	… *Netto- bzw. Erweiterungsinvestitionen*
t	… *Zeit- bzw. Periodenindex*

Sofern erst ab dem Ende der Detailplanung bzw. dem Zeitpunkt T eine konstant bleibende Kapitalbindung unterstellt wird, würde hierdurch erst ab Periode $T + 2$ eine zwingende Gleichheit des Umsatzwachstums mit dem Wachstum der Nettoinvestitionen resultieren. Dieser Zeitversatz resultiert aus dem Term Δb^{IC}, der sich im Nenner auch auf eine bereits in der Vorperiode eintretende Veränderung der Kapitalbindung erstreckt. Gibt es jedoch sowohl in der aktuellen wie auch in der Vorperiode keine Veränderungen der Kapitalbindung, so werden Δb^{IC} im Zähler und Nenner zu null. Im Falle eines in beiden Perioden konstanten Umsatzwachstums wachsen dann auch die Nettoinvestitionen mit dieser Rate. Aus diesem Grund wurde bezüglich der Kapitalbindung bereits eingangs gefordert, dass b^{IC} sich in der letzten Periode der Detailplanung nicht mehr verändert, das heißt bereits ab $T - 1$ dauerhaft konstant bleibt (Lobe, 2006, S. 21 f.). Planerisch ist daher eine für den Fortführungszeitraum unterstellte (Ziel-)Kapitalbindung b^{IC} bereits in Periode $T - 1$ durch entsprechend zu veranschlagende Erweiterungs- bzw. Nettoinvestitionen herzustellen und danach beizubehalten. Die für eine solche Anpassung notwendigen Erweiterungs- bzw. Nettoinvetitionsraten ergeben sich dabei wie folgt:

$$e_{T-1}^{IC} = \frac{b_{T-1}^{IC} \times U_{T-1} - IC_{T-2}}{g_{T-1}^U \times U_{T-2}} - 1$$

$$n_{T-1}^{IC} = \frac{b_{T-1}^{IC} - b_{T-2}^{IC} + g_{T-1}^U \times b_{T-1}^{IC}}{ros_{T-1} \times \left(1 - s_{T-1}^{Unt}\right) \times \left(1 + g_{T-1}^U\right)}$$

b^{IC}	… *Umsatzrelation des Invested Captital (Kapitalbindung des IC)*
e^{IC}	… *Erweiterungsrate des Invested Capitals*
g^U	… *Wachstumsrate des Umsatzes*
n^{IC}	… *Nettoinvestitionsrate bzw. Thesaurierungsquote des NOPLAT*
ros	… *Return on Sales (Umsatzrentabilität)*
s^{Unt}	… *Unternehmenssteuersatz*
T	… *Ende des Detailplanungszeitraums*
t	… *Zeit- bzw. Periodenindex*
U	… *Umsatzerlöse*

Die Erweiterungsinvestitionsraten müssen danach ab Periode T konstant bleiben und der langfristig unterstellten Kapitalbindung entsprechen. Zudem ist auch hier wieder eine Konstanz des Umsatzwachstums g^U ab der letzten Detailplanungsperiode T erforderlich. Unter diesen Bedingungen wachsen die Nettoinvestitionen bei nun auch konstant bleibender Kapitalbindung ab Periode $T + 1$ analog zum Umsatz. Das Wachstum des investierten Kapitals *IC* ist dann bereits ab der Periode T identisch mit dem Umsatzwachstum.

Die Thesaurierungsquote bzw. Nettoinvestitionsrate n^{IC} des *NOPLAT* lässt sich für das Modell von Copeland et al. mit den hier verwendeten Parametern ausdrücken als:

$$n_t^{IC} = \frac{\Delta b_t^{IC} + g_t^{U} \times b_t^{IC}}{ros_t \times \left(1 - s_t^{Unt}\right) \times \left(1 + g_t^{U}\right)}$$

b^{IC} ... *Umsatzrelation des Invested Capitals (Kapitalbindung)*
g^{U} ... *Wachstumsrate des Umsatzes*
n^{IC} ... *Nettoinvestitionsrate bzw. Thesaurierungsquote des NOPLAT*
ros ... *Return on Sales (Umsatzrentabilität)*
s^{Unt} ... *Unternehmenssteuersatz*
t ... *Zeit- bzw. Periodenindex*

Bezüglich des Wertgeneratorenmodells von Rappaport ergibt sich analog eine zusammengefasste Erweiterungsrate e^{IC} in Relation zum Umsatz wie folgt:

$$e_t^{IC} = \frac{\Delta IC_t}{\Delta U_t} = e_t^{OAV} + e_t^{NWC} - e_t^{LRS}$$

$$= \frac{\Delta b_t^{OAV} + \Delta b_t^{NWC} - \Delta b_t^{LRS}}{g_t^{U}} + b_t^{OAV} + b_t^{NWC} - b_t^{LRS} = \frac{\Delta b_t^{IC}}{g_t^{U}} + b_t^{IC}$$

e^{IC} ... *Erweiterungsrate des Invested Capitals*
e^{LRS} ... *Erweiterungsrate der langfristigen Rückstellungen*
e^{NWC} ... *Erweiterungsinvestitionsrate des Net Working Capitals*
e^{OAV} ... *Erweiterungsinvestitionsrate des operativen Anlagevermögens*
b^{IC} ... *Umsatzrelation des Invested Captital (Kapitalbindung des IC)*
b^{LRS} ... *Umsatzrelation der langfristigen Rückstellungen*
b^{NWC} ... *Umsatzrelation des Net Working Capitals (Kapitalbindung des NWC)*
b^{OAV} ... *Umsatzrelation des operativen Anlagevermögens (operat. Anlagenbindung)*
g^{U} ... *Wachstumsrate des Umsatzes*
IC ... *Invested Capital*
LRS ... *Langfristige Rückstellungen*
NWC ... *Net Working Capital (Netto-Umlaufvermögen)*
OAV ... *Operatives Anlagevermögen*
t ... *Zeit- bzw. Periodenindex*
U ... *Umsatzerlöse*

Bei konstanter Kapitalbindung, konstanter Umsatzrentabilität und Besteuerung sowie einem konstanten Umsatzwachstum, ergeben sich in beiden Modellen die geforderten konstanten Netto- bzw. Erweiterungsinvestitionsraten. Der Term Δb^{IC} nimmt dann jeweils einen Wert von null an.

Schließlich wurde oben als Bedingung für einen eingeschwungenen Zustand auch eine gleichbleibende Profitabilität gefordert. Hinsichtlich der im Rappaport-Modell genutzten Umsatzrentabilität wurde dies bereits als Annahme ab Periode T vorausgesetzt. Für die im Werttreibermodel von Copeland et al. genutzte Kapitalrentabilität *roic* lässt sich dies wie folgt nachweisen:

$$roic_t = \frac{NOPLAT_t}{IC_{t-1}} = \frac{\left(1+g_t^{NOPLAT}\right) \times NOPLAT_{t-1}}{\left(1+g_{t-1}^{IC}\right) \times IC_{t-2}} = \frac{\left(1+g_t^{NOPLAT}\right)}{\left(1+g_{t-1}^{IC}\right)} \times roic_{t-1}$$

g^{IC}	...	*Wachstumsrate des Invested Capitals*
g^{NOPLAT}	...	*Wachstumsrate des NOPLAT*
IC	...	*Invested Capital*
NOPLAT	...	*Net Operating Profit less adjusted Taxes (Ergebnis vor Zinsen nach angepassten Steuern)*
roic	...	*Return on Invested Capital*
t	...	*Zeit- bzw. Periodenindex*

Unter den genannten Bedingungen entsprechen die Wachstumsrate des *NOPLAT* g^{NOPLAT} ab Periode $T + 1$ und die Wachstumsrate des investierten Kapitals g^{IC} bereits ab Periode T dem ebenfalls ab Periode T als konstant angenommenen Umsatzwachstum g^U und weisen somit im Fortführungszeitraum alle einen identischen Wert auf. Damit tritt gleichzeitig auch eine Konstanz der Kapitalrentabilität *roic* ein. Wenn hierbei zwischen der Rentabilität des insgesamt investierten Kapitals und der Rentabilität des durch Erweiterungsinvestitionen bedingten Neugeschäfts differenziert wird, lässt sich Letztere als Reinvestitionsrentabilität bzw. sogenannter Return on New Invested Capital *ronic* ausdrücken (Drukarczyk/Schüler, 2021, S. 148 f.; Koller et al., 2010, S. 214). Dabei wird unterstellt, dass die Veränderung des *NOPLAT* einer Periode durch die in der jeweiligen Vorperiode getätigten Netto- bzw. Erweiterungsinvestitionen ausgelöst wird und das übrige Altgeschäft eine konstant bleibende Rentabilität aufweist.

$$ronic_t = \frac{\Delta NOPLAT_t}{NI_{t-1}} = \frac{g_t^{NOPLAT}}{n_{t-1}^{IC}} = \frac{g_t^{Noplat} \times NOPLAT_{t-1}}{g_{t-1}^{IC} \times IC_{t-2}} = \frac{g_t^{NOPLAT}}{g_{t-1}^{IC}} \times roic_{t-1}$$

g^{IC}	...	*Wachstumsrate des Invested Capitals*
g^{NOPLAT}	...	*Wachstumsrate des NOPLAT*
IC	...	*Invested Capital*
NI	...	*Netto- bzw. Erweiterungsinvestitionen*
n^{IC}	...	*Nettoinvestitionsrate bzw. Thesaurierungsquote des NOPLAT*
NOPLAT	...	*Net Operating Profit less adjusted Taxes (Ergebnis vor Zinsen nach angepassten Steuern)*
roic	...	*Return on Invested Capital*
ronic	...	*Return on New Invested Capital (Reinvestitionsrentabilität)*
t	...	*Zeit- bzw. Periodenindex*

Da unter den oben beschriebenen Annahmen die Wachstumsraten des *NOPLAT* g^{NOPLAT} ab Periode $T + 1$ und die Wachstumsrate des investierten Kapitals g^{IC} bereits ab Periode T dem ebenfalls konstant bleibenden Umsatzwachstum g^U entsprechen, tritt somit ab Periode $T + 1$ auch eine Gleichheit der Kapitalrentabilitäten von Neu- und Gesamtgeschäft ein.

Aus den dargestellten Zusammenhängen resultieren wichtige Implikationen für die Verprobung und Plausibilitätsprüfung der Modellierung im Fortführungszeitraum. So ergibt sich das Wachstum des investierten Kapitals als Produkt aus der gesamten Kapitalrentabilität *roic* und der Netto- bzw. Erweiterungsinvestitionsrate n^{IC} (Friedl/Schwetzler, 2017, S. 961).

$$g_t^{IC} = roic_t \times n_t^{IC}$$

Ebenso entspricht das Wachstum des *NOPLAT* dem Produkt aus Reinvestitionsrentabilität *ronic* und Nettoinvestitionsrate n^{IC} der Vorperiode, welche bei unterstellter Eigenfinanzierung eine Thesaurierungsquote darstellt.

$$g_t^{NOPLAT} = ronic_t \times n_{t-1}^{IC}$$

Entsprechend lässt sich ein bestimmtes Wachstum durch verschiedene Kombinationsmöglichkeiten von Thesaurierungsquote und Rentabilität erzielen (Drukarczyk/Schüler, 2021, S. 149). Die jeweiligen drei Parameter lassen sich jedoch nicht unabhängig voneinander festlegen. Wachsen *NOPLAT* und investiertes Kapital *IC* jeweils analog zum Umsatz, was oben bereits für einen derart eingeschwungenen Zustand nachgewiesen wurde, so entspricht die Reinvestitionsrentabilität *ronic* der Rentabilität des gesamten bisher investierten Kapitals *roic* und bleibt wie diese zeitlich konstant (Drefke, 2016, S. 124; Lobe, 2006, S. 25). Soll dies ab der ersten Periode des Fortführungszeitraums $T + 1$ gelten, so muss auch die Wachstumsrate des investierten Kapitals schon in der letzten Detailplanungsperiode T derjenigen des nachfolgenden Fortführungszeitraums entsprechen. Sofern die oben bezüglich des Wachstums der Nettoinvestitionen angesprochenen Bedingungen erfüllt sind, dass nämlich die Kapitalbindung bereits ab der vorletzten Periode der Detailplanung $T - 1$ unverändert bleibt und auch das Umsatzwachstum der letzten Planungsperiode Repräsentativität für die gesamte nachfolgende Zukunft besitzt, wäre dies gegeben.

Unter den genannten Prämissen tritt somit in einem derart eingeschwungenen Zustand eine Gleichheit der Wachstumsraten aller bewertungsrelevanten Parameter auf. Wenn dabei die Nettoinvestitionen und der *NOPLAT* mit einer identischen Rate wie der Umsatz wachsen ($g^{NOPLAT} = g^{NI} = g^{U}$), trifft dies auch auf die Free Cashflows zu, denn es gilt dann:

$$g_t^{FCF} = \frac{\left(1 + g_t^{NOPLAT}\right) \times NOPLAT_{t-1} - \left(1 + g_t^{NI}\right) \times NI_{t-1}}{NOPLAT_{t-1} - NI_{t-1}} - 1 = g_t^{U}$$

Da in der bisherigen Argumentation vereinfachend von einer reinen Eigenfinanzierung ausgegangen wurde, ist die Bedingung einer identischen Wachstumsrate in anderen Fällen auch auf das Fremdkapital auszudehnen, um auch bei autonomer oder wertorientierter Fremdfinanzierung konsistente Bewertungsergebnisse zu erhalten (Drefke, 2016, S. 125). Neben einer Konstanz der Kapital- und der Umsatzrentabilität sowie der Netto- bzw. Erweiterungsinvestitionsraten ergibt sich somit für den gesamten Fortführungszeitraum bzw. ab Periode $T + 1$:

$$g^{U} = g^{IC} = g^{NI} = g^{NOPLAT} = g^{FCF} = g^{FK}$$

In dieser Situation ist dann eine differenzierte Betrachtung der Wachstumsraten des Unternehmens nicht mehr erforderlich, da diese für alle betrachteten Parameter einen identischen Wert aufweisen (Lobe, 2006, S. 75). Ansonsten müsste klar ausgedrückt werden, auf welche Größe sich ein zukünftig erwartetes Wachstum denn konkret bezieht. Ein identisches Wachstum aller hier betrachteten Größen erfordert dabei auch, dass eventuell auf der Beschaffungsseite auftretende Inflationseffekte in identischer Weise auf die Abnehmer überwälzt werden, sofern dies nicht anderweitig ausgeglichen wird (Friedl/Schwetzler, 2017, S. 955 ff.).

Wird das bisherige Planungsbeispiel mit einer sich über fünf Perioden erstreckenden Detailplanung mithilfe der in Abschnitt 1.2.3.4 vorgestellten Werttreibermodelle nochmals um eine Periode erweitert, ergibt sich der in Abb. 1-83 dargestellte Übergang von der Detailplanung in den Fortführungszeitraum. Dabei wird unterstellt, dass sowohl das nominale Umsatzwachstum von 1% sowie alle übrigen Werttreiber der letzten Planungsperiode 5 (= T) repräsentativ für die gesamte nachfolgende Zukunft sind.

		t = 3	4	5 (= T)	6 (= T+1)
Umsatzwachstum	g^U	2,00 %	1,00 %	1,00 %	1,00 %
Umsatzrentabilität	*ros*	5,00 %	5,00 %	5,00 %	5,00 %
Kapitalbindung	b^{IC}	0,360	0,360	0,360	0,360
Unternehmenssteuersatz	s^{Unt}	30,00 %	30,00 %	30,00 %	30,00 %
Erweiterungsinvestitionsrate (bez. Umsatz)	e^{IC}	0,360	0,360	0,360	0,360
Nettoinvestitions- bzw. Thesaurierungsrate	n^{IC}	0,202	0,102	0,102	0,102
Umsatz [M€]	*U*	706,860	713,929	721,068	728,279
Investiertes Kapital [M€]	*IC*	254,470	257,014	259,584	262,180
Net operating profit less adjusted Taxes [M€]	*NOPLAT*	24,740	24,988	25,237	25,490
Netto- bzw. Erweiterungsinvestitionen [M€]	*NI*	4,990	2,545	2,570	2,596
Free Cashflow [M€]	***FCF***	**19,751**	**22,443**	**22,667**	**22,894**
Rentabilität des (bisher) eingesetzten Kapitals	*roic*	9,92 %	9,82 %	9,82 %	9,82 %
Reinvestitionsrentabilität (Neugeschäft)	*ronic*	4,08 %	4,96 %	9,82 %	9,82 %

Abb. 1-83: Übergang von der Detailplanung zum Fortführungszeitraum für das Trendszenario der X AG

Da das vorliegende Beispiel bereits innerhalb der Detailplanung konstante Kapitalbindungen b^{IC} und Umsatzrentabilitäten *ros* aufweist, wachsen *NOPLAT* und investiertes Kapital *IC* hier durchgängig analog zum Umsatz. Bei differenzierteren Annahmen zu b^{IC} und *ros* während der Detailplanung wäre dies jedoch nicht zwingend gegeben. Ein insgesamt gleichgewichtiger bzw. eingeschwungener Zustand (Steady State) aller Parameter wird in diesem Beispiel bereits in der letzten Periode der Detailplanung erreicht. Alle Wachstumsparameter entsprechen hier schon ab Periode 5 exakt dem erwarteten Umsatzwachstum. Auch die Reinvestitionsrendite *ronic* ist ab dieser Periode identisch mit der gesamten Kapitalrendite *roic* und beide bleiben danach konstant, wie für Periode 6 nachfolgend exemplarisch gezeigt wird. Im vorliegenden Beispiel treten somit bereits ab Periode 5 keinerlei Anpassungsprozesse mehr auf, wie Abb. 1-84 zeigt. Da einheitliche und konstante Wachstumsraten jedoch erst für den Fortführungszeitraum gefordert werden, hätte die Detailplanung für dieses Beispiel auch um eine Periode verkürzt werden können. Die Ausdehnung auf fünf Planungsperioden dient hier jedoch dem Zweck, das tatsächliche Erreichen des eingeschwungenen bzw. Gleichgewichtszustandes zum Ende der Detailplanung zu illustrieren bzw. detailliert nachzuweisen.

		t = 3	4	5 (= T)	6 (= T+1)
Umsatzwachstum	g^{U}	2,00 %	1,00 %	1,00 %	1,00 %
Wachstum des investierten Kapitals	g^{IC}	2,00 %	1,00 %	1,00 %	1,00 %
Wachstum des NOPLAT	g^{NOPLAT}	2,00 %	1,00 %	1,00 %	1,00 %
Wachstum der Nettoinvestitionen	g^{NI}	−58,00 %	−49,00 %	1,00 %	1,00 %
Wachstum des Free Cashflows	g^{FCF}	59,60 %	13,63 %	1,00 %	1,00 %

Abb. 1-84: Wachstumsraten beim Übergang von der Detailplanung zum Fortführungszeitraum für das Trendszenario der X AG

Damit kann in diesem Beispiel der als Terminal Value oder Restwert bezeichnete Unternehmenswert zum Ende des Detailplanungszeitraums in $t = 5$ (= T) mit nahtlosem Übergang aus der Detailplanung errechnet werden. Unter Verwendung eines Diskontierungssatzes von 8 % und der einheitlichen Wachstumsrate von 1 % ergibt sich dieser als:

$$UW_5^{ZEW} = Terminal\ Value = \frac{FCF_5 \times (1+g^{FCF})}{k-g^{FCF}} = \frac{22{,}667 \times (1+0{,}01)}{0{,}08-0{,}01} = 327{,}056$$

Alternativ lässt sich dieser Wert auch mithilfe der sogenannten ‚Werttreiberformel' ermitteln, wobei *ronic* und Nettoinvestitionsquote konstant bleiben (Drefke, 2016, S. 119; Koller et al., 2010, S. 212).

$$UW_T^{ZEW} = Terminal\ Value = \frac{NOPLAT_{T+1} \times \left(1-\frac{g^{NOPLAT}}{ronic}\right)}{k-g^{FCF}} = \frac{roic_{T+1} \times IC_T \times \left(1-\frac{g^{NOPLATt}}{ronic}\right)}{k-g^{FCF}}$$

$$UW_5^{ZEW} = \frac{0{,}0982 \times 259{,}584 \times \left(1-\frac{0{,}01}{0{,}0982}\right)}{0{,}08-0{,}01} = 327{,}056$$

Aus diesem Ansatz lässt sich ableiten, dass Wachstum nur dann lohnend ist, wenn die Reinvestitionsrentabilität die Kapitalkosten übersteigt (Drukarczyk/Schüler, 2021, S. 149). Ist die Reinvestitionsrentabilität identisch mit den Kapitalkosten, hat Wachstum weder positiven noch negativen Einfluss auf den Unternehmenswert. Bei einer Rentabilität unterhalb der Kapitalkosten wirkt Wachstum jedoch wertvernichtend.

Dass ein oben beschriebener und durch das Beispiel illustrierter eingeschwungener Zustand bereits zum Ende der Detailplanung eintritt, ist jedoch nicht selbstverständlich. Ursächlich hierfür könnten noch unvollendete Investitions- oder Wirtschaftszyklen sein. Auch das zu diesem Zeitpunkt erreichte Rentabilitätsniveau lässt sich eventuell nicht dauerhaft aufrechterhalten. Aus wettbewerbstheoretischer Sicht wird hierfür allgemein unterstellt, dass bestehende

Wettbewerbsvorteile nur temporärer Natur sind und diese durch zunehmende Konkurrenz im Zeitverlauf verschwinden. Daher wird mitunter empfohlen, das langfristige Rentabilitätsniveau auf Höhe der Kapitalkosten anzusetzen (z. B. Koller et al., 2010, S. 214). Hierbei ist jedoch zu berücksichtigen, dass eine buchmäßige Rentabilität nicht ohne weiteres mit den marktwertbasierten Kapitalkostensätzen vergleichbar ist und es zudem vielen Unternehmen gelingt, Überrenditen auch über relativ lange Zeiträume zu generieren (Koller et al., 2010, S. 68 ff.).

Eine Möglichkeit zur Lösung dieses Problems liegt in einer entsprechenden Ausdehnung des Detailplanungszeitraums. Sind zwischen dem Ende des Detailplanungszeitraums und einem langfristig erwarteten eingeschwungenen Zustand mit Renditen in Höhe der Kapitalkosten jedoch noch weitere Anpassungsprozesse erforderlich, lässt sich dies durch die Integration einer zusätzlichen Übergangs- bzw. Grobplanungsphase erreichen (Drukarczyk/Schüler, 2021, S. 149 ff.; KSW, 2014, Tz. 61).

Durch diese Erweiterung entsteht ein sogenanntes Drei-Phasen-Modell. Die Anpassungs- bzw. Grobplanungsphase wird sich dabei auf die Entwicklung einzelner wesentlicher Werttreiber konzentrieren, während die übrigen Bewertungsparameter pauschal fortgeschrieben werden. Daher besitzen Werttreibermodelle, wie sie in Abschnitt 1.2.3.4 vorgestellt wurden, auch hierfür eine besondere Relevanz. Die zu modellierenden Anpassungsprozesse können sich grundsätzlich auf alle Werttreiber beziehen. Aus obigen Überlegungen stehen jedoch häufig Rentabilitätsgrößen im Vordergrund. Die dabei abzubildenden Anpassungsprozesse können grundsätzlich verschiedene Verlaufsmuster aufweisen, wie dies nachfolgend exemplarisch für die Rentabilität des investierten Kapitals *roic* gezeigt werden soll.

Im oben beschriebenen Planungsbeispiel wurde ab Periode 5 ein formal eingeschwungener Zustand auf einem Rentabilitätsniveau des *roic* von 9,82 % erreicht. Hierbei handelt es sich um ein rechnungslegungsbasiertes Rentabilitätsmaß und nicht um eine Rendite im ökonomischen Sinne, sodass ein unmittelbarer Vergleich mit den Kapitalkosten eigentlich nicht möglich ist (Meitner/Streitferdt, 2011, S. 171 f.). Vereinfachend soll hier nun dennoch unterstellt werden, dass der *roic* bis zur Periode $t = 10$, die im Folgenden mit T' bezeichnet wird, auf ein Niveau in Höhe des Kapitalkostensatzes von 8 % absinkt und erst ab diesem späteren Zeitpunkt eine dauerhafte Konstanz der Rentabilität eintritt. Hierfür sind unterschiedliche Anpassungsverläufe denkbar, wie Abb. 1-85 dies skizziert:

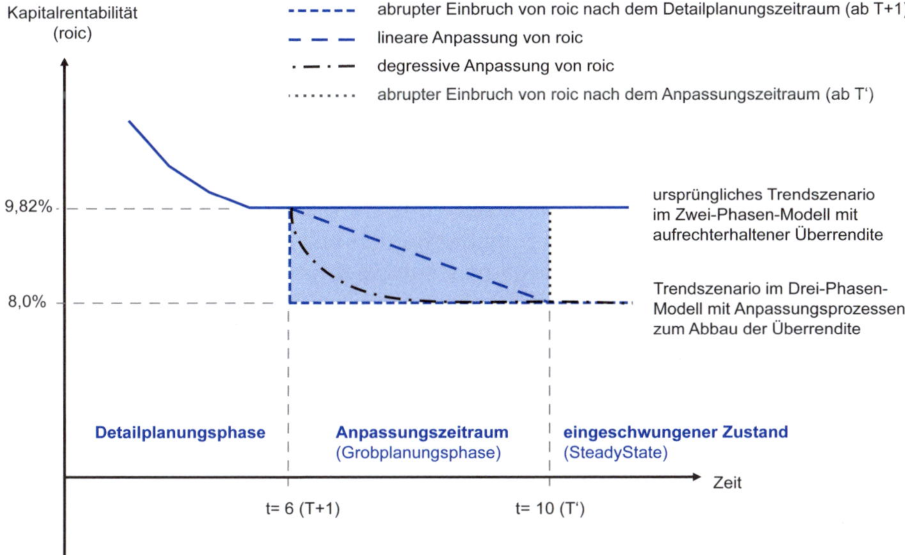

Abb. 1-85: Verlaufsmuster der Rentabilitätsanpassung in der Grobplanungsphase für das Trendszenario der X AG

Denkbar wäre demnach, dass nach der fünfjährigen Detailplanungsphase das Rentabilitätsniveau des *roic* zunächst noch für eine gewisse Zeit aufrechterhalten werden kann und erst in Periode 10 abrupt auf 8 % fällt. Als anderes Extrem könnte bereits ab Periode 6 ein unmittelbarer Rückgang auf 8 % unterstellt werden. Ein kontinuierlicherer Übergang könnte mit linearem oder degressivem Verlauf zwischen diesen beiden Polen liegen. Für eine entsprechende Modellierung der Überschüsse wäre lediglich das gewählte Werttreibermodell bis zur Periode 10 fortzuschreiben.

Für die nachfolgende exemplarische Illustration sollen die übrigen Planungsparameter aus der Detailplanung unverändert fortgeführt werden. Dies gilt insbesondere für das Umsatzwachstum (g^U = 1 %) und die Kapitalbindung (b^{IC} = 0,36). Die Entwicklung des Umsatzes und des investierten Kapitals ist daher in allen dargestellten Varianten identisch. Die erwartete Absenkung der Kapitalrentabilität ist somit unmittelbar mit einer Verringerung der Umsatzrentabilität verbunden. Dies könnte z. B. schleichend durch ein konkurrenzbedingtes Absinken der Gewinnmargen entstehen oder auch abrupt durch Wegfall eines zeitlich befristeten Schutzrechtes (z. B. Patent, Exklusivvertrag etc.). Eine dann zum Ende der Anpassungsphase in Periode T' erwartete Rentabilität des investierten Kapitals von *roic* = 8,0 % ginge dann einher mit einer Umsatzrentabilität von 4,07 %. Für deren Bestimmung kann der bereits in Abschnitt 1.2.3.4 dargestellte Zusammenhang zwischen *ros* und *roic* genutzt werden.

$$ros_t = \frac{roic_t \times b_{t-1}^{IC}}{\left(1+g_t^U\right)\times\left(1-s_t^{Unt}\right)}$$

$$ros_{10} = \frac{0{,}08 \times 0{,}36}{\left(1+0{,}01\right)\times\left(1-0{,}3\right)} = 0{,}0407 = 4{,}07\%$$

In den beiden Extremszenarien eines abrupten Absinkens von *roic* in Periode 6 bzw. 10 tritt dann unmittelbar diese genannte Umsatzrentabilität ein. Bei einem linearen Absinken geht der Rückgang der Rentabilität in gleichen Schritten über diese gesamten fünf Perioden des Anpassungszeitraums vor sich. Die Kapitalrentabilitäten dieser Perioden ergeben sich somit bei linearem Verlauf als:

$$roic_t = roic_T - \frac{\left(t-T\right)\times\left(roic_T - roic_{T'}\right)}{T'-T} \quad \text{für } t=T+1, \ldots, T'$$

roic	… *Return on Invested Capital*
T	… *Ende des Detailplanungszeitraums*
t	… *Zeit- bzw. Periodenindex*
T'	… *Ende der Anpassungs- bzw. Grobplanungsphase*

Wird ein degressives Absinken der Rentabilität angenommen, kann dies durch Festlegung einer Verfallrate *fr* (Fade Rate) hinsichtlich der bestehenden Überrendite erreicht werden. Die Kapitalrentabilität entwickelt sich dann innerhalb des Anpassungszeitraums wie folgt:

$$roic_t = roic_{t-1} - fr \times \left(roic_{t-1} - roic_{T'}\right) \quad \text{für } t = T+1, \ldots, T'-1$$

Die exemplarisch angesprochenen vier Verläufe einer Anpassung der Rentabilität des investierten Kapitals *roic*, welches hier auch mit einem entsprechenden Absinken der Umsatzrentabilität einhergeht, sind in der nachfolgenden Tabelle nochmals detailliert gegenüber dem ursprünglichen Zwei-Phasen-Modell aus dem Planungsbeispiel dargestellt. Unter den getroffenen Annahmen würde sich dann ab Periode 11 (= *T'* + 1) jeweils wieder ein eingeschwungener Zustand ergeben, indem alle Größen dauerhaft analog zum Umsatz mit 1 % wachsen würden. Da im Beispiel für alle betrachteten Fälle identische Entwicklungen des Umsatzes und des investierten Kapitals auftreten und die Kapital- wie auch die Umsatzrentabilität in allen Szenarien ab dem Ende der Anpassungsphase identisch sind, resultieren für Periode 10 jeweils identische Free Cashflows, die in der danach folgenden Zeit genau wie der Umsatz mit 1 % wachsen. Die Unternehmenswerte im Zeitpunkt *T'* sind daher verlaufsunabhängig. Da die erwartete Kapitalrentabilität ab dem Ende der Anpassungsphase genau in Höhe des Kapitalkostensatzes angesetzt wurde, entspricht der Unternehmenswert dann dem Buchwert des investierten Kapitals.

	5 (= T)	6 (= T + 1)	7	8	9	10 (= T')	11
Beibehaltene Planungsparameter							
g^U	1,00 %	1,00 %	1,00 %	1,00 %	1,00 %	1,00 %	1,00 %
b^{IC}	0,36	0,36	0,36	0,36	0,36	0,36	0,36
s^{Unt}	30,00 %	30,00 %	30,00 %	30,00 %	30,00 %	30,00 %	30,00 %
Ursprüngliches Trendszenario							
roic		9,82 %	9,82 %	9,82 %	9,82 %	9,82 %	9,82 %
ros		5,00 %	5,00 %	5,00 %	5,00 %	5,00 %	5,00 %
FCF		22,894	23,123	23,354	23,588	23,823	24,062
g^{FCF}		1,00 %	1,00 %	1,00 %	1,00 %	1,00 %	1,00 %
UW_T	**327,056**						
Einbruch von roic erst in t = 10							
roic		9,82 %	9,82 %	9,82 %	9,82 %	8,00 %	8,00 %
ros		5,00 %	5,00 %	5,00 %	5,00 %	4,07 %	4,07 %
FCF		22,894	23,123	23,354	23,588	18,909	19,098
g^{FCF}		1,00 %	1,00 %	1,00 %	1,00 %	–19,84 %	1,00 %
UW_T	**275,449**						
Lineare Anpassung von roic bis t = 10							
roic		9,46 %	9,09 %	8,73 %	8,36 %	8,00 %	8,00 %
ros		4,81 %	4,63 %	4,44 %	4,26 %	4,07 %	4,07 %
FCF		21,949	21,215	20,463	19,695	18,909	19,098
g^{FCF}		–3,17 %	–3,35 %	–3,54 %	–3,76 %	–3,99 %	1,00 %
UW_T	**267,782**						
Degressive Anpassung (fr = 0,6) von roic bis t = 10							
roic		8,73 %	8,29 %	8,12 %	8,05 %	8,00 %	8,00 %
ros		4,44 %	4,22 %	4,13 %	4,10 %	4,07 %	4,07 %
FCF		20,060	19,116	18,844	18,846	18,909	19,098
g^{FCF}		–11,50 %	-4,71 %	-1,42 %	0,01 %	0,33 %	1,00 %
UW_T	**262,324**						
Sofortiger Einbruch von roic ab t = 6							
roic		8,00 %	8,00 %	8,00 %	8,00 %	8,00 %	8,00 %
ros		4,07 %	4,07 %	4,07 %	4,07 %	4,07 %	4,07 %
FCF		18,171	18,353	18,536	18,722	18,909	19,098
g^{FCF}		–19,84 %	1,00 %	1,00 %	1,00 %	1,00 %	1,00 %
UW_T	**259,584**						

Abb. 1-86: Wachstumsraten beim Übergang von der Detailplanung zum Fortführungszeitraum für das Trendszenario der X AG

Die oben dargestellten Anpassungsprozesse verlaufen relativ zügig innerhalb eines überschaubaren Anpassungszeitraums von fünf Perioden, was sich unter Einsatz von Werttreibermodellen relativ einfach abbilden lässt. In der Literatur werden weitere Anpassungsprozesse vorgeschlagen, die z. B. nicht auf die Rentabilität des gesamten investierten Kapitals *roic* gerichtet sind, sondern lediglich auf die Rentabilität des Neugeschäftes *ronic* (Return on New Invested Capital). Für die bereits getätigten Investitionen wird dabei von einem gleichbleibenden Rentabilitätsniveau ausgegangen. Sofern sich die Rentabilität des Neugeschäfts *ronic* abrupt oder kontinuierlich in Richtung der Kapitalkosten bewegt, konvergiert auch die Rentabilität des gesamten investierten Kapitals im Zeitverlauf gegen diesen Wert. Dieser Anpassungsprozess verläuft dann jedoch weitaus langsamer. Allerdings existieren für diese Fälle Bewertungsgleichungen, mit denen der Unternehmenswert zu Beginn des gesamten Anpassungs- und Restzeitraums direkt bestimmt werden kann (für einen Überblick z. B. Lobe, 2006, S. 10 ff.). Zwei derartige Modelle sollen im Folgenden exemplarisch vorgestellt werden.

Der erste Ansatz unterstellt, dass die Reinvestitionsrentabilität *ronic* neuer Projekte kontinuierlich abnimmt und wettbewerbsbedingt gegen die Kapitalkosten konvergiert (O'Brien, 2003, S. 54 ff.). Alle Investitionsprojekte laufen dabei ewig mit jeweils konstanten Renditen, wobei sich diese für Neuinvestitionen von Periode zu Periode den Kapitalkosten annähern. Dies wird auch hier durch eine ‚Fade Rate' *fr* abgebildet, mit der die Über- bzw. Unterrenditen der Neuprojekte im Zeitablauf verschwinden. Neben dieser Verfallrate ist noch die Wachstumsrate der Nettoinvestitionen g^{NI} festzulegen. Beide Größen werden als zeitlich konstant angenommen, was auch für den Kapitalkostensatz k gilt. Die Kapitalwerte zweier zeitlich benachbarter Neuinvestitionsprojekte unterscheiden sich dann jeweils um eine konstante ‚Decay Rate' *dr*. Angepasst an die sonst hier verwendete Notation lässt sich dieses Modell unter Anknüpfung an die letzte Periode der Detailplanung T wie folgt beschreiben (Drukarczyk/Schüler, 2021, S. 153 ff.; Lobe, 2006, S. 40 ff.; O'Brien, 2003, S. 55 f.):

$$ronic_t = k + \left(ronic_T - k\right) \times \left(1 - fr\right)^{t-T} \quad \text{für } t=T+1, \ldots, \infty$$

$$dr = fr - g^{NI} + fr \times g^{NI}$$

$$UW_T^{ZEW} = \frac{NOPLAT_T + ronic_{T+1} \times NI_T}{k} + \frac{NI_T \times \left(1 + g^{NI}\right)}{k} \times \frac{ronic_{T+2} - k}{k + dr}$$

dr	…	*Decay Rate (Verfallrate der Kapitalwerte von Neuinvestitionen)*
fr	…	*Fade Rate (Verfallrate der Reinvestitionsrentabilität)*
g^{NI}	…	*Wachstumsrate der Netto- bzw. Erweiterungsinvestitionen*
k	…	*Kalkulationszinssatz (Kapitalkostensatz)*
NI	…	*Netto- bzw. Erweiterungsinvestitionen*
NOPLAT	…	*Net Operating Profit less adjusted Taxes (Ergebnis vor Zinsen nach angepassten Steuern)*
ronic	…	*Return on New Invested Capital (Reinvestitionsrentabilität)*
T	…	*Ende des Detailplanungszeitraums*
t	…	*Zeit- bzw. Periodenindex*
UW^{ZEW}	…	*Zukunftserfolgswert des Unternehmens (hier als Terminal Value)*

Dabei wird angenommen, dass die Verfallrate der Überrenditen *fr* sowie das Wachstum der Nettoinvestitionen g^{NI} bereits ab Periode $T + 1$ wirken. Für das bisherige Beispiel wurde ein konstanter Kapitalumschlag mit einer Bindungskennzahl b^{IC} von 0,36 unterstellt. Sofern dies bereits ab de Periode $T - 1$ gilt und auch in der Folgezeit Bestand hat, entspricht das Wachstum der Nettoinvestitionen ab $T + 1$ dem Umsatzwachstum, sodass sich g^{NI} hier mit 1 % ergibt. Wird ferner z. B. eine Verfallrate der Reinvestitionsrentabilität von 0,4 angenommen, resultiert für $T + 1$ ein *ronic* von 9,09 % und für die Periode $T + 2$ von 8,65 %. Anknüpfend an die Werte der Detailplanung ergibt sich daraus der folgende Unternehmenswert in $T = 5$:

$$UW_T^{ZEW} = \frac{25{,}237 + 0{,}0909 \times 2{,}570}{0{,}08} + \frac{2{,}570 \times (1 + 0{,}01)}{0{,}08} \times \frac{0{,}0865 - 0{,}08}{0{,}08 + 0{,}394} = 318{,}836$$

Im oben dargestellten Modell sinkt dann die Überrendite der neuen Investitionen kontinuierlich mit einer Verfallrate ab und nähert sich einem in Höhe des Kapitalkostensatzes angesetzten Grenzwert an. Die Rentabilität des gesamten investierten Kapitals *roic* konvergiert dabei auf lange Sicht ebenfalls gegen diesen Wert. Bei der im Beispiel unterstellten konstanten Kapitalbindung kommt es gleichzeitig zu einem entsprechenden Absinken der Umsatzrentabilität.

Alternativ zu einem kontinuierlichen Absinken der Reinvestitionsrentabilität *ronic* könnten auch sprunghafte Verläufe unterstellt werden. So wäre es z. B. vorstellbar, dass ab der Periode $T + 1$ für eine gewisse Zeitspanne von N Perioden (Phase A) eine Reinvestitionsrentabilität $ronic_A$ erzielt wird und diese danach abrupt auf ein Niveau von $ronic_B$ abfällt, wo sie dann für alle Zeit verharrt (Phase B). Für diesen Fall eines bezüglich der Reinvestitionsrentabilität *ronic* zweigeteilten Fortführungszeitraums wurde folgende Bestimmung des Terminal Value vorgeschlagen (Drukarczyk/Schüler, 2021, S. 152; Koller et al., 2010, S. 228), was wieder an die sonstige hier verwendete Notation unter Anknüpfung an die Detailplanung angepasst wurde:

$$UW_T^{ZEW} = \left[\frac{NOPLAT_T \times \left(1 + n_T^{IC} \times ronic_A\right) \times \left(1 - n_A^{IC}\right)}{k - n_A^{IC} \times ronic_A}\right] \times \left[1 - \left(\frac{1 + n_A^{IC} \times ronic_A}{1 + k}\right)^N\right]$$
$$+ \frac{NOPLAT_T \times \left(1 + n_T^{IC} \times ronic_A\right) \times \left(1 + n_A^{IC} \times ronic_A\right)^{N-1} \times \left(1 + n_A^{IC} \times ronic_B\right) \times \left(1 - n_B^{IC}\right)}{\left(k - n_B^{IC} \times ronic_B\right) \times (1 + k)^N}$$

k	… *Kalkulationszinssatz (Kapitalkostensatz)*
N	… *Zeitspanne des Anhaltens von Rentabilitätsniveau* $ronic_A$ *nach der Detailplanungsphase, bevor dieses auf das Niveau* $ronic_B$ *absinkt*
n^{IC}	… *Nettoinvestitionsrate bzw. Thesaurierungsquote des NOPLAT*
$NOPLAT$	… *Net Operating Profit less adjusted Taxes (Ergebnis vor Zinsen nach angepassten Steuern)*
$ronic$	… *Return on New Invested Capital (Reinvestitionsrentabilität)*
T	… *Ende des Detailplanungszeitraums*
t	… *Zeit- bzw. Periodenindex*
UW^{ZEW}	… *Zukunftserfolgswert des Unternehmens (hier als Terminal Value)*

Für das bisherige Planungsbeispiel könnte es z. B. als realistisch angesehen werden, dass ab Periode 6 ($T + 1$) für vier Perioden noch eine Reinvestitionsrentabilität von 9 % erreicht wird und diese dann ab Periode 10 dauerhaft auf 8 % absinkt. Aus der Festlegung der Nettoinvestitions- bzw. Thesaurierungsrate n^{IC} für beide Teilphasen ergibt sich dann im Zusammenspiel mit den unterstellten Reinvestitionsrentabilitäten das erwartete *NOPLAT*-Wachstum als:

$$g_t^{NOPLAT} = ronic_t \times n_{t-1}^{IC}$$

g^{NOPLAT}	…	*Wachstumsrate des NOPLAT*
n^{IC}	…	*Nettoinvestitionsrate bzw. Thesaurierungsquote des NOPLAT*
ronic	…	*Return on New Invested Capital (Reinvestitionsrentabilität)*
t	…	*Zeit- bzw. Periodenindex*

Wenn g^{NOPLAT} dem Umsatzwachstum von hier 1 % entspricht, resultiert für die beiden Teilphasen eine jeweils gleichbleibende Umsatzrentabilität. Im vorliegenden Beispiel wären dafür n_A^{IC} mit 0,111 und n_B^{IC} mit 0,125 festzulegen. Anknüpfend an das bisherige Planungsbeispiel ergibt sich unter diesen Annahmen ein Terminal Value in $T = 5$ in Höhe von:

$$UW_T^{ZEW} = \left[\frac{25{,}237 \times (1+0{,}102 \times 0{,}09) \times (1-0{,}111)}{0{,}08-0{,}111 \times 0{,}09}\right] \times \left[1-\left(\frac{1+0{,}111 \times 0{,}09}{1+0{,}08}\right)^4\right]$$
$$+\frac{25{,}237 \times (1+0{,}102 \times 0{,}09) \times (1+0{,}111 \times 0{,}09)^3 \times (1+0{,}111 \times 0{,}08) \times (1-0{,}125)}{(0{,}08-0{,}125 \times 0{,}08) \times (1+0{,}08)^4}$$
$$= 76{,}042 + 243{,}237 = 319{,}279$$

Die bisher in diesem Beispiel unterstellte Kapitalbindung b^{IC} bleibt bei dieser Modellierung jedoch nicht konstant, sondern steigt hier im Zeitverlauf an.

Neben den angesprochenen Möglichkeiten finden sich in der Literatur vielfältige weitere Vorschläge zur Modellierung von Übergangsphasen und Konvergenzprozessen (für einen Überblick zum Beispiel Drefke, 2016, S. 10 ff.; Drukarczyk/Schüler, 2021, S. 149 ff.). Neben rentabilitätsbezogenen Anpassungsprozessen stehen dabei zum Beispiel auch erwartete Entwicklungen von Wachstumsraten oder Ausschüttungsquoten im Fokus. Zwei weitere wichtige Aspekte bei der Ermittlung des Wertbeitrags der Fortführungsphase bilden zudem auch die Wirkungen von Inflation und Steuern, zu deren Berücksichtigung ebenfalls verschiedene Vorschläge existieren (Friedl/Schwetzler, 2017, S. 955 ff.; Kuhner/Maltry, 2017a, S. 977 ff.). Auf eine Darstellung diesbezüglicher Details soll jedoch hier verzichtet werden.

1.2.3.6 Alternative Abgrenzungsmöglichkeiten bewertungsrelevanter Überschüsse

In der bisherigen Darstellung zur Ermittlung der bewertungsrelevanten Überschüsse wurde der Fokus primär auf die Vergangenheitsanalyse und relevante Planungszusammenhänge im Zusammenspiel verschiedener Teilsysteme des Rechnungswesens gelegt. Die konkrete Abgrenzung dieser Überschüsse wurde dabei an vielen Stellen noch offengelassen und soll nun stärker präzisiert werden. Grundsätzlich muss die Beantwortung dieser Frage auf der Ebene der Kapitalgeber ansetzen und allein die aus dem Unternehmensbesitz resultierenden, zusätzlich für individuelle Konsumzwecke verwendbaren Zuflüsse betrachten (Moxter, 1983, S. 79). Diese bilden das finale Ergebnis der Unternehmenstätigkeit aus Sicht der Eigentümer. Wird hingegen der Entstehungsprozess dieser Überschüsse auf Ebene des Unternehmens betrachtet, ergeben sich aus den in verschiedenen Teilsystemen des Rechnungswesens genutzten Stromgrößen weitere potenzielle Anknüpfungspunkte für eine Abgrenzung von bewertungsrelevanten Überschüssen (Coenenberg et al., 2016, S. 8 ff.; Mandl/Rabel, 1997, S. 32 ff.; Peemöller/Kunowski, 2019, S. 343 ff.), wie Abb. 1-87 dies zeigt:

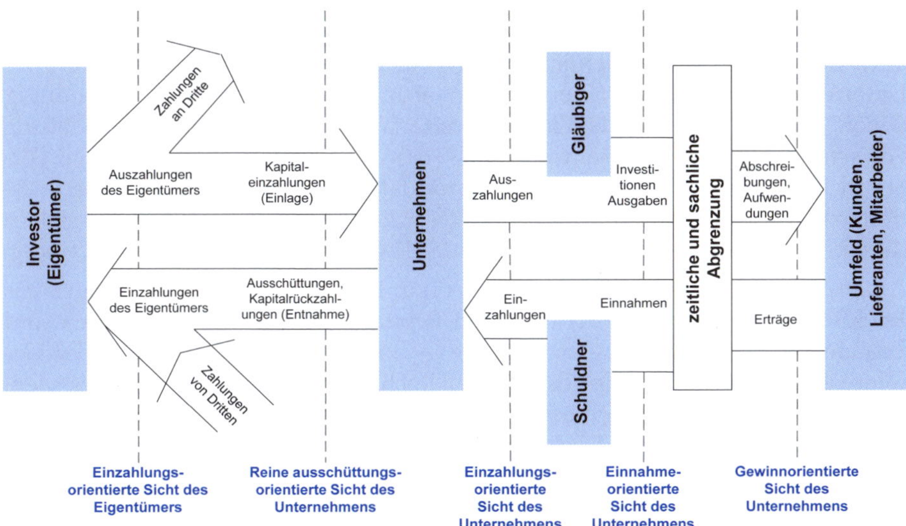

Abb. 1-87: Mögliche Ansatzpunkte für eine Abgrenzung bewertungsrelevanter Überschüsse (in Anlehnung an Günther, 1997, S. 78)

Den aus theoretischer Sicht korrekten Ansatzpunkt liefert hierbei allein die finale einzahlungsorientierte Sicht beim Eigentümer, wie oben bereits angesprochen (Drukarczyk/Schüler, 2021, S. 119; Günther, 1997, S. 81 ff.). Bewertet wird dabei der Strom aller Zu- und Abflüsse, der für den Eigentümer insgesamt aus dem Besitz des Unternehmens resultiert. Dabei sind auch sämtliche durch den Investor an Dritte zu leistende Zahlungen (z. B. individuelle Steuern oder Transaktionskosten) oder von Dritten erhaltene Zuflüsse mit einzubeziehen. Dies umfasst dann auch die Berücksichtigung von eventuellen Synergieeffekten mit anderen Investitionen. Eine Unternehmenswertermittlung müsste somit die individuellen Rahmenbedingungen jedes Eigentümers in sehr detaillierter Weise berücksichtigen und auf dessen Ebene ansetzen anstatt auf der des Unternehmens.

Werden aus Objektivierungsgründen oder in Ermangelung der notwendigen Informationen die letztgenannten Aspekte ausgeblendet, könnte sich die Bewertung auf die unmittelbar zwischen Unternehmen und Eigentümern stattfindenden Zahlungen beschränken ($\ddot{U}_t = Entnahmen_t - Einlagen_t$). Dies umfasst dann Gewinnausschüttungen sowie Zahlungen aufgrund von Kapitalerhöhungen oder -herabsetzungen, wobei auch im Wege der Quellenbesteuerung vom Unternehmen einzubehaltende Beträge, wie z. B. die deutsche Abgeltungsteuer, grundsätzlich zu berücksichtigen wären. Eine solche ausschüttungsorientierte Sichtweise des Unternehmens liegt z. B. dem Ertragswertverfahren zugrunde

(IDW, 2008, Tz. 4 bzw. 24; KSW, 2014, Tz. 48 ff.). Auch die sogenannten Discounted-Cashflow-Verfahren (DCF-Verfahren) setzen auf dieser Ebene an. Während das Ertragswertverfahren hierbei explizit die Berücksichtigung einer spezifischen Ausschüttungs- und Thesaurierungspolitik vorsieht (IDW, 2008, Tz. 35 ff.), gehen die DCF-Verfahren von einer vollständigen Ausschüttung freier Liquiditätsüberschüsse aus (residuale Ausschüttung).

Einen weiteren potenziellen Anknüpfungspunkt bildet auch die einzahlungsorientierte Sicht des Unternehmens ($\ddot{U}_t = Einzahlungen_t - Auszahlungen_t$). Hierbei steht der Saldo aller tatsächlichen Zahlungen aus dem Leistungsbereich des Unternehmens sowie der Fremdfinanzierung im Vordergrund, unabhängig davon, ob diese Mittelzuflüsse ausgeschüttet werden. Eine saldierte Betrachtung von schuldrechtlichen Außenverhältnissen im Sinne von Forderungen und Verbindlichkeiten mit der verfügbaren Liquidität würde zu einer einnahmeorientierten Sicht des Unternehmens führen ($\ddot{U}_t = Einnahmen_t - Ausgaben_t$), die sich in dieser reinen Form jedoch in der Praxis des Rechnungswesens nur selten findet.

Als letzter möglicher Anknüpfungspunkt zur Ermittlung bewertungsrelevanter Rückflüsse bliebe schließlich noch die Betrachtung der Aufwendungen und Erträge des Unternehmens ($\ddot{U}_t = Erträge_t - Aufwendungen_t$), wie sie in der Gewinn- und Verlustrechnung des externen Rechnungswesens dargestellt werden. Unterschiede gegenüber den bereits genannten Stromgrößen resultieren hierbei primär aus sachlichen und zeitlichen Abgrenzungen. Diese ertragsorientierte Sicht des Unternehmens lag vor längerer Zeit auch dem Ertragswertansatz zugrunde. Heute findet sich diese Sichtweise insbesondere in sogenannten residualgewinnbasierten Bewertungsansätzen wieder (z. B. Prokop, 2004; Schumann, 2005).

Bis auf die einzahlungsorientierte Sicht der Eigentümer, welche auch Beziehungen gegenüber Dritten berücksichtigt, liegt der wesentliche Unterschied zwischen den übrigen betrachteten Größen in deren zeitlicher Erfassung. So resultieren z. B. aus heute erzielten Umsatzerlösen und damit einhergehenden Einnahmen zukünftige Einzahlungen beim Unternehmen, woraus wiederum spätere Gewinnausschüttungen geleistet werden können. Gleichermaßen fallen auch Aufwendungen, Ausgaben und Auszahlungen häufig durch Finanzierungsmaßnahmen oder periodische Abgrenzungen auseinander. Unter bestimmten Voraussetzungen lassen sich jedoch auf Basis aller oben genannten Ansatzpunkte völlig identische Bewertungsergebnisse ermitteln. Hierzu müssen sich zum einen über die Gesamtlebensdauer (Totalperiode) eines Unternehmens alle Ertrags-, Einnahme- und Einzahlungsüberschüsse sowie die daraus resultierenden Ausschüttungen an die Eigentümer in ihrer jeweiligen Gesamtsumme entsprechen, was als Kongruenzprinzip bezeichnet wird. Zudem ist es erforderlich, dass alle Veränderungen der zur jeweiligen Überschusskonzeption komplementären Bestandsgrößen vollständig durch den zugehörigen Überschuss erklärt werden, sofern sie nicht auf direkten Transaktionen mit den Kapitalgebern beruhen. Die letzte Forderung des Einhaltens einer sogenannten Clean Surplus Relation ist strenger und schließt das vorher genannte Kongruenzprinzip mit ein (Ewert/Wagenhofer, 2014, S. 58 ff. sowie S. 528 ff.). Bei Einhaltung dieser Bedingungen ergibt sich der als Preinreich-Lücke-Theorem bekannte und nachfolgend dargestellte Zusammenhang (Lücke, 1955, S. 311 ff.; Preinreich, 1937, S. 209 ff.). Dabei wird der Ausgleich des zeitlichen Abweichens von den ausschüttungsorientierten Überschüssen durch eine kalkulatorische Verzinsung des zu Periodenbeginn in der jeweils korrespondierenden Bestandsgröße gebundenen Kapitals erreicht.

$$
\begin{aligned}
UW_0^{ZEW} &= \sum_{t=1}^{\infty} \frac{Entnahmen_t - Einlagen_t}{(1+k)^t} \\
&= \sum_{t=1}^{\infty} \frac{Einzahlungen_t - Auszahlungen_t - k \cdot LM_{t-1}}{(1+k)^t} + LM_0 \\
&= \sum_{t=1}^{\infty} \frac{Einnahmen_t - Ausgaben_t - k \cdot NGV_{t-1}}{(1+k)^t} + NGV_0 \\
&= \sum_{t=1}^{\infty} \frac{Ertäge_t - Aufwendungen_t - k \cdot EK_{t-1}}{(1+k)^t} + EK_0
\end{aligned}
$$

EK ... *Eigenkapital*
k ... *Kalkulationszinssatz (Kapitalkostensatz)*
LM ... *Liquide Mittel*
NGV ... *Netto-Geldvermögen*
T ... *Ende des Detailplanungszeitraums*
t ... *Zeit- bzw. Periodenindex*
UW^{ZEW} ... *Zukunftserfolgswert des Unternehmens*

Die Ermittlung der aufgeführten periodischen Überschussgrößen setzt typischerweise an den Informationsgrundlagen des externen Rechnungswesens an, sodass sich diese aus einer integrierten Planungsrechnung mit Bilanz, Gewinn- und Verlustrechnung sowie Kapitalflussrechnung gewinnen lassen. Dabei entsprechen die oben genannten Überschussgrößen der Sichtweise des Netto-Ansatzes bzw. Equity-Approachs, indem sie grundsätzlich die Perspektive der Eigenkapitalgeber ausdrücken. Dennoch wäre auch eine Adaptation an den Brutto-Ansatz bzw. Entity-Approach möglich, indem die betrachteten Strom- und Bestandsgrößen um die Wirkungen der Fremdfinanzierung erweitert werden. Die oben beschriebenen Zusammenhänge sollen nachfolgend anhand des vorliegenden Planungsbeispiels veranschaulicht werden. Für eine weniger komplexe Darstellung mit zeitlich konstanten Diskontierungssätzen wird dabei wieder auf den Fall einer reinen Eigenfinanzierung zurückgegriffen. Die Datengrundlage hierfür liefern die in Abb. 1-72 bis Abb. 1-74 dargestellten Planungsrechnungen. Bei einer analogen Anwendung auf den Fall einer autonomen Fremdfinanzierung wäre hingegen eine periodenspezifische Anpassung der Kapitalkostensätze erforderlich. Zudem sind dann in den betrachteten Strom- und Bestandsgrößen die Auswirkungen aus der Fremdfinanzierung entsprechend zu berücksichtigen. Der zur Diskontierung verwendete Kapitalkostensatz soll hier jedoch einheitlich 8 % betragen, was einer Renditeforderung ohne Berücksichtigung von Verschuldungsrisiken entspricht. Ermittelt werden dementsprechend die Zukunftserfolgswerte des unverschuldeten Unternehmens.

Entnahmeüberschüsse: $\ddot{U}_t$ = *Entnahmen*$_t$ – *Einlagen*$_t$

Zunächst soll eine Betrachtung der Entnahmeüberschüsse erfolgen, welche die direkt zwischen Unternehmen und Eigenkapitalgebern stattfindenden Zahlungen beschreiben. Für das hier verwendete Beispiel bei reiner Eigenfinanzierung lassen sich diese direkt aus der in Abb. 1-74 dargestellten Kapitalflussrechnung in Gestalt der dort ausgewiesenen Free Cashflows (FCF) entnehmen. Aufgrund des positiven Vorzeichens handelt es sich dabei im vorliegenden Beispiel durchgängig um Entnahmen. Entsprechend des in Abschnitt 1.2.3.5 beschriebenen eingeschwungenen Zustandes wachsen diese Entnahmeüberschüsse ab Periode 5 konstant mit 1 %. Die Ermittlung des Zukunftserfolgswerts des Unternehmens gestaltet sich dann als Zwei-Phasen-Modell wie folgt:

$$\ddot{U}_t^{Ent} = Entnahmen_t - Einlagen_t$$

$$UW_0^{ZEW} = \sum_{t=1}^{T} \frac{\ddot{U}_t^{Ent}}{(1+k)^t} + \frac{\ddot{U}_T^{Ent} \times (1+g^{Ent})}{(k-g^{Ent}) \times (1+k)^T}$$

g^{Ent} ... *Wachstumsrate des Entnahmeüberschusses (im Fortführungszeitraum)*
k ... *Kalkulationszinssatz (Kapitalkostensatz)*
T ... *Ende des Detailplanungszeitraums*
t ... *Zeit- bzw. Periodenindex*
$\ddot{U}^{Ent}$ ... *Entnahmeüberschuss*
UW^{ZEW} ... *Zukunftserfolgswert des Unternehmens*

(Angaben in M€)	t = 0	1	2	3	4	5 (= T)
Entnahmeüberschuss		1,500	12,375	19,751	22,443	22,667
Kapitalkostensatz		8,00 %	8,00 %	8,00 %	8,00 %	8,00 %
UW^{ZEW}	**282,189**	**303,264**	**315,150**	**320,612**	**323,818**	**327,056**

Abb. 1-88: Zukunftserfolgswerte der X AG bei Eigenfinanzierung auf Basis von Entnahmeüberschüssen

Die ermittelten Unternehmenswerte beschreiben den Zukunftserfolgswert des unverschuldeten Unternehmens. Daher sind die Ergebnisse identisch mit der entsprechenden Wertkomponente des im nachfolgenden Abschnitt 1.2.4.1 dargestellten APV-Ansatzes. Bewertet wurden hierbei unmittelbar die erwarteten Zuflüsse der Eigner aus dem Unternehmen, was den gesuchten Unternehmenswert zutreffend beschreibt. Daher ist bei einer Anknüpfung an Entnahmeüberschüssen keine weitere Korrektur um eine kalkulatorische Verzinsung erforderlich, wie dies bei den nachfolgenden Varianten der Fall ist.

Ertragsüberschüsse des Unternehmens: $\ddot{U}_t$ = *Erträge*$_t$ – *Aufwendungen*$_t$

Erträge und Aufwendungen bilden die klassischen Komponenten der kaufmännischen Erfolgsrechnung eines Unternehmens. Sie werden in der Gewinn- und Verlustrechnung nach dem sogenannten Umsatzkostenverfahren (UKV) oder dem Gesamtkostenverfahren (GKV) dargestellt. Der dort ermittelte Ertragsüberschuss wird typischerweise als Jahresüberschuss bezeichnet. Für den hier unterstellten Fall einer fingierten vollständigen Eigenfinanzierung wird für dieses Ergebnis der Begriff *NOPLAT* verwendet. Ebenso tritt dabei an die Stelle des Eigenkapitals der bisher in diesem Zusammenhang verwendete Begriff des investierten Kapitals *IC*. Beide Größen lassen sich unmittelbar aus den Planungsrechnungen in Abb. 1-72 und Abb. 1-73 entnehmen. Die Wachstumsrate der Ertragsüberschüsse im Fortführungszeitraum beträgt wieder 1 %. Auf Basis der nachfolgenden allgemeinen Bewertungsvorschrift für Ertragsüberschüsse mit kalkulatorischer Verzinsung des Eigenkapitals ergeben sich wieder identische Zukunftserfolgswerte.

$$\ddot{U}_t^{Ert} = Ertr\ddot{a}ge_t - Aufwendungen_t$$

$$UW_0^{ZEW} = \sum_{t=1}^{T} \frac{\ddot{U}_t^{Ert} - k \times EK_{t-1}}{(1+k)^t} + \frac{\left(\ddot{U}_T^{Ert} - k \times EK_{T-1}\right) \times \left(1 + g^{Ert}\right)}{\left(k - g^{Ert}\right) \times (1+k)^T} + EK_0$$

EK … *Eigenkapital*
g^{Ert} … *Wachstumsrate des Ertragsüberschusses (im Fortführungszeitraum)*
k … *Kalkulationszinssatz (Kapitalkostensatz)*
T … *Ende des Detailplanungszeitraums*
t … *Zeit- bzw. Periodenindex*
$\ddot{U}^{Ert}$ … *Ertragsüberschuss*
UW^{ZEW} … *Zukunftserfolgswert des Unternehmens*

(Angaben in M€)	t = 0	1	2	3	4	5 (= T)
Ertragsüberschuss		23,100	24,255	24,740	24,988	25,237
Kalk. Zinsen auf EK		17,280	19,008	19,958	20,358	20,561
Residualer Ertragsüberschuss		5,820	5,247	4,782	4,630	4,676
Kapitalkostensatz		8,00 %	8,00 %	8,00 %	8,00 %	8,00 %
Barwert	66,189	65,664	65,670	66,142	66,803	67,471
Eigenkapital	216,000	237,600	249,480	254,470	257,014	259,584
***UW**^{ZEW}*	**282,189**	**303,264**	**315,150**	**320,612**	**323,818**	**327,056**

Abb. 1-89: Zukunftserfolgswerte der X AG bei Eigenfinanzierung auf Basis von Ertragsüberschüssen

Ertragsüberschüsse beschreiben dabei die Veränderungen des Eigenkapitals, die nicht auf Entnahmen oder Einlagen zurückzuführen sind. Unter Berücksichtigung einer kalkulatorischen Verzinsung auf das Eigenkapital führt die Bewertung auf Basis von Ertragsüberschüssen zu identischen Unternehmenswerten wie auf Basis von Entnahmeüberschüssen. Dieser Bewertungsansatz wird auch als Residual Income Modell bezeichnet und wird in Abschnitt 2.2.6 vorgestellt. Ein Beispiel für die Anwendungsmöglichkeit dieses Bewertungskonzeptes mit Brutto- bzw. Entity-Perspektive beschreibt z. B. Abschnitt 2.2.2 anhand des Economic Value Added (EVA).

Einnahmeüberschüsse des Unternehmens: $\ddot{U}_t = Einnahmen_t - Ausgaben_t$

Während der Ausweis von Erträgen und Aufwendungen im externen Rechnungswesen in starkem Maße auf den rechtlichen Realisationszeitpunkt der getätigten Geschäfte abstellt, steht bei Einnahmen und Ausgaben die Entstehung von schuldrechtlichen Zahlungsverpflichtungen oder -ansprüchen im Vordergrund. Einnahmen und Ausgaben lassen sich somit als die Geldwerte aller durch das Unternehmen getätigten Ein- bzw. Verkäufe von Gütern und Dienstleistungen charakterisieren. Die hierzu komplementäre Bestandsgröße bildet das sogenannte Netto-Geldvermögen (NGV). Dieses umfasst die liquiden Mittel und Forderungen des Unternehmens abzüglich seiner Verbindlichkeiten. Reine Finanzierungsgeschäfte, wie der Erhalt von Anzahlungen oder die Aufnahme bzw. Tilgung von Krediten, verändern das Netto-Geldvermögen nicht. Dies resultiert aus dem Umstand, dass sich hierbei die Wirkungen auf liquide Mittel sowie Forderungen und Verbindlichkeiten gegenseitig aufheben. Einnahmeüberschüsse drücken somit die Veränderungen des Netto-Geldvermögens aus, die nicht auf Entnahmen oder Einlagen zurückzuführen sind. Eine Bewertung des Unternehmens auf Basis der Einnahmeüberschüsse unter Berücksichtigung einer kalkulatorischen Verzinsung des Netto-Geldvermögens führt nach der folgenden Vorschrift wieder zu äquivalenten Unternehmenswerten:

$$\ddot{U}_t^{Ein} = Einnahmen_t - Ausgaben_t$$

$$UW_0^{ZEW} = \sum_{t=1}^{T} \frac{\ddot{U}_t^{Ein} - k \times NGV_{t-1}}{(1+k)^t} + \frac{\left(\ddot{U}_T^{Ein} - k \times NGV_{T-1}\right) \times \left(1 + g^{Ein}\right)}{\left(k - g^{Ein}\right) \times (1+k)^T} + NGV_0$$

g^{Ein} … *Wachstumsrate des Einnahmeüberschusses (im Fortführungszeitraum)*
k … *Kalkulationszinssatz (Kapitalkostensatz)*
NGV … *Netto-Geldvermögen*
t … *Zeit- bzw. Periodenindex*
T … *Ende des Detailplanungszeitraums*
$\ddot{U}^{Ein}$ … *Einnahmeüberschuss*
UW^{ZEW} … *Zukunftserfolgswert des Unternehmens*

(Angaben in M€)	t = 0	1	2	3	4	5 (= T)
Einnahmeüberschuss		3,900	13,695	20,305	22,726	22,953
Kalk. Zinsen auf NGV		1,920	2,112	2,218	2,262	2,285
Residualer Einnahmeüberschuss		1,980	11,583	18,087	20,464	20,668
Kapitalkostensatz		8,00 %	8,00 %	8,00 %	8,00 %	8,00 %
Barwert	258,189	276,864	287,430	292,337	295,260	298,213
Netto-Geldvermögen	24,000	26,400	27,720	28,274	28,557	28,843
UW^{ZEW}	**282,189**	**303,264**	**315,150**	**320,612**	**323,818**	**327,056**

Abb. 1-90: Zukunftserfolgswerte der X AG bei Eigenfinanzierung auf Basis von Einnahmeüberschüssen

In diesem Beispiel entsprechen die Einnahmen den Umsatzerlösen. Die Ausgaben ergeben sich aus den Material-, Personal-, Steuer- und sonstigen betrieblichen Aufwendungen, welche noch um die Veränderungen der Materialvorräte erhöht bzw. der Rückstellungen verringert werden. Weitere Ausgaben bilden zudem die Investitionen in das operative Anlagevermögen. Das Netto-Geldvermögen umfasst hier die liquiden Mittel, zuzüglich Kundenforderungen und abzüglich Lieferantenverbindlichkeiten. Das Wachstum der Einnahmeüberschüsse im Fortführungszeitraum beträgt auch hier 1 %. Die resultierenden Zukunftserfolgswerte sind wieder identisch.

Einzahlungsüberschüsse des Unternehmens: $Ü_t$ = *Einzahlungen$_t$ – Auszahlungen$_t$*

Als Letztes soll hier noch die Möglichkeit einer Bewertung auf Basis der Ein- und Auszahlungen des Unternehmens illustriert werden. Während Einlagen und Entnahmen die Zahlungsvorgänge zwischen Unternehmen und Eignern beschreiben, betreffen Einzahlungen und Auszahlungen die Zahlungsvorgänge mit allen übrigen Elementen des Unternehmensumfeldes. Die zugehörige Bestandsgröße ist die Position der liquiden Mittel. Einzahlungen und Auszahlungen beschreiben dabei die Veränderung des Zahlungsmittelbestands, welche nicht durch Einlagen und Entnahmen verursacht wird. Für die Ermittlung des Unternehmenswerts kann dabei folgende Vorschrift genutzt werden:

$$Ü_t^{Ez} = Einzahlungen_t - Auszahlungen_t$$

$$UW_0^{ZEW} = \sum_{t=1}^{T} \frac{Ü_t^{Ez} - k \times LM_{t-1}}{(1+k)^t} + \frac{(Ü_T^{Ez} - k \times LM_{T-1}) \times (1+g^{Ez})}{(k-g^{Ez}) \times (1+k)^T} + LM_0$$

g^{Ez}	…	*Wachstumsrate des Einzahlungsüberschusses (im Fortführungszeitraum)*
k	…	*Kalkulationszinssatz (Kapitalkostensatz)*
LM	…	*Liquide Mittel*
T	…	*Ende des Detailplanungszeitraums*
t	…	*Zeit- bzw. Periodenindex*
$Ü^{Ez}$	…	*Einzahlungsüberschuss*
UW^{ZEW}	…	*Zukunftserfolgswert des Unternehmens*

(Angaben in M€)	t = 0	1	2	3	4	5 (= T)
Einzahlungsüberschuss		2,700	13,035	20,028	22,584	22,810
Kalk. Zinsen auf LM		0,960	1,056	1,109	1,131	1,142
Residualer Einzahlungsüberschuss		1,740	11,979	18,919	21,453	21,668
Kapitalkostensatz		8,00 %	8,00 %	8,00 %	8,00 %	8,00 %
Barwert	270,189	290,064	301,290	306,474	309,539	312,634
Liquide Mittel	12,000	13,200	13,860	14,137	14,279	14,421
UW^{ZEW}	**282,189**	**303,264**	**315,150**	**320,612**	**323,818**	**327,056**

Abb. 1-91: Zukunftserfolgswerte der X AG bei Eigenfinanzierung auf Basis von Einzahlungsüberschüssen

Die Einzahlungsüberschüsse lassen sich aus der in Abb. 1-74 dargestellten Kapitalflussrechnung ableiten. Sie umfassen die Investitionsauszahlungen für das operative Anlagevermögen und den operativen Cashflow. Bei Letzterem darf jedoch die Erhöhung der liquiden Mittel nicht mit einbezogen werden, da sich diese erst im Ergebnis der aus dem Unternehmensumfeld entstehenden Ein- und Auszahlungen ergibt. Die Bestände der liquiden Mittel lassen sich unmittelbar aus Abb. 1-72 entnehmen. Indem das Wachstum der Einzahlungsüberschüsse im Fortführungszeitraum auch hier 1 % beträgt, ergeben sich wieder identische Unternehmenswerte.

Als Zwischenfazit ist daher Folgendes festzuhalten: Die eigentlich gebotene Ermittlung der bewertungsrelevanten Überschüsse aus einzahlungsorientierter Sicht der Eigentümer ist aus Objektivierungsgründen sowie in Ermangelung diesbezüglich notwendiger Informationen oft nicht realisierbar. Insbesondere lassen sich individuelle Einflüsse von dritter Seite kaum berücksichtigen. Daher bildet eine Beschränkung auf die ausschüttungsorientierte Sicht des Unternehmens, basierend auf den als Einlagen und Entnahmen stattfindenden Zahlungen, die beste realisierbare Näherung, um den Unternehmenswert als Zukunftserfolgswert geeignet zu bestimmen. Dieser Wert lässt sich jedoch auch durch Anknüpfung an anderen Überschussgrößen des Rechnungswesens ermitteln. Zwingende Voraussetzung hierfür ist jedoch, dass eine kalkulatorische Verzinsung der komplementären Kapitalbindung integriert wird und die oben beschriebenen Forderungen nach Einhaltung des Kongruenzprinzips bzw. der sogenannten Clean Surplus Relation erfüllt werden. Bei einer Verletzung dieser Bedingungen oder bei Inkonsistenzen in der Abgrenzung einzelner Rechengrößen geht dieser Zusammenhang verloren. Eine unmittelbare Diskontierung der dargestellten Ertrags-, Einnahme- oder Einzahlungsüberschüsse ohne den Einbezug einer kalkulatorischen Verzinsung des jeweils gebundenen Kapitals führt jedoch nicht auf den gesuchten Wert. Insofern beschreiten residualgewinnbasierte Bewertungsansätze gewissermaßen einen Umweg, um mit einem alternativen Ansatz der Überschussgröße ebenfalls das korrekte Bewertungsergebnis einer ausschüttungsorientierten Sicht des Unternehmens zu erreichen. Dabei handelt es sich jedoch nicht um eine bloße akademische Spielerei. So ist ein klares Verständnis der dem Preinreich-Lücke-Theorem zugrunde liegenden Wirkungsprinzipien und Anwendungsbedingungen sehr hilfreich bei der Auseinandersetzung mit den vielfältigen für eine wertorientierte Steuerung vorgeschlagenen Residualgewinnkonzepten (vgl. Kapitel 2.2). Die für diese Performance-Maße geforderte Barwertidentität zum Unternehmenswert basiert auf genau den beschriebenen Zusammenhängen.

Gleichwohl liegt der Anwendungsschwerpunkt zeitgemäßer Verfahren zur Bestimmung des Zukunftserfolgswerts eines Unternehmens auf Zahlungsgrößen im Sinne der ausschüttungsorientierten Sicht des Unternehmens. Dies gilt sowohl für das Ertragswertverfahren als auch für die Discounted-Cashflow-Ansätze, für die eine residuale Ausschüttungspolitik unterstellt wird, wie sie in Abschnitt 1.2.3.3 dargestellt wurde. Diese Verfahren werden im nachfolgenden Abschnitt in verschiedenen Ausprägungsformen detailliert vorgestellt. Im Vorgriff darauf soll an dieser Stelle bereits ein zusammenfassender Überblick über die hierbei genutzten bewertungsrelevanten Überschüsse gegeben werden. Ausgangspunkt dieser Betrachtung ist das Ergebnis vor Zinsen und Steuern. Auf den Einbezug persönlicher Steuern wird dabei zunächst verzichtet.

	Bezeichnung		Symbol	
	Ergebnis vor Zinsen und Steuern		*EBIT*	
–	Angepasste Steuern		S^{adj}	
=	Net Operating Profit less adjusted Taxes		*NOPLAT*	
+	Abschreibungen auf operatives Anlagevermögen		A^{OAV}	
+	Veränderung der langfristigen Rückstellungen		ΔLRS	
+	Veränderung des Net Working Capitals		ΔNWC	
–	Investitionen in das operative Anlagevermögen		I^{OAV}	
=	***Free Cashflow***		***FCF***	
+	Steuervorteil der Fremdfinanzierung (Tax Shield)		*TS*	
=	***Total Cashflow*** (bzw. Capital Cashflow)		***TCF***	
–	Zinsaufwand	Flow to Debt	*ZA*	*FTD*
+	Veränderung des Fremdkapitals		ΔFK	
=	**Flow to Equity**		***FTE***	

Abb. 1-92: Überblick zu den bewertungsrelevanten Überschüssen der DCF-Verfahren

Es zeigt sich, dass die verschiedenen Ausgestaltungsvarianten der Discounted-Cashflow-Verfahren auf drei unterschiedliche Cashflow-Abgrenzungen zurückgreifen. Dabei beschreibt der Free Cashflow (FCF) den Liquiditätsüberschuss des Leistungsbereichs, ohne dass hierbei Zahlungsströme gegenüber dem Fremdkapital berücksichtigt werden oder sich Zinsen steuermindernd auswirken. Damit nimmt er die Perspektive des Brutto-Ansatzes bzw. Equity-Approaches ein. Verwendung findet er im sogenannten APV-Ansatz (vgl. Abschnitt 1.2.4.1) sowie im WACC-Ansatz (vgl. Abschnitt 1.2.4.2). Ebenfalls dem Brutto-Ansatz zuzuordnen ist der sogenannte Total Cashflow bzw. Capital Cashflow, wie er im jeweils gleichnamigen Bewertungsansatz genutzt wird (vgl. Abschnitt 1.2.4.3). Anders als beim Free Cashflow wird hier jedoch die fremdfinanzierungsbedingte Steuerersparnis (Tax Shield) cashflowerhöhend berücksichtigt. Den Blickwinkel der Netto-Perspektive nimmt hingegen der sogenannte Flow to Equity (FTE) im gleichnamigen Bewertungsansatz ein (vgl. Abschnitt 1.2.4.4). Dieser unterscheidet sich vom Total bzw. Capital Cashflow durch die hier zusätzlich noch berücksichtigten Zahlungen gegenüber den Fremdkapitalgebern (Flow to Debt). Eine solche Betrachtung der den Unternehmenseignern zufließenden finanziellen Überschüsse ist schließlich auch charakteristisch für das Ertragswertverfahren, das große Ähnlichkeit zum FTE-Ansatz aufweist (vgl. 1.2.6).

Die genannten Bewertungsverfahren werden im Folgenden detailliert bezüglich der jeweils betrachteten Überschussgrößen und der zugehörigen Kapitalkostenabgrenzung vorgestellt. Aufgrund des hohen Maßes an Transparenz wird dabei mit dem APV-Ansatz begonnen.

1.2.4 Grundformen der Discounted-Cashflow-Verfahren (DCF)

Discounted-Cashflow-Verfahren ermitteln den Unternehmenswert, wie der Name dies bereits widerspiegelt, durch eine Diskontierung zukünftig erwarteter Zahlungen an die Kapitalgeber. Mit dem Adjusted Present Value (APV), dem Bewertungsansatz auf Basis durchschnittlicher Kapitalkosten (Weighted Average Cost of Capital bzw. WACC), der demgegenüber modifizierten Variante des Total Cashflows (TCF) sowie dem Vorgehen des Flow to Equity (FTE) existieren verschiedene Ausprägungen innerhalb dieser Verfahrensgruppe, die nachfolgend näher vorgestellt und anhand eines Beispiels veranschaulicht werden. Diesem Beispiel liegen die in den Abschnitten 1.2.3.3 bis 1.2.3.5 vorgestellten Planungsrechnungen der fiktiven X AG zugrunde. Ferner wird auf die für dieses Beispielunternehmen mithilfe der Pure-Play-Methode am Ende von Abschnitt 1.2.2.4 gewonnenen Kapitalkostensätze bzw. Beta-Faktoren zurückgegriffen.

Um die grundsätzliche Methodik der oben genannten Verfahren darzustellen, wird zunächst auf den Einbezug persönlicher Steuern verzichtet (mittelbare Typisierung). Dabei wird für das angesprochene Beispiel gezeigt, dass die genannten Verfahren unter identischen Annahmen prinzipiell zu gleichen Ergebnissen führen. Je nach Ausprägung der hierbei zugrunde gelegten Annahmen, insbesondere was die Finanzierungsprämissen betrifft, ergeben sich allerdings teilweise deutliche Unterschiede in der Praktikabilität der einzelnen Verfahren, wie nachfolgend gezeigt wird.

1.2.4.1 Adjusted Present Value (APV)

Der sogenannte Adjusted Present Value (APV) nutzt die in Abschnitt 1.2.1.2 dargestellte Wertadditivitätseigenschaft der Kapitalwertmethode, indem der Gesamtzahlungsstrom des Unternehmens zerlegt und in diesen Teilen separat bewertet wird (Myers, 1974). Ein wesentlicher Vorteil dieser Methodik liegt in der hieraus resultierenden Transparenz bezüglich der wertbestimmenden leistungs- und finanzwirtschaftlichen Teilkomponenten, die so einer separaten Analyse und Bewertung zugänglich gemacht werden. Daher soll der APV-Ansatz hier als Erster innerhalb der DCF-Verfahren vorgestellt werden, wie sich dies auch des Öfteren in der Literatur findet (z. B. Ballwieser/Hachmeister, 2021, S. 167 ff.; Drukarczyk/Schüler, 2021, S. 171 ff.).

Als bewertungsrelevante Überschusskomponenten werden im APV-Ansatz die operativen Rückflüsse eines fiktiv unverschuldeten Unternehmens sowie die finanzierungsbedingten Vor- oder Nachteile unterschieden, welche separat mit jeweils adäquaten Kapitalkostensätzen diskontiert werden (Brealey et al., 2014, S. 495). Die wichtigsten fremdfinanzierungsbedingten Werteinflüsse werden hierbei in ihren steuerlichen Auswirkungen (Tax Shields) gesehen. Dementsprechend setzt sich der Unternehmenswert des APV-Ansatzes UW^{APV} im Bewertungszeitpunkt additiv aus dem Unternehmenswert bei unterstellter Eigenfinanzierung UW^{u} als Basiskomponente sowie dem zusätzlichen Wertbeitrag der fremdfinanzierungsbedingten Steuervorteile WB^{TS} zusammen. Der auf diese Weise durch den APV-Ansatz ermittelte Unternehmenswert entspricht der in 1.2.1.3 vorgestellten Brutto-Perspektive bzw. dem sogenannten Entity-Approach und umfasst somit zunächst den gemeinsamen Marktwert von Eigen- und Fremdkapital. Zur Bestimmung des Eigenkapitalmarktwerts muss daher in einem zweiten Schritt noch der Marktwert des Fremdkapitals zum Bewertungszeitpunkt abgezogen werden. Für Letzteres wird auch hier wieder unterstellt, dass Buch- und Marktwert übereinstimmen, sodass auf eine entsprechende Indexierung verzichtet werden kann. Es gilt:

$$UW_0^{APV} = EK_0^M + FK_0 = UW_0^u + WB_0^{TS}$$

$$EK_0^M = UW_0^{APV} - FK_0$$

EK^M ... *Marktwert des Eigenkapitals*
FK ... *Fremdkapital (Annahme: Marktwert = Buchwert)*
UW^{APV} ... *Unternehmenswert des APV-Ansatzes*
UW^u ... *Unternehmenswert bei reiner Eigenfinanzierung (unlevered)*
WB^{TS} ... *Wertbeitrag der fremdfinanzierungsbedingten Steuervorteile (Tax Shields)*

Die erste Wertkomponente des APV-Ansatzes abstrahiert zunächst vollständig von Fragen der Kapitalstruktur und betrachtet allein die aus der operativen Geschäftstätigkeit resultierenden Rückflüsse bei fiktiver Eigenfinanzierung. Der sich hieraus ergebende Wert des unverschuldeten Unternehmens UW^U reflektiert somit allein die Ergebnisse des leistungswirtschaftlichen Investitionsprogramms, unabhängig von den damit verbundenen Finanzierungsentscheidungen. Dabei wird ein residuales Ausschüttungs- bzw. Entnahmeverhalten unterstellt, sodass nur diejenigen Liquiditätsbestände im Unternehmen gehalten werden, die für eine Aufrechterhaltung der Zahlungsfähigkeit erforderlich sind. Die sich hieraus ergebende bewertungsrelevante Überschussgröße eines unverschuldeten Unternehmens wird als Free Cashflow (FCF) bezeichnet (Jensen, 1986). Sie entspricht der Summe aus dem operativen Cashflow des unverschuldeten Unternehmens und dessen Cashflow aus Investitionstätigkeit, wie dies bereits in Abschnitt 1.2.3.3 vorgestellt wurde (siehe insbesondere Abb. 1-68). Der Wert des unverschuldeten Unternehmens UW^u ergibt sich dann, indem diese Free Cashflows FCF als residualer Zahlungsüberschuss bei reiner Eigenfinanzierung mit der risikoäquivalenten Renditeforderung der Eigentümer des unverschuldeten Unternehmens r^u diskontiert werden. Da die hierbei als Zählergröße verwendeten Erwartungswerte der Free Cashflows keinerlei Finanzierungseinflüssen unterliegen, darf auch der verwendete Kapitalkostensatz nur einen Risikozuschlag für operative Geschäftsrisiken, nicht aber für das finanzwirtschaftliche Kapitalstrukturrisiko enthalten (Baetge et al., 2019, S. 421).

$$UW_0^u = \sum_{t=1}^{\infty} \frac{FCF_t}{\prod_{n=1}^{t}\left(1 + r_n^u\right)}$$

Werden hierbei zeitlich konstante Kapitalkosten unterstellt sowie ein zum Ende der Planungsphase erreichter eingeschwungener Zustand (siehe Abschnitt 1.2.3.5), der eine konstante Wachstumsrate der Überschüsse g^{FCF} im gesamten Fortführungszeitraum aufweist, lässt sich dies in Form eines Zwei-Phasen-Modells wie folgt ausdrücken:

$$UW_0^u = \sum_{t=1}^{T} \frac{FCF_t}{\left(1+r^u\right)^t} + \frac{FCF_T \times \left(1+g^{FCF}\right)}{r^u - g^{FCF}} \times \frac{1}{\left(1+r^u\right)^T}$$

FCF	... *Free Cashflow (Erwartungswert)*
g^{FCF}	... *Wachstumsrate des Free Cashflows (im Fortführungszeitraum)*
r^u	... *Renditeforderung der Eigentümer bei reiner Eigenfinanzierung (unlevered)*
T	... *Ende des Detailplanungszeitraums*
t	... *Zeit- bzw. Periodenindex*
UW^u	... *Unternehmenswert bei reiner Eigenfinanzierung (unlevered)*

Anknüpfend am Ergebnis vor Zinsen und Steuern (EBIT) erfolgt die Ermittlung des Free Cashflows einer Periode grundsätzlich wie folgt:

	Bezeichnung	Symbol
	Ergebnis vor Zinsen und Steuern	*EBIT*
–	Angepasste Steuern	S^{adj}
=	Net Operating Profit less adjusted Taxes	*NOPLAT*
+	Abschreibungen auf operatives Anlagevermögen	A^{OAV}
+	Veränderung der langfristigen Rückstellungen	ΔLRS
–	Veränderung des Net Working Capitals	ΔNWC
–	Investitionen in das operative Anlagevermögen	I^{OAV}
=	**Free Cashflow**	***FCF***

Abb. 1-93: Ermittlung des Free Cashflows

Für das Beispiel der X AG wurde in Abschnitt 1.2.3.3 bereits eine detaillierte Planungsrechnung erstellt, woraus auch die hier nochmals dargestellte Ableitung der Free Cashflows für den Fall einer reinen Eigenfinanzierung hervorging. Die zu ermittelnden Erwartungswerte entsprechen in diesem Beispiel dem Trendszenario (Real Case) einer mehrwertigen szenariobasierten Planung. Die Veränderung des Net Working Capitals ΔNWC ist hierbei in seinen einzelnen Komponenten dargestellt.

	(Angaben in M€)	Symbol	1	2	3	4	5 (= T)
	Ergebnis vor Zinsen und Steuern	*EBIT*	33,000	34,650	35,343	35,696	36,053
–	Angepasste Steuern	S^{adj}	9,900	10,395	10,603	10,709	10,816
=	Net Operating Profit less adjusted Taxes	*NOPLAT*	23,100	24,255	24,740	24,988	25,237
+	Abschreibungen auf operat. Anlageverm.	A^{OAV}	31,530	33,017	33,617	33,933	34,272
+	Veränderung der langfristigen Rückst.	ΔLRS	4,800	2,640	1,109	0,565	0,571
–	Veränderung der Materialbestände	ΔV^{RHB}	1,800	0,990	0,416	0,212	0,214

(Angaben in M€)	Symbol	1	2	3	4	5 (= T)
– Veränderung der Erzeugnisbestände	$\Delta V^{FE/UE}$	3,600	1,980	0,832	0,424	0,428
– Veränderung der Kundenforderungen	ΔKF	4,200	2,310	0,970	0,495	0,500
– Veränderung der liquiden Mittel	ΔLM	1,200	0,660	0,277	0,141	0,143
+ Veränderung der Lieferantenverb.	ΔLV	3,000	1,650	0,693	0,353	0,357
+ Veränderung der kurzfristigen Rückst.	ΔKRS	5,400	2,970	1,247	0,636	0,643
– Investitionen in operat. Anlageverm.	I^{OAV}	55,530	46,217	39,161	36,760	37,128
= Free Cashflow	***FCF***	**1,500**	**12,375**	**19,751**	**22,443**	**22,667**

Abb. 1-94: FCF-Erwartungswerte der X AG

Der für die Diskontierung zu verwendende Kapitalkostensatz muss äquivalent zum betrachteten Überschuss ebenfalls auf den Fall einer vollständigen Eigenfinanzierung ausgerichtet sein. Für das Beispielunternehmen wurde diesbezüglich bereits in Abschnitt 1.2.2.4 mithilfe der sogenannten Pure-Play-Technik exemplarisch ein unverschuldeter Beta-Faktor von 0,8 abgeleitet. Dieser lässt sich gewinnen, indem das beobachtbare verschuldete Beta eines geeigneten Vergleichsunternehmens zunächst durch sogenanntes Unlevern um Verschuldungseinflüsse befreit und dann im Wege eines Analogieschlusses auf das Bewertungsunternehmen X AG übertragen wird. Werden neben dem unverschuldeten Beta-Faktor in Höhe von 0,8 zudem ein risikoloser Zinssatz von 4 % und eine Marktrisikoprämie von 5 % unterstellt, resultiert aus der allgemeinen CAPM-Renditegleichung ein zu verwendender Kapitalkostensatz r^u in Höhe von 8 %.

$$r^u = i^f + mrp \times \beta^u = 0{,}04 + 0{,}05 \times 0{,}8 = 0{,}08 \quad bzw.\ 8{,}00\%$$

β^u ... *Eigenkapital-Beta des unverschuldeten Unternehmens (unlevered)*
i^f ... *Risikoloser Zinssatz*
mrp ... *Marktrisikoprämie*
r^u ... *Renditeforderung der Eigentümer bei reiner Eigenfinanzierung (unlevered)*

Wird ferner angenommen, dass nach der Detailplanung ab Periode 6 ein konstantes Wachstum der Free Cashflows g^{FCF} von 1 % eintritt, resultieren die nachfolgenden Unternehmenswerte für den Fall einer reinen Eigenfinanzierung. Die Bedingungen, unter denen ein derartiger eingeschwungener Zustand eintritt, wurden in Abschnitt 1.2.3.5 ausführlich erörtert.

(Angaben in M€)	t = 0	1	2	3	4	5 (= T)
FCF		1,500	12,375	19,751	22,443	22,667
r^u		8,00 %	8,00 %	8,00 %	8,00 %	8,00 %
***UW**^u*	**282,189**	**303,264**	**315,150**	**320,612**	**323,818**	**327,056**

Abb. 1-95: Unternehmenswert der X AG bei reiner Eigenfinanzierung

Die zweite Wertkomponente des APV-Ansatzes zur Bestimmung des Gesamtunternehmenswerts bildet der Wertbeitrag fremdfinanzierungsbedingter Steuerwirkungen (Tax Shields). Dieser Wertbeitrag der Tax Shields WB^{TS} ergibt sich, indem der Strom der zukünftigen periodenbezogenen Tax Shields TS mit einem geeigneten risikoäquivalenten Kapitalkostensatz k^{TS} diskontiert wird.

$$WB_0^{TS} = \sum_{t=1}^{\infty} \frac{TS_t}{\prod_{n=1}^{t}\left(1+k_n^{TS}\right)}$$

Werden auch hierbei wieder zeitlich konstante Kapitalkostensätze sowie ein eingeschwungener Zustand mit konstanten Wachstumsraten der Tax Shields g^{TS} im Fortführungszeitraum unterstellt, lässt sich dies in Form des nachfolgenden Zwei-Phasen-Modells ausdrücken. Der Fortführungszeitraum knüpft hierbei wieder unmittelbar an die letzte Periode des Detailplanungszeitraums an:

$$WB_0^{TS} = \sum_{t=1}^{T} \frac{TS_t}{\left(1+k^{TS}\right)^t} + \frac{TS_T \times \left(1+g^{TS}\right)}{k^{TS}-g^{TS}} \times \frac{1}{\left(1+k^{TS}\right)^T}$$

TS	…	*Tax Shield (fremdfinanzierungsbedingter Steuervorteil)*
g^{TS}	…	*Wachstumsrate des Tax Shields (im Fortführungszeitraum)*
k^{TS}	…	*Kalkulationszinssatz für die Tax Shields*
T	…	*Ende des Detailplanungszeitraums*
t	…	*Zeit- bzw. Periodenindex*
WB^{TS}	…	*Wertbeitrag der fremdfinanzierungsbedingten Steuervorteile (Tax Shields)*

Sofern diese Betrachtung nur Steuern auf Unternehmensebene einbezieht und die auf persönlicher Ebene anfallenden Steuern vernachlässigt, bestimmen sich diese Tax Shields für jede einzelne Periode allgemein nach der folgenden Vorschrift:

$$TS_t = ts_t^{Unt} \times i_t^{FK} \times FK_{t-1}$$

FK	…	*Fremdkapital (Annahme: Marktwert = Buchwert)*
i^{FK}	…	*Fremdkapitalzinssatz*
t	…	*Zeit- bzw. Periodenindex*
TS	…	*Tax Shield (fremdfinanzierungsbedingter Steuervorteil)*
ts^{Unt}	…	*Tax-Shield-Satz auf Unternehmensebene*

Dabei sind die Zinsaufwendungen einer Periode t mit dem Tax-Shield-Satz des Unternehmens ts^{Unt} zu multiplizieren. Letzterer hängt von der steuerlichen Abziehbarkeit der Fremdkapitalzinsen im jeweiligen Steuersystem ab. Ist diese uneingeschränkt gegeben, so entspricht der Tax-Shield-Satz dem Unternehmenssteuersatz. In manchen nationalen Steuersystemen ist die Abzugsmöglichkeit von Fremdkapitalzinsen jedoch eingeschränkt, sodass der resultierende Tax-Shield-Satz dann unterhalb des Unternehmenssteuersatzes liegt. Auch für deutsche Kapitalgesellschaften ergibt sich im Zusammenspiel verschiedener Steuerarten ein etwas geringerer Wert, wie dies bereits in Abschnitt 1.2.1.6 im Detail erläutert wurde. Hierbei entspricht der Tax-Shield-Satz auf Unternehmensebene ts^{Unt} der Summe aus dem um den Solidaritätszuschlag erhöhten Körperschaftsteuersatz s^{KSt} sowie dem nur zu 75 % Tax-Shield-wirksamen Gewerbesteuersatz

s^{GewSt}, wenn vereinfachend von den Wirkungen der sogenannten Zinsschranke abgesehen wird:

$$ts_t^{Unt} = s_t^{KSt} \times \left(1 + s_t^{SolZ}\right) + 0{,}75 \times s_t^{GewSt}$$

s^{GewSt}	... *Gewerbesteuersatz*
s^{KSt}	... *Körperschaftsteuersatz*
s^{SolZ}	... *Solidaritätszuschlag*
t	... *Zeit- bzw. Periodenindex*

Um hier vor allem die Methodik darzustellen, soll unabhängig von den aktuell geltenden Steuersätzen für das vorliegende Bewertungsbeispiel der X AG vereinfachend ein Tax-Shield-Satz von 26 % unterstellt werden, während der Unternehmenssteuersatz annahmegemäß 30 % betragen soll.

Neben dem genannten Tax-Shield-Satz gehen in die Berechnung der periodenbezogenen Tax Shields zudem auch die zukünftig erwarteten Zinsaufwendungen ein, welche sich aus der Multiplikation des Fremdkapitalzinssatzes einer Periode mit dem geplanten Fremdkapitalbestand zum Ende der jeweiligen Vorperiode ergeben. Als für die Bewertung unmittelbar nutzbare Planungsgröße liegen diese jedoch nur im Falle einer angenommenen autonomen Finanzierungspolitik vor, da in diesem Fall die betragsmäßig konkretisierten Fremdkapitalbestände unabhängig vom Unternehmenswert bereits bekannt sind. Wird hierbei vollkommen sicheres Fremdkapital unterstellt, welches keinerlei Ausfallrisiken unterliegt, müsste der Fremdkapitalzinssatz dem risikolosen Zins entsprechen. Letzterer wäre in diesem Falle auch für die Diskontierung der dann ebenfalls sicheren Tax Shields zu verwenden. Da jedoch auch die Fremdkapitalgeber typischerweise ein gewisses Ausfallrisiko tragen und der tatsächliche Fremdkapitalzinssatz dann über dem risikolosen Zinssatz liegt, wird oftmals unterstellt, dass die Tax Shields dem gleichen Risiko unterliegen wie das Fremdkapital selbst und daher mit dem entsprechenden Fremdkapitalzinssatz zu diskontieren sind (Ballwieser/Hachmeister, 2021, S. 187; IDW, 2008, Tz. 137). Im vorliegenden Beispiel der X AG beträgt dieser Zinssatz 5 %. Basierend auf der in Abb. 1-78 bis Abb. 1-80 dargestellten Planungsrechnung mit einer autonomen Finanzierungspolitik resultieren die nachfolgenden Wertbeiträge der Tax Shields, wenn deren Diskontierung in genannter Weise mit dem Fremdkapitalkostensatz von 5 % vorgenommen wird:

(Angaben in M€)	t = 0	1	2	3	4	5 (= T)
FK (autonom)	120,000	132,000	135,00	138,000	139,380	140,774
i^{FK}		5,00 %	5,00 %	5,00 %	5,00 %	5,00 %
TS (autonom)		1,560	1,716	1,755	1,794	1,812
$k^{TS} = i^{FK}$		5,00 %	5,00 %	5,00 %	5,00 %	5,00 %
WB^{TS}	**43,301**	**43,906**	**44,386**	**44,850**	**45,299**	**45,751**

Abb. 1-96: Wertbeiträge der Tax Shields bei autonomer Finanzierung der X AG

Schwieriger gestaltet sich jedoch die Anwendung des APV-Ansatzes unter der Annahme einer wertorientierten bzw. atmenden Finanzierung. Da das zukünftige Fremdkapital hierbei als quotale Relation gegenüber dem Gesamtunternehmenswert festgelegt wird, sind die konkrete betragsmäßige Höhe des Fremdkapitals wie auch die hieraus resultierenden Zinszahlungen und Tax Shields erst dann bekannt, wenn die gesuchten Unternehmenswerte vorliegen. Die betragsmäßige Bestimmung der Steuervorteile im Rahmen einer Bewertung mittels APV-Ansatz setzt damit bei wertorientierter Finanzierungspolitik genau jene Größen als Inputparameter voraus, die das eigentliche finale Bewertungsziel bilden. Diese wechselseitige Abhängigkeit zwischen Kapitalkosten, Unternehmenswert und Verschuldung wird auch als Zirkularitätsproblem bezeichnet (z. B. Baetge et al., 2019, S. 472; Diedrich/Dierkes, 2015, S. 141). Dabei handelt es sich jedoch nicht um einen in sich widersprüchlichen oder logisch unzulässigen Zirkelschluss. Vielmehr weisen in diesem Fall die Bewertungsgleichungen aus mathematischer Sicht lediglich eine implizite Form auf, bei der die gesuchte Größe sowohl links als auch rechts des Gleichheitszeichens auftaucht und sich nicht ohne weiteres isolieren lässt (Husmann et al., 2001, S. 277 ff.). Dennoch existieren auch hierfür verschiedene Lösungsmöglichkeiten. Neben der Anwendung iterativer Näherungsverfahren, lässt sich diese Problematik rekursiv lösen (Kuhner/Maltry, 2017b, S. 282 f.). Im letztgenannten Fall kann man sich ausgehend vom direkt bestimmbaren Wert zu Beginn der Fortführungsphase sukzessive bis zu einem beliebigen davorliegenden Bewertungszeitpunkt „periodenweise zurückhangeln", was auch als Roll-Back-Verfahren bezeichnet wird (Hommel/Dehmel, 2021, S. 346).

Diese Vorgehensweise soll im Folgenden kurz skizziert sowie am vorliegenden Bewertungsbeispiel illustriert werden. Für die X AG wird hierfür eine wertorientierte Fremdkapitalquote von 40 % unterstellt, an welche der Fremdkapitalbestand kontinuierlich angepasst wird. Anders als im Fall der autonomen Finanzierung bilden die zukünftigen Fremdkapitalbestände wie auch die zukünftigen Unternehmenswerte dann unsicherheitsbehaftete Größen, wie dies bereits in Abb. 1-14 veranschaulicht wurde. Dieses Volumenrisiko des zukünftigen Fremdkapitalumfangs hat Auswirkungen auf den Risikogehalt und damit den Diskontierungssatz der Tax Shields. Bei einer kontinuierlichen Anpassung des Fremdkapitalbestands an eine vorgegebene marktwertbasierte Fremdkapitalquote kann die vereinfachende Annahme getroffen werden, dass die Tax Shields durchgängig das gleiche Risiko tragen wie die operativen Free Cashflows des unverschuldeten Unternehmens (Harris/Pringle, 1985, S. 237 ff.). In diesem Fall bildet die Renditeforderung der Eigentümer des unverschuldeten Unternehmens r^u einen geeigneten Diskontierungssatz für die Tax Shields. Nachdem zunächst die oben dargestellte periodenweise Bestimmung der Unternehmenswerte des unverschuldeten Unternehmens mit den in Abb. 1-95 dargestellten Werten erfolgte, lässt sich eine rekursive Bestimmung der Wertbeiträge der Tax Shields wie folgt umsetzen. Ausgangspunkte hierfür bilden die beiden nachfolgenden Gleichungen für eine rekursive Bewertung sowie zur Definition der Tax Shields in Abhängigkeit von einer marktwertbasierten Verschuldung:

$$WB_t^{TS} = \frac{TS_{t+1} + WB_{t+1}^{TS}}{1 + r_{t+1}^u}$$

$$TS_{t+1} = ts_{t+1}^{Unt} \times i_{t+1}^{FK} \times fkq_t^M \times \left(UW_t^u + WB_t^{TS}\right)$$

fkq^M ... *Marktwertbasierte Fremdkapitalquote*
i^{FK} ... *Fremdkapitalzinssatz*
r^u ... *Renditeforderung der Eigentümer bei reiner Eigenfinanzierung (unlevered)*
t ... *Zeit- bzw. Periodenindex*
TS ... *Tax Shield (fremdfinanzierungsbedingter Steuervorteil)*
ts^{Unt} ... *Tax-Shield-Satz auf Unternehmensebene*
UW^u ... *Unternehmenswert bei reiner Eigenfinanzierung (unlevered)*
WB^{TS} ... *Wertbeitrag der fremdfinanzierungsbedingten Steuervorteile (Tax Shields)*

Durch gegenseitiges Einsetzen der beiden Gleichungen entsteht der folgende Ausdruck, der sich dann zu der nachfolgenden Rekursionsgleichung zur Bestimmung der Wertbeiträge der Tax Shields umformen lässt:

$$WB_t^{TS} = \frac{ts_{t+1}^{Unt} \times i_{t+1}^{FK} \times fkq_t^M \times \left(UW_t^u + WB_t^{TS}\right) + WB_{t+1}^{TS}}{1 + r_{t+1}^u} = \frac{ts_{t+1}^{Unt} \times i_{t+1}^{FK} \times fkq_t^M \times UW_t^u + WB_{t+1}^{TS}}{1 + r_{t+1}^u - ts_{t+1}^{Unt} \times i_{t+1}^{FK} \times fkq_t^M}.$$

Für den Fortführungszeitraum wird unter den in Abschnitt 1.2.3.5 erörterten Bedingungen ein eingeschwungener Zustand unterstellt, indem die Überschüsse und auch das Fremdkapital mit einer konstanten Rate $g^{FCF} = g^{FK}$ wachsen. Bei Konstanz aller übrigen Bewertungsparameter ergibt sich hieraus im Fortführungszeitraum ein konstanter Verschuldungsgrad mit identischem Wachstum sowohl des Wertes des unverschuldeten Unternehmens als auch des Wertbeitrags der Tax Shields, sodass gilt:

$$WB_{T+1}^{TS} = WB_T^{TS} \times \left(1 + g^{FK}\right)$$

g^{FK} ... *Wachstumsrate des Fremdkapitals (im Fortführungszeitraum)*
T ... *Ende des Detailplanungszeitraums*
WB^{TS} ... *Wertbeitrag der fremdfinanzierungsbedingten Steuervorteile (Tax Shields)*

Wird dies in die vorherige Gleichung eingesetzt und diese nach dem Wertbeitrag der Tax Shields im Zeitpunkt T umgestellt, ergibt sich der nachfolgende Ausdruck:

$$WB_T^{TS} = \frac{ts_{T+1}^{Unt} \times i_{T+1}^{FK} \times fkq_T^M \times UW_T^u}{r_{T+1}^u - ts_U^{Unt} \times i_{T+1}^{FK} \times fkq_T^M - g^{FK}}$$

Für das Bewertungsbeispiel der X AG beträgt der Fremdkapitalzinssatz 5 % sowie der Tax-Shield-Satz 26 %, während die Renditeforderung des unverschuldeten Unternehmens bei 8 % liegt. Unter Zugrundelegung dieser Parameter für den Fortführungszeitraum und Rückgriff auf den in Abb. 1-95 dargestellten Wert des unverschuldeten Unternehmens zum Ende der Detailplanungsphase

(T = 5), lässt sich der Wertbeitrag der Tax Shields zum selben Zeitpunkt wie folgt bestimmen:

$$WB_5^{TS} = \frac{ts_6^{Unt} \times i_6^{FK} \times fkq_5^M \times UW_5^u}{r_6^u - ts_6^{Unt} \times i_6^{FK} \times fkq_5^M - g^{FK}} = \frac{0{,}26 \times 0{,}05 \times 0{,}4 \times 327{,}056}{0{,}08 - 0{,}26 \times 0{,}05 \times 0{,}4 - 0{,}01} = 26{,}245$$

Mit diesem Startwert wird nun eine rekursive Bestimmung des Wertes der Tax Shields zu jedem davorliegenden Bewertungszeitpunkt möglich. Hierdurch sind die Werte des Gesamtunternehmens wie auch des Eigenkapitals sukzessive bestimmbar. Für den Zeitpunkt $t = 4$ ergeben sich daraus die nachfolgenden Werte:

$$WB_4^{TS} = \frac{ts_5 \times i_5^{FK} \times fkq_4^M \times UW_4^u + WB_5^{TS}}{1 + r_5^u - ts_5^{Unt} \times i_5^{FK} \times fkq_4^M} = \frac{0{,}26 \times 0{,}05 \times 0{,}4 \times 323{,}816 + 26{,}245}{1 + 0{,}08 - 0{,}26 \times 0{,}05 \times 0{,}4} = 25{,}985$$

$$UW_4^{APV} = UW_4^u + WB_4^{TS} = 323{,}818 + 25{,}985 = 349{,}803$$

Entsprechend ist dies dann bis zum eigentlichen Bewertungszeitpunkt t = 0 fortzuführen. Eine andere, mathematisch etwas anspruchsvollere Herangehensweise im Umgang mit derartigen Zirkularitätsproblemen löst das Gleichungssystem aus periodenweise aufzustellenden Bewertungsgleichungen durch einen Matrixansatz simultan (Casey, 2004, S. 149 ff.). Ferner sind die bereits oben angesprochenen Iterationsverfahren inzwischen ein üblicher Bestandteil zeitgemäßer Tabellenkalkulationsprogramme zur Auflösung solcher Zirkelbezüge (Jonas, 1995, S. 85 ff.). Alternativ kann auch auf die Ergebnisse anderer Bewertungsverfahren zurückgegriffen werden, insbesondere auf den im nachfolgenden Abschnitt dargestellten WACC-Ansatz, welcher sich bei wertorientierter Finanzierung zirkularitätsfrei anwenden lässt. Hierdurch werden jedoch keine neuen Informationen gewonnen, da lediglich bereits bekannte Ergebnisse nochmals auf anderem Wege repliziert werden.

Zur Veranschaulichung der prinzipiellen methodischen Konsistenz der DCF-Verfahren soll dies im Folgenden jedoch mit Bezug auf das vorliegende Bewertungsbeispiel dargestellt werden. Hierbei wird auf eine an die unterstellte wertorientierte Finanzierungspolitik angepasste Planungsrechnung zurückgegriffen, die in Abb. 1-100 und Abb. 1-101 dargestellt ist und auf den Bewertungsergebnissen des WACC-Ansatzes basiert. Werden hieraus die periodenspezifischen Tax Shields abgeleitet und mit der Renditeforderung der Eigentümer des unverschuldeten Unternehmens r^u diskontiert, ergeben sich die in Abb. 1-97 dargestellten Werte, die denen der obigen rekursiven Bestimmung entsprechen.

(Angaben in M€)	t = 0	1	2	3	4	5 (= T)
FK (atmend, fkq^M = 0,4)	122,784	131,369	136,245	138,536	139,921	141,320
i^{FK}		5,00 %	5,00 %	5,00 %	5,00 %	5,00 %
TS (atmend)		1,596	1,708	1,771	1,801	1,819
$k^{TS} = r^u$		8,00 %	8,00 %	8,00 %	8,00 %	8,00 %
WB^{TS} (atmend)	**24,772**	**25,157**	**25,462**	**25,728**	**25,985**	**26,245**

Abb. 1-97: Wertbeiträge der Tax Shields bei atmender Finanzierung der X AG

Zur Bestimmung der Marktwerte des Eigenkapitals sind die in Summe aus unverschuldetem Unternehmenswert und Wertbeitrag der Tax Shields resultierenden Gesamtunternehmenswerte des APV-Ansatzes schließlich noch um das im Bewertungszeitpunkt bestehende Fremdkapital zu reduzieren.

(Angaben in M€)	t = 0	1	2	3	4	5 (= T)
UW^u	282,189	303,264	315,150	320,612	323,818	327,056
WB^{TS} (autonom)	43,301	43,906	44,386	44,850	45,299	45,751
UW^{APV} (autonom)	**325,490**	**347,170**	**359,536**	**365,462**	**369,116**	**372,807**
FK (autonom)	120,000	132,000	135,000	138,000	139,380	140,774
EK^M (autonom)	205,490	215,170	224,536	227,462	229,736	232,033
UW^u	282,189	303,264	315,150	320,612	323,818	327,056
WB^{TS} (atmend, $fkq^M = 0,4$)	24,772	25,157	25,462	25,728	25,985	26,245
UW^{APV} (atmend)	**306,961**	**328,421**	**340,612**	**346,340**	**349,803**	**353,301**
FK (atmend)	122,784	131,369	136,245	138,536	139,921	141,320
EK^M (atmend)	184,176	197,053	204,367	207,804	209,882	211,981

Abb. 1-98: Unternehmenswerte der X AG nach dem APV-Ansatz bei autonomer sowie atmender Finanzierung

Obwohl die periodischen Tax Shields bei einer unterstellten wertorientierten bzw. atmenden Finanzierungspolitik im vorliegenden Beispiel betragsmäßig in ähnlicher Höhe auftreten wie im Fall einer autonomen Finanzierung, fällt ihr Beitrag zum Unternehmenswert deutlich geringer aus. Dies resultiert aus der größeren Unsicherheit der Tax Shields, deren Erwartungswerte deshalb mit einem höheren risikoäquivalenten Diskontierungssatz abgezinst werden. Die unsichereren fremdfinanzierungsbedingten Steuerersparnisse der wertorientierten Finanzierung sind dadurch im Ergebnis weniger wert als die sichereren aus der autonomen Finanzierung, für die ein solches Volumenrisiko nicht besteht.

Die oben für das Beispiel dargestellte wertorientierte Fremdfinanzierung weist durchgängig die per Annahme unterstellte Relation von 40 % gegenüber dem Gesamtunternehmenswert auf. Weicht der im Bewertungszeitpunkt tatsächlich vorhandene Fremdkapitalbestand hiervon ab, wäre die bei der Bewertung unterstellte permanente Anpassung an diese Zielverschuldung zusätzlich wertrelevant zu berücksichtigen. Eine dann vorzunehmende Erhöhung des Fremdkapitalumfangs erzeugt unmittelbar einen entnahmefähigen Liquiditätsüberschuss und erhöht entsprechend den Wert des Eigenkapitals. Demgegenüber würde eine notwendige Rückführung des Fremdkapitalbestands eine sofortige wertmindernde Einlage durch die Eigenkapitalgeber erfordern. Beträgt für das Beispiel der X AG der tatsächliche Fremdkapitalbestand im Bewertungszeitpunkt 120 M€ und wird für die Zukunft eine strikte wertorientierte Finanzierungspolitik mit 40 %iger Fremdkapitalquote unterstellt, so würde die hierfür in der nächsten logischen Sekunde vorzunehmende Erhöhung des Fremdkapitalbestands auf 122,784 M€ einen unmittelbaren zusätzlichen Liquiditätsüberschuss von 2,784 M€ erzeugen, was den oben genannten Marktwert des Eigenkapitals um diesen Betrag erhöht. Dies wird berücksichtigt, indem vom Gesamtunternehmenswert UW^{APV} nicht das Zielfremdkapital von 122,784 M€, sondern dessen im Bewertungszeitpunkt tatsächlich vorliegender Umfang von nur 120 M€ abgezogen wird.

Dem APV-Ansatz wird eine ganze Reihe von Vorteilen zugesprochen (Enzinger/Kofler, 2010, S. 191 ff.; Kuhner/Maltry, 2017b, S. 233). Insbesondere bewirkt die konsequente Trennung von Leistungs- und Finanzierungsbereich eine vergleichsweise hohe Transparenz des Bewertungsergebnisses. Zudem lassen sich mit diesem Verfahren unterschiedliche Formen und Strukturszenarien der Fremdfinanzierung einschließlich ihrer steuerlichen Konsequenzen relativ leicht in detaillierter Weise abbilden. Trotz schwankender Marktwertrelationen dieser Fremdkapitalbestände führt dies jedoch nicht zu einer notwendigen periodenspezifischen Anpassung der Diskontierungssätze. Vor allem aber lässt sich der APV-Ansatz unter der Annahme einer autonomen Finanzierungspolitik zirkularitätsfrei anwenden. Dieser Vorteil geht jedoch verloren, wenn der Bewertung eine wertorientierte bzw. atmende Finanzierung zugrunde gelegt werden soll, da dann eine wechselseitige Abhängigkeit zwischen gesuchtem Unternehmenswert und den als Eingangsparameter benötigten Tax Shields entsteht. Das größte Anwendungsproblem des APV-Ansatzes resultiert jedoch aus der zur Diskontierung der Free Cashflows verwendeten Renditeforderung der Eigentümer des unverschuldeten Unternehmens. Da diese Größe nicht direkt empirisch beobachtbar ist, muss sie durch das in Abschnitt 1.2.2.4 vorgestellte ‚Unlevern' aus den beobachtbaren Renditen verschuldeter Unternehmen modellmäßig rekonstruiert werden (Ballwieser/Hachmeister, 2021, S. 185 f.). Auch hierbei können Zirkularitätsprobleme auftreten, da in die zu verwendenden Anpassungsgleichungen bereits Marktwerte einfließen. Zudem sind hierbei auch Annahmen bezüglich der unterstellten Finanzierungspolitik erforderlich. Insgesamt wird der APV-Ansatz jedoch als das bei einer unterstellten autonomen Finanzierungspolitik zu präferierende Verfahren angesehen (z. B. Baetge et al., 2019, S. 472). Im Falle einer wertorientierten Finanzierungsannahme gilt dies jedoch nicht. Unter diesen Bedingungen ergeben sich entsprechende Vorteile für den nachfolgend dargestellten WACC-Ansatz.

1.2.4.2 Weighted Average Cost of Capital (WACC)

Als WACC-Ansatz (Weighted Average Cost of Capital) wird häufig eine spezifische Ausprägungsform der Bewertung mithilfe gewogener durchschnittlicher Kapitalkosten bezeichnet, bei dem wie auch schon beim vorhergehend dargestellten APV-Ansatz sogenannte Free Cashflows (FCF) diskontiert werden (z. B. Drukarczyk/Schüler, 2021, S. 207 ff.; Hommel/Dehmel, 2021, S. 322 ff.). Da jedoch auch die im nachfolgenden Abschnitt noch vorzustellende Bewertungsmethodik auf Basis sogenannter Total Cash Flows (TCF) mit gewogenen durchschnittlichen Kapitalkosten arbeitet, wird zur klareren Unterscheidung mitunter auch von der FCF-basierten Variante des WACC-Ansatzes bzw. dem FCF-Verfahren gesprochen (z. B. Baetge et al., 2019, S. 465 ff.; Ballwieser/Hachmeister, 2021, S. 198 ff.; IDW, 2014, Tz. A 178 ff.; Kuhner/Maltry, 2017b, S. 230 f.). Zur Vereinfachung der Darstellung und aufgrund der gegenüber dem nachfolgenden TCF-Ansatz ungleich höheren praktischen Bedeutung der FCF-basierten Variante des WACC-Ansatzes soll die allgemeine Bezeichnung ‚WACC' hier immer nur für die FCF-basierte Ausprägung verwendet werden.

Auch beim WACC-Ansatz handelt es sich wie beim APV-Verfahren um einen Brutto-Ansatz bzw. Entity-Approach (vgl. Abschnitt 1.2.1.3). Entsprechend wird in einem ersten Bewertungsschritt der Gesamtwert des Unternehmens ermittelt, von dem dann zur Bestimmung eines gesuchten Eigenkapitalmarktwerts noch der Marktwert des Fremdkapitals abzuziehen ist. Für Letzteres wird hier wieder unterstellt, dass dieser zum Bewertungszeitpunkt identisch mit dem Buchwert des Fremdkapitals ist. Damit ergibt sich der folgende Bewertungsansatz:

$$UW_0^{WACC} = EK_0^M + FK_0$$

$$EK_0^M = UW_0^{WACC} - FK_0$$

EK^M ... *Marktwert des Eigenkapitals*
FK ... *Fremdkapital (Annahme: Marktwert = Buchwert)*
UW^{WACC} ... *Unternehmenswert des WACC-Ansatzes*

Auch der beim WACC-Ansatz bewertete Strom von Überschüssen blendet Finanzierungseinflüsse vollkommen aus und fingiert in der Zählergröße eine vollständige Eigenfinanzierung. Verwendung finden hierbei erneut die Free Cashflows (FCF), wie sie bereits bei der Bestimmung des Wertes des unverschuldeten Unternehmens im APV-Ansatz genutzt wurden. Daher wird an dieser Stelle auf eine nochmalige definitorische Darstellung der betragsmäßigen Ermittlung dieser Überschussgröße verzichtet und auf Abschnitt 1.2.4.1 verwiesen.

$$UW_0^{WACC} = \sum_{t=1}^{\infty} \frac{FCF_t}{\prod_{n=1}^{t}\left(1 + wacc_n\right)}$$

Sind die Kapitalkosten aufgrund der getroffenen Finanzierungsannahmen zeitlich konstant und bestehen im gesamten Fortführungszeitraum konstante Wachstumsraten der Überschüsse in Höhe von g^{FCF}, lässt sich der WACC-Ansatz wie folgt als Zwei-Phasen-Modell ausdrücken:

$$UW_0^{WACC} = \sum_{t=1}^{T} \frac{FCF_t}{(1+wacc)^t} + \frac{FCF_T \times \left(1+g^{FCF}\right)}{wacc - g^{FCF}} \times \frac{1}{(1+wacc)^T}$$

FCF ... *Free Cashflow (Erwartungswert)*
g^{FCF} ... *Wachstumsrate des Free Cashflows (im Fortführungszeitraum)*
T ... *Ende des Detailplanungszeitraums*
t ... *Zeit- bzw. Periodenindex*
UW^{WACC} ... *Unternehmenswert des WACC-Ansatzes*
$wacc$ ... *Gewichteter durchschnittlicher Kapitalkostensatz (WACC-Ansatz)*

Während die Zählergröße des WACC-Ansatzes genau wie beim APV-Ansatz fiktiv eine vollständige Eigenfinanzierung unterstellt, werden sämtliche wertbeeinflussende Wirkungen der unterstellten Fremdfinanzierungspolitik, welche im APV-Ansatz separat bewertet wurden, beim WACC-Ansatz in der Nennergröße erfasst. Der dabei zur Diskontierung verwendete Kapitalkostensatz *wacc* verkörpert die anteilig gewichteten Renditeforderungen der Eigen- und Fremdkapitalgeber und integriert zudem die Wirkung fremdfinanzierungsbedingter Steuervorteile (Tax Shields). Die angesprochene Gewichtung der Finanzierungsanteile lässt sich durch eine marktwertbasierte Fremdkapitalquote fkq^M ausdrücken. Definitorisch ergibt sich der Kapitalkostensatz des WACC-Ansatzes dann wie folgt:

$$wacc_t = \left(1 - fkq_{t-1}^M\right) \times r_t^l + fkq_{t-1}^M \times i_t^{FK} \times \left(1 - ts_t^{Unt}\right) \qquad mit \qquad fkq_{t-1}^M = \frac{FK_{t-1}}{EK_{t-1}^M + FK_{t-1}}$$

EK^M ... *Marktwert des Eigenkapitals*
FK ... *Fremdkapital (Annahme: Marktwert = Buchwert)*
fkq^M ... *Marktwertbasierte Fremdkapitalquote*
i^{FK} ... *Fremdkapitalzinssatz*
r^l ... *Renditeforderung der Eigenkapitalgeber bei Verschuldung (levered)*
t ... *Zeit- bzw. Periodenindex*
ts^{Unt} ... *Tax-Shield-Satz auf Unternehmensebene*
$wacc$ ... *Gewichteter durchschnittlicher Kapitalkostensatz (WACC-Ansatz)*

Für die periodenbezogene Gewichtung sind die marktwertbasierten Finanzierungsstrukturanteile zum jeweiligen Periodenbeginn bzw. zum Ende der Vorperiode maßgeblich. Die werterhöhende Wirkung der Tax Shields wird durch eine Reduktion des Diskontierungssatzes erreicht, indem die anteiligen Fremdkapitalkosten mit dem Faktor $(1 - ts^{Unt})$ multipliziert werden. Der hierbei verwendete Tax-Shield-Satz ts^{Unt} entspricht dem bereits im APV-Ansatz verwendeten Wert und ist entsprechend der nationalen steuerlichen Ausgestaltungsdetails zu konkretisieren, wie dies in Abschnitt 1.2.1.6 exemplarisch für Deutschland beschrieben wurde.

Die Renditeforderung der Eigenkapitalgeber bei gegebener Verschuldung r^l ist sowohl von der Höhe des Verschuldungsgrades abhängig als auch von der hierbei per Annahme zugrunde gelegten Finanzierungspolitik. Dabei ergeben sich für den WACC-Ansatz Anwendungsvorteile bei einer unterstellten wertorientierten bzw. atmenden Finanzierung. In diesem Fall wird der geplante Verschuldungsumfang in Form einer quotalen Relation festgelegt, welche dann unmittelbar in die Kapitalstrukturgewichte innerhalb des *wacc* einfließen kann. Wird hierbei vereinfachend eine permanente Anpassung der Finanzierungsstruktur unterstellt, bei der die Tax Shields das gleiche Risiko tragen wie die operativen Free Cashflows des Unternehmens, ergibt sich bei wertorientierter Finanzierungspolitik hieraus die folgende Wirkung auf die Eigenkapitalkosten (Harris/Pringle, 1985, S. 237 ff.):

$$r_t^l = r_t^u + \left(r_t^u - i_t^{FK}\right) \times \left(\frac{fkq_{t-1}^M}{1 - fkq_{t-1}^M}\right) = r_t^u + \left(r_t^u - i_t^{FK}\right) \times \frac{FK_{t-1}}{EK_{t-1}^M}$$

Diese Anpassungsgleichung der Renditeforderungen korrespondiert mit der in Abschnitt 1.2.2.4 vorgestellten Beta-Anpassung unter identischen Finanzierungsannahmen. Zudem lässt sich auch ein unmittelbarer Zusammenhang zwischen der Renditeforderung der Eigentümer des unverschuldeten Unternehmens und dem verschuldungsabhängigen *wacc* beschreiben (Harris/Pringle, 1985, S. 239 f.):

$$wacc_t = r_t^u - ts_t^{Unt} \times i_t^{FK} \times fkq_{t-1}^M$$

Die einer wertorientierten bzw. atmenden Finanzierungspolitik zugrunde liegende Fremdkapitalquote fkq^M muss dabei im Zeitverlauf nicht unverändert bleiben, sondern könnte prinzipiell als periodenspezifischer Planwert jeweils neu festgesetzt werden. Häufig wird diese Quote jedoch als zeitlich konstant angenommen, was auch als langfristige Zielkapitalstruktur bezeichnet wird (z. B. Kuhner/Maltry, 2017b, S. 281). In diesem Fall resultiert hieraus bei annahmegemäßer Konstanz aller übrigen Parameter auch ein zeitlich konstanter *wacc*, was die Praktikabilität dieses Bewertungsansatzes nochmals erhöht.

Für das Beispiel der X AG wurde in den vorherigen Abschnitten bereits eine Renditeforderung des unverschuldeten Unternehmens r^u von 8 % angenommen. Der Fremdkapitalzinssatz soll weiterhin 5 % betragen und der Tax-Shield-Satz 26 %. Wird für die wertorientierte Finanzierung zudem eine zeitlich konstante Zielkapitalstruktur mit einer marktwertbasierten Fremdkapitalquote fkq^M von 40 % unterstellt, resultiert ein konstanter *wacc* in Höhe von 7,48 %. Im Detail ergibt sich dies wie folgt:

$$r_t^l = r_t^u + \left(r_t^u - i_t^{FK}\right) \times \left(\frac{fkq_{t-1}^M}{1 - fkq_{t-1}^M}\right) = 0{,}08 + \left(0{,}08 - 0{,}05\right) \times \left(\frac{0{,}4}{1 - 0{,}4}\right) = 0{,}10 \quad bzw. \quad 10{,}00\%$$

$$\begin{aligned} wacc_t &= \left(1 - fkq_{t-1}^M\right) \times r_t^l + fkq_{t-1}^M \times i_t^{FK} \times \left(1 - ts_t^{Unt}\right) \\ &= \left(1 - 0{,}4\right) \times 0{,}10 + 0{,}4 \times 0{,}05 \times \left(1 - 0{,}26\right) = 0{,}0748 \\ &= r_t^u - ts_t \times i_t^{FK} \times fkq_{t-1}^M = 0{,}08 - 0{,}26 \times 0{,}05 \times 0{,}4 = 0{,}0748 \quad bzw. \quad 7{,}48\% \end{aligned}$$

Aufgrund der sowohl während der Detailplanungs- als auch während der Fortführungsphase gleichbleibenden marktwertbasierten Finanzierungsstruktur bleibt der Kapitalkostensatz unter den hier getroffenen Annahmen für alle Perioden konstant. Eine Abzinsung der bereits aus dem APV-Verfahren bekannten Free Cashflows *FCF* mit diesem Diskontierungssatz führt dann zu den in Abb. 1-99 dargestellten Unternehmenswerten. Entsprechend der Brutto-Perspektive umfassen diese die gemeinsamen Marktwerte von Eigen- und Fremdkapital, welche sich dann entsprechend der unterstellten marktwertbasierten Fremdkapitalquote wie folgt aufteilen:

(Angaben in M€)	t = 0	1	2	3	4	5 (= T)
FCF		1,500	12,375	19,751	22,443	22,667
wacc (atmend, fkq^M = 0,4)		7,48 %	7,48 %	7,48 %	7,48 %	7,48 %
UW^{WACC} (atmend)	**306,961**	**328,421**	**340,612**	**346,340**	**349,803**	**353,301**
FK (atmend)	122,784	131,369	136,245	138,536	139,921	141,320
EK^M (atmend)	184,176	197,053	204,367	207,804	209,882	211,981

Abb. 1-99: Unternehmenswerte der X AG nach dem WACC-Ansatz bei wertorientierter bzw. atmender Finanzierungspolitik

Weicht in einer realen Bewertungssituation das tatsächliche im Bewertungszeitpunkt bestehende Fremdkapital von dieser idealtypisch unterstellten Finanzierungsstruktur ab, ist diese Differenz für eine tatsächliche Kaufpreisbestimmung wertrelevant zu berücksichtigen. Ein entsprechender, in der nächsten logischen Sekunde stattfindender Anpassungsvorgang an die Zielkapitalstruktur würde dann unmittelbare Überschüsse oder notwendige Einlagen erzeugen, wie dies bereits beim APV-Ansatz beschrieben wurde. Praktisch ist somit zur Bestimmung des Eigenkapitalmarktwerts im Erwerbs- oder Veräußerungsfall vom ermittelten Gesamtunternehmenswert das tatsächliche Fremdkapital im Bewertungszeitpunkt abzuziehen und nicht das per Annahme für die Zukunft idealtypisch unterstellte.

Erst auf Basis der gewonnenen Unternehmenswerte und der unterstellten Fremdkapitalanteile lassen sich die bisherigen Planungsrechnungen zur Abbildung einer wertorientierten Finanzierungspolitik entsprechend modifizieren. Für das Beispiel der X AG hätten die Plan-Bilanzen und Plan-Gewinn- und Verlustrechnungen dann bei der unterstellten marktwertbasierten Fremdkapitalquote von 40 % die folgende Gestalt:

(Angaben in M€)	Symbol	t = 0	1	2	3	4	5 (= T)
Operatives Anlageverm.	*OAV*	240,000	264,000	277,200	282,744	285,571	288,427
Vorräte RHB	V^{RHB}	18,000	19,800	20,790	21,206	21,418	21,632
Vorräte Erzeugnisse	$V^{FE/UE}$	36,000	39,600	41,580	42,412	42,836	43,264
Kundenforderungen	*KF*	42,000	46,200	48,510	49,480	49,975	50,475
Liquide Mittel	*LM*	12,000	13,200	13,860	14,137	14,279	14,421
Bilanzsumme	***BS***	**348,000**	**382,800**	**401,940**	**409,979**	**414,079**	**418,219**
EK aus Außenfinanzierung	EK^{AF}	60,000	60,000	60,000	60,000	60,000	60,000
EK aus Innenfinanzierung	EK^{IF}	33,216	46,231	53,235	55,934	57,093	58,264
Finanzschulden (atmend)	*FK*	122,784	131,369	136,245	138,536	139,921	141,320
Langfr. Rückstellungen	*LRS*	48,000	52,800	55,440	56,549	57,114	57,685
Kurzfr. Rückstellungen	*KRS*	54,000	59,400	62,370	63,617	64,254	64,896
Lieferantenverb.	*LV*	30,000	33,000	34,650	35,343	35,696	36,053
Bilanzsumme	***BS***	**348,000**	**382,800**	**401,940**	**409,979**	**414,079**	**418,219**

Abb. 1-100: Planbilanzen des Detailplanungszeitraums der X AG bei wertorientierter bzw. atmender Fremdfinanzierung

(Angaben in M€)	Symbol	t = 1	2	3	4	5 (= T)
Umsatzerlöse	*U*	660,000	693,000	706,860	713,929	721,068
+ Bestandserhöhung FE/UE	$\Delta V^{FE/UE}$	3,600	1,980	0,832	0,424	0,428
– Materialaufwand	*MA*	441,420	462,231	470,644	475,059	479,810
– Personalaufwand	*PA*	94,590	99,050	100,852	101,798	102,816
– Abschreibungen	*A*	31,530	33,017	33,617	33,933	34,272
– Sonst. betr. Aufwand	*SBA*	63,060	66,033	67,235	67,866	68,544
= EBIT	*EBIT*	33,000	34,650	35,343	35,696	36,053
– Zinsaufwand	*ZA*	6,139	6,568	6,812	6,927	6,996
= EBT	*EBT*	26,861	28,082	28,531	28,770	29,057
– Unternehmenssteuern	*S*	8,304	8,687	8,832	8,908	8,997
= Jahresüberschuss	***JÜ***	**18,557**	**19,394**	**19,699**	**19,862**	**20,060**

Abb. 1-101: Plan-Gewinn- und Verlustrechnungen des Detailplanungszeitraums der X AG bei wertorientierter bzw. atmender Fremdfinanzierung

Wenngleich diese bilanzielle Darstellung für das nun bereits gelöste Bewertungsproblem nicht mehr benötigt wird, liefert sie dennoch wertvolle Informationen für einen Plausibilitätstest der zugrunde liegenden Finanzierungsannahme. So kann z.B. überprüft werden, ob die sich hieraus ergebenden bilanziellen Verschuldungsgrade überhaupt mit bisherigen Erfahrungswerten oder bestehenden Finanzierungsleitlinien vereinbar wären.

Unter den oben getroffenen Annahmen einer wertorientierten Finanzierung lässt sich der WACC-Ansatz wie dargestellt völlig zirkularitätsfrei anwenden. Dies ändert sich jedoch, wenn eine autonome Finanzierungsstruktur berücksichtigt werden soll (Baetge et al., 2019, S. 467 f.; Diedrich/Dierkes, 2015, S. 135). Zwar sind auch hier die Free Cashflows aufgrund der unterstellten vollständigen Eigenfinanzierung direkt ermittelbar. Die benötigten Kapitalkostensätze lassen sich allerdings nur mit Kenntnis der Wertrelationen von Eigen- und Fremdkapital bestimmen. Während Letzteres bei autonomer Finanzierung unabhängig vom Unternehmenswert geplant wird, steht der Eigenkapitalmarktwert im Zentrum des erst noch zu lösenden Bewertungsproblems. Diese wechselseitige Abhängigkeit lässt sich auch für den WACC-Ansatz wieder durch iterative Näherungslösungen oder rekursive Prozeduren berücksichtigen (z. B. Ballwieser/Hachmeister, 2021, S. 207 ff.). Soll dies vermieden werden, könnte alternativ ein Rückgriff auf die mithilfe des APV-Ansatzes ermittelten Werte erfolgen, um die Konsistenz der Ansätze darzustellen. Dabei folgen die Renditeerwartungen der Eigenkapitalgeber r^l bei autonomer Finanzierungspolitik der folgenden Beziehung, wenn unterstellt wird, dass die Tax Shields dem gleichen Risiko unterliegen wie das Fremdkapital. Dieser Zusammenhang steht im Einklang mit den in Abschnitt 1.2.2.4 dargestellten Beta-Anpassungen.

$$r_t^l = r_t^u + \left(r_t^u - i_t^{FK}\right) \times \frac{FK_{t-1} - WB_{t-1}^{TS}}{EK_{t-1}^M}$$

EK^M	...	*Marktwert des Eigenkapitals*
FK	...	*Fremdkapital (Annahme: Marktwert = Buchwert)*
i^{FK}	...	*Fremdkapitalzinssatz*
r^l	...	*Renditeforderung der Eigenkapitalgeber bei Verschuldung (levered)*
r^u	...	*Renditeforderung der Eigentümer bei reiner Eigenfinanzierung (unlevered)*
t	...	*Zeit- bzw. Periodenindex*
WB^{TS}	...	*Wertbeitrag der fremdfinanzierungsbedingten Steuervorteile (Tax Shields)*

Für die periodenbezogene Bestimmung der Renditeforderung der Eigenkapitalgeber wie auch der marktwertbasierten Fremdkapitalquote müssen daher die einzelnen Wertkomponenten betragsmäßig bekannt sein. Wird hierfür auf die Ergebnisse des APV-Ansatzes aus dem vorherigen Abschnitt zurückgegriffen, ergeben sich die Kapitalkosten des WACC-Ansatzes in Periode 1 wie folgt:

$$\begin{aligned} r_1^l &= r_1^u + \left(r_1^u - i_1^{FK}\right) \times \frac{FK_0 - WB_0^{TS}}{EK_0^M} \\ &= 0{,}08 + (0{,}08 - 0{,}05) \times \frac{120{,}000 - 43{,}301}{205{,}490} = 0{,}0912 \quad \text{bzw.} \quad 9{,}12\% \end{aligned}$$

Unter Einbezug der Kapitalstrukturgewichte und des Tax-Shield-Satzes von 26 % resultiert für Periode 1 ein durchschnittlicher gewichteter Kapitalkostensatz $wacc_1$ in Höhe von 7,12 %.

$$\begin{aligned} fkq_0^M &= \frac{FK_0}{EK_0^M + FK_0} = \frac{120{,}000}{205{,}490 + 120{,}000} = 0{,}369 \\ wacc_1 &= \left(1 - fkq_0^M\right) \times r_1^l + fkq_0^M \times i_1^{FK} \times \left(1 - ts_1^{Unt}\right) \\ &= (1 - 0{,}369) \times 0{,}0912 + 0{,}369 \times 0{,}05 \times (1 - 0{,}26) = 0{,}0712 \quad \text{bzw.} \quad 7{,}12\% \end{aligned}$$

In dieser Weise sind die Kapitalkostensätze für sämtliche Perioden anzupassen. Für den Fortführungszeitraum wurde wieder ein konstantes Wachstum aller Parameter um 1 % unterstellt, was dann zu konstanten Kapitalstrukturanteilen und Kapitalkostensätzen führt. Unter diesen Annahmen ergeben sich auch bei autonomer Finanzierung identische Unternehmenswerte gegenüber dem APV-Ansatz, was in Abb. 1-102 dargestellt ist:

(Angaben in M€)	t = 0	1	2	3	4	5 (= T)
FCF		1,500	12,375	19,751	22,443	22,667
wacc (autonom)		7,12 %	7,13 %	7,14 %	7,14 %	7,14 %
UW^{WACC} (autonom)	**325,490**	**347,170**	**359,536**	**365,462**	**369,116**	**372,807**
FK (autonom)	120,000	132,000	135,000	138,000	139,380	140,774
EK^M (autonom)	205,490	215,170	224,536	227,462	229,736	232,033

Abb. 1-102: Unternehmenswerte der X AG nach dem WACC-Ansatz bei autonomer Finanzierungspolitik

Der WACC-Ansatz ist ein in der Bewertungspraxis sehr häufig eingesetztes DCF-Verfahren (z. B. Homburg et al., 2011, S. 120). Wie beim APV-Ansatz lassen sich die als bewertungsrelevante Überschussgrößen genutzten Free Cashflows hierbei allein auf Basis operativer bzw. rein leistungswirtschaftlicher Überlegungen planen, ohne dass Finanzierungsaspekte eine Rolle spielen. Letztere werden vollständig in den gewichteten durchschnittlichen Kapitalkosten *wacc* erfasst, was auch die Wirkung der Tax Shields integriert. Unter der Annahme einer wertorientierten Finanzierungspolitik lässt sich dieses Verfahren zirkularitätsfrei anwenden. Zudem resultieren aus einer unterstellten konstanten Zielkapitalstruktur in der Regel auch konstante Diskontierungssätze. Aufgrund dieser Anwendungsvorteile gilt der WACC-Ansatz als das zu präferierende DCF-Verfahren im Falle einer zugrunde liegenden wertorientierten bzw. atmenden Finanzierungspolitik. Bei autonomer Finanzierung lassen sich zwar ebenfalls grundsätzlich zum APV-Ansatz identische Unternehmenswerte bestimmen. Es ergeben sich dann jedoch die oben angesprochenen Zirkularitätsprobleme, was die Anwendung erschwert.

1.2.4.3 Total Cashflow (TCF)

Der Bewertungsansatz des Total Cashflow (TCF) nutzt wie der zuvor dargestellte WACC-Ansatz zur Diskontierung gewichtete durchschnittliche Kapitalkosten. Daher wird mitunter auch von der diesbezüglichen TCF-Variante gesprochen (IDW, 2014, Tz. A 184; Kuhner/Maltry, 2017b, S. 230 f.). Anders als beim WACC-Ansatz werden die fremdfinanzierungsbedingten Steuervorteile (Tax Shields) hier jedoch nicht im Kapitalkostensatz, sondern innerhalb der Überschussgröße im Zähler berücksichtigt (Baetge et al., 2019, S. 420 f.; Diedrich/Dierkes, 2015, S. 136 ff.; Hommel/Dehmel, 2021, S. 326 ff.).

Wie beim APV- und WACC-Ansatz handelt es sich auch beim TCF-Verfahren um einen Brutto-Ansatz bzw. Entity-Approach (vgl. Abschnitt 1.2.1.3). Dementsprechend wird im ersten Bewertungsschritt zunächst der Gesamtwert des Unternehmens ermittelt, bevor hiervon dann zur Bestimmung eines gesuchten Eigenkapitalmarktwerts noch der Marktwert des Fremdkapitals abgezogen wird. Dabei wird wieder unterstellt, dass Marktwert und Buchwert des Fremdkapitals im Bewertungszeitpunkt identisch sind, weshalb auf eine entsprechende Indizierung verzichtet wird. Hiermit ergibt sich der folgende Bewertungsansatz:

$$UW_0^{TCF} = EK_0^M + FK_0$$

$$EK_0^M = UW_0^{TCF} - FK_0$$

EK^M … *Marktwert des Eigenkapitals*
FK … *Fremdkapital (Annahme: Marktwert = Buchwert)*
UW^{TCF} … *Unternehmenswert des TCF-Ansatzes*

Der allgemeine Bewertungsansatz des TCF-Verfahrens lässt sich wie folgt als Zwei-Phasen-Modell formulieren, wenn in der gesamten Fortführungsphase mit einem konstanten Wachstum der Überschüsse in Höhe von g^{TCF} gerechnet und hierbei unmittelbar an das Ende der Detailplanung angeknüpft wird.

$$UW_0^{TCF} = \sum_{t=1}^{T} \frac{TCF_t}{\prod_{n=1}^{t}\left(1+k_n^{TCF}\right)} + \frac{TCF_T \times \left(1+g^{TCF}\right)}{k_{T+1}^{TCF} - g^{TCF}} \times \frac{1}{\prod_{n=1}^{T}\left(1+k_n^{TCF}\right)}$$

g^{TCF} ... *Wachstumsrate des Total Cashflows (im Fortführungszeitraum)*
k^{TCF} ... *Gewichteter durchschnittlicher Kapitalkostensatz (TCF-Ansatz)*
T ... *Ende des Detailplanungszeitraums*
t ... *Zeit- bzw. Periodenindex*
TCF ... *Total Cashflow (Erwartungswert)*
UW^{TCF} ... *Unternehmenswert des TCF-Ansatzes*

Die als Zähler verwendete Überschussgröße unterscheidet sich von den im APV- sowie im WACC-Ansatz genutzten Free Cashflows nur dadurch, dass neben den operativen Überschüssen und Investitionen nun auch die aus der Fremdfinanzierung resultierenden Tax Shields mit einbezogen werden. Die im Total Cashflow (TCF) insgesamt enthaltenen Steuern entsprechen damit der tatsächlich erwarteten Steuerlast bei einer entsprechenden Finanzierung. Daher weist die Überschussgröße *TCF* enge Bezüge zur in Abschnitt 1.2.3.3 dargestellten Kapitalflussrechnung bei residualem Ausschüttungsverhalten auf, indem sie der Summe der Cashflows aus der laufenden Geschäftstätigkeit des verschuldeten Unternehmens sowie des Cashflows aus der Investitionstätigkeit entspricht. Dies ist dann gleichzeitig identisch mit der Summe aller Zahlungen an die Fremdkapitalgeber (Flow to Debt) und an die Eigenkapitalgeber (Flow to Equity), wie in Abb. 1-64 dargestellt ist. Obwohl im *TCF* keine Zahlungen an die Fremdkapitalgeber überschussmindernd berücksichtigt werden, ist er durch die enthaltenen Tax Shields dennoch nicht frei von Finanzierungseinflüssen, was mitunter als inkonsequente Vermengung operativer und finanzieller Werteffekte kritisiert wird (Ballwieser/Hachmeister, 2021, S. 228 f.; Kuhner/Maltry, 2017b, S. 230). Die vollständige Ermittlung der beim TCF-Ansatz verwendeten Überschussgröße ist in Abb. 1-103 dargestellt:

	Bezeichnung	Symbol
	Ergebnis vor Zinsen und Steuern	*EBIT*
–	Angepasste Steuern	S^{adj}
=	Net Operating Profit less adjusted Taxes	*NOPLAT*
+	Abschreibungen auf operatives Anlagevermögen	A^{OAV}
+	Veränderung der langfristigen Rückstellungen	ΔLRS
–	Veränderung des Net Working Capitals	ΔNWC
–	Investitionen in das operative Anlagevermögen	I^{OAV}
=	Free Cashflow	*FCF*
+	Steuervorteil der Fremdfinanzierung (Tax Shield)	*TS*
=	**Total Cashflow**	***TCF***

Abb. 1-103: Ermittlung des Total Cashflows

Der beim TCF-Verfahren zu verwendende Diskontierungssatz k^{TCF} bildet ähnlich wie beim WACC-Ansatz gewichtete durchschnittliche Kapitalkosten ab. Da hier aber die werterhöhende Wirkung der Tax Shields bereits in der Überschussgröße des Zählers enthalten ist, darf sie im Nenner nicht nochmals berücksichtigt werden. Entsprechend ist der Diskontierungssatz hier wie folgt definiert:

$$k_t^{TCF} = \left(1 - fkq_{t-1}^M\right) \times r_t^l + fkq_{t-1}^M \times i_t^{FK} \qquad mit \qquad fkq_{t-1}^M = \frac{FK_{t-1}}{EK_{t-1}^M + FK_{t-1}}$$

EK^M	… *Marktwert des Eigenkapitals*
FK	… *Fremdkapital (Annahme: Marktwert = Buchwert)*
fkq^M	… *Marktwertbasierte Fremdkapitalquote*
i^{FK}	… *Fremdkapitalzinssatz*
k^{TCF}	… *Gewichteter durchschnittlicher Kapitalkostensatz (TCF-Ansatz)*
r^l	… *Renditeforderung der Eigenkapitalgeber bei Verschuldung (levered)*
t	… *Zeit- bzw. Periodenindex*

In der Anwendung dieses Ansatzes sind wieder die entsprechenden Prämissen und Zusammenhänge der jeweils zugrunde gelegten Finanzierungspolitik zu berücksichtigen. Dabei zeigt sich, dass mit diesem Verfahren zwar grundsätzlich wieder die identischen Unternehmenswerte für autonome oder wertorientierte Finanzierungspolitik resultieren, jedoch Zirkularitätsprobleme hierbei in beiden Fällen auftreten (Diedrich/Dierkes, 2015, S. 137 f.). Dies soll im Folgenden am Beispiel der X AG veranschaulicht werden.

Wird eine autonome Finanzierungspolitik zugrunde gelegt, werden die zukünftigen Fremdkapitalbestände betragsmäßig geplant. Die resultierenden Zinszahlungen und deren Steuerwirkungen (Tax Shields) sind in diesem Fall unmittelbar bestimmbar. Unter Rückgriff auf die bereits beim APV-Ansatz dargestellte Ermittlung der Free Cashflows und der Tax Shields ergeben sich direkt und zirkularitätsfrei die in Abb. 1-104 dargestellten Beträge der Total Cashflows. Die angesprochene Zirkularität entsteht bei unterstellter autonomer Finanzierung jedoch ähnlich wie beim WACC-Ansatz in den als Nennergrößen verwendeten Kapitalkostensätzen. Hierbei sind die Renditeforderungen der Eigenkapitalgeber periodenspezifisch an die Verschuldungsstruktur anzupassen, was jedoch die Kenntnis der Marktwerte dieser Komponenten voraussetzt. Auch für die in den Diskontierungssätzen k^{TCF} enthaltene Kapitalstrukturgewichtung in Form einer marktwertbasierten Fremdkapitalquote ist diese Information erforderlich. Unter Rückgriff auf die bereits aus dem APV-Ansatz bekannten Wertkomponenten ist dies nachfolgend nochmals exemplarisch für Periode 1 dargestellt. Bei der Anpassung der Eigenkapitalkosten wird dabei wieder implizit unterstellt, dass die Tax Shields bei zugrunde liegender autonomer Finanzierungspolitik das gleiche Risiko tragen wie das Fremdkapital.

$$r_1^l = r_1^u + \left(r_1^u - i_1^{FK}\right) \times \frac{FK_0 - WB_0^{TS}}{EK_0^M}$$

$$= 0{,}08 + \left(0{,}08 - 0{,}05\right) \times \frac{120{,}000 - 43{,}301}{205{,}490} = 0{,}0912 \quad bzw. \quad 9{,}12\%$$

$$fkq_0^M = \frac{FK_0}{EK_0^M + FK_0} = \frac{120{,}000}{205{,}490 + 120{,}000} = 0{,}369$$

$$k_1^{TCF} = \left(1 - fkq_0^M\right) \times r_1^l + fkq_0^M \times i_1^{FK}$$

$$= \left(1 - 0{,}369\right) \times 0{,}0912 + 0{,}369 \times 0{,}05 = 0{,}0760 \quad bzw. \quad 7{,}60\%$$

Eine derartige Anpassung der Kapitalkosten ist unter der Annahme einer autonomen Finanzierung für jede Periode erforderlich und führt hier im Zeitverlauf zu variierenden Werten. Im Ergebnis resultieren unter gleichen Annahmen jedoch auch hier wieder die bereits mithilfe des APV-Verfahrens gewonnenen Unternehmenswerte, wie dies in Abb. 1-104 am Beispiel der X AG illustriert wird:

(Angaben in M€)	t = 0	1	2	3	4	5 (= T)
FCF		1,500	12,375	19,751	22,443	22,667
TS (autonom)		1,560	1,716	1,755	1,794	1,812
TCF (autonom)		3,060	14,091	21,506	24,237	24,479
k^{TCF} (autonom)		7,60 %	7,62 %	7,63 %	7,63 %	7,63 %
UW^{TCF} (autonom)	**325,490**	**347,170**	**359,536**	**365,462**	**369,116**	**372,807**
FK (autonom)	120,000	132,000	135,000	138,000	139,380	140,774
EK^M (autonom)	205,490	215,170	224,536	227,462	229,736	232,033

Abb. 1-104: Unternehmenswerte der X AG nach dem TCF-Ansatz bei autonomer Finanzierungspolitik

Wird hingegen eine atmende bzw. wertorientierte Finanzierungspolitik unterstellt, bei der eine kontinuierliche Anpassung an eine quotal vorgegebene Zielkapitalstruktur erfolgt, ist die Bestimmung der Kapitalkosten relativ unproblematisch. Hierbei wird implizit vereinfachend unterstellt, dass die Tax Shields dem gleichen Risiko unterliegen wie die operativen Free Cashflows und daher mit r^u zu diskontieren sind. Im Beispiel der X AG ergeben sich die Renditeforderungen der Eigenkapitalgeber dann für alle Perioden mit 10 %, wenn hierbei eine im Zeitverlauf konstante marktwertbasierte Fremdkapitalquote von 40 % angenommen wird:

$$r_t^l = r_t^u + \left(r_t^u - i_t^{FK}\right) \times \left(\frac{fkq_{t-1}^M}{1 - fkq_{t-1}^M}\right) = 0{,}08 + \left(0{,}08 - 0{,}05\right) \times \left(\frac{0{,}4}{1 - 0{,}4}\right) = 0{,}1 \quad bzw. \quad 10\%$$

Unter diesen Annahmen entsprechen die resultierenden durchschnittlichen Kapitalkosten des TCF-Ansatzes k^{TCF} jedoch auch bei sich im Zeitverlauf verändernden Verschuldungsgraden immer genau der Renditeforderung des unverschuldeten Unternehmens r^u, was dann eine periodenbezogene Anpassung entbehrlich macht (IDW, 2014, Tz. A 191).

$$k_t^{TCF} = \left(1 - fkq_{t-1}^M\right) \times r_t^l + fkq_{t-1}^M \times i_t^{FK}$$
$$= (1 - 0{,}4) \times 0{,}1 + 0{,}4 \times 0{,}05 = 0{,}08 \quad bzw. \quad 8{,}00\%$$

Wenngleich die Kapitalkosten des TCF-Ansatzes bei wertorientierter Verschuldung wie dargestellt relativ leicht bestimmbar sind, ergibt sich das oben angesprochene Zirkularitätsproblem in diesem Fall bei den bewertungsrelevanten Überschüssen. Die betragsmäßige Bestimmung der sich hierin überschusserhöhend auswirkenden Tax Shields setzt die Kenntnis der Unternehmenswerte voraus, da der Fremdkapitalbestand und die Zinsen hieran quotal anknüpfen. Neben den bereits mehrfach angesprochenen iterativen oder rekursiven Lösungsmöglichkeiten kann zur vereinfachten Illustration der Methodenkonsistenz auch hier auf die bereits aus dem WACC-Ansatz bekannten Werte bzw. die in Abb. 1-100 und Abb. 1-101 dargestellte, an eine wertorientierte Finanzierung angepasste Planungsrechnung zurückgegriffen werden. Wie Abb. 1-105 zeigt, resultieren wieder zu den bisherigen Ergebnissen völlig identische Unternehmenswerte.

(Angaben in M€)	t = 0	1	2	3	4	5 (= T)
FCF		1,500	12,375	19,751	22,443	22,667
TS (atmend, fkq^M = 0,4)		1,596	1,708	1,771	1,801	1,819
TCF (atmend)		3,096	14,083	21,522	24,244	24,486
k^{TCF} (atmend)		8,00 %	8,00 %	8,00 %	8,00 %	8,00 %
UW^{TCF} (atmend)	**306,961**	**328,421**	**340,612**	**346,340**	**349,803**	**353,301**
FK (atmend)	122,784	131,369	136,245	138,536	139,921	141,320
EK^M (atmend)	184,176	197,053	204,367	207,804	209,882	211,981

Abb. 1-105: Unternehmenswerte der X AG nach dem TCF-Ansatz bei wertorientierter Finanzierungspolitik

Damit zeigt sich, dass der TCF-Ansatz weder bei wertorientierter noch bei autonomer Finanzierungspolitik frei von Zirkularitätsproblemen ist, welche dann entweder bei den Überschüssen im Zähler oder den im Nenner zu verwendenden Kapitalkostensätzen auftreten. Auch aus diesem Grund spielt der TCF-Ansatz in der Bewertungspraxis eine eher geringe Rolle (Ballwieser/Hachmeister, 2021, S. 229).

Als ein in gewisser Weise mit dem TCF-Verfahren verwandter Bewertungsansatz kann der sogenannte Capital Cashflow-Ansatz (CCF) gesehen werden (Ruback, 2002), da er dieselbe Überschussgröße im Zähler verwendet. Dort werden die oben angesprochenen Probleme dadurch gelöst, dass für die betragsmäßig als Erwartungswerte geplanten zukünftigen Fremdkapitalbestände per Annahme unterstellt wird, dass die hieraus resultierenden Steuerersparnisse (Tax Shields) das gleiche Risiko aufweisen, wie die Free Cashflows des unverschuldeten Unternehmens. Die sich aus dieser Annahme auf Basis der oben dargestellten Anpassungsgleichungen im TCF-Verfahren ergebenden gewichteten Kapitalkosten k^{TCF} entsprechen dann auch bei variierenden Verschuldungsgraden stets der Renditeforderung des unverschuldeten Unternehmens r^u. Entsprechend kann eine dem TCF-Ansatz äquivalente, hier jedoch als Capital Cashflow bezeichnete Überschussgröße, welche auch die direkt auf Basis der Planungsrechnung quantifizierbaren Erwartungswerte der Tax Shields einschließt, unmittelbar mit r^u als Diskontierungssatz abgezinst werden. Bei einem solchen pragmatischen Vorgehen wird die oben angesprochene Zirkularitätsproblematik vollständig vermieden und es ergeben sich vergleichsweise einfache Bewertungsgleichungen. Zudem lassen sich hieraus auch sehr kompakte Residualgewinnmodelle ableiten (Beyer, 2023). In ihrer Wirkung gleichartige Anpassungen werden zum Teil auch für den APV-Ansatz angeregt (z. B. Enzinger/Kofler, 2010, S. 196 f.). Dabei wird auch dort vorgeschlagen, die Tax Shields auf Basis autonom geplanter Fremdkapitalumfänge als ähnlich risikobehaftet wie das operative Geschäft einzustufen und diese dann ebenfalls mit der Renditeforderung der Eigentümer des unverschuldeten Unternehmens r^u zu diskontieren. Hierdurch werden die im TCF-Ansatz bzw. beim Vorgehen des Capital Cashflow im Zähler zusammengefassten Überschüsse dann lediglich separat bewertet. Das Gesamtergebnis ist jedoch in allen genannten Konstellationen identisch.

1.2.4.4 Flow to Equity (FTE)

Als letztes DCF-Verfahren soll schließlich noch der Bewertungsansatz des Flow to Equity (FTE-Ansatz) vorgestellt werden. Hierbei erfolgt eine direkte Bestimmung des Eigenkapitalmarktwerts, indem die unmittelbar den Eignern zufließenden Überschüsse mit deren Renditeforderung diskontiert werden (z. B. Baetge et al., 2019, S. 422 f.; Ballwieser/Hachmeister, 2021, S. 229 ff.; Drukarczyk/Schüler, 2021, S. 229 ff.; Hommel/Dehmel, 2021, S. 328 ff.).

Entsprechend ist dieses Bewertungsverfahren im Sinne von Abschnitt 1.2.1.3 als sogenannter Netto-Ansatz bzw. Equity-Approach einzustufen, da sich der Marktwert des Eigenkapitals in nur einem Rechenschritt direkt ermittelt. Werden im Rahmen eines Zwei-Phasen-Modells konstante Wachstumsraten der Überschüsse g^{FTE} im Fortführungszeitraum unterstellt, die unmittelbar an das Ende der Detailplanung anknüpfen, ergibt sich der folgende allgemeine Bewertungsansatz:

$$UW_0^{FTE} = EK_0^M = \sum_{t=1}^{T} \frac{FTE_t}{\prod_{n=1}^{t}\left(1 + r_n^l\right)} + \frac{FTE_T \times \left(1 + g^{FTE}\right)}{r_{T+1}^l - g^{FTE}}$$

FTE	…	*Flow to Equity (Erwartungswert)*
g^{FTE}	…	*Wachstumsrate des Flow to Equity (im Fortführungszeitraum)*
r^l	…	*Renditeforderung der Eigenkapitalgeber bei Verschuldung (levered)*
T	…	*Ende des Detailplanungszeitraums*
t	…	*Zeit- bzw. Periodenindex*
UW^{FTE}	…	*Unternehmenswert des FTE-Ansatzes*

Die im Zähler anzusetzende, als Flow to Equity (FTE) bezeichnete Überschussgröße beschreibt den direkt an die Eigentümer fließenden Zahlungsstrom. Bei unterstelltem residualem Ausschüttungsverhalten ergibt sich dieser aus den im operativen Geschäft generierten Überschüssen nach notwendigen Investitionen, wovon noch die Zahlungen gegenüber den Fremdkapitalgebern (Flow to Debt bzw. FTD) abgesetzt werden müssen. Unter Bezugnahme auf die für die anderen DCF-Varianten bereits dargestellten Überschüsse ist der Flow to Equity *FTE* wie folgt definiert:

	Bezeichnung		Symbol	
	Ergebnis vor Zinsen und Steuern		$EBIT$	
–	Angepasste Steuern		S^{adj}	
=	Net Operating Profit less adjusted Taxes		$NOPLAT$	
+	Abschreibungen auf operatives Anlagevermögen		A^{OAV}	
+	Veränderung der langfristigen Rückstellungen		ΔLRS	
–	Veränderung des Net Working Capitals		ΔNWC	
–	Investitionen in das operative Anlagevermögen		I^{OAV}	
=	Free Cashflow		FCF	
+	Steuervorteil der Fremdfinanzierung (Tax Shield)		TS	
=	Total Cashflow		TCF	
–	Zinsaufwand	Flow to Debt	ZA	FTD
+	Veränderung des Fremdkapitals		ΔFK	
=	**Flow to Equity**		FTE	

Abb. 1-106: Ermittlung des Flow to Equity

Als Kapitalkostensatz ist die Renditeforderung der Eigenkapitalgeber des verschuldeten Unternehmens r^l zu verwenden, die wieder vom Umfang der Verschuldung und der unterstellten Finanzierungspolitik abhängt.

Für eine autonome Finanzierungspolitik errechnet sich diese Größe wie folgt, wenn unterstellt wird, dass die hieraus resultierenden Steuerersparnisse (Tax Shields) das gleiche Risikoprofil aufweisen wie das Fremdkapital:

$$r_t^l = r_t^u + \left(r_t^u - i_t^{FK}\right) \times \frac{FK_{t-1} - WB_{t-1}^{TS}}{EK_{t-1}^M}$$

EK^M	...	*Marktwert des Eigenkapitals*
FK	...	*Fremdkapital (Annahme: Marktwert = Buchwert)*
i^{FK}	...	*Fremdkapitalzinssatz*
r^l	...	*Renditeforderung der Eigenkapitalgeber bei Verschuldung (levered)*
r^u	...	*Renditeforderung der Eigentümer bei reiner Eigenfinanzierung (unlevered)*
t	...	*Zeit- bzw. Periodenindex*
WB^{TS}	...	*Wertbeitrag der fremdfinanzierungsbedingten Steuervorteile (Tax Shields)*

Dabei ergibt sich für eine autonome Finanzierungspolitik auch beim FTE-Ansatz wieder das bereits mehrfach angesprochene Zirkularitätsproblem im Kapitalkostensatz, da die dargestellte Anpassungsgleichung auf Marktwerten beruht. Während für das Fremdkapital regelmäßig dessen Identität mit seinem Buchwert unterstellt wird, bildet der ebenfalls benötigte Eigenkapitalmarktwert hingegen die erst noch zu ermittelnde Zielgröße. Die Lösung dieses wechselseitigen Abhängigkeitsproblems kann auch hier wieder durch iterative Näherungsverfahren oder auf rekursive Weise (Roll-Back-Verfahren) erfolgen (z. B. Hommel/Dehmel, 2021, S. 345 ff.). Zur exemplarischen Darstellung der auch für das FTE-Verfahren geltenden Methodenkonsistenz aller DCF-Verfahren soll hier jedoch einfach auf die bereits aus den anderen Verfahren hervorgegangenen Ergebnisse zurückgegriffen werden. Ausgangspunkt ist dabei zunächst eine auf Basis autonomer Finanzierungsannahmen erstellte Planungsrechnung, wie sie in Abschnitt 1.2.3.3 in Abb. 1-78 bis Abb. 1-80 ausführlich dargestellt ist. Werden der Kapitalkostenanpassung die für diese Finanzierungspolitik bereits in den anderen DCF-Verfahren konsistent ermittelten Marktwerte von Eigen- und Fremdkapital zugrunde gelegt, ergeben sich die in Abb. 1-107 dargestellten Diskontierungssätze. Die entsprechende Berechnung wurde bereits im Rahmen des WACC-Ansatzes (1.2.4.2) exemplarisch für Periode 1 vorgestellt. Im Zusammenspiel mit den ebenfalls in Abb. 1-107 dargestellten Überschussgrößen des FTE-Ansatzes ergeben sich hieraus erneut die aus den anderen DCF-Verfahren schon bekannten Marktwerte des Eigenkapitals.

(Angaben in M€)	t = 0	1	2	3	4	5 (= T)
FCF		1,500	12,375	19,751	22,443	22,667
TS (autonom)		1,560	1,716	1,755	1,794	1,812
TCF (autonom)		3,060	14,091	21,506	24,237	24,479
Zinsaufwand (autonom)		6,000	6,600	6,750	6,900	6,969
$\Delta FK = FK_t - FK_{t-1}$ *(autonom)*		12,000	3,000	3,000	1,380	1,394
FTE (autonom)		9,060	10,491	17,756	18,717	18,904
r^l *(autonom)*		9,12 %	9,23 %	9,21 %	9,23 %	9,23 %
$UW^{FTE} = EK^M$ *(autonom)*	**205,490**	**215,170**	**224,536**	**227,462**	**229,736**	**232,033**

Abb. 1-107: Unternehmenswerte der X AG nach dem FTE-Ansatz bei autonomer Finanzierungspolitik

Soll hingegen dem FTE-Ansatz eine wertorientierte bzw. atmende Finanzierungspolitik zugrunde liegen, verschiebt sich die mehrfach angesprochene Zirkularitätsproblematik in die Überschussgrößen. Demgegenüber ist die Kapitalkostenanpassung auf Basis der periodenspezifisch zu planenden marktwertbasierten Fremdkapitalquote fkq^M direkt nach der folgenden Vorschrift möglich:

$$r_t^l = r_t^u + \left(r_t^u - i_t^{FK}\right) \times \left(\frac{fkq_{t-1}^M}{1 - fkq_{t-1}^M}\right) = r_t^u + \left(r_t^u - i_t^{FK}\right) \times \frac{FK_{t-1}}{EK_{t-1}^M}$$

Bei dieser Anpassungsgleichung wird vereinfachend angenommen, dass eine permanente Angleichung des Fremdkapitals an den Planwert der Zielkapitalstruktur erfolgt und die hieraus resultierenden Tax Shields das gleiche Risiko tragen wie die operativen Cashflows (Harris/Pringle, 1985, S. 237 ff.). Für den Fall, dass eine langfristig konstante Fremdkapitalquote unterstellt wird, ergeben sich bei Konstanz der übrigen Zins- und Risikoparameter im Zeitablauf konstant bleibende Eigenkapitalkostensätze. Bei der im Bewertungsbeispiel für die X AG angenommenen marktwertbasierten Fremdkapitalquote fkq^M von 40 %

resultieren dann für jede Periode verschuldungsabhängige Eigenkapitalkosten von 10 %. Größere Schwierigkeiten bereitet bei unterstellter wertorientierter Finanzierung jedoch die Bestimmung der Überschussgrößen des FTE-Ansatzes. Da sich der Flow to Equity *FTE* nach Abzug der Zins- und Tilgungszahlungen an die Fremdkapitalgeber bzw. der Aufnahme von Fremdkapital (Flow to Debt bzw. *FTD*) ergibt, müssen deren Beträge bekannt sein. Da diese Größen hier jedoch marktwertabhängig sind, ist dies erst dann gegeben, wenn die gesuchten Unternehmenswerte bereits vorliegen. Damit ist auch der FTE-Ansatz weder bei autonomer noch bei wertorientierter Finanzierungspolitik frei von Zirkularitätsproblemen (Diedrich/Dierkes, 2015, S. 144). Abhilfe für diese wechselseitige Abhängigkeit können auch hier wieder die bereits mehrfach angesprochenen iterativen bzw. rekursiven Lösungsprozeduren schaffen. Um auch die sich bei atmender Finanzierung ergebende prinzipielle Methodenkonsistenz zu veranschaulichen, soll stattdessen auf die im Rahmen des WACC-Ansatzes in Abschnitt 1.2.4.2 in den Abb. 1-100 und Abb. 1-101 dargestellte Planungsrechnung zurückgegriffen werden, die für das Bewertungsbeispiel der X AG an eine unterstellte wertorientierte Finanzierungspolitik mit 40 %iger Fremdkapitalquote angepasst wurde. Hieraus ergeben sich die in Abb. 1-108 dargestellten Überschüsse, die bei Diskontierung mit einem entsprechenden Kapitalkostensatz von 10 % wieder auf die bereits bekannten Unternehmenswerte führen:

(Angaben in M€)	t = 0	1	2	3	4	5 (= T)
FCF		1,500	12,375	19,751	22,443	22,667
TS (atmend, fkq^M = 0,4)		1,596	1,708	1,771	1,801	1,819
TCF (atmend)		3,096	14,083	21,522	24,244	24,486
Zinsaufwand (atmend)		6,139	6,568	6,812	6,927	6,139
$\Delta FK = FK_t - FK_{t-1}$ (atmend)		8,584	4,876	2,291	1,385	1,399
FTE (atmend)		5,541	12,391	17,000	18,702	18,889
r^l (atmend)		10,00 %	10,00 %	10,00 %	10,00 %	10,00 %
$UW^{FTE} = EK^M$ (atmend)	**184,176**	**197,053**	**204,367**	**207,804**	**209,882**	**211,981**

Abb. 1-108: Unternehmenswerte der X AG nach dem FTE-Ansatz bei wertorientierter bzw. atmender Finanzierungspolitik

Auch für das vorliegende Beispiel zeigt sich damit, dass alle vorgestellten DCF-Verfahren trotz unterschiedlicher Rechentechnik zu konsistenten, das heißt unter jeweils gleichen Annahmen identischen Bewertungsergebnissen führen (IDW, 2008, Tz. 124). Generell gilt somit:

$$UW_0^{APV} = UW_0^{WACC} = UW_0^{TCF} = UW_0^{FTE} + FK_0$$

Trotz ihrer prinzipiellen Methodenäquivalenz sind die dargestellten Ansätze jedoch nicht für jede Konstellation der zugrunde liegenden Annahmen in gleicher Weise praktikabel. Die mehrfach angesprochene Zirkularitätsproblematik bildet hierbei dennoch keinen prinzipiellen Hinderungsgrund, sondern erfordert für eine angestrebte Methodenkonsistenz lediglich eine entsprechende konzeptionelle Berücksichtigung und ist mit einem gewissen Zusatzaufwand grundsätzlich zu bewältigen. Soll dies jedoch vermieden werden, zeigen sich in Bezug auf die unterstellte Finanzierungspolitik gewisse Anwendungsvorteile zugunsten des APV-Ansatzes bei autonomer Finanzierung bzw. zugunsten des WACC-Ansatzes bei wertorientierter Finanzierung. Während das WACC-Verfahren dementsprechend eine relativ weite Verbreitung aufweist, findet sich der Einsatz des APV-Ansatzes in der Bewertungspraxis jedoch vergleichsweise selten (Baetge et al., 2019, S. 418; Kuhner/Maltry, 2017b, S. 233). Demgegenüber besitzt der zuletzt vorgestellte FTE-Ansatz insbesondere in Verbindung mit dem in Kapitel 1.2.6 dargestellten Ertragswertverfahren eine deutlich höhere praktische Relevanz (Diedrich/Dierkes, 2015, S. 144 f.). Exemplarisch sei dies in Abb. 1-109 anhand einer Erhebung aus dem Jahr 2011 dargestellt (in Anlehnung an Homburg et al., 2011).

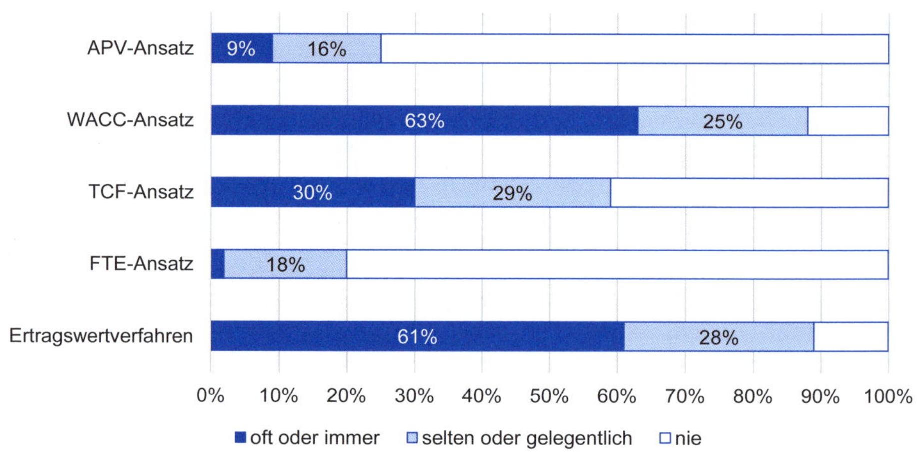

Abb. 1-109: Anwendungshäufigkeit der DCF- bzw. Ertragswertverfahren (in Anlehnung an Homburg et al., 2011, S. 120)

Auch jüngere Untersuchungen bestätigen diese grundsätzliche Beurteilung der Anwendungshäfigkeit bzw. Praxisrelevanz einzelner DCF-Verfahren (z. B. Welfonder/Bensch, 2017, S. 176 ff.)

1.2.5 DCF-Bewertung unter Einbezug persönlicher Steuern

Der Wert eines Unternehmens für seine Eigner ergibt sich grundsätzlich aus den hieraus resultierenden Bedürfnisbefriedigungsmöglichkeiten (Moxter, 1983, S. 177). Neben den Steuern auf Unternehmensebene werden den Kapitalgebern zufließende Überschüsse auch durch Steuern auf persönlicher Ebene gemindert, was die aus diesen Zuflüssen resultierenden Konsummöglichkeiten reduziert. Aus diesem Grund bilden auch die persönlichen Steuern einen relevanten Einflussfaktor auf den Unternehmenswert. Der Grundsatz der Verfügbarkeitsäquivalenz (vgl. Abschnitt 1.2.1.8) fordert hierbei, dass sowohl beim betrachteten Bewertungsobjekt als auch bei den als Vergleichsmaßstab herangezogenen Alternativverträgen alle hierbei relevanten Steuerbelastungen in vergleichbarer Weise berücksichtigt werden.

Wie bereits in Abschnitt 1.2.1.6 dargestellt, wird jedoch in verschiedenen Bewertungssituationen vereinfachend auf eine explizite Berücksichtigung der persönlichen Besteuerung verzichtet. Dabei wird unterstellt, dass das Bewertungsobjekt wie auch die Alternativanlage den gleichen steuerlichen Belastungen auf persönlicher Ebene unterliegen und sich diese in ihrer Wirkung aufheben. Dieses als ‚mittelbare Typisierung' bezeichnete Vorgehen wird insbesondere dann als zulässig erachtet, wenn die Bewertung von Kapitalgesellschaften aufgrund unternehmerischer Initiativen erfolgt (IDW, 2008, Tz. 30; KSW, 2014, Tz. 84). Bei Bewertungen von Kapitalgesellschaften aus vertraglich oder gesellschaftsrechtlich bedingtem Anlass ist jedoch eine explizite Berücksichtigung persönlicher Steuern geboten (IDW, 2008, Tz. 31). Diese als ‚unmittelbare Typisierung' bezeichnete Vorgehensweise ist zudem auch bei der Bewertung von Einzelunternehmen und Personengesellschaften erforderlich (IDW, 2008, Tz. 47; KSW, 2014, Tz. 85). In den letztgenannten Fällen ist typischerweise nur eine relativ kleine Zahl an Personen involviert, was eine detaillierte Betrachtung der individuellen Steuerwirkungen unter Berücksichtigung des maßgeblichen nationalen Steuersystems ermöglicht. Dabei ergeben sich vielfältige Besonderheiten, die hier jedoch nicht näher betrachtet werden sollen (hierzu z. B. Popp, 2019a, S. 1444 ff.). Vielmehr steht im Folgenden der Einbezug der persönlichen Besteuerung bei einer Bewertung von Kapitalgesellschaften im Vordergrund und es werden nur die dafür maßgeblichen Steuerarten in die Betrachtung einbezogen. Auch hierbei sind jedoch vereinfachende Annahmen und Typisierungen unvermeidbar.

Zunächst werden in Abschnitt 1.2.5.1 verschiedene grundlegende Aspekte und zentrale Annahmen für einen entsprechenden Einbezug der persönlichen Besteuerung dargestellt. In den darauf folgenden Abschnitten 1.2.5.2 und 1.2.5.3 wird dies mit den beiden idealtypischen Annahmen einer autonomen bzw. wertorientierten Finanzierungspolitik verknüpft und auf die verschiedenen in Kapitel 1.2.4 vorgestellten DCF-Verfahren angewandt.

1.2.5.1 Grundlegende bewertungsrelevante Aspekte der persönlichen Besteuerung

Die sich unter Berücksichtigung der persönlichen Besteuerung ergebenden Nachsteuerwerte werden im Folgenden allgemein durch ein Sternsymbol (*) als hochgestellter Index kenntlich gemacht. Dies gilt sowohl für die errechneten Unternehmenswerte als auch für die hierin eingehenden Überschussgrößen und Diskontierungssätze. Allgemein wird damit der nachfolgende Bewertungsansatz zugrunde gelegt.

$$UW_0^* = \sum_{t=1}^{\infty} \frac{\ddot{U}_t^*}{\prod_{n=1}^{t}\left(1+k_n^*\right)}$$

k^* … *Kalkulationszinssatz nach persönlichen Steuern*
t … *Zeit- bzw. Periodenindex*
$\ddot{U}^*$ … *Bewertungsrelevanter Überschuss nach persönlichen Steuern*
UW^* … *Unternehmenswert nach persönlichen Steuern*

Die Überschüsse der hier primär betrachteten Kapitalgesellschaften werden dabei einer in Abschnitt 1.2.1.6 näher erläuterten Dividendenbesteuerung unterworfen. Für die Ermittlung der Kapitalisierungssätze nach persönlichen Steuern kann auf das in Abschnitt 1.2.2.1 vorgestellte Tax-CAPM zurückgegriffen werden. Hieran anknüpfend werden nun die notwendigen steuerlich bedingten Anpassungen vorgestellt, die eine Methodenäquivalenz der betrachteten DCF-Varianten sicherstellen. Ein zentrales hierbei zu lösendes Problem liegt in der adäquaten Berücksichtigung der fremdfinanzierungsbedingten Steuereffekte (Tax Shields). Die konkrete betragsmäßige Bestimmung dieser steuerlichen Vor- und Nachteile lässt sich erreichen, indem im Rahmen von Duplikationsüberlegungen die Zahlungsströme mit und ohne Einbezug einer Fremdfinanzierung auf Unternehmensebene als risikoäquivalente Fallvarianten miteinander verglichen werden (Drukarczyk/Lobe, 2002; Hommel et al., 2008; Lobe, 2001). Hierbei ist zu berücksichtigen, dass bedingt durch den Leverage-Effekt das von einem Investor zu tragende Risiko im Falle einer teilweisen Fremdfinanzierung höher ausfällt als bei einer reinen Eigenfinanzierung. Beide Risikoniveaus können dabei als Bezugspunkt für den anzustellenden Vergleich dienen (Drukarczyk/Schüler, 2021, S. 192 ff.).

Im Falle einer Orientierung am Zahlungsstrom eines unverschuldeten Unternehmens (Risikoniveau I) könnte der Eigner eines verschuldeten Unternehmens privat eine zum Fremdkapital des Unternehmens äquivalente festverzinsliche Anlage tätigen und hieraus Zinserträge in Höhe des unternehmensbezogenen Zinsaufwandes vereinnahmen. Im Portfolio des Investors würde hierbei das höhere Verschuldungsrisiko des Unternehmens durch Beimischung der risikoärmeren festverzinslichen Anlage wieder gemindert werden. Die Zinserträge der privaten Anlage kompensieren dann genau den Zinsaufwand des Unternehmens. Gleiches gilt für die Entwicklung des Anlagebetrags und des Fremdkapitalumfangs, die sich ebenfalls spiegelbildlich entsprechen. Ein Vergleich der Zahlungsströme beider beschriebener Alternativen ergibt unter der Annahme, dass das Ergebnis vor Steuern und Zinsen *EBIT* jeweils identisch ist und bei Zugrundelegung einer residualen Ausschüttungspolitik, aus Sicht des betrachteten Investors das in Abb. 1-110 dargestellte Bild:

Bezugspunkt ist der Zahlungsstrom einer unverschuldeten Kapitalgesellschaft (Risikoniveau I)	
Zahlungsstrom A): Netto-Zufluss, den ein verschuldetes Unternehmen sowie eine zum FK betrags- und verzinsungsgleiche private Finanzanlage (FK_t gleich Anlagebetrag sowie i^{FK} gleich Anlagezinssatz) gemeinsam generieren	$\begin{bmatrix} EBIT_t \times (1-s_t^{Unt}) - i_t^{FK} \times FK_{t-1} \cdot (1-ts_t^{Unt}) \\ +(FK_t - FK_{t-1}) \\ +A_t^{OAV} + \Delta LRS_t - I_t^{OAV} - \Delta NWC_t \end{bmatrix} \cdot (1-s_t^D)$ $+i_t^{FK} \times FK_{t-1} \times (1-s_t^Z) - (FK_t - FK_{t-1})$
Zahlungsstrom B): Netto-Zufluss, den ein unverschuldetes Unternehmen generiert	$\begin{bmatrix} EBIT_t \times (1-s_t^{Unt}) \\ +A_t^{OAV} + \Delta LRS_t - I_t^{OAV} - \Delta NWC_t \end{bmatrix} \cdot (1-s_t^D)$

Differenz zwischen Zahlungsstrom A) und Zahlungsstrom B): Steuervorteil aus der Fremdfinanzierung des Unternehmens	$TS_t^* = \left(ts_t^{Unt} \times \left(1 - s_t^D\right) + s_t^D - s_t^Z\right) \times i_t^{FK} \times FK_{t-1} + s_t^D \times \left(FK_{t-1} - FK_t\right)$

Legende:
ΔLRS ... *Veränderung der langfristigen Rückstellungen*
ΔNWC ... *Veränderung des Net Working Capitals*
A^{OAV} ... *Abschreibungen auf das operative Anlagevermögen*
FK ... *Fremdkapital (Kreditumfang des Unternehmens bzw. Höhe des privaten Anlagebetrags)*
i^{FK} ... *Fremdkapitalzinssatz des Unternehmens sowie gleichzeitig äquivalenter Ertragszins der privaten Anlage*
I^{OAV} ... *Investitionen in das operative Anlagevermögen*
s^D ... *Persönlicher Steuersatz auf Gewinnausschüttungen bzw. Dividenden*
s^{Unt} ... *Unternehmenssteuersatz*
s^Z ... *Persönlicher Steuersatz auf Zinserträge*
t ... *Zeit- bzw. Periodenindex*
TS^* ... *Steuervorteil der Fremdfinanzierung (Tax Shield) unter Berücksichtigung persönlicher Steuern bei Orientierung am Zahlungsstrom eines unverschuldeten Unternehmens (Risikoniveau I)*
ts^{Unt} ... *Tax-Shield-Satz auf Unternehmensebene*

Abb. 1-110: Tax Shields mit persönlichen Steuern auf Risikoniveau I

Obwohl die beschriebene private Finanzanlage die Zahlungen gegenüber den Fremdkapitalgebern vollständig aufhebt, sind die steuerlichen Konsequenzen unter Einbezug der persönlichen Ebene der Investoren nicht identisch. Es ergibt sich der nachfolgende Vorteil einer Fremdfinanzierung innerhalb des Unternehmens (Laitenberger, 2003, S. 1227):

$$TS_t^* = \underbrace{\left[ts_t^{Unt} \times \left(1 - s_t^D\right) + s_t^D - s_t^Z\right] \times i_t^{FK} \times FK_{t-1}}_{\text{Kapitalstruktureffekt}} + \underbrace{s_t^D \times \left(FK_{t-1} - FK_t\right)}_{\text{Tilgungseffekt}}$$

$$= ts_t^* \times i_t^{FK} \times FK_{t-1} + s_t^D \times \left(FK_{t-1} - FK_t\right)$$

ts^* ... *Tax-Shield-Satz bei privater Finanzanlage und Orientierung am Zahlungsstrom des unverschuldeten Unternehmens (Risikoniveau I)*

$$ts_t^* = ts_t^{Unt} \times \left(1 - s_t^D\right) + s_t^D - s_t^Z$$

Dieser Tax Shield TS^* setzt sich aus zwei Teileffekten zusammen. Ein Teil der Wirkung drückt die steuerlichen Konsequenzen der Zinszahlungen bzw. -erträge aus und wird als Kapitalstruktureffekt bezeichnet (Dinstuhl, 2002, S. 81). Das hierbei komplexere Zusammenwirken verschiedener Steuerarten wird in der formalen Notation oft in Form eines sogenannten Tax-Shield-Multiplikators ts^* verdichtet (z. B. Baetge et al., 2019, S. 501; Ballwieser/Hachmeister, 2021, S. 180; Dinstuhl, 2002, S. 82). Ein zweiter Teileffekt wird durch die betragsmäßige Veränderung des Fremdkapitalumfangs ausgelöst, was auch als Tilgungseffekt bzw. Ausschüttungsdifferenzeffekt bezeichnet wird, da Kreditaufnahmen und Tilgungen die residualen Ausschüttungsvolumina erhöhen bzw. verringern, was entsprechend veränderte Steuerzahlungen auf Dividendenerträge nach sich zieht (Dinstuhl, 2002, S. 83 f.; Husmann et al., 2002, S. 33). Bezogen auf die involvierten Steuerarten ergeben sich aus der Unternehmensverschuldung mit privater Kapitalanlage somit insgesamt drei steuerliche Teilabweichungen gegenüber einer risikoäquivalenten Eigenfinanzierung (Baetge et al., 2019, S. 500; Dinstuhl, 2002, S. 81 ff., 2003, S. 85; Hommel et al., 2008, S. 417 f.):

- Steuervorteil bei den Unternehmenssteuern durch abzugsfähige Schuldzinsen des Unternehmens in Höhe von $ts_t^{Unt} \times i_t^{FK} \times FK_{t-1}$
- Steuervorteil bei den persönlichen Steuern auf Dividendenerträge infolge von durch Zinsen und Tilgungen verdrängten Ausschüttungen in Höhe von $s_t^D \times \left(1 - ts_t^{Unt}\right) \times i_t^{FK} \times FK_{t-1} + s_t^D \times \left(FK_{t-1} - FK_t\right)$
- Steuernachteil durch persönliche Steuern auf Zinserträge aus der privaten Kapitalanlage in Höhe von $s_t^Z \times i_t^{FK} \times FK_{t-1}$

Werden diese Effekte z. B. mit den konkret für Deutschland relevanten Steuersätzen belegt, wo derzeit Zins- und Dividendenerträge mit einem identischen, um den Solidaritätszuschlag s^{SolZ} erhöhten Abgeltungsteuersatz s^{ASt} belastet werden $[s^D = s^Z = s^{ASt} \times (1 + s^{SolZ})]$, heben sich im oben dargestellten Tax Shield auf Risikoniveau I manche Komponenten gegenseitig auf. Der Tax-Shield-Satz auf Unternehmensebene ts^{Unt} ergibt sich hierbei in Deutschland für Kapitalgesellschaften als Summe aus dem ebenfalls um den Solidaritätszuschlag erhöhten Körperschaftsteuersatz $s^{KSt} \times (1 + s^{SolZ})$ und dem nur zu 75 % Tax-Shield-wirksamen Gewerbesteuersatz s^{GewSt}, wenn vereinfachend von den Wirkungen der sogenannten Zinsschranke abgesehen wird (vgl. Abschnitt 1.2.1.6). Hieraus resultiert dann ein Tax Shield TS^* in folgender Form, wie er häufig in der einschlägigen Literatur dargestellt ist (z. B.Baetge et al., 2019, S. 501 f.; Ballwieser/Hachmeister, 2021, S. 180):

$$TS_t^* = \left[s_t^{KSt} \times \left(1 + s_t^{SolZ}\right) + 0{,}75 \times s_t^{GewSt}\right] \times \left[1 - s_t^{ASt} \times \left(1 + s_t^{SolZ}\right)\right] \times i_t^{FK} \times FK_{t-1}$$
$$+ s_t^{ASt} \times \left(1 + s_t^{SolZ}\right) \times \left(FK_{t-1} - FK_t\right)$$

FK	…	*Fremdkapital (Kreditumfang des Unternehmens sowie gleichzeitig Höhe des privaten Anlagebetrags)*
i^{FK}	…	*Fremdkapitalzinssatz des Unternehmens sowie gleichzeitig äquivalenter Ertragszins der privaten Anlage*
s^{ASt}	…	*Abgeltungsteuersatz auf Kapitalerträge*
s^{GewSt}	…	*Gewerbesteuersatz*
s^{KSt}	…	*Körperschaftsteuersatz*
s^{SolZ}	…	*Solidaritätszuschlag*
t	…	*Zeit- bzw. Periodenindex*
TS^*	…	*Steuervorteil der Fremdfinanzierung (Tax Shield) unter Berücksichtigung persönlicher Steuern bei Orientierung am Zahlungsstrom eines unverschuldeten Unternehmens (Risikoniveau I)*

Alternativ zur obigen Betrachtung wäre jedoch auch eine Orientierung am Zahlungsstrom eines verschuldeten Unternehmens (Risikoniveau II) denkbar. In diesem Fall könnte der Eigner eines unverschuldeten Unternehmens eine Unternehmensverschuldung nachbilden, indem er einen entsprechenden Kredit auf privater Ebene aufnimmt. Seine Risikoposition aus dem unverschuldeten Unternehmen lässt sich dadurch auf das Niveau eines verschuldeten Unternehmens hebeln (homemade Leverage). Nachfolgende Tabelle stellt die Zahlungsströme beider Varianten gegenüber. Bei gleichen Verschuldungsumfängen und Kreditkonditionen auf privater und unternehmerischer Ebene ist dabei insbesondere von Bedeutung, inwieweit die privaten Schuldzinsen steuerlich abzugsfähig sind, was hier durch die Variable ts^P (persönlicher Tax-Shield-Satz) ausgedrückt wird. Abb. 1-111 stellt die relevanten Zusammenhänge dar:

Bezugspunkt ist der Zahlungsstrom einer verschuldeten Kapitalgesellschaft (Risikoniveau II)	
Zahlungsstrom C): Netto-Zufluss, den ein verschuldetes Unternehmen generiert	$\begin{bmatrix} EBIT_t \times (1-s_t^{Unt}) - i_t^{FK} \times FK_{t-1} (1-ts_t^{Unt}) \\ +(FK_t - FK_{t-1}) \\ +A_t^{OAV} + \Delta LRS_t - I_t^{OAV} - \Delta NWC_t \end{bmatrix} \times (1-s_t^D)$
Zahlungsstrom D): Netto-Zufluss, den ein unverschuldetes Unternehmen sowie ein betrags- und konditionsgleicher privater Kredit gemeinsam generieren (mit FK_t gleich dem privaten Kreditumfang und i_t^{FK} gleich dem privaten Kreditzins mit steuerlicher Abzugsmöglichkeit in Höhe von ts^P)	$\begin{bmatrix} EBIT_t \times (1-s_t^{Unt}) \\ +A_t^{OAV} + \Delta LRS_t - I_t^{OAV} - \Delta NWC_t \end{bmatrix} \times (1-s_t^D)$ $-i_t^{FK} \times FK_{t-1} \times (1-ts_t^P) + (FK_t - FK_{t-1})$
Differenz zwischen Zahlungsstrom C) und Zahlungsstrom D): Steuervorteil aus der Fremdfinanzierung des Unternehmens	$TS_t^{**} = \left[ts_t^{Unt} \cdot (1-s_t^D) + s_t^D - ts_t^P \right] \times i_t^{FK} \times FK_{t-1}$ $+s_t^D \times (FK_t - FK_{t-1})$

Legende:

ΔLRS	…	*Veränderung der langfristigen Rückstellungen*
ΔNWC	…	*Veränderung des Net Working Capitals*
A^{OAV}	…	*Abschreibungen auf das operative Anlagevermögen*
FK	…	*Fremdkapital (Kreditumfang auf Unternehmensebene wie auch auf privater Ebene)*
i^{FK}	…	*Fremdkapitalzinssatz des Unternehmens sowie gleichzeitig auch Kreditzinssatz auf privater Ebene*
I^{OAV}	…	*Investitionen in das operative Anlagevermögen*
s^D	…	*Persönlicher Steuersatz auf Gewinnausschüttungen bzw. Dividenden*
s^{Unt}	…	*Unternehmenssteuersatz*
s^Z	…	*Persönlicher Steuersatz auf Zinserträge*
t	…	*Zeit- bzw. Periodenindex*
TS^{**}	…	*Steuervorteil der Fremdfinanzierung (Tax Shield) unter Berücksichtigung persönlicher Steuern bei Orientierung am Zahlungsstrom eines verschuldeten Unternehmens (Risikoniveau II)*
ts^P	…	*Persönlicher Tax-Shield-Satz durch steuerliche Abzugsfähigkeit privater Schuldzinsen*
ts^{Unt}	…	*Tax-Shield-Satz auf Unternehmensebene*

Abb. 1-111: Tax Shields mit persönlichen Steuern auf Risikoniveau II

Der bei dieser Orientierung am Zahlungsstrom eines verschuldeten Unternehmens (Risikoniveau II) resultierende Steuervorteil TS^{**} ist dem zuvor bei Risikoniveau I ermittelten Tax Shield TS^{*} strukturell sehr ähnlich. Er setzt sich erneut aus einem Kapitalstruktureffekt und einem Tilgungseffekt zusammen.

$$TS_t^{**} = \underbrace{\left[ts_t^{Unt} \cdot \left(1 - s_t^D\right) + s_t^D - ts_t^P \right] \times i_t^{FK} \times FK_{t-1}}_{Kapitalsstruktureffekt} + \underbrace{s_t^D \times \left(FK_t - FK_{t-1}\right)}_{Tilgungseffekt}$$

$$= ts_t^{**} \times i_t^{FK} \times FK_{t-1} + s_t^D \times \left(FK_{t-1} - FK_t\right)$$

ts^{**} ... *Tax-Shield-Satz bei privater Kreditaufnahme und Orientierung am Zahlungsstrom des verschuldeten Unternehmens (Risikoniveau II)*

$$ts_t^{*} = ts_t^{Unt} \times \left(1 - s_t^D\right) + s_t^D - ts_t^P$$

Bezogen auf die betrachteten Steuerarten bei TS^{**} ergeben sich im Detail aus einem verschuldeten Unternehmen die folgenden steuerlichen Abweichungen gegenüber einem privatem Nachbau dieser Verschuldung (Baetge et al., 2019, S. 498 f.; Hommel et al., 2008, S. 414 f.):

- Steuervorteil bei den Unternehmenssteuern durch abzugsfähige Schuldzinsen des Unternehmens in Höhe von $ts_t^{Unt} \times i_t^{FK} \times FK_{t-1}$
- Steuervorteil bei den persönlichen Steuern auf Dividenden infolge von durch Zinsen und Tilgungen verdrängten Ausschüttungen in Höhe von $s_t^D \times \left(1 - ts_t^{Unt}\right) \times i_t^{FK} \times FK_{t-1} + s_t^D \times \left(FK_{t-1} - FK_t\right)$
- Steuernachteil bei den persönlichen Steuern durch eine entgangene steuerliche Abzugsfähigkeit der privaten Schuldzinsen in Höhe von $ts_t^P \times i_t^{FK} \times FK_{t-1}$

Auch dies soll exemplarisch anhand der gegenwärtig in Deutschland geltenden Steuersätze konkretisiert werden. Wie bereits oben dargestellt, setzt sich der Tax-Shield-Satz auf Unternehmensebene ts^{Unt} für Kapitalgesellschaften aus dem um den Solidaritätszuschlag erhöhten Körperschaftsteuersatz $s^{KSt} \times (1 + s^{SolZ})$ und dem nur zu 75 % Tax-Shield-wirksamen Gewerbesteuersatz s^{GewSt} zusammen. Von einer Berücksichtigung der sogenannten Zinsschranke wird auch hier wieder vereinfachend abgesehen (vgl. Abschnitt 1.2.1.6). Auf Dividendenerträge ist der Abgeltungsteuersatz zuzüglich Solidaritätszuschlag zu entrichten [$s^D = s^{ASt} \times (1 + s^{SolZ})$]. Der für eine Kreditaufnahme auf privater Ebene maßgebliche Tax-Shield-Satz ts^P beträgt hier jedoch null, da der Abzug von Werbungskosten im Kontext der Abgeltungsbesteuerung ausgeschlossen ist ($ts^P = 0$). Somit ergibt sich auf Risikoniveau II für Deutschland der folgende Tax Shield TS^{**} (z. B. Baetge et al., 2019, S. 499 f.; Ballwieser/Hachmeister, 2021, S. 181 f.):

$$TS_t^{**} = \left\{\left[s_t^{KSt} \times \left(1 + s_t^{SolZ}\right) + 0{,}75 \times s_t^{GewSt}\right] \times \left[1 - s_t^{ASt} \times \left(1 + s_t^{SolZ}\right)\right] + s_t^{ASt} \times \left(1 + s_t^{SolZ}\right)\right\} \times i_t^{FK} \times FK_{t-1}$$
$$+ s_t^{ASt} \times \left(1 + s_t^{SolZ}\right) \times \left(FK_{t-1} - FK_t\right)$$

FK … *Fremdkapital (Kreditumfang des Unternehmens bzw. Höhe des privaten Anlagebetrags)*
i^{FK} … *Fremdkapitalzinssatz des Unternehmens sowie gleichzeitig äquivalenter Ertragszins der privaten Anlage*
s^{ASt} … *Abgeltungsteuersatz auf Kapitalerträge*
s^{GewSt} … *Gewerbesteuersatz*
s^{KSt} … *Körperschaftsteuersatz*
s^{SolZ} … *Solidaritätszuschlag*
t … *Zeit- bzw. Periodenindex*
TS^{**} … *Steuervorteil der Fremdfinanzierung (Tax Shield) unter Berücksichtigung persönlicher Steuern bei Orientierung am Zahlungsstrom eines verschuldeten Unternehmens (Risikoniveau II)*

Die dargestellten Duplizierungsüberlegungen lassen sich jedoch auch mit weiteren Finanzinstrumenten verknüpfen, indem z. B. in Bezug auf Risikoniveau I statt einer privaten Finanzanlage bereits bestehende private Kredite abgebaut werden könnten. Analog könnte hinsichtlich Risikoniveau II anstatt einer privaten Kreditaufnahme auch ein Abbau bestehender privater Finanzanlagen betrachtet werden (Braun, 2005, S. 159 ff.; Drukarczyk/Schüler, 2021, S. 196 ff.). Die zu vergleichenden steuerlichen Konsequenzen wären dann entsprechend anzupassen und würden in dieser Konstellation genau umgekehrt die oben beschriebenen Steuervorteile der Unternehmensfremdfinanzierung ergeben. Die maßgeblichen Tax Shields werden somit vor allem durch die steuerlichen Konsequenzen der für eine Duplizierung von Zahlungsströmen gedanklich eingesetzten Finanzinstrumente bestimmt. Eine Gleichheit von TS^* und TS^{**} bzw. der beiden Tax-Shield-Sätze ts^* und ts^{**} würde sich hierbei genau dann ergeben, wenn private Schuldzinsen spiegelbildliche steuerliche Konsequenzen zu privaten Zinserträgen hätten ($s^Z = ts^P$), d. h. wenn eine vollständige steuerliche Abzugsfähigkeit der privaten Schuldzinsen bei gleichem hierfür maßgeblichen Steuersatz gegeben wäre.

An einer derart symmetrischen Besteuerung mangelt es z. B. im derzeitigen deutschen Steuersystem. Dort besteht gegenwärtig zwar eine identische steuerliche Behandlung von Zins- und Dividendenerträgen in Gestalt der sogenannten Abgeltungsteuer zuzüglich des Solidaritätszuschlags [$s^Z = s^D = s^{Ast} \times (1 + s^{SolZ})$], allerdings ist in diesem Zusammenhang ein steuerlicher Abzug privater Schuldzinsen prinzipiell ausgeschlossen ($ts^P = 0$). Dementsprechend fallen die beiden betrachteten Tax Shields TS^* und TS^{**} bzw. die entsprechenden hierin enthaltenen Tax-Shield-Sätze ts^* und ts^{**} im derzeitigen deutschen Steuerregime systematisch auseinander. Dies ließe sich nur vermeiden, wenn unterschiedlich besteuerte Duplizierungsinstrumente von vornherein ausgeschlossen würden und sich die Argumentation dann entweder nur auf private Kredite oder nur auf private Finanzanlagen beschränkt (Drukarczyk/Schüler, 2021, S. 197). In der einschlägigen deutschen Bewertungsliteratur wird daher empfohlen, das zugrunde gelegte Risikoniveau und die hierbei relevanten Duplizierungsmaßnahmen im Vorfeld der Bewertung ad hoc als Modellannahmen festzulegen. Durch eine in dieser Form ausgedrückte Präferenz zugunsten der Zahlungen eines verschuldeten oder unverschuldeten Unternehmens lassen sich dann die konkreten Steuervorteile eindeutig bestimmen (z. B. Baetge et al., 2019, S. 498 ff.; Ballwieser/ Hachmeister, 2021, S. 176 f.; z. B. Drukarczyk/Schüler, 2021, S. 197). Eine solche Ermittlung von präferenzabhängig unterschiedlich ausfallenden Werten für ein identisches Bewertungsobjekt wird jedoch zum Teil sehr kritisch gesehen, da sich hieraus Widersprüche zur grundlegenden Annahme eines arbitragefreien Kapitalmarkts ergeben (z. B. Diedrich et al., 2011). Die beiden präferenzabhängig ermittelten Unternehmenswerte lassen sich jedoch zumindest zur Begründung von Wertgrenzen im Sinne einer Bandbreite heranziehen (Schosser, 2012).

Die Diskussion dieser bislang noch nicht abschließend geklärten Fragen bezüglich des Umgangs mit präferenzabhängigen Unternehmenswerten soll hier jedoch nicht weiter vertieft werden. Zur methodischen Darstellung einer entsprechenden Integration der persönlichen Besteuerung in die DCF-Bewertungsverfahren wird daher nachfolgend lediglich auf den oben dargestellten Fall von Risikoniveau I (Orientierung am Zahlungsstrom des unverschuldeten Unternehmens unter Einbezug privater Finanzanlagen) Bezug genommen. Alternativ lassen sich die dargestellten Verfahren jedoch in analoger Weise auch auf Risikoniveau II anwenden, indem die entsprechenden Werte von TS^{**} und ts^{**} bzw. ts^{P} in die Bewertungszusammenhänge integriert werden (hierzu z. B. Baetge et al., 2019, S. 498 ff.; Ballwieser/Hachmeister, 2021, S. 196 ff.; Drukarczyk/ Schüler, 2021, S. 205 ff.).

In den nachfolgenden Modellierungen der persönlichen Besteuerung für verschiedene Bewertungsverfahren und Finanzierungspolitiken werden die jeweiligen bewertungsrelevanten Überschüsse vollständig einer Dividendenbesteuerung mit dem hierfür maßgeblichen Steuersatz s^{D} unterworfen. Dies unterstellt, dass es sich hierbei um Ausschüttungen aktueller bzw. in der Vergangenheit thesaurierter Gewinne handelt. Sofern die Ausschüttungen jedoch Rückzahlungen von zuvor geleisteten Einlagen beinhalten (Einlagenrückgewähr), führt dies grundsätzlich nicht zu steuerpflichtigen Einkünften der Anteilseigner, wobei dann im Einzelfall weitere Detailfragen zu berücksichtigen wären, auf die hier nicht näher eingegangen werden soll. Um eine zumindest grobe Überprüfung dieser Fallkonstellationen zu ermöglichen, wurde im Rahmen der in Abschnitt 1.2.3.3 dargestellten Planungsrechnungen zwischen Eigenkapital aus Innenfinanzierung EK^{IF} und Eigenkapital aus Außenfinanzierung EK^{AF} unterschieden. Solange sich die zukünftig erwarteten Ausschüttungen auf Gewinne bzw. das durch Thesaurierung gebildete Eigenkapital aus Innenfinanzierung EK^{IF} beziehen und das Eigenkapital aus Außenfinanzierung EK^{AF} hiervon unberührt bleibt, kann die nachfolgend verwendete vollständige Besteuerung der Ausschüttungen unterstellt werden. Andernfalls wären für eine korrekte Erfassung der persönlichen Besteuerung detailliertere Betrachtungen anzustellen. Insofern erscheint eine differenzierte Berücksichtigung dieser beiden Eigenkapitalbestandteile im Rahmen einer integrierten Unternehmensplanung sinnvoll. Ohne den Einbezug der persönlichen Besteuerung kann das Eigenkapital im Rahmen der Detailplanung auch zu nur einer Position zusammengefasst werden.

1.2.5.2 Autonome Finanzierungspolitik mit persönlichen Steuern

Da bei einer autonomen Finanzierungspolitik (vgl. Abschnitt 1.2.1.5) die zukünftigen Fremdkapitalbestände einschließlich der hieraus resultierenden Zinszahlungen bereits betragsmäßig bekannt sind, lassen sich die resultierenden Steuerwirkungen direkt in Form der im vorherigen Abschnitt beschriebenen Tax Shields quantifizieren. Diese werden im APV-Ansatz separat bewertet, weshalb dieser Ansatz nachfolgend als erster dargestellt wird.

APV-Ansatz mit persönlichen Steuern

Beim APV-Ansatz werden einerseits sogenannte Free Cashflows, die sich als Überschüsse bei reiner Eigenfinanzierung ergeben, und andererseits die fremdfinanzierungsbedingten Steuervorteile (Tax Shields) mit jeweils adäquaten Kapitalkostensätzen diskontiert. Für eine Bewertung unter Berücksichtigung persönlicher Steuern sind dabei entsprechende Nachsteuergrößen zu verwenden. Grundsätzlich ergibt sich hierbei die folgende allgemeine Bewertungsvorschrift, wenn die Tax Shields unter Orientierung am Überschuss eines unverschuldeten Unternehmens unter Nutzung privater Finanzanlagen (Risikoniveau I, siehe Abschnitt 1.2.5.1) verwendet werden:

$$UW_0^{APV*} = EK_0^{M*} + FK_0$$
$$= UW_0^{u*} + WB_0^{TS*} = \sum_{t=1}^{\infty} \frac{FCF_t^*}{\prod_{n=1}^{t}\left(1+r_t^{u*}\right)} + \sum_{t=1}^{\infty} \frac{TS_t^*}{\prod_{n=1}^{t}\left[1+i_t^{FK} \times \left(1-s_t^Z\right)\right]}$$

EK^{M*}	...	*Marktwert des Eigenkapitals nach persönlichen Steuern*
FCF^*	...	*Free Cashflow nach persönlichen Steuern (Erwartungswert)*
FK	...	*Fremdkapital (Annahme: Marktwert nach persönlichen Steuern = Buchwert)*
i^{FK}	...	*Fremdkapitalzinssatz*
r^{u*}	...	*Renditeforderung der Eigentümer bei reiner Eigenfinanzierung (unlevered) nach persönlichen Steuern*
s^Z	...	*Persönlicher Steuersatz auf Zinserträge*
t	...	*Zeit- bzw. Periodenindex*
TS^*	...	*Steuervorteil der Fremdfinanzierung (Tax Shield) unter Berücksichtigung persönlicher Steuern bei Orientierung am Zahlungsstrom eines unverschuldeten Unternehmens (Risikoniveau I)*
UW^{APV*}	...	*Unternehmenswert des APV-Ansatzes nach persönlichen Steuern*
UW^{u*}	...	*Unternehmenswert bei reiner Eigenfinanzierung (unlevered) nach persönlichen Steuern*
WB^{TS*}	...	*Wertbeitrag der fremdfinanzierungsbedingten Steuervorteile (Tax Shields) unter Einbezug persönlicher Steuern*

Der APV-Ansatz bestimmt auch hier zunächst wieder einen Brutto-Unternehmenswert. Der darin enthaltene Wert des Fremdkapitals entspricht aber auch in der Nachsteuerbetrachtung dessen Buchwert, wenn die nominale Verzinsung der Renditeforderung der Fremdkapitalgeber entspricht und der relevante Steuersatz für private Zinseinkünfte s^Z integriert wird (Meitner/Streitferdt, 2011, S. 12 ff.). Daher wird im Anschluss wieder auf eine entsprechende Indizierung des Fremdkapitals verzichtet.

$$FK_0^{M^*} = \sum_{t=1}^{\infty} \frac{FTD_t^*}{\prod_{n=1}^{t}\left[1 + i_n^{FK} \times \left(1 - s_t^Z\right)\right]} = \sum_{t=1}^{\infty} \frac{\overbrace{i_t^{FK} \times FK_{t-1} \times \left(1 - s_t^Z\right)}^{Zinsen} + \overbrace{\left(FK_{t-1} - FK_t\right)}^{Tilgungen}}{\prod_{n=\tau+1}^{t}\left[1 + i_n^{FK} \times \left(1 - s_t^Z\right)\right]} = FK_0$$

FK ... *Fremdkapital (Buchwert)*
FK^{M^*} ... *Marktwert des Fremdkapitals nach persönlichen Steuern*
FTD^* ... *Flow to Debt nach persönlichen Steuern*
i^{FK} ... *Fremdkapitalzinssatz (per Annahme gleich dem Fremdkapitalkostensatz)*
s^Z ... *Persönlicher Steuersatz auf Zinserträge*
t ... *Zeit- bzw. Periodenindex*

Bei den Free Cashflows handelt es sich um erwartete Zuflüsse der Eigenkapitalgeber im Falle einer fiktiv unterstellten reinen Eigenfinanzierung. Dementsprechend ergeben sich die Free Cashflows nach persönlichen Steuern FCF^* aus den jeweiligen Werten vor persönlicher Besteuerung (siehe Abschnitt 1.2.4.1), die mit dem für Dividendenerträge maßgeblichen Steuersatz gekürzt werden:

$$FCF_t^* = FCF_t \times \left(1 - s_t^D\right)$$

FCF ... *Free Cashflow*
FCF^* ... *Free Cashflow nach persönlichen Steuern*
s^D ... *Steuersatz auf Dividendenerträge*
t ... *Zeit- bzw. Periodenindex*

Die Renditeforderung der Eigenkapitalgeber des unverschuldeten Unternehmens nach persönlichen Steuern ergibt sich gemäß Tax-CAPM (siehe hierzu Abschnitt 1.2.2.1) wie nachfolgend dargestellt. Da bezüglich der Marktrisikoprämie und des unverschuldeten Beta-Faktors eine zeitliche Konstanz unterstellt wird, tragen diese keinen Zeitindex.

$$r_t^{u^*} = i_t^f \times \left(1 - s_t^Z\right) + \beta^u \times \underbrace{\left[r_t^{m^*} - i_t^f \times \left(1 - s_t^Z\right)\right]}_{mrp^*} = i_t^f \times \left(1 - s_t^Z\right) + \beta^u \times mrp^*$$

i^f ... *Risikoloser Zinssatz*
mrp^* ... *Marktrisikoprämie nach persönlichen Steuern*
r^{m^*} ... *Rendite des Marktportfolios nach Steuern*
r^{u^*} ... *Renditeforderung der Eigentümer bei reiner Eigenfinanzierung (unlevered) nach persönlichen Steuern*
s^D ... *Steuersatz auf Dividendenerträge*
s^Z ... *Persönlicher Steuersatz auf Zinserträge*
t ... *Zeit- bzw. Periodenindex*
β^u ... *Beta-Faktor bei reiner Eigenfinanzierung (unlevered)*

Bezüglich der Marktrendite bzw. Marktrisikoprämie nach Steuern wird in den nachfolgenden Beispielen vereinfachend von einer differenzierten Betrachtung der Besteuerung von Dividendenerträgen und Kursgewinnen in Abhängigkeit von der Haltedauer abgesehen (ähnlich auch Baetge et al., 2019, S. 533; Ballwieser/Hachmeister, 2021, S. 174; Kuhner/Maltry, 2017b, S. 205). Dies entspricht der Annahme einer zeitlich unbegrenzten Haltedauer, während der es nur zu Dividendenerträgen kommt, bzw. einer Realisation der Kursgewinne in jeder

Periode, wobei diese dann einem mit s^D identischen Steuersatz unterliegen. Andernfalls müsste die Marktrendite in die Dividenden- und Kursgewinnrendite zerlegt und den jeweiligen steuerlichen Konsequenzen unterworfen werden. Hierbei muss zudem zur Bestimmung der effektiven Kursgewinnbesteuerung eine typisierende Annahme über die veranschlagte Haltedauer getroffen werden.

Für das Beispielunternehmen der X AG wurde bisher von einer Marktrendite vor Steuern von 9 % und einem risikolosen Zins von 4 % ausgegangen bzw. von einer Marktrisikoprämie vor Steuern in Höhe von 5 %. Wird dies mit einem für Dividenden und Zinserträge einheitlichen Steuersatz von 25 % verknüpft, dem auch Kursgewinne unter der obigen Annahme einer periodischen Realisierung unterliegen, ergibt sich eine Marktrendite nach Steuern von 6,75 % bzw. eine Marktrisikoprämie nach Steuern von 3,75 %. Der Beta-Faktor des unverschuldeten Unternehmens wurde mit 0,8 bestimmt, sodass eine Renditeforderung der Eigentümer des unverschuldeten Unternehmens nach persönlichen Steuern in Höhe von 6 % resultiert, die in diesem Beispiel als zeitlich konstant angenommen wird.

$$\begin{aligned} r_t^{u*} &= 0{,}04 \times (1-0{,}25) + 0{,}8 \times 0{,}0375 \\ &= 0{,}04 \times (1-0{,}25) + 0{,}8 \times \left[0{,}0675 - 0{,}04 \times (1-0{,}25)\right] = 0{,}06 \quad bzw.\ 6{,}00\% \end{aligned}$$

Zur Ermittlung der erwarteten Free Cashflows nach persönlichen Steuern wird auf die bereits in Abschnitt 1.2.4.1 dargestellten Vorsteuerwerte zurückgegriffen, die aus einer detaillierten Unternehmensplanung (siehe Abschnitt 1.2.3.3) hervorgegangen sind. Für den sich daran anschließenden Fortführungszeitraum wird ein eingeschwungener Zustand (siehe Abschnitt 1.2.3.5) mit einem konstanten Wachstum von 1 % angenommen.

Die für eine autonome Finanzierungspolitik betragsmäßig festgelegten Fremdkapitalumfänge und Zinsaufwendungen ergeben sich aus den in Abb. 1-78 und Abb. 1-79 dargestellten Bilanzrechnungen. Den sich hieraus ergebenden Steuervorteilen liegt eine Orientierung am Zahlungsstrom des unverschuldeten Unternehmens mit privater Finanzanlage (Risikoniveau I) zugrunde, wie dies im vorherigen Abschnitt 1.2.5.1 dargestellt wurde. Für die Periode 1 errechnet sich dann der Tax Shield nach persönlichen Steuern TS^* exemplarisch wie folgt:

$$\begin{aligned} TS_1^* &= \left[ts_1^{Unt} \times (1-s_1^D) + s_1^D - s_1^Z\right] \times i_1^{FK} \times FK_0 + s_1^D \times (FK_0 - FK_1) \\ &= \left[0{,}26 \times (1-0{,}25) + 0{,}25 - 0{,}25\right] \times 0{,}05 \times 120{,}000 + 0{,}25 \times (120{,}000 - 132{,}000) \\ &= ts_1^* \times i_1^{FK} \times FK_0 + s_1^D \times (FK_0 - FK_1) \\ &= 0{,}195 \times 0{,}05 \times 120{,}000 + 0{,}25 \times (120{,}000 - 132{,}000) \\ &= -1{,}830 \end{aligned}$$

In Periode 1 erwächst in diesem Beispiel aus der Fremdfinanzierung damit insgesamt ein steuerlicher Nachteil, welcher hier durch den Tilgungs- bzw. Ausschüttungsdifferenzeffekt entsteht. Durch die Fremdkapitalaufnahme wird dabei zusätzliches zu versteuerndes Ausschüttungspotenzial generiert, was eine Steuermehrbelastung induziert. Im vorliegenden Bewertungsbeispiel unterliegen Dividenden und Zinsen dem gleichen persönlichen Steuersatz, wie dies z. B. in Deutschland mit der Abgeltungsteuer der Fall ist. In diesem Fall heben sich die beiden letzten Komponenten innerhalb des Tax-Shield-Satzes ts^* auf.

Die periodischen Tax Shields werden mit dem Fremdkapitalkostensatz nach Steuern diskontiert, wenn bei autonomer Finanzierung die Annahme getroffen wird, dass die Tax Shields nach persönlichen Steuern TS^* das gleiche Risiko wie das Fremdkapital tragen. Insgesamt lassen sich mithilfe des APV-Ansatzes die in Abb. 1-112 dargestellten Unternehmenswerte unter Berücksichtigung der persönlichen Besteuerung ermitteln:

(Angaben in M€)	t = 0	1	2	3	4	5 (= T)
FCF		1,500	12,375	19,751	22,443	22,667
Pers. Steuern (s^D = 25 %)		0,375	3,094	4,938	5,611	5,667
FCF^*		1,125	9,281	14,813	16,832	17,000
r^{u*}		6,00 %	6,00 %	6,00 %	6,00 %	6,00 %
UW^{u*}	304,410	321,550	331,561	336,642	340,008	343,409
TS^*		–1,830	0,537	0,566	1,001	1,011
i^{FK*}		3,75 %	3,75 %	3,75 %	3,75 %	3,75 %
WB^{TS*} *(autonom)*	31,820	34,843	35,613	36,382	36,746	37,113
UW^{APV*} *(autonom)*	**336,230**	**356,393**	**367,174**	**373,024**	**376,754**	**380,522**
FK (autonom)	120,000	132,000	135,000	138,000	139,380	140,774
EK^{M*} *(autonom)*	216,230	224,393	232,174	235,024	237,374	239,748

Abb. 1-112 Unternehmenswerte der X AG nach dem APV-Ansatz unter Berücksichtigung persönlicher Steuern bei autonomer Finanzierungspolitik

Wie in Kapitel 1.2.4 bereits für den Fall ohne Betrachtung der persönlichen Besteuerung dargestellt, lässt sich bei unterstellter autonomer Finanzierungspolitik der APV-Ansatz zirkularitätsfrei anwenden. Bei den übrigen Verfahren tritt jedoch eine solche Zirkularität auf, was sich durch iterative oder rekursive Methoden auflösen lässt. Dies gilt auch für eine Bewertung unter Berücksichtigung persönlicher Steuern. Gleichwohl führen auch hier alle DCF-Verfahren unter konsistenten Annahmen zu identischen Unternehmenswerten. Die hierfür notwendigen Anpassungen der Überschüsse und Diskontierungssätze werden nachfolgend dargestellt.

FTE-Ansatz mit persönlichen Steuern

Beim Flow to Equity- bzw. FTE-Ansatz werden die Zuflüsse an die Eigenkapitalgeber mit deren Renditeforderung diskontiert und so direkt der Marktwert des Eigenkapitals bestimmt. Bei einer Berücksichtigung der persönlichen Besteuerung sind hierbei die jeweiligen Nachsteuerwerte zu verwenden. Für ein Zwei-Phasen-Modell mit konstantem Wachstum der Überschüsse in der Fortführungsphase ergibt sich hieraus der folgende Bewertungsansatz:

$$UW_0^{FTE^*} = EK_0^{M^*} = \sum_{t=1}^{T} \frac{FTE_t^*}{\prod_{n=1}^{t}\left(1+r_n^{l^*}\right)} + \frac{FTE_T^* \times \left(1+g^{FTE^*}\right)}{r_{T+1}^{l^*} - g^{FTE^*}} \times \frac{1}{\prod_{n=1}^{T}\left(1+r_n^{l^*}\right)}$$

EK^{M^*}	… *Marktwert des Eigenkapitals nach persönlichen Steuern*
FTE^*	… *Flow to Equity nach persönlichen Steuern*
g^{FTE^*}	… *Wachstumsrate des Flow to Equity nach persönlichen Steuern (im Fortführungszeitraum)*
r^{l^*}	… *Renditeforderung der Eigenkapitalgeber nach persönlichen Steuern bei gegebener Verschuldung*
T	… *Ende des Detailplanungszeitraums*
t	… *Zeit- bzw. Periodenindex*
UW^{FTE^*}	… *Unternehmenswert des FTE-Ansatzes nach persönlichen Steuern*

Die im Zähler anzusetzenden Zuflüsse an die Eigenkapitalgeber sind dabei um die Besteuerung auf Dividendenerträge zu kürzen.

$$FTE_t^* = FTE_t \times \left(1 - s_t^D\right)$$

FTE	… *Flow to Equity*
FTE^*	… *Flow to Equity nach persönlichen Steuern*
s^D	… *Steuersatz auf Dividendenerträge*
t	… *Zeit- bzw. Periodenindex*

Die Renditeforderung der Eigenkapitalgeber nach Steuern r^{l^*} ist abhängig vom Verschuldungsgrad des Unternehmens. Für den hier betrachteten Fall einer autonomen Finanzierungspolitik ist unter Berücksichtigung der persönlichen Besteuerung die folgende Anpassungsgleichung zu verwenden (Ballwieser/Hachmeister, 2021, S. 234; Dinstuhl, 2003, S. 103; Drukarczyk/Schüler, 2021, S. 235):

$$r_t^{l^*} = r_t^{u^*} + \left[r_t^{u^*} - i_t^{FK} \times \left(1 - s_t^Z\right)\right] \times \frac{FK_{t-1} - WB_{t-1}^{TS^*}}{EK_{t-1}^{M^*}}$$

EK^{M^*}	… *Marktwert des Eigenkapitals nach persönlichen Steuern*
i^{FK}	… *Fremdkapitalzinssatz*
r^{l^*}	… *Renditeforderung der Eigenkapitalgeber nach persönlichen Steuern bei gegebener Verschuldung*
r^{u^*}	… *Renditeforderung der Eigentümer bei reiner Eigenfinanzierung (unlevered) nach persönlichen Steuern*
s^Z	… *Persönlicher Steuersatz auf Zinserträge*
t	… *Zeit- bzw. Periodenindex*
WB^{TS^*}	… *Wertbeitrag der fremdfinanzierungsbedingten Steuervorteile (Tax Shields) unter Einbezug persönlicher Steuern*

Da bei einer autonomen Finanzierungspolitik die Fremdkapitalbestände unabhängig vom Unternehmenswert geplant werden, ist die dargestellte Renditeforderung der Eigner periodenbezogen anzupassen. Weil hierzu jedoch auch der Marktwert des Eigenkapitals benötigt wird, entsteht ein Zirkularitätsproblem, welches sich iterativ oder rekursiv lösen lässt. Um lediglich die Methodenäquivalenz zu veranschaulichen, soll für die beispielhafte Darstellung auf die bereits aus dem APV-Verfahren bekannten Werte zurückgegriffen werden. Für das Beispielunternehmen der X AG ergibt sich hierbei für die erste Periode eine Renditeforderung der Eigner nach Steuern in Höhe von:

$$r_1^{l^*} = r_1^{u^*} + \left[r_1^{u^*} - i_1^{FK} \times \left(1 - s_1^Z\right) \right] \times \frac{FK_0 - WB_0^{TS^*}}{EK_0^{M^*}}$$

$$= 0{,}06 + \left[0{,}06 - 0{,}05 \times (1 - 0{,}25)\right] \times \frac{120{,}000 - 31{,}820}{216{,}230} = 0{,}0692 \quad bzw.\ 6{,}92\%$$

Die Überschüsse der Eigenkapitalgeber nach persönlichen Steuern FTE^* entsprechen den sich aus der Unternehmensplanung ergebenden Ausschüttungsbeträgen, die noch um die Dividendenbesteuerung zu kürzen sind. Das Wachstum dieser Überschüsse im Fortführungszeitraum beträgt im Beispiel 1 %. Insgesamt resultieren damit die in Abb. 1-113 dargestellten Unternehmenswerte für den FTE-Ansatz, die wieder denen des zuvor beschriebenen APV-Verfahrens entsprechen:

(Angaben in M€)	t = 0	1	2	3	4	5 (= T)
FTE		9,060	10,491	17,756	18,717	18,904
Pers. Steuern (s^D = 25 %)		2,265	2,623	4,439	4,679	4,726
*FTE**		6,795	7,868	13,317	14,038	14,178
r^{l*}		6,92 %	6,97 %	6,96 %	6,97 %	6,97 %
UW^{FTE*} = EK^{M*} (autonom)	**216,230**	**224,393**	**232,174**	**235,024**	**237,374**	**239,748**

Abb. 1-113 Unternehmenswerte der X AG nach dem FTE-Ansatz unter Berücksichtigung persönlicher Steuern bei autonomer Finanzierungspolitik

WACC-Ansatz mit persönlichen Steuern

Beim sogenannten WACC-Ansatz (Weighted Averave Cost of Capital) werden die bereits aus dem APV-Ansatz bekannten Free Cashflows mit einem durchschnittlichen Kapitalkostensatz diskontiert, wobei hier nun entsprechende Nachsteuergrößen zu verwenden sind. Im Zähler erfolgt daher eine Kürzung mit dem für Dividendenausschüttungen maßgeblichen Steuersatz s^D. Im Nenner werden die anteilig gewichteten Renditeforderungen der Kapitalgeber einschließlich der aus der Finanzierungsstruktur resultierenden Steuerwirkungen abgebildet. Im Falle eines Zwei-Phasen-Modells mit für T Perioden erfolgter Detailplanung und konstantem Überschusswachstum im nachfolgenden Fortführungszeitraum ergibt sich:

$$UW_0^{WACC^*} = \sum_{t=1}^{T} \frac{FCF_t^*}{\prod_{n=1}^{t}\left(1 + wacc_n^*\right)} + \frac{FCF_T^* \times \left(1 + g^{FCF^*}\right)}{wacc_{T+1}^* - g^{FCF^*}} \times \frac{1}{\prod_{n=1}^{T}\left(1 + wacc_n^*\right)}$$

FCF^* … *Free Cashflow nach persönlichen Steuern (Erwartungswert)*
g^{FCF^*} … *Wachstumsrate des Free Cashflows nach persönlichen Steuern (im Fortführungszeitraum)*
T … *Ende des Detailplanungszeitraums*
t … *Zeit- bzw. Periodenindex*
UW^{WACC^*} … *Unternehmenswert des WACC-Ansatzes nach persönlichen Steuern*
$wacc^*$ … *Gewichteter durchschnittlicher Kapitalkostensatz (WACC-Ansatz) nach persönlichen Steuern*

Der zur Diskontierung verwendete durchschnittliche Kapitalkostensatz $wacc^*$ hängt vom Umfang der Verschuldung in Relation zum Marktwert ab und beinhaltet auch die daraus resultierenden Steuerwirkungen. Um zu den anderen bereits dargestellten DCF-Verfahren konsistente Unternehmenswerte zu erhalten, ist der Diskontierungssatz $wacc^*$ bei einer autonomen Finanzierungspolitik periodenbezogen wie folgt anzupassen (Drukarczyk/Schüler, 2021, S. 212):

$$wacc_t^* = \left(1 - fkq_{t-1}^{M^*}\right) \times r_t^{l^*} + fkq_{t-1}^{M^*} \times i_t^{FK} \times \left(1 - ts_t^{Unt}\right) \times \left(1 - s_t^D\right) + \frac{s_t^D \times \left(FK_t - FK_{t-1}\right)}{EK_{t-1}^{M^*} + FK_{t-1}}$$

$$= r_t^{u^*} \times \left(1 - \frac{WB_{t-1}^{TS^*}}{EK_{t-1}^{M^*} + FK_{t-1}}\right) + \frac{WB_t^{TS^*} - WB_{t-1}^{TS^*}}{EK_{t-1}^{M^*} + FK_{t-1}}$$

EK^{M^*}	… *Marktwert des Eigenkapitals nach persönlichen Steuern*
FK	… *Fremdkapital (Annahme: Marktwert nach persönlichen Steuern = Buchwert)*
fkq^{M^*}	… *Marktwertbasierte Fremdkapitalquote nach persönlichen Steuern*
i^{FK}	… *Fremdkapitalzinssatz*
r^{l^*}	… *Renditeforderung der Eigenkapitalgeber nach persönlichen Steuern bei gegebener Verschuldung*
r^{u^*}	… *Renditeforderung der Eigentümer bei reiner Eigenfinanzierung (unlevered) nach persönlichen Steuern*
t	… *Zeit- bzw. Periodenindex*
ts^{Unt}	… *Tax-Shield-Satz auf Unternehmensebene*
$wacc^*$	… *Gewichteter durchschnittlicher Kapitalkostensatz (WACC-Ansatz) nach persönlichen Steuern*
WB^{TS^*}	… *Wertbeitrag der fremdfinanzierungsbedingten Steuervorteile (Tax Shields) unter Einbezug persönlicher Steuern*

Die in dieser Vorschrift enthaltene Fremdkapitalquote fkq^{M^*} bezieht sich hierbei auf die Marktwerte unter Berücksichtigung persönlicher Steuern. Sie ist definiert als:

$$fkq_t^{M^*} = \frac{FK_t}{EK_t^{M^*} + FK_t}$$

Der aus Abschnitt 1.2.4.2 bekannte, grundsätzliche strukturelle Aufbau der gewichteten durchschnittlichen Kapitalkosten wird nun jedoch um einen zusätzlichen Summanden erweitert, der die Wirkung des Tilgungs- bzw. Ausschüttungsdifferenzeffekts abbildet. Dieser könnte alternativ auch in den Eigenkapitalkosten oder dem Free Cashflow durch entsprechende Modifikationen berücksichtigt werden (z. B. Ballwieser/Hachmeister, 2021, S. 217; Dinstuhl, 2003, S. 103 ff.).

Für das vorliegende Bewertungsbeispiel der X AG ergibt sich exemplarisch für die Periode 1 ein $wacc^*$ in Höhe von 6,33 %.

$$wacc_1^* = \left(1 - fkq_0^{M^*}\right) \times r_1^{l^*} + fkq_0^{M^*} \times i_1^{FK} \times \left(1 - ts_1^{Unt}\right) \times \left(1 - s_1^D\right) + \frac{s_1^D \times \left(FK_1 - FK_0\right)}{EK_0^M + FK_0}$$

$$= \left(1 - 0{,}357\right) \times 0{,}0692 + 0{,}357 \times 0{,}05 \times \left(1 - 0{,}26\right) \times \left(1 - 0{,}25\right) + \frac{0{,}25 \times \left(132{,}000 - 120{,}000\right)}{216{,}230 + 120{,}000}$$

$$= r_1^{u^*} \times \left(1 - \frac{WB_0^{TS^*}}{EK_0^M + FK_0}\right) + \frac{WB_1^{TS^*} - WB_0^{TS^*}}{EK_0^M + FK_0}$$

$$= 0{,}06 \times \left(1 - \frac{31{,}820}{216{,}230 + 120{,}000}\right) + \frac{34{,}843 - 31{,}820}{216{,}230 + 120{,}000} = 0{,}0633 \quad bzw.\ 6{,}33\%$$

(Angaben in M€)	t = 0	1	2	3	4	5 (= T)
FCF		1,500	12,375	19,751	22,443	22,667
Pers. Steuern (s^D = 25 %)		0,375	3,094	4,938	5,611	5,667
*FCF**		1,125	9,281	14,813	16,832	17,000
*wacc**		6,33 %	5,63 %	5,63 %	5,51 %	5,51 %
UW^{WACC^*} (autonom)	**336,230**	**356,393**	**367,174**	**373,024**	**376,754**	**380,522**
FK (autonom)	120,000	132,000	135,000	138,000	139,380	140,774
EK^{M^*} (autonom)	216,230	224,393	232,174	235,024	237,374	239,748

Abb. 1-114 Unternehmenswerte der X AG nach dem WACC-Ansatz unter Berücksichtigung persönlicher Steuern bei autonomer Finanzierungspolitik

TCF-Ansatz mit persönlichen Steuern

Beim TCF-Ansatz wird eine Überschussgröße diskontiert, die sich aus dem Free Cashflow zuzüglich der fremdfinanzierungsbedingten Steuervorteile ergibt. Dies entspricht gleichzeitig der Summe der Zuflüsse an die Eigen- und Fremdkapitalgeber. Werden hierbei Nachsteuergrößen betrachtet, lässt sich ein entsprechender Total Cashflow TCF^* wie folgt beschreiben:

$$TCF_t^* = FCF_t^* + TS_t^* = FTE_t^* + FTD_t^*$$

FCF^*	…	*Free Cashflow nach persönlichen Steuern*
FTD^*	…	*Flow to Debt nach persönlichen Steuern*
FTE^*	…	*Flow to Equity nach persönlichen Steuern*
t	…	*Zeit- bzw. Periodenindex*
TCF^*	…	*Total Cashflow nach persönlichen Steuern*
TS^*	…	*Steuervorteil der Fremdfinanzierung (Tax Shield) unter Berücksichtigung persönlicher Steuern bei Orientierung am Zahlungsstrom eines unverschuldeten Unternehmens (Risikoniveau I)*

Dieser Überschuss wird beim TCF-Ansatz mit einem durchschnittlichen Kapitalkostensatz k^{TCF^*} diskontiert, der aber anders als der $wacc^*$ nicht die fremdfinanzierungsbedingten Steuervor- oder -nachteile beinhaltet. Diese erfasst der TCF-Ansatz bereits in der Zählergröße. Entsprechend der angestrebten Berücksichtigung persönlicher Steuern sind auch hier Nachsteuergrößen zu verwenden, aus denen sich der folgende Bewertungsansatz als Zwei-Phasen-Modell ergibt:

$$UW_0^{TCF}=\sum_{t=1}^{T}\frac{TCF_t^*}{\prod_{n=1}^{t}\left(1+k_n^{TCF^*}\right)}+\frac{TCF_T^*\times\left(1+g^{TCF^*}\right)}{k_{T+1}^{TCF^*}-g^{TCF^*}}\times\frac{1}{\prod_{n=1}^{T}\left(1+k_n^{TCF^*}\right)}$$

g^{TCF^*}	… *Wachstumsrate des Total Cashflows nach persönlichen Steuern (im Fortführungszeitraum)*
k^{TCF^*}	… *Gewichteter durchschnittlicher Kapitalkostensatz (TCF-Ansatz) nach persönlichen Steuern*
T	… *Ende des Detailplanungszeitraums*
t	… *Zeit- bzw. Periodenindex*
TCF^*	… *Total Cashflow nach persönlichen Steuern (Erwartungswert)*
UW^{TCF^*}	… *Unternehmenswert des TCF-Ansatzes nach persönlichen Steuern*

Der Diskontierungssatz im TCF-Ansatz nach persönlichen Steuern k^{TCF^*} ergibt sich hierbei wie folgt, wobei sowohl die Renditeforderung der Eigner als auch die Marktwertgewichte bei autonomer Finanzierung periodenspezifisch anzupassen sind:

$$k_t^{TCF^*}=\left(1-fkq_{t-1}^{M^*}\right)\times r_t^{l^*}+fkq_{t-1}^{M^*}\times i_t^{FK}\times\left(1-s_t^Z\right)$$

fkq^{M^*}	… *Marktwertbasierte Fremdkapitalquote nach persönlichen Steuern*
i^{FK}	… *Fremdkapitalzinssatz*
k^{TCF^*}	… *Gewichteter durchschnittlicher Kapitalkostensatz (TCF-Ansatz) nach persönlichen Steuern*
r^{l^*}	… *Renditeforderung der Eigenkapitalgeber nach persönlichen Steuern bei gegebener Verschuldung*
s^Z	… *Persönlicher Steuersatz auf Zinserträge*
t	… *Zeit- bzw. Periodenindex*

Bei unterstellter autonomer Finanzierungspolitik sind die geplanten Fremdkapitalbestände bekannt und die Zählergrößen direkt bestimmbar. Im Nenner tritt jedoch aufgrund der im Diskontierungssatz verwendeten Marktwertgewichtung ein Zirkularitätsproblem auf. Zur Darstellung der prinzipiellen Methodenäquivalenz wird nachfolgend vereinfachend auf die aus den anderen DCF-Verfahren bereits bekannten Parameter zurückgegriffen.

Für die als Beispielunternehmen betrachtete X AG ergibt sich exemplarisch für die erste Periode der durchschnittliche Kapitalkostensatz k^{TCF^*} in Höhe von 5,79 % wie folgt:

$$\begin{aligned}k_1^{TCF^*}&=\left(1-fkq_0^{M^*}\right)\times r_1^{l^*}+fkq_0^{M^*}\times i_1^{FK}\times\left(1-s_1^Z\right)\\&=\left(1-0{,}357\right)\times 0{,}0692+0{,}357\times 0{,}05\times\left(1-0{,}25\right)=0{,}0579\ bzw.\ 5{,}79\%\end{aligned}$$

Dieser Diskontierungssatz verändert sich im hier verwendeten Beispiel zwischen den einzelnen Perioden nur geringfügig, ist jedoch nicht konstant. Die entsprechenden Werte sind in Abb. 1-115 dargestellt. Es ergeben sich erneut identische Unternehmenswerte gegenüber den anderen dargestellten DCF-Verfahren.

(Angaben in M€)	t = 0	1	2	3	4	5 (= T)
FCF^*		1,125	9,281	14,813	16,832	17,000
TS^*		−1,830	0,537	0,566	1,001	1,011
TCF^*		−0,705	9,818	15,379	17,833	18,011
k^{TCF^*}		5,79 %	5,78 %	5,78 %	5,78 %	5,78 %
UW^{TCF^*} (autonom)	**336,230**	**356,393**	**367,174**	**373,024**	**376,754**	**380,522**
FK (autonom)	120,000	132,000	135,000	138,000	139,380	140,774
EK_{M^*} (autonom)	216,230	224,393	232,174	235,024	237,374	239,748

Abb. 1-115 Unternehmenswerte der X AG nach dem TCF-Ansatz unter Berücksichtigung persönlicher Steuern bei autonomer Finanzierungspolitik

Diese Methodenäquivalenz zwischen den verschiedenen Varianten der DCF-Verfahren gilt grundsätzlich auch unter der Annahme einer wertorientierten Finanzierungspolitik, wie nachfolgend dargestellt wird.

1.2.5.3 Wertorientierte Finanzierungspolitik mit persönlichen Steuern

Eine unterstellte wertorientierte bzw. atmende Finanzierungspolitik definiert die Höhe des Fremdkapitals nicht betragsmäßig, sondern quotal in Relation zum Unternehmenswert. Bei einer Bewertung nach persönlicher Besteuerung bezieht sich diese Quote dann auf die entsprechenden Nachsteuerwerte. Der Umfang des Fremdkapitals zu einem bestimmten Zeitpunkt wird somit in diesem Fall definiert durch:

$$FK_t = fkq_t^{M^*} \times \left(EK_t^{M^*} + FK_t \right) = fkq_t^{M^*} \times UW_t^{Brutto^*}$$

EK^{M^*} … *Marktwert des Eigenkapitals nach persönlichen Steuern*
FK … *Fremdkapital (Annahme: Marktwert nach persönlichen Steuern = Buchwert)*
fkq^{M^*} … *Marktwertbasierte Fremdkapitalquote nach persönlichen Steuern*
t … *Zeit- bzw. Periodenindex*
UW^{Brutto^*} … *Brutto-Unternehmenswert (Enterprise Value) nach persönlichen Steuern*

Die Fremdkapitalquote fkq^{M^*} muss hierbei im Zeitverlauf nicht konstant bleiben, sondern könnte periodenbezogen variierend festgelegt werden. In der Praxis ist die Nutzung einer konstanten Fremdkapitalquote im Sinne einer sogenannten Zielkapitalstruktur jedoch weit verbreitet, da hieraus regelmäßig zeitlich konstante Kapitalkostensätze resultieren, was die Berechnung des Unternehmenswerts erleichtert. Unter diesen Annahmen hat sich vor allem der WACC-Ansatz stark etabliert, da er eine relativ einfache und zirkularitätsfreie Wertbestimmung zulässt, wie dies bereits in Abschnitt 1.2.4.2 dargestellt wurde. Diese Einfachheit geht jedoch bei einer Berücksichtigung persönlicher Steuern teilweise verloren, wenngleich auch hierbei keine Zirkularitätsprobleme auftreten, wie dies bei den übrigen hier betrachteten DCF-Varianten der Fall ist. Dennoch lassen sich alle diese Verfahren grundsätzlich so ausgestalten, dass sie zu identischen Ergebnissen führen, wie nachfolgend gezeigt wird.

Ausgangspunkt dieser Überlegungen ist hierbei zunächst die Frage nach dem Risikogehalt der fremdfinanzierungsbedingten Steuerwirkungen (Tax Shields). Hierzu wird die vereinfachende Annahme getroffen, dass eine kontinuierliche Anpassung der Verschuldung an den Unternehmenswert erfolgt. Damit wird unterstellt, dass die resultierenden Tax Shields das gleiche Risikoprofil aufweisen wie die operativen Überschüsse und daher wie diese mit der Renditeforderung der Eigenkapitalgeber eines unverschuldeten Unternehmens zu diskontieren sind (Harris/Pringle, 1985). Für eine Betrachtung nach persönlichen Steuern wird daher von folgendem der Logik des APV-Ansatzes entsprechenden, grundlegenden Bewertungszusammenhang ausgegangen, aus dem sich die Bewertungen der nachfolgenden DCF-Varianten ableiten:

$$UW_{t-1}^{Brutto^*} = UW_{t-1}^{u^*} + WB_{t-1}^{TS^*} = \frac{FCF_t^* + UW_t^{u^*}}{1+r_t^{u^*}} + \frac{TS_t^* + WB_t^{TS^*}}{1+r_t^{u^*}}$$

FCF^*	...	*Free Cashflow nach persönlichen Steuern (Erwartungswert)*
i^{FK}	...	*Fremdkapitalzinssatz*
r^{u^*}	...	*Renditeforderung der Eigentümer bei reiner Eigenfinanzierung (unlevered) nach persönlichen Steuern*
s^Z	...	*Persönlicher Steuersatz auf Zinserträge*
t	...	*Zeit- bzw. Periodenindex*
TS^*	...	*Steuervorteil der Fremdfinanzierung (Tax Shield) unter Berücksichtigung persönlicher Steuern bei Orientierung am Zahlungsstrom eines unverschuldeten Unternehmens (Risikoniveau I)*
UW^{Brutto^*}	...	*Brutto-Unternehmenswert (Enterprise Value) nach persönlichen Steuern*
UW^{u^*}	...	*Unternehmenswert bei reiner Eigenfinanzierung (unlevered) nach persönlichen Steuern*
WB^{TS^*}	...	*Wertbeitrag der fremdfinanzierungsbedingten Steuervorteile (Tax Shields) unter Einbezug persönlicher Steuern*

Der Free Cashflow nach persönlichen Steuern FCF^* ergibt sich hierbei aus dem auf Unternehmensebene geplanten Free Cashflow, welcher mit dem Steuersatz für Dividendenausschüttungen s^D gekürzt wird. Die Renditeforderung der Eigentümer des unverschuldeten Unternehmens nach persönlichen Steuern ermittelt sich nach dem Tax-CAPM. Da sowohl die Marktrsikoprämie als auch der unverschuldete Beta-Faktors als zeitlich konstant angenommen werden, entfällt bei diesen der Zeitindex. Es gilt somit:

$$FCF_t^* = FCF_t \times \left(1 - s_t^D\right)$$

$$r_t^{u*} = i_t^f \times \left(1 - s_t^Z\right) + \beta^u \times \left[r_t^{m*} - i_t^f \times \left(1 - s_t^Z\right)\right] = i_t^f \times \left(1 - s_t^Z\right) + \beta^u \times mrp^*$$

FCF	… *Free Cashflow*
FCF^*	… *Free Cashflow nach persönlichen Steuern*
i^f	… *Risikoloser Zinssatz*
mrp^*	… *Marktrisikoprämie nach persönlichen Steuern*
r^{m*}	… *Rendite des Marktportfolios nach Steuern*
r^{u*}	… *Renditeforderung der Eigentümer bei reiner Eigenfinanzierung (unlevered) nach persönlichen Steuern*
s^D	… *Steuersatz auf Dividendenerträge*
s^Z	… *Persönlicher Steuersatz auf Zinserträge*
t	… *Zeit- bzw. Periodenindex*
β^u	… *Beta-Faktor bei reiner Eigenfinanzierung (unlevered)*

Zur Konkretisierung des Tax Shields unter Berücksichtigung persönlicher Steuern können die in Abschnitt 1.2.5.1 dargestellten Überlegungen genutzt werden. Bei Orientierung am Zahlungsstrom eines unverschuldeten Unternehmens unter Einsatz einer privaten Finanzanlage (Risikoniveau I) lässt sich der Tax Shield einer Periode TS^* für den Fall einer quotalen marktwertbasierten Finanzierung wie folgt formulieren:

$$\begin{aligned} TS_t^* &= \left[ts_t^{Unt} \times \left(1 - s_t^D\right) + s_t^D - s_t^Z\right] \times i_t^{FK} \times FK_{t-1} + s_t^D \times \left(FK_{t-1} - FK_t\right) \\ &= \left[ts_t^{Unt} \times \left(1 - s_t^D\right) + s_t^D - s_t^Z\right] \times i_t^{FK} \times fkq_{t-1}^{M*} \times UW_{t-1}^{Brutto*} + s_t^D \times \left(fkq_{t-1}^{M*} \times UW_{t-1}^{Brutto*} - fkq_t^{M*} \times UW_t^{Brutto*}\right) \\ &= ts^* \times i_t^{FK} \times fkq_{t-1}^{M*} \times UW_{t-1}^{Brutto*} + s_t^D \times \left(fkq_{t-1}^{M*} \times UW_{t-1}^{Brutto*} - fkq_t^{M*} \times UW_t^{Brutto*}\right) \end{aligned}$$

ts^*	… *Tax-Shield-Satz mit privater Finanzanlage und Orientierung am Zahlungsstrom des unverschuldeten Unternehmens (Risikoniveau I)* $ts_t^* = ts_t^{Unt} \times \left(1 - s_t^D\right) + s_t^D - s_t^Z$

Wird das dargestellte Tax Shield in die vorherigen Zusammenhänge integriert, ergibt sich daraus die folgende rekursive Bewertungsgleichung:

$$UW_{t-1}^{Brutto*} = \left[\begin{array}{l} FCF_t^* + i_t^{FK} \times ts_t^* \times fkq_{t-1}^{M*} \times UW_{t-1}^{Brutto*} \\ + s_t^D \times \left(fkq_t^{M*} \times UW_t^{Brutto*} - fkq_{t-1}^{M*} \times UW_{t-1}^{Brutto*}\right) + UW_t^{Brutto*} \end{array}\right] \times \frac{1}{1 + r_t^{u*}}$$

Hieraus können die nachfolgenden Bewertungsvorschriften für die hier dargestellten Varianten der DCF-Verfahren abgeleitet werden (ähnlich z. B. Laitenberger, 2003, S. 1229 ff.).

WACC-Ansatz mit persönlichen Steuern

Aus der obenstehenden Rekursionsgleichung lässt sich durch fortwährendes ineinander Einsetzen die nachfolgende Bewertungsgleichung für den WACC-Ansatz gewinnen:

$$UW_0^{WACC^*} = EK_0^{M^*} + FK_0 = \sum_{t=1}^{\infty} \frac{\dfrac{FCF_t^*}{1 - s_t^D \times fkq_t^{M^*}}}{\prod_{n=1}^{t}\left(1 + \dfrac{wacc_n^*}{1 - s_n^D \times fkq_n^{M^*}}\right)}$$

EK^{M^*}	...	*Marktwert des Eigenkapitals nach persönlichen Steuern*
FCF^*	...	*Free Cashflow nach persönlichen Steuern (Erwartungswert)*
FK	...	*Fremdkapital (Annahme: Marktwert nach persönlichen Steuern = Buchwert)*
fkq^{M^*}	...	*Marktwertbasierte Fremdkapitalquote nach persönlichen Steuern*
T	...	*Ende des Detailplanungszeitraums*
t	...	*Zeit- bzw. Periodenindex*
UW^{WACC^*}	...	*Unternehmenswert des WACC-Ansatzes nach persönlichen Steuern*
$wacc^*$	...	*Gewichteter durchschnittlicher Kapitalkostensatz (WACC-Ansatz) nach persönlichen Steuern*

Als $wacc^*$ wird hierbei ein gewichteter durchschnittlicher Kapitalkostensatz bezeichnet, der die fremdfinanzierungsbedingten Steuereffekte auf Unternehmens- und persönlicher Ebene integriert. Dieser ist unter den hier verwendeten Annahmen bei wertorientierter Finanzierungspolitik definiert als:

$$\begin{aligned} wacc_t^* &= r_t^{u^*} - i_t^{FK} \times ts_t^* \times fkq_{t-1}^{M^*} + s_t^D \times \left(fkq_t^{M^*} - fkq_{t-1}^{M^*}\right) \\ &= \left(1 - fkq_{t-1}^{M^*}\right) \times r_t^{l^*} + fkq_{t-1}^{M^*} \times i_t^{FK} \times \left(1 - ts_t^{Unt}\right) \times \left(1 - s_t^D\right) + s_t^D \times \left(fkq_t^{M^*} - fkq_{t-1}^{M^*}\right) \end{aligned}$$

$$r_t^{l^*} = r_t^{u^*} + \left[r_t^{u^*} - i_t^{FK} \times \left(1 - s_t^Z\right)\right] \times \frac{fkq_{t-1}^{M^*}}{1 - fkq_{t-1}^{M^*}}$$

fkq^{M^*}	...	*Marktwertbasierte Fremdkapitalquote nach persönlichen Steuern*
i^{FK}	...	*Fremdkapitalzinssatz*
r^{l^*}	...	*Renditeforderung der Eigenkapitalgeber nach persönlichen Steuern bei gegebener Verschuldung*
r^{u^*}	...	*Renditeforderung der Eigentümer bei reiner Eigenfinanzierung (unlevered) nach persönlichen Steuern*
s^D	...	*Steuersatz auf Dividendenerträge*
s^Z	...	*Persönlicher Steuersatz auf Zinserträge*
t	...	*Zeit- bzw. Periodenindex*
ts^{Unt}	...	*Tax-Shield-Satz auf Unternehmensebene*
$wacc^*$	...	*Gewichteter durchschnittlicher Kapitalkostensatz (WACC-Ansatz) nach persönlichen Steuern*

Die klassische Struktur des *wacc* wird hierbei durch den letzten Summanden um die Wirkung des Tilgungs- bzw. Ausschüttungsdifferenzeffekts erweitert, wenn es zu Veränderungen der Fremdkapitalquote kommt. Bleibt diese konstant, wird dieser letzte Summand zu null und der $wacc^*$ entspricht seiner sonst üblichen Form.

Nach einer T Perioden umfassenden Detailplanungsphase wird ab der Periode $T + 1$ typischerweise ein eingeschwungener Zustand angenommen, wie er in Abschnitt 1.2.3.5 charakterisiert wurde. Mit der damit erwarteten Konstanz des Überschusswachstums, der Finanzierungsstruktur und der Kapitalkosten wachsen auch die Marktwerte mit dieser Rate. Der auch als Terminal Value bzw. Restwert bezeichnete Unternehmenswert zum Ende des Detailplanungszeitraums im Zeitpunkt *T* bestimmt sich unter den hier getroffenen Annahmen wie folgt (Laitenberger, 2003, S. 1232):

$$UW_T^{WACC^*} = \frac{FCF_T^* \times \left(1 + g^{FCF^*}\right)}{wacc_T^* - g^{FCF^*} \times \left(1 - s_T^D \times fkq_T^{M^*}\right)}$$

FCF^*	…	*Free Cashflow nach persönlichen Steuern (Erwartungswert)*
fkq^{M^*}	…	*Marktwertbasierte Fremdkapitalquote nach persönlichen Steuern*
g^{FCF^*}	…	*Wachstumsrate des Free Cashflows nach persönlichen Steuern (im Fortführungszeitraum)*
s^D	…	*Steuersatz auf Dividendenerträge*
T	…	*Ende des Detailplanungszeitraums*
UW^{WACC^*}	…	*Unternehmenswert des WACC-Ansatzes nach persönlichen Steuern*
$wacc^*$	…	*Gewichteter durchschnittlicher Kapitalkostensatz (WACC-Ansatz) nach persönlichen Steuern*

Für einen *T* Perioden andauernden Detailplanungszeitraum und einen nachfolgenden Fortführungszeitraum mit einem dauerhaft eingeschwungenen Zustand ergibt sich daher der folgende Ansatz als Zwei-Phasen-Modell:

$$UW_0^{WACC^*} = \sum_{t=1}^{T} \frac{\dfrac{FCF_t^*}{1 - s_t^D \times fkq_t^{M^*}}}{\prod_{n=1}^{t}\left(1 + \dfrac{wacc_n^*}{1 - s_n^D \times fkq_n^{M^*}}\right)} + \frac{FCF_T^* \times \left(1 + g^{FCF^*}\right)}{wacc_T^* - g^{FCF^*} \times \left(1 - s_T^D \times fkq_T^{M^*}\right)} \times \frac{1}{\prod_{n=1}^{t}\left(1 + \dfrac{wacc_n^*}{1 - s_n^D \times fkq_n^{M^*}}\right)}$$

Liegt eine durchgängige Konstanz des Verschuldungsgrades, der Steuersätze sowie der übrigen kapitalkostenbestimmenden Parameter vor, vereinfacht sich dieser Ausdruck wie folgt:

$$UW_0^{WACC^*} = \sum_{t=1}^{T} \frac{\dfrac{FCF_t^*}{1 - s^D \times fkq^{M^*}}}{\left(1 + \dfrac{wacc^*}{1 - s^D \times fkq^{M^*}}\right)^t} + \frac{FCF_T^* \times \left(1 + g^{FCF^*}\right)}{wacc^* - g^{FCF^*} \times \left(1 - s^D \times fkq^{M^*}\right)} \times \frac{1}{\left(1 + \dfrac{wacc^*}{1 - s^D \times fkq^{M^*}}\right)^t}$$

Der Diskontierungssatz $wacc^*$ wird unter diesen Bedingungen zu:

$$\begin{aligned} wacc^* &= r^{u^*} - i^{FK} \times ts^* \times fkq^{M^*} \\ &= \left(1 - fkq^{M^*}\right) \times r^{l^*} + fkq^{M^*} \times i^{FK} \times \left(1 - ts^{Unt}\right) \times \left(1 - s^D\right) \end{aligned}$$

Für das hier betrachtete Bewertungsbeispiel der X AG soll dies nachfolgend dargestellt werden. Dabei wird eine marktwertorientierte bzw. atmende Finanzierungspolitik mit einer Fremdkapitalquote auf Basis von Nachsteuerwerten fkq^{M^*} in Höhe von 40 % zugrunde gelegt. Wie im vorherigen Abschnitt detailliert begründet, liegt die Renditeforderung der Eigentümer des unverschuldeten Unternehmens nach persönlichen Steuern konstant bei 6 %. Die persönliche Steuerbelastung auf Zinsen sowie auf Dividendenerträgen beträgt einheitlich 25 %. Der Fremdkapitalzinssatz des Unternehmens ist 5 % und die Tax-Shield-Rate auf Unternehmensebene hat eine Höhe von 26 %. Ab der Periode 6 wird ein eingeschwungener Zustand mit einer einheitlichen Wachstumsrate von 1 % erwartet. Die Free Cashflows vor persönlichen Steuern während des Detailplanungszeitraums basieren auf der in Abschnitt 1.2.3.3 beschriebenen Planung. Hieraus resultieren die in Abb. 1-116 dargestellten Unternehmenswerte.

(Angaben in M€)	t = 0	1	2	3	4	5 (= T)
FCF^*		1,125	9,281	14,813	16,832	17,000
$FCF^*/(1-s^D \times fkq^{M*})$		1,250	10,313	16,459	18,702	18,889
$wacc^*$		5,61 %	5,61 %	5,61 %	5,61 %	5,61 %
$wacc^*/(1-s^D \times fkq^{M*})$		6,23 %	6,23 %	6,23 %	6,23 %	6,23 %
UW^{WACC*} *(atmend)*	**322,124**	**340,953**	**351,894**	**357,370**	**360,943**	**364,553**
FK (atmend, $fkq^{M*}=0,4$*)*	128,850	136,381	140,757	142,948	144,377	145,821
EK^{M*} *(atmend)*	193,275	204,572	211,136	214,422	216,566	218,732

Abb. 1-116 Unternehmenswerte der X AG nach dem WACC-Ansatz unter Berücksichtigung persönlicher Steuern bei wertorientierter Finanzierungspolitik

Diese Marktwerte des Eigen- und Fremdkapitals entsprechen der getroffenen quotalen Finanzierungsannahme, für die ein permanenter Anpassungsprozess unterstellt wurde. Weicht das im Bewertungszeitpunkt tatsächlich vorhandene Fremdkapital hiervon ab, ist diese Differenz bei einem potenziellen Kaufpreis wertrelevant zu berücksichtigen. Eine vorzunehmende Rückführung von Fremdkapital würde Einlagen vonseiten der Eigner erfordern, wohingegen eine Fremdkapitalerhöhung unmittelbare Entnahmen ermöglichen würde. Dementsprechend ist zur Ermittlung eines Grenzpreises vom ermittelten Brutto-Unternehmenswert das tatsächliche Fremdkapital abzuziehen. Dies gilt gleichermaßen auch für die nachfolgend angesprochenen DCF-Varianten.

Die dargestellte Bestimmung des Unternehmenswerts nach dem WACC-Ansatz bei wertorientierter Finanzierungspolitik gestaltet sich durch die Berücksichtigung der persönlichen Besteuerung zwar etwas aufwendiger, Zirkularitätsprobleme entstehen hierbei jedoch nicht. Anders verhält es sich bei den übrigen hier betrachteten DCF-Varianten, wie dies auch bereits ohne persönliche Steuern der Fall war. Zur Darstellung der prinzipiellen Methodenkonsistenz wird daher in den nachfolgenden Beispielrechnungen auf die obigen Ergebnisse des WACC-Ansatzes zurückgegriffen, um iterative oder rekursive Prozeduren zu vermeiden.

APV-Ansatz mit persönlichen Steuern

Beim APV-Ansatz werden die aus dem oben dargestellten WACC-Ansatz bereits bekannten Free Cashflows nach persönlichen Steuern FCF^* sowie die fremdfinanzierungsbedingten Steuerwirkungen TS^* separat bewertet. Gemäß den eingangs getroffenen Annahmen weisen beide Komponenten jedoch das gleiche Risiko auf, sodass beide mit der Renditeforderung der Eigentümer des unverschuldeten Unternehmens nach persönlichen Steuern r^{u*} zu diskontieren sind. Hieraus ergibt sich der folgende allgemeine Bewertungsansatz:

$$UW_0^{APV*} = EK_0^{M*} + FK_0$$
$$= UW_0^{u*} + WB_0^{TS*} = \sum_{t=1}^{\infty} \frac{FCF_t^*}{\prod_{n=1}^{t}\left(1+r_t^{u*}\right)} + \sum_{t=1}^{\infty} \frac{TS_t^*}{\prod_{n=1}^{t}\left(1+r_t^{u*}\right)}$$

EK^{M*} … *Marktwert des Eigenkapitals nach persönlichen Steuern*
FCF^* … *Free Cashflow nach persönlichen Steuern (Erwartungswert)*
FK … *Fremdkapital (Annahme: Marktwert nach persönlichen Steuern = Buchwert)*
r^{u*} … *Renditeforderung der Eigentümer bei reiner Eigenfinanzierung (unlevered) nach persönlichen Steuern*
t … *Zeit- bzw. Periodenindex*
TS^* … *Steuervorteil der Fremdfinanzierung (Tax Shield) unter Berücksichtigung persönlicher Steuern bei Orientierung am Zahlungsstrom eines unverschuldeten Unternehmens (Risikoniveau I)*
UW^{APV*} … *Unternehmenswert des APV-Ansatzes nach persönlichen Steuern*
UW^{u*} … *Unternehmenswert bei reiner Eigenfinanzierung (unlevered) nach persönlichen Steuern*
WB^{TS*} … *Wertbeitrag der fremdfinanzierungsbedingten Steuervorteile (Tax Shields) unter Einbezug persönlicher Steuern*

Für den Fall einer *T* Perioden umfassenden Detailplanungsphase und einer darauffolgenden Fortführungsphase mit konstantem Wachstum der Überschüsse und Tax Shields entspricht dies dem folgenden Zwei-Phasen-Modell:

$$UW_0^{APV*} = \sum_{t=1}^{T} \frac{FCF_t^*}{\prod_{n=1}^{t}\left(1+r_n^{u*}\right)} + \frac{FCF_T^* \times \left(1+g^{FCF*}\right)}{r_{T+1}^{u*} - g^{FCF}} \times \frac{1}{\prod_{n=1}^{T}\left(1+r_n^{u*}\right)}$$
$$+ \sum_{t=1}^{\infty} \frac{TS_t^*}{\prod_{n=1}^{T}\left(1+r_n^{u*}\right)} + \frac{TS_T^* \times \left(1+g^{TS*}\right)}{r_{T+1}^{u*} - g^{TS*}} \times \frac{1}{\prod_{n=1}^{T}\left(1+r_n^{u*}\right)}$$

Der Tax Shield einer Periode TS^* ergibt sich dabei für Risikoniveau I wie bereits oben dargestellt:

$$TS_t^* = \left[ts_t^{Unt} \times \left(1-s_t^D\right) + s_t^D - s_t^Z\right] \times i_t^{FK} \times fkq_{t-1}^{M*} \times UW_{t-1}^{Brutto*} + s_t^D \times \left(fkq_{t-1}^{M*} \times UW_{t-1}^{Brutto*} - fkq_t^{M*} \times UW_t^{Brutto*}\right)$$
$$= ts^* \times i_t^{FK} \times fkq_{t-1}^{M*} \times UW_{t-1}^{Brutto*} + s_t^D \times \left(fkq_{t-1}^{M*} \times UW_{t-1}^{Brutto*} - fkq_t^{M*} \times UW_t^{Brutto*}\right)$$

ts^* … *Tax-Shield-Satz mit privater Finanzanlage und Orientierung am Zahlungsstrom des unverschuldeten Unternehmens (Risikoniveau I)*

$$ts_t^* = ts_t^{Unt} \times \left(1-s_t^D\right) + s_t^D - s_t^Z$$

Anknüpfend an die aus dem WACC-Ansatz bereits bekannten Unternehmenswerte resultiert hieraus für die Periode 1 im hier betrachteten Bewertungsbeispiel der X AG ein Tax Shield in Höhe von –0,627 M€. Aus der wachstumsbedingten Erhöhung des Fremdkapitals in Periode 1 resultiert somit auch bei wertorientierter Finanzierungspolitik ein negativer Tilgungs- bzw. Ausschüttungsdifferenzeffekt, der den positiven Kapitalstruktureffekt überkompensiert. Ohne die Rückgriffmöglichkeit auf die bereits aus dem WACC-Ansatz bekannten Brutto-Unternehmenswerte läge hier jedoch ein Zirkularitätsproblem vor.

$$\begin{aligned} TS_1^* &= \left[ts_1^{Unt} \times \left(1 - s_1^D\right) + s_1^D - s_1^Z \right] \times i_1^{FK} \times fkq_0^* \times UW_0^{Brutto^*} + s_1^D \times \left(fkq_0^* \times UW_0^{Brutto^*} - fkq_1^* \times UW_1^{Brutto^*} \right) \\ &= \left[0,26 \times (1 - 0,25) + 0,25 - 0,25 \right] \times 0,05 \times 0,4 \times 322,124 + 0,25 \times (0,4 \times 322,124 - 0,4 \times 340,953) \\ &= -0,627 \end{aligned}$$

Insgesamt ergeben sich bei dieser Ausgestaltung des APV-Ansatzes mit wertorientierter Finanzierungspolitik die in Abb. 1-117 dargestellten Werte, die konsistent mit dem oben dargestellten WACC-Ansatz sind. Grundlage der hierbei betrachteten Tax Shields ist wieder eine Orientierung am Zahlungsstrom eines unverschuldeten Unternehmens (Risikoniveau I) unter Einsatz privater Finanzanlagen.

(Angaben in M€)	t = 0	1	2	3	4	5 (= T)
*FCF**		1,125	9,281	14,813	16,832	17,000
r^{u*}		6,00 %	6,00 %	6,00 %	6,00 %	6,00 %
UW^{u*}	304,410	321,550	331,561	336,642	340,008	343,409
*TS**		–0,627	0,236	0,825	1,036	1,047
r^{u*}		6,00 %	6,00 %	6,00 %	6,00 %	6,00 %
WB^{TS*} *(atmend)*	17,714	19,404	20,332	20,727	20,935	21,144
UW^{APV*} *(atmend)*	**322,124**	**340,953**	**351,894**	**357,370**	**360,943**	**364,553**
FK (atmend, fkq^{M*}=0,4)	128,850	136,381	140,757	142,948	144,377	145,821
EK^{M*} *(atmend)*	193,275	204,572	211,136	214,422	216,566	218,732

Abb. 1-117 Unternehmenswerte der X AG nach dem APV-Ansatz unter Berücksichtigung persönlicher Steuern bei wertorientierter Finanzierungspolitik

FTE-Ansatz mit persönlichen Steuern

Der FTE-Ansatz entspricht einem Netto-Ansatz, bei dem unmittelbar der Marktwert des Eigenkapitals bestimmt wird. Hierbei werden die Zuflüsse an die Eigenkapitalgeber mit deren Renditeforderung diskontiert. Bei einem Einbezug der persönlichen Besteuerung sind die jeweiligen Nachsteuerwerte zu verwenden. Für ein Zwei-Phasen-Modell mit konstantem Wachstum der Überschüsse in der Fortführungsphase entspricht dies dem folgenden Bewertungsansatz:

$$UW_0^{FTE^*} = EK_0^M = \sum_{t=1}^{T} \frac{FTE_t^*}{\prod_{n=1}^{t}\left(1 + r_n^{l^*}\right)} + \frac{FTE_T^* \times \left(1 + g^{FTE^*}\right)}{r_{T+1}^{l^*} - g^{FTE^*}} \times \frac{1}{\prod_{n=1}^{T}\left(1 + r_n^{l^*}\right)}$$

EK^{M*}	…	*Marktwert des Eigenkapitals nach persönlichen Steuern*
FTE^*	…	*Flow to Equity nach persönlichen Steuern*
g^{FTE*}	…	*Wachstumsrate des Flow to Equity nach persönlichen Steuern (im Fortführungszeitraum)*
r^{l*}	…	*Renditeforderung der Eigenkapitalgeber nach persönlichen Steuern bei gegebener Verschuldung*
T	…	*Ende des Detailplanungszeitraums*
t	…	*Zeit- bzw. Periodenindex*
UW^{FTE*}	…	*Unternehmenswert des FTE-Ansatzes nach persönlichen Steuern*

Die Kapitalkosten sind hierbei wie folgt anzupassen. Im Falle von zeitlich konstanten Fremdkapitalquoten fkq^{M*}, Steuersätzen und sonstigen kapitalkostenbestimmenden Parametern bleiben diese dann konstant.

$$r_t^{l*} = r_t^{u*} + \left[r_t^{u*} - i_t^{FK} \times \left(1 - s_t^Z\right)\right] \times \frac{fkq_{t-1}^{M*}}{1 - fkq_{t-1}^{M*}}$$

fkq^{M*}	… *Marktwertbasierte Fremdkapitalquote nach persönlichen Steuern*
i^{FK}	… *Fremdkapitalzinssatz*
r^{l*}	… *Renditeforderung der Eigenkapitalgeber nach persönlichen Steuern bei gegebener Verschuldung*
r^{u*}	… *Renditeforderung der Eigentümer bei reiner Eigenfinanzierung (unlevered) nach persönlichen Steuern*
s^Z	… *Persönlicher Steuersatz auf Zinserträge*
t	… *Zeit- bzw. Periodenindex*

Als Zählergröße werden die Zuflüsse an die Eigenkapitalgeber angesetzt, die mit dem für Dividendenerträge maßgeblichen Steuersatz gekürzt werden. Da diese sich als Residualgröße nach zuvor bedienten Fremdkapitalansprüchen ergeben, setzt eine Berechnung dieser Überschüsse die Kenntnis der Fremdkapitalumfänge voraus. Wird hierbei an die quotale Festlegung in Relation zum Unternehmenswert angeknüpft, ergeben sich folgende Überschüsse:

$$FTE_t^* = \begin{bmatrix} FCF_t - i_t^{FK} \times fkq_{t-1}^{M*} \times UW_{t-1}^{Brutto*} \times \left(1 - ts_t^{Unt}\right) \\ + fkq_t^{M*} \times UW_t^{Brutto*} - fkq_{t-1}^{M*} \times UW_{t-1}^{Brutto*} \end{bmatrix} \times \left(1 - s_t^D\right)$$

Für das Bewertungsbeispiel der X AG sind diese Nachsteuerzuflüsse der Eigenkapitalgeber bestimmbar, da die Brutto-Unternehmenswerte bereits aus dem WACC-Ansatz bekannt sind. Für die Periode 1 ermittelt sich der FTE^* exemplarisch wie folgt:

$$FTE_1^* = \begin{bmatrix} FCF_1 - i_1^{FK} \times fkq_0^{M*} \times UW_0^{Brutto*} \times \left(1 - ts_1^{Unt}\right) \\ + fkq_1^{M*} \times UW_1^{Brutto*} - fkq_0^{M*} \times UW_0^{Brutto*} \end{bmatrix} \times \left(1 - s_1^D\right)$$

$$= \begin{bmatrix} 1{,}500 - 0{,}05 \times 0{,}4 \times 322{,}124 \times (1 - 0{,}26) \\ +0{,}4 \times 340{,}953 - 0{,}4 \times 322{,}124 \end{bmatrix} \times (1 - 0{,}25) = 3{,}198$$

Die Renditeforderung der Eigenkapitalgeber nach persönlichen Steuern bei gegebener Verschuldung r^{l*} ergibt sich für die X AG mit 7,50 % und bleibt im Zeitverlauf auf Basis der für das Beispiel getroffenen Annahmen konstant, sodass ein Zeitindex entfallen kann.

$$r^{l*} = r^{u*} + \left[r^{u*} - i^{FK} \times \left(1 - s^Z\right)\right] \times \frac{fkq^{M*}}{1 - fkq^{M*}}$$

$$= 0{,}06 + \left[0{,}06 - 0{,}05 \times (1 - 0{,}25)\right] \times \frac{0{,}4}{1 - 0{,}4} = 0{,}075 \quad bzw. \quad 7{,}50\%$$

Insgesamt resultieren für den FTE-Ansatz nach persönlichen Steuern unter den hier getroffenen Annahmen die in Abb. 1-118 dargestellten Werte. Diese entsprechen wieder den Ergebnissen des WACC- bzw. APV-Ansatzes, wie auch denen des noch folgenden TCF-Ansatzes.

(Angaben in M€)	t = 0	1	2	3	4	5 (= T)
FTE^*		3,198	8,779	12,550	13,937	14,077
r^{I*}		7,50 %	7,50 %	7,50 %	7,50 %	7,50 %
$UW^{FTE*} = EM^M$ (atmend)	**193,275**	**204,572**	**211,136**	**214,422**	**216,566**	**218,732**

Abb. 1-118 Unternehmenswerte der X AG nach dem FTE-Ansatz unter Berücksichtigung persönlicher Steuern bei wertorientierter Finanzierungspolitik

TCF-Ansatz mit persönlichen Steuern

Für den TCF-Ansatz nach persönlichen Steuern ergeben sich bei wertorientierter Finanzierung formal keine Unterschiede gegenüber der autonomen Finanzierung. Die Überschussgröße TCF^* ist auch hier definiert als:

$$TCF_t^* = FCF_t^* + TS_t^* = FTE_t^* + FTD_t^*$$

FCF^* ... *Free Cashflow nach persönlichen Steuern*
FTD^* ... *Flow to Debt nach persönlichen Steuern*
FTE^* ... *Flow to Equity nach persönlichen Steuern*
t ... *Zeit- bzw. Periodenindex*
TCF^* ... *Total Cashflow nach persönlichen Steuern*
TS^* ... *Steuervorteil der Fremdfinanzierung (Tax Shield) unter Berücksichtigung persönlicher Steuern bei Orientierung am Zahlungsstrom eines unverschuldeten Unternehmens (Risikoniveau I)*

Dieser Überschuss wird beim TCF-Ansatz mit einem durchschnittlichen Kapitalkostensatz k^{TCF*} diskontiert, der keine fremdfinanzierungsbedingten Steuerwirkungen erfasst, da diese bereits im Zähler berücksichtigt sind. Als Zwei-Phasen-Modell entspricht dies dem folgenden Ansatz:

$$UW_0^{TCF*} = \sum_{t=1}^{T} \frac{TCF_t^*}{\prod_{n=1}^{t}\left(1+k_n^{TCF*}\right)} + \frac{TCF_T^* \times \left(1+g^{TCF*}\right)}{k_{T+1}^{TCF*} - g^{TCF*}} \times \frac{1}{\prod_{n=1}^{T}\left(1+k_n^{TCF*}\right)}$$

g^{TCF*} ... *Wachstumsrate des Total Cashflows nach persönlichen Steuern (im Fortführungszeitraum)*
k^{TCF*} ... *Gewichteter durchschnittlicher Kapitalkostensatz (TCF-Ansatz) nach persönlichen Steuern*
T ... *Ende des Detailplanungszeitraums*
t ... *Zeit- bzw. Periodenindex*
TCF^* ... *Total Cashflow nach persönlichen Steuern (Erwartungswert)*
UW^{TCF*} ... *Unternehmenswert des TCF-Ansatzes nach persönlichen Steuern*

Der Diskontierungssatz im TCF-Ansatz nach persönlichen Steuern k^{TCF*} ergibt sich aus den marktwertgewichteten Renditeforderungen der Eigen- und Fremdkapitalgeber nach Steuern. Bei zeitlich konstanten Kapitalquoten, Steuersätzen und sonstigen kapitalkostenbestimmenden Parametern bleibt dieser Diskontierungssatz wie im vorliegenden Bewertungsbeispiel der X AG konstant.

$$k_t^{TCF^*} = \left(1 - fkq_{t-1}^{M^*}\right) \times r_t^{l^*} + fkq_{t-1}^{M^*} \times i_t^{FK} \times \left(1 - s_t^Z\right)$$

fkq^{M^*}	... *Marktwertbasierte Fremdkapitalquote nach persönlichen Steuern*
i^{FK}	... *Fremdkapitalzinssatz*
k^{TCF^*}	... *Gewichteter durchschnittlicher Kapitalkostensatz (TCF-Ansatz) nach persönlichen Steuern*
r^{l^*}	... *Renditeforderung der Eigenkapitalgeber nach persönlichen Steuern bei gegebener Verschuldung*
s^Z	... *Persönlicher Steuersatz auf Zinserträge*
t	... *Zeit- bzw. Periodenindex*

Für Periode 1 ergibt sich der entsprechende Diskontierungssatz wie folgt:

$$k_t^{TCF^*} = (1 - 0{,}4) \times 0{,}075 + 0{,}4 \times 0{,}05 \times (1 - 0{,}25) = 0{,}06 \quad bzw. \quad 6{,}00\%$$

Unter Rückgriff auf die bereits aus den anderen DCF-Verfahren für den Fall einer wertorientierten Finanzierungspolitik bekannten Komponenten der Überschussgröße TCF^* wie auch des Kapitalkostensatzes, lassen sich die in Abb. 1-119 dargestellten Unternehmenswerte berechnen.

(Angaben in M€)	t = 0	1	2	3	4	5 (= T)
*FCF**		1,125	9,281	14,813	16,832	17,000
*TS**		–0,627	0,236	0,825	1,036	1,047
*TCF**		0,498	9,517	15,638	17,868	18,047
k^{TCF^*}		6,00 %	6,00 %	6,00 %	6,00 %	6,00 %
UW$^{TCF^*}$ (atmend)	**322,124**	**340,953**	**351,894**	**357,370**	**360,943**	**364,553**
FK (atmend, fkq^{M^*} = 0,4)	128,850	136,381	140,757	142,948	144,377	145,821
EK$^{M^*}$ (atmend)	193,275	204,572	211,136	214,422	216,566	218,732

Abb. 1-119 Unternehmenswerte der X AG nach dem TCF-Ansatz unter Berücksichtigung persönlicher Steuern

Die grundsätzliche Methodenäquivalenz der betrachteten DCF-Verfahren bleibt somit auch hier erhalten. Diese Konsistenz lässt sich in analoger Weise herstellen, wenn anstatt einer Orientierung am Zahlungsstrom eines unverschuldeten Unternehmens (Risikoniveau I) unter Berücksichtigung einer privaten Finanzanlage das in Abschnitt 1.2.5.1 beschriebene Risikoniveau II betrachtet wird und hierbei andere Finanzierungsinstrumente für die Duplikationsüberlegungen herangezogen werden. Hieraus ergeben sich wie dort dargestellt gegebenenfalls andere Tax Shields, was dann auch zu anderen Unternehmenswerten führt. Auf eine detailliertere Darstellung wird an dieser Stelle jedoch verzichtet.

Es zeigt sich, dass eine Berücksichtigung persönlicher Steuern die Komplexität der Bewertungsgleichungen deutlich erhöht, was eine potenzielle Fehlerquelle bildet. Die dargestellten Steuerwirkungen wurden dabei nur in allgemeiner Form betrachtet und sind für konkrete Bewertungsfälle oder Steuersysteme zu konkretisieren. Es bleibt jedoch auch unter Einbezug persönlicher Steuern bei dem schon in Kapitel 1.2.4 beschriebenen Ergebnis, dass sich der APV-Ansatz besonders bei unterstellter autonomer Finanzierungspolitik eignet und der WACC-Ansatz bei wertorientierter bzw. atmender Finanzierung, da in diesen

Fällen keine Zirkularitäten auftreten. Die anderen Verfahren können deren Ergebnisse lediglich replizieren, sofern aufwendigere rekursive bzw. iterative Lösungsprozeduren vermieden werden sollen.

In vielen Fällen kann die komplexitätserhöhende Berücksichtigung persönlicher Steuern jedoch entfallen, wenn eine gleichartige Besteuerung der äquivalenten Anlagealternative unterstellt wird (mittelbare Typisierung). Dies gilt insbesondere für Fragen der wertorientierten Unternehmenssteuerung, die in Kapitel 2 näher betrachtet werden.

1.2.6 Ertragswertverfahren

Die in den vorangegangenen Abschnitten dargestellten DCF-Verfahren haben ihren Ursprung in der angelsächsischen Bewertungstradition und weisen eine sehr starke Kapitalmarktorientierung auf. Die kontinentaleuropäische und insbesondere die deutsche Bewertungshistorie ist jedoch vor allem durch das sogenannte Ertragswertverfahren geprägt (Henselmann, 2019, S. 107 ff.). Beide Ansätze ermitteln Zukunftserfolgswerte auf Basis des Kapitalwertkalküls. Während die DCF-Verfahren eine sich schon aus dem Namen ergebende klare Fokussierung auf Zahlungsgrößen (Cashflows) aufweisen, lassen sich für das Ertragswertverfahren grundsätzlich verschiedene Überschussgrößen diskutieren, die von den Nettoeinnahmen der Eigner über die Ausschüttungen des Unternehmens bis hin zu unterschiedlichen periodischen Erfolgsmaßen des Unternehmens reichen (Mandl/Rabel, 1997, S. 32 ff.; Peemöller/Kunowski, 2019, S. 343 ff.). Basierend auf den Erkenntnissen der Investitionstheorie hat sich jedoch auch hier eine Orientierung an Zahlungsströmen als die aus theoretischer Sicht zu präferierenden Größen durchgesetzt. Gleichwohl wurde bereits in Abschnitt 1.2.3.6 gezeigt, unter welchen Bedingungen hierzu äquivalente Bewertungsergebnisse auch auf Basis alternativer Überschussgrößen ermittelt werden können. Der hierbei für eine Ergebnisidentität notwendige Einbezug einer kalkulatorischen Verzinsung schlägt die Brücke zu den sogenannten Residualgewinnansätzen, wie sie in Kapitel 2.2 vorgestellt werden. Derartige Residualgewinne lassen sich dann nicht nur aus Controlling-Perspektive für Zwecke der Performance-Messung nutzen, sondern eröffnen aufgrund ihrer Barwertkompatibilität einen weiteren möglichen Ansatzpunkt für eine zukunftserfolgswertorientierte Ermittlung des Unternehmenswerts.

Bei der hier betrachteten Ertragswertmethode stehen hingegen die aus dem Unternehmenseigentum resultierenden Nettoeinnahmen der Eigner im Vordergrund, wobei auch hierfür wie bereits angesprochen eine zahlungsstromorientierte Betrachtung unter Berücksichtigung des Zuflussprinzips maßgeblich ist (Ballwieser/Hachmeister, 2021, S. 239). Damit ergibt sich eine sehr große konzeptionelle Nähe zur im vorangegangenen Abschnitt dargestellten FTE-Methode innerhalb der Gruppe der DCF-Verfahren, welche ebenfalls der Perspektive des Netto-Ansatzes im Sinne von Abschnitt 1.2.1.3 entspricht. Beide Verfahren, das heißt Ertragswertmethode und FTE-Ansatz, lassen prinzipiell identische Annahmesetzungen zu und führen dann bei konsistenter Umsetzung auch zu gleichen Bewertungsergebnissen. Dies gilt insbesondere dann, wenn gemeinsame Planungsgrundlagen sowie eine identische Finanzierungspolitik zugrunde liegen, gleiche Ausschüttungsannahmen getroffen werden sowie eine kapitalmarktbasierte Bestimmung der zu verwendenden Diskontierungssätze erfolgt. In diesem Fall unterscheiden sich beide Verfahren lediglich noch in ihrer grundsätzlichen gedanklichen Herangehensweise (Diedrich/Dierkes, 2015, S. 146 f.).

Die Ertragswertmethode knüpft hierbei zunächst an den Ertragsüberschüssen an, da diese Gewinne bzw. die hieraus gebildeten Rücklagen typischerweise die Grundlage für Ausschüttungen an die Unternehmenseigner bilden. Parallel hierzu muss jedoch auch die Verfügbarkeit einer hierfür benötigten Liquidität gewährleistet werden, was unter anderem durch Aufnahme bzw. Rückführung des Fremdkapitalumfangs gewährleistet wird. Der FTE-Ansatz geht demgegenüber zunächst vom entziehbaren Liquiditätsüberschuss unter Berücksichtigung der geplanten Fremdfinanzierung aus, wobei jedoch auch hier zu prüfen ist, ob eine entsprechende Ausschüttung rechtlich zulässig wäre. Bei entsprechend anzupassenden Planungsrechnungen können hieraus in beiden Fällen identische Überschussgrößen für die Eigner abgeleitet werden. Sofern diese mit kapitalmarktorientiert bestimmten Kapitalkosten abgezinst werden, stimmen beide Methoden überein.

Unter diesen Bedingungen kann das Ertragswertverfahren als eine spezifische Ausprägung des FTE-Ansatzes interpretiert werden und umgekehrt (Drukarczyk/Schüler, 2021, S. 237 f.). Die vollständige Gleichsetzung beider Verfahren wäre jedoch verengend, da das Ertragswertverfahren darüber hinaus auch die Verwendung von subjektiven Werteinflüssen zulässt, was für die DCF-Verfahren eher untypisch ist. Dies betrifft zum Beispiel eine mögliche Berücksichtigung von individuellen Synergieeffekten oder eine Verwendung von nicht kapitalmarktorientierten Diskontierungssätzen bzw. subjektiven Sicherheitsäquivalenten. Ein derartiger Einbezug subjektiver Bewertungsparameter ergibt sich insbesondere bei der Suche nach individuellen Entscheidungswerten.

Für die praktische Anwendung der Ertragswertmethode spielt in Deutschland vor allem der vom Institut der Wirtschaftsprüfer (IDW) erlassene Standard „Grundsätze zur Durchführung von Unternehmensbewertungen (IDW S 1)" in seiner jeweils geltenden Fassung eine maßgebliche Rolle (IDW, 2008). Dabei handelt es sich um einen verbindlichen Leitfaden für den Berufsstand der Wirtschaftsprüfer. Hierin werden Mindestanforderungen formuliert, die sich unter anderem auf die Ableitung der Ertragsüberschüsse mithilfe einer integrierten Planungsrechnung auf der Grundlage von Vergangenheitsanalysen beziehen. Ebenso werden Ansatzpunkte und Vorgaben für die Ermittlung der zur Diskontierung verwendeten Kapitalkostensätze dargestellt. Dabei ergeben sich verschiedene Differenzierungen in Abhängigkeit von den vorliegenden Bewertungsanlässen und der hierbei zu erfüllenden Funktion des Wirtschaftsprüfers, wonach insbesondere zwischen objektivierten Unternehmenswerten und subjektiven Entscheidungswerten unterschieden wird (Bysikiewicz/Zwirner, 2017, S. 326 ff.; Peemöller/Kunowski, 2019, S. 350 ff.). Für andere Länder existieren ähnliche, in einzelnen Details jedoch durchaus abweichende Vorgaben, wie z. B. für Österreich mit dem Fachgutachten des Fachsenats für Betriebswirtschaft und Organisation der Kammer der Wirtschaftstreuhänder zur Unternehmensbewertung (KFS/BW 1) in seiner jeweils geltenden Fassung (KSW, 2014). Wesentliche Elemente dieser grundlegenden Vorgaben, welche oftmals gleichermaßen relevant für das Ertragswertverfahren wie auch für die DCF-Verfahren sind, wurden bereits in den Kapiteln 1.2.1 bis 1.2.3 dargestellt.

Obwohl das Ertragswertverfahren in seiner praktischen Anwendung während der letzten Jahrzehnte an vielen Stellen durch die DCF-Verfahren verdrängt wurde, besitzt es für Deutschland nach wie vor hohe Bedeutung (Bysikiewicz/Zwirner, 2017, S. 326; Peemöller/Kunowski, 2019, S. 337 ff.). Aufgrund der sich nicht zuletzt in den berufsständischen Vorgaben der Wirtschaftsprüfer zeigenden, beständigen konzeptionellen Annäherung von Ertragswert- und Flow-to-Equity-Verfahren sei hier jedoch primär auf die bereits erfolgte Darstellung des zuletzt genannten Ansatzes verwiesen.

1.3 Substanzwerte

Der Substanzwert einer Unternehmung entspricht der Summe aller bewerteten Vermögenswerte abzüglich der Summe aller bewerteten Schulden. Da die genannten Elemente hierbei isoliert betrachtet werden, wird hier von einem Einzelbewertungsverfahren gesprochen. Durch die Saldierung von Vermögensgegenständen und Schulden entspricht der Substanzwert in seiner Logik dem Eigenkapitalausweis einer Bilanz. Allerdings unterscheidet sich der Wertansatz, indem hier aktuelle Zeitwerte im Vordergrund stehen. Letztere können beschaffungs- als auch absatzmarktbezogen ermittelt werden (Zwirner/Zimny, 2017b, S. 1033 ff.) In letzterem Fall wird die potenzielle Zerschlagung des Unternehmens betrachtet und der Liquidationswert der Unternehmenssubstanz bestimmt. Im anderen Fall geht es um einen gedanklichen Nachbau des zu bewertenden Unternehmens durch Wiederbeschaffung der hierfür benötigten Substanz, was als Rekonstruktionswert bezeichnet wird. Beide Grundkonzeptionen einer substanzbezogenen Bewertung werden im Folgenden näher erläutert.

1.3.1 Liquidationswert

Die Ermittlung eines Liquidationswerts basiert auf einer gedanklichen Zerschlagung des zu bewertenden Unternehmens, indem die einzelnen Vermögenspositionen mit zu erwartenden Veräußerungserlösen und die Schulden mit ihren Ablösebeträgen angesetzt werden. Der sich hieraus ergebende Liquidationserfolg für die Eigentümer muss jedoch auch die mit der Veräußerung einhergehenden Transaktionskosten wie Maklergebühren, Notarkosten, Vorfälligkeitsentschädigungen und Ähnliches enthalten. Neben einer derartigen absatzmarktorientierten Bewertung der einzelnen Vermögens- und Schuldpositionen sind auch die gegebenenfalls aus einem Liquidationsprozess entstehenden zusätzlichen Verpflichtungen zu berücksichtigen, die sich z. B. auf Sozialpläne, Abfindungen oder notwendige Rekultivierungsmaßnahmen beziehen können sowie auf die

Kosten für eingesetzte Liquidatoren (Ihlau/Duscha, 2019, S. 877). Zudem sind auch die sich aus den Liquidationserfolgen ergebenden steuerlichen Konsequenzen einzubeziehen. Bezüglich der Frage, ob hierbei nur Steuern auf Unternehmensebene Berücksichtigung finden oder auch die persönliche Besteuerung der Eigner einbezogen wird, lässt sich analog zu anderen Bewertungsverfahren wieder zwischen mittelbarer und unmittelbarer Typisierung differenzieren, wie in Abschnitt 1.2.1.6 dargestellt ist.

Die Höhe des ermittelten Liquidationswerts wird in starker Weise von der hierbei unterstellten Zerschlagungsintensität sowie der Zerschlagungsgeschwindigkeit beeinflusst (Ihlau/Duscha, 2019, S. 875 f.; Sieben/Maltry, 2019, S. 817; Zwirner/Zimny, 2017b, S. 1046). Letztere verweist auf den für die Liquidationsmaßnahmen angesetzten Zeithorizont, der sich über mehrere Perioden erstrecken kann. In diesem Fall könnte zum Beispiel auch noch eine teilweise bzw. auslaufende Weiterführung des bisherigen Geschäftsbetriebs denkbar sein. Die aus der Liquidation resultierenden Ein- und Auszahlungsströme von mehrperiodigen Abwicklungsprozessen sind mit ihrem Barwert anzusetzen (IDW, 2008, Tz. 141). Die angesprochene Intensität der Zerschlagung bezieht sich auf die bestehenden Bündelungsmöglichkeiten von einzelnen Vermögensteilen zu im Paket veräußerbaren Teileinheiten. Insofern könnten auch bezüglich einer gedanklichen Liquidation verschiedene Zerschlagungskonzepte möglich sein, woraus dann das optimale auszuwählen ist (IDW, 2014, A Tz. 196; Ihlau/Duscha, 2019, S. 873).

Ausgangspunkt für die Ermittlung von Liquidationswerten der einzelnen Vermögens- und Schuldpositionen bilden regelmäßig Bilanz und Inventar, wobei die für den Liquidationsfall anzusetzenden Beträge stark von den Buchwerten abweichen können (Ihlau/Duscha, 2019, S. 874; Zwirner/Zimny, 2017b, S. 1045 f.). Wenn Vorräte oder Anlagen gewissermaßen kurzfristig „verramscht" bzw. verschrottet werden müssen, ist mit sehr großen Wertabschlägen zu rechnen. Andererseits können z. B. Immobilien auch leicht große stille Reserven aufweisen. Darüber hinaus sind auch nicht bilanzierte Vermögenspositionen mit entsprechenden Veräußerungsbeträgen anzusetzen, wenn diese einzeln verkehrsfähig sind. Dies könnte zum Beispiel selbstgeschaffene Marken, Patente oder Ähnliches betreffen. Wenngleich Schuldpositionen grundsätzlich mit ihren Erfüllungsbeträgen bilanziert werden, resultieren aus einer vorfristigen Ablösung oftmals erhöhte Auszahlungen. Auch bei bilanzierten Rückstellungen wird häufig nicht der bilanzielle Wertansatz maßgeblich sein. Wenn beispielsweise Rückstellungen über längere Zeiträume ratierlich angesammelt werden, könnte hieraus im Zerschlagungszeitpunkt eine deutliche Unterbewertung resultieren. Auf der anderen Seite können manche Rückstellungsgründe auch mit einer Zerschlagung des Unternehmens entfallen, wenn dadurch zum Beispiel die rechtliche Verpflichtung erlischt. Insgesamt kommt es bei der Ermittlung des Liquidationswerts zu einer gedanklichen Auflösung von stillen Reserven und Lasten der einzelnen Vermögens- und Schuldpositionen. Für das bereits bisher betrachtete Beispielunternehmen wird dies nachfolgend in sehr stark vereinfachter Form dargestellt:

Ergänzend zu den in Abb. 1-39 dargestellten Bilanzdaten der X AG liegen die nachfolgenden **Informationen zu Veräußerungswerten** vor:

Während die unmittelbar veräußerbaren Finanzanlagen in der Bilanz zu aktuellen Marktwerten angesetzt sind, liegt der potenzielle Liquidationserfolg der Sachanlagen bei ca. 60 % des aktuellen Restbuchwerts und könnte im Falle einer Abwicklung vermutlich in den nächsten beiden Jahren (t = 1 und t = 2) jeweils hälftig realisiert werden. Zusätzlich könnte ein bisher nicht bilanziertes selbsterstelltes Patent innerhalb eines Jahres (t = 1) für 30 M€ veräußert werden. Die bestehenden Forderungen lassen sich voraussichtlich innerhalb des nächsten Jahres (t = 1) zu 80 % vereinnahmen und weitere 15 % im Folgejahr (t = 2). Der Rest wird vermutlich uneinbringlich sein. Bestehende Vorräte lassen sich voraussichtlich zu 40 % ihres Buchwerts innerhalb eines Jahres (t = 1) veräußern.

Zur Ablösung der aus den bestehenden Rückstellungen resultierenden Zahlungsverpflichtungen wären innerhalb des kommenden Jahres (t = 1) schätzungsweise 40 M€ aufzuwenden. Die übrigen Schulden sind mit ihren bilanzierten Beträgen zuzüglich 5 M€ Vorfälligkeitsentschädigung ebenfalls im nächsten Jahr (t = 1) zu begleichen. Zudem ist für Abfindungsansprüche ein Sozialplan aufzustellen, woraus jährliche Zahlungen von 10 M€ in den kommenden drei Jahren resultieren (t = 1 bis t = 3). Im gleichen Zeitraum verursacht die Abwicklung selbst Kosten von 10 M€ im ersten Jahr (t = 1) und jeweils 5 M€ in den beiden Folgejahren (t = 2 und t = 3).

Der Kalkulationszins soll 10 % betragen.

Abb. 1-120: Ergänzende Informationen zur Ermittlung des Liquidationswerts der X AG

Aus den in Abb. 1-120 genannten Sachverhaltsangaben lassen sich für den Fall einer hypothetischen Zerschlagung die nachfolgenden Zahlungsströme ableiten, welche sich in diesem Beispiel über drei Perioden erstrecken. Dabei wurde wie auch bereits bei der Ermittlung von Zukunftserfolgswerten vereinfachend unterstellt, dass alle Zahlungen zum jeweiligen Periodenende anfallen.

(Angaben in M€)	t = 0	1	2	3
Finanzanlagen	28,000			
Sachanlagen		72,000	72,000	
Immaterielles Vermögen (Patent)		30,000		
Vorräte		21,600		
Forderungen		33,600	6,300	
Liquide Mittel	12,000			
Liquidationsbedingte Einzahlungen	40,000	157,200	78,300	0,000
Ablösung der Rückstellungsverpflichtungen		40,000		
Finanzschulden und Lieferantenverbindlichkeiten		155,000		
Sozialplan		10,000	10,000	10,000
Kosten der Abwicklung		10,000	5,000	5,000
Liquidationsbedingte Auszahlungen	0,000	215,000	15,000	15,000
Gesamtzahlungsstrom der Liquidation	**40,000**	**–57,800**	**63,300**	**–15,000**
Liquidationswert (Barwert in t = 0 mit k = 10 %)	**28,499**			

Abb. 1-121: Ermittlung des Liquidationswerts der X AG

Aus der Gegenüberstellung der Liquidationserlöse bzw. Ablösungsbeträge mit den jeweiligen Buchwerten ergibt sich für das vorliegende Beispiel insgesamt ein Liquidationsverlust, sodass hieraus keine noch zu berücksichtigenden Steuerzahlungen auf Ebene des Unternehmens resultieren würden.

Wie dargestellt, wird damit auch beim Liquidationswert ein Strom von Überschüssen ermittelt, der mithilfe des Barwertkalküls bewertet wird. Insofern handelt es sich bei den ermittelten Liquidationswerten gewissermaßen um einen Sonderfall des Zukunftserfolgswerts, dessen Überschüssen anstatt einer Fortführung nun die Zerschlagung des Unternehmens zugrunde liegt. Dementsprechend bildet der Liquidationswert eine entscheidungsrelevante Wertuntergrenze, die insbesondere bei ertragsschwachen Unternehmen zu berücksichtigen ist (IDW, 2008, Tz. 140). Die praktische Ermittlung von Liquidationswerten erweist sich jedoch oft als schwierig, da dies auf vielen Schätzungen und Annahmen hinsichtlich der bestehenden Veräußerungsmöglichkeiten der Unternehmenssubstanz beruht. Bedeutsam ist diese Vorgehensweise insbesondere bei der Bewertung des nichtbetriebsnotwendigen Vermögens (Ihlau/Duscha, 2019, S. 867).

1.3.2 Rekonstruktionswert

Anders als der eben dargestellte Liquidationswert geht der Rekonstruktionswert von der Prämisse der Unternehmensfortführung aus und orientiert sich an den Wiederbeschaffungspreisen zu einem bestimmten Bewertungszeitpunkt. Damit liegt dem Rekonstruktionswert der gedankliche Nachbau eines Unternehmens „auf der grünen Wiese" zugrunde. Der hieraus gewonnene Unternehmenswert beschreibt somit jenen Betrag, den sich der Erwerber des bereits vorliegenden Unternehmens gegenüber dieser Rekonstruktion erspart.

In Abhängigkeit vom hierbei verwendeten Mengen- und Wertgerüst der erfassten Vermögenswerte und Schulden sind verschiedene konzeptionelle Ansätze bzw. Begrifflichkeiten zu unterscheiden (Sieben/Maltry, 2019, S. 818 f.; Zwirner/Zimny, 2017b, S. 1036 f.). Bezogen auf die Frage, ob bestimmte Vermögenspositionen zur Erfüllung des unternehmerischen Sachziels erforderlich sind oder nicht, ergibt sich betriebsnotwendiges und nichtbetriebsnotwendiges Vermögen. Während im ersten Fall Wiederbeschaffungszeitwerte im Vordergrund stehen, werden für nichtbetriebsnotwendige Vermögensteile unter der Annahme von deren sofortiger Liquidation Veräußerungspreise angesetzt. Die genannten Wiederbeschaffungszeitwerte berücksichtigen den Erhaltungszustand bzw. das Alter der zu bewertenden Unternehmenssubstanz, indem von den aktuellen Wiederbeschaffungspreisen neuwertiger Positionen ein angemessener Wertabschlag vorgenommen wird. Die sich hierdurch ergebenden fortgeführten Wiederbeschaffungskosten drücken das Verhältnis der verbleibenden Restnutzungsdauer gegenüber der Gesamtnutzungsdauer aus (IDW, 2008, Tz. 170). Dementsprechend werden Neu- und Alt- bzw. Zeitwerte unterschieden. Der Wiederbeschaffungszeitwert sämtlicher materieller und immaterieller Vermögenswerte, unabhängig von ihrer Bilanzierungsfähigkeit, wird als Voll- bzw. Gesamtrekonstruktionswert bezeichnet, was z. B. auch Entwicklungs-Know-how, Kundenbeziehungen oder organisationale Fähigkeiten einschließt. Aus einer Beschränkung auf selbstständig verkehrsfähige Vermögenswerte ergibt sich ein Teilrekonstruktionswert, der jedoch auch nichtbilanzierte immaterielle Vermögenswerte wie selbsterstellte Patente oder Software einschließen kann, wenn deren Wert hinreichend genau abschätzbar ist (Zwirner/Zimny, 2017b, S. 1037). Wird vom ermittelten Brutto-Rekonstruktionswert der betrachteten Vermögenspositionen schließlich noch der Wert der Schulden abgezogen, ergibt sich der sogenannte Netto-Rekonstruktionswert.

Ein entsprechender Netto-Vollrekonstruktionszeitwert würde dann den nachhaltig im Gleichgewicht geltenden Preis für das Unternehmen abbilden und entspräche unter diesen Annahmen (sogenannte Normalwerthypothese) dessen Zukunftserfolgswert (Moxter, 1983, S. 45 f.). Praktisch lassen sich jedoch insbesondere die Werte der nicht selbstständig verkehrsfähigen Vermögenspositionen kaum bestimmen, sodass der Netto-Vollrekonstruktionszeitwert eher als theoretisches Konstrukt einzustufen ist (Mandl/Rabel, 1997, S. 277 f.). Dennoch sollen die beschriebenen Zusammenhänge zwischen den angesprochenen Typen von Rekonstruktionswerten nachfolgend noch einmal am Beispiel der X AG dargestellt werden.

Ergänzend zu den in Abb. 1-39 dargestellten Bilanzdaten der X AG liegen die nachfolgenden **Informationen zu Wiederbeschaffungswerten** vor:

Die derzeit in Höhe von 240 M€ bilanzierten Sachanlagen weisen historische Anschaffungs- und Herstellungskosten von 308,12 M€ auf, was um 40 % unter den gegenwärtigen Wiederbeschaffungskosten liegt. Für die Neuentwicklung eines selbsterstellten, nichtbilanzierten Patentes (selbstständig verkehrsfähig) müssten zusätzlich 30 M€ aufgewandt werden und für die Errichtung der übrigen immateriellen Werte (Unternehmensorganisation, Stakeholder-Beziehungen, Mitarbeiterfähigkeiten etc.) schätzungsweise weitere 100 M€. Die Wiederbeschaffungskosten des Umlaufvermögens entsprechen den Buchwerten.

Die Anpassung der Altersstruktur soll vereinfachend anhand des bilanziellen Abnutzungsgrads (kumulierte Abschreibungen / Anschaffungs- und Herstellungskosten) erfolgen.

Abb. 1-122: Ergänzende Informationen zur Ermittlung des Rekonstruktionswerts der X AG

Basierend auf diesen Zusatzangaben und der für den Bewertungszeitpunkt ($t = 0$) vorliegenden Bilanz lässt sich das nachfolgende Schema aufstellen. Dabei wurde für die Bestimmung des Zeitwerts der gesamten Sachanlagen in sehr stark vereinfachender Weise ein Altersabschlag von 22,11 % auf die aktuellen Anschaffungs- und Herstellungskosten vorgenommen, welcher sich pauschal am bilanziellen Anlagenabnutzungsgrad orientiert. In deutlich differenzierterer Weise wäre hierbei eine sachliche und zeitliche Unterscheidung verschiedener Anlagenkategorien oder eine objektweise vorzunehmende Einzelbewertung möglich (IDW, 2014, A Tz. 453). Auch das Umlaufvermögen und die Schulden wurden im Beispiel vereinfachend mit ihrem Bilanzwert veranschlagt, wobei auch hier differenziertere Wertmaßstäbe nutzbar wären (Sieben/Maltry, 2019, S. 822; Zwirner/Zimny, 2017b, S. 1038).

	(Angaben in M€)	Betrag
	Wiederbeschaffungskosten (neu) der Sachanlagen (308,12 M€ = 60 %)	513,533
–	Altersabschlag (Anlagenabnutzungsgrad) 22,11 %	113,533
=	Teilrekonstruktionszeitwert des bilanziellen Anlagevermögens	400,000
+	Teilrekonstruktionszeitwert des bilanziellen Umlaufvermögens	108,000
+	Selbsterstelltes Patent (selbstständig verkehrsfähig)	30,000
=	Brutto-Teilrekonstruktionszeitwert des betriebsnotwendigen Vermögens	538,000
+	Finanzanlagen (nichtbetriebsnotwendig)	28,000
=	Brutto-Teilrekonstruktionszeitwert	566,000
–	Fremdkapital	252,000
=	**Netto-Teilrekonstruktionszeitwert**	**314,000**
+	Sonstige immaterielle Werte (nicht selbstständig verkehrsfähig)	100,000
=	**Netto-Vollrekonstruktionszeitwert**	**414,000**

Abb. 1-123: Ermittlung des Rekonstruktionswerts der X AG

Aufgrund der oben angesprochenen Schwierigkeiten in der Bewertung nicht bilanzierungsfähiger immaterieller Werte werden in der Bewertungspraxis in der Regel Netto-Teilrekonstruktionszeitwerte bestimmt (IDW, 2008, Tz. 170 f.). Diese immateriellen Werte treten vor allem als Verbundeffekte im Zusammenwirken der übrigen Teile der Unternehmenssubstanz auf und lassen sich nur mithilfe von Gesamtbewertungsverfahren korrekt abbilden. Da den Teilrekonstruktionswerten damit der direkte Bezug zu den zukünftigen Überschüssen des Unternehmens fehlt, kommt ihnen keine eigenständige Bedeutung im Rahmen der Unternehmensbewertung zu, da diese Größe grundsätzlich nicht entscheidungsrelevant ist (Sieben/Maltry, 2019, S. 822 f.; Zwirner/Zimny, 2017b, S. 1038 ff.). Anwendung finden solche Substanzwerte jedoch zur Erfüllung bestimmter Nebenfunktionen, die z. B. auf verschiedene steuer-, handels- oder insolvenzrechtliche Fragen gerichtet sind oder aber bei einer Bewertung von gemeinnützigen Unternehmen.

1.4 Marktorientierte Vergleichswerte (Multiplikatoren)

Ein weiterer grundsätzlicher Ansatzpunkt zur Wertbestimmung eines Unternehmens liegt in der Möglichkeit, sich an beobachtbaren Vergleichswerten zu orientieren und diese Marktwerte bezüglich bestimmter Dimensionen auf das relevante Bewertungsobjekt anzupassen. Für Letzteres werden sogenannte Multiplikatoren (Multiples) eingesetzt, weshalb dieser Ansatz auch unter den alternativen Bezeichnungen Multiplikatorverfahren sowie marktorientiertes Verfahren oder Vergleichsverfahren bekannt ist (Olbrich/Frey, 2017, S. 406). Mit dieser Methode ist eine stark vereinfachte Wertermittlung möglich, die in der Praxis sehr häufig genutzt wird (IDW, 2008, Tz. 164 ff.). Allerdings werden hierdurch keine Unternehmenswerte im Sinne von Entscheidungswerten bzw. subjektiven Grenzpreisen bestimmt, vielmehr wird das bei realisierten Transaktionen beobachtbare ‚Preisfindungswissen des Marktes' auf ein anderes Bewertungsobjekt übertragen (Drukarczyk/Schüler, 2021, S. 437).

Die grundsätzliche Herangehensweise dieses Ansatzes unterstellt, dass zwischen den Unternehmenswerten und geeigneten Bezugsgrößen von vergleichbaren Unternehmen identische Relationen bestehen. Mit anderen Worten wird für ähnliche Unternehmen eine identische Proportionalität zwischen dem Unternehmenswert und der gewählten Bezugsgröße angenommen. Ist diese Relation am Markt beobachtbar, kann mit ihrer Hilfe der Wert eines Unternehmens im Wege einer einfachen Dreisatzbildung abgeschätzt werden. Hierzu ist diese für das Bewertungsobjekt als repräsentativ angenommene Relation (= Multiplikator) mit der entsprechenden Bezugsgröße des Bewertungsobjekts zu multiplizieren (Olbrich/Frey, 2017, S. 406). Am Markt beobachtete Transaktionspreise werden hierdurch unter Vornahme einer bezugsgrößenabhängigen Skalierung auf vergleichbare Unternehmen übertragen, indem der folgende formale Zusammenhang zugrunde gelegt wird:

$$\frac{UW^{BO}}{BG^{BO}} = \frac{UW^{VU}}{BG^{VU}}$$

$$UW^{BO} = BG^{BO} \times \underbrace{\frac{UW^{VU}}{BG^{VU}}}_{Multiplikator}$$

BG^{BO} … *Bezugsgröße des Bewertungsobjekts*
BG^{VU} … *Bezugsgröße des Vergleichsunternehmens*
UW^{BO} … *Unternehmenswert des Bewertungsobjekts*
UW^{VU} … *Unternehmenswert des Vergleichsunternehmens*

Damit werden die Auswahl der relevanten Vergleichsunternehmen sowie der zu nutzenden Bezugsgrößen zu den entscheidenden Einflussfaktoren des Multiplikatorverfahrens. Zudem ist auch ein geeigneter Ansatzpunkt für die Marktwertbestimmung des Vergleichsunternehmens nötig, da auch diese Größe mit in den zu bestimmenden Multiplikator einfließt.

Für auszuwählende Vergleichsunternehmen ist eine möglichst große Ähnlichkeit mit dem zu bewertenden Unternehmen anzustreben. Neben der geforderten Zugehörigkeit zur gleichen Branche sollten auch die weitergehenden operativen und finanzwirtschaftlichen Charakteristiken möglichst geringe Unterschiede aufweisen. Dies betrifft zum Beispiel Aspekte wie Unternehmensgröße, Sortiment, Kostenstruktur, Absatzmöglichkeiten, Wachstumspotenziale und Marktzyklen bis hin zur Finanzierungsstruktur, den steuerlichen Rahmenbedingungen sowie den Thesaurierungsquoten und Reinvestitionsrenditen (Drukarczyk/Schüler, 2021, S. 441; Olbrich/Frey, 2017, S. 407). Zur Beurteilung dieser Kriterien ist damit eine intensive Auseinandersetzung sowohl mit den potenziellen Vergleichsunternehmen als auch mit dem zu bewertenden Unternehmen selbst erforderlich (Löhnert/Böckmann, 2019, S. 849). Dies beinhaltet insbesondere die Aufbereitung und Normalisierung von Vergangenheitsdaten, um Einflüsse durch verzerrende Einmaleffekte möglichst zu vermeiden. In der Regel wird hierbei nicht nur auf ein einzelnes Vergleichsunternehmen zurückgegriffen, sondern auf eine geeignete Peer Group. Eine noch weitergehende, auf die gesamte Branche ausgerichtete Durchschnittsbildung (sogenannte Branchenmultiplikatoren) führt demgegenüber jedoch meist nur zu sehr groben Richtwerten, die dann eher den Charakter von „Faustregeln" aufweisen (Löhnert/Böckmann, 2019, S. 843; Olbrich/Frey, 2017, S. 415).

Zur Ermittlung der Multiplikatoren müssen beobachtbare Marktwerte mit ausgewählten Bezugsgrößen der Vergleichsunternehmen verknüpft werden. Für Ersteres sind unterschiedliche Informationsquellen möglich. Zum einen kann hierbei auf Kurswerte von börsennotierten Unternehmen zurückgegriffen werden (Similar Public Company Method). Daneben bieten auch bekannte Transaktionspreise von Unternehmensakquisitionen der jüngeren Vergangenheit (Recent Acquisitions Method) sowie auch die Emissionskurse von Börseneinführungen (Initial Public Offerings Method) mögliche Anknüpfungspunkte. Dabei ist zu unterscheiden, ob die angestrebte Unternehmenswertermittlung der in Abschnitt 1.2.1.3 dargestellten Brutto- oder Netto-Perspektive entspricht. Für die Netto-Perspektive sind nur beobachtbare Marktwerte des Eigenkapitals relevant, die sich zum Beispiel als sogenannte Marktkapitalisierung durch eine Multiplikation des Börsenkurses mit der Anzahl der gehandelten Aktien ergibt. Im Rahmen der Brutto-Perspektive wäre im Zähler des Multiplikators der Gesamtunternehmenswert anzusetzen, indem hier der Marktwert des Eigenkapitals um den Marktwert des Fremdkapitals zu erweitern ist. Für Letzteres wird üblicherweise eine näherungsweise Identität mit den bilanziellen Buchwerten unterstellt, welche regelmäßig bekannt sind. Entsprechend dieser beiden grundlegenden Perspektiven ist daher zwischen Eigenkapitalmultiplikatoren (Equity Value Multiples) und Gesamtkapitalmultiplikatoren (Enterprise Value Multiples) zu unterscheiden.

Für die Auswahl von geeigneten Bezugsgrößen wird ein sehr weites Spektrum von Kennzahlen und Performance-Indikatoren diskutiert, die sich sowohl auf bereits realisierte Ist-Größen (Trailing Multiples) als auch auf für die Zukunft prognostizierte Werte (Forward Multiples) beziehen können. Mit Blick auf die oben angesprochene Eigen- bzw. Gesamtkapitalperspektive wird hierbei eine gewisse Äquivalenz zwischen Zähler- und Nennergröße des Multiplikators gefordert (Olbrich/Frey, 2017, S. 409). So sollte die Bezugsgröße der Netto-Perspektive mit Eigenkapitalansprüchen in Verbindung stehen. Liegt hingegen im Brutto-Ansatz der Fokus auf einer gemeinsamen Betrachtung von Eigen- und Fremdkapital, sollte auch die genutzte Bezugsgröße keinen Einflüssen durch die Finanzierungsstruktur unterliegen, indem zum Beispiel auf das Ergebnis vor Zinsen und Steuern (EBIT) zurückgegriffen wird. Eine exemplarische Auswahl gängiger Multiplikatoren beider Kategorien ist in Abb. 1-124 dargestellt.

Gesamtkapitalmultiplikatoren (Enterprise Value Multiples): $UW^{Brutto} = EK^M + FK$		
Multiplikator	Bezugsgöße	Berechnung
Umsatz-Multiplikator (Enterprise-Value/Sales-Multiple)	Umsatz	$= (EK^M + FK) / Umsatz$
EBIT-Multiplikator (Enterprise-Value/EBIT-Multiple)	Ergebnis vor Zinsen und Steuern (EBIT)	$= (EK^M + FK) / EBIT$
EBITDA-Multiplikator (Enterprise-Value/EBITDA-Multiple)	Ergebnis vor Zinsen, Steuern und Abschreibungen (EBITDA)	$= (EK^M + FK) / EBITDA$
Eigenkapitalmultiplikatoren (Equity Value Multiples): $UW^{Netto} = EK^M$		
Multiplikator	Bezugsgöße	Berechnung
Kurs-Gewinn-Verhältnis (Price-Earnings-Ratio)	Jahresüberschuss bzw. Gewinn je Aktie (JÜ)	$= EK^M / JÜ$ = Aktienkurs / Gewinn pro Aktie
Marktwert-Buchwert-Verhältnis (Market-to-Book-Ratio)	Buchwert des bilanziellen Eigenkapitals (EK)	$= EK^M / EK$
Kurs-Gewinn-Wachstums-Verhältnis (Price-Earnings-Growth-Ratio)	Kurs-Gewinn-Verhältnis in Relation zum durchschnittlichen Gewinnwachstum ($g^{JÜ}$)	$= EK^M / JÜ / g^{JÜ}$

Abb. 1-124: Beispiele für Eigen- und Gesamtkapitalmultiplikatoren (in Anlehnung an Löhnert/Böckmann, 2019, S. 851 f.)

Bei vielen der oben exemplarisch dargestellten Multiplikatoren werden Größen des externen Rechnungswesens als Bezugsgrößen genutzt. Insbesondere bei internationaler Verwendung solcher Multiplikatoren sind die Einflüsse unterschiedlicher Rechnungslegungssysteme wie auch eventuelle bilanzpolitische Verzerrungen zu berücksichtigen. Neben den dargestellten monetären Größen werden mitunter auch nichtmonetäre leistungswirtschaftliche Parameter als Bezugsgrößen für Multiplikatoren genutzt. Dies können zum Beispiel Aspekte wie Verkaufsflächen im Handel, Passagierzahlen im Reiseverkehr, Bettenzahlen von Hotels, Anschlüsse bei Telekommunikationsunternehmen oder Ackerflächen in der Landwirtschaft sein. Mitunter wird auch die gleichzeitige Nutzung mehrerer unterschiedlicher Bezugsgrößen vorgeschlagen, die dann mit unterschiedlicher Gewichtung zu einem Index aggregiert werden können (Olbrich/Frey, 2017, S. 410).

Wird nicht nur auf ein Vergleichsunternehmen, sondern eine Peer Group oder gar eine ganze Branche zurückgegriffen, sind die dort beobachtbaren Multiplikatoren noch in einer geeigneten Form zu verdichten. Hierfür können verschiedene Lageparameter (siehe hierzu auch Abschnitt 3.6.1) wie zum Beispiel gewichtete oder ungewichtete Mittelwerte sowie der Median genutzt werden (Drukarczyk/Schüler, 2021, S. 453 ff.). Die prinzipielle Vorgehensweise wird nachfolgend an einem Beispiel illustriert, für welches wieder auf die X AG als exemplarisches Bewertungsobjekt zurückgegriffen wird. Daneben stehen Informationen für eine Peer Group aus drei ähnlichen Vergleichsunternehmen A, B und C zur Verfügung.

	Vergleichsunternehmen (Peer Group)			Bewertungs-objekt
Unternehmen	**A**	**B**	**C**	**X AG**
Aktienkurs [€/Aktie]	162,00	37,00	85,00	
Anzahl Aktien [Tsd. Stück]	50	640	1.800	
Fremdkapital [M€]	10,000	50,000	100,000	120,000
Bilanzielles Eigenkapital [M€]	6,000	22,000	80,000	96,000
Umsatz [M€]	35,200	144,000	390,000	600,000
Ergebnis vor Zinsen und Steuern (EBIT) [M€]	1,760	5,760	23,400	30,000
Jahresüberschuss [M€]	0,952	2,982	13,930	17,670

Abb. 1-125: Exemplarische Unternehmensdaten

Hieraus ergeben sich für die einzelnen Vergleichsunternehmen die in Abb. 1-126 dargestellten Multiplikatoren. Diese lassen sich mithilfe von verschiedenen statistischen Lageparametern auf einen für die gesamte Peer Group repräsentativen Wert verdichten. Im Beispiel werden diesbezüglich der Median als mittlerer beobachteter Wert sowie der ungewichtete und der gewichtete Durchschnitt exemplarisch genutzt. Bei Letzterem erfolgt hier die Gewichtung anhand der jeweiligen Nennergrößen, sodass sich das gewichtete Mittel durch eine Division der Summe aller Marktwerte innerhalb der Peer Group durch die entsprechende Summe aller Bezugsgrößen ergibt. Dadurch entfalten große Unternehmen ein entsprechend stärkeres Gewicht. Auf das ungewichtete Mittel wirken sich die unterschiedlichen Unternehmensgrößen hingegen nicht aus. Beide Mittelwerte sind jedoch anfällig für Verzerrungen durch Ausreißer. Der Median ist hingegen größenunabhängig und wird auch nicht durch Extremwerte beeinflusst.

	Vergleichsunternehmen			verdichtete Peer Group		
	A	B	C	ungew. Mittel	gew. Mittel	Median
Umsatz-Multiplikator	0,514	0,512	0,649	0,558	0,606	0,514
EBIT-Multiplikator	10,284	12,792	10,812	11,296	11,151	10,812
Kurs-Gewinn-Verhältnis	8,508	7,941	10,983	9,144	10,344	8,508
Marktwert-Buchwert-Verhältnis	1,350	1,076	1,913	1,446	1,711	1,350

Abb. 1-126: Unternehmensspezifische und verdichtete Eigen- und Gesamtkapitalmultiplikatoren der Peer Group

Auf Basis der ermittelten und verdichteten Multiplikatoren lassen sich wiederum die in Abb. 1-127 dargestellten Marktwerte des Eigen- bzw. Gesamtkapitals der X AG abschätzen.

(Angaben in M€)	Enterprise Value $UW^{Brutto} = EK^M + FK$			Equity Value $UW^{Netto} = EK^M$		
	ungew. Mittel	gew. Mittel	Median	ungew. Mittel	gew. Mittel	Median
Umsatz-Multiplikator	334,918	363,436	308,523	214,918	243,436	188,523
EBIT-Multiplikator	338,877	334,521	324,359	218,877	214,521	204,359
Kurs-Gewinn-Verhältnis	281,580	302,773	270,343	161,580	182,773	150,343
Marktwert-Buchwert-Verhältnis	258,844	284,249	249,600	138,844	164,249	129,600

Abb. 1-127: Unternehmenswerte auf Basis der verdichteten Multiplikatoren

Die sich hierbei ergebenden erheblichen Bandbreiten der Bewertungsergebnisse für den Marktwert des Eigenkapitals der X AG sind nochmals in Abb. 1-128 veranschaulicht. Dabei zeigt sich deutlich, dass die Wahl des verwendeten Multiplikators wie auch die Art der Verdichtung innerhalb der Peer Group einen erheblichen Einfluss auf das Ergebnis nehmen.

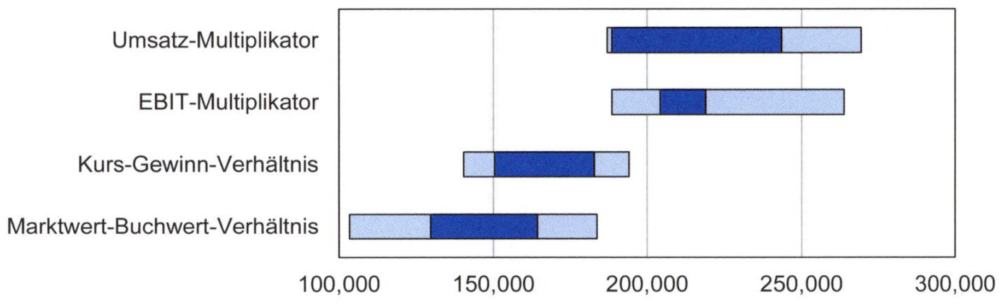

Abb. 1-128: Bandbreiten der geschätzten Eigenkapitalmarktwerte der X AG bei unterschiedlicher Verdichtung der Multiplikatoren

Die dargestellte Vorgehensweise erscheint an vielen Stellen als stark vereinfachend und sehr pragmatisch. Dennoch können viele der oben angesprochenen Multiplikatoren auch als ein vereinfachtes DCF-Kalkül interpretiert werden, welches lediglich auf eine Detailplanungsphase verzichtet und unmittelbar einen eingeschwungenen Zustand mit konstanten Wachstumsraten (Steady State) unterstellt. So lässt sich z. B. unter Bezugnahme auf die in Abschnitt 1.2.3.4 beschriebenen Werttreibermodelle und den in Abschnitt 1.2.4.2 vorgestellten WACC-Ansatz der Brutto-Unternehmenswert mithilfe eines solchen EBIT-Multiplikators wie folgt beschreiben (Drukarczyk/Schüler, 2021, S. 444):

$$UW_0^{Brutto} = EK_0^M + FK_0 = EBIT_1 \times \underbrace{\frac{\left(1-s^{Unt}\right)\times\left(1-\frac{g^{EBIT}}{ronic}\right)}{wacc-g^{EBIT}}}_{EBIT\text{-}Multiplikator}$$

$EBIT$	…	*Earnings before Interest and Taxes (Ergebnis vor Zinsen und Steuern)*
EK^M	…	*Marktwert des Eigenkapitals*
FK	…	*Fremdkapital (Annahme: Marktwert = Buchwert)*
g^{EBIT}	…	*Wachstumsrate des EBIT*
$ronic$	…	*Return on New Invested Capital (Reinvestitionsrentabilität)*
s^{Unt}	…	*Unternehmenssteuersatz*
UW^{Brutto}	…	*Brutto-Unternehmenswert (Wert des Gesamtkapitals bzw. Enterprise Value)*
$wacc$	…	*Gewichteter durchschnittlicher Kapitalkostensatz (WACC-Ansatz)*

Dies soll wieder exemplarisch am Bewertungsbeispiel der X AG veranschaulicht werden. Für diese wurde in Abschnitt 1.2.3.5 gezeigt, dass sich aus der vorliegenden Planungsrechnung bereits ab der Periode 5 ein derart eingeschwungener Zustand ergibt, bei dem alle Parameter mit einer einheitlichen Wachstumsrate von 1 % ansteigen (vgl. Abb. 1-84). Basierend auf den vorliegenden Planungsrechnungen wird für Periode 5 ein EBIT in Höhe von 36,053 M€ erwartet und die Reinvestitionsrendite des investierten Kapitals beträgt 9,82 %. Wird zudem eine wertorientierte Finanzierung unterstellt, resultiert ein konstanter Kapitalkostensatz *wacc* in Höhe von 7,48 %. Der Brutto-Unternehmenswert in $t = 4$ lässt sich damit wie folgt durch Multiplikation des erwarteten EBIT mit einem entsprechenden Multiplikator berechnen:

$$UW_4^{Brutto} = EBIT_5 \times \frac{(1-s)\times\left(1-\frac{g^{EBIT}}{ronic}\right)}{wacc-g^{EBIT}}$$

$$= 36{,}053 \times \underbrace{\frac{(1-0{,}3)\times\left(1-\frac{0{,}01}{0{,}0982}\right)}{0{,}0748-0{,}01}}_{EBIT\text{-}Multiplikator=9{,}702} = 349{,}803$$

Dies entspricht dann exakt dem auch mithilfe der DCF-Verfahren für diesen Bewertungszeitpunkt gewonnenen Wert. Für davorliegende Zeitpunkte gilt dies im vorliegenden Beispiel jedoch nicht, da dann noch kein eingeschwungener Zustand erreicht wurde, der eine Bewertung mit einem derart vereinfachten Rentenmodell rechtfertigt.

Es zeigt sich jedoch, dass ein in dieser Weise konkretisierter EBIT-Multiplikator in komprimierter Form alle bewertungsrelevanten Annahmen beinhalten kann, wie sie auch einer Zukunftserfolgswertermittlung mithilfe von Wertgeneratorenmodellen in einer solchen Situation zugrunde liegen. Für andere oben genannte Multiplikatoren kann dieser Zusammenhang in ähnlicher Weise hergestellt werden. Zudem lassen sich die Multiplikatoren auch formal ineinander überführen (Drukarczyk/Schüler, 2021, S. 442 ff.). Für die Übertragung eines aus Vergleichsunternehmen gewonnenen Multiplikatorwerts auf ein anderes

Bewertungsobjekt wäre dann allerdings auch eine weitestgehende Übereinstimmung von Rentabilität, Wachstum, steuerlichen Rahmenbedingungen und Kapitalkostensätzen notwendig. Diese Bedingung dürfte in der praktischen Anwendung jedoch oftmals verletzt werden und nur selten Gegenstand einer detaillierten Analyse sein.

In der praktischen Anwendung werden an den zunächst durch das Multiplikatorverfahren ermittelten Unternehmenswerten oftmals noch verschiedene Wertkorrekturen durch Zu- und Abschläge vorgenommen (Olbrich/Frey, 2017, S. 411 f.). Da zum Beispiel ein an Börsenkursen anknüpfender Multiplikator vom Wert einer einzelnen Aktie ausgeht, wird oftmals ein zusätzlicher Paketzuschlag angesetzt, wenn ein Unternehmen als Ganzes erworben wird bzw. aus dem Anteilskauf stärkere Kontrollrechte und Einflussmöglichkeiten auf die Geschäftsführung resultieren. Demgegenüber wird regelmäßig ein Fungibilitätsabschlag vorgenommen, wenn das Bewertungsobjekt nicht börsennotiert ist und damit gegenüber den Vergleichsunternehmen nur eine eingeschränkte Marktgängigkeit bzw. Veräußerbarkeit aufweist. Weitere Korrekturen versuchen Unterschiede zwischen Vergleichs- und Bewertungsunternehmen auszugleichen. So versucht z. B. ein Portefeuilleabschlag dem Umstand Rechnung zu tragen, dass die beobachtbaren Vergleichsunternehmen gegebenenfalls in ihren Geschäftsfeldern deutlich breiter aufgestellt sind als das Bewertungsobjekt. Ein sogenannter Small Cap Discount würde hingegen versuchen, eine gegenüber den Vergleichsunternehmen schwächere Marktstellung zu berücksichtigen.

Die Beurteilung einer Bestimmung von Unternehmenswerten mithilfe von marktorientierten Vergleichswerten fällt ambivalent aus (z. B. Hommel/Dehmel, 2021, S. 80 ff.; Löhnert/Böckmann, 2019, S. 843 ff.). Ein potenzieller Vorteil des Multiplikatorverfahrens liegt zweifellos in seiner leichten Anwendbarkeit, wenn die entsprechenden Informationsgrundlagen vorliegen. Letzteres ist jedoch bereits mit Blick auf die tatsächlich verfügbaren Vergleichsunternehmen mit bekannten Börsen- oder Transaktionswerten oftmals stark eingeschränkt. Die Anknüpfung an tatsächlich beobachteten Marktpreisen und validierten Parametern des Rechnungswesens bzw. anderen messbaren Größen verleihen diesem Vorgehen den Anschein einer gewissen Objektivität. Tatsächlich bestehen jedoch massive subjektive Einflussmöglichkeiten durch den Bewerter. Dies betrifft neben der Auswahl der herangezogenen Vergleichsunternehmen und beobachteten Marktpreise auch die Wahl und Gewichtung der genutzten Bezugsgrößen, die Art der Verdichtung von Peer Group-Werten bis hin zur Möglichkeit vielfältiger weitergehender Wertkorrekturen durch entsprechende Zu- und Abschläge. Der gezielte Einsatz dieser ‚Stellschrauben' eröffnet extrem große Bandbreiten der möglichen Ergebnisse (Olbrich/Frey, 2017, S. 416). Problematisch ist auch der für alle Bezugsgrößen grundsätzlich unterstellte lineare Zusammenhang mit dem Unternehmenswert. Hierdurch wird implizit ein eingeschwungener Zustand mit konstantem Wachstum unterstellt und ein entsprechendes Rentenmodell angewandt. Knüpft die Wertermittlung hierbei jedoch nicht an Prognosen, sondern an in der Vergangenheit realisierten Größen an, ist keine Zukunftsbezogenheit mehr gegeben. Ferner handelt es sich bei den zugrunde gelegten Marktwerten lediglich um die in beobachtbaren Transaktionen tatsächlich gezahlten Preise, welche in den meisten Fällen nicht den subjektiven Entscheidungswerten der Akteure entsprechen.

Aufgrund dieser zahlreichen methodischen Kritikpunkte sind Multiplikatoren in erster Linie als pragmatische Hilfsgrößen für eine grobe Abschätzung des Unternehmenswerts zu sehen. Sie liefern Vergleichsgrößen im Rahmen einer Plausibilitätsprüfung von ermittelten Zukunftserfolgswerten, indem deutliche Abweichungen der Ergebnisse eine kritische Überprüfung der Bewertungsparameter anregen sollten. Auch bei fehlenden Planungsgrundlagen einer Zukunftserfolgswertermittlung oder indikativen Preisüberlegungen im Rahmen von Börseneinführungen liefern Multiplikatoren wertvolle Anhaltspunkte. Dementsprechend erfreut sich dieser Bewertungsansatz in der Praxis einer großen Beliebtheit und findet zumindest ergänzend zu anderen Bewertungsmethoden eine sehr breite Anwendung (z. B. Homburg et al., 2011, S. 120).

Kapitel 2 Wertorientiertes Controlling

2.1 Wertorientierte Controlling-Konzeption

Die managementunterstützende Funktion des Controlling wird in der betriebswirtschaftlichen Literatur in sehr facettenreicher, uneinheitlicher sowie sich dynamisch verändernder Weise beschrieben (z. B. Coenenberg et al., 2016, S. 39 ff.; Horváth et al., 2020, S. 2 ff.; Küpper et al., 2013, S. 3 ff.). Eine dieser Sichtweisen, welche auch hier vertreten wird, sieht den Kern des Controllings insbesondere in einem kybernetischen Steuerungsprozess, der aus den drei elementaren Teilprozessen Planung, Realisation und Kontrolle einen Regelkreis bildet (Coenenberg et al., 2016, S. 36 ff.). Ausgangspunkt dieser Steuerung sind die verfolgten Ziele, wobei es sich dabei typischerweise um ein mehrdimensionales Zielsystem handelt. Dieses beinhaltet Sachziele, die sich als Ergebnisse des konkreten Handelns auf das Produktionsprogramm eines Unternehmens und die bedienten Märkte aber auch auf soziale und ökologische Wirkungen beziehen. Daneben stehen vor allem Formalziele im besonderen Fokus des Controllings, die auf den ökonomischen Erfolg des wirtschaftlichen Handelns gerichtet sind. Letzteres beinhaltet die kurzfristigen Teilziele Erfolg und Liquidität, welche Gegenstand des operativen Controllings sind. Daneben steht das Ziel einer nachhaltigen Existenzsicherung, was auch als langfristiges Erfolgspotenzial beschrieben wird und im Fokus des strategischen Controllings steht.

Die Planung stellt hierbei eine geistige Vorwegnahme des zukünftigen Handelns und der daraus resultierenden Konsequenzen dar und lässt sich in mehrere Teilplanungen zerlegen. Basierend auf der generellen Zielbildung versucht die strategische Planung auf lange Sicht eine bestmögliche Abstimmung zwischen den Chancen und Risiken des Umfeldes sowie den Stärken und Schwächen des Unternehmens zu erreichen. Die hierbei gewählte Stoßrichtung wird dann im Rahmen der operativen Planung heruntergebrochen, wobei insbesondere eine kurzfristige Effizienzoptimierung im Vordergrund steht. Die aus der operativen und strategischen Planung abgeleiteten Entscheidungen und Verantwortlichkeiten innerhalb des Unternehmens bilden dann die entsprechenden Stellgrößen und Stellorte des oben angesprochenen Regelkreises. Diese sind im Rahmen einer gesamtunternehmensbezogenen Planung aufeinander abzustimmen, wobei insbesondere die Verfügbarkeit entsprechender Finanzressourcen zu berücksichtigen ist.

Die Realisation der im Planungsprozess entworfenen Maßnahmen ist verschiedenen, aus dem Umfeld wie auch aus dem Unternehmen selbst hervorgehenden Störgrößen ausgesetzt, welche die resultierende Zielerreichung beeinflussen. Letztere wird durch die Kontrolle im Rahmen des betrieblichen Informationssystems analysiert, indem Realisationsgrößen mit entsprechenden Vorgabewerten verglichen und im Rahmen von Abweichungsanalysen hinsichtlich ihrer Ursachen untersucht werden (Feedback). Je nachdem, welche Zielgrößen hierbei betrachtet werden, lassen sich operative und strategische Kontrollen unterscheiden. Die relevanten Informationen (Messgrößen) werden dabei insbesondere durch die verschiedenen Teilsysteme des Rechnungswesens sowie spezifische Controlling-Instrumente bereitgestellt (Coenenberg et al., 2016, S. 8 ff.). Somit ermöglicht die Kontrolle bei festgestellten Zielabweichungen das Einleiten gezielter Gegenmaßnahmen innerhalb des Unternehmens (Regelstrecke), um die ursprünglich gesteckten Ziele zu erreichen oder auch um bisherige Ziele zu revidieren sowie Verbesserungen der zukünftigen Planungs- und Realisationsprozesse zu bewirken (Feedforward). Eine Verzahnung mit einem entsprechenden Anreizsystem kann diese Prozesse wirksam unterstützen. Im Ergebnis entsteht der in Abb. 2-1 dargestellte Regelkreis des Controllings.

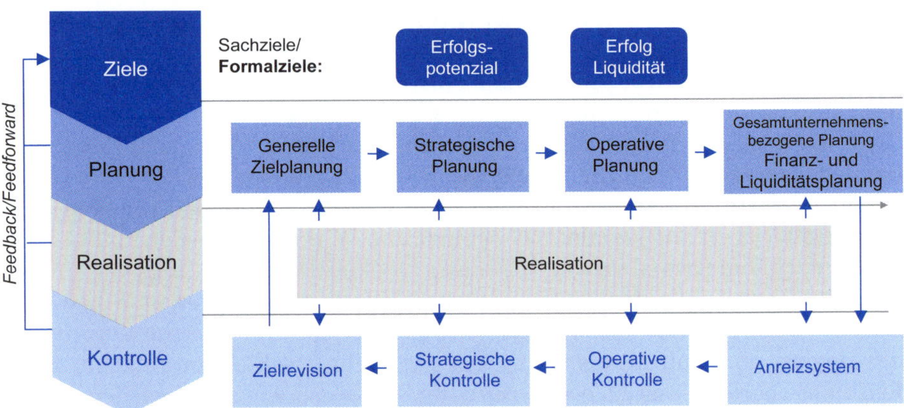

Abb. 2-1: Kybernetisches Controllingsystem (in Anlehnung an Günther, 1997, S. 69)

Diese grundlegenden Elemente eines Controllingsystems werden durch eine unternehmenswertorientierte Ausrichtung nicht ersetzt, sondern lediglich in spezifischer Weise ergänzt (Günther, 1997, S. 70 ff.). Dabei ist zunächst eine Einordnung in das Zielsystem des Unternehmens vorzunehmen. Indem der Unternehmenswert, insbesondere in seiner Ausprägung als Zukunftserfolgswert, eine zukunftsbezogene sowie periodenübergreifende Sichtweise beinhaltet, ist er dem langfristigen Oberziel der „nachhaltigen Existenzsicherung" zuzuordnen. Während das traditionell im Rahmen des strategischen Controllings betrachtete Erfolgspotenzial einen primär qualitativen bzw. nichtmonetären Charakter aufweist, liefert die Unternehmensbewertung hierzu eine entsprechende monetäre Quantifizierung.

Die Zielstellung einer nachhaltigen Entwicklung des Erfolgspotenzials sowie die Steigerung des Unternehmenswerts lassen sich daher als zwei Seiten derselben Medaille auffassen. Das Instrumentarium des strategischen Controllings ist somit um wertorientierte Analysen zu erweitern, was sich zum Beispiel in Spezifika der verfolgten Wettbewerbsstrategie (Kapitel 2.7) oder einem wertorientierten Portfolio-Management (Kapitel 2.6) zeigt. Um wertorientierte Strategien im Rahmen der operativen Planung in entsprechende kurzfristige Detailpläne herunterzubrechen, bedarf es auch hier entsprechender wertorientierter Instrumentarien, wie zum Beispiel entsprechender Performance-Maße (Kapitel 2.2), Kennzahlensysteme (Kapitel 2.3) oder Break-even-Analysen (Kapitel 2.4). Im Rahmen der gesamtunternehmensbezogenen Liquiditäts- und Finanzplanung (Abschnitt 1.2.3.3) ist dann eine Aggregation bzw. Konsolidierung der einzelnen operativen Detailpläne vorzunehmen. Wertorientierte Abweichungsanalysen (Kapitel 2.5) ermöglichen schließlich eine Kontrolle der Zielerreichung sowie eine differenzierte Betrachtung eventueller Abweichungsursachen. Darüber hinaus schlägt sich eine wertorientierte Unternehmensführung auch in entsprechenden Modifikationen der Anreizsysteme (Kapitel 2.8) nieder. Zudem sind die genannten Erweiterungen des Steuerungssystems und die hierdurch generierten Maßnahmen durch Erfolge in geeigneter Weise gegenüber den Kapitalgebern und anderen Stakeholdern zu kommunizieren. Dies erfolgt insbesondere durch eine entsprechende wertorientierte Berichterstattung, die auch als sogenanntes Value Reporting (Kapitel 2.9) bezeichnet wird und Bestandteil der Investor Relations ist. Ein in dieser Weise ausgestaltetes wertorientiertes Controllingsystem ist in Abb. 2-2 noch einmal zusammenfassend dargestellt.

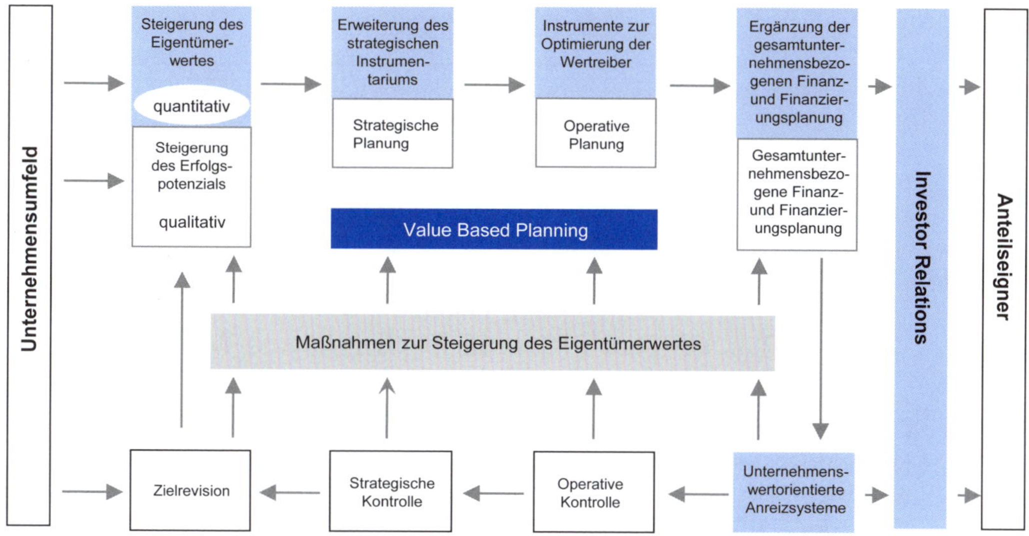

Abb. 2-2: Unternehmenswertorientiertes Controllingsystem (in Anlehnung an Günther, 1997, S. 72)

Damit wird die Zielgröße Unternehmenswert systematisch in den Prozess der Unternehmenssteuerung integriert und zum Gegenstand bzw. Anknüpfungspunkt vielfältiger Controllinginstrumente (Günther, 1997, S. 204 f.). Hierbei sind entsprechende Weiterentwicklungen und Ergänzungen notwendig, wenn die bisher genutzten Instrumente noch keine hinreichende Grundlage für ein wertorientiertes Management liefern. Die in Abb. 2-3 dargestellte wertorientierte Controlling-Pyramide drückt aus, dass das Oberziel einer Steigerung des Unternehmenswerts auf eine Vielzahl möglicher Werttreiber zurückgeführt werden kann (top-down). Dies schlägt sich in verschiedenen Instrumenten des operativen und strategischen Controllings nieder und eröffnet vielfältige Verknüpfungsmöglichkeiten mit dem übrigen Instrumentarium des Controllings. Gleichzeitig wird deutlich, dass die operative Planung, Realisation und Kontrolle die Basis darstellt und sich diesbezügliche Informationen im Unternehmenswert verdichten (bottom-up). Das strategische Controlling nimmt dabei eine Art Brückenfunktion wahr, indem es den Rahmen für die Umsetzung operativer Pläne setzt.

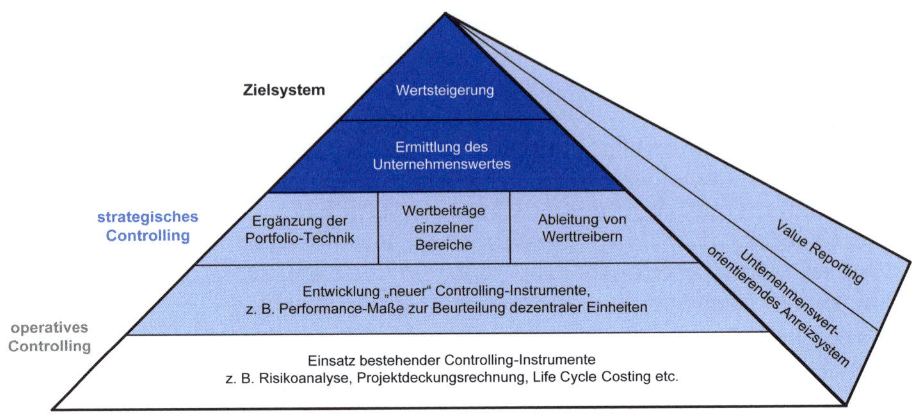

Abb. 2-3: Unternehmenswertorientierte Controlling-„Pyramide"
(in Anlehnung an Günther, 1997, S. 205)

In den nachfolgenden Abschnitten werden ausgewählte Elemente eines derartigen wertorientierten Controllingsystems näher dargestellt und anhand entsprechender Beispiele illustriert.

2.2 Wertorientierte Performance-Maße

Gegenüber traditionellen betriebswirtschaftlichen Erfolgs- und Rentabilitätskennzahlen wurden in der Vergangenheit vielfältige Kritikpunkte erhoben (Günther, 1997, S. 50 ff.). Bemängelt wurde dabei unter anderem der oftmals retrospektive Charakter rechnungslegungsbasierter Informationen. Darüber hinaus wurde auch eine stärkere Berücksichtigung von Risiken, Periodeninterdependenzen oder finanzierungsbedingten Einflüssen gefordert. Daraufhin entstand eine Vielzahl an Vorschlägen zu Performance-Maßen, welche besser in der Lage sein sollten, den wirtschaftlichen Erfolg einer Periode aus wertorientierter Perspektive abzubilden. Ein zentrales Element bildet dabei der Einbezug risikoäquivalenter Kapitalkosten, deren Abzug zu sogenannten Residualgewinnen führt. Nach einer grundlegenden Einführung werden daher im Folgenden verschiedene derartige Konzepte vorgestellt, hinsichtlich ihrer Vor- und Nachteile diskutiert und die praktische Anwendung am Beispiel der fiktiven X AG veranschaulicht.

2.2.1 Grundlegende Ansatzpunkte der wertorientierten Performance-Messung

Allgemein geben Performance-Maße in Form von Leistungskennzahlen Aufschluss über die geplanten oder tatsächlich realisierten Zielerreichungsbeiträge bestimmter Betrachtungsobjekte. Dies können gesamte Unternehmen sein aber z. B. auch einzelne Geschäftsbereiche, Segmente, Produkte, Projekte, Kunden oder

Mitarbeiter. Dabei steht oftmals ein konkretisierter Zeitabschnitt im besonderen Fokus, der im Rechnungswesen regelmäßig das Geschäftsjahr umfasst. Aus wertorientierter Perspektive liegt das Ziel darin, anhand eines solchen Performance-Maßes eine Aussage über die in einer konkreten Periode t erreichte oder geplante Steigerung des Unternehmenswerts treffen zu können. Dabei wird oftmals ein Ursache-Wirkungs-Zusammenhang zwischen dem eingesetzten Kapital als knappem Inputfaktor und dem hieraus erwirtschafteten Erfolg hergestellt und mit alternativen Anlagemöglichkeiten verglichen. Letzteres erfolgt durch den Einbezug von Kapitalkosten (siehe Abschnitt 1.2.2), welche die Renditeforderungen der Investoren beschreiben und die Opportunitätskosten gegenüber äquivalenten Anlagealternativen ausdrücken. In den letzten Jahrzehnten wurde eine kaum mehr überschaubare Vielzahl derartiger Performance-Maße vorgeschlagen (für einen Überblick z. B. Gladen, 2014, S. 113 ff.; Günther, 1997, S. 213 ff.; Hebertinger, 2002, S. 107 ff.; Schultze/Hirsch, 2005, S. 35 ff.). Innerhalb dieses breiten Spektrums möglicher Kennzahlen lassen sich verschiedene Attribute zur Systematisierung nutzen (Ewert/Wagenhofer, 2014, S. 516 ff.; Schumann, 2008, S. 99 ff.).

So kann unterschieden werden, ob Cashflows oder Erfolgsgrößen als Ermittlungsbasis zugrunde gelegt werden. Dabei knüpfen Cashflows an realen Zahlungsströmen an und sind daher grundsätzlich schwerer manipulierbar. Zudem stehen diese auch in unmittelbarem Bezug zu den ebenfalls zahlungsorientierten DCF-Verfahren der Unternehmensbewertung, wie sie in Abschnitt 1.2.4 vorgestellt wurden. Allerdings unterliegen Cashflows im Zeitverlauf oftmals starken Schwankungen, was die Vergleichbarkeit zwischen den Perioden erschwert. Demgegenüber bilden Ergebnisgrößen theoretische Konstrukte, die bestimmten Bewertungs- und Periodisierungsregeln folgen. Dies eröffnet zwar einerseits gewisse Gestaltungs- bzw. Manipulationsspielräume, führt jedoch andererseits auch zu einer Glättung der Ergebnisse, was die intertemporale Vergleichbarkeit erhöht.

Ferner sind absolute und relative Performance-Maße zu unterscheiden. Absolute Messgrößen quantifizieren den Periodenerfolg als monetären, das heißt in Geldeinheiten (GE) ausgedrückten Betrag. Der oben angesprochene Einbezug der Kapitalkosten wird in diesem Fall durch eine sogenannte 'Capital Charge' realisiert, indem vom monetären Periodenerfolg die Kapitalkosten auf das eingesetzte Kapital abgezogen werden. Der Einfluss der betragsmäßigen Höhe des eingesetzten Kapitals erschwert jedoch einen Performance-Vergleich zwischen Betrachtungsobjekten von unterschiedlicher Größe. Dies wird durch den Einsatz relativer Performance-Maße besser ermöglicht. Hierbei werden der geplante bzw. tatsächlich erreichte Periodenerfolg in Relation zum Kapitaleinsatz gesetzt und diese Rentabilität dann den ebenfalls prozentualen Kapitalkostensätzen gegenüberstellt. Daraus entsteht ein prozentuales Rentabilitätsmaß in Form einer Überrendite bzw. eines sogenannten 'Value- bzw. Rendite-Spreads'. Positive Spreads werden hierbei als Indikatoren für Wertsteigerungen interpretiert, da die Renditeforderungen der Kapitalgeber übertroffen werden. Die absolute Erfolgshöhe ergibt sich durch die Multiplikation dieses Rendite-Spreads mit dem eingesetzten Kapitalbetrag.

Als ein weiteres Kriterium lassen sich Performance-Maße auch dahingehend systematisieren, ob sie eine Brutto- oder Netto-Perspektive verfolgen, wie dies bereits im Rahmen der Unternehmensbewertungsverfahren unterschieden wurde (s. Abschnitt 1.2.1.3). Während die Brutto- bzw. Entity-Perspektive den Erfolg aus der gemeinsamen Sicht der Eigen- und Fremdkapitalgeber auf Gesamtkapitalebene betrachtet, ist die Netto- bzw. Equity-Perspektive unmittelbar auf das Eigenkapital gerichtet.

Grundsätzlich sollen Performance-Maße einen wirkungsvollen Beitrag zur Informations- und Verhaltenssteuerungsfunktion leisten (Schumann, 2008, S. 87 f.). Dabei liefern sie wichtige Messgrößen zur Beurteilung der unternehmerischen Tätigkeit und dienen oftmals als Grundlage der Entscheidungsfindung und Incentivierung. Dies umfasst sowohl zukunftsorientierte Aspekte der Performance-Planung als auch die vergangenheitsbezogene Performance-Kontrolle, -analyse und -honorierung. Besondere Bedeutung besitzen dabei auch detaillierte Abweichungsanalysen, wie sie in Abschnitt 2.2.6 sowie insbesondere in Kapitel 2.5 angesprochen werden.

Den in den nachfolgenden Abschnitten näher vorgestellten, wie auch allen übrigen wertorientierten Performance-Maßen werden unterschiedliche Vor- und Nachteile zugeschrieben. Derartigen Diskussionen liegen verschiedene Anforderungskriterien zugrunde, welche eine Beurteilung der Eignung zu Steuerungszwecken ermöglichen sollen (für einen Überblick z. B. Hebertinger, 2002, S. 9 ff.; Schumann, 2008, S. 102 ff.). In quantitativer Hinsicht spielt hierbei die Forderung nach Barwertidentität eine herausragende Rolle, was auch unter dem Begriff der Zielkongruenz diskutiert wird. Hierdurch wird sichergestellt, dass der Barwert des betrachteten Performance-Maßes mit dem Barwert der Zahlungsüberschüsse des Bewertungsobjektes übereinstimmt. Letzterer entspricht dem Unternehmenswert und bildet damit die zentrale Zielgröße. Darüber hinaus sollten Vorzeichen und Veränderungen des Performance-Maßes korrekte Rückschlüsse auf die Vorteilhaftigkeit bzw. die wirtschaftliche Situation des Bewertungsobjektes ermöglichen. Daneben werden weitere Eigenschaften gefordert, die jedoch nur einer qualitativen Argumentation zugänglich sind und daher oftmals keine einhellige Beurteilung des jeweiligen Performance-Maßes erlauben. Beispielsweise werden hierbei Aspekte wie Manipulationsresistenz, Verständlichkeit oder Wirtschaftlichkeit genannt, welche jedoch nur schwer objektivierbar sind.

Im Folgenden wird eine Auswahl an derartigen wertorientierten Performance-Maßen näher vorgestellt. Dabei handelt es sich zum einen um absolute Residualgewinne sowie zum anderen um relative Rentabilitätskennzahlen. Während Rentabilitätskennzahlen einen unmittelbaren Vergleich mit der Renditeforderung der Investoren in Gestalt des Kapitalkostensatzes ermöglichen, führt die Multiplikation dieser Renditedifferenz mit dem jeweils konzeptionell zugehörigen Kapitaleinsatz zu einem entsprechenden Residualgewinn. Aus diesem Grund werden nachfolgend verschiedene Residualgewinnkonzepte mit ihren zugehörigen Rentabilitätsmaßen jeweils gemeinsam vorgestellt. Dieses Grundprinzip einer korrespondierenden relativen und absoluten Performance-Messung ist in Abb. 2-4 nochmals grafisch veranschaulicht.

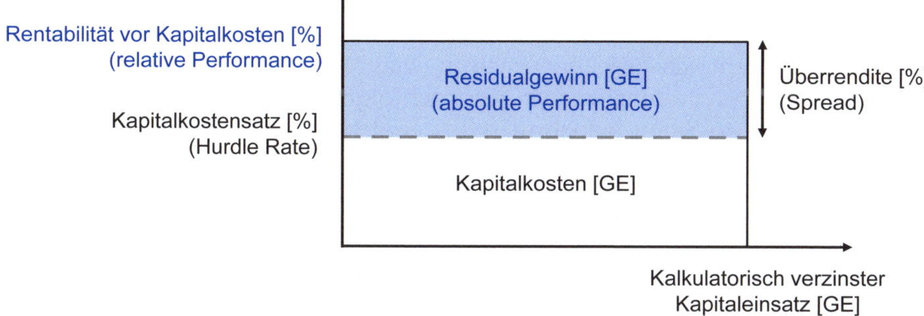

Abb. 2-4: Grundprinzip des Residualgewinns

Alle drei konstituierenden Elemente eines Residualgewinns, das heißt Kapitaleinsatz, Kapitalkostensatz wie auch die verwendeten Erfolgs- bzw. Rentabilitätsgrößen müssen konzeptionell aufeinander abgestimmt sein, um eine sinnvolle Interpretation zu ermöglichen sowie die oben geforderte Barwertidentität gegenüber dem Unternehmenswert sicherzustellen. Letzterer ist dann identisch mit der Summe aus Kapitalbasis im Bewertungszeitpunkt KB_0 zuzüglich der auf diesen Zeitpunkt diskontierten zukünftigen Residualgewinne DRG_0. Die hierbei einzuhaltenden Bedingungen des Preinreich-Lücke-Theorems wurden bereits in Abschnitt 1.2.3.6 ausführlich dargestellt. Bezogen auf die nachfolgend näher vorgestellten Varianten von Residualgewinnansätzen ergeben sich hieraus zum Teil weitere Anpassungserfordernisse.

$$UW_0^{ZEW} = \sum_{t=1}^{\infty} \frac{\ddot{U}_t}{\prod_{n=1}^{t}(1+k_n)} = \sum_{t=1}^{\infty} \frac{RG_t}{\prod_{n=1}^{t}(1+k_n)} + KB_0 = DRG_0 + KB_0$$

DRG ... *Diskontierter Residualgewinn*
k ... *Kalkulationszinssatz (Kapitalkostensatz)*
KB ... *Kapitalbasis*
RG ... *Residualgewinn*
t ... *Zeit- bzw. Periodenindex*
Ü ... *Bewertungsrelevanter Überschuss*
UW^{ZEW} ... *Zukunftserfolgswert des Unternehmens*

Alle genannten Parameter sind dabei aus den gleichen Planungsgrundlagen ableitbar, wie sie auch für die Bestimmung des Unternehmenswerts als Zukunftserfolgswert benötigt werden. Insofern stellen die nachfolgenden Residualgewinnkonzepte neben ihrer möglichen Nutzung als Performance-Maße gleichzeitig auch eine alternative Bewertungsmethodik zur Verfügung, mit der sich völlig identische Ergebnisse erzielen lassen wie mit den in Abschnitt 1.2.4 vorgestellten DCF-Verfahren (Schumann, 2008, S. 19). Entsprechend finden Residualgewinne auch in der Bewertungspraxis eine durchaus häufige Anwendung (Homburg et al., 2011, S. 120). Diese Gleichwertigkeit im Sinne einer Ergebnis- und Methodenidentität gilt jedoch nicht für einfache Übergewinnansätze, denen ein Mischkonzept aus Zukunftserfolgswert und substanzorientierter Einzelbewertung von Vermögens- und Schuldpositionen zugrunde liegt und auf die hier nicht näher eingegangen werden soll (vgl. hierzu z. B. Ballwieser/Hachmeister, 2021, S. 247 ff.; Mandl/Rabel, 1997, S. 49 ff.; Schultze, 2003). Eine Gleichsetzung dieser oftmals kritisch gesehenen Misch- bzw. Kombinationsverfahren oder einfachen Übergewinnansätze mit den nachfolgend dargestellten Residualgewinnkonzepten erscheint jedoch nicht als gerechtfertigt (Mandl/Wagenhofer, 2002; Schultze, 2003, S. 482 f.).

2.2.2 Economic Value Added (EVA)

Der durch das Beratungsunternehmen Stern Stewart & Co. vorgeschlagene Economic Value Added (EVA)[1] ist das wohl bekannteste und in der praktischen Anwendung verbreitetste wertorientierte Performance-Maß (Stewart, 1991). Entsprechend soll dieses Residualgewinnkonzept hier auch als erstes vorgestellt werden. Daneben wurde auch von der Beratungsgesellschaft McKinsey & Company unter der Bezeichnung Economic Profit (EP) ein ganz ähnlicher Vorschlag entwickelt (Koller et al., 2010, S. 115 ff.). Aufgrund der weitestgehenden Übereinstimmung beider Ansätze, werden diese hier gemeinsam betrachtet. Hierbei orientiert sich die Notation der in die Berechnung eingehenden Parameter stärker am zweitgenannten Ansatz, da diese Größen bereits im Rahmen der in den Abschnitten 1.2.3.4 und 1.2.3.5 dargestellten Werttreibermodelle genutzt wurden.

Beim EVA bzw. EP handelt es sich grundsätzlich um ein absolutes Erfolgsmaß, welches der Brutto- bzw. Entity-Perspektive entspricht. Als Ausgangspunkt dient eine buchwertorientierte periodische Erfolgsgröße, die als Net Operating Profit less adjusted Taxes bzw. *NOPLAT* bezeichnet wird. Alternativ ist auch die Bezeichnung Net Operating Profit after Taxes (NOPAT) zu finden (Stewart, 1991, S. 85 ff.). Dabei handelt es sich um den Gewinn nach Unternehmenssteuern, wie er bei reiner Eigenfinanzierung eintreten würde, indem das Ergebnis vor Zinsen und Steuern (EBIT) fiktiv einer Besteuerung mit dem Unternehmenssteuersatz s^{Unt} unterworfen wird. Die sich hieraus ergebende Steuerlast fällt dann höher aus als die realen Steuerzahlungen des Unternehmens, da aufgrund des nicht berücksichtigten Zinsaufwandes kein Tax Shield entsteht. Dementsprechend erscheint der Hinweis auf die 'angepassten Steuern' im Namen der Erfolgsgröße als hilfreiche Klarstellung. In dieser grundlegenden Weise liegt dem *NOPLAT* damit die folgende Definition zugrunde:

[1] EVA ist ein eingetragenes Warenzeichen von Stern Stewart & Co.

$$NOPLAT_t = EBIT_t \times \left(1 - s_t^{Unt}\right) = JÜ_t + i_t^{FK} \times FK_{t-1} - TS_t$$

EBIT ... *Earnings before Interest and Taxes (Ergebnis vor Zinsen und Steuern)*
FK ... *Fremdkapital*
i^{FK} ... *Fremdkapitalzinssatz*
JÜ ... *Jahresüberschuss*
NOPLAT ... *Net Operating Profit less adjusted Taxes (Ergebnis vor Zinsen nach angepassten Steuern)*
s^{Unt} ... *Unternehmenssteuersatz*
t ... *Zeit- bzw. Periodenindex*
TS ... *Tax Shield (fremdfinanzierungsbedingter Steuervorteil)*

Die periodenbezogene Erfolgsgröße *NOPLAT* wird dann in einem zweiten Schritt um Kapitalkosten gemindert. Diese berechnen sich, indem man den aus dem WACC-Verfahren der DCF-Bewertung (s. Abschnitt 1.2.4.2) bekannten Kapitalkostensatz *wacc* mit dem zu Periodenbeginn eingesetzten Kapitalbestand multipliziert. Dieses investierte Kapital *IC* entspricht dem Buchwert des operativen Anlagevermögens *OAV* zuzüglich des Net Working Capitals *NWC* abzüglich der langfristigen Rückstellungen *LRS*. Dabei sind alle genannten Elemente des Kapitaleinsatzes mit ihren jeweiligen Werten zum Ende der Vorperiode anzusetzen. Der Abzug des Bestands an langfristigen Rückstellungen ist für die nachfolgend noch darzustellende Barwertidentität zum Unternehmenswert auf DCF-Basis erforderlich, da hierdurch das zeitliche Auseinanderfallen der im *NOPLAT* enthaltenen Aufwendungen aus der Rückstellungsbildung gegenüber den erst später erfolgenden Auszahlungen berücksichtigt wird (Drukarczyk/Schüler, 2021, S. 414 ff.). Der *EVA* ermittelt sich dann als sogenannte Capital-Charge-Formel wie folgt (Stewart, 1991, S. 136 ff.):

$$\begin{aligned} EVA_t &= NOPLAT_t - wacc_t \times IC_{t-1} \\ &= EBIT_t \times \left(1 - s_t^{Unt}\right) - wacc_t \times \left(OAV_{t-1} + NWC_{t-1} - LRS_{t-1}\right) \end{aligned}$$

EBIT ... *Earnings before Interest and Taxes (Ergebnis vor Zinsen und Steuern)*
EVA ... *Economic Value Added*
IC ... *Invested Capital*
LRS ... *Langfristige Rückstellungen*
NOPLAT ... *Net Operating Profit less adjusted Taxes (Ergebnis vor Zinsen nach angepassten Steuern)*
NWC ... *Net Working Capital (Netto-Umlaufvermögen)*
OAV ... *Operatives Anlagevermögen*
s^{Unt} ... *Unternehmenssteuersatz*
t ... *Zeit- bzw. Periodenindex*
wacc ... *Gewichteter durchschnittlicher Kapitalkostensatz (WACC-Ansatz)*

Eine alternative Berechnungsweise betrachtet zunächst die erzielte Rentabilität. Für deren Definition wird wie auch schon bei den in Abschnitt 1.2.3.4 dargestellten Werttreibermodellen der sogenannte Return on Invested Capital (roic) genutzt. Dieses Rentabilitätsmaß setzt den *NOPLAT* in Relation zum Kapitaleinsatz, welcher zu Periodenbeginn bzw. dem Ende der Vorperiode betrachtet wird. In Literatur und Praxis werden mitunter auch alternative Bezeichnungen für diese Rentabilitätsgröße wie z. B. Return on Net Assets (rona), Return on Capital Employed (roce) oder Return on Investment (roi) genutzt (Ewert/Wagenhofer,

2014, S. 519 ff.; z. B. Plaschke, 2003, S. 139; Rupp/Haberstumpf, 2018, S. 2130). Der Kapitalrentabilität *roic* wird dann zunächst der Kapitalkostensatz *wacc* gegenübergestellt und ein positiver oder negativer Rendite-Spread ermittelt. Multipliziert man diese Renditedifferenz mit dem Kapitaleinsatz, erhält man wieder den absoluten Betrag des periodenbezogenen *EVA*. Formal stellt sich dies als sogenannte Value-Spread-Formel wie folgt dar:

$$EVA_t = \left(roic_t - wacc_t\right) \times IC_{t-1}$$

$$= \left[\frac{EBIT_t \times \left(1 - s_t^{Unt}\right)}{OAV_{t-1} + NWC_{t-1} - LRS_{t-1}} - wacc_t\right] \times \left(OAV_{t-1} + NWC_{t-1} - LRS_{t-1}\right)$$

EBIT	…	*Earnings before Interest and Taxes (Ergebnis vor Zinsen und Steuern)*
EVA	…	*Economic Value Added*
IC	…	*Invested Capital*
LRS	…	*Langfristige Rückstellungen*
NOPLAT	…	*Net Operating Profit less adjusted Taxes (Ergebnis vor Zinsen nach angepassten Steuern)*
NWC	…	*Net Working Capital (Netto-Umlaufvermögen)*
OAV	…	*Operatives Anlagevermögen*
roic	…	*Return on Invested Capital*
s^{Unt}	…	*Unternehmenssteuersatz*
t	…	*Zeit- bzw. Periodenindex*
wacc	…	*Gewichteter durchschnittlicher Kapitalkostensatz (WACC-Ansatz)*

Für eine exemplarische Berechnung des *EVA* am Beispiel der X AG wird eine wertorientierte Finanzierungspolitik mit einem konstanten Kapitalkostensatz *wacc* in Höhe von 7,48 % angenommen. Auf Basis der Planwerte für Bilanz und GuV (siehe Abb. 1-70 bis 1-73) ergeben sich hieraus die nachfolgenden Werte:

(Angaben in M€)	t = 0	1	2	3	4	5 (= T)
NOPLAT		23,100	24,255	24,740	24,988	25,237
IC	216,000	237,600	249,480	254,470	257,014	259,584
roic		10,69 %	10,21 %	9,92 %	9,82 %	9,82 %
wacc		7,48 %	7,48 %	7,48 %	7,48 %	7,48 %
EVA		**6,943**	**6,483**	**6,079**	**5,953**	**6,013**

Abb. 2-5: Economic Value Added am Beispiel der X AG bei wertorientierter Finanzierungspolitik

In der dargestellten Grundform weist der *EVA* einen sehr engen Bezug zur Rechnungslegung auf, indem sich bis auf den Kapitalkostensatz alle übrigen benötigten Parameter unmittelbar aus den Bilanzen bzw. Gewinn- und Verlustrechnungen ergeben. Für eine weitere Stärkung der investorenorientierten Sicht wird versucht dieses 'Accounting Modell' in ein sogenanntes 'Economic Modell' zu überführen (Hostettler, 1997, S. 97 ff.). Dadurch wird eine gewisse Annäherung an das in Abschnitt 2.2.6 dargestellte Konzept des residualen ökonomischen Gewinns erreicht, welches auf Markt- anstatt Buchwerten basiert. Hierfür werden verschiedene, als 'Conversions' bezeichnete Anpassungen vorgeschlagen, die sich in vier Gruppen einteilen lassen:

- Operating Conversions: Bereinigung der Rechnungslegungsdaten um nichtbetriebliche Komponenten
- Funding Conversions: Anpassungen zur vollständigen Erfassung des eingesetzten Vermögens und zur Eliminierung von Finanzierungseinflüssen (z. B. Einbezug von Leasing)
- Shareholder Conversions: Anpassungen zur marktwertbezogenen Erfassung des Eigenkapitals (z. B. fiktive Aktivierung und Abschreibung immaterieller Werte)
- Tax Conversions: Korrektur der Steuerbelastung entsprechend der übrigen Anpassungsmaßnahmen

Die hierbei im Detail vorgeschlagenen Anpassungen sind sehr vielfältig und beziehen sich sowohl auf die Erfolgsgröße als auch auf den anzusetzenden Kapitaleinsatz (Günther, 1997, S. 234 f.). Hierbei ist jedoch eine in sich konsistente Vorgehensweise sicherzustellen, um die nachfolgend dargestellte Barwertidentität des *EVA* aufrechtzuerhalten. Diese Eigenschaft stellt sicher, dass es sich bei einer Unternehmenssteuerung anhand des *EVA* um eine identische Zielsetzung gegenüber dem Wertsteigerungsziel der Investoren handelt. Formal müssen dafür unter den Bedingungen des in Abschnitt 1.2.3.6 vorgestellten Preinreich-Lücke-Theorems die Barwerte der *EVA* zuzüglich des im Bewertungszeitpunkt vorliegenden Kapitalbestands dem auf Basis von Zahlungsströmen ermittelten Unternehmenswert der DCF-Verfahren entsprechen. Der Barwert der zukünftig erwarteten *EVA* wird hierbei auch als Market Value Added *MVA* bezeichnet (Stewart, 1991, S. 153 ff.). Da der *EVA* die Brutto-Perspektive einer gemeinsamen Betrachtung von Eigen- und Fremdkapital einnimmt, lässt sich dies wie folgt ausdrücken:

$$UW_0^{Brutto} = EK_0^M + FK_0 = \sum_{t=1}^{\infty} \frac{EVA_t}{\prod_{n=1}^{t}\left(1 + wacc_n\right)} + IC_0 = MVA_0 + IC_0$$

EK^M	… *Marktwert des Eigenkapitals*
EVA	… *Economic Value Added (Erwartungswert)*
FK	… *Fremdkapital (Annahme: Marktwert = Buchwert)*
IC	… *Invested Capital*
MVA	… *Market Value Added*
t	… *Zeit- bzw. Periodenindex*
UW^{Brutto}	… *Brutto-Unternehmenswert (Wert des Gesamtkapitals bzw. Enterprise Value)*
$wacc$	… *Gewichteter durchschnittlicher Kapitalkostensatz (WACC-Ansatz)*

Dieser Zusammenhang kann auch zu Bewertungszwecken genutzt werden, was neben dem hier betrachteten *EVA* grundsätzlich auch für die in gleicher Weise barwertidentischen Residualgewinnkonzepte Cash Value Added (CVA), Earnings less riskfree Interest Charge (ERIC) oder Residual Income (RI) gilt, welche in den nachfolgenden Abschnitten 2.2.3 bis 2.2.5 näher vorgestellt werden. Auf Basis einer integrierten Planungsrechnung lassen sich hierfür die konzeptspezifischen Werte des Periodenerfolges und der Kapitalbasis ermitteln. Im Zusammenwirken mit dem jeweiligen Kapitalkostensatz resultieren daraus periodenspezifische Residualgewinne. Deren Barwert dieser Residualgewinne zuzüglich der im Bewertungszeitpunkt anzusetzenden Kapitalbasis ergibt für alle genannten Konzepte zu jedem Zeitpunkt einen zur DCF-Bewertung identischen Wert. Voraussetzung ist hierfür immer die Einhaltung der Bedingungen des sogenannten Preinreich-Lücke-Theorems in Form des Kongruenzprinzips bzw. der Clean Surplus Relation, wie dies in Abschnitt 1.2.3.6 erläutert wurde. Aufgrund dieser vollständigen Methoden- und Ergebnisidentität erscheinen residualbasierte Bewertungsverfahren daher als grundsätzlich gleichwertig gegenüber einer Bewertung mithilfe der DCF-Verfahren, ohne dass sich hierbei maßgebliche Vor- oder Nachteile abzeichnen (Schumann, 2008, S. 18 f.).

Um diese grundsätzliche Eignung der Residualgewinnansätze für Zwecke der Unternehmensbewertung zu unterstreichen, erfolgt hier sowie auch in den folgenden Abschnitten jeweils eine Darstellung der resultierenden Werte für das Bewertungsbeispiel der X AG. Hierbei werden identische Annahmen zugrunde gelegt wie bei den in Abschnitt 1.2.4 vorgestellten Bewertungsverfahren der DCF-Methodik. Entsprechend soll analog zur DCF-Bewertung auch hier ein Zwei-Phasen-Modell mit konstantem Wachstum des Economic Value Added g^{EVA} im Fortführungszeitraum unterstellt werden. Zudem werden zeitlich konstante Kapitalkostensätze aufgrund einer wertorientierten Finanzierungspolitik angenommen, sodass sich der obige allgemeine Ansatz wie folgt modifizieren lässt:

$$UW_0^{Brutto} = \sum_{t=1}^{T} \frac{EVA_t}{(1+wacc)^t} + \frac{EVA_T \times \left(1+g^{EVA}\right)}{wacc - g^{EVA}} \times \frac{1}{(1+wacc)^T} + IC_0$$

EVA ... *Economic Value Added*
g^{EVA} ... *Wachstumsrate des Economic Value Added (im Fortführungszeitraum)*
IC ... *Invested Capital*
T ... *Ende des Detailplanungszeitraums*
t ... *Zeit- bzw. Periodenindex*
UW^{Brutto} ... *Brutto-Unternehmenswert (Wert des Gesamtkapitals bzw. Enterprise Value)*
wacc ... *Gewichteter durchschnittlicher Kapitalkostensatz (WACC-Ansatz)*

Für das Beispielunternehmen der X AG ergeben sich hieraus die in Abb. 2-6 dargestellten Werte. Die Summe der mit dem Kapitalkostensatz diskontierten *EVA* zuzüglich des jeweiligen Bestands des investierten Kapitals *IC* entspricht dabei zu jedem Zeitpunkt den mithilfe der DCF-Verfahren ermittelten Brutto-Unternehmenswerten (siehe Abschnitt 1.2.4).

(Angaben in M€)	t = 0	1	2	3	4	5 (= T)
EVA		6,943	6,483	6,079	5,953	6,013
wacc		7,48 %	7,48 %	7,48 %	7,48 %	7,48 %
Barwert der zukünftigen *EVA*	90,961	90,821	91,132	91,870	92,789	93,717
IC	216,000	237,600	249,480	254,470	257,014	259,584
UW^{Brutto}	**306,961**	**328,421**	**340,612**	**346,340**	**349,803**	**353,301**

Abb. 2-6: Barwertidentität des Economic Value Added am Beispiel der X AG bei wertorientierter Finanzierungspolitik

Der für Bewertungs- wie auch Steuerungszwecke geforderte zielkongruente Zusammenhang zum Unternehmenswert ist somit auch für das hier betrachtete Beispiel gegeben. Schwieriger gestaltet sich hingegen die Interpretation des *EVA* einer einzelnen Periode. Diese erfolgt mitunter sehr weitreichend, indem aus positiven EVA-Beträgen unmittelbar auf erzielte Wertsteigerungen geschlossen wird (z. B. Hostettler, 1997, S. 251; Stewart, 1991, S. 2 f.). Tatsächlich kann in diesem Fall jedoch lediglich konstatiert werden, dass der im *NOPLAT* verkörperte Periodenerfolg über eine kalkulatorische Verzinsung des buchmäßigen Kapitaleinsatzes hinausgeht. Dies bedeutet jedoch noch nicht zwingend, dass das betrachtete Bewertungsobjekt insgesamt einen positiven Kapitalwert aufweist oder dieser sich in der betrachteten Periode erhöht hat. Umgekehrt lassen sich leicht Beispiele finden, bei denen Projekte mit insgesamt positivem Kapitalwert in einzelnen Perioden dennoch negative *EVA* aufweisen (z. B. Brealey et al., 2014, S. 308 f.; Hebertinger, 2002, S. 139). Dies gilt insbesondere für den Beginn der Nutzungsdauer von Investitionen, bei denen sich aufgrund noch hoher Buchwerte entsprechend hohe Kapitalkostenbeträge ergeben, die im Zeitverlauf abschreibungsbedingt sinken. Dadurch ergibt sich auch bei konstantem Periodenerfolg in Form des *NOPLAT* regelmäßig ein Ansteigen der Werte von *roic* und *EVA*, was dann fälschlicherweise eine Verbesserung der Profitabilität suggeriert.

Im Falle von konstanten Perioden-Cashflows kann eine sogenannte Sinking-Fund-Depreciation dieses betragsmäßige Ansteigen des *EVA* verhindern (Stewart, 1994, S. 80). Hierbei wird die Investitionsauszahlung in eine Kapitaldienstannuität umgerechnet, deren periodenbezogener Tilgungsanteil die anzusetzende Abschreibung ergibt. Zur Vermeidung der oben genannten Fehlsteuerungseffekte wurden noch weitere, auf dem Tragfähigkeitsprinzip beruhende Abschreibungsformen vorgeschlagen (für einen Überblick Hebertinger, 2002, S. 142 ff.). Je nach gewähltem Abschreibungsverfahren können sich daraus völlig unterschiedliche EVA-Verläufe ergeben, wenngleich die grundsätzliche Barwertidentität hierbei stets erhalten bleibt. Damit bleibt jedoch die Höhe der einzelnen periodenbezogen ausgewiesenen EVA-Beträge durch die Ausnutzung bilanzpolitischer Bewertungs- und Periodisierungsspielräume manipulierbar. Diese Aspekte werden als deutliche Einschränkungen der Aussagefähigkeit des *EVA* im Rahmen einer periodenbezogenen Performance-Messung gesehen (Hebertinger, 2002, S. 137 ff.; Schultze/Hirsch, 2005, S. 69 ff.; Schumann, 2008, S. 123 ff.). Fehlanreize können insbesondere dann entstehen, wenn der Planungshorizont eines 'ungeduldigen Managers' kürzer ausfällt als die Gesamtperspektive der Investoren.

Gleichwohl erfreut sich der *EVA* als Performance-Kennzahl in verschiedenen Variationen einer extrem großen Beliebtheit in der Unternehmenspraxis (z. B. Rupp/Haberstumpf, 2018). Gründe hierfür werden in der relativ großen Nähe der verwendeten Parameter zu den vertrauten Größen des traditionellen Rechnungswesens gesehen (Schultze/Hirsch, 2005, S. 74 ff.). In Verbindung mit der leicht nachvollziehbaren Reduktion auf nur drei fundamentale Basiselemente in Gestalt von Erfolg, Kapitaleinsatz und Kapitalkosten ergibt sich für dieses Konzept ein vergleichsweise hohes Maß an Verständlichkeit. Dies gilt zumindest, solange die Vielzahl vorgeschlagener Bereinigungsdetails (Conversions) ausblendet wird. Gleichzeitig ist auch der notwendige Ermittlungsaufwand überschaubar, da die neben dem Kapitalkostensatz benötigten Parameter durch den erstellten Jahresabschluss bzw. in Form von zukunftsorientierten Bilanz- und GuV-Planungen regelmäßig bereits vorliegen. Diese starke Rechnungslegungsorientierung erleichtert auch eine Verzahnung mit traditionellen Kennzahlensystemen und Controlling-Instrumenten, wie die in Kapitel 2.3 dargestellten Beispiele zeigen. Werden demgegenüber jedoch die angesprochenen Schwachstellen des *EVA* stärker gewichtet, liefern die nachfolgend dargestellten Performance-Maße mögliche Alternativen.

2.2.3 Cash Value Added (CVA)

Das Residualgewinnkonzept des Cash Value Added (CVA) sowie das damit verwandte Rentabilitätsmaß Cashflow Return on Investment (cfroi) gehen auf das Beratungsunternehmen Boston Consulting Group zurück (Lewis, 1995; Stelter, 1999). Das ursprüngliche Konzept des *cfroi* beinhaltete ein Renditemaß, welches den internen Zinsfuß einer Investition in das Unternehmen beschreibt und oberhalb der Kapitalkosten liegen sollte. In Weiterentwicklung dieses Ansatzes ging der *cfroi* in der nachfolgend modifizierten Form schließlich in den *CVA* ein. Letzterer verkörpert einen Zahlungsüberschuss, der noch um eine besondere, als 'ökonomisch' bezeichnete Form der Abschreibung sowie um Kapitalkosten vermindert wird. Als Capital-Charge-Formel gestaltet sich die Ermittlung des *CVA* wie folgt:

$$CVA_t = BCF_t - ÖA_t - wacc_t \times BIB_{t-1}$$

BCF	...	*Brutto-Cashflow*
BIB	...	*Brutto-Investitionsbasis*
CVA	...	*Cash Value Added*
ÖA	...	*Ökonomische Abschreibungen*
OAV	...	*Operatives Anlagevermögen*
t	...	*Zeit- bzw. Periodenindex*
wacc	...	*Gewichteter durchschnittlicher Kapitalkostensatz (WACC-Ansatz)*

Der im *CVA* verwendete Brutto-Cashflow *BCF* wird regelmäßig so definiert, dass die aus dem EVA-Konzept bekannte Größe des *NOPLAT* um die darin enthaltenen Abschreibungen auf das operative Anlagevermögen A^{OAV} sowie um die Veränderung der langfristigen Rückstellungen erhöht wird (z. B. Plaschke, 2003, S. 71). Dies entspricht einer indirekten Ermittlung des vereinfachten Cashflows auf Basis eines Jahresüberschusses bei unterstellter Eigenfinanzierung. Letzterer ist gleich dem *NOPLAT*, wobei auch hier ähnliche Bereinigungen vorgeschlagen werden wie beim EVA-Konzept. Dies betrifft z. B. Aspekte wie die Eliminierung betriebsfremder Einflüsse, die Berücksichtigung alternativer Finanzierungsformen durch Leasing bzw. Miete oder aber die Behandlung von Entwicklungs- oder Werbeaufwendungen mit investivem Charakter (Plaschke, 2003, S. 229 ff.).

$$BCF_t = \underbrace{EBIT_t \times \left(1 - s_t^{Unt}\right)}_{Noplat_t} + A_t^{OAV} + \Delta LRS_t$$

ΔLRS	…	*Veränderung der langfristigen Rückstellungen*
A^{OAV}	…	*Abschreibungen auf das operative Anlagevermögen*
BCF	…	*Brutto-Cashflow*
EBIT	…	*Earnings before Interest and Taxes (Ergebnis vor Zinsen und Steuern)*
NOPLAT	…	*Net Operating Profit less adjusted Taxes (Ergebnis vor Zinsen nach angepassten Steuern)*
s^{Unt}	…	*Unternehmenssteuersatz*
t	…	*Zeit- bzw. Periodenindex*

Bei einem auf diese Weise definierten Brutto-Cashflow *BCF* werden durch die Hinzurechnung der Veränderung der langfristigen Rückstellungen *ΔLRS* die hierbei inhaltlich zugrunde liegenden Sachverhalte mit ihrer tatsächlichen Zahlungswirkung periodengerecht erfasst. Deshalb ist im Gegensatz zum EVA-Ansatz eine entlastende Korrektur der Kapitalbasis um den langfristigen Rückstellungsbestand nicht mehr erforderlich. Da jedoch bei der beschriebenen Ermittlung des Brutto-Cashflows kein Abzug der Veränderung des Net Working Capitals vorgenommen wird, muss letzteres mit in die kalkulatorisch zu verzinsende Kapitalbasis aufgenommen werden, um die nachfolgend noch darzustellende Barwertidentität zu gewährleisten. Konzeptionell mögliche Modifikationen des Brutto-Cashflows gehen somit immer mit entsprechend korrespondierende Anpassungen der Kapitalbasis einher, um die Barwertidentität aufrechtzuerhalten (Drukarczyk/Schüler, 2021, S. 414 ff.).

Die als Brutto-Investitionsbasis *BIB* bezeichnete Kapitalbasis des *CVA* umfasst die abschreibbaren Aktiva *AA* sowie die nicht abschreibbaren Aktiva *NAA* innerhalb des operativen Anlagevermögens, welche jedoch nicht zu Buchwerten, sondern mit ihren gegebenenfalls um Inflationseffekte erhöhten Anschaffungskosten angesetzt werden. Zusätzlich wird das Net Working Capital *NWC* mit in die Kapitalbasis aufgenommen, wie oben begründet. Diese Brutto-Investitionsbasis *BIB* beschreibt somit den Wiederbeschaffungswert aller Aktiva, vermindert um die Passivpositionen des Working Capital. Auch hier ist wieder der Kapitaleinsatz zu Beginn derjenigen Periode maßgeblich, für welche der *CVA* berechnet werden soll.

$$BIB_{t-1} = AA_{t-1} + NAA_{t-1} + NWC_{t-1} \quad mit \quad AA_{t-1} = \sum_{n=1}^{ND} I_{t-n}^{AA}$$

AA	…	*Abschreibbare Aktiva des operativen Anlagevermögens*
BIB	…	*Brutto-Investitionsbasis*
I^{AA}	…	*Investitionen in abschreibbare Aktiva des operativen Anlagevermögens*
NAA	…	*Nichtabschreibbare Aktiva des operativen Anlagevermögens*
NWC	…	*Net Working Capital (Netto-Umlaufvermögen)*
t	…	*Zeit- bzw. Periodenindex*

Für die abschreibbaren Aktiva des operativen Anlagevermögens ist deren wirtschaftliche Nutzungsdauer *ND* zu bestimmen. Werden die historischen Anschaffungskosten durch die lineare Abschreibung geteilt, ergibt sich hierfür ein zumindest grober Richtwert. Dabei sollte nach Möglichkeit zwischen Anlagekategorien mit unterschiedlichen Nutzungsdauern unterschieden werden. Unter Vernachlässigung von Inflationswirkungen entspricht der für eine bestimmte Periode in der Brutto-Investitionsbasis als abnutzbare Aktiva *AA* anzusetzende Betrag dann den vorangegangenen Investitionen innerhalb der jeweiligen Nutzungsdauer.

Die als ökonomische Abschreibung *ÖA* bezeichnete, CVA-spezifische Abschreibungsform lässt sich als eine jährlich gleichbleibende 'Ansparrate' interpretieren, welche verzinst mit dem Kapitalkostensatz *wacc* am Ende der Nutzungsdauer den für eine Ersatzbeschaffung notwendigen Investitionsbetrag ergibt (Hebertinger, 2002, S. 167 f.; Schumann, 2008, S. 144 f.). Zur Berechnung wird der am Ende der Nutzungsdauer notwendige Reinvestitionsbetrag mit dem Kehrwert eines nachschüssigen Rentenendwertfaktors bzw. mit einem sogenannten Rückwärtsverteilungsfaktor multipliziert (Perridon et al., 2012, S. 51; Stelter, 1999, S. 234). Für Anlagekollektive mit bestimmten Nutzungsdauern ermittelt sich dies jeweils wie folgt, wenn erneut von Inflationseffekten abgesehen wird:

$$\ddot{O}A_t = \sum_{n=0}^{ND-1} I_{t-n-1}^{AA} \times \frac{wacc_{t-n}}{\left(1+wacc_{t-n}\right)^{ND} - 1}$$

I^{AA}	…	*Investitionen in abschreibbare Aktiva des operativen Anlagevermögens*
$\ddot{O}A$	…	*Ökonomische Abschreibungen*
t	…	*Zeit- bzw. Periodenindex*
$wacc$	…	*Gewichteter durchschnittlicher Kapitalkostensatz (WACC-Ansatz)*

Die schließlich zur Ermittlung des *CVA* noch abzuziehenden Kapitalkosten berechnen sich durch Multiplikation der zu Periodenbeginn bzw. dem Ende der Vorperiode vorhandenen Brutto-Investitionsbasis mit dem aus dem WACC-Verfahren der Unternehmensbewertung (siehe Abschnitt 1.2.4.2) bekannten gewichteten durchschnittlichen Kapitalkostensatz *wacc*.

Alternativ zur direkten bzw. als Capital Charge-Formel bezeichneten Berechnung lässt sich auch der *CVA* auf Basis der Renditedifferenz zwischen dem bereits eingangs angesprochenen Rentabilitätsmaß *cfroi* und dem Kapitalkostensatz *wacc* bestimmen, welche dann noch mit dem Kapitaleinsatz *BIB* zu multiplizieren ist. Diese sogenannte Value-Spread-Formel lautet dann:

$$CVA_t = \left(cfroi_t - wacc_t\right) \times BIB_{t-1} \quad mit \quad cfroi_t = \frac{BCF_t - \ddot{O}A_t}{BIB_{t-1}}$$

BCF	…	*Brutto-Cashflow*
BIB	…	*Brutto-Investitionsbasis*
$cfroi$	…	*Cashflow Return on Investment*
CVA	…	*Cash Value Added*
$\ddot{O}A$	…	*Ökonomische Abschreibungen*
OAV	…	*Operatives Anlagevermögen*
t	…	*Zeit- bzw. Periodenindex*
$wacc$	…	*Gewichteter durchschnittlicher Kapitalkostensatz (WACC-Ansatz)*

Der *CVA* soll somit jenen Betrag darstellen, der nach Abzug der für Reinvestitionszwecke „zurückgelegten" ökonomischen Abschreibung und den auf die Brutto-Investitionsbasis verrechneten Kapitalkosten als Mehrwert für die Investoren verbleibt (Plaschke, 2003, S. 164). Es handelt sich damit um ein absolutes Erfolgsmaß, welches der Brutto- bzw. Entity-Perspektive entspricht und als Hurdle Rate die gewichteten durchschnittlichen Kapitalkosten aller Kapitalgeber verwendet. Das Konzept des *CVA* nimmt gegenüber dem zuvor dargestellten *EVA* eine stärkere Zahlungsorientierung für sich in Anspruch (Stelter, 1999, S. 237). Dies trifft in Bezug auf die Zahlungen im Zusammenhang mit den langfristigen Rückstellungsgründen zu. Durch den Austausch der buchmäßigen gegen die ökonomischen Abschreibungen und die Orientierung an Anschaffungs- bzw. Wiederbeschaffungskosten anstatt an absinkenden Buchwerten wird jedoch lediglich eine Konstanz von Abschreibung und Kapitalkosten bewirkt. Dies vermeidet z. B. bei gleichbleibenden operativen Periodencashflows den Eindruck einer im Zeitverlauf scheinbar ansteigenden Profitabilität. Ansonsten sind die Unterschiede zum *EVA* im Grunde gering.

Für das Beispielunternehmen X AG ergeben sich die CVA-Werte des Detailplanungszeitraums, wie nachfolgend in Abb. 2-7 dargestellt. Dabei wird wieder eine wertorientierte Finanzierungspolitik mit einer 40 %igen marktwertbasierten Fremdkapitalquote unterstellt, woraus ein zeitlich konstanter Kapitalkostensatz *wacc* in Höhe von 7,48 % resultiert (siehe Abschnitt 1.2.4.2). Bezüglich der Brutto-Investitionsbasis wird hier nun unterstellt, dass im Anlagevermögen in durchgängig konstanter Weise nicht abschreibbare Aktiva *NAA* in Form von Grundstücken im Umfang von 20 M€ enthalten sind. Für die abschreibbaren Aktiva des operativen Anlagevermögens *AA* wird hier vereinfachend eine relativ kurze ökonomische Nutzungsdauer von 3 Jahren unterstellt. Basierend auf den Planwerten (siehe Abschnitt 1.2.3.3) und den im Rahmen der Vergangenheitsanalyse (siehe Abschnitt 1.2.3.2) betrachteten, davor liegenden Investitionszeiträume ergeben sich die in Abb. 2-7 dargestellten CVA-Werte.

(Angaben in M€)	t = 0	1	2	3	4	5 (= T)
BCF		59,430	59,912	59,466	59,486	60,081
ÖA		53,204	56,747	52,801	43,625	37,814
BIB	215,849	229,693	218,267	189,182	170,695	161,892
cfroi		2,88 %	1,38 %	3,05 %	8,38 %	13,04 %
wacc		7,48 %	7,48 %	7,48 %	7,48 %	7,48 %
CVA		**-9,920**	**-14,017**	**-9,661**	**1,710**	**9,499**

Abb. 2-7: Cash Value Added am Beispiel der X AG bei wertorientierter Finanzierungspolitik

Wird zur Berechnung der Brutto-Investitionsbasis der Periode 1 auf die Investitionen in Sachanlagen der drei vorhergehenden Perioden (siehe Abb. 1-42) sowie die durchgängig unterstellten nicht-abschreibbaren Aktiva in Höhe von 20 M€ zurückgegriffen, ergibt sich folgender Wert:

$$
\begin{aligned}
BIB_0 &= AA_0 + NAA_0 + NWC_0 \quad mit \quad AA_0 = \sum_{n=1}^{ND} I_{1-n}^{AA} \\
&= 171{,}849 + 20{,}000 + 24{,}000 \quad mit \quad AA_0 = 44{,}086 + 58{,}963 + 68{,}800 \\
&= 215{,}849
\end{aligned}
$$

Bei einer veranschlagten wirtschaftlichen Nutzungsdauer der abnutzbaren Aktiva von 3 Jahren und einem konstanten Kapitalkostensatz *wacc* in Höhe von 7,48 % resultiert für die Periode 1 eine ökonomische Abschreibung in Höhe von 53,204 M€.

$$\ddot{O}A_1 = \sum_{n=0}^{ND-1} I_{1-n-1}^{AA} \times \frac{wacc_{1-n}}{\left(1+wacc_{1-n}\right)^{ND}-1}$$

$$= \left(44{,}086 + 58{,}963 + 68{,}800\right) \times \frac{0{,}0748}{1{,}0748^3 - 1} = 53{,}204$$

Für das Bewertungsbeispiel der X AG ergeben sich relativ starke Schwankungen in den periodenbezogenen *CVA*, wobei in den ersten Perioden der *cfroi* unterhalb des *wacc* liegt und die Kapitalkosten somit nicht erwirtschaftet werden. Dies wird jedoch im Beispiel durch hohe ökonomische Abschreibungen bedingt. Diese resultieren wiederum aus einer als relativ kurz unterstellten Nutzungsdauer der abschreibbaren Aktiva, die hier für eine möglichst kompakte Darstellung der Methodik mit nur drei Perioden veranschlagt wurde. Tatsächlich liegen die ökonomischen Abschreibungen aufgrund des Verzinsungseffektes jedoch zumeist unter den entsprechenden handels- oder steuerrechtlichen Werten mit oftmals auch längeren wirtschaftlichen Nutzungsdauern (Plaschke, 2003, S. 145). Das Beispiel zeigt damit allerdings auch sehr deutlich die Einflussstärke der gewählten Nutzungsdauer und die sich hieraus gegebenenfalls eröffnenden Manipulationsspielräume für die Periodenergebnisse.

Für eine Akzeptanz des *CVA* als geeignete Steuerungskennzahl wird eine Zielkongruenz gegenüber dem Wertsteigerungsziel der Investoren gefordert, die sich in einer Barwertidentität gegenüber den DCF-basierten Unternehmenswerten ausdrückt. Während sich dieser Zusammenhang für einmalige Investitionsprojekte relativ leicht darstellen lässt (z. B. Stelter, 1999, S. 238 f.), gestaltet sich dies für eine laufende Unternehmenstätigkeit mit eventuell auch zeitlich veränderlichen Kapitalkostensätzen deutlich komplexer. Auch hier ergibt sich der Brutto-Unternehmenswert zu jedem Zeitpunkt als Summe der Brutto-Investitionsbasis und des Barwerts der zukünftigen *CVA*, was jedoch zusätzlich noch um die kumulierten aufgezinsten ökonomischen Abschreibungen (Korrektur I) zu vermindern ist (Hebertinger, 2002, S. 170; Plaschke, 2003, S. 167). Darüber hinaus ist bei Änderungen des Kapitalkostensatzes noch eine weitere Anpassung (Korrektur II) bezüglich der kumulierten aufgezinsten ökonomischen Abschreibungen erforderlich (Schumann, 2008, S. 147). Insgesamt ergibt sich die geforderte Barwertidentität des *CVA* unter diesen Bedingungen wie folgt:

$$UW_0^{Brutto} = EK_0^M + FK_0$$

$$= \sum_{t=1}^{\infty} \frac{CVA_t}{\prod_{n=1}^{t}(1+wacc_n)} + BIB_0 - \underbrace{\sum_{t=0}^{ND-2} I_{-t-1}^{AA} \times \frac{wacc_{-t} \times \sum_{n=0}^{t}(1+wacc_{-t})^n}{(1+wacc_{-t})^{ND}-1}}_{Korrektur\ I}$$

$$\underbrace{+\sum_{t=1}^{\infty} \frac{\sum_{m=1}^{ND-1}(wacc_t - wacc_{t-m}) \times I_{t-m-1}^{AA} \times \frac{wacc_{t-m} \times \sum_{q=0}^{m-1}(1+wacc_{t-m})^q}{(1+wacc_{t-m})^{ND}-1}}{\prod_{n=1}^{t}(1+wacc_n)}}_{Korrektur\ II}$$

BIB	...	*Brutto-Investitionsbasis*
CVA	...	*Cash Value Added*
EK^M	...	*Marktwert des Eigenkapitals*
FK	...	*Fremdkapital (Annahme: Marktwert = Buchwert)*
I^{AA}	...	*Investitionen in abschreibbare Aktiva des operativen Anlagevermögens*
t	...	*Zeit- bzw. Periodenindex*
UW^{Brutto}	...	*Brutto-Unternehmenswert (Wert des Gesamtkapitals bzw. Enterprise Value)*
wacc	...	*Gewichteter durchschnittlicher Kapitalkostensatz (WACC-Ansatz)*

Für eine Konkretisierung am Beispiel der X AG als Zwei-Phasen-Modell sind zusätzliche Annahmen erforderlich. Zum einen wird auch weiterhin eine wertorientierte Finanzierung unterstellt. Aufgrund der sich hieraus im Beispiel ergebenden zeitlich konstanten Kapitalkostensätze in Gestalt eines *wacc* von 7,48 % entfällt der letzte oben dargestellte Summenterm (Korrektur II). Zum anderen wurde im Rahmen eines Zwei-Phasen-Modells angenommen, dass in der Fortführungsphase ab Periode $T + 1$ ein eingeschwungener Zustand herrscht, in dem die Brutto-Cashflows und auch die Investitionen analog zum Umsatz mit einer konstanten Rate $g^{BCF} = g^I = g^U$ in Höhe von 1 % wachsen. Dabei wird für das Beispiel angenommen, dass sich die Investitionen nur auf das abnutzbare Anlagevermögen beziehen, welches auch weiterhin eine wirtschaftliche Nutzungsdauer von nur 3 Jahren aufweist. Das nicht abnutzbare Anlagevermögen in Form von Grundstücken soll daher einen konstanten Wert in Höhe von 20 M€ aufweisen. Das konstante Investitionswachstum ab Periode $T + 1$ führt dann allerdings erst ab der Periode $T + ND + 1$ zu einem konstanten Wachstum der ökonomischen Abschreibungen, sodass eine Fortschreibung des *CVA* bis zu dieser Periode erforderlich ist. Dies bedingt jedoch keine Ausweitung der gesamten Detailplanung, da nur die ökonomischen Abschreibungen für den zusätzlichen Zeitraum zu bestimmen sind und die übrigen Parameter einfach mit der konstanten Wachstumsrate ab $T + 1$ fortgeschrieben werden können. Für die im Fortführungszeitraum angesetzte ewige Rente ist dabei zu beachten, dass die Kapitalkosten auf den nicht abnutzbaren Teil der Brutto-Investitionsbasis konstant bleiben und nur die übrigen Komponenten des *CVA* mit der Rate g^{BCF} in Höhe von 1 % konstant wachsen. Insgesamt resultiert dann für das Bewertungsbeispiel ein barwertidentischer Zusammenhang zwischen *CVA* und Unternehmenswert wie folgt:

$$UW_0^{Brutto} = EK_0^M + FK_0$$
$$= \sum_{t=1}^{T+ND} \frac{CVA_t}{(1+wacc)^t} + \frac{CVA_{T+ND+1} + g^{BCF} \times NAA_{T+ND}^{na}}{wacc - g^{BCF}} \times \frac{1}{(1+wacc)^{T+ND}} + BIB_0$$
$$- \sum_{t=0}^{ND-2} I_{-t-1}^{AB} \times \frac{wacc \times \sum_{n=0}^{t}(1+wacc)^n}{(1+wacc)^{ND} - 1}$$

Im konkreten Beispiel der X AG ergeben sich in dieser Weise auch auf Basis des *CVA* exakt die gleichen Werte, wie sie mithilfe der DCF-Verfahren ermittelt wurden. Somit wird die elementare Forderung einer Barwertidentität grundsätzlich auch durch den *CVA* erfüllt. Die entsprechenden Werte sind in Abb. 2-8 dargestellt.

(Angaben in M€)	t = 0	1	2	3	4	5 (= T)
CVA		-9,920	-14,017	-9,661	1,710	9,499
wacc		7,48 %	7,48 %	7,48 %	7,48 %	7,48 %
Barwert der zukünftigen *CVA*	137,685	157,904	183,732	207,136	220,919	227,945
BIB	215,849	229,693	218,267	189,182	170,695	161,892
Aufgezinste kumulierte ökonomische Abschreibungen (Korr. I)	46,574	59,176	61,386	49,978	41,812	36,536
***UW**^{Brutto}*	**306,961**	**328,421**	**340,612**	**346,340**	**349,803**	**353,301**

Abb. 2-8: Barwertidentität des Cash Value Added am Beispiel der X AG bei wertorientierter Finanzierungspolitik

Wie bereits beim *EVA* kann auch beim *CVA* aus dem positivem oder negativem Wert einer einzelnen Periode keinerlei Rückschluss auf eine Verbesserung oder Verschlechterung der wirtschaftlichen Lage getroffen werden. Hierfür müssten Plan- und Ist-Werte in periodenübergreifender Weise verglichen werden, wie dies in Abschnitt 2.2.6 vorgestellt wird. Lediglich die beim *EVA* auftretende Problematik des im Zeitablauf durch ein Absinken der Buchwerte begünstigten Ansteigens der absoluten Residualgewinne bzw. der Rentabilität wird beim *CVA* vermieden. Dadurch unterbleibt die in diesem Fall fälschlicherweise beim *EVA* auftretende Suggestion einer Performance-Verbesserung. Erreicht wird dies durch eine komplexere Form der Abschreibung und eine während der Nutzungsdauer konstante Kapitalbasis in Höhe der Anschaffungs- bzw. Wiederbeschaffungskosten. Ansonsten sind die verbleibenden Unterschiede gegenüber dem *EVA* relativ gering. Die letzterem vorgeworfene Manipulationsanfälligkeit durch bilanzpolitische Spielräume, die sich insbesondere bei der Abschreibungspolitik und der Rückstellungsbildung ergeben, werden hier jedoch zum Teil auf die Schätzung der wirtschaftlichen Nutzungsdauer verlagert und bestehen bei den ansonsten vorgeschlagenen Bereinigungen in ähnlicher Weise. Eine barwertidentische Überleitung des *CVA* auf den Unternehmenswert erfordert jedoch oftmals aufwendigere Anpassungen als dies beim *EVA* der Fall ist, wie im obigen Beispiel exemplarisch gezeigt.

Insgesamt ergeben sich somit aus theoretischer Sicht keine wesentlichen Vor- oder Nachteile zwischen *EVA* und *CVA* in ihrer Nutzung für Zwecke der Unternehmenssteuerung. In der praktischen Anwendung des *CVA* schränken die höhere Berechnungskomplexität und der hiermit einhergehende Mehraufwand jedoch die Verständlichkeit und Wirtschaftlichkeit ein. Entsprechend zeigt sich auch eine deutlich geringere Verbreitung dieses Konzepts in der Praxis (für einen Überblick z. B. Ewert/Wagenhofer, 2014, S. 517).

2.2.4 Earnings less Riskfree Interest Charge (ERIC)

Als ein weiterer, konzeptionell jedoch etwas anders gelagerter Vorschlag eines wertorientierten Performance-Maßes sollen im Folgenden die sogenannten Earnings less Riskfree Interest Charge (ERIC) vorgestellt werden (Velthuis/Wesner, 2005). Diese spezifische Ausgestaltungsvariante eines Residualgewinns wird insbesondere von der Wirtschaftsprüfungsgesellschaft KPMG propagiert. Anders als die beiden zuvor dargestellten Ansätze basiert dieser Ansatz nicht auf der Risikozuschlagsmethode, sondern nutzt das bereits in Abschnitt 1.2.1.4 vorgestellte Prinzip des Sicherheitsäquivalents. Charakteristisch für dieses Konzept ist dementsprechend eine Verrechnung 'risikofreier Kapitalkosten' für das eingesetzte Kapital. Diese Kapitalkosten werden vom Sicherheitsäquivalent des sogenannten *EBIAT* (Earnings before Interest after Taxes) abgezogen. Da diese Erfolgsgröße konzeptionell dem hier bereits bekannten *NOPLAT* entspricht, wird für eine leichtere Verständlichkeit im Folgenden die letztere Bezeichnung beibehalten.

$$\begin{aligned} ERIC_t &= SÄ\left(NOPLAT_t\right) - i_t^f \times IC_{t-1} \\ &= \underbrace{EBIT_t \times \left(1 - s_t^{Unt}\right) - RA_t}_{SÄ(Noplat_t)} - i_t^f \times \left(OAV_{t-1} + NWC_{t-1} - LRS_{t-1}\right) \end{aligned}$$

EBIT	…	*Earnings before Interest and Taxes (Ergebnis vor Zinsen und Steuern)*
ERIC	…	*Earnings less Riskfree Interest Charge*
i^f	…	*Risikoloser Zinssatz*
IC	…	*Invested Capital*
LRS	…	*Langfristige Rückstellungen*
NOPLAT	…	*Net Operating Profit less adjusted Taxes (Ergebnis vor Zinsen nach angepassten Steuern)*
NWC	…	*Net Working Capital (Netto-Umlaufvermögen)*
OAV	…	*Operatives Anlagevermögen*
RA	…	*Risikoabschlag*
SÄ	…	*Sicherheitsäquivalent*
s^{Unt}	…	*Unternehmenssteuersatz*
t	…	*Zeit- bzw. Periodenindex*

Die zunächst risikobehaftete Erfolgsgröße *NOPLAT* bzw. *EBIAT* wie auch das investierte Kapital *IC* entsprechen weitestgehend der bereits beim *EVA* genutzten Abgrenzung. Allerdings werden hierfür bedeutend weniger Bereinigungen vorgeschlagen, sodass sich eine größere Nähe zu den Erfolgs- und Vermögenswerten des externen Rechnungswesens ergibt (Velthuis/Wesner, 2005, S. 125 ff.).

Dennoch sollen auch hier Aufwendungen mit investivem Charakter, z. B. für Forschung und Entwicklung oder den Aufbau eines Kundenstammes, sowie alternative Finanzierungsformen wie Miete oder Leasing durch entsprechende Korrekturen in der Kapitaleinsatzgröße berücksichtigt werden, was mit korrespondierenden Korrekturen der Erfolgsgröße einhergeht (Velthuis/Wesner, 2005, S. 132 ff.).

Zentrales Element des ERIC-Konzeptes ist die Quantifizierung des vorzunehmenden Risikoabschlages *RA*. Dieser Abschlag ist immer aus der Perspektive eines bestimmten Bewertungszeitpunktes zu bestimmen und steigt mit einem zunehmenden zeitlichen Abstand an. Die Definition dieses Risikoabschlags ist dabei so gewählt, dass eine Barwertidentität gegenüber einer DCF-Bewertung auf Basis des WACC-Ansatzes gewährleistet bleibt. Aus Sicht des Bewertungszeitpunktes $t = 0$ gestaltet sich dies allgemein für den Detailplanungs- und Fortführungszeitraum wie folgt, wenn hierbei auch variierende Kapitalkostensätze *wacc* zugelassen werden und ein Zwei-Phasen-Modell unterstellt wird (Schumann, 2008, S. 131 f.):

$$RA_t^0 = \left[1 - \frac{\prod_{n=1}^{t}\left(1+i_n^f\right)}{\prod_{n=1}^{t}\left(1+wacc_n\right)}\right] \times FCF_t \qquad \text{für alle } t = 1, \ldots, T$$

$$RA_{T+1}^0 = \left[1 - \frac{\left(i_{T+1} - g^{FCF}\right) \times \prod_{n=1}^{T}\left(1+i_n^f\right)}{\left(wacc_{T+1} - g^{FCF}\right) \times \prod_{n=1}^{T}\left(1+wacc_n\right)}\right] \times FCF_T \times \left(1+g^{FCF}\right)$$

FCF	…	*Free Cashflow (Erwartungswert)*
g^{FCF}	…	*Wachstumsrate des Free Cashflows (im Fortführungszeitraum)*
i^f	…	*Risikoloser Zinssatz*
RA	…	*Risikoabschlag*
T	…	*Ende des Detailplanungszeitraums*
t	…	*Zeit- bzw. Periodenindex*
wacc	…	*Gewichteter durchschnittlicher Kapitalkostensatz (WACC-Ansatz)*

Für das Bewertungsbeispiel der X AG wird hierbei unter der Annahme einer wertorientierten Finanzierungspolitik sowohl von einem zeitlich unveränderten risikolosen Zinssatz von 4,0 % als auch von einem konstanten Kapitalkostensatz *wacc* in Höhe von 7,48 % ausgegangen. Für den Fortführungszeitraum wird ein Wachstum von 1,0 % angenommen. Exemplarisch ergibt sich der Risikoabschlag für die erste Periode des Fortführungszeitraums $T + 1 = 6$ aus Sicht von $t = 0$ in Höhe von 13,903 M€ entsprechend der folgenden Berechnung:

$$RA_6^0 = \left[1 - \frac{\left(i^f - g^{FCF}\right) \times \left(1+i^f\right)^5}{\left(wacc - g^{FCF}\right) \times \left(1+wacc\right)^5}\right] \times FCF_5 \times \left(1+g^{FCF}\right)$$

$$= \left[1 - \frac{(0{,}04 - 0{,}01) \times 1{,}04^5}{(0{,}0748 - 0{,}01) \times 1{,}0748^5}\right] \times 22{,}667 \times 1{,}01 = 13{,}903$$

Für den Fortführungszeitraum wurde dabei wieder ein konstantes Wachstum der *FCF* von 1 % unterstellt, sodass sich aus der Perspektive des Bewertungszeitpunktes $t = 0$ der folgende Wert für *ERIC* der Periode 6 (= $T + 1$) ergibt:

$$\begin{aligned} ERIC_6^0 &= NOPLAT_5 \times \left(1 + g^{Noplat}\right) - RA_6^0 - i_6^f \times IC_5 \\ &= 25{,}237 \times 1{,}01 - 13{,}903 - 0{,}04 \times 259{,}584 \\ &= 1{,}203 \end{aligned}$$

Werden die übrigen benötigten Sicherheitsäquivalente der Detailplanungsphase in der oben beschriebenen Weise bestimmt und auf die aus dem EVA-Ansatz bekannten Beträge für *NOPLAT* und das investierte Kapital *IC* zurückgegriffen, lassen sich die in Abb. 2-9 dargestellten Werte für *ERIC* ermitteln.

(Angaben in M€)	t = 0	1	2	3	4	5 (= T)
NOPLAT		23,100	24,255	24,740	24,988	25,237
RA aus Sicht von *t = 0*		0,049	0,788	1,857	2,768	3,440
IC	216,000	237,600	249,480	254,470	257,014	259,584
r^{ERIC}		10,67 %	9,88 %	9,17 %	8,73 %	8,48 %
i^f		4,00 %	4,00 %	4,00 %	4,00 %	4,00 %
ERIC* aus Sicht von *t = 0		**14,411**	**13,963**	**12,904**	**12,040**	**11,517**

Abb. 2-9: Erarnings less riskfree Interest Charge (ERIC) am Beispiel der X AG bei wertorientierter Finanzierungspolitik

Wie in obiger Abbildung bereits zahlenmäßig dargestellt, lässt sich auch für *ERIC* die Ermittlung auf Basis eines prozentualen Rentabilitätsmaßes vornehmen. Dieses wird hier ohne eine spezifische Benennung einfach als r^{ERIC} bezeichnet und setzt das Sicherheitsäquivalent des *NOPLAT* in Relation zum Kapitaleinsatz zu Periodenbeginn bzw. zum Ende der Vorperiode. Formal stellt sich dies wie folgt dar:

$$ERIC_t = \left(r_t^{ERIC} - i_t^f\right) \times IC_{t-1}$$
$$= \left(\frac{EBIT_t \times \left(1 - s_t^{Unt}\right) - RA_t}{OAV_{t-1} + NWC_{t-1} - LRS_{t-1}} - i_t^f\right) \times \left(OAV_{t-1} + NWC_{t-1} - LRS_{t-1}\right)$$

EBIT ... *Earnings before Interest and Taxes (Ergebnis vor Zinsen und Steuern)*
ERIC ... *Earnings less Riskfree Interest Charge*
i^f ... *Risikoloser Zinssatz*
IC ... *Invested Capital*
LRS ... *Langfristige Rückstellungen*
NOPLAT ... *Net Operating Profit less adjusted Taxes (Ergebnis vor Zinsen nach angepassten Steuern)*
NWC ... *Net Working Capital (Netto-Umlaufvermögen)*
OAV ... *Operatives Anlagevermögen*
r^{ERIC} ... *Sicherheitsäquivalente Rentabilität des investierten Kapitals*
RA ... *Risikoabschlag*
s^{Unt} ... *Unternehmenssteuersatz*
t ... *Zeit- bzw. Periodenindex*
wacc ... *Gewichteter durchschnittlicher Kapitalkostensatz (WACC-Ansatz)*

Nach dieser Vorschrift ergibt sich der Wert für *ERIC* einer konkreten Periode aus der Multiplikation des Kapitaleinsatzes mit der erreichten Überrendite gegenüber dem risikolosen Zinssatz. Diesbezüglich wird vorgeschlagen, auch die erreichte sicherheitsäquivalente Rentabilität anderer Vergleichsanlagen als weitere Benchmark zu nutzen (Velthuis/Wesner, 2005, S. 78).

Die auch bereits bei den zuvor vorgestellten Performance-Maßen erhobene Forderung nach einer Barwertidentität gegenüber dem DCF-basiert ermittelten Unternehmenswert wird grundsätzlich auch durch *ERIC* erfüllt, wie dies der nachfolgende formale Zusammenhang beschreibt:

$$UW_0^{Brutto} = EK_0^M + FK_0 = \sum_{t=1}^{\infty} \frac{ERIC_t}{\prod_{n=1}^{t}\left(1 + i_n^f\right)} + IC_0$$

EK^M ... *Marktwert des Eigenkapitals*
ERIC ... *Earnings less Riskfree Interest Charge*
FK ... *Fremdkapital (Annahme: Marktwert = Buchwert)*
i^f ... *Risikoloser Zinssatz*
IC ... *Invested Capital*
t ... *Zeit- bzw. Periodenindex*
UW^{Brutto} ... *Brutto-Unternehmenswert (Wert des Gesamtkapitals bzw. Enterprise Value)*

Die bestehende Barwertkompatibilität ist letztlich nicht überraschend, da der verwendete Risikoabschlag genau auf die Einhaltung dieser Anforderung zugeschnitten ist. Hinter der oben dargestellten Ermittlungsvorschrift des Risikoabschlags verbirgt sich der folgende Zusammenhang einer barwertidentischen Bewertung auf Basis von Sicherheitsäquivalenten (siehe Abschnitt 2.1.4):

$$\frac{SÄ(FCF_t)}{\prod_{n=1}^{t}(1+i_n^f)}=\frac{FCF_t-RA_t^0}{\prod_{n=1}^{t}(1+i_n^f)}=\frac{FCF_t}{\prod_{n=1}^{t}(1+wacc_n)}$$

FCF ... *Free Cashflow (Erwartungswert)*
i^f ... *Risikoloser Zinssatz*
RA ... *Risikoabschlag*
$SÄ$ ... *Sicherheitsäquivalent*
t ... *Zeit- bzw. Periodenindex*
$wacc$ ... *Gewichteter durchschnittlicher Kapitalkostensatz (WACC-Ansatz)*

Als Konsequenz einer derartigen Bestimmung des Risikoabschlags ergibt sich jedoch die Notwendigkeit, dass dieser bei variierenden Kapitalkostensätzen aus jedem betrachteten Bewertungszeitpunkt bzw. bei konstanten Kapitalkosten zumindest für jeden zeitlichen Abstand zum Bewertungszeitpunkt separat zu bestimmen ist (Schumann, 2008, S. 136 f.). Für das Beispielunternehmen der X AG resultieren für unterschiedliche Bewertungszeitpunkte die nachfolgenden Werte für *ERIC* innerhalb des Detailplanungszeitraums. Unter Einbezug der Werte für den Fortführungszeitraum ergibt deren Diskontierung mit dem risikolosen Zinssatz zuzüglich der im jeweiligen Bewertungszeitpunkt vorhandenen Kapitalbasis wieder die bereits aus der DCF-Bewertung bekannten Brutto-Unternehmenswerte, wie in Abb. 2-10 dargestellt ist:

(Angaben in M€)	t = 0	1	2	3	4	5 (= T)
ERIC aus Sicht von *t = 0*		14,411	13,963	12,904	12,040	11,517
ERIC aus Sicht von *t = 1*			14,350	13,503	12,699	12,161
ERIC aus Sicht von *t = 2*				14,121	13,379	12,826
ERIC aus Sicht von *t = 3*					14,082	13,513
ERIC aus Sicht von *t = 4*						14,223
Barwert der zukünftigen ERIC	90,961	90,821	91,132	91,870	92,789	93,717
IC	216,000	237,600	249,480	254,470	257,014	259,584
UW^{Brutto}	**306,961**	**328,421**	**340,612**	**346,340**	**349,803**	**353,301**

Abb. 2-10: Barwertidentität der Earnings less Riskfree Interest Charge am Beispiel der X AG bei wertorientierter Finanzierungspolitik

Mit der Gewährleistung der geforderten Barwertidentität ist auch hier eine Zielkongruenz gegenüber dem Wertsteigerungsziel der Investoren grundsätzlich gegeben. Eine Beurteilung der innerhalb einer betrachteten Periode erreichten Wertsteigerung kann jedoch die isolierte Betrachtung des periodenbezogenen Werts von *ERIC* genauso wenig leisten wie dies zuvor bereits bei *EVA* und *CVA* der Fall war. Generell können auch bei wirtschaftlich insgesamt vorteilhaften Projekten einzelne Perioden negative ERIC-Werte aufweisen. Eine tatsächliche

Verbesserung der Aussagekraft kann hingegen darin gesehen werden, dass frühen Projektperioden bei *ERIC* tendenziell höhere Erfolge zugewiesen werden als durch den *EVA* (Schumann, 2005, S. 138 f.). Dieser Effekt kehrt sich im weiteren Zeitverlauf wieder um, da der Vorteil eines geringeren Kapitalkostensatzes aufgrund sinkender Buchwerte abnimmt, die Risikoabschläge mit zunehmendem zeitlichem Abstand zum Bewertungszeitpunkt hingegen ansteigen. Insofern könnte dieser Effekt einen 'ungeduldigen Manager' weniger stark von langfristig erfolgreichen Projekten abhalten. Indem bei *ERIC* der Risikoabschlag direkt von der Erfolgsgröße vorgenommen und nicht in den Kapitalkostensatz integriert wird, soll eine höhere Transparenz durch die Trennung von Zeit- und Risikoeinflüssen erreicht werden, da beide Aspekte nicht wie sonst im Kapitalkostensatz miteinander vermengt werden.

Die bereits angesprochene Nähe zum externen Rechnungswesen bewirkt analog zum *EVA* eine prinzipielle Abhängigkeit von Bewertungs- und Periodisierungsregeln. Sich hieraus ergebende bilanzpolitische Spielräume gehen mit einer entsprechenden Manipulationsgefahr einher. Andererseits wird gerade aufgrund dieses engen Bezugs zur vertrauten Welt der Bilanzrechnung eine Verbesserung in Bezug auf Einfachheit, Transparenz und Verständlichkeit des Konzeptes vermutet (Velthuis/Wesner, 2005, S. 127). Ob dies auch in Bezug auf den verwendeten Risikoabschlag gilt, erscheint jedoch fraglich. Da auch das theoretische Konzept der Sicherheitsäquivalente in der tatsächlichen Praxis der Unternehmensbewertung nur eine sehr geringe Rolle spielt, lässt sich auch für das hiermit verwandte Residualgewinnkonzept *ERIC* eine eingeschränkte Anwendungsbereitschaft vermuten. Dies gilt umso mehr als sich für *ERIC* keine grundlegende Überlegenheit gegenüber den bereits zuvor dargestellten Konzepten begründen lässt, solange die Risikoabschläge lediglich auf einer bloßen Umrechnung der CAPM-basierten Kapitalkostensätze beruhen (Schumann, 2008, S. 137).

2.2.5 Residual Income (RI)

Als weiteres Beispiel eines wertorientierten Performance-Maßes soll noch das sogenannte Residual Income (RI) vorgestellt werden (z. B. Bromwich/Walker, 1998; O'Hanlon/Peasnell, 2002; Ohlson, 1995). Anders als bei den vorhergehenden Ansätzen, die eine Brutto- bzw. Entity-Perspektive aufwiesen, entspricht das Residual Income einer Netto-Sichtweise bzw. dem sogenannten Equity-Approach. Dementsprechend werden der erzielte Erfolg und die hierfür als relevante Erfolgshürde dienenden Kapitalkosten unmittelbar auf die Eigenkapitalgeber ausgerichtet und nach Abzug bestehender Fremdkapitaleinflüsse betrachtet.

Dies steht in grundsätzlichem Einklang mit der bilanziellen Perspektive, indem sich der erzielte Erfolg vor Eigenkapitalkosten in Form des Jahresüberschusses *JÜ* ergibt. Auch der Kapitaleinsatz entspricht unmittelbar dem Buchwert des Eigenkapitals *EK*, welches auch hier wieder zu Periodenbeginn bzw. dem Ende der Vorperiode zu bestimmen ist. Damit greift dieser Ansatz auf Größen zurück, die aus der Bilanzierung bzw. entsprechenden Planungsrechnungen unmittelbar verfügbar sind. Lediglich die Renditeforderung der Eigenkapitalgeber r^l ist dann unter Berücksichtigung des operativen Risikos und der unterstellten Finanzierungspolitik noch als zusätzlicher Parameter zu bestimmen. Der eigenkapitalbezogene Residualgewinn (Residual Income) ergibt sich dann, indem der Jahresüberschuss um die buchwertbasierten Eigenkapitalkosten verringert wird, was sich als sogenannte Capital-Charge-Formel wie folgt darstellt:

$$RI_t = J\ddot{U}_t - r_t^l \times EK_{t-1}$$

EK	… *Eigenkapital*
JÜ	… *Jahresüberschuss*
RI	… *Residual Income*
r^l	… *Renditeforderung der Eigenkapitalgeber bei Verschuldung (levered)*
t	… *Zeit- bzw. Periodenindex*

Um eine Vergleichbarkeit mit den bereits zuvor dargestellten Residualgewinnkonzepten sicherzustellen, müssten auch hier beim Jahresüberschuss und dem Buchwert des Eigenkapitals ähnliche Bereinigungen erfolgen, wie sie auch für *EVA, CVA* oder *ERIC* vorgeschlagen werden. Dies betrifft zum Beispiel die Eliminierung von Verzerrungen durch betriebsfremde Einflüsse, die fiktive Aktivierung investiver Aufwendungen oder die Berücksichtigung alternativer Finanzierungsformen wie Leasing oder Miete. Solche Anpassungen sind auch hier in konsistenter Weise sowohl in der Erfolgs- als auch in der Kapitalgröße vorzunehmen.

Auch das Residual Income lässt sich alternativ als Value-Spread-Schreibweise unter Integration eines entsprechenden Rentabilitätsmaßes darstellen. Dieses ergibt sich hierbei in Form der allgemein geläufigen Eigenkapitalrentabilität bzw. des Return on Equity *(roe)*, welche den Jahresüberschuss in Relation zum Eigenkapitalbuchwert der Vorperiode setzt. Das Residual Income beschreibt den über die geforderte Mindestverzinsung des Eigenkapitals hinausgehenden Erfolg, der sich in dieser Schreibweise durch eine Multiplikation der entsprechenden Renditedifferenz mit der Kapitalbasis ergibt:

$$RI_t = \left(roe_t - r_t^l\right) \times EK_{t-1} \quad mit \quad roe_t = \frac{J\ddot{U}_t}{EK_{t-1}}$$

EK	… *Eigenkapital*
JÜ	… *Jahresüberschuss*
RI	… *Residual Income*
r^l	… *Renditeforderung der Eigenkapitalgeber bei Verschuldung (levered)*
roe	… *Return on Equity*
t	… *Zeit- bzw. Periodenindex*

Damit erscheint das Konzept des Residual Income zunächst als relativ einfache Herangehensweise auf Basis von anscheinend leicht verfügbaren Parametern. Allerdings ist an dieser Stelle auf eine Problematik hinzuweisen, die bei den zuvor dargestellten Residualgewinnansätzen nicht in dieser Form auftritt. Dies betrifft die korrekte Erfassung der unterstellten Finanzierungspolitik und eine sich hieraus ergebende Zirkularitätsproblematik, wie sie auch bereits im Rahmen der DCF-Verfahren beim FTE-Ansatz dargestellt wurde (siehe Abschnitt 1.2.4.4). Die drei zuvor dargestellten Residualgewinne des *EVA, CVA* und *ERIC* weisen eine Brutto- bzw. Entity-Perspektive auf und basieren auf den Grundlagen des WACC-Ansatzes (siehe Abschnitt 1.2.4.2). Wie bei diesem erfolgte die Bestimmung des Periodenerfolges wie auch des Kapitaleinsatzes auf Basis einer unterstellten reinen Eigenfinanzierung und somit unabhängig von der Finanzierungspolitik. Für eine wertorientierte Finanzierung können dann auch die gewichteten durchschnittlichen Kapitalkosten *wacc* zirkularitätsfrei bestimmt und angewandt werden. Lediglich im Falle einer autonomen Finanzierungspolitik ergibt sich hierbei ein Zirkularitätsproblem für die Kapitalkostensätze, genauso wie dies für den WACC-Ansatz gilt. In analoger Weise teilt auch der hier nun betrachtete Netto-Residualgewinn *RI* die gleichen Zirkularitätsprobleme wie der FTE- oder Ertragswertansatz.

Bei autonomer Finanzierung sind der Jahresüberschuss und der Buchwert des Eigenkapitals ohne weiteres bestimmbar, da die Beträge von Zinsaufwand und Fremdkapital bekannt sind. Allerdings ergibt sich ein Zirkularitätsproblem bei der periodenspezifischen Bestimmung der verschuldeten Eigenkapitalkosten, weil es an der Kenntnis der Marktwertrelationen von Eigen- und Fremdkapital mangelt. Bei wertorientierter Finanzierungspolitik werden diese Marktwertrelationen hingegen per Annahme festgelegt, sodass die Eigenkapitalkosten zirkularitätsfrei bestimmbar sind. Allerdings können Jahresüberschuss und Eigenkapital dann erst nach Kenntnis des Unternehmenswerts zirkularitätsfrei berechnet werden.

Diese Probleme sind grundsätzlich lösbar, erfordern jedoch einen gewissen Zusatzaufwand durch den Einsatz von iterativen oder rekursiven Prozeduren bzw. durch die Lösung eines entsprechenden Gleichungssystems mithilfe eines Matrixansatzes (Beyer, 2018). Vereinfachend soll hier jedoch lediglich auf die bereits aus der Darstellung der DCF-Verfahren bekannten Werte zurückgegriffen werden, um im Folgenden die prinzipielle Vorgehensweise zur Ermittlung von *RI* und dessen Barwertidentität zum Unternehmenswert zu veranschaulichen. Auch hier soll wieder von einer marktwertorientierten Finanzierung mit einer 40 %igen Fremdkapitalquote ausgegangen werden und es werden die in Abschnitt 1.2.4.2 bzw. in Abb. 1-100 und 1-101 dargestellten Jahresabschluss- und Kapitalkostenwerte verwendet. Das Residual Income *RI* ergibt sich unter diesen Annahmen, wie in Abb. 2-11 dargestellt:

(Angaben in M€)	t = 0	1	2	3	4	5 (= T)
JÜ		18,557	19,394	19,699	19,862	20,060
EK	93,216	106,231	113,235	115,934	117,093	118,264
RoE		19,91 %	18,26 %	17,40 %	17,13 %	17,13 %
r^l		10,00 %	10,00 %	10,00 %	10,00 %	10,00 %
RI		**9,235**	**8,771**	**8,376**	**8,268**	**8,351**

Abb. 2-11: Residual Income am Beispiel der X AG bei wertorientierter Finanzierungspolitik

Wird die oben beschriebene Zirkularitätsproblematik in gleicher Weise wie bei den DCF-Verfahren aufgelöst, ergibt sich auch für das Residual Income *RI* eine vollständige Barwertidentität gegenüber dem Unternehmenswert entsprechend der folgenden Vorschrift:

$$UW_0^{Netto} = EK_0^M = \sum_{t=1}^{\infty} \frac{RI_t}{\prod_{n=1}^{t}\left(1+r_n^l\right)} + EK_0$$

EK	...	*Eigenkapital*
EK^M	...	*Marktwert des Eigenkapitals*
RI	...	*Residual Income*
r^l	...	*Renditeforderung der Eigenkapitalgeber bei Verschuldung (levered)*
t	...	*Zeit- bzw. Periodenindex*
UW^{Netto}	...	*Netto-Unternehmenswert (Wert des Eigenkapitals bzw. Equity Value)*

Für das verwendete Beispielunternehmen der X AG resultieren hieraus abermals völlig identische Unternehmenswerte, wie sie sich bereits bei einer DCF-Bewertung ergeben haben. Dies wird in Abb. 2-12 nochmals veranschaulicht.

(Angaben in M€)	t = 0	1	2	3	4	5 (= T)
RI		9,235	8,771	8,376	8,268	8,351
r^l		10,00 %	10,00 %	10,00 %	10,00 %	10,00 %
Barwert der zukünftigen *RI*	90,961	90,821	91,132	91,870	92,789	93,717
EK	93,216	106,231	113,235	115,934	117,093	118,264
UW^{Netto}	**184,176**	**197,053**	**204,367**	**207,804**	**209,882**	**211,981**

Abb. 2-12: Barwertidentität des Residual Income am Beispiel der X AG bei wertorientierter Finanzierungspolitik

Damit liegt auch mit dem Residual Income ein Residualgewinnkonzept vor, welches sich bis auf die nun verwendete Netto- bzw. Equity-Perspektive in seinen Vor- und Nachteilen nicht maßgeblich von den zuvor dargestellten Ansätzen unterscheidet und neben der Performance-Messung mitunter auch als alternative Methodik gegenüber einer DCF-Bewertung gesehen wird (z. B. Coenenberg/Schultze, 2003; Lundholm/O'Keefe, 2001; Prokop, 2004). Dabei ist auch ein Einbezug der persönlichen Besteuerung möglich (Dausend/Lenz, 2006; Schumann, 2005). Aufgrund der bestehenden Barwertidentität kann auch diesem Ansatz eine grundsätzliche Zielkongruenz zu den Wertsteigerungszielen der Eigner attestiert werden.

Aus der Höhe oder dem Vorzeichen der ermittelten einzelnen Residualgewinne lässt sich allerdings auch hier nicht auf eine erzielte Wertsteigerung der jeweiligen Periode schließen. Die große Nähe zu unmittelbaren Jahresabschlussgrößen und der vergleichsweise einfache formale Ansatz spricht für gewisse Vorteile dieses Performance-Maßes in Bezug auf Verständlichkeit und Wirtschaftlichkeit. Letzteres wird jedoch durch die oben angesprochene Zirkularitätsproblematik zumindest eingeschränkt. Darüber hinaus birgt die starke Jahresabschlussorientierung die Gefahr von Manipulationen durch gezielte Ausnutzung bilanzpolitischer Bewertungs- und Periodisierungsspielräume. Zudem könnte die verlockend einfache Übernahme dieser Bilanzgrößen eine intensive Auseinandersetzung mit eventuell sinnvollen Bereinigungen behindern. Somit ist auch dieser Ansatz in der Gesamtschau mit ähnlichen Vor- und Nachteilen behaftet, wie die bereits zuvor dargestellten Konzepte.

2.2.6 Residualer ökonomischer Gewinn (RÖG)

Als ein weiterer Residualgewinnansatz im Zusammenspiel mit einem hiermit verbundenen Rentabilitätsmaß soll der residuale ökonomische Gewinn *RÖG* vorgestellt werden, der allerdings in der Literatur nicht einheitlich unter diesem Namen diskutiert wird (z. B. Hebertinger, 2002, S. 81 ff.; Laux, 2006, S. 120 ff.; Schumann, 2008, S. 158). Diesem Konzept liegt der sogenannte 'ökonomische Gewinn' zugrunde, welcher sich aus dem periodenbezogenen Überschuss und der in dieser Periode eingetretenen Wertänderung zusammensetzt (Fisher, 1906, S. 51 f.). Der ökonomische Gewinn wird hier jedoch zusätzlich noch um eine kalkulatorische Verzinsung des zu Periodenbeginn vorhandenen Unternehmenswerts gekürzt. Dieser Kapitalkostenabzug neutralisiert dann genau jenen Teil des ökonomischen Gewinns, der sonst als reiner Zeiteffekt durch bloßes Näherrücken des Stromes zukünftiger Überschüsse entstehen würde. Formal ergibt sich ein derartiger Residualgewinn *RÖG* in allgemeiner Form wie folgt:

$$RÖG_t = \underbrace{Ü_t + \left(UW_t^{ZEW} - UW_{t-1}^{ZEW}\right)}_{\text{ökonomischer Gewinn}} - k_t \times UW_{t-1}^{ZEW} \quad mit \quad UW_t^{ZEW} = \sum_{\tau=t+1}^{\infty} \frac{Ü_\tau}{\prod_{n=t+1}^{\tau}\left(1+k_n\right)}$$

k	...	*Kalkulationszinssatz (Kapitalkostensatz)*
$RÖG$	...	*Residualer ökonomischer Gewinn*
t	...	*Zeit- bzw. Periodenindex*
$Ü$	...	*Bewertungsrelevanter Überschuss*
UW^{ZEW}	...	*Zukunftserfolgswert des Unternehmens*

Je nach verwendetem DCF- oder Ertragswertverfahren sind dann die entsprechenden Unternehmenswerte aus Brutto- oder Nettoperspektive sowie die zugehörigen bewertungsrelevanten Überschüsse und Kapitalkostensätze zu konkretisieren.

Auch der residuale ökonomische Gewinn lässt sich in äquivalenter Weise unter Einbezug eines Rentabilitätsmaßes als Value-Spread-Formel ausdrücken. Die hierbei als ökonomische Rentabilität *ör* bezeichnete Periodenrentabilität setzt den ökonomischen Gewinn, welcher sich aus bewertungsrelevantem Überschuss sowie der periodenbezogenen Veränderung des Zukunftserfolgswerts zusammensetzt, in Relation zum Unternehmenswert der Vorperiode. Im Zusammenspiel mit DCF-basierten Unternehmenswerten wird dieses Rentabilitätsmaß auch als DCF-Rendite bezeichnet (z. B. Rappaport, 1986, S. 32). Der residuale ökonomische Gewinn *RÖG* ergibt sich dann, indem die Differenz zwischen ökonomischer Rentabilität *ör* und dem Kapitalkostensatz *k* mit dem Unternehmenswert zum Ende der Vorperiode multipliziert wird. In allgemeiner Weise lässt sich dies wie folgt darstellen:

$$RÖG_t = \left(ör_t - k_t\right) \times UW_{t-1}^{ZEW} \quad mit \quad ör_t = \frac{Ü_t + \left(UW_t^{ZEW} - UW_{t-1}^{ZEW}\right)}{UW_{t-1}^{ZEW}}$$

k ... *Kalkulationszinssatz (Kapitalkostensatz)*
ör ... *Ökonomische Rentabilität*
RÖG ... *Residualer ökonomischer Gewinn*
t ... *Zeit- bzw. Periodenindex*
Ü ... *Bewertungsrelevanter Überschuss*
UW^{ZEW} ... *Zukunftserfolgswert des Unternehmens*

Wird die ökonomische Rentabilität auf Basis des WACC-Ansatzes konkretisiert, so entspricht diese Größe einem Rentabilitätsmaß, welches mit externer Perspektive in der Literatur mitunter auch als Total Business Return (TBR) bezeichnet wird (für einen Überblick z. B. Plaschke, 2003, S. 118 f.). Die entsprechende ökonomische Rentabilität $ör^{WACC}$ errechnet sich dann wie folgt:

$$ör_t^{WACC} = \frac{FCF_t + \left(UW_t^{WACC} - UW_{t-1}^{WACC}\right)}{UW_{t-1}^{WACC}} = \frac{FCF_t + UW_t^{WACC}}{UW_{t-1}^{WACC}} - 1$$

FCF ... *Free Cashflow (Erwartungswert)*
$ör^{WACC}$ ... *Ökonomische Rentabilität auf Basis des WACC-Ansatzes*
t ... *Zeit- bzw. Periodenindex*
UW^{WACC} ... *Unternehmenswert des WACC-Ansatzes*

Soll die ökonomische Rentabilität hingegen aus der Netto-Perspektive definiert werden, ergibt sich ein mit dem sogenannten Total Shareholder Return (TSR) vergleichbares Rentabilitätsmaß (Coenenberg et al., 2021, S. 1282 ff.; Plaschke, 2003, S. 115 ff.). Anstatt der dort verwendeten Dividenden und Börsenkurse gehen hier jedoch die Überschüsse und rechnerischen Unternehmenswerte des FTE- bzw. Ertragswertansatzes ein. Die so konkretisierte ökonomische Rentabilität $ör^{FTE}$ ergibt sich dann als:

$$ör_t^{FTE} = \frac{FTE_t + \left(UW_t^{FTE} - UW_{t-1}^{FTE}\right)}{UW_{t-1}^{FTE}} = \frac{FTE_t + UW_t^{FTE}}{UW_{t-1}^{FTE}} - 1$$

FTE ... *Flow to Equity*
$ör^{FTE}$ ... *Ökonomische Rentabilität auf Basis des FTE-Ansatzes*
t ... *Zeit- bzw. Periodenindex*
UW^{FTE} ... *Unternehmenswert des FTE-Ansatzes*

Für das Beispielunternehmen der X AG wird dies nachfolgend wieder für die Konstellation einer wertorientierten Finanzierungspolitik dargestellt und auf die in Abschnitt 1.2.4.2 dargestellten Bewertungsparameter und -ergebnisse des WACC-Ansatzes zurückgegriffen. Die hieraus resultierenden residualen ökonomischen Gewinne sind in Abb. 2-13 exemplarisch für den WACC-Ansatz dargestellt.

(Angaben in M€)	t = 0	1	2	3	4	5 (= T)
FCF		1,500	12,375	19,751	22,443	22,667
ΔUW^{WACC}		21,461	12,191	5,727	3,463	3,498
UW^{WACC}	306,961	328,421	340,612	346,340	349,803	353,301
$ör^{WACC}$		7,48 %	7,48 %	7,48 %	7,48 %	7,48 %
wacc		7,48 %	7,48 %	7,48 %	7,48 %	7,48 %
$RÖG^{WACC}$		**0,000**	**0,000**	**0,000**	**0,000**	**0,000**

Abb. 2-13: Residualer ökonomischer Gewinn auf Basis des WACC-Ansatzes am Beispiel der X AG bei wertorientierter Finanzierungspolitik

Dabei zeigt sich, dass die residualen ökonomischen Gewinne auf Basis der bestehenden Planungsrechnung durchgängig einen Wert von null aufweisen. Werden also exakt die zukünftigen Planwerte realisiert, ergibt sich hieraus weder eine Wertsteigerung noch -vernichtung, da diese Entwicklung bereits in den als Kapitalbasis verwendeten Unternehmenswerten antizipiert ist. Das bloße Näherrücken der zukünftigen Ergebnisse hat hierbei keinerlei Erfolgswirkung, wie oben bereits angesprochen wurde. Diese Residualgewinne in Höhe von null stellen dabei gleichzeitig die Barwertidentität dieses Konzeptes sicher. Indem dann auch die Summe der diskontierten Übergewinne einen Wert von null aufweist, ergibt sich durch Addition des als Kapitalbasis verwendeten Unternehmenswerts wieder genau selbiger (Schumann, 2008, S. 161). Auf eine formale Darstellung wird daher an dieser Stelle verzichtet.

Ein von null abweichender residualer ökonomischer Gewinn entsteht somit erst dann, wenn die ursprünglichen Erwartungen nicht realisiert werden und es zu ungeplanten Abweichungen kommt. Dies resultiert zum Beispiel aus neu initiierten Projekten oder einer überraschenden Geschäftsentwicklung, die so noch nicht antizipiert und damit auch noch nicht im Unternehmenswert berücksichtigt ist. Dies soll am Beispiel der X AG auf Basis der in Abb. 2-14 beschriebenen Entwicklung exemplarisch illustriert werden.

Erwartungsveränderungen durch neu initiierte Projekte:

Im Verlauf von Periode 2 wurden für die X AG zwei neue Projekte zur Wachstumssteigerung und Effizienzverbesserung initiiert, die in der bisherigen Planung noch nicht enthalten waren.

a) Es konnte ein neuer Vertriebskanal erschlossen werden, welcher nach einem gewissen Mehraufwand in der Anlaufphase für Zuwächse der Absatzmengen sorgt. Hieraus resultieren höhere Wachstumsraten des Umsatzes in den Perioden 2 und 3. Das langfristige Umsatzwachstum wird ab Periode 4 auf dem nun erhöhten absoluten Niveau jedoch auch weiterhin mit 1 % veranschlagt.

b) Durch umfangreiche Investitionen im Bereich der Fertigungstechnologie wird eine effizienzsteigernde Erhöhung des Automatisierungsgrads angestrebt. Die sich hieraus ergebenden Kosteneinsparungen führen nach einer aufwendigen Umstellungs- bzw. Anlaufphase langfristig zu einer höheren Umsatzrentabilität. Der gestiegene Automatisierungsgrad erhöht hierbei die Sachanlagenbindung (Sachanlagen/Umsatz) ab Periode 2 auf 43 %. Dies führt zu den unten dargestellten Veränderungen der Erweiterungsinvestitionsraten des operativen Anlagevermögens.

Weitere Veränderungen gegenüber den Planwerten ergeben sich nicht. Auch das operative und finanzwirtschaftliche Risikoprofil bleibt unverändert, sodass auch weiterhin von einem Kapitalkostensatz *wacc* in Höhe von 7,48 % ausgegangen wird. Die Gesamtwirkung beider Projekte führt zu den nachfolgenden Veränderungen der Werttreiber des Free Cashflows (Rappaport-Modell, siehe Abschnitt 1.2.3.4):

Periode:	1	2	3	4	5 (= T)
Umsatz (Ausgangsniveau in M€)	660,000				
Umsatzwachstum (neu)		8 %	3 %	1 %	1 %
Umsatzwachstum (bisher)		5 %	2 %	1 %	1 %
RoS (neu)		3 %	4 %	6 %	6 %
RoS (bisher)		5 %	5 %	5 %	5 %
Erweiterungsinvestitionsrate OAV (neu)		80,5 %	43 %	43 %	43 %
Erweiterungsinvestitionsrate OAV (bisher)		40 %	40 %	40 %	40 %
Unternehmenssteuersatz (unverändert)		30 %	30 %	30 %	30 %
Erweiterungsinvestitionsrate NWC (unverändert)		4 %	4 %	4 %	4 %
Erweiterungssrate LRS (unverändert)		8 %	8 %	8 %	8 %

Abb. 2-14: Veränderung der Planung der X AG durch neue Projekte

Eine isolierte Investitionsbewertung der in Abb. 2-14 beschriebenen neuen Projekte lässt sich erreichen, indem die hierdurch bewirkte Veränderung des Zahlungsstromes separat mithilfe der Kapitalwertmethode bewertet wird. Mit Orientierung am WACC-Ansatz wird hierbei eine gleichbleibende wertorientierte Finanzierungspolitik unterstellt und ein Kalkulationszins in Höhe des *wacc* von unverändert 7,48 % genutzt. Im Fortführungszeitraum wird mit einem gegenüber der bisherigen Planung unverändertem Wachstum der nominalen Cashflows von 1 % gerechnet. Damit ergibt sich diese konstante Wachstumsrate beginnend ab Periode 5 auch für die Veränderung der Free Cashflows. Die Bedingungen für den Eintritt eines eingeschwungenen Zustandes mit konstantem Wachstum (Steady State) sind bezogen auf das hier genutzte Wertgeneratorenmodell von Rappaport in Abschnitt 1.2.3.5 dargestellt. Der Wertbeitrag beider Neuprojekte $WB^{Projekte}$ ergibt sich als Kapitalwert (Net Present Value) des gesamten Maßnahmenpaketes und errechnet sich damit für das konkrete Beispiel im Investitionszeitpunkt $t = 2$ wie folgt:

$$WB_2^{Projekte} = NPV_2^{Projekte} = \sum_{t=2}^{\infty} \frac{FCF_t^{neu}}{(1+wacc)^{t-2}} - \sum_{t=2}^{\infty} \frac{FCF_t^{bisher}}{(1+wacc)^{t-2}}$$

$$= \sum_{t=2}^{\infty} \frac{\Delta FCF_t}{(1+wacc)^{t-2}} = \Delta FCF_2 + \frac{\Delta FCF_3}{1+wacc} + \frac{\Delta FCF_4}{(wacc - g^{\Delta FCF}) \times (1+wacc)}$$

$$mit\ \Delta FCF_t = FCF_t^{neu} - FCF_t^{bisher}$$

FCF ... *Free Cashflow (Erwartungswert)*
$g^{\Delta FCF}$ ... *Wachstumsrate der Free-Cashflow-Veränderung*
NPV ... *Net Present Value (Kapitalwert)*
t ... *Zeit- bzw. Periodenindex*
wacc ... *Gewichteter durchschnittlicher Kapitalkostensatz (WACC-Ansatz)*
WB ... *Wertbeitrag*

Der den Neuprojekten zuzurechnende Zahlungsstrom hat in diesem Beispiel den Charakter einer Normalinvestition, indem in den Jahren 2 und 3 zunächst Auszahlungsüberschüsse bewirkt werden und danach positive Rückflüsse zu erwarten sind, wie Abb. 2-15 zeigt. Der sich hieraus ergebende Wertbeitrag im Sinne des Net Present Values bzw. Kapitalwerts dieser Investitionsprojekte ist positiv und beträgt 39,015 M€, sodass das gesamte Maßnahmenpaket als vorteilhaft bzw. langfristig wertsteigernd einzustufen ist.

(Angaben in M€)	2	3	4	5 (=T)
FCF mit Neuprojekten (FCF^{neu})	-25,423	12,217	28,281	28,564
FCF der bisherigen Planung (FCF^{bisher})	12,375	19,751	22,443	22,667
FCF-Veränderung durch neue Projekte (ΔFCF)	-37,798	-7,533	5,838	5,896
Diskontierungsfaktor (*wacc* = 7,48 %)	1,000	0,930	14,358	
Net Present Value des Maßnahmenpakets	**39,015**			

Abb. 2-15: Wertbeitrag bzw. Net Present Value der Neuprojekte der X AG

Soll in dieser Konstellation der residuale ökonomische Gewinn für die Periode 2 ermittelt werden, ist zu berücksichtigen, dass die beiden Neuprojekte im Zeitpunkt $t = 1$ noch nicht initiiert bzw. bekannt sind. Daher bleiben sie einem zu diesem Zeitpunkt ermittelten Unternehmenswert noch unberücksichtigt. Aus der bestehenden Planung ohne die Neuprojekte ergibt sich für $t = 1$ ein UW^{WACC} in Höhe von 328,421 M€ (siehe Abschnitt 1.2.4.2). Wird eine Neubewertung des Unternehmens im Zeitpunkt $t = 2$ unter Einbezug der nun durch die Neuprojekte veränderten Free Cashflows durchgeführt, ergibt sich in $t = 2$ ein Unternehmenswert UW^{WACC} von 417,426 M€. Damit ermittelt sich der residuale ökonomische Gewinn auf Basis des WACC-Ansatzes für Periode 2 wie folgt:

$$RÖG_2^{WACC} = FCF_2 + \left(UW_2^{WACC} - UW_1^{WACC}\right) - wacc_2 \times UW_1^{WACC}$$
$$= -25{,}423 + (417{,}426 - 328{,}421) - 0{,}0748 \times 328{,}421 = 39{,}015$$

FCF ... *Free Cashflow*
RÖG^{WACC} ... *Residualer ökonomischer Gewinn auf Basis des WACC-Ansatzes*
t ... *Zeit- bzw. Periodenindex*
UW^{WACC} ... *Unternehmenswert des WACC-Ansatzes*
wacc ... *Gewichteter durchschnittlicher Kapitalkostensatz (WACC-Ansatz)*

Der residuale ökonomische Gewinn der Periode 2 weist somit exakt den Kapitalwert der neuinitiierten Projekte aus und ordnet deren langfristigen Gesamterfolg dieser Periode zu. Dadurch wird einerseits die tatsächlich in der Periode bewirkte Wertsteigerung vollständig gezeigt. Andererseits werden durch dieses Antizipationsprinzip die gesamten zukünftig erhofften Erfolgswirkungen bereits weit vor ihrer eigentlichen Realisation ausgewiesen, was kritisch gesehen werden kann. Tritt in den Folgeperioden dann genau diese erwartete Performance ein, werden die *RÖG* dieser Perioden wieder zu null und verändern sich erst wieder aufgrund von weiteren Neuprojekten oder sich verändernden Informationen bzw. Erwartungen.

Im Vergleich hierzu werden in Abb. 2-16 die sich für das Beispiel ergebenden Veränderungen der in den vorherigen Abschnitten vorgestellten Residualgewinnmaße dargestellt. Dabei stehen deren Werte auf Basis der bisherigen Planung den ab Periode 2 aufgrund der Neuprojekte veränderten Größen gegenüber.

(Angaben in M€)		t = 1	2	3	4	5 (= T)
EVA	*mit Neuprojekten*		-2,804	-0,237	9,726	9,824
	bisher (ohne Projekte)	6,943	6,483	6,079	5,953	6,013
CVA	*mit Neuprojekten*		-20,006	-23,536	-5,227	2,144
	bisher (ohne Projekte)	-9,920	-14,017	-9,661	1,710	9,499
ERIC (Sicht t = 0)	*mit Neuprojekten*		7,084	8,289	16,202	15,553
	bisher (ohne Projekte)	14,411	13,963	12,904	12,040	11,517
RI	*mit Neuprojekten*		-0,515	3,277	13,509	13,644
	bisher (ohne Projekte)	9,235	8,771	8,376	8,268	8,351
RÖG	*mit Neuprojekten*		39,015	0,000	0,000	0,000
	bisher (ohne Projekte)	0,000	0,000	0,000	0,000	0,000

Abb. 2-16: Veränderung der Residualgewinne durch Neuprojekte am Beispiel der X AG

Es zeigt sich, dass keines der anderen zuvor betrachteten Residualgewinnkonzepte in Periode 2 die durch die Neuprojekte bewirkte Wertsteigerung zutreffend anzuzeigen vermag. Vielmehr handelt es sich jeweils immer nur um periodenspezifische Realisationsgrößen, welche die langfristige Erfolgswirkung erst in den zukünftigen Perioden berücksichtigen. Im konkreten Fall gehen die für Periode 2 ausgewiesenen Ergebnisse deutlich nach unten, da die Kapitalbindung durch die getätigten Investitionen stark ansteigt, während die Erfolge aufgrund der im Beispiel dargestellten Umstellungs- bzw. Anlaufphase zunächst sinken und erst in späteren Perioden ihre eigentliche Wirkung entfalten. Aus diesem Grund ist auch die Aussage sehr vorsichtig zu interpretieren, dass Vorjahres- oder Planwerte geeignete Bezugspunkte für die Interpretation von Residualgewinnen bilden würden (z. B. Schultze/Hirsch, 2005, S. 41). So wäre auch im vorliegenden Beispiel eine negative Beurteilung der tatsächlich vorteilhaften Neuprojekte die Folge, wenn für Periode 2 die entsprechenden Planungsparameter vor Initiierung der Neuprojekte herangezogen und den realisierten Ist-Werten gegenübergestellt werden. Gleiches wäre bei bloßen Zeitvergleichen der Fall, da es in Periode 2 zu einem temporären Absinken der Periodenergebnisse kommt.

Wenngleich die neben dem *RÖG* dargestellten Residualgewinne bei einer reinen Periodenbetrachtung die erzielte Wertsteigerung selbst nicht korrekt abbilden können, so lässt sich der residuale ökonomische Gewinn *RÖG* auch aus ihnen ableiten. Bei Einhaltung des in Abschnitt 2.3.6 dargestellten Preinreich-Lücke-Theorems besteht folgende grundsätzliche Beziehung zwischen den periodenspezifischen Residualgewinnen *RG* und dem residualen ökonomischen Gewinn:

$$RÖG_t = RG_t + \left(DRG_t - DRG_{t-1}\right) - DRG_{t-1} \times k_t \quad mit \quad DRG_t = \sum_{\tau=t+1}^{\infty} \frac{RG_\tau}{\prod_{n=t+1}^{\tau}\left(1+k_n\right)}$$

DRG	…	*Diskontierter Residualgewinn*
k	…	*Kalkulationszinssatz (Kapitalkostensatz)*
RG	…	*Residualgewinn*
RÖG	…	*Residualer ökonomischer Gewinn*
t	…	*Zeit- bzw. Periodenindex*

Für den *EVA* ist dieser Zusammenhang nachfolgend exemplarisch konkretisiert. Der Barwert der zukünftigen *EVA* wird hierbei wieder als Market Value Added *MVA* bezeichnet (Stewart, 1991, S. 153 ff.).

$$RÖG_t^{EVA} = EVA_t + \left(MVA_t - MVA_{t-1}\right) - MVA_{t-1} \times wacc_t \quad mit \quad MVA_t = \sum_{\tau=t+1}^{\infty} \frac{EVA_\tau}{\prod_{n=t+1}^{\tau}\left(1+wacc_n\right)}$$

EVA	…	*Economic Value Added*
MVA	…	*Market Value Added*
$RÖG^{EVA}$	…	*Residualer ökonomischer Gewinn auf Basis von EVA*
t	…	*Zeit- bzw. Periodenindex*
wacc	…	*Gewichteter durchschnittlicher Kapitalkostensatz (WACC-Ansatz)*

Mit Blick auf die im Beispiel betrachteten Neuprojekte ergibt sich aus den zuvor bereits dargestellten Werten für Periode 2 ein residualer ökonomischer Gewinn auf Basis der *EVA* in Höhe der tatsächlichen Wertsteigerung, das heißt des Net Present Values der Neuprojekte:

$$\begin{aligned} RÖG_2^{EVA} &= EVA_2 + \left(MVA_2 - MVA_1\right) - MVA_1 \times wacc_2 \\ &= -2{,}804 + \left(139{,}434 - 90{,}821\right) - 90{,}821 \times 0{,}0748 = 39{,}015 \end{aligned}$$

Ein derartiger Zusammenhang zum ökonomischen Residualgewinn lässt sich grundsätzlich auch für alle übrigen zuvor betrachteten Residualgewinne herstellen. Für *ERIC* und *CVA* sind hierbei jedoch zum Teil komplexere Anpassungen erforderlich (Schumann, 2008, S. 140 bzw. S. 149).

Damit ist allein dem residualen ökonomischen Gewinn *RÖG* aus theoretischer Sicht eine zutreffende Beurteilung der erreichten Unternehmenswertsteigerung und damit eine tatsächliche Eignung zur periodenbezogenen Performance-Beurteilung zu attestieren. Während die anderen zuvor dargestellten Residualgewinnkonzepte lediglich die kalkulatorische Rentabilität einer einzelnen Periode mit dem Kapitalkostensatz vergleichen, liefert der *RÖG* eine umfassendere Kontrollgröße im Rahmen der Performance-Messung (Gladen, 2014, S. 161). Allerdings bieten die hierbei eingehenden Unternehmenswerte bzw. Barwerte zukünftiger Residualgewinne (z. B. *MVA*), welche Ausdruck von Zukunftserwartungen sind, ein ganz erhebliches Einfallstor für Subjektivität und damit auch für eine manipulative Gestaltung. Für die Ermittlung residualer ökonomischer Gewinne würden zudem fortlaufend Informationen aus einer vollumfänglichen Unternehmensplanung und -bewertung benötigt, das heißt Überschüsse, Kapitalkostensätze sowie die hieraus resultierenden Zukunftserfolgswerte. In Bezug auf die Verständlichkeit und Wirtschaftlichkeit der Performance-Messung ergeben sich hieraus klare Einschränkungen.

Bei den anderen zuvor betrachteten Residualgewinnkonzepten *EVA, CVA, ERIC* und *RI* resultierte eine zentrale Schwäche ihrer Aussagekraft aus einer alleinigen Konzentration auf die betrachtete Periode und der Nichtberücksichtigung von darüberhinausgehenden Wirkungen. Diesem Aspekt einer klaren Unterscheidung von realisiertem Periodenerfolg und veränderten Zukunftserwartungen trägt ein weiterer Ansatz explizit Rechnung, der letztlich eine Umformung des *RÖG* darstellt. Dabei handelt es sich um die Performance-Größe des sogenannten Net Value Created *NVC* (Schüler et al., 2008; Schüler/Krotter, 2004). Hierin werden die Veränderungen der Informationsstände hervorgehoben, die sich aus Erwartungsrevisionen für die Zukunft oder einer gegenüber der ursprünglichen Planung veränderten Realisation ergeben können. In der nachfolgenden Notation wird dies dadurch ausgedrückt, dass die Überschüsse und Unternehmenswerte zum Ende einer bestimmten Periode sowohl aus Sicht des Informationsstandes zu Periodenbeginn als auch nach Kenntnis der zum Periodenende tatsächlich eingetretenen Entwicklungen verglichen werden. So beschreibt $Ü_{t|t-1}$ den Überschuss der Periode *t*, wie er zu Periodenbeginn bzw. im Zeitpunkt *t–1* erwartet wurde. Demgegenüber zeigt $Ü_{t|t}$ den im Zeitpunkt *t* tatsächlich realisierten Überschuss. Ebenso bilden Unternehmenswerte die Zukunftserwartungen zu bestimmten Zeitpunkten ab. Mit dieser Differenzierung unterschiedlicher Informationsstände lässt sich unabhängig vom konkreten Bewertungsverfahren der *RÖG* wie folgt beschreiben:

$$RÖG_t = Ü_{t|t} + UW_{t|t}^{ZEW} - UW_{t-1|t-1}^{ZEW} \times \left(1+k_t\right) \quad mit \quad UW_{t-1|t-1}^{ZEW} = \frac{Ü_{t|t-1} + UW_{t|t-1}^{ZEW}}{1+k_t}$$

$$= Ü_{t|t} + UW_{t|t}^{ZEW} - \frac{Ü_{t|t-1} + UW_{t|t-1}^{ZEW}}{1+k_t} \times \left(1+k_t\right)$$

Eine Umordnung der Terme hinsichtlich des aktuellen Periodenüberschusses und der die Zukunftserwartungen reflektierenden Unternehmenswerte, jeweils zu unterschiedlichen Betrachtungszeitpunkten bzw. Informationsständen, ergibt den sogenannten Net Value Created NVC in der nachfolgend dargestellten Form (Drukarczyk/Schüler, 2021, S. 408; Schüler et al., 2008, S. 338):

$$NVC_t = \left(\underbrace{\ddot{U}_{t|t} - \ddot{U}_{t|t-1}}_{Realisationsabweichung} \right) + \left(\underbrace{UW_{t|t}^{ZEW} - UW_{t|t-1}^{ZEW}}_{Planungsabweichung} \right)$$

k ... *Kalkulationszinssatz (Kapitalkostensatz)*
NVC ... *Net Value Created*
t ... *Zeit- bzw. Periodenindex*
$\ddot{U}$ ... *Bewertungsrelevanter Überschuss*
UW^{ZEW} ... *Zukunftserfolgswert des Unternehmens*

Die Realisationsabweichung beschreibt dabei die innerhalb der Periode t tatsächlich eingetretene Abweichung der betrachteten Überschussgröße gegenüber dem noch zu Periodenbeginn erwarteten Wert. Als Planungsabweichung wird die Erwartungsrevision bezüglich der nachfolgenden Zukunft ausgedrückt. Letztere spiegelt sich im Barwert der ab Periode $t + 1$ erwarteten Überschüsse bzw. dem im Zeitpunkt t ermittelten Unternehmenswert wider. Auch diese werden auf Basis der Informationsstände zu Periodenbeginn und Periodenende miteinander verglichen. Wird die Ermittlung des *NVC* anhand des oben betrachteten Beispiels für die Periode 2 auf Basis des WACC-Ansatzes konkretisiert, so ergeben sich folgende Werte:

$$NVC_2^{WACC} = \left(\underbrace{FCF_{2|2} - FCF_{2|1}}_{Realisationsabweichung} \right) + \left(\underbrace{UW_{2|2}^{WACC} - UW_{2|1}^{WACC}}_{Planungsabweichung} \right) \quad mit \quad UW_2^{WACC} = \sum_{t=3}^{\infty} \frac{FCF_t}{\prod_{n=3}^{t} (1 + wacc_n)}$$

$$= (-25{,}423 - 12{,}375) + (417{,}426 - 340{,}612) = -37{,}798 + 76{,}813$$
$$= 39{,}015$$

FCF ... *Free Cashflow*
NVC^{WACC} ... *Net Value Created auf Basis des WACC-Ansatzes*
t ... *Zeit- bzw. Periodenindex*
UW^{WACC} ... *Unternehmenswert des WACC-Ansatzes*
$wacc$ ... *Gewichteter durchschnittlicher Kapitalkostensatz (WACC-Ansatz)*

Damit wurde durch die in Periode 2 initiierten Neuprojekte der Free Cashflow der aktuellen Periode um 37,798 M€ gegenüber der Planung reduziert. Allerdings konnte hierdurch das Zukunftserfolgspotenzial der Folgeperioden um einen erwarteten Barwert von 76,813 M€ gesteigert werden. Dabei wird deutlich, dass es sich beim erstgenannten Wert um eine bereits realisierte Größe handelt, während der zweite einen unsicherheitsbehafteten Prognosewert bildet. Das insgesamt für *NVC* ermittelte Ergebnis entspricht wieder dem residualen ökonomischen Gewinn *RÖG* bzw. dem Net Present Value der initiierten Neuprojekte. Allerdings werden hier die Ursachen einer Wertsteigerung oder -vernichtung in Bezug auf ihren Realisationsgrad transparenter aufgezeigt. Entsprechend beträgt auch der *NVC* immer null, wenn Planwerte exakt realisiert werden und es nicht zu einer Veränderung der Zukunftserwartungen kommt.

Auch der *NVC* kann nicht nur anhand von bewertungsrelevanten Überschüssen und Unternehmenswerten bestimmt werden, sondern grundsätzlich auch auf Basis von barwertäquivalenten Residualgewinnen. Bei Einhaltung der Bedingungen des Preinreich-Lücke-Theorems lässt sich dieser Zusammenhang wie folgt beschreiben (Drukarczyk/Schüler, 2021, S. 409 ff.; Schüler et al., 2008, S. 339 ff.):

$$NVC_t = \left(RG_{t|t} - RG_{t|t-1}\right) + \left(DRG_{t|t} - DRG_{t|t-1}\right)$$

DRG ... *Diskontierter Residualgewinn*
NVC ... *Net Value Created*
RG ... *Residualgewinn*
t ... *Zeit- bzw. Periodenindex*

Für den *EVA* lässt sich dies exemplarisch wie folgt konkretisieren und anschließend für das betrachtete Beispiel der Neuprojekte der X AG illustrieren. Der Barwert der zukünftig erwarteten *EVA* wird dabei wieder als Market Value Added *MVA* bezeichnet (Stewart, 1991, S. 153 ff.).

$$NVC_t^{EVA} = \left(EVA_{t|t} - EVA_{t|t-1}\right) + \left(MVA_{t|t} - MVA_{t|t-1}\right) \quad mit \quad MVA_t = \sum_{\tau=t+1}^{\infty} \frac{EVA_\tau}{\prod_{n=t+1}^{\tau}\left(1 + wacc_n\right)}$$

EVA ... *Economic Value Added*
MVA ... *Market Value Added*
NVC ... *Net Value Created*
t ... *Zeit- bzw. Periodenindex*
wacc ... *Gewichteter durchschnittlicher Kapitalkostensatz (WACC-Ansatz)*

Wird für das Beispielunternehmen der X AG wieder die Periode 2 betrachtet, in der die zuvor noch nicht bekannten Neuprojekte initiiert wurden, ergeben sich folgende Realisations- und Planungsabweichungen auf Basis der *EVA*:

$$NVC_2^{EVA} = \left(EVA_{2|2} - EVA_{2|1}\right) + \left(MVA_{2|2}^{EVA} - MVA_{2|1}^{EVA}\right) \quad mit \quad MVA_2^{EVA} = \sum_{\tau=3}^{\infty} \frac{EVA_\tau}{\prod_{n=3}^{\tau}\left(1 + wacc_n\right)}$$

$$= (-2{,}804 - 6{,}483) + (139{,}434 - 91{,}132) = -9{,}286 + 48{,}301$$

$$= 39{,}015$$

Es zeigt sich, dass die Summe aus Realisations- und Planungsabweichung auch hier den identischen, exakt dem ökonomischen Residualgewinn entsprechenden Wert ergibt. Allerdings ist die betragsmäßige Aufteilung eine völlig andere. Dementsprechend ist bei der Interpretation zu berücksichtigen, dass es sich hier nicht um unmittelbare Überschüsse, sondern um betrachtete Residualgewinne handelt. Insgesamt lässt sich damit der *NVC* jedoch auf verschiedene Weise bestimmen. Damit können zum residualen ökonomischen Gewinn äquivalente Aussagen über die wertorientierte Performance einer konkret betrachteten Periode getroffen werden.

2.2.7 Shareholder Value Added (SVA)

Als letztes Performance-Maß soll hier schließlich noch der auf Rappaport zurückgehende Shareholder Value Added (SVA) vorgestellt werden (Rappaport, 1998, S. 49 ff. und 119 ff.). Ziel dieses Ansatzes ist es, die in einer bestimmten Periode durch die getroffenen Managemententscheidungen bewirkte Veränderung des Unternehmenswerts anzuzeigen. Dieses Wertsteigerungsmaß weist damit gewisse Ähnlichkeiten zum zuvor dargestellten residualen ökonomischen Gewinn auf, weshalb die Darstellung hier im Anschluss an diesem erfolgt. Anders als beim *RÖG* ist die Kapitalbasis des Shareholder Value Added jedoch nicht der eigentliche Unternehmenswert, sondern ein normierter Restwert, der auch als Baseline Value *BV* bezeichnet wird (Rappaport, 1998, S. 123). Dieser wird aus dem Ergebnis der Vorperiode unter der Annahme abgeleitet, dass danach kein Wachstum mehr stattfindet. Damit liefert der *SVA* ein Maß für die Veränderung dieses normierten Unternehmenswerts in der Betrachtungsperiode, welche durch die getätigten Erweiterungsinvestitionen ausgelöst wurde. Ausgangspunkt der Ermittlung ist folgende Überlegung, wobei die Notation abweichend vom Original weitestgehend auf die auch sonst hier verwendeten Größen zurückgreift:

$$SVA_t = FCF_t + \left(BV_t - BV_{t-1}\right) - wacc_t \times BV_{t-1} \quad mit \quad BV_t = \frac{NOPLAT_t}{wacc_t}$$

BV ... *Baseline Value*
NOPLAT ... *Net Operating Profit less adjusted Taxes (Ergebnis vor Zinsen nach angepassten Steuern)*
SVA ... *Shareholder Value Added*
t ... *Zeit- bzw. Periodenindex*
wacc ... *Gewichteter durchschnittlicher Kapitalkostensatz (WACC-Ansatz)*

Konzeptionell wird dabei wieder an den WACC-Ansatz der Unternehmensbewertung angeknüpft. Beim Baseline Value handelt es sich um einen normierten Zukunftserfolgswert, für den in beiden Betrachtungszeitpunkten *t* und *t* – 1 jeweils unterstellt wird, dass in der Folgezeit keine wertsteigernden Erweiterungsinvestitionen mehr durchgeführt werden und das erreichte Erfolgsniveau ewig fortgeschrieben wird. Treten jedoch keine Erweiterungsinvestitionen auf, so entspricht der *FCF* dem *NOPLAT* einer Periode, weshalb Letzterer in die Formel einer ewig konstanten Rente eingeht. Dabei wird hier ferner angenommen, dass auch die langfristigen Rückstellungen auf dem jeweiligen Niveau konstant bleiben. Für die Ermittlung von *FCF* und *NOPLAT* kann dabei wieder auf das Wertgeneratorenmodell aus Abschnitt 1.2.3.4 zurückgegriffen werden (Rappaport, 1998, S. 34 ff.):

$$\begin{aligned} FCF_t &= NOPLAT_t - NI_t^{OAV} - NI_t^{NWC} + \Delta LRS_t \\ &= \underbrace{U_{t-1} \times \left(1 + g_t^U\right) \times ros_t \times \left(1 - s_t^{Unt}\right)}_{NOPLAT} - \underbrace{U_{t-1} \times g_t^U \times \left(e_t^{OAV} + e_t^{NWC} - e_t^{LRS}\right)}_{wachstumsbedinge\ Erweiterungsinvestitionen} \end{aligned}$$

e^{LRS} ... *Erweiterungsrate der langfristigen Rückstellungen*
e^{NWC} ... *Erweiterungsinvestitionsrate des Net Working Capitals*
e^{OAV} ... *Erweiterungsinvestitionsrate des operativen Anlagevermögens*
FCF ... *Free Cashflow*
g^U ... *Wachstumsrate des Umsatzes*
LRS ... *Langfristige Rückstellungen*
NI^{NWC} ... *Netto- bzw. Erweiterungsinvestitionen in das Net Working Capital*
NI^{OAV} ... *Netto- bzw. Erweiterungsinvestitionen in das operative Anlagevermögen*
NOPLAT ... *Net Operating Profit less adjusted Taxes (Ergebnis vor Zinsen nach angepassten Steuern)*
NWC ... *Net Working Capital (Netto-Umlaufvermögen)*
ros ... *Return on Sales (Umsatzrentabilität)*
s^{Unt} ... *Unternehmenssteuersatz*
t ... *Zeit- bzw. Periodenindex*
U ... *Umsatzerlöse*

Damit lässt sich der Shareholder Value Added einer Periode wie folgt berechnen, was sich auch in die typische Schreibweise eines Residualgewinns überführen lässt (Schumann, 2008, S. 154):

$$SVA_t = \left(\frac{NOPLAT_t}{wacc_t} - \frac{NOPLAT_{t-1}}{wacc_{t-1}} \right) \times (1 + wacc_t) - NI_t^{OAV} - NI_t^{NWC} + \Delta LRS_t$$

$$= \underbrace{FCF_t + \frac{NOPLAT_t}{wacc_t} - \frac{NOPLAT_{t-1}}{wacc_{t-1}}}_{\text{Periodenergebnis des } SVA \text{ vor Kapitalkosten}} - wacc_t \times BV_{t-1}$$

BV ... *Baseline Value*
LRS ... *Langfristige Rückstellungen*
NI^{NWC} ... *Netto- bzw. Erweiterungsinvestitionen in das Net Working Capital*
NI^{OAV} ... *Netto- bzw. Erweiterungsinvestitionen in das operative Anlagevermögen*
NOPLAT ... *Net Operating Profit less adjusted Taxes (Ergebnis vor Zinsen nach angepassten Steuern)*
SVA ... *Shareholder Value Added*
t ... *Zeit- bzw. Periodenindex*
wacc ... *Gewichteter durchschnittlicher Kapitalkostensatz (WACC-Ansatz)*

Die spezifische Ergebnisgröße dieses Residualgewinns setzt sich dabei aus dem *FCF* der Periode und der Veränderung des Baseline Values zusammen. Die mit dem *wacc* als Kapitalkostensatz zu verzinsende Kapitalbasis ist der Baseline Value zu Periodenbeginn. Ebenso lässt sich auch für den *SVA* eine Value-Spread-Formel aufstellen, in der ein entsprechendes Rentabilitätsmaß zunächst dem Kapitalkostensatz *wacc* gegenübergestellt wird. Dieses SVA-spezifische Rentabilitätsmaß soll hier als r^{SVA} bezeichnet werden. Der *SVA* einer Periode ermittelt sich damit wie folgt:

$$SVA_t = \left(r_t^{SVA} - wacc_t \right) \times BV_{t-1} \quad mit \quad r_t^{SVA} = \frac{FCF_t + BV_t - BV_{t-1}}{BV_{t-1}} = \frac{FCF_t + \frac{NOPLAT_t}{wacc_t}}{\frac{NOPLAT_{t-1}}{wacc_{t-1}}} - 1$$

Exemplarisch soll dies auch hier wieder am Beispiel der X AG illustriert werden. Für die Berechnung des *SVA* in Periode 1 wird dabei auf das aus der Vergangenheitsanalyse (siehe Abschnitt 2.3.2) bekannte Vorjahresergebnis zurückgegriffen und auch dort der sonst verwendete *wacc* in Höhe von 7,48 % angesetzt. Entsprechend wird wieder von einer wertorientierten Finanzierungspolitik ausgegangen. Die resultierenden Werte des *SVA* sind in Abb. 2-17 dargestellt:

(Angaben in M€)	t = 0	1	2	3	4	5 (= T)
NOPLAT	21,00	23,100	24,255	24,740	24,988	25,237
BV	280,749	308,824	324,265	330,750	334,058	337,398
r^{SVA}		10,53 %	9,01 %	8,09 %	7,79 %	7,79 %
wacc		7,48 %	7,48 %	7,48 %	7,48 %	7,48 %
SVA		**8,575**	**4,716**	**1,981**	**1,010**	**1,020**

Abb. 2-17: Shareholder Value Added am Beispiel der X AG bei wertorientierter Finanzierungspolitik (ohne Neuprojekte)

Auch durch den Shareholder Value Added wird die für eine Zielkongruenz geforderte Barwertidentität gegenüber dem Unternehmenswert erfüllt. Für den im Beispiel betrachteten Fall eines Zwei-Phasen-Modells lässt sich dieser Zusammenhang wie folgt ausdrücken:

$$UW_0^{Brutto} = \sum_{t=1}^{T} \frac{SVA_t}{\left(1+wacc_n\right)^t} + \frac{SVA_T \times \left(1+g^{SVA}\right)}{wacc - g^{SVA}} \times \frac{1}{\left(1+wacc_n\right)^T} + BV_0$$

BV	…	*Baseline Value*
g^{SVA}	…	*Wachstumsrate des Shareholder Value Added (im Fortführungszeitraum)*
NOPLAT	…	*Net Operating Profit less adjusted Taxes (Ergebnis vor Zinsen nach angepassten Steuern)*
SVA	…	*Shareholder Value Added*
t	…	*Zeit- bzw. Periodenindex*
wacc	…	*Gewichteter durchschnittlicher Kapitalkostensatz (WACC-Ansatz)*

Im Beispiel liegt im Fortführungszeitraum ein eingeschwungener Zustand vor, bei dem sich auch für die *SVA* ein Wachstum g^{SVA} von 1 % ergibt. Die Barwerte der zukünftigen *SVA* zuzüglich des im jeweiligen Bewertungszeitpunkt anzusetzenden Baseline Values ergeben dann für jede Periode die aus der DCF-Bewertung bekannten Unternehmenswerte.

(Angaben in M€)	t = 0	1	2	3	4	5 (= T)
SVA		8,575	4,716	1,981	1,010	1,020
wacc		7,48 %	7,48 %	7,48 %	7,48 %	7,48 %
Barwert der zukünftigen *SVA*	26,212	19,598	16,348	15,590	15,745	15,903
BV	280,749	308,824	324,265	330,750	334,058	337,398
UW^{Brutto}	**306,961**	**328,421**	**340,612**	**346,340**	**349,803**	**353,301**

Abb. 2-18: Barwertidentität des Shareholder Value Added am Beispiel der X AG bei wertorientierter Finanzierungspolitik (ohne Neuprojekte)

Aufgrund der gegebenen Barwertidentität besteht auch beim *SVA* eine grundsätzliche Zielkongruenz gegenüber dem Unternehmenswert, wie dies auch bei allen anderen bereits vorgestellten Performance-Maßen gegeben ist. Allerdings sind auch hier die einzelnen je Periode für *SVA* ausgewiesenen Werte nicht in der Lage, eine eingetretene Wertsteigerung zutreffend anzuzeigen. Dies lässt sich sehr deutlich am Beispiel der im vorherigen Abschnitt vorgestellten Neuprojekte der X AG veranschaulichen (siehe Abb. 2-14). Diese in Periode 2 initiierten Neuprojekte weisen einen Net Present Value von 39,015 M€ auf und bewirken damit eine entsprechende Wertsteigerung. Der *SVA* reagiert hierauf jedoch von allen bislang vorgestellten Performance-Maßen mit dem stärksten negativen Ausschlag. Der Grund liegt darin, dass in Periode 2 eine substanzielle Erweiterungsinvestition und eine durch den Projektaufwand verminderte Rentabilität zusammentreffen. Da der *SVA* dieser Erweiterungsinvestition eine zunächst als dauerhaft unterstellte Ergebnisreduktion zuweist, kommt es zu diesem heftigen negativen Ausschlag. Dieser kehrt sich in der Folgezeit, wenn die tatsächlichen

Projekterfolge eintreten, in das Gegenteil um. Eine dem *SVA* mitunter zugesprochene besonders starke Zielkongruenz (z. B. Hebertinger, 2002, S. 121; Schultze/Hirsch, 2005, S. 98) ist daher nur schwer nachvollziehbar. Abb. 2-19 stellt die angesprochenen Wirkungen bezüglich der als Beispiel genutzten Neuprojekte der X AG nochmals wertmäßig dar:

(Angaben in M€)	t = 1	2	3	4	5 (= T)
SVA bisher (ohne Neuprojekte)	8,575	4,716	1,981	1,010	1,020
Barwert der zukünftigen SVA^{bisher}	19,598	16,348	15,590	15,745	15,903
SVA neu (mit Neuprojekten)		-157,229	71,959	149,260	1,583
Barwert der zukünftigen SVA^{neu}		217,308	161,603	24,431	24,675
RÖG		39,015	0,000	0,000	0,000

Abb. 2-19: Veränderung des Shareholder Value Added durch Neuprojekte am Beispiel der X AG

Wie im vorherigen Abschnitt bereits für Residualgewinne allgemein sowie für das Beispiel der X AG anhand des *EVA* dargestellt, lässt sich auch der *SVA* in den residualen ökonomischen Gewinn *RÖG* überführen. Hierbei ist der *SVA* der Periode 2 um die Veränderung des Barwerts der zukünftigen *SVA* unter Berücksichtigung einer kalkulatorischen Verzinsung zu ergänzen, wie nachfolgend dargestellt ist:

$$RÖG_2^{SVA} = SVA_2^{neu} + \sum_{t=3}^{\infty} \frac{SVA_t^{neu}}{\prod_{n=3}^{t}(1+wacc_n)} - \sum_{t=2}^{\infty} \frac{SVA_t^{bisher}}{\prod_{n=2}^{t}(1+wacc_n)} \times (1+wacc_2)$$

$$= -157{,}229 + 217{,}308 - 19{,}598 \times (1+0{,}0748) = 39{,}015$$

Der Ausgangswert in $t = 1$ ist hierbei ohne Einbezug der Neuprojekte anzusetzen, da jene zu diesem Zeitpunkt noch nicht bekannt sind. Somit kann schließlich auch auf Basis des *SVA* die tatsächlich in Periode 2 bewirkte Wertsteigerung aufgezeigt werden. In den Folgeperioden sinkt diese dann auf null, sofern die Neuprojekte planmäßig realisiert werden und keine neuen Maßnahmen oder Erwartungsveränderungen auftreten.

Die bereits eingangs genannte Zielstellung des *SVA* ist es, eine durch initiierte Investitionsprojekte bewirkte Unternehmenswertsteigerung im Entscheidungszeitpunkt widerzuspiegeln (Rappaport, 1998, S. 49). Hierfür verknüpft dieses Konzept die Erweiterungsinvestition mit der Ergebnisveränderung einer Periode, wobei letztere zunächst als ewige Rente verstetigt wird. Hierdurch kann es jedoch wie gezeigt zu sehr starken Ausschlägen des *SVA* kommen, welche die eigentliche Performance-Abweichung überzeichnet darstellen (Schumann, 2008, S. 155). Positiv wird dennoch gesehen, dass dieser Ansatz Erfolgswirkungen nicht unmittelbar im Zeitpunkt der Planung vollumfänglich ausweist, sondern diese über die Laufzeit der Investition verteilt (Hebertinger, 2002, S. 121). Auch mit Blick auf die Manipulationsresistenz zeigen sich Einschränkungen.

Zwar wird durch den Ansatz einer ewigen konstanten Rente auf dem aktuellen Niveau eine mögliche Beeinflussung durch subjektive Zukunftserwartungen mit überzogenen Wachstumsprognosen stark reduziert. Die oben gezeigten Überreaktionen des *SVA* können aber dennoch ausgenutzt werden, da bereits kleine Ergebnisveränderungen zu drastischen Ausschlägen führen können (Hebertinger, 2002, S. 123 ff.). Das verwendete Erfolgsmaß *NOPLAT* bietet hierfür durch Ausnutzung bilanzpolitischer Bewertungs- und Periodisierungsspielräume substanzielle Ansatzpunkte zur Manipulation einzelner Periodenergebnisse. Bezüglich Verständlichkeit und Wirtschaftlichkeit lassen sich insgesamt auch bei diesem Konzept keine wesentlichen Vor- oder Nachteile gegenüber dem in Abschnitt 2.2.2 vorgestellten Economic Value Added vermuten. Die benötigten Parameter sind weitestgehend identisch, wenngleich die Berechnungsmethodik des *SVA* etwas komplexer ist. Gleichwohl wird diesem Ansatz eine deutlich geringere Popularität attestiert (z. B. Hebertinger, 2002, S. 127; Schumann, 2008, S. 151).

Zur Steuerung der in den *SVA* eingehenden Erfolgsgrößen *FCF* und *NOPLAT* schlägt Rappaport ein sogenanntes Shareholder-Value-Netzwerk vor, welches einen Bezug zu den Werttreibern und relevanten Entscheidungsfeldern des Managements herstellt (Rappaport, 1998, S. 34 ff.). In ähnlicher Weise lassen sich verschiedenste hierarchische Strukturmodelle entwickeln, welche die Grundlage für Kennzahlensysteme bilden, wie sie im nachfolgenden Abschnitt näher vorgestellt werden.

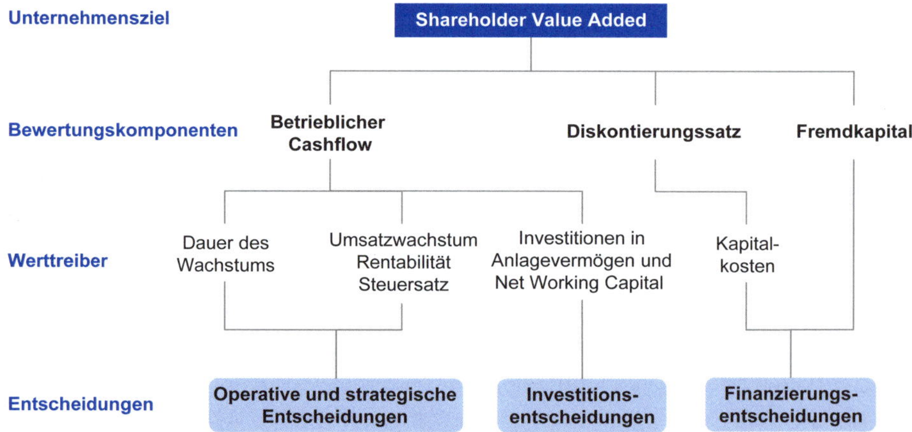

Abb. 2-20: Shareholder-Value-Netzwerk (in Anlehnung an Rappaport, 1998, S. 56)

Zusammenfassend zeigt sich jedoch, dass es trotz langjähriger intensiver Auseinandersetzung bislang nicht gelungen ist, periodenbezogene Performance-Maße zu entwickeln, die allen theoretischen Anforderungen gerecht werden und gleichzeitig aufgrund einer hohen Manipulationsresistenz, Verständlichkeit und Wirtschaftlichkeit eine entsprechende Akzeptanz in der Unternehmenspraxis erlangt haben. Vor- und Nachteile all dieser Ansätze verhalten sich dabei oftmals spiegelbildlich, sodass ein gewisser Trade off zwischen theoretischer Fundierung und Anwendbarkeitsaspekten entsteht, der letztlich nur durch eine unternehmensindividuelle Schwerpunktsetzung bezüglich der Beurteilungskriterien auflösbar ist.

2.3 Wertorientierte Ausgestaltung von Kennzahlensystemen

Eine weitere bedeutende Gruppe von Controllinginstrumenten sind Kennzahlensysteme. Diese verknüpfen eine Mehrzahl von Kennzahlen miteinander, um Ursache-Wirkungs-Beziehungen transparent zu machen oder ein Gesamtbild relevanter Größen darzustellen. Hierbei kann zum einen eine analytische Herangehensweise genutzt werden, um eine Spitzenkennzahl 'top-down' in ihre Einflussgrößen aufzuspalten. Mit umgekehrter Perspektive können im Rahmen einer synthetischen Betrachtungsweise 'bottom-up' die Auswirkungen von Veränderungen der Werttreiber auf die Gesamtperformance abgeschätzt werden (Coenenberg et al., 2016, S. 818). Die Verknüpfung zwischen den betrachteten Kennzahlen kann dabei rechnerischer oder sachlogischer Natur sein. Dementsprechend werden als Grundtypen von Kennzahlensystemen sogenannte Rechensysteme und Ordnungssysteme unterschieden (Horváth et al., 2020, S. 309). Derartige Kennzahlensysteme wurden auch mit spezifischer Ausrichtung auf den Unternehmenswert bzw. auf entsprechende Performance-Maße, wie sie im vorangegangenen Kapitel 2.2 vorgestellt wurden, in großer Vielfalt vorgeschlagen. Als exemplarische Auswahl hierzu werden nachfolgend in Abschnitt 2.3.1 und 2.3.2 sogenannte Werttreiber-Bäume sowie das Konzept der Real Asset Value Enhancer (RAVE) beschrieben, was Möglichkeiten zur Nutzung von Rechensystemen illustriert. Anschließend wird in Abschnitt 2.3.3 kurz auf die Balanced Scorecard (BSC) eingegangen, die als ein sehr populäres Ordnungssystem im Rahmen ihrer Finanzperspektive ebenfalls einen Bezug zum Unternehmenswert ermöglicht.

2.3.1 Werttreiber-Bäume

Werttreiber-Bäume ähneln in ihrer Struktur sehr stark dem sogenannten RoI- bzw. DuPontSchema (z. B. Coenenberg et al., 2016, S. 818; Horváth et al., 2020, S. 313). Dieses Rechensystem hat in vielfältigen Modifikationen eine weite Verbreitung in der Controllingpraxis gefunden. Methodisch wird hierbei eine Spitzenkennzahl, welche typischerweise ein absolutes oder relatives Performance-Maß bildet, unter Nutzung definitorischer Zusammenhänge hierarchisch aufgefächert. Hieraus ergibt sich eine charakteristische Baumstruktur, deren Umfang bzw. Detaillierungsgrad nicht zuletzt von der jeweiligen Datenverfügbarkeit abhängt.

Ziel dieser analytischen Zerlegung ist es, die hinter der gewählten Spitzenkennzahl stehenden Einflussgrößen und Treibervariablen mit ihrem konkreten Einfluss transparent zu machen. Exemplarisch ist diese Vorgehensweise in Abb. 2-21 anhand des Economic Value Added *EVA* als Spitzenkennzahl dargestellt, für welche das Periodenergebnis *NOPLAT*, das investierte Kapital *IC* und der Kapitalkostensatz *wacc* die Einflussfaktoren der nächsten Hierarchieebene bilden und sich jeweils weiter aufspalten lassen. Die dargestellten Zahlenwerte beziehen sich auf Periode 1 des Beispielunternehmens X AG, wie sie in Abschnitt 2.2.2 ausführlich dargestellt sind. Alternativ könnte auch ein Rentabilitätsmaß wie z. B. der Return on Invested Capital *roic* oder jede andere relative oder absolute Performance-Größe, wie sie z. B. in Kapitel 2.2 vorgestellt wurden, als Spitzenkennzahl einer solchen Baumstruktur genutzt werden. Entsprechende Anregungen finden sich in vielfältiger Weise in der Literatur (z. B. Copeland et al., 1990, S. 121 ff.; Lewis, 1995, S. 65; Rappaport, 1986, S. 76).

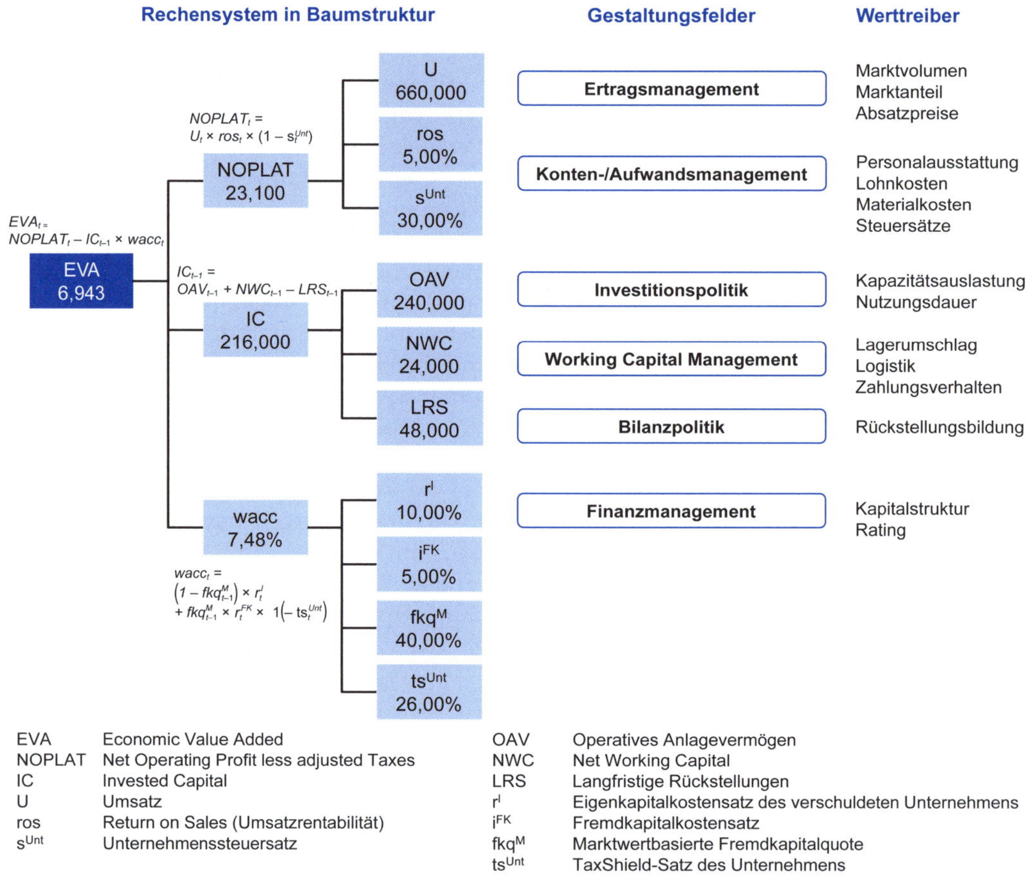

$EVA_t = NOPLAT_t - IC_{t-1} \times wacc_t$

$NOPLAT_t = U_t \times ros_t \times (1 - s_t^{Unt})$

$IC_{t-1} = OAV_{t-1} + NWC_{t-1} - LRS_{t-1}$

$wacc_t = (1 - fkq_{t-1}^M) \times r_t^I + fkq_{t-1}^M \times r_t^{FK} \times 1(- ts_t^{Unt})$

EVA	Economic Value Added	OAV	Operatives Anlagevermögen
NOPLAT	Net Operating Profit less adjusted Taxes	NWC	Net Working Capital
IC	Invested Capital	LRS	Langfristige Rückstellungen
U	Umsatz	r^I	Eigenkapitalkostensatz des verschuldeten Unternehmens
ros	Return on Sales (Umsatzrentabilität)	i^{FK}	Fremdkapitalkostensatz
s^{Unt}	Unternehmenssteuersatz	fkq^M	Marktwertbasierte Fremdkapitalquote
		ts^{Unt}	TaxShield-Satz des Unternehmens

Abb. 2-21: EVA-Baum mit Werttreibern

Ein Vorteil der mathematischen Zerlegung von Spitzenkennzahlen liegt unter anderem darin, dass hierdurch Veränderungen einzelner Einflussgrößen leicht in ihrer Wirkung auf die Spitzenkennzahl quantifiziert werden können. Allerdings geht damit eine gewisse „Monozielausrichtung“ einher, sodass die Auswahl der geeigneten Spitzenkennzahl zur entscheidenden Frage wird. Zudem engt die alleinige Fokussierung auf rein mathematische Zusammenhänge den Analyserahmen stark ein. Daher bietet sich auch der weitergehende Einbezug von Werttreibern an, die lediglich sachlogische Beziehungen aufweisen, wie dies in Abb. 2-21 für verschiedene Handlungsfelder des Managements angedeutet ist.

Erweiterungen um entsprechende Kennzahlen verändern reine Rechensysteme dann zu sogenannten Mischsystemen.

2.3.2 Real Asset Value Enhancer (RAVE)

Ein weiteres Beispiel zum kreativen Umgang mit Kennzahlensystemen durch mathematische Umformungen bildet das auf die Unternehmensberatung Boston Consulting Group zurückgehende Konzept der sogenannten Real Asset Value Enhancer (Strack/Villis, 2001). Ausgangspunkt ist auch hier wieder ein als Spitzenkennzahl genutzter Residualgewinn. Dieser weist klassischerweise einen kapitalbezogenen Fokus auf, indem vom Periodenergebnis vor Kapitalkosten noch letztere abgezogen werden. Das Produkt aus investiertem Kapital und Kapitalkostensatz determiniert hierbei die relevante Benchmark für das Periodenergebnis, oberhalb derer erst ein positiver Residualgewinn entsteht. Allerdings bildet der sonst vor allem in den Produktionsmitteln gebundene Kapitaleinsatz für viele Unternehmen des Dienstleistungs- oder Handelssektors nicht den entscheidenden Erfolgsfaktor. Hier besitzen Humanressourcen oder Kundenbeziehungen oftmals einen weitaus höheren Stellenwert. Dementsprechend lassen sich Residualgewinnmaße auch auf diese Perspektiven anpassen, indem die mitarbeiter- oder kundenbezogenen Kosten zur relevanten Benchmark gemacht werden und die Kapitalkosten zuvor schon in das Ausgangsergebnis integriert werden. Der daraus errechnete Residualgewinn einer Periode wird dadurch betragsmäßig nicht verändert, sodass die für Residualgewinne zentrale Eigenschaft der Barwertidentität gegenüber dem Unternehmenswert uneingeschränkt erhalten bleibt.

Für eine mitarbeiterbezogene Perspektive lässt sich dies formal wie folgt darstellen, wobei exemplarisch auf den *EVA* als Spitzenkennzahl zurückgegriffen wird, der in seiner Ausgangsform mit den hier verwendeten Notationen und Planungsparametern wie folgt definiert ist:

$$\begin{aligned} EVA_t &= \mathit{Ergebnis\ vor\ Kapitalkosten} - \mathit{Kapitalkosten} \\ &= \underbrace{U_t + \Delta V_t^{FE/UE} - MA_t - PA_t - A_t - SBA_t - S_t^{adj}}_{\mathit{Ergebnis\ vor\ Kapitalkosten\ (Noplat_t)}} - wacc_t \times IC_{t-1} \\ &= \left(roic_t - wacc_t\right) \times IC_{t-1} \end{aligned}$$

$\Delta V^{FE/UE}$	…	*Bestandsveränderungen der fertigen und unfertigen Erzeugnisse*
A	…	*Abschreibungen*
EVA	…	*Economic Value Added*
IC	…	*Invested Capital*
MA	…	*Materialaufwand*
$NOPLAT$	…	*Net Operating Profit less adjusted Taxes (Ergebnis vor Zinsen nach angepassten Steuern)*
PA	…	*Personalaufwand*
S^{adj}	…	*Angepasste Steuern (Steuerbelastung bei hypothetischer Eigenfinanzierung)*
SBA	…	*Sonstiger betrieblicher Aufwand*
t	…	*Zeit- bzw. Periodenindex*
U	…	*Umsatzerlöse*
$wacc$	…	*Gewichteter durchschnittlicher Kapitalkostensatz (WACC-Ansatz)*

Für eine stärkere Akzentuierung der Mitarbeiter-Perspektive werden innerhalb des oben dargestellten Residualgewinns anstatt der Kapitalkosten nun die Personalkosten als letzter Term abgezogen. Werden zudem alle Erfolgskomponenten in Relation zum eingesetzten Personalbestand *P* gesetzt, steht durch diese Umformung anstatt einer Überrendite auf das eingesetzte Kapital nun der Spread zwischen durchschnittlichem Wertbeitrag je Mitarbeiter (Value Added per Person bzw. *VAP*) und dem durchschnittlichen Personalkostensatz (Average Cost per Person bzw. *ACP*) im Vordergrund. Multipliziert mit dem Personaleinsatz *P* der Periode ergibt dies einen betragsmäßig unveränderten *EVA* nach der folgenden Vorschrift:

$$
\begin{aligned}
EVA_t &= Ergebnis\ vor\ Personalkosten\ -\ Personalkosten \\
&= \underbrace{U_t + \Delta V_t^{FE/UE} - MA_t - A_t - SBA_t - S_t^{adj} - wacc_t \times IC_{t-1}}_{Ergebnis\ vor\ Personalkosten} - PA_t \\
&= \left(\frac{U_t + \Delta V_t^{FE/UE} - MA_t - A_t - SBA_t - S_t^{adj} - wacc_t \times IC_{t-1}}{P_t} - \frac{PA_t}{P_t} \right) \times P_t \\
&= \left(VAP_t - ACP_t \right) \times P_t
\end{aligned}
$$

ACP	...	*Average Cost per Person (durchschnittliche Personalkosten pro Mitarbeiter)*
P	...	*Persons (Anzahl der Mitarbeiter)*
t	...	*Zeit- bzw. Periodenindex*
VAP	...	*Value Added per Person (durchschnittlicher Wertbeitrag pro Mitarbeiter)*

Diese Vorgehensweise lässt sich analog auch für eine kundenbezogene Perspektive anwenden. Hierbei wird gefragt, welcher durchschnittliche Wertbeitrag pro Kunde erwirtschaftet wird, dem dann wiederum die entsprechenden durchschnittlichen kundenbezogenen Kosten gegenüberzustellen sind. Diese werden hier als Vertriebsaufwendungen *VA* bezeichnet. Bei einer Ergebnisermittlung nach dem Gesamtkostenverfahren, was der obigen Darstellung entspricht, wären hierfür die entsprechenden Anteile aus den einzelnen Aufwandspositionen herauszulösen. Die verbleibenden, um kundenbezogene Vertriebsaufwendungen bereinigten Aufwandspositionen sind in der nachfolgenden Notation durch einen hochgestellten Index „*OVA*" (ohne kundenbezogenen Vertriebsaufwand) beschrieben. Bei Anwendung des Umsatzkostenverfahrens kann dieser Aufbereitungsschritt gegebenenfalls entfallen, wenn neben den Herstellungskosten des Umsatzes und den Verwaltungskosten die entsprechenden Vertriebskosten bereits separat ausgewiesen sind und diese Informationen somit unmittelbar vorliegen.

$$\begin{aligned}
EVA_t &= Ergebnis\ vor\ Kundenkosten\ -\ Kundenkosten \\
&= \underbrace{U_t + \Delta V_t^{FE/UE} - MA_t^{OVA} - PA_t^{OVA} - A_t^{OVA} - SBA_t^{OVA} - S_t^{adj} - wacc_t \times IC_{t-1}}_{Ergebnis\ vor\ Kundenkosten} - VA_t \\
&= \left(\frac{U_t + \Delta V_t^{FE/UE} - MA_t^{OVA} - PA_t^{OVA} - A_t^{OVA} - SBA_t^{OVA} - S_t^{adj} - wacc_t \times IC_{t-1}}{C_t} - \frac{VA_t}{C_t} \right) \times C_t \\
&= (VAC_t - ACC_t) \times C_t
\end{aligned}$$

ACC ... *Average Cost per Customer (durchschnittliche Marketing- und Vertriebskosten pro Kunde)*
C ... *Customers (Anzahl der Kunden)*
OVA ... *Ohne kundenbezogenen Vertriebsaufwand*
t ... *Zeit- bzw. Periodenindex*
VA ... *Kundenbezogener Vertriebsaufwand*
VAC ... *Value Added per Customer (durchschnittlicher Wertbeitrag pro Kunde)*

Auch hier ergibt sich wieder ein Spread, der nun eine kundenbezogene Ausrichtung hat. Dem durchschnittlichen Wertbeitrag eines Kunden werden dann die durchschnittlichen kundenbezogenen Kosten gegenübergestellt. Wird diese Differenz mit dem Kundenbestand C multipliziert, resultiert wieder ein betragsmäßig unveränderter *EVA*.

Auch hier soll das oben beschriebene Vorgehen wieder am Beispiel der X AG illustriert werden. Gegenüber den bisherigen Angaben werden hierfür die in Abb. 2-22 dargestellten Zusatzinformationen benötigt. Während der Kapitaleinsatz zur Aufrechterhaltung der Barwertidentität zum DCF-basierten Unternehmenswert jeweils zum Periodenbeginn bestimmt werden muss, bietet sich für den Personal- und Kundenbestand ein entsprechender Durchschnittswert bzw. die Kopfzahl der Gesamtperiode an, um sinnvoll interpretierbare Größen zu bestimmen. Für das rechnerische Ergebnis des *EVA* bleibt dies jedoch ohne Auswirkung, da der errechnete Spread pro Mitarbeiter oder Kunde anschließend wieder mit selbiger verwendeter Anzahl multipliziert wird.

		t = 1	2	3	4	5 (= T)
Personalbestand [Anzahl der Mitarbeiter]	*P*	165	160	155	150	150
Kundenbestand [Anzahl der Kunden]	*C*	2.000	2.400	2.800	2.600	2.500
Kundenbezogener Vertriebsaufwand [M€]	*VA*	70,000	75,000	78,000	80,000	80,800

Abb. 2-22: Zusatzangaben zur Anwendung des RAVE-Konzepts für die X AG

Die Parameter zur Bestimmung des *EVA* gemäß der drei oben beschriebenen Perspektiven des RAVE-Ansatzes sind in Abb. 2-23 zusammenfassend dargestellt.

(Angaben in M€)	t = 0	1	2	3	4	5 (= T)
Kapitalbezogene Perspektive						
Kapitalrentabilität (*roic*)		10,69 %	10,21 %	9,92 %	9,82 %	9,82 %
Kapitalkosten (*wacc*)		7,48 %	7,48 %	7,48 %	7,48 %	7,48 %
Kapitaleinsatz (*IC*)	216,000	237,600	249,480	254,470	257,014	259,584
Mitarbeiterbezogene Perspektive						
Mitarbeiterwertbeitrag (*VAP*)		0,615	0,660	0,690	0,718	0,726
Mitarbeiterkosten (*ACP*)		0,573	0,619	0,651	0,679	0,685
Personalbestand (*P*)		165	160	155	150	150
Kundenbezogene Perspektive						
Kundenwertbeitrag (*VAC*)		0,038	0,034	0,030	0,033	0,035
Kundenkosten (*ACC*)		0,035	0,031	0,028	0,031	0,032
Kundenbestand (*C*)		2.000	2.400	2.800	2.600	2.500
Economic Value Added (*EVA*)		**6,943**	**6,483**	**6,079**	**5,953**	**6,013**

Abb. 2-23: Ermittlung des EVA der X AG nach den unterschiedlichen Perspektiven des RAVE-Konzeptes

Damit stellt der RAVE-Ansatz keine neuen Informationen über die Höhe des periodenbezogenen Residualgewinns zur Verfügung, da dessen Betrag ja bereits aus der kapitalbezogenen Sichtweise bekannt ist. Die zusätzlichen Perspektiven liefern aber dennoch wertvolle Informationen, indem sie steuerungsrelevante Zusammenhänge und Einflussgrößen transparent machen. So verdeutlicht dies zum Beispiel, dass profitables Wachstum auch durch eine entsprechende Ausweitung des Kunden- bzw. Mitarbeiterbestands oder diesbezügliches Kostenmanagement erreicht werden kann, wie Abb. 2-24 dies skizziert.

In dieser Weise lässt sich ein als Spitzenkennzahl verwendeter Residualgewinn auf verschiedene Einflussfaktoren bzw. Anspruchsgruppen ausrichten, ohne dass die Konsistenz zum Unternehmenswert im Sinne einer Barwertidentität verloren geht. Neben den dargestellten mitarbeiter- und kundenbezogenen Perspektiven sind prinzipiell vielfältige weitere Ausgestaltungsvarianten denkbar, sofern eine spezifische Aufwands- bzw. Kostengröße und eine zugehörige Treibergröße wie die Kunden- oder Mitarbeiteranzahl quantifiziert werden können. Als Nachteil lässt sich jedoch eine jeweils eintretende Monokausalität dieses Ansatzes konstatieren, da der betrachtete Periodenerfolg immer nur auf eine Perspektive ausgerichtet werden kann. Insofern wäre im Vorfeld zu entscheiden, ob das Unternehmen oder der betrachtete Bereich als besonders kapital-, personal- oder kundenintensiv einzustufen ist oder ob gegebenenfalls eine andere Treibergröße maßgeblich für den Erfolg ist.

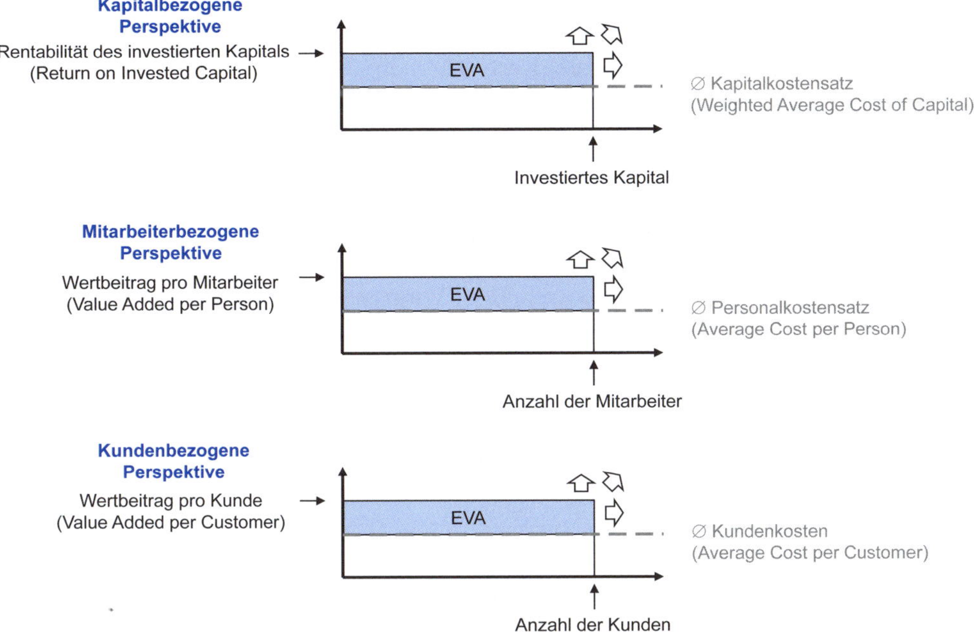

Abb. 2-24: Ansatzpunkte für Wertsteigerungen nach den unterschiedlichen Perspektiven des RAVE-Konzeptes

Trotz der hiermit gewährten Fokussierung auf spezifische Werttreiber ist mit diesem Ansatz in der dargestellten Form jedoch noch keine unmittelbare Steuerung auf Kunden- oder Mitarbeiterebene möglich, solange deren Wertbeiträge und Kostengrößen lediglich als Durchschnittsgrößen ermittelt werden. Für eine entsprechend detailliertere Betrachtung wie auch für eine gleichzeitige Berücksichtigung mehrerer Perspektiven wären umfangreiche Zuordnungsprobleme bezüglich der betreffenden Erfolgskomponenten zu lösen, was in der Praxis oftmals nicht realisierbar sein dürfte. Daher wird in diesem Fall der strikt rechnerische Bezug zwischen den einzelnen Kennzahlen mitunter aufgegeben, wie dies auch im nachfolgend dargestellten Konzept der Balanced Scorecard der Fall ist.

2.3.3 Balanced Scorecard

Neben rechnerischen Verknüpfungen von Kennzahlen lassen sich diese auch durch rein sachlogische Beziehungen verbinden, woraus sogenannte Ordnungssysteme entstehen. Diese ermöglichen es, den relativ starren Rahmen und die starke Rechnungswesenorientierung der traditionellen Rechensysteme zu überwinden und eine stärkere Verzahnung mit der langfristigen Unternehmensstrategie herzustellen. Derartige Ansätze werden häufig auch als Performance-Measurement-Systeme bezeichnet (Baum et al., 2013, S. 361 ff.). Einer der prominentesten Vertreter dieser Kategorie ist die sogenannte Balanced Scorecard (Kaplan/Norton, 1997), die im Folgenden kurz vorgestellt werden soll.

Dabei handelt es sich nicht nur um ein reines Kennzahlensystem, dass neben finanzwirtschaftlichen Erfolgsmaßen weitere, auch nichtmonetäre Größen aus verschiedenen Bereichen integriert. Vielmehr liefert die Balanced Scorecard einen konzeptionellen Rahmen für den gesamten Managementprozess von der Strategieentwicklung bis zu deren Operationalisierung und Umsetzung (Horváth et al., 2020, S. 128 ff.).

Ausgehend von Vision und Strategie soll hierbei ein möglichst umfassender bzw. ausgewogener Blick auf das Unternehmen erreicht werden. Dafür werden verschiedenen Perspektiven jeweils vier bis sechs Indikatoren zugeordnet, für die dann konkrete Ziele, Kennzahlen, Vorgaben und Maßnahmen zu formulieren sind. Der traditionelle Aufbau einer Balanced Scorecard umfasst die Perspektiven Finanzen, Kunden, Interne Geschäftsprozesse sowie Lernen und Entwicklung, wie dies in Abb. 2-25 dargestellt ist. Die Auswahl relevanter Perspektiven ist hierbei jedoch unternehmensindividuell vorzunehmen. So könnten zum Beispiel auch Nachhaltigkeitsaspekte als weitere Perspektive(n) integriert werden (Baum et al., 2013, S. 370; Horváth et al., 2020, S. 410 f.).

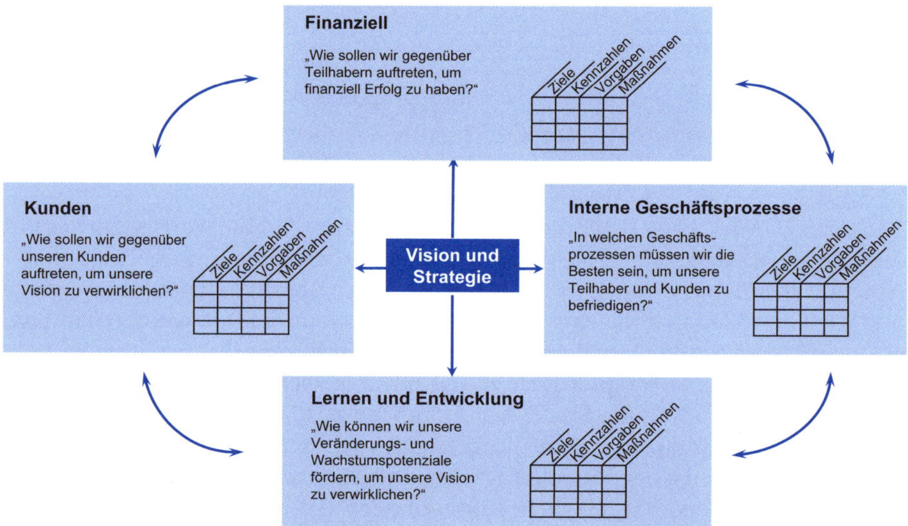

Abb. 2-25: Traditioneller Aufbau einer Balanced Scorecard (in Anlehnung an Kaplan/Norton, 1997, S. 9)

Für eine leichtere Anwendbarkeit dieses Konzeptes sollte jedoch die Anzahl der ausgewählten Perspektiven und Steuerungsgrößen möglichst überschaubar gehalten werden. Die hierfür vorzunehmende Auswahl relevanter Kennzahlen basiert auf vermuteten Ursache-Wirkungs-Beziehungen, welche die verschiedenen Perspektiven miteinander verzahnen und bezüglich der Ziele und Maßnahmen aufeinander abstimmen. So ermöglichen zum Beispiel spezifische Kompetenzen der Mitarbeiter schnelle und fehlerfreie Geschäftsprozesse, welche sich in einer hohen Kundenzufriedenheit niederschlagen. Dies wiederum wird als Voraussetzung für einen hohen finanziellen Erfolg gesehen, der in Abb. 2-26 exemplarisch durch den *EVA* repräsentiert wird. Auf diese Weise ermöglicht es die Balanced

Scorecard, konkrete Wertsteigerungsziele mit den dahinter liegenden Werttreibern zu verzahnen (Töpfer, 2000a, S. 31 ff.).

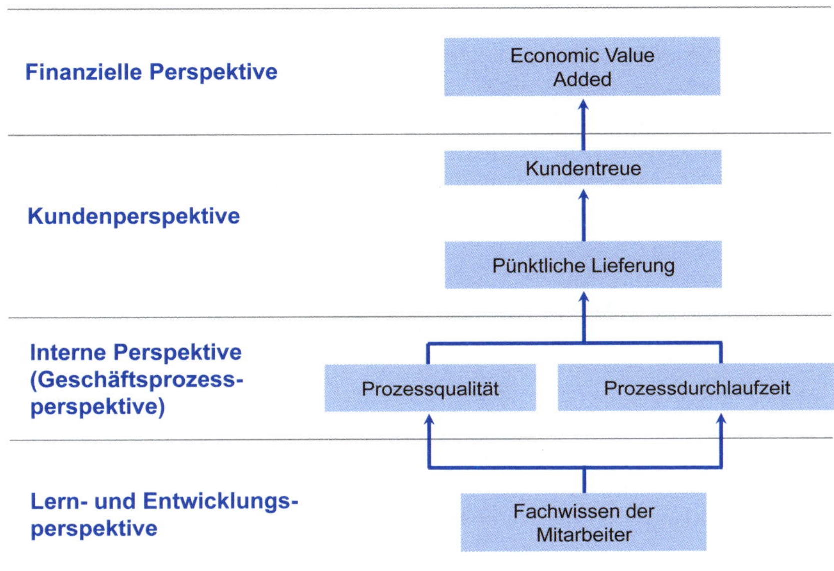

Abb. 2-26: Exemplarische Ursache-Wirkungs-Beziehungen der Balanced Scorecard (in Anlehnung an Kaplan/Norton, 1997, S. 29)

Die unterstellten Ursache-Wirkungs-Beziehungen bilden damit das Kernstück einer Balanced Scorecard. Zu deren Ableitung kann auf vielfältige Ergebnisse der empirischen Erfolgsfaktorenforschung oder das unternehmensindividuelle Erfahrungswissen zurückgegriffen werden. Allerdings sind diese Ursache-Wirkungs-Beziehungen zumeist weder quantifizier- noch überprüfbar, da sie sehr unterschiedliche Zeithorizonte aufweisen und vielfältige Wechselwirkungen und Rückkopplungen zwischen den betrachteten Elementen bestehen können. Zudem bleiben durch den einfachen, komplexitätsreduzierenden Aufbau der Balanced Scorecard andere Einflussfaktoren gegebenenfalls unberücksichtigt. Gleichwohl liefert dieses Konzept wertvolle Anstöße um Strategien und Wertsteigerungsziele auf relevante Werttreiber herunterzubrechen, diese durch geeignete Kennzahlen messbar zu machen und mit konkreten Zielen und Maßnahmen zu verknüpfen (Töpfer, 2000b, S. 124 ff.).

In ähnlicher Weise ist dies jedoch prinzipiell auch mit anderen Performance-Measurement-Instrumenten, wie z. B. der Performance Pyramid, dem Quantum Performance-Measurement-System oder dem Tableau de Bord erreichbar (für einen Überblick z. B. Baum et al., 2013, S. 379 ff.), auf die hier jedoch nicht näher eingegangen werden soll. Alle genannten Ansätze verdeutlichen jedoch die hohe Bedeutung immaterieller Ressourcen im Rahmen der Unternehmenssteuerung, wie sie zum Beispiel in Kundenbeziehungen oder den Fähigkeiten der Mitarbeiter liegen. Zur Messung und Bewertung dieser immateriellen Faktoren wurde eine Vielzahl spezifischer Konzepte entwickelt, die geeignete Kennzahlen im

Rahmen der angesprochenen Performance-Measurement-Ansätze liefern oder als eigenständige Steuerungsinstrumente genutzt werden können (für einen Überblick z. B. Kirchner-Khairy, 2006, S. 63 ff.).

Hierdurch wird das traditionelle Rechnungswesen vor allem um stärker qualitativ ausgerichtete sowie zukunftsorientierte Elemente angereichert. Die hohe Bedeutung dieser Aspekte für den Zukunftserfolg eines Unternehmens zeigt sich jedoch nicht nur in entsprechenden Entwicklungen der internen Unternehmenssteuerung, sondern auch im Rahmen einer wertorientierten Berichterstattung (Value Reporting) gegenüber Außenstehenden. Dies wird in Kapitel 2.9 erneut aufgegriffen und näher beleuchtet.

2.4 Wertorientierte Break-even-Analyse

Im Rahmen von Break-even- bzw. Schwellenwertanalysen werden allgemein für verschiedene Einflussparameter kritische Werte ermittelt, mit denen eine bestimmte Erfolgswirkung gerade noch erreicht wird (siehe auch Abschnitt 4.3.2). In Bezug auf den rechnungswesenbasierten Periodenerfolg steht hierbei oft ein ausgeglichenes Ergebnis als sogenannte „schwarze Null" oder „toter Punkt" im Fokus (z. B. Coenenberg et al., 2016, S. 325 ff.). Derartige Überlegungen lassen sich auch auf die wertorientierte Steuerung übertragen, wobei oftmals eine zur Abdeckung der Kapitalkosten notwendige Mindest-Umsatzrentabilität bzw. Threshold Margin im Vordergrund steht. Hierbei können unterschiedliche Komplexitäts- bzw. Vereinfachungsgrade genutzt werden. Insbesondere lassen sich Konstellationen ohne Wachstum (2.4.1) sowie mit Wachstum bei Ein- oder Mehrperiodenbetrachtung (2.4.2 und 2.4.3) unterscheiden (Günther, 1997, S. 313 ff.).

2.4.1 Break-even-Analyse ohne Wachstum

Wird sehr stark vereinfachend unterstellt, dass kein Wachstum stattfindet, so ergibt sich eine relativ einfache Analyse der notwendigen Mindest-Umsatzrentabilität (Bühner, 1990, S. 64 ff.). Ohne wachstumsbedingte Erweiterungsinvestitionen entsprechen die Free Cashflows dem *NOPLAT*. Unter Rückgriff auf das Werttreibermodell von Rappaport (siehe Abschnitt 1.2.3.4) ergibt sich dann der Unternehmenswert des WACC-Ansatzes als Barwert einer ewig konstanten Rente wie folgt:

$$UW^{WACC} = \frac{FCF}{wacc} = \frac{NOPLAT}{wacc} = \frac{U \times ros \times \left(1 - s^{Unt}\right)}{wacc}$$

FCF	…	*Free Cashflow (Erwartungswert)*
$NOPLAT$	…	*Net Operating Profit less adjusted Taxes (Ergebnis vor Zinsen nach angepassten Steuern)*
ros	…	*Return on Sales (Umsatzrentabilität)*
s^{Unt}	…	*Unternehmenssteuersatz*
U	…	*Umsatzerlöse*
UW^{WACC}	…	*Unternehmenswert des WACC-Ansatzes*
$wacc$	…	*Gewichteter durchschnittlicher Kapitalkostensatz (WACC-Ansatz)*

Unter Vorgabe eines angestrebten Unternehmenswerts lässt sich dieser Ansatz nach der oben bereits angesprochenen Mindest-Umsatzrentabilität sowie auch nach den anderen involvierten Parametern auflösen.

Um dies wieder exemplarisch auf die X AG anzuwenden, wird abweichend von anderen Planungen hier zunächst davon ausgegangen, dass es gegenüber der in $t = 0$ vorliegenden Ausgangssituation zu keinem weiteren Umsatzwachstum kommt und die gegebenen Umsatzrelationen des operativen Anlagevermögens (*OAV/U*) und des Net Working Capital (*NWC/U*) wie auch die bestehende Umsatzrentabilität ($ros = EBIT/U$) dauerhaft konstant bleiben. Die Investitionen entsprechen dann als reine Ersatzinvestitionen genau den Abschreibungen. Bezüglich der Kapitalkosten wird auch hier wieder von einem *wacc* in Höhe von 7,48 % ausgegangen.

Bei einem konstant bleibenden Umsatzniveau von 600 M€ mit einer Umsatzrentabilität *ros* von 5 % und einem Unternehmenssteuersatz s^{Unt} von 30 % resultieren konstante *FCF* in Höhe von 21,000 M€ und damit ein Brutto-Unternehmenswert von 280,749 M€.

$$UW^{WACC} = \frac{21{,}000}{0{,}0748} = \frac{600 \times 0{,}05 \times (1 - 0{,}3)}{0{,}0748} = 280{,}749$$

Soll dieser Unternehmenswert dauerhaft erhalten bleiben, muss eine Umsatzrentabilität von mindestens 5 % sichergestellt werden und auch die übrigen Parameter müssen auf den genannten Niveaus bestehen bleiben. Wird hingegen nur ein Unternehmenswert in Höhe des investierten Kapitals von 264,000 M€ gefordert, welches sich in $t = 0$ aus dem operativen Anlagevermögen von 240,000 M€ und dem Net Working Capital von 24,000 M€ zusammensetzt, lassen sich kritische Werte für die Umsatzrentabilität wie auch für die übrigen Werttreiber bestimmen. Hierbei werden die jeweils anderen Variablen als Ceteris-Paribus-Annahme auf dem bisherigen Niveau konstant gehalten. Für das oben angesprochene Beispiel der X AG ohne Wachstum ab der Periode 1 ergeben sich hieraus die in Abb. 2-27 dargestellten Werte:

Werttreiber		Ausgangssituation	Break-even-Werte (c. p.)	Zulässige Veränderung (Sicherheitsspanne)
Umsatz in M€	U	600,000	564,206	-5,97 %
Umsatzrentabilität	ros	5,00 %	4,70 %	-5,97 %
Unternehmenssteuersatz	s^{Unt}	30,00 %	34,18 %	13,92 %
Free Cashflow	FCF	21,000	19,747	-5,97 %
Kapitalkostensatz	$wacc$	7,48 %	7,95 %	6,34 %
Unternehmenswert	UW^{WACC}	280,749	264,000	

Abb. 2-27: Break-even-Werte und Sicherheitsspanne für einzelne Werttreiber

Die ausgewiesenen Break-even- bzw. Schwellenwerte der einzelnen Werttreiber würden unter Beibehaltung der übrigen Parameter jeweils zu einem Unternehmenswert von 264,000 M€ bzw. in Höhe des investierten Kapitals führen. Der Umsatz könnte hierfür zum Beispiel um knapp 6 % gegenüber dem Ausgangsniveau zurückgehen. Diese bis zur Erreichung des relevanten Schwellenwerts maximal zulässige, relative Veränderung eines betrachteten Einflussparameters wird im Rahmen der Break-even-Analyse auch als Sicherheitsspanne bzw. -koeffizient bezeichnet (Coenenberg et al., 2016, S. 333). Da in der Ausgangssituation bereits ein Unternehmenswert von 280,749 M€ vorliegt, wird in der obigen Rechnung gewissermaßen eine begrenzte Wertvernichtung bis auf 264,000 M€ eingeräumt. Analog könnte die Rechnung jedoch auch auf konkrete Wertsteigerungsziele ausgerichtet werden. Soll zum Beispiel der Unternehmenswert auf 300,000 M€ erhöht werden, müsste die Umsatzrentabilität ceteris paribus auf ca. 5,34 % ansteigen.

In der Ausgangssituation weist die als Beispiel verwendete X AG einen Fremdkapitalbestand in Höhe von 120,000 M€ auf (s. Abschnitt 2.3.2). Wird dies als Untergrenze des Unternehmenswerts angesehen, um eine Überschuldung bzw. einen negativen Wert des Eigenkapitals zu vermeiden, müsste eine Umsatzrentabilität von mindestens 2,14 % erreicht werden. Dies kann vereinfachend als „Schmerzgrenze" einer gewinnorientierten Sicht interpretiert werden (Günther, 1997, S. 315).

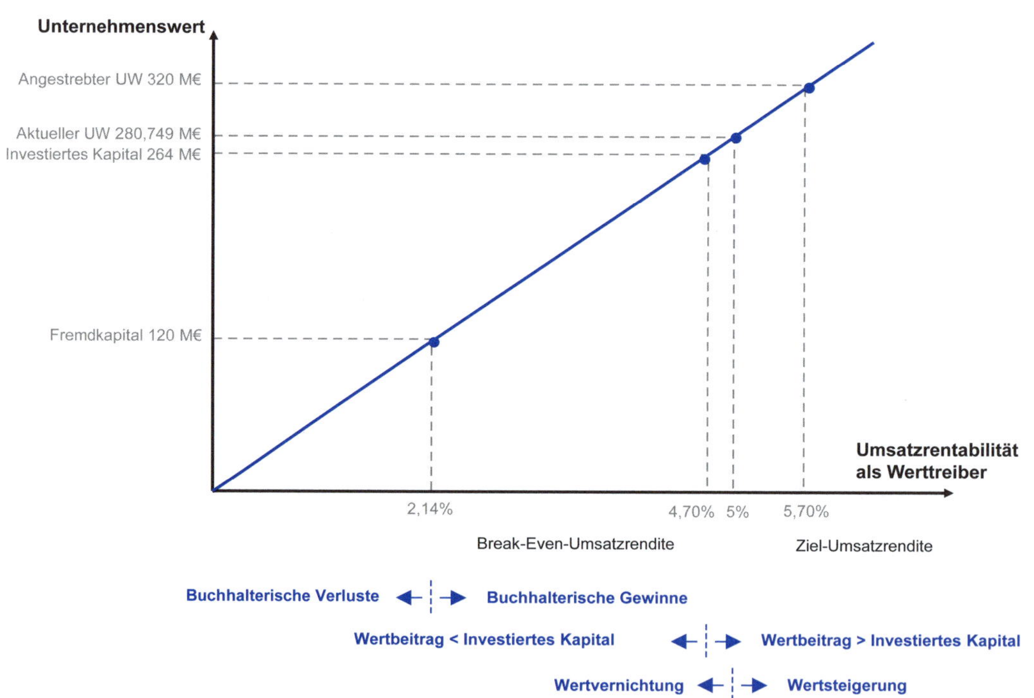

Abb. 2-28: Break-even-Analyse mit dem Werttreiber Umsatzrentabilität (in Anlehnung an Günther, 1997, S. 316)

Wie bereits mehrfach angesprochen, arbeitet dieses Break-even-Modell mit sehr stark vereinfachenden Annahmen. Dabei wird Wachstum vollständig ausgeblendet und die Veränderung des Unternehmenswerts nur auf einen betrachteten Einflussparameter zurückgeführt. Gleichzeitig wird mit dem genutzten *wacc* eine konstante wertorientierte Kapitalstruktur unterstellt, bei der sich der Fremdkapitalbestand atmend an die Entwicklung des Unternehmenswertes anpasst. Dies führt zu gewissen logischen Inkonsistenzen bezüglich des Schwellenwerts für buchhalterische Verluste. Das vorliegende Modell erlaubt damit nur eine sehr grobe Abschätzung der zur Erreichung bestimmter Unternehmenswerte erforderlichen Werttreibergrößen. Entsprechende Modellerweiterungen sind jedoch möglich, wie in den nachfolgenden Abschnitten gezeigt wird.

2.4.2 Break-even-Analyse bei einmaligem Wachstum

Bei einer Betrachtung der Wirkung eines einmaligen Wachstumsschubs, sind die hieraus resultierenden Steigerungen der zukünftigen Rückflüsse den dafür notwendigen Erweiterungsinvestitionen gegenüberzustellen. Dabei wird angenommen, dass die zukünftig erhöhten Rückflüsse dauerhaft bestehen bleiben. Für die Ermittlung einer Break-even- bzw. Mindest-Umsatzrentabilität kann auf den folgenden Ansatz zurückgegriffen werden (Rappaport, 1986, S. 72 ff.):

$$\begin{aligned} \textit{Wertbeitrag der Erweiterungsinvestition} &= \textit{Gegenwartswert der Zusatz-Cashflows} \\ &\quad - \textit{Gegenwartswert der Erweiterungsinvestition} \end{aligned}$$

Im Rahmen einer Break-even-Betrachtung wird dieser Mindestwertbeitrag gleich null gesetzt. Unter der Annahme, dass alle Zahlungen zum Jahresende anfallen, lässt sich dies unter Verwendung des in Abschnitt 1.2.3.4 vorgestellten Werttreibermodells aus Sicht des Bewertungszeitpunktes $t = 0$ wie folgt beschreiben:

$$\underbrace{\frac{U_0 \times g_1^U \times grenz\text{-}ros \times \left(1 - s^{Unt}\right)}{wacc}}_{\textit{Zusatz-Cashflow als ewige Rente}} = \underbrace{\frac{U_0 \times g_1^U \times \left(e_1^{OAV} + e_1^{NWC} - e_1^{LRS}\right)}{1 + wacc}}_{\textit{Einmalige Erweiterungsinvestition}}$$

e^{LRS}	…	*Erweiterungsrate der langfristigen Rückstellungen*
e^{NWC}	…	*Erweiterungsinvestitionsrate des Net Working Capitals*
e^{OAV}	…	*Erweiterungsinvestitionsrate des operativen Anlagevermögens*
g^U	…	*Wachstumsrate des Umsatzes*
grenz-ros	…	*Grenzumsatzrentabilität*
s^{Unt}	…	*Unternehmenssteuersatz*
U	…	*Umsatzerlöse*

Einer einmaligen, zum Ende der Periode 1 veranschlagten Erweiterungsinvestition wird somit das Bewirken einer dauerhaften Ergebnissteigerung zugeschrieben. Die Grenzumsatzrentabilität (Incremental Threshold Margin) beschreibt dabei die notwendige Erhöhung des *EBIT* in Relation zum durch die Erweiterung erzielten Mehr-Umsatz. Es handelt sich also um diejenige Umsatzrentabilität, welche allein auf die Erweiterungsinvestition entfällt (Mehr-EBIT / Mehr-Umsatz). Wird der obige Ansatz nach dieser Grenzumsatzrentabilität aufgelöst, ergibt sich der folgende zur Vermeidung einer Wertvernichtung notwendige Schwellen- bzw. Break-even-Wert (BEW) der Grenzumsatzrentabilität $grenz\text{-}ros^{BEW}$ (Günther, 1997, S. 317 f.; Rappaport, 1986, S. 72 f.):

$$grenz\text{-}ros^{BEW} = \frac{\left(e_1^{OAV} + e_1^{NWC} - e_1^{LRS}\right) \times wacc}{(1 + wacc) \times \left(1 - s^{Unt}\right)}$$

Auch dies soll wieder am Beispiel der X AG illustriert werden. In der obigen Betrachtung ohne Wachstum betrug der Unternehmenswert in der Ausgangssituation 280,749 M€. Sollen die bestehenden Umsatzrelationen unverändert bleiben, entsprechen diese den Erweiterungsraten von Anlagevermögen, Net Working Capital und langfristigen Rückstellungen (siehe dazu auch Abschnitt 1.2.3.5). Entsprechend werden hierfür $e^{OAV} = 0{,}4$ bzw. $e^{NWC} = 0{,}04$ sowie $e^{LRS} = 0{,}08$ unterstellt. Bei einem Kapitalkostensatz *wacc* von 7,48 % und einem Unternehmenssteuersatz von 30 % ergibt sich dann der zu erreichende Break-even-Wert der Grenzumsatzrentabilität $grenz\text{-}ros^{BEW}$ wie folgt:

$$grenz\text{-}ros^{BEW} = \frac{(0{,}4 + 0{,}04 - 0{,}08) \times 0{,}0748}{(1 + 0{,}0748) \times (1 - 0{,}3)} = 0{,}0358 \quad bzw. \quad 3{,}58\%$$

Sofern der durch die Erweiterungsinvestition ausgelöste Mehrumsatz eine Rentabilität von 3,58 % aufweist, entspricht der Barwert der hieraus dauerhaft generierten Zusatz-Cashflows genau dem Barwert der einmaligen Erweiterungsinvestition. Der bestehende Unternehmenswert von 280,749 M€ würde sich dann unabhängig vom Volumen des Umsatzwachstums nicht verändern und das Wachstum wäre in dieser Situation wertneutral. Erst bei einer darüber liegenden Rentabilität des Mehrumsatzes kann eine Wertsteigerung erreicht werden, deren absolute Höhe dann jedoch vom Volumen der Umsatzsteigerung abhängt. Bezüglich der für den Gesamtumsatz insgesamt zu erreichenden Break-even- bzw. Mindest-Umsatzrentabilität muss das wachstumsbedingte Mehrergebnis mit dem bisherigen Ergebnis- bzw. Rentabilitätsniveau verknüpft werden. Rechnerisch ergibt sich der zur Vermeidung von Wertvernichtung mindestens zu erreichende Break-even-Wert der gesamten Umsatzrentabilität ros^{BeW} (Threshold Margin) wie folgt (Günther, 1997, S. 318; Rappaport, 1986, S. 73):

$$ros_t^{BEW} = \frac{U_{t-1} \times ros_{t-1} + U_{t-1} \times g_t^U \times grenz\text{-}ros_t^{BEW}}{U_{t-1} + U_{t-1} \times g_t^U} = \frac{ros_{t-1} + g_t^U \times grenz\text{-}ros_t^{BEW}}{1 + g_t^U}$$

BEW	… *Break-even-Wert*
g^U	… *Wachstumsrate des Umsatzes*
ros	… *Return on Sales (Umsatzrentabilität)*
grenz-ros	… *Grenzumsatzrentabilität*
t	… *Zeit- bzw. Periodenindex*
U	… *Umsatzerlöse*

Wird exemplarisch wieder die Periode 1 für die X AG betrachtet und ein einmaliges 10 %iges Umsatzwachstum von 600,000 M€ auf 660,000 M€ unterstellt, muss eine Rentabilität des Gesamtumsatzes von mindestens 4,87 % erreicht werden, um eine Wertvernichtung zu vermeiden.

$$ros_1^{BEW} = \frac{0{,}05 + 0{,}1 \times 0{,}0358}{1{,}1} = 0{,}0487 \quad bzw. \quad 4{,}87\%$$

2.4.3 Break-even-Analyse bei Mehrjahresbetrachtung mit Wachstum

Werden Mindest-Umsatzrentabilitäten oder kritische Schwellenwerte anderer Parameter im Rahmen einer Mehrjahresbetrachtung mit Wachstum gesucht, ergeben sich in Abhängigkeit von den jeweils zugrunde liegenden Planungsmodellen zumeist komplexere Problemstellungen. Dabei ist für den Fall von im Zeitverlauf schwankenden Werttreibern oder bei einem zeitlichen Auseinanderfallen von Investitions- und Rückflussphasen der gesamte Planungshorizont einschließlich des Fortführungszeitraums zu berücksichtigen (Günther, 1997, S. 319 ff.).

Auch hier lassen sich durch eine dynamische wertorientierte Break-even-Analyse relevante Schwellenwerte der einzelnen Werttreiber einer bestimmten Periode bestimmen. Dies soll wieder am Beispiel der X AG illustriert werden. Hierbei wird auf das bereits in Abschnitt 2.2.6 eingeführte Beispiel von in Periode 2 initiierten Neuprojekten zur Wachstums- und Effizienzsteigerung zurückgegriffen, deren Einzelheiten in Abb. 2-14 dargestellt sind. Die sich hierdurch ergebenden Veränderungen der Werttreiber sind in Abb. 2-29 nochmals zusammengefasst. Ausgehend von einem in Periode 1 erreichten Umsatz von 660 M€ lassen sich mithilfe der bisher geplanten und durch die Neuprojekte veränderten Werttreiber die jeweiligen Free Cashflows bzw. deren Veränderungen bestimmen.

		t = 2		3		4…	
		bisher	neu	bisher	neu	bisher	neu
Umsatzwachstum	g^U	5,0 %	8,0 %	2,0 %	3,0 %	1,0 %	1,0 %
Umsatzrentabilität	*ros*	5,0 %	3,0 %	5,0 %	4,0 %	5,0 %	6,0 %
Unternehmenssteuersatz	s^{Unt}	30,0 %	30,0 %	30,0 %	30,0 %	30,0 %	30,0 %
Erweiterungsinvestitionsrate OAV	e^{OAV}	40,0 %	80,5 %	40,0 %	43,0 %	40,0 %	43,0 %
Erweiterungsinvestitionsrate NWC	e^{NWC}	4,0 %	4,0 %	4,0 %	4,0 %	4,0 %	4,0 %
Erweiterungsrate LRS	e^{LRS}	8,0 %	8,0 %	8,0 %	8,0 %	8,0 %	8,0 %
Free Cashflow	*FCF*	12,375	-25,423	19,751	12,217	22,443	28,281
Veränderung der FCF	***ΔFCF***	-37,798		-7,533		5,838	

Abb. 2-29: Veränderung der Werttreiber durch in Periode 2 initiierte Neuprojekte

Die in Periode 2 initiierten Neuprojekte sind durch eine zweijährige Anlaufphase gekennzeichnet, in der es zunächst zu einer Verringerung der Free Cashflows gegenüber der ursprünglichen Planung kommt. Ab Periode 4 entfalten die Neuprojekte ihre Erfolgswirkung, sodass die dann erwarteten Free Cashflows über den ursprünglichen Planwerten liegen und wie diese in den Folgeperioden ein Wachstum von 1 % aufweisen. Die durch diese Neuprojekte erzielte Wertsteigerung wurde bereits in Abschnitt 2.2.6 anhand der Kennzahlen Net Value Created *NVC* bzw. ökonomischer Residualgewinn *ÖRG* analysiert. Dieser Wertbeitrag entspricht dem Kapitalwert bzw. Net Present Value *NPV* des Stroms der FCF-Veränderungen und berechnet sich im Zeitpunkt $t = 2$ wie folgt:

$$WB_2^{Projekte} = NPV_2^{Projekte} = \sum_{t=2}^{\infty} \frac{\Delta FCF_t}{(1+wacc)^{t-2}} = \Delta FCF_2 + \frac{\Delta FCF_3}{1+wacc} + \frac{\Delta FCF_4}{\left(wacc - g^{\Delta FCF}\right) \times (1+wacc)}$$

$$mit\ \Delta FCF_t = FCF_t^{neu} - FCF_t^{bisher}$$

FCF	...	*Free Cashflow (Erwartungswert)*
$g^{\Delta FCF}$	...	*Wachstumsrate der Free-Cashflow-Veränderung*
NPV	...	*Net Present Value (Kapitalwert)*
t	...	*Zeit- bzw. Periodenindex*
wacc	...	*Gewichteter durchschnittlicher Kapitalkostensatz (WACC-Ansatz)*
WB	...	*Wertbeitrag*

Bezogen auf die in Abb. 2-29 beschriebene Datenkonstellation ergibt sich durch die in Periode 2 initiierten Neuprojekte eine Steigerung des Unternehmenswerts in Höhe von 39,015 M€.

$$NPV_2^{Projekte} = -37{,}798 + \frac{-7{,}533}{1{,}0748} + \frac{5{,}838}{(0{,}0748 - 0{,}01) \times 1{,}0748} = 39{,}015$$

In diesem Beispiel ergibt sich in Bezug auf die Neuprojekte nach einer Anlaufphase mit hohem Wachstum und verminderter Rentabilität ab Periode 5 ein eingeschwungener Zustand mit konstantem Wachstum der Überschüsse. Die dann nach erfolgreicher Umsetzung aller Maßnahmen erreichte Umsatzrentabilität beträgt 6 %. Im Rahmen einer dynamischen Break-even-Analyse könnte nun zum Beispiel die Frage gestellt werden, welche Umsatzrentabilität ab Periode 4 mindestens erreicht werden muss, um eine Wertvernichtung durch die Neuprojekte zu vermeiden ($NPV \geq 0$). Zur rechnerischen Ermittlung eines entsprechenden Schwellenwertes wird der Wertbeitrag der neuen Projekte gleich null gesetzt. Der obige Ansatz kann dann wie folgt modifiziert werden, wobei an die Stelle von FCF^{neu} der Periode 4 die entsprechenden Parameter des Wertgeneratorenmodells von Rappaport treten. Eine Auflösung nach ros^{BEW} liefert dann den gesuchten Break-even-Wert für die ab Periode 4 zu erreichende Umsatzrentabilität. Alle übrigen Parameter bleiben jeweils bei den unveränderten Planwerten der Neuprojekte.

$$WB_2^{Projekte} = NPV_2^{Projekte} = 0 = \Delta FCF_2 + \frac{\Delta FCF_3}{1+wacc}$$
$$+\frac{U_3 \times \left(1+g_4^U\right) \times ros_4^{BEW} \times \left(1-s_4^{Unt}\right) - U_3 \times g_4^U \times \left(e_4^{OAV} + e_4^{NWC} - e_4^{LRS}\right)}{\left(wacc - g^{FCF}\right) \times \left(1+wacc\right)}$$
$$-\frac{FCF_4^{bisher}}{\left(wacc - g^{FCF}\right) \times \left(1+wacc\right)}$$

$$= -37{,}798 + \frac{-7{,}533}{1{,}0748}$$
$$+\frac{734{,}184 \times 1{,}01 \times ros_4^{BEW} \times \left(1-0{,}3\right) - 734{,}184 \times 0{,}01 \times \left(0{,}43 + 0{,}04 - 0{,}08\right)}{\left(0{,}0748 - 0{,}01\right) \times 1{,}0748}$$
$$-\frac{22{,}443}{\left(0{,}0748 - 0{,}01\right) \times 1{,}0748}$$

e^{LRS}	… *Erweiterungsrate der langfristigen Rückstellungen*
e^{NWC}	… *Erweiterungsinvestitionsrate des Net Working Capitals*
e^{OAV}	… *Erweiterungsinvestitionsrate des operativen Anlagevermögens*
FCF	… *Free Cashflow (Erwartungswert)*
g^{FCF}	… *Wachstumsrate des Free Cashflows*
BEW	… *Break-even-Wert*
g^U	… *Wachstumsrate des Umsatzes*
$NOPLAT$	… *Net Operating Profit less adjusted Taxes (Ergebnis vor Zinsen nach angepassten Steuern)*
NPV	… *Net Present Value (Kapitalwert)*
ros	… *Return on Sales (Umsatzrentabilität)*
s^{Unt}	… *Unternehmenssteuersatz*
t	… *Zeit- bzw. Periodenindex*
U	… *Umsatzerlöse*
$wacc$	… *Gewichteter durchschnittlicher Kapitalkostensatz (WACC-Ansatz)*
WB	… *Wertbeitrag*

Als Ergebnis ergibt sich hier eine ab Periode 4 zu erreichende Mindest-Umsatzrentabilität von 5,48 %, oberhalb der sich eine wertsteigernde Wirkung der Neuprojekte ergibt. In analoger Weise könnte ein entsprechender Mindest- bzw. Höchstwert für jeden anderen Modellparameter bestimmt werden, bei dem unter Beibehaltung aller übrigen Annahmen eine Wertsteigerung von null oder in einer anderen angestrebten Höhe eintritt.

Einen weiteren Ansatzpunkt liefert auch die Analyse der sogenannten Break-even-Time (Günther, 1997, S. 319 ff.). Hierbei wird analysiert, wie lange es dauert, bis die Anlaufinvestitionen unter Berücksichtigung der Kapitalkosten wiedererwirtschaftet werden bzw. bis eine tatsächliche Wertsteigerung erreicht wird. Dies entspricht einer Betrachtung der dynamischen Amortisationsdauer im Rahmen der Investitionsrechnung (Brealey et al., 2014, S. 110 f.; Perridon et al., 2012, S. 48). Dabei ist diejenige Zeitspanne zu bestimmen, ab der die auf- oder abgezinste Zahlungsreihe einen Gegenwartswert von null oder in anderer gesuchter Höhe annimmt.

Im vorliegenden Beispiel lässt sich dieses Problem lösen, indem die projektbedingten negativen Wirkungen auf die Free Cashflows der Perioden 2 und 3 mit den Kapitalkosten aufgezinst werden. Der Wert dieser Anfangsinvestitionen, einschließlich der hierauf zu erwirtschaftenden Kapitalkosten, liefert einen periodenweise ansteigenden Soll-Wert (kumulierter Soll-Wertbeitrag). Diesem stehen die positiven Veränderungen der Free Cashflows ab der Periode 4 gegenüber (kumulierter Ist-Wertbeitrag). Erst ab dem Zeitpunkt, in dem der kumulierte Ist-Wertbeitrag den kumulierten Soll-Wertbeitrag übersteigt, tritt eine wertsteigernde Wirkung der Projekte ein. Im vorliegenden Beispiel geschieht dies beginnend ab $t = 2$ erst nach mehr als 13 Perioden, wie Abb. 2-30 zeigt. Eine genauere rechnerische Bestimmung dieses Amortisationszeitpunktes innerhalb des Jahres wäre durch Interpolation möglich, worauf aber aufgrund der sich hier als sehr lang ergebenden Break-even-Time verzichtet wird.

(Angaben in M€]	t = 2	3	4	5	...	15	16
Kum. Soll-WB	37,798	48,159	51,761	55,633	...	114,447	123,008
Kum. Ist-WB		0,000	5,838	12,171	...	112,583	127,582
Wertschaffung	-37,798	-48,159	-45,923	-43,462	...	-1,865	4,574

Abb. 2-30: Kumulierter Soll- und Ist-Wertbeitrag der Neuprojekte

Neben dieser Betrachtung der aufgezinsten Endwerte als kumulierte Ist- und Soll-Wertbeiträge lässt sich die Break-even-Time bzw. Amortisationsdauer auch auf Basis der Barwerte der durch die Neuprojekte bewirkten Veränderung der Free Cashflows bestimmen. Wie in Abb. 2-31 dargestellt, beträgt die benötigte Zeitspanne beginnend ab $t = 2$ mehr als 13 Perioden.

(Angaben in M€]	t = 2	3	4	5	...	15	16
ΔFCF	-37,798	-7,533	5,838	5,896	...	6,513	6,578
NPV der *ΔFCF* bis t	-37,798	-44,807	-39,753	-35,004	...	-0,730	1,666

Abb. 2-31: Barwerte der FCF-Veränderung durch Neuprojekte im Rahmen der dynamischen wertorientierten Break-even-Analyse

Das zugrunde liegende FCF-Profil und die Entwicklung der kumulierten Ist- und Soll-Wertbeiträge ist in Abb. 2-32 nochmals grafisch veranschaulicht. Neben der oben bereits rechnerisch bestimmten Break-even-Time ist dort zudem auch die sogenannte 'Time to Free Cashflow' eingezeichnet, welche in Analogie zur 'Time to Market' die Zeitspanne beschreibt, ab der positive Free Cashflows generiert werden. Beide Zeitspannen können sowohl als Risiko- wie auch als Performance-Maße eingesetzt werden (Günther, 1997, S. 319).

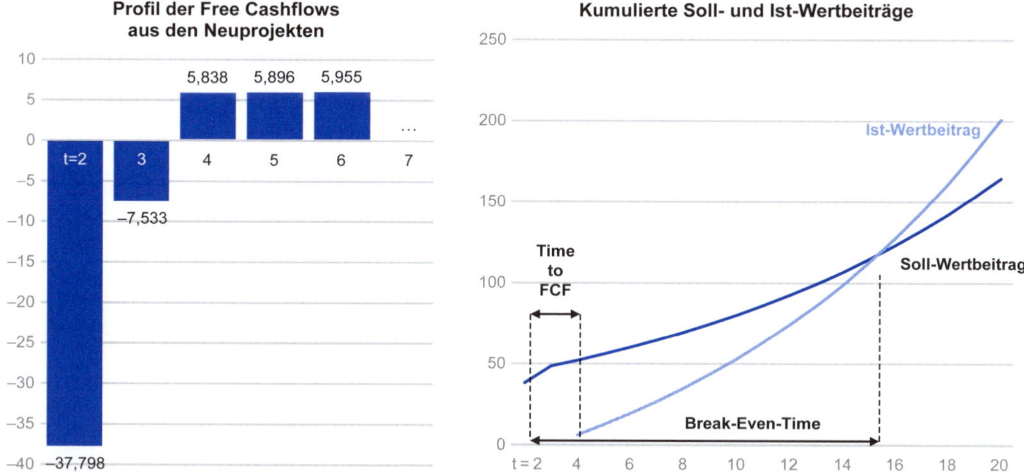

Abb. 2-32: Dynamische wertorientierte Break-even-Analyse mit Break-even-Time und Time to Free Cashflow (in Anlehnung an Günther, 1997, S. 321)

Eine Verkürzung der aus wertorientierter Sicht benötigten Break-even-Time lässt sich hierbei auf unterschiedliche Weise erreichen (Günther, 1997, S. 321), z. B. durch:

- Verkürzung der Anlaufphase bzw. der Time to Free Cashflow (Verschiebung der Ist-Wertbeitragskurve nach links)
- Reduktion von Anlaufkosten oder deren Verlagerung in die Zukunft (Abflachung der Soll-Wertbeitragskurve)
- Erhöhung der Erfolgswirkungen (Steilerwerden der Ist-Wertbeitragskurve).

Der letztgenannte Aspekt könnte zum Beispiel durch eine gesteigerte Umsatz-Rentabilität ab Periode 4 realisiert werden. Der diesbezüglich für eine bestimmte vorgegebene Break-even-Time zu erreichende Wert lässt sich im vorliegenden Beispiel mithilfe eines Rentenbarwertfaktors für eine über einen bestimmten Zeitraum wachsende Rente ermitteln (Brealey et al., 2014, S. 34). Hierbei wird dieser Rentenbarwertfaktor sowohl mit den bisherigen als auch den durch die Neuprojekte veränderten Free Cashflows der Periode 4 verknüpft, welche jeweils die erste Zahlung dieser wachsenden Renten bilden. Die Zeitspanne, in der diese Rente im vorliegenden Beispiel fließt, entspricht hier aufgrund der Anlaufphase dem um eins verringerten Vorgabewert für die Break-even-Time (BET). Durch den Einbezug der Wertgeneratoren des Rappaport-Modells für den Free Cashflow der Periode 4 lässt sich dies dann nach der zu erzielenden Mindest-Umsatzrentabilität wie auch nach jedem anderen Modellparameter auflösen. Exemplarisch soll auch hier wieder nach der ab Periode 4 notwendigen Mindest-Umsatzrentabilität gefragt werden, wenn die vorgegebene Break-even-Time genau 5 Perioden beträgt, das heißt ein Wertbeitrag bzw. *NPV* von null gerade mit der Vereinnahmung des Free Cashflows der Periode 7 ($t = 2 + 5$ Perioden) erreicht wird. Hierfür kann der nachfolgende Ansatz genutzt werden:

$$WB_2^{Projekte} = NPV_2^{Projekte} = 0 = \Delta FCF_2 + \frac{\Delta FCF_3}{1+wacc}$$
$$+\frac{U_3 \times (1+g_4^U) \times ros_4^{BEW} \times (1-s_4^{Unt}) - U_3 \times g_4^U \times (e_4^{OAV} + e_4^{NWC} - e_4^{LRS})}{(wacc - g^{FCF}) \times (1+wacc)} \times \left[1 - \left(\frac{1+g^{FCF}}{1+wacc}\right)^{BET-1}\right]$$
$$-\frac{FCF_4^{bisher}}{(wacc - g^{FCF}) \times (1+wacc)} \times \left[1 - \left(\frac{1+g^{FCF}}{1+wacc}\right)^{BET-1}\right]$$

$$= -37{,}798 + \frac{-7{,}533}{1{,}0748}$$
$$+\frac{734{,}184 \times 1{,}01 \times ros_4^{BEW} \times (1-0{,}3) - 734{,}184 \times 0{,}01 \times (0{,}43+0{,}04-0{,}08)}{(0{,}0748-0{,}01) \times 1{,}0748} \times \left[1 - \left(\frac{1{,}01}{1{,}0748}\right)^4\right]$$
$$-\frac{22{,}443}{(0{,}0748-0{,}01) \times 1{,}0748} \times \left[1 - \left(\frac{1{,}01}{1{,}0748}\right)^4\right]$$

BET	…	*Break-even-Time*
BEW	…	*Break-even-Wert*
e^{LRS}	…	*Erweiterungsrate der langfristigen Rückstellungen*
e^{NWC}	…	*Erweiterungsinvestitionsrate des Net Working Capitals*
e^{OAV}	…	*Erweiterungsinvestitionsrate des operativen Anlagevermögens*
FCF	…	*Free Cashflow (Erwartungswert)*
g^{FCF}	…	*Wachstumsrate des Free Cashflows*
g^U	…	*Wachstumsrate des Umsatzes*
$NOPLAT$	…	*Net Operating Profit less adjusted Taxes (Ergebnis vor Zinsen nach angepassten Steuern)*
NPV	…	*Net Present Value (Kapitalwert)*
ros	…	*Return on Sales (Umsatzrentabilität)*
s^{Unt}	…	*Unternehmenssteuersatz*
t	…	*Zeit- bzw. Periodenindex*
U	…	*Umsatzerlöse*
$wacc$	…	*Gewichteter durchschnittlicher Kapitalkostensatz (WACC-Ansatz)*
WB	…	*Wertbeitrag*

Durch Auflösen nach ros^{BEW} unter Beibehaltung aller übrigen Parameter ergibt sich eine ab Periode 4 mindestens zu erzielende Umsatzrentabilität von 7,61 %. Die in dieser Konstellation durch die Neuprojekte bewirkten Veränderungen der Free Cashflows *ΔFCF* sowie deren Barwerte in $t = 2$ sind in Abb. 2-33 veranschaulicht, wo nach einer geforderten Break-even-Time von 5 Perioden in $t = 7$ ein NPV der Neuprojekte von null entsteht.

(Angaben in M€]	t = 2	3	4	5	6	7
ΔFCF (mit ros_4 = 7,61 %)	-37,798	-7,533	14,171	14,313	14,456	14,600
NPV der *ΔFCF* bis t	-37,798	-44,807	-32,540	-21,012	-10,180	0,000

Abb. 2-33: Barwerte der FCF-Veränderungen durch Neuprojekte bei der für eine fünfjährige Break-even-Time erforderlichen Mindest-Umsatzrentabilität

Somit lässt sich die grundlegende Herangehensweise der Break-even-Analyse auch auf eine wertorientierte Sichtweise übertragen, wobei primär auf die methodischen Grundlagen der dynamischen Investitionsrechnung zurückgegriffen wird. Unter Berücksichtigung des Zeitwerts des Geldes lassen sich damit auch die Auswirkungen zeitlicher Verlagerungen von Maßnahmen analysieren, solange die Planbarkeit der Parameter gegeben ist (Günther, 1997, S. 322). Während sich hierbei in Konstellationen mit Nullwachstum oder einmaligen Erweiterungsinvestitionen eine vergleichsweise einfache Modellierung ergibt, nimmt die Komplexität in Situationen mit differenzierten Rückfluss- und Investitionsstrukturen jedoch deutlich zu.

2.5 Wertorientierte Abweichungsanalysen

Unternehmenswerte im Sinne von Zukunftserfolgswerten basieren auf Planungen und Prognosen bewertungsrelevanter Parameter. Bei der tatsächlichen Realisation der Geschäftspläne kommt es jedoch regelmäßig zu Abweichungen zwischen Ist- und Planwerten. Durch eine detaillierte Analyse dieser Abweichungen kann sowohl die Kontrolle der Zielerreichung (Feedback) als auch das frühzeitige Einleiten von eventuellen Gegensteuerungsmaßnahmen (Feedforward) wirksam unterstützt werden (Günther, 1997, S. 295 ff.). Für die Analyse von Ergebnisabweichungen in Form einer quantitativen Zerlegung und Rückführung auf die jeweils verursachenden Faktoren werden im Controlling verschiedene Verfahren genutzt (z. B. Coenenberg et al., 2016, S. 265 ff. bzw. S. 465 ff.; Ewert/Wagenhofer, 2014, S. 312 ff.). Zwei dieser Analysemethoden, konkret die alternative und die kumulative Abweichungsverrechnung, werden in den Abschnitten 2.5.2 und 2.5.3 exemplarisch dargestellt. Zuvor wird jedoch in Abschnitt 2.5.1 eine aufgrund divergierender Ist- und Plan-Größen eintretende Unternehmenswertabweichung in Bezug auf ein zugrunde liegendes Werttreiber-Modell quantifiziert, bevor anschließend eine differenzierte Ursachenanalyse erfolgt.

2.5.1 Grundlegende Aspekte der Analyse von Wertabweichungen

Allgemeines Ziel einer wertorientierten Abweichungsanalyse ist es, die Wirkungen von in Bezug auf den Unternehmenswert eingetretenen Plan-Abweichungen zu quantifizieren und einer detaillierten Analyse ihrer Ursachen zugänglich zu machen. Hierfür wird die eingetretene Gesamtabweichung in Teilabweichungen aufgespalten. Diese Zerlegung kann zum einen in zeitlicher Hinsicht erfolgen, indem der bereits manifestierte aktuelle Periodenerfolg von zukünftig erwarteten Auswirkungen getrennt wird. Bei Letzteren ist zudem eine Differenzierung zwischen der Detailplanungsphase (Zukunftserfolg i. e. S.) und der Fortführungsphase (Zukunftserfolg i. w. S.) möglich, um dem jeweils unterschiedlichen Ausmaß an Unsicherheit Rechnung zu tragen. Zum anderen wird analog zur kostenrechnerischen Abweichungsanalyse versucht, die bereits eingetretenen sowie für die Zukunft antizipierten Plan-Abweichungen hinsichtlich ihrer Wirkungen auf den Unternehmenswert konkreten Einflussfaktoren zuzuweisen. Hierfür bieten sich unter anderem die in Abschnitt 1.2.3.4 vorgestellten Werttreibermodelle an. Alternativ kann hierbei aber auch jeder andere

Planungsansatz genutzt werden, der eine systematische Zerlegung von Wertbeiträgen ermöglicht. Die Abweichungen zwischen Plan- und bereits realisierten Ist-Werten drücken sich hierbei im Periodenerfolg der aktuellen Periode aus. Der erwartete Zukunftserfolg ergibt sich hingegen aus der Gegenüberstellung von bisherigen und korrigierten Planwerten, wobei zwischen Detailplanungs- und Fortführungszeitraum (Restwert) differenziert wird. Konzeptionell entspricht dieses Vorgehen einer rollierenden Planung, indem neue Erkenntnisse bzw. verbesserte Informationsstände auf den gesamten verbleibenden Planungshorizont projiziert werden (Günther, 1997, S. 298). Abb. 2-34 fasst diese Herangehensweise nochmals zusammen.

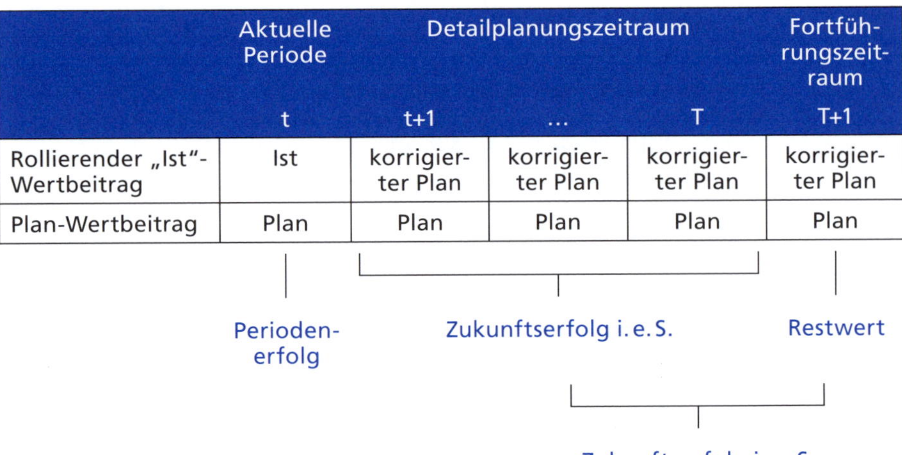

	Aktuelle Periode	Detailplanungszeitraum			Fortführungszeitraum
	t	t+1	…	T	T+1
Rollierender „Ist"-Wertbeitrag	Ist	korrigierter Plan	korrigierter Plan	korrigierter Plan	korrigierter Plan
Plan-Wertbeitrag	Plan	Plan	Plan	Plan	Plan

Abb. 2-34: Konzeptioneller Ansatz der wertorientierten Abweichungsanalyse (in Anlehnung an Günther, 1997, S. 298)

Als Wertbeiträge werden dabei die (Teil-)Unternehmenswerte von Gesellschaften, Geschäftsbereichen, Projekten, Produkten etc. bezeichnet. Diese ergeben sich rechnerisch als Wertbeitragsfunktion *wb* verschiedener Einflussparameter bzw. Werttreiber *WT*.

$$WB = wb\left(WT_1 \; ; \; \ldots \; ; WT_J\right)$$

wb … *Wertbeitragsfunktion*
GA … *Gesamtabweichung*
J … *Gesamtzahl der analysierten Werttreiber*
WB … *Wertbeitrag*
WT … *Werttreiber*

Die aus Abweichungen von der ursprünglichen Planung entstehende Gesamtabweichung *GA* ergibt sich durch Gegenüberstellung zweier Wertbeiträge, welche zum einen rollierend die realisierten Ist-Größen und korrigierten Plan-Werte widerspiegeln und zum anderen die ursprünglichen Plan-Werte.

$$GA = rollierender\ "Ist"\text{-}Wertbeitrag - Plan\text{-}Wertbeitrag$$
$$= wb\left(WT_1^{Ist,\ korr.\ Plan};\ ...\ ;WT_J^{Ist,\ korr.\ Plan}\right) - wb\left(WT_1^{Plan};\ ...\ ;WT_J^{Plan}\right)$$

Zur Illustration soll wieder das in Abb. 2-14 beschriebene Beispiel dienen, bei dem in Periode 2 bisher ungeplante Neuprojekte initiiert wurden und Veränderungen in den Free Cashflows der aktuellen sowie der darauffolgenden Perioden bewirken. Die dadurch gegenüber der bisherigen Planung erzielte Wertsteigerung bildet die hierbei relevante Gesamtabweichung. Als zugrunde liegende Bewertungsparameter werden die Wertgeneratoren des Rappaport-Modells zur Bestimmung der Free Cashflows genutzt (Rappaport, 1986, S. 50 ff.).

$$FCF_t = U_{t-1} \times \left(1 + g_t^U\right) \times ros_t \times \left(1 - s_t^{Unt}\right) - U_{t-1} \times g_t^U \times \left(e_t^{OAV} + e_t^{NWC} - e_t^{LRS}\right)$$

e^{LRS}	…	*Erweiterungsrate der langfristigen Rückstellungen*
e^{NWC}	…	*Erweiterungsinvestitionsrate des Net Working Capitals*
e^{OAV}	…	*Erweiterungsinvestitionsrate des operativen Anlagevermögens*
FCF	…	*Free Cashflow*
g^U	…	*Wachstumsrate des Umsatzes*
$NOPLAT$	…	*Net Operating Profit less adjusted Taxes (Ergebnis vor Zinsen nach angepassten Steuern)*
ros	…	*Return on Sales (Umsatzrentabilität)*
s^{Unt}	…	*Unternehmenssteuersatz*
t	…	*Zeit- bzw. Periodenindex*
U	…	*Umsatzerlöse*

Die hieraus resultierende Gesamtabweichung mit der angesprochenen zeitlichen Zerlegung in Perioden- und Zukunftserfolg ist aus Sicht der Periode 2 in Abb. 2-35 dargestellt. Sie entspricht dem Kapitalwert bzw. Net Present Value der Neuprojekte und war bereits Gegenstand verschiedener anderer Analysen. Dabei ist der ausgewiesene Periodenerfolg identisch mit der sogenannten Realisationsabweichung, wie sie innerhalb der in Abschnitt 2.2.6 vorgestellten Kennzahl des Net Value Created (NVC) auf Basis des WACC-Ansatzes ermittelt wurde. Der Zukunftserfolg im Detailplanungs- und Fortführungszeitraum entspricht der dortigen Planungsabweichung.

	Periode	2		3		4		5	
	Bezug	Ist	Plan	korr. Pl.	Plan	korr. Pl.	Plan	korr. Pl.	Plan
Umsatzwachstum	g^U	8,0 %	5,0 %	3,0 %	2,0 %	1,0 %	1,0 %	1,0 %	1,0 %
Umsatzrentabilität	ros	3,0 %	5,0 %	4,0 %	5,0 %	6,0 %	5,0 %	6,0 %	5,0 %
Unternehmenssteuersatz	s^{Unt}	30,0 %	30,0 %	30,0 %	30,0 %	30,0 %	30,0 %	30,0 %	30,0 %
Erweiterungsinvestitionsrate AV	e^{OAV}	80,5 %	40,0 %	43,0 %	40,0 %	43,0 %	40,0 %	43,0 %	40,0 %
Erweiterungsinvestitionsrate NWC	e^{NWC}	4,0 %	4,0 %	4,0 %	4,0 %	4,0 %	4,0 %	4,0 %	4,0 %
Erweiterungsrate LRS	e^{LRS}	8,0 %	8,0 %	8,0 %	8,0 %	8,0 %	8,0 %	8,0 %	8,0 %
Kapitalkostensatz	$wacc$	7,48 %	7,48 %	7,48 %	7,48 %	7,48 %	7,48 %	7,48 %	7,48 %
Umsatz	U	712,800	693,000	734,184	706,860	741,526	713,929	748,941	721,068
Net Operating Profit less adjusted Taxes	$NOPLAT$	14,969	24,255	20,557	24,740	31,144	24,988	31,456	25,237
Free Cashflow	FCF	**-25,423**	**12,375**	**12,217**	**19,751**	**28,281**	**22,443**	**28,564**	**22,667**
Diskontierungsfaktor		1,0000	1,0000	0,9304	0,9304	0,8657	0,8657	0,8054	0,8054

	Periodenerfolg	Zukunftserfolg i. e. S.	Summe	
Wertbeitrag Planungszeitraum Ist	-25,423	58,854	33,431	
Wertbeitrag Planungszeitraum Plan	12,375	56,060	68,435	
Abweichung	-37,798	2,794	-35,004	
				x
Wertbeitrag Fortführungszeitraum Ist			358,572	12,553
Wertbeitrag Fortführungszeitraum Plan			284,552	
Abweichung			74,019	
Wertbeitrag Summe Ist			392,002	
Wertbeitrag Summe Plan			352,987	
Abweichung			**39,015**	

Abb. 2-35: Ermittlung der Gesamtabweichung (in Anlehnung an Günther, 1997, S. 300)

Bezogen auf die hier exemplarisch betrachteten Neuprojekte werden die dargestellten Abweichungen durch Veränderungen der Umsatzrentabilität, des Wachstums sowie der Erweiterungsinvestitionen in operatives Anlagevermögen verursacht, während die übrigen Parameter gegenüber der ursprünglichen Planung unverändert bleiben. Ziel der im Folgenden betrachteten Abweichungsanalyse ist es nun, diesen drei Einflussfaktoren quantifizierte Teilabweichungen zuzuweisen, um den jeweiligen Beitrag der einzelnen Wertgeneratoren an der Gesamtabweichung transparent zu machen (Günther, 1997, S. 301 ff.). Da die betrachteten Einflussfaktoren innerhalb des Wertgeneratorenmodells von Rappaport jedoch in unterschiedlicher Weise auch multiplikativ miteinander verknüpft sind, ergibt sich das Problem des Umgangs mit sogenannten Abweichungsinterdependenzen bzw. Abweichungen höherer Ordnung, wie dies auch bei der Analyse von Kosten- und Erlösabweichungen auftritt (Coenenberg et al., 2016, S. 265 ff. bzw. S. 465 ff.; Ewert/Wagenhofer, 2014, S. 312 ff.). In der Literatur existieren verschiedene methodische Vorschläge zur Lösung dieses Problems, die grundsätzlich auch auf den hier betrachteten Kontext übertragbar sind (Günther, 1997, S. 301 ff.). Zwei dieser Analysemethoden sollen im Folgenden exemplarisch näher dargestellt werden.

2.5.2 Alternative Abweichungsverrechnung

Die alternative Methode der Abweichungsverrechnung lässt sich sowohl mit grundsätzlichem Ist- als auch mit Plan-Bezug durchführen. Bei Letzterem gehen alle Wertgeneratoren mit ihren Planwerten ein, wie dies nachfolgend illustriert ist. Nur der jeweils konkret analysierte Werttreiber wird im ersten Term mit seinen Ist- bzw. korrigierten Planwerten angesetzt und im zweiten Term mit den ursprünglichen Planwerten. Formal lässt sich die durch einen Wertgenerator *j* ausgelöste Wertabweichung bei alternativer Abweichungsverrechnung mit Plan-Bezug wie folgt beschreiben:

$$TA_1^{alt} = wb\left(WT_1^{Ist,\,korr.\,Plan};\ \ldots\ ;WT_j^{Plan};\ \ldots\ ;WT_J^{Plan}\right) - wb\left(WT_1^{Plan};\ \ldots\ ;WT_j^{Plan};\ \ldots\ ;WT_J^{Plan}\right)$$

$$\ldots$$

$$TA_j^{alt} = wb\left(WT_1^{Plan};\ \ldots\ ;WT_j^{Ist,\,korr.\,Plan};\ \ldots\ ;WT_J^{Plan}\right) - wb\left(WT_1^{Plan};\ \ldots\ ;WT_j^{Plan};\ \ldots\ ;WT_J^{Plan}\right)$$

$$\sum_{j=1}^{J} TA_j^{alt} \neq GA$$

wb	…	*Wertbeitragsfunktion*
GA	…	*Gesamtabweichung*
J	…	*Gesamtzahl der analysierten Werttreiber*
TA^{alt}	…	*Teilabweichung bei alternativer Abweichungsverrechnung*
WT^j	…	*Werttreiber j* ($j \in 1, \ldots, J$)

Bei alternativer Abweichungsverrechnung können auf diese Weise Teilabweichungen für alle einzelnen Werttreiber bestimmt werden, deren Summe jedoch nicht identisch ist mit der Gesamtabweichung. So werden bei oben dargestelltem Plan-Bezug nur die sogenannten Primärabweichungen aller Einflussparameter bestimmt, während Abweichungen höherer Ordnung vollständig ausgeblendet werden. Demgegenüber würde eine alternative Abweichungsverrechnung mit Ist-Bezug zu einer Mehrfacherfassung dieser Abweichungsinterdependenzen führen.

Im konkreten Beispiel werden wieder die ursprünglichen Planwerte den ab Periode 2 durch die Neuprojekte ausgelösten Wirkungen gegenübergestellt. Die allein aus dem veränderten Umsatzwachstum g^U resultierende Wertabweichung lässt sich hierbei bestimmen wie in Abb. 2-36 dargestellt:

Zeitlicher Bezug	Periode	2		3		4		5	
Umsatzwachstum		Ist	Plan	korr. Pl.	Plan	korr. Pl.	Plan	korr. Pl.	Plan
Umsatzrentabilität		Plan	Plan	Plan	Plan	Plan	Plan	Plan	Plan
Unternehmenssteuersatz		Plan	Plan	Plan	Plan	Plan	Plan	Plan	Plan
Erweiterungsinvestitionsrate OAV		Plan	Plan	Plan	Plan	Plan	Plan	Plan	Plan
Erweiterungsinvestitionsrate NWC		Plan	Plan	Plan	Plan	Plan	Plan	Plan	Plan
Erweiterungsrate LRS		Plan	Plan	Plan	Plan	Plan	Plan	Plan	Plan
Kapitalkostensatz		Plan	Plan	Plan	Plan	Plan	Plan	Plan	Plan
Umsatzwachstum	g^{U}	8,0 %	5,0 %	3,0 %	2,0 %	1,0 %	1,0 %	1,0 %	1,0 %
Umsatzrentabilität	ros	5,0 %	5,0 %	5,0 %	5,0 %	5,0 %	5,0 %	5,0 %	5,0 %
Unternehmenssteuersatz	s^{Unt}	30,0 %	30,0 %	30,0 %	30,0 %	30,0 %	30,0 %	30,0 %	30,0 %
Erweiterungsinvestitionsrate OAV	e^{OAV}	40,0 %	40,0 %	40,0 %	40,0 %	40,0 %	40,0 %	40,0 %	40,0 %
Erweiterungsinvestitionsrate NWC	e^{NWC}	4,0 %	4,0 %	4,0 %	4,0 %	4,0 %	4,0 %	4,0 %	4,0 %
Erweiterungsrate LRS	e^{LRS}	8,0 %	8,0 %	8,0 %	8,0 %	8,0 %	8,0 %	8,0 %	8,0 %
Kapitalkostensatz	$wacc$	7,48 %	7,48 %	7,48 %	7,48 %	7,48 %	7,48 %	7,48 %	7,48 %
Umsatz	U	712,800	693,000	734,184	706,860	741,526	713,929	748,941	721,068
Net Operating Profit less adjusted Taxes	$NOPLAT$	24,948	24,255	25,696	24,740	25,953	24,988	26,213	25,237
Free Cashflow	FCF	**5,940**	**12,375**	**17,998**	**19,751**	**23,310**	**22,443**	**23,543**	**22,667**
Diskontierungsfaktor		1,0000	1,0000	0,9304	0,9304	0,8657	0,8657	0,8054	0,8054

	Periodenerfolg	Zukunftserfolg i. e. S.	Summe	
Wertbeitrag Planungszeitraum Ist	5,940	55,886	61,826	
Wertbeitrag Planungszeitraum Plan	12,375	56,060	68,435	
Abweichung	-6,435	-0,174	-6,609	
				x
Wertbeitrag Fortführungszeitraum Ist			295,552	12,553
Wertbeitrag Fortführungszeitraum Plan			284,552	
Abweichung			10,999	
Wertbeitrag Summe Ist			357,378	
Wertbeitrag Summe Plan			352,987	
Abweichung			**4,391**	

Abb. 2-36: Alternative Abweichungsverrechnung des Umsatzwachstums bei Plan-Bezug (in Anlehnung an Günther, 1997, S. 303)

In analoger Weise kann diese Berechnung auch für die beiden weiteren gegenüber der ursprünglichen Planung veränderten Wertgeneratoren durchgeführt werden. Konkret betrifft dies im Beispiel die Umsatzrentabilität *ros* und die Erweiterungsinvestitionsrate in das operative Anlagevermögen e^{OAV}. Die Ergebnisse dieser Berechnungen sind in Abb. 2-37 zusammengefasst. Wie oben beschrieben erklärt die Summe der drei in dieser Weise ermittelten Teilabweichungen jedoch nicht die Gesamtabweichung. Allerdings sind diese Spezialabweichungen eindeutig, da sie jeweils nur auf einen einzigen veränderten Bestimmungsfaktor zurückzuführen sind. Die gegenüber der Gesamtabweichung entstehende Differenz ist dann auf das gleichzeitige Zusammenwirken mehrerer Abweichungsursachen zurückzuführen, was als gemischte Abweichungen bzw. Abweichungen höherer Ordnungen bezeichnet wird (Ewert/Wagenhofer, 2014, S. 316 ff.).

(Angaben in M€)		Perioden-erfolg	Zukunftserfolg Detailplanung	Zukunftserfolg Fortführung	Summe
Umsatzwachstum	g^U	-6,435	-0,174	10,999	4,391
Umsatzrentabilität	*ros*	-9,702	3,788	63,363	57,449
Erweiterungsinvestitionsrate OAV	e^{OAV}	-13,365	-0,743	-2,689	-16,797
Summe Primärabweichungen		**-29,502**	**2,871**	**71,674**	**45,043**
Abweichungen höherer Ordnung		-8,296	-0,077	2,345	-6,028
Gesamtabweichung		**-37,798**	**2,794**	**74,019**	**39,015**

Abb. 2-37: Ergebnisse der alternativen Abweichungsverrechnung bei Plan-Bezug

2.5.3 Kumulative Abweichungsverrechnung

Die bei der obigen alternativen Abweichungsverrechnung fehlende Summengleichheit zwischen den ermittelten Teilabweichungen und der zu erklärenden Gesamtabweichung wird bei kumulativer Abweichungsverrechnung gewährleistet. Dabei enthalten die zuerst abgespaltenen Teilabweichungen alle bisher noch nicht zugeordneten Abweichungen höherer Ordnung, bei denen der jeweils analysierte Bestimmungsfaktor beteiligt ist. Die zuletzt verbleibende Teilabweichung ist dann eine reine Primärabweichung.

Die Reihenfolge der Verrechnung bestimmt somit die Höhe der den einzelnen Bestimmungsfaktoren zugewiesenen Abweichung, entsprechend des jeweiligen Umfangs der miterfassten Abweichungsinterdependenzen. Es bietet sich an, diejenigen Abweichungen zuerst abzuspalten, die vom Unternehmen selbst wenig beeinflussbar sind. Hier wird zum Beispiel das Umsatzwachstum vorgeschlagen, wenn dieses aufgrund konjunktureller Einflüsse oder bedingt durch die Branchenstruktur nur teilweise vom Unternehmen beeinflussbar ist (Günther, 1997, S. 302). Entsprechend der gewählten Analysereihenfolge geht der jeweils konkret betrachtete Bestimmungsfaktor j sowohl mit seinen Ist- bzw. korrigierten Planwerten als auch mit seinen ursprünglichen Planwerten in die Ermittlung der zugehörigen Teilabweichung ein. Alle entsprechend der Reihenfolge zuvor schon analysierten Werttreiber werden in beiden Termen mit ihren Planwerten angesetzt und die noch nicht analysierten Faktoren mit ihren Ist- bzw. korrigierten Planwerten. Damit ergibt sich die nachfolgende Vorschrift für die Ermittlung von speziellen Teilabweichungen bei kumulativer Abweichungsverrechnung:

$$TA_1^{kum} = wb\left(WT_1^{Ist,\,korr.Plan};\ \ldots\ ;WT_j^{Ist,\,korr.\,Plan};\ \ldots\ ;WT_J^{Ist,\,korr.\,Plan}\right) - wb\left(WT_1^{Plan};\ \ldots\ ;WT_j^{Ist,\,korr.\,Plan};\ \ldots\ ;WT_J^{Ist,\,korr.\,Plan}\right)$$

...

$$TA_j^{kum} = wb\left(WT_1^{Plan};\ \ldots\ ;WT_j^{Ist,\,korr.\,Plan};\ \ldots\ ;WT_J^{Ist,\,korr.\,Plan}\right) - wb\left(WT_1^{Plan};\ \ldots\ ;WT_j^{Plan};\ \ldots\ ;WT_J^{Ist,\,korr.\,Plan}\right)$$

$$\sum_{j=1}^{J} TA_j^{kum} = GA$$

wb ... *Wertbeitragsfunktion*
j ... *Analysierter Werttreiber* ($j \in 1, \ldots, J$)
J ... *Gesamtzahl der analysierten Werttreiber*
TA^{kum} ... *Teilabweichung bei kumulativer Abweichungsverrechnung*
WT^j ... *Werttreiber* j ($j \in 1, \ldots, J$)

Wie oben vorgeschlagen, soll auch für das vorliegende Beispiel als erste Abweichungsursache die Veränderung des Umsatzwachstums betrachtet werden. Gemäß Abb. 2-38 resultiert aus dieser Einflussgröße nun ein Wertbeitrag von -1,637 M€. Während der Primäreffekt des erhöhten Umsatzwachstums mit 4,391 M€ positiv ist (siehe Abb. 2-36), ergibt sich aus der Abweichungsinterdependenz mit der ebenfalls erhöhten Erweiterungsinvestitionsrate eine negative Gesamtwirkung. Ein Teil der in Abb. 2-37 ausgewiesenen Abweichungen höherer Ordnung wird hier somit direkt dem Einflussfaktor Umsatzwachstum zugewiesen, sofern dieser an den Abweichungsinterdependenzen mitbeteiligt ist.

Zeitlicher Bezug	Periode	2		3		4		5	
Umsatzwachstum		Ist	Plan	korr. Pl.	Plan	korr. Pl.	Plan	korr. Pl.	Plan
Umsatzrentabilität		Ist	Ist	korr. Pl.	korr. Pl.	korr. Pl.	korr. Pl.	korr. Pl.	korr. Pl.
Unternehmenssteuersatz		Ist	Ist	korr. Pl.	korr. Pl.	korr. Pl.	korr. Pl.	korr. Pl.	korr. Pl.
Erweiterungsinvestitionsrate OAV		Ist	Ist	korr. Pl.	korr. Pl.	korr. Pl.	korr. Pl.	korr. Pl.	korr. Pl.
Erweiterungsinvestitionsrate NWC		Ist	Ist	korr. Pl.	korr. Pl.	korr. Pl.	korr. Pl.	korr. Pl.	korr. Pl.
Erweiterungsrate LRS		Ist	Ist	korr. Pl.	korr. Pl.	korr. Pl.	korr. Pl.	korr. Pl.	korr. Pl.
Kapitalkostensatz		Ist	Ist	korr. Pl.	korr. Pl.	korr. Pl.	korr. Pl.	korr. Pl.	korr. Pl.
Umsatzwachstum	g^U	8,0 %	5,0 %	3,0 %	2,0 %	1,0 %	1,0 %	1,0 %	1,0 %
Umsatzrentabilität	ros	3,0 %	3,0 %	4,0 %	4,0 %	6,0 %	6,0 %	6,0 %	6,0 %
Unternehmenssteuersatz	s^{Unt}	30,0 %	30,0 %	30,0 %	30,0 %	30,0 %	30,0 %	30,0 %	30,0 %
Erweiterungsinvestitionsrate OAV	e^{OAV}	80,5 %	80,5 %	43,0 %	43,0 %	43,0 %	43,0 %	43,0 %	43,0 %
Erweiterungsinvestitionsrate NWC	e^{NWC}	4,0 %	4,0 %	4,0 %	4,0 %	4,0 %	4,0 %	4,0 %	4,0 %
Erweiterungsrate LRS	e^{LRS}	8,0 %	8,0 %	8,0 %	8,0 %	8,0 %	8,0 %	8,0 %	8,0 %
Kapitalkostensatz	$wacc$	7,48 %	7,48 %	7,48 %	7,48 %	7,48 %	7,48 %	7,48 %	7,48 %
Umsatz	U	712,800	693,000	734,184	706,860	741,526	713,929	748,941	721,068
Net Operating Profit less adjusted Taxes	$NOPLAT$	14,969	14,553	20,557	19,792	31,144	29,985	31,456	30,285
Free Cashflow	FCF	**-25,423**	**-10,692**	**12,217**	**14,387**	**28,281**	**27,228**	**28,564**	**27,501**
Diskontierungsfaktor		1,0000	1,0000	0,9304	0,9304	0,8657	0,8657	0,8054	0,8054

	Perioden-erfolg	Zukunfts-erfolg i. e. S.	Summe	
Wertbeitrag Planungszeitraum Ist	-25,423	58,854	33,431	
Wertbeitrag Planungszeitraum Plan	-10,692	59,105	48,413	
Abweichung	-14,731	-0,251	-14,982	
Wertbeitrag Fortführungszeitraum Ist			358,572	x 12,553
Wertbeitrag Fortführungszeitraum Plan			345,227	
Abweichung			13,345	
Wertbeitrag Summe Ist			392,002	
Wertbeitrag Summe Plan			393,640	
Abweichung			**-1,637**	

Abb. 2-38: Kumulative Abweichungsverrechnung des Umsatzwachstums (in Anlehnung an Günther, 1997, S. 307)

Für eine kumulative Abweichungsanalyse mit der Reihenfolge: „Umsatzwachstum → Umsatzrentabilität → Erweiterungsinvestitionsrate des operativen Anlagevermögens" ergeben sich die in Abb. 2-39 dargestellten Ergebnisse. Die zuletzt abgespaltene Wertabweichung, welche im Beispiel die veränderte Erweiterungsinvestitionsrate betrifft, entspricht als reiner Primäreffekt den bereits aus Abb. 2-37 bekannten Werten bei alternativer Verrechnung mit Plan-Bezug. Anders als dort stimmt hier jedoch die Summe der drei ermittelten Teilabweichungen unmittelbar mit der Gesamtabweichung überein, da keine Abweichungen höherer Ordnung mehrfach erfasst werden oder unberücksichtigt bleiben.

(Angaben in M€)		Periodenerfolg	Zukunftserfolg Detailplanung	Zukunftserfolg Fortführung	Summe
Umsatzwachstum	g^U	-14,731	-0,251	13,345	-1,637
Umsatzrentabilität	*ros*	-9,702	3,788	63,363	57,449
Erweiterungsinvestitionsrate OAV	e^{OAV}	-13,365	-0,743	-2,689	-16,797
Summe Abweichungen		**-37,798**	**2,794**	**74,019**	**39,015**
=		=	=	=	=
Gesamtabweichung		**-37,798**	**2,794**	**74,019**	**39,015**

Abb. 2-39: Ergebnisse der kumulativen Abweichungsverrechnung

Die dargestellte allgemeine Vorgehensweise zur wertorientierten Abweichungsanalyse wie auch das illustrative Beispiel zeigen, dass sich Veränderungen der Wertgeneratoren aufgrund bestehender multiplikativer Verknüpfungen nicht nur innerhalb einer Periode verstärken oder abschwächen, sondern sich im Rahmen einer Mehrperiodenbetrachtung auch über die Zeitachse akkumulieren (Günther, 1997, S. 312). Trotz dieser vielfältigen Wechselwirkungen bieten die traditionellen Methoden der Abweichungsanalyse nützliche Werkzeuge zur Analyse der Wirkung einzelner Einflussfaktoren, was eine frühzeitige Kontrolle im Sinne von Feedback und Feedforward ermöglicht.

2.6 Wertorientiertes Portfolio-Management

Während die vorhergehend dargestellten Controlling-Instrumente einer wertorientierten Unternehmenssteuerung sich grundsätzlich auf einzelne Bewertungsobjekte wie z. B. Unternehmen, Bereiche, Produkte oder Projekte beziehen, steht in diesem Kapitel die gesamtunternehmensbezogene Steuerung mehrerer solcher Einheiten im Vordergrund. Ein hierbei seit Langem vor allem im Kontext des strategischen Managements eingesetztes Instrument ist die sogenannte Portfolio-Analyse. Nach einer generellen Darstellung der Methodik in Abschnitt 2.6.1 werden im darauffolgenden Abschnitt 2.6.2 am Beispiel des sogenannten Marktanteils-Marktwachstums-Portfolios Bezüge von traditionellen Portfolio-Ansätzen zur wertorientierten Steuerung dargestellt. Anschließend stellt der Abschnitt 2.6.3 eine exemplarische Auswahl von Portfolio-Darstellungen mit spezifisch wertorientierter Ausrichtung vor.

2.6.1 Grundlagen der gesamtunternehmensbezogenen Portfolio-Analyse

Grundsätzliches Ziel der gesamtunternehmensbezogenen Portfolio-Analyse ist es, eine möglichst vorteilhafte Mischung der unternehmerischen Aktivitätsfelder zu erreichen (Baum et al., 2013, S. 187 ff.; Welge et al., 2017, S. 482 ff.). In Analogie zur finanzwirtschaftlichen Portfolio-Selection-Theorie (Markowitz, 1952) werden Unternehmensaktivitäten hierbei als Investitionsobjekte betrachtet, für welche Diversifikationsüberlegungen angestellt werden. Für eine langfristig nachhaltige Existenzsicherung des Unternehmens wird hieraus die Forderung nach einer gewissen Ausgewogenheit bzw. eines anzustrebenden Gleichgewichtszustandes abgeleitet, dem zwei zentrale Überlegungen zugrunde liegen. Zum einen wird eine idealtypische Entwicklung der Geschäftsfelder in Form eines bereits in Abb. 1-29 dargestellten Lebenszyklus mit zunächst ansteigenden und später wieder absinkenden Absatz- und Umsatzzahlen unterstellt, welcher sich in die vier Phasen Einführung, Wachstum, Reife und Sättigung unterteilen lässt.

Aus einer entsprechenden Phasenzuordnung der einzelnen Geschäftseinheiten ergibt sich somit deren weitere Entwicklungsperspektive. Eine anzustrebende gleichmäßige Verteilung stellt hierbei eine kontinuierliche Gesamtunternehmensentwicklung sicher, indem die heutigen Nachwuchs- und Wachstumsprodukte die Reife- und Sättigungsprodukte zukünftiger Jahre darstellen. Zum anderen wird diese Ausgewogenheit auch auf den Finanzstatus (well-balanced Cash-Status) bezogen, da jeder der oben genannten Entwicklungsphasen ein spezifisches (Free-)Cashflow-Profil zugeschrieben wird. In statischer Hinsicht, das heißt mit Blick auf eine konkrete Einzelperiode, bedeutet dies, dass die Finanzüberschüsse der geringwachsenden bzw. stagnierenden Geschäftsbereiche den Mittelbedarf der expandierenden Felder bereitstellen. Zudem ist für jede einzelne Geschäftseinheit auch ein dynamischer Finanzausgleich zu fordern, indem über den jeweiligen Gesamtlebenszyklus hinweg ein positiver Saldo unter Berücksichtigung der Renditeerwartungen entsteht, was mit der Forderung nach positiven Kapitalwerten dieser Investitionen identisch ist.

Strategische Entscheidungen sind dabei immer im Gesamtzusammenhang dieser Beziehungen zu treffen. Konkret geht es hierbei um die Fragen, welche Erfolgsobjekte eine verstärkte Zuteilung von finanziellen Mitteln erfordern bzw. welchen Feldern diese entzogen werden können und ob dabei der angestrebte Ausgleich zwischen mittelbindenden und mittelfreisetzenden Einheiten entsteht. Hieraus kann sich auch die Notwendigkeit eines Neuerwerbs bzw. Abstoßens bestimmter Geschäftseinheiten ergeben (Welge et al., 2017, S. 483).

Zur Erreichung dieses Analyseziels wird eine zweidimensionale Matrixdarstellung genutzt, deren Achsen die gegenwärtige und zukünftige Erfolgsträchtigkeit widerspiegeln. An der einen Achse (Ordinate) werden dabei zumeist umfeldbezogene, das heißt vom Unternehmen nur bedingt bzw. nicht beeinflussbare

Chancen und Risiken abgebildet. Hierdurch werden zukünftige Erfolgsaussichten beschrieben. Die andere Achse (Abszisse) repräsentiert die selbst gestaltbaren Stärken und Schwächen und damit die gegenwärtige Marktstellung der betrachteten Einheiten. Damit verdichtet die Portfolio-Technik die Erfolgsfaktoren der Unternehmens- und Umfeldanalyse auf nur zwei Dimensionen, was eine starke Komplexitätsreduktion bewirkt (Baum et al., 2013, S. 190).

Bezüglich der Frage, ob die durch diese beiden Dimensionen beschriebenen Konstellationen als günstig oder eher ungünstig einzustufen sind, werden regelmäßig Trennwerte genutzt, die eine Rasterung in Form eines Vier-Felder-Schemas erzeugen. Werden zur differenzierteren Betrachtung mehrere Trennwerte genutzt, lassen sich auch 9-, 16- oder mehrelementige Matrizen aufspannen und damit entsprechende Typologien beschreiben. Für jedes der hieraus entstandenen Positionierungsfelder lassen sich schließlich entsprechende strategische Impulse bzw. Strategieempfehlungen (Normstrategien) formulieren. Die Bedeutung der einzelnen Erfolgsobjekte innerhalb des Unternehmens lässt sich durch die Größe des Positionierungskreises, z. B. entsprechend des Umsatzes oder des investierten Kapitals, veranschaulichen. Die Richtung der zumeist an der Abszisse abgetragenen gegenwärtigen Erfolgsposition variiert hierbei autorenabhängig, ohne dass hierfür spezifische Gründe erkennbar sind (Baum et al., 2013, S. 191). Abb. 2-40 fasst das beschriebene Grundprinzip der gesamtunternehmensbezogenen Portfolio-Analyse nochmals zusammen.

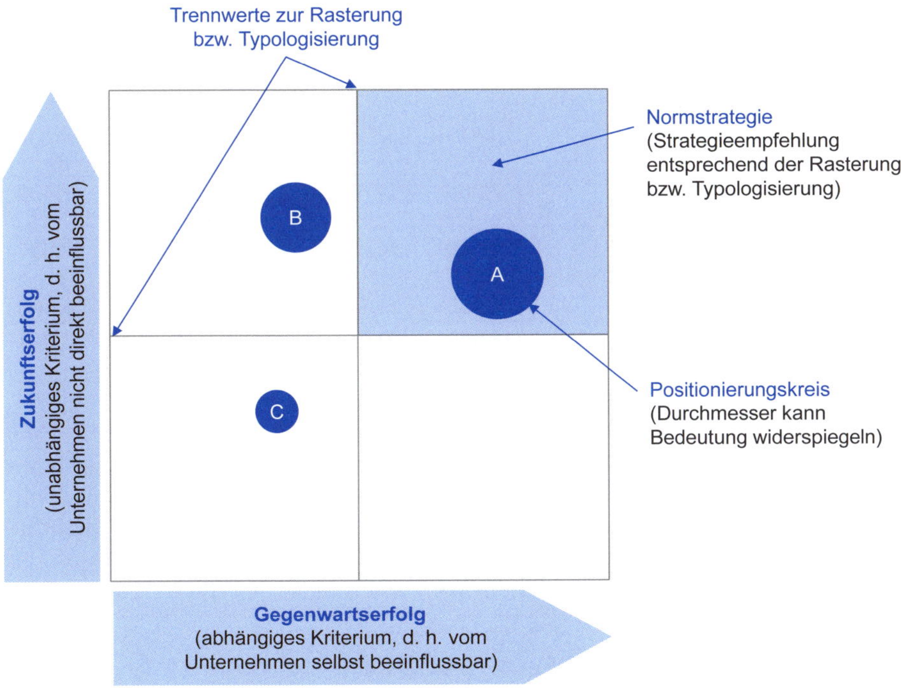

Abb. 2-40: Grundprinzip der Portfolio-Technik
(in Anlehnung an Welge et al., 2017, S. 482)

Verschiedene wertorientierte Implikationen solcher Portfolios bzw. dezidierte wertorientierte Portfolio-Ansätze sollen in den nachfolgenden Abschnitten exemplarisch vorgestellt und anhand eines Beispiels illustriert werden. Hierfür wird die bereits aus den vorhergehenden Kapiteln bekannte X AG nun in ein Konzerngefüge eingebunden, in welchem sie sowie vier weitere Tochterunternehmen A bis D die strategischen Geschäftseinheiten der Value Group bilden. Für die Periode 1 liegen die folgenden Informationen zu den fünf Unternehmen dieses Konzernverbunds vor:

		A	B	C	D	X
Eigenes Wachstum	*g*	8,00 %	1,50 %	-1,00 %	12,00 %	10,00 %
Marktwachstum	g^{Markt}	10,0 %	2,5 %	-2,0 %	6,0 %	5,0 %
Relativer Marktanteil	*RMA*	0,8	1,6	0,7	0,2	1,3
Beta-Faktor	β	1	1,8	0,8	2,2	1,2
Gewichtete durchschnittliche Kapitalkosten	*wacc*	6,88 %	9,28 %	6,28 %	10,48 %	7,48 %
Net Operating Profit less adjusted Taxes	*NOPLAT*	3,402	34,104	4,158	0,588	23,100
Investiertes Kapital (Buchwert von *OAV* und *NWC* abzgl. *LRS* zu Periodenbeginn) in M€	*IC*	47,000	248,000	91,000	16,000	216,000
Economic Value Added in M€	*EVA*	0,168	11,090	-1,557	-1,089	6,943
Return on Invested Capital	*roic*	7,24 %	13,75 %	4,57 %	3,68 %	10,69 %
Brutto-Cashflow in M€	*BCF*	7,860	27,400	1,630	5,350	59,430
Investitionen in OAV und NWC in M€	*I*	10,210	14,500	0,280	7,670	57,930
Free Cashflow in M€	*FCF*	-2,350	12,900	1,350	-2,320	1,500
Unternehmenswert in M€	UW^{WACC}	117,500	272,800	63,700	20,800	328,421

Abb. 2-41: Portfolio-Daten der Value Group (Übersicht)

Obwohl die dargestellten Geschäftseinheiten als rechtlich selbstständige Tochtergesellschaften bestehen, wird eine konzerneinheitliche Finanzierungspolitik verfolgt und durch den Zentralbereich Finanzen in Form interner Kredite bereitgestellt. Hierbei wird eine marktwertkongruente Finanzierung mit einer Fremdkapitalquote von 40 % zu einem konzerneinheitlichen Fremdkapitalzinssatz von 5 % gewährt.

2.6.2 Wertorientierte Interpretation des Marktanteils-Marktwachstums-Portfolios

Das Instrumentarium der klassischen betriebswirtschaftlichen Portfolio-Analyse wurde in erster Linie durch große Unternehmensberatungsgesellschaften geprägt (für einen Überblick z. B. Baum et al., 2013, S. 191 ff.; Welge et al., 2017, S. 485 ff.). Eines der meistbeachteten Konzepte stellt hierbei das von der Boston Consulting Group entwickelte Marktanteils-Marktwachstums-Portfolio dar, welches auch unter dem Namen BCG-Portfolio bekannt ist (Hedley, 1977). Dieses klassische Konzept soll im Folgenden exemplarisch kurz vorgestellt und vor allem hinsichtlich seiner wertorientierten Implikationen erläutert werden.

Der absatzmarktorientierte und primär auf Massengüter ausgerichtete Ansatz des BCG-Portfolios basiert auf den konzeptionellen Grundlagen der Erfahrungskurve und des Produktlebenszyklus, wie er in Abb. 1–29 beschrieben ist. Hieraus wurden als maßgebliche Erfolgsfaktoren, welche die Achsendimensionen dieses Portfolios bilden, der relative Marktanteil sowie das reale Marktwachstum abgeleitet (Baum et al., 2013, S. 192 f.).

Der als abhängige bzw. selbst gestaltbare Unternehmensdimension genutzte relative Marktanteil setzt den gegenwärtigen eigenen Marktanteil ins Verhältnis zu dem des größten Konkurrenten. Als 'natürlicher' Trennwert fungiert hier ein Wert von 1,0, der erreicht wird, wenn es keinen größeren Konkurrenten mehr gibt. Mitunter wird auch schon ein Wert von 0,8 als Grenze für die Rasterung vorgeschlagen. Das zukünftig erwartete reale, das heißt um Inflationswirkungen bereinigte Marktwachstum beschreibt die Attraktivität des Umfeldes. Als Trennwert zwischen hohem und niedrigem Marktwachstum sollte hier in Abhängigkeit vom Grad der Heterogenität der mit dem Portfolio betrachteten Erfolgseinheiten ein Durchschnittswert der zukünftig erwarteten realen Zuwächse des Marktes, der Branche oder des Bruttosozialproduktes genutzt werden. Damit wird ein Vier-Felder-Schema aufgespannt, in dem die möglichen Positionierungen mit plakativen Benennungen den vier Phasen des Lebenszykluskonzeptes zugeordnet werden können. Hierfür werden dann jeweils konkrete Strategieempfehlungen (Normstrategien) ausgesprochen.

Exemplarisch soll dies nachfolgend für das Portfolio der Value Group dargestellt werden. Das durchschnittlich erwartete reale Marktwachstum liegt in diesem Beispiel bei 4 %, woraus sich die nachfolgenden Positionierungen und grundlegenden Strategieempfehlungen ergeben (Baum et al., 2013, S. 195 f.; Welge et al., 2017, S. 486 ff.):

SGE	Relativer Markt-anteil	Reales Markt-wachstum	Positionierung und empfohlene Normstrategie
A **D**	0,8 0,2	10,0 % 6,0 %	**Question Marks** (Einführungsphase) Diese Nachwuchsprodukte sind durch ein überdurchschnittliches Marktwachstum aber eine in Relation zur Konkurrenz noch geringe Größe gekennzeichnet. Für eine langfristig erfolgreiche Marktteilnahme wird hier eine auf Marktanteilssteigerungen ausgerichtete Offensivstrategie empfohlen, die jedoch zunächst mit hohem Investitionsbedarf und Markteinführungskosten einhergeht. Bei begrenzten Ressourcen wäre gegebenenfalls eine Selektion erforderlich. Im Beispiel weist A gegenüber D hier Vorteile auf bzw. ist in der Entwicklung in Richtung Star bereits weiter fortgeschritten. Die Unsicherheit der weiteren Entwicklung in Abhängigkeit von den zu treffenden Entscheidungen ist hierbei namensgebend für die Kategorisierung. Dies beinhaltet auch die Möglichkeit, dass niemals eine marktführende Position erreicht werden kann und die Entwicklung direkt in Richtung Poor Dog verläuft.
X	1,3	5,0 %	**Stars** (Wachstumsphase) In dieser Kategorie ist es bereits gelungen, in einem überdurchschnittlich wachsenden Markt eine marktführende Stellung zu erreichen. Um den relativen Marktanteil weiter auszubauen oder zumindest zu erhalten, ist weiterhin eine Investitions- bzw. Wachstumsstrategie erforderlich, bei der die Kapazitätserweiterungen mindestens dem Marktwachstum entsprechen. Im Beispiel trifft dies auf die X AG zu, die sich hier bereits im Übergang von der Wachstums- zur Reifephase befindet (s. auch Abb. 1-29).
B	1,6	2,5 %	**Cash Cows** (Reifephase) Hier wurde eine marktführende Stellung in einem inzwischen tendenziell stagnierenden Markt erreicht. Der hohe Marktanteil führt zu Kostenvorteilen und hohen Gewinnen. Da das Marktwachstum bereits nachgelassen hat, ergibt sich ein geringerer Investitionsbedarf. Dementsprechend kann eine Gewinn- bzw. Abschöpfungsstrategie genutzt werden, die eine erfolgs- und finanzmittelbezogene Quersubventionierung der Wachstums- bzw. Nachwuchsbereiche ermöglicht. Im Beispiel weist B diese Charakteristik auf.

SGE	Relativer Markt-anteil	Reales Markt-wachstum	Positionierung und empfohlene Normstrategie
C	0,7	-2,0 %	**Poor Dogs** (Sättigungsphase) Dieser perspektivisch zunehmend problematische Bereich ist durch einen geordneten Rückzug bzw. eine Desinvestitionsstrategie geprägt, da weder zukünftige Wachstumspotenziale noch eine starke Marktstellung gegeben sind. Zunehmender Konkurrenzdruck belastet hier bei schrumpfenden Märkten die Ergebnisse. Ein Weiterbetrieb sollte hier nur solange erfolgen, wie zumindest noch Liquiditätsüberschüsse generiert werden können. Im Beispiel ist C von dieser Situation betroffen.

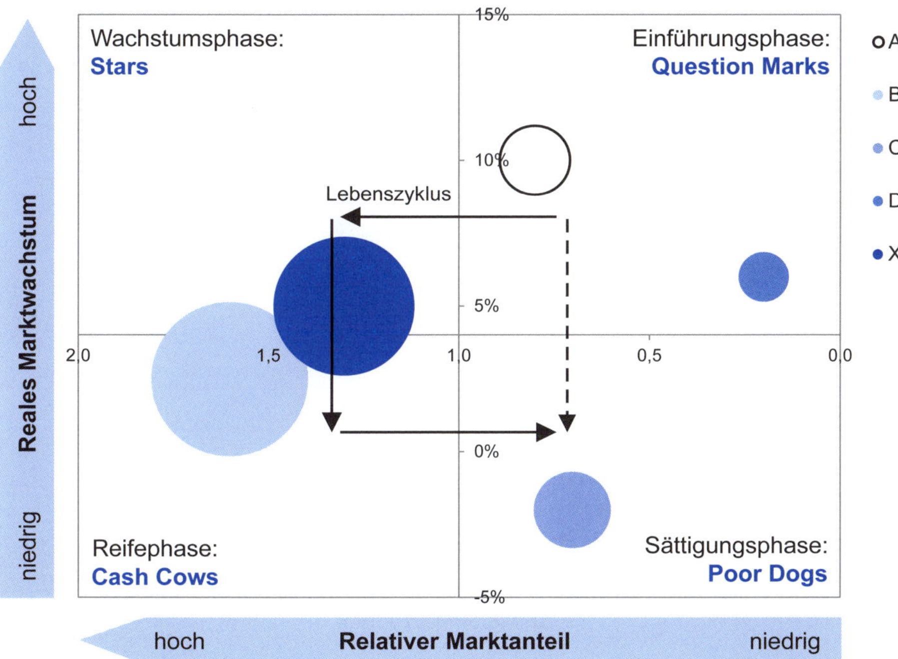

Abb. 2-42: Marktanteils-Marktwachstuns-Portfolio der Value Group

Die Positionierungsbereiche dieses Portfolio-Konzeptes weisen charakteristische Cashflow-Profile auf, die in engem Zusammenhang zum Unternehmenswert stehen (Günther, 1997, S. 343 ff.). Bei den Nachwuchsprodukten der Einführungsphase (Question Marks) führen hohe Anlauf- und Markterschließungskosten bei noch relativ geringen Umsätzen zu geringen operativen Cashflows, die hohen Investitionsauszahlungen gegenüberstehen. Dementsprechend ergeben sich hier stark negative Free Cashflows. In der Phase des stärksten Wachstums (Stars) werden bereits hohe Gewinne sowie auch nennenswerte operative Cashflows erzielt. Allerdings stehen dem noch immer erhebliche wachstumsbedingte Investitionen gegenüber, sodass, wenn überhaupt, nur relativ geringe positive

Free Cashflows resultieren. Lässt später das Wachstum des Marktes allmählich nach und die führende Marktstellung konnte aufrechterhalten oder sogar weiter ausgebaut werden (Cash Cows), sind im Wesentlichen nur noch Ersatzinvestitionen zu tätigen, während erhebliche operative Cashflows erzielt werden. Daraus ergeben sich in dieser Kategorie die namensbegründenden hohen positiven Free Cashflows, welche den Mittelbedarf der übrigen Bereiche decken. Geht aufgrund zunehmender Konkurrenz in einem stagnierenden oder gar schrumpfenden Marktumfeld die marktführende Position verloren, entstehen potenzielle Auslaufprodukte (Poor Dogs). Die dann zwar ebenfalls rückläufigen Investitionen gehen mit deutlich sinkenden operativen Cashflows einher. Damit sinken auch die Free Cashflows und werden im weiteren Verlauf oftmals sogar negativ. Ein geordneter Rückzug aus solchen Geschäftsbereichen sollte daher abgeschlossen sein, bevor negative Liquiditätswirkungen entstehen. Abb. 2-43 stellt diese Zusammenhänge nochmals grafisch dar.

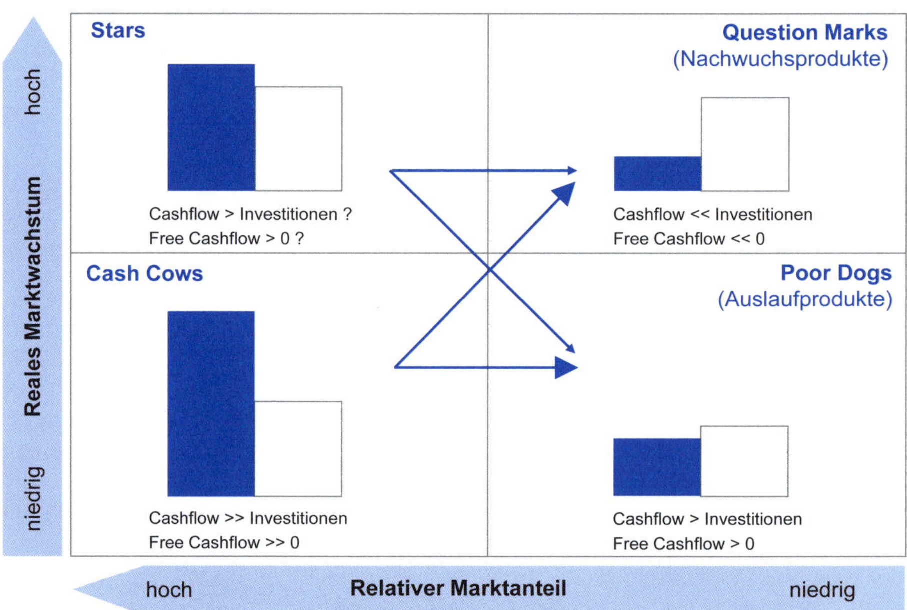

Abb. 2-43: Marktanteils-Marktwachstuns-Portfolio und Free Cashflow (Günther, 1997, S. 343)

Für das betrachtete Beispiel der Value Group entsprechen die Cashflows der einzelnen Geschäftseinheiten weitestgehend dem oben beschriebenen idealtypischen Profil, wie Abb. 2-44 zeigt. Die sich in der Reifephase befindliche Geschäftseinheit B erzeugt die notwendigen Mittelüberschüsse zur Finanzierung der Nachwuchsprodukte A und D. Die X AG befindet sich im Übergang von der Wachstums- in die Sättigungsphase und erzeugt so bereits als Star geringe positive Free Cashflows. Für Geschäftseinheit C geht der Marktzyklus dem Ende entgegen, wobei der Saldo aus operativem und investivem Cashflow noch immer positiv ist. Damit genügt das Konzern-Portfolio der Value Group dem Ausgewogenheitspostulat dieses Ansatzes. Dies gilt sowohl hinsichtlich der

Verteilung über die Lebenszyklusphasen als auch in Bezug auf den aktuellen Finanzstatus, indem der periodenbezogene Mittalbedarf vollständig aus eigener Kraft gedeckt ist.

(Angaben im M€)	A	B	C	D	X	Value Group
Phase im Lebenszyklus	Einführung	Reife	Sättigung	Einführung	Wachstum	
Positionierung im BCG-Portfolio	Question Mark	Cash Cow	Poor Dog	Question Mark	Star	
Brutto-Cashflow	7,860	27,400	1,630	5,350	59,430	101,670
Investitionen in das operative Anlagevermögen sowie in das Net Working Capital	10,210	14,500	0,280	7,670	57,930	90,590
Free Cashflow	**-2,350**	**12,900**	**1,350**	**-2,320**	**1,500**	**11,080**

Abb. 2-44: Free Cashflows der Value Group

Ein Bezug zwischen den Lebenszyklusphasen der Geschäftseinheiten eines Unternehmens lässt sich nicht nur zum aktuellen Periodenerfolg im Sinne des Gewinns oder Free Cashflows herstellen, sondern auch zum Zukunftserfolg, der sich im jeweiligen Wertbeitrag bzw. (Teil-)Unternehmenswert ausdrückt (Günther, 1997, S. 347 f.).

Wie in Abb. 2-45 dargestellt, geht die Einführungsphase nicht nur mit negativen Periodenerfolgen in Bezug auf Gewinne und Free Cashflows, sondern zunächst auch mit der Vernichtung von Unternehmenswert einher. Dies resultiert aus hohen Investitionen und Vorlaufkosten, denen zunächst nur vage Aussichten auf zukünftige Rückflüsse gegenüberstehen. Mit zunehmendem Markterfolg (Wachstumsphase) wird jedoch ein positiver Zukunftserfolgswert geschaffen, obwohl Gewinne und Free Cashflows durch den Kapazitätsaufbau noch negativ sind. Bis zur Reifephase wird der erwartete Zukunftserfolg sukzessive realisiert, was mit dann entsprechend positiven Gewinnen und Free Cashflows verbunden ist. Gleichzeitig nimmt dann jedoch der bis zum Ausstieg noch verbleibende (Rest-)Zukunftserfolgswert stetig ab. Die Ellipse der Gewinne verläuft dabei flacher als die der Free Cashflows, da die Periodisierung von Investitionsauszahlungen in Form von Abschreibungen eine zeitliche Glättung bewirkt. Zudem wird gemäß dem in Abb. 1-29 dargestellten Lebenszykluskonzept der Höhepunkt der Rentabilität bereits in den Phasen des starken Wachstums erreicht, während die Free Cashflows erst in der Reife ihr Maximum erreichen.

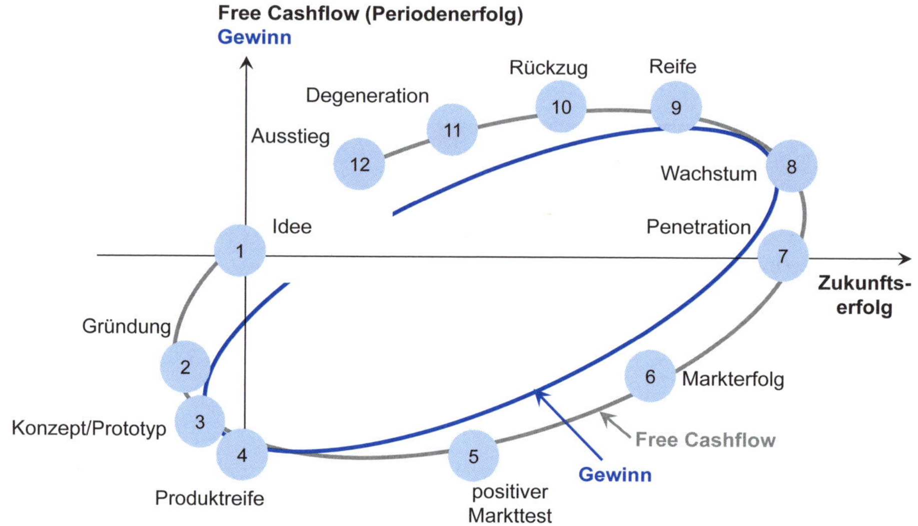

Abb. 2-45: Perioden- und Zukunftserfolg im Lebenszyklus (in Anlehnung an Günther, 1997, S. 347)

Damit ergeben sich aus dem Marktanteils-Marktwachstum-Portfolio und der zugrunde liegenden Phaseneinteilung verschiedene Implikationen und Ansatzpunkte für die wertorientierte Steuerung. In diesem Zusammenhang dürfen jedoch auch die Schwächen und Kritikpunkte an diesem Portfoliokonzept nicht unbeachtet bleiben, die sich unter anderem auf die sehr stark vereinfachende bzw. idealtypisch pauschalierende Betrachtungsweise beziehen (Baum et al., 2013, S. 198; Welge et al., 2017, S. 491).

2.6.3 Wertorientierte Portfolio-Analysen

Aufbauend auf den Grundprinzipien der klassischen betriebswirtschaftlichen Portfolio-Analyse wurde eine Vielzahl an Matrix-Darstellungen mit spezifisch wertorientierter Ausrichtung vorgeschlagen (für einen Überblick z. B. Günther, 1997, S. 341 ff.). Hierin werden insbesondere relevante Werttreiber oder spezifische Messgrößen der aktuellen und langfristigen wertorientierten Unternehmensperformance integriert. In Bezug auf die aktuelle Unternehmensperformance steht dabei vor allem der Vergleich von realisierten und geforderten Renditen im Vordergrund (Rendite-Spread bzw. Überrendite), wie dies bereits in Kapitel 2.2 bei den unterschiedlichen Ausgestaltungsvarianten von Residualgewinnen thematisiert wurde. Zudem werden auch relative Kennzahlen einbezogen, die auf die Frage gerichtet sind, ob positive bewertungsrelevante Überschüsse (Cash-Erzeugung bzw. Liquiditätsbeitrag) erzielt werden. Neben solchen relativen Performance-Maßen kann die aktuelle Performance aber auch in absoluter Form durch Residualgewinne oder die erzielten Überschüsse dargestellt werden.

Die zukünftig erwartete Performance drückt sich in erster Linie im Unternehmenswert in Form des Zukunftserfolgswerts aus, welcher gegebenenfalls in die Wertbeiträge einzelner betrachteter Geschäftseinheiten aufzuspalten ist. Als maßgeblicher Werttreiber der zukünftigen Performance wird vor allem das Wachstum angesehen und entsprechend in verschiedenen Konzepten eingebunden.

Nachfolgend wird eine exemplarische Auswahl solcher Analyseinstrumente vorgestellt, welche die genannten Parameter in vielfältiger Weise kombinieren. Dies verdeutlich nicht zuletzt die Möglichkeit, diese Instrumente in kreativer Weise weiterzuentwickeln und gegebenenfalls unternehmensindividuell zu adaptieren.

Wertbeitragsportfolio

Das auf die Unternehmensberatungsgesellschaft Boston Consulting Group (BCG) zurückgehende Wertbeitragsportfolio nimmt die Werttreiber Rentabilität und Wachstum in den Fokus (Lewis, 1995, S. 78 ff.). Konkret wird dabei auf das BCG-spezifische Rendite-Maß des *cfroi* Bezug genommen, welches im Kontext des *CVA* bereits in Abschnitt 2.2.3 vorgestellt wurde. Eine Adaptation auf ein alternatives Rentabilitätsmaß und einen hierzu kompatiblen Kapitalkostensatz, der als Trennwert innerhalb des Portfolios genutzt wird, erscheint hierbei jedoch ohne weiteres möglich. An der zweiten Achse bildet das durchschnittliche Branchenwachstum den Trennwert für ein über- oder unterdurchschnittliches Wachstum der betrachteten Einheiten. Die sich hieraus ergebenden Quadranten sind in Abb. 2-46 dargestellt.

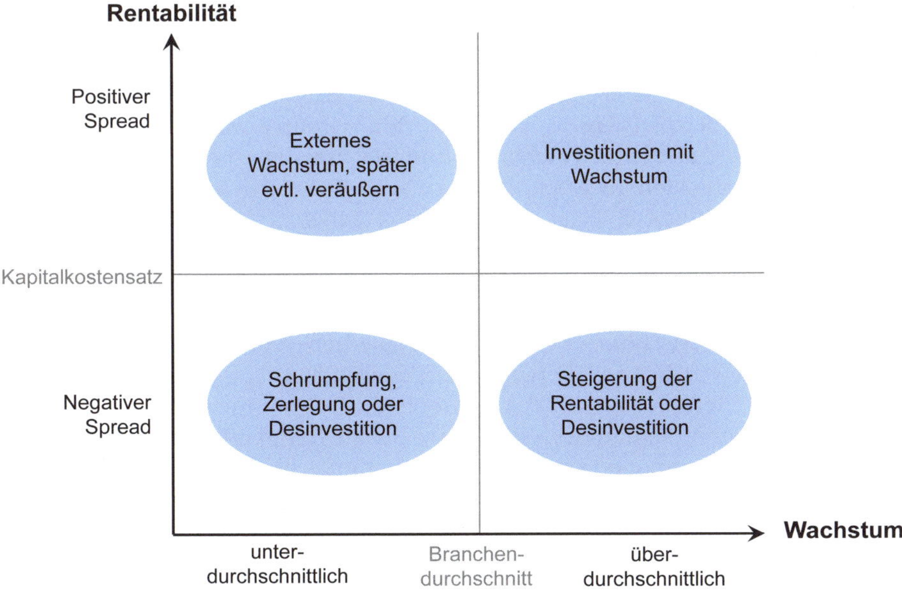

Abb. 2-46: Wertbeitragsportfolio

Eine derartige Portfolio-Analyse kann sowohl für Vergangenheitswerte als auch für die zukünftigen Planungsperioden erstellt werden. Grundsätzlich hat diese Betrachtung damit jedoch einen statischen Charakter, da immer nur die Werte einer einzelnen Periode einfließen. In dieser Portfolio-Analyse wird jedoch keine ausgeglichene Verteilung angestrebt, sondern profitables Wachstum. Dementsprechend wird eine Investitionsstrategie für Einheiten mit überdurchschnittlichem Wachstum empfohlen, deren Rentabilität über den Kapitalkosten liegt. Bei hoher Rentabilität aber unterdurchschnittlichem Wachstum sollte die Möglichkeit eines externen Wachstums durch Unternehmenskäufe oder ein eventueller attraktiver Verkauf dieser Einheiten geprüft werden. Bei hohem Wachstum aber zu geringer Rentabilität müssten hingegen Effizienzverbesserungen zunächst Vorrang vor weiterem Wachstum haben. Zeigen beide Werttreiber ein negatives Bild könnten Schrumpfungen, Zerlegungen oder schließlich eine Desinvestitionsstrategie angeraten sein.

Für das hier betrachtete Beispiel der Value Group zeigt sich das in Abb. 2-47 dargestellte Bild. In Abwandlung gegenüber dem ursprünglichen Konzept wird hier jedoch auf die Rentabilität des investierten Kapitals *roic* zurückgegriffen, der dann die durchschnittlichen gewichteten Kapitalkosten *wacc* gegenübergestellt werden. Für die Wachstumsbeurteilung wird das eigene Umsatzwachstum g^U in Relation zum Marktwachstum der jeweiligen Branche g^{Markt} gesetzt, sodass für diese Kennzahl der Trennwert für über- oder unterdurchschnittliches Wachstum bei 1,0 liegt. Der Größe des jeweiligen Positionierungskreises liegt das investierte Kapital *IC* zugrunde. Mit diesen Adaptationen ergeben sich gleichzeitig große Ähnlichkeiten zu weiteren vorgeschlagenen Portfoliodarstellungen, wie z. B. der sogenannten Portfolio-Profitability-Matrix der Unternehmensberatung Marakon Associates. Diese Variante weist eine Netto- bzw. Equity-Perspektive auf und basiert konzeptionell auf dem in Abschnitt 1.2.3.5 vorgestellten Gordon/Shapiro-Modell (vgl. hierzu z. B. Günther, 1997, S. 348 ff.; Hax/Majluf, 1988, S. 249 ff.).

Im betrachteten Beispiel zeigt sich, dass im Value Group Konzern allein die X AG ein überdurchschnittliches Wachstum und gleichzeitig eine Rentabilität oberhalb der Kapitalkosten aufweist. Insofern wäre hier eine Investitionsstrategie angeraten. Die Einheit D weist als typisches Nachwuchsprodukt ebenfalls ein überdurchschnittliches Wachstum auf. Allerdings werden hier aufgrund der hohen Anlaufkosten die Kapitalkosten noch nicht erwirtschaftet, weshalb entsprechende Effizienzverbesserungen angestrebt werden sollten. Die Einheit A, die in vorherigen Analysen ebenfalls als Nachwuchsprodukt im Lebenszyklus charakterisiert wurde, weist bereits eine Rentabilität knapp oberhalb der Kapitalkosten auf. Dies gilt auch für die zuvor als Cash Cow eingeordnete Einheit B. Aufgrund von deren Finanzierungsbeitrag für die übrigen Wachstumsbereiche erscheint die konzeptionell vorgeschlagene Veräußerung hier eher fragwürdig. Damit zeigt sich, dass das Wertbeitragsportfolio keine unmittelbaren Bezüge zum Lebenszykluskonzept aufweist und die abgeleiteten Strategieempfehlungen zu gewissen Widersprüchen gegenüber der dortigen Phasenzuordnung führen können. Eine weitere konzeptionelle Einschränkung zeigt sich am Beispiel der im problematischen Quadranten eingeordneten Einheit D, die zwar eine unzureichende Rentabilität und ein unterdurchschnittliches Wachstum zeigt, aber dennoch positive Free Cashflows generiert. Diese FCF-Perspektive wird jedoch im vorliegenden Konzept vernachlässigt (Günther, 1997, S. 361 f.).

		A	B	C	D	X
Investiertes Kapital in M€	*IC*	47,000	248,000	91,000	16,000	216,000
Rendite-Spread	*roic – wacc*	0,36 %	4,47 %	-1,71 %	-6,81 %	3,21 %
Relatives Wachstum	g^U/g^{Markt}	0,8	0,6	0,5	2,0	2,0

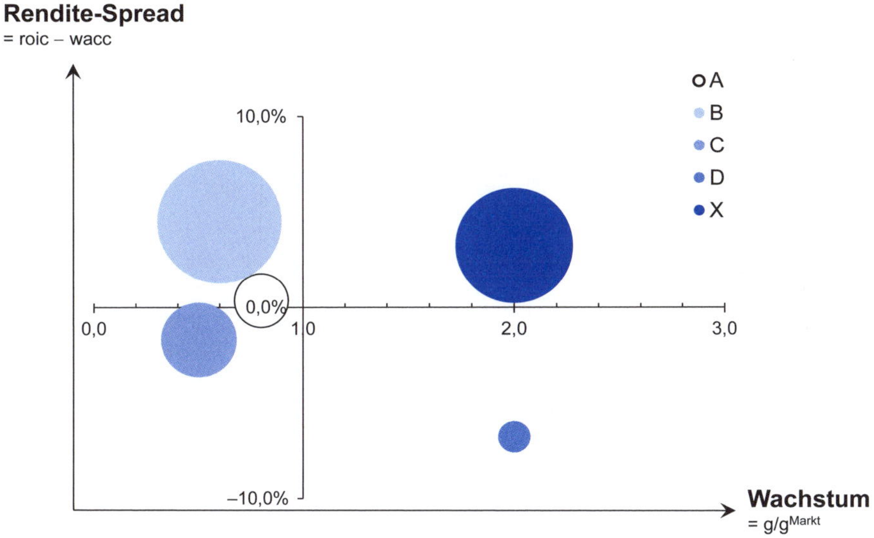

Rendite-Spread
= roic – wacc

10,0%
0,0%
–10,0%
0,0
1,0
2,0
3,0
A
B
C
D
X

Wachstum
= g/g^Markt

Abb. 2-47: Wertbeitragsportfolio der Value Group

Ronagraph

Der sogenannte Ronagraph geht auf die Unternehmensberatungsgesellschaft Arthur D. Little zurück (Hax/Majluf, 1988, S. 219 ff.). Dabei wird auf der Ordinate die Kapitalrentabilität dargestellt, die als Return on Net Assets *rona* bzw. hier als Return on Invested Capital *roic* bezeichnet wird. Wie bereits an verschiedenen Stellen ausgeführt (siehe z. B. Abschnitt 2.2.2), wird hierbei der Nachsteuergewinn bei reiner Eigenfinanzierung *NOPLAT* der buchmäßigen Kapitalbindung im operativen Anlagevermögen und Net Working Capital abzüglich der langfristigen Rückstellungen gegenübergestellt. Die auf der Abszisse abgetragene Kennzahl wird als Reinvestitionsindex bezeichnet und beschreibt die interne Verteilung der Cashflows, indem die Investitionen in Relation zum operativen Brutto-Cashflow gesetzt werden (siehe Abschnitt 2.2.3). Weist diese Kennzahl einen Wert von 1,0 bzw. 100 % auf, werden alle operativ erwirtschafteten Überschüsse reinvestiert und der Free Cashflow beträgt genau null. Bei Werten über diesem Schwellenwert sind die betreffenden Einheiten Mittelverbraucher, da der Investitionsbedarf über den erwirtschafteten Brutto-Cashflow hinausgeht. Mit Blick auf die typischerweise zu erwartenden Cash- und Rentabilitätscharakteristiken lassen sich die Phasen des Lebenszykluskonzeptes auch diesem Konzept zuordnen, wie dies in Abb. 2-48 dargestellt ist.

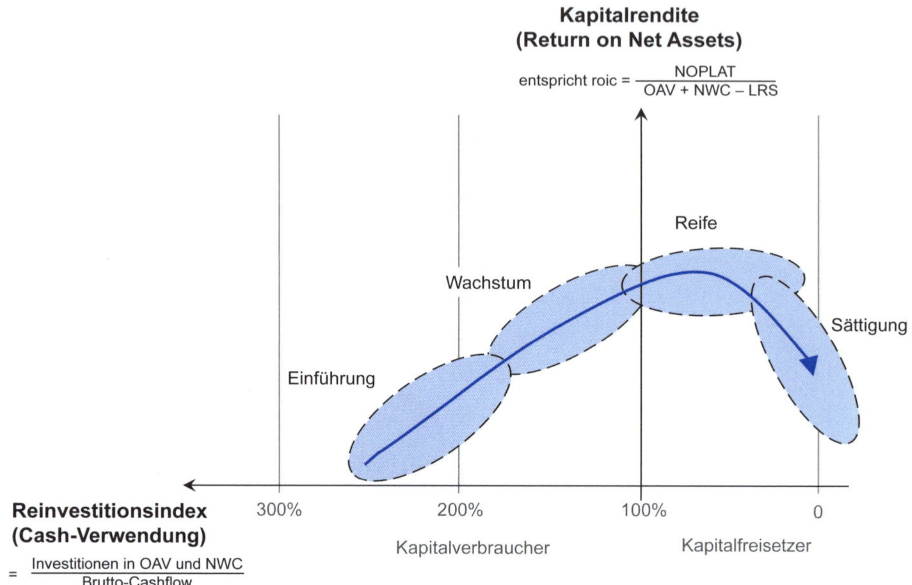

Abb. 2-48: Ronagraph (in Anlehnung an Hax/Majluf, 1988, S. 220)

Damit konzentriert sich diese Darstellung auf die Aspekte der Cash-Erzeugung und der Rentabilität. Durch die dargestellte idealtypische Zuordnung der Lebenszyklusphasen gehen Annahmen über das bestehende Wachstumspotenzial zumindest mittelbar ein. Eine Marktanteilsbetrachtung bleibt hier jedoch weitestgehend außen vor. Zudem nimmt das originäre Konzept keinen Vergleich mit der geforderten Rentabilität in Gestalt der Kapitalkosten vor, welche bereichsspezifisch unterschiedlich sein können. Dies lässt sich jedoch durch eine Modifikation der Ordinate leicht integrieren, indem hier nicht die erzielte Rentabilität, sondern deren Differenz gegenüber den Kapitalkosten als Spread bzw. Überrendite abgetragen wird (Günther, 1997, S. 356 f.).

Eine beispielhafte Anwendung für die Value Group ist in Abb. 2-49 dargestellt. Dabei wird unterstellt, dass es entsprechend dem in Abb. 1-29 dargestellten Lebenszykluskonzept in der Wachstumsphase zunächst zu starken Rentabilitätszuwächsen kommt und die Free Cashflows dieser Entwicklung zeitlich nachlaufen. Die Größe des Positionierungskreises spiegelt die Höhe des investierten Kapitals wider.

		A	B	C	D	X
Investiertes Kapital in M€	*IC*	47,000	248,000	91,000	16,000	216,000
Rendite-Spread	*roic – wacc*	0,36 %	4,47 %	-1,71 %	-6,81 %	3,21 %
Reinvestitions-index	*I / BCF*	1,30	0,53	0,17	1,43	0,97

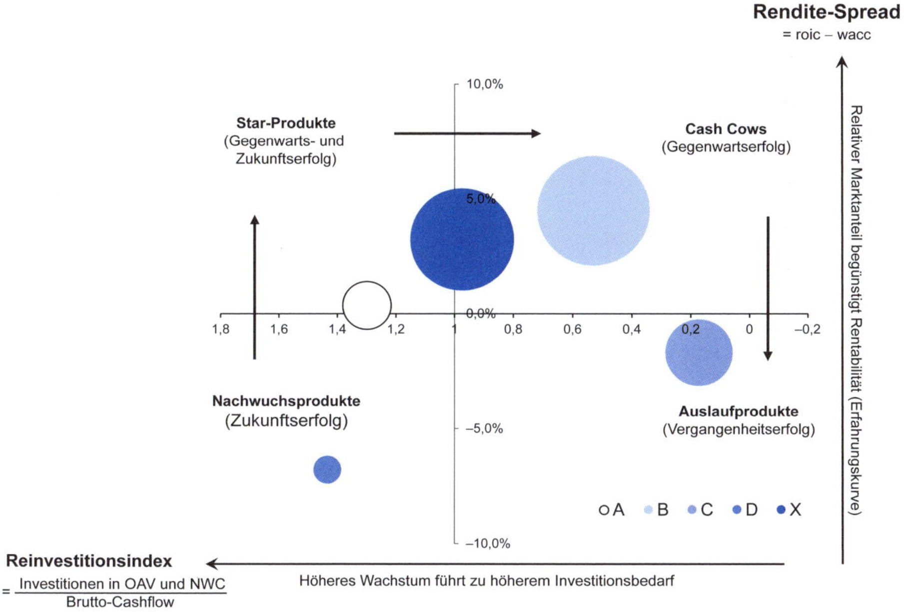

Abb. 2-49: Modifizierter Ronagraph der Value Group (in Anlehnung an Günther, 1997, S. 356)

Im vorliegenden Beispiel zeigt sich wieder eine idealtypische Konstellation. Das Nachwuchsprodukt D erwirtschaftet noch keine Rentabilität in Höhe der Kapitalkosten, hat jedoch einen hohen investitionsbedingten Finanzmittelbedarf, den es selbst nicht decken kann. Auch die sich bereits im Übergang zur Wachstumsphase befindliche Einheit A kann den wachstumsbedingten Mittelbedarf noch nicht selbst erwirtschaften. Allerdings deckt die hier erzielte Rentabilität bereits die Kapitalkosten. Die X AG befindet sich im Übergang von der Wachstums- in die Reifephase, wo bereits leicht positive Free Cashflows entstehen. Aufgrund der schon erreichten Größe weisen sowohl die X AG als auch die Cash Cow B Effizienzvorteile auf, die sich in einer deutlich über den Kapitalkosten liegenden Rentabilität niederschlagen. Zudem wird der operativ erwirtschaftete Brutto-Cashflow der Einheit B nicht für den eigenen Investitionsbedarf benötigt, sondern steht zur Unterstützung der sich im Wachstum befindlichen Einheiten zur Verfügung. Letzteres gilt auch für das Auslaufprodukt C, wo der zunehmende Konkurrenzdruck eines rückläufigen Marktumfeldes die Rentabilität bereits unter die Kapitalkosten gedrückt hat. Aufgrund eines geringen eigenen Investitionsbedarfs wird jedoch nur ein Teil des operativen Brutto-Cashflows gebunden, sodass ebenfalls ein positiver Free Cashflow verbleibt.

Werterzeugungs-/Cashflow-Portfolio

Dieser wertorientierte Portfolio-Ansatz geht auf das Beratungsunternehmen Höfner & Partner zurück (Höfner/Pohl, 1994, S. 75 ff.). Die aktuelle Performance soll hierbei durch den Free Cashflow gemessen werden, während der Economic Value Added (*EVA*, s. Abschnitt 2.2.2) als Indikator für den Zukunftserfolg dienen soll. Die Größe des Positionierungskreises spiegelt das investierte Kapital wider. Wie in Abb. 2-50 dargestellt ist, erfolgt die Benennung der Quadranten analog zum Marktanteils-Marktwachstums-Portfolio von BCG, sodass auch hier wieder der Bezug zur wertorientierten Interpretation dieses Ansatzes hergestellt wird, wie er bereits in Abschnitt 2.6.2 beschrieben wurde.

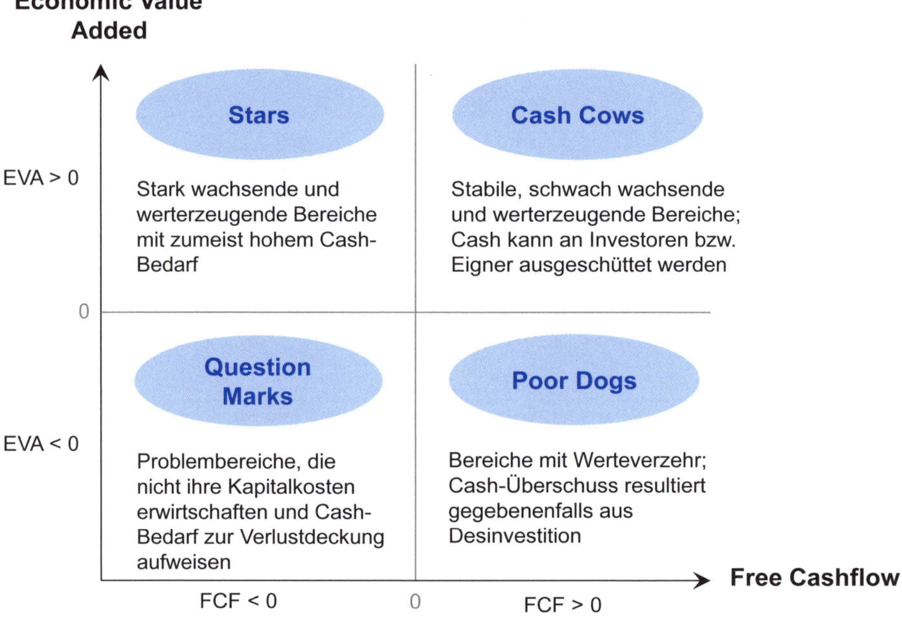

Abb. 2-50: Werterzeugungs-/Cashflow-Portfolio (in Anlehnung an Höfner/Pohl, 1994, S. 77)

Kritisch anzumerken ist für diesen Ansatz, dass es sich bei beiden Achsendimensionen um einperiodige Performance-Maße handelt. Insofern erscheint insbesondere der Economic Value Added nicht als ein geeigneter Maßstab zur Beurteilung des Zukunftserfolgs. Daher wird empfohlen entsprechende Portfolios sowohl für die Gegenwart als auch für zukünftige Planungsperioden zu erstellen. Zudem hat die Verwendung von absoluten Kennzahlen als Achsendimensionen den Nachteil, dass kleinere Einheiten tendenziell an den Rand der Rasterung gedrängt werden (Günther, 1997, S. 369). Für das hier als Beispiel genutzte Portfolio der Value Group ergibt sich das in Abb. 2-51 dargestellte Bild:

		A	B	C	D	X
Investiertes Kapital in M€	*IC*	47,000	248,000	91,000	16,000	216,000
Free Cashflow in M€	*FCF*	-2,350	12,900	1,350	-2,320	1,500
Economic Value Added in M€	*EVA*	0,168	11,090	-1,557	-1,089	6,943

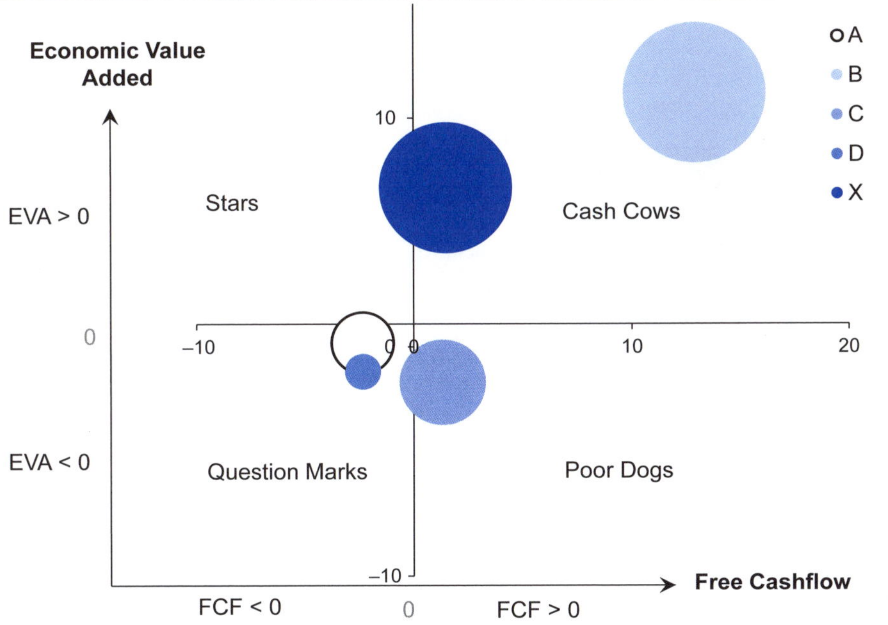

Abb. 2-51: Werterzeugungs-/Cashflow-Portfolio der Value Group

Die Interpretation dieser idealtypischen Unternehmenskonstellation entspricht auch hier wieder den zugeordneten Lebenszyklusphasen mit ihren charakteristischen Cashflow- und Erfolgsprofilen, sodass auf eine nochmalige Erläuterung verzichtet wird.

Leaning Brick Pile

Als eine weitere Möglichkeit zur wertorientierten Darstellung und Analyse des Unternehmensportfolios soll hier schließlich noch der sogenannte Leaning Brick Pile Erwähnung finden. Hierbei werden die Marktwerte der betrachteten Einheiten ihren Buchwerten gegenübergestellt und nach absteigender Relation geordnet (z. B. Hax/Majluf, 1988, S. 254 f.; Höfner/Pohl, 1994, S. 74 ff.; Lewis, 1995, S. 77). Abb. 2-52 gibt den grundsätzlichen Aufbau dieser Darstellung wieder.

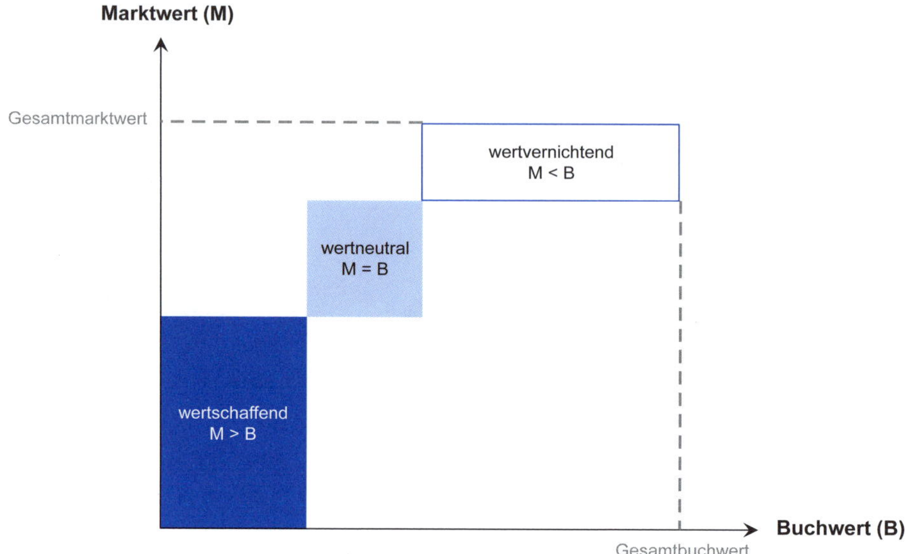

Abb. 2-52: Leaning Brick Pile

Bei börsennotierten Geschäftseinheiten können deren beobachtete Marktwerte mit den Buchwerten des Eigenkapitals verglichen werden. Andernfalls ist der ermittelte Unternehmenswert anzusetzen, wobei sich bei rechtlicher Unselbstständigkeit und fehlender Finanzierungsstruktur die Bruttoperspektive des WACC-Ansatzes anbietet (Günther, 1997, S. 372 f.). Die Buchwerte entsprechen dann dem im operativen Anlagevermögen und Net Working Capital investierten Kapital abzüglich der langfristigen Rückstellungen, was als insgesamt investiertes Kapital *IC* bezeichnet wird.

Der Leaning Brick Pile ermöglicht somit eine wertadditive Betrachtung des Gesamtunternehmens und gibt Anregungen für denkbare Restrukturierungsmaßnahmen (Günther, 1997, S. 374). Ein Einbezug von wesentlichen Werttreibern, wie Wachstum, Rentabilität oder Marktanteilsentwicklung, gelingt hiermit jedoch nicht.

Strategische Geschäftseinheit	Marktwert in M€ (UW^{WACC})	Buchwert in M€ (IC)	M/B-Verhältnis	Rang nach M/B-Verhältnis
A	117,500	47,000	2,50	1
X	328,421	216,000	1,52	2
D	20,800	16,000	1,30	3
B	272,800	248,000	1,10	4
C	63,700	91,000	0,70	5
Gesamt	**803,221**	**618,000**	**1,30**	

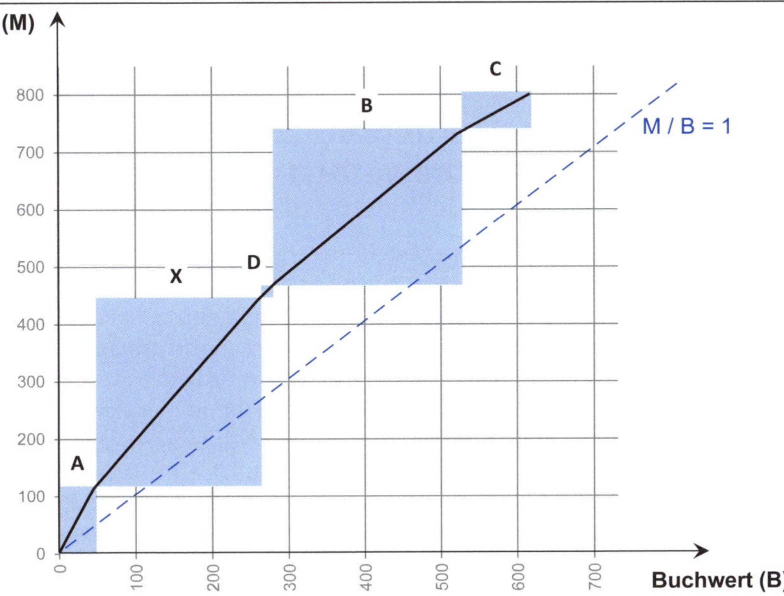

Abb. 2-53: Leaning Brick Pile der Value Group

Für die exemplarisch betrachtete Value Group zeigt sich, dass bis auf die Geschäftseinheit C alle anderen Bereiche wertsteigernd agieren (M > B) und entsprechend gefördert werden sollten. Die Geschäftseinheit C wurde bereits in vorherigen Analysen als Auslaufprodukt charakterisiert, aus dessen kritischen Zukunftsaussichten ein geringer Marktwert resultiert und auch die Kapitalkosten bereits nicht mehr gedeckt werden können. Dementsprechend liegt das M/B-Verhältnis unterhalb von 1,0 und die Einheit wird als „wertvernichtend" eingestuft. Daher wäre perspektivisch die Möglichkeit einer Veräußerung oder Liquidation zu prüfen. In der Gesamtbetrachtung liegt das erwirtschaftete Rentabilitätsniveau über den Kapitalkosten, sodass das M/B-Verhältnis des Gesamtkonzerns über 1,0 liegt. Ein Rückzug aus dem Geschäftsbereich C würde das Unternehmen zwar verkleinern, das M/B-Verhältnis des Konzerns jedoch von bisher 1,3 auf 1,4 erhöhen.

Die bisherigen Ausführungen zu wertorientierten Portfolio-Analysen bilden nur eine exemplarische Auswahl von hierzu in der Literatur zu findenden Vorschlägen ab (siehe für einen breiteren Überblick z. B. Günther, 1997, S. 341 ff.). Bereits die dargestellten Beispiele verdeutlichen jedoch sowohl die grundsätzliche

Vorgehensweise als auch das breite Spektrum an kreativen Anpassungs- und Ausgestaltungsmöglichkeiten bei der Kombination von geeigneten Werttreibern und Performance-Maßen. Von besonderer Bedeutung sind hierbei das Rentabilitätsniveau in Relation zu den Kapitalkosten sowie Liquiditäts- und Wachstumsaspekte, die sich durch unterschiedlichste Kennzahlen operationalisieren lassen. Gleichzeitig zeigt sich, dass die Limitierung einer zweidimensionalen Darstellung immer nur eine paarweise Betrachtung dieser Parameter zulässt. Dies reduziert zwar die Komplexität, macht aber die Auswahl der Achsendimensionen und die für eine Rasterung genutzten Trennwerte zur alles entscheidenden Frage.

2.7 Wertsteigerungspotenziale generischer Wettbewerbsstrategien

Das im vorherigen Kapitel dargestellte wertorientierte Portfolio-Management strebt einen ausgewogenen Mix der strategischen Geschäftseinheiten und eine optimale Ressourcenallokation auf Gesamtunternehmensebene an. Die einzelnen Einheiten setzen wiederum individuelle Geschäftsstrategien zur Schaffung von Wettbewerbsvorteilen ein, indem ein höherer Kundennutzen eine Preisdifferenzierung und damit höhere Erlöse ermöglicht oder indem eine effizientere Ressourcennutzung zu Kostenvorteilen führt. Mit Unterscheidung des hierbei jeweils relevanten Zielmarktes lassen sich hieraus drei generische Wettbewerbsstrategien in Form der Kostenführerschaft, der Differenzierung sowie der Spezialisierung ableiten (Porter, 2013, S. 73 ff.). Wertsteigerungspotenziale, die sich insbesondere in einer über den Kapitalkosten liegenden Rentabilität ausdrücken, ergeben sich einerseits durch Kostenvorteile und hierdurch erzeugte Marktanteilsgewinne (Wachstum) oder andererseits durch einen höheren Kundennutzen, welcher höhere Preise ermöglicht und/oder ebenfalls zu höherem Wachstum führt (Günther, 1997, S. 383). Abb. 2-54 fasst diese Ansatzpunkte nochmals grafisch zusammen.

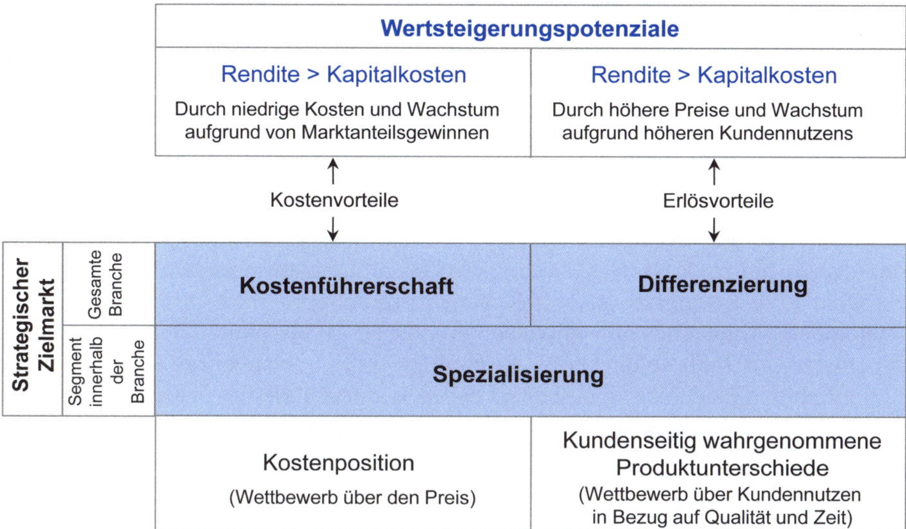

Abb. 2-54: Zusammenhang zwischen Wertsteigerungspotenzial und Wettbewerbsstrategie (in Anlehnung an Günther, 1997, S. 382)

Die genannten drei grundlegenden Wettbewerbsstrategien lassen sich wie folgt charakterisieren (Baum et al., 2013, S. 77 f.).

- Eine Kostenführerschaftsstrategie basiert weitestgehend auf dem Konzept der Erfahrungskurve mit dem Ziel einer gegenüber der Konkurrenz optimierten Kostenstruktur mit geringstmöglichen Stückkosten. Dies wird durch ein hohes akkumuliertes Produktionsvolumen erreicht, sodass diese Strategie hohe relative Marktanteile anstrebt. Gegenstand sind standardisierte Produkte in großen Stückzahlen (Massenfertigung), bei denen in erster Linie der Preis das präferenzbildende Merkmal darstellt.
- Demgegenüber wird bei einer Differenzierungsstrategie angestrebt, sich durch die Schaffung eines Zusatznutzens von den Wettbewerbern abzuheben, woraus sich monopolistische Preisspielräume ergeben. Im Fokus stehen hierbei nicht die Kosten, sondern besondere Leistungsausprägungen, die sich z. B. aus einem exklusiven Design oder besonderem Kundenservice, aus innovativen Produktentwicklungen, außergewöhnlicher Produktfunktionalität, hochqualitativer Verarbeitung oder kurzen Lieferzeiten ergeben. Die hierbei bewusst angestrebte Exklusivität ist in der Regel unvereinbar mit hohen Marktanteilen. Damit ist die Differenzierungsstrategie zwar ebenfalls grundsätzlich auf die gesamte Branche gerichtet, wo aber nur ein Teil der Nachfrager erreicht wird.
- Im Gegensatz dazu ist eine Spezialisierungsstrategie von vornherein nur auf ein ganz bestimmtes, in sich homogenes Teilsegment des Marktes ausgerichtet. Diesem Segment liegt ein spezifisches Kundenbedürfnis zugrunde, welches besser erfüllt wird, als es die Wettbewerber können. Ein solches Marktsegment könnte z. B. bestimmte Abnehmergruppen, Regionen oder Vertriebswege betreffen. Der ökonomische Erfolg wird innerhalb dieses Markt-

segmentes dann ebenfalls wieder durch Kosten- oder Nutzenvorteile generiert, sodass bei dieser Strategie auch von fokussierter Kostenführerschaft bzw. fokussierter Differenzierung gesprochen werden kann.

Während früher unterstellt wurde, dass eine klare Ausrichtung auf einen dieser Strategietypen zwingend für einen überdurchschnittlichen Unternehmenserfolg sei, deuten jüngere empirische Ergebnisse darauf hin, dass allein über Preis oder Qualität kein dauerhafter Wettbewerbsvorteil sichergestellt werden kann. Eine sehr hohe Wettbewerbsintensität (Hyperwettbewerb) zwingt die Unternehmen dazu, sowohl ihre Kosten- als auch ihre Qualitätsposition fortwährend zu verbessern. Eine Kombination von Kostenführerschafts- und Differenzierungsstrategie im Sinne eines phasenweisen Wechsels von Elementen beider Strategietypen wird auch als sogenannte Outpacing-Strategie bezeichnet und ist z. B. in schnelllebigen Hochtechnologiebranchen vorzufinden (Baum et al., 2013, S. 78 ff.).

In Bezug auf die erzielbaren Wertsteigerungspotenziale lassen sich diese Strategietypen mit den Treibergrößen des Unternehmenswerts verknüpfen. So stellt Abb. 2-55 exemplarisch die Auswirkungen verschiedener Wettbewerbsstrategien auf die Wertgeneratoren des in Abschnitt 1.2.3.4 vorgestellten Modells von Rappaport dar (Rappaport, 1986, S. 50 ff.).

	Generische Wettbewerbsstrategien		
Wertgeneratoren	Kostenführerschaft	Differenzierung	Spezialisierung
Umsatzwachstum	• Aggressive Preispolitik • Marktanteilsausweitung	• Hochpreispolitik • Ermitteln attraktiver Kundenprobleme	• Hochpreispolitik • Ermitteln attraktiver Marktsegmente • Erschließen neuer Vertriebskanäle
Umsatzrentabilität	• Optimierung der Produktionstiefe und -abläufe • Kostendegression und Erfahrungskurve • Reduktion der Logistikkosten • Kostenmanagement	• Ausrichten der Kostenstruktur auf den Kundennutzen • Hochpreispolitik	• Nutzung von Kostenvorteilen der Spezialisierung • Hochpreispolitik bei hohem Kundennutzen • Erschließen und Besetzen überlegener Beschaffungsquellen • Beschleunigen des Innovationsprozesses

Wertgeneratoren	Generische Wettbewerbsstrategien: Kostenführerschaft	Differenzierung	Spezialisierung
Erweiterungsinvestitionen in das operative Anlagevermögen	• Rationalisierungsinvestitionen • Optimale Anlagennutzung • Verkauf schlecht genutzter Anlagen • Optimale Beschaffung	• Investitionen in differenzierungsfördernde Anlagen (z. B. Flexibilität oder Qualität) • Verkauf schlecht genutzter Anlagen • Optimale Beschaffung	• Optimale Anlagennutzung • Verkauf schlecht genutzter Anlagen • Optimale Beschaffung (z. B. make or buy)
Erweiterungsinvestitionen in das Working Capital	• Cash Management • Reduktion der Vorräte unter Beibehaltung der Lieferbereitschaft • Erhöhung des Debitorenumschlags	• Cash Management • Ausrichten der Verkaufskonditionen und der Lagerpolitik auf die Differenzierungsstrategie	• Cash Management • Ausrichten der Verkaufskonditionen und der Lagerpolitik auf die Spezialisierungsstrategie
Steuersatz*	• Optimierung der Kapitalstrukturen • Optimierung der Gesellschaftsstruktur • Optimierung in der Durchführung von Transaktionen (z. B. bei Akquisitionen)		
Kapitalkosten*	• Optimierung der Kapitalstrukturen • Senkung der Finanzierungskosten • Senkung des systematischen Risikos		
Wachstumsdauer	• Aufbau von Eintrittsbarrieren für potenzielle Konkurrenten • Erlangung eines rechtlichen Schutzes (Patente, Exklusivverträge etc.) • Aufbau von Image und Markennamen		
Legende: * Soweit auf Ebene der strategischen Geschäftseinheiten überhaupt beeinflussbar.			

Abb. 2-55: Auswirkungen generischer Wettbewerbsstrategien auf die Wertgeneratoren des Rappaport-Modells (in Anlehnung an Günther, 1997, S. 384)

Ähnlich wie bei der in Abschnitt 2.3.3 vorgestellten Balanced Scorecard oder anderen Ordnungssystemen handelt es sich dabei nicht um strikte mathematische Zusammenhänge, sondern um sachlogische Ursache-Wirkungs-Beziehungen. Auch hier bietet es sich an, die konkreten Handlungsfelder, welche einen Zusammenhang zwischen der verfolgten Geschäftsstrategie und den Werttreibern des Unternehmens herstellen, mit konkreten Zielen, Messgrößen und Maßnahmen zu verzahnen, um eine zielgerichtete Steuerung zu ermöglichen.

2.8 Wertorientierte Anreizsysteme

Anreizsysteme gelten als wichtiges Instrument zur Lösung personeller Koordinationsprobleme, welche bei abweichenden Zielvorstellungen und Informationsständen der handelnden Akteure auftreten (Ewert/Wagenhofer, 2014, S. 392 ff.). Hierdurch können für gegenwärtige oder zukünftige Mitarbeiter eines Unternehmens gezielte Eintritts-, Bleibe- oder Leistungsanreize gesetzt werden. Letztere stehen im besonderen Fokus dieses Kapitels. Hierbei werden zunächst in Abschnitt 2.8.1 grundlegende Ausgestaltungsmerkmale und Wirkungsprinzipien von Anreizsystemen beleuchtet. Anschließend diskutiert Abschnitt 2.8.2 verschiedene Bemessungsgrundlagen mit wertorientierter Ausrichtung, bevor Abschnitt 2.8.3 einen spezifischen Auszahlungsmechanismus in Gestalt sogenannter Bonusbanken vorstellt.

2.8.1 Grundlegende Ausgestaltungsmerkmale

Unternehmen bilden typischerweise keinen monolithischen Block, sondern ein arbeitsteiliges Gefüge verschiedener handelnder Akteure. Hierbei bestehen vielfältige Delegationsbeziehungen zwischen steuernden Prinzipalen und handelnden Agenten, wobei Verantwortlichkeiten und Entscheidungsbefugnisse auf unterschiedliche Personen verteilt werden. Solche Delegationsbeziehungen ergeben sich sowohl innerhalb des Unternehmens zwischen den verschiedenen Hierarchieebenen als auch im Verhältnis zwischen den Anteilseignern und einem angestellten Management, wie Abb. 2-56 dies veranschaulicht:

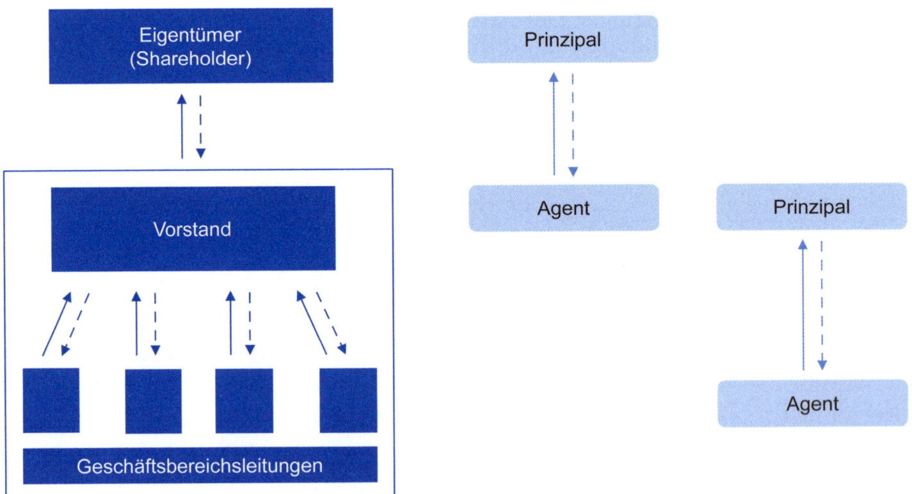

Abb. 2-56: Delegationsbeziehungen der Unternehmung (Coenenberg et al., 2016, S. 797)

In derartigen Situationen können Anreizsysteme genutzt werden, um gewünschte Verhaltensweisen der Agenten durch positive Anreize (Belohnungen) zu verstärken bzw. das Auftreten von unerwünschtem Handeln durch negative Anreize (Sanktionen) zu vermindern. Als methodische Grundlagen für die Ausgestaltung von Anreizsystemen werden häufig die Erkenntnisse der sogenannten Agency-Theorie herangezogen, die insbesondere auf folgenden Prämissen beruhen (z. B. Küpper et al., 2013, S. 101 ff.): Alle handelnden Akteure betreiben eine individuelle Nutzenmaximierung, was bei bestehenden Interessendivergenzen zu Zielkonflikten und opportunistischem Verhalten führen kann. Dabei besteht eine asymmetrische Informationsverteilung, wobei der Agent einen Informationsvorsprung besitzt, da er sein eigenes Anstrengungsniveau kennt und die Konsequenzen seiner Handlungen besser beurteilen kann als der Prinzipal. Zudem sind auch individuelle Risikoeinstellungen der Akteure zu berücksichtigen, da durch die Ausgestaltung des Anreizsystems auch festgelegt wird, inwieweit bestehende Unsicherheiten von den Handelnden (mit-)getragen werden müssen. Ferner wird davon ausgegangen, dass ein empfundenes Arbeitsleid des Agenten diesen tendenziell zu verringerten Anstrengungen bewegt.

Das Kernelement eines Anreizsystems bildet die sogenannte Belohnungsfunktion, die eine oder mehrere Bemessungsgrundlagen mit gewährten äußeren Anreizen bzw. extrinsischen Belohnungen in Form eines funktionalen Zusammenhangs verbindet (Küpper et al., 2013, S. 317). Dieser funktionale Zusammenhang kann in sehr unterschiedlicher Weise ausgestaltet werden, indem verschiedene Niveaus der Zielerreichung unterschiedlich stark belohnt werden (Plaschke, 2003, S. 278 ff.). So geben stufenförmige Verläufe der Belohnungsfunktion zum Beispiel einen Anreiz für das Erreichen von Schwellenwerten. Ein- oder mehrfach geknickte Verläufe verstärken hingegen die Anreizwirkung ober- oder unterhalb bestimmter Schwellenwerte bzw. innerhalb bestimmter Intervalle der Zielerreichung.

Dabei können über- oder unterproportionale Anreizwirkungen aus einer Veränderung des Zielerreichungsgrades resultieren. In vielen Fällen werden in der Unternehmenspraxis als Belohnungsfunktion lineare, proportionale Beziehungen genutzt (Coenenberg et al., 2016, S. 843 f.). Neben ihrer Einfachheit spricht hierfür auch eine verminderte Anfälligkeit gegenüber Fehlsteuerungseffekten, die unter anderem aus einer eventuell möglichen Periodenverschiebung der zu beurteilenden Leistung resultieren können. So begünstigen degressive Verläufe der Belohnungsfunktion tendenziell eine Glättung der Periodenergebnisse, während bei progressiven Verläufen volatile Periodenleistungen eine Erhöhung der Gesamtvergütung bewirken. Kappungsgrenzen können den zu belohnenden Anreizintervall begrenzen. So kann zum Beispiel eine untere Kappungsgrenze den Agenten von Verlustrisiken befreien, was dessen Risikoaversion entgegenkommt, aber eventuell dysfunktionales Verhalten begünstigt. Umgekehrt begrenzen obere Kappungsgrenzen zwar die in Form gezahlter Boni entstehenden Personalkosten, gleichzeitig sinkt der Anreiz zu außergewöhnlicher Leistung (Gladen, 2014, S. 197). Eine exemplarische Auswahl möglicher Funktionsverläufe ist in Abb. 2-57 dargestellt, wie sie durch den Arbeitskreis „Wertorientierte Führung in mittelständischen Unternehmen" der Schmalenbach-Gesellschaft für Betriebswirtschaft e. V. (AK-WFM) vorgestellt wurde:

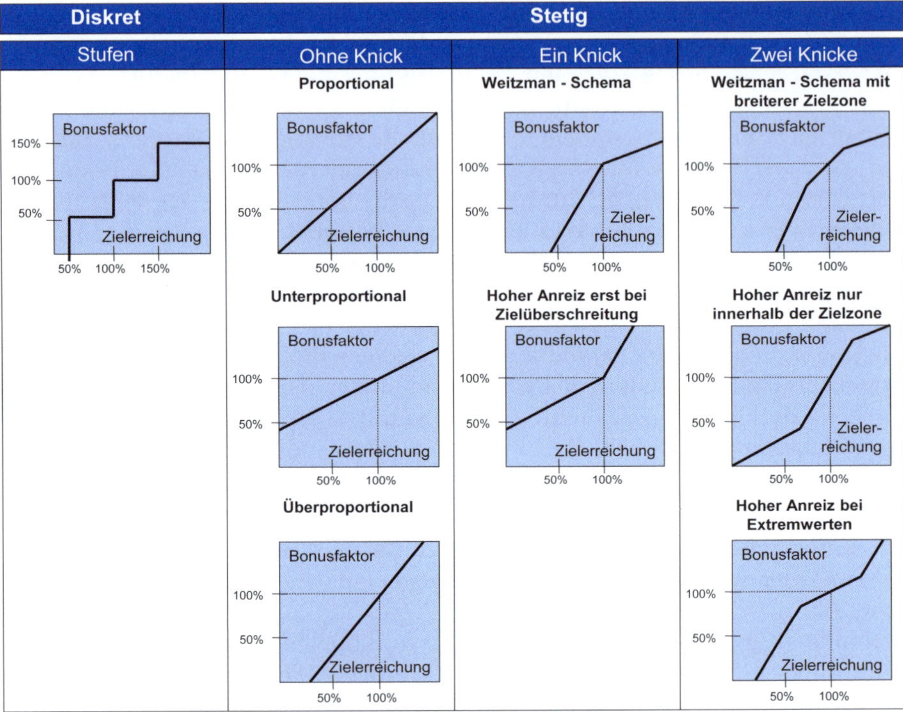

Abb. 2-57: Alternative Verläufe von Belohnungsfunktionen (in Anlehnung an Arbeitskreis „Wertorientierte Führung in mittelständischen Unternehmen" der Schmalenbach-Gesellschaft für Betriebswirtschaft AK-WFM, 2006, S. 2072)

Die durch die Belohnungsfunktion konkret induzierten Anreize können materieller oder immaterieller Natur sein (Coenenberg et al., 2016, S. 843). Letztere umfassen zum Beispiel Aspekte wie Anerkennung, Macht, Aufstiegschancen, Statusverbesserungen oder Handlungsautonomie. Materielle Anreize beinhalten typischerweise regelmäßig (z. B. Gehaltserhöhung) oder fallweise (z. B. Prämien) gewährte finanzielle Leistungen und stehen im Zentrum der nachfolgenden Betrachtungen. Der Frage, welche Kennzahl als Bemessungsgrundlage für die Beurteilung der Zielerreichung genutzt werden sollte, widmet sich der nachfolgende Abschnitt.

2.8.2 Wertorientierte Bemessungsgrundlagen

Damit durch ein Anreizsystem die angestrebte Verhaltenssteuerung bewirkt werden kann, muss die verwendete Bemessungsgrundlage bestimmten Anforderungen genügen (Gladen, 2014, S. 198 ff.; Küpper et al., 2013, S. 319 f.). Insbesondere ist sicherzustellen, dass die Bemessungsgrundlage tatsächlich auf die eigentliche Zielsetzung der Unternehmung gerichtet, von den Entscheidungen des Agenten abhängig, jedoch nicht durch diesen manipulierbar ist.

Eine entsprechende Anreizkompatibilität besteht nur dann, wenn ein Zielbezug bzw. eine Kongruenz mit dem obersten Unternehmensziel gegeben ist. Hierdurch wird sichergestellt, dass es nur dann zu einer Erhöhung der Belohnung kommt, wenn auch eine Steigerung bezüglich der Erfüllung des Unternehmensziels erreicht wurde (Coenenberg et al., 2016, S. 847). Hinter der Forderung nach Entscheidungsbezug bzw. Controllability steht die Vermutung, dass nur dann eine verhaltenssteuernde Wirkung auf den Agenten entsteht, wenn dieser die Höhe der Bemessungsgrundlage durch seine eigenen Entscheidungen und Handlungen beeinflussen kann (Küpper et al., 2013, S. 319 f.). Zudem sollte eine geeignete Bemessungsgrundlage eine möglichst hohe Manipulationsresistenz aufweisen, das heißt einer intersubjektiven Überprüfbarkeit zugänglich sein. Dies ist bei tatsächlich beobachtbaren Größen gegeben, bei Prognosewerten hingegen stark eingeschränkt.

Grundsätzlich existiert eine sehr große Bandbreite an möglichen Bemessungsgrundlagen, die zum Beispiel auf einen ein- oder mehrperiodigen Zeithorizont gerichtet sein können bzw. einen internen oder externen Charakter aufweisen und einen buchhalterischen, zahlungsorientierten oder marktbezogenen Hintergrund besitzen (Küpper et al., 2013, S. 321 ff.; Plaschke, 2003, S. 113 ff.).

Für eine wertorientierte Anreizgestaltung bieten sich insbesondere wertorientierte Performance-Maße an, wie sie bereits in Kapitel 2.2 vorgestellt wurden, da hier die oben angesprochene Zielkongruenz als grundsätzlich gegeben angesehen werden kann. Im Folgenden wird daher nur auf eine exemplarische Auswahl solcher Bemessungsgrundlagen näher eingegangen und die Erfüllung der übrigen gestellten Anforderungen diskutiert. Zur Illustration wird auch hierbei wieder auf das Beispiel der X AG zurückgegriffen und unterstellt, dass dort ab Periode 1 ein neues Management mit variablen Vergütungsanteilen das Unternehmen lenkt. Betrachtet werden dabei insbesondere die in Periode 2 initiierten Neuprojekte, die bereits in Abschnitt 2.2.6 ausführlich beschrieben wurden und in Kapitel 2.5 Gegenstand von Abweichungsanalysen gegenüber der ursprünglichen Planung waren. Daher wird auf eine nochmalige ausführliche Sachverhaltsdarstellung an dieser Stelle verzichtet.

Ergänzend wird nun jedoch angenommen, dass bei der Realisation der in $t = 2$ begonnenen Neuprojekte in Periode 3 zunächst ein unplanmäßig hoher Projektaufwand eintritt. Hierdurch wird die Umsatzrentabilität der Periode 3 auf 2,5 % gedrückt, wobei zunächst von einem ansonsten gegenüber der Planung unveränderten weiteren Projekterfolg ausgegangen wird. In Periode 4 zeigt sich dann jedoch ebenfalls überraschend, dass die mit den Restrukturierungsprojekten angestrebte Verbesserung der Umsatzrentabilität auf 6,0 % sogar noch übertroffen wird, sodass ab diesem Zeitpunkt dauerhaft mit einem Wert von 6,2 % gerechnet werden kann. Alle übrigen Parameter aus der Planung mit und ohne Neuprojekten bleiben hingegen unverändert, sodass die nachfolgend zusammenfassend dargestellten Wirkungen mithilfe des in Abschnitt 2.3.4 vorgestellten Wertgeneratorenmodells nachvollzogen werden können.

		t=2	3	4	5 (= T)	6 (= T + 1)
ros_t	Ursprüngliche Planung (ohne Neuprojekte)	5,00 %	5,00 %	5,00 %	5,00 %	5,00 %
	Plan mit Neuprojekten (in t = 2)	3,00 %	4,00 %	6,00 %	6,00 %	6,00 %
	Zwischenstand (in t = 3)	3,00 %	2,50 %	6,00 %	6,00 %	6,00 %
	Projektabschluss (ab t = 4)	3,00 %	2,50 %	6,20 %	6,20 %	6,20 %
FCF_t (in M€)	Ursprüngliche Planung (ohne Neuprojekte)	12,375	19,751	22,443	22,667	22,894
	Plan mit Neuprojekten (in t = 2)	-25,423	12,217	28,281	28,564	28,849
	Zwischenstand (in t = 3)	-25,423	4,508	28,281	28,564	28,849
	Projektabschluss (ab t = 4)	-25,423	4,508	29,319	29,612	29,908
EVA_t (in M€)	Ursprüngliche Planung (ohne Neuprojekte)	6,483	6,079	5,953	6,013	6,073
	Plan mit Neuprojekten (in t = 2)	-2,804	-0,237	9,726	9,824	9,922
	Zwischenstand (in t = 3)	-2,804	-7,946	9,726	9,824	9,922
	Projektabschluss (ab t = 4)	-2,804	-7,946	10,765	10,872	10,981
NPV_2 (in M€)	Plan mit Neuprojekten in t = 2	39,015				
	Zwischenstand aus Sicht t = 3	31,843				
	Stand bei Projektabschluss in t = 4	**46,748**				

Abb. 2-58: Erfolgsentwicklung der in t = 2 initiierten Neuprojekte der X AG

Es kommt während der Realisation der Neuprojekte somit zweimalig zu überraschenden Veränderungen der Zukunftserwartungen, die in $t = 3$ zunächst negativ ausfallen und in $t = 4$ positiv. Während der gesamte Wertbeitrag der Neuprojekte, repräsentiert durch deren Net Present Value (*NPV*), im Initiierungszeitpunkt noch mit 39,015 M€ veranschlagt wurde, reduziert sich der erwartete Gesamterfolg in $t = 3$ zwischenzeitlich auf 31,843 M€. Durch den ab $t = 4$ realisierten, unerwartet hohen Projekterfolg steigt der Gesamtwertbeitrag der Neuprojekte, weiterhin gemessen als NPV_2, jedoch auf 46,748 M€ an.

Auf Basis dieses Beispiels soll im Folgenden für verschiedene ausgewählte Bemessungsgrundlagen dargestellt werden, wie sich diese Entwicklung des Projekterfolgs mit einem Anreizsystem verzahnen lässt und inwieweit hierbei die oben beschriebenen Anforderungen erfüllbar sind.

Residualgewinnbasierte Bemessungsgrundlagen

Residualgewinne, wie sie in vielfältigen Ausprägungen in Kapitel 2.2 vorgestellt wurden, finden häufigen Einsatz als Performance-Maße im Rahmen einer wertorientierten Steuerung. Durch ihre Eigenschaft der sogenannten Barwertidentität gegenüber einem DCF-basierten Unternehmenswert ist der geforderte Zielbezug grundsätzlich gegeben. Bedingung ist hierfür jedoch die Einhaltung der Prämissen des Preinreich-Lücke-Theorems, wie sie in Abschnitt 1.2.3.6 dargestellt wurden. Für einen anreizkompatiblen Einsatz von Residualgewinnen als Bemessungsgrundlage von Anreizsystemen müssen die Prämien zudem proportional zum Residualgewinn sein und auch eine Verlustbeteiligung einschließen (Küpper et al., 2013, S. 326). Ferner müssen die Akteure übereinstimmende Zeitpräferenzen und Risikoeinstellungen sowie einen identischen Planungshorizont aufweisen und sich rational verhalten, im Sinne einer Ausrichtung der individuellen Entscheidungen am Barwert der erwarteten Prämienzahlungen.

Die unter den genannten Bedingungen eintretende Anreizkompatibilität soll im Folgenden am Beispiel einer am Economic Value Added (EVA) anknüpfenden Belohnungsfunktion gezeigt werden, die keine Kappungsgrenzen aufweist. Dabei wird der Agent mit einem bestimmten Anteil (Prämiensatz) am *EVA* einer Periode beteiligt, sodass grundsätzlich auch negative Boni möglich sind. Wird dies zusätzlich mit einem positiven Fixum kombiniert, würde ein negativer Bonus jedoch erst entstehen, wenn der *EVA* unter einen bestimmten negativen Wert fällt. Der grundlegende Verlauf einer solchen Belohnungsfunktion mit und ohne Fixum ist in Abb. 2-59 dargestellt.

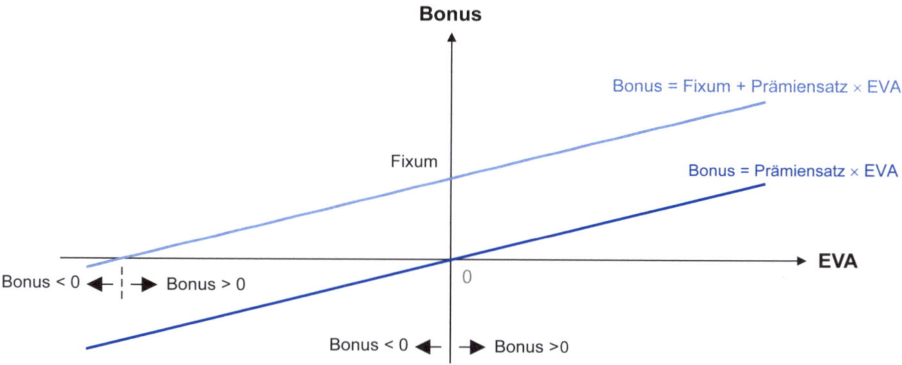

Abb. 2-59: Beispielhafter Verlauf einer linearen am EVA anknüpfenden Belohnungsfunktion (in Anlehnung an Gladen, 2014, S. 197)

Darüber hinaus bestehen weitere Möglichkeiten einer differenzierteren Ausgestaltung, indem zum Beispiel ein bestimmter Zielbonus und Zielerfolg in die Belohnungsfunktion integriert werden. Letzterer kann in Höhe des Vorjahresergebnisses festgelegt werden, sodass die Belohnung vom ΔEVA abhängt. Im nachfolgenden Beispiel soll jedoch von solchen Varianten wie auch dem Einbezug eines Fixums abgesehen werden. Vielmehr wird vereinfachend unterstellt, dass das Management kontinuierlich 10 % des *EVA* als Prämie erhält. In Abb. 2-60 sind die EVA-Werte für die in Periode 2 initiierten Neuprojekte den ursprünglichen Planwerten ohne Neuprojekte mit den jeweils daraus resultierenden Prämienzahlungen gegenübergestellt.

(Angaben in M€)	t = 2	3	4	5 (= T)	6 (= T + 1)
EVA ohne Neuprojekte	6,483	6,079	5,953	6,013	6,073
Prämie bisher (10 %)	0,648	0,608	0,595	0,601	0,607
EVA mit Neuprojekten (Plan)	-2,804	-0,237	9,726	9,824	9,922
Prämie neu (10 %)	-0,280	-0,024	0,973	0,982	0,992
Prämienveränderung (Plan)	-0,929	-0,632	0,377	0,381	0,385
Barwert der Erhöhung (t = 2)	**3,902**				

Abb. 2-60: Prämiengewährung auf Basis des EVA am Beispiel der X AG (Plan-Werte)

Bezogen auf die sich in $t = 2$ verändernde Planung zeigt sich, dass der Barwert der aufgrund der Neuprojekte voraussichtlich zusätzlich gewährten Prämien genau 10 % der durch die Projekte ausgelösten Wertsteigerung bzw. deren Net Present Value (NPV) ausmacht. Als Diskontierungssatz wurde hierbei der gewichtete durchschnittliche Kapitalkostensatz des Unternehmens *wacc* in Höhe von 7,48 % zugrunde gelegt. Diese Übereinstimmung würde sich in analoger Weise auch für andere Ausgestaltungsmöglichkeiten von Residualgewinnen ergeben, solange diese den Bedingungen des Preinreich-Lücke-Theorems genügen und damit eine Barwertidentität gegenüber dem Unternehmenswert aufweisen.

Mit Blick auf die oben formulierten Anforderungen an Bemessungsgrundlagen zeigt sich, dass Residualgewinne dahingehend manipulationsfrei sind, als dass sie sich nicht auf prognostizierte, sondern auf tatsächlich realisierte Ist-Größen beziehen. Dies lässt sich anhand der in Abb. 2-61 dargestellten Werte verdeutlichen. Dabei kommt es im Verlauf der Realisation der Neuprojekte ab der Periode 3 zu überraschenden Veränderungen der Realisationsgrößen und Zukunftserwartungen. Unter Beibehaltung eines Diskontierungssatzes in Höhe des *wacc* von 7,48 % passt sich der Barwert der Prämienzahlungen in Höhe von 10 % des *EVA* an den nun veränderten Wertbeitrag der Neuprojekte an. Die Anreizkompatibilität und ein entsprechender Zielbezug zum Unternehmenswert ist daher für Residualgewinne grundsätzlich gegeben.

(Angaben in M€)	t = 2	3	4	5 (=T)	6 (= T + 1)
EVA ohne Neuprojekte	6,483	6,079	5,953	6,013	6,073
Prämie bisher (10 %)	0,648	0,608	0,595	0,601	0,607
EVA tatsächlicher Projektverlauf	-2,804	-7,946	10,765	10,872	10,981
Prämien mit Neuprojekten (Ist)	-0,280	-0,795	1,076	1,087	1,098
Prämienveränderung (Ist)	-0,929	-1,402	0,481	0,486	0,491
Barwert der Erhöhung (t = 2)	**4,675**				

Abb. 2-61: Prämiengewährung auf Basis des EVA am Beispiel der X AG (Ist-Werte)

Auch die Eigenschaft des Entscheidungsbezugs ist prinzipiell erfüllt, da die Höhe der Residualgewinne von den Entscheidungen und Handlungen der Akteure abhängt. Verschiedene Anpassungs- bzw. Bereinigungsmöglichkeiten (Adjustments bzw. Conversions), wie z. B. der Ausschluss von betriebs- oder periodenfremden Effekten, können dies zusätzlich unterstützen (Coenenberg et al., 2016, S. 897). Insofern scheinen Residualgewinne auf den ersten Blick alle geforderten Eigenschaften für eine geeignete Bemessungsgrundlage in überzeugender Weise zu erfüllen (Küpper et al., 2013, S. 326 f.). Problematisch sind hierbei jedoch die oben aufgestellten Forderungen nach identischen Zeit- und Risikopräferenzen bzw. Diskontierungssätzen sowie nach einem übereinstimmenden Planungshorizont, die in der Realität als kaum haltbar erscheinen. So dürften Risikoaversion und die Möglichkeit eines vorzeitigen Ausscheidens ein starkes Streben nach kurzfristigem Erfolg begünstigen. Dies geht einher mit Gestaltungsspielräumen im Bereich des Rechnungswesens, z. B. bei der Wahl des Abschreibungsverfahrens oder bei Rückstellungsdotierungen. Diese verändern unter Gültigkeit des Preinreich-Lücke-Theorems zwar nicht die Barwerte der Residualgewinne und Prämien über die Gesamtzeit, wohl aber deren zeitliche Struktur. Unter diesen Bedingungen sind daher durchaus gewisse Manipulationsmöglichkeiten zu konstatieren und es ist von zumeist kürzeren Planungshorizonten und höheren Diskontierungssätzen der Agenten auszugehen (Coenenberg et al., 2016, S. 897). Der oben dargestellte Zielbezug zum Unternehmenswert ist dann jedoch nicht mehr generell gegeben. Eine Möglichkeit, um diesem Problem entgegenzuwirken und ein langfristigeres Denken der Agenten bzw. deren Verbleib im Unternehmen zu fördern, liegt unter anderem im Einsatz sogenannter Bonusbanken, wie sie in Abschnitt 2.8.3 vorgestellt werden. Diese mindern auch die negativen Auswirkungen der angesprochenen kurzfristigen Manipulationsmöglichkeiten, da sich derartige Effekte über einen längeren Zeitraum regelmäßig wieder ausgleichen.

Kapitalwertbasierte Bemessungsgrundlagen

Der Zielbezug der Bemessungsgrundlage erhält insbesondere dann eine zentrale Stellung, wenn die gewährten Prämien unmittelbar am Kapitalwert der Investitionsprojekte bzw. dem Unternehmenswert selbst anknüpfen (Küpper et al., 2013, S. 333). Dies hätte den Vorteil, dass unmittelbar auf Zahlungsströme zurückgegriffen wird und eine beim Einsatz von Residualgewinnen erforderliche Bestimmung von Periodenerfolg und Kapitalbasis unter Einhaltung des Preinreich-Lücke-Theorems obsolet wäre. Zudem könnte eine hohe Anreizwirkung für das Aufspüren attraktiver Investitionsprojekte dadurch entstehen, dass die Prämie bereits vollständig im Zeitpunkt der Investitionsentscheidung gewährt wird. Die Bemessungsgrundlage der Belohnung gründet sich damit jedoch im Wesentlichen auf Prognosewerte, was große Spielräume für eine Manipulation durch eine überoptimistische Darstellung der zukünftig erwarteten Erfolge eröffnet. Dieser Kritikpunkt gilt auch für den in Abschnitt 2.2.6 vorgestellten residualen ökonomischen Gewinn *RÖG* (Küpper et al., 2013, S. 333 f.). Bei dieser spezifischen Ausgestaltungsform eines Residualgewinns dient der Barwert der zukünftigen Überschüsse als Kapitalbasis bzw. geht die periodenspezifische Veränderung dieses Barwerts in den als 'ökonomischen Gewinn' bezeichneten Periodenerfolg vor Kapitalkosten ein. Somit besteht auch hier eine fundamentale Abhängigkeit von Prognosewerten.

Wenngleich sowohl projektbezogene Kapitalwerte, Unternehmenswerte oder der zuletzt angesprochene residuale ökonomische Gewinn einen uneingeschränkten Zielbezug aufweisen, ergeben sich hierbei drastische Einschränkungen in

Bezug auf die Forderung nach Manipulationsfreiheit (Küpper et al., 2013, S. 334). Der Agent würde dann durch eine zu optimistische Schätzung der zukünftigen Überschüsse bereits im Entscheidungszeitpunkt überhöhte Prämien erzielen und könnte bei vorzeitigem Ausscheiden nicht mehr für abweichende Realisationen zur Verantwortung gezogen werden. Dies erhöht die Gefahr von opportunistischem Verhalten und der Ausnutzung von Informationsasymmetrien zulasten des Prinzipals. Während sich bei Residualgewinnen durch abweichende Zeit- und Risikopräferenzen bzw. Planungshorizonten vor allem Verletzungen des Zielbezuges ergaben, führt die primäre Betonung des Zielbezuges bei kapitalwertbasierten Bemessungsgrundlagen zu Einschränkungen hinsichtlich der Manipulationsfreiheit. Dies zeigt, dass beide Ziele sich nicht gleichzeitig in vollem Umfang erreichen lassen. Der ebenfalls geforderte Entscheidungsbezug ist hingegen gegeben, wenn der zu entlohnende Agent für die Auswahl der Investitionsprojekte verantwortlich ist (Coenenberg et al., 2016, S. 900).

Als eine Art Kompromisslösung dieses Problems kann die sogenannte kapitaltheoretische Prämienannuität angesehen werden (Kah, 1994, S. 136 ff.). Basierend auf einer rollierenden Planung erfolgt hierbei eine Bindung der Prämien an den Kapitalwert und die realisierten Überschüsse sowie eine Verteilung der Prämienauszahlungen als Annuität über die Nutzungsdauer der Projekte. Eine zum Kapitalwert proportionale Prämie wird hierbei in eine bereits im Entscheidungszeitpunkt einsetzende Annuität umgerechnet. Diese frühe Belohnung soll die Suche nach lohnenswerten Investitionsprojekten fördern. Treten jedoch während der Laufzeit dieser Prämienannuität Veränderungen gegenüber der Planung auf, erfolgt eine laufende Anpassung an den neuen Kapitalwert des Projektes.

Die beschriebene Vorgehensweise soll nachfolgend wieder am Beispiel der geplanten Neuprojekte der X AG illustriert werden. Diese weisen im Entscheidungszeitpunkt einen Kapitalwert von 39,015 M€ auf, woran das Management mit einem Prämiensatz von 10 % beteiligt werden soll. Wie in Abb. 2-58 dargestellt kommt es im weiteren Verlauf jedoch zu einer von der Planung abweichenden Projektrealisation, indem zunächst ein erhöhter Projektaufwand (*ros* von 2,5 % statt 4,0 % in $t = 3$) auftritt, später jedoch der angestrebte Projekterfolg übertroffen wird (*ros* von 6,2 % statt 6,0 % ab $t = 4$). Die den Neuprojekten zugrunde liegenden Restrukturierungsmaßnahmen haben eine Laufzeit von $t = 2$ bis $t = 4$, weshalb auch die Prämienannuität in diesem Beispiel auf diese drei Auszahlungszeitpunkte bezogen wird. Alternativ lassen sich jedoch auch längere Laufzeiten der Annuität bis hin zu einer ewigen Rente veranschlagen, welche dann bei Ausscheiden des Managers aus dem Unternehmen ganz oder teilweise abgelöst werden könnte oder aber verfallen würde. Längere Laufzeiten der Prämienannuität fördern dementsprechend ein langfristigeres Denken bzw. den Verbleib im Unternehmen. Die im Beispiel resultierenden Prämienauszahlungen mit ihren Anpassungen an die jeweils neuen Informationsstände in $t = 3$ und $t = 4$ sind in Abb. 2-62 zusammenfassend dargestellt.

(Angaben in M€)	t = 2	3	4
Kapitalwert Neuprojekte (Plan in t = 2)	39,015		
Gesamtprämie (10 %)	3,902		
Prämienannuität	1,395	1,395	1,395
Barwert der Prämienauszahlungen	**3,902**		
Kapitalwert Neuprojekte (Plan in t = 3)	31,843		
Gesamtprämie bisher	3,902		
Gesamtprämie neu (10 %)	3,184		
Abweichung	-0,717		
Annuität der Abweichung für den Restzeitraum		-0,399	-0,399
Auszahlung	1,395	0,996	0,996
Barwert der Prämienauszahlungen	**3,184**		
Kapitalwert Neuprojekte (Plan in t = 4)	46,748		
Gesamtprämie bisher	3,184		
Gesamtprämie neu (10 %)	4,675		
Abweichung	1,491		
Annuität der Abweichung für den Restzeitraum			1,722
Auszahlung	1,395	0,996	2,718
Barwert der Prämienauszahlungen	**4,675**		
Legende:	tatsächliche Auszahlungen		

Abb. 2-62: Anpassungen der kapitaltheoretischen Prämienannuität am Beispiel der Neuprojekte der X AG

Im Entscheidungszeitpunkt bzw. zum Projektstart in $t = 2$ ermitteln sich für das betrachtete Beispiel die zu zahlenden Prämien als vorschüssige Annuität (Brealey et al., 2014, S. 26 ff.). Dabei werden der Kapitalwert *NPV* der Neuprojekte in $t = 2$, ein Prämiensatz von 10 % sowie eine Laufzeit von drei Auszahlungen und ein Kalkulationssatz in Höhe des *wacc* von 7,48 % zugrunde gelegt.

$$\begin{aligned} \text{Prämienannuität} &= NPV_2^{Projekte} \times \text{Prämiensatz} \times \text{Annuitätenfaktor}\ (\text{vorschüssig, 3 Jahre, 7,48\%}) \\ &= 39{,}015 \times 0{,}1 \times \left[\frac{1}{1{,}0748} \times \frac{1{,}0748^3 \times 0{,}0748}{1{,}0748^3 - 1} \right] \\ &= 1{,}395 \end{aligned}$$

Der Barwert dieser drei identischen Prämienzahlungen entspricht dann dem Wert der Gesamtprämie in Höhe von 10 % des Kapitalwerts der in $t = 2$ initiierten Neuprojekte. Nachdem sich jedoch im weiteren Verlauf in $t = 3$ eine ungeplante Erhöhung des Projektaufwandes ergibt, ist die Prämienzahlung an diese neue Situation anzupassen. Unter Beibehaltung aller übrigen Planungsparameter würde der in $t = 2$ ermittelte Kapitalwert der Neuprojekte damit auf 31,843 M€ absinken. Eine 10 %ige Prämie müsste daher um 0,717 M€ reduziert werden. Da die erste Prämie in $t = 2$ jedoch bereits ausgezahlt ist, kann sich die notwendige Prämienanpassung nur noch auf den verbleibenden Restzeitraum beziehen und errechnet sich wie folgt:

$$\begin{aligned} Prämienanpassung &= -0{,}717 \times 1{,}0748 \times \left[\frac{1}{1{,}0748} \times \frac{1{,}0748^2 \times 0{,}0748}{1{,}0748^2 - 1} \right] \\ &= -0{,}399 \end{aligned}$$

Die Prämienzahlungen in $t = 3$ und $t = 4$ reduzieren sich demnach um 0,399 M€ auf 0,996 M€. Da der Beginn der ebenfalls als Annuität berechneten Prämienanpassung erst in $t = 3$ liegt, ist eine Aufzinsung des Prämienbarwerts um eine Periode erforderlich, bevor mit dem Annuitätenfaktor multipliziert wird.

Erst im Zeitpunkt $t = 4$ zeichnet sich im vorliegenden Beispiel ab, dass der ursprünglich erwartete Projekterfolg sogar übertroffen wird, was eine nochmalige Prämienanpassung nach sich zieht. Der aus Sicht von $t = 2$ ermittelte Kapitalwert der Neuprojekte steigt auf 46,748 M€ an, weshalb sich die Gesamtprämie um 1,491 M€ erhöht. Diese Veränderung wäre dann wieder als Annuität mit den Prämienzahlungen des Restzeitraums zu verrechnen. Da jedoch im vorliegenden Beispiel in $t = 4$ nur noch eine letzte Prämienzahlung aussteht, muss die Abweichung der Gesamtprämie lediglich um zwei Perioden aufgezinst und mit der bisher veranschlagten Prämie verrechnet werden. Durch diese fortlaufenden Anpassungen entspricht der Barwert der drei gezahlten Prämien am Ende dem hierfür angestrebten Wert von 4,675 M€.

Bei einer derartigen Nutzung von kapitaltheoretischen Prämienannuitäten bleibt der geforderte Zielbezug auch weiterhin erhalten, da die Prämie direkt am Kapitalwert der Investitionsprojekte anknüpft. Auch der Entscheidungsbezug ist gegeben, wenn der Agent sowohl für die Auswahl als auch die Durchführung der Projekte verantwortlich ist (Coenenberg et al., 2016, S. 900). Zudem wird die Manipulationsresistenz durch diese Vorgehensweise in dem Ausmaß erhöht, wie es gelingt, den Agenten an gegenüber der Planung auftretenden Abweichungen durch entsprechende Prämienanpassungen zu beteiligen. Diese Möglichkeit endet jedoch regelmäßig mit dem Ausscheiden aus dem Unternehmen.

Unterschiede gegenüber den zuvor dargestellten Residualgewinnen ergeben sich vor allem in der abweichenden Verteilung der Prämien über die Nutzungsdauer bzw. Projektlaufzeit (Küpper et al., 2013, S. 336). Während bei Residualgewinnen die Periodenaufteilung stark durch das genutzte Abschreibungsverfahren bestimmt wird, erfolgt dies im modifizierten Kapitalwertkonzept durch die Annuitätenbildung. Ein Beginn der Annuitätenzahlungen bereits im Entscheidungszeitpunkt führt ferner zu einer gegenüber Residualgewinnen etwas früheren Prämiengewährung, da diese sonst erst am Ende der ersten Periode einsetzt.

Aktienkursbasierte Bemessungsgrundlagen

Als ein weiterer in der Praxis sehr verbreiteter Anknüpfungspunkt soll schließlich noch auf aktienbasierte Bemessungsgrundlagen eingegangen werden, die an entsprechenden Börsenkursen anknüpfen (Wenger/Knoll, 1999). Anders als bei den beiden zuvor dargestellten Formen handelt es sich hierbei um eine externe Größe, welche die Sichtweise des Marktes einer Anreizgewährung zugrunde legt (Plaschke, 2003, S. 113 ff.). Eine Nutzung solcher aktienbasierter Bemessungsgrundlagen ist jedoch nur im Falle einer Börsennotierung des Unternehmens möglich, sodass dies für eine Vielzahl von Unternehmen, ohne Börsennotierung oder anderer Rechtsformen, keine Relevanz besitzt. Daher werden im Folgenden nur die zentralen Ausgestaltungsparameter skizziert, ohne dass dies an Beispielen näher erläutert wird.

Der Aktienkurs bringt die Erwartungen der Marktteilnehmer bezüglich zukünftiger Marktwerte und Dividendenzahlungen zum Ausdruck und würde bei einer effizienten Marktpreisbildung unmittelbar mit den kapitalwertbasierten Bemessungsgrundlagen korrelieren. Insofern kann auch hier grundsätzlich von einem gegebenen Zielbezug ausgegangen werden (Küpper et al., 2013, S. 337). Allerdings schlagen sich in den Kursen auch Markteinflüsse nieder, die nicht auf die Aktivitäten des Managements zurückgehen, sodass der Entscheidungsbezug eingeschränkt ist. Diesem Problem kann mit einer entsprechenden Performance-Bereinigung begegnet werden, indem der Aktienkurs um die Entwicklung eines Referenzportfolios bereinigt und nur die Differenz gegenüber einer solchen Benchmark Gegenstand der Belohnung wird (Küpper et al., 2013, S. 339 f.). Als Bemessungsgrundlage kommen dann sowohl der Aktienkurs selbst als auch die ausgeschütteten Dividenden infrage. Je nach Auswahl könnte dies jedoch gewisse Manipulationsanreize setzen, die eine Größe zulasten der jeweils anderen zu überhöhen. Solche Wirkungen lassen sich durch Bemessungsgrundlagen in Form von residualen Marktwertzuwächsen vermeiden (Laux/Liermann, 1997, S. 551 ff.). Diese verknüpfen die Börsenkapitalisierung mit den Dividendenzahlungen zu einer marktwertbasierten Variante des residualen ökonomischen Gewinns. Im Ergebnis werden dadurch nur noch die Aktivitäten einer Periode belohnt, die zu einer Marktwertsteigerung geführt haben und über eine Mindestverzinsung hinausgehen. Zudem kann auch auf börsenwertbasierte Rentabilitätsmaße wie dem Total Shareholder Return oder dem Total Business Return zurückgegriffen werden, welche ebenfalls Ausschüttungen und Kursgewinne integrieren und konzeptionell bereits in Abschnitt 2.2.6 vorgestellt wurden (Plaschke, 2003, S. 114 ff.).

Für die konkrete Ausgestaltung aktienbasierter Bemessungsgrundlagen ist zu entscheiden, wann und in welchem Umfang sich Kursentwicklungen beim Begünstigten niederschlagen (Küpper et al., 2013, S. 339). Dies kann durch die Gewährung von Aktien oder Optionen erfolgen, für die spezifische Bezugs- bzw. Ausübungspreise, Sperrfristen und Laufzeiten festgelegt werden können. Somit lassen sich aktienkursbasierte Entlohnungssysteme in sehr vielfältiger Weise ausgestalten (Wenger/Knoll, 1999, S. 567 ff.) und erfreuen sich einer großen Beliebtheit in der Praxis. Durch die Anknüpfung am Marktwert des Eigenkapitals ist der geforderte Zielbezug solcher Bemessungsgrundlagen prinzipiell hergestellt (Küpper et al., 2013, S. 340 f.).

Auch der Entscheidungsbezug ist grundsätzlich gegeben, wenn es gelingt, gesamtwirtschaftliche, Kapitalmarkt- oder Brancheneffekte herauszufiltern. Allerdings beschränkt sich dies im Wesentlichen auf die obersten Hierarchieebenen, da auf niedereren Führungsebenen der Einfluss des Handelns auf den Aktienkurs gering ist und kaum Anreizwirkungen entfaltet. Manipulationsfreiheit ist dann zu konstatieren, wenn durch die Dividendenpolitik oder Kapitalmaßnahmen keine Vorteile zulasten der Anteilseigner generiert werden können. Dies setzt eine effiziente Preisbildung des Kapitalmarktes voraus, was durch eine wertorientierte Berichterstattung unterstützt werden kann, worauf Kapitel 2.9 näher eingeht. Zunächst wird jedoch noch ein spezifischer Auszahlungsmechanismus von Prämien in Form von sogenannten Bonusbanken näher beleuchtet.

2.8.3 Bonusbanken

Neben der Festlegung einer geeigneten Belohnungsfunktion und der zugrunde liegenden Bemessungsgrundlage liegt ein weiteres wichtiges Gestaltungsfeld von Anreizsystemen in der Festlegung des Auszahlungsverfahrens der Belohnungen. Eines der hierzu diskutierten Konzepte bildet die Einrichtung sogenannter Bonusbanken (z. B. Bergmann et al., 2012; Plaschke, 2003, S. 200 ff.; Stewart, 1991, S. 235 ff.; Witzemann/Currle, 2004). Dabei handelt es sich um einen zeitversetzten Auszahlungsplan für erzielte Bonifikationen. Dies soll ein langfristig orientiertes Denken und Handeln des Agenten wie auch dessen langfristigen Verbleib im Unternehmen fördern. Gleichzeitig wird hierdurch auch eine Glättung der Bonuszahlungen erreicht. Die erzielten Boni werden dabei nicht unmittelbar ausgezahlt, sondern zumindest teilweise zunächst auf einem Konto gutgeschrieben und verzinst. Zudem werden Anpassungen und Verrechnungen auf Basis der weiteren Unternehmensperformance vorgenommen. Hierdurch werden positive wie negative Erfolgswirkungen integriert, die sich erst über längere Zeiträume offenbaren. Mit dieser Vorgehensweise soll zudem auch opportunistischem Verhalten entgegengewirkt werden, welches durch Informationsvorsprünge und kürzere Planungshorizonte der Agenten entstehen kann. Grundsätzlich lassen sich derartige Bonusbanken mit allen Varianten von Belohnungsfunktionen und Bemessungsgrundlagen kombinieren.

Für die konkrete Ausgestaltung einer Bonusbank sind Festlegungen zu Laufzeit und Ratenauszahlung sowie zum Umgang mit eventuellen Negativsalden zu treffen, woraus eine Vielzahl an möglichen Gestaltungsmodellen resultiert (Plaschke, 2003, S. 293 ff.). Eine Möglichkeit besteht darin, dass eine Verzinsung mit der erzielten Überrendite bezogen auf eine tatsächlich geleistete oder fiktiv eingeräumte Ausgangseinlage ermittelt wird. Diese fortlaufende Verzinsung des Bonusbankguthabens mit der Renditedifferenz gegenüber den Kapitalkosten beteiligt den Agenten an der langfristigen Unternehmensentwicklung, wobei es zu einem Ausgleich besonders guter oder schlechter Perioden kommt. Eine besonders starke Betonung der Langfristorientierung lässt sich hingegen durch ein Anknüpfen an rollierenden Mehrjahreszielen erreichen. Die tatsächliche Auszahlung der Boni erfolgt dann in Abhängigkeit von der Zielerreichung erst nach Ablauf einer Überprüfungsperiode oder in Form jährlicher Teilauszahlungen.

Eine weitere mögliche Modellgestaltung liegt in der Verknüpfung von Einzeljahreszielen mit einer mehrjährigen Bonusbank. Ein jährlich ermittelter Bonus wird hierbei ganz oder teilweise in eine Bonusbank eingestellt und mit den Boni der Folgejahre verrechnet. Die einbehaltenen Boni werden dadurch dem Risiko einer zukünftig verschlechterten Performance ausgesetzt und könnten hierdurch aufgezehrt werden. Damit wird tendenziell nur eine nachhaltige Verbesserung belohnt und zudem eine Verlängerung des Planungshorizontes der Agenten gefördert. In der weitreichendsten Form könnten auf diese Weise sämtliche Boni bis zum finalen Ausscheiden oder sogar darüber hinaus fortgeschrieben werden. Um einen direkten Zusammenhang zwischen erbrachter Leistung und gewährter Belohnung herzustellen, bietet es sich jedoch an, einen Teil der Boni unmittelbar auszuzahlen. Die zunächst in die Bonusbank überführten Teile können dann gleitend in Form eines festen Anteils des jeweiligen Guthabens oder in linearen Tranchen ausgezahlt werden (Plaschke, 2003, S. 295 ff.).

Letzteres soll im Folgenden wieder am Beispiel der X AG illustriert werden. Dabei wird wieder auf die in Abschnitt 2.2.6 vorgestellten Neuprojekte Bezug genommen und die Wirkung einer Bonusbank unter der Annahme betrachtet, dass es hierbei zu den im vorherigen Abschnitt 2.8.2 beschriebenen unerwarteten Realisationsabweichungen kommt. Auch hier soll wieder ein Bonus in Höhe von 10 % des *EVA* gewährt und die Wirkung der ab Periode 2 initiierten Neuprojekte betrachtet werden. Anders als in Abb. 2-60 dargestellt, erfolgt die gesamte Auszahlung jedoch nicht sofort, sondern lediglich zu einem Drittel. Die verbleibenden zwei Drittel der jährlichen Boni werden in eine Bonusbank eingestellt und dort mit dem *wacc* in Höhe von 7,48 % verzinst. Die jährlichen Auszahlungen berechnen sich dann wie folgt (Coenenberg et al., 2016, S. 902 ff.; Witzemann/Currle, 2004, S. 635 ff.):

$$AZ_t = \frac{1}{3}\left(B_{t-2} + B_{t-2} \times wacc + B_{t-1} + B_{t-1} \times 2 \times wacc + B_t\right)$$

B	… *Bonus*
t	… *Zeit- bzw. Periodenindex*
$wacc$	… *Gewichteter durchschnittlicher Kapitalkostensatz (WACC-Ansatz)*
AZ	… *Auszahlungsbetrag*

Dabei werden in einer Periode sowohl der aktuelle Bonus als auch die Boni der beiden Vorjahre jeweils zu einem Drittel ausgezahlt, zusammen mit sämtlichen in dieser Periode entstandenen Zinsen. Mit Blick auf die ursprüngliche Planung und die ab $t = 2$ initiierten Neuprojekte kommt es zu den folgenden Bonuszahlungen auf Basis einer Bonusbank mit linearen Tranchen von jeweils einem Drittel. Da unterstellt wird, dass ab der Periode 1 ein neues Management die Unternehmensgeschicke lenkt, weist der Anfangsbestand der Bonusbank hierbei einen Wert von null auf.

(Angaben in M€)	t = 1	2	3	4	5 (= T)	6 (= T + 1)
EVA ohne Neuprojekte (Plan)	6,943	6,483	6,079	5,953	6,013	6,073
Bonus ohne Neuprojekte	0,694	0,648	0,608	0,595	0,601	0,607
Bonusbank (ohne Neuprojekte)						
Anfangsbestand der Bonusbank	0,000	0,463	0,664	0,621	0,600	0,599
Verzinsung der Bonusbank (*wacc*)	0,000	0,035	0,050	0,046	0,045	0,045
Einstellung in die Bonusbank	0,694	0,648	0,608	0,595	0,601	0,607
Auszahlung aus der Bonusbank	0,231	0,482	0,700	0,664	0,646	0,646
Endbestand der Bonusbank	0,463	0,664	0,621	0,600	0,599	0,605
EVA mit Neuprojekten (Plan)	6,943	-2,804	-0,237	9,726	9,824	9,922
Bonus mit Neuprojekten	0,694	-0,280	-0,024	0,973	0,982	0,992
Bonusbank (mit Neuprojekten)						
Anfangsbestand der Bonusbank	0,000	0,463	0,045	-0,109	0,641	0,979
Verzinsung der Bonusbank (*wacc*)	0,000	0,035	0,003	-0,008	0,048	0,073
Einstellung in die Bonusbank	0,694	-0,280	-0,024	0,973	0,982	0,992
Auszahlung aus der Bonusbank	0,231	0,173	0,133	0,215	0,692	1,056
Endbestand der Bonusbank	0,463	0,045	-0,109	0,641	0,979	0,989
Auszahlungsdifferenz der Boni (mit vs. ohne Neuprojekte)	0,000	-0,310	-0,566	-0,449	0,045	0,410
Barwert der Auszahlungsdifferenz		**3,902**				

Abb. 2-63: Bonusbank am Beispiel der Neuprojekte der X AG (Plan-Werte)

Sofern die Verzinsung der Bonusbank mit dem Kapitalkostensatz erfolgt und auch die Agenten diesen für ihre individuellen Entscheidungen zugrunde legen, ergibt sich eine vollständig anreizkompatible Belohnung. Dies zeigt sich im vorliegenden Beispiel darin, dass der Barwert der durch die Neuprojekte ausgelösten Prämienveränderungen in $t = 2$ exakt der angestrebten Beteiligung am Projekterfolg in Höhe von 10% entspricht. Dies ändert sich auch dann nicht, wenn die Neuprojekte tatsächlich nicht den obigen planmäßigen Verlauf aufweisen, sondern es zu den in Abschnitt 2.8.2 beschriebenen unerwarteten Realisationsabweichungen kommt. Diese sind in diesem Beispiel durch einen gegenüber der Planung zunächst erhöhten Projektaufwand in Periode 3 sowie einen ebenfalls erhöhten Projekterfolg ab Periode 4 gekennzeichnet. Bei einer rigorosen Fortführung des bisherigen Auszahlungsverhaltens der Bonusbank würden sich dann in den Perioden 3 und 4 negative Bonuszahlungen ergeben, wie dies in Abb. 2-64 dargestellt ist. Der Agent wäre damit unmittelbar an der zunächst nachteiligen Projektentwicklung beteiligt.

(Angaben in M€)	t = 1	2	3	4	5 (= T)	6 (= T + 1)
EVA mit Neuprojekten (Ist)	6,943	-2,804	-7,946	10,765	10,872	10,981
Bonus mit Neuprojekten	0,694	-0,280	-0,795	1,076	1,087	1,098
Bonusbank (mit Neuprojekten)						
Anfangsbestand der Bonusbank	0,000	0,463	0,045	-0,623	0,453	1,084
Verzinsung der Bonusbank (*wacc*)	0,000	0,035	0,003	-0,047	0,034	0,081
Einstellung in die Bonusbank	0,694	-0,280	-0,795	1,076	1,087	1,098
Auszahlung aus der Bonusbank	0,231	0,173	-0,124	-0,046	0,490	1,168
Endbestand der Bonusbank	0,463	0,045	-0,623	0,453	1,084	1,094
Auszahlungsdifferenz der Boni (mit vs. ohne Neuprojekte)	0,000	-0,310	-0,823	-0,710	-0,156	0,522
Barwert der Auszahlungsdifferenz		**4,675**				

Abb. 2-64: Bonusbank am Beispiel der Neuprojekte der X AG (Ist-Werte) mit sofortiger Verlustbeteiligung

An der ab Periode 4 unterstellten unerwartet positiven Projektentwicklung würden die Boni in der Folgezeit jedoch ebenfalls partizipieren. Im Ergebnis würde der Agent auch hier wieder mit 10 % am gesamten Projekterfolg beteiligt sein, sofern er seiner individuellen Bewertung den Barwert der Bonuszahlungen auf Basis des *wacc* zugrunde legt. In diesem Fall wäre auch hier eine anreizkompatible Belohnung gegeben, da die Belohnung genau 10 % des Net Present Values der realisierten Neuprojekte beträgt.

Soll jedoch ein aus negativen Ergebnissen resultierender Malus im Sinne einer Zahlungsverpflichtung des Agenten vermieden werden, lassen sich zwischenzeitlich entstehende Unterdeckungen auch als Verlustvorträge fortschreiben und mit späteren positiven Bonuszahlungen verrechnen (Witzemann/Currle, 2004, S. 637). Auch hier wären diese Verlustvorträge mit dem Kapitalkostensatz *wacc* zu verzinsen, um die Anreizkompatibilität aufrechtzuerhalten, wie Abb. 2-65 dies veranschaulicht.

(Angaben in M€)	t = 1	2	3	4	5 (= T)	6 (= T + 1)
EVA mit Neuprojekten (Ist)	6,943	-2,804	-7,946	10,765	10,872	10,981
Bonus mit Neuprojekten	0,694	-0,280	-0,795	1,076	1,087	1,098
Bonusbank (mit Neuprojekten)						
Anfangsbestand der Bonusbank	0,000	0,463	0,045	-0,747	0,274	1,084
Verzinsung der Bonusbank (*wacc*)	0,000	0,035	0,003	-0,056	0,020	0,081
Einstellung in die Bonusbank	0,694	-0,280	-0,795	1,076	1,087	1,098
Auszahlung aus der Bonusbank	0,231	0,173	0,000	0,000	0,298	1,168
Endbestand der Bonusbank	0,463	0,045	-0,747	0,274	1,084	1,094
Auszahlungsanspruch der Periode	0,231	0,173	-0,124	-0,046	0,490	1,168
Verzinster Verlustvortrag (*wacc*)	0,000	0,000	0,000	0,133	0,192	0,000
Tatsächliche Auszahlung	0,231	0,173	0,000	0,000	0,298	1,168
Aufbau Verlustvortrag	0,000	0,000	0,124	0,046	0,000	0,000
Abbau Verlustvortrag	0,000	0,000	0,000	0,000	0,192	0,000
Endbestand Verlustvortrag	0,000	0,000	0,124	0,179	0,000	0,000
Auszahlungsdifferenz der Boni (mit vs. ohne Neuprojekte)	0,000	-0,310	-0,700	-0,664	-0,348	0,522
Barwert der Auszahlungsdifferenz		**4,675**				

Abb. 2-65: Bonusbank am Beispiel der Neuprojekte der X AG (Ist-Werte) mit Verlustvortrag

Im Beispiel werden die ansonsten in den Perioden 3 und 4 entstehenden Mali mit dem *wacc* von 7,48 % verzinst und bis zur Periode 5 vorgetragen, wo dann eine Verrechnung mit dem sich regulär ergebenden Bonus erfolgt. Der sich hieraus für Periode 5 ergebende Auszahlungsbetrag des Bonus AZ_5 in Höhe von 0,298 M€ berechnet sich hierbei im Detail aus folgenden Werten:

$$\begin{aligned} AZ_5 &= \frac{1}{3}\left(-0{,}795 + (-0{,}795)\times 0{,}0748 + 1{,}076 + 1{,}076 \times 2 \times 0{,}0748 + 1{,}087\right) \\ &\quad -0{,}124 \times 1{,}0748^2 - 0{,}046 \times 1{,}0748 \\ &= 0{,}298 \end{aligned}$$

Auch bei dieser Vorgehensweise kommt es zu einer anreizkompatiblen Beteiligung des Agenten am Projekterfolg in Höhe von 10 %, sofern dieser seine Entscheidungen am Barwert der zukünftigen Boni orientiert und dabei eine Verzinsung in Höhe des Kapitalkostensatzes *wacc* zugrunde legt. In der Realität dürfte die Übereinstimmung der Kalkulationszinssätze von Prinzipal und Agent aufgrund abweichender Risikopräferenzen jedoch eher die Ausnahme sein.

Damit wird deutlich, dass die vorgestellten Auszahlungsmodalitäten in Form einer Bonusbank zwar den Planungshorizont des Agenten bzw. dessen Langfristorientierung erhöhen, sich dadurch aber keinesfalls sämtliche Agency-Probleme vermeiden lassen. So könnte eine zu starke Verlustbeteiligung des Agenten diesen zu einem unerwünschten risikominimierenden Verhalten drängen (Plaschke, 2003, S. 304). Im hier betrachteten Beispiel könnte dies dann dazu führen, dass die dargestellten Neuprojekte gar nicht erst in Angriff genommen werden und stattdessen an der ursprünglich geplanten Unternehmensentwicklung festgehalten wird. Dies wäre jedoch nicht im Sinne einer wertorientierten Unternehmensführung bzw. im Interesse der Kapitalgeber.

Damit lässt sich zusammenfassend festhalten, dass grundsätzlich vielfältige Möglichkeiten existieren, Anreizsysteme mit dem langfristigen Ziel der Unternehmenswertsteigerung zu verknüpfen. Der durch solche Gestaltungen ausgelöste Aufwand und die nicht völlig vermeidbaren Schwächen solcher Systeme sind dabei jedoch gegenüber dem erwarteten Nutzen abzuwägen.

2.9 Wertorientierte Berichterstattung (Value Reporting)

Im Rahmen der gegenüber den Kapitalgebern (Investor Relations) und anderen Stakeholder-Gruppen betriebenen Unternehmenskommunikation nimmt die Berichterstattung eine herausragende Stellung ein. Die allgemeine Zielsetzung einer wertorientierten Unternehmensberichterstattung, die auch als Value Reporting bezeichnet wird, liegt in der Bereitstellung entscheidungsrelevanter Informationen, die Aufschluss über den Wert eines Unternehmens geben (Coenenberg et al., 2021, S. 1006 ff.).

Da die obligatorische Finanzberichterstattung (Financial Accounting) in Form von Jahresabschlüssen oder Zwischenberichten hierbei aus Objektivierungsgründen verschiedensten Restriktionen unterliegt, haben sich in der Praxis vielfältige Ergänzungen etabliert, um das beschriebene Informationsziel gegenüber den Adressaten besser zu erreichen. Letztere umfassen zum einen die gegenwärtigen und zukünftigen Investoren bzw. Eigner des Unternehmens, woraus sich eine in Abschnitt 2.9.1 dargestellte primär Shareholder-orientierte Perspektive ableitet, in deren Zentrum die Ermittlung bzw. Abschätzung des Unternehmenswerts steht.

Daneben gewinnt in jüngerer Zeit aufgrund sich verändernder gesellschaftlicher Rahmenbedingungen auch eine auf weitere Stakeholder-Gruppen des Unternehmens ausgerichtete Berichterstattung zunehmend an Bedeutung. Hierbei steht die gesamtgesellschaftliche Verantwortung der Unternehmen im Vordergrund und es werden insbesondere ökologische und soziale Nachhaltigkeitsaspekte in die Betrachtung einbezogen, wie dies in Abschnitt 2.9.2 näher vorgestellt wird. Bei einer Zusammenführung dieser Elemente liegt dem Value Reporting damit ein sehr umfassendes Wertkonzept zugrunde, wie Abb. 2-66 dies skizziert.

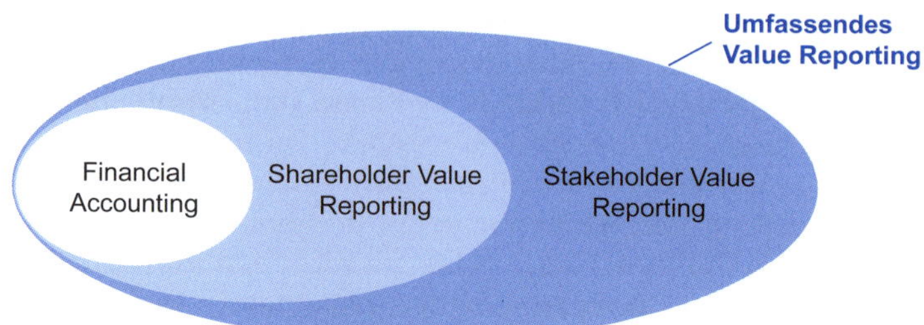

Abb. 2-66: Elemente des Value Reporting (in Anlehnung an Ruhwedel/Schultze, 2002, S. 608)

Mit dem sogenannten Integrated Reporting wird in Abschnitt 2.9.3 ein konzeptioneller Ansatz zur Ausgestaltung eines derart umfassenden Value Reportings vorgestellt, der in jüngerer Zeit eine zunehmende Beachtung erfahren hat. Zunächst sollen jedoch in den folgenden Abschnitten die Shareholder- bzw. Stakeholder-orientierten Perspektiven näher beleuchtet werden.

2.9.1 Shareholder Value Reporting

Eine auf die Informationsbedürfnisse der Kapitalgeber ausgerichtete Unternehmensberichterstattung soll hier als Shareholder Value Reporting bezeichnet werden. In Literatur und Praxis wird dieser Begriff jedoch nicht einheitlich genutzt. Mitunter wird mit derselben Bedeutung zum Beispiel auch von Value Reporting oder Business Reporting gesprochen (Ruhwedel/Schultze, 2004, S. 490 ff.). Die zentrale Zielstellung des Shareholder Value Reportings ist es, eine geeignete Informationsbasis für eine möglichst gute Approximation des Unternehmenswerts zur Verfügung zu stellen. Dies soll gegenwärtigen wie zukünftigen Investoren eine rationale Entscheidungsfindung ermöglichen. Durch ein derartiges Shareholder Value Reporting werden bestehende Informationsasymmetrien zwischen Unternehmen und Investoren reduziert, was wiederum die Effizienz des Kapitalmarktes erhöht.

Das Kernelement einer investorenorientierten Unternehmensberichterstattung bildet der Jahresabschluss mit Bilanz sowie Gewinn- und Verlustrechnung, die in Abhängigkeit von Unternehmensgröße, Rechtsform und Kapitalmarktbezug noch um weitere Elemente wie Anhang, Segmentbericht, Lagebericht oder Kapitalflussrechnung ergänzt werden (Coenenberg et al., 2021, S. 885 ff.). Die Informationen der traditionellen Finanzberichterstattung werden jedoch als nicht ausreichend angesehen, da sie aufgrund des Stichtagsprinzips einen grundsätzlich vergangenheitsorientierten Fokus sowie eine primär monetäre Sichtweise aufweisen. Daher wird eine gezielte Ergänzung um nichtfinanzielle und zukunftsorientierte Elemente gefordert. Diese stärker qualitativ ausgerichteten Informationen weisen jedoch regelmäßig einen deutlich geringeren Objektivierungsgrad auf, als dies für die traditionelle Finanzberichterstattung gilt.

Die sich aus einer Kombination beider Berichtselemente ergebende Verknüpfung von zukunftsorientierten Informationen mit einer vergangenheitsorientierten

Rechenschaftslegung ermöglicht es, die eintretenden Ist-Größen mit entsprechenden früheren Prognosen abzugleichen. Die traditionelle Finanzberichterstattung erlangt damit eine zeitlich nachlaufende Bestätigungsfunktion gegenüber der stärker zukunftsorientierten qualitativen Berichterstattung, was deren Glaubwürdigkeit verifiziert. Eine solche Ergänzung der traditionellen Finanzberichterstattung um stärker qualitativ und zukunftsorientierte Informationen findet sich insbesondere im Anhang, dem Segmentbericht und vor allem dem Lagebericht, die in Abhängigkeit von Rechtsform, Größe und Kapitalmarktbezug der Unternehmen oftmals verpflichtend aufzustellen sind (Coenenberg et al., 2021, S. 885 ff.).

Maßgebliche Treiber dieser Entwicklungen waren unter anderem verschiedene konzeptionelle Arbeiten zur investorenorientierten Unternehmenspublizität in den USA (z. B. AICPA, 1994; FASB, 2001). Auch im deutschsprachigen Raum entstand in Folge eine Reihe an Vorschlägen zur konkreten Ausgestaltung des Shareholder Value Reportings (z. B. Labhart, 1999; Müller, 1998; Pellens et al., 2000). Eine Möglichkeit zur systematischen Strukturierung dieser Berichtsfelder liegt dabei in der Orientierung an den in Kapitel 1.1 vorgestellten grundlegenden Verfahren der Unternehmensbewertung (Ruhwedel/Schultze, 2004, S. 492 f.). Aus diesen Anknüpfungspunkten zur Ermittlung des Unternehmenswerts im Sinne einer Orientierung am Substanzwert, an beobachtbaren Marktwerten oder am Zukunftserfolgswert ergeben sich im Zusammenspiel mit einer vergangenheits- oder zukunftsorientierten Perspektive die in Abb. 2-67 dargestellten Dimensionen des Shareholder Value Reportings.

Zeitliche Perspektive	Substanzbewertung	Kapitalmarktbewertung (Multiplikatoren)	Zukunftserfolgsorientierte Bewertung
Vergangenheitsbezogen (Kontrolle)	Bilanzdaten (historische und fortgeführte AK/HK)	Externe Wertgenerierung (erzielte Aktienrendite im Vergleich)	Interne Wertgenerierung (Periodenergebnis, Cashflows, EVA etc.)
Zukunftsbezogen (Planung)	Marktwertbilanz (Fair Value, Intangibles)	Multiplikatoren	Informationen zur Ermittlung des Zukunftserfolgswerts

Abb. 2-67: Dimensionen des Shareholder Value-Reporting (in Anlehneung an Coenenberg et al., 2021, S. 1008)

Als Ausgangspunkt einer Substanzwertbestimmung dienen die bilanzierten Vermögenswerte und Schulden, die um stille Reserven und Lasten sowie nicht bilanzierte Werte zu korrigieren bzw. zu ergänzen sind (siehe Kapitel 1.3). Von besonderer Bedeutung sind hierfür vor allem Angaben zum Fair Value einzelner Vermögens- und Schuldpositionen sowie zu Marktwerten immaterieller Positionen (Intangibles). Eine kapitalmarktorientierte Bewertung auf Basis von Multiplikatoren stellt einen Vergleich mit den Kapitalmarktwerten anderer Unternehmen her (siehe Kapitel 1.4). Zu diesem Zweck werden neben der erzielten Aktienperformance insbesondere verschiedene Kennzahlen pro Aktie veröffentlicht. Die größte Bedeutung für die Unternehmensbewertung hat jedoch die Abschätzung des Zukunftserfolgswerts, bei dem prognostizierte Überschüsse auf den Bewertungszeitpunkt diskontiert werden (siehe Kapitel 1.2). Hierfür werden Informationen benötigt, die ausgehend von den bisherigen Erfolgen Aussagen über den zukünftigen Geschäftsverlauf ermöglichen.

Ein herausragender Stellenwert kommt bei der Abschätzung des zukünftigen Erfolgspotenzials dem Bereich der immateriellen Werte zu, die unter anderem auch als Intangibles oder Intellectual Capital bezeichnet werden. Hierin werden seit Längerem die maßgeblichen und tendenziell schwer imitierbaren Quellen für zukünftige Wettbewerbsvorteile, Unternehmenserfolge und Wertsteigerungen gesehen, was sich in Zeiten der digitalen Transformation weiter verstärkt (Dehmel, 2021, S. 245 ff.). Während die materiellen und finanziellen Ressourcen eines Unternehmens vergleichsweise gut im Rahmen der traditionellen Finanzberichterstattung abgebildet werden, entziehen sich immaterielle Werte in starkem Maße einer adäquaten Erfassung. Dies zeigt sich unter anderem darin, dass die bilanzielle Abbildbarkeit weitestgehend auf entgeltlich erworbene Positionen beschränkt ist. Jüngere Bemühungen einer weitergehenden Integration dieser Komponenten in die Bilanzierung erwiesen sich jedoch bislang als nicht zielführend (Dehmel, 2021, S. 247 ff.).

Somit bleiben wesentliche Teile des Intellectual Capitals im Dunkeln, wenn hierzu keine Informationen im Rahmen einer ergänzenden Berichterstattung vermittelt werden. Dementsprechend wurden in vergangenen Jahren vielfältige Vorschläge unterbreitet, die zunächst auf die unternehmensinterne Erfassung und Steuerung immaterieller Aspekte gerichtet sind, was konzeptionell oftmals auch unter dem Begriff der Performance-Measurement-Systeme diskutiert wird (z. B. Baum et al., 2013, S. 361 ff.). Exemplarisch hierfür wurden in Abschnitt 2.3.3 das Konzept der Balanced Scorecard dargestellt sowie weitere dieser Ansätze angesprochen. Hierauf aufbauend entstanden gemäß dem sogenannten Management Approach auch Ansatzpunkte zur systematischen Analyse und Abbildung immaterieller Werte im Rahmen der externen Unternehmensberichterstattung. Stellvertretend sei hierfür ein Vorschlag des Arbeitskreises „Immaterielle Werte im Rechnungswesen" der Schmalenbach-Gesellschaft für Betriebswirtschaft e. V. (AK-IW) genannt, welcher in Abb. 2-68 dargestellt ist. Die dort unterschiedenen sieben Kategorien von immateriellen Werten orientieren sich an den Stakeholder-Beziehungen des Unternehmens (AK-IW, 2001, S. 990 f., 2003, S. 1236 f.). Das hiermit verknüpfte Wertsteigerungspotenzial ist dabei primär auf die Ziele der Eigentümer ausgerichtet. Daneben werden auch konkrete Vorschläge für eine kennzahlenbasierte Abbildung unterbreitet.

Intel-lectual Capital	Wertsteigerungspotenzial		Indikatoren/Kennzahlen/Bewertungskriterien
	niedrig	hoch	
Human Capital	Mitarbeiter, die die ihnen zugeordneten Aufgaben verrichten	Flexible, talentierte und gut ausgebildete Mitarbeiter mit breiten Einsatzmöglichkeiten	• Akzeptanzquote von High Potenzials • Incentive-Systeme • Ausgaben für Personalentwicklung • Fluktuationsrate • Wertschöpfung je Mitarbeiter
Customer Capital	Unspezifische Wahrnehmung der Fähigkeiten und Produkte des Unternehmens	Eindeutige Wahrnehmung der Value Proposition des Unternehmens, z. B. gestützt durch eine Marke	• Marketingaufwendungen • Markenwert • Kundenzufriedenheit • Kundenloyalität
Supplier Capital	Lose, über Markttransaktionen definierte Verbindungen zu Lieferanten	Netzwerkähnliche Verbindungen zu den Lieferanten, z. B. über Allianzen der Wertschöpfungspartnerschaften	• Lieferantenintegration • Lieferantenfokus • Lieferantenflexibilität • Lieferantenqualität
Investor Capital	An den Standards orientierte passive Informationspolitik	An den Kapitalmarktanforderungen orientiertes Wertmanagement, aktive bzw. an Best Practice orientierte Informationspolitik, funktionierende Corporate Governance	• Aktionärszufriedenheitsindex • Börsenumsatz, Aktienliquidität • Publizitätsgüteindex • Rating • Value at Risk, Beta-Faktor
Process Capital	Historisch gewachsene Strukturen und Abläufe	Lernende Organisation, Prozessorientierung	• Fest installierte Netzwerke • Time to Market • Process Cycle Time • Qualitätsindizes • Kapazitätsauslastung
Location Capital	Historisch gewachsene Standorte	Aktive, an Kunden, Standortvorteilen und Know-how orientierte Standortpolitik	• Kundennähe • Low-Cost-Standorte • Clusterzugehörigkeit • Verlinkungsdichte im Internet
Innovation Capital	Allgemeine Erfahrungen und Kenntnisse über Forschung und Entwicklung in den verschiedenen Wertschöpfungsstufen	Geistiges Eigentum etwa im Bereich Produkt- und Verfahrensinnovationen	• Anzahl Patente • FuE-Aufwendungen • Umsatzanteil aus neuen Produkten • Entwicklungsproduktivität

Abb. 2-68: Bestandteile, Wertsteigerungspotenziale und Indikatoren des Intellectual Capitals (in Anlehnung an Coenenberg et al., 2021, S. 1279)

Einen weiteren Ansatz zur Ergänzung der traditionellen Finanzberichterstattung bezüglich relevanter immaterieller Werte stellt zum Beispiel auch der sogenannte Strategic Resources & Consequences Report dar (Lev/Gu, 2016, S. 121 ff.). Hierin soll in branchenspezifischer Ausgestaltung über Entwicklung, Bewahrung und Einsatz strategischer Ressourcen sowie über den hierdurch geschaffenen Beitrag zum Unternehmenswert berichtet werden. Der strukturelle Aufbau eines solchen Berichts ist in Abb. 2-69 am Beispiel eines Unternehmens der Medien- und Entertainmentbranche dargestellt. Dabei sollen sowohl quantitative bzw. monetäre Kennzahlen als auch qualitative Größen bzw. narrative Darstellungen zum Einsatz kommen.

Ressourcenentwicklung	Strategische Ressourcen	Ressourcenbewahrung	Ressourceneinsatz	Geschaffener Wert
Kunden (z. B. Kundenakquisitionskosten, Kosten pro Neukunde, Verkaufs-/Marketingaufwand) F&E (z. B. Forschungskosten, Entwicklungskosten) Wert erworbener Technologien Wert erworbener Lizenzen und Rechte	Anzahl der Kunden (z. B. Zugänge, Kündigungen, Gesamtzahl, Abwanderungsrate) Exklusivlizenzen, Rechte und Marken (z. B. Anzahl, Marktanteil, Markenwerte) Inhalte, Filme, TV-Serien Allianzen	Drohende Marktstörungen Präventionsmaßnahmen Wettbewerber Wissensmanagement (z. B. Anzahl der teilnehmenden Mitarbeiter) Erhalt des inhärenten Wissens (z. B. Ausbildungsmaßnahmen, Mitarbeiterfluktuation)	Marketingstrategien und Performance Neue Produkte und Performance Schlüsselstatistiken (z. B. Kundendurchdringung, Verweilen bei Inhalten, Marktanteile, Anzeigenvolumen)	Wertbeitrag der betrachteten Periode (z. B. Operativer Cashflow abzgl. Investitionen und Kapitalkosten) Marktwertänderungen der Ressourcen (z. B. Customer Lifetime Value, Markenwerte)

Abb. 2-69: Beispiel eines Strategic Resources and Consequences Reports (in Anlehnung an Lev/Gu, 2016, S. 134 bzw. 143)

Unter Stichworten wie Intellectual Capital Statement, Intellectual Property Statement oder Wissensbilanzen wurden vielfältige weitere konzeptionelle Ansätze diskutiert, die sich mit der Erfassung immaterieller Werte im Rahmen der externen Unternehmensberichterstattung auseinandersetzen (z. B. Haller/Dietrich, 2001; Kivikas/Wulf, 2006; Maul/Menninger, 2000). Die gemeinsame Zielstellung liegt hierbei in einer aussagekräftigeren Abbildung des aus immateriellen Werten hervorgehenden Erfolgspotenzials sowie in der Erklärung der regelmäßig beobachtbaren Marktwert-Buchwert-Lücken. Wenngleich diese Vorschläge bislang durch die Unternehmenspraxis eher zurückhaltend und mit sehr geringer Einheitlichkeit aufgenommen wurden, liegt in der ergänzenden qualitativen Berichterstattung zu immateriellen Werten ein zentraler Ansatzpunkt zur Weiterentwicklung des Shareholder Value Reportings (Dehmel, 2021, S. 253).

2.9.2 Stakeholder Value Reporting (CSR-Reporting)

Neben der Vermittlung entscheidungsrelevanter Informationen für die Kapitalgeber steht zunehmend auch die globale, gesamtgesellschaftliche Verantwortung der Unternehmen (Corporate Social Responsibility bzw. im Folgenden kurz CSR) im Fokus der Unternehmensberichterstattung. CSR beschreibt dabei aus Sicht der Europäischen Kommission (EU-Kom) einen konzeptionellen Ansatz, der es ermöglicht, soziale Belange und Umweltbelange in die Unternehmenstätigkeit sowie in die Wechselbeziehungen mit den Stakeholdern zu integrieren (EU-Kom, 2001, S. 7). Die Abbildung der sozialen und ökologischen Auswirkungen des wirtschaftlichen Handelns der Unternehmen tritt damit in Form des CSR-Reportings neben das im vorherigen Abschnitt angesprochene Shareholder Value Reporting und fokussiert vor allem den nichtfinanziellen Wertbeitrag des Unternehmens aus Sicht der übrigen Stakeholdergruppen. CSR-Reporting steht somit in der Tradition der im deutschsprachigen Raum schon seit Längerem bekannten Berichtsinstrumente der Sozial- und Umweltbilanzen und bildet ein verbreitetes Synonym für eine auf ökologische und soziale Aspekte ausgerichtete Form der Nachhaltigkeitsberichterstattung (Moutchnik, 2011, S. 129). Dabei wird CSR zunehmend weit ausgelegt und soll sämtliche Auswirkungen der Unternehmensaktivitäten auf die Gesellschaft erfassen (EU-Kom, 2011, S. 7).

Während zum Beispiel in Deutschland diesbezügliche Berichtsinhalte schon seit Längerem Bestandteile der freiwilligen Unternehmensberichterstattung bildeten, verstärkten sich in den letzten Jahren auf Ebene der Europäischen Union (EU) die Bemühungen um eine stärkere gesetzliche Normierung (Schweren/Brink, 2016, S. 178 ff.). Infolgedessen wurden im Jahr 2014 durch die Richtlinie 2014/95/EU (sogenannte Non-Financial Reporting Directive bzw. NFRD) entsprechende Offenlegungspflichten für nichtfinanzielle Informationen festgeschrieben (EU, 2014). Hierdurch wurden große kapitalmarktorientierte Unternehmen verpflichtet, Angaben zu Umwelt-, Sozial- und Arbeitnehmerbelangen sowie zur Achtung der Menschenrechte und zur Bekämpfung von Korruption und Bestechung zu machen. Dabei stand es den Unternehmen frei, sich an konzeptionellen Rahmenwerken zu orientieren, wie sie international zum Beispiel durch die Global Reporting Initiative (GRI), die Organisation für wirtschaftliche Zusammenarbeit und Entwicklung (OECD) oder die Vereinten Nationen (UN) bereitgestellt werden (GRI, 2022; OECD, 2011; UN, 2014). Daneben existieren auch Rahmenwerke auf nationaler Basis, wie beispielsweise der vom Rat für Nachhaltige Entwicklung (RNE) aufgestellte Deutsche Nachhaltigkeitskodex (RNE, 2017, 2020).

Gemäß der NFRD konnte die Veröffentlichung in Form eines separierten CSR-Berichts oder durch eine in den Lagebericht integrierte nichtfinanzielle Erklärung erfolgen. Im letztgenannten Fall musste die Veröffentlichung zeitgleich mit dem Lagebericht und im Falle eines gesonderten Berichts spätestens sechs Monate nach dem Abschlussstichtag erfolgen, was national jedoch weiter eingeschränkt werden konnte. Auch die inhaltlich mindestens geforderten Angaben zu den fünf Bereichen der Umwelt-, Sozial- und Arbeitnehmerbelange sowie zur Achtung der Menschenrechte und zur Bekämpfung von Korruption und Bestechung konnten auf nationaler Ebene um zusätzliche Bereiche erweitert werden. Zudem musste auch das Geschäftsmodell des Unternehmens beschrieben werden und es waren Angaben zu Ergebnissen, Risiken und nichtfinanziellen Leistungsindikatoren zu machen. Die genannten Veröffentlichungspflichten unterlagen dabei einem Wesentlichkeitsgrundsatz, der zweiseitig wirkt. Zu berücksichtigen waren zum einen die Wirkungen des Umfelds auf das Unternehmen (Outside-In-Perspektive) sowie zum anderen die Auswirkungen des Unternehmens auf sein Umfeld (Inside-Out-Perspektive). Als wesentlich wurden dabei vor allem solche Informationen eingestuft, die gleichzeitig Relevanz für beide Perspektiven aufweisen.

Die verpflichtende Anwendung dieser Vorschriften sollte ab dem Geschäftsjahr 2017 erfolgen. Hierzu waren die europäischen Vorgaben in die jeweilige nationale Gesetzgebung der Mitgliedsstaaten zu integrieren. Dies erfolgte z. B. in Deutschland durch das CSR-Richtlinie-Umsetzungsgesetz (CSR-RUG) in Form der §§ 289b ff./315b ff. HGB bzw. in Österreich durch das Nachhaltigkeits- und Diversitätsverbesserungsgesetz (NaDiVeG) mit § 243b UGB. Für die Schweiz bestand als Nichtmitglied der Europäischen Union keine Umsetzungspflicht der NFRD und es existiert daher keine entsprechende gesetzliche Verankerung. Gleichwohl findet sich auch in der Schweiz eine vergleichbare CSR-Berichterstattung in der Unternehmenspraxis, die dort jedoch aufgrund börsenrechtlicher Regularien bzw. auf freiwilliger Basis erfolgt (Baumüller et al., 2018).

In jüngster Zeit zeigen sich auf europäischer Ebene erneut verstärkte Bemühungen für eine umfassende Weiterentwicklung der Stakeholder-orientierten CSR-Berichterstattung. So trat Anfang 2023 mit der Richtlinie 2022/2464/EU die sogenannte Corporate Sustainability Reporting Directive (CSRD) in Kraft (EU, 2022), welche die bisherige NFRD ablöst. Im Vergleich zu den vorherigen Regelungen ergeben sich daraus vielfältige Ausweitungen der verpflichtenden CSR-Berichterstattung. Zum einen erhöht sich die Anzahl der berichtspflichtigen Unternehmen um ein Vielfaches, da praktisch alle Unternehmen oberhalb relativ moderater Größenkriterien oder mit Kapitalmarktbezug involviert werden. Zum anderen wird der oben beschriebene Wesentlichkeitsgrundsatz nun im Sinne einer Oder-Bedingung bezüglich der beiden beschriebenen Perspektiven formuliert, die gleichberechtigt abzudecken sind. Als berichtspflichtige Aspekte gelten dabei unter anderem das Geschäftsmodell und die Strategie des Unternehmens sowie die konkret verfolgten Nachhaltigkeitsziele. Ferner sind die wichtigsten nachteiligen Auswirkungen der Geschäftstätigkeit entlang der gesamten Wertschöpfungskette aufzuzeigen und die diesbezüglich implementierten Konzepte zur Risiko- und Leistungssteuerung vorzustellen. Auch eine Berichterstattung über nichtbilanzierte immaterielle Ressourcen ist explizit vorgesehen. Somit zeichnet sich eine deutliche Ausweitung der inhaltlichen Berichtspflichten ab, die neben ökologischen und sozialen Aspekten verstärkt auch Aspekte der sogenannten Corporate Governance aufgreifen sowie deutliche Schnittmengen mit dem im vorherigen Abschnitt dargestellten Shareholder Value Reporting aufweisen. Hierbei im Detail relevante Themenbereiche sind in Abb. 2-70 dargestellt:

Environmental	Social	Governance
• Klimaschutz • Anpassung an den Klimawandel • Wasser und Meeresressourcen • Ressourcennutzung und Kreislaufwirtschaft • Umweltverschmutzung • Biodiversität und Ökosysteme	• Gleichberechtigung (z. B. Gender, Personen mit Behinderung) • Arbeitsbedingungen (z. B. Sicherheit, Vergütung, Dialog, Work-Life-Balance) • Menschenrechte, Grundrechte, demokratische Prinzipien	• Rolle der Organe (insbesondere hinsichtlich Nachhaltigkeitsfaktoren) • Geschäftspraktiken und -kultur, Anti-Korruption • Politisches Engagement (inklusive Lobby-Aktivitäten) • Beziehungen zu Geschäftspartnern

Abb. 2-70: Relevante Entwicklungsfelder der europäischen CSR-Berichterstattung (Müller et al., 2021, S. 1326)

Dabei wird auch eine stärker sektorenspezifische Ausgestaltung angestrebt, um der Heterogenität verschiedener Geschäftsmodelle besser Rechnung zu tragen. Die Veröffentlichung der dargestellten Inhalte des CSR-Reportings muss zukünftig zwingend im Rahmen des Lageberichts erfolgen. Die bisher weit verbreitete Praxis separater nichtfinanzieller Erklärungen bzw. Nachhaltigkeitsberichte ist somit nicht mehr möglich. Begründet wird dieser Schritt durch eine angestrebte stärkere Verzahnung mit den übrigen Elementen der Berichterstattung, was insbesondere auch Gegenstand des nachfolgenden Abschnitts ist. Integraler Bestandteil der dargestellten Bemühungen auf europäischer Ebene um eine intensivierte CSR-Berichterstattung ist zudem die Entwicklung spezifischer Standards zur Nachhaltigkeitsberichterstattung, sogenannter European Sustainability Reporting Standards (ESRS) durch die European Framework Reporting Advisory Group (EFRAG). Diese sollen ausführliche, einheitlich umzusetzende Vorgaben zur Erfüllung der nachhaltigkeitsbezogenen Offenlegungspflichten gemäß der CSRD enthalten (Baumüller, 2023).

Parallel dazu zeigen sich ähnliche Entwicklungen jedoch auch auf nationaler wie auch internationaler Ebene. So hat das Deutsche Rechnungslegungs Standards Committee (DRSC) 2021 die Einrichtung eines neuen Fachausschusses „Nachhaltigkeitsberichterstattung" beschlossen. Im selben Jahr hat die IFRS-Stiftung einen neuen International Sustainability Standards Board (ISSB) etabliert, der zukünftig globale Basisstandards (Global Baseline) im Bereich der Nachhaltigkeitsberichterstattung setzen soll. All diese Aktivitäten unterstreichen eindrucksvoll die Tendenz einer auch in Zukunft weiter ansteigenden Bedeutung der CSR-Berichterstattung. Die Vielfalt der hierbei vorzufindenden Akteure und Initiativen birgt jedoch die Gefahr von sehr unterschiedlichen Standards und Vorgehensweisen auf nationaler und supranationaler Ebene, was der angestrebten höheren Transparenz zuwiderlaufen könnte. Insofern bleibt abzuwarten, welche Vorschläge sich hierbei letztlich durchsetzen. Ein möglicher konzeptioneller Ansatz, der explizit auf eine Verzahnung dieses Stakeholder Value Reportings mit den im vorherigen Abschnitt dargestellten Aspekten des Shareholder Value Reportings sowie auch der Finanzberichterstattung (Financial Accounting) ausgerichtet ist, soll im Folgenden vorgestellt werden.

2.9.3 Integrated Reporting

Die beiden vorhergehenden Abschnitte sind Ausdruck zweier zu weiten Strecken parallel verlaufender Entwicklungen, welche die Unternehmensberichterstattung über die letzten Jahre nachhaltig prägten (Haller/Fuhrmann, 2012, S. 461). Zum einen werden die Elemente der klassischen, primär retrospektiv ausgerichteten Finanzberichterstattung als nicht ausreichend angesehen, um dem Kapitalmarkt ein umfassendes Bild vom tatsächlichen Wert eines Unternehmens zu vermitteln. Dies führte zu den in Abschnitt 2.9.1 angesprochenen Erweiterungen um nichtfinanzielle und zukunftsorientierte Aspekte. Zum anderen besteht ein zunehmender Druck auf die Unternehmen, ihre gesamtgesellschaftliche Verantwortung wahrzunehmen und mit Blick auf alle betroffenen Stakeholdergruppen über die Konsequenzen ihrer wirtschaftlichen Aktivitäten umfassend zu berichten, wie dies in Abschnitt 2.9.2 dargestellt wurde.

Beide Aspekte sind inhaltlich auf vielfältige Weise miteinander verflochten und beeinflussen sich gegenseitig. Der Ansatz des sogenannten Integrated Reporting (IR) versucht daher, beide Entwicklungstendenzen eines ansteigenden und sich verändernden Informationsbedarfs in einem gemeinsamen konzeptionellen Rahmen zu verbinden (z. B. Eccles/Krzus, 2010). Institutionell getragen wurde dies vor allem durch das International Integrated Reporting Council (IIRC), welches 2010 von verschiedenen Standardsetzern der Finanzberichterstattung und der Nachhaltigkeitsberichterstattung sowie führenden Wirtschaftsprüfungsgesellschaften, weltweit agierenden Konzernen und Investorenvertretern gegründet wurde. Im Jahr 2021 erfolgte ein Zusammenschluss mit dem Sustainability Accounting Standards Board (SASB) zur Value Reporting Foundation (VRF). Ziel dieser Institutionen ist es, ein weltweit anerkanntes Rahmenkonzept für das Integrated Reporting zu entwickeln, welches es den Unternehmen erleichtert, ihre langfristige Strategie zu kommunizieren und Investoren sowie anderen Stakeholdern einen umfassenderen Einblick in die Unternehmensleistung zu geben. Hierfür wurde das Rahmenkonzept (Framework) zum Integrated Reporting mit spezifischen Standards der Nachhaltigkeitsberichterstattung verzahnt (IIRC, 2021; SASB, 2017; VRF, 2021).

Konzeptioneller Kerngedanke dieses Ansatzes ist ein sogenanntes 'Integrated Thinking' im Rahmen der Unternehmensführung, welches ein Bewusstsein über zentrale Einflussfaktoren und deren Interdependenzen erfordert und sämtliche Entscheidungen und Handlungen auf eine kurz-, mittel- und langfristige Wertschaffung ausrichtet. Dieser Wertschaffung liegt ein aus sechs Elementen bestehender, sehr umfassender Kapitalstock zugrunde, der für die unternehmerischen Aktivitäten eingesetzt und durch deren Wirkungen erhöht, verringert oder umgestaltet wird (IIRC, 2021, S. 18 ff.).

- Dies umfasst das Finanzkapital (Financial Capital), welches die Belange der Kapitalgeber betrifft und damit auch eng mit dem Unternehmenswert verknüpft ist.
- Daneben beschreibt hergestelltes Kapital (Manufactured Capital) die physischen Sachmittel des Unternehmens, welche nicht natürlichen Ursprungs sind. Dies betrifft insbesondere die eingesetzten Produktionsmittel, wie Ge-

bäude, Ausrüstung und Anlagen, Lagerbestände oder Elemente der Infrastruktur.

- Als geistiges Kapital (Intellectuel Capital) werden immaterielle Werte bezeichnet, die nicht an den Menschen gebunden sind, wie Patente, Software, Rechte oder auch das allgemeine organisationale Wissen.
- Menschliche Kompetenzen, Fähigkeiten oder Einstellungen werden hingegen dem Humankapital (Human Capital) zugerechnet.
- Das Sozial- und Netzwerkkapital (Social and Relationship Capital) beschreibt das unternehmensbezogene Beziehungsgefüge zwischen Institutionen, Stakeholdergruppen und Individuen. Hierdurch werden unter anderem Themenfelder wie geteilte Normen und Werte oder Reputation bzw. gesellschaftliche Akzeptanz erfasst.
- Natürliches Kapital (Natural Capital) bezieht sich schließlich auf alle involvierten Aspekte der ökologischen Umwelt des Unternehmens, wie Luft, Wasser, Boden sowie die biologischen Ökosysteme.

Die vorgeschlagene Gliederung relevanter Kapitalien weist Ähnlichkeiten und auch Überschneidungen mit dem bereits in Abb. 2-68 dargestellten Vorschlag bezüglich der Elemente eines Intellectual Capital Statements auf. Anders als dort bleibt im Rahmen des Integrated Reportings die Betrachtung jedoch nicht auf immaterielle Aspekte beschränkt. Zudem wird hier auch eine umfassendere Beurteilung aus der Perspektive aller relevanten Stakeholder angestrebt, während beim Intellectual Capital Statement im Rahmen des Shareholder Value Reportings vor allem das Wertsteigerungspotenzial für die Eigner im Vordergrund steht.

Demgegenüber wird durch die hier vorgeschlagene Kapitalgliederung der angestrebte Integrationsgedanke bezüglich verschiedener Berichtselemente deutlich. So enthalten die Perspektiven des Finanzkapitals und des hergestellten Kapitals mit den dabei abgebildeten Vermögenspositionen und Kapitalquellen klassische Elemente der traditionellen bilanziellen Rechnungslegung. Die Integration von nicht oder nur schwer bilanzierbaren immateriellen Werten findet sich unter anderem im geistigen Kapital wieder. Vielfältige weitere Aspekte der im vorherigen Abschnitt beleuchteten CSR-Berichterstattung im Sinne einer Betonung sozialer und ökologischer Themenfelder sind schließlich in den Bereichen des Humankapitals, des Sozial- und Netzwerkkapitals und des natürlichen Kapitals enthalten. Das Bestreben, die klassische Finanzberichterstattung, deren Shareholder-orientierte Erweiterungen um nichtfinanzielle und zukunftsorientierte Aspekte sowie auch Inhalte der bislang oftmals separat bestehenden CSR-Berichterstattung in einem geschlossenen Gesamtkonzept zu vereinigen, wird damit klar erkennbar.

Im Rahmen der integrierten Unternehmensberichterstattung werden dabei die nachfolgenden Inhaltselemente gefordert (IIRC, 2021, S. 38 ff.): In Form eines allgemeinen Überblicks zum Unternehmen und dessen Umfeld sollen zum Beispiel Informationen zu Kultur, Werten, Eigentümerstruktur, Wettbewerbssituation und Marktpositionierung gegeben werden. Governance-Informationen stellen unter anderem die Führungsstruktur, die Prozesse zur strategischen Entscheidungsfindung oder die Risikoeinstellung dar. Hinsichtlich der Beschreibung des Geschäftsmodells erfolgen Angaben zu den Wertschöpfungsprozessen und zu den daraus resultierenden Auswirkungen auf die oben genannten Kapitalien. In Bezug auf die Wertschöpfung des Unternehmens sind zudem auch die damit verbundenen Risiken und Chancen aufzuzeigen. Ausführungen zu Strategie und Ressourcenallokation stellen die verfolgten kurz-, mittel- und langfristigen Strategien und deren Zielerreichung dar sowie auch den damit einhergehenden Ressourceneinsatz.

Die hieraus erzielte Performance soll mithilfe von quantitativen Kennzahlen zu positiven und negativen Auswirkungen auf die Kapitalien (Outcome) transparent gemacht werden, wobei auch eine Verknüpfung mit vergangenen und zukünftigen Leistungen angestrebt wird. Auf die zuletzt angesprochenen Zukunftsaussichten soll dabei dezidiert eingegangen werden, indem die zukünftigen Erwartungen des Unternehmens in Bezug auf dessen Umfeld und die daraus resultierenden Auswirkungen offengelegt werden. Schließlich sind auch die Grundlagen der Erstellung und Offenlegung des integrierten Berichts anzugeben, was insbesondere Informationen über den Wesentlichkeitsprozess, die Berichtsgrenzen sowie die verwendeten Rahmenwerke und Methoden betrifft. Auch diese Auflistung der wesentlichen Inhaltselemente des Integrated Reporting zeigt deutliche Parallelen zu den am Ende des vorangegangenen Abschnitts dargestellten jüngeren Entwicklungen des CSR-Reportings.

Generell wird für die integrierte Unternehmensberichterstattung ein strategischer Fokus mit starker Zukunftsorientierung angestrebt, der die oben genannten Inhalte eng miteinander verknüpft und Interdependenzen aufzeigt sowie auch die relevanten Stakeholder mit einbezieht. Die dabei veröffentlichten Informationen sollen wesentliche Aspekte der Wertschöpfung in prägnanter, zuverlässiger und vollständiger Weise abbilden, wobei auch die Konsistenz und Vergleichbarkeit der Darstellung sicherzustellen ist. Diese grundlegenden Ziele wurden als sogenannte Leitprinzipien formuliert (IIRC, 2021, S. 25 ff.). Insgesamt soll damit im Rahmen eines einzigen Berichtes der gesamte Wertschöpfungsprozess eines Unternehmens und dessen Konsequenzen auf die verschiedenen Kapitalien in ganzheitlicher Weise beleuchtet werden, um den Informationsadressaten eine geeignete Entscheidungsgrundlage zur Verfügung zu stellen. Abb. 2-71 fasst diesen konzeptionellen Ansatz nochmals grafisch zusammen:

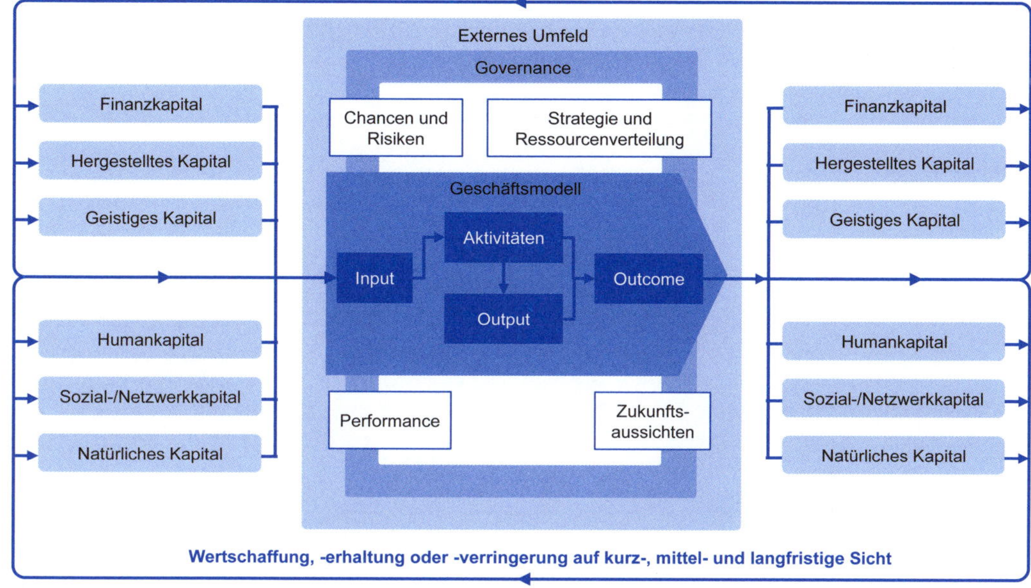

Abb. 2-71: Konzeptioneller Ansatz des Integrated Reportings (in Anlehnung an IIRC, 2021, S. 22)

Trotz des großen Interesses, welches diesem Ansatz entgegengebracht wird, ist seine praktische Relevanz bislang noch überschaubar. Gründe hierfür könnten einerseits in der durch einen solchen integrierten Bericht drohenden Informationsüberflutung und seiner hohen Komplexität liegen. Andererseits sind die Vorgaben des Rahmenkonzeptes relativ allgemein gehalten und bedürfen der unternehmensindividuellen Ausgestaltung und Konkretisierung. Mit Blick auf die damit einhergehenden Ermessensspielräume und die Frage einer möglichen Überprüfbarkeit der veröffentlichten Informationen ergeben sich hieraus besondere Herausforderungen. Die in den beiden vorangegangenen Abschnitten dargestellten separaten Entwicklungen einer zunehmenden Anreicherung der traditionellen Finanzberichterstattung um nichtmonetäre und zukunftsorientierte Aspekte im Rahmen der Lageberichterstattung sowie auch die europarechtlichen Vorgaben, die CSR-Berichterstattung vollständig in den Lagebericht zu integrieren, dürften dem Konzept des Integrated Reporting jedoch weiteren Vorschub leisten (Coenenberg et al., 2021, S. 1014 f.; Müller et al., 2021, S. 1327).

Zusammenfassend zeigt sich damit jedoch auch im Konzept des Integrated Reporting, dass der in diesem Buch im Vordergrund stehende Unternehmenswert aus Sicht der Kapitalgeber (Shareholder Value) in ein umfassenderes Wertverständnis einzubetten ist, welches auch die Wertschaffung, -erhaltung oder -vernichtung für andere Stakeholder miteinschließt. Die hier dargestellten Probleme des Wert- und Risikomanagements bilden damit wesentliche Teilelemente einer ganzheitlichen nachhaltigen Unternehmensführung.

Kapitel 3 Grundlagen des Risikocontrollings

3.1 Sichere und unsichere Phänomene

Zufällige Schwankungen spielen im Rahmen der Risikobetrachtung eine wichtige Rolle, da in der Unternehmensplanung die künftige Entwicklung unvorhersehbar ist und deshalb mit Unsicherheit behaftet. Sehr allgemein gesprochen, sind künftige Unternehmensentwicklungen wirtschaftliche Phänomene. Prinzipiell unterscheidet man deterministische und stochastische Phänomene (Ackermann et al., 2019).

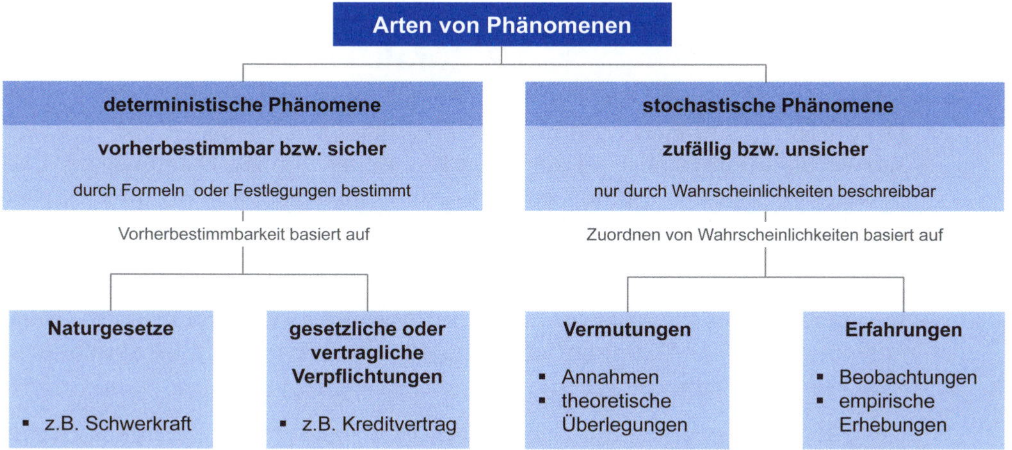

Abb. 3-1: Arten von Phänomenen

Deterministische Phänomene können durch exakte Formeln beschrieben werden, wie beispielweise der Zusammenhang zwischen Radius und Fläche eines Kreises. Sie führen zu einwertigen bzw. sicheren Ergebnisgrößen. Der Zusammenhang zwischen einer Ursache und einer Wirkung ist eindeutig, vollständig bekannt und somit unabhängig von zufälligen Schwankungen. In Unternehmen können bestimmte zukünftige Ereignisse, die gesetzlich oder vertraglich festgelegt sind, ebenfalls recht sicher bestimmt werden. Dazu gehört etwa der Umsatz des nächsten Jahres beim Vorliegen von langfristigen Lieferverträgen, in denen die Absatzpreise und die Absatzmenge fixiert sind (Bamberg et al., 2012b, S. 69). Demgegenüber stehen stochastische Phänomene. Ein stochastisches Phänomen ist in der Regel sehr komplex und hängt von vielen unterschiedlichen Faktoren bzw. Einflussgrößen ab. Es kann somit nicht genau vorhergesagt werden. Das gilt für zahlreiche wirtschaftswissenschaftliche Phänomene, wie z. B. die Entwicklung von künftigen Materialkosten oder auch Aktienkursen. Der Eintritt künftiger Ausprägungen von unsicheren Phänomenen wird in der Stochastik, die als Mathematik des Zufalls bezeichnet wird, mithilfe von Wahrscheinlichkeiten eingeschätzt (Zucchini et al., 2009, S. 73). Der aus dem Altgriechischen stammende Begriff „Stochastik" bedeutet Mutmaßungskunst und beschreibt die Fähigkeit, aus statistischen Daten sinnvolle Vermutungen bzw. Zusammenhänge über das betrachtete Phänomen zu formulieren (Glaser et al., 1982, S. 5). Die Zuordnung von Wahrscheinlichkeiten zu den zufälligen

Ereignissen geschieht zum einen auf der Grundlage von Vermutungen mittels Annahmen oder theoretischen Überlegungen. Eine denkbare Annahme ist eine Verteilungsannahme, wie etwa die Normalverteilung. Den theoretischen Überlegungen können bestehende physikalische Symmetrien, wie etwa bei einem Würfel, zugrunde liegen, aus denen eine Gleichverteilung abgeleitet wird. Zum anderen werden Wahrscheinlichkeiten auf der Grundlage von Erfahrungen eingeschätzt. Erfahrungen können beispielsweise auf persönlichen Beobachtungen aus der Vergangenheit oder auf empirischen Auswertungen vergangener Daten beruhen (Zucchini et al., 2009, S. 79 f.).

3.2 Zufall

Der Ausgang zahlreicher zukünftiger Ereignisse, wie beispielsweise das Umsatzwachstum im nächsten Jahr, ist auch in Zeiten von Big-Data unsicher und kann nicht exakt vorhergesagt werden, da der Zufall mitspielt. Ist eine Zielgröße zufallsgesteuert, können Vorgänge unter gleichen Voraussetzungen in unerklärlicher Weise zu unterschiedlichen Ergebnissen führen. Hängt die betrachtete Zielgröße von einem unbekannten, unberechenbaren, ungeordneten bzw. spontanen Ereignis ab, für das zwischen beeinflussender Größe und Zielgröße keine eindeutige Ursache-Wirkungsbeziehung besteht oder bekannt ist, spricht man vom Zufall (Abb. 3-2).

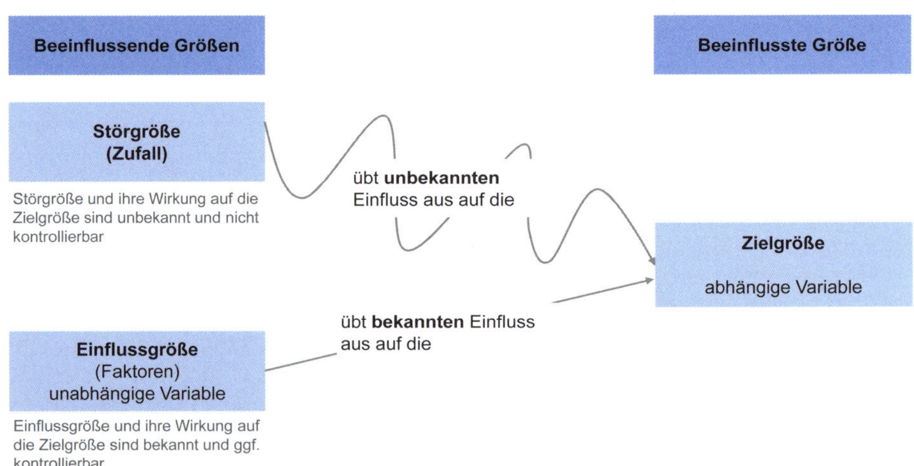

Abb. 3-2: Zusammenhang von Modellgrößen (in Anlehnung an Hedderich/Sachs, 2016, S. 21)

Die betrachtete Zielgröße kann dabei dem Zufall vollständig unterliegen. Dann liegt ein absoluter bzw. reiner Zufall vor. Andererseits könnten Kausalitäten bestehen und lediglich etwa aufgrund ihrer undurchdringlichen Komplexität zumindest teilweise unbekannt sein. Folglich ist der sogenannte relative Zufall auf das Unwissen der Kausalitäten zurückzuführen (Lübke/Vogt, 2014, S. 123 f.; Bronder, 2016, S. 94 f.). Für den weiteren Umgang mit dem Zufall spielt seine

Ursache in Form vom reinen Zufall oder von der Unkenntnis keine Rolle. Wichtiger für die nachfolgenden Ausführungen ist vielmehr das Verständnis, dass sich einige Phänomene nicht deterministisch beschreiben und somit auch nicht sicher vorhersagen lassen. Dennoch lassen sich im Auftreten der stochastischen Phänomene mitunter Muster erkennen, auch wenn keine genauen Ursache-Wirkungszusammenhänge bekannt sind. Diese Muster gilt es für Prognosezwecke zu analysieren (Henze, 2010, S. 1 und S. 40). Dabei dient die Quantifizierung der Erwartung für das Eintreten von zufälligen Ereignissen mithilfe von Wahrscheinlichkeiten der Eingrenzung der Unsicherheit (Sibbertsen/Lehne, 2015, S. 188).

3.3 Risiko

Der Fokus der risikoorientierten Steuerung richtet sich, wie die Bezeichnung bereits vermuten lässt, auf das Risiko. Für die nachfolgenden Ausführungen gilt es begriffliche und definitorische Klarheit zum Risikobegriff zu erzielen. Nicht zuletzt deshalb, da in der Literatur, der Unternehmenspraxis aber auch in den Gesetzten bzw. Normen je nach verfolgtem Zweck unterschiedliche Begriffsauffassungen vom Risiko bestehen, die beispielsweise Vanini/Rieg in einem Literaturüberblick zusammenfassen (Vanini/Rieg, 2021, S. 23 f.).

Zunächst besteht in der Literatur weitgehend Einmütigkeit darüber, dass das Risiko die Möglichkeit einer Abweichung von geplanten Zielen bzw. Erwartungen, bedingt durch die unvorhersehbare und zufällige Einwirkung von Störgrößen, verkörpert (Vanini/Rieg, 2021, S. 24). Damit wird das mit einer subjektiven Wertung verbundene Gefühl ausgedrückt, nicht alle künftigen Entwicklungen kennen bzw. beherrschen zu können. Es geht also um Entwicklungen oder allgemeiner gesprochen um Phänomene bzw. Ereignisse, die in der Zukunft liegen und somit potenziell unsicher sind (Abb. 3-3). Demgegenüber stehen vergangene Ereignisse, deren Ausgang bereits feststeht und die daher sicher bzw. nicht riskant sind, wie etwa die Umsatzentwicklung im vergangenen Geschäftsjahr. Jedoch sind nicht alle künftigen Entwicklungen unsicher. Als zukünftige sichere bzw. vorherbestimmbare einzustufende Phänomene beruhen auf Gesetzen oder Verträgen. Beispielsweise sind die im Kreditvertrag festgelegten künftigen Zins- und Tilgungszahlungen eines solventen Kreditnehmers defacto sicher. Die hier fokussierten risikobehafteten Phänomene sind die künftigen, zufälligen und unsicheren Entwicklungen. Sie resultieren im Unternehmen aus den unsicheren Unternehmensplanwerten sowie den entsprechenden Unternehmenszielen. Die Unternehmensplanung wiederum basiert auf ungewissen Umfeldprognosen und Annahmen (Finke, 2017, S. 20 f.). Der Risikobegriff wird nicht nur für finanziell messbare Phänomene genutzt. Neben z. B. der unsicheren Umsatzentwicklung gibt es etwa das Unfallrisiko oder auch das Gesundheitsrisiko. Diese Risiken sind ebenfalls Gegenstand der Betrachtung, solange sie das Unternehmen betreffen und sich somit auf seine Unternehmensziele auswirken. Generell enthalten Unternehmensziele neben finanziellen Zielen auch Sach- und Formalziele (siehe Kapitel 2.1).

Im unteren Teil der Abb. 3-3 und in der Abb. 3-4 werden Unterschiede in der Risikobegriffsverwendung aufgezeigt. Beide Abbildungen greifen die Differenzierung nach der Wirkungsrichtung der Abweichung bzw. der Zielverfehlung auf. Wird der Risikobegriff im umgangssprachlichen Sinne einer Gefahr verstanden, handelt es sich um eine negative Zielabweichung, die hier als Risiko im engeren Sinne verstanden wird. Demgegenüber bezeichnet die Chance eine positive Zielabweichung. Im hiesigen Verständnis wird der Risikobegriff als Risiko im weiteren Sinne aufgefasst, der sowohl die Gefahr als auch die Chance beinhaltet. Die Abb. 3-4 enthält synonyme Begriffe für Gefahren und Chancen. Die etymologische Begriffsdeutung weist ebenfalls negative wie positive Aspekte des Risikobegriffs auf. Das Wort Risiko kann einerseits auf die italienischen Worte „rischio" und „risicare" mit der Bedeutung „eine Klippe umschiffen", „etwas wagen" oder „herausfordern" zurückgeführt werden. Andererseits lässt er sich auf die griechisch-byzantinisch-arabischen Worte „rhiziko", „riza" und „rizq" mit der Bedeutung „Lebensunterhalt der von Göttern abhängt", „Schicksal" und „Glück" zurückverfolgen (Dannenberg, 2012, S. 35).

Die zweite Begriffsauffassung, die Abb. 3-3 enthält, basiert auf der Unterscheidung des Informationsstands bei Unsicherheit und stammt aus der Entscheidungstheorie. Je nach Wissensstand von möglichen künftigen Zuständen und deren Eintrittswahrscheinlichkeit wird zwischen Entscheidungen unter Risiko, Ungewissheit und Unkenntnis unterschieden (Dannenberg, 2012, S. 36). In der Entscheidungstheorie spricht man nur dann von einer Entscheidung unter Risiko, wenn alle künftigen Zustände mit ihren Eintrittswahrscheinlichkeiten bekannt sind. Im Vergleich zur hier vertretenen Begriffsauffassung ist diese Definition wesentlich enger gefasst. Denn unter dem Risikobegriff werden in den hiesigen Ausführungen alle drei Formen der Entscheidungssituationen unter Unsicherheit aus der Entscheidungstheorie, also das Risiko im Sinne der Entscheidungstheorie, die Ungewissheit sowie die Unkenntnis, subsumiert.

Die dritte Risikoabgrenzung aus Abb. 3-3 berücksichtigt die Unternehmensgrenze sowie die Wirkungsrichtung und stammt aus dem strategischem Controlling. Dort werden innerhalb der Methodik der Stärken-Schwächen-Analyse (Strength-, Weakness-, Opportunities- und Threats- bzw. SWOT- Analyse) künftige Entwicklungen anhand der Unternehmensgrenze (innerhalb oder außerhalb des Unternehmens) und der Wirkungsrichtung (positiv oder negative Auswirkung) in Chancen, Risiken, Stärken und Schwächen eingeteilt. Strenggenommen ist der englische Begriff Threats als Gefahren zu übersetzten. Allerdings findet man in der deutschsprachigen Literatur den Begriff der Risiken statt der Gefahren in der SWOT-Analyse (z. B. in Baum et al., 2013, 99). Deshalb wird er in der Begriffsklärung ebenfalls aufgegriffen. Ein Risiko im Begriffsverständnis der SWOT-Analyse ist ein unerwünschtes Ereignis, dass außerhalb des Unternehmens und somit außerhalb seines Einflussbereiches entsteht (Baum et al., 2013, S. 99 f.). Da es sich bei den Phänomenen aller vier Klassen um unsichere, künftige Entwicklungen handelt, fallen sie unter den Risikobegriff im hiesigen Begriffsverständnis.

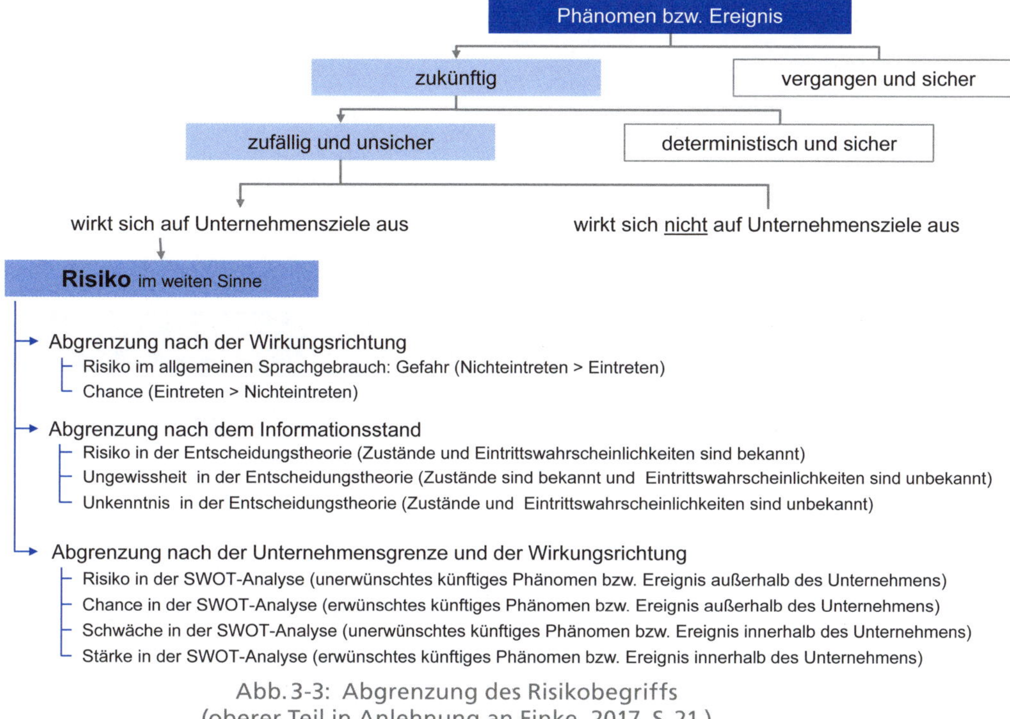

Abb. 3-3: Abgrenzung des Risikobegriffs
(oberer Teil in Anlehnung an Finke, 2017, S. 21.)

Das Abgrenzungsmerkmal der Risikoart wird in Abb. 3-4 aufgegriffen. Es hängt eng mit der Abgrenzung der Wirkungsrichtung bzw. dem Risikoumfang zusammen. Unterscheidet man Risiken nach ihr Wirkungsrichtung in mögliche Entwicklungen mit negativer oder positiver Zielabweichung, die vereinzelt auftreten, wie etwa der Verlust von Schlüsselkunden oder die Gewinnung eines Großauftrags, gelangt man zur Kategorie der Ereignisrisiken. Dabei steht ein bestimmtes, eher seltenes Ereignis im Fokus. Demgegenüber sind auch ständige negative und positive Abweichungen von einer bestimmten Planzahl im Rahmen von permanenten Schwankungen denkbar, wie beispielweise Wechselkurs- oder auch Nachfrageschwankungen. Solche Entwicklungen zählen zu den Verteilungsrisiken. Die Unterscheidung in Ereignis- und Verteilungsrisiken spielt im Rahmen der Risikoquantifizierung eine wichtige Rolle. Da Ereignisrisiken mittels diskreten und Verteilungsrisiken mit stetigen Verteilungen quantifiziert werden (siehe Kapitel 4.1). Das hiesige Begriffsverständnis umfasst die beiden Risikoarten Ereignis- und Verteilungsrisiko.

Abb. 3-4: Risikobegriff

Zusammenfassend bleibt festzuhalten, dass der Begriff Risiko hier in vielerlei Hinsicht im weiten Sinne wie folgt definiert wird.

Das Risiko ist die, durch einen unzureichenden Informationsstand bedingte Möglichkeit einer Abweichung der zunächst in der Zukunft liegenden tatsächlichen Realisation von der Planung bzw. der Erwartung, verursacht durch die unvorhersehbare, zufällige Einwirkung von Störgrößen.

Einen engen Bezug zum Risikobegriff weisen die Begriffe betriebliche Gefahr, Krise und Verlust auf (Abb. 3-5). Eine betriebliche Gefahr gehört zu den Betriebsrisiken bzw. operationellen Risiken und bildet somit eine Teilmenge der Unternehmensrisiken. Sie verkörpert eine Bedrohung des Leistungserstellungsprozesses im Unternehmen. Dabei handelt es sich um ein Ereignisrisiko, das eine Schadensgefahr für das Unternehmen darstellt, wie beispielsweise Feuer, Maschinenausfälle oder auch Schäden durch Naturkatastrophen.

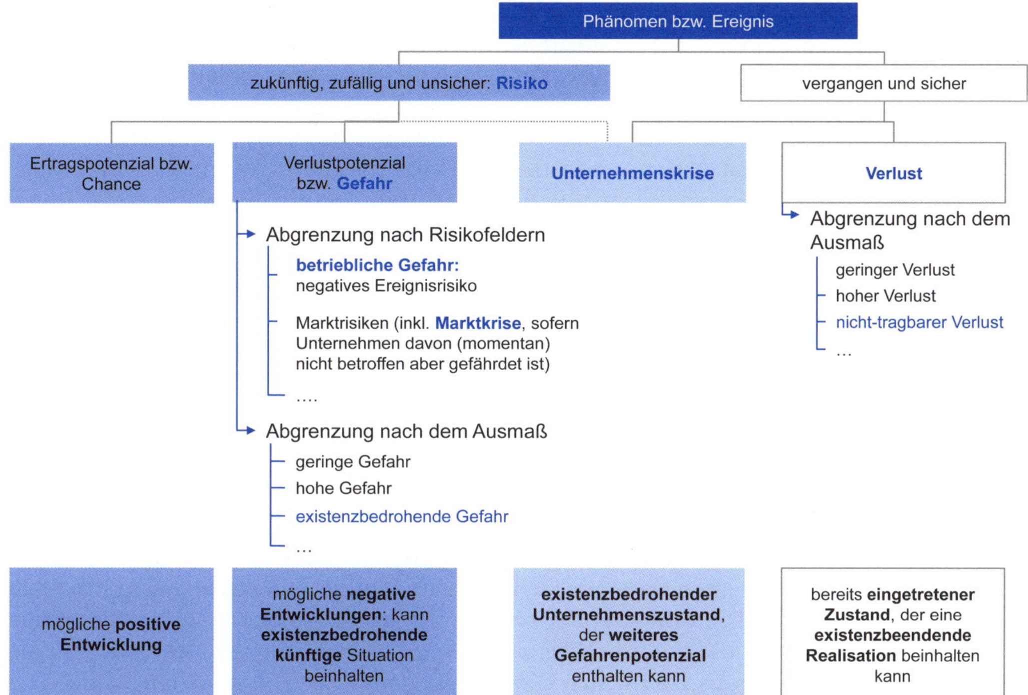

Abb. 3-5: Begriffsabgrenzung von Begriffen mit engem Bezug zum Risiko (teilweise in Anlehnung an die Ausführungen von Vanini/Rieg, 2021, S. 34 f.)

Mit der Krise wird ein sehr negativer Zustand beschrieben, dessen Entwicklung noch nicht abgeschlossen sein muss und somit weiteres Gefahrenpotenzial enthalten kann. Im ersten Schritt ist zwischen der Markt- und der Unternehmenskrise zu differenzieren. Die Marktkrise beschreibt eine eingetretene negative Entwicklung am Markt, die zahlreiche Unternehmen treffen kann, wie beispielsweise die Energiemarktkrise. Liegt sie außerhalb des Unternehmens und betrifft es nicht, hat sie keinen Einfluss auf seine Zielerreichung. Ist das Unternehmen von den negativen Folgen der Marktkrise momentan nicht betroffen, kann jedoch in absehbarer Zeit ebenfalls betroffen sein, handelt es sich aus Unternehmenssicht um eine Gefahr und somit um ein Marktrisiko. Risiken haben das Potenzial sich zu Krisen zu entwickeln, wenn sie nicht rechtzeitig identifiziert und gesteuert werden. Marktkrisen können aber auch gleichzeitig Unternehmenskrisen sein, wenn das Unternehmen unmittelbar betroffen ist. Mit der Unternehmenskrise wird ein sehr schlechter Unternehmenszustand beschrieben, der für das Unternehmen existenzbedrohend sein oder auch zur starken Wertvernichtung führen kann. In der Abgrenzung zum Risikobegriff beschreiben die Krisen bereits eingetretene, unerwünschte, existenzbedrohende Ist-Situationen und somit stark belastende Gefahreneintritte. Dazu gehören etwa Qualitätsprobleme oder auch Umsatzeinbrüche. Demgegenüber beinhalten Risiken sowohl negative als auch positive, zukünftig mögliche aber (noch) nicht realisierte Abweichungen (Vanini/Rieg, 2021, S. 34 f.) Die enge Verbindung des

Krisenbegriffs zum Risikobegriff aber auch eine teilweise überschneidende Begriffsnutzung in der Literatur wird mit der Unterteilung in die Strategische, die Rentabilitäts-, die Ertrags-, und die Liquiditätskrise (Gleißner, 2021, S. 38) deutlich, die im dort beschriebenen Modell jeweils aufeinander folgen und schließlich zur ernsthaften Bedrohung bis hin zur Insolvenz führen können. Verluste sind tatsächlich eingetretene Ist-Werte, die nicht mehr beinflussbar sind. Sie können aus vormaligen Risiken und dann eingetretenen negativen Abweichungen resultieren. Führt ein Verlust zur Überschuldung und somit zu Insolvenz, liegt ein nicht-tragbarer Verlust vor. Demgegenüber verkörpern Risiken potenzielle Zielabweichungen der Zukunft, die ggf. noch steuerbar sind (Vanini/Rieg, 2021, S. 34 f.).

3.4 Risikoziele, Risikomanagement und Risikocontrolling

Die Risikoziele eines Unternehmens sind ein wichtiger Bestandteil seines Zielsystems. Die allgemeinen obersten Unternehmensziele umfassen die nachhaltige Sicherung der Unternehmensexistenz als langfristiges strategisches Ziel sowie den Erfolg und die Liquidität als kurzfristiges Unternehmensziele (Baum et al., 2013, S. 11). Daraus lassen sich die in Abb. 3-6 genannten obersten Risikoziele ableiten. Sie beinhalten zum einen die Erreichung eines angemessenen Ertrags-Risiko-Profils sowohl in der kurz- als auch in der langfristigen Perspektive. Zum anderen ist die Sicherstellung der Risikotragfähigkeit des Unternehmens zu gewährleisten (Kremers, 2002, S. 75 f.).

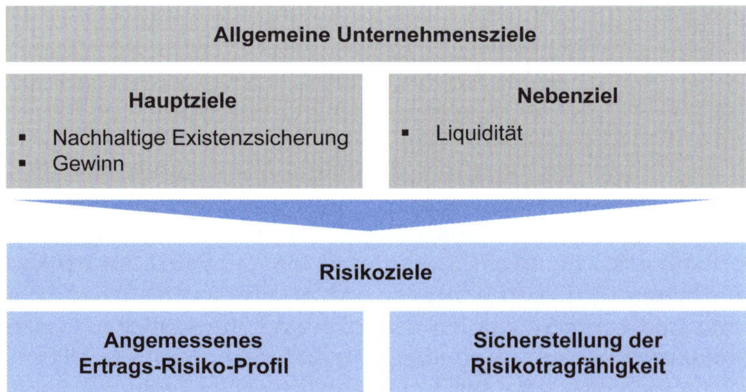

Abb. 3-6: Risikoziele als Teil der Unternehmensziele (in Anlehnung an Kremers, 2002, S. 75)

Die Umsetzung der Risikoziele obliegt dem Risikomanagement und dem Risikocontrolling. In der Literatur gibt es verschiedene Auffassungen zur prinzipiellen Abgrenzung zwischen den Management- und Controlling-Begriffen sowie den damit zusammenhängenden Aufgaben. Einen Überblick geben z. B. Baum et al.,

2013, S. 3 ff. Im hiesigen funktional geprägten Begriffsverständnis liegt die Unternehmensführung beim Management, während das Controlling die Unternehmensleitung mit entscheidungsrelevanten Informationen und der Koordination von Planungs- und Steuerungseinheiten des Unternehmens unterstützt (Baum et al., 2013, S. 3 f.). Entsprechend ist das Risikomanagement der Teil der Unternehmensführung, der die systematische Gestaltung der Risikolage zur Erreichung der Risikoziele im Unternehmen zum Gegenstand hat (Diederichs, 2018, S. 13). Aus den Risikozielen leiten sich die Aufgaben des Risikomanagements ab. Diese umfassen im Unternehmen u. a. eine strategische Risikopositionierung, die organisatorische Integration, den Anstoß des Risikomanagement-Prozesses und die Risikosteuerung (siehe Abb. 3-7).

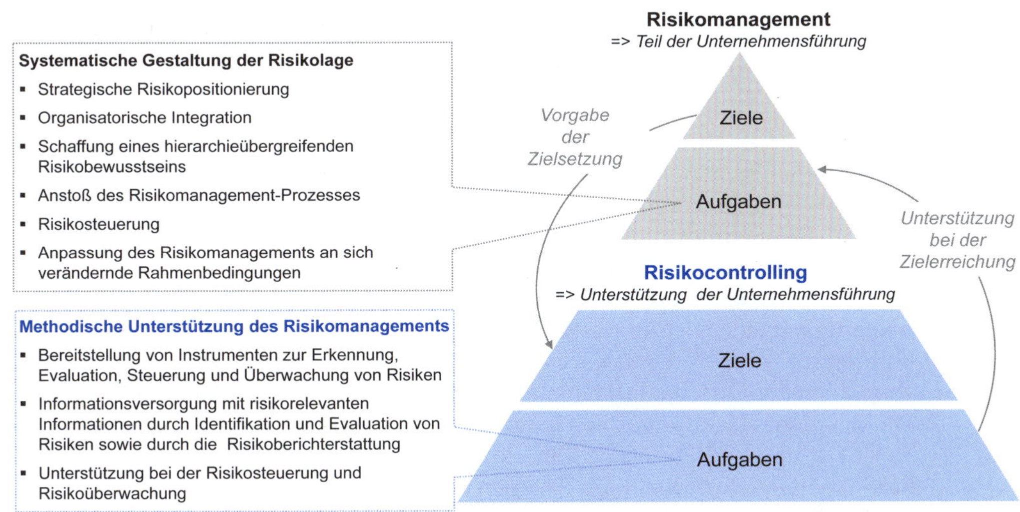

Abb. 3-7: Aufgaben des Risikomanagements und des Risikocontrollings (in Anlehnung an Diederichs, 2018, S. 22)

Das Risikomanagement wird vom Risikocontrolling methodisch bei dessen Zielerreichung unterstützt. Dazu stellt das Risikocontrolling zum einen Instrumente für die Erkennung, Bewertung, Steuerung und Überwachung zur Verfügung. Ferner versorgt das Risikocontrolling das Management mit risikorelevanten Informationen und schafft dadurch Transparenz über die Risiken und die Risikotragfähigkeit im Unternehmen. Schließlich gehört die Managementunterstützung bei der Risikosteuerung und -überwachung zu den Aufgaben des Risikocontrollings. Sie beinhalten verschiedene Aktivitäten zur Übernahme der Planung und Kontrolle von Risiken (Vanini/Rieg, 2021, 39 f.).

Der Kern des Risikomanagement bildet der Risikomanagementprozess. Die Abb. 3-8 zeigt seine einzelnen Prozessschritte, die sich auf eine fortlaufende und systematische Identifikation, Bewertung, Steuerung und Berichterstattung sowie Überwachung von Unternehmensrisiken erstrecken (Diederichs, 2018, 13).

Abb. 3-8: Risikomanagement-Prozess in Anlehnung an (Diederichs, 2018, S. 14)

Die allgemeinen Unternehmensziele mit der daraus abgeleiteten Strategie sowie der Unternehmenspolitik geben den Rahmen für das Risikomanagement vor. Eine notwendige Voraussetzung für die Erreichung von unternehmerischen Ziele ist die nachhaltige Sicherung der Unternehmensexistenz. Dabei spielt das Risikomanagement als ein Bestandteil der Unternehmensführung sowohl bei der Sicherung eines angemessenen Ertrags-Risiko-Profils als auch der Risikotragfähigkeit eine wichtige Rolle. Im Risikomanagement geht es nicht nur um die Eingrenzung von Gefahren, sondern ebenfalls um die Schaffung und Nutzung von Chancen. Durch die Transparenz über Unternehmensrisiken erlangt das Management Handlungsspielräume, die es zur Anpassung des Unternehmens an sich ständig verändernde Umfeldbedingungen sowie zur Schaffung neuer Erfolgspotenziale braucht. Im Rahmen der Risikopolitik werden Leitlinien bzw. Grundsätze für die Risikohandhabung in Abhängigkeit der Risikopräferenz im Unternehmen festgelegt. Darauf aufbauend werden die Risikostrategie und die Risikoziele konkretisiert. Unter Beachtung der Risikoziele erfolgt die Risiko-Identifikation, -Bewertung, -Steuerung sowie -Berichterstattung und -Überwachung.

In der Phase der Risikoidentifikation geht es um die Erfassung aller relevanten künftigen Entwicklungen mit einem Zielabweichungspotenzial. Sie dient der systematischen, vollständigen, aktuellen und wirtschaftlichen Erfassung aller Risiken in Form von möglichen Gefahrenquellen, Schadensursachen, Störpotenzialen aber auch Chancen sowie deren Wechselbeziehungen. Auf den identifizierten Risiken fußen die nachfolgenden Schritte im Risikomanagementprozess, wie deren Bewertung und nicht zuletzt deren Steuerung (Vanini/Rieg, 2021, S. 199). Daher ist die Qualität der Risikoerfassung für die nachfolgenden Phasen richtungsweisend. Denn nicht oder zu spät erkannte Gefahren können eine Bedrohung bis hin zu einer Existenzgefährdung für das Unternehmen verkörpern, denen das Unternehmen nicht mehr rechtzeitig und ggf. nur mit erheblichem Aufwand durch Risikosteuerungsmaßnahmen entgegenwirken kann. In einer gut strukturierten und systematischen Risikoerfassung sind zunächst auch vermeintlich unwesentliche Risiken zu registrieren, da sie sich zusammen mit anderen Risiken oder aber im weiteren Verlauf möglicher Weise zu einer Bestandsgefährdung entwickeln können (Diederichs, 2018, S. 92). Für die Risikoidentifikation steht eine Vielzahl von Instrumenten bzw. Methoden zur Verfügung, die in der Literatur ausführlich beschrieben werden (z. B. Vanini/Rieg, 2021, S. 200 ff., Schneck, 2010, S. 118; Romeike/Hager, 2020, S. 144 ff.; Diederichs, 2018, S. 95 ff. und Finke, 2017, S. 31).

Im nächsten Schritt folgt die Risikobewertung. Das Augenmerk dieser Phase liegt in einer qualitativen und quantitativen Risikobeurteilung inklusive einer Analyse, Quantifizierung und Aggregation von Einzelrisiken im Unternehmen. Die Risikobewertung ist ein essenzieller Bestandteil der Aufgaben des Risikocontrollings, der vor dem Hintergrund des Unternehmenswertcontrollings im Kapitel 4 anhand ausgewählter Methoden vertiefend aufgegriffen wird.

Nach der Phase der Risikobewertung folgt im Risikomanagementprozess die Risikosteuerung, die auch als Risikobewältigung bezeichnet wird. Im Rahmen der Risikosteuerung wird die Risikolage eines Unternehmens unter Berücksichtigung seiner Unternehmensstrategie und seiner Risikotragfähigkeit beeinflusst. Die Bestimmung und Koordination entsprechender Risikosteuerungs-Maßnahmen bilden die Aufgaben dieser Phase und zielen auf ein ausgewogenes Verhältnis von Ertrags- (Chance) und Verlustpotenzial (Gefahr) ab (Diederichs, 2018, S. 121).

An die Risikosteuerungsphase schließt sich im Schema die Phase der Risiko-Berichterstattung- und -Überwachung an. Allerdings zeigt das Schema in Abb. 3-8 eher eine inhaltliche Abgrenzung und weniger eine strenge zeitliche Abfolge der Prozessschritte. Denn gerade die interne Risikoberichterstattung spielt im gesamten Risikomanagementprozess eine wichtige Rolle. So sind die identifizierten Risiken als Basis für eine Bewertung zu dokumentieren. Die interne Risikoberichterstattung über die bewerteten Risiken bildet ebenfalls eine wichtige Informationsgrundlage für die Risikosteuerung. In Abhängigkeit von der Unternehmensgröße, der Unternehmensform sowie einer möglichen Kapitalmarktorientierung sind externe Berichtspflichten über die Risikolage des Unternehmens zu erfüllen. Bei der Risikoüberwachung wird geprüft, ob die gesetzlichen Anforderungen und die risikopolitischen Vorgaben des Unternehmens eingehalten werden. Ferner sind die organisatorische Umsetzung des Risikomanagement-Systems, die Methoden und Instrumente zur Risiko-Erfassung- und Bewertung sowie die Umsetzung von Steuerungsmaßnahmen Gegenstand der Überprüfung. Zu den Kontrollinstanzen gehören unternehmensinterne Einheiten, wie z. B. das Risikomanagement sowie die interne Revision. Zusätzlich können aber auch in Abhängigkeit von gesetzlichen Vorgaben Überwachungsverpflichtungen durch Wirtschaftsprüfer bestehen (Vanini/Rieg, 2021, S. 131). Einen umfangreichen Überblick über gesetzliche, quasi-gesetzliche und betriebswirtschaftliche Anforderungen an ein Risikomanagement geben z. B. Vanini/Rieg, 2021, S. 125 ff.

Nachfolgend liegt der Fokus auf der Risikobewertung vor dem Hintergrund der Risikobeurteilung im Zusammenhang mit der Unternehmensbewertung. Die Stochastik als Teilgebiet der Statistik spielt bei der quantitativen Risikobeurteilung eine wichtige Rolle. Denn die Methoden der Risikobewertung basieren häufig auf statistischen Modellen und Analysen. Daher werden in den nachfolgenden Kapiteln 3.5 bis 3.8 zunächst die statistischen Grundlagen zur Risikobewertung erläutert bevor im Kapitel Kapitel 4 auf ausgewählte Verfahren der Risikobewertung eingegangen wird.

3.5 Wahrscheinlichkeit

3.5.1 Grundlegende Aspekte zur Wahrscheinlichkeit

Obwohl eine genaue Vorhersage für zufallsgesteuerte Phänomene unmöglich ist, scheinen manche Ereignisse plausibler als andere (Lübke/Vogt, 2014, S. 123). Wenn ein zufälliger Vorgang wiederholbar ist bzw. vielfach vorkommt, zeigen sich systematische Muster im Auftreten der Zufallserscheinungen. Diese Muster werden durch Wahrscheinlichkeiten quantifiziert, indem damit eine Zuversicht bzw. eine Erwartung über den Eintritt einer Zufallserscheinung ausgedrückt wird. Wahrscheinlichkeiten sind nur für Massenereignisse, nicht aber für singuläre Zufallsereignisse definiert (Bronder, 2016, S. 109). Die große Zahl bezieht sich dabei auf die Wiederholung der Zufallsvorgänge und nicht auf die Anzahl der Ausprägungen des zufälligen Phänomens (Bronder, 2016, S. 287). Für das Beispiel des zufälligen Vorgangs Werfen einer Münze existieren die beiden möglichen Ereignisse Kopf und Zahl. Der Münzwurf selbst ist aber zumindest gedanklich unendlich oft wiederholbar.

Die Wahrscheinlichkeit ist stets Ausdruck einer Modellvorstellung und somit ein rein theoretischer Zahlenwert. Sie fungiert als Maßzahl der Sicherheit für die Erwartung über den Eintritt eines zufällig generierten künftigen Ereignisses (Abb. 3-9). Liegt sie nahe Null, ist die Wahrscheinlichkeit gering und das Eintreten eines bestimmten Ereignisses besonders ungewöhnlich bzw. unsicher. Je näher die Wahrscheinlichkeit an den Wert 1 heran kommt, desto sicherer wird der Eintritt des Ereignisses eingeschätzt (Bronder, 2016, S. 123 u. S. 130).

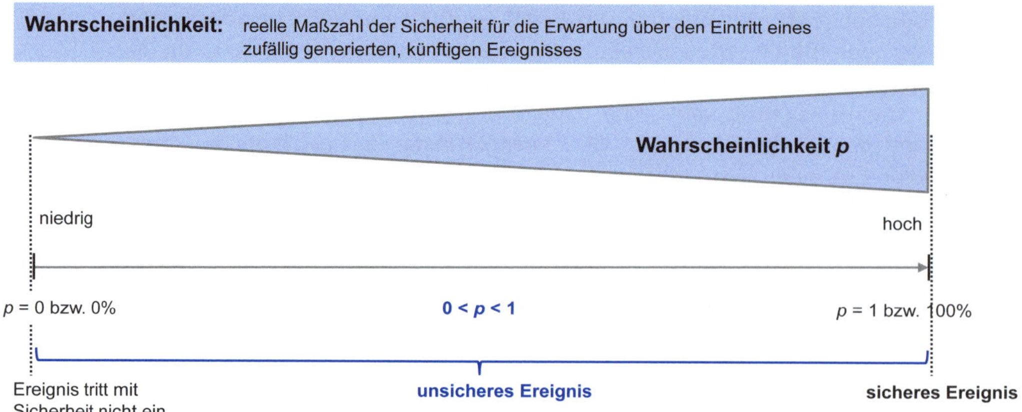

Abb. 3-9: Definition der Wahrscheinlichkeit

In der Stochastik werden verschiedene Wahrscheinlichkeitsbegriffe unterschieden (Abb. 3-10). Das sind zum einen die zwei klassischen Wahrscheinlichkeitsbegriffe a priori-Wahrscheinlichkeit und a posteriori Wahrscheinlichkeit sowie zum anderen der modernde Wahrscheinlichkeitsbegriff auf Basis von Axiomen.

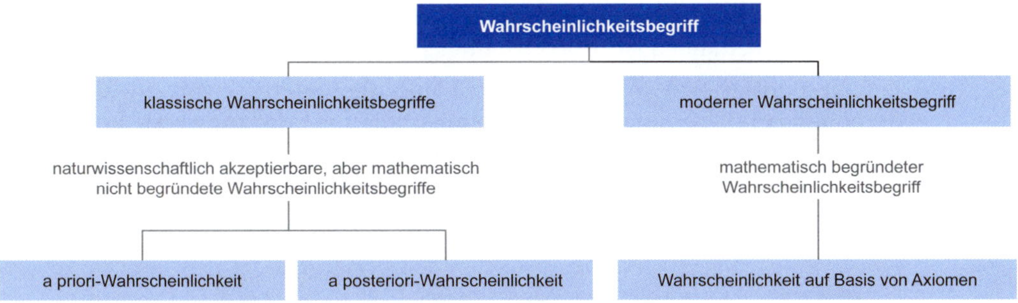

Abb. 3-10: Wahrscheinlichkeitsbegriffe

Eine a priori-Wahrscheinlichkeit liegt vor, wenn die Ursache für das Eintreten von Ereignissen von einem beliebig oft wiederholten zufallsgesteuerten Vorgang bereits im Voraus bekannt ist (Bronder, 2016, S. 126 f.). Das ist beispielsweise beim Werfen einer Münze der Fall. Aus der physikalischen Symmetrie leitet sich dabei die statistische Symmetrie der Gleich- bzw. der Laplace-Verteilung z. B. für das Werfen von Kopf oder Zahl mit jeweils ½ bzw. 50 % Wahrscheinlichkeit ab. Die auch als Laplace-Wahrscheinlichkeit bezeichnete a priori-Wahrscheinlichkeit für das Eintreten eines ausgewählten Ereignisses *ER* (günstiger Fall) wird definiert als der Quotient aus der Anzahl der günstigen Fälle, z. B. der ausgewählte Fall Werfen der Münzseite Kopf, und aus der Anzahl aller möglichen Fälle, z. B. Werfen der Münzseite Kopf und Zahl (Sibbertsen/Lehne, 2015, S. 189 f.).

$$p(ER) = \frac{\eta^{ER}}{\eta^{ALLE}}$$

p ... *Wahrscheinlichkeit*
η ... *Anzahl*
ER ... *Ereignis*

Die a priori-Wahrscheinlichkeit basiert darauf, dass aufgrund bestimmter Eigenschaften des zufallsabhängigen Phänomens die Wahrscheinlichkeiten bereits vor dem Zufallsexperiment durch kombinatorische Überlegungen bestimmt werden kann. Wie etwa beim Münzwurf, bei dem alle möglichen Fälle bzw. Ereignisse mit der gleichen Wahrscheinlichkeit eintreten. Die Gleichverteilung wird durch eine Symmetrie erzeugt, die auf Naturgesetze zurückzuführen ist. Typischerweise liegen bei den Glücksspielen, wie etwa Roulette, Würfeln, Kartenspiele und Glücksrad, besondere physikalische Eigenschaften, wie eine Symmetrie, vor. Aber auch in der Biologie sind Gleichverteilungen bekannt, beispielsweise bei der Anzahl von Mädchen- und Jungengeburten (Bronder, 2016, S. 123). Zahlreiche komplexe Sachverhalte, wie etwa ökonomische Phänomene können i. d. R. nicht auf Basis der a priori-Wahrscheinlichkeit eingeschätzt werden. Die Anwendung der a priori-Wahrscheinlichkeit wird zusätzlich dadurch eingeschränkt, dass die Anzahl der möglichen Ereignisse endlich sein muss. Denn nur dann kann die Wahrscheinlichkeit durch kombinatorische Überlegungen, beispielsweise durch einfaches Abzählen aller verschiedenen Möglichkeiten beim Würfel, bestimmt werden (Bronder, 2016, S. 103). Fazit: Die a priori-Wahrscheinlichkeit ist bei vorliegender Symmetrie ein hilfreicher Ansatzpunkt zur Einschätzung. Für darüber hinausgehende Analysen und zur Definition von Wahrscheinlichkeiten ist sie jedoch ungeeignet (Sibbertsen/Lehne, 2015, S. 191).

Bei der a posteriori-Wahrscheinlichkeit sind die Ereignisse von einem oft wiederholten zufallsgesteuerten Vorgang allenfalls aus Erfahrung oder aus erhobenen Häufigkeitsverteilungen nicht aber durch die Kenntnis möglicher Ursache-Wirkungszusammenhänge bekannt (Bronder, 2016, S. 127). Wird ein zufälliger Vorgang η-mal wiederholt, kann im Nachhinein aus der relativen Häufigkeit die statistische Wahrscheinlichkeit bestimmt werden (Abb. 3-11)

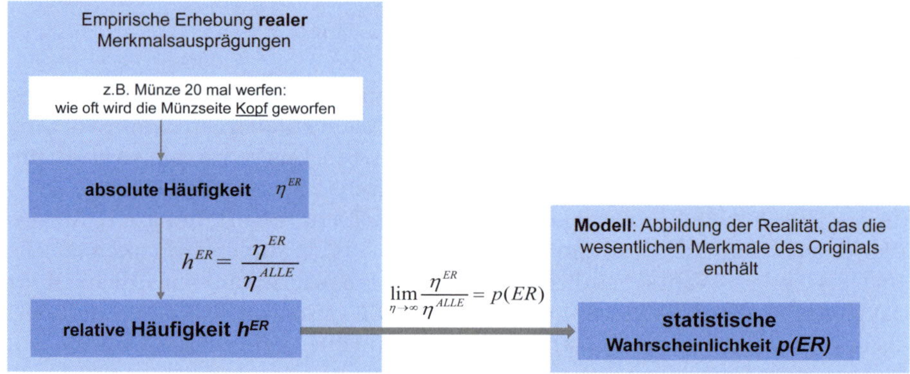

Abb. 3-11: Ableitung der statistischen Wahrscheinlichkeit aus der Häufigkeit

Mathematisch wird die statistische Wahrscheinlichkeit als Grenzwert der relativen Häufigkeit definiert, indem der zufällige Vorgang theoretisch unendlich oft wiederholt wird (Sibbertsen/Lehne, 2015, S. 193 und S. 338).

$$h^{ER} = \frac{\eta^{ER}}{\eta^{ALLE}} \qquad \lim_{\eta \to \infty} \frac{\eta^{ER}}{\eta^{ALLE}} = p(ER)$$

h ... *relative Häufigkeit*
ER ... *Ereignis*
η ... *Anzahl*
p ... *Wahrscheinlichkeit*

Die statistische Wahrscheinlichkeit ist somit ein Erwartungswert der relativen Häufigkeit in Bezug auf das Eintreten von künftigen Ereignissen, kurzum: aus der Erfahrung wird eine Erwartung generiert (Hedderich/Sachs, 2016, S. 155).

Die Vorgehensweise zur Ermittlung der statistischen Wahrscheinlichkeit auf Basis der relativen Häufigkeit verdeutlicht das Beispiel des Münzwurfs, der 20-mal hintereinander durchgeführt wird. Es soll bestimmt werden, wie hoch die Wahrscheinlichkeit ist, die Münzseite Kopf zu werfen. Dabei wird zunächst die absolute Häufigkeit erhoben, um daraus die relative Häufigkeit zu bestimmen

(Abb. 3-12). Sie bildet die Basis für die Bestimmung der statistischen bzw. theoretischen Wahrscheinlichkeit (Abb. 3-13). Die Abb. 3-12 unten rechts zeigt, dass sich die relative Häufigkeit mit der zunehmenden Anzahl der durchgeführten zufälligen Vorgänge (Münzwurf) um die theoretische Wahrscheinlichkeit von 50 % stabilisiert bzw. gegen diese konvergiert. Allerdings ist die idealtypische Annäherung nur eine Erfahrungstatsache und kein mathematischer Sachverhalt. Jedoch wird am Beispiel des Münzwurfs deutlich, dass mit der steigenden Anzahl der Wiederholungen des zufälligen Vorgangs, die daraus abgeleitete Wahrscheinlichkeit zuverlässiger wird. Denn, wie bereits eingangs beschrieben, sind wahrscheinlichkeitstheoretische Aussagen nur für Massenerscheinungen und nicht für zufällige Einzelereignisse gültig (Bronder, 2016, S. 128).

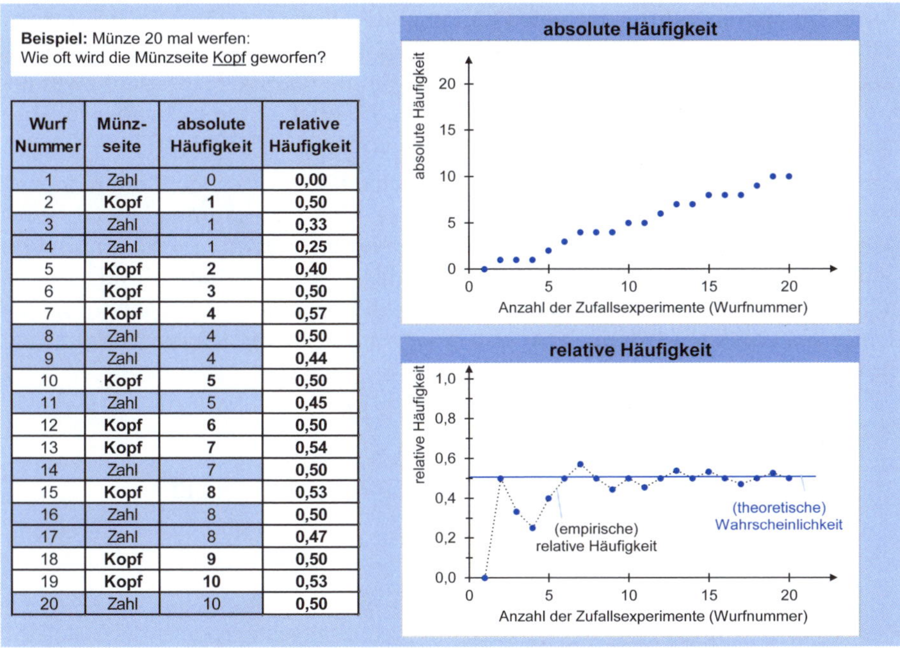

Wurf Nummer	Münzseite	absolute Häufigkeit	relative Häufigkeit
1	Zahl	0	0,00
2	Kopf	1	0,50
3	Zahl	1	0,33
4	Zahl	1	0,25
5	Kopf	2	0,40
6	Kopf	3	0,50
7	Kopf	4	0,57
8	Zahl	4	0,50
9	Zahl	4	0,44
10	Kopf	5	0,50
11	Zahl	5	0,45
12	Kopf	6	0,50
13	Kopf	7	0,54
14	Zahl	7	0,50
15	Kopf	8	0,53
16	Zahl	8	0,50
17	Zahl	8	0,47
18	Kopf	9	0,50
19	Kopf	10	0,53
20	Zahl	10	0,50

Abb. 3-12: Empirischen Erhebung der absoluten und relativen Häufigkeit (in Anlehnung an Sibbertsen/Lehne, 2015, S. 191 f.)

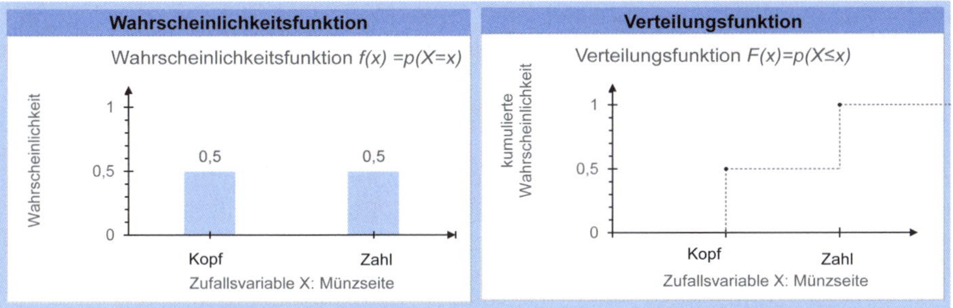

Abb. 3-13: Theoretische Wahrscheinlichkeit des Münzwurfs

Jedoch gibt es keine Gesetzmäßigkeit, die garantiert, dass die relative Häufigkeit sich in den nächsten 20 Würfen exakt um den Wert 0,5 einpendelt (Henze, 2010, S. 20). Ein weiterer Nachteil besteht darin, dass die statistische Wahrscheinlichkeit von der Art und Weise der Häufigkeitserhebung abhängig ist. Der „richtige“ Wert von 0,5 im Beispiel kann bei einer ungeraden Anzahl an Münzwürfen nie erreicht werden. Darüber hinaus ist der Grenzwert der relativen Häufigkeit nur bei einer vorliegenden Symmetrie, wie im Beispiel des Münzwurfs mit dem Wert 0,5 bekannt. Wird die Wahrscheinlichkeit tatsächlich lediglich auf Basis der empirischen Häufigkeit bestimmt, kann die „richtige“ Wahrscheinlichkeit allenfalls geschätzt und nicht mathematisch exakt bestimmt werden. Im Übrigen setzt die a posteriori-Wahrscheinlichkeit voraus, dass der zufällige Vorgang unter gleichen Bedingungen zumindest theoretisch beliebig oft wiederholt werden kann. Für zahlreiche reale Phänomene ändern sich ständig die Rahmenbedingungen, sodass eine beliebige Wiederholung so gut wie unmöglich ist. Zusammenfassend bleibt zu konstatieren, dass die relative Häufigkeit zwar als Annäherung für die Bestimmung von Wahrscheinlichkeiten nicht aber für ihre exakte Definition dienen kann (Sibbertsen/Lehne, 2015, S. 193).

Neben den beiden klassischen Wahrscheinlichkeitsbegriffen steht der moderne Wahrscheinlichkeitsbegriff. Er basiert auf drei Grundannahmen bzw. Spielregeln, den sogenannten Axiomen und ist von Naturgesetzen sowie statistischen Häufigkeiten unabhängig. Damit können alle Zusammenhänge und Gesetzmäßigkeiten von Wahrscheinlichkeiten für beliebige zufällige Vorgänge logisch richtig abgebildet werden, sogar wenn sie in der Realität nicht vorkommen (Bronder, 2016, S. 127 f.).

1. Axiom: Nichtnegativitätsaxiom: $0 \le p(ER) \le 1$
2. Axiom: Normierungsaxiom: $p(SER) = 1$
3. Axiom: Additivitätsaxiom: $p(ER \cup GER) = p(ER) + p(GER)$

p	…	*Wahrscheinlichkeit*
ER	…	*Ereignis*
GER	…	*Gegenereignis*
SER	…	*Sicheres Ereignis*
$\cup$	…	*Mengenoperator UND*

Das erste Axiom ordnet jedem Ereignis eine Wahrscheinlichkeit zwischen 0 und 1 bzw. zwischen 0 % und 100 % zu. Das zweite Axiom normiert ein sicheres Ereignis auf die Wahrscheinlichkeit von 1 bzw. 100 %. Das dritte Axiom legt fest, dass die Wahrscheinlichkeit von zwei sich ausschließenden und unabhängigen Ereignissen der Summe der jeweiligen Wahrscheinlichkeit beider Ereignisse entspricht (Sibbertsen/Lehne, 2015, S. 195). Die Axiome beschränken sich auf die Festlegung der formalen Eigenschaften, die Wahrscheinlichkeiten als mathematische Objekte besitzen sollen. Zwar sind die Axiome aus den Eigenschaften der relativen Häufigkeit abgeleitet. Allerdings ist der Umgang mit den Wahrscheinlichkeiten unabhängig von der Art und Weise ihrer Bestimmung. Sie können z. B. auf relativen Häufigkeiten oder auch auf subjektiven Einschätzungen beruhen (Henze, 2010, 39 f.).

Nach der Art und Weise der Bestimmung bzw. der Validierbarkeit von Wahrscheinlichkeiten werden die beiden Arten objektive und subjektive Wahrscheinlichkeit unterschieden (Abb. 3-14).

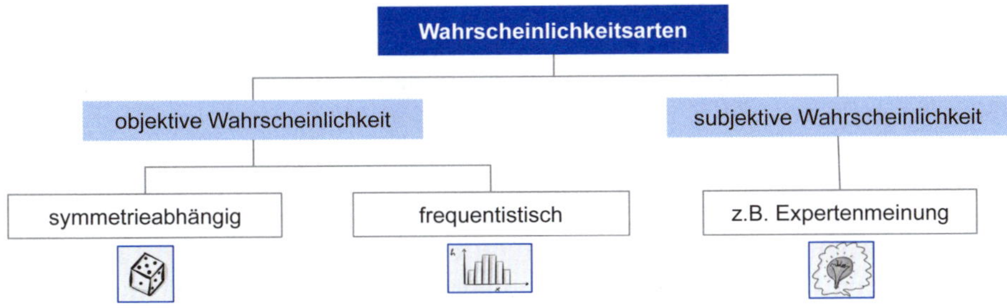

Abb. 3-14: Wahrscheinlichkeitsarten

Idealerweise kann die Wahrscheinlichkeit auf Basis einer vorliegenden, objektiv erkennbaren Symmetrie und dem damit im Zusammenhang stehenden Gleichverteilungsmodell abgeleitet werden, wie etwa bei dem oben beschriebenen Beispiel des Münzwurfs. Ausgangspunkt der Gleichverteilung ist die Überlegung, dass es keinen sachlichen Grund gibt, die Wahrscheinlichkeit für eine Zufallserscheinung im Vergleich zu den übrigen möglichen Zufallserscheinungen höher einzuschätzen. Liegt keine Symmetrie vor, kann die Wahrscheinlichkeit aus der beobachteten relativen Häufigkeit abgeleitet werden, wie z. B. zur Bestimmung von Ausschussquoten. Um aus den Beobachtungen der Vergangenheit verlässliche Wahrscheinlichkeiten abzuleiten, muss eine vergleichsweise hohe Anzahl von Beobachtungen vorliegen bzw. der zufällige Vorgang zumindest theoretisch beliebig oft wiederholbar sein. Denn Einzelbeobachtungen bilden keine gute Prognosebasis für künftig erwartete Eintrittswahrscheinlichkeiten. Zusätzlich sollten die relevanten Einflussfaktoren zeitlich stabil sein. Im Beispiel der Schätzung einer künftigen Ausschussquote ist die Verwendung von historischen Beobachtungen nur sinnvoll ist, wenn das Produktionsverfahren unverändert bleibt. Erfolgt eine Veränderung der Umstände in Bezug auf die historische Beobachtung, liefern die relativen Häufigkeiten der Vergangenheit, kaum belastbare Informationen für die Abschätzung künftiger Entwicklungen (Nitzsch, 2015, S. 71 f.). Die objektiven Wahrscheinlichkeiten sind validierbar und von subjektiven Erwartungshaltungen unabhängig. Viele zufällige Erscheinungen der Realität lassen sich jedoch nicht mit der objektiven Wahrscheinlichkeit erfassen, da ein zufallsbasierter Vorgang mit all seinen Besonderheiten, wie z. B. die Umsatzentwicklung, sehr komplex sein kann. Somit ist eine Erhebung historischer Daten unter zumindest theoretisch gleichen Bedingungen, die dann auch noch künftig stabil sind, schwierig. Als möglicher Ausweg dient die subjektive Wahrscheinlichkeit, die auch als Glaubwürdigkeitsgrad oder subjektiver Überzeugungsgrad bezeichnet wird (Bamberg et al., 2012b, S. 67). Sie ist eine subjektive Erwartungshaltung und beruht auf Intuition, Gefühlen oder auch auf Erfahrungswerten von Individuen. Im Idealfall basiert sie auf dem Fachwissen und der Erfahrung von Experten. Subjektive Wahrscheinlichkeiten können durchaus in Teilen auf statistischen Daten bzw. objektiven Anhaltspunkten aufbauen. Die subjektive Wahrscheinlichkeit ist für andere Personen nicht immer nachvollziehbar und zumindest nicht vollständig validierbar. Sie kann sich für den gleichen Sachverhalt von Individuum zu Individuum unterscheiden (Nitzsch, 2015, S. 73). Dennoch werden subjektive Wahrscheinlichkeiten zur Einschätzung von Entwicklungen im Unternehmen eingesetzt, um die Unsicherheit im Hinblick auf das Eintreten von zufälligen Ereignissen trotz fehlender objektiver Wahrscheinlichkeiten zumindest auf dieser Basis zu analysieren (Sibbertsen/Lehne, 2015, S. 196). Gegenüber der Alternative einer Reduktion auf einwertige, vermeintlich deterministische Erwartungen, bei der ohne Angabe von Wahrscheinlichkeiten lediglich ein wahrscheinlicher künftiger Wert, wie z. B. ein möglicher Umsatz im nächsten Jahr, geschätzt wird, ermöglichen Wahrscheinlichkeiten überhaupt erst eine Risikoanalyse (Bamberg et al., 2012b, S. 70). Werden für die Bestimmung von subjektiven Wahrscheinlichkeiten die oben vorgestellten Axiome beachtet, genügen sie ebenfalls dem modernen Wahrscheinlichkeitsbegriff (Henze, 2010, S. 46).

3.5.2 Darstellungsformen der Wahrscheinlichkeiten

Die Wahrscheinlichkeit bzw. die Verteilung von Zufallsvariablen kann entweder mit der Wahrscheinlichkeits- bzw. der Wahrscheinlichkeitsdichtefunktion, mit der Verteilungsfunktion oder mit der inversen Verteilungsfunktion veranschaulicht werden. Die Abb. 3-15 zeigt die unterschiedlichen Funktionen auf der linken Seite für eine diskrete Verteilung und rechts für eine stetige Verteilung. Dabei handelt es sich lediglich um unterschiedliche Darstellungsformen für den gleichen Sachverhalt bzw. die gleiche Datengrundlage. Bei der Nutzung von Verteilungsfunktionen gehen gegenüber der Wahrscheinlichkeits- bzw. der Dichtefunktion keine Informationen verloren. Den Grafiken liegen die gleichen Ausgangdaten zugrunde, sodass sie ineinander überführt werden können (Nitzsch, 2015, S. 15). Die Wahrscheinlichkeits- bzw. die Wahrscheinlichkeitsdichtefunktion stellt die Wahrscheinlichkeit in Abhängigkeit der Zufallsausprägungen dar. Die diskrete Verteilungsfunktion wird aus der Wahrscheinlichkeitsfunktion durch Kumulieren der Wahrscheinlichkeiten erzeugt. Die stetige Verteilungsfunktion entsteht durch die Bildung des Integrals der Wahrscheinlichkeitsdichtefunktion. Schließlich resultiert die inverse Verteilungsfunktion durch Umstellen der Verteilungsfunktion nach der unabhängigen Größe x, sodass die vormals unabhängige Größe x zur abhängigen Größe und die zuvor abhängige Größe y zur unabhängigen Größe wird. In der Grafik handelt es sich dabei lediglich um einen Achsentausch. Während die Verteilungsfunktion die kumulierte Wahrscheinlichkeit in Abhängigkeit der Zufallsausprägung abbildet, zeigt die inverse Verteilungsfunktion die Zufallsausprägung in Abhängigkeit der kumulierten Wahrscheinlichkeit. Im Rahmen der Risikoquantifizierung werden insbesondere die Verteilungsfunktion, z. B. für die Interpretation von Unterschreitungs- oder Überschreitungswahrscheinlichkeiten nach einer durchgeführten Simulation, und die inverse Verteilungsfunktion, z. B. für die Durchführung einer Simulation, genutzt. Die Wahrscheinlichkeits- bzw. die Dichtefunktion $f(x)$ dient vorrangig der Veranschaulichung einer Verteilungsform. In einigen Fällen leitet sich der Name einer Verteilung aus der Form ihrer Wahrscheinlichkeits- bzw. der Dichtefunktion ab, wie beispielsweise bei der Gleichverteilung, die in ihrer diskreten Form auch als Kammverteilung und in ihrer stetigen Form als Rechteckverteilung bezeichnet wird. Anhand der Wahrscheinlichkeitsfunktion kann die Wahrscheinlichkeit dafür bestimmt werden, dass eine diskrete Zufallserscheinung einen bestimmten Wert annimmt (Sibbertsen/Lehne, 2015, S. 228). Beispielsweise zeigt die obere linke Grafik in Abb. 3-15, dass beim Würfeln die Wahrscheinlichkeit die Zahl 3 zu werfen 1/6 bzw. 16,7 % beträgt. Demgegenüber können aus der Dichtefunktion, die die stetige Zufallsvariable abbildet, keine quantitativen Aussagen unmittelbar ableitet werden. Denn die Wahrscheinlichkeit einer stetigen Zufallsgröße einen ganz bestimmten Wert, z. B. den Wert 3, anzunehmen ist gleich Null: $f(3) = 0$ (Sibbertsen/Lehne, 2015, S. 237). In der oberen rechten Grafik in Abb. 3-15 wird zwar die Wahrscheinlichkeit auf der y-Achse abgetragen, sie gilt aber nicht für einen bestimmten Wert bzw. Punkt, sondern immer nur für ein Intervall.

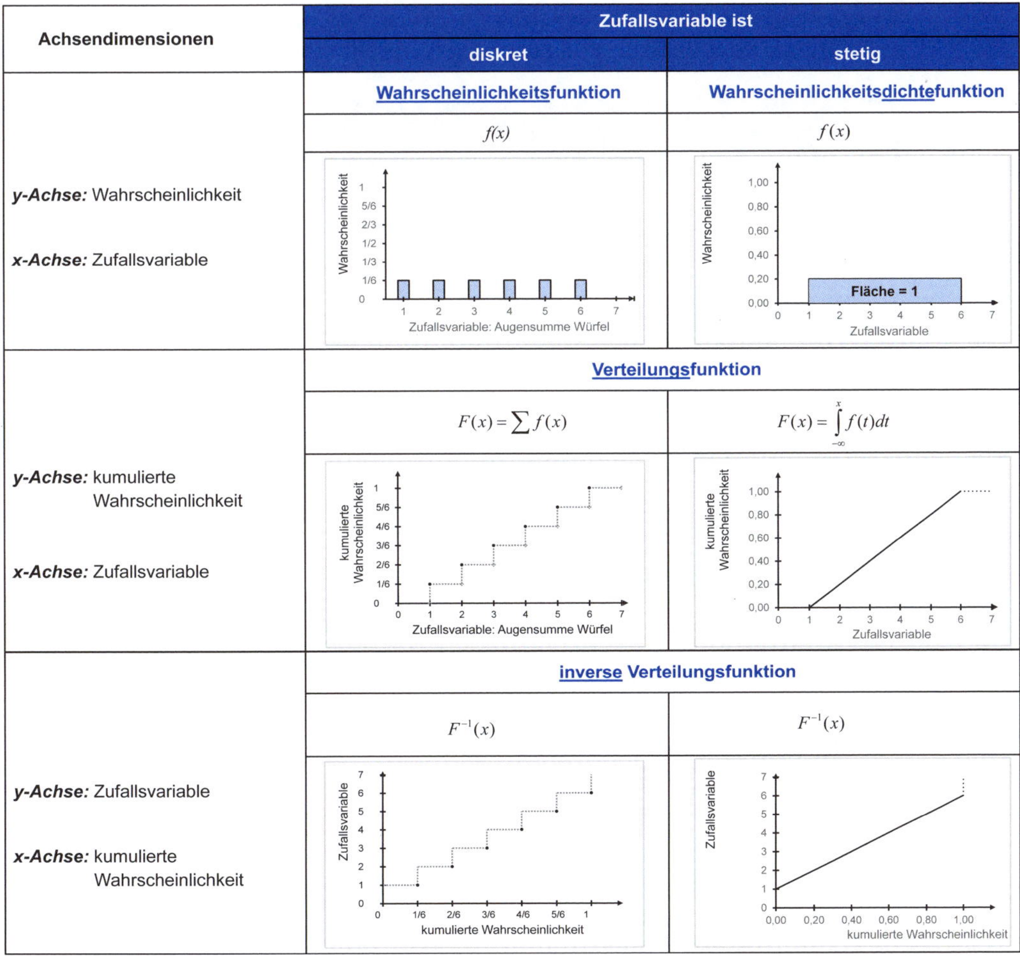

Abb. 3-15: Darstellungsformen von Wahrscheinlichkeiten am Beispiel der Gleichverteilung (in Anlehnung an Nitzsch, 2015, S. 83)

Die Bestimmung einer Wahrscheinlichkeit aus der Wahrscheinlichkeitsdichtefunktion ist somit nur für Intervalle, die zur Annäherung an einen bestimmten Punkt auch sehr klein gewählt werden können, durch Integration möglich. Die Integration der Wahrscheinlichkeitsdichtefunktion führt wiederum zur Verteilungsfunktion. Die Wahrscheinlichkeitsdichtfunktion $f(x)$ dient also lediglich der Berechnung der Verteilungsfunktion F(x) (Sibbertsen/Lehne, 2015, S. 235). Zur Darstellung der Verteilungsfunktion wird die kumulierte Wahrscheinlichkeit abgetragen. Sie ist eine Unterschreitungswahrscheinlichkeit, die die Wahrscheinlichkeit dafür angibt, dass ein bestimmter Wert erreicht oder unterschritten wird (mathematisch: ≤). Die Unterschreitungswahrscheinlichkeit wird auch als Quantil bezeichnet. Beispielsweise liegt das 50%- Quantil in der diskreten Verteilungsfunktion in Abb. 3-15 bei dem Wert 3, d.h. mit einer Wahrscheinlichkeit von 3/6 bzw. von 50% wird der Wert 3 erreicht oder unterschritten. Für die Unterschreitungswahrscheinlichkeit werden verschiedene Bezeichnung genutzt. Sie kann zum einen in Zusammenhang mit bestimmten Zufallsausprägungen stehen, wie etwa bei der Verlustwahrscheinlichkeit. Anhand der Verlustwahrscheinlichkeit wird die Wahrscheinlichkeit dafür bestimmt, dass ein Ergebnis von Null erreicht oder unterschritten wird.

Fragestellung	Darstellungsform der Verteilung	Gesuchte Größe
Wie hoch ist die Wahrscheinlichkeit für den Eintritt eines bestimmten Ereignisses *x*? Beispiel: *Wie hoch ist die Wahrscheinlichkeit, dass der Umsatz im nächsten Jahr 660 M€ beträgt?*	Wahrscheinlichkeitsfunktion $f(x)$ bzw. Wahrscheinlichkeitsdichtefunktion $f(x)$	Wahrscheinlichkeit für einen Punkt $f(x)$ für eine stetige Verteilung gilt: $f(x)=0$
Wie hoch ist die Wahrscheinlichkeit, dass das Merkmal eine bestimmte Ausprägung x erreicht oder unterschreitet? Beispiel: *Wie hoch ist die Wahrscheinlichkeit, dass der Umsatz im nächsten Jahr maximal 660 M€ beträgt?*	Verteilungsfunktion F(x)	Unterschreitungswahrscheinlichkeit $p(X \leq x) = F(x)$
Wie hoch ist die Wahrscheinlichkeit, dass das Merkmal eine bestimmte Ausprägung *x* überschreitet? Beispiel: *Wie hoch ist die Wahrscheinlichkeit, dass der Umsatz im nächsten Jahr mindestens 660 M€ beträgt?*	Verteilungsfunktion $F(x)$	Überschreitungswahrscheinlichkeit $p(X > x) = 1-F(x)$

Fragestellung	Darstellungsform der Verteilung	Gesuchte Größe
Wie hoch ist die Wahrscheinlichkeit, dass das Merkmal in einem bestimmten Intervall $[x_1; x_2]$ liegt? Beispiel: *Wie hoch ist die Wahrscheinlichkeit, dass der Umsatz im nächsten Jahr zwischen 650 M€ und 670 M€ liegt?*	Verteilungsfunktion $F(x)$	Wahrscheinlichkeit für ein bestimmtes Intervall $P(x_1 \leq X \leq x_2) = F(x_2)-F(x_1)$
Simulation von Szenarien Eine Simulation: Welche zufällige Ausprägung des Merkmals ist unter Beachtung der angenommenen Verteilung des Merkmals möglich? Vielzahl von Simulation verschiedener Eingangsgrößen: Welche Verteilung der Ausprägungen der Zielgröße ist zu erwarten, wenn die einzelnen Eingangsgrößen unter Berücksichtigung der jeweils angenommenen Verteilung simuliert werden?	Durchführung der Simulation: inverse Verteilungsfunktion der Eingangsgrößen Auswertung der Simulation: Verteilungsfunktion der simulierten Zielgröße	Ausprägung der Eingangsgröße x für zufällig ausgewählte kumulierte Wahrscheinlichkeit $F(x)$ Unterschreitungswahrscheinlichkeit $F(x)$ oder Überschreitungswahrscheinlichkeit $1- F(x)$ eines bestimmten Wertes der simulierten Ergebnisgröße

Abb. 3-16: Fragestellungen zur Verteilung

Aus der Unterschreitungswahrscheinlichkeit kann die Überschreitungswahrscheinlichkeit bestimmt werden, indem von 100 % Gesamtwahrscheinlichkeit die Unterschreitungswahrscheinlichkeit abgezogen wird. Die Überschreitungswahrscheinlichkeit sagt aus, mit welcher Wahrscheinlichkeit ein Wert überschritten wird, mathematisch: >. Sie wird in Ausnahmefällen, z. B. bei Jöckel/Pflaumer, 1981, B42, als fallende oder umgedrehte Verteilungskurve dargestellt und ist nicht mit der inversen Verteilungsfunktion zu verwechseln. Die Literatur kennt ebenfalls besondere Bezeichnungen für bestimmte Überschreitungswahrscheinlichkeiten, wie etwa die Gewinnwahrscheinlichkeit (Frey/Nießen, 2001, S. 26 f.).

Der Zusammenhang von Wahrscheinlichkeitsdichte- und Verteilungsfunktion einer diskreten Verteilung wird in Abb. 3-17 und die Beziehung zwischen Wahrscheinlichkeits- und Verteilungsfunktion einer stetigen Verteilung wird in Abb. 3-18 mit den möglichen Aussagen nochmal zusammengefasst veranschaulicht. Die Abb. 3-17 zeigt für eine diskrete Verteilung, dass aus der Verteilungsfunktion sowohl die Unterschreitungswahrscheinlichkeit $F(x)$ durch direktes Ablesen, die Überschreitungswahrscheinlichkeit durch die einfache Berechnung $100\,\% - F(x)$ als auch die Wahrscheinlichkeit für eine bestimmte Ausprägung $f(x_1)$ durch die Differenz $F(x_2) - F(x_1)$ ermittelt werden kann.

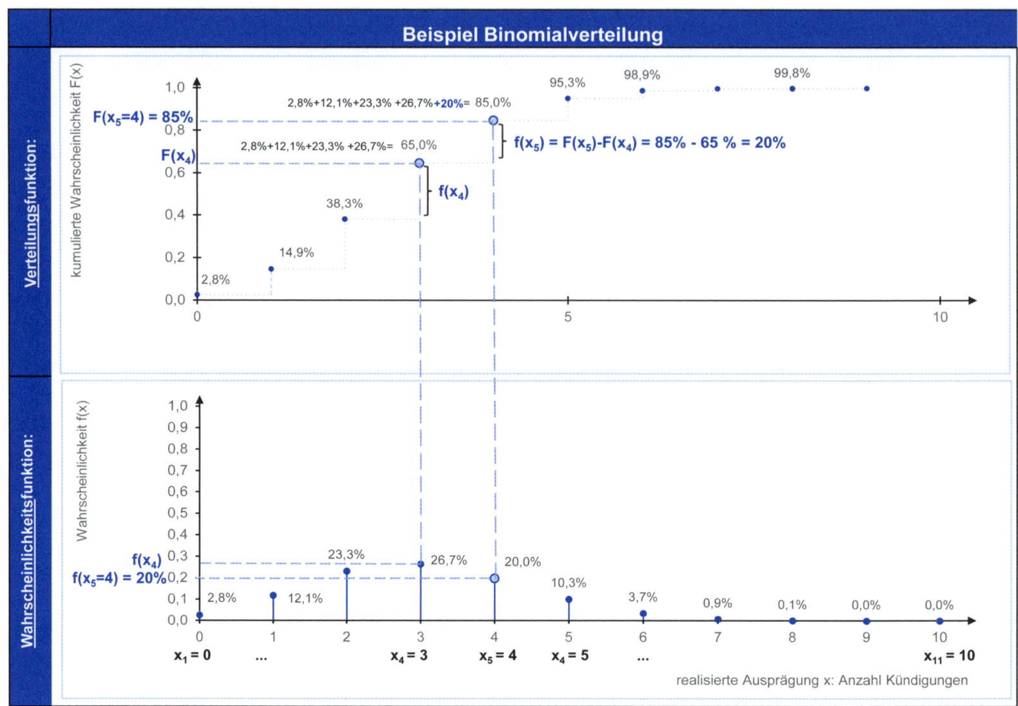

Abb. 3-17: Aussagen diskreter Verteilungen am Beispiel der Binomialverteilung (in Anlehnung an Auer/Rottmann, 2010, S. 199)

Für eine stetige Verteilungsfunktion verdeutlicht die Abb. 3-18 die Bestimmung der Unterschreitungswahrscheinlichkeit $F(x_2) = 93{,}3\,\%$ durch Ablesen, der Überschreitungswahrscheinlichkeit durch die Berechnung $100\,\% - F(x_2) = 100\,\% - 93{,}3\,\% = 6{,}7\,\%$ und der Wahrscheinlichkeit, dass die Zufallsvariable in dem konkreten Intervall zwischen $x_1 = -1$ und $x_2 = 1{,}5$ liegt, durch die Differenzbildung der entsprechenden Unterschreitungswahrscheinlichkeiten $F(x_2) - F(x_1) = 93{,}3\,\% - 15{,}9\,\% = 77{,}4\,\%$. Dabei lässt die Abb. 3-18 erkennen, dass die kumulierten Wahrscheinlichkeiten zwar anhand der Wahrscheinlichkeitsdichtefunktion durch die markierten Flächen weiß, blau und grau veranschaulicht werden können, jedoch nicht in der exakten Art und Weise abzulesen sind, wie es die Verteilungsfunktion erlaubt.

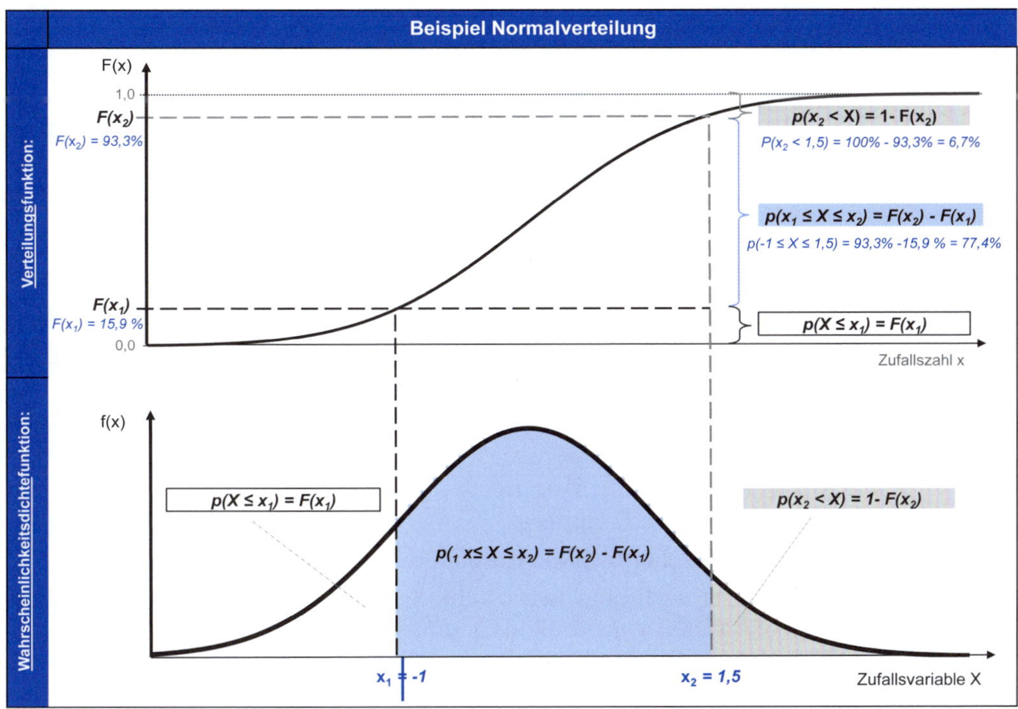

Abb. 3-18: Aussagen stetiger Verteilungen am Beispiel der Normalverteilung (in Anlehnung an Auer/Rottmann, 2010, S. 202 und S. 205)

3.5.3 Bedingte Wahrscheinlichkeit

Die bisherigen Ausführungen über die Wahrscheinlichkeit gehen von der sogenannten stochastischen Unabhängigkeit aus, d. h. es wird angenommen, dass die Wahrscheinlichkeiten der Zufallsvariablen an keine Bedingungen geknüpft sind oder keine Abhängigkeiten zu anderen Zufallsvariablen bestehen. Bei der Lösung praktischer Probleme mittels Wahrscheinlichkeitstheorie stößt man früher oder später auf bedingte Wahrscheinlichkeiten. Sie liegt vor, wenn das Eintreten eines Ereignisses x unter der Bedingung, der Voraussetzung, der Annahme oder auch dem Wissen, dass das Ereignis y eintritt, von Interesse ist (Auer/Rottmann, 2010, S. 176). Die Bedingung y ist eine wichtige Zusatzinformation, die zur besseren bzw. richtigen Einschätzung der Eintrittswahrscheinlichkeit von Ereignis x führt, sofern eine Abhängigkeit besteht (Zucchini et al., 2009, S. 87). Eine Bedingung führt stets zu einer Verkleinerung der möglichen Ergebnismenge, wie die jeweils separat zu betrachtenden beiden rechten Grafiken im Vergleich zur linken Grafik in Abb. 3-19 zeigen. Denn aus Sicht vom abhängigen Ereignis ist die Bedingung ein sicheres Ereignis und somit eine wertvolle Zusatzinformation (Auer/Rottmann, 2010, S. 176). Mathematisch ist die bedingte Wahrscheinlichkeit vom Ereignis x unter der Bedingung, dass das Ereignis y eingetreten ist [$p(x|y)$], wie folgt definiert (Schira, 2016, S. 239):

$$p(x|y) = \frac{p(x \cap y)}{p(y)} \quad \text{für } p(y) > 0$$

X	... *Zufallsvariable X*
x	... *Ausprägung bzw. Ereignis der Zufallsvariable X*
Y	... *Zufallsvariable Y*
y	... *Ausprägung bzw. Ereignis der Zufallsvariable Y*
p	... *Wahrscheinlichkeit*
$\cap$	... *Mengenoperator: Schnittmenge*
$\vert$	... *unter der Bedingung*

In der Definition sind somit drei verschiedene Wahrscheinlichkeiten enthalten:

- $p(x|y)$: bedingte Wahrscheinlichkeit für das Auftreten vom zufälligen Ereignis x unter der Bedingung, dass das zufällige Ereignis y eingetreten ist, kurz: bedingte Wahrscheinlichkeit von x unter der Bedingung y
- $p(x \cap y)$: Wahrscheinlichkeit für das gleichzeitige Auftreten vom Ereignis x und von Ereignis y
- $p(y)$: Wahrscheinlichkeit für das Auftreten von Ereignis y

Hat der Eintritt eines Ereignisses y keinerlei Einfluss auf die Wahrscheinlichkeit für das Eintreten vom Ereignis x und vice versa, liegt eine stochastische Unabhängigkeit der beiden Ereignisse vor (Schira, 2016, S. 242). Die Berechnung der Wahrscheinlichkeit, dass zwei Ereignisse x und y [$p(x \cap y)$] gleichzeitig auftreten erfolgt mit dem sogenannten Multiplikationssatz und unterscheidet sich für unabhängige und bedingte Wahrscheinlichkeiten (Schira, 2016, S. 241 f.), wie die Abb. 3-19 zeigt.

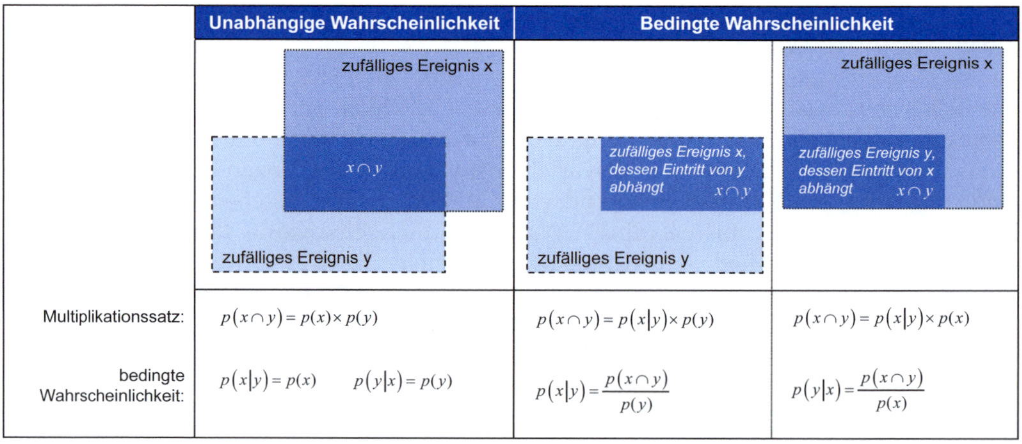

	Unabhängige Wahrscheinlichkeit	Bedingte Wahrscheinlichkeit	
	zufälliges Ereignis x $x \cap y$ zufälliges Ereignis y	zufälliges Ereignis x, dessen Eintritt von y abhängt $x \cap y$ zufälliges Ereignis y	zufälliges Ereignis x zufälliges Ereignis y, dessen Eintritt von x abhängt $x \cap y$
Multiplikationssatz:	$p(x \cap y) = p(x) \times p(y)$	$p(x \cap y) = p(x\|y) \times p(y)$	$p(x \cap y) = p(x\|y) \times p(x)$
bedingte Wahrscheinlichkeit:	$p(x\|y) = p(x)$ $p(y\|x) = p(y)$	$p(x\|y) = \frac{p(x \cap y)}{p(y)}$	$p(y\|x) = \frac{p(x \cap y)}{p(x)}$

Abb. 3-19: Unabhängige und bedingte Wahrscheinlichkeit (in Anlehnung an Kockelkorn, 2012, S. 54)

Die Axiome vom modernen Wahrscheinlichkeitsbegriff finden für die bedingte Wahrscheinlichkeit ebenfalls Anwendung (Schira, 2016, S. 241):

1. Axiom: Nichtnegativitätsaxiom: $0 \leq p(x|y) \leq 1$

2. Axiom: Normierungsaxiom: $p(\Omega_x|y) = 1$

3. Axiom: Additivitätsaxiom: $p(x_1 \cup x_2|y) = p(x_1|y) + p(x_2|y)$

Ω … *Wahrscheinlichkeitsraum*
h … *relative Häufigkeit*

Die Abb. 3-20 verdeutlicht mit einem einfachen Beispiel anhand der relativen Häufigkeiten h die Formeln, die äquivalent für die bedingten Wahrscheinlichkeiten aus Abb. 3-19 gelten.

Beispiel: Münze 1 und Münze 2 jeweils 12 Mal werfen: Wie oft wird die Münzseite Kopf geworfen?

- **Ereignis x**: Mit der ersten Münze wird Kopf geworfen.
- **Ereignis y:** Mit der zweiten Münze wird Kopf geworfen.

Versuch	1.	2.	3.	4.	5.	6.	7.	8.	9.	10.	11.	12.	absolute Häufigkeit	relative Häufigkeit *h*
Münze 1	**K**	**K**	Z	**K**	Z	Z	Z	**K**	Z	**K**	**K**	Z		
Münze 2	Z	Z	**K**	**K**	**K**	Z	**K**	Z	**K**	**K**	**K**	Z		
Ereignis *x*	☑	☑		☑				☑		☑	☑		6	6/12
Ereignis *y*			☑	☑	☑		☑		☑	☑	☑		7	7/12
Ereignis *x* ∩ *y*				☑						☑	☑		3	3/12

unabhängige relative Häufigkeiten	$h(x) = \frac{6}{12} = 0{,}5$	$h(y) = \frac{7}{12} \approx 0{,}58$	$h(x \cap y) = \frac{3}{12} = 0{,}25$
bedingte relative Häufigkeiten	$h(x\|y) = \frac{h(x \cap y)}{h(y)}$ $h(x\|y) = \frac{3/12}{7/12} = \frac{3}{7} = 0{,}42$	$h(y\|x) = \frac{h(x \cap y)}{h(x)}$ $h(y\|x) = \frac{3/12}{6/12} = \frac{3}{6} = 0{,}5$	$h(x \cap y) = h(x\|y) \times h(y) = h(y\|x) \times h(x)$ $h(x \cap y) = \frac{3}{7} \times \frac{7}{12} = \frac{3}{6} \times \frac{6}{12} = \frac{3}{12}$
Satz von Bayes	$h(x\|y) = \frac{h(y\|x)}{h(y)} \times h(x)$ $h(x\|y) = \frac{3/6}{7/12} \times \frac{6}{12} = \frac{3}{6} \times \frac{12}{7} \times \frac{6}{12} = \frac{3}{7}$	$h(y\|x) = \frac{h(x\|y)}{h(x)} \times h(y)$ $h(y\|x) = \frac{3/7}{6/12} \times \frac{7}{12} = \frac{3}{7} \times \frac{12}{6} \times \frac{7}{12} = \frac{3}{6}$	

Abb. 3-20: Bedingte Wahrscheinlichkeiten am Beispiel von relativen Häufigkeiten verstehen (in Anlehnung an Schira, 2016, S. 239 ff.)

Treten mehrere sich ausschließende Ursachen bzw. Bedingungen x_{index} für das Eintreten eines Ereignisses y auf, kommt die totale Wahrscheinlichkeit zum Tragen (Abb. 3-21). Während $p(y|x)$ eine bedingte Wahrscheinlichkeit ist, verkörpert $p(y)$ die totale bzw. die unbedingte Wahrscheinlichkeit (Kockelkorn, 2012, S. 55).

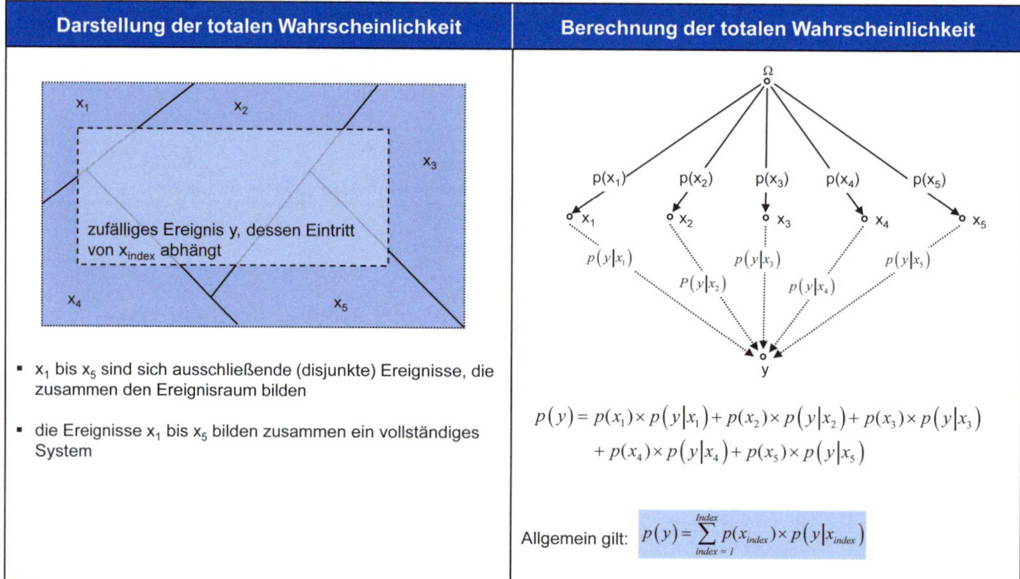

Abb. 3-21: Totale Wahrscheinlichkeit
(in Anlehnung an Kockelkorn, 2012, und Schira, 2016, S. 245)

Die totale Wahrscheinlichkeit spielt eine wichtige Rolle im Rahmen der Analyse von mehrstufigen Zufallsexperimenten (Schira, 2016, S. 245). Diese lassen sich in einem Baumdiagramm veranschaulichen (Auer/Rottmann, 2010, S. 178). Dabei werden in jeder Verzweigung Komplementärereignisse betrachtet. Sie schließen sich gegenseitig aus und ergeben in Summe eine Wahrscheinlichkeit von eins bzw. 100 % (Knotenpunkt-Regel). Ferner handelt es sich bei den abgetragenen Ereignissen ab der zweiten Stufe um bedingte Wahrscheinlichkeiten (Abb. 3-22). Die Summe aller Wahrscheinlichkeiten am Ende des Pfades müssen nach der Totalwahrscheinlichkeits-Regel zusammen ebenfalls 100 % ergeben (Auer/Rottmann, 2010, S. 178). Die Abb. 3-22 zeigt die Berechnungen der Wahrscheinlichkeiten für ein zweistufiges Zufallsexperiment am Beispiel einer Urne.

Typischerweise besteht ein Baumdiagramm aus verschiedenen Pfaden. Jeder Pfad führt mit einer bestimmte Wahrscheinlichkeit zu einem Ereignis. Die Ereignisse sind Knotenpunkte, die sich wiederum mit bestimmten Wahrscheinlichkeiten zu weiteren Ereignissen verzweigen.

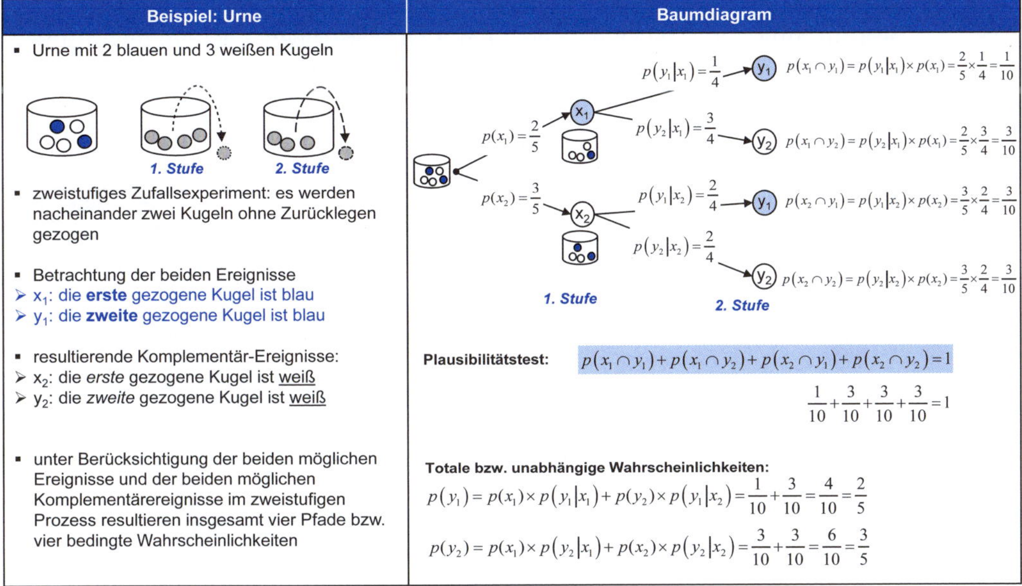

Abb. 3-22: Beispiel Baumdiagramm
(in Anlehnung an Auer/Rottmann, 2010, S. 177 f.)

3.5.4 Schätzung von Zukunftsdaten

Zur Prognose von Zukunftsdaten kann man auf Vergangenheitsdaten zurückgreifen, um daraus Aussagen für die Zukunft abzuleiten. Ferner besteht die Möglichkeit Zukunftsdaten auf Basis von Expertenschätzungen zu bestimmen. Die Veränderung ist allgegenwärtig und verursacht eine zeitliche Instabilität. Trotz des ständigen Wandels wiederholen sich verschiedene Phänomene bzw. Ereignisse immer wieder und die Erkenntnisse aus der Vergangenheit können durchaus hilfreich sein. Sollen hinreichend zuverlässige Zukunftsdaten generiert werden, indem auf Vergangenheitsdaten basierende Erkenntnissen für die Zukunft fortgeschrieben werden, ist die Stationarität der betreffenden Größe notwendig. D. h., dass die beobachteten Phänomene mit ihren Zusammenhängen und Eigenschaften auch in der Zukunft zumindest im gewissen Rahmen zeitlich stabil bzw. stationär sind. Neben der statistischen Analyse zeigt die Abb. 3-23 weitere Möglichkeiten zur Generierung von Zukunftsdaten. Sie werden in Anlehnung an die Unterteilung in stochastische und deterministische Phänomene (Abb. 3-1) abgeleitet. Das Spektrum reicht von der Intuition, über die Benchmarks, die statistische Analyse bis hin zur exakten Bestimmung bestehender Wirkungszusammenhänge. Obwohl zur Konzipierung von Zukunftsdaten alle vier Methoden gleichzeitig Anwendung finden können, werden sie nachfolgend isoliert betrachtet, um ihre Besonderheiten hervorzuheben. Die ersten drei Methoden sind für die Bestimmung von unsicheren Zukunftsdaten anzuwenden, für die Wirkungszusammenhänge nicht oder nicht genau bekannt sind und die betrachtete Zielgröße durch zufällige Störgrößen beeinflusst werden. Gibt es zur Bestimmung der Zielgröße keine zufälligen Störgrößen, liegt ein deterministisches Phänomen vor. Hierbei findet die vierte Herangehensweise Anwendung, indem der Wirkungszusammenhang durch eine Formel bestimmt wird. Die Methoden sind nach ihrer Nachvollziehbarkeit der Datenschätzung angeordnet.

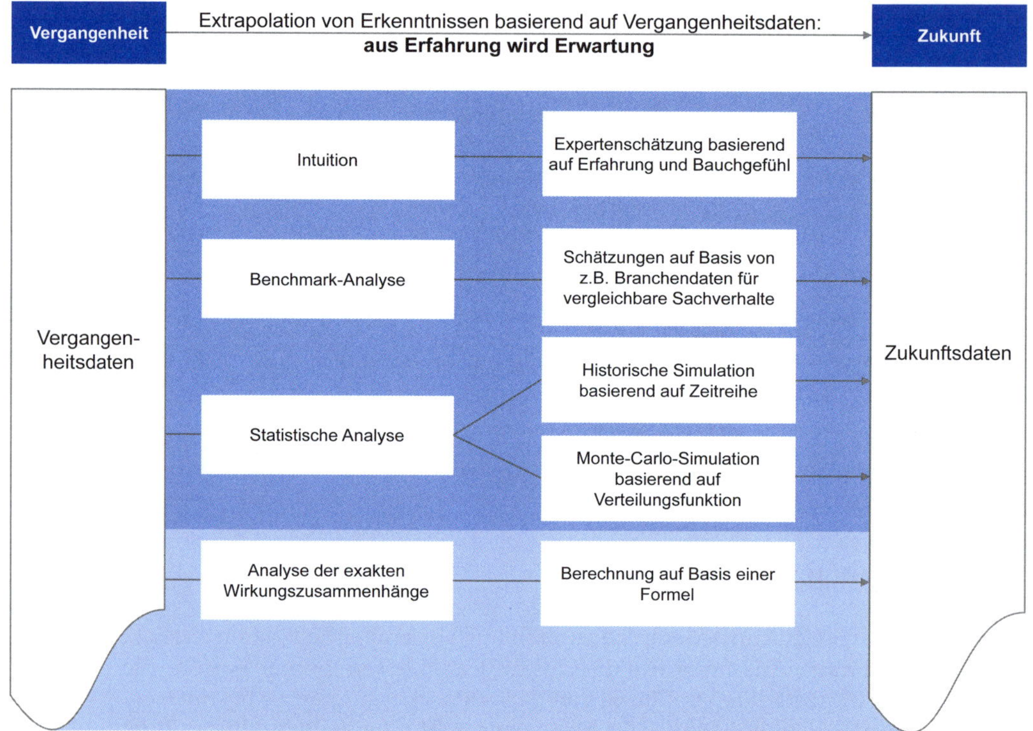

Abb. 3-23: Möglichkeiten zur Generierung von Zukunftsdaten

Als erste Methode ist die Intuition aufgeführt, bei der der Entscheidungsträger auf Basis seiner Erfahrung und seines Bauchgefühls Zukunftsdaten schätzen. Dabei ist für andere aber mitunter auch für den Schätzenden selbst nicht zu erklären, wie er die künftigen Daten vorhersagt. Entsprechend kann die Schätzung kritisch hinterfragt werden. Schließlich ist sie nicht validierbar. Dennoch gibt es Fälle, in denen Experten ein sehr gutes Gespür bzw. Bachgefühl für künftige Entwicklungen zeigen. Wie oben beschrieben, kann die Vorhersage von Zukunftsdaten aus einer Kombination der vier genannten Methoden bestehen. Die Expertenschätzung kann beispielsweise bei der Bestimmung theoretischer Verteilungen neben der statistischen Analyse eingesetzt werden. Zur Unterstützung einer Expertenbefragung existieren Befragungstechniken, wie beispielsweise die Delphi-Methode (Häder, 2009, S. 21).

Der rein intuitiven Vorgehensweise stehen die analytischen Methoden gegenüber, die eine explizite, nachvollziehbare Auswertung vergangener Daten beinhalten. Im Rahmen der Benchmark-Analyse werden Vergleichsdaten z. B. aus der Branche oder z. B. auch innerhalb des Unternehmens aus anderen Abteilungen ausgewertet und für die eigene Prognose herausgezogen.

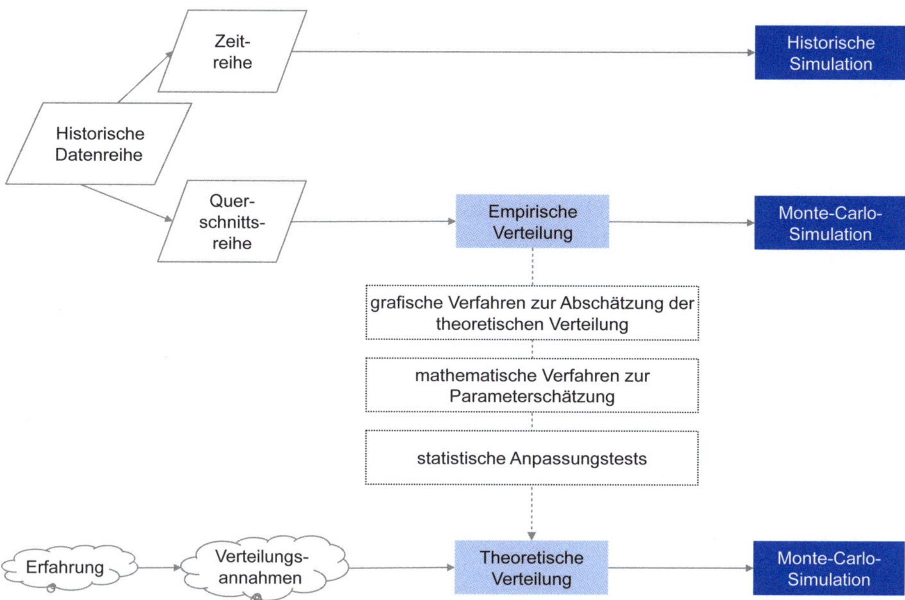

Abb. 3-24: Umfang der statistischen Analyse zur Extrapolation von Zukunftsdaten

Die statistische Analyse umfasst ein umfangreiches Repertoire zur Auswertung von Vergangenheitsdaten (Abb. 3-24). Im einfachsten Fall werden die Vergangenheitsdaten in Form einer Zeitreihe, bei der die erhobenen Daten bzw. Merkmalsausprägungen zeitlich angeordnet sind, analysiert.

Eine weitere Möglichkeit zur Erzeugung von Zukunftsdaten ist die Anwendung der Monte-Carlo-Simulation. Diese kann auf einer umfangreichen statistischen Analyse von Vergangenheitsdaten basieren. Zum einen besteht die Möglichkeit der Simulation mittels empirischer Verteilungsfunktion. Die Basis der empirischen Verteilungsfunktion ist eine Querschnittsreihe, bei der die Einzeldaten nach ihrer Größe aufsteigend geordnet werden. Da die empirische Verteilungsfunktion nicht mit einer exakten Formel beschrieben werden kann, erweist sich die Simulation auf ihrer Basis schwieriger im Vergleich zur Nutzung einer theoretischen Verteilungsfunktion. Eine solche Simulation kann beispielsweise nicht einfach in Excel durchgeführt werden. Jedoch bieten spezielle Softwareprogramme, wie etwa Crystal Ball die Option zur Simulation auf Basis der empirischen Verteilungsfunktion (Frey/Nießen, 2001, S. 86 ff.).

Neben der Ausgangsbasis für die Monte-Carlo-Simulation kann die empirische Verteilungsfunktion ebenfalls als Basis zur Schätzung einer theoretischen Verteilungsfunktion dienen. Eine theoretische Verteilungsfunktion beruht häufig auf nur wenigen statistischen Kenngrößen bzw. Parametern. Sie wird deshalb auch als parametrische Verteilungsfunktion bezeichnet. Eine theoretische Verteilung ist beispielsweise die Normalverteilung. Sie kann bei idealtypischem

Verlauf mit den beiden Parametern Erwartungswert und Standardabweichung vollständig beschrieben werden. Die Parameter von theoretischen Verteilungsfunktionen können entweder auf Basis der empirischen Verteilungsfunktion bzw. der historischen Daten oder ausschließlich auf Basis von Erfahrungen bestimmt werden (Abb. 3-24). Gehen in die Bestimmung der theoretischen Verteilungsfunktion zusätzlich die historischen Daten ein, können im ersten Schritt grafische Verfahren zur Abschätzung der theoretischen Verteilung genutzt werden. Dazu gehört zum einen die Darstellung mittels Histogramm, anhand dessen in der Grafik die theoretische Dichtefunktion abgeschätzt werden kann (Cottin/Döhler, 2013, S. 312). In der linken Grafik in Abb. 3-25 ist das Histogramm der Vergangenheitsdaten anhand von hellgrauen Balken mithilfe des Programms Crystal Ball visualisiert.

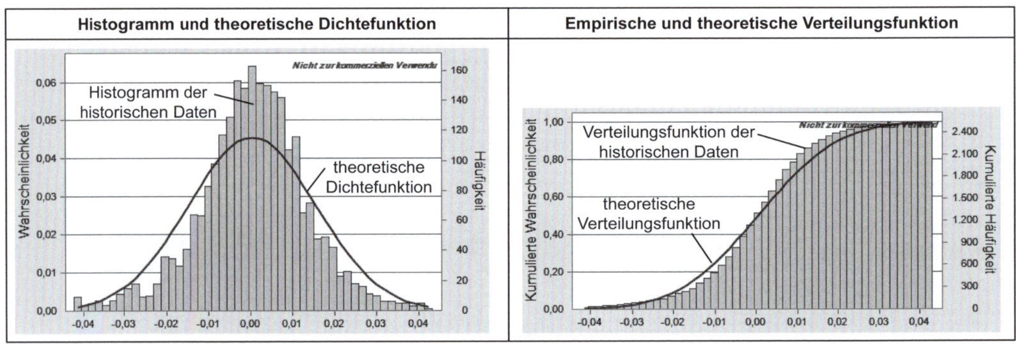

Abb. 3-25: Grafisches Verfahren mit Schätzung der theoretischen Verteilung

Zum anderen kann die grafische Darstellung mittels Cumulative-Distribution-Function-Plot (Abb. 3-25) erfolgen. Dabei werden die empirische und theoretische Verteilung auf Basis der Verteilungsfunktion veranschaulicht (Cottin/Döhler, 2013, S. 319). Die Abb. 3-25 zeigt in der rechten Grafik die empirische Verteilungsfunktion anhand der hellgrauen Balken. Die theoretische Dichte- und Verteilungsfunktion ist in Abb. 3-25 mit einem schwarzen Graph abgetragen. Aus der empirischen Wahrscheinlichkeits- bzw. Verteilungsfunktion werden zur Erzeugung der theoretischen Verteilungsfunktion ihre zugehörigen Parameter mithilfe von mathematischen Verfahren geschätzt. Zu den mathematischen Verfahren gehört die Maximum-Likelihood-Methode, die häufig zur Ermittlung von Schätzfunktionen Einsatz findet (Klein, 2010a, S. 22). Das Programm Crystal Ball schlägt auf Basis der historischen Daten verschiedene theoretische Verteilungen vor und schätzt die dazugehörigen Parameter.

Schließlich kann mittels statistischer Anpassungstests die Güte bestimmt werden. Dazu geben die Anpassungstests auf Basis von Indikatoren an, wie gut die empirische Verteilungsfunktion durch die theoretische Verteilungsfunktion abgebildet wird. Prinzipiell ist die theoretische Abbildung umso besser, je stärker die Überlappung und demzufolge je geringer die Abweichung zwischen der empirischen und der theoretischen Verteilungsfunktionen ist. Zu den Anpassungstest gehören der Anderson-Darling-Test, der Kolmogorov-Smirnov-Test und der Chi-Quadrat-Test (Cottin/Döhler, 2013, S. 322 ff.), deren Kennzahlen jeweils für verschiedene Verteilungen in Crystal Ball berechnet werden. Das Programm sortiert die Verteilungen nach der Anpassungsgüte und stellt ebenfalls die Parameter der theoretischen Verteilungsfunktionen zur Verfügung. Neben den genannten Verfahren zur Bestimmung der theoretischen Verteilung auf Basis empirischer Daten gibt es weitere Methoden, die im Überblick in Abb. 3-26 aufgeführt sind.

Verfahren zur Ableitung theoretischer Verteilung aus empirischen Vergangenheitsdaten	
Kategorie	**Einzelne Verfahren**
Grafische Verfahren • zur Abschätzung der theoretischen Verteilung bzw. • zur Beurteilung der Anpassung	• Cumulative-Distribution-Function-Diagramm • Quantile-Quantile-Diagramm • Probability-Diagramm
Mathematische Verfahren • zur Parameterschätzung der Verteilung	• Maximum-Likelihood-Methode • Moment-Methode • Methode der kleinsten Quadrate • Bayes-Methode • Minimax-Methode
Statistische Anpassungstests • zur quantitativen Beurteilung der Anpassung	Klassischer Anpassungstest: • Anderson-Darling-Test • Kolomogorov-Smirnoff-Test • Chi-Quadrat-Test • Goodness-of-Fit-Test Informationskriterien: • Informationskriterien nach Akaike • Informationskriterien nach Hannan-Quinn • Informationskriterien nach Schwartz

Abb. 3-26: Statistische Verfahren zur Ableitung theoretischer Verteilungen (in Anlehnung an die Ausführungen von Klein, 2010a, S. 21 ff.)

3.5.5 Merkmalstypen und Skalen

Ein Teil der Risikoanalyse basiert auf der beschreibenden Statistik. Bei der beschreibenden bzw. deskriptiven Statistik werden durch die statistische Analyse Daten aufbereitet, um Zustände oder Vorgänge mittels aggregierter Daten, Diagramme oder Kenngrößen wie Mittelwerte zu charakterisieren. Die Daten bzw. Untersuchungseinheiten besitzen bestimmte Merkmale bzw. Eigenschaften. Zunächst ist zwischen quantitativen und qualitativen Merkmalen zu differenzieren. Qualitative Merkmale unterscheiden sich nach ihrer Beschaffenheit bzw. Art und können verschiedenen Kategorien zugeordnet werden. Ihre Ausprägungen sind endlich und somit sind es gleichzeitig diskrete Merkmale. Die qualitativen Merkmale werden weiter in nominal und ordinal messbare Variablen, die auch als nicht-metrisch messbare Variablen bezeichnet werden, unterteilt. Ein nominalskaliertes bzw. nominales Merkmal besitzt lediglich verschiede Ausprägungen, die nicht angeordnet werden können. Beim ordinalen Merkmal können die unterschiedlichen Ausprägungen zusätzlich in eine Rangordnung gebracht werden. Den qualitativen Merkmalen können zwar Zahlen zugeordnet werden, z. B. eine 1 für sehr gute Kundenzufriedenheit, aber sie sind nicht per se mit Zahlen verknüpft. Dennoch spielen sie neben den quantitativen Merkmalen im Risikomanagement eine wichtige Rolle, da verschiedene unsichere Phänomene im Unternehmen nicht quantitativ erfasst werden können. Quantitative Merkmale werden von vornherein mittels Zahlen beschrieben, variieren der Größe nach und die Abstände zwischen ihren Ausprägungen sind interpretierbar. Daher sind sie kardinal bzw. metrisch messbar. Die quantitativen Merkmale sind nochmals in Bezug auf ihre Messbarkeit mittels Intervall- oder Verhältnisskala zu unterscheiden. Die Verhältnisskala hat gegenüber der Intervallskala einen absoluten Nullpunkt. Deshalb lassen sich aus den Merkmalsausprägungen interpretierbare Quotienten bzw. Verhältnisse wie z. B. Prozentsätze bilden. Für Merkmale, die nur auf dem Niveau einer Intervallskala gemessen werden können, ist lediglich eine Interpretation der Differenzen zwischen den Abständen, nicht aber die Bildung sinnvoller Verhältnisse der Merkmalsausprägungen möglich. In Abhängigkeit vom Skalenniveau können verschiedene statistische Parameter, die im Rahmen der Risikobewertung eine besondere Rolle spielen, berechnet werden (Abb. 3-27). Während kardinale Daten die Berechnung aller Parameter erlauben, ist auf Basis von nominalen Daten lediglich die Bestimmung des Modus möglich.

Statistische Parameter	nominale Daten	ordinale Daten	kardinale Daten
arithmetischer Mittelwert	–	–	☑
geometrischer Mittelwert	–	–	☑
Erwartungswert	–	–	☑
Median	–	☑	☑
Modus	☑	☑	☑
Quantil	–	☑	☑

Abb. 3-27: Berechnung statistischer Parameter in Abhängigkeit vom Skalenniveau (in Anlehnung an Hedderich/Sachs, 2016, S. 66)

Quantitative Merkmale können in Abhängigkeit des Umfangs der Merkmalsausprängen diskret, oder stetig sein. Diskrete Merkmale zeichnen sich dadurch aus, dass sie bestimmte abzählbar endliche ggf. auch abzählbar unendlich viele, i. d. R. ganzzahlige Merkmalsausprägungen aufweisen, wie z. B. die Anzahl der Kunden. Demgegenüber besitzen stetige Merkmale kontinuierliche Merkmalsausprägungen, bei denen beliebig viele Nachkommastellen messbar sind. Da sie in einem Intervall jeden reellen Wert annehmen können, sind die Merkmalsausprägungen unendlich und daher nicht zählbar bzw. überabzählbar, wie z. B. die Veränderungsrate des Umsatzes mit beliebig vielen Nachkommastellen. Kurz zusammengefasst werden diskrete Merkmale abgezählt und stetige Merkmale gemessen. (Schira, 2016, S. 22 f.; Hedderich/Sachs, 2016, S. 20 ff.).

Von der Eigenschaft stetiges oder diskretes Merkmal hängt die weitere Auswahl stochastischer Modelle in der Risikoquantifizierung ab, z. B. durch die Annahme von stetigen oder diskreten Verteilungen. Nicht immer werden die Merkmale nach der oben beschriebenen Einteilung klassifiziert. Mitunter werden einerseits stark gerundete Merkmale, z. B. die Betriebszugehörigkeit, die theoretisch mit unendlich vielen Kommastellen gemessen werden kann, als diskret und andererseits diskrete Merkmale mit sehr vielen Ausprägungen, wie z. B. das Bruttosozialprodukt von Deutschland, als stetige Merkmale betrachtet. Die diskreten Merkmale mit zahlreichen feinen Ausprägungen werden auch als quasi-stetige Merkmale bezeichnet und als stetige Merkmale behandelt. Ferner kann die Klassifizierung insbesondere bei finanziellen Merkmalen vom Kontext abhängen. Beispielsweise wird der Kontostand von den Banken auf einen Cent genau angeben und ist damit ein diskretes Merkmal. Theoretisch kann der Kontostand durch Währungsumrechnung oder Zinsberechnung aber unendlich viele Kommastellen aufweisen und wäre somit ein stetiges Merkmal. Andersherum verhält es sich mit großen Beträgen im Millionen- oder Milliardenbereich. Streng genommen handelt es sich z. B. bei einem Jahresumsatz in Höhe von mehreren Milliarden Euro, der im Geschäftsbericht auf ganze Millionen gerundet wird, um ein diskretes Merkmal. Allerdings kann der Jahresumsatz bis auf den Cent genau ausgedrückt werden und kann somit zig Milliarden verschiedene, für praktische Zwecke unendlich viele kleine Ausprägungen annehmen. Deshalb werden der Umsatz wie auch andere finanzielle Merkmale mitunter als stetige Variable behandelt (Zucchini et al., 2009, S. 45 f.; Galata/Scheid, 2012, S. 19).

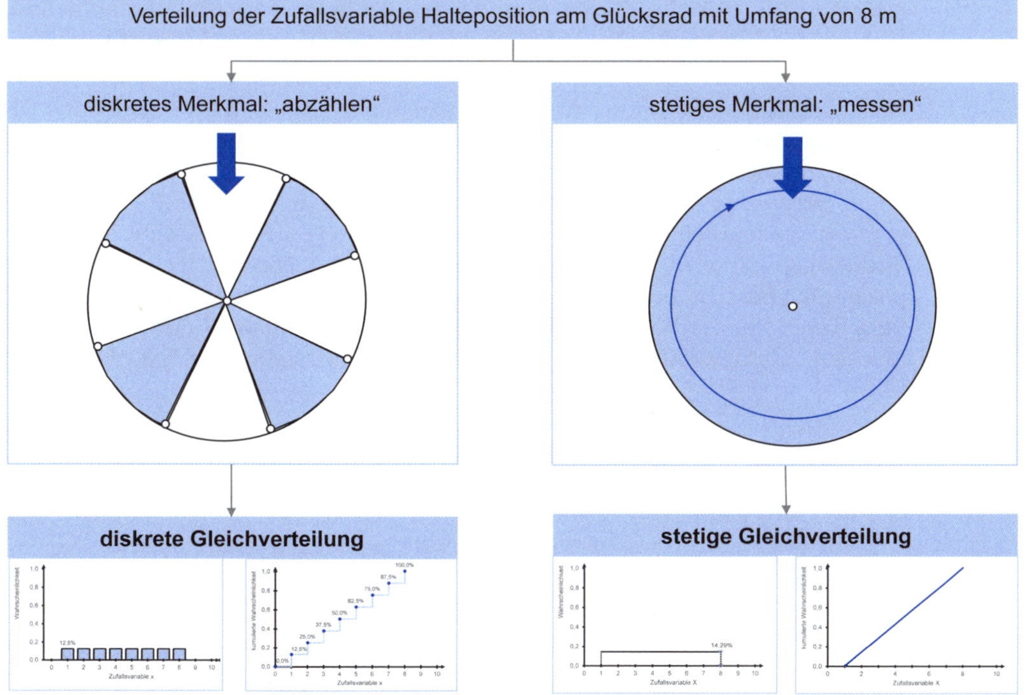

Abb. 3-28: Diskrete und stetige Gleichverteilung der Halteposition am Glücksrad teilweise (in Anlehnung an Kockelkorn, 2012, S. 120)

Die Differenzierung von diskreten und stetigen Merkmalen spiegelt sich innerhalb der theoretischen Verteilungen bei der Berechnung von statistischen Parametern, wie etwa die Berechnung des Erwartungswerts, wider. Ferner wird zwischen diskreten und stetigen Verteilungsformen unterschieden. Sehr anschaulich verdeutlicht den Unterschied das Beispiel vom Glücksrad. Die Halteposition ist dabei die Zufallsvariable (Abb. 3-28).

Werden im Glücksrad, wie auf der linken Seite der Abbildung skizziert, mithilfe von Nägeln Intervalle geschaffen, führt das zu einem diskreten Merkmal. Es lässt sich mittels diskreter Gleichverteilung modellieren. Verzichtet man auf die Intervalle und lässt jede denkbare Position auch ohne Beschränkungen im Nachkommabereich zu, handelt es sich bei der Halteposition um ein stetiges Merkmal, das durch die stetige Gleichverteilung abgebildet werden kann (Kockelkorn, 2012, S. 120).

3.6 Statistische Parameter

Obwohl eine Verteilung nur anhand ihrer Verteilungsfunktion vollständig beschrieben ist, können in verschiedenen Situationen bereits wenige statistische Parameter ausreichende Informationen liefern. Insbesondere der Erwartungswert und die Standardabweichung spielen dabei eine wichtige Rolle (Schira, 2016, S. 278). Nachfolgend werden wichtige Parameter systematisiert und kurz erläutert.

Die statistischen Parameter sind Kennzahlen bzw. Maße, die verschiedene Dimensionen von empirischen und theoretischen Verteilungen anhand weniger Werte charakterisieren. Dabei unterscheidet man die vier Parameterklassen Lage-, Streuungs-, Form- und Konzentrationsparameter (Abb. 3-29). Die Lagemaße verdeutlichen die Lage der Verteilung, wie z. B. den Zentralwert. Die Streuungsparameter geben die Abweichung vom Lageparameter an. Die Formparameter beschreiben die Symmetrieeigenschaft und die Stauchung einer Verteilung. Mit den Konzentrationsmaßen wird das Ausmaß der Ungleichverteilung bestimmt. (Sibbertsen/Lehne, 2015, S. 41; Eckstein, 2014, S. 36 ff.)

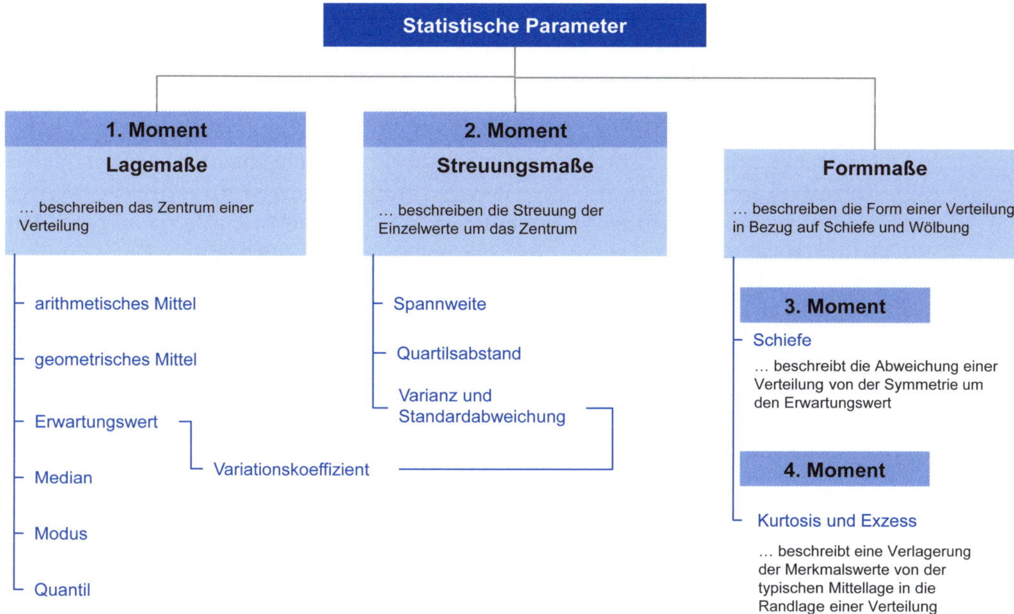

Abb. 3-29: Statistische Parameter (in Anlehnung an die Ausführungen von Kockelkorn, 2012, S. 17 ff.; Sibbertsen/Lehne, 2015, S. 42 ff.; Hedderich/Sachs, 2016, S. 209 f.)

Nachfolgend werden für ausgewählte Lage- uns Streuparameter, die in der Risikoquantifizierung eine besondere Rolle spielen, näher erläutert.

3.6.1 Lagemaße

Die Lageparameter bzw. Lagemaße nehmen eine spezifische Position innerhalb der Verteilung ein und charakterisieren diese dadurch. Eine besondere Rolle spielen dabei die Repräsentanten der Mitte, wie z. B. der Erwartungswert aber auch der Median und der Modus, die Abb. 3-30 beispielhaft zeigt. Zusätzlich dienen sogenannte Quantile der Lagebeschreibung bestimmter Datenpunkte (Hartung et al., 2009, S. 31; Eckstein, 2014, S. 36).

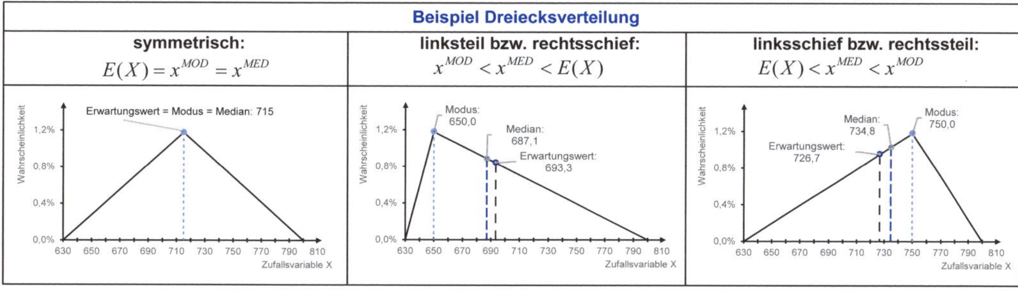

Abb. 3-30: Lageparameter für 3 verschiedene Dreieckverteilungen (in Anlehnung an Sibbertsen/Lehne, 2015, S. 57 und S. 254)

Nachfolgend werden die Lageparameter aus der Abb. 3-29 kurz erläutert, dabei wird lediglich auf die Berechnung bei Vorliegen von Einzelwerten und nicht auf die Berechnungen bei Vorliegen von gruppierten Daten eingegangen.

Arithmetischer Mittelwert

Das einfache arithmetische Mittel (Durchschnitt, durchschnittlicher Wert) wird bestimmt, indem die Summe aller Werte durch deren Anzahl η dividiert wird. Es bildet den sogenannten Schwerpunkt, d. h. die Summe aller positiven Abweichungen entspricht der Summe aller negativen Abweichungen. Ferner gehen alle Merkmalsausprägungen inklusive der Extremfälle in die Berechnung ein. Insbesondere bei wenigen Werten können Ausreißer das arithmetische Mittel stark beeinflussen (Sibbertsen/Lehne, 2015, S. 44 ff.).

$$\bar{x} = \frac{1}{\eta} \times \sum_{index=1}^{\eta} x_{index}$$

$\bar{x}$ ... *arithmetisches Mittel*
x ... *Einzelwerte*
η ... *Anzahl*

Die Berechnung wird an folgendem Beispiel verdeutlicht.

Jahre	t	-9	-8	-7	-6	-5	-4	-3	-2	-1	0
Umsatz in M€	U_t	320	270	270	320	270	270	320	400	500	600

$$\bar{U} = \frac{320M€ + 270M€ + 270M€ + 320M€ + 270M€ + 270M€ + 320M€ + 400M€ + 500M€ + 600M€}{10} = 354M€$$

Der durchschnittliche Umsatz aus dem aktuellem Jahr und den vergangenen neun Jahren beträgt 354 M€.

Vom einfachen arithmetischen Mittel ist das gewichtete bzw. das gewogene arithmetische Mittel abzugrenzen. Mit dem gewichteten Mittelwert kann berücksichtigt werden, dass die Messwerte in einer Messreihe unterschiedlich häufig auftreten (Hedderich/Sachs, 2016, S. 94). Jeder Messwert wird dazu entweder mit seiner absoluten oder mit seiner relativen Häufigkeit multipliziert. Zur Berechnung des gewichteten Durchschnitts werden für das Umsatz-Beispiel zunächst die absolute und die relative Häufigkeit bestimmt:

Umsatz in M€	270	320	400	500	600
absolute Häufigkeit	4	3	1	1	1
relative Häufigkeit	4/10	3/10	1/10	1/10	1/10

Berechnung auf Basis der absoluten Häufigkeit:

$$\overline{x}^{GEW} = \frac{\varepsilon_1 \times x_1 + \varepsilon_2 \times x_2 + \ldots + \varepsilon_{index} \times x_{index}}{\varepsilon_1 + \varepsilon_2 + \ldots + \varepsilon_{index}}$$

$\overline{x}^{GEW}$ … *gewichtetes arithmetisches Mittel*
x … *Einzelwerte*
ε … *absolute Häufigkeit*
h … *relative Häufigkeit*
η … *Anzahl*

$$\overline{x}^{GEW} = \frac{4 \times 270M€ + 3 \times 320M€ + 1 \times 400M€ + 1 \times 500M€ + 1 \times 600M€}{4+3+1+1+1} = 354M€$$

Berechnung auf Basis der relativen Häufigkeit:

$$\overline{x}^{GEW} = \sum_{index=1}^{\eta} h_{index} \times x_{index} \quad \text{mit} \quad h = \frac{\varepsilon}{\varepsilon_1 + \varepsilon_2 + \ldots + \varepsilon_{index}} \quad \text{und} \quad \sum h = 1$$

$$\overline{x}^{GEW} = \frac{4}{10} \times 270M€ + \frac{3}{10} \times 320M€ + \frac{1}{10} \times 400M€ + \frac{1}{10} 500M€ + \frac{1}{10} \times 600M€ = 354M€$$

Die absolute und die relative Häufigkeit bilden bei der Durchschnittsberechnung sogenannte Gewichte. Im Rahmen der Nutzwertanalyse bzw. dem Scoringverfahren dienen Gewichte zum Vergleich verschiedener Objekte im Hinblick auf das zu beurteilende Merkmal (Hedderich/Sachs, 2016, S. 94). Beispielsweise kann man unterschiedlichen Risiken je nach Bedeutung entsprechende Gewichtete zuordnen, um sie zu aggregieren und Risikoprofile zu vergleichen. Neben der Nutzwertanalyse besteht aber auch im Rahmen der Unternehmensplanung bei der Berechnung von Durchschnittswerten der Vergangenheit, wie etwa dem Umsatz, die Möglichkeit, die Werte der jüngeren Jahre höher zu gewichten, wenn diesen eine höhere Verlässlichkeit zugeschrieben wird.

Geometrischer Mittelwert

Das arithmetische Mittel kann nicht zur Durchschnittsberechnung für alle Sachverhalte genutzt werden. Insbesondere bei Zeitreihendaten, für die die durchschnittliche relative Veränderung bestimmt wird, ist das geometrische Mittel zu verwenden. Dazu gehören Wachstumsfaktoren (z. B. 1,22094) bzw. Wachstumsraten (z. B. 0,022094 bzw. 22,094 %), Produktionssteigerungen oder auch Zinsfaktoren. Das geometrische Mittel wird als η-te Wurzel des Produktes aller η Wachstumsfaktoren der Datenreihe bestimmt (Sibbertsen/Lehne, 2015, S. 57 f.):

$$\overline{x}^{GEO} = \sqrt[\eta]{\prod_{index=1}^{\eta} x_{index}}$$

$\overline{x}^{GEO}$ … *geometrisches Mittel*
x … *Einzelwerte*
η … *Anzahl*

Die Berechnung wird am Beispiel des Umsatzwachstums verdeutlicht.

Jahre	Umsatz (U) in M€	absolute Veränderung in M€	Wachstumsrate	Wachstumsfaktor	logarithmierter Wachstumsfaktor
t	U_t	U_t-U_t-1	g = (U_t-U_{t-1})/U_t	$x_t = 1+g_t$	$\ln x_t = \ln (1+g_t)$
-4	270				
-3	320	50	18,52 %	1,1852	0,1699
-2	400	80	25 %	1,25	0,2231
-1	500	100	25 %	1,25	0,2231
0	600	100	20 %	1,20	0,1823

$$\overline{x}^{GEO}_{Umsatz} = \sqrt[4]{1{,}1852 \times 1{,}25 \times 1{,}25 \times 1{,}20} = 1{,}22094$$

Da aus der Berechnung des geometrischen Mittels ein durchschnittlicher Wachstumsfaktor (z. B. 1,22094) resultiert, ist zur Bestimmung der durchschnittlichen Wachstumsrate (z. B. 0,22094 bzw. 22,094 %) noch der Wert 1 abzuziehen.

Die Veränderungsrate kann als Zinssatz auf den Ausgangswert verstanden werden, sodass sich der Endwert über die Zinseszinsformel und den durchschnittlichen Wachstumsfaktor bestimmen lässt (Hartung et al., 2009, S. 95). Denn die Gesamtänderung wird durch ein Produkt und nicht durch eine Summe beschrieben.

$$U_0 = 270M€ \times (1 + 0{,}22094)^4 = 600M€$$

Entsprechend besteht die Möglichkeit das geometrische Mittel der Wachstumsfaktoren aus der η-ten Wurzel der absoluten Werte der ersten und letzten betrachteten Periode zu bestimmen.

$$\overline{x}^{GEO} = \sqrt[\eta]{\frac{absoluter\ Wert_\eta}{absoluter\ Wert_1}}$$

$$\overline{x}^{GEO} = \sqrt[4]{\frac{600M€}{270M€}} = 1{,}2209$$

Das durchschnittliche Wachstum wird auch als Compound Annual Growth Rate bezeichnet (siehe Abschnitt 1.2.3.2).

Zwischen dem geometrischen und dem arithmetischen Mittelwert gibt es einen Bezug. Der Logarithmus des geometrischen Mittelwerts entspricht dem arithmetischen Mittel der logarithmierten Einzelwerte (Sibbertsen/Lehne, 2015, S. 58):

$$\ln \overline{x}^{GEO} = \frac{1}{\eta} \sum_{index}^{\eta} \ln x_{index}$$

$$\ln 1{,}22094 = \frac{1}{4} \times (0{,}1699 + 0{,}2231 + 0{,}2231 + 0{,}1823) = 0{,}1996$$

$$\overline{x}^{GEO} = exp\left(\frac{1}{\eta} \sum_{index}^{\eta} \ln x_{index}\right)$$

$$\overline{x}^{GEO} = exp(0{,}1996) = 1{,}22094$$

Zur Verdeutlichung, dass das arithmetische Mittel bei der Bestimmung von relativen Veränderungsraten zu falschen Ergebnissen führt, wird das Beispiel etwas abgewandelt, indem der Umsatz im Jahr 0 nun wieder auf 270 M€ zurückgehen soll. Dadurch beträgt das durchschnittliche Umsatzwachstum vom Jahr -4 bis zum Jahr 0 insgesamt null Prozent. Im abgewandelten Beispiel würde man das durchschnittliche Umsatzwachstum auf Basis des arithmetischen Mittels der Wachstumsraten mit *(18,52 % + 25 % + 25 % – 46 %):4 = 5,63 %* falsch berechnen, da es *1,0 – 1 = 0 %* beträgt.

Jahre	Umsatz in M€	absolute Veränderung in M€	Wachstumsrate	Wachstumsfaktor	logarithmierter Wachstumsfaktor
t	U_t	$U_t–U_{t-1}$	$g_t = (U_t–U_{t-1})/U_t$	$x_t = 1+g_t$	$\ln x_t = \ln(1+g_t)$
-4	270				
-3	320	50	18,52 %	1,1852	0,1699
-2	400	80	25 %	1,25	0,2231
-1	500	100	25 %	1,25	0,2231
0	270	-230	-46 %	0,54	-0,6162

$$\overline{x}^{GEO} = \sqrt[4]{1{,}1852 \times 1{,}25 \times 1{,}25 \times 0{,}54} = 1{,}00$$

$$U_0 = 270M€ \times (1+0)^4 = 270M€$$

Erwartungswert

Der Erwartungswert beschreibt die mittlere Erwartung in Bezug auf den künftigen Ausgang einer Zufallsvariable auf lange Sicht bzw. bei möglichst vielen Wiederholungen (Eckstein, 2014, S. 205; Nitzsch, 2015, S. 96). Er ist der Mittelwert aller möglichen Ausprägungen unter Berücksichtigung ihrer Wahrscheinlichkeiten und bildet den Schwerpunkt einer Wahrscheinlichkeits- sowie einer Wahrscheinlichkeitsdichtefunktion (Zucchini et al., 2009, S. 114 ff.). Somit bildet er das modellmäßige Äquivalent zum arithmetischen Mittelwert (Waldmann/Helm, 2016, S 6). Die Berechnung des Erwartungswertes unterscheidet sich für eine diskrete und für eine stetige Zufallsvariable.

Der Erwartungswert einer diskreten Zufallsvariable ist das mit den jeweiligen Wahrscheinlichkeiten gewogene arithmetische Mittel ihrer möglichen Ausprägungen (Eckstein, 2014, S. 205):

$$E(X) = \sum_{index=1}^{\eta} p_{index} \times x_{index} = \sum_{index=1}^{\eta} f(x_{index}) \times x_{index}$$

E(X) … *Erwartungswert*
X … *Zufallsvariable*
x … *Einzelwerte*
η … *Anzahl*
p … *Wahrscheinlichkeit*
f(x) … *Wahrscheinlichkeitsfunktion*

Ein Vergleich zwischen der Berechnung des Erwartungswertes und der Bestimmung des gewichteten arithmetischen Mittels für eine Häufigkeitsverteilung zeigt die analoge Vorgehensweise in Abb. 3-31.

	Häufigkeitsverteilung	(Theoretische) diskrete Verteilung
Untersuchungsobjekt	Merkmal	Zufallsvariable
Gewichtung mit	relativer Häufigkeit	Wahrscheinlichkeit
Schwerpunkt	arithmetischer Mittelwert: $\overline{x}^{GEW} = \sum_{index=1}^{\eta} h_{index} \times x_{index}$	Erwartungswert: $E(X) = \sum_{index=1}^{\eta} p_{index} \times x_{index}$

Abb. 3-31: Vergleich arithmetischer Mittelwert und Erwartungswert

Trotz der formalen Ähnlichkeit unterscheiden sich die Funktionen des arithmetischen Mittelwerts und des Erwartungswerts. Das arithmetische Mittel charakterisiert die Lage von tatsächlich erhobenen Daten. Demgegenüber wird mit dem Erwartungswert die Lage einer Verteilung beschrieben, ohne dass reale Daten erhoben werden. Er reflektiert somit lediglich das potenzielle Ergebnis eines Zufallsexperiments (Fahrmeir et al., 2007, S. 242 f.). Der Erwartungswert ist eine fiktive Größe, die nicht immer gleichzeitig eine mögliche Ausprägung der Zufallsvariable ist, wie das folgende Beispiel verdeutlicht. Es wird angenommen, dass ein Produkt für 100 € pro Stück entweder einmal oder zweimal verkauft wird. Daraus resultiert ein Umsatz von 100 € oder 200 €. Beide Szenarien werden als gleich wahrscheinlich angenommen.

Szenario		Szenario 1	Szenario 2
Wahrscheinlichkeit	p	0,5	0,5
Umsatz in €	U	100	200

$$E(U) = 0{,}5 \times 100€ + 0{,}5 \times 200€ = 150€$$

Der Erwartungswert des Umsatzes beträgt 150 M€, obwohl nur die beiden Ausprägungen 100 € und 200 € möglich sind, da keine halben Produkte verkauft werden. Auch wenn die Datenkonstellation den Erwartungswert als mögliche Ausprägung beinhaltet, wird die tatsächliche künftige Ausprägung kaum mit dem Erwartungswert übereinstimmen. Er ist lediglich ein Durchschnittswert bei möglichst vielen Wiederholungen. Denn mit zunehmender Anzahl der Durchführung eines zufälligen Vorgangs kann eine steigende Stabilisierung der relative Häufigkeit der Messergebnisse beobachtet werden (Bronder, 2016, S. 141). Dann konvergiert dem Gesetz der großen Zahlen folgend die relative Häufigkeit gegen die theoretische Wahrscheinlichkeit (siehe Abschnitt 3.5.1). Somit nähert sich der Mittelwert einer Erhebung mit wachsender Stichprobenmenge dem Erwartungswert der Zufallszahl an (Zucchini et al., 2009, S. 118). Während bei der empirischen Erhebung möglichst viele, voneinander unabhängige Wiederholungen notwendig sind, um mit der „relativen" Häufigkeit eine Verteilung der Ausprägungen möglichst richtig abzubilden, bedarf es in der Wahrscheinlichkeitsrechnung zur Abbildung der „richtigen" Wahrscheinlichkeit einer möglichst hohen Anzahl voneinander unabhängiger, aber der unterstellten Verteilung folgenden Zufallsvariablen (Bamberg et al., 2012a, S. 121a).

Der Erwartungswert einer stetigen Zufallsvariable wird mithilfe des Integrals der Wahrscheinlichkeitsdichtefunktion bestimmt (Nitzsch, 2015, S. 96).

$$E(X) = \int_{-\infty}^{+\infty} x \times f(x)dx$$

Für das Beispiel einer Gleichverteilung, die über die beiden Parameter Minimalwert x^{MIN} und Maximalwert x^{MAX} durch die Wahrscheinlichkeitsdichtfunktion $f(x) = \frac{1}{x^{MAX} - x^{MIN}}$ definiert ist, kann der Erwartungswert zunächst allgemein auf Basis der Parameter x^{MIN} und x^{MAX} formuliert werden (Sibbertsen/Lehne, 2015, S. 246).

$$E(X) = \int_{x^{MIN}}^{x^{MAX}} x \times \frac{1}{x^{MAX} - x^{MIN}} dx = \int_{x^{MIN}}^{x^{MAX}} \frac{x}{x^{MAX} - x^{MIN}} dx$$

$$E(X) = \left[\frac{x^2}{2 \times (x^{MAX} - x^{MIN})} \right]_{x^{MIN}}^{x^{MAX}} = \frac{\left(x^{MAX}\right)^2}{2 \times (x^{MAX} - x^{MIN})} - \frac{\left(x^{MIN}\right)^2}{2 \times (x^{MAX} - x^{MIN})} = \frac{\left(x^{MAX}\right)^2 - \left(x^{MIN}\right)^2}{2 \times (x^{MAX} - x^{MIN})}$$

$$E(X) = \frac{x^{MAX} + x^{MIN}}{2}$$

Das obige Umsatzbeispiel wird abgewandelt. Nun wird ein minimaler Umsatz von 100 M€ und ein maximaler Umsatz von 200 M€ unterstellt. Da der Umsatz bis auf den Cent genau ausgedrückt werden und somit zahlreiche verschiedene Ausprägungen annehmen kann, soll er als quasi-stetiges Merkmal behandelt werden. Draus ergibt sich die Wahrscheinlichkeitsdichtefunktion:

$$f(U) = \frac{1}{200 - 100}$$

Sie ist eine stetige Gleich- bzw. Rechteckverteilung. Der Erwartungswert für die stetige Zufallsvariable Umsatz wird durch Einsetzen der Parameter berechnet:

$$E(X) = \frac{100M€ + 200M€}{2} = 150M€$$

Für eine Entscheidung unter Unsicherheit spielt neben dem Erwartungswert die subjektive Risikoeinstellung eine wichtige Rolle (siehe Abschnitt 1.2.1.4). Wird der Erwartungswert ohne Risikozu- oder Risikoabschläge bestimmt, resultiert ein risikoneutraler Erwartungswert.

Median

Der Median (50 %-Quantil, Zentralwert) repräsentiert den mittleren Wert. Er teilt alle Merkmalsausprägungen einer Verteilung in zwei gleich große Hälften, sodass von allen Merkmalsausprägungen 50 % kleiner und 50 % größer als der Median sind. Somit liegt die Unterschreitungswahrscheinlichkeit vom Median bei 50 %, was mitunter irrtümlicher Weise für den Mittelwert angenommen wird. Da der Median nur von der Anzahl der Merkmalsausprägungen und nicht von deren Höhe, wie etwa von Ausreißern, abhängig ist, zeigt der Median nicht unbedingt den Schwerpunkt bzw. den Durchschnitt einer Verteilung an (Abb. 3-30). Gleichzeitig ist er dadurch robuster gegenüber Ausreißern. Der Median kann anhand der inversen Verteilungsfunktion an der Stelle bestimmt werden, an der die kumulierte Wahrscheinlichkeit 50 % beträgt ($p = 0{,}5$). Für diskrete Verteilungsfunktionen wird bei der Bestimmung nach der geraden und ungeraden Anzahl an Merkmalsausprägungen unterschieden (Schira, 2016, S. 297 f.):

diskrete Verteilungsfunktion:	stetige Verteilungsfunktion:
$x^{MED} = \begin{cases} x_{\left[\frac{\eta+1}{2}\right]} & \text{falls } \eta \text{ gerade} \\ \frac{1}{2}\left(x_{\left[\frac{\eta}{2}\right]} + x_{\left[\frac{\eta}{2}+1\right]}\right) & \text{falls } \eta \text{ ungerade} \end{cases}$	$F(x^{MED}) = p(X \leq x^{MED}) = 0{,}5$ oder $x^{MED} = F^{-1}(0{,}5)$

x^{MED} … *Median*
x … *Einzelwerte*
η … *Anzahl*
$F^{-1}(x)$ … *inverse Verteilungsfunktion*
p … *Wahrscheinlichkeit*

Hat die Datenreihe einen ungeradem Umfang, befindet sich der Median bei der Position ((η+1)/2). Für den Fall, dass die Verteilung einen geraden Umfang an Merkmalsausprägungen besitzt, resultiert der Median als Durchschnitt der beiden mittleren Werte (η/2 und η/[2+1]) der sortierten Datenreihe (Sibbertsen/Lehne, 2015, S. 42 ff.). Der Median ist ein spezielles Quantil. Der Begriff Quantil wird ebenfalls in diesem Abschnitt erläutert.

Modus

Der Modus (Modalwert, Gipfelwert, Dichtemittel, Spitzenwert) ist der dichteste Wert bzw. der Wert, der mit der höchsten Häufigkeit bzw. der größten Wahrscheinlichkeit auftritt. Er verkörpert somit die Merkmalsausprägung aller Werte, die am häufigsten in der Verteilung vorkommt und wird mittels Wahrscheinlichkeits- und mittels Wahrscheinlichkeitsdichtefunktion bestimmt (Bol, 1992, S. 62):

$$f(x^{MOD}) = max\, f(x) \quad \text{für alle } x$$

x^{MOD} … *Modus*
x … *Einzelwerte*
$f(x)$ … *Wahrscheinlichkeitsfunktion*

Der Modus ist nicht zu verwechseln mit dem Maximum aller Ausprägungen, das in einer symmetrischen Verteilung eine sehr geringe Dichte hat. Bei einer diskreten Wahrscheinlichkeitsverteilungsfunktion handelt es sich dabei um den x-Wert in der Wahrscheinlichkeitsfunktion mit der höchsten Wahrscheinlichkeit. Demgegenüber ist zur Bestimmung des Modus einer stetigen Wahrscheinlichkeitsdichtfunktion die notwendige und hinreichende Bedingung für das Maximum zu bilden. D. h. die erste Ableitung der Wahrscheinlichkeitsfunktion muss null sein $f'(x) = 0$ und die zweite Ableitung muss keiner null sein $f''(x) < 0$. Der Modus lässt sich nur eindeutig bestimmen, wenn der Datensatz eingipflig ist (Sibbertsen/Lehne, 2015, S. 253 f.). Der Informationsgehalt vom Modus ist eher gering. Er gibt Auskunft über die Form der Verteilung. Zum einen wird nach der Anzahl der Modi in ein-, zwei- und mehrgipflige bzw. uni-, bi- und mulitmodale Verteilungen unterschieden. Zum anderen erlaubt der Modus zusammen mit dem Erwartungswert und dem Median eine Beurteilung der Symmetrie einer Verteilung (Abb. 3-30).

Quantil

Sind Daten in einer Querschnittsreihe sachlich nach ihrer Größe in einer sogenannten Rangliste geordnet, können mithilfe von Quantilen Aussagen zu ihrer Verteilung bzw. zur Lage markanter Punkte getroffen werden. Ein γ-Quantil (Fraktil) gibt den kleinsten Wert in der Verteilungsfunktion an, der von dem Anteil γ aller Werte nicht überschritten wird. In dem Zusammenhang verkörpert γ die Unterschreitungswahrscheinlichkeit $F(x)$ bzw. die kumulierte Wahrscheinlichkeit (siehe Abschnitt 3.5.2) und das γ-Quantil die korrespondierende Zufallsausprägung x. Durch das Quantil erfolgt also eine Trennung der *γ-Werte* von den *(1 – γ)-Werten*. In der Abb. 3-32 trennt das 67 %-Quantil = 1 die Gesamtheit aller Werte (also 100 %) in den Teil, der kleiner oder gleich dem Wert 1 ist (das sind 67 % aller Werte) und den Teil, der größer als der Wert 1 ist (das sind 33 % aller Werte).

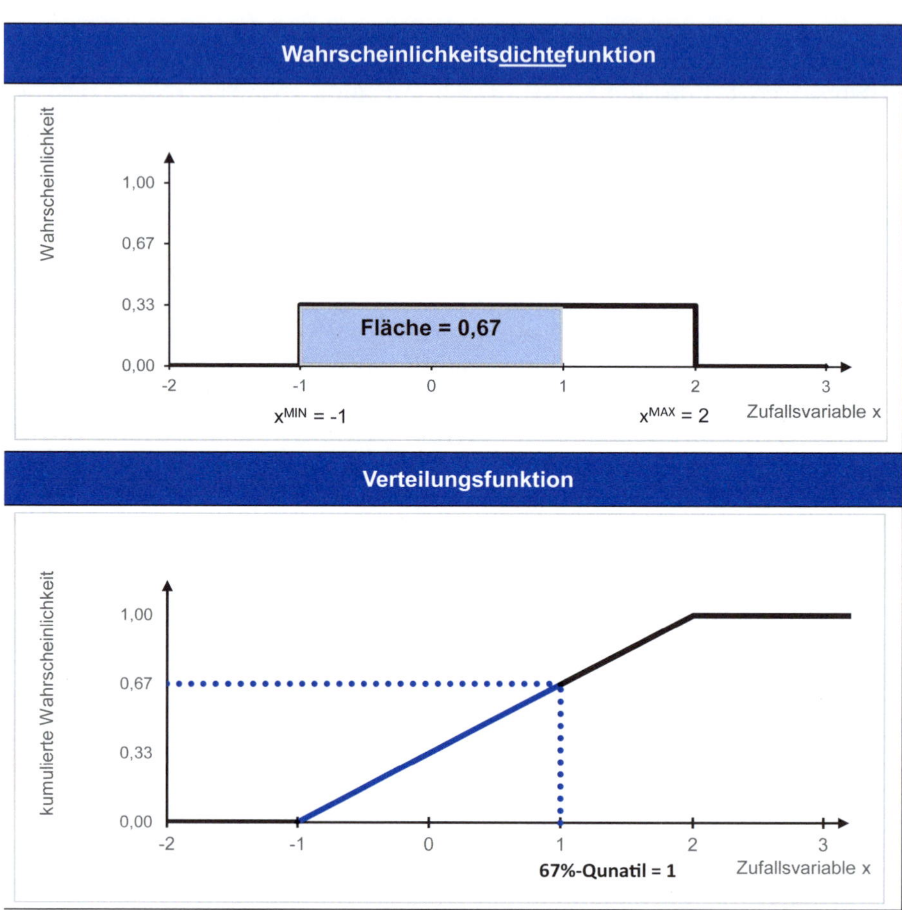

Abb. 3-32: Beispiel 67 %-Quantil

Die kumulierte Wahrscheinlichkeit kann in der Verteilungsfunktion (untere Grafik in Abb. 3-32) direkt abgelesen und in der Wahrscheinlichkeitsdichtfunktion (obere Grafik in Abb. 3-32) anhand der korrespondierenden Fläche veranschaulicht werden. Soll dagegen das γ-Quantil bzw. die Zufallsausprägung *x* selbst bestimmt werden, wie etwa im Rahmen der Simulation mittels der Quantiltransformation (siehe Abschnitt 4.4.1), dient dazu bei einer stetigen Verteilungsfunktion die inverse Verteilungsfunktion (Auer/Rottmann, 2010, S. 219):

$$F(\underbrace{x_\gamma}_{Quantil}) = P(X \leq x_\gamma) = \underbrace{\gamma}_{Unterschreitungswahrscheinlichkeit}$$

$$\underbrace{\gamma\%\ Quantil}_{Quantilbezeichnung} = \underbrace{x_\gamma}_{Quantil}$$

$$\underbrace{F^{-1}(\gamma)}_{inverse\ Verteilungsfunktion} = \underbrace{x_\gamma}_{Quantil}$$

Diskrete Verteilungsfunktionen enthalten Treppenstufen, sodass für die eindeutige Bestimmung eines Quantils weitere Vorgaben zu definieren sind (Auer/Rottmann, 2010, S. 219).

Einige Quantile besitzen in Abhängigkeit der Aufteilung der kumulierten Wahrscheinlichkeit im Definitionsraum von 0% bis 100% eine besondere Bezeichnung. Wird beispielsweise eine Aufteilung in Viertel vorgenommen, spricht man vom Quartilen (Abb. 3-33). Daneben besitzen bestimmte Quantile Eigennahmen, wie etwa der Median (50%-Quantil), das Minimum (z. B. 0,1% Quantil) oder das Maximum (100%-Quantil) (Frey/Nießen, 2001, S. 65 f.; Hedderich/Sachs, 2016, S. 78 f.).

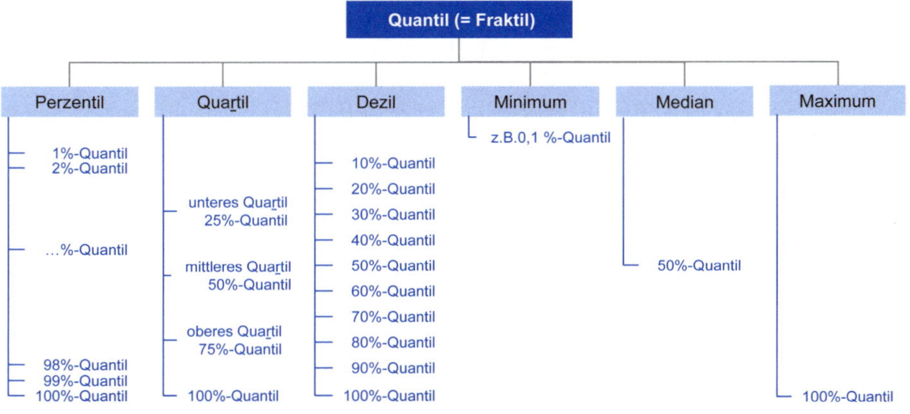

Abb. 3-33: Besondere Quantile

Im Risikocontrolling spielt das Quantil in folgendem Zusammenhang eine besondere Rolle:

- zur Erzeugung von verteilungsspezifischen Zufallszahlen im Rahmen der Monte-Carlo-Simulation (siehe Abschnitt 4.4.1.) bei der linearen Transformation sowie der Quantiltransformation und
- zur Auswertung der Verteilungsfunktion nach einer Simulation (siehe Abschnitt 4.4.8).

3.6.2 Streuungsmaße

Neben den Lageparametern, die das Zentrum einer Verteilung beschreiben, liefern die Streuungsmaße weitere wichtige Informationen zur Charakterisierung dieser. Denn Sie geben Auskunft über die Abweichung vom Zentrum (Hartung et al., 2009, S. 40) bzw. darüber, wie die Ausprägungen um das Zentrum streuen (Kockelkorn, 2012, S. 23). Im Folgenden werden die Streuungsmaße Spannweite und Quartilsabstand, Varianz bzw. Standardabweichung und Volatilität sowie der Variationskoeffizient kurz erläutert.

Spannweite und Quartilsabstand

Ein sehr einfaches Streuungsmaß ist die Spannweite. Sie resultiert aus der Differenz zwischen dem größtem und dem kleinsten Wert einer Verteilung (Kockelkorn, 2012, S. 23):

$$SPW = x^{MAX} - x^{MIN}$$

SPW ... *Spannweite*
x^{MIN} ... *Minimalwert*
x^{MAX} ... *Maximalwert*

Die Spannweite ist leicht zu berechnen und wird daher gern im Risikocontrolling als erster Anhaltspunkt im Rahmen der Bandbreiten-Analyse (Kapitel 4.2) genutzt. Ihre Aussagekraft ist allerdings stark eingeschränkt, da sie zum einen sehr sensibel auf Ausreißer reagiert und zum anderen keine Aussage zur Streuung der Werte innerhalb der Extremwerte und somit auch keine Anhaltspunkte zur Verteilung der übrigen Werte liefert (Stiefl, 2011, S. 34). Etwas robuster gegenüber den Ausreißern ist der sogenannte Quartilsabstand. Dieser zeigt den Abstand der mittleren 50 % aller Daten einer Verteilung vom 25 %- bis zum 75 %-Quantil (Kockelkorn, 2012, S. 10):

$$QUA = x_{0,75} - x_{0,25} = oberes\ Quartil - unteres\ Quartil$$

QUA ... *Quartilsabstand*
$x_{0,25}$ ... *25 %-Quantil*
$x_{0,75}$ ... *75 %-Quantil*

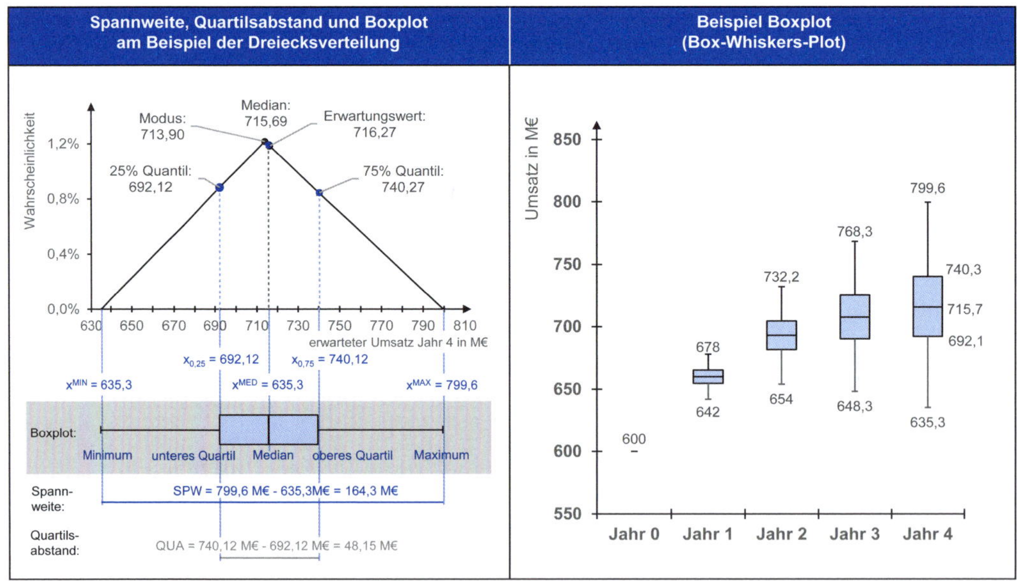

Abb. 3-34: Spannweite, Quartilsabstand und Boxplot (in Anlehnung an Kockelkorn, 2012, S. 10)

Der Quartilsabstand wird zusammen mit dem Median im sogenannten Box-and Whiskers-Plot bzw. kurz Boxplot grafisch in Abb. 3-34 veranschaulicht. Der

Boxplot visualisiert verschiedene Lage- und Streuungsmaße, wie die Abb. 3-34 am Beispiel von Umsatzzahlen zeigt. Die Box selbst wird vom unteren (z. B. 692,12 M€ Umsatz im Jahr 4) und oberen Quartil (740,27 M€) begrenzt, deren Differenz den Quartilsabstand (48,15 M€) bildet und die mittlere Spanne anzeigt, die 50 % aller Werte der Verteilung enthält. Der mittlere Strich in der Box symbolisiert den Median (715,69 M€). Bei einer Verteilung liegt genau die Hälfte aller Werte unter dem Median und die übrige Hälfte über den Median. Der Median kann sich bei einer unsymmetrischen Verteilung vom Erwartungswert (716,27 M€) und vom Modalwert (713,9 M€) unterscheiden. Diese beiden letztgenannten Lagemaße bleiben im Boxplot unberücksichtigt. Die Antennen der Box, die sogenannten Whiskers, werden durch das Minimum (635,3 M€) und das Maximum (799,6 M€) begrenzt. Die Differenz von Minimum und Maximum wird als Spannweite (164,3 M€) bezeichnet. Der Boxplot wird häufig zur Visualisierung in der Finanzwelt genutzt (Kockelkorn, 2012, S. 10). Die Abb. 3-34 zeigt auf der rechten Seite die typische Darstellungsweise des Boxplot für den Planumsatz über 4 Jahre auf.

Varianz, Standardabweichung und Volatilität

Die Standardabweichung ist ein Maß der Unsicherheit, die mit der Zufallsvariable verbunden ist. Im Risikocontrolling ist sie deshalb auch ein wichtiges Risikomaß. Mit abnehmender Standardabweichung sinkt die Unsicherheit der prognostizierten Größe. Ihre Höhe ist somit ein Indikator dafür, wie stochastisch bzw. unsicher oder deterministisch bzw. sicher eine Zufallsvariable ist (Zucchini et al., 2009, S. 123):

- große Standardabweichung: eher stochastische Zufallsvariable
- sehr kleine Standardabweichung: eher deterministische Zufallsvariable
- Standardabweichung gleich Null: deterministische Zufallsvariable

Mit der Standardabweichung wird die Breite einer Verteilungsfunktion bzw. die Schwankung um den Erwartungswert charakterisiert (Zucchini et al., 2009, S. 121). Das verdeutlicht Abb. 3-56 am Beispiel der Normalverteilung. Dort wird die Wahrscheinlichkeitsdichtefunktion umso breiter bzw. flacher, je größer die Standardabweichung wird.

Zur Charakterisierung einer Verteilung geben die Varianz und die Standardabweichung neben dem Erwartungswert wichtige Informationen. Denn die beiden Streuparameter, die sich nur durch eine Rechenoperation unterscheiden, zeigen, wie stark eine Verteilung um ihren Mittelwert streut (Schira, 2016, S. 278). Die Standardabweichung resultiert aus der Wurzel der Varianz und besitzt die gleiche Einheit wie die betrachtete Zufallszahl bzw. wie der Erwartungswert. Sie gibt an, wie hoch die durchschnittliche Abweichung der Merkmalsausprägungen vom Erwartungswert ist (Stiefl, 2011, S. 31).

Die Berechnung der Varianz einer Zufallsvariable erfolgt in Abhängigkeit ihrer Art (Zucchini et al., 2009, S. 120).

Varianz einer diskreten Zufallsvariable: $$VAR(X) = \sigma^2 = \sum_{index=1}^{n} p_{index} \times \left(x_{index} - E(X)\right)^2$$

Varianz einer stetigen Zufallsvariable: $VAR(X) = \sigma^2 = \int_{-\infty}^{+\infty} (x - E(X))^2 \times f(x)dx$

Standardabweichung: $\sigma = \sqrt{VAR(X)}$

VAR(X) ... *Varianz*
σ ... *Standardabweichung*
E(X) ... *Erwartungswert*
η ... *Anzahl*
X ... *Zufallsvariable*
x ... *Einzelwerte*
p ... *Wahrscheinlichkeit*

Wie das nachfolgende vereinfachte Beispiel verdeutlicht, können Verteilungen trotz gleichem Erwartungswert in ihrer Streuung und somit in ihrem Risiko stark voneinander abweichen. Es wird angenommen, dass ein Produkt für 100 € pro Stück in den beiden Filialen I und II verkauft wird. Für die Prognose werden zwei verschiedene Szenarien unterstellt, die gleich wahrscheinlich sind. In Abhängigkeit der verkauften Stückzahlen resultieren unterschiedliche Umsätze.

Szenario		Szenario 1	Szenario 2
Wahrscheinlichkeit	p	0,5	0,5
Umsatz Filiale I in €	U^I	100	200
Umsatz Filiale II in €	U^{II}	0	300

Filiale I
$E(U^I) = 0{,}5 \text{ x } 100€ + 0{,}5 \text{ x } 200€ = 150€$
$VAR(U^I) = 0{,}5 \times (100 - 150)^2 + 0{,}5 \times (200 - 150)^2 = 2.500€^2 \qquad \sigma^I = \sqrt{2.500} = 50€$

Filiale II
$E(U^{II}) = 0{,}5 \text{ x } 0€ + 0{,}5 \text{ x } 300€ = 150€$
$VAR(U^{II}) = 0{,}5 \times (0 - 150)^2 + 0{,}5 \times (300 - 150)^2 = 22.500€^2 \qquad \sigma^{II} = \sqrt{22.500} = 150€$

Obwohl die Umsatzprognosen der beiden Filialen den gleichen Erwartungswerte in Höhe von 150 € besitzen, unterscheiden sich die Standardabweichungen stark. Der Umsatz der Filiale I hat lediglich eine durchschnittliche Abweichung in Höhe von 50 € vom Erwartungswert, während die Standardabweichung der Filiale II 150 € beträgt. Somit unterliegt der Umsatz der Filiale II einer größeren Unsicherheit.

Eine besondere Form der Standardabweichung ist die Volatilität. Sie dient in der Finanzwelt der Risikoeinschätzung verschiedener Anlageformen. Die Volatilität wird als Standardabweichung stetiger Renditen von Wertpapieren für einen festgelegten Zeitraum gemessen. Mit ihr wird das Gesamtrisiko einer Einzelaktie beurteilt. Denn die Volatilität zeigt die Schwankungsbreite bzw. die

Streuung einer Aktie um den Mittelwert ihres Kurses, welche als Gewinn- bzw. Verlustpotenzial interpretiert wird (Perridon et al., 2012, S. 296). Zur Berechnung der Volatilität gibt es zwei Vorgehensweisen. Zum einen erfolgt die Berechnung einer empirischen bzw. historischen Volatilität basierend auf historischen Aktienkursen. Zum anderen wird die sogenannte implizite bzw. künftig erwartete Volatilität im Black-Scholes-Modell bestimmt (Perridon et al., 2012, S. 357). Nachfolgend wird lediglich die Berechnung der historischen Volatilität thematisiert, da ihre Berechnung eng an die oben beschriebene Ermittlung der Standardabweichung angelehnt ist. Zur Bestimmung der impliziten Volatilität wird auf die weiterführende Literatur (Perridon et al., 2012, S. 358) verwiesen.

Die Berechnung der historische Volatilität einer Finanzanlage fußt auf der Berechnung der Standardabweichung empirischer Renditedaten (Auer/Rottmann, 2010, S. 56):

$$\hat{\sigma} = \sqrt{\frac{1}{\eta - 1} \times \sum_{index=1}^{\eta} \left(r_{index}^{stetig} - \overline{r}^{stetig} \right)^2}$$

$\hat{\sigma}$	… *Volatilität*
$\overline{r}^{stetig}$	… *Arithmetisches Mittel der stetigen Aktienrenditen*
r^{stetig}	… *Stetige Rendite*
η	… *Anzahl*

Gegenüber der Standartabweichung einer theoretischen Verteilung geht die Eintrittswahrscheinlichkeit nicht in die Berechnung ein. Stattdessen wird durch den Term $(\eta - 1)$ dividiert. Die Berechnung erfolgt in Anlehnung an die sogenannte Stichprobenstandardabweichung, bei der ebenfalls der Faktor $1/(\eta - 1)$ herangezogen wird. Davon unterscheidet sich die empirische Varianz bzw. die empirischen Standardabweichung. Bei ihrer Berechnung wird der Faktor $1/\eta$ berücksichtigt (Fahrmeir et al., 2007, S. 70 f.). Die theoretische Begründung für den Berechnungsunterschied erläutert Fahrmeir et al., 2007, S. 71 mit Bezug auf die sogenannten Freiheitsgrade.

Variationskoeffizient

Der Erwartungswert und die Standardabweichung spielen eine wichtige Rolle in der Risikoquantifizierung. Der Vergleich der Standardabweichung von zwei Verteilungen kann wenig aussagekräftig sein, wenn sich die Verteilungen in ihrem Niveau oder in ihrer Einheit unterscheiden. Deshalb greift man für eine bessere Vergleichbarkeit auf ein sogenanntes relatives Streuungsmaß, den Variationskoeffizienten (Abweichungskoeffizient) zurück (Auer/Rottmann, 2010, S. 59). Er wird als Verhältnis der Standardabweichung zum Mittelwert berechnet (Schira, 2016, S. 58 und S. 78):

$$VAK = \frac{\sigma}{E(X)}$$

VAK	… *Variationskoeffizient*
$E(X)$	… *Erwartungswert*
σ	… *Standardabweichung*
X	… *Zufallsvariable*

Der Variationskoeffizient ist dimensionslos sowie maßstabsunabhängig. Er normiert gewissermaßen die Standardabweichung, indem er zum Ausdruck bringt, wieviel Prozent die Standardabweichung vom Erwartungswert beträgt (Stiefl, 2011, S. 33).

3.6.3 Formmaße

Die Formmaße bzw. Strukturparameter erlauben Einschätzungen zur Verteilungsform. Ein Anhaltspunkt für den Vergleich bildet die Normalverteilung. Verteilungen können von der Normalverteilung in ihrer Form hinsichtlich der Symmetrie und der Wölbung abweichen. Zur Quantifizierung der Symmetrie dient die Schiefe, während mittels Kurtosis und Exzess die Wölbung bzw. die Steilheit einer Verteilung charakterisiert wird (Hedderich/Sachs, 2016, S. 209 f.).

Schiefe

Die Ungleichheit von Median (x^{MED}), Modus (x^{MOD}) und Mittelwert ($E(X)$) weisen auf eine unsymmetrische Verteilung hin (siehe Abb. 3-35). Die Normalverteilung ist symmetrisch. Alle drei genannten Parameter sind bei ihr identisch und das Schiefemaß (SCF) beträgt Null. Zwar hat jede symmetrische Verteilung eine Schiefe von Null, jedoch bedeutet eine Schiefe von Null nicht zwingend das Vorliegen einer symmetrischen Verteilung. Nichtsdestotrotz erlaubt die Schiefe prinzipiell eine Quantifizierung vom Ausmaß und der Richtung der Asymmetrie. Die Schiefe ist eine dimensionslose Kennzahl. Ist die Schiefe größer Null liegt eine linkssteile (oder rechtsschiefe) Verteilung vor. Dabei konzentrieren sich die Merkmalswerte auf der linken Seite der Verteilung. Ihr Schwerpunkt bzw. Erwartungswert liegt somit ebenfalls auf der linken Seite (siehe Abb. 3-35). Je größer die Schiefe ist, umso stärker ist die linkssteile Ausprägung (Kockelkorn, 2012, S. 29).

Beschreibung	asymmetrisch (linkssteil = rechtsschief)	symmetrisch	asymmetrisch (rechtsteil = linksschief)
Schiefe	$SCF > 0$	$SCF = 0$	$SCF < 0$
Lageparameter	$x^{MOD} < x^{MED} < E(X)$	$E(X) = x^{MOD} = x^{MED}$	$E(X) < x^{MED} < x^{MOD}$
Grafik	0,4 0,2 0,0 / 2 4 6 8	0,4 0,2 0,0 / 2 4 6 8	0,4 0,2 0,0 / 2 4 6 8

Abb. 3-35: Schiefe (in Anlehnung an Hedderich/Sachs, 2016, S. 210)

Demgegenüber beschreibt eine Schiefe kleiner Null eine rechtssteile (bzw. linksschiefe) Verteilung. In diesem Fall ist die rechtssteile Ausprägung bzw. die rechtsseitige Konzentration der Merkmalswerte umso stärker, je kleiner die Schiefe wird. Neben der Konzentration der Merkmalswerte um den Erwartungswert können auch Ausreißer eine Asymmetrie bzw. eine Schiefe verursachen (Zwerenz, 2001, S. 98).

Die Schiefe einer Zufallsvariable berechnet sich wie folgt (Zucchini et al., 2009, S. 125):

Schiefe einer diskreten Zufallsvariable: $$SCF = \frac{\sum_{index=1}^{\eta} p \times \left(x_{index} - E(X)\right)^3}{\sigma^3}$$

Schiefe einer stetigen Zufallsvariable: $$SCF = \frac{\int_{-\infty}^{+\infty} \left(x_i - E(X)\right)^3 \times f(x)dx}{\sigma^3}$$

SCF	…	*Schiefe*
σ	…	*Standardabweichung*
$E(X)$	…	*Erwartungswert*
X	…	*Zufallsvariable*
x	…	*Einzelwerte*
η	…	*Anzahl*
p	…	*Wahrscheinlichkeit*

Kurtosis und Exzess

Mit der Kurtosis und dem Exzess wird die Gestalt einer Verteilung im Vergleich zu einer Normalverteilung bei gleicher Streuung als dimensionslose Kennzahl quantifiziert (Kockelkorn, 2012, S. 29). Die Kurtosis jeder beliebigen Normalverteilung beträgt drei. Bei einer Kurtosis kleiner als drei, ist die Dichtefunktion flacher bzw. weniger gewölbt im Vergleich zu einer Normalverteilung mit gleicher Standardabweichung (siehe Abb. 3-36). Umgekehrt ist eine Verteilung, bei der die Kurtosis größer als drei ist, in der Umgebung des Schwerpunktes spitzer bzw. stärker gewölbt als die Normalverteilung. Die Form ist vergleichbar mit einer Reißzwecke. Typischerweise tritt ein solcher Verlauf von Verteilungsfunktionen bei der Entwicklung von Aktienrenditen auf (Zucchini et al., 2009, S. 126). Ferner ist eine hohe Kurtosis ein möglicher Hinweis auf Ausreißer (Kockelkorn, 2012, S. 30).

Beschreibung	steilgipflig leptokurtisch stark gewölbt	normalgipflig mesokurtisch mittlere Wölbung	flachgipflig platykurtisch flach gewölbt
Kurtosis	$KUR > 3$	$KUR = 3$	$KUR < 3$
Exzess	$EXZ > 0$	$EXZ = 0$	$EXZ < 0$
Grafik	1,0 0,8 0,6 0,4 0,2 0,0; 2 4 6 8	1,0 0,8 0,6 0,4 0,2 0,0; 2 4 6 8	1,0 0,8 0,6 0,4 0,2 0,0; 2 4 6 8

Abb. 3-36: Kurtosis und Exzess (in Anlehnung an Hedderich/Sachs, 2016, S. 210)

Der Exzess unterscheidet sich von der Kurtosis lediglich durch eine zusätzliche Zentrierung mittels Subtraktion vom Wert 3, da die Normalverteilung mit einem Exzess von 3 als Referenz dient (Hedderich/Sachs, 2016, S. 210). Die Kurtosis und der Exzess einer Zufallsvariable werden wie folgt bestimmt (Zucchini et al., 2009, S. 125 und Hedderich/Sachs, 2016, S. 201 f.):

Kurtosis einer diskreten Zufallsvariable:

$$KUR = \frac{\sum_{index=1}^{\eta} p \times \left(x_{index} - E(X)\right)^4}{\sigma^4}$$

Exzess einer diskreten Zufallsvariable:

$$EXZ = KUR - 3 = \frac{\sum_{index=1}^{\eta} p \times \left(x_{index} - E(X)\right)^4}{\sigma^4} - 3$$

Kurtosis einer stetigen Zufallsvariable:

$$KUR = \frac{\int_{-\infty}^{+\infty} \left(x_{index} - E(X)\right)^4 \times f(x)dx}{\sigma^4}$$

Exzess einer stetigen Zufallsvariable:

$$EXZ = KUR - 3 = \frac{\int_{-\infty}^{+\infty} \left(x_{index} - E(X)\right)^4 \times f(x)dx}{\sigma^4} - 3$$

KUR	…	*Kurtosis*
EXZ	…	*Exzess*
σ	…	*Standardabweichung*
$E(X)$	…	*Erwartungswert*
X	…	*Zufallsvariable*
x	…	*Einzelwerte*
η	…	*Anzahl*
p	…	*Wahrscheinlichkeit*

3.7 Verteilungen

3.7.1 Überblick über Verteilungen

Die Bezeichnung Verteilung bezieht sich auf theoretische bzw. parametrische Verteilungen. Mit ihnen werden Wahrscheinlichkeiten von stochastischen Phänomenen bzw. Zufallsvariablen bestimmt, um deren künftige Entwicklung abzuschätzen. Verteilungen bilden Zufallsvorgänge auf mathematischer Basis anhand weniger Parameter mit einem idealtypischen Verlauf modellhaft ab (Sibbertsen/Lehne, 2015, S. 196). Die rechte Grafik der Abb. 3-37 zeigt die Unterscheidung von diskreten und stetigen Verteilungsformen. Neben den theoretischen Verteilungen gibt es empirische Verteilungen (Häufigkeitsverteilungen, deskriptive Verteilungsfunktionen), die Abb. 3-37 auf der linken Seite veranschaulicht (Eckstein, 2014, S. 30). Die Häufigkeitsverteilung enthält ausschließlich beobachtete Daten (Frey/Nießen, 2001, S. 71).

Häufigkeitsverteilung (empirische Verteilung)	**Verteilung** (parametrische Verteilung, theoretische Verteilung)
▪ resultiert aus Vergangenheitsdaten einer empirischen Erhebung oder einer Simulation ▪ Verteilung basiert auf Häufigkeiten ▪ dient z.B. der Auswertung der simulierten Ergebnisse aus der Monte-Carlo-Simulation ▪ kann der Schätzung von Zukunftsdaten dienen	▪ Verteilung basiert auf Wahrscheinlichkeiten ▪ Wahrscheinlichkeiten resultieren aus Annahmen und Erfahrungen, z.B. auf Basis von empirischen Erhebungen ▪ kann mit wenigen statistischen Parametern vollständig beschrieben werden ▪ dient der Schätzung von Zukunftsdaten

Abb. 3-37: Abgrenzung verschiedener Verteilungen

Die Verteilungen dienen im Rahmen der Risikobewertung der Modellierung risikobehafteter bzw. stochastischer Plangrößen. Damit werden Zukunftsdaten für eine unsichere Plangröße z. B. im Rahmen der Monte-Carlo-Simulation generiert. Die Auswahl der richtigen Verteilung kann nicht verallgemeinert werden, sie hängt von der jeweiligen Zufallsvariable ab (Krebs et al., 2009, S. 177). Zunächst ist zwischen theoretischer und empirischer Verteilungsfunktion zu selektieren. Die Auswahl einer theoretischen Verteilung zur Risikomodellierung hat den Vorteil, dass sich diese mit wenigen Parametern beschreiben lässt. Beispielsweise wird die Normalverteilung lediglich durch die beiden Parameter Erwartungswert und Standardabweichung definiert. Für jede unsichere Größe ist die passende Verteilungsart mit ihren Parametern zu bestimmen. Die Parameter der Verteilungsmodelle sind prinzipiell frei wählbar und können auf beobachteten Daten oder Erfahrungen beruhen. Die Auswahl der Verteilung und der Parameter sollte so erfolgen, dass diese die beobachteten Daten bzw. die Plangröße möglichst gut beschreibt (Frey/Nießen, 2001, S. 71). Die Verteilung der Plangröße kann beispielsweise mittels statistischer Analyse ihrer Vergangenheitsdaten geschätzt werden (siehe Abschnitt 3.5.4).

Die Unternehmensbewertung basiert auf Plangrößen. Im Rahmen der Monte-Carlo-Simulation sind verschiedene unsichere Plangrößen, wie etwa die künftige Umsatzentwicklung, mithilfe von Verteilungen zu modellieren. Die Festlegung auf nur eine Verteilungsart für alle unsicheren Größen ist nicht sachgerecht und auch nicht notwendig (Gleißner/Wolfrum, 2019, S. 16). Zur Auswahl stehen zahlreiche Verteilungen. Die Abb. 3-38 gibt einen Überblick über verschiedene Verteilungstypen mit deren möglichen Anwendungen.

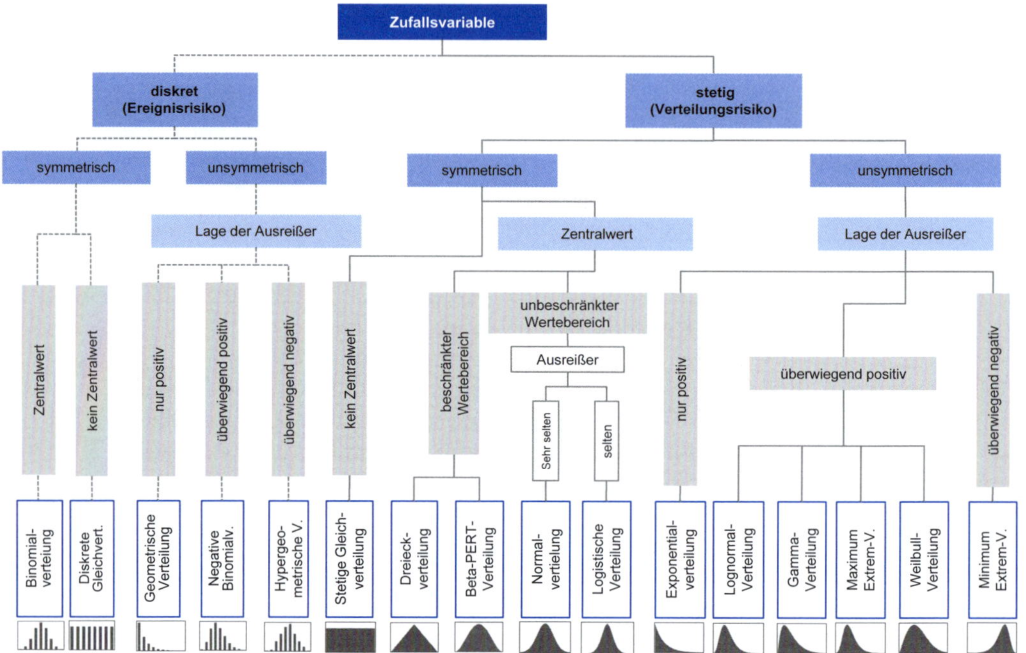

Abb. 3-38: Überblick über Verteilungen für die Auswahl zur Risikomodellierung (in Anlehnung an Damodaran, 2018, S. 62 mit Abbildungen der Verteilungen aus Crystal Ball)

Bei der Auswahl der Verteilung ist im ersten Schritt die Frage zu klären, ob ein Ereignisrisiko oder ein Verteilungsrisiko (Abb. 3-39) abgebildet wird. Entsprechend wird das Risiko mit einer diskreten oder eine stetigen Verteilungsfunktion modelliert. Mit dem Ereignisrisiko werden ein bestimmtes oder wenige bestimmte Ereignisse abgebildet, wie etwa der Eintritt einer Schadensersatzzahlung im Rahmen von Rechtsstreitigkeiten. Ein Ereignisrisiko ist auf wenige mögliche Szenarien begrenzt und kann durch eine subjektive Expertenschätzung bestimmt werden. Demgegenüber liegt ein Verteilungsrisiko vor, wenn ständige Schwankungen infolge von Marktpreisänderungen möglich sind. Beispielsweise ist davon die Plangröße Umsatz infolge von Nachfrage- und Absatzpreisschwankungen betroffen (Vanini/Heise, 2017, S. 550 f.). Prinzipiell resultiert die Unterscheidung in diskrete und stetige Verteilungen aus der Eigenschaft der ihnen zugrunde liegenden Zufallsvariablen. Eine diskrete Zufallsvariable wird mittels einer diskreten Verteilung und eine stetige Zufallsvariable über eine stetige Verteilung abgebildet.

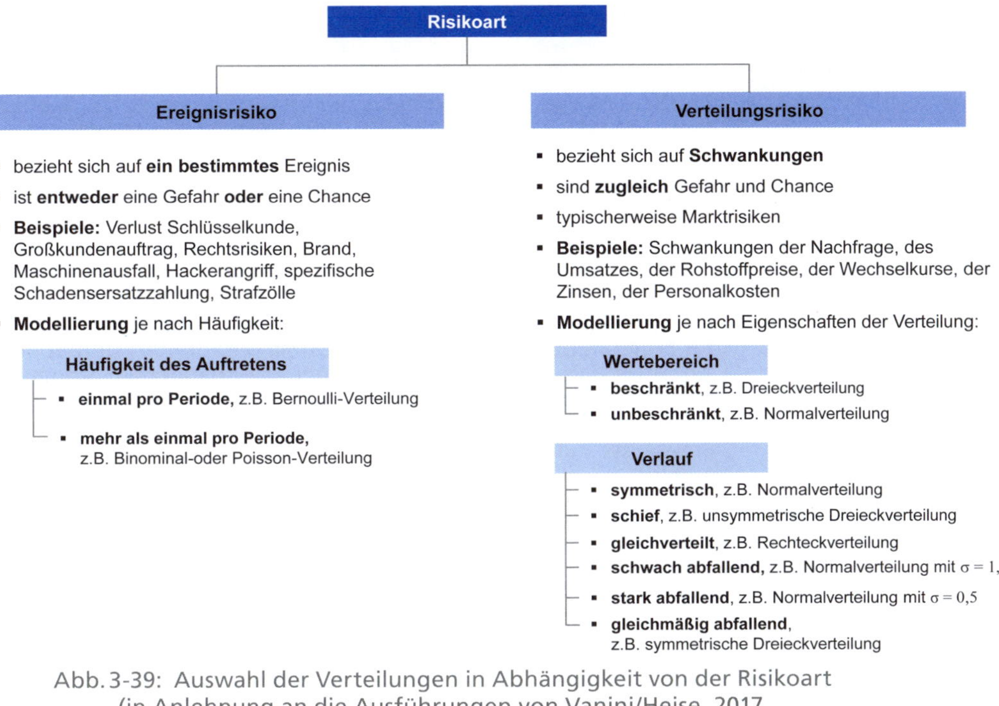

Abb. 3-39: Auswahl der Verteilungen in Abhängigkeit von der Risikoart (in Anlehnung an die Ausführungen von Vanini/Heise, 2017, S. 550 f. u. S. 560; Gleißner/Wolfrum, 2019, S. 161 f.)

Im zweiten Schritt der Auswahl spielen die Eigenschaften der unsicheren Zufallsvariable eine wichtige Rolle. Dazu gehören die Symmetrie, das Vorhandensein eines Zentralwertes und die Lage der Ausreißer. Einige Verteilungen, wie Binomial-, Poisson-, Dreieck- und PERT-Verteilung, sind in ihrer Erscheinungsform recht flexibel. Sie können je nach Parameter symmetrisch, links- oder rechtsschief sein. Ferner unterschieden sich die Verteilungen nach ihren beschränkten oder unbeschränkten Wertebereichen. Einige Plangrößen haben grundsätzlich einen beschränkten Wertebereich. Beispielsweise sind bei absoluten Preis- und Mengenangaben negative Realisierungen ausgeschlossen (Ungemach/Hachmeister, 2019, S. 204). Das kann entweder durch die Wahl einer entsprechenden Verteilung mit ausschließlich positivem Wertebereich, wie etwa der Exponentialverteilung, oder durch die Beschränkung in der Simulationssoftware für eine Verteilungsfunktion mit zunächst unbeschränktem Wertebereich erfolgen. Die Beschränkung des Wertebereiches ist dabei an die Eigenschaften der Zufallsvariable anzupassen. So kann z. B. das Umsatzwachstum in Form eines Umsatzrückgangs im negativen Bereich liegen, jedoch nur bis zum Wert von -100 % (Damodaran, 2018, S. 23). Die Beschränkung bzw. Stutzung eines offenen Wertebereiches ist in Softwareprogrammen, wie z. B. Crystal Ball einfach umzusetzen (Weisheit et al., 2019, S. 1283). Dadurch ist eine Auswahl der Verteilung unabhängig von deren beschränktem oder unbeschränktem Wertebereich möglich, da sowohl eine Ober- als auch eine Untergrenze für eine unbeschränkte Verteilung festgelegt werden kann (Cottin/Döhler, 2013, S. 46). Die Abb. 3-40 gibt einen Überblick über ausgewählte Verteilungsformen mit einer kurzen Beschreibung und Beispielen für deren Verwendung.

Verteilung	Beschreibung	Beispiele und Anwendungsfelder
Diskrete Verteilungen:		
Bernoulli-Verteilung	Beschreibt das Eintreten oder Nicht-Eintreten eines Ja/Nein-Ereignisses bei bekannter Wahrscheinlichkeit. Entspricht der Binomialverteilung mit einem Versuch.	Ausschussquoten; Mindestgewinn
Binomial-Verteilung	Beschreibt die Anzahl an Fällen, bei denen ein bestimmtes Ergebnis bei einer festen Anzahl von unabhängigen, identischen Versuchen eintritt. Dabei sind jeweils genau zwei Ergebnisse möglich (Ja/Nein-Ereignis).	Insolvenz; Qualitätsprüfung; Anlagenprüfung; Forderungsausfall; Mitarbeiterfluktuation; Kundenzufriedenheit; Stammkundenverlust
Negative Binomial-Verteilung	Diskrete Verteilung mit eher positiven Ausreißern. Erstellt ein Verteilungsmodell von der Anzahl von Versuchen und Fehlern, bis eine bestimmte Anzahl erfolgreicher Versuche erreicht ist.	Anzahl von Verkaufsgesprächen, bis 10 Bestellungen aufgenommen werden; Schadenzahlverteilung in der Krankenversicherung.
Diskrete Gleichverteilung	Minimum und Maximum sind feste Grenzen. Alle Werte können mit gleicher Wahrscheinlichkeit auftreten. Nur diskrete Szenarien möglich.	Würfelspiel mit einem 6-seitigen Würfel (Laplace-Experiment); wenn keine Abschätzung eines Modus möglich.
Geometrische Verteilung	Diskrete Verteilung mit positiven Ausreißern. Beschreibt die Anzahl der Versuche bis zum ersten Auftreten eines Ereignisses.	Anzahl von Bohrlöchern, die gebohrt werden müssen, um auf Erdöl zu stoßen; Qualitätssicherung bei Wareneingangs- und Warenausgangskontrolle bzw. bei festen Warenumfang
Hypergeometrische Verteilung	Diskrete Verteilung mit eher negativen Ausreißern. Beschreibt, wie oft ein Ereignis bei einer festgelegten Anzahl von Versuchen auftritt (Versuche sind abhängig von vorherigen Ergebnissen).	Wahrscheinlichkeit, bei der Auswahl eines Teils aus einer feststehenden Menge ein fehlerhaftes Teil auszuwählen, wobei die ausgewählten Teile aus der Menge vor dem nächsten Versuch nicht wieder aufgefüllt werden.
Poisson-Verteilung	Beschreibt, wie oft ein seltenes Ereignis in einem bestimmten Intervall auftritt. Anzahl geschätzter seltener Risikoeintritte in einem definierten Zeitintervall.	Groß-Schadensereignisse; Kreditausfälle; Unternehmensinsolvenzen; Anzahl Fehlbuchungen im Großunternehmen; Maschinenausfall

Verteilung	Beschreibung	Beispiele und Anwendungsfelder
Logarithmische Verteilung	Diskrete linkssteile Verteilung im positiven Bereich	Typische Schadenshöhenverteilung in der Versicherungsmathematik. Anzahl an gekauften Artikeln eines Kunden in einer Zeitspanne
Stetige Verteilungen:		
Normalverteilung	Mittelwert und Varianz bzw. Standardabweichung sind gegeben. Die Verteilung ist um den Mittelwert symmetrisch. Die Wahrscheinlichkeit für starke Abweichungen vom Mittelwert ist extrem gering	Abweichungen der Messwerte vieler natur-, wirtschafts- und ingenieurwissenschaftlicher Vorgänge vom Erwartungswert; Risiken mit Marktbezug: Inflation; Nachfrage-, Gewinn- und Umsatzschwankungen; Preisänderungen bei Rohstoffen, (Aktien-)Renditen; Währungs- und Zinsänderungsrisiken; nicht geeignet zur Modellierung von Extremereignissen bei einer „Heavy-tailed-Verteilung"
Lognormalverteilung	Ergebnisse sind nach oben unbegrenzt, unteres Limit liegt bei null. Die Verteilung ist positiv schief, wobei die meisten Werte beim unteren Limit liegen. Natürlicher Logarithmus der Verteilung ist eine Normalverteilung.	Situationen, in denen sehr große positive aber keine negativen Werte vorkommen, z.B. Immobilienpreise, Aktienkurse, Tarife, Einkommen, Vermögen, Schadenshöhen, Aktienkurse und -renditen; Umsatz; Preise; Produktionsmengen
Logistische Verteilung	Verteilung hat eine zur Normalverteilung ähnliche glockenförmige Dichtefunktion, jedoch mit längeren Flanken und spitzer als die Normalverteilung. Im Vergleich zur Normalverteilung kommen Ausreißer häufiger vor.	Symmetrische Abweichungen vom Erwartungswert, z.B. Umsatzwachstumsraten
Rechteckverteilung (stetige Gleichverteilung)	Allen Ergebnissen zwischen gegebenem Minimal- und Maximalwert wird die gleiche Wahrscheinlichkeit zugeordnet.	Nutzbar bei minimalem Vorwissen bzw. wenn Verteilungsform unbekannt ist, z.B. Ort eines Pipelinelecks, Preisprognosen sensitiver Rohstoffe. Basis zur Erzeugung beliebig verteilter Zufallszahlen.

Verteilung	Beschreibung	Beispiele und Anwendungsfelder
Dreieckverteilung	Die Ergebnisse liegen in einem festen Bereich zwischen dem Minimum und dem Maximum, wobei es einen wahrscheinlichsten Wert bzw. einen Modalwert gibt.	vereinfachte Modellierung von zufallsbehafteten Einnahmen und Ausgaben
Fünfeckverteilung	Verallgemeinerung der Dreieckverteilung mit fünf Parametern. Zusätzlich zu Minimum, Maximum und wahrscheinlichstem Wert wird der Bereich angegeben, in dem 90 % der Ergebnisse liegen.	
Exponentialverteilung	Die Verteilung beschreibt die Verteilung der Zeitintervalle zwischen zufälligen, unabhängigen Ereignissen.	Lebensdauer von Bauteilen, Zeit zwischen eingehenden Anrufen, Servicezeiten: Reparaturdauer, Beladezeit eines Lieferwagens, Kundenabfertigungszeit
Beta-Verteilung	Die sehr flexibel anpassbare Verteilungsform wird durch die beiden Parameter Alpha und Beta bestimmt, die jedoch nicht intuitiv bzw. nicht ohne statistische Vorkenntnisse geschätzt werden können.	Modellierung unterschiedlichster Sachverhalte, z. B. Zuverlässigkeit von Produkten und Maschinen eines Unternehmens; Gewinn- und Umsatzschwankungen; Preisänderungen bei Rohstoffen; Kostenschwankungen
PERT-Verteilung	Spezialform der Beta-Verteilung, bei der neben Minimum und Maximum nur der wahrscheinlichste Wert spezifiziert werden muss. Mit ihrem beidseitig beschränkten glockenförmigen Verlauf vereint sie die Vorteile der Dreieck- und der Normalverteilung.	einfacher Modellierungsansatz mit dem sowohl symmetrische als auch asymmetrische Risiken abgebildet werden
Extremwertverteilung (verallgemeinerte	Erlaubt eine einheitliche Darstellung der wesentlichen möglichen Verteilungen von Extremwerten.	Hochwasser, Erdbeben, Belastungen
Pareto-Verteilung	Ergebnisse liegen zwischen Null und unendlich.	Einkommensverteilung, Bevölkerungs- und Unternehmensgrößen, Schwankungen in Aktienkursen

Abb. 3-40: Ausgewählte Wahrscheinlichkeitsverteilungen mit deren Anwendungsfeldern (in Anlehnung an Disch/Wolfrum, 2021, S. 32 ff.; Romeike/Hager, 2020, S. 167 ff.; Zucchini et al., 2009, S. 151; Auer/Rottmann, 2010, S. 257 ff.; Cottin/Döhler, 2013, S. 46;Wolf, 2009, S. 546; Rinne, 2008, S. 357 ff.; Damodaran, 2018, S. 651 f.)

Nachfolgend werden die, in Abb. 3-41 aufgeführten Verteilungen mit konkreten Beispielen für mögliche Anwendungen in der Risikoquantifizierung detaillierter vorgestellt. Für die Erläuterungen zusätzlicher Verteilungen wird auf die weiterführende Literatur verwiesen (z. B. Rinne, 2008, S. 242 ff.; Vose, 2008, S. 585 ff.)

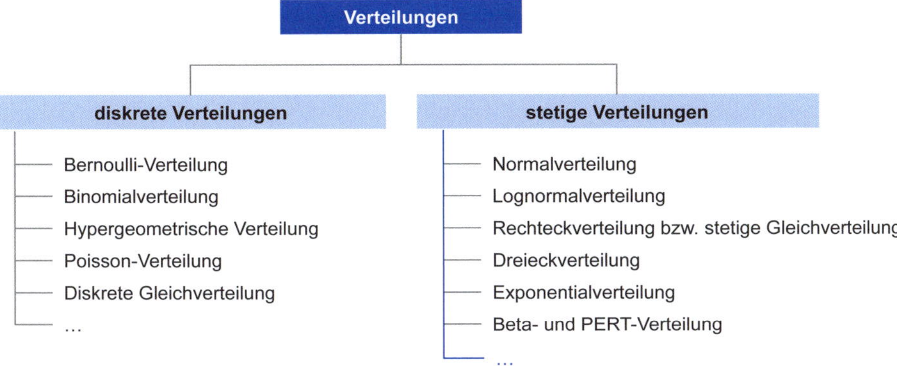

Abb. 3-41: Stetige und diskrete Verteilungen

Zwischen den nachfolgend erläuterten diskreten Verteilungsformen Bernoulli-, Binomial-, Hypergeometrische und Poisson-Verteilung gibt es Zusammenhänge bzw. mögliche Approximationen, die Abb. 3-42 veranschaulicht. Die aufgeführten Parameter werden in den nachfolgenden Abschnitten bei der Beschreibung der Verteilungen erläutert.

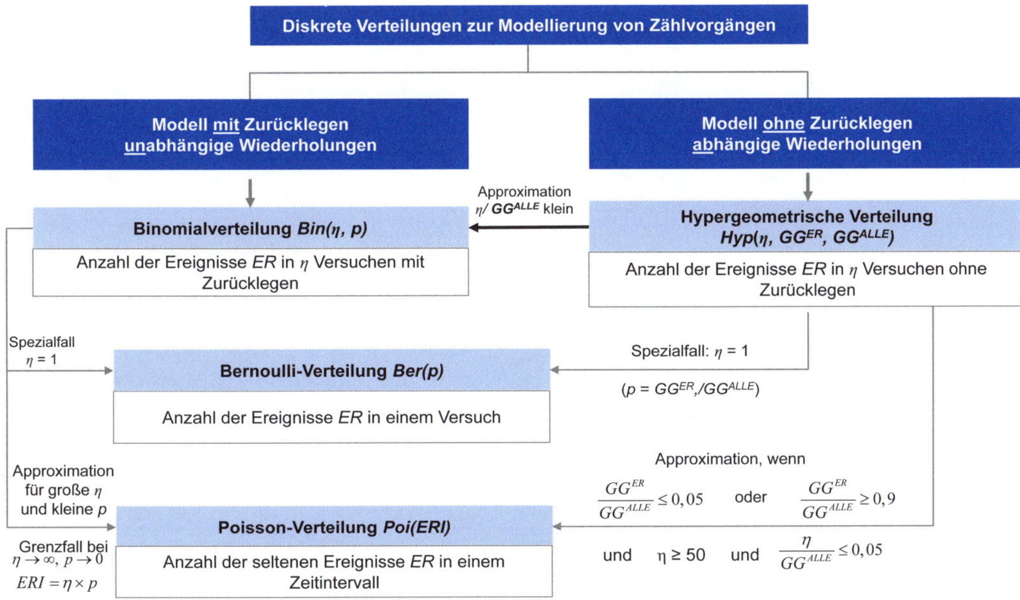

Abb. 3-42: Ausgewählte Verteilungsmodelle und ihre Zusammenhänge (in Anlehnung an Fahrmeir et al., 2007, S. 266)

3.7.2 Bernoulli-Verteilung

Die Bernoulli-Verteilung bildet Zufallsvariablen ab, für die lediglich zwei Realisationen möglich sind, wie beispielsweise bei einem Münzwurf entweder Kopf oder Zahl. Die beiden zufälligen Ausprägungen 0 und 1 der Zufallsvariable X schließen sich gegenseitig aus, d.h. wenn im Bernoulli-Experiment ein Ereignis *ER* eingetreten ist, kann das Gegenereignis *GER* nicht mehr eintreten. Die Bernoulli-Verteilung wird deshalb auch als Zweipunkt-Verteilung bezeichnet. Beide Ereignisse treten mit einer bestimmten Wahrscheinlichkeit auf, bei der die Eintrittswahrscheinlichkeit p der ersten Realisation *ER* die Gegenwahrscheinlichkeit der zweiten, komplementären Ausprägung *GER* mit $1 - p$ bestimmt. Wird das Ereignis *ER* als Erfolg bzw. Treffer und das Ereignis *GER* als Misserfolg bzw. Niete benannt, spricht man bei der Wahrscheinlichkeit p auch von der Erfolgswahrscheinlichkeit bzw. Trefferwahrscheinlichkeit (Schira, 2016, S. 340 f.)

$$p(X=1)=p(ER)=p \qquad 0 \leq p \leq 1$$

$$p(X=0)=p(GER)=1-p$$

Die Durchführung des Zufallsexperiments zur Bestimmung der Zufallsvariable mit nur zwei möglichen, sich ausschließenden Ausgängen, wie beispielsweise der Münzwurf, wird als Bernoulli-Experiment bezeichnet. Die Bernoulli-Verteilung wird mit dem Parameter p beschrieben. (Sibbertsen/Lehne, 2015, S. 282; Schira, 2016, S. 341):

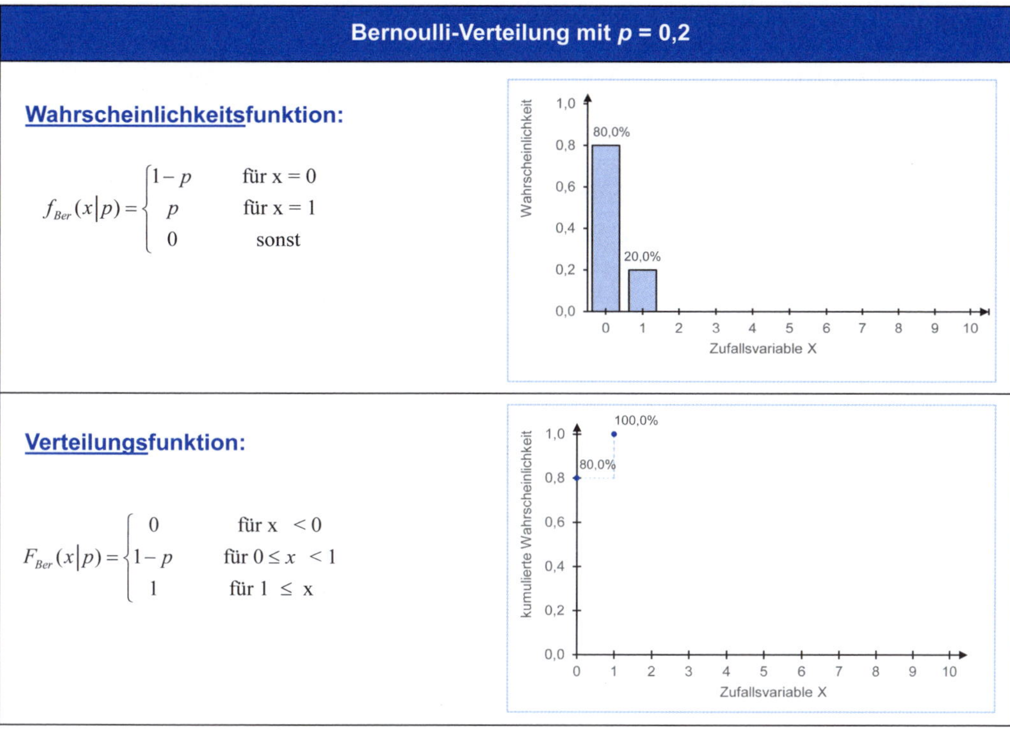

Abb. 3-43: Bernoulli-Verteilung

X	… *Zufallsvariable*
x	… *Einzelwerte*
ER	… *Ereignis*
GER	… *Gegenereignis*
p	… *Wahrscheinlichkeit*
f(x)	… *Wahrscheinlichkeitsfunktion*
F(x)	… *Verteilungsfunktion*
Ber	… *Bernoulli-Verteilung*

Die Eintrittswahrscheinlichkeit p für das Ereignis *ER* ist für die jeweilige Verteilung eine Konstante im Intervall zwischen null und eins. Sie kann entweder durch die Kenntnis vorhandener Symmetrien bestimmt werden, wie etwa die Wahrscheinlichkeit von $p = 0{,}5$ für das Werfen von Kopf bei einer Münze. Ist die Münze nicht fair gewichtet oder die Symmetrie unbekannt, muss die Wahrscheinlichkeit geschätzt werden, beispielsweise auf Basis von Erfahrungswerten, wie etwa die Schätzung einer Ausschussquote (Zucchini et al., 2009, S. 132).

In der Bernoulli-Verteilung sind der Erwartungswert und die Varianz wie folgt definiert (Schira, 2016, S. 341):

$$E(X) = p$$

$$VAR(X) = p \times (1 - p)$$

E (X)	… *Erwartungswert*
VAR (X)	… *Varianz*

Typische Einsatzfelder für die Bernoulli-Verteilung sind Sachverhalte, in denen nur zwei Realisationen auftreten oder von Interesse sind, wie z. B.

- Ausschussquoten mit *ER* = Produkt defekt und *GER* = Produkt in Ordnung
- Geschlecht mit *ER* = weiblich und *GER* = männlich
- Mindestgewinn zur Deckung der Kapitalkosten mit *ER* = mehr als 16,2 M€ und *GER* = weniger als 16,2 M€. (Sibbertsen/Lehne, 2015, S. 282)

Die Bernoulli-Verteilung dient darüber hinaus als wichtige Grundlage für die Binomial-Verteilung (Zucchini et al., 2009, S. 133). Sie kann auch als Spezialfall dieser aufgefasst werden (Abb. 3-42), wenn das Bernoulli-Experiment nur einmal durchgeführt wird und somit die Anzahl der Durchläufe n aus der Binomialverteilung gleich 1 ist (Hartung et al., 2009, S. 200).

3.7.3 Binomialverteilung

Die Binomialverteilung bildet die Wahrscheinlichkeit für zufällige Phänomene bei mehrfacher, also entweder bei gleichzeitiger oder bei hintereinander folgender Durchführung eines Bernoulli-Experiments ab. Die Anzahl der Durchläufe gibt der Parameter η an. Sie kann auch als Stichprobenumfang aufgefasst werden. Die betrachtete Zufallsvariable hat wie bei der Bernoulli-Verteilung lediglich zwei sich ausschließende Ausprägungen in Form des Ereignisses *ER* bzw. des Erfolgs mit der konstanten Erfolgswahrscheinlichkeit p und in Form des Gegenereignisses *GER* mit der Wahrscheinlichkeit $1 - p$. Die wiederholten Bernoulli-Experimente sind unabhängig voneinander, d. h. dass die Erfolgswahrscheinlichkeit p eines Experiments nicht die der anderen Wiederholungen beeinflusst. Sie ist für alle Versuche konstant. Mit der Binomialverteilung wird die allgemeine Frage beantwortet, wieviel Erfolge es in η Versuchen geben wird. Die Antwort ist eine Zufallsvariable, für die mittels Wahrscheinlichkeitsfunktion eine Wahrscheinlichkeit bestimmt wird. Als Erfolg wird von den beiden möglichen, die Ausprägung der Zufallsvariable bezeichnet, die von Interesse ist. Dabei muss es sich nicht zwingend um ein wünschenswertes oder gutes Ergebnis handeln. Wichtig ist die eindeutige Einordnung der beiden Ausprägungen in Erfolg und Misserfolg, welche Ausprägung wie benannt wird, ist beliebig (Zucchini et al., 2009, S. 136 ff.). Die Abb. 3-44 zeigt beispielhaft eine mögliche Zuordnung.

Erfolg	Misserfolg
Produkt ist fehlerfrei	Produkt ist nicht fehlerfrei
Mitarbeiter kündigt nicht	Mitarbeiter kündigt
Maschine steht still	Maschine steht nicht still
Kunde ist zufrieden	Kunde ist unzufrieden
Stammkunde kündigt	Stammkunde kündigt nicht
Zuschlag bei Ausschreibung	kein Zuschlag bei Ausschreibung
Forderung fällt aus	Forderung fällt nicht aus

Abb. 3-44: Beispiele zur Zuordnung von Erfolg in der Binomialverteilung (in Anlehnung an Zucchini et al., 2009, S. 138; Finke, 2017, S. 60;Nitzsch, 2015, S. 85)

Zum Verständnis der Binomialverteilung wird als Gedankenstütze das sogenannte Urnenmodell herangezogen. Dabei handelt es sich ähnlich der Lottoziehung um einen Behälter mit einer festen Anzahl von z. B. roten und schwarzen Kugeln, die zufällig gezogen werden (Sibbertsen/Lehne, 2015, S. 197). Prinzipiell gibt es dabei vier Kombinationen (Abb. 3-45).

		Berücksichtigung der Reihenfolge	
		ja	nein
Zurücklegen der Kugel für die folgenden Experimente	ja	I	II Binomialverteilung
	nein	III	IV Hypergeometrische Verteilung

Abb. 3-45: Kombinationssituationen im Urnenmodell (in Anlehnung an Sibbertsen/Lehne, 2015, 200 und Zucchini et al., 2009, S. 144)

Aus der Konstellation im Urnenmodell resultieren die Situationen I bis IV mit verschiedenen kombinatorischen Fragestellungen, die in der Literatur, z. B. Sibbertsen/Lehne, 2015, S. 200 ff., ausführlich dargelegt werden. Die hiesigen Erläuterungen fokussieren auf die Binomialverteilung bzw. auf die Situation II in Abb. 3-45. Im Gedankenmodell ist für die Binomialverteilung die Frage zu beantworten, wie hoch die Wahrscheinlichkeit ist, dass eine bestimmte Anzahl an roten Kugeln z. B. bei 10 Ziehungen gezogen wird. Dabei spielt die Reihenfolge keine Rolle. Es ist unerheblich, ob eine rote Kugel bei der 1. oder bei der 5. Ziehung gezogen wurde. Ferner wird die gezogene Kugel nach jeder Ziehung zurückgelegt, sodass die Wahrscheinlichkeit p für die Ziehung einer roten Kugel bei jedem Durchlauf konstant bleibt (Nitzsch, 2015, S. 85 f.). Würde die Kugel nicht zurückgelegt, verändert sich die Erfolgswahrscheinlichkeit mit jedem Versuch, u. a. da die Grundgesamtheit der Kugeln kleiner wird. Somit wären die Versuche nicht voneinander unabhängig. Werden sehr wenige Elemente aus einer sehr großen Gesamtheit von Elementen entnommen und nicht wieder zurückgelegt, verändert sich die Erfolgswahrscheinlichkeit lediglich marginal und die Durchläufe sind nahezu unabhängig, sodass die Binomialverteilung als Näherungslösung genutzt werden kann. Soll jedoch ein Vorgang ohne Zurücklegen genau abgebildet werden, ist die Hypergeometrische Verteilung heranzuziehen (Zucchini et al., 2009, S. 141 ff.).

Zur Veranschaulichung der Binomialverteilung wird unterstellt, dass ein Beispielunternehmen insgesamt 10 Mitarbeiter beschäftigt. In der Vergangenheit betrug die durchschnittliche Fluktuationsrate 30 % pro Jahr. Auf Basis dieser relativen Häufigkeit wird die Wahrscheinlichkeit, dass ein Mitarbeiter kündigt mit 30 % eingeschätzt. Es wird unterstellt, dass die Kündigungen der einzelnen Mitarbeiter sich nicht gegenseitig beeinflussen. Mithilfe der Binomialverteilung kann durch die Wahrscheinlichkeitsfunktion bestimmt werden, wie hoch die Wahrscheinlichkeit ist, dass im nächsten Jahr eine bestimmte Mitarbeiterzahl, z. B. genau 2 Mitarbeiter, kündigen. Zusätzlich kann mittels Verteilungsfunktion die Wahrscheinlichkeit für eine Anzahl an Kündigungen ermittelt werden, die entweder erreicht oder unterschritten wird. Damit kann etwa die Wahrscheinlichkeit, dass höchstens 3 (oder weniger)Mitarbeiter kündigen, bestimmt werden (Finke, 2017, S. 60 f).

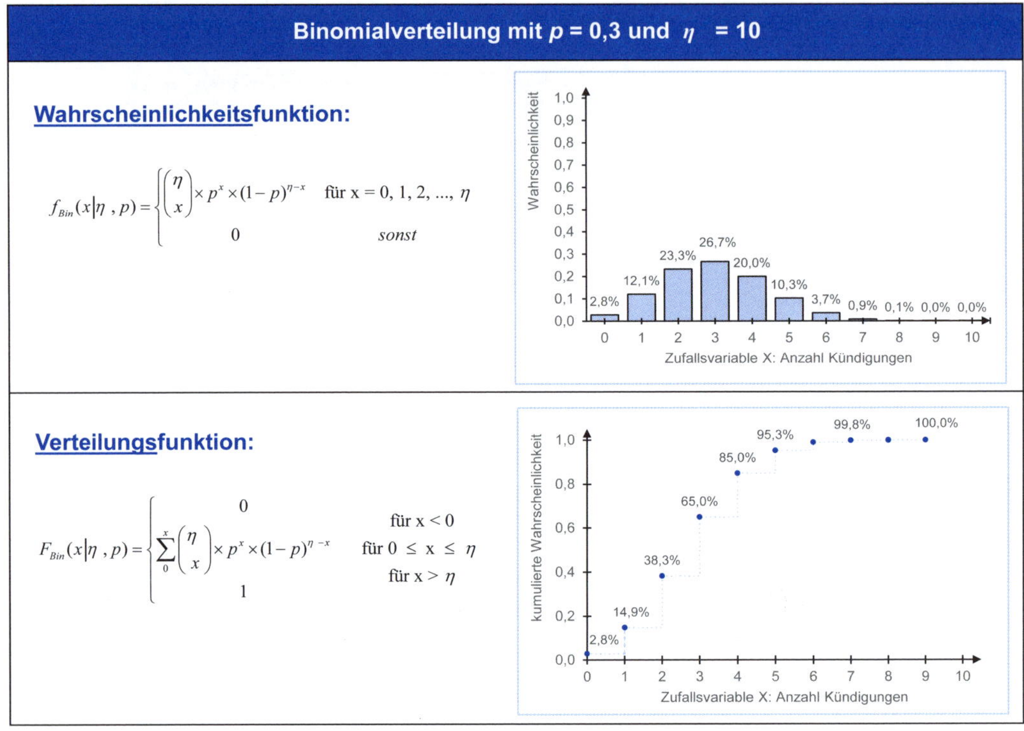

Abb. 3-46: Binomial-Verteilung

X	…	*Zufallsvariable*
x	…	*Einzelwerte*
η	…	*Anzahl*
p	…	*Wahrscheinlichkeit*
f(x)	…	*Wahrscheinlichkeitsfunktion*
F(x)	…	*Verteilungsfunktion*
Bin	…	*Binomial-Verteilung*

Wie Abb. 3-46 zeigt, wird die Binomialverteilung durch die beiden Parameter Wahrscheinlichkeit p und Anzahl der Wiederholungen bzw. der Durchläufe η beschrieben. Die Wahrscheinlichkeitsfunktion ist linkssteil. Die Schiefe der Binomialverteilung ist von der Wahrscheinlichkeit p abhängig (Abb. 3-30). Für $p = 0{,}5$ ist sie symmetrisch, für $p < 0{,}5$ linkssteil und für $p > 0{,}5$ rechtsteil (Auer/Rottmann, 2010, S. 248).

In der Abb. 3-46 ist Zufallsvariable *X*, also die Anzahl der „Erfolge" in Form der Anzahl der Kündigungen abgetragen, da diese im Fokus der Betrachtung stehen. Statt der absoluten Anzahl der Kündigungen, kann auf der Abszisse auch die Fluktuationsrate mit 0; 0,1; 0,2; 0,3; … 0,9; 1 abgetragen werden.

In der Binomial-Wahrscheinlichkeits- und der Verteilungsfunktion ist der Binomialkoeffizient enthalten:

$$\binom{\eta}{x} = \frac{\eta!}{x! \times (\eta - x)!}$$

Die Eintrittswahrscheinlichkeit für zwei Erfolge (x =2) im obigen Beispiel mit einer Erfolgswahrscheinlichkeit von p = 0,3 und 10 Wiederholungen (η = 10) wird wie folgt berechnet:

$$f(x) = \binom{\eta}{x} \times p^x \times (1-p)^{\eta - x} = \frac{\eta!}{x! \times (\eta - x)!} \times p^x \times (1 - p)^{\eta - x}$$

$$f(2) = \binom{10}{2} \times 0,3^2 \times (1-0,3)^{10-2} = \frac{10!}{2! \times (10 - 2)!} \times 0,3^2 \times (1 - 0,3)^{10 - 2}$$

$$f(2) = \frac{1 \times 2 \times 3 \times 4 \times 5 \times 6 \times 7 \times 8 \times 9 \times 10}{(1 \times 2) \times (1 \times 2 \times 3 \times 4 \times 5 \times 6 \times 7 \times 8)} \times 0,3^2 \times (0,7)^8$$

$$f(2) = \frac{9 \times 10}{(1 \times 2)} \times 0,3^2 \times (0,7)^8 = 0,233$$

Im Beispiel beträgt die Wahrscheinlichkeit, dass im nächsten Jahr genau 2 Mitarbeiter kündigen 23,3 %.

Die Wahrscheinlichkeit, dass maximal 3 oder weniger Mitarbeiter (x = 3) im nächsten Jahr kündigen, wird mit der Verteilungsfunktion mit der Erfolgswahrscheinlichkeit von p = 0,3 und 10 Wiederholungen (η = 10) bestimmt. Sie beträgt 65 %.

$$F(3) = \sum_{0}^{x=3} f(x) = f(0) + f(1) + f(2) + f(3)$$

$$F(3) = 0,028 + 0,121 + 0,233 + 0,267 = 0,649 \approx 0,65$$

Die Einzelwahrscheinlichkeiten und die kumulierten Wahrscheinlichkeiten können anhand der obigen Formel berechnet werden (Schira, 2016, S. 340). Alle Werte sind in Abb. 3-46 enthalten.

In der Bernoulli-Verteilung sind der Erwartungswert und die Varianz wie folgt definiert (Schira, 2016, S. 345):

$$E(X) = \eta \times p$$

$$VAR(X) = \eta \times p \times (1 - p)$$

$E(X)$ ... *Erwartungswert*
$VAR(X)$ ... *Varianz*

Für das Beispiel beträgt der Erwartungswert 3 und die Standardabweichung 1,45. D.h. es sind für das nächste Jahr 3 Kündigungen zu erwarten, die im Durchschnitt um 1,45 Kündigungen höher oder niedriger liegen können. Der Erwartungswert von 3 Kündigungen entspricht bei 10 Mitarbeitern dem Erfahrungswert der Fluktuationsrate von 30 %.

$$E(X) = 10 \times 0{,}3 = 3$$

$$VAR(X) = 10 \times 0{,}3 \times 0{,}7 = 2{,}1 \qquad \sigma(X) = \sqrt{2{,}1} = 1{,}45$$

Mit steigender Anzahl der Durchführungen ähnelt die Binomialverteilung der Normalverteilung. Das ist auf den Zentralen Grenzwertsatz zurückzuführen. Er besagt, dass eine unendliche Summe identisch verteilter Zufallsvariablen normalverteilt ist. Eine Binomialverteilte Zufallsvariable besteht aus einer Summe identisch Bernoulli-verteilter Zufallsvariablen. Läuft der Parameter η gegen unendlich, nähert sich also die Binomialverteilung der Normalverteilung an (Sibbertsen/Lehne, 2015, S. 295). Ist die Bestimmung der Binomialverteilung zu aufwendig, kann sie unter bestimmten Bedingungen durch die Normalverteilung oder auch die Poisson-Verteilung approximiert werden (siehe Abb. 3-53).

3.7.4 Hypergeometrische Verteilung

Die Hypergeometrische Verteilung lässt sich wie die Binomialverteilung gedanklich aus einem Urnenmodell ableiten (Abb. 3-45). Dazu werden ebenfalls zwei mögliche, gegensätzliche Ausprägungen bzw. Ereignisse, z. B. rote Kugeln (*ER*) und schwarze Kugeln (*GER*), betrachtet, die zufällig ausgewählt werden, etwa durch Ziehen aus einer Urne. Das Experiment wird η mal wiederholt. Die Reihenfolge der eingetroffenen Ereignisse spielt keine Rolle. Im Unterschied zur Binomialverteilung, werden die Kugeln nicht wieder zurückgelegt. Dadurch verringert sich die Grundgesamtheit mit jedem Experiment und die Wahrscheinlichkeit für das Eintreten einer Ausprägung hängt nun zusätzlich von der Anzahl der Experimente ab. Somit sind die Experimente nicht voneinander unabhängig (Sibbertsen/Lehne, 2015, S. 298).

Die Hypergeometrische Verteilung wird durch die drei folgenden Parameter beschrieben:

- GG^{ALLE}: Grundgesamtheit in der Ausgangssituation bzw. Anzahl aller Merkmalsträger, z. B. Anzahl aller roter und schwarzer Kugeln
- GG^{ER}: Anzahl des Ereignisses *ER* in der Grundgesamtheit bzw. Anzahl der Merkmalsträger mit der Ausprägung *ER* in der Grundgesamtheit, z. B. Anzahl der roten Kugeln
- η: Anzahl der Versuche bzw. Anzahl der Merkmalsträger, die ausgewählt werden, z. B. werden 10 Kugeln gezogen.

Die Anzahl der Ereignisse wird anhand der Parameter wie folgt beschrieben:

	Anzahl Ereignisse *ER* (z. B. rote Kugeln)	Anzahl Gegenereignisse *GER* (z. B. schwarze Kugeln)	Gesamtzahl aller Ereignisse GG^{ALLE} (z. B. Kugeln insgesamt)
Stichprobe	x	$\eta - x$	η
Restgesamtheit	$GG^{ER} - x$	$(GG^{ALLE} - GG^{ER}) - (\eta - x)$	$GG^{ALLE} - \eta$
Gesamtheit	GG^{ER}	$GG^{ALLE} - GG^{ER}$	GG^{ALLE}

Abb. 3-47: Parameter in der Hypergeometrischen Verteilung (in Anlehnung an Rinne, 2008, S. 268)

Mit der Wahrscheinlichkeitsfunktion wird analysiert, wie hoch die Wahrscheinlichkeit ist aus der Grundgesamtheit GG^{ALLE} bei η-facher Wiederholung genau x-mal die Ausprägungen *ER* zu erhalten. Dabei setzt sich die Grundgesamtheit GG^{ALLE} aus der Anzahl GG^{ER} der Merkmalsträger mit der Ausprägungen *ER* und aus der Anzahl ($GG^{ALLE} - GG^{ER}$) der Merkmalsträger mit der Ausprägung *GER* zusammen.

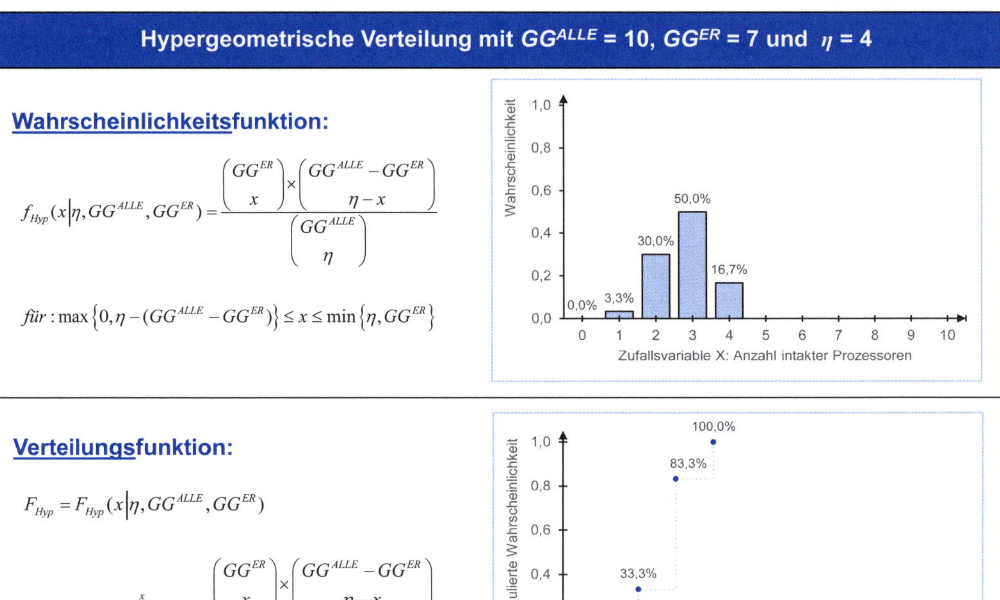

Abb. 3-48: Hypergeometrische Verteilung

X	…	*Zufallsvariable*
x	…	*Einzelwerte*
η	…	*Anzahl*
GG	…	*Grundgesamtheit*
ER	…	*Ereignis*
p	…	*Wahrscheinlichkeit*
f(x)	…	*Wahrscheinlichkeitsfunktion*
F(x)	…	*Verteilungsfunktion*
Hyp	…	*Hypergeometrische Verteilung*

Die hypergeometrische Verteilung wird am Beispiel der Qualitätskontrolle von insgesamt GG^{ALLE} = 10 Prozessoren veranschaulicht, von denen 7 Prozessoren GG^{ER} = 7 in Ordnung und GG^{ALLE} - GG^{ER} = 3 defekt sind (Zucchini et al., 2009, S. 142 und S. 148 ff.). Im Rahmen der Qualitätskontrolle wird eine Stichprobe von η = 4 Prozessoren entnommen. Die Zufallsvariable X ist die Anzahl der ausgewählten, funktionierenden Prozessoren. Die Realisationen von X können aufgrund der Nebenbedingungen der Wahrscheinlichkeitsfunktion (max [0; 4 – 3] ≤ x ≤ min [4; 7]) die Werte x = 1, x = 2, x = 3 oder x = 4 annehmen. Mit der Wahrscheinlichkeitsfunktion kann beispielsweise bestimmt werden, wie hoch die Wahrscheinlichkeit ist, dass von den 4 entnommenen Prozessoren x = 2 in Ordnung sind. Die Wahrscheinlichkeit beträgt 30 %.

$$f_{Hyp}(x|4,10,7)=\begin{cases}\dfrac{\binom{7}{x}\times\binom{10-7}{4-x}}{\binom{10}{4}} & max\{0,4-3\}\leq x\leq min\{4,7\}\\ 0 & sonst\end{cases}$$

$$f_{Hyp}(x|4,10,7)=\begin{cases}\dfrac{\dfrac{7!}{x!\times(7-x)!}\times\dfrac{(10-7)!}{(4-x)!\times((10-7)-(4-x))!}}{\dfrac{10!}{4!\times(10-4)!}} & 1\leq x\leq 4\\ 0 & sonst\end{cases}$$

$$f_{Hyp}(2|4,10,7)=\frac{\dfrac{7!}{2!\times(7-2)!}\times\dfrac{(10-7)!}{(4-2)!\times((10-7)-(4-2))!}}{\dfrac{10!}{4!\times(10-4)!}}=30\%$$

Mithilfe der Verteilungsfunktion wird ermittelt, wie hoch die Wahrscheinlichkeit ist, dass bei den 4 entnommenen Prozessoren maximal 2 in Ordnung sind. Die in diesem Fall heranzuziehende Unterschreitungswahrscheinlichkeit beträgt 33,3 %.

$$F_{Hyp}(2|4,10,7)=\sum_{max(0;4-(10-7))=1}^{2}\frac{\binom{7}{x}\times\binom{10-7}{4-x}}{\binom{10}{4}}=\frac{\binom{7}{1}\times\binom{3}{4-1}}{\binom{10}{4}}+\frac{\binom{7}{2}\times\binom{3}{4-2}}{\binom{10}{4}}=3,3\%+30\%=33,3\%$$

In Abhängigkeit der Ausprägung ihrer Parameter kann die hypergeometrische Funktion symmetrisch, linkssteil, rechtsteil oder auf einen Wert x konzentriert sein (Zucchini et al., 2009, S. 150). Der Erwartungswert *E(X)* und die Varianz *Var (X)* der Hypergeometrischen Verteilung sind folgendermaßen definiert (Sibbertsen/Lehne, 2015, S. 300):

$$E(X)=\eta\times\frac{GG^{ER}}{GG^{ALLE}}$$

$$VAR(X)=\eta\times\frac{GG^{ER}}{GG^{ALLE}}\times\left(1-\frac{GG^{ER}}{GG^{ALLE}}\right)\times\left(\frac{GG^{ALLE}-\eta}{GG^{ALLE}-1}\right)$$

Für das Beispiel beträgt der Erwartungswert 2,8 und die Standardabweichung 0,75. Damit ist zu erwarten, dass bei der Entnahme von 4 Prozessoren 2,8 Stück funktionsfähig sind. Von den 2,8 Stück wird im Durchschnitt um 0,75 Prozessoren nach oben und unten abgewichen.

$$E(X)=4\times\frac{7}{10}=2,8$$

$$VAR(X)=4\times\frac{7}{10}\times\left(1-\frac{7}{10}\right)\times\left(\frac{10-4}{10-1}\right)=0,56 \qquad \sigma(X)=\sqrt{0,56}=0,75$$

Der Anteil der günstigen Fäll an der Grundgesamtheit GG^{ER} / GG^{ALLE} entspricht der Wahrscheinlichkeit p in der Binomialverteilung. Durch die Umformung wird die Nähe der hypergeometrischen Verteilung zur Binomialverteilung deutlich (Abb. 3-42). Darüber hinaus ist eine Approximation der hypergeometrischen Verteilung durch die Poisson-Verteilung und die Normalverteilung möglich (Sibbertsen/Lehne, 2015, S. 300 ff.).

3.7.5 Poisson-Verteilung

Mit der Poisson-Verteilung wird die Zufallsvariable Anzahl seltener Ereignisse (X) abgebildet, die in einem definierten Zeitintervall auftreten. Sie kann als Grenzfall der Binoninalverteilung abgeleitet werden. Dafür ist für die beiden Parameter der Binomialverteilung Anzahl und Wahrscheinlichkeit eine bestimmte Konstellation zu unterstellen. Die Anzahl η konvergiert gegen unendlich ($\eta > \infty$), während die Wahrscheinlichkeit p gegen null läuft ($p > 0$). Somit bildet die Poisson-Verteilung die nicht nach oben begrenzte Anzahl einer spezifischen Zufallserscheinung („Erfolg") bei sehr vielen unabhängigen Bernoulli-Experimenten mit minimaler Erfolgswahrscheinlichkeit für den einzelnen Versuch ab (Schira, 2016, S. 353; Kockelkorn, 2012, S. 113). Die Poisson-Verteilung wird mit dem Parameter Ereignisintensität ERI, der entweder eigenständig geschätzt oder auch als Produkt von der Anzahl η und der Wahrscheinlichkeit p aus der Binomialverteilung ($ERI = \eta \times p$) bestimmt werden kann, vollständig beschrieben (Auer/Rottmann, 2010, S. 257):

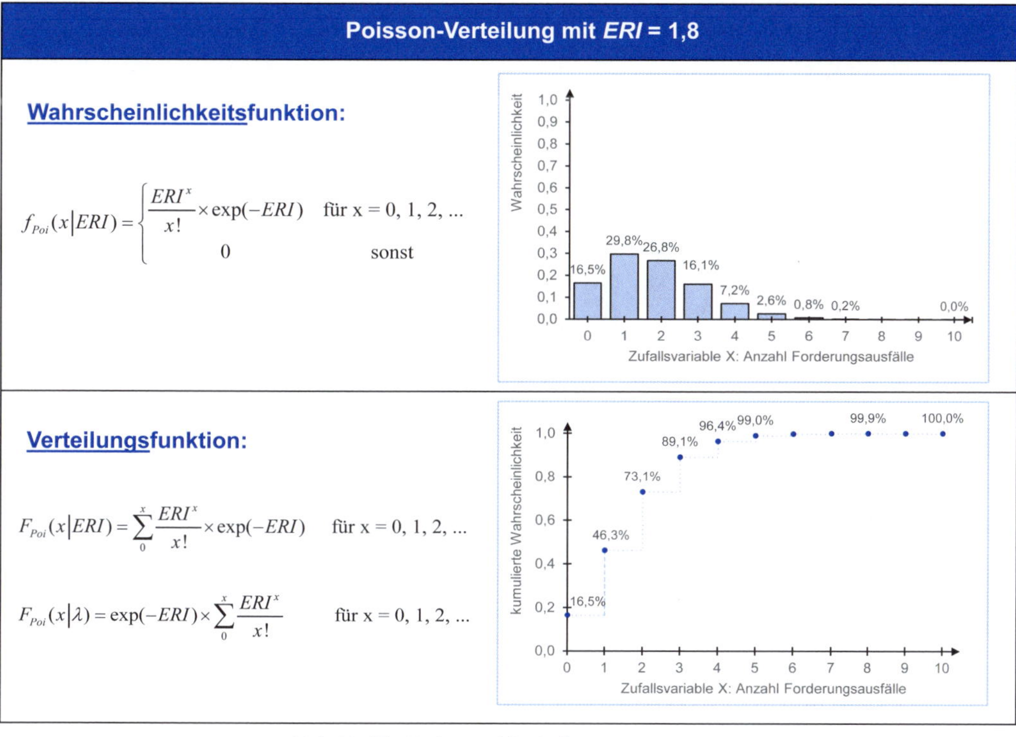

Abb. 3-49: Poisson-Verteilung

X	…	*Zufallsvariable*
x	…	*Einzelwerte*
ERI	…	*Ereignisintensität*
exp(.)	…	*Natürliche Exponentialfunktion zur Basis der Eulerschen Zahl 2,718…*
f(x)	…	*Wahrscheinlichkeitsfunktion*
F(x)	…	*Verteilungsfunktion*
Poi	…	*Poisson-Verteilung*

Die Ereignisintensität ist stets größer null. Sie wird in der Literatur auch mit dem griechischen Buchstaben *Lampda* bezeichnet. Da sie gleichzeitig dem Erwartungswert der Verteilung entspricht, wird sie auch als erwartete Rate, als mittlere Anzahl der zufälligen Ereignisse pro festgelegter Zeiteinheit oder Raumeinheit interpretiert (Kockelkorn, 2012, S. 113). Für eine kleine Ereignisintensität ist die Poisson-Verteilung linkssteil bzw. rechtschief. Mit zunehmendem Wert zeigt sich ein symmetrisches Erscheinungsbild (Abb. 3-50), das an die Normalverteilung erinnert (Mosler/Schmid, 2011, S. 80).

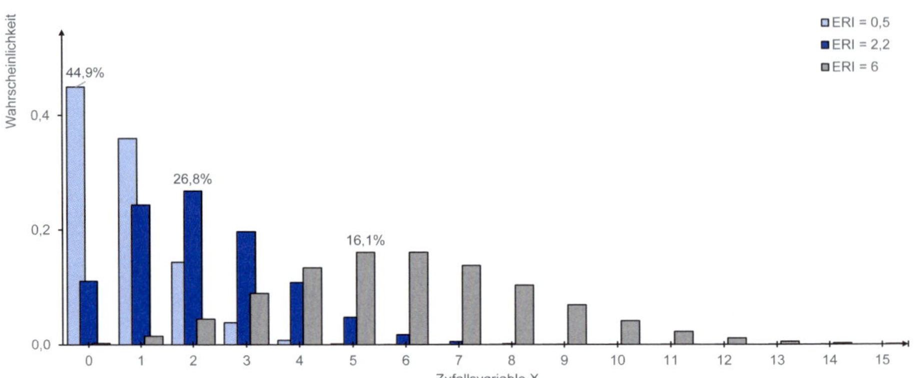

Abb. 3-50: Wahrscheinlichkeitsfunktionen der Poisson-Verteilung mit unterschiedlicher Ereignisintensität (ERI) (in Anlehnung an Kockelkorn, 2012, S. 114)

Die Poisson-Verteilung ist zwar ein Grenzfall der Binomialverteilung aber gleichzeitig eine autonome Wahrscheinlichkeitsverteilung (Kockelkorn, 2012, S. 113). Im Gegensatz zur Binomialverteilung interessiert nur die Anzahl der eingetretenen Ereignisse und nicht, wie oft ein Ereignis nicht eingetreten ist (Bosch, 2012, S. 135). Neben dem Erwartungswert *E(X)* entspricht in der der Poisson-Verteilung auch die Varianz *VAR(X)* dem Parameter der Ereignisintensität (Auer/Rottmann, 2010, S. 259):

$$E(X) = ERI \qquad VAR(X) = ERI$$

Mit der Poisson-Verteilung kann die Binomialverteilung für eine große Anzahl und eine kleine Eintrittswahrscheinlichkeit der Einzelereignisse approximiert werden (Zucchini et al., 2009, S. 155). Als Approximationsmöglichkeit der Binomialverteilung kann sie ebenfalls als Näherungslösung für die Hypergeometrische Verteilung dienen (Auer/Rottmann, 2010, S. 259). Die Poisson-Verteilung wiederrum lässt sich bei hinreichend großer Ereignisintensität durch die Normalverteilung annähern (Hartung et al., 2009, S. 213). Die Beziehungen zeigen Abb. 3-42 und Abb. 3-53.

Mittels der Poisson-Verteilung werden Phänomene modelliert, die eine punktuelle Erscheinung in einem Kontinuum zeigen (Kockelkorn, 2012, S. 113). Das Kontinuum kann dabei durch die Zeit und die punktuellen Erscheinungen durch die seltenen Ereignisse bestimmt sein. Die Verteilung wird für die Modellierung von Warteschlangenproblemen, z. B. zur Schätzung der Kundenzahl, die innerhalb von 5 Minuten eine Bankfiliale betreten (Eckstein, 2014, S. 231; Bosch, 2012, S. 136), herangezogen. Zusätzlich dient sie zur Abschätzung der Wahrscheinlichkeit seltener, voneinander unabhängige Ereignisse innerhalb eines bestimmten Zeitraums, wie etwa die Anzahl von Kreditausfällen oder Unternehmensinsolvenzen (Eckstein, 2014, S. 231; Auer/Rottmann, 2010, S. 260).

Am Beispiel des Forderungsausfalls wird in Anlehnung an Auer/Rottmann, 2010, S. 260 nachfolgend die Poisson-Verteilung veranschaulicht. Mit ihr kann die Häufigkeit von Forderungsausfällen prognostiziert werden, wenn ein Unternehmen eine große Forderungsanzahl hat, z. B. 1000 Forderungen, und gleichzeitig die Ausfallwahrscheinlichkeit für eine einzelne Forderung z. B. für einen Betrachtungszeitraum von einem Jahr sehr klein ist, beispielsweise 1 %. Aus den Werten ergibt sich der Parameter Ereignisintensität 1.000 x 0,01 = 10. Er besagt, dass unter den oben beschriebenen Umständen im Jahr 10 Forderungsausfälle zu erwarten sind.

$$ERI = 1.000 \times 0{,}01 = 10$$

Mittels Wahrscheinlichkeits- und Verteilungsfunktion lassen sich weitere Aussagen treffen. Beispielsweise kann mit der Wahrscheinlichkeitsfunktion die Wahrscheinlichkeit dafür bestimmt werden, dass 0,5 % bzw. 5 der Forderungen im Jahr ausfallen. Sie beträgt 3,8 %.

$$f(x) = \begin{cases} \frac{10^x}{x!} \times exp(-10) & \text{für } x = 0, 1, 2, \ldots \\ 0 & \text{sonst} \end{cases}$$

$$f(5) = \frac{10^5}{5!} \times exp(-10) = 3{,}8\%$$

Über die Verteilungsfunktion kann zum einen ermittelt werden, wie hoch die Wahrscheinlichkeit ist, dass beispielsweise höchstens 0,6 % der Forderungen bzw. 6 Forderungen oder weniger ausfallen (Unterschreitungswahrscheinlichkeit).

$$F(6) = exp(-10) \times \sum_{x=0}^{6} \frac{10^x}{x!} = exp(-10) \times \left(\frac{10^0}{0!} + \frac{10^1}{1!} + \frac{10^2}{2!} + \frac{10^3}{3!} + \frac{10^4}{4!} + \frac{10^5}{5!} + \frac{10^6}{6!} \right) = 13\%$$

Die Wahrscheinlichkeit, dass null oder eine oder zwei oder drei oder vier oder fünf oder sechs Forderungen ausfallen, beträgt 13 %. Zum anderen kann die Wahrscheinlichkeit bestimmt werden, dass mehr als 2 % der Forderungen bzw. mehr als 20 Forderungen ausfallen (Überschreitungswahrscheinlichkeit).

$$1 - F(20) = 1 - exp(-10) \times \sum_{x=0}^{20} \frac{10^x}{x!} = 1 - 99{,}84\% = 0{,}16\%$$

Die Wahrscheinlichkeit, dass mehr als 20 Forderungen im Jahr ausfallen beträgt unter den oben getroffenen Annahmen 0,16 %.

Da jeder Forderungsausfall eine andere Schadenshöhe mit sich bringt, spielt die Anzahl der Forderungsausfälle im betrachteten Beispiel für die Risikoabsicherung eine untergeordnete Rolle. Interessanter ist die Höhe des mit dem Forderungsausfall verbundenen Verlustes. Dieser kann in Anlehnung an die Modellierung von Kreditausfällen (Auer/Rottmann, 2010, S. 277) mit einer Lognormalverteilung abgebildet werden (siehe Abschnitt 3.7.8).

3.7.6 Diskrete Gleichverteilung

Die diskrete Gleichverteilung (Kammverteilung) ist das Pendant zur Rechteckverteilung bzw. zur stetigen Gleichverteilung. Typische Beispiele für die diskrete Gleichverteilung sind das Glückspiel mit einem Würfel, einer Münze oder auch einem Glücksrad. Die diskrete Gleichverteilung wird entweder durch die Anzahl der unterschiedlichen Ausprägungen AZA oder durch die Ober- und Untergrenze bestimmt (Auer/Rottmann, 2010, S. 262):

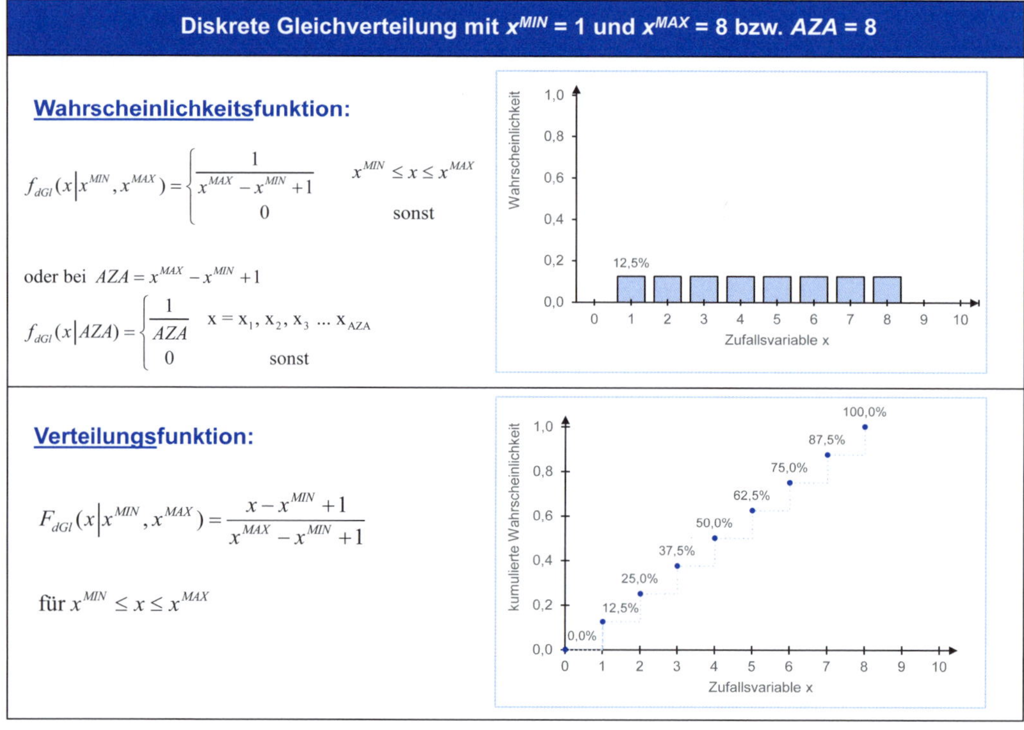

Abb. 3-51: Diskrete Gleichverteilung

X	…	*Zufallsvariable*
x	…	*Einzelwerte*
x^{MIN}	…	*Minimalwert*
x^{MAX}	…	*Maximalwert*
AZA	…	*Anzahl der unterschiedlichen Ausprägungen*
$f(x)$	…	*Wahrscheinlichkeitsfunktion*
$F(x)$	…	*Verteilungsfunktion*
dGl	…	*Diskrete Gleichverteilung*

Der Erwartungswert und die Varianz können unter Berücksichtigung des Minimal- und Maximalwertes bestimmt werden (Waldmann/Helm, 2016, S. 317):

$$E(X) = \frac{x^{MIN} + x^{MAX}}{2} \qquad VAR(X) = \frac{(x^{MAX} - x^{MIN} + 1)^2 - 1}{12}$$

3.7.7 Normalverteilung

Die Normalverteilung ist ein dominierendes Verteilungsmodell – nicht nur im Teilgebiet der Wirtschaftsstatistik oder der Wahrscheinlichkeitstheorie, sondern in der gesamten Statistik (Stiefl, 2011, S. 116.). Die Gründe dafür sind vielfältig. Sie werden in Abb. 3-52 zusammengefasst und anschließend erläutert.

Bedeutung	Erläuterung
Normalverteilte Phänomene	• Normalverteilung kann viele zufallsgesteuerten Phänomene in Natur-, Wirtschafts- oder Ingenieurswissenschaften näherungsweise sehr gut abbilden.
Transformation	• Einige nicht normalverteilte Zufallsvariablen können so transformiert (z. B. Logarithmieren) werden, dass resultierende Variablen normalverteilt oder annähernd normalverteilt sind.
Grenzverteilung	• Normalverteilung ist Grenzverteilung vieler anderer Verteilungen, wie z. B. der Binomial-Verteilung. • Dadurch ist Approximation dieser Verteilungen durch Normalverteilung möglich.
Zentraler Grenzwertsatz	• Mittelwerte und Summen verschiedener, nicht-normalverteilter Stichproben sind für hinreichend viele Beobachtungen normalverteilt, wenn den einzelnen Stichproben die gleiche Verteilung zugrunde liegt. • Mittelwerte und Summen verschiedener, nicht-normalverteilter Stichproben sind für hinreichend viele Beobachtungen sogar noch dann normalverteilt, wenn den einzelnen Stichproben zwar nicht die gleiche Verteilung zugrunde liegt, aber die Zufallsvariable aus dem Zusammenspiel vieler unabhängiger kleiner Einzeleffekte resultiert.
Statistisch günstige Eigenschaften	• Nur zwei Parameter zur Beschreibung der Normalverteilung notwendig. • Einfache Modellierung durch tabellierte Standardnormalverteilung und lineare Transformation.
Testverteilungen	• Normalverteilung ist Ausgangspunkt abgeleiteter Prüfverteilungen, z. B. Student-Verteilung.

Abb. 3-52: Bedeutung der Normalverteilung (in Anlehnung an die Ausführungen von Hedderich/Sachs, 2016, S. 266 f.; Auer/Rottmann, 2010, S. 268; Henze, 2010, S. 272)

Beobachtete Ausprägungen lassen sich von zahlreichen zufallsgesteuerten Phänomene in Natur-, Wirtschafts- oder Ingenieurswissenschaften in sehr guter Näherung zumindest im mittleren Bereich durch die Normalverteilung abbilden (Henze, 2010, S. 272; Hedderich/Sachs, 2016, S. 266). Einige nicht normalverteilte Zufallsvariablen können durch eine Transformation in normalverteilte Variablen überführt werden. Beispielsweise können manche logarithmierte Zufallszahlen normalverteilt sein, auch wenn die Zufallszahlen selbst nicht normalverteilt sind (Hedderich/Sachs, 2016, S. 266). Weitere Transformationsmöglichkeiten sind z. B. die reziproke Transformation und die Wurzeltransformation (Hartung et al., 2009, S. 349 ff.). Eine große Bedeutung erhält die Normalverteilung zudem durch den zentralen Grenzwertsatz. Er ist der Grund dafür, dass sie eine Grenzverteilung verschiedener theoretischer Verteilungen, wie etwa der Binomial-, hypergeometrischen oder auch Poisson-Verteilung, bildet. Denn unter bestimmten Voraussetzungen gehen diese Verteilungen in die Normalverteilung über (Auer/Rottmann, 2010, S. 268). Beispielsweise wird aus der Binomialverteilung die Normalverteilung, wenn der Parameter η gegen unendlich läuft. Die Poisson-Verteilung, wird ebenfalls zur Normalverteilung, wenn ihr Parameter Ereignisintensität gegen unendlich läuft. Aber auch wenn die Parameter η oder die Ereignisintensität nicht gegen unendlich laufen, lassen sich die Verteilungen bereits ab einer bestimmten Größe (z. B. für Ereignisintensität > 9) gut anhand der Normalverteilung approximieren. Die Abb. 3-53 zeigt zusammengefasst für ausgewählte Verteilungen die Möglichkeiten der Umwandlung in sowie der Annäherung an die Normalverteilung und verdeutlicht ihre zentrale Rolle. In der Literatur, z. B. bei Maaß et al., 1983, S. 322, Graf et al., 1987, S. 54, Fahrmeir et al., 2007, S. 320, sind weitere ähnliche Übersichten zu finden, wobei die Empfehlungen in Bezug auf die Höhe der Parameter für eine Approximation durch die Normalverteilung teilweise variieren. Infolge ihrer Eigenschaft als Grenzverteilung kann die Normalverteilung unter bestimmten Bedingungen, die eine hinreichende Güte der Approximation gewährleisten sollen, zur Abbildung empirischer Verteilungen genutzt werden, sogar wenn den empirischen Verteilungen tatsächlich andere Verteilungen zugrunde liegen (Maaß et al., 1983, S. 300).

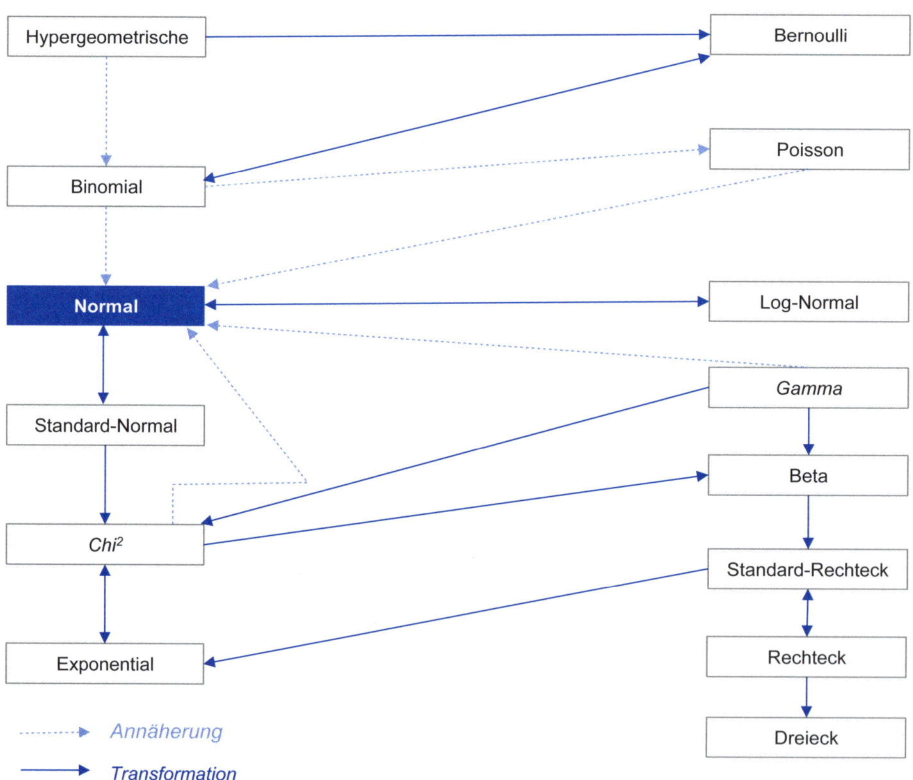

Abb. 3-53: Zusammenhänge zwischen ausgewählten Verteilungen (in Anlehnung an Hedderich/Sachs, 2016, S. 299 und Rinne, 2008, S. 244 ff.)

Ferner kann die Normalverteilung ebenfalls aufgrund des zentralen Grenzwertsatzes als idealisiertes Modell für beobachtete Häufigkeitsverteilungen genutzt werden. Da die Summen und Mittelwerte der Zufallsvariablen von unbekannten diskreten oder stetigen Verteilungen normalverteilt sind, sofern die Zufallszahlen keine Abhängigkeiten aufweisen, und den Zufallszahlen dieselbe Verteilung mit identischem Mittelwert sowie identischer Standardabweichung zu Grunde liegt. Die Summe oder deren Mittelwerte von den jeweils erhobenen Stichproben der unbekannten Verteilungsfunktion selbst und nicht ihre Zufallsvariablen konvergieren dann also gegen die Normalverteilung, wenn der Stichprobenumfang η unendlich groß wird. Eine Unterstellung derselben unbekannten Verteilung ist gerechtfertigt, wenn die auftretenden Abweichungen zwar jeweils etwas unterschiedlich ausfallen, aber prinzipiell auf die gleichen zufälligen Ursachen, Effekte bzw. Störungen zurückzuführen sind. Wenn jeder kleine Störeffekt als unbekannte Verteilung mit den oben beschriebenen Eigenschaften aufgefasst wird, dann nimmt die Summe aller zufallsgetriebenen Störeinflüsse die Form der Normalverteilung an. Deshalb ist die Normalverteilung immer dann ein geeignetes Verteilungsmodell für Zufallsvariablen, wenn diese aus dem Zusammenspiel vieler, zufälliger Einzeleffekte bzw. Einflussfaktoren resultieren (Fahrmeir et al., 2007, S. 293; Hedderich/Sachs, 2016, S. 271). Die Anwendung der Normalverteilung ist aber auch noch dann möglich, wenn nicht für alle einzelnen Störeffekte die gleiche Verteilungsform angenommen werden kann. Denn die Voraussetzungen für die Anwendung des zentralen Grenzwertes können insofern aufgeweicht werden, als dass für eine Annäherung der Summe der unbekannten Verteilungsfunktionen an eine Normalverteilung nicht unbedingt dieselbe Verteilungsform zugrunde liegen muss. In dem Fall ist jedoch die Existenz vieler kleiner Störeinflüsse zwingend notwendig. Wobei jeder für sich genommen unbedeutend sein muss. D. h. jeder Summand bzw. Störfaktor darf die Summe aller Störgrößen nur geringfügig beeinflussen (Hedderich/Sachs, 2016, S. 271). Zusammenfassend ist festzuhalten, dass die Mittelwerte und Summen beliebiger, auch unbekannter Verteilungen für umfangreiche Zufallserscheinungen bzw. zufallsgetriebene Beobachtungswerte annähernd normalverteilt sind (Hedderich/Sachs, 2016, S. 266). Verschiedene betriebswirtschaftliche Zielgrößen, wie z. B. der künftige Umsatz eines Unternehmens, entspringen komplexen Ursache-Wirkungszusammenhängen diverser zufallsgesteuerter, sich überlagernder, unabhängiger Einflussgrößen bzw. Einzeleffekte, wie etwa die Werbeausgaben innerhalb einer Branche, die Konkurrenzsituation, die Marktnachfrage oder auch die technologische Entwicklung.

Darüber hinaus besitzt die Normalverteilung auch eine besondere Bedeutung für die induktive Statistik. Sie bildet die Ausgangsverteilung (Abb. 3-53) zur Ableitung von unterschiedlichen Prüfverteilungen, wie z. B. die Chi-Quadrat-, die Student- und die Fischer-Verteilung (Sibbertsen/Lehne, 2015, S. 315 ff.).

Schließlich hat die Normalverteilung statistisch-günstige Eigenschaften, die eine Modellierung von Zufallsvariablen vereinfacht (Hedderich/Sachs, 2016, S. 259). Sie erlaubt mittels linearer Transformation und der tabellierten Standardnormalverteilung eine einfache Handhabung, ist symmetrisch und unimodal. Die Dichtefunktion der Normalverteilung hat eine typische Glockenform und wird deshalb auch als Glockenkurve bezeichnet (siehe Abb. 3-54). Mithilfe der zwei Parameter Erwartungswert μ und Standardabweichung σ lässt die Normalverteilung vollständig beschreiben (Sibbertsen/Lehne, 2015, S. 264 und S. 268):

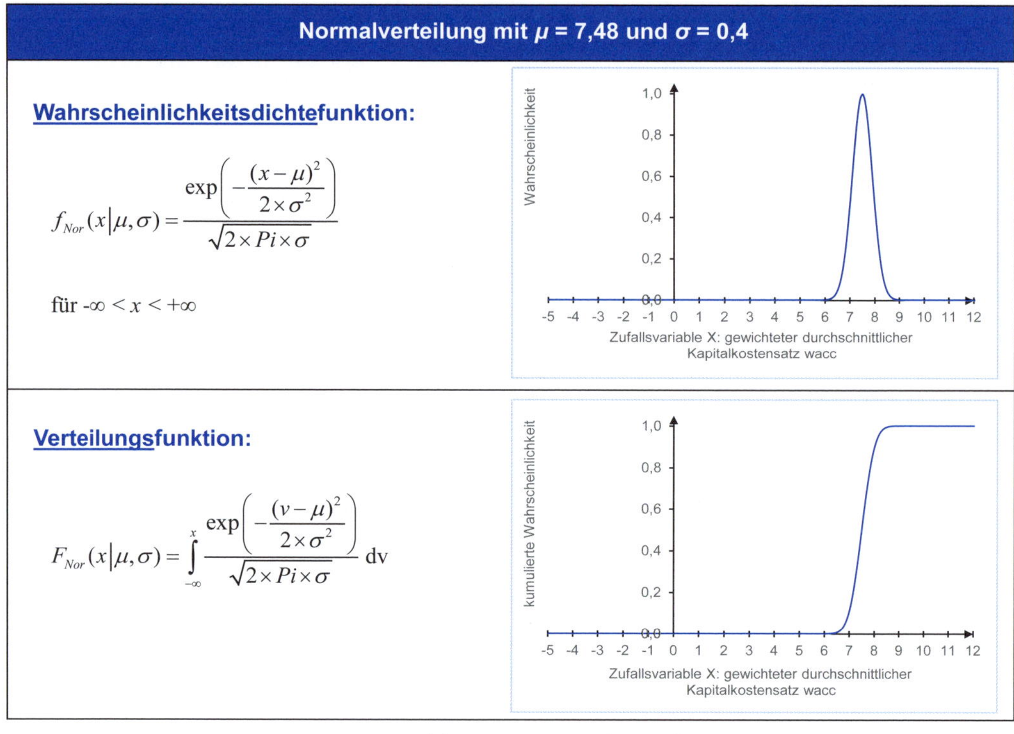

Abb. 3-54: Normalverteilung

X	…	*Zufallsvariable*
x	…	*Einzelwerte*
μ	…	*Erwartungswert der normalverteilten Zufallsvariable*
σ	…	*Standardabweichung*
exp(.)	…	*Natürliche Exponentialfunktion zur Basis der Eulerschen Zahl 2,718…*
Pi	…	*Kreiszahl Pi 3,14….*
f(x)	…	*Wahrscheinlichkeitsfunktion*
F(x)	…	*Verteilungsfunktion*
Nor	…	*Normalverteilung*

Eine besondere Form der Normalverteilung bildet die Standardnormalverteilung. Sie ist für den Erwartungswert μ = 0 und die Standardabweichung σ = 1 definiert. Dadurch vereinfachen sich die Gleichungen der Wahrscheinlichkeitsdichte- und der Verteilungsfunktion (Fahrmeir et al., 2007, S. 294 f.):

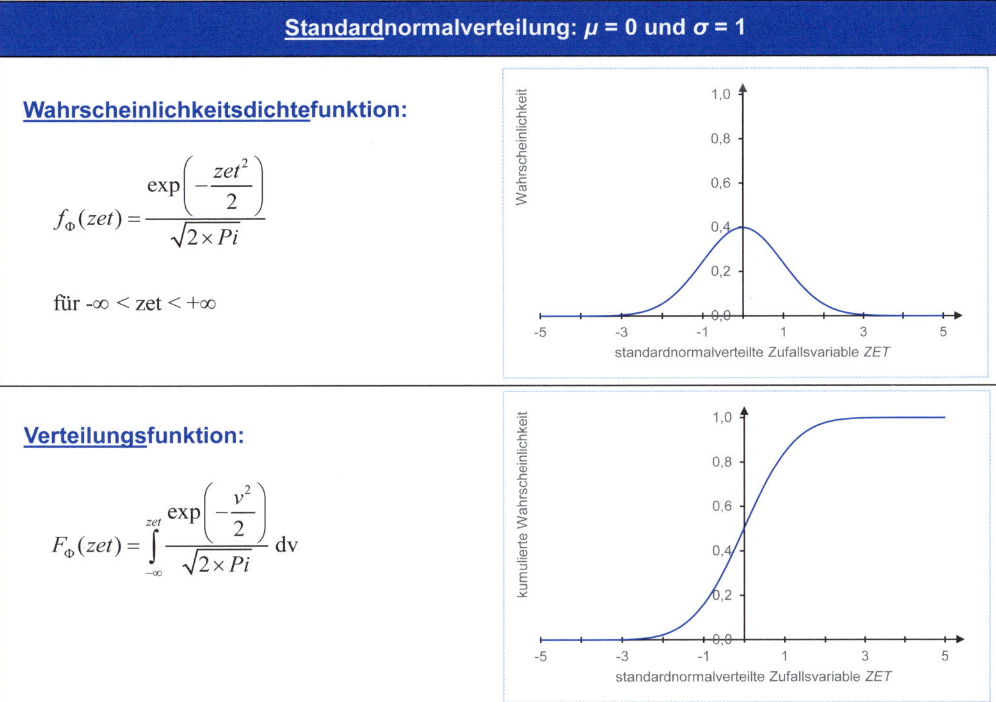

Abb. 3-55: Standardnormalverteilung

ZET	...	*Standardnormalverteilte Zufallsvariable*
zet	...	*standardnormalverteilte Einzelwerte bzw. zet-Werte*
Φ	...	*Standardnormalverteilung*

In Abhängigkeit ihrer Parameter μ und σ kann die Normalverteilung unterschiedliche Formen annehmen. Ausgehend von der Standardnormalverteilung veranschaulicht Abb. 3-56 die Auswirkungen einer Parametermodifikation sowohl für die Dichte- als auch für die Verteilungsfunktion. Durch eine Veränderung des Erwartungswertes μ verschiebt sich die Lage der Wahrscheinlichkeitsdichtefunktion nach rechts oder links. Die Standardabweichung bestimmt die Kurvenform (Hedderich/Sachs, 2016, S. 259). Mit abnehmender Standardabweichung wird eine stärkere Konzentration um den Erwartungswert erreicht und die Glockenkurve wird steiler. Umgekehrt führt eine höhere Standardabweichung zum Abflachen der Dichtfunktion (Auer/Rottmann, 2010, S. 269).

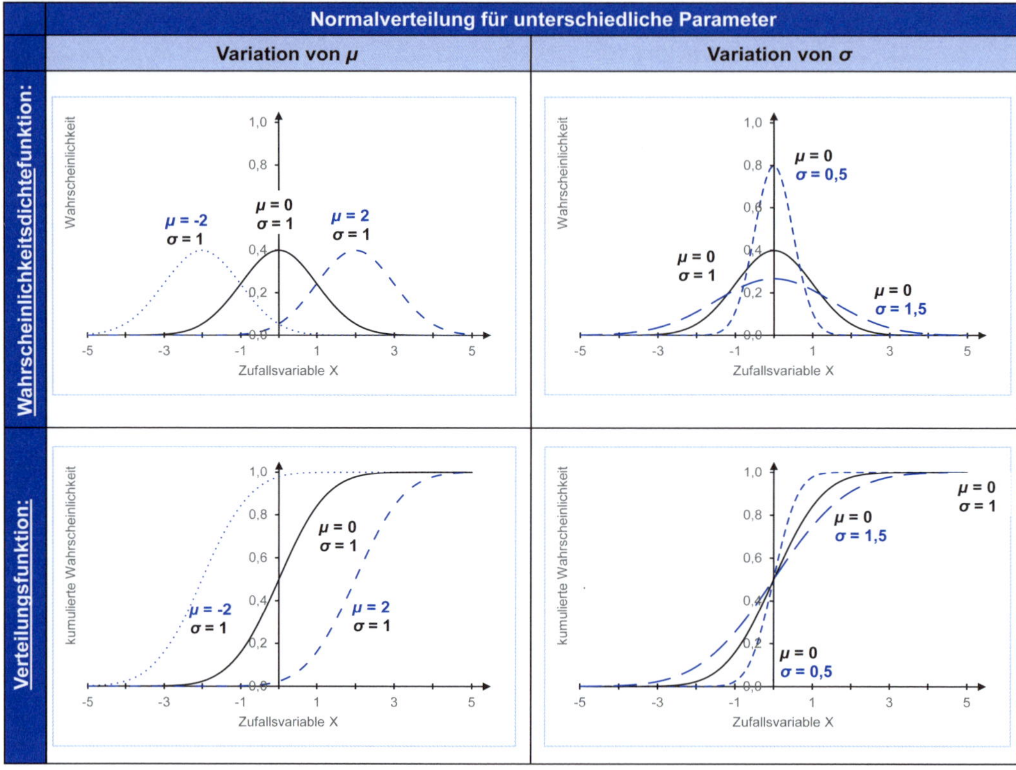

Abb. 3-56: Veränderung der Normalverteilung in Abhängigkeit ihrer Parameter

In der Normalverteilung ist der Erwartungswert durch den Parameter μ und die Varianz auf Basis des Parameters σ definiert (Auer/Rottmann, 2010, S. 270):

$$E(X) = \mu$$

$$VAR(X) = \sigma^2$$

Jede normalverteilte Zufallszahl *x* kann durch die sogenannte Standardisierung in eine Zufallszahl zet der Standardnormalverteilung umgewandelt werden. (Fahrmeir et al., 2007, S. 296). Die lineare Transformation erlaubt zudem die Bestimmung einer beliebigen normalverteilten Zufallszahl mithilfe der entsprechenden standardnormalverteilten Zufallszahl (Schira, 2016, S. 376):

$$zet = \frac{x^{Nor} - \mu}{\sigma} \quad \Leftrightarrow \quad x^{Nor} = \mu + \sigma \times zet$$

zet	… *standardnormalverteilte Einzelwerte*
x^{Nor}	… *normalverteilte Einzelwerte*
μ	… *Erwartungswert der normalverteilten Zufallszahl*
σ	… *Standardabweichung der normalverteilten Zufallszahl*

Für die Standardnormalverteilung wurden Wahrscheinlichkeiten bzw. Verteilungswerte für eine große Menge von Zufallszahlen *zet* nummerisch berechnet und tabelliert (Auer/Rottmann, 2010, S. 272). Die Tabellen (siehe Abb. 3-57) sind in diversen statistischen Tafeln (z. B. Schira, 2016, S. 608) oder auch in verschiedenen Softwareprogrammen (z. B. Excel) enthalten, sodass für eine standardnormalverteilte Zufallszahlen sehr leicht die dazugehörige Wahrscheinlichkeit der Verteilungsfunktion bestimmt werden kann.

Unterschreitungswahrscheinlichkeit $F_{Nor}(x) = F_{\Phi}$ (zet)	0,01	0,05	...	0,95	0,99
zet-Werte bzw. Quantile der Standardnormalverteilung	-2,33	-1,645	...	1,645	2,33

Abb. 3-57: Quantile der Standardnormalverteilung für ausgewählte Unterschreitungswahrscheinlichkeiten (in Anlehnung an z. B. Hartung et al., 2009, S. 1026 f.)

Ferner spielt die Symmetrie der Standardnormalverteilung eine wichtige Rolle bei den sogenannten zentralen Schwankungsintervallen. Anstatt der oben vorgestellten einseitigen Betrachtung von Schranken, kann auch eine zweitseitige Festlegung von Intervallgrenzen von Interesse sein. Dabei wird gefragt, welcher Anteil aller auftretenden Werte in einem um den Erwartungswert zentrierten Intervall liegt, dass um den gleichen prozentualen Wert links und rechts der Kurve beschränkt wird. Aufgrund der Symmetrie kann der Wert über $\gamma/2$ beschrieben werden. Das führt zu folgender Intervalldefinition: $zet_{\gamma/2} \leq zet \leq zet_{1-\gamma/2}$. Daraus resultiert die Beschreibung der kumulierten Wahrscheinlichkeit des zentralen Schwankungsintervalls von $1 - \gamma = 1 - (\gamma/2 + \gamma/2)$ (Auer/Rottmann, 2010, S. 275). Ersetzt man $zet_{\gamma/2}$ durch $\mu - c$ und $zet_{1-\gamma/2}$ durch $\mu + c$ kann das Intervall auch beschrieben werden als $\mu - c \leq zet \leq \mu + c$. Der Wert c ist ein beliebiger konstanter Wert, für den man ebenfalls die Standardabweichung σ wählen kann: $\mu - \sigma \leq zet \leq \mu + \sigma$.

Da die Symmetrie für jede Normalverteilung existiert, kann das Schwankungsintervall ebenfalls für jede normalverteilte Zufallszahl X definiert werden: $\mu - \sigma \leq x \leq \mu + \sigma$. Daraus lassen sich zentrale Schwankungsintervalle ableiten, indem man σ wiederum unter Bezug auf die Standardnormalverteilung mit dem Faktor *zet* multipliziert (Hedderich/Sachs, 2016, S. 264). Ein zentrales Schwankungsintervall ist dadurch charakterisiert, dass seine Grenzen gleich weit vom Mittelpunkt bzw. dem Erwartungswert μ entfernt liegen (Sibbertsen/Lehne, 2015, S. 255). Die Abb. 3-58 fasst verschiedene Möglichkeiten zur Ableitung von Aussagen aus bzw. zur Nutzung von der Normalverteilung mit ihren zentralen Schwankungsintervallen im Überblick zusammen.

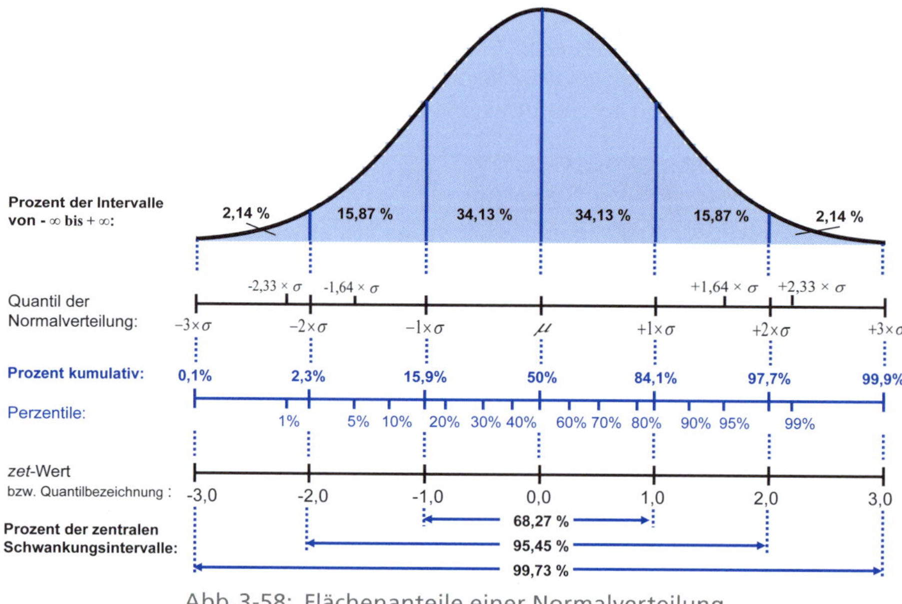

Abb. 3-58: Flächenanteile einer Normalverteilung (in Anlehnung an Hedderich/Sachs, 2016, S. 264)

Zur Modellierung bestimmter Sachverhalte kann es notwendig sein eine sogenannte gestutzte Normalverteilung heranzuziehen. Diese zeichnet sich dadurch aus, dass sie entweder einseitig oder beidseitig bei einer festgelegten Intervallgrenze abgeschnitten wird und somit nur für ein bestimmtes Intervall definiert wird. Beispielsweise können Umsätze keine negativen Werte annehmen, und somit bei der Modellierung mittels einer einseitigen Stutzung bei dem Wert Null ausgeschlossen werden können (Hartung et al., 2009, S. 150). Eine mögliche Anwendung von Schwankungsintervallen besteht beispielsweise im Rahmen der Monte-Carlo-Simulation, wenn eine unsichere Einflussgröße durch die Normalverteilung modelliert und die Verteilung auf Basis von Schwankungsintervallen beidseitig gestutzt wird (siehe z. B. Weisheit et al., 2019, S. 1277 ff. sowie in verkürzter Darstellung in Abb. 4-33).

Wie bereits ausgeführt, ist die Normalverteilung ein dominierendes Modell zur Modellierung zufallsgesteuerter betriebswirtschaftlicher Phänomene. Sie kommt insbesondere dann zur Anwendung, wenn die Unsicherheiten symmetrisch verteilt sind, d. h. wenn eine Über- bzw. Unterschreitung des Erwartungswertes der betrachteten Zielgröße ungefähr gleich wahrscheinlich ist (Nitzsch, 2015, S. 90 f.). Zusätzlich eignet sich die Normalverteilung zur Modellierung von Abweichungen bzw. Risiken, wenn diese aus der Überlagerung vieler kleiner unabhängiger Einflüsse resultieren. Das ist häufig bei Risiken mit Marktbezug der Fall, wie beispielsweise die Umsatz-, die Rohstoffpreis-, die Währungs- oder auch die Aktienpreisschwankung. (Schierenbeck et al., 2008, S. 68). Die Normalverteilung spielt deshalb eine wichtige Rolle in verschiedenen Risikoquantifizierungsmodellen, wie etwa der Monte-Carlo-Simulation (siehe Kapitel 4.4). Allerdings sind in der Literatur auch kritische Stellungnahmen zur Anwendung der Normalverteilung im Risikomanagement zu finden, z. B. bei Rau-Bredow, 2002, S. 605. Dort wird die Anwendung der Normalverteilung zur Value-at-Risk-Berechnung von Dax-Tagesrenditen kritisiert. Denn u. a. weisen die empirischen Tagesrenditen für einen untersuchten Zeitraum von ca. 60 Jahren insbesondere bei den negativen Extremwerten eine höhere Wahrscheinlichkeit auf als die Normalverteilung anzeigt (Fat Tails), sodass bei der Schätzung auf Basis der Normalverteilung im konkreten Sachverhalt zu kleine Value-at-Risk-Werte und somit eine Risikounterschätzung resultieren (Rau-Bredow, 2002, S. 605).

Nachfolgend wird die Bestimmung von Wahrscheinlichkeiten mit der Normalverteilung für mögliche Abweichungen in Anlehnung an Frost, 2015, S. 191 f. am Beispiel des Kapitalkostensatzes verdeutlicht. Es wird unterstellt, dass der Kapitalkostensatz im Rahmen der Simulation des Unternehmenswerts (siehe Abschnitt 4.4.5) eine normalverteilte Zufallsvariable mit dem Erwartungswert $\mu = 7{,}48\,\%$ und der Standardabweichung $\sigma = 0{,}4\,\%$ ist (siehe Abb. 4-36).

Zunächst wird untersucht, wie hoch die Wahrscheinlichkeit ist, dass eine einseitige Toleranzgrenze unterschritten wird. Dabei kann einerseits nach der Unterschreitungswahrscheinlichkeit gefragt werden. Hierfür wird die Wahrscheinlichkeit dafür bestimmt, dass der Zinssatz unter den Wert von 7,08 % fällt oder diesen gerade erreicht.

$$
\begin{aligned}
F_{Nor}(x \le 7{,}08\%) &= F_{\Phi}\left(\frac{7{,}08\% - 7{,}48\%}{0{,}4\%}\right) \\
&= F_{\Phi}(-1) \\
&= 1 - F_{\Phi}(1) \\
&= 1 - 0{,}8413 \\
&= 0{,}1587 = 15{,}87\%
\end{aligned}
$$

lineare Transformation in Standardzufallszahl z

$$zet = \frac{x^{Nor} - \mu}{\sigma}$$

Statistiktabellen zeigen wegen der Symmetrie nur die Wahrscheinlichkeiten für positive Standardzufallszahlen z, deshalb Umformung nötig

$$F_{\Phi}(-zet) = 1 - F_{\Phi}(zet)$$

Andererseits kann die Überschreitungswahrscheinlichkeit bestimmt werden: Wie hoch die Wahrscheinlichkeit ist, dass der Kapitalkostensatz über den Wert von 7,08 % steigen wird.

$$
\begin{aligned}
F_{Nor}(x > 7{,}08\%) &= 1 - F_{\Phi}\left(\frac{7{,}08\% - 7{,}48\%}{0{,}4\%}\right) \\
&= 1 - F_{\Phi}(-1) \\
&= 1 - \left[1 - F_{\Phi}(1)\right] \\
&= F_{\Phi}(1) \\
&= 0{,}8413 = 84{,}13\%
\end{aligned}
$$

Zusätzlich wird nach der Wahrscheinlichkeit gefragt, dass der Kapitalkostensatz in einem vorgegebenen Toleranzbereich liegt, also beispielsweise um höchstens 0,6 % abweicht.

$$F_{Nor}(6{,}88\% \le X \le 8{,}08\%) = F_{Nor}(8{,}08\%) - F_N(6{,}88\%)$$
$$= F_\Phi\left(\frac{8{,}08\% - 7{,}48\%}{0{,}4\%}\right) - F_\Phi\left(\frac{6{,}88\% - 7{,}48\%}{0{,}4\%}\right)$$
$$= F_\Phi(1{,}5) - F_\Phi(-1{,}5)$$
$$= F_\Phi(1{,}5) - (1 - F_\Phi(1{,}5))$$
$$= F_\Phi(1{,}5) - 1 + F_\Phi(1{,}5)$$
$$= 2 \times F_\Phi(1{,}5) - 1$$
$$= 2 \times 0{,}9332 - 1$$
$$= 0{,}8664 = 86{,}64\%$$

Vereinfachend kann auch die Wahrscheinlichkeit für bestimmte Toleranzbereiche mittels linearer Transformation und der zentralen Schwankungsintervalle bestimmt werden.

Grenzen	Fläche	Beispiel
$\mu \pm \sigma$	68,27 %	$x^{Nor} = \mu + 1 \times \sigma$ $7{,}48\% - 1 \times 0{,}4\% = 7{,}08\%$ $7{,}48\% + 1 \times 0{,}4\% = 7{,}88\%$ $7{,}08\,\% \le x \le 7{,}88\,\%$
$\mu \pm 2\sigma$	95,45 %	$6{,}68\,\% \le x \le 8{,}28\,\%$
$\mu \pm 3\sigma$	99,73 %	$6{,}28\,\% \le x \le 8{,}68\,\%$

Abb. 3-59: Bestimmung zentrale Schwankungsintervalle für ein normalverteiltes Beispiel (in Anlehnung an Frost, 2015, S. 191)

Die Abb. 3-59 bietet somit die Möglichkeit, sehr schnell abzulesen, dass die Wahrscheinlichkeit dafür, dass der Kapitalkostensatz zwischen 7,08 % und 7,88 % liegt, eine Höhe von 68,27 % aufweist. Aus der Normalverteilung ist die Lognormalverteilung abgeleitet, die im nächsten Abschnitt beschrieben wird.

3.7.8 Lognormalverteilung

Die Lognormalverteilung (logarithmische Normalverteilung) wird für ein stetiges Merkmal genutzt, wenn dessen natürlicher Logarithmus und nicht das Merkmal selbst normalverteilt ist. Es besteht für die Wahrscheinlichkeitsdichte- und Verteilungsfunktion der Lognormalverteilung folgender Zusammenhang zur Normalverteilung (Schira, 2016, S. 378):

$$f_{Lon}(x) = f_{Nor}(\ln x) \times \frac{1}{x} \qquad F_{Lon}(x) = F_{Nor}(\ln x) = F_{Nor}(y)$$

Zwischen einer Potenz auf Basis der Eulerschen Zahl und dem natürlichem Logarithmus *ln* besteht folgender Zusammenhang:

$$exp(y) = x \Leftrightarrow \ln x = y$$

Wenn also die Zufallsvariable Y normalverteilt ist, dann ist die Zufallsvariable X mit $x = \exp(y)$ lognormalverteilt (Auer/Rottmann, 2010, S. 276). Anders ausgedrückt entsteht aus einer normalverteilten Zufallsvariable Y mittels Exponentialfunktion ein lognormalverteilte Zufallsvariable X. Umgekehrt wird eine lognormalnormalverteilte Zufallsvariable X durch Logarithmieren in die normalverteilte Variable Y transformiert (Sibbertsen/Lehne, 2015, S. 313):

$$exp(y) = x \sim Lon(\mu_y;\sigma_y) \Leftrightarrow ln\,x = y \sim Nor(\mu_y;\sigma_y)$$

Die Lognormalverteilung der Zufallsvariable X wird über die beiden Parameter der korrespondierenden Normalverteilung μ_Y und σ_Y wie folgt definiert (Sibbertsen/Lehne, 2015, S. 313):

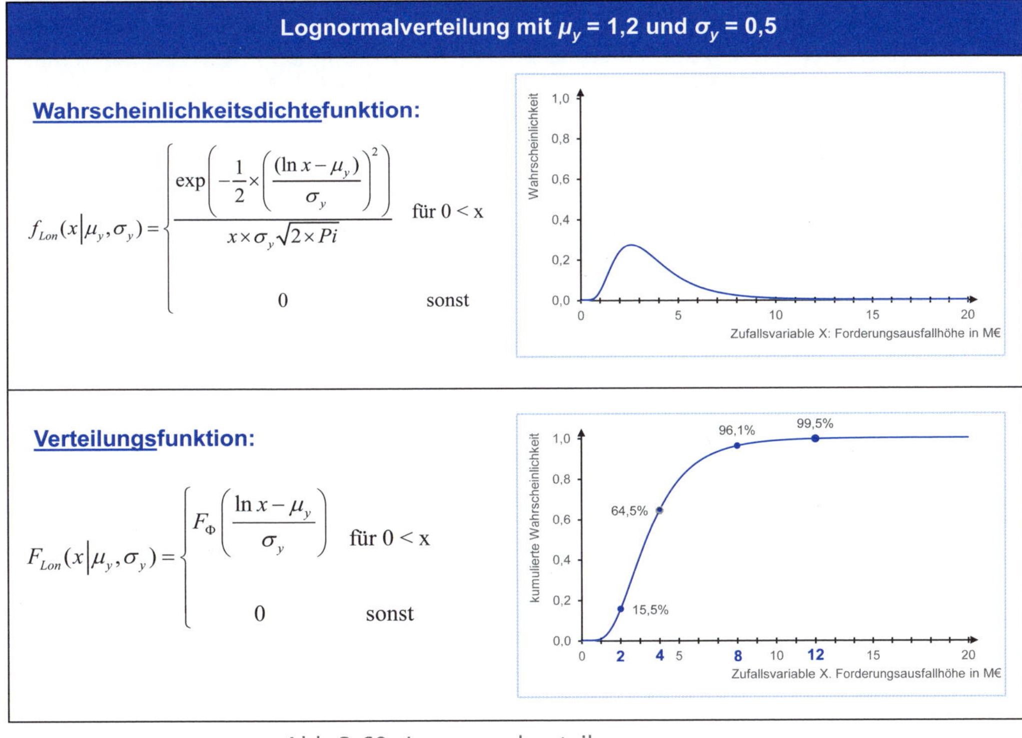

Abb. 3-60: Lognormalverteilung

X	…	*Zufallsvariable*
x	…	*Einzelwerte*
μ_y	…	*Erwartungswert der korrespondierenden normalverteilten Zufallsvariable Y*
σ_y	…	*Standardabweichung der korrespondierenden normalverteilten Zufallsvariable Y*
Pi	…	*Kreiszahl Pi 3,14….*
ln	…	*natürlicher Logarithmus*
Φ	…	*Standardnormalverteilung*
$f(x)$	…	*Wahrscheinlichkeitsfunktion*
$F(x)$	…	*Verteilungsfunktion*
Lon	…	*Lognormalverteilung*

Die beiden Parameter μ_Y und σ_Y der Lognormalverteilung dienen lediglich der Definition der Funktionen, bilden aber anders als in der Normalverteilung nicht die Momente der Lognormalverteilung. Der Erwartungswert *E(X)* und die Varianz *VAR(X)*, der Lognormalverteilung werden auf Basis der beiden Parameter μ_y und σ_y definiert (Henze, 2010, S. 280):

$$E(X) = exp\left(\mu_y + \frac{1}{2} \times \sigma_y^2\right) \qquad VAR(X) = exp\left(2 \times \mu_Y + \sigma_Y^2\right) \times \left(exp(\sigma_Y^2) - 1\right)$$

E (X) … *Erwartungswert*
VAR (X) … *Varianz*
exp(.) … *Natürliche Exponentialfunktion zur Basis der Eulerschen Zahl 2,718…*

Die Abb. 3-61 zeigt am Beispiel, dass die Lageparameter Erwartungswert (*E(X)* = 3,76) und Varianz (*VAR(X)* = 4,02) nicht mit den Funktionsparametern (μ_y = 1,2 und σ_y^2 = 0,25) übereinstimmen. Die Anordnung der eingezeichneten Lageparameter Erwartungswert (*E(X)* = 3,76), Median (x^{MED}=3,32), Modus (x^{MOD}=2,59) lässt erkennen, dass die Lognormalverteilung rechtsschief bzw. linkssteil ist, was ebenfalls das unsymmetrische Erscheinungsbild der Wahrscheinlichkeitsdichtefunktion in der Abb. 3-61 zeigt.

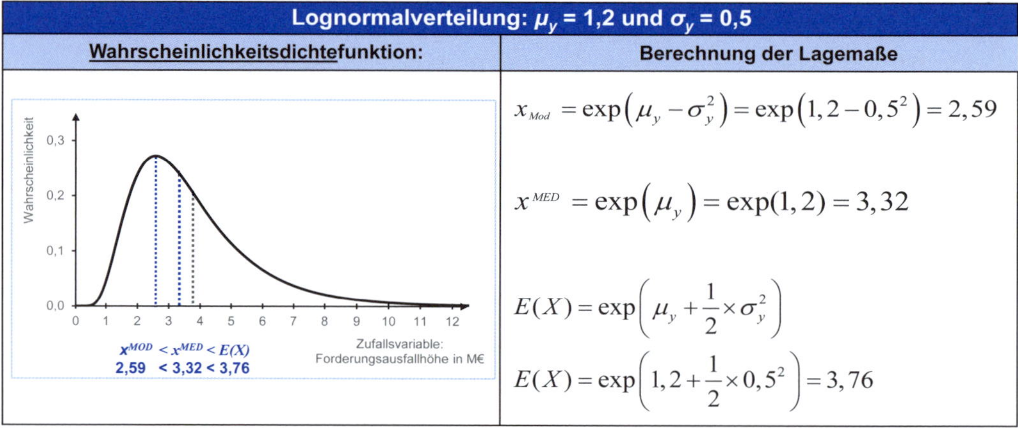

Abb. 3-61: Lageparameter der Lognormalverteilung (in Anlehnung an Sibbertsen/Lehne, 2015, S. 315 und Henze, 2010, S. 279)

Die Form von Wahrscheinlichkeitsdichte- und der Verteilungsfunktion ändert sich in Abhängigkeit ihrer Funktionsparameter (Abb. 3-62).

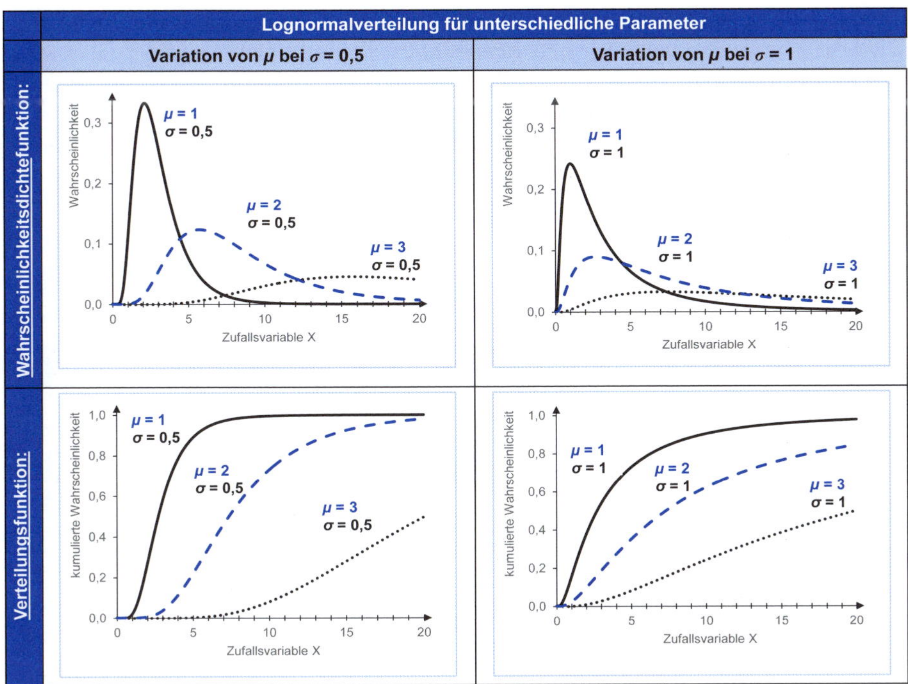

Abb. 3-62: Lognormalverteilung mit Parametervariation (in Anlehnung an Kockelkorn, 2012, S. 163)

Die mathematische Nähe zwischen der Normalverteilung und der Lognormalverteilung wurde oben bereits erläutert. Die Abb. 3-63 stellt beide Verteilungen für dieselben Funktionsparameter ($\mu_y = 0$ und $\sigma_Y = 1$) in einer Grafik gegenüber und verdeutlicht deren unterschiedlichen Erscheinungsformen.

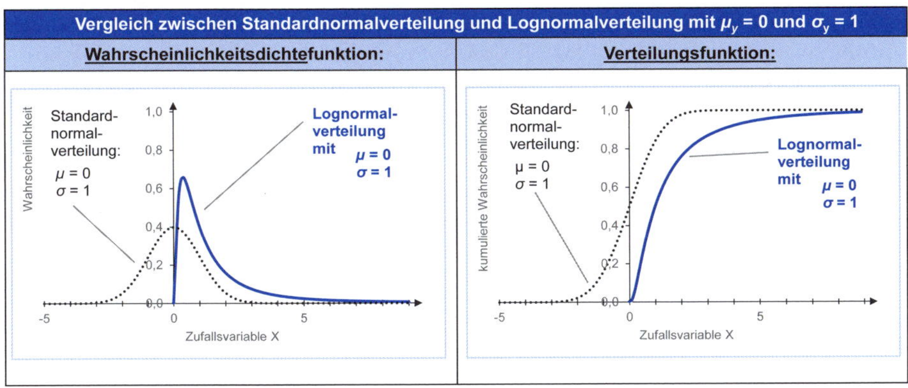

Abb. 3-63: Vergleich Standardnormalverteilung mit Lognormalverteilung (in Anlehnung an Sibbertsen/Lehne, 2015, S. 314)

Die Standardnormalverteilung ist symmetrisch mit negativen und positiven Zufallszahlen, während die Lognormalverteilung nach rechts verschoben ist, da ihre Zufallsvariablen nur positive Ausprägungen annehmen können. Dadurch wird die Lognormalverteilung rechtsschief (Sibbertsen/Lehne, 2015, S. 314). Werden lognormalverteilte Zufallsgrößen durch Logarithmieren in normalverteilte Werte umgewandelt, wird mathematisch der Bereich zwischen Null und eins in den Bereich -∞ bis 0 überführt. Betrachtet man die Transformation einer lognormalverteilten in eine normalverteilte Dichtefunktion, erfolgt durch das Logarithmieren eine starke Streckung des linken und eine starke Stauchung des rechten Teils (Hedderich/Sachs, 2016, S. 272). In der Abb. 3-64 wird die Lognormal-Verteilung der Normalverteilung gegenübergestellt, um die bestehenden Unterschiede und Gemeinsamkeiten zu verdeutlichen.

Eigenschaft	Normalverteilung	Lognormal-Verteilung
Effekt	additiv $x \pm c$	multiplikativ $x \times / \div c$
Verteilung	symmetrisch	rechtsschief bzw. linkssteil
Parameter	μ und σ	μ_y und σ_y
Merkmalsausprägungen	keine Einschränkung	nur positive Werte

Abb. 3-64: Gegenüberstellung Normal- und Lognormal-Verteilung (in Anlehnung an Hedderich/Sachs, 2016, S. 275)

Eine Lognormalverteilung entsteht, wenn viele Zufallsgrößen *c* zusammen multiplikativ auf eine beobachtete Größe *x* wirken. Die Lognormalverteilung ist daher eine wichtige Verteilung zur Modellierung von Merkmalen aus der Wirtschaft, wie etwa von Bruttolöhnen oder von Unternehmensumsätzen (Hedderich/Sachs, 2016, S. 272). Typische lognormalverteilte Zufallsvariablen können nicht negativ werden und haben zahlreiche kleine und wenige große sowie sehr wenige sehr kleine Werte (Zucchini et al., 2009, S. 187). Die Lognormalverteilung eignet sich insbesondere dann als Modell, wenn die Merkmalsausprägungen nur positiv sind und eine linkssteile Verteilung haben, wie etwa bei der Einkommensverteilung (Schira, 2016, S. 380). Denn ein Großteil der Einkommen, die immer positiv sind, stammt aus Tätigkeiten mit tendenziell geringem Einkommen und es gibt sehr wenig hochdotierte aber auch selten sehr geringe Einkommen (Henze, 2010, S. 280). Im Gegensatz zur Lognormalverteilung entsteht die Normalverteilung durch das additive Zusammenwirken vieler Zufallsgrößen c (Hedderich/Sachs, 2016, S. 272).

Am Beispiel des Forderungsausfalls wird nachfolgend die Anwendung der Lognormalverteilung demonstriert. Im Abschnitt 3.7.5 ist ein Beispiel enthalten, bei dem die Anzahl von Forderungsausfällen als seltenes Ereignis mithilfe der Poisson-Verteilung modelliert wurde. Für das Unternehmen kann die Höhe eines Forderungsausfalls stark variieren. In dem Fall ist eine Analyse der Höhe des mit einem Forderungsausfalls verbunden Verlustes wichtig. Im Beispiel wird angenommen, dass die Höhe des Forderungsausfalls mit den Parametern μ_Y = 1,2 und σ_Y = 0,5 logarithmisch normalverteilt ist (Abb. 3-60). Die Schwellenwerte in Bezug auf die Höhe der Forderungsausfälle liegt für ein geringes Risiko bis 2 M€, für ein mittleres Risiko bis 4 M€, für ein hohes Risiko bis 6 M€ und für ein bestandsgefährdendes Risiko bis 12 M€. Es wird ferner unterstellt, dass

Forderungsausfälle mit einer Höhe über 12 M€ die Insolvenz des Unternehmens verursachen. Gesucht ist die Wahrscheinlichkeit dafür, dass die Höhe einer ausfallenden Forderung in einer der jeweiligen Risikokategorien liegt. Die Bestimmung der Wahrscheinlichkeiten erfolgt basierend auf der Verteilungsfunktion.

Die Unterschreitungswahrscheinlichkeit kann bestimmt werden, indem die Verteilungsfunktion aus Abb. 3-60 herangezogen wird. Dabei berechnet man zunächst den sogenannten *zet*-Wert für die Standardnormalverteilung, im Beispiel $zet = (ln\ 2 - 1{,}2)/0{,}5 = -1{,}0137$. Damit wird unter Bezug auf die Tabellen der Standardnormalverteilung die Unterschreitungswahrscheinlichkeit in Höhe von 15,5 % bestimmt:

$$F_{Lon}(x = 2 | \mu_y = 1{,}2; \sigma_y = 0{,}5) = F_{\Phi}\left(\frac{ln 2 - 1{,}2}{0{,}5}\right) = F_{\Phi}(-1{,}0137) = \underline{\underline{15{,}5\%}}$$

Die Unterschreitungswahrscheinlichkeit aller Schwellenwerte ist bereits in der Verteilungsfunktion in Abb. 3-60 eingetragen. Mithilfe der dort angegebenen Werte kann die entsprechende Unter- oder Überschreitungswahrscheinlichkeit bzw. ein Intervall der Unterschreitungswahrscheinlichkeit bestimmt werden (siehe Abb. 3-65).

Risikoklasse	Höhe des Forderungsausfalls x	Berechnung Wahrscheinlichkeit		
geringes Risiko	x ≤ 2 Mio. €	Unterschreitungswahrscheinlichkeit	$= F_{Lon}(2)$	15,5 %
mittleres Risiko	2 Mio. € < x ≤ 4 Mio. €	Intervall der Unterschreitungswahrscheinlichkeit	$= F_{Lon}(4) - F_{Lon}(2)$	64.5 % – 15.5 % = 49,0 %
hohes Risiko	4 Mio. € < x ≤ 8 Mio. €		$= F_{Lon}(8) - F_{Lon}(4)$	96,1 % – 64.5 % = 31,6 %
bestandsgefährdendes Risiko	8 Mio. € < x ≤ 12 Mio. €		$= F_{Lon}(12) - F_{Lon}(8)$	99,5 % – 96,1 % = 3,4 %
Insolvenz	x > 12 Mio. €	Überschreitungswahrscheinlichkeit	$= 1 - F_{Lon}(12)$	100 % – 99,5 % = 0,5 %

Abb. 3-65: Beispiel Lognormalverteilung

Die Wahrscheinlichkeiten können je nach Fragestellung entsprechend interpretiert werden. Beispielsweise beträgt die Wahrscheinlichkeit dafür, dass die Höhe einer ausfallenden Forderung maximal 2 M€ beträgt und sie deshalb der Risikoklasse „geringes Risiko" angehört, ungefähr 15,5 %. Des Weiteren liegt die Wahrscheinlichkeit für eine ausgefallene Forderung mit einer bestandsgefährdenden Höhe, die aber keine Insolvenz verursacht, bei 3,4 %.

3.7.9 Rechteckverteilung

Der Rechteckverteilung (stetige Gleichverteilung) liegt die Annahme zugrunde, dass alle Ausprägungen im Intervall $[x^{MIN}, x^{MAX}]$ mit gleicher Wahrscheinlichkeit auftreten. Für jeden Punkt in der Verteilung ist somit die Wahrscheinlichkeit, dass eine zufällige Ausprägung in der Umgebung dieses Punktes liegt, gleich hoch (Kockelkorn, 2012, S. 120). Die Dichtefunktion ist deshalb konstant und bildet ein Rechteck mit der Höhe $1/(x^{MAX} - x^{MIN})$. Die Rechteckverteilung wird herangezogen, wenn die Zufallsvariable stetig und im definierten Intervall gleichförmig verteilt ist. Sie wird durch die beiden Parameter Minimalwert (x^{MIN}) und Maximalwert (x^{MAX}) definiert (Schira, 2016, S. 361 f.):

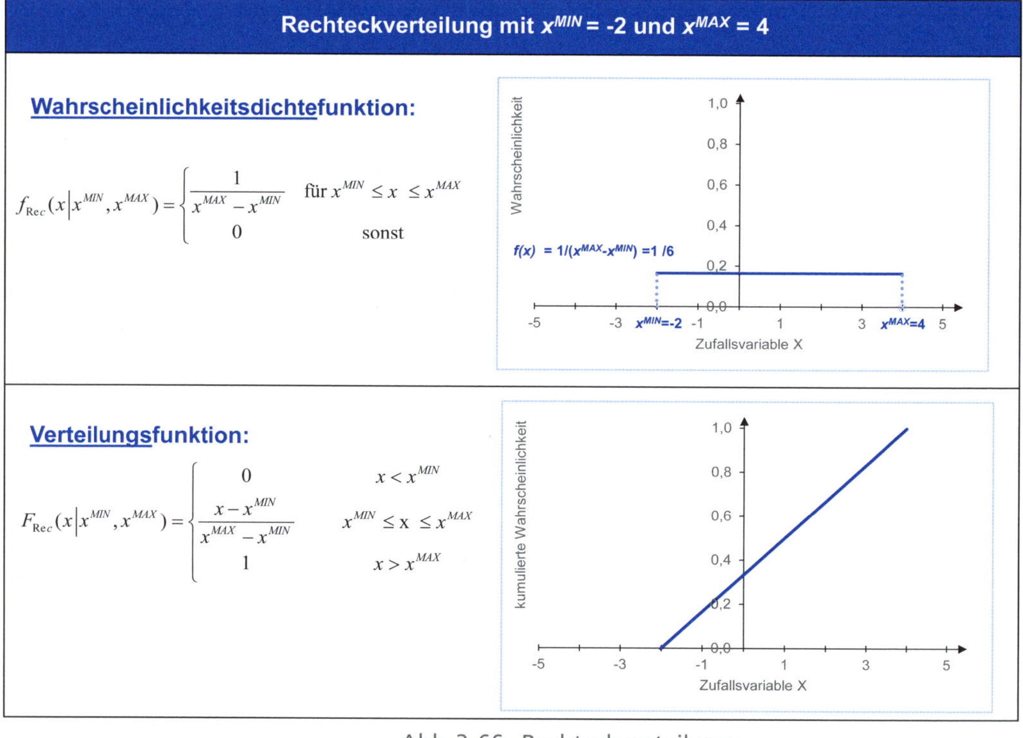

Abb. 3-66: Rechteckverteilung

X	…	*Zufallsvariable*
x	…	*Einzelwerte*
x^{MIN}	…	*Minimalwert*
x^{MAX}	…	*Maximalwert*
f(x)	…	*Wahrscheinlichkeitsfunktion*
F(x)	…	*Verteilungsfunktion*
Rec	…	*Rechteckverteilung*

Der Erwartungswert *E (X)* und die Varianz *VAR (X)* werden mittels der beiden Parameter Mini- und Maximalwert definiert (Schira, 2016, S. 362):

$$E(X) = \frac{x^{MIN} + x^{MAX}}{2} \qquad VAR(X) = \frac{(x^{MAX} - x^{MIN})^2}{12}$$

Die Rechteckverteilung kann zum einen zur Modellierung von Zielgrößen herangezogen werden, die in einem Intervall mit gleich hoher Wahrscheinlichkeit auftreten. Wird jedoch bei unzureichender Datenlage über die Wahrscheinlichkeiten lediglich zur Vereinfachung unterstellt, dass alle Ausprägungen der Zufallsvariable gleichmöglich sind, kann das zu Fehleinschätzungen führen (Kockelkorn, 2012, S. 121). Ferner findet die Rechteckverteilung bei der Modellierung von zufallsbehafteten Zielgrößen durch die Quantil-Transformation im Rahmen der Monte-Carlo-Simulation Anwendung (siehe Abschnitt 4.4.1). Dabei erzeugt man im ersten Schritt gleichverteilte Zufallszahlen im Intervall [0; 1], die dann mittels entsprechender inverser Verteilungsfunktion in beliebig verteilte Zufallsgrößen transformiert werden (Waldmann/Helm, 2016, S. 21 und S. 36). Die Vorgehensweise nutzen i. d. R. auch Statistikprogramme, um Simulationen durchzuführen (Zucchini et al., 2009, S. 164).

Die Rechteckverteilung kann für beliebige Intervalle definiert werden und mehrere Intervalle umfassen. Die Zufallsvariable ist dann jeweils stückweise gleichverteilt. Ihre Dichtefunktion gleicht in der Erscheinungsform einem Histogramm (Kockelkorn, 2012, S. 120 f.). Eine besondere Form der stückweisen Gleichverteilung bildet die Doppelte Rechteckverteilung. Zur Beschreibung der doppelten Rechteckverteilung sind, wie bei der Dreieckverteilung, drei Parameter für die Definition der Verteilung notwendig (Jöckel/Pflaumer, 1981, S. B42):

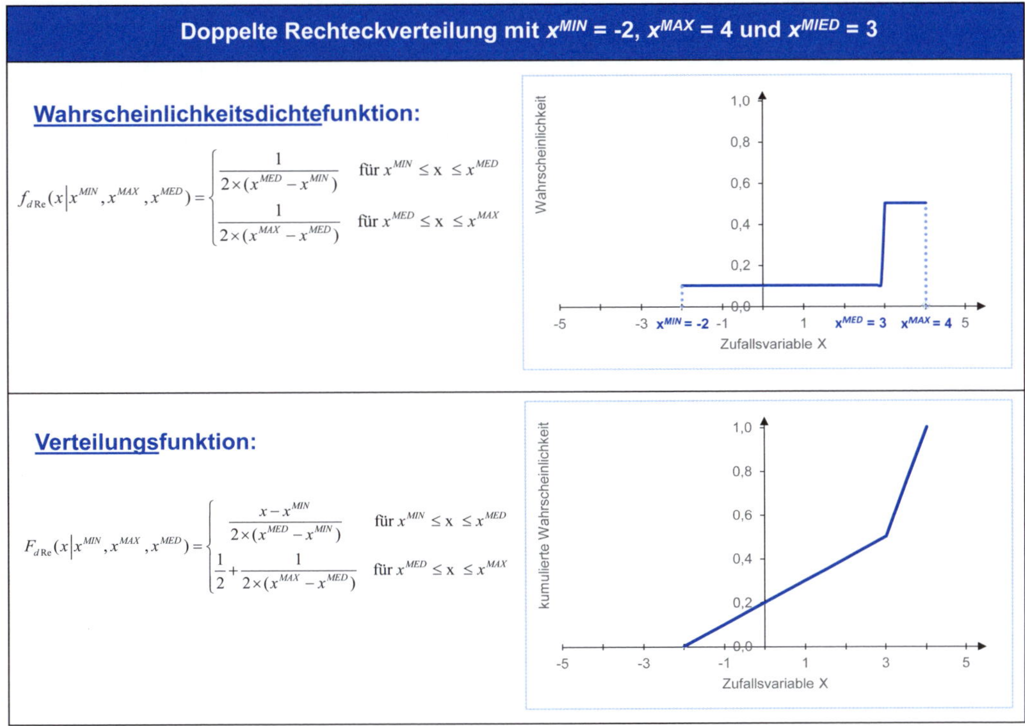

Abb. 3-67: Doppelte Rechteckverteilung

x^{MAX}	… *Maximalwert*
x^{MED}	… *Median*
x^{MIN}	… *Minimalwert*
dRe	… *doppelte Rechteckverteilung*

Im Vergleich zur Rechteckverteilung ist neben dem Minimalwert x^{MIN} und dem Maximalwert x^{MAX} für die doppelte Rechteckverteilung der Median x^{MED} notwendig, da angenommen wird, dass 50 % aller möglichen Zufallsvariablen im ersten Intervall und die übrigen 50 % im zweiten Intervall auftreten.

3.7.10 Dreieckverteilung

Da nur drei Parameter zu schätzen sind, erlaubt die Dreieckverteilung eine einfache Modellierung und ist bei Praktikern beliebt. Liegen wenige Informationen über eine Zufallsgröße vor, bietet sie einen erster Ansatz für deren Simulation (Cottin/Döhler, 2013, S. 46) Die Dreieckverteilung wird durch einen Minimalwert x^{MIN}, einen Maximalwert x^{MAX} und einen Spitzenwert (Modus) x^{MOD} beschrieben (Cottin/Döhler, 2013, S. 46 f.; Bol, 1992, S. 52 f.):

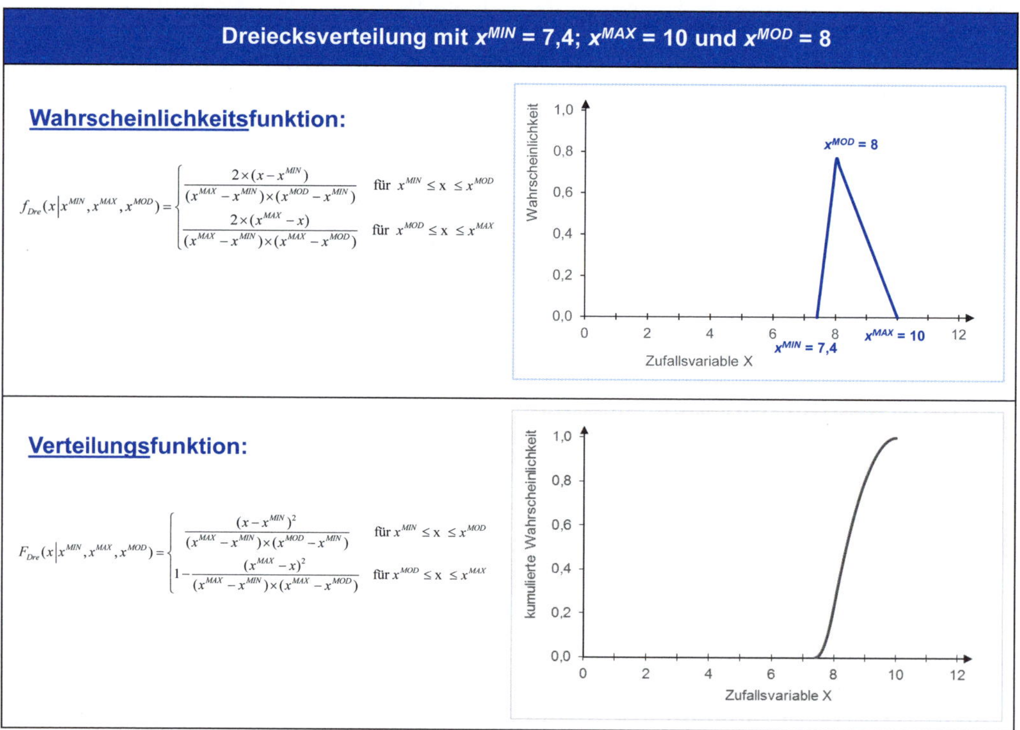

Abb. 3-68: Dreieckverteilung

X	…	*Zufallsvariable*
x	…	*Einzelwerte*
x^{MAX}	…	*Maximalwert*
x^{MOD}	…	*Modus*
x^{MIN}	…	*Minimalwert*
$f(x)$	…	*Wahrscheinlichkeitsfunktion*
$F(x)$	…	*Verteilungsfunktion*
Dre	…	*Dreieckverteilung*

Der Spitzenwert x^{MOD} entspricht in einer symmetrischen bzw. gleichschenkligen Dreieckverteilung dem Erwartungswert. Dieser Sonderfall der Dreieckverteilung wird auch als Simpson-Verteilung bezeichnet. Daneben gibt es die asymmetrische Dreiecksverteilung (siehe, entweder in der linkssteilen oder der rechtsteilen Ausprägung (Rinne, 2008, S. 246 ff.).

Der Erwartungswert *E (X)* und die Varianz *VAR (X)* werden in der Dreieckverteilung wie folgt berechnet (Hartung et al., 2009, S. 196):

$$E(X) = \frac{x^{MIN} + x^{MAX} + x^{MOD}}{3}$$

$$VAR(X) = \frac{(x^{MAX} - x^{MIN})^2 - (x^{MAX} - x^{MIN}) \times (x^{MOD} - x^{MIN}) + (x^{MOD} - x^{MIN})^2}{18}$$

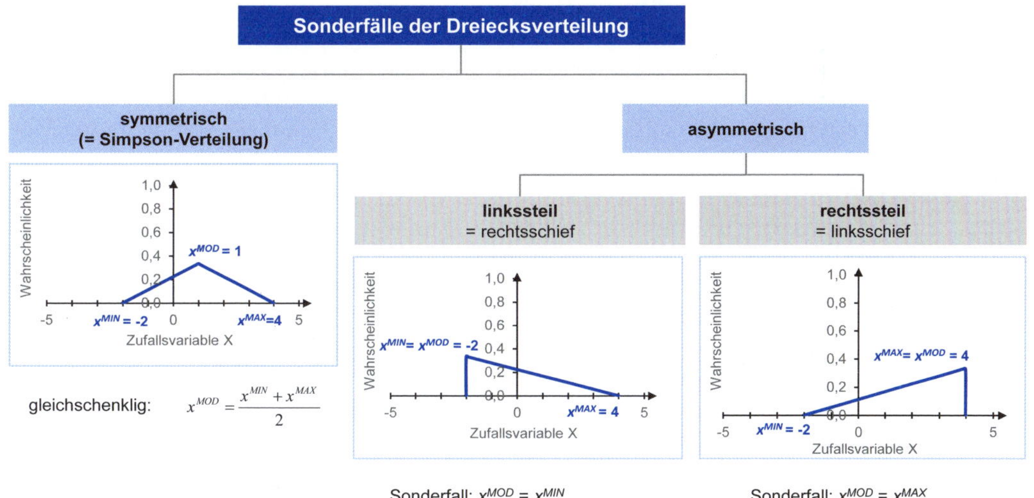

Abb. 3-69: Sonderfälle der Dreieckverteilung

Die Dreieckverteilung kann als einfacher Modellierungsansatz im Rahmen einer Simulation von Einnahmen und Ausgaben eines Unternehmens herangezogen werden (Cottin/Döhler, 2013, S. 46). Da die Dreieckverteilung nicht notwendigerweise symmetrisch sein muss, kann sie ebenfalls zur Modellierung unsymmetrischer Risiken dienen (V., 2015, S. 56). Eine beispielhafte Anwendung der Modellierung im Rahmen der Simulation enthält der Abschnitt 4.4.5 Dort wird die Erweiterungsrate in Abb. 4-36 mittels einer linkssteilen Dreieckverteilung beschrieben.

3.7.11 Exponentialverteilung

Die Exponentialverteilung dient der Bestimmung von Wahrscheinlichkeiten für zufallsverteilte Zeitintervalle bzw. Wartezeiten zwischen zwei seltenen Poisson-verteilten Ereignissen. Während die Poisson-Verteilung die Zufallsvariable

Anzahl seltener Ereignisse in einem definierten Zeitintervall abbildet, wird mit der Exponentialverteilung die Zufallsvariable der Zeitspanne zwischen den seltenen Ereignissen betrachtet. Denn ist die Anzahl der seltenen Ereignisse in einem bestimmten Zeitintervall Poisson-verteilt, dann ist die Wartezeit bis zum Eintreten eines Ereignisses Exponential-verteilt (Kockelkorn, 2012, S. 119). Beide Verteilungen werden durch den Parameter Ereignisintensität *ERI* beschrieben. Der Parameter kann als die mittlere Anzahl der seltenen Ereignisse in einem Zeitintervall interpretiert werden, z. B. 10 Forderungsausfälle pro Jahr bei einer hohen Anzahl an Forderungen. Demgegenüber wird mit dem Reziproke $1/ERI$ die durchschnittliche Dauer zwischen den seltenen Ereignissen abgebildet, z. B. die Zeitspanne von 1/10 Jahr zwischen zwei Forderungsausfällen (Stiefl, 2011, S. 127). Ein weiterer Zusammenhang besteht zur geometrischen Verteilung. Denn die Exponentialverteilung ist das stetige Pendant zur diskreten geometrischen Verteilung (Schira, 2016, S. 363).

Die Exponentialverteilung setzt voraus, dass sich die Zeitspannen zwischen zwei Ereignissen nicht beeinflussen und unabhängig voneinander sowie von bereits verstrichenen Zeiten sind. Deshalb wird die Exponentialverteilung auch als Verteilung ohne Gedächtnis bezeichnet. Somit eignet sie sich nicht zur Modellierung von Lebensdauern, die Alterungs- oder Verschleißprozessen unterliegen (Kockelkorn, 2012, S. 119). Mithilfe der Exponentialverteilung kann die Verteilung von räumlichen und zeitlichen Abständen modelliert werden, wie etwa die (Rest-) Lebensdauer von Konsumgütern und Unternehmen oder die Zeitspanne bzw. Zeitlücken zwischen zwei Reparaturen von Maschinen, elektronischen Bauteilen oder Telefonanrufen. Aber auch die Servicezeiten bzw. Dauer von Reparaturen, Bearbeitungszeiten, Suchdauer oder Kundenabfertigungszeiten können Exponentialverteilt sein (Zucchini et al., 2009, S. 169, Hedderich/Sachs, 2016, S. 278, Auer/Rottmann, 2010, S. 264; Sibbertsen/Lehne, 2015, S. 312). Der Parameter Ereignisintensität ist konstant und muss größer Null sein. Mittels Ereignisintensität wird die Exponentialverteilung vollständig definiert (Auer/Rottmann, 2010, S. 264):

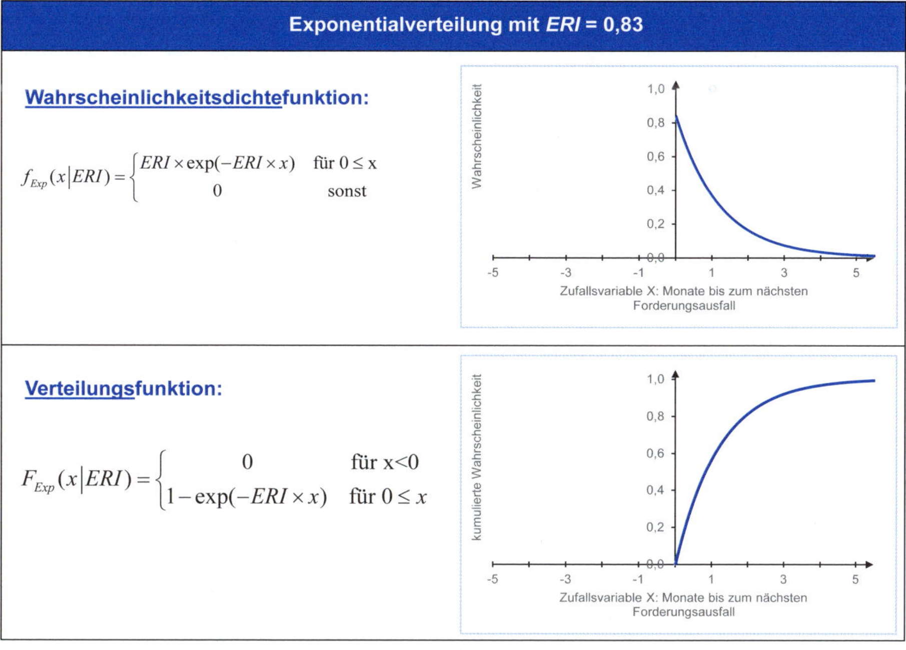

Abb. 3-70: Exponentialverteilung

X	… *Zufallsvariable*
x	… *Einzelwerte*
ERI	… *Ereignisintensität*
exp(.)	… *Natürliche Exponentialfunktion zur Basis der Eulerschen Zahl 2,718…*
f(x)	… *Wahrscheinlichkeitsfunktion*
F(x)	… *Verteilungsfunktion*
Exp	… *Exponentialverteilung*

Aus der Verteilungsfunktion kann die Unterschreitungswahrscheinlichkeit, also die Wahrscheinlichkeit höchstens eine bestimmte Dauer zu warten, direkt ermittelt werden. Mit der Überschreitungswahrscheinlichkeit wird die Wahrscheinlichkeit bestimmt, mindestens eine bestimmte Dauer bis zum nächsten seltenen Ereignis zu warten (Kockelkorn, 2012, S. 119).

Aufgrund der Gedächtnislosigkeit findet die bereits vergangene Zeit im Erwartungswert keine Berücksichtigung. Der Erwartungswert *E (X)* und die Varianz *VAR (X)* sind wie folgt definiert (Hedderich/Sachs, 2016, S. 279):

$$E(X) = \frac{1}{ERI} \qquad VAR(X) = \frac{1}{ERI^2}$$

Zur Veranschaulichung der Exponentialverteilung wird nochmals das Beispiel des Forderungsausfallrisikos aus Abschnitt 3.7.5 aufgegriffen. Im Beispiel werden bei einer hohen Forderungsanzahl eines Unternehmens im Jahr 10 Forderungsausfälle erwartet (*ERI* = 10).

Mittels des Parameters Ereignisintensität kann die Dichte- und die Verteilungsfunktion bestimmt werden.

$$f_{Exp}(x) = \begin{cases} 10 \times exp(-10 \times x) & für\ 0 \le x \\ 0 & sonst \end{cases} \qquad F_{Exp}(x) = \begin{cases} 0 & für\ x<0 \\ 1 - exp(-10 \times x) & für\ 0 \le x \end{cases}$$

Die durchschnittliche Dauer ohne Forderungsausfall beträgt

$$E(X) = \frac{1}{ERI}$$

$$E(X) = \frac{1}{10} = 0{,}1\ Jahre$$

bzw.

$$E(X) = \frac{1}{10} \times 12 = 1{,}2\ Monate$$

Die Wahrscheinlichkeit, dafür dass mindestens ein Jahr ohne Forderungsausfall vergeht, ist eine Überschreitungswahrscheinlichkeit und wird berechnet als:

$$1 - F(1) = 1 - (1 - exp(-10) = 1 - 99{,}995\% = 0{,}005\%$$

Für Berechnung der Wahrscheinlichkeit, dass mindestens 2 Monate ohne Forderungsausfall vergehen, ist die Ausfallrate zunächst in Monate umzurechnen und dann die Überschreitungswahrscheinlichkeit zu bestimmen:

$$ERI = \frac{10}{12} \approx 0{,}83$$

$$1 - F(2) = 1 - (1 - exp(-0{,}83 \times 2)) = 1 - 80{,}99\% = 19{,}01\%$$

Soll bestimmt werden, wie hoch die Wahrscheinlichkeit ist, dass zwischen zwei Forderungsausfällen nicht mehr als zwei bzw. höchstens zwei Monate vergehen, ist die Unterschreitungswahrscheinlichkeit zu berechnen:

$$F(2) = (1 - exp(-0{,}83 \times 2)) = 80{,}99\%$$

Die Abb. 3-70 zeig die Dichte- und die Verteilungsfunktion für das Beispiel. Die Exponentialverteilung ist eine einfache, aber nicht immer adäquate Möglichkeit zur Modellierung von nichtnegativen Zufallsgrößen, wie etwa das Einkommen. Solche Zufallsgrößen besitzen häufig eine linkssteile Verteilung.

3.7.12 Beta- und PERT-Verteilung

Die Standard-Beta-Verteilung ist eine sehr formenreiche Verteilung und für das Intervall [0,1] definiert. Sie hängt von den Parametern *alpha* und *beta* ab. Die Abb. 3-71 zeigt eine mögliche Form der Wahrscheinlichkeitsdichte- und die Verteilungsfunktion (Hedderich/Sachs, 2016, S. 253 ff.):

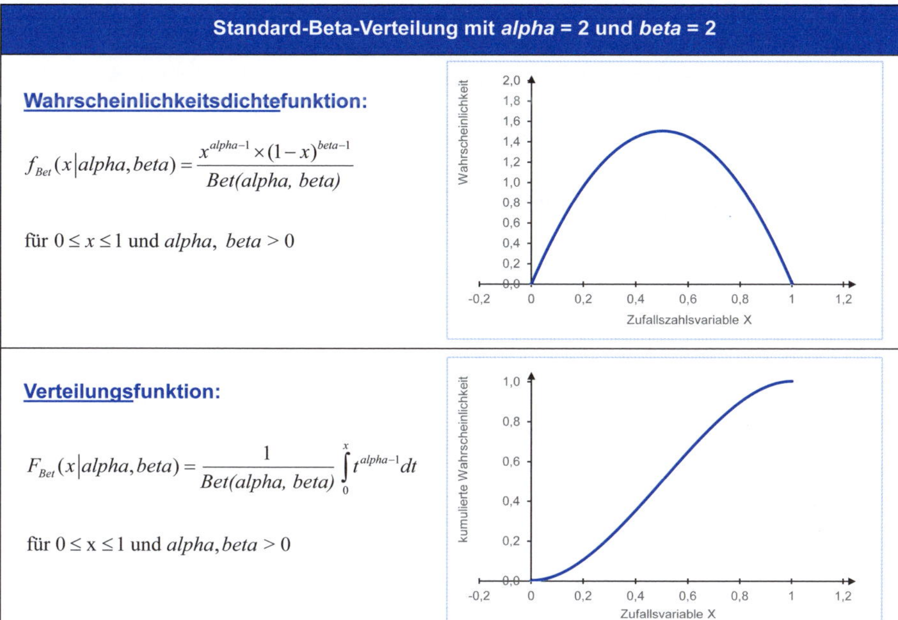

Abb. 3-71: Beta-Verteilung

X	...	*Zufallsvariable*
x	...	*Einzelwerte*
f(x)	...	*Wahrscheinlichkeitsfunktion*
F(x)	...	*Verteilungsfunktion*
Bet	...	*Beta*

Die beiden Parameter *alpha* und *beta* können aus dem Erwartungswert und der Standardabweichung einer Stichprobe abgeleitet werden (Hedderich/Sachs, 2016, S. 254):

$$alpha = E(X) \times \left(\frac{(E(X) \times (1 - E(X))}{VAR(X)} - 1 \right)$$

$$beta = \left(1 - E(X)\right) \times \left(\frac{E(X) \times (1 - E(X))}{VAR(X)} - 1 \right)$$

E (X)	...	*Erwartungswert*
VAR (X)	...	*Varianz*

Der Erwartungswert *E (X)* und die Varianz *VAR (X)* der Beta-Verteilung sind durch die beiden Parameter *alpha* und *beta* definiert (Hedderich/Sachs, 2016, S. 254):

$$E(X) = \frac{alpha}{alpha + beta} \qquad VAR(X) = \frac{alpha \times beta}{\left(alpha + beta\right)^2 \times \left(alpha + beta + 1\right)}$$

Die Form der Beta-Verteilung variiert recht stark in Abhängigkeit von den beiden Parametern *alpha* und *beta*, wie Abb. 3-72 veranschaulicht. Die Formenvielfalt reicht von eingipfligen, symmetrischen, unsymmetrischen, begrenzten, unbegrenzten bis hin zu glocken- und U-förmigen Dichtefunktionen (Sibbertsen/Lehne, 2015, S 254).

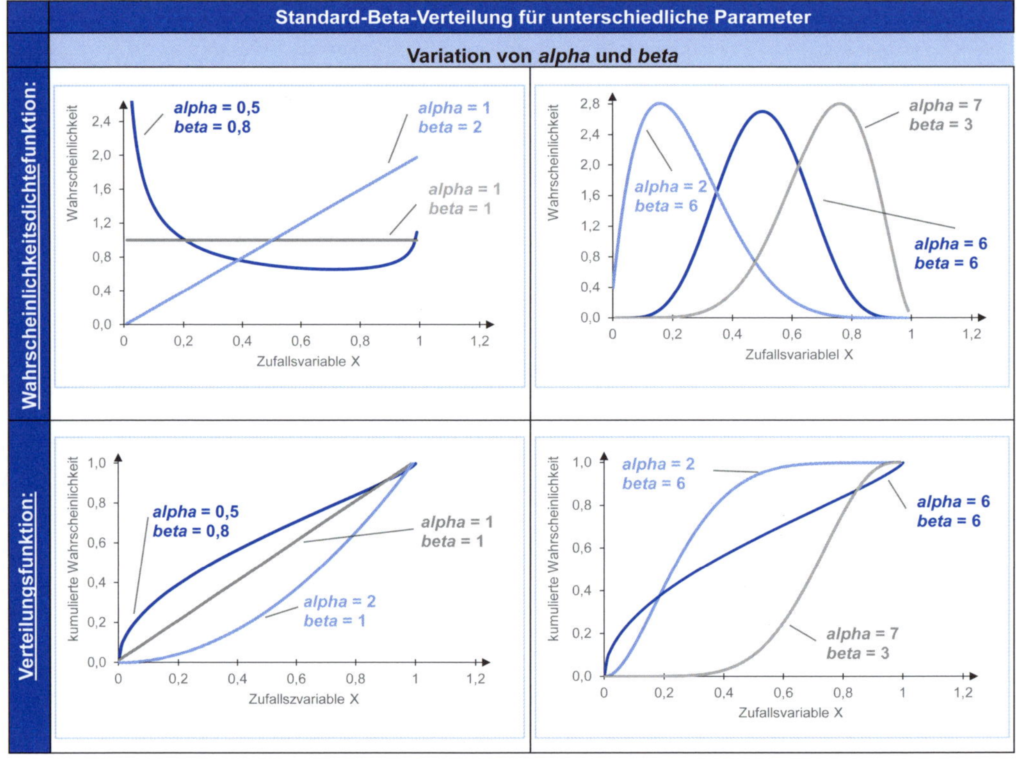

Abb. 3-72: Veränderung der Beta-Verteilung in Abhängigkeit ihrer Parameter

Den konkreten Zusammenhang zwischen der Form und der Parameterkonstellation enthält Abb. 3-73.

Parameterkonstellation	Form der Beta-Verteilung
alpha < *beta*	rechtschief
alpha = *beta*	symmetrisch
alpha > *beta*	linksschief
alpha und *beta* < 1	U-förmig
alpha = 2 und *beta* = 1 oder *alpha* = 1 und *beta* = 2	Dreieckverteilung
alpha = 1 und *beta* = 1	Gleichverteilung

Abb. 3-73: Beta-Verteilung in Abhängigkeit ihrer Parameterkonstellation (in Anlehnung an die Ausführungen von Cottin/Döhler, 2013, S. 44)

Aufgrund ihrer Formenvielfalt bietet sich die Beta-Verteilung prinzipiell zur Modellierung verschiedener Sachverhalte an. Sie ähnelt einem Draht, der zu unterschiedlichen Formen verbogen und somit die realen Sachverhalte möglichst realitätsnah beschreiben kann (Mochty et al., 2018, S. 3065). Da die Standard-Beta-Funktion für das Intervall [0,1] definiert ist, eignet sie sich besonders zur Analyse von Anteilen bzw. Prozentwerten, wie etwa die prozentuale Verteilung des täglichen Umsatzes im Unternehmen (Sibbertsen/Lehne, 2015, S. 254). Die Standard-Beta-Verteilung kann aber auch für jedes beliebige Intervall [x^{MIN}, x^{MAX}] auf die allgemeine Beta-Verteilung skaliert und verschoben werden. Dabei bilden x^{MIN} das Minimum und x^{MAX} das Maximum, während die Parameter *alpha* und *beta* weiterhin die Form bestimmen (Cottin/Döhler, 2013, S. 45).

Der genaue Verlauf der Beta-Verteilung in Abhängigkeit der beiden Parameter *alpha* und *beta* kann nicht intuitiv bzw. nicht vom statistischen Laien ohne Vorkenntnisse geschätzt werden. Abhilfe für die glockenförmigen Verläufe schafft die sogenannte Beta-PERT- oder auch PERT-Verteilung. Sie ist eine besondere Spielart der Beta-Verteilung, die gewisse Vorteile der Dreieckverteilung und der Normalverteilung vereint. So sind lediglich die drei Schätzwerte Minimum, Maximum und Modus notwendig. Gleichzeitig erinnert die Dichtefunktion an die Glockenform der Normalverteilung. Sie kann sowohl symmetrisch als auch unsymmetrisch sein und als abgerundete Dreieckverteilung umschrieben werden. Denn anders als bei der Dreieckverteilung haben die Werte um den Modus eine höhere und die Extremwerte an den Intervallgrenzen eine niedrigere Wahrscheinlichkeit (Mochty et al., 2018, S. 3065). Die PERT-Verteilung erhält ihre typische Form durch die Festlegung bzw. Definition des Erwartungswertes und der Varianz (Hajdu/Bokor, 2014, S. 767):

$$E(X) = \frac{x^{MIN} + 4 \times x^{MOD} + x^{MAX}}{6} \qquad VAR(X) = \left(\frac{x^{MAX} - x^{MIN}}{6}\right)^2$$

E (X)	…	*Erwartungswert*
VAR (X)	…	*Varianz*
x^{MAX}	…	*Maximalwert*
x^{MOD}	…	*Modus*
x^{MIN}	…	*Minimalwert*
Per	…	*PERT-Verteilung*

Ferner liegt der PERT-Verteilung die Funktion der allgemeinen Beta-Verteilung mit den Parametern *alpha*, *beta*, x^{MIN}, x^{MOD} und x^{MAX} zugrunde (siehe Abb. 3-74). Dabei werden die Parameter *alpha* und *beta* aus den Parametern x^{MIN}, x^{MAX} und *E(X)* berechnet, sodass lediglich die Parameter x^{MIN}, x^{MAX} und x^{MOD} zu schätzen sind (Charnes, 2012, S. 245):

$$alpha = \frac{6 \times \left(E(X) - x^{MIN}\right)}{x^{MAX} - x^{MIN}} \qquad beta = \frac{6 \times \left(x^{MAX} - E(X)\right)}{x^{MAX} - x^{MIN}}$$

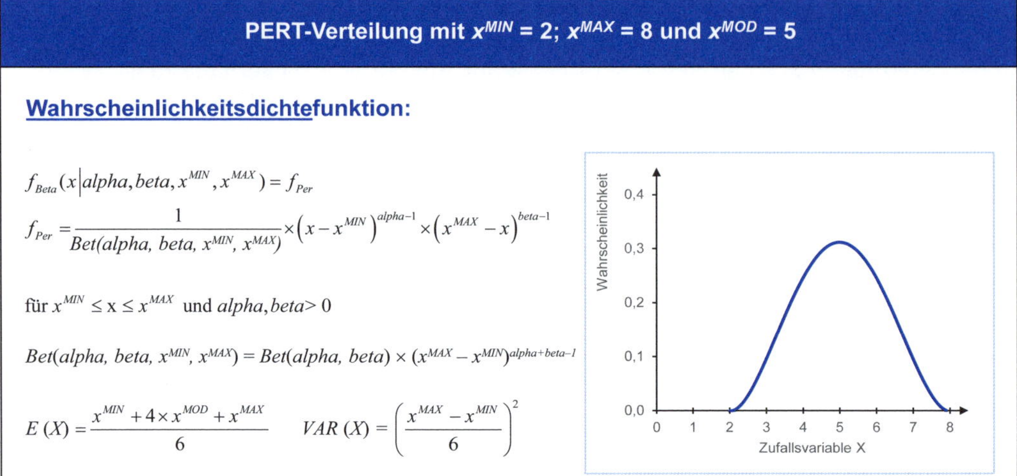

Abb. 3-74: PERT-Verteilung

Die PERT-Wahrscheinlichkeitsdichtfunktion ist durch eine eingipflige, begrenzte glockenförmige Verteilungsform gekennzeichnet (siehe Abb. 3-75). Da die PERT-Verteilung auf einer Dreipunktschätzung beruht, bildet sie einen einfachen Modellierungsansatz, mit dem sowohl symmetrische als auch asymmetrische Risiken abgebildet werden können.

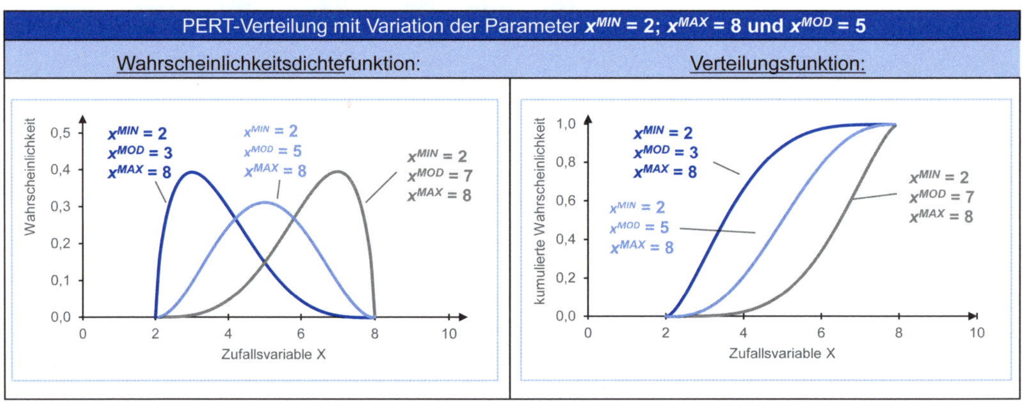

Abb. 3-75: Veränderung der PERT-Verteilung in Abhängigkeit ihrer Parameter

3.8 Stochastische Abhängigkeiten

Hängt eine Zielgröße von mehreren Eingangsgrößen ab, können zwischen den Eingangsvariablen Wechselbeziehungen bzw. stochastische Abhängigkeiten bestehen. Dabei sind einfache und komplexe Zusammenhänge zu unterscheiden (Abb. 3-76). Einfache Abhängigkeiten werden über die Korrelation und bei qualitativen Zusammenhängen über die Fuzzy-Set-Theorie abgebildet, während komplexe Wechselwirkungen über sogenannte Copulas und stochastische Prozesse Berücksichtigung finden (Klein, 2010a, S. 28 ff.). In Abb. 3-76 sind diverse Verfahren zur Berücksichtigung von stochastischen Abhängigkeiten zusammengefasst. In der durchgeführten Monte-Carlo-Simulation (Abschnitt 4.4.5) werden Korrelationen modelliert und daher nachfolgend detaillierter erläutert. Die komplexen Zusammenhänge spielen in der hiesigen Analyse keine Rolle und werden deshalb nachfolgend nur kurz angesprochen.

Modellierung von stochastischen Abhängigkeiten unter Berücksichtigung der Art der Abhängigkeit
Einfache bzw. lineare Zusammenhänge • scharfe bzw. quantitative Zusammenhänge: Korrelation ➢ Intervariablenkorrelation: Zusammenhang zwischen verschiedenen Einflussgrößen ➢ Kreuzkorrelation: Zusammenhang zwischen verschiedenen Einflussgrößen über mehrere Perioden ➢ serielle oder Autokorrelation: stochastische Abhängigkeit zwischen den Ausprägungen einer Einflussgröße in unterschiedlichen Zeitperioden ➢ z. B. Korrelationskoeffizient nach Bravais-Pearson • unscharfe bzw. qualitative Zusammenhänge: Fuzzy-Set Theorie
Komplexe Zusammenhänge ➢ Copula: multivariate Verteilungsfunktion, die eindimensionale Verteilungsfunktionen zu einer gemeinsamen Verteilungsfunktion koppelt, z. B. Gauß-Copula ➢ stochastische Prozesse: mehrperiodige bzw. zeitabhängige Wahrscheinlichkeitsverteilung, die die zeitlichen Entwicklung einer unsicheren Eingangsgrößen beschreibt, z. B. Random Walk

Abb. 3-76: Modellierung von Stochastische Abhängigkeiten der Eingangsgrößen (in Anlehnung an die Ausführungen von Cottin/Döhler, 2013, S. 270 ff.; Auer/Rottmann, 2010, S. 92; Klein, 2010a, S. 28 ff.; Pohl, 2013, S. 467)

Korrelation

Mit der Korrelation wird ein linearer Zusammenhang zwischen zwei Einflussgrößen beschrieben. Diesen statistischen Zusammenhang erfassen die Abhängigkeitsmaße Kovarianz bzw. Korrelationskoeffizient. Der Bravais-Person-Korrelationskoeffizient wird wie folgt berechnet (Cottin/Döhler, 2013, S. 270):

$$\rho_{X,Y} = \frac{COV(X,Y)}{\sqrt{VAR(X) \cdot VAR(Y)}}$$

$$COV(X,Y) = \sum_{index=1}^{n} (x_{index} - E(X)) \times (y_{index} - E(Y))$$

$\rho_{X,Y}$	…	*Korrelationskoeffizient zwischen den Zufallsvariablen X und Y*
COV(X, Y)	…	*Kovarianz zwischen den Zufallsvariablen X und Y*
VAR()	…	*Varianz*
E()	…	*Erwartungswert*
X	…	*Zufallsvariable*
x	…	*Einzelwerte der Zufallsvariable X*
Y	…	*Zufallsvariable*
y	…	*Einzelwerte der Zufallsvariable Y*

Der Korrelationskoeffizient misst den Grad und die Richtung der linearen Abhängigkeit zwischen den zwei Variablen *X* und *Y*. Der dimensionslose Korrelationskoeffizient ρ liegt im Intervall von -1 bis +1 (Abb. 3-77). Dabei besteht bei ρ = +1 eine perfekte positive Korrelation, d. h. die beiden Variablen verlaufen exakt linear im Gleichklang. Im Falle von ρ = 1 besteht eine perfekte negative Korrelation, bei der sich die beiden Variablen genau entgegengesetzt entwickeln. Wenn der Korrelationskoeffizient ρ = 0 beträgt, sind die Zufallszahlen unkorreliert und es besteht kein linearer Zusammenhang. Je kleiner die absolute Zahl wird, desto schwächer ist die Korrelation ausgeprägt (Auer/Rottmann, 2010, S. 95).

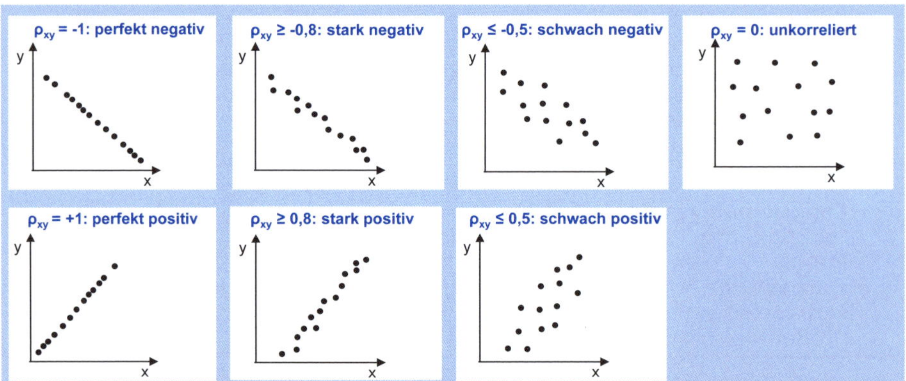

Abb. 3-77: Streudiagramm und Bravais-Pearson-Korrelationskoeffizient (in Anlehnung an Auer/Rottmann, 2010, S. 98)

Neben dem Bravais-Person-Korrelationskoeffizient gibt es den Spearman-Rangkorrelationskoeffizient (Auer/Rottmann, 2010, S. 98) sowie den Kontingenzkoeffizienten (Auer/Rottmann, 2010, S. 102), für deren detaillierte Beschreibung wird auf die Literatur verwiesen. Die Anwendung der Korrelationskoeffizienten hängt vom Skalenniveau der zugrundeliegenden Zufallsvariablen ab, wie Abb. 3-78 verdeutlicht.

Skalenniveau der Einflussvariablen	anzuwendender Korrelationskoeffizient
kardinal	Bravais-Person-Korrelationskoeffizient *misst Stärke und Richtung eines linearen Zusammenhangs*
ordinal und kardinal	Spearman-Rangkorrelationskoeffizient *misst Stärke und Richtung eines monotonen Zusammenhangs*
nominal, ordinal und kardinal	Kontingenzkoeffizient *misst nur die Stärke eines Zusammenhangs*

Abb. 3-78: Korrelationskoeffizient unter Berücksichtigung der Skalierung der Einflussvariablen (in Anlehnung an Auer/Rottmann, 2010, S. 92)

Die Bestimmung vom Korrelationskoeffizienten kann analog zur Bestimmung der Verteilungsfunktion auf Basis historischer Daten mithilfe von Softwareunterstützung, z. B. von Crystal Ball, erfolgen (Ungemach/Hachmeister, 2019, S. 206). Zusätzlich ist es möglich, die statistische Signifikanz der berechneten Korrelationskoeffizienten durch statistische Testverfahren zu ermitteln. Allerdings sind die Korrelationen vor deren Berücksichtigung im Modell zu plausibilisieren. Denn die Korrelation kann drei verschiedene Ursachen haben. Erstens besteht idealerweise ein kausaler Zusammenhang zwischen den betrachteten Variablen innerhalb des Modells. D. h. es kann durch sachlogische Überlegungen eine tatsächliche Kausalität zwischen den Variablen festgestellt werden. Zweites kann eine dritte, außerhalb des Modells bestehende, externe Größe, die beide Eingangsgrößen beeinflusst, zu einem hohen Korrelationskoeffizienten der beide Eingangsgrößen führen, ohne das zwischen diesen ein Kausalzusammenhang besteht (Förster, 2011, S. 369). Dann liegt eine Scheinkorrelation vor, da der hohe Korrelationskoeffizient inhaltlich nicht gerechtfertigt ist (Fahrmeir et al., 2007, S. 149). Drittens kann eine zufällige Korrelation zwischen den Eingangsgröße bestehen, die ebenfalls nicht durch sachlogische Überlegungen untermauert werden kann. Auch hier besteht keine Kausalität und somit eine Scheinkorrelation. Daher sollte bei bestehender Korrelation nicht prinzipiell auf eine Ursache-Wirkungsbeziehung geschlossen werden. Nur bei vorliegenden ökonomischen Zusammenhängen ist es sinnvoll, diese im Rahmen der Modellierung, wie etwa im Rahmen der Monte-Carlo-Simulation, zu berücksichtigen (Cottin/Döhler, 2013, S. 274).

Je nach Ausprägung des Zusammenhangs unterscheidet man verschiedene Korrelationsformen. Besteht eine Wechselwirkung zwischen verschiedenen Einflussgrößen, liegt eine Intervariablenkorrelation vor. Bei einer Kreuzkorrelation gibt es einen zeitversetzten Zusammenhang zwischen verschiedenen Einflussgrößen. Im Falle einer zeitversetzter Abhängigkeit innerhalb einer Einflussgröße, liegt eine serielle bzw. eine Auto-Korrelation vor (Klein, 2010a, S. 29).

Unscharfe Zusammenhänge

Die Abhängigkeit zwischen Einflussgrößen kann quantitativ bzw. scharfer Natur sein und in einem Wert, wie etwa den Korrelationskoeffizienten ausgedrückt werden. Es ist aber auch denkbar, dass der Zusammenhang nur verbal bzw. unscharf vorliegt, wie etwa die Beziehung zwischen der Mitarbeitermotivation und der Produktivitätssteigerung. Die Fuzzy-Logik bzw. die Fuzzy-Set-Theorie erlaubt mittels Wenn-Dann-Regeln und Zugehörigkeitsfunktionen eine Modellierung qualitativer Zusammenhänge (Krebs et al., 2009, S. 178). Für eine detaillierte Beschreibung der Fuzzy-Set-Theorie wird auf weiterführende Literatur (Klein, 2010c, S. 14 ff.) verwiesen.

Copulas

Komplexe Zusammenhänge werden über Copulas abgebildet. Die Copula ist eine multivariate Verteilungsfunktion, die eindimensionale Verteilungsfunktionen zu einer gemeinsamen Verteilungsfunktion koppelt. Die enthaltenen eindimensionalen Verteilungsfunktionen werden in dem Zusammenhang als Randverteilungen bezeichnet. (Cottin/Döhler, 2013, S. 288). Mittels Copulas lassen sich die stochastischen Abhängigkeiten zwischen zwei oder mehreren Zufallszahlen komplexer modellieren als mit Korrelationskoeffizienten. Zur Modellierung ist eine ausreichende Datengrundlage notwendig, um die geeigneten Copula-Typen, wie etwa eine Gauß-Copula mit ihren notwendigen Parametern zu bestimmen. Daher ist insbesondere bei einer schlechten Datenlage abzuwägen, ob für die Risikoquantifizierung Copulas oder hinreichend valide Korrelationskoeffizienten zu einer valideren Modellierung führen. Die Copulas sind in finanzwirtschaftlichen Anwendungen und im Risikomanagement großer Konzerne verbreitet (Klein, 2010a, S. 32 ff.). Zur Vertiefung der Thematik wird auf die weiterführende Literatur (z. B. Cottin/Döhler, 2013, S. 287 ff.) verwiesen.

Stochastische Prozesse

Mithilfe von stochastischen Prozessen werden Zufallsgrößen im Zeitverlauf modelliert, wie etwa einzelne Wertentwicklungsprozesse. Denn die betrachtete Zufallsgröße wird in Abhängigkeit einer anderen Größe, in der Regel der Zeit, realisiert (Urschel, 2010, S. 322). Stochastische Prozesse können als mehrperiodige bzw. zeitabhängige Wahrscheinlichkeitsverteilungen aufgefasst werden (Gleißner, 2017, S. 117). Hängt die Wahrscheinlichkeitsverteilung der Zufallsgröße von ihrem Zustand in der Vorperiode ab, werden für die Modellierung bzw. Simulation sogenannte Markov-Ketten herangezogen (Urschel, 2010, S. 322). Es wird zwischen diskreten stochastischen Prozessen, bei denen die Zustandsänderungen nur in bestimmten abzählbaren Zeitpunkten auftreten, und zwischen stetigen stochastischen Prozessen, die durch eine kontinuierliche Zustandsveränderung über die Zeit gekennzeichnet sind, unterschieden (Waldmann/Helm, 2016, S. 79). Für die Modellierung von stochastischen Prozessen gibt es verschiedene Verfahren, wie etwa den Random Walk. Vertiefende Erläuterungen finden sich in der Literatur (z. B. Rietsch, 2008, S. 141 ff. Cottin/Döhler, 2013; Pohl, 2013, S. 626 ff.).

Kapitel 4 Verfahren der Risikobewertung

4.1 Grundlegende Aspekte der Risikobewertung

Im Rahmen der Risikobewertung werden der Zufall bzw. seine Muster auf Basis von Wahrscheinlichkeiten quantifiziert. Die Quantifizierung bildet den Ausgangspunkt für die Risikosteuerung und ist abhängig von der Risikoart bzw. von der damit verbundenen Datenlage (Abb. 4-1). Aber nicht für jedes Risiko sind Wahrscheinlichkeiten bekannt und eine entsprechende Quantifizierung möglich.

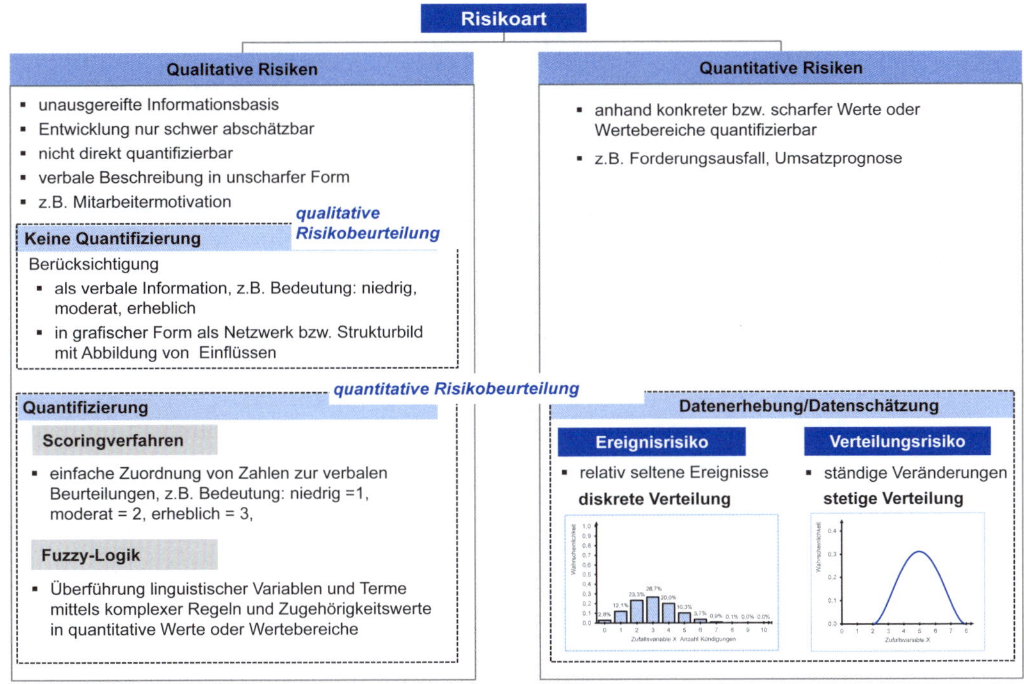

Abb. 4-1: Risikobeurteilung in Abhängigkeit der Risikoart (in Anlehnung an die Ausführungen von Krebs et al., 2009, S. 176 ff.; Steinke/Löhr, 2014, S. 617 ff.)

In Abhängigkeit der Datenlage werden Risiken qualitativ oder quantitativ beurteilt. Für qualitative Risiken sind nur wenige, mitunter rudimentäre Informationen vorhanden. Dabei kann es sich um verbale, unscharfe Beschreibungen von Experten handeln, auf deren Basis die Art und die Höhe eines Risikos nicht direkt durch messbare Größen zu bestimmen ist (Krebs et al., 2009, S. 176). Insbesondere neuartige, erstmals auftretende Risiken sind mitunter durch eine unausgereifte Informationsbasis gekennzeichnet. Beispielhaft sind die Mitarbeitermotivation oder auch eine politische Diskussion über branchenbezogene Regulierungen mit entsprechendem Einfluss auf das erfolgreiche Geschäftsmodell eines Unternehmens zu nennen. Da es hinsichtlich ihrer erwarteten Auswirkungen und Eintrittszeitpunkte lediglich sehr vage Einschätzungen und keine konkreten Informationen gibt, entziehen sie sich bisweilen einer quantitativen Risikobeurteilung. In diesem Fall erlaubt eine qualitative Risikobeurteilung zumindest ihre Berücksichtigung. Neben einer rein verbalen Nennung und Beurteilung von Risiken, wie etwa in der SWOT-Analyse (Baum et al., 2013, S. 99), ermöglicht eine grafische Darstellung der Risiken anhand von Netzwerkabbildungen (Baum et al., 2013, S. 68) bzw. Strukturbildern (Loy, 2015, S. 2887) zusätzlich eine einfache Veranschaulichung der gegenseitigen Beeinflussung. Ein völliger Ausschluss nicht quantifizierbarer Risiken aus der Betrachtung führt zu einem unvollständigen Bild der Risikolage im Unternehmen und würde den Handlungsspielraum für Steuerungsmaßnahmen einschränken (Steinke/Löhr, 2014, S. 618).

Neben einer reinen qualitativen Risikobeurteilung gibt es Methoden zur Quantifizierung von qualitativen Risiken. Dazu gehören Scoringmodelle, mit denen über Punkte, etwa nach einer Schulnoten-Systematik, die verbale Beschreibung der Wirkung auf die Zielgröße standardisiert erfasst wird. Eine weitere Möglichkeit der Quantifizierung bietet die Fuzzy-Logik. Dabei werden linguistische Variablen und Terme, sogenannte unscharfe Einflussgrößen, mithilfe von Regeln und Zugehörigkeitsregeln in einem komplexen Verfahren in quantitative Werte überführt (Krebs et al., 2009, S. 178). Im Rahmen der Defuzzyfizierung können die resultierenden quantitativen Werte entweder als scharfe bzw. deterministische Größe oder als stochastische Wahrscheinlichkeitsverteilung generiert werden. Sie erlauben eine Berücksichtigung der qualitativen Risiken in finanziellen Planungsmodellen oder im Rahmen der Monte-Carlo-Simulation einer finanziellen Zielgröße (Klein, 2010c, S. 60 ff.).

Quantitative Risiken, wie beispielsweise Umsatzschwankungen, ermöglichen eine Beurteilung ihrer Eintrittswahrscheinlichkeit und ihrer monetären Auswirkung auf die Zielgröße. Dadurch kann eine bestmögliche Transparenz zur Risikolage geschaffen werden (Steinke/Löhr, 2014, S. 617). Allerdings sind die für die Risikoanalyse notwendigen Daten erst zu erheben bzw. zu schätzen (Krebs et al., 2009, S. 176).

Liegen quantitative Risiken vor, ist im Rahmen der Prognose eine Berücksichtigung der Unsicherheit der Eingangsgröße möglich. Während deterministische Prognosewerte nur anhand einer Planzahl ausgedrückt werden, sind stochastische Prognosewerte durch mehrwertige Planzahlen gekennzeichnet (Abb. 4-2).

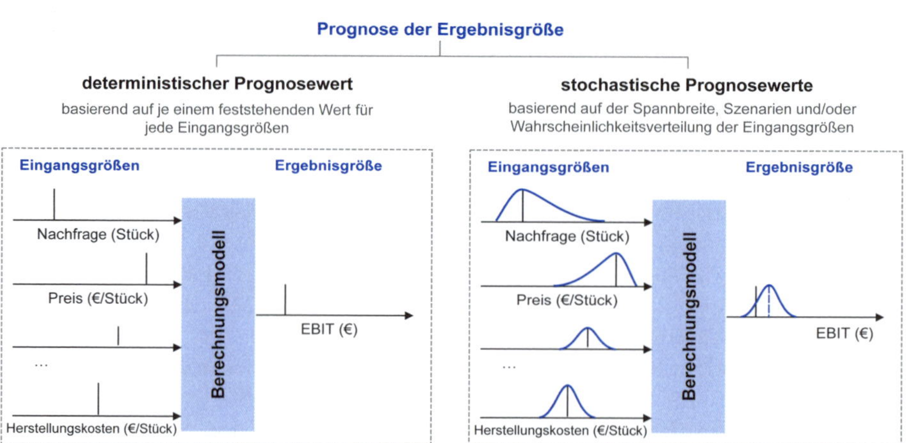

Abb. 4-2: Deterministische und stochastische Prognose (in Anlehnung an Schindel, 1978, S. 30 f. und Krebs et al., 2009, S. 175)

Ist die Eingangsgröße unsicher, stellt ihre deterministische Prognose eine Vereinfachung dar, bei der wichtige Informationen zur Risikoanalyse nicht gezeigt werden. Demgegenüber berücksichtigen stochastische Planwerte die Möglichkeit der Abweichung vom unsicheren Planwert der Ergebnisgröße und zeigen somit ihr Risiko auf. Beispielsweise werden etwa im Rahmen der Monte-Carlo-Simulation Wahrscheinlichkeitsverteilungen der Eingangsgrößen herangezogen. Gehen in das Berechnungsmodell stochastische Prognosewerte ein, so resultiert ebenfalls eine stochastische Ergebnisgröße, die mögliche Abweichungen zeigt und somit eine Risikoanalyse erlaubt. Zur Risikoeinschätzung gibt es unterschiedliche stochastische Modelle, von denen die Abb. 4-3 eine Auswahl zeigt, die eine besondere Rolle bei der Risikobewertung im Rahmen der Unternehmensbewertung spielen.

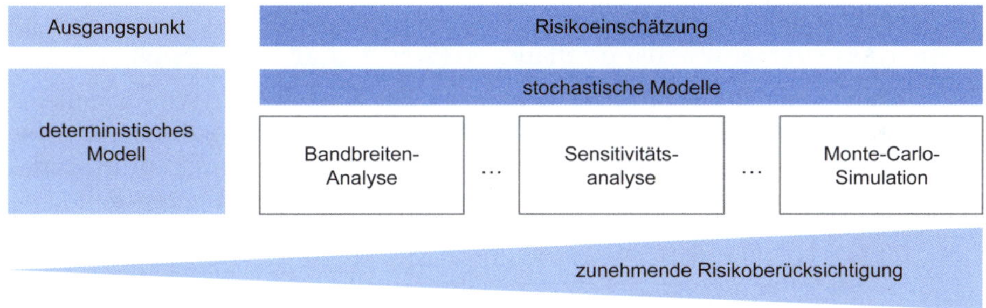

Abb. 4-3: Ausgewählte Verfahren der quantitative Risikoanalyse (in Anlehnung an die Ausführungen von Frey/Nießen, 2001, S. 42)

In der Bandbreiten-Analyse wird die Ausgangschätzung des deterministischen Modells um zwei weitere Szenarien ergänzt. Dadurch wird die Unsicherheit der Eingangs- und Ergebnisgrößen und somit das Risiko zumindest ansatzweise beachtet, da hiermit auf recht einfache Art und Weise der Aspekt der Unsicherheit in die Betrachtung einfließt. Mit der Sensitivitätsanalyse untersucht man, anders als in der Bandbreiten-Analyse und der Monte-Carlo-Simulation, in einer Ceteris-Paribus-Betrachtung separat für jede Einflussgröße die Auswirkung ihrer Unsicherheit auf die Ergebnisgröße. Die Monte-Carlo-Simulation erlaubt eine umfassende Risikoanalyse, da für die Einflussgrößen sowohl Verteilungen als auch Abhängigkeiten Berücksichtigung finden. Darüber hinaus wird eine sehr große Anzahl an möglichen Szenarien simuliert und somit die Basis für eine statistische Auswertung der Unsicherheit von der Ergebnisgröße geschaffen. Schließlich können in der Simulation unter Berücksichtigung von Wechselwirkungen der Einflussgrößen Risiken aggregiert werden. Die genannten Verfahren werden nachfolgend detailliert erläutert.

4.2 Bandbreiten-Analyse

Ausgehend von einem deterministischen Grundmodell, bei dem für jede Eingangsgröße zur Bestimmung der Ergebnisgröße nur jeweils ein Wert geschätzt wird, kann als erster Schritt zur Risikoeinschätzung die Bestimmung von Extremszenarien für die Eingangsgrößen und die Untersuchung ihrer Auswirkung auf die Ergebnisgröße erfolgen (Hertz, 1964, S. 98). Diese recht einfache Methode, die eine Form der Szenarioanalyse ist, wird in der Literatur synonym bezeichnet als

- Drei-Punkt-Schätzung (Hertz, 1964, S. 98; Wagener, 1978, S. 88),
- Bandbreitenanalyse (Perlitz, 1977, S. 229),
- Analyse optimistischer und pessimistischer Wertkombinationen (Schindel, 1978, S. 26).
- Best- und Worst-Case-Szenarioanalyse (Berens et al., 2004, S. 227 f.),
- Analyse des schlechtesten, wahrscheinlichsten und besten Falls (Frey/Nießen, 2001, S. 20) oder auch als
- Analyse extremer Datenkonstellationen (Werthschulte, 2005, S. 49).

Die verschiedenen Bezeichnungen der hier als Bandbreitenanalyse bezeichneten Methode lassen die Vorgehensweise bereits erahnen. Die Bandbreitenanalyse wird anhand der Berechnung des Free Cashflows im Planjahr 1 auf Basis des Wertgeneratorenmodells von Rappaport (siehe Abschnitt 2.3.4 vorgestellt:

$$FCF_1 = \underbrace{U_0 \times \left(1+g_1^U\right) \times ros \times \left(1-s^{Unt}\right)}_{\text{Net operating profit les adjusted taxes (NOPLAT)}} - \underbrace{U_0 \times g_1^U \times \left(e^{OAV}+e^{NWC}-e^{LRS}\right)}_{\text{wachstumsbedinge Erweiterungsinvestitionen}}$$

Zunächst ist abzuschätzen, welche Werte die Eingangsgrößen neben dem Ausgangszenario (Real Case) in den beiden Extremfällen eines minimalen und eines maximalen Schätzwertes annehmen können (siehe Abb. 4-4).

		Minimum	Ausgang	Maximum
Umsatz Jahr 0	U_0	600 M€	600 M€	600 M€
Umsatzwachstum Jahr 1	$g^U{}_1$	5,00 %	10,00 %	15,00 %
Umsatzrentabilität	ros	-5,00 %	5,00 %	15,00 %
Unternehmenssteuersatz	s^{Unt}	27,00 %	30,00 %	33,00 %
Erweiterungsinvestitionsrate OAV	e^{OAV}	36,00 %	40,00 %	45,00 %
Erweiterungsinvestitionsrate NWC	e^{NWC}	3,80 %	4,00 %	4,40 %
Erweiterungsrate LRS	e^{LRS}	7,40 %	8,00 %	10,00 %

Abb. 4-4: Schätzungen der Eingangsgrößen für drei Szenarien zur Berechnung des Free Cashflows auf Basis des Wertgeneratorenmodells von Rappaport

Basierend auf der Annahme, dass alle Eingangsgrößen simultan mit ihren unvorteilhaften Ausprägungen auftreten, erfolgt die Bestimmung des schlechtesten Falls bzw. des Worst Case für die Ergebnisgröße. Demgegenüber wird für die Bestimmung des günstigsten Falls bzw. des Best Case der Ergebnisgröße unterstellt, dass alle Eingangsgrößen gleichzeitig den günstigsten Schätzwert erreichen (Frey/Nießen, 2001, S. 20 f.). Dafür werden die Minimum- und Maximumwerte entsprechend den Worst-Case und den Best-Case-Szenario zugeordnet. Beispielsweise wird angenommen, dass die höchsten Investitionsraten zum niedrigsten Free Cashflow führen und umgekehrt. Dieses Vorgehen kann in Abhängigkeit der Parameterkonstellation jedoch leicht zu Fehlschlüssen führen, wie die nachfolgenden Ausführungen zeigen. Denn Abb. 4-5 zeigt auf Basis der ersten intuitiven Zuordnung der Eingangsgrößen zu den Szenarien für die daraus resultierenden Free-Cashflow-Werte lediglich eine pessimistische und eine optimistische Schätzung, jedoch nicht den Worst und den Best Case.

		Pessimistische Schätzung	Ausgangs-Schätzung	Optimistische Schätzung
Umsatz Jahr 0	U_0	600 M€	600 M€	600 M€
Umsatzwachstum Jahr 1	$g^U{}_1$	5,00 %	10,00 %	15,00 %
Umsatzrentabilität	ros	-5,00 %	5,00 %	15,00 %
Unternehmenssteuersatz	s^{Unt}	33,00 %	30,00 %	27,00 %
Erweiterungsinvestitions-rate OAV	e^{OAV}	45,00 %	40,00 %	36,00 %
Erweiterungsinvestitions-rate NWC	e^{NWC}	4,40 %	4,00 %	3,80 %
Erweiterungsrate LRS	e^{LRS}	7,40 %	8,00 %	10 %
Free Cashflow Jahr 1	FCF_1	-33,705 M€	1,500 M€	48,735 M€

Abb. 4-5: Pessimistische und optimistische Schätzung des Free Cashflow im Jahr 1

Nicht immer bewirkt das simultane Eintreten aller pessimistischen Schätzwerte den Worst Case und aller optimistischen Schätzwerte den Best Case (Wagener, 1978, S. 91), wie die Zahlen aus der Abb. 4-6 zeigen. In Abhängigkeit der Berechnungsformel und der Parameterkonstellation, wie etwa das Vorzeichen, ist die erste intuitive Zuordnung der Eingangsgrößen zur Bestimmung vom Worst Case und Best Case weiter anzupassen. Im Berechnungsbeispiel entsteht durch die negative Umsatzrentabilität ein negatives *NOPLAT*, das umso kleiner und somit umso schlechter ausfällt, je höher das Umsatzwachstum ist. Zusätzlich impliziert das negative *NOPLAT* eine Steuerersparnis, sodass ein kleinerer Steuersatz zu einem schlechteren *NOPLAT* führt. Das Ergebnis wird zusätzlich um wachstumsbedingte Erweiterungsinvestitionen verändert. Zur Bestimmung des Worst Case werden nun anders als bei der ersten pessimistischen Schätzung das größte Umsatzwachstum und der niedrigste Steuersatz herangezogen. Somit resultiert ein Worst Case in Höhe von 62,985 M€.

		Worst Case	Real Case	Best Case
Umsatz Jahr 0	U_0	600 M€	600 M€	600 M€
Umsatzwachstum Jahr 1	$g^U{}_1$	15,00 %	10,00 %	5,00 %
Umsatzrentabilität	ros	-5,00 %	5,00 %	15,00 %
Unternehmenssteuersatz	s^{Unt}	27,00 %	30,00 %	27,00 %
Erweiterungsinvestitionsrate OAV	e^{OAV}	45,00 %	40,00 %	36,00 %
Erweiterungsinvestitionsrate NWC	e^{NWC}	4,40 %	4,00 %	3,80 %
Erweiterungsrate LRS	e^{LRS}	7,40 %	8,00 %	10,00 %
Free Cashflow Jahr 1	FCF_1	-62,985 M€	1,500 M€	60,045 M€

Abb. 4-6: Worst Case, Real Case und Best Case des Free Cashflow im Jahr 1

Demgegenüber kann der Best Case in Höhe von 60,045 M€ anders als bei der ersten optimistischen Schätzung anhand der kleinsten Umsatzwachstumsrate bestimmt werden.

Folglich ergeben sich für die Ergebnisgröße die drei markanten Schätzwerte

- schlechtester Fall (Worst Case) mit -62,985 M€,
- Basisfall (Real Case) mit 1,5 M€ und
- bester Fall (Best Case) mit 60,045 M€.

Daraus lässt sich unmittelbar die Spannweite (siehe Abschnitt 3.6.2) bzw. die Bandbreite der möglichen Ausprägungen der Ergebnisgröße ableiten (Wagener, 1978, S. 89 f.). Im Beispiel kann der Free Cashflow im Jahr 1 in der Spannbreite von -62,985 M€ bis 60,045 M€ bzw. einer Spannweite von 123,03 M€ auftreten.

Die Bandbreitenanalyse liefert neben dem Ausgangswert der Ergebnisgrößen, das schlechteste und das beste mögliche Ergebnis, das nicht unter- bzw. überschritten wird. Damit wird Klarheit darüber geschaffen, ob in der ungünstigsten Situation ein Mindestergebnis, z. B. Mindest-Free Cashflow von Null €, überhaupt unterschritten wird. Ferner kann ein grober Hinweis auf das involvierte Risiko durch den Abstand des schlechtesten Falls zum Mindestergebnis gewonnen werden, insbesondere, wenn der Abstand recht gering oder besonders groß ist. Ferner zeigt der Best Case an, welches maximale Ergebnis überhaupt möglich ist. Allerdings können keine Aussagen über die Eintrittswahrscheinlichkeiten der Ergebnisgröße innerhalb der bestimmten Bandbreite und somit über das Risiko der Ergebnisgröße getroffen werden (Hertz, 1964, S. 98). Mit den Dreipunktschätzungen jeder Eingangsgröße sowie den daraus resultierenden drei Schätzwerten der Ergebnisgröße ist zumindest der Wertebereich eingegrenzt, jedoch erlauben sie keine Beurteilung zur Häufigkeit des Auftretens der Ausprägungen zwischen den drei Punkten und somit keine Abschätzung einer möglichen Verteilung.

Der Ausgangswert bzw. der Real Case wird in der Literatur auch als durchschnittlicher oder wahrscheinlichster Wert bezeichnet (Hertz, 1964, S. 98; Wagener, 1978, S. 89; Frey/Nießen, 2001, S. 21). Diese Bezeichnung wird hier nicht genutzt, da der Real Case in Abhängigkeit der Spannbreite und der Wahrscheinlichkeitsverteilung nicht zwingend mit der höchsten Wahrscheinlichkeit auftritt bzw. nicht unbedingt den Durchschnittswert abbildet (Frey/Nießen, 2001, S. 21). Etwa im Fall einer Rechteckverteilung besitzt der Real Case einerseits nicht die höchste Eintrittswahrscheinlichkeit, da alle Werte definitionsgemäß die gleiche Eintrittswahrscheinlichkeit haben. Andererseits bildet er nicht den Durchschnittswert in dieser Verteilung, sofern er nicht genau in der Mitte der Extremwerte liegt.

Obwohl die Schätzung der Szenarien einen ersten Schritt zur Erhöhung der Risikotransparenz bildet ist, liefert sie keine Angaben darüber, ob das pessimistische Ergebnis wahrscheinlicher ist als das optimistische Ergebnis, oder ob der Basisfall das wahrscheinlichste Ergebnis ist (Hertz, 1964, S. 98 f.). Als eine mögliche Lösung wird in der Literatur vorgeschlagen den drei Werten jeweils eine diskrete Eintrittswahrscheinlichkeit zuzuordnen, um daraus einen Erwartungswert zu bestimmen (Perlitz, 1977, S. 229 f.). Für das Beispiel werden in Abb. 4-7 (willkürlich) diskrete Wahrscheinlichkeiten zugeordnet, deren Summe 1 bzw. 100 % ergibt, da die Zustände sich gegenseitig ausschließen. Die ausgewählten Wahrscheinlichkeiten können beispielsweise auf Erfahrungswerten beruhen.

	Worst Case	Real Case	Best Case
Wahrscheinlichkeit	0,2	0,5	0,3
Free Cashflow Jahr 1	-62,985 M€	1,500 M€	60,045 M€

Abb. 4-7: Diskrete Eintrittswahrscheinlichkeiten für Free-Cashflow-Szenarien

Damit kann ein Erwartungswert vom Free Cashflow E(FCF) bestimmt werden:

$$E(FCF) = 0{,}2 \times (-62{,}985 M€) + 0{,}5 \times 1{,}5 M€ + 0{,}3 \times 60{,}045 M€ = 6{,}1665 M€$$

Die Vorgehensweise erlaubt zwar recht einfach die Bildung eines Erwartungswertes. Er vereinfacht jedoch die Analyse der Eintrittswahrscheinlichkeiten zu stark und führt deshalb kaum zu belastbaren Aussagen. So beinhaltet das Beispiel der Berechnung die unrealistische Unterstellung, dass ausschließlich die drei Szenariowerte auftreten können. Die Schätzung der Wahrscheinlichkeitsverteilung von der Ergebnisgröße kann besser mithilfe der Monte-Carlo-Simulation (siehe Kapitel 4.4) berücksichtigt werden, bei der für jede Eingangsgröße die Verteilungsfunktion separat geschätzt wird, woraus eine realitätsnähere Verteilung der Ergebnisgröße resultiert. Die Monte-Carlo-Simulation erlaubt zusätzlich eine Einschätzung über die Eintrittswahrscheinlichkeit der Extremszenarios, die verschwindend gering sein kann (siehe Abschnitt 4.4.8). Im Rahmen der Bandbreitenanalyse bestehen mit der Bestimmung der Extremszenarien die Gefahren einer Risikoüberschätzung und das Totrechnen der Ergebnisgröße. Denn sie treten in der Analyse dominant hervor, obwohl sie eine sehr geringe Eintrittswahrscheinlichkeit haben können (Schindel, 1978, S. 28 f.). Dennoch spielt die Dreipunktschätzung der Eingangsgrößen eine wichtige Rolle bei der Festlegung ihrer Verteilungen im Rahmen der Monte-Carlo-Simulation, da durch sie die Grenzen der Verteilungsfunktionen bestimmt werden.

4.3 Sensitivitätsanalyse

4.3.1 Grundlagen der Sensitivitätsanalyse

Die Sensitivitätsanalyse erlaubt eine Untersuchung des Beitrages einzelner unsicherer Einflussgrößen in Bezug auf das Ausmaß an Unsicherheit der Zielgröße. Denn nicht jede Veränderung der einzelnen Eingangsgröße muss die gleiche Veränderung der Zielgröße bewirken. Man unterscheidet die deterministische und die stochastische Sensitivitätsanalyse (siehe Abb. 4-8)

Obwohl die Analyseergebnisse beider Verfahren mithilfe eines Spinnendiagramms oder eines Tornadocharts optisch sehr ähnlich dargestellt werden können, unterscheiden sie sich grundlegend hinsichtlich ihrer Vorgehensweise und ihres Analyseziels. Anders als in der stochastischen Sensitivitätsanalyse finden beispielsweise in deterministischen Sensitivitätsanalyse die Verteilungen und Korrelationen der Eingangsgrößen keine Berücksichtigung.

	Deterministische Sensitivitäts-analyse	Stochastische Sensitivitäts-analyse
Vorgehens-weise	Ceteris-Paribus-Annahme der Zielgrößenveränderung bei Veränderung jeweils einer Einflussgröße	gleichzeitige Berücksichtigung aller Einflussgrößen inklusive der Korrelationen und Verteilungen
Zeitpunkt	vor der Simulation	nach der Simulation
Analyseziel	Bestimmung der wesentlichen Einflussfaktoren, z. B. als Unterstützung zur Auswahl der zu simulierenden Größen	Analyse des Einflusses der einzelnen simulierten Eingangsgrößen auf die Zielgröße

Abb. 4-8: Methoden der Sensitivitätsanalyse (in Anlehnung an die Ausführungen von Klein, 2010a, S. 11 f.)

Während mit der deterministischen Sensitivitätsanalyse vor einer Monte-Carlo-Simulation die wichtigsten unsicheren Einflussgrößen zur Auswahl für die Simulation bestimmt werden können, zeigt die stochastische Simulationsanalyse den Umfang vom Einfluss jeder simulierten Eingangsgröße auf die Zielgröße nach der Simulation an (Klein, 2010a, S. 11 f.). Nachfolgend wird die deterministische und anschließen die stochastische Sensitivitätsanalyse erläutert.

4.3.2 Deterministische Sensitivitätsanalyse

Im Rahmen der deterministischen Sensitivitätsanalyse wird in einer Ceteris-Paribus-Betrachtung untersucht, wie sensitiv bzw. sensibel die Ergebnisgröße auf eine Veränderung jeweils einer individuellen Eingangsgröße reagiert, während die übrigen Eingangsgrößen mit ihren konstanten Ausgangswerten eingehen (House Jr, 1966, S. 22). Zwar ist eine Veränderung von nur einer Eingangsgröße nicht besonders realitätsnah, jedoch gibt das Verfahren mit vergleichsweise geringem Aufwand einen Einblick in die Risikostruktur der Ergebnisgröße (Schindel, 1978, S. 27). Die Sensibilitätsanalyse wird beispielsweise in den Geschäftsberichten kapitalmarktorientierter Konzerne genutzt. Denn eine Analyse der unsicheren Eingangsgrößen und ihrer Auswirkungen auf die Ergebnisgröße wird an verschiedenen Stellen in der internationalen Rechnungslegung (IFRS) gefordert. Die nach den IFRS berichtenden Unternehmen sind verpflichtet, im Anhang vom Geschäftsbericht entsprechende Informationen zum Risiko einzelner Bilanzpositionen zu liefern, um den Anteilseignern Anhaltspunkte für dessen Einschätzung zu liefern. Typischerweise fordern die IFRS-Vorschriften Informationen im Zusammenhang mit Bewertungssachverhalten, denen eine Einschätzung der künftigen Entwicklung zugrunde liegt. Dazu gehört etwa im Goodwill-Werthaltigkeitstest gem. IAS 36.134 d (i) die Beschreibung der Annahmen, auf die der sogenannte erzielbare Betrag am sensibelsten reagiert. Die Parameter werden nachfolgend als sensible Eingangsgrößen bezeichnet.

Zusätzlich fordert die Vorschrift IAS 36.134 f (iii) für Goodwill-Impairmenttests den Ausweis des Betrages einer wesentlichen unsicheren Eingangsgröße, ab dem eine Goodwill-Wertminderung notwendig ist. Der Betrag stellt im Verständnis der weiteren Betrachtung einen sogenannten kritischen Wert der sensiblen Eingangsgröße dar.

Die deterministische Sensitivitätsanalyse kann als Reagibilitätsanalyse oder als Analyse der kritischen Werte bzw. Break-even-Analyse (siehe Kapitel 2.4) durchgeführt werden (Abb. 4-9).

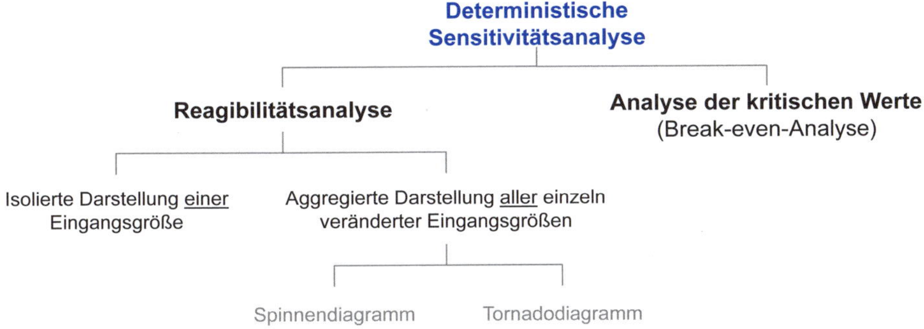

Abb. 4-9: Verfahren der deterministischen Sensitivitätsanalyse

Das Verfahren der deterministischen Sensitivitätsanalyse wird im weiteren Verlauf wiederum anhand der Berechnung des Free Cashflows im Planjahr 1 auf Basis des Wertgeneratorenmodells von Rappaport (siehe Abschnitt 1.2.3.4) vorgestellt:

$$FCF_1 = \underbrace{U_0 \times \left(1+g_1^U\right) \times ros \times \left(1-s^{Unt}\right)}_{\text{Net operating profit les adjusted taxes}} - \underbrace{U_0 \times g_1^U \times \left(e^{OAV} + e^{NWC} - e^{LRS}\right)}_{\text{wachstumsbedinge Erweiterungsinvestitionen}}$$

Die Ausgangsschätzung aller Eingangsgrößen, die alle unsicher sind, und die draus resultierende Zielgröße bilden als sogenannter Real Case die Analysebasis (Abb. 4-10).

		Ausgangsschätzung
Umsatz Jahr 0	U_0	600 M€
Umsatzwachstum Jahr 1	$g^U{}_1$	10,00 %
Umsatzrentabilität	ros	5,00 %
Unternehmenssteuersatz	s^{Unt}	30,00 %
Erweiterungsinvestitionsrate OAV	e^{OAV}	40,00 %
Erweiterungsinvestitionsrate NWC	e^{NWC}	4,00 %
Erweiterungsrate LRS	e^{LRS}	8,00 %
Free Cashflow Jahr 1	FCF_1	**1,500 M€**

Abb. 4-10: Ausgangsschätzung der Eingangsgrößen und der Ergebnisgröße

Reagibilitätsanalyse (Spinnendiagramm)

Mit der Reagibilitätsanalyse kann bestimmt werden, wie empfindlich bzw. wie sensibel die Ergebnisgröße auf die Veränderung einzelner Eingangsgrößen reagiert. Dazu werden die Ausgangswerte der unsicheren Eingangsgrößen nacheinander variiert und die daraus resultierende Ergebnisgröße berechnet. Ein Vergleich der Ergebnisgrößen zeigt, wie sich die Veränderungen der einzelnen Eingangsgrößen auf die Ergebnisgröße auswirken. Die Zielgröße reagiert besonders sensibel auf die Modifikation einer Eingangsgröße, wenn bereits eine recht kleine Variation dieser zu einer großen Veränderung in der Ergebnisgröße führt (House Jr, 1966, S. 18 ff.).

Die Reagibilitätsanalyse kann für jede einzelne Eingangsgröße in einer Grafik isoliert abgebildet werden. Dazu werden für eine Eingangsgröße neben ihrem Ausgangswert alternative Werte geschätzt. Das können entweder absolute Werte (z. B. ein *NOPLAT* von 23,1 M€) oder prozentuale Werte (z. B. eine Umsatzrendite von -5 %) sein. Mit den alternativen Werten wird dann die Ergebnisgröße neu berechnet, sodass sich die Ergebnisgröße als Funktion der variierten Eingangsgröße darstellen lässt (Schindel, 1978, S. 24 f.) Beispielhaft wird der geplante Free Cashflow vom Jahr 1 für verschiedene mögliche Umsatzrenditekonstellationen ermittelt (Abb. 4-11). Die übrigen Eingangsgrößen aus der Abb. 4-10 werden in der Ceteris-Paribus-Betrachtung stets mit ihren ursprünglich geplanten Ausgangswerten beibehalten. Neben der Umsatzrentabilität kann so auch die Reagibilität für die übrigen Eingangsgrößen vom Free Cashflow, im Beispiel etwa der Umsatzwachstumsrate, jeweils isoliert abgebildet werden.

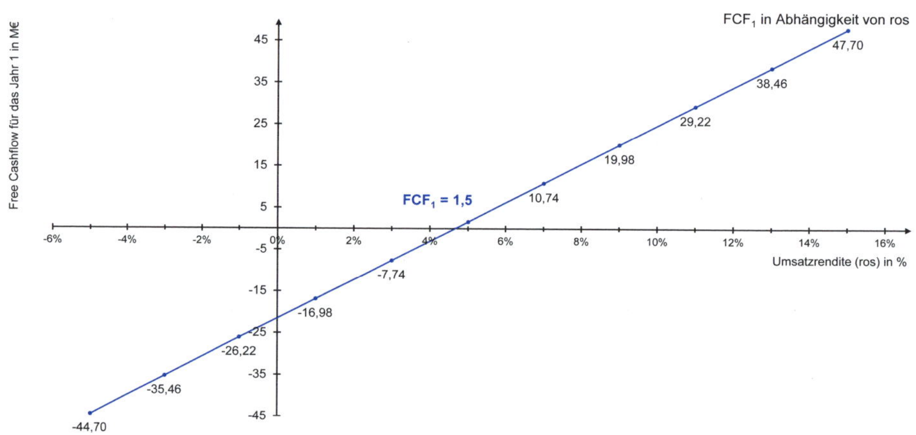

Abb. 4-11: Reagibilitätsanalyse des Free Cashflow bei Veränderung der Umsatzrendite

In Erweiterung zur isolierten Darstellung der Ergebnisgröße in Abhängigkeit von jeweils einer variierten Eingangsgröße ist es möglich, die Auswirkung der Ceteris-Paribus-Veränderung jeder Eingangsgröße auf die Ergebnisgröße für alle unsicheren Eingangsgrößen aggregiert mithilfe des sogenannten Spinnendiagramms darzustellen. Dazu wird die Ausgangsschätzung aller Eingangsgrößen nacheinander um den gleichen Prozentsatz variiert (z. B. um –5 %, –10 %, –15 %, +5 %,

+10 % und +15 %) und die daraus resultierende Ergebnisgröße berechnet (House Jr, 1966, S. 18). Die prozentuale Veränderung ist sowohl in Bezug auf die Spanne (z. B. von -15 % bis + 15 %) als auch in Bezug auf die Variationsschritte (z. B. + 5 %) frei wählbar. Als Anhaltspunkt zur Bestimmung der Spanne können die geschätzten Minimal- und Maximalwerte dienen. Für das Beispiel des Free Cashflow werden alle Eingangsgrößen von –15 % bis +15 % variiert. Die Basis für die Veränderungen bildet die Ausgangsschätzung der Eingangsgrößen vom Free Cashflow in Höhe von 1,5 M€. Als erster Schritt wird die Umsatzwachstumsrate um –15 % verändert:

$$g^{U}_{1;\ VÄ:\,-15\%} = 0{,}1 \times (100\% - 15\%) = 0{,}085$$

Der sich daraus ergebende Free Cashflow mit den übrigen, unveränderten Einflussgrößen beträgt 4,425 M€:

$$FCF_{1;\ VÄ\,g^{u}_{1}:\,-15\%} = 600M€ + (1+0{,}085) \times 0{,}05 \times (1-0{,}3) - 600M€ \times 0{,}085 \times (0{,}4+0{,}04+0{,}08)$$
$$= 4{,}425M€$$

Parametervariationen		-15 %	-10 %	-5 %	0 %	5 %	10 %	15 %
Umsatz-Wachstumsrate Jahr 1	g^{U}_{1}	0,085	0,090	0,095	0,100	0,105	0,110	0,115
FCF_1 bei VÄ der Umsatz-Wachstumsrate Jahr 1	$FCF_1^{VÄ\ gu\ 1}$	**4,425**	**3,450**	**2,475**	**1,500**	**0,525**	**-0,450**	**-1,425**
Umsatzrentabilität	ros	0,043	0,045	0,048	0,050	0,053	0,055	0,058
FCF_1 bei Veränderung der Umsatz-Rentabilität	$FCF_1^{VÄ\ ros}$	**-1,965**	**-0,810**	**0,345**	**1,500**	**2,655**	**3,810**	**4,965**
Unternehmenssteuersatz	s^{Unt}	0,255	0,270	0,285	0,300	0,315	0,330	0,345
FCF_1 bei VÄ des Unternehmenssteuersatzes	$FCF_1^{VÄ\ s\ unt}$	**2,985**	**2,490**	**1,995**	**1,500**	**1,005**	**0,510**	**0,015**
Erweiterungsinvestitionsrate OAV	e^{OAV}	0,340	0,360	0,380	0,400	0,420	0,440	0,460
FCF_1 bei VÄ der Erweiterungsinvestitionsrate OAV	$FCF_1^{VÄ\ e\ OAV}$	**5,100**	**3,900**	**2,700**	**1,500**	**0,300**	**-0,900**	**-2,100**
Erweiterungsinvestitionsrate NWC	e^{NWC}	0,034	0,036	0,038	0,040	0,042	0,044	0,046
FCF_1 bei VÄ der Erweiterungsinvestitionsrate NWC	$FCF_1^{VÄ\ e\ NWC}$	**1,860**	**1,740**	**1,620**	**1,500**	**1,380**	**1,260**	**1,140**
Erweiterungsrate LRS	e^{LRS}	0,068	0,072	0,076	0,080	0,084	0,088	0,092
FCF_1 bei Veränderung der Erweiterungsrate LRS	$FCF_1^{VÄ\ e\ LRS}$	**0,780**	**1,020**	**1,260**	**1,500**	**1,740**	**1,980**	**2,220**

Abb. 4-12: Prozentuale Variation aller Eingangsgrößen mit den daraus resultierendem Free Cashflow

Die Berechnung ist für alle prozentualen Variationen der Umsatzwachstumsrate durchzuführen. Danach wird im zweiten Schritt die Umsatzrentabilität um die gleichen prozentualen Werte variiert, während die Umsatzwachstumsrate sowie alle übrigen Eingangsgrößen mit den Werten der Ausgangsschätzung in die Free-Cashflow-Berechnung eingehen. Somit resultiert z. B. bei der Variation der Umsatzrentabilität um -10 % ein Free Cashflow von -0,81 M€. Schließlich werden nacheinander die übrigen Eingangsgrößen ebenfalls um die gleichen prozentualen Werte verändert. Die Variationen der Eingangsgrößen mit den dazugehörigen Free-Cashflow-Werten der Ceteris-Paribus-Betrachtung zeigt Abb. 4-12. Die prozentuale Veränderung wird jeweils auf der Abszisse und die Ergebnisgröße auf der Ordinate abgetragen (Abb. 4-13).

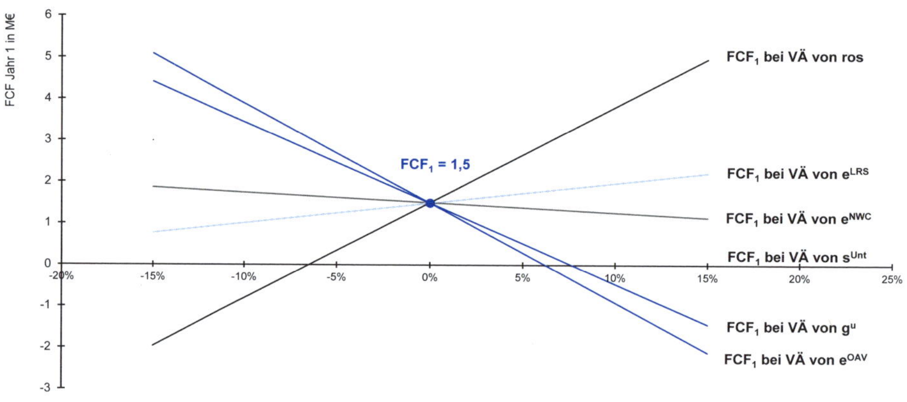

Abb. 4-13: Reagibilitätsanalyse des Free Cashflow mittels Spinnendiagramm (in Anlehnung an Perlitz, 1977, S. 229)

FCF_1 … Free Cashflow Jahr 1
VÄ … Veränderung

Mithilfe vom Spinnendiagramm kann auf einfache Art und Weise verglichen werden, wie sensibel die Ergebnisgröße jeweils auf die Veränderungen all ihrer Eingangsgrößen reagiert. Den Mittelpunkt im Diagramm bildet die Ergebnisgröße basierend auf der Ausgangsschätzung, im Beispiel ist das der Free Cashflow mit 1,5 M€. Das Diagramm gibt einen schnellen Überblick über die grobe Risikostruktur der Eingangsgrößen, insbesondere verdeutlicht es nachfolgend aufgeführte Aspekte:

- Sensible Eingangsgrößen: Das sind die Eingangsgrößen, die bei der prozentualen Veränderungen die stärkste Veränderung der Ergebnisgröße verursachen. Im Beispiel ist die Erweiterungsinvestitionsrate vom operativen Anlagevermögen die sensibelste Eingangsgröße, da der Free-Cashflow-Graf bei ihrer Variation den größten Anstieg zeigt. Dabei spielt es keine Rolle, ob der Anstieg negativ oder positiv ist, relevant ist der betragsmäßige Anstieg. Demgegenüber reagiert der Free Cashflow auf eine Veränderung Erweiterungsinvestitionsrate vom Net Working Capital nur im geringen Maß, wie der flache Anstieg der Kurve zeigt.
- Kritische Eingangsgrößen: Das sind die Eingangsgrößen, deren Veränderung zur Unterschreitung eines kritischen Wertes der Ergebnisgröße führen. Dieser kritische Wert kann im Beispiel etwa ein negativer Free Cashflow sein. Im betrachteten Intervall einer Variation von –15 % bis + 15 % sind die Erweiterungsinvestitionsrate vom operativen Anlagevermögen, die Umsatz-Wachstumsrate und die Umsatzrendite kritische Eingangsgrößen, da sie im

betrachteten Intervall zu einem negativen Free Cashflow führen. Die Erweiterungsinvestitionsrate vom Net Working Capital, die Erweiterungsrate von den langfristigen Rückstellungen und der Unternehmenssteuersatz sind in dem betrachteten Bereich unkritisch. Denn der Free Cashflow liegt bei einer Erhöhung bzw. Verringerung um 15 % immer noch im positiven Bereich. In der Abb. 4-13 lässt sich ungefähr abschätzen, um wieviel Prozent die Eingangsgröße von ihrer ursprünglichen Ausgangsschätzung abweichen kann, bevor die Ergebnisgröße negativ wird. Mittels des Verfahrens der kritischen Werte (siehe Abb. 4-15) lässt sich für jede Eingangsgröße genau bestimmen, ab welchem Betrag die Ergebnisgröße in den unerwünschten Bereich fällt.

- Wirkungsrichtung der Eingangsgrößen: Schließlich zeigt das Diagramm auf einen Blick die Wirkungsrichtung der Variation auf die Ergebnisgröße anhand des negativen oder positiven Anstiegs. Im Beispiel haben die Umsatzrendite und die Erweiterungsrate der langfristigen Rückstellungen einen positiven Anstieg, d. h. ihre Erhöhung führt zu einer Erhöhung des Free Cashflow. Umgekehrt verhält es sich im Beispiel in Bezug auf die Erweiterungsinvestitionsrate vom Net Working Capital, auf den Unternehmenssteuersatz, auf die Umsatz-Wachstumsrate und auf die Erweiterungsinvestitionsrate des operativen Anlagevermögens.

Das Simulationsprogramm Crystal Ball erstellt ebenfalls eine Reagibilitätsanalyse für die ausgewählten Eingangsgrößen unter dem Menüpunkt „weitere Tools -> Tornadoanalyse“. Das Ergebnis kann entweder als „Netzdiagramm“, das dem Spinnendiagramm in Abb. 4-13 entspricht, oder als Tornadodiagramm (Abb. 4-14) angezeigt werden.

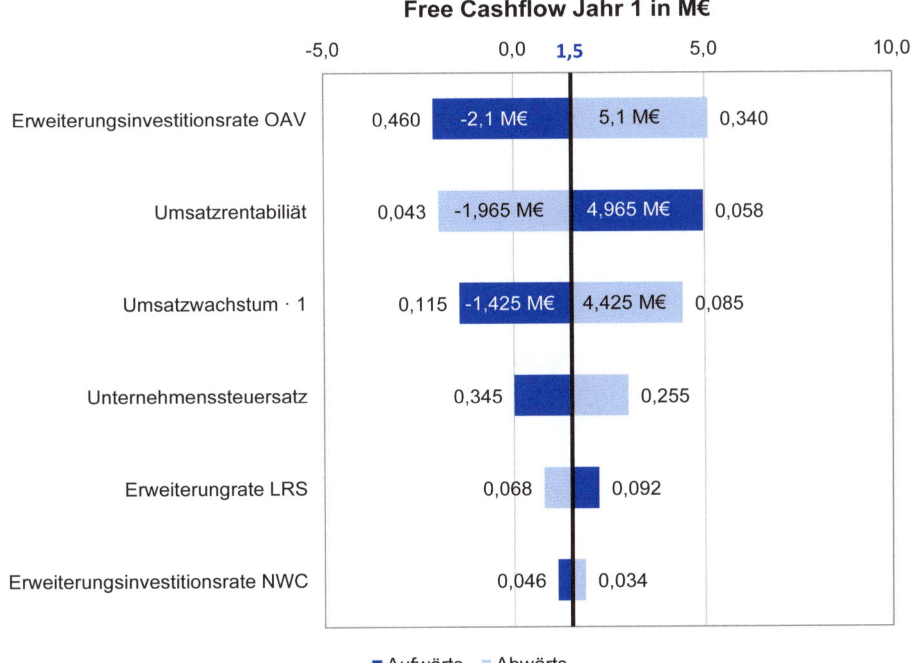

Abb. 4-14: Reagibilitätsanalyse des Free Cashflow mittels Tornadodiagramm

Das Tornadodiagramm ist ein Balkendiagramm. Es zeigt an oberster Stelle die Einflussgröße mit der höchsten Sensibilität an. Im Beispiel ist das die Erweiterungsinvestitionsrate ins operative Anlagevermögen. Zusätzlich wird die Wirkungsrichtung der Inputgrößen anhand der Kennzeichnung „Aufwärts" und Abwärts" angezeigt. Dabei ist, wie im Spinnendiagramm, zu erkennen, dass eine Erhöhung der Umsatzrendite sowie der Erweiterungsrate der langfristigen Rückstellungen und eine Verringerung der übrigen Einflussgrößen zu einer Erhöhung des Free Cashflow führen. Kritische Eingangsgrößen können nicht identifiziert werden. Denn im Tornadochart werden lediglich die Minimal- und die Maximalwerte des gewählten Intervalls (z. B. -15 % und +15 %) für jede Einflussgrößen in einer Ceteris-Paribus-Betrachtung variiert. Die daraus resultierenden Werte der Einflussgrößen sind im Diagramm enthalten (z. B. für die Erweiterungsinvestitionsrate OAV 0,34 bzw. 34 % und 0,46 bzw. 46 %). Der dazugehörige Free Cashflow, der für die Variation jeder Einflussgröße separat bestimmt wird, ist als Balken ($FCF_{1;\ VÄ\ eOAV:\ -15\%}$ = *-2,1 M€* und $FCF_{1;\ VÄ\ eOAV:\ -15\%}$ = *5,1 M€*) vom Ausgangswert (im Beispiel FCF_1 = *1,5 M€*) abgetragen. Alle im Tornadodiagramm abgetragenen Daten enthält die Abb. 4-12.

Im Tornadodiagramm zeigen die Balken die Spannweite (siehe Abschnitt 3.6.2) der Ergebnisgröße in Abhängigkeit jeder Einflussgröße an. Sie kann als Risikomaß interpretiert werden. Je größer die Spannweite ist, umso höher ist das mit der Einflussgröße verbundene Risiko (Vanini/Rieg, 2021, S. 250 f.). Die Spannweite beträgt im Beispiel für die Erweiterungsinvestitionsrate ins operative Anlagevermögen 5,1 M€ – (–2,1 M€) = 7,2 M€. Allerdings kann die Aussagekraft der Kennzahl in der Analyse eingeschränkt sein, da alle Eingangsgrößen jeweils um die gleichen prozentualen Werte variiert werden und die Variation außerhalb der tatsächlich angenommenen Ober- und Untergrenzen liegen kann.

Verfahren der kritischen Werte

Neben der Reagibilitätsanalyse bildet die Analyse der kritischen Werte eine weitere Möglichkeit zur Risikoeinschätzung der unsicheren Eingangsgrößen in Bezug auf die Ergebnisgröße. Dabei wird wiederum eine Eingangsgröße als variabel betrachtet, und alle übrigen Eingangsgrößen werden mit den konstanten Ausgangswerten angesetzt. Danach wird der Wert der ausgewählten Eingangsgröße bestimmt, ab dem die Ergebnisgröße in einen ungünstigen bzw. unerwünschten Bereich fällt. Dieser wird als kritischer Wert bezeichnet (Schneider, 1951, S. 62).

	Real Case	Kritische Werte						Veränderung	
		g^U_1	ros	s^{Unt}	e^{OAV}	e^{NWC}	e^{LRS}	absolut	relativ
U_0	600	600	600	600	600	600	600		
g^U_1	0,1	0,1077	0,1	0,1	0,1	0,1	0,1	0,0077	7,7 %
ros	0,05	0,05	0,0468	0,05	0,05	0,05	0,05	-0,0032	-6,5 %
s^{Unt}	0,30	0,30	0,30	0,3455	0,30	0,30	0,30	0,0455	15,2 %
e^{OAV}	0,4	0,4	0,4	0,4	0,425	0,4	0,4	0,025	6,2 %
e^{NWC}	0,04	0,04	0,04	0,04	0,04	0,065	0,04	0,025	62,5 %
e^{LRS}	0,08	0,08	0,08	0,08	0,08	0,08	0,055	-0,025	-31,2 %
FCF_1	1,5	0	0	0	0	0	0		

Abb. 4-15: Kritische Werte der Eingangsgrößen (in Anlehnung an Perlitz, 1977, S. 227)

Im Beispiel soll der Free Cashflow nicht negativ werden, sodass der kritische Free Cashflow Null beträgt. Anschließend wird schrittweise für jede variable Eingangsgröße isoliert ihr kritischer Wert bestimmt. Im Beispiel wird zuerst bestimmt, bei welchem kritischen Umsatzwachstum der Free Cashflow den Wert Null erreicht.

$$g^U = \frac{-U_0 \times ros \times \left(1 - s^{Unt}\right)}{U_0 \times \left[ros \times \left(1 - s^U\right) - \left(e^{OAV} + e^{NWC} - e^{LRS}\right)\right]}$$

$$g^U = \frac{-600M€ \times 0{,}05 \times (1 - 0{,}3)}{600M€ \times \left[0{,}05 \times (1 - 0{,}3) - (0{,}4 + 0{,}04 - 0{,}08)\right]} \approx 0{,}1077$$

Das ist bei einem Umsatzwachstum von rund 10,77 % bzw. einer absoluten Veränderung von 0,77 % respektive einer relativen Steigerung bzw. einer Sicherheitsspanne von +7,7 % der Fall. Analog werden die kritischen Werte für die übrigen Eingangsgrößen bestimmt (Abb. 4-15). Die prozentualen Veränderungen der kritischen Eingangsgröße gegenüber ihrem Ausgangswert ist im Spinnendiagramm enthalten (Abb. 4-13), falls die prozentuale Veränderung der kritischen Größe gegenüber ihrem Ausgangswert in der betrachteten Veränderungsspanne der Grafik liegt. In der Abb. 4-13 ist die kritische prozentuale Veränderung für das Umsatzwachstum, die Umsatzrendite und die Erweiterungsinvestitionsrate in das operative Anlagevermögen erkennbar.

Die Untersuchung von kritischen Einflussgrößen des Gewinns ist auch als Break-even-Analyse bekannt. Im Kapitel 2.4 werden im Zusammenhang der wertorientierten Steuerung Break-even-Werte von Eingangsgrößen des Unternehmenswertes bestimmt.

4.3.3 Stochastische Sensitivitätsanalyse

Die stochastische Sensitivitätsanalyse bestimmt die Auswirkungen der Veränderungen aller Eingangsgrößen unter Berücksichtigung bestehender Korrelationen auf die Ergebnisgröße nach einer Simulation (Klein, 2010a, S. 12). Dabei wird sowohl die Richtung als auch die Stärke der Auswirkung ermittelt. Das Simulationsprogramm Crystal Ball berechnet im Rahmen der stochastischen Sensitivitätsanalyse den Varianzbeitrag und die Rangkorrelation. Der Varianzbeitrag gibt Auskunft darüber, in welchem Ausmaß eine Eingangsgröße die Varianz der Ergebnisgröße verursacht (Klein, 2010a, S. 48). Im Beispiel ist die Schwankung des Free Cashflow hauptsächlich durch die Umsatzrentabilität mit einem Varianzbeitrag von 99,3 % bedingt (Abb. 4-16). Der Rangkorrelationskoeffizient zeigt an, wie stark die Abhängigkeit von Eingangs- und Ergebnisgröße ist. Er ist im Intervall -1 bis +1 definiert. Wobei negative Werte einen gegensätzlichen und positive Werte einen gleichgerichteten Zusammenhang anzeigen. Im Beispiel besteht mit 0,97 eine hohe positive Korrelation zwischen der Umsatzrentabilität und dem Free Cashflow.

Die Ergebnisse der stochastischen Sensitivitätsanalyse können entweder anhand von einem Tornadodiagramm oder einem Spinnendiagramm veranschaulicht werden (Klein, 2010a, S. 49). Mit Crystal Ball ist eine Darstellung der Zahlen aus Abb. 4-16 als Balkendiagramm in ähnlicher Form wie in Abb. 4-14 möglich.

		Varianzbeitrag	Rangkorrelation
Umsatzrentabilität	*ros*	99,30 %	0,97
Erweiterungsinvestitionsrate OAV	e^{OAV}	0,57 %	-0,07
Unternehmenssteuersatz	s^{Unt}	0,10 %	-0,03
Erweiterungsrate LRS	e^{LRS}	0,02 %	0,01
Umsatzwachstum Jahr 1	$g^{U}{}_{1}$	0,0009 %	0,003
Erweiterungsinvestitionsrate NWC	e^{NWC}	0,00001 %	0,0004

Abb. 4-16: Ergebnisse der stochastischen Sensitivitätsanalyse vom Free Cashflow Jahr 1

4.4 Monte-Carlo-Simulation

4.4.1 Grundsätzliche Vorgehensweise der Monte-Carlo-Simulation

Wie im Spielkasino im Stadtteil Monte Carlo des Fürstentums Monaco spielt der Zufall auch im Rahmen der Monte-Carlo-Simulation eine wichtige Rolle. Bei der Simulation werden einzelne oder alle Eingangsgrößen eines Entscheidungsmodells stochastisch modelliert (Pflaumer, 2004, S. 153). Dazu werden mögliche Ausprägungen der Eingangsgrößen unter Berücksichtigung ihrer wahrscheinlichkeitstheoretischen Eigenschaften experimentell generiert und zu Ergebnisgrößen des Entscheidungsmodells zusammengeführt. Die Generierung basiert auf einer durch einen Zufallsgenerator erzeugten Zufallsstichprobe (Churchman et al., 1957, S. 175). Mit der Monte-Carlo-Simulation wird das Risiko unabhängig von der Risikoeinstellung quantifiziert und zur Unterstützung von Entscheidungen zur Verfügung gestellt. Die individuelle Risikoeinstellung des Entscheidungsträgers fließt somit nicht bei der Risikoquantifizierung ein, sondern erst bei der späteren Entscheidung, die auf den Informationen der Risikoquantifizierung beruht (Coenenberg, 1970, S. 798).

Nachfolgend wird die grundsätzliche Vorgehensweise der Monte-Carlo-Simulation über Verteilungen vorgestellt. Die Simulation stochastischer Prozesse, bei der die zufällige Entwicklung einer Eingangsgröße im Zeitablauf untersucht wird (Urschel, 2010, S. 322), ist nicht Gegenstand der nachfolgenden Betrachtung. Für eine vertiefende Beschreibung der Simulation stochastischer Prozesse wird auf die weiterführende Literatur (z. B. Cottin/Döhler, 2013, S. 69 ff.) und für einen ersten Überblick auf die Abb. 3-76 verwiesen.

Die Vorgehensweise der Monte-Carlo-Simulation verdeutlicht Abb. 4-17, wobei die beiden Schritte drei und vier dem ersten Simulationslauf dienen.

1. **Festlegung eines Berechnungsmodells zur Bestimmung der Ergebnisgröße aus den Eingangsgrößen,** z.B. Berechnung des Free Cashflow für das Planjahr 1 (FCF_1)
2. **Bestimmung der Wahrscheinlichkeitsverteilungen der Eingangsgrößen,** z.B. Normalverteilung für die Umsatzrendite
3. **Generierung von je einer zufälligen Ausprägung pro Eingangsgröße unter Berücksichtigung ihrer Wahrscheinlichkeitsverteilung mithilfe der Quantil-Transformation oder der linearen Transformation,** z.B. Simulation einer normalverteilten Ausprägung der Umsatzrendite
4. **Berechnung der zufälligen Ergebnisgröße aus allen simulierten Eingangsgrößen** z.B. FCF_1
5. **Durchführung mehrere Simulationsläufe zur Bestimmung der daraus resultierenden Wahrscheinlichkeitsverteilung der Ergebnisgröße** z.B. 100.000 Simulationsläufe zur Erstellung der empirischen Verteilungsfunktion des FCF_1
6. **Erstellung der empirischen Verteilungsfunktion, statistische Auswertung und Interpretation der Ergebnisse**, z.B. Erwartungswert und Unterschreitungswahrscheinlichkeiten

Abb. 4-17: Vorgehensweise der Monte-Carlo-Simulation (in Anlehnung an Hertz, 1964, S. 102)

Erster Schritt: Berechnungsmodell

Im ersten Schritt sind das Berechnungsmodell und damit zusammenhängend die Eingangsgrößen sowie die Ergebnis- bzw. Zielgröße festzulegen. Nachfolgend dient als Entscheidungsmodell die Berechnung des Free Cashflow (FCF) nach dem Wertgeneratorenmodell von Rappaport für das Planjahr 1 (siehe Abschnitt 1.2.3.4). Im Modell bildet der Free Cashflow die Ergebnisgröße. Die Abb. 4-18 zeigt, dass in die Berechnung insgesamt sieben Eingangsgrößen, vom Umsatz aus dem Jahr 0 bis hin zur Erweiterungsrate der langfristigen Rückstellungen, eingehen.

$$FCF_1 = U_0 \times (1 + g_1^U) \times ros \times (1 - s^{Unt}) - U_0 \times g_1^U \times \left(e^{OAV} + e^{NWC} - e^{LRS}\right)$$

Zielgröße:	FCF_1	…	***Free Cashflow Jahr 1***
Eingangsgröße 1:	U_0	…	Umsatzerlöse Jahr 0
Eingangsgröße 2:	g_1^U	…	Umsatzwachstum Jahr 1
Eingangsgröße 3:	ros	…	Umsatzrentabilität
Eingangsgröße 4:	s^{Unt}	…	Unternehmenssteuersatz
Eingangsgröße 5:	e^{OAV}	…	Erweiterungsinvestitionsrate des operativen Anlagevermögens
Eingangsgröße 6:	e^{NWC}	…	Erweiterungsinvestitionsrate des Net Working Capitals
Eingangsgröße 7:	e^{LRS}	…	Erweiterungsrate der langfristigen Rückstellungen

Abb. 4-18: Festlegung eines Berechnungsmodells

Der Umsatz aus dem Jahr 0 wurde in Höhe von 600 M€ bereits realisiert und ist daher eine sichere Eingangsgröße, die nicht simuliert wird. Alle übrigen Eingangsparameter 2 bis 7 sind unsichere zukünftige Plangrößen, deren tatsächliche künftige Realisierung aus verschiedenen Gründen von den ursprünglichen deterministischen Planwerten abweichen kann. Deshalb kommen sie für die Simulation in Betracht. Aus praktischen Gründen ist eine Beschränkung der zu simulierenden Größen denkbar. Im Beispiel werden alle unsicheren Eingangsgrößen simuliert.

Zweiter Schritt: Bestimmung der Wahrscheinlichkeitsverteilung der Eingangsgrößen

Die mögliche künftige Abweichung jeder Eingangsgröße wird über stochastische Planwerte (siehe Abb. 4-2) in Form von Verteilungsannahmen abgebildet. Die Ableitung von Verteilungsannahmen kann auf Expertenschätzungen oder ebenfalls auf der statistischen Analyse von Vergangenheitsdaten beruhen. Die Verfahren werden in Abschnitt 3.5.4 erläutert. Eine Simulation ist sowohl mit einer empirischen als auch mit einer theoretischen Verteilungsfunktion möglich (siehe Abb. 3-37). Die theoretische Verteilungsfunktion kann entweder auf Basis von Vergangenheitsdaten geschätzt (siehe Abb. 3-24) oder aber ihre Parameter insbesondere im Falle einer schwierigen Datenbasis durch Expertenschätzungen bestimmt werden. Die nachfolgend erläuterte Simulation basiert auf theoretischen Verteilungen. Dafür ist für jede Einflussgröße eine Wahrscheinlichkeitsverteilung mit ihren Parametern festzulegen, z. B. für die Normalverteilung der Erwartungswert und die Standardabweichung oder für die Gleichverteilung eine Ober- und Untergrenze. Die Wahrscheinlichkeitsverteilungen der Eingangsgrößen bilden einen wichtigen Dreh- und Angelpunkt der Risikoquantifizierung für die Ergebnisgröße, da daraus mögliche Ausprägungen bzw. Szenarien in entsprechenden Häufungen für die Eingangsgrößen und somit auch für die Ergebnisgröße resultieren. An der Stelle soll aber zunächst auf die grundsätzliche Vorgehensweise der Simulation fokussiert werden. Deshalb werden zunächst die gewählten Verteilungen in Abb. 4-19 lediglich genannt. Der Abschnitt 4.4.5 beinhaltet Überlegungen zur Auswahl der Verteilungsannahmen für die Eingangsgrößen vom Free Cashflow. Erläuterungen zu verschiedene Verteilungsformen enthält das Kapitel 3.7.

Dritter Schritt: Simulation der einzelnen Eingangsgrößen

Bei der Monte-Carlo-Simulation wird im dritten Schritt für jede Eingangsgröße eine zufällige Ausprägung unter Berücksichtigung ihrer individuellen Verteilung mithilfe von Transformationsverfahren generiert. Dazu gehören die Quantil-Transformation, die Lineare Transformation und die Verwerfungsmethode. Nutzt man eine Simulationssoftware, läuft die Transformation als Teil der Simulation im Hintergrund automatisch ab (siehe Abschnitt 4.4.7). Zum besseren Verständnis wir nachfolgend zunächst das Prinzip der Transformation anhand der Quantil-Transformation und der linearen Transformation am Beispiel ausführlich erläutert. Für detailliertere Ausführungen zur Verwerfungsmethode wird auf die weiterführende Literatur verwiesen, z. B. Cottin/Döhler, 2013, S. 372 ff.

Eingangsgröße		Verteilungsannahme	1. Simulationslauf (S1)
1.	Umsatz Jahr 0	sichere, bereits realisierter Eingangsgröße ⇒ keine Simulation	keine Simulation
2.	Umsatzwachstum Jahr 1	unsichere Eingangsgröße ⇒ Simulation mittels logistischer Verteilung	$g_1^U = 9\%$
3.	Umsatzrentabiliät	unsichere Eingangsgröße ⇒ Simulation mittels Normalverteilung	ros = nachfolgende Bestimmung mittels linearer Transformation
4.	Unternehmenssteuersatz	unsichere Eingangsgröße ⇒ Simulation mittels Gleichverteilung	$s^{Unt} = 29\,\%$
5.	Erweiterungsinvestitionsrate OAV	unsichere Eingangsgröße ⇒ Simulation mittels doppelte Rechteckverteilung	e^{NWC} = nachfolgende Bestimmung mittels Quantil-Transformation
6.	Erweiterungsinvestitionsrate NWC	unsichere Eingangsgröße ⇒ Simulation mittels PERT-Verteilung	$e^{NWC} = 4{,}3\,\%$
7.	Erweiterungsrate LRS	unsichere Eingangsgröße ⇒ Simulation mittels Dreieckverteilung	$e^{LRS} = 7{,}5\,\%$

Abb. 4-19: Verteilungsannahmen der Eingangsgrößen im Beispiel

Zur Veranschaulichung der linearen Transformation wird die Umsatzrentabilität als eine zu simulierende Eingangsgröße herausgegriffen. Die Umsatzrentabilität wird mittels Normalverteilung modelliert. Da für die Normalverteilung infolge der nicht analytischen Lösbarkeit des Integrals der Verteilungsfunktion keine inverse Verteilungsfunktion für die Berechnung des Quantils herangezogen werden kann, wird auf die tabellierten *zet*-Werte der Standardnormalverteilung sowie die lineare Transformation zurückgegriffen (Fahrmeir et al., 2007, S. 297). Dazu generiert man zunächst standardnormalverteilte Zufallszahlen mittels Softwareunterstützung, wie etwa Excel (Daten => Datenanalyse => Zufallszahlengenerierung => Auswahl Standard). Mithilfe der linearen Transformation werden im Anschluss die standardnormalverteilten Zufallszahlen (*zet*) in normalverteilte Zufallsvariablen der Eingangsgröße (x^{Nor}) linear transformiert (Churchman et al., 1957, S. 182).

$$x^{Nor} = \mu + \sigma \times zet$$

x^{Nor}	…	*normalverteilte Einzelwerte*
μ	…	*Erwartungswert einer normalverteilten Zufallsvariable*
σ	…	*Standardabweichung*
zet	…	*standardnormalverteilte Einzelwerte bzw. zet-Werte*

Zur Bestimmung der Transformationsgleichung für die Umsatzrentabilität sind die Parameter Erwartungswert und Standardabweichung der gewählten Normalverteilung erforderlich. Im Beispiel beträgt der Erwartungswert $\mu = 5\,\%$ und die Standardabweichung $\sigma = 4\,\%$. Mit den beiden Parametern kann die obige allgemeine Gleichung für die lineare Transformation in eine Gleichung überführt werden, die standardnormalverteilte Zufallszahlen in normalverteilte zufällige Ausprägungen der Umsatzrentabilität umwandelt. Im ersten Simulationslauf *SIM 1* der Umsatzrendite ist zunächst eine standardnormalverteilte Zufallszahl zu generieren. Sie soll im Beispiel $zet_1 = 0{,}26$ betragen.

$$ros = 5\% + 4\% \times zet$$

$$ros_{SIM1} = 5\% + 4\% \times 0{,}26$$

$$ros_{SIM1} = 6{,}04\%$$

ros ... *Return on Sales (Umsatzrentabilität)*
SIM ... *Simulationslauf*

Daraus resultiert eine Umsatzrendite in Höhe von 6,04 %. Allerdings ist ein einzelner Simulationswert wenig aussagekräftig und lässt auch nicht die angenommene Verteilung erkennen. Erst mit einer großen Anzahl an Simulationsläufen, beispielsweise 100.000 Simulationen, kann das Risiko verdeutlicht werden. Die Abb. 4-20 veranschaulicht das Prinzip der linearen Transformation.

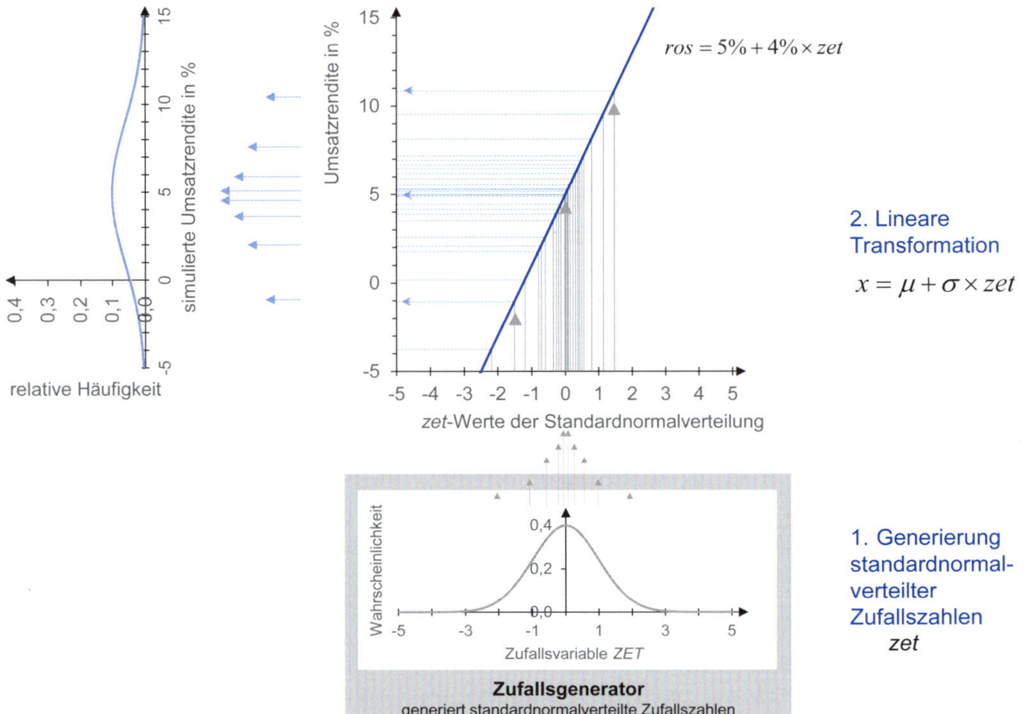

Abb. 4-20: Simulation von normalverteilten Ausprägungen der Umsatzrendite durch lineare Transformation

Excel bietet neben der Erzeugung von standardnormalverteilten Zufallszahlen auch gleich die Generierung der normalverteilten zufälligen Ausprägungen an. Dazu sind einfach der Erwartungswert (μ) und die Standardabweichung (σ), die für die Standardnormalverteilung mit ($\mu = 0$ und $\sigma = 1$) voreingestellt sind, anzugeben.

Die Quantil-Transformation (Inversionsmethode) beginnt mit der Erzeugung gleichverteilter Zufallszahlen. Anschließend werden diese für jede Eingangsgröße mittels ihrer individuellen Quantilfunktion bzw. inversen Verteilungsfunktion in zufällige Ausprägungen der Eingangsgröße transformiert. Dadurch reflektieren die zufällig generierten Ausprägungen der Eingangsgröße ihre angenommene Verteilung (Churchman et al., 1957, S. 157). Für die Quantil-Transformation ist lediglich die inverse Verteilungsfunktion ($F^{-1}(x)$) notwendig. Die Vorgehensweise wird am Beispiel der Erweiterungsinvestitionsrate des operativen Anlagevermögens (*OAV*) mit einer angenommenen doppelten Rechteckverteilung (siehe Abschnitt 3.7.9) und folgenden Parametern gezeigt.

simulierte Größe		Untergrenze x^{MIN}	Median x^{MED}	Obergrenze x^{MAX}
Erweiterungsinvestitionsrate ins operative Anlagevermögen	e^{OAV}	36 %	40 %	45 %

Abb. 4-21: Parameter der doppelten Rechteckverteilung zur Simulation von der Erweiterungsinvestitionsrate ins operative Anlagevermögen

Die Basis zur Bestimmung der inversen Funktion der doppelten Rechteckverteilung bildet die allgemeine Form (Jöckel/Pflaumer, 1981, S. B42):

$$F_{dRe}^{-1}(x|x^{MIN}, x^{MAX}, x^{MED}) = \begin{cases} 2 \times x \times (x^{MED} - x^{MIN}) + x^{MIN} & \text{für } 0 \leq x \leq 0{,}5 \\ (2 \times x - 1) \times (x^{MAX} - x^{MED}) + x^{MED} & \text{für } 0{,}5 \leq x \leq 1 \end{cases}$$

F^{-1}	... *inverse Funktion*
x^{MIN}	... *Maximalwert*
x^{MED}	... *Median*
x^{MIN}	... *Minimalwert*
dRe	... *doppelte Rechteckverteilung*
x	... *Einzelwerte*

Die inverse Verteilungsfunktion mit den Parametern $x^{MIN} = 36\,\%$, $x^{MED} = 40\,\%$ und $x^{MAX} = 45\,\%$ lautet

$$F^{-1}(x) = \begin{cases} 8\% \times x + 36\% & 0 \leq x < 0{,}5 \\ 10\% \times x + 35\% & 0{,}5 \leq x \leq 1 \end{cases}$$

Sie ist in Abb. 4-22 abgebildet. Die unabhängige Variable x verkörpert dabei die gleichverteilte Zufallszahl.

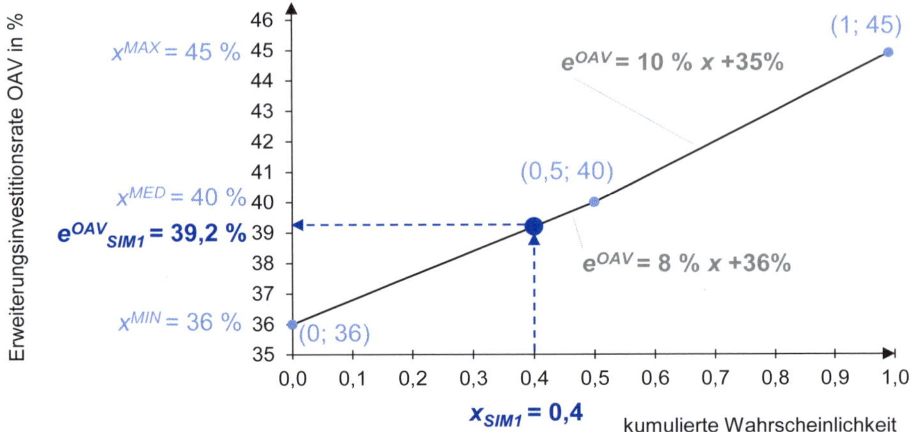

Abb. 4-22: Simulation einer Ausprägung mittels Quantil-Transformation (in Anlehnung an Churchman et al., 1957, S. 182)

Zur Simulation einer gleichverteilten Zufallszahl zwischen 0 und 1, dem Wertebereich der kumulierten Wahrscheinlichkeit, kann ein Zufallsgenerator, z. B. in Excel oder auch ein Los, genutzt werden. Vereinfachend wird nur eine Kommastelle berücksichtigt, sodass die elf Zahlen 0; 0,1; 0,2; … ; 0,9; 1 zur Auswahl stehen. Da es für jede Zahl lediglich ein Los gibt, besteht eine gleich hohe Wahrscheinlichkeit von 1/11 gezogen zu werden. Im Beispiel wird die gleichverteilte Zufallszahl 0,4 generiert. Damit wird die zufällige Ausprägung der Erweiterungsinvestitionsrate ins operative Anlagevermögen berechnet. Auf Basis der Zufallszahl 0,4 erfolgt die Berechnung der Erweiterungsinvestitionsrate für den ersten Simulationslauf (*SIM 1*) mit dem oberen Teil der inversen Verteilungsfunktion:

$$e_{SIM1}^{OAV} = 8\% \times 0{,}4 + 36\% = 39{,}2\%$$

Aus dem ersten Simulationslauf (*SIM 1*) ergibt sich für die Erweiterungsinvestitionsrate ins operative Anlagevermögen der Wert 39,2 %.

Erst bei einer großen Anzahl von Simulationsdurchläufen zeigt sich in der relativen Häufigkeit der simulierten Größe die gewählte Verteilung (siehe Abb. 4-23).

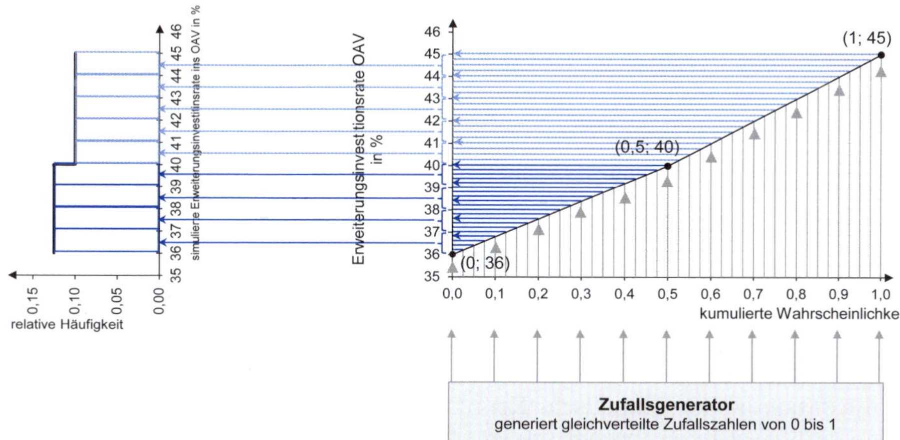

Abb. 4-23: Simulation von Ausprägungen der doppelt-rechteckverteilten Erweiterungsinvestitionsrate des operativen Anlagevermögens (OAV) mittels Quantiltransformation (in Anlehnung an Churchman et al., 1957, S. 182, und Werthschulte, 2005, S. 73)

Vierter Schritt: Berechnung der zufälligen Ergebnisgröße

Nachdem alle unsicheren Größen entsprechend den getroffenen Verteilungsannahmen simuliert wurden (siehe Abb. 4-24), erfolgt nun deren Zusammenführung zur Ergebnisgröße, um somit den ersten Simulationslauf abzuschließen. Im Rahmen der Modellierung können dabei bekannte Abhängigkeiten zwischen Eingangsgrößen in Form von Korrelationen (siehe Kapitel 3.8) Berücksichtigung finden (Jöckel/Pflaumer, 1980, S. 55 ff.). An der Stelle wird vereinfachend von der Unabhängigkeit aller Eingangsgrößen ausgegangen, um zunächst auf die grundsätzliche Vorgehensweise der Simulation zu fokussieren. Mithilfe von Simulationsprogrammen lassen sich mögliche Korrelationen anhand einer Korrelationsmatrix der Eingangsgrößen berücksichtigen. Die Thematik wird im Abschnitt 4.4.6 vertiefend aufgegriffen.

	Eingangsgröße	1. Simulationslauf (*SIM 1*)
1.	Umsatz Jahr 0	U_0 = 600 M€
2.	Umsatzwachstum Jahr 1	$g_1^U = 9\%$
3.	Umsatzrentabilität	ros = 6,04 %
4.	Unternehmenssteuersatz	s^{Unt} = 29 %
5.	Erweiterungsinvestitionsrate *OAV*	e^{OAV} = 39,2 %
6.	Erweiterungsinvestitionsrate *NWC*	e^{NWC} = 4,3 %
7.	Erweiterungsrate *LRS*	e^{LRS} = 7,5 %
	Ergebnisgröße	**1. Simulationslauf (*SIM 1*)**
	Free Cashflow Jahr 1	FCF_1 = 8,606 M€

Abb. 4-24: Ergebnisse des 1. Simulationslaufs

Der erste Simulationslauf ist mit dem Einsetzen der sicheren Eingangsgröße sowie der simulierten Ausprägungen aller unsicheren Eingangsgrößen zur Bestimmung des simulierten Free Cashflow in Höhe von 8,606 M€ beendet.

$$FCF_1 = U_0 \times (1+g_1^U) \times ros \times (1-s^{Unt}) - U_0 \times g_1^U \times \left(e^{OAV} + e^{NWC} - e^{LRS}\right)$$

$$FCF_1 = 600M€ \times (1+0,09) \times 0,0604 \times (1-0,29) - 600M€ \times 0,09 \times \left(0,392 + 0,043 - 0,075\right)$$

$$FCF_1 = 8,606M€$$

Fünfter Schritt: Mehrere Simulationsläufe

Der fünfte Schritt dient der mehrmaligen Simulation des Free Cashflow aus dem Jahr 1, z. B. mit 100.000 Simulationsläufen. Mit steigender Anzahl an Simulationsläufen erzielt man eine genauere Verteilungsfunktion der Ergebnisgröße und kann daraus bessere statistische Kenngrößen, wie den Erwartungswert und die Standardabweichung abschätzen (Frey/Nießen, 2001, S. 100). Zur Umsetzung der enormen Anzahl an Simulationsläufen dienen Simulationssoftwareprogramme (siehe Abschnitt 4.4.3). Im Ergebnis resultiert mit der Vielzahl an Simulationsläufen statt eines eindimensionalen Planwertes in Höhe von 1,5 M€ eine stochastische Prognose für die Zielgröße in der Bandbreite im Beispiel von -54,3 M€ bis +52,7 M€ (siehe Abb. 4-46). Durch das Aufzeigen zahlreicher möglicher Ausprägungen wird das inhärente Risiko der unsicheren Plangröße transparent.

Sechster Schritt: Empirische Verteilungsfunktion der Ergebnisgröße

Die Durchläufe bilden die Basis für die Erstellung der empirischen Wahrscheinlichkeitsdichtefunktion, die die Abb. 4-46 links oben zeigt, oder der empirischen Verteilungsfunktion der Ergebnisgröße, die die Abb. 4-46 links unten zeigt. Sie dienen der statistischen Auswertung und Interpretation der Ergebnisse. Dazu werden beispielsweise der Erwartungswert und die Standardabweichung oder auch Quantile bzw. Perzentile bestimmt.

Die Simulation des Free Cashflow im Jahr 1 ist Teil der Ausführungen zur simulationsbasierten Risikoaggregation im Abschnitt 4.4.2. Darin ist im Unter-Abschnitt 4.4.8 im Teil „Simulationsergebnisse der Alternative I" eine umfangreiche Auswertung der Simulationsergebnisse vom Free Cashflow für das Jahr 1 enthalten, auf die an der Stelle verwiesen wird.

Die zunächst grob skizzierte Vorgehensweise der Monte-Carlo-Simulation wird im nächsten Abschnitt unter Nutzung der Simulationssoftware Crystal Ball am erweiterten Beispiel der Unternehmensbewertung, das ebenfalls den Free Cashflow aus dem Jahr 1 beinhaltet, vertiefend erläutert.

4.4.2 Monte-Carlo-Simulationsbasierte Risikoaggregation in der Unternehmensbewertung

4.4.2.1 Überblick zur Monte-Carlo-Simulationsbasierten Risikoaggregation

Nachfolgend wird die Monte-Carlo-Simulationsbasierte Risikoaggregation am vereinfachten Beispiel in der Unternehmensbewertung mithilfe der Software

Crystal Ball veranschaulicht. Daneben gibt es weitere Simulationsprogramme, wie etwa Analytic Solver, Analytica, @Risk, ModelRisk, PERTmaster, Risk+, Risk Solver und Riskkit (Vose, 2008, S. 23; Klein, 2010a, S. 4 ff.). Über die vier Add-In basierten Softwaretools @Risk, Crystal Ball, ModelRisk und Risk Solver gibt Klein (Klein, 2010a, S. 4 ff.) einen detaillierten Überblick mit einem Vergleich ihrer Funktionalität. Die Abb. 4-25 zeigt die Vorgehensweise der Simulation, die fünf Schritte umfasst. Im weiteren Verlauf werden die Schritte näher erläutert und dabei insbesondere auf Besonderheiten hinsichtlich der Unternehmensbewertung eingegangen.

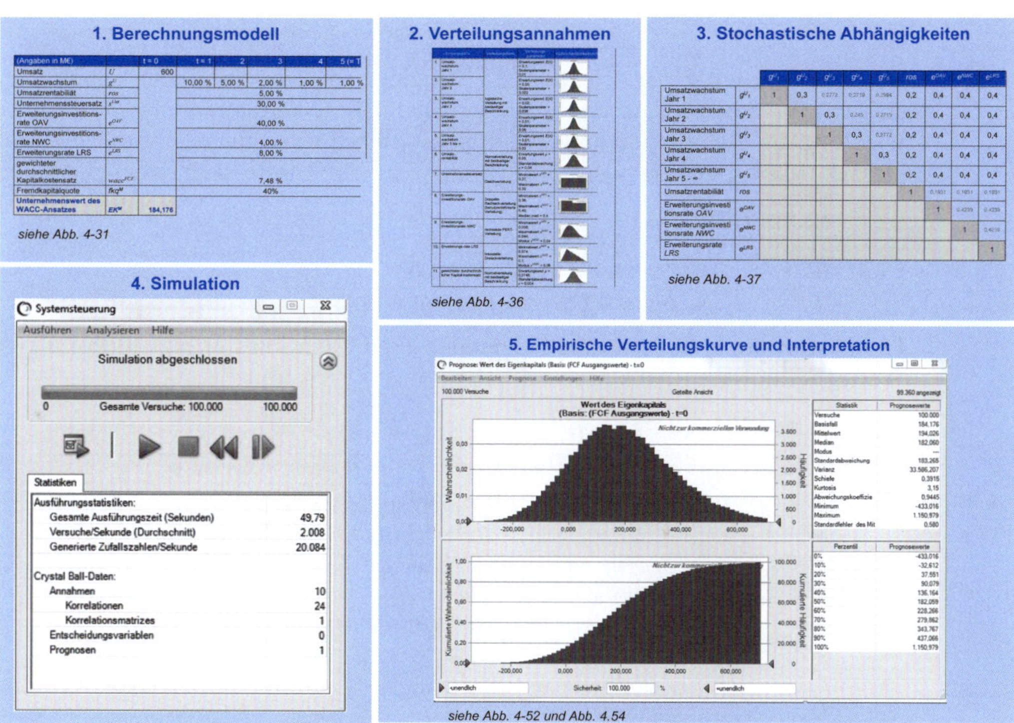

Abb. 4-25: Monte-Carlo-Simulationsbasierte Risikoaggregation mithilfe von Crystal Ball

4.4.2.2 Berechnungsmodell der Monte-Carlo-Simulationsbasierten Risikoaggregation

Als Berechnungsmodell der Simulation dient das zunächst deterministische Planungsmodell zur Unternehmensbewertung. In der Literatur wird dieses im Zusammenhang der Unternehmensbewertung auch als Simulation Engine, Business-Risk-Modell oder Exposure Mapping bezeichnet (Madrian/Auerbach, 2009, S. 96). Das nachfolgende Beispiel basiert hierbei auf dem WACC-Ansatz mit wertorientierter Finanzierungspolitik (siehe Abschnitt 1.2.4.2). Dabei wird exemplarisch eine zeitlich konstante Zielkapitalstruktur mit einer marktwertbasierten Fremdkapitalquote fkq^M von 40 % unterstellt, woraus ein konstanter $wacc$ in Höhe von 7,48 % resultiert. Durch diese zeitliche Konstanz des Diskontierungssatzes lässt sich der Unternehmenswert nach folgender Vorschrift berechnen:

$$UW_0^{WACC} = \sum_{t=1}^{T} \frac{FCF_t}{(1+wacc)^t} + \frac{FCF_T \times (1+g^{FCF})}{wacc - g^{FCF}} \times \frac{1}{(1+wacc)^T}$$

FCF	… *Free Cashflow (Erwartungswert)*
g^{FCF}	… *Wachstumsrate des Free Cashflows (im Fortführungszeitraum)*
T	… *Ende des Detailplanungszeitraums*
t	… *Zeit- bzw. Periodenindex*
UW^{WACC}	… *Unternehmenswert des WACC-Ansatzes*
$wacc$	… *Gewichteter durchschnittlicher Kapitalkostensatz (WACC-Ansatz)*

Die Annahme einer wertorientierten Finanzierungspolitik impliziert dabei, dass sich das Fremdkapital atmend in einer festen Quote an die risikobehaftete Entwicklung des Unternehmenswertes anpasst (siehe hierzu auch Abschnitt 1.2.1.5). Der resultierende Marktwert des Eigenkapitals EK^M ergibt sich dabei wie folgt:

$$EK_0^M = UW_0^{WACC} \times (1 - fkq_0^M)$$

EK^M	… *Marktwert des Eigenkapitals*
fkq^M	… *Marktwertbasierte Fremdkapitalquote*

Die Bestimmung der periodenbezogenen Free Cashflows erfolgt mithilfe des Wertgeneratorenmodells nach Rappaport (siehe Abschnitt 1.2.3.4):

$$FCF_t = \underbrace{U_{t-1} \times (1+g_t^U) \times ros_t \times (1 - s^{Unt})}_{\text{Net operating profit les adjusted taxes}} - \underbrace{U_{t-1} \times g_t^U \times (e_t^{OAV} + e_t^{NWC} - e_t^{LRS})}_{\text{wachstumsbedinge Erweiterungsinvestitionen}}$$

e^{LRS}	… *Erweiterungsrate der langfristigen Rückstellungen*
e^{NWC}	… *Erweiterungsinvestitionsrate des Net Working Capitals*
e^{OAV}	… *Erweiterungsinvestitionsrate des operativen Anlagevermögens*
g^U	… *Wachstumsrate des Umsatzes*
ros	… *Return on Sales (Umsatzrentabilität)*
s^{Unt}	… *Unternehmenssteuersatz*
t	… *Zeit- bzw. Periodenindex*
U	… *Umsatzerlöse*

Der WACC-Ansatz ist ein Discounted-Cashflow-Verfahren, bei dem Erwartungswerte der zukünftigen Free Cashflows (Zählergröße) mit durchschnittlichen Kapitalkosten (Nennergröße) diskontiert werden, die auch die fremdfinanzierungsbedingten Steuervorteile (Tax Shields) berücksichtigen. Es handelt sich dabei um eine Anwendung der Risikozuschlagsmethode, bei der die Unsicherheit durch einen Risikozuschlag im Diskontierungszinssatz erfasst wird (siehe Abschnitt 1.2.1.4). Die Gewinnung des Zuschlags ist mithilfe der individualistischen oder der über den Kapitalmarkt objektivierten Vorgehensweise möglich (Madrian/Auerbach, 2009, S, 83). Beim individualistischen bzw. subjektiven Ansatz berücksichtigt man die Unsicherheit anhand von Risikozuschlägen, die aus den spezifischen Investitions- und Finanzierungsprogrammen der Eigentümer (Hering, 2014, S. 25 ff.; Matschke/Brösel, 2013, S. 183 ff.) bzw. aus deren individuellen Nutzenfunktionen abgeleitet werden (z. B. Ballwieser/Hachmeister, 2021, S. 109 ff.; Drukarczyk/Schüler, 2021, S. 37 ff.; Hommel/Dehmel, 2021, S. 195 ff.)

Ein anderer, eher pragmatischer Ansatz leitet den Risikozuschlag aus den individuellen Diversifikationsmöglichkeiten des Investors sowie der Standardabweichung der zu erwartenden Zahlungen an die Eigentümer ab (Gleißner, 2022, S. 477). Demgegenüber wird bei der objektivierten bzw. kapitalmarktorientierten Vorgehensweise die Unsicherheit anhand von Risikozuschlägen berücksichtigt, die aus beobachteten Kapitalmarktparametern unter Zugrundelegung des CAPM gewonnen werden, (siehe Abschnitt 1.2.2). Die nachfolgenden Betrachtungen sind ausschließlich auf die objektivierte Vorgehensweise begrenzt.

Mit der Simulation wird das Risiko der unsicheren Eingangsgrößen, die der Ermittlung des Unternehmenswertes dienen, aufgegriffen und veranschaulicht. Da jedoch das Risiko bereits in der Risikozuschlags-Methode einbezogen wird, stellt sich die Frage, an welcher Stelle in der Unternehmensbewertung und in der Simulation das Risiko beachtet werden soll bzw. zum Ausdruck kommt. Dazu werden nachfolgend alternative Herangehensweisen mit ihrer jeweiligen Risikoberücksichtigung analysiert und gegenübergestellt (siehe Abb. 4-26).

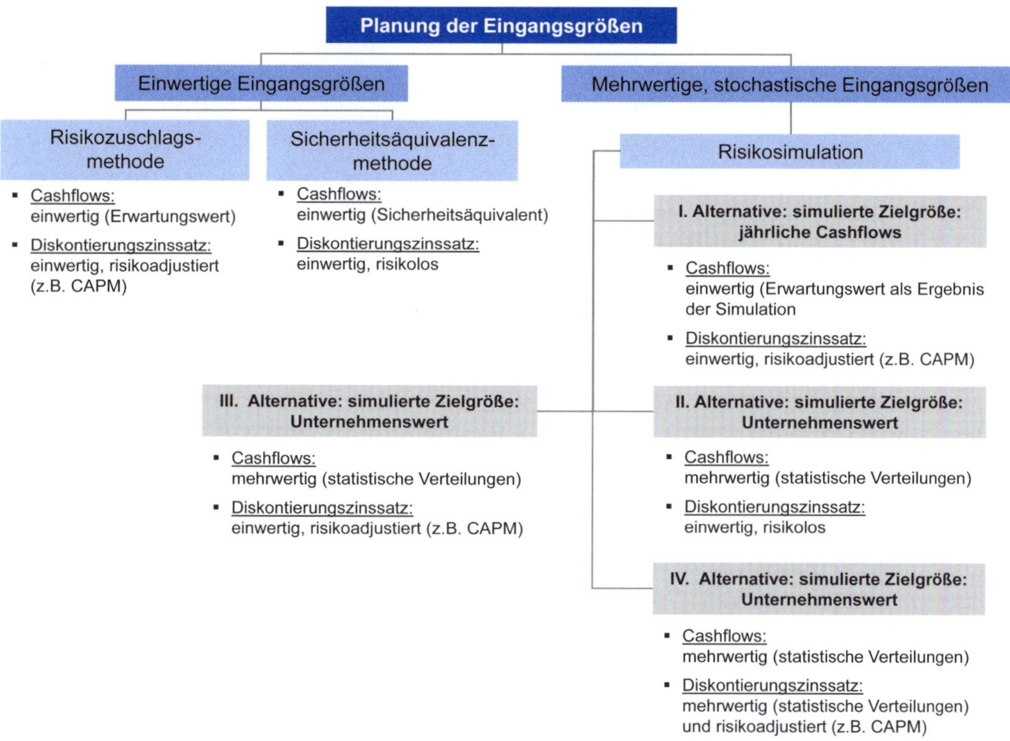

Abb. 4-26: Alternative Herangehensweisen zur Risikoberücksichtigung in der Unternehmensbewertung (teilweise in Anlehnung an Jödicke, 2007, S. 168)

Basiert die Bestimmung des Unternehmenswertes auf einwertigen Eingangsgrößen wird das Risiko entweder im risikoadjustierten Diskontierungssatz (Risikozuschlagsmethode) oder im Cashflow (Sicherheitsäquivalenzmethode) berücksichtigt. Mit der Vorgehensweise wird ein Entscheidungswert eines risikoaversen Kapitalmarktteilnehmers bestimmt. Demgegenüber liegt der Risikoberücksichtigung mittels Simulation ein systematisch anderer Ansatz zugrunde. Durch die Berücksichtigung mehrwertiger, stochastischer Eingangsgrößen wird auch die Zielgröße mehrwertig und nicht verdichtet ausgegeben. Das Risiko wird dabei neutral in seiner Struktur durch die Bandbreiten von Eingangs- und Zielgröße/n veranschaulicht, ohne eine bestimmte Risikoeinstellung zu unterstellen. Daher liegt eine risikoneutrale Betrachtung vor. Wird aus der Bandbreite der Zielgröße ein Erwartungswert bestimmt, reflektiert dieser eine risikoneutralen Einstellung (Jödicke, 2007, S. 167 ff.).

Zur Durchführung der Simulation sind die Eingangs- und die Zielgrößen zu bestimmen. Dabei gibt es in der Literatur vor dem Hintergrund der Risikoberücksichtigung unterschiedliche Herangehensweisen (z. B. Förster, 2011, S. 353 ff.; Ungemach/Hachmeister, 2019, S. 207 ff.; Madrian/Auerbach, 2009, S. 87 ff. Weisheit et al., 2019, S. 1277 ff.). Insbesondere ist zu klären, ob

- die jährlichen Cashflows (Alternative I) oder der Unternehmenswert (Alternative II bis IV) als Zielgröße/n dienen,
- mit risikolosem (Alternative II) oder risikoangepassten Zins (Alternative I, III und IV) zu diskontieren ist und
- lediglich Beststandteile vom Cashflow (Alternative I bis III) oder auch der Diskontierungszinssatz (Alternative IV) als unsichere Eingangsgrößen in der Simulation festgelegt werden.

Aus den Überlegungen lassen sich die in Abb. 4-26 veranschaulichten Alternativen I bis IV zur Berücksichtigung des Risikos in der Simulation ableiten. Die aufgezeigten Alternativen der Literatur basieren auf verschiedenen Annahmen und beinhalten diverse Vor- und Nachteile, die im weiteren Verlauf diskutiert werden. Eine abschließende Klärung der Problematik, die zu einer eindeutig zu präferierenden Vorgehensweise bzw. Alternative führt, erschließt sich an der Stelle jedoch nicht. Nachfolgend werden die Alternativen detailliert vorgestellt und die Unterschiede innerhalb der Simulation verdeutlicht.

Als mögliche Zielgrößen kommen der Rückfluss, welcher der Unternehmensbewertung zugrunde liegt, z. B. der Free Cashflow, und der Unternehmenswert selbst in Frage. Während in Alternative I die jährlichen Free Cashflow als Zielgrößen in der Simulation definiert sind, bildet der Unternehmenswert in Form vom Marktwert des Eigenkapitals die Zielgröße in der Simulation bei den Alternativen II bis IV. Die Zielgrößen sind in den Abbildungen Abb. 4-27, Abb. 4-28, Abb. 4-31 und Abb. 4-32 jeweils mit grauem Hintergrund markiert. Die Abbildungen enthalten ebenfalls die unsicheren Eingangsgrößen, die entsprechend den getroffenen Annahmen simuliert werden. Ihr Hintergrund ist hellblau markiert.

Im Rahmen der Simulation müssen nicht alle unsicheren Eingangsgrößen simuliert werden. Das ist zwar theoretisch möglich, allerdings stehen diesem Vorgehen Praktikabilitätsgründe entgegen. Denn für jede simulierte Größe sind Verteilungsannahmen zu treffen, denen unter Umständen umfangreiche Analysen vorausgehen. Das gilt insbesondere für komplexe Bewertungsmodelle. Zur Auswahl der zu simulierenden unsicheren Eingangsgrößen empfiehlt sich vorab eine Sensitivitätsanalyse. Damit können die Größen bestimmt werden, deren Abweichung besonders stark auf die Zielgröße wirkt (Damodaran, 2018, S. 21). Im Beispiel werden bis auf das Umsatzwachstum für alle anderen Eingangsgrößen jeweils identische Verteilungsannahmen für die betrachteten Perioden getroffen, woraus ein Modell mit lediglich 10 bzw. für Alternative IV mit 11 verschiedenen Einflussgrößen resultiert. Deshalb wird an der Stelle auf eine Auswahl verzichtet und auf die Erläuterungen zur Sensitivitätsanalyse im Kapitel 4.3 verwiesen.

Alternative I

Die Alternative I unterscheidet sich gegenüber der Risikozuschlagsmethode lediglich in der Bestimmung der Erwartungswerte der jährlichen Free Cashflows. Während diese in der Risikozuschlagsmethode vereinfacht in Form einer Kennzahl pro Jahr geschätzt werden, basieren sie in der Simulation auf den Bandbreiten der Eingangsgrößen der Cashflows. Die Abb. 4-27 zeigt das Berechnungsmodell der Alternative I mit den Ausgangswerten. Es umfasst die sichere Eingangsgröße Umsatz im Jahr 0 sowie die zehn zu simulierenden, unsicheren Eingangsgrößen: Umsatzwachstum der einzelnen Jahre 1 bis 5, die Umsatzrentabilität, den Unternehmenssteuersatz, die Erweiterungsinvestitionsrate ins operative Anlagevermögen sowie ins Net Working Capital und die Erweiterungsrate der langfristigen Rückstellungen. Die Free Cashflows der Jahre 1 bis 5 bilden die fünf Zielgrößen der Simulation. Sie sind mit dem Wert der deterministischen Ausgangsschätzung in Abb. 4-27 enthalten und entsprechen der Berechnung in Abb. 1-81 im Abschnitt 1.2.3.4.

(Angaben in M€)		t = 0	t = 1	2	3	4	5 (= T)
Umsatz	U	600					
Umsatzwachstum	g^U		10,00 %	5,00 %	2,00 %	1,00 %	1,00 %
Umsatzrentabiliät	ros		5,00 %				
Unternehmens-steuersatz	s^{Unt}		30,00 %				
Erweiterungsinvestitionsrate *OAV*	e^{OAV}		40,00 %				
Erweiterungsinvestitionsrate *NWC*	e^{NWC}		4,00 %				
Erweiterungsrate *LRS*	e^{LRS}		8,00 %				
Free Cashflow	*FCF*		1,5	12,375	19,751	22,443	22,667

Legende:	sichere bzw. nicht simulierte Eingangsgröße	unsichere Eingangsgröße	Zielgröße

Abb. 4-27: Berechnungsmodell der Alternative I

Durch die Simulation sind im Vergleich zur Risikozuschlagsmethode tiefergehende Einblicke in das Risikoprofil der Überschlüsse möglich. Zusätzlich kann somit die Unsicherheit der Rückflüsse transparent abgebildet werden. Aus der

Bandbreite der jährlichen Free Cashflows wird unter Berücksichtigung der Wahrscheinlichkeiten jeweils ein Erwartungswert gebildet, der unsicher ist. Zur Bestimmung des Unternehmenswertes sind diese deshalb mit dem risikoadjustierten Zinssatz zu diskontierten (Förster, 2011, S. 370 ff.). Bildet in der Simulation jedoch der Unternehmenswert die Zielgröße (Alternative II bis IV), steht die Frage im Raum, ob die Rückflüsse im Simulationslauf mit dem risikolosen oder dem risikoadjustiertem Zinssatz zu diskontieren sind bzw. ob der Zinssatz ebenfalls eine unsichere, zu simulierende Eingangsgröße ist.

Alternative II

Bei der Alternative II wird der unsichere Cashflow im Rahmen der Simulation des Unternehmenswertes mit dem risikolosem Zins diskontiert. Die Rechtfertigung dafür liegt in der Vermeidung der doppelten Berücksichtigung des Risikos (Jödicke, 2007, S. 168). Denn bei einem Simulationslauf wird kein erwarteter unsicherer Rückfluss diskontiert. Der in jedem einzelnen stochastischen Szenario bestimmte Cashflow wird als sicher angenommen (Ungemach/Hachmeister, 2019, S. 207) und ist daher mit dem sicheren Zins zu diskontieren. Da die Unsicherheit nicht mittels Zinssatz, sondern durch die mehrwertigen Eingangsgrößen sowie die daraus resultierende mehrwertige Zielgröße zum Ausdruck gebracht wird.

An der Stelle ist zu hinterfragen, ob der Unternehmenswert UW^{WACC} mit dem risikolosen Diskontierungssatz $wacc^f$ oder mit dem risikolosen Basiszinssatz i^f zu bestimmen ist. Wie oben bereits ausgeführt, dient als Berechnungsmodell der Unternehmenswert nach dem WACC-Ansatz. Entsprechend sind die Rückflüsse (Free Cashflows) mit dem gewichteten Gesamtkapitalkostensatz $wacc$ zu diskontieren (siehe Abschnitt 1.2.4.2), auch im besonderen Fall des risikolosen Zinssatzes. Für die Bestimmung des risikolosen Diskontierungssatzes $wacc^f$ ist vom sicheren Zinssatz als Renditeforderung sowohl der Eigen- wie auch der Fremdkapitalgeber auszugehen, der im Beispiel konstant bei 4 % liegt. Ferner ist der Tax Shield zu berücksichtigen, welcher aus der angenommenen atmenden Finanzierung mit einer marktwertorientierten Fremdkapitalquote von 40 % resultiert. Unter dieser Annahme ergibt sich der Diskontierungssatz $wacc^f = 3{,}584\,\%$.

$$
\begin{aligned}
wacc^f &= i_t^f \times \left(1 - fkq_{t-1}^M\right) + i_t^f \times fkq_{t-1}^M \times \left(1 - ts_t^{Unt}\right) = i_t^f \times \left(1 - fkq_{t-1}^M \times ts_t^{Unt}\right) \\
&= 0{,}04 \times (1 - 0{,}4 \times 0{,}26) = 0{,}03584 \quad bzw. \quad 3{,}584\%
\end{aligned}
$$

$wacc^f$ … *Risikoloser Zinssatz mit Berücksichtigung des Tax Shields (WACC-Ansatz)*
fkq^M … *Marktwertbasierte Fremdkapitalquote*
i^f … *Risikoloser Zinssatz*
ts^{Unt} … *Tax-Shield-Satz auf Unternehmensebene*

Das Berechnungsmodell der Alternative II beinhaltet Abb. 4-28. Dabei bilden der Umsatz im Jahr 0, der risikolose Diskontierungssatz $wacc^f$ sowie die Fremdkapitalquote die sicheren bzw. nicht zu simulierenden Eingangsgrößen und das Umsatzwachstum der einzelnen Jahre 1 bis 5, die Umsatzrentabilität, den Unternehmenssteuersatz, die Erweiterungsinvestitionsrate ins operative Anlagevermögen sowie ins Net Working Capital und die Erweiterungsrate der langfristigen Rückstellungen die zehn unsicheren Eingangsgrößen. Der Unternehmenswert in Form vom Marktwert des Eigenkapitals auf Basis des WACC-

Ansatzes fungiert als Zielgröße und ist mit dem Wert der deterministischen Ausgangsschätzung in Höhe von 487,327 M€ in Abb. 4-28 abgebildet.

(Angaben in M€)		t = 0	t = 1	2	3	4	5 (= T)
Umsatz	U	600					
Umsatzwachstum	g^U		10,00 %	5,00 %	2,00 %	1,00 %	1,00 %
Umsatzrentabiliät	ros		5,00 %				
Unternehmenssteuersatz	s^{Unt}		30,00 %				
Erweiterungsinvestitionsrate *OAV*	e^{OAV}		40,00 %				
Erweiterungsinvestitionsrate *NWC*	e^{NWC}		4,00 %				
Erweiterungsrate *LRS*	e^{LRS}		8,00 %				
Risikoloser Zinssatz mit Berücksichtigung des Tax Shields	$wacc^f$		3,584 %				
Marktwert des Eigenkapitals	EK^M	487,327					

Legende:	sichere bzw. nicht simulierte Eingangsgröße	unsichere Eingangsgröße	Zielgröße

Abb. 4-28: Berechnungsmodell der Alternative II

Ergänzend kann zur Plausibilitätsprüfung der Unternehmenswertberechnung des Unternehmenswertes UW^{WACC} mit dem risikolosen Diskontierungssatz $wacc^f$ der Unternehmenswert nach dem APV-Verfahren bei atmender Finanzierung UW^{APV} gegenübergestellt werden (siehe Abb. 4-29). Denn beide Verfahren sollten zu identischen Bewertungsergebnissen führen (siehe Abschnitt 1.2.4.4). Die Berechnung im *APV*-Verfahren erfolgt ebenfalls mit einem risikolosen Diskontierungssatz. Allerdings ist zur Bestimmung des Unternehmenswerts bei reiner Eigenfinanzierung UW^u die risikolose Renditeforderung der Eigentümer bei reiner Eigenfinanzierung r^u heranzuziehen (siehe Abschnitt 1.2.4.1). Da der Risikozuschlag entfällt entspricht sie dem risikolosen Basiszinssatz in Höhe von $r^u = i^f = 4\,\%$. Der Wertbeitrag der fremdfinanzierungsbedingten Steuervorteile (Tax Shields) WB^{TS} basiert auch auf den risikolosen Eigenkapitalkosten ($r^u = i^f = 4\,\%$). Zur Berechnung des Tax Shields werden die absoluten Fremdkapitalzinsen mithilfe der ebenfalls risikolosen Fremdkapitalkosten ($r^{FK} = i^f = 4\,\%$) berechnet. Anschließend multipliziert man die absoluten Fremdkapitalkosten mit dem

Tax-Shield-Satz. Die Summe aus dem Unternehmenswerts bei reiner Eigenfinanzierung und dem Wertbeitrag der fremd-finanzierungsbedingten Steuervorteile ergibt den Unternehmenswert nach dem APV-Verfahren. Die Gesamtunternehmenswerte UW^{APV} und UW^{WACC} in Höhe von 812,212 M€ sowie die daraus abgeleiteten Marktwerte des Eigenkapitals EK^M mit 487,327 M€ stimmen jeweils überein. Somit ist die Berechnung des Unternehmenswertes UW^{WACC} mit dem risikolosen Diskontierungszins $wacc^f$ nochmals validiert.

(Angaben in M€)		t = 0	t = 1	2	3	4	5 (= T)
Free Cashflow	FCF		1,5	12,375	19,751	22,443	22,667
Fremdkapital	FK	324,885	335,929	343,018	347,412	350,886	
Fremdkapitalzinsen ($i^{FK} = i^f = 4\,\%$)			12,995	13,437	13,721	13,896	14,035
Tax Shield (ts^{Unt} = 0,26 %)	TS		3,379	3,494	3,567	3,613	3,649
Renditeforderung der Eigentümer bei reiner Eigenfinanzierung (unlevered)	$r^u = i^f$		4 %				
Wachstumsrate des Free Cashflows und des Tax Shields im Fortführungszeitraum	$g^{FCF} = g^{TS}$						1 %
Unternehmenswert bei reiner Eigenfinanzierung (unlevered)	UW^u	695,494					
Wertbeitrag der fremd-finanzierungsbedingten Steuervorteile (Tax Shields)	WB^{TS}	116,718					
Unternehmenswert des APV-Ansatzes ($UW^u + WB^{TS}$)	UW^{APV}	**812,212**					
Fremdkapitalquote	fkq^M	40 %					
Marktwert des Eigenkapitals	EK^M	**487,327**					

Abb. 4-29: Plausibilisierung der Berechnung vom Unternehmenswert nach dem WACC-Ansatzes mit der Berechnung vom Unternehmenswert nach dem APV-Ansatz

Die Berechnung nach dem WACC- und nach dem APV-Ansatz führen erwartungsgemäß zum gleichen Gesamtunternehmenswert von $UW^{APV} = UW^{WACC}$ = 812,212 M€ bzw. zum identischen Marktwert des Eigenkapitals in Höhe von EK^M = 487,327 M€.

Alternative III

Gegenüber der Vorgehensweise der Risikozuschlagsmethode aber auch der Alternativen I wird in der Literatur (von Weizsäcker/Krempel, 2004, Madrian/Auerbach, 2009, S. 82 ff.) argumentiert, dass das dort genutzte Risikokalkül der Unternehmensbewertung unvollständig ist. Der risikoadjustierte Zinssatz kann beim kapitalmarktorientierten Ansatz unter Anwendung des Capital Asset Pricing Modells (CAPM) durch Rückgriff auf Kapitalmarktdaten bestimmt werden. Dabei wird die geforderte Rendite in Abhängigkeit des zu bewertenden Risikos für Wertpapiere aus Sicht eines Finanzinvestors abgebildet. Das Gesamtrisiko eines Wertpapiers wird im CAPM in systematisches und unsystematisches Risiko aufgeteilt. Die systematischen Risiken beruhen auf marktinhärenten Veränderungen, betreffen alle Unternehmen einer Volkswirtschaft und werden als Marktrisiken bezeichnet. Dazu gehören beispielsweise wirtschaftliche Veränderungen wie Konjunkturveränderungen. Demgegenüber treten unsystematische Risiken im jedem Unternehmen in besonderer Art und Weise auf und sind firmenspezifisch. Beispielhaft sind Absatzrisiken zu nennen, die etwa aus dem Produktionsprogramm oder aus der Konkurrenzsituation eines bestimmten Unternehmens resultieren. Im CAPM wird unterstellt, dass ein Investor das unsystematische Risiko durch breite Investitionsstreuung wegdiversifizieren kann. Verfügt der Investor über ein breit diversifiziertes Wertpapierportfolio, ist er vom unsystematischen Risiko eines einzelnen Wertpapiers kaum betroffen. Denn mögliche unsystematische negative Renditeentwicklungen einzelner

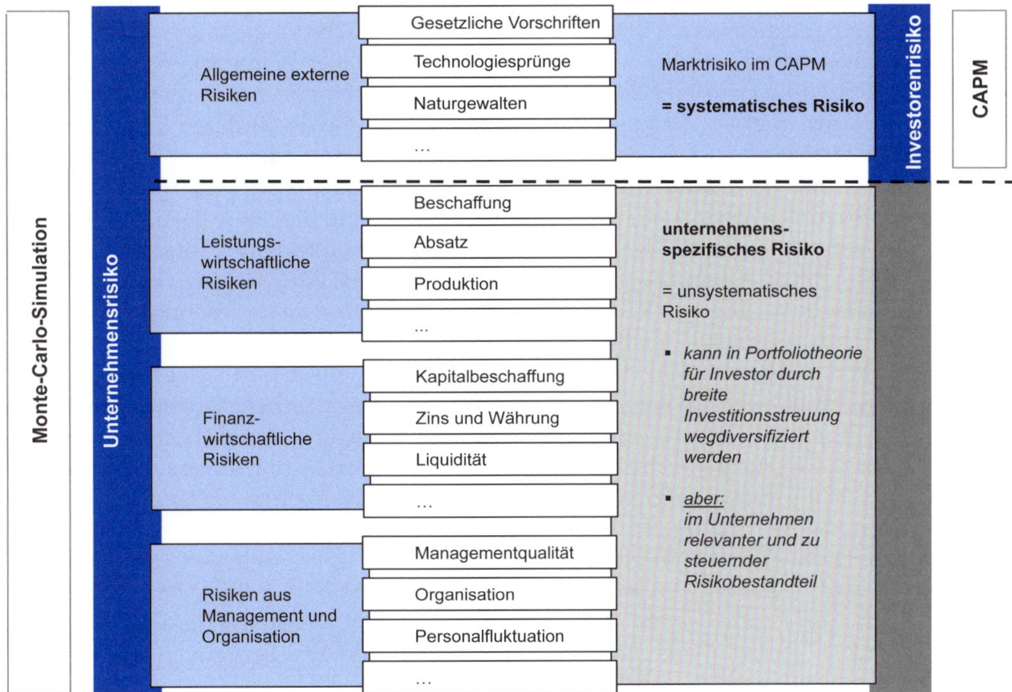

Abb. 4-30: Unternehmensrisiken und ihre Einordnung in systematische und unsystematische Risiken; teilweise (in Anlehnung an Madrian/Auerbach, 2009, S. 80)

Wertpapiere werden idealerweise durch gegenüberstehende unsystematische positive Renditeentwicklungen anderer Wertpapiere ausgeglichen. Wie Abb. 4-30 auf der rechten Seite zeigt, ist das unsystematische Risiko in der Betrachtung des CAPM ausgeschlossen und nur das systematische Risiko findet in der Renditeforderung Berücksichtigung (Madrian/Auerbach, 2009, S. 83).

Der Sichtweise des CAPM auf das Risiko steht die Sichtweise des Risikomanagements eines individuellen Unternehmens gegenüber (siehe linke Seite in Abb. 4-30). Die oberste Aufgabe des Risikomanagements eines Unternehmens besteht nicht darin, das unsystematische Risiko weg zu diversifizieren, auch wenn die Diversifikation ebenfalls zu den Risikosteuerungsstrategien im Unternehmen gehört. Die unsystematischen, unternehmensspezifischen Risiken betreffen alle Risiken, die nicht den Marktrisiken im CAPM zuzurechnen sind, wie etwa die leistungs- und finanzwirtschaftlichen Risiken sowie Risiken aus Management und Organisation (Abb. 4-30). Während die Risikodiversifikation eine klassische Aufgabe von Finanzinvestoren bildet, besteht eine wichtige Aufgabe der Unternehmensleitung im Management von unsystematischen Risiken. Erwirbt beispielsweise ein Käufer im Rahmen einer M&A-Transaktionen nur ein einziges Unternehmen, kann der Diversifizierungseffekt der Risikoverteilung nicht erzielt werden. Trotz unterschiedlicher Sichtweisen auf das unsystematische Risiko und den notwendigen Umgang damit wird das CAPM aus der Finanztheorie im Rahmen des DCF-Ansatzes zur Unternehmenswertbestimmung genutzt, obwohl es nicht dafür entwickelt wurde. Während die Sichtweise des CAPM im Kapitalmarktmodell der klassischen Portfoliotheorie für die Anlage in einzelne Aktien gerechtfertigt sein mag, stellt sich die Frage, inwieweit die Überlegungen der Portfoliotheorie auf die Welt der Unternehmensbewertung übertragbar sind. Eine explizite Ausgrenzung unsystematischer Risiken führt etwa im Rahmen einer Akquisitionsbewertung zur unvollständigen Erfassung des Gesamtrisikos. Dieses Defizit kann behoben werden, indem im DCF-Ansatz das betrachtete Risikokalkül um das unsystematische Risiko erweitert wird (Madrian/Auerbach, 2009, S. 88). Eine pragmatische Möglichkeit zur Berücksichtigung des unsystematischen Risikos besteht in der Berechnung des Total Betas. Dabei wird der Korrelationskoeffizient im CAPM auf den Wert +1 festgelegt und somit ein möglicher Diversifikationseffekt ausgeschlossen (siehe Abschnitt 1.2.2.3). Ein weiterer pragmatischer Lösungsansatz zur Berücksichtigung des unsystematischen Risikos besteht darin, im WACC einen pauschalen Risikozuschlag für unsystematische Risiken einzubeziehen. Die Herangehensweisen adressieren das Problem zwar prinzipiell, sind jedoch willkürlich, intransparent und nicht zuletzt aufgrund der starken Verdichtung der Risikoinformationen auf einwertige Daten nur bedingt hilfreich. Eine größere Risikotransparenz wird durch mehrwertige Ergebnisse erzielt, indem unter Berücksichtigung mehrwertiger Cashflows eine Bandbreite gezeigt wird, in der sich mögliche Unternehmenswerte bewegen können (von Weizsäcker/Krempel, 2004, S. 810 f.). Mit der Monte-Carlo-Simulation besteht im DCF-Ansatz die Möglichkeit, das bislang unberücksichtigte unsystematische Risiko zu erfassen und zu aggregieren. Dafür wird das unsystematische Risiko durch die Simulation im Free Cashflow abgebildet. Gleichzeitig erfolgt die Erfassung des systematischen Risikos weiterhin durch den CAPM-Risikozuschlag im Zinssatz. Mit dem differenzierten Einbezug des unsystematischen und systematischen Risikos soll der Berücksichtigung des Gesamtrisikos Rechnung getragen werden. Aus der Vorgehensweise resultiert eine Wahrscheinlichkeitsverteilung vom Unternehmenswert, die das Gesamtrisiko des bewerteten Unternehmens zeigen soll (Madrian/Auerbach, 2009, S. 90).

(Angaben in M€)		t = 0	t = 1	2	3	4	5 (= T)
Umsatz	U	600					
Umsatzwachstum	g^U		10,00 %	5,00 %	2,00 %	1,00 %	1,00 %
Umsatzrentabiliät	ros		5,00 %				
Unternehmenssteuersatz	s^{Unt}		30,00 %				
Erweiterungsinvestitionsrate OAV	e^{OAV}		40,00 %				
Erweiterungsinvestitionsrate NWC	e^{NWC}		4,00 %				
Erweiterungsrate LRS	e^{LRS}		8,00 %				
gewichteter durchschnittlicher Kapitalkostensatz	$wacc$		7,48 %				
Fremdkapitalquote	fkq^M		40 %				
Unternehmenswert des WACC-Ansatzes	EK^M	**184,176**					

Legende:	sichere bzw. nicht simulierte Eingangsgröße	unsichere Eingangsgröße	Zielgröße

Abb. 4-31: Berechnungsmodell der Alternative III

Auf Basis dieser Vorgehensweise resultiert das Berechnungsmodell der Alternative III (siehe Abb. 4-31). Im Modell sind der Umsatz im Jahr 0 sowie die Fremdkapitalquote die sicheren Eingangsgrößen, die nicht simuliert werden. Der risikoangepasste Diskontierungssatz *wacc* wird ebenfalls nicht simuliert, da das Risiko bereits durch den Risikozuschlag Berücksichtigung findet. Das Umsatzwachstum der einzelnen Jahre 1 bis 5, die Umsatzrentabilität, den Unternehmenssteuersatz, die Erweiterungsinvestitionsrate ins operative Anlagevermögen sowie ins Net Working Capital und die Erweiterungsrate der langfristigen Rückstellungen bilden die unsicheren Eingangsgrößen. Der Unternehmenswert in Form vom Marktwert des Eigenkapitals auf Basis des WACC-Ansatzes fungiert als Zielgröße und ist mit dem Wert der deterministischen Ausgangsschätzung in Höhe von 184,176 M€ in Abb. 4-31 enthalten. Er entspricht der Berechnung im Abschnitt 1.2.4.2 bzw. in Abb. 1-99.

Neben dem Vorteil der umfassenden transparenten Risikoberücksichtigung ist die Vorgehensweise auch mit Schwächen behaftet. Zum einen ist eine eindeutige und genaue Trennung zwischen unsystematischen und systematischen Risiken im Rahmen der differenzierten Risikoberücksichtigung nicht immer möglich. Dadurch besteht die Gefahr, dass Marktrisiken eine doppelte Berücksichtigung finden (Madrian/Auerbach, 2009, S. 92). Zusätzlich beinhalten die beiden verschiedenen Herangehensweisen eine unterschiedliche Betrachtung der Risikoeinstellung. Während dem CAPM für das systematische Risiko die Annahme der risikoaversen Einstellung zugrunde liegt, ist mit dem Ergebnis der Monte-Carlo-Simulation eine risikoneutrale Einstellung verbunden.

Alternative IV

Im Zuge der Vorgehensweise von Alternative IV wird der mehrwertige Cashflow mit dem risikoadjustierten und zugleich mehrwertigen Zinssatz diskontiert. Gegenüber der Alternative III werden nicht nur Bestandteile des Cashflow, sondern auch der Zinssatz als unsichere Eingangsgrößen in der Simulation berücksichtigt. Prinzipiell sind für die Simulation des Unternehmenswertes die relevanten Werttreiber des DCF-Modells zu identifizieren. Das sind unsichere Eingangsgrößen, die in der Simulation als variable Inputparameter dienen (Weisheit et al., 2019, S. 1278). Neben den Wachstumsraten des Umsatzes können auch die Kapitalkosten als zentraler Werttreiber im Bewertungsmodell identifiziert und entsprechend simuliert werden (Weisheit et al., 2019, S. 1282 ff.). Da die Kapitalkosten bzw. deren Veränderung einen großen Effekt auf den Unternehmenswert haben, können sie bei ihrem Einbezug als variable Inputgröße in der Simulation eine große Auswirkung zeigen. Allerdings widerspricht der Einbezug der Kapitalkosten als variable Inputgröße den oben aufgeführten Argumenten der anderen Alternativen. Denn damit wird das systematische Risiko mehrfach adressiert: potenziell als externe Marktrisiken über die Cashflow-Variation in der Simulation, über den Risikozuschlag im Zinssatz bei der Unternehmenswertberechnung und über die Zinssatz-Variation in der Simulation.

Das Berechnungsmodell in Alternative IV (Abb. 4-32) beinhaltet als sichere bzw. nicht zu simulierende Eingangsgrößen den Umsatz im Jahr 0 sowie die Fremdkapitalquote. Im Vergleich zu Alternative III werden die unsicheren, zu simulierenden Eingangsgrößen (Umsatzwachstum der einzelnen Jahre 1 bis 5, die Umsatzrentabilität, den Unternehmenssteuersatz, die Erweiterungsinvestitionsrate ins operative Anlagevermögen sowie ins Net Working Capital und die Erweiterungsrate der langfristigen Rückstellungen) um den risikoangepassten Diskontierungssatz *wacc* erweitert. Der Unternehmenswert in Form vom Marktwert des Eigenkapitals auf Basis des WACC-Ansatzes fungiert wiederum als Zielgröße und ist mit dem Wert der deterministischen Ausgangsschätzung in Höhe von 184,176 M€ in Abb. 4-32 enthalten. Er entspricht der Berechnung im Abschnitt 1.2.4.2 bzw. in Abb. 1-99.

(Angaben in M€)		t = 0	t = 1	2	3	4	5 (= T)
Umsatz	U	600					
Umsatzwachstum	g^U		10,00 %	5,00 %	2,00 %	1,00 %	1,00 %
Umsatzrentabiliät	ros		5,00 %				
Unternehmenssteuersatz	s^{Unt}		30,00 %				
Erweiterungsinvestitionsrate OAV	e^{OAV}		40,00 %				
Erweiterungsinvestitionsrate NWC	e^{NWC}		4,00 %				
Erweiterungsrate LRS	e^{LRS}		8,00 %				
gewichteter durchschnittlicher Kapitalkostensatz	$wacc$		7,48 %				
Fremdkapitalquote	fkq^M		40 %				
Unternehmenswert des WACC-Ansatzes	EK^M	**184,176**					

Legende:	sichere bzw. nicht simulierte Eingangsgröße	unsichere Eingangsgröße	Zielgröße

Abb. 4-32: Berechnungsmodell der Alternative IV

4.4.2.3 Verteilungsannahmen

Im zweiten Schritt sind die Annahmen zur Verteilung der unsicheren Eingangsgrößen zu bestimmen. Sie bilden die Basis zur Generierung von denkbaren Ausprägungen für die Planwerte und somit von Zukunftsdaten. Der Abschnitt 3.5.4 enthält einen Überblick möglicher Verfahren (siehe Abb. 3-23), unter anderem die statistische Analyse von Vergangenheitsdaten sowie die Expertenschätzung.

Autor und Modell der Unternehmensbewertung	Einflussgrößen	Verteilungsannahmen mit Begründung
Madlener et al., 2009, S. 144 ff. Free-Cashflow-Berechnung mit Zielgröße operativer Cashflow und Cashflow aus Investitionstätigkeit	unsichere Umsatzerlöse	Standardnormalverteilung in Anlehnung an ein Expertengutachten
	verschiedene Eingangsgrößen vom operativen Cashflow (z. B. Wartung) und vom Cashflow aus Investitionstätigkeit (z. B. Anschaffungskosten)	PERT-Verteilung mit dahinter liegenden Dreipunktschätzung, da Parameter wegen mangelnder Erfahrungswerte bei Projektrisiken damit verhältnismäßig einfach zu bestimmen sind gegenüber der Parameterschätzung der Beta- oder Normalverteilung
Förster, 2011, S. 366 ff. Simulation der *FCF* auf Basis des Werttreibermodell von Rappaport für ein fiktives Unternehmen	Unternehmenswachstum	Maximum-Extrem-Verteilung, da asymmetrisch und überwiegend positive Ausreißer
	betriebliche Kosten ohne Abschreibung	Minimum-Extrem-Verteilung, da asymmetrisch und überwiegend negative Ausreißer
	Investitionsrate für • Rechte und Lizenzen • Goodwill • Sachanlagen	Logistische Verteilung, da symmetrisch und wenige Ausreißer
	Hauptbestandteile des Working Capital mit • Umschlagsdauer der Vorräte, • durchschnittliches Zahlungsziel von ➢ Forderungen und ➢ von Verbindlichkeiten	• Lognormalverteilung, da asymmetrisch und überwiegend positive Ausreißer • Lognormalverteilung • Maximum-Extrem-Verteilung
Damodaran, 2018, S. 22 ff. kein konkretes Bewertungsbeispiel	operative Marge	Gleichverteilung möglich Schätzung kann auf historischen Daten des Unternehmens, der Branche oder Expertenschätzungen beruhen
	Umsatzwachstum	unbeschränkte Normalverteilung beispielsweise nicht möglich, da das Umsatzwachstum keinen Wert unter –100 % annehmen kann
Ungemach/Hachmeister, 2019, S. 204 kein spezifisches Modell	im praktischen Anwendungsfall	diskrete Verteilung: • Binomialverteilung, • Poissonverteilung stetige Verteilung: • PERT-Verteilung, • Dreieckverteilung, • Gleichverteilung • Beschränkung auf wenige Verteilungstypen mit wenigen Parametern, die verlässlich geschätzt werden können
	spezielle Fälle	• Normalverteilung, • Weibullverteilung
	Marktvariablen wie Preis und Menge	Lognormalverteilung zum Ausschluss negativer Realisierungen

Autor und Modell der Unternehmensbewertung	Einflussgrößen	Verteilungsannahmen mit Begründung
Vanini/Heise, 2017, S. 551 ff. verkürzte Plan GuV für Audi mit Zielgröße operatives Ergebnis vor Steuern	Umsatzerlöse	Dreieckverteilung mit Parameterschätzung auf Basis der Vergangenheitsdaten, aufgrund von Verteilungsrisiko Auswahl einer stetigen Verteilung
	Herstellungskosten Schwankungen durch z. B. Lieferantenverlust	Normalverteilung mit Parameterschätzung auf Basis der Vergangenheitsdaten, aufgrund von Verteilungsrisiko Auswahl einer stetigen Verteilung
	Herstellungskosten Schwankungen durch z. B. Einführung von Strafzöllen in USA	Binomialverteilung für Einführung von Strafzöllen, aufgrund von Ereignisrisiko (diskrete Verteilung) mit einmaligem Eintritt
	sonstiges betriebliches Ergebnis Schwankung durch Rechtsrisiken, z. B. Dieselabgasskandal	Multinomialverteilung für Gewährleistungsansprüche sowie Strafzahlungen infolge des Dieselskandals, da mehr als zwei sich ausschließende Ereignisse; Annahme mit Wahrscheinlichkeit von 50 % keine weiteren Rückstellungen, von 25 % zusätzliche Rückstellung und von 25 % Auflösung der Rückstellung
Weisheit et al., 2019, S. 1277 ff.; Simulation des Wertes des Eigenkapitals auf Basis des DCF-Modells mit WACC-Ansatz sowie indirekter Bestimmung der FCF am Beispiel des jungen Unternehmens Zalando	jährliches Umsatzwachstum im Detailplanungszeitraum	logistische Verteilung Auswahl auf Basis einer statistischen Analyse der Autoren Williams et al., 2015, von Wachstumsraten von über 13.000 internationalen Unternehmen in der Zeit von 1999 bis 2010, Ranking nach Güte zur adäquaten Abbildung ergibt auf 1. Rang Cauchy-Verteilung und auf 2. Rang logistische Verteilung, da in Crystal Ball die Cauchy-Verteilung nicht wählbar ist, wird auf logistische Verteilung zurückgegriffen
	langfristige Wachstumsrate der *FCF* für Restwert	logistische Verteilung mit linker und rechter Beschränkung auf $\mu \pm 3\sigma$ Auswahl auf Basis einer statistischen Analyse der Autoren Williams et al., 2017, von Wachstumsraten des Bruttoinlandsproduktes aus 167 Ländern in der Zeit von 1950 bis 2011, Ranking nach Güte zur adäquaten Abbildung ergibt auf 1. Rang Cauchy-Verteilung und auf 2. Rang logistische Verteilung, da in Crystal Ball die Cauchy-Verteilung nicht wählbar ist, wird auf logistische Verteilung zurückgegriffen
	wacc	Normalverteilung mit linker und rechter Beschränkung auf $\mu \pm 3\sigma$ Auswahl der Normalverteilung, da mit den flach auslaufenden Rändern auf beiden Seiten seltene Szenarien besser abgebildet werden; Auswahl basiert auf statistischer Analyse von Meucci/Loregian, 2016, in dem Normalverteilung und Lognormalverteilung vorgeschlagen werden

Abb. 4-33: Beispiele begründeter Verteilungsannahmen von Eingangsgrößen für die Simulation des Unternehmenswertes in der Literatur

Zur Auswahl der Verteilungsannahmen im Rahmen der Unternehmensbewertung gibt es in der Literatur (z. B. Förster, 2011, S. 354 ff.; Damodaran, 2018, S. 22 ff.). verschiedene Vorschläge, insbesondere für den Fall, dass aufgrund fehlender Daten auf eine Expertenschätzung zurückgegriffen werden muss. Zunächst wird für die praktische Anwendung trotz der großen Auswahlmöglichkeiten in den Softwareprogrammen eine Beschränkung auf wenige Verteilungstypen, deren Parameter entweder verlässlich geschätzt werden können, die nur wenige Parameter erfordern oder die infolge einer unmittelbaren Verbindung zwischen Verteilungsparameter und Verteilungsform leicht interpretierbar sind (Klein, 2010b, S. 11), empfohlen. Dazu gehören zur Abbildung von Ereignisrisiken bei den diskreten Verteilungen die Binomial- und die Poisson-Verteilung. Innerhalb der stetigen Verteilungen, die zur Abbildung von Verteilungsrisiken dienen, basieren die Dreieckverteilung, die PERT-Verteilung und die doppelte Rechteckverteilung neben dem Ausgangswert auf einem Minimal- und einen Maximalwert. Zur Definition der stetigen Gleichverteilung sind lediglich der Minimal- und der Maximalwert notwendig. Zusätzlich werden in der Literatur die Normalverteilung und speziell für absolute Marktvariablen die Lognormalverteilung genannt (Ungemach/Hachmeister, 2019, S. 203 f.). Demgegenüber haben andere parametrische Verteilungen den Nachteil, dass deren Funktionsverlauf nicht direkt, sondern über eine komplexes Zusammenspiel der Parameter verändert wird (Mochty et al., 2018, S. 3065).

Trotz zahlreicher Vorschläge zur Modellierung der Verteilungsannahmen, kann keine verallgemeinernde Empfehlung zur Auswahl spezifischer Verteilungstypen für bestimmte Zufallsvariablen, wie etwa den Umsatz, gegeben werden. Letztendlich sind die „richtigen" Verteilungsannahmen für jede unsichere Größe unter Berücksichtigung ihrer individuellen Gegebenheiten zu treffen (Krebs et al., 2009, S. 177). Als Orientierung können dabei neben Literaturbeispielen (Abb. 4-33), insbesondere allgemeine Hinweise zur Auswahl in Abhängigkeit nach der Symmetrie, der Ausreißer oder auch der Limitation von Wertebereichen, wie sie Abb. 3-38 enthält, unterstützen. Die Abb. 4-33 gibt einen Überblick über Beispiele der Literatur mit den dort gewählten Modellen zur Unternehmensbewertung, den simulierten Einflussgrößen sowie eine Kurzzusammenfassung der Verteilungsannahmen und deren Begründung.

Für die Beispiel-Simulation werden die Verteilungsannahmen vereinfachend ohne statistische Auswertung historischer Daten subjektiv bestimmt. Dabei fließen jedoch die Hinweise der Literatur, die in Abb. 4-33 und Abb. 3-38 zusammengefasst sind, mit ein. Beispielsweise wird für das Umsatzwachstum keine unendlich negative Verteilung herangezogen. Ferner werden Verteilungstypen herangezogen, für deren Anwendung in der Literatur bereits Hinweise auf der Basis von statistischen Auswertungen zu finden sind. Wie etwa die Normalverteilung für die Kapitalkosten. Jedoch ist zu beachten, dass damit eine simplifizierte Vorgehensweise gewählt wurde und die Verteilungsannahmen im konkreten Anwendungsfall, wie oben beschrieben, auf statistischen Analysen beruhen sollten. Die Vorgehensweise zur Datengewinnung ist im Abschnitt 3.5.4 und die Auswahl der Verteilung im Abschnitt 3.7.1 skizziert. Die Abb. 4-34 und Abb. 4-35 fassen die wesentlichen Eckpunkte zur Festlegung der Verteilungsform im Beispiel zusammen. Die Annahmen der unsicheren Eingangsgrößen für die in Abschnitt 4.4.4 aufgezeigten Alternativen I bis IV werden hier zusammengefasst vorgestellt, da alle Einflussgrößen mit Ausnahme der Kapitalkosten in die jeweilige Simulation der vier Alternativen eingehen. Die Kapitalkosten bilden lediglich in der Alternative IV eine unsichere Eingangsgröße.

Eingangsgröße		Anhaltspunkte zur Festlegung der Verteilungsannahmen
1.	Umsatzwachstum g^U Jahr 1	• Umsatz kann nicht negativ werden, deshalb $g^{U;\,MIN}$ = -100 %; • unendlich hohes positives Wachstum nicht sinnvoll; • Umsatz bzw. Wachstumsrate ist in den ersten Planjahren noch gut abschätzbar, deshalb schwankt sie im Jahr 1 weniger [Ausgangswert (10 %) ± Delta von 5 %], • also g^{MIN} = 10 %-5 %= +5 % und g^{MAX} = 10 % +5 % = + 15 % und zunehmend stärker bis Jahr 4 [± Delta von 35 %], ab Jahr 5 wird mit Delta von lediglich [± 1,5 %] von konstanten Verhältnissen ausgegangen, da recht niedrige oder hohe konstante Wachstumsraten im unendlichen Zeitraum unplausibel sind; • obere und untere Beschränkung der Wachstumsrate sind symmetrisch im Bezug zum geplanten Ausgangswert (z. B. Jahr 1: g^{MIN} = +5 %; $g^{AUSGANG}$ = 10 %, g^{MAX} = 15 %) und somit auch die mögliche absolute Umsatzabweichung im Vergleich zum geplanten Umsatz; • ewige Wachstumsrate sollte unter bzw. höchstens gleich der langfristigen durchschnittlichen Wachstumsrate der Weltwirtschaft (Bruttoinlandsprodukt) bzw. der jeweils betrachteten Industrie liegen • Maximum der ewigen Wachstumsrate sollte kleiner als Kapitalkostensatz sein aufgrund der Annahme im Gordon-Shapiro-Modell für ewige Rentenformel mit konstantem Wachstum ($g^{U;\,MAX}{}_{5\ldots\infty}$= 2,5 % < *wacc* = 7,48 %)
2.	Umsatzwachstum Jahr 2	
3.	Umsatzwachstum Jahr 3	
4.	Umsatzwachstum Jahr 4	
5.	Umsatzwachstum Jahr 5 bis ∞	
6.	Umsatzrentabilität *ros*	• *ros* kann zwar negativ werden; • unendlich positive oder negative Rendite nicht sinnvoll; • Ausreißer im positiven und im negativen Bereich möglich, aber sehr selten
7.	Unternehmenssteuersatz	• negativer Steuersatz und Steuersatz >100 % nicht sinnvoll
8.	Erweiterungsinvestitionsrate OAV	• *OAV, NWC, LRS* und Umsatz können nicht negativ werden; aber ihre absolute Veränderung: wenn der Umsatz steigt (bzw. zurückgeht), soll auch investiert (bzw. desinvestiert) werden, sodass die Erweiterungsinvestitionsraten stets positiv sind; • unendlich positive Erweiterungsinvestitionsraten sind nicht sinnvoll • die möglichen Abweichungen vom Ausgangswert sind mit einem Delta von -4 % bzw. +5 % für das *OAV*, von -0,2 % bzw. +0,4 % für *NWC* sowie von -0,6 % bzw. +2,6 % für *LRS* gering, da bei steigendem Umsatz genügend OAV sowie NWC zur Herstellung der entsprechenden Produkte vorhanden sein muss, ebenso ist die Anzahl der Mitarbeiterstellen zu erhöhen und mit ihnen steigen beispielsweise die langfristigen Pensionsrückstellungen; umgekehrt werden bei rückläufigem Umsatz die Überkapazitäten abgebaut, deshalb erscheint eine eng an die Umsatzentwicklung gekoppelte Entwicklung der Erweiterungsinvestitionsraten notwendig • es wurden unsymmetrische Verteilungen gewählt, da ein schnellerer Aufbau einer höheren Kapazität bei entsprechend positiven Aussichten und gleichzeitig die Desinvestition etwas zurückhaltender bzw. langsamer in der Umsetzung angenommen wird
9.	Erweiterungsinvestitionsrate NWC	
10.	Erweiterungsrate LRS	
11.	gewichteter durchschnittlicher Kapitalkostensatz *wacc*	• negativer *wacc* und unendlich positiver *wacc* nicht sinnvoll; • Ausreißer sehr selten; • Standardabweichung mit 0,4 % so gewählt, dass die Grenzen in Form von ±3σ im Bereich zwischen 6 % und 9 % liegen und somit den *wacc*-Bereich von 6,6 % bis 8,2 % in den Jahren 2005 bis 2022 der KPMG-Kapitalkostenstudie 2022 (KPMG, 2022, S. 23) von Unternehmen aus Deutschland Österreich und der Schweiz nur geringfügig überschreitet

Abb. 4-34: Anhaltspunkte zur Festlegung der Verteilungsannahmen

Die Abb. 4-34 enthält Beschreibungen der Wertebereiche aller Einflussgrößen. Sie dienen als Anhaltspunkte zur Auswahl der Verteilungsform. Alle Einflussgrößen besitzen einen beschränkten Wertebereich. Deshalb ist die Verteilung im Simulationsprogramm beidseitig zu beschränken, sofern eine unbeschränkte Verteilungsform, wie etwa die Normalverteilung gewählt wird.

Eingangsgröße			Ausgangswert	Variation	Minimum	Maximum	Auswahl der Verteilungsart
1.	Umsatzwachstum Jahr 1	g^{U}_{1}	0,100	Ausgangswert ±5 %	0,050	0,150	empirischer Befund von Vergleichsdaten (in Anlehnung an Weisheit et al., 2019, S. 1282 ff.)
2.	Umsatzwachstum Jahr 2	g^{U}_{2}	0,050	Ausgangswert ±15 %	-0,100	0,200	
3.	Umsatzwachstum Jahr 3	g^{U}_{3}	0,020	Ausgangswert ±25 %	-0,230	0,270	
4.	Umsatzwachstum Jahr 4	g^{U}_{4}	0,010	Ausgangswert ±35 %	-0,340	0,360	
5.	Umsatzwachstum Jahr 5 bis ∞	$g^{U}_{5\ldots\infty}$	0,010	Ausgangswert ±1,5 %	-0,005	0,025	
6.	Umsatzrentabilität	*ros*	0,05	Ausgangswert ±10 %	-0,050	0,15	pragmatische Einschätzung
7.	Unternehmenssteuersatz	s^{Unt}	*0,30*	Ausgangswert ±3 %	0,27	0,33	
8.	Erweiterungsinvestitionsrate OAV	e^{OAV}	0,40	Ausgangswert -4 % und +5 %	0,36	0,45	
9.	Erweiterungsinvestitionsrate NWC	e^{NWC}	0,04	Ausgangswert -0,2 % und +0,4 %	0,038	0,044	
10.	Erweiterungsrate LRS	e^{LRS}	0,08	Ausgangswert -0,6 % und +2,6 %	0,074	0,100	
11.	gewichteter durchschnittlicher Kapitalkostensatz	*wacc*	0,0748	Ausgangswert -±3σ = ±3*0,4 % ±1,2 %	0,0628	0,0868	

Abb. 4-35: Bestimmung des Wertebereichs der Eingangsgrößen mittels Dreipunktschätzung

In Abb. 4-35 sind die Werte der deterministischen Betrachtung aus der Abb. 1-81 im Abschnitt 1.2.3.4 als „Ausgangswerte“ enthalten. Im Falle einer symmetrischen Verteilungsform handelt es sich dabei gleichzeitig um den Erwartungswert, den wahrscheinlichsten Wert (Modus) und den Wert in der Mitte (Median). Liegt eine unsymmetrische Verteilung vor, fallen die Werte auseinander (Abb. 3-30). Im Beispiel dient der Ausgangswert etwa in der Dreieckverteilung als Modus. Neben dem Ausgangswert werden für jede Eingangsgröße ein Minimum und ein Maximum festgelegt. Die Minimal- und Maximalwerte bilden zum einen Parameter in den Verteilungen, die darauf aufbauen, wie etwa die Gleichverteilung, die doppelte Rechteckverteilung, die PERT-Verteilung und die Dreieckverteilung.

Eingangsgröße		Verteilungsform	Verteilungsparameter	Wahrscheinlichkeitsdichtfunktion
1.	Umsatzwachstum Jahr 1	logistische Verteilung mit beidseitiger Beschränkung	Erwartungswert $E(X) = 0{,}1$; Skalenparameter = 0,01	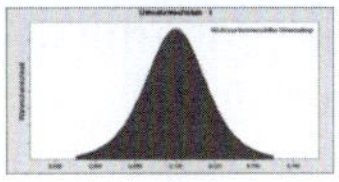
2.	Umsatzwachstum Jahr 2		Erwartungswert $E(X) = 0{,}05$; Skalenparameter = 0,022	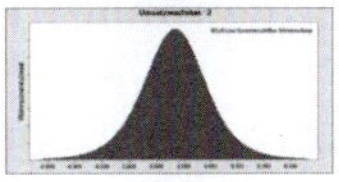
3.	Umsatzwachstum Jahr 3		Erwartungswert $E(X) = 0{,}02$; Skalenparameter = 0,038	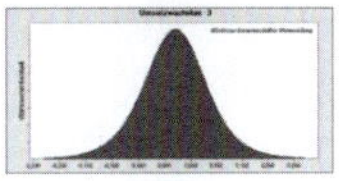
4.	Umsatzwachstum Jahr 4		Erwartungswert $E(X) = 0{,}01$; Skalenparameter = 0,06	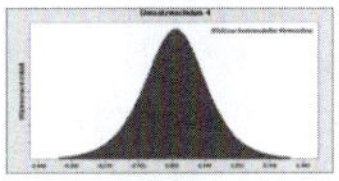
5.	Umsatzwachstum Jahr 5 bis ∞		Erwartungswert $E(X) = 0{,}01$; Skalenparameter = 0,03	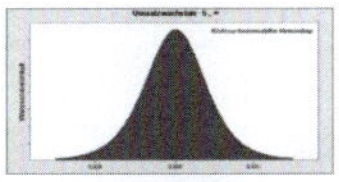
6.	Umsatzrentabilität	Normalverteilung mit beidseitiger Beschränkung	Erwartungswert $\mu = 0{,}05$; Standardabweichung $\sigma = 0{,}04$	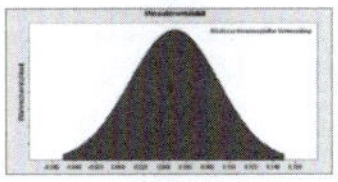
7.	Unternehmenssteuersatz	Gleichverteilung	Minimalwert $x^{MIN} = 0{,}27$; Maximalwert $x^{MAX} = 0{,}33$	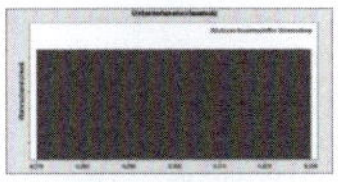
8.	Erweiterungsinvestitionsrate *OAV*	Doppelte Rechteckverteilung (benutzerdefinierte Verteilung)	Minimalwert $x^{MIN} = 0{,}36$; Maximalwert $x^{MAX} = 0{,}45$; Median med = 0,4	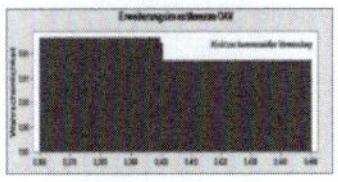
9.	Erweiterungsinvestitionsrate *NWC*	rechtsteile PERT-Verteilung	Minimalwert $x^{MIN} = 0{,}038$; Maximalwert $x^{MAX} = 0{,}044$; Modus $x^{MOD} = 0{,}04$	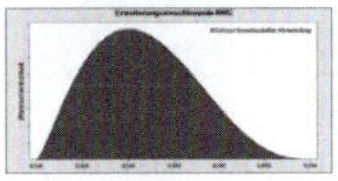
10.	Erweiterungsrate *LRS*	linkssteile Dreieckverteilung	Minimalwert $x^{MIN} = 0{,}074$; Maximalwert $x^{MAX} = 0{,}1$; Modus $x^{MOD} = 0{,}08$	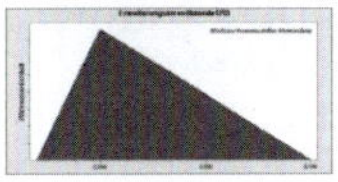
11.	gewichteter durchschnittlicher Kapitalkostensatz	Normalverteilung mit beidseitiger Beschränkung	Erwartungswert $\mu = 0{,}0748$; Standardabweichung $\sigma = 0{,}004$	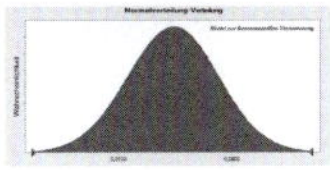

Abb. 4-36: Verteilungsannahmen der Eingangsgrößen

Zum anderen dienen sie als Beschränkung des Wertebereichs. Bei den genannten Verteilungen handelt es sich bereits um durch das Minimum und Maximum beschränkte Verteilungen. Im Softwareprogramm Crystal Ball besteht für unbeschränkte Verteilungen, wie etwa für die logistische Verteilung und die Normalverteilung, die Möglichkeit einer Begrenzung anhand des Minimums und Maximums. Dadurch ist eine Nutzung von unbeschränkten Verteilungsformen möglich, auch wenn sie zunächst nicht mit dem Wertebereich der Eingangsgrößen übereinstimmen. Beispielsweise ist die Normalverteilung von minus bis plus unendlich definiert und wird im weiteren Verlauf für die Simulation der Umsatzrendite mit einem festgelegten Wertebereich von -5 % bis +15 % eingesetzt. Die Abb. 4-36 zeigt für die Verteilungsannahmen der Eingangsgrößen die gewählte Verteilungsform mit den dazugehörigen Verteilungsparameter.

4.4.2.4 Annahmen zu stochastischen Abhängigkeiten

Neben der Verteilungsform mit ihren Parametern und den Begrenzungen umfasst die Definition der Verteilungsannahmen ebenfalls die Bestimmung stochastischer Abhängigkeiten (Kapitel 3.8) zwischen den unsicheren Eingangsgrößen. Das Beispiel beschränkt sich mit den Korrelationskoeffizienten vereinfachend auf lineare Zusammenhänge. Die Simulation stochastischer Prozesse einzelner Einflussgrößen ist in der hiesigen Betrachtung ausgeschlossen. Zur Vertiefung des Themenkomplexes wird auf die weiterführende Literatur (Pohl, 2013, S. 626 ff.) sowie den dort enthaltenen Literaturüberblick verwiesen.

		g^U_1	g^U_2	g^U_3	g^U_4	g^U_5	*ros*	e^{OAV}	e^{NWC}	e^{LRS}
Umsatzwachstum Jahr 1	g^U_1	1	0,3	0,2772	0,2719	0,2994	0,2	0,4	0,4	0,4
Umsatzwachstum Jahr 2	g^U_2		1	0,3	0,249	0,2719	0,2	0,4	0,4	0,4
Umsatzwachstum Jahr 3	g^U_3			1	0,3	0,2772	0,2	0,4	0,4	0,4
Umsatzwachstum Jahr 4	g^U_4				1	0,3	0,2	0,4	0,4	0,4
Umsatzwachstum Jahr 5 – ∞	g^U_5					1	0,2	0,4	0,4	0,4
Umsatzrentabilität	*ros*						1	0,1931	0,1931	0,1931
Erweiterungsinvestitionsrate *OAV*	e^{OAV}							1	0,4239	0,4239
Erweiterungsinvestitionsrate *NWC*	e^{NWC}								1	0,4239
Erweiterungsrate *LRS*	e^{LRS}									1

Abb. 4-37: Korrelationsmatrix der Eingangsgrößen

In der Beispiel-Simulation werden die Korrelationskoeffizienten vereinfachend ohne statistische Auswertung historischer Daten basierend auf Überlegungen zu ökonomischen Zusammenhängen angenommen. Es werden Korrelationen zwischen den Eingangsgrößen Umsatzwachstum, Umsatzrentabilität und den Erweiterungsinvestitionsraten unterstellt. Für das Umsatzwachstum wird angenommen, dass es mit dem Umsatzwachstum des Vorjahres schwach positiv korreliert. Schließlich begünstigt ein hohes Wachstum in einem Jahr ein hohes Wachstum in der Folgeperiode (Moser/Schieszl, 2001, S. 536). Weiterhin wird von einem schwach positiven Zusammenhang der Erweiterungsinvestitionsraten zum Umsatzwachstum ausgegangen, da die Investitionen vom Umsatzwachstum abhängen. Je mehr Umsatz durch steigenden Absatz generiert wird, desto stärker kann und muss investiert werden, denn nur mit zunehmender Unternehmensgröße können überhaupt die Produkte für den wachsenden Umsatz erzeugt werden. Umgekehrt sind die Kapazitäten abzubauen, wenn der Umsatz schrumpft, um nicht notwendige Fixkosten abzubauen. Ferner wird eine Korrelation zwischen der Umsatzrendite und dem Umsatzwachstum unterstellt. Das Umsatzwachstum hat Einfluss auf Umsatzrendite, da mit abnehmendem Umsatz zwar die variablen Kosten aber nicht immer die Fixkosten schnell angepasst werden können, sinkt die Umsatzrendite. Andererseits steigt die Umsatzrendite infolge der Fixkostendegression, wenn mit höherer Kapazitätsauslastung mehr Umsatz generiert werden kann, bevor eine Kapazitätserweiterung notwendig ist. Für die Eingangsgrößen Unternehmenssteuersatz und gewichteter Kapitalkostensatz werden keine Zusammenhänge zu den anderen Parametern unterstellt. Die Korrelationskoeffizienten werden in Crystal Ball in eine Korrelationsmatrix (Abb. 4-37) eingetragen, in der dann die Software unter Berücksichtigung vom Berechnungsmodell weitere, grau hinterlegte Korrelationskoeffizienten automatisch ergänzt, damit alle Korrelationen im Modell vollständig beschrieben sind.

4.4.2.5 Simulation

Nachdem im Berechnungsmodell alle Annahmen der Eingangsgrößen definiert sind, erfolgt die Simulation. Dafür ist die Anzahl der Simulationsläufe zu bestimmen. Dazu wird in Crystal Ball die Anzahl der Simulationsläufe für das Beispiel auf 100.000 festgelegt.

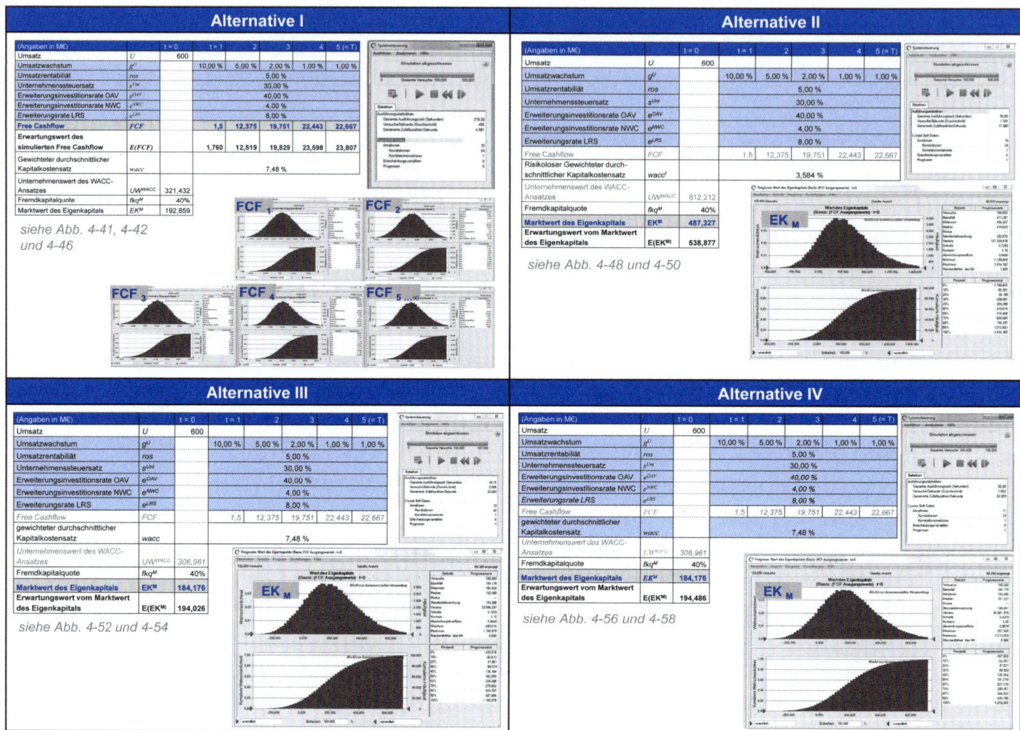

Abb. 4-38: Simulation der Alternativen I bis IV

Die Simulation erfolgt für jede Alternative I bis IV, die im Abschnitt 4.4.4 vorgestellt wurden, separat mithilfe des Softwareprogramms Crystal Ball. Sie unterscheiden sich im Wesentlichen durch ihre Zielgröße, entweder in Form vom Free Cashflow (Alternative I) oder in Form vom Marktwert des Eigenkapitals (Alternative II bis IV) und durch die Kapitalkosten sowie deren Berücksichtigung in der Simulation.

Dass die festgelegten Grenzen in der Simulation (siehe Abb. 4-35 und Abb. 4-36) auch für die theoretisch unbeschränkten Verteilungsformen nicht überschritten werden, kann nach dem Simulationslauf anhand der „extrahierten Daten" überprüft werden, indem der Minimal- und der Maximal-Wert aller simulierten Parameter mit den festgelegten Werten verglichen wird. Den Vergleich zeigt Abb. 4-39 beispielhaft für die simulierte Alternative I.

Eingangsgröße			festgelegter Wertebereich			Bandbreite der Simulation	
			Ausgangswert	Minimum	Maximum	Minimum	Maximum
1.	Umsatzwachstum Jahr 1	$g^U{}_1$	0,100	0,050	0,150	0,050	0,150
2.	Umsatzwachstum Jahr 2	$g^U{}_2$	0,050	-0,100	0,200	-0,100	0,200
3.	Umsatzwachstum Jahr 3	$g^U{}_3$	0,020	-0,230	0,270	-0,230	0,270
4.	Umsatzwachstum Jahr 4	$g^U{}_4$	0,010	-0,340	0,360	-0,340	0,359
5.	Umsatzwachstum Jahr 5 bis ∞	$g^U{}_{5...\infty}$	0,010	-0,005	0,025	-0,005	0,025
6.	Umsatzrentabilität	*ros*	0,05	-0,050	0,15	-0,050	0,150
7.	Unternehmenssteuersatz	s^{Unt}	*0,30*	0,27	0,33	0,270	0,330
8.	Erweiterungsinvestitionsrate OAV	e^{OAV}	0,40	0,36	0,45	0,360	0,450
9.	Erweiterungsinvestitionsrate NWC	e^{NWC}	0,04	0,038	0,044	0,038	0,044
10.	Erweiterungsrate LRS	e^{LRS}	0,08	0,074	0,100	0,074	0,100
11.	gewichteter durchschnittlicher Kapitalkostensatz	*wacc*	0,0748				

Abb. 4-39: Wertebereiche der simulierte Eingangsparameter der Alternative I

4.4.2.6 Ergebnis und Interpretation

In der Abb. 4-40 sind die zusammengefassten Simulationsergebnisse der Alternativen I bis IV gegenübergestellt. Diese werden nachfolgend für jede Alternative detaillierter erläutert.

(in M€)		Alternative I	Alternative II	Alternative III	Alternative IV
Zielgröße		Free Cashflows: FCF_1, FCF_2, FCF_3, FCF_4, $FCF_{5...\infty}$	Unternehmenswert EK^M	Unternehmenswert EK^M	Unternehmenswert EK^M
Diskontierungssatz		einwertig, risikoadjustiert: wacc	einwertig, risikolos: $wacc^f$	einwertig, risikoadjustiert: wacc	mehrwertig, risikoadjustiert: wacc
Ausgangswert EK^M		184,176	487,327	184,176	184,176
Simulationsergebnisse	Erwartungswert	$EK^M(E(FCF))$ * = 192,859	$E(EK^M)$ = 538,877	$E(EK^M)$ = 194,026	$E(EK^M)$ = 194,486
	σ^{EKM}	*Simulation von FCF, daher liegen Werte nur für FCF vor und sind nicht mit den Ergebnissen der anderen Alternativen vergleichbar*	516,67	183,265	185,451
	Minimum		-1.701,038	-433,016	-387,908
	Maximum		4.656,6531	1.150,979	1.213,009
	Wahrscheinlichkeit ...		**... den Ausgangswert zu überschreiten:**		
			$p(X > 487,327)$ = 49 %	$p(X > 184,176)$ = 50 %	$p(X > 184,176)$ = 49 %
			... für einen positiven Unternehmenswert $p(X > 0$ M€$)$		
			87 %	86 %	86 %

Erläuterungen
**Hier: kein aus der Simulation direkt resultierender Erwartungswert des Unternehmenswerts EK^M, da der Unternehmenswert selbst nicht simuliert wird und stattdessen auf dem Erwartungswert der simulierten Free Cashflow (FCF) basiert*
σ^{EKM} ...Standardabweichung des Unternehmenswertes EK^M
EK^M ... Marktwert des Eigenkapitals

Abb. 4-40: Übersicht der Simulationsergebnisse der Alternativen I bis IV

In allen vier alternativ durchgeführten Simulationen resultieren jeweils 100.000 verschiedene Szenarien. Während im Rahmen der Alternative I jeweils 100.000 mögliche Free Cashflows für jeden betrachteten Zeitraum, zufällig generiert wurden, führt die Simulation der Alternative II bis IV jeweils zu 100.000 verschiedenen Unternehmenswerten in Form vom Marktwert des Eigenkapitals. Mit der Simulation erfolgt eine Umwandlung der mehrwertigen Überlegungen des Prognosestellers aus dem „Schritt 2: Verteilungsannahmen" in eine Zielgrößenbandbreite, mit der Transparenz der inhärenten Unsicherheit gegenüber der deterministischen Planung geschaffen wird und dadurch den Adressaten hinsichtlich der Unsicherheit der Zukunft sensibilisiert. Auch wenn die Wahrscheinlichkeit der simulierten Werte in den Randbereichen tendenziell stark abnimmt, sind Szenarien, die über die Randbereiche hinausgehen, nicht auszuschließen, da die simulierte Bandbreite auf den Prämissen hinsichtlich der Eingangsdaten fußen (Ackermann et al., 2019, S. 2700 ff.).

Simulationsergebnisse der Alternative I

Durch die Simulation der Free Cashflows auf Basis der Werttreiber in Alternative I wird gegenüber der deterministischen Free-Cashflow-Planung die Unsicherheit der zukünftigen bewertungsrelevanten Überschüsse verdeutlicht (Förster, 2011, S. 353). Die Abb. 4-41 und Abb. 4-42 zeigen schemenhaft das Berechnungsmodell sowie die Histogramme der Simulationsergebnisse aller simulierten Free Cashflows. Die Simulationsergebnisse vom Free Cashflow aus Periode 1 enthält Abb. 4-46 in vergrößertem Format. Die jeweils an der rechten Seite aufgeführten statistischen Parameter bzw. Prognosewerte der Free Cashflows aller Jahre zeigt Abb. 4-43 nochmals vergrößert.

(Angaben in M€)		t = 0	t = 1	2	3	4	5 (= T)
Umsatz	U	600					
Umsatzwachstum	g^U		10,00 %	5,00 %	2,00 %	1,00 %	1,00 %
Umsatzrentabiliät	ros		5,00 %				
Unternehmenssteuersatz	s^{Unt}		30,00 %				
Erweiterungsinvestitionsrate OAV	e^{OAV}		40,00 %				
Erweiterungsinvestitionsrate NWC	e^{NWC}		4,00 %				
Erweiterungsrate LRS	e^{LRS}		8,00 %				
Free Cashflow	***FCF***		**1,5**	**12,375**	**19,751**	**22,443**	**22,667**
Erwartungswert des simulierten Free Cashflow	***E(FCF)***		**1,760**	**12,519**	**19,829**	**23,598**	**23,807**
Gewichteter durchschnittlicher Kapitalkostensatz	$wacc$		7,48 %				
Unternehmenswert des WACC-Ansatzes	UW^{WACC}	321,432					
Fremdkapitalquote	fkq^M	40%					
Marktwert des Eigenkapitals	EK^M	192,859					

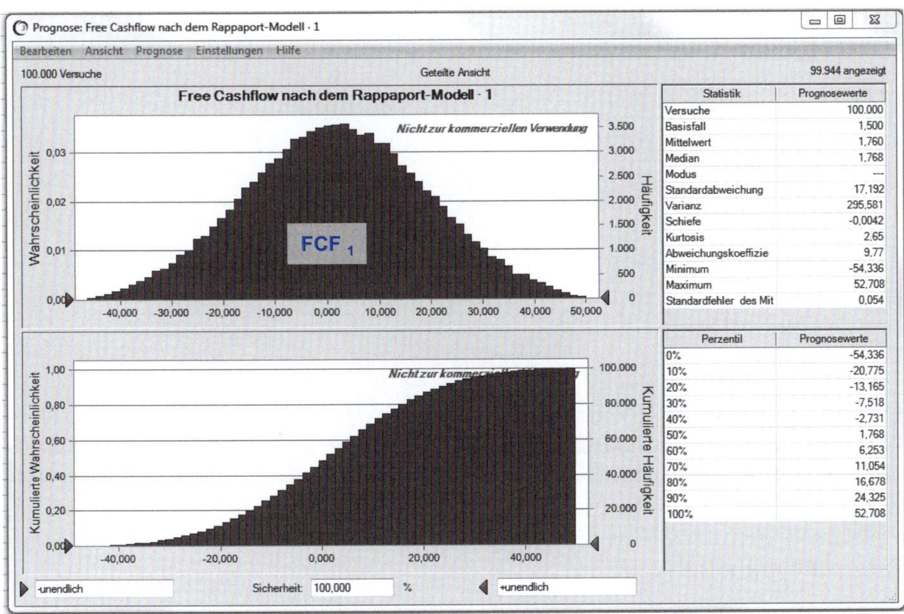

Abb. 4-41: Simulationsergebnis Alternative I und Histogramm des simulierten Free Cashflow Jahr 1

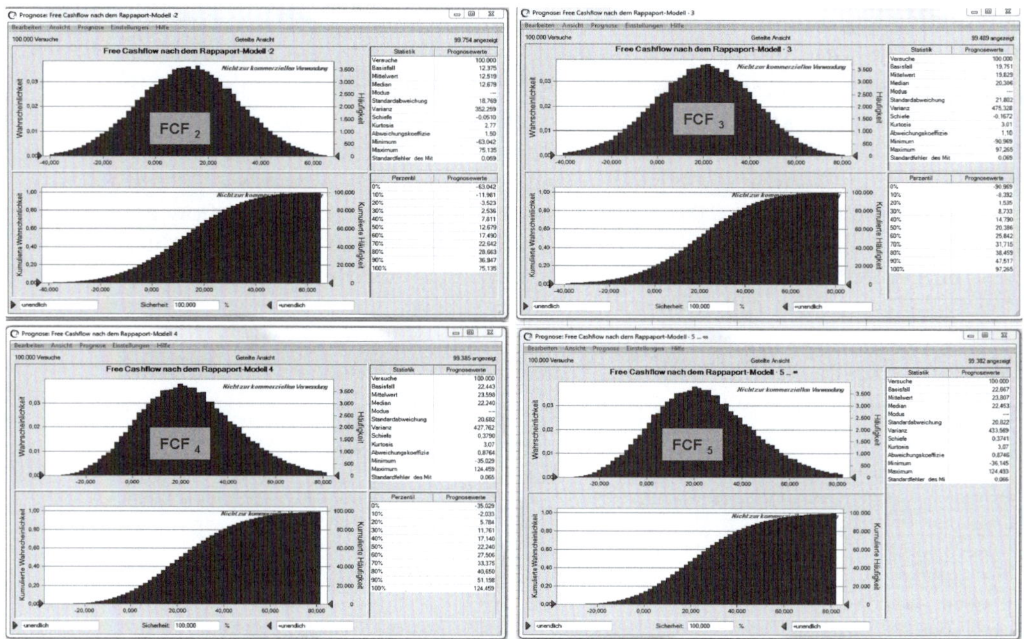

Abb. 4-42: Histogramme der simulierten Free Cashflows Jahr 2 bis Jahr 5

Aus der Softwaregestützten Simulation der Free Cashflows jeder Periode resultiert ein entsprechender Erwartungswert (siehe Abb. 4-41 und Abb. 4-43), der statt des Ausgangswertes bzw. des Basisfalls nun die Grundlage der Unternehmensbewertung bildet. Der neu berechnete Marktwert des Eigenkapitals in Höhe von 192,859 M€ weicht von dem des Ausgangsszenarios in Höhe von 184,176 M€ ab:

$$UW_0^{WACC} = \sum_{t=1}^{T} \frac{FCF_t}{(1+wacc)^t} + \frac{FCF_T \times (1+g)}{wacc - g} \times \frac{1}{(1+wacc)^T}$$

$$UW_0^{WACC} = \frac{1{,}76M€}{1{,}0748} + \frac{12{,}159M€}{1{,}0748^2} + \frac{19{,}829M€}{1{,}0748^3} + \frac{23{,}298M€}{1{,}0748^4} + \frac{23{,}807M€}{(0{,}0748-0{,}01)\times 1{,}0748^4}$$

$$UW_0^{WACC} = 321{,}432M€$$

$$EK_0^M = UW_0^{WACC} \times (1 - fkq_0^M)$$

$$EK_0^M = 321{,}432M€ \times (1-0{,}4) = 192{,}859M€$$

Die Abb. 4-43 beninhaltet neben dem Erwartungswert weitere statistische Parameter, wie etwa die Standardabweichung oder auch verschiedene Perzentile, die von der Software Crystal Ball zusammen mit den Histogrammen ausgegeben werden (siehe Abb. 4-46). Nachfolgend werden die Parameter beispielhaft für das Jahr 1 erläutert. Eine grundlegende Charakterisierung der statistischen Parameter enthält Kapitel 3.6

	Prognosewerte Free Cashflow				
	t = 1	2	3	4	5 … ∞
Basisfall (M€)	1,500	12,375	19,751	22,443	22,667
Mittelwert bzw. Erwartungswert (M€)	1,760	12,519	19,829	23,598	23,807
Median (M€)	1,768	12,679	20,386	22,240	22,453
Standardabweichung (M€)	17,192	18,769	21,802	20,682	20,822
Varianz (M€^{2})	295,581	352,259	475,328	427,762	433,569
Schiefe	-0,0042	-0,0510	-0,1672	0,3790	0,3741
Kurtosis	2,65	2,77	3,01	3,07	3,07
Abweichungskoeffizient (Variationskoeffizient)	9,77	1,50	1,10	0,8764	0,8746
Maximum (M€)	52,708	75,135	97,265	124,459	124,493
75 %-Perzentil (oberes Quartil) (M€)	13,68	25,50	35,00	36,76	37,07
25 %-Perzentil (unteres Quartil) (M€)	-10,22	-0,38	5,38	8,90	9,01
Minimum (M€)	-54,336	-63,042	-90,969	-35,029	-36,145
Breite des Bereichs (M€)	107,044	138,177	188,234	159,488	160,638
Standardfehler des Mittelwerts (M€)	0,054	0,059	0,069	0,065	0,066

Abb. 4-43: Parameter der Simulationsergebnisse von Alternative I

Wie in Abb. 4-43 ersichtlich ist, weicht der Erwartungswert der Free Cashflows in allen Planperioden geringfügig vom ursprünglichen Ausgangswert des Berechnungsmodells (Basisfall) ab. Im Jahr 1 liegt der Erwartungswert mit 1,76 M€ um 0,26 M€ über der Punktschätzung von 1,5 M€. Der Median bzw. das 50 %-Perzentil in Höhe von 1,768 M€ teilt die Merkmalswerte hälftig auf, das heißt die Hälfte der 100.000 simulierten Szenarien liegt unter einem Free Cashflow von 1,768 M€ und die andere Hälfte darüber. Somit besteht eine 50 %-ige Wahrscheinlichkeit dafür den Free Cashflow im Jahr 1 zu überschreiten aber auch zu unterschreiten.

Der Minimalwert von -54,336 M€ und der Maximalwert von 52,708 M€ sowie die daraus resultierende Spannweite von 107,044 M€ zeigen das Ausmaß der Unsicherheit ebenso wie die durchschnittliche Abweichung vom Erwartungswert mit 17,192 M€ (Standardabweichung). Die Varianz mit 295,581 M€^{2} bildet die quadrierte durchschnittliche Differenz zum Mittelwert. Der Abweichungskoeffizient ist ein relatives Streuungsmaß, der einen Vergleich zwischen den Free-Cashflow-Werten aller Perioden erlaubt. Der Free Cashflow aus dem Jahr 1 besitzt mit 9,77 eine wesentlich höhere relative Streuung als die simulierten Free Cashflows der übrigen Jahre. Die Ursache liegt im vergleichsweise geringen Erwartungswert im Jahr 1 von 1,76 M€, weshalb die Standardabweichung im Jahr 1 um das 9,77-fache über dem Erwartungswert liegt. Anhand der negativen Schiefe von -0,0042 aber auch daran, dass der Median in Höhe von 1,768 M€ größer als der Erwartungswert von 1,76 M€ ist, erkennt man das Vorliegen einer rechtsteilen Verteilung der Simulationsergebnisse. Da die Kurtosis von 2,65 kleiner als 3 ist, liegt eine leicht flachgipflige Verteilung vor. Somit sind die Merkmalswerte weniger stark um den Erwartungswert verteilt.

In der Abb. 4-46 sind zusätzlich alle Dezile bzw. die Perzentile in 10 %-Schritten angegeben. Aus den „extrahierten Daten" der Simulation können zusätzlich das obere und das untere Quartil zur Erstellung eines Boxplots generiert werden, um die in Abb. 4-43 blau umrahmten Kennzahlen „Median, Minimum, Maximum sowie oberes und unteres Quantil" anschaulich in einer Grafik (siehe Abb. 4-44) darzustellen.

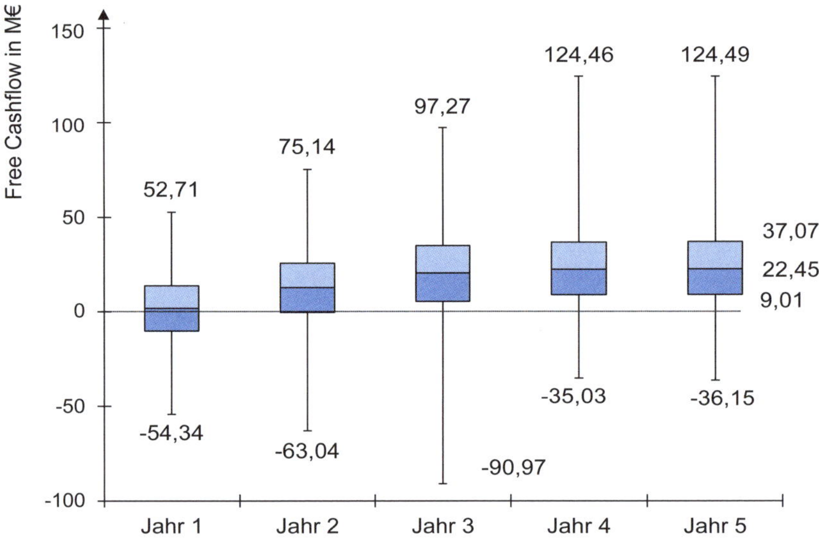

Abb. 4-44: Boxplot der Simulationsergebnisse von Alternative I

Aus den Perzentilen wie auch aus der oberen Grafik in Abb. 4-46 wird ersichtlich, dass die Szenarien der Randbereiche seltener auftreten. Beispielsweise sind lediglich 10 % aller simulierten 100.000 Free-Cashflow-Werte im Jahr 1 kleiner als -20,775 M€. In der at-Risk-Denkweise werden die 10 % als Irrtumswahrscheinlichkeit bezeichnet. Daraus leitet sich ein beinahe Worst Case von –20,775 M€ ab. Oder anders formuliert: lediglich mit 10 %-iger Wahrscheinlichkeit wird der Free Cashflow von -20,775 M€ unterschritten. Das 10 %-Perzentil von –20,775 M€ sagt jedoch nichts darüber aus, in welcher Höhe der Wert unterschritten werden kann. Den Simulationsergebnisse ist zu entnehmen, dass der tatsächliche Worst Case aller 100.000 simulierten Werte bei -54,336 M€ (Minimum) liegt und bei 100.000 Simulationsläufen eine Eintrittswahrscheinlichkeit von 1/100.000 hat. Der simulierte Minimalwert basiert auf den in der Abb. 4-45 gezeigten Parameterwerten. Er erreicht nicht den theoretisch denkbaren Worst Case in Höhe von 62,985 M€, der ebenfalls in der Abb. 4-45 enthalten ist. Zur Berechnung des theoretischen Minimalwertes (Worst Case) sind die Eingangsparameter so zu wählen, dass daraus der kleinste mögliche Free Cashflow resultiert. Dabei sind für die Eingangsparameter je nach Formel und Parameterkonstellation nicht zwangsläufig die kleinsten Ausprägungen vom Wertebereich heranzuziehen. Entgegen der Intuition führt im Beispiel etwa nicht die kleinste (5 %), sondern die größte (15 %) Umsatzwachstumsrate im Jahr 1 zum kleinsten Free Cashflow. Auf der anderen Seite verdeutlicht das 90-Perzentil, dass nur 10 % der Free-Cashflow-Szenarien den Wert von +24,325 M€ überschreiten. Der Maximalwert aller simulierten Free-Cashflow-Werte im Jahr 1 beträgt 52,708 M€ und ist kleiner als der theoretische Best Case in Höhe von 60,045 M€.

	Parameterwerte zur Berechnung des Free Cashflows vom …				
Umsatz Jahr 0 (M€)	600	600	600	600	600
Umsatzwachstum Jahr 1	0,15	0,1316	0,1	0,0834	0,05
Umsatzrentabilität	-0,05	-0,0484	0,05	0,1488	0,15
Unternehmenssteuersatz	0,27	0,2883	0,3	0,2882	0,27
Erweiterungsinvestitions-rate OAV	0,45	0,4359	0,4	0,36872	0,36
Erweiterungsinvestitions-rate NWC	0,044	0,0390	0,04	0,0402	0,038
Erweiterungsrate LRS	0,074	0,0833	0,08	0,0865	0,1
Extremwerte …	theoretisches Minimum	simuliertes Minimum	Basisfall	simuliertes Maximum	theoretisches Maximum
Free Cashflow Jahr 1 (M€)	**-62,985**	**-54,336**	**1,500**	**52,708**	**60,045**

Abb. 4-45: Eingangsparameter zur Bestimmung der Extremwerte

Mithilfe der Perzentile kann nicht nur die Unter- oder Überschreitungswahrscheinlichkeit in 10 %-Schritten bestimmt werden. Die Simulationsergebnisse erlauben zusätzlich die Ermittlung der Über- oder Unterschreitungswahrscheinlichkeit für jeden beliebigen Punkt oder jedes beliebige Intervall. Die Wahrscheinlichkeit für einen negativen Free Cashflow lässt sich als Unterschreitungswahrscheinlichkeit entweder in der unteren Grafik der Abb. 4-46 bei dem Wert FCF = 0 M€ mit 46,022 % ablesen oder anhand des 46 %-Perzentils = 0 M€ bestimmen. Daraus folgt, dass in 100 % – 46 % = 54 % aller simulierten Werte der Free Cashflow im Jahr 1 positiv sind. Der Standardfehler des Mittelwertes gibt Auskunft über die Genauigkeit der Messung des Mittelwertes (Hedderich/Sachs, 2016, S. 102). Sie erhöht sich mit zunehmender Anzahl an Simulationsdurchläufen, da dadurch der Standardfehler des Mittelwertes sinkt. Für den Free Cashflow im Jahr 1 beträgt er 0,054 M€. Damit kann das Intervall, in dem der „wahre" Mittelwert zu erwarten ist, beschrieben werden:

$$1{,}76\ \text{M€} - 0{,}054\ \text{M€} \leq \text{Erwartungswert} \leq 1{,}76\ \text{M€} + 0{,}054\ \text{M€}.$$

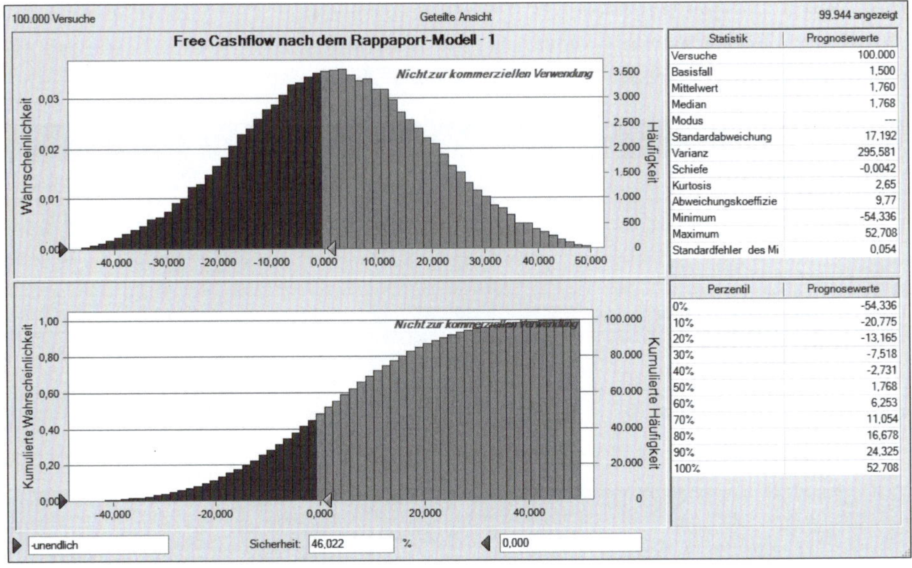

Statistik	Prognosewerte
Versuche	100.000
Basisfall	1,500
Mittelwert	1,760
Median	1,768
Modus	---
Standardabweichung	17,192
Varianz	295,581
Schiefe	-0,0042
Kurtosis	2,65
Abweichungskoeffizie	9,77
Minimum	-54,336
Maximum	52,708
Standardfehler des Mi	0,054

Perzentil	Prognosewerte
0%	-54,336
10%	-20,775
20%	-13,165
30%	-7,518
40%	-2,731
50%	1,768
60%	6,253
70%	11,054
80%	16,678
90%	24,325
100%	52,708

Abb. 4-46: Simulationsergebnis Free Cashflow Jahr 1 (Alternative I) mit Crystal Ball

Zusätzlich zeigt Grafik aus Abb. 4-47, dass der Free Cashflow des Ausgangszenarios in Höhe von 1,5 M€ mit einer Wahrscheinlichkeit von 49,36 % erreicht oder unterschritten und entsprechend in 50,64 % der Fälle überschritten wird.

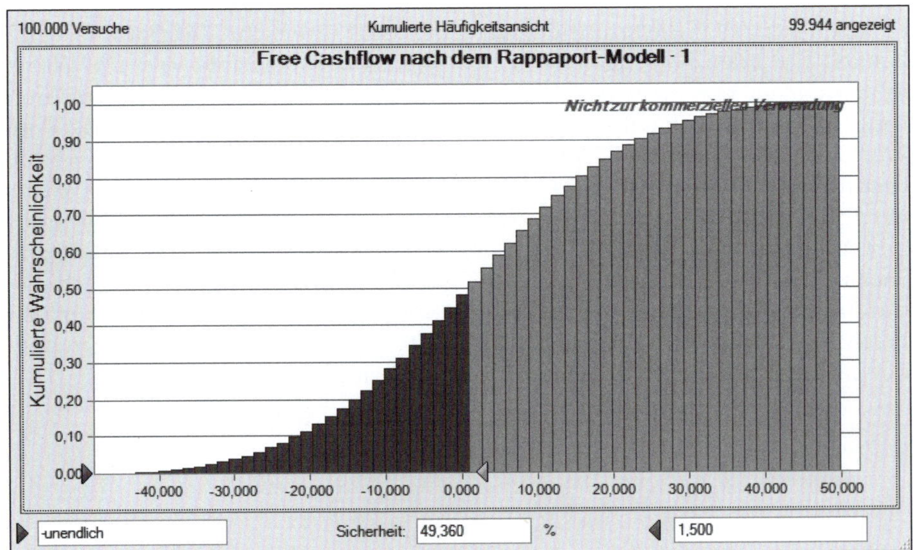

Abb. 4-47: Simulationsergebnis Free Cashflow Jahr 1 (Alternative I) mit Crystal Ball: Unterschreitungswahrscheinlichkeit für den Free-Cashflow-Wert von 1,5 M€

Simulationsergebnisse der Alternative II

Im Rahmen der Alternative II erfolgt die Simulation des Unternehmenswertes „Marktwert des Eigenkapitals“. Dafür werden wiederum die Eingangsparameter der Free-Cashflow-Werte jeder Periode entsprechend den getroffen Annahmen variiert und im Berechnungsmodell mit dem risikolosen Zins diskontiert. Somit zeigt sich die Unsicherheit in der Variationsbreite vom Marktwert des Eigenkapitals. Die Abb. 4-48 zeigt das Berechnungsmodell sowie das Histogramm der Simulationsergebnisse aller simulierten Eigenkapitalwerte skizzenhaft im Überblick.

(Angaben in M€)		t = 0	t = 1	2	3	4	5 (= T)
Umsatz	U	600					
Umsatzwachstum	g^U		10,00 %	5,00 %	2,00 %	1,00 %	1,00 %
Umsatzrentabiliät	ros		5,00 %				
Unternehmenssteuersatz	s^{Unt}		30,00 %				
Erweiterungsinvestitionsrate OAV	e^{OAV}		40,00 %				
Erweiterungsinvestitionsrate NWC	e^{NWC}		4,00 %				
Erweiterungsrate LRS	e^{LRS}		8,00 %				
Free Cashflow	FCF		1,5	12,375	19,751	22,443	22,667
Risikoloser Gewichteter durchschnittlicher Kapitalkostensatz	$wacc^f$		3,584 %				
Unternehmenswert des WACC-Ansatzes	UW^{WACC}	812,212					
Fremdkapitalquote	fkq^M	40%					
Marktwert des Eigenkapitals	$\mathbf{EK^M}$	**487,327**					
Erwartungswert vom Marktwert des Eigenkapitals	$\mathbf{E(EK^M)}$	**538,877**					

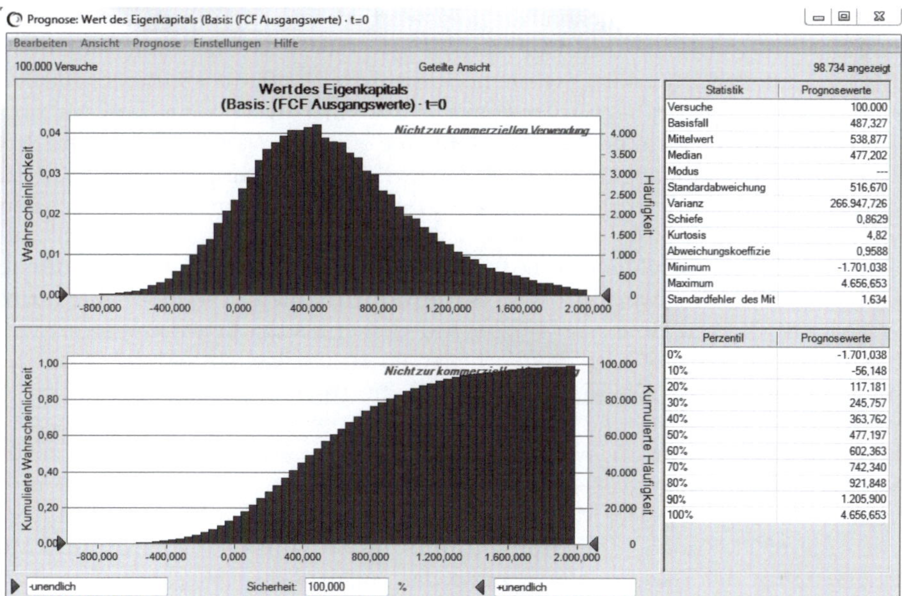

Abb. 4-48: Histogramme der Simulationsergebnisse von Alternativen II

Die Abb. 4-49 enthält die statistischen Prognosewerte der Simulation, die von der Software Crystal Ball zusammen mit dem Histogramm ausgegeben werden (siehe unterer Teil aus Abb. 4-48). Im weiteren Verlauf werden die Parameter der Simulations-Alternative II näher erläutert. Eine grundlegende Charakterisierung der statistischen Parameter enthält Kapitel 3.6

	Prognosen zum Eigenkapitalwert
Basisfall (M€)	487,327
Mittelwert bzw. Erwartungswert (M€)	538,877
Median (M€)	477,202
Standardabweichung (M€)	516,670
Varianz (M€²)	266.947,726
Schiefe	0,8629
Kurtosis	4,82
Abweichungskoeffizient bzw. Variationskoeffizient (M€)	0,9588
Minimum (M€)	-1.701,038
Maximum (M€)	4.656,653
Breite des Bereichs (M€)	6.357,692
Standardfehler des Mittelwerts (M€)	1,634

Abb. 4-49: Parameter der Simulationsergebnisse von Alternative II

Wie Abb. 4-49 zeigt, übersteigt der Erwartungswert des Eigenkapitalwertes mit 538,877 M€ den ursprünglichen Ausgangswert des Berechnungsmodells (Basisfall) in Höhe von 487,327 M€. Der Median bzw. das 50 %-Perzentil in Höhe von 477,202 M€ teilt die Merkmalswerte hälftig auf, das heißt die Hälfte der 100.000 simulierten Szenarien liegt unter dem Unternehmenswert von 477,202 M€ und die andere Hälfte darüber. Somit besteht eine 50 %-ige Wahrscheinlichkeit den Wert des Eigenkapitalwertes von 477,202 M€ zu überschreiten aber auch zu unterschreiten. Die durchschnittliche Abweichung aller simulierten Szenarien vom Mittelwert in Höhe von 538,877 M€ beträgt 516,67 M€ (Standardabweichung). Die Varianz bildet mit 266.947,726 M€² die quadrierte durchschnittliche Differenz zum Mittelwert. Anhand der positiven Schiefe von 0,8629 aber auch, weil der Median in Höhe von 477,202 M€ kleiner als der Erwartungswert von 538,877 M€ ist, erkennt man das Vorliegen einer linkssteilen Verteilung der Simulationsergebnisse. Die Kurtosis von 4,82, die größer als 3 ist, zeigt eine leicht steilgipflige Verteilung und somit eine höher Konzentration aller simulierten Werte um den Erwartungswert an. Der Abweichungskoeffizient als relatives Streuungsmaß beträgt 0,9588, das heißt, die Standardabweichung beträgt 95,88 % vom Erwartungswert. Der Minimalwert von 1.701,038 M€ und der Maximalwert von 4.656,653 M€ sowie die daraus resultierende Spannweite von 6.357,692 M€ zeigen neben der Standardabweichung das Ausmaß der Unsicherheit an. Der Standardfehler des Mittelwertes beträgt 1,634 M€. Der „wahre" Mittelwert liegt somit im Intervall: 538,877 M€ – 1,634 M€ ≤ Erwartungswert ≤ 538,877 M€ + 1,634 M€.

Aus den Perzentilen wie auch aus der oberen Grafik in Abb. 4-50 wird deutlich, dass die Szenarien der Randbereiche seltener auftreten. Beispielsweise sind lediglich 10 % aller simulierten 100.000 Eigenkapital-Werte kleiner als -56,148 M€ (10 %-Perzentil) und nur 10 % der Werte sind größer als 1.205,9 M€ (90 %-Perzentil). Die Simulationsergebnisse erlauben zusätzlich die Ermittlung der Über- oder Unterschreitungswahrscheinlichkeit für jeden beliebigen Punkt oder jedes beliebige Intervall. Die Wahrscheinlichkeit für einen negativen Unternehmenswert lässt sich als Unterschreitungswahrscheinlichkeit entweder in der unteren Grafik der Abb. 4-50 bei dem Wert EK^M = 0 M€ mit 12,791 % ablesen oder anhand des ca. 13 %-Perzentils = 0 M€ bestimmen. Daraus folgt, dass in 100 % – 13 % = 87 % aller simulierten Szenarien der Unternehmenswert EK^M positiv ist.

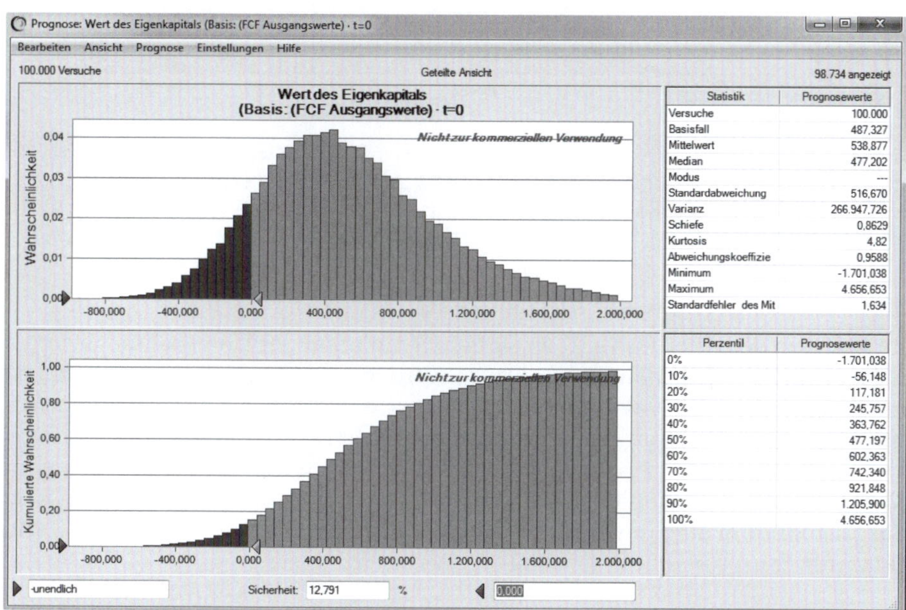

Statistik	Prognosewerte
Versuche	100.000
Basisfall	487,327
Mittelwert	538,877
Median	477,202
Modus	---
Standardabweichung	516,670
Varianz	266.947,726
Schiefe	0,8629
Kurtosis	4,82
Abweichungskoeffizie	0,9588
Minimum	-1.701,038
Maximum	4.656,653
Standardfehler des Mit	1,634

Perzentil	Prognosewerte
0%	-1.701,038
10%	-56,148
20%	117,181
30%	245,757
40%	363,762
50%	477,197
60%	602,363
70%	742,340
80%	921,848
90%	1.205,900
100%	4.656,653

Abb. 4-50: Simulationsergebnis Free Cashflow Jahr 1 (Alternative II) mit Crystal Ball: Unterschreitungswahrscheinlichkeit für den Eigenkapitalwert von 0

Überdies kann mittels der Grafik aus Abb. 4-51 ermittelt werden, dass der Eigenkapitalwert des Ausgangszenarios in Höhe von 487,327 M€ in 50,826 % maximal erreicht wird und entsprechend in 49,174 % der Fälle überschritten wird.

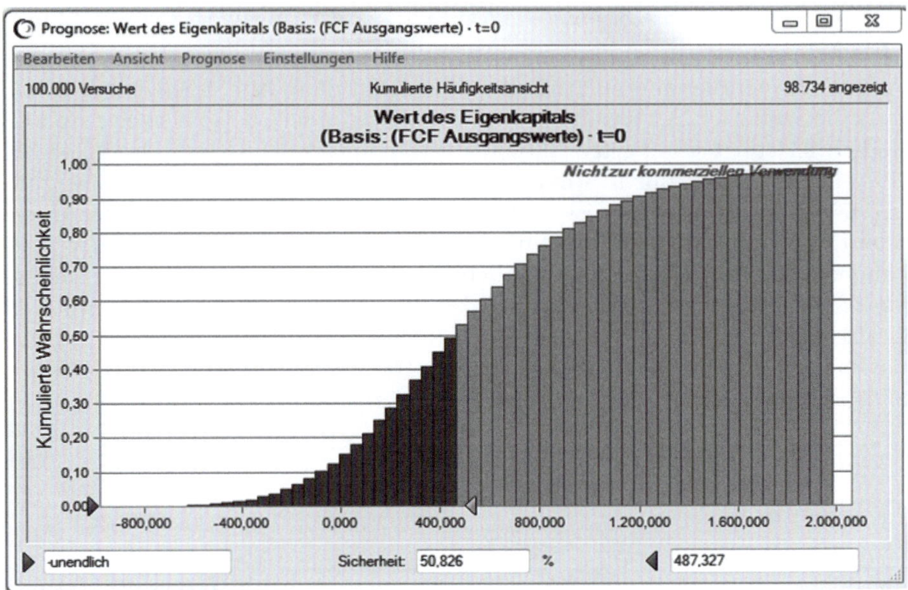

Abb. 4-51: Simulationsergebnis Free Cashflow Jahr 1 (Alternative II) mit Crystal Ball: Unterschreitungswahrscheinlichkeit für den Eigenkapitalwert von 487,327 M€

Simulationsergebnisse der Alternative III

Im Rahmen der Alternative III erfolgt die Simulation des Unternehmenswertes „Marktwert des Eigenkapitals". Dafür werden wiederum die Eingangsparameter der Free-Cashflow-Werte jeder Periode entsprechend den getroffen Annahmen variiert und im Berechnungsmodell mit dem risikoangepassten Zins *wacc* diskontiert. Somit zeigt sich die Unsicherheit in der Variationsbreite vom Marktwert des Eigenkapitals. Die Abb. 4-52 zeigt das Berechnungsmodell sowie das Histogramm der Simulationsergebnisse aller simulierten Eigenkapitalwerte skizzenhaft im Überblick.

(Angaben in M€)		t = 0	t = 1	2	3	4	5 (= T)
Umsatz	U	600					
Umsatzwachstum	g^U		10,00 %	5,00 %	2,00 %	1,00 %	1,00 %
Umsatzrentabiliät	ros				5,00 %		
Unternehmenssteuersatz	s^{Unt}				30,00 %		
Erweiterungsinvestitionsrate OAV	e^{OAV}				40,00 %		
Erweiterungsinvestitionsrate NWC	e^{NWC}				4,00 %		
Erweiterungsrate LRS	e^{LRS}				8,00 %		
Free Cashflow	*FCF*		*1,5*	*12,375*	*19,751*	*22,443*	*22,667*
gewichteter durchschnittlicher Kapitalkostensatz	$wacc$				7,48 %		
Unternehmenswert des WACC-Ansatzes	UW^{WACC}	*306,961*					
Fremdkapitalquote	fkq^M	40%					
Marktwert des Eigenkapitals	$\mathbf{EK^M}$	**184,176**					
Erwartungswert vom Marktwert des Eigenkapitals	$\mathbf{E(EK^M)}$	**194,026**					

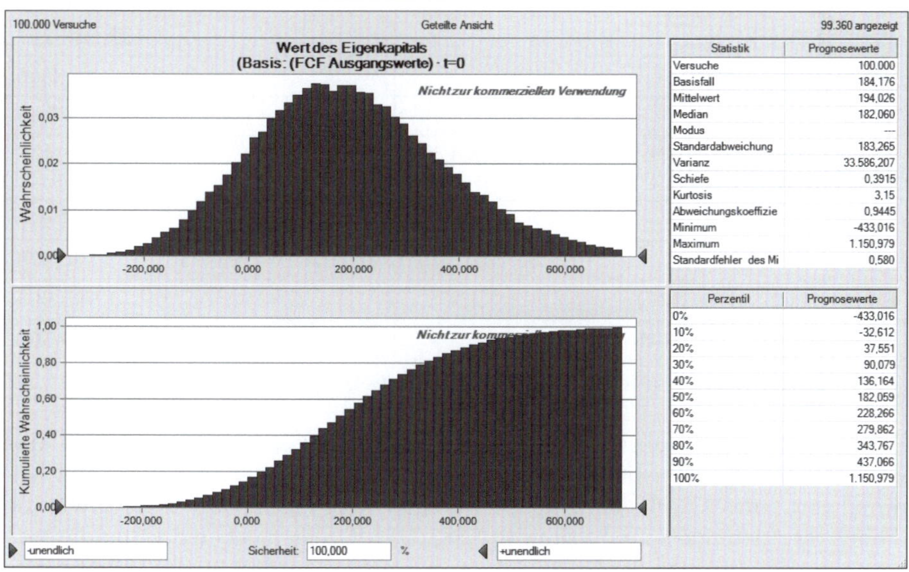

Abb. 4-52: Histogramme der Simulationsergebnisse von Alternativen III

Die Abb. 4-53 enthält die statistischen Prognosewerte der Simulation, die von der Software Crystal Ball zusammen mit dem Histogramm ausgegeben werden (siehe unterer Teil aus Abb. 4-52). Sie werden nachfolgend näher erläutert. Eine grundlegende Charakterisierung der statistischen Parameter enthält Kapitel 3.6.

Wie Abb. 4-53 zu entnehmen ist, übersteigt der Erwartungswert des Eigenkapitalwertes mit 194,026 M€ den ursprünglichen Ausgangswert des Berechnungsmodells (Basisfall) in Höhe von 184,176 M€. Der Median bzw. das 50 %-Perzentil in Höhe von 182,06 M€ teilt die Merkmalswerte hälftig auf, das heißt die Hälfte der 100.000 simulierten Szenarien liegt unter dem Unternehmenswert von 182,06 M€ und die andere Hälfte darüber. Somit besteht eine 50 %-ige Wahrscheinlichkeit den Wert des Eigenkapitalwertes von 182,06 M€ zu überschreiten aber auch zu unterschreiten. Die Standardabweichung aller simulierten Szenarien beträgt 183,265 M€. Die Varianz bildet mit 33.586,207 M€^{2} die quadrierte durchschnittliche Differenz zum Mittelwert. Anhand der positiven Schiefe von 0,3915 aber auch daran, dass der Median in Höhe von 182,06 M€ kleiner als der Erwartungswert von 194,026 M€ ist, zeigt sich das Vorliegen einer linkssteilen Verteilung der Simulationsergebnisse. Die Kurtosis von 3,15 liegt nur knapp über den normalgipfligen Wert von 3. Somit zeigt die Verteilung eine leichte Tendenz zur steilgipfligen Verteilung.

	Prognosen zum Eigenkapitalwert
Basisfall (M€)	184,176
Mittelwert bzw. Erwartungswert (M€)	194,026
Median (M€)	182,060
Standardabweichung (M€)	183,265
Varianz (M€^{2})	33.586,207
Schiefe	0,3915
Kurtosis	3,15
Abweichungskoeffizient bzw. Variationskoeffizient (M€)	0,9445
Minimum (M€)	-433,016
Maximum (M€)	1.150,979
Breite des Bereichs (M€)	1.583,995
Standardfehler des Mittelwerts (M€)	0,580

Abb. 4-53: Parameter der Simulationsergebnisse von Alternative III

Der Abweichungskoeffizient als relatives Streuungsmaß beträgt 0,9445, das heißt, die Standardabweichung beträgt 94,45 % vom Erwartungswert. Der Minimalwert von –433,016 M€ und der Maximalwert von 1.550,979 M€ sowie die daraus resultierende Spannweite von 1.583,995 M€ zeigen neben der Standardabweichung das Ausmaß der Unsicherheit an. Der Standardfehler des Mittelwertes beträgt 0,58 M€. Daher liegt der „wahre" Mittelwert im Intervall: 194,026 M€ – 0,58 M€ ≤ Erwartungswert ≤ + 194,026 M€ – 0,58 M€.

Aus den Perzentilen wie auch aus der Wahrscheinlichkeitsfunktion in Abb. 4-52 wird deutlich, dass die Szenarien der Randbereiche seltener auftreten. Beispielsweise sind lediglich 10 % aller simulierten 100.000 Eigenkapital-Werte kleiner als -32,612 M€ (10 %-Perzentil) und nur 10 % der Werte sind größer als 437,066 M€ (90 %-Perzentil). Die Simulationsergebnisse erlauben zusätzlich die Ermittlung der Über- oder Unterschreitungswahrscheinlichkeit für jeden beliebigen Punkt oder jedes beliebige Intervall. Die Wahrscheinlichkeit für einen negativen Unternehmenswert lässt sich als Unterschreitungswahrscheinlichkeit entweder in der unteren Grafik der Abb. 4-54 bei dem Wert $EK^M = 0$ M€ mit 14,095 % ablesen oder anhand des 14 %-Perzentils = 0 M€ bestimmen. Daraus folgt, dass in 100 % – 14 % = 86 % aller simulierten Szenarien der Unternehmenswert EK^M positiv ist.

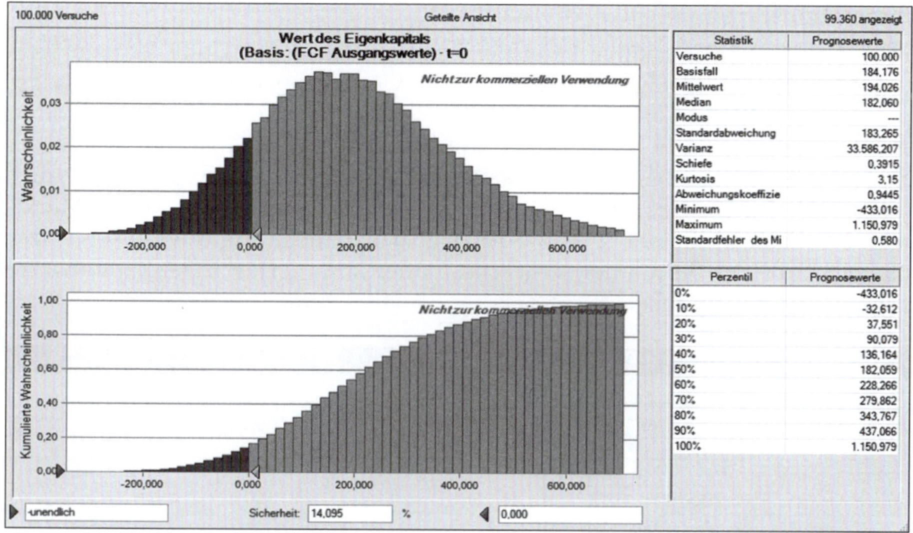

Abb. 4-54: Simulationsergebnis Free Cashflow Jahr 1 (Alternative III) mit Crystal Ball: Unterschreitungswahrscheinlichkeit für den Eigenkapitalwert von 0

Überdies kann mittels der Grafik aus Abb. 4-51 bestimmt werden, dass der Eigenkapitalwert des Ausgangszenarios in Höhe von 184,176 M€ mit einer Wahrscheinlichkeit von 50,483 % gerade erreicht oder unterschritten wird und entsprechend in 49,517 % der Fälle überschritten wird.

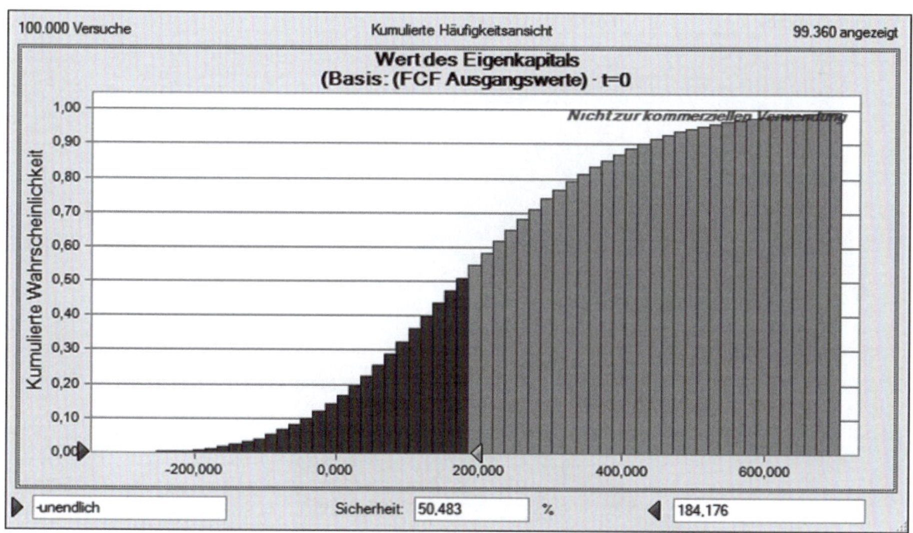

Abb. 4-55: Simulationsergebnis Free Cashflow Jahr 1 (Alternative III) mit Crystal Ball: Unterschreitungswahrscheinlichkeit für den Eigenkapitalwert von 184,176 M€

Simulationsergebnisse der Alternative IV

Im Rahmen der Alternative IV erfolgt die Simulation des Unternehmenswertes „Marktwert des Eigenkapitals". Dafür werden wiederum die Eingangsparameter der Free-Cashflow-Werte jeder Periode entsprechend den getroffen Annahmen variiert und im Berechnungsmodell mit dem risikoangepassten Zins *wacc*, der nun ebenfalls als variabler Eingangsparameter simuliert wird, diskontiert. Somit zeigt sich die Unsicherheit in der Variationsbreite vom Marktwert des Eigenkapitals. Die Abb. 4-56 zeigt das Berechnungsmodell sowie das Histogramm der Simulationsergebnisse aller simulierten Eigenkapitalwerte skizzenhaft im Überblick.

(Angaben in M€)		t = 0	t = 1	2	3	4	5 (= T)
Umsatz	U	600					
Umsatzwachstum	g^U		10,00 %	5,00 %	2,00 %	1,00 %	1,00 %
Umsatzrentabiliät	ros		5,00 %				
Unternehmenssteuersatz	s^{Unt}		30,00 %				
Erweiterungsinvestitionsrate OAV	e^{OAV}		*40,00 %*				
Erweiterungsinvestitionsrate NWC	e^{NWC}		*4,00 %*				
Erweiterungsrate LRS	e^{LRS}		*8,00 %*				
Free Cashflow	FCF		*1,5*	*12,375*	*19,751*	*22,443*	*22,667*
gewichteter durchschnittlicher Kapitalkostensatz	$wacc$		7,48 %				
Unternehmenswert des WACC-Ansatzes	UW^{WACC}	*306,961*					
Fremdkapitalquote	fkq^M	40%					
Marktwert des Eigenkapitals	EK^M	**184,176**					
Erwartungswert vom Marktwert des Eigenkapitals	**E(EK^M)**	**194,486**					

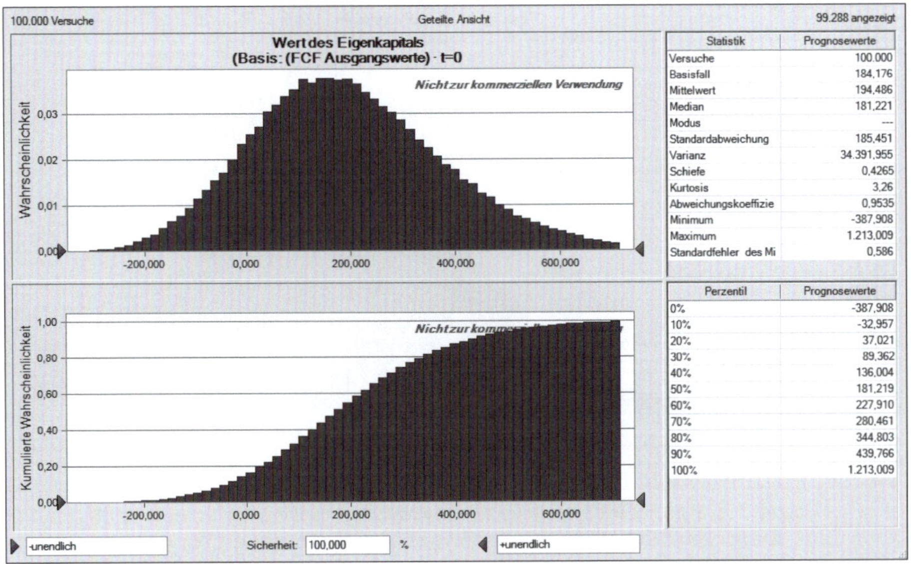

Abb. 4-56: Histogramme der Simulationsergebnisse von Alternativen IV

In Abb. 4-57 sind die statistischen Prognosewerte der Simulation, die von der Software Crystal Ball zusammen mit dem Histogramm ausgegeben werden (siehe unterer Teil aus Abb. 4-56) enthalten. Sie werden nachfolgend näher erläutert. Eine grundlegende Charakterisierung der statistischen Parameter enthält Kapitel 3.6.

Wie Abb. 4-57 erkennen lässt, übersteigt der Erwartungswert des Eigenkapitalwertes mit 194,486 M€ den ursprünglichen Ausgangswert des Berechnungsmodells (Basisfall) in Höhe von 184,176 M€. Der Median bzw. das 50 %-Perzentil in Höhe von 181,221 M€ teilt die Merkmalswerte hälftig auf, das heißt die Hälfte der 100.000 simulierten Szenarien liegt unter dem Unternehmenswert von 182,06 M€ und die andere Hälfte darüber. Somit besteht eine 50 %-ige Wahrscheinlichkeit den Wert des Eigenkapitalwertes von 181,221 M€ zu überschreiten aber auch zu unterschreiten. Die Standardabweichung aller simulierten Szenarien beträgt 185,451 M€. Die Varianz bildet mit 34.391,955 M€^{2} die quadrierte durchschnittliche Differenz zum Mittelwert. Anhand der positiven Schiefe von 0,4265 aber auch daran, dass der Median in Höhe von 181,221 M€ kleiner als der Erwartungswert von 194,486 M€ ist, zeigt sich das Vorliegen einer linkssteilen Verteilung der Simulationsergebnisse. Die Kurtosis von 3,26 liegt nur knapp über den normalgipfligen Wert von 3. Somit sind die Simulationsergebnisse durch eine leichte Tendenz zur steilgipfligen Verteilung charakterisiert.

	Prognosen zum Eigenkapitalwert
Basisfall (M€)	184,176
Mittelwert bzw. Erwartungswert (M€)	194,486
Median (M€)	181,221
Standardabweichung (M€)	185,451
Varianz (M€^{2})	34.391,955
Schiefe	0,4265
Kurtosis	3,26
Abweichungskoeffizient bzw. Variationskoeffizient (M€)	0,9535
Minimum (M€)	-387,908
Maximum (M€)	1.213,009
Breite des Bereichs (M€)	1.600,917
Standardfehler des Mittelwerts (M€)	0,586

Abb. 4-57: Parameter der Simulationsergebnisse von Alternative IV

Der Abweichungskoeffizient als relatives Streuungsmaß beträgt 0,9535. Das heißt, die Standardabweichung beträgt 95,35 % vom Erwartungswert. Der Minimalwert von -387,908 M€ und der Maximalwert von 1.213,009 M€ sowie die daraus resultierende Spannweite von 1.600,917 M€ zeigen neben der Standardabweichung das Ausmaß der Unsicherheit an. Der Standardfehler des Mittelwertes beträgt 0,586 M€. Daher liegt der „wahre" Mittelwert im Intervall: 194,486 M€ – 0,586 M€ ≤ Erwartungswert ≤ + 194,486 M€ – 0,586 M€.

Aus den Perzentilen wie auch aus Wahrscheinlichkeitsfunktion in Abb. 4-58 wird deutlich, dass die Szenarien der Randbereiche seltener auftreten. Beispielsweise sind lediglich 10 % aller simulierten 100.000 Eigenkapital-Werte kleiner als -32,957 M€ (10 %-Perzentil) und nur 10 % der Werte sind größer als 439,766 M€ (90 %-Perzentil). Die Simulationsergebnisse erlauben zusätzlich die Ermittlung der Über- oder Unterschreitungswahrscheinlichkeit für jeden beliebigen Punkt oder jedes beliebige Intervall. Die Wahrscheinlichkeit für einen negativen Unternehmenswert lässt sich als Unterschreitungswahrscheinlichkeit entweder in der unteren Grafik der Abb. 4-58 bei dem Wert EK^M = 0 M€ mit 14,212 % ablesen oder anhand des 14 %-Perzentils = 0 M€ bestimmen. Daraus folgt, dass in 100 % – 14 % = 86 % aller simulierten Szenarien der Unternehmenswert EK^M positiv ist.

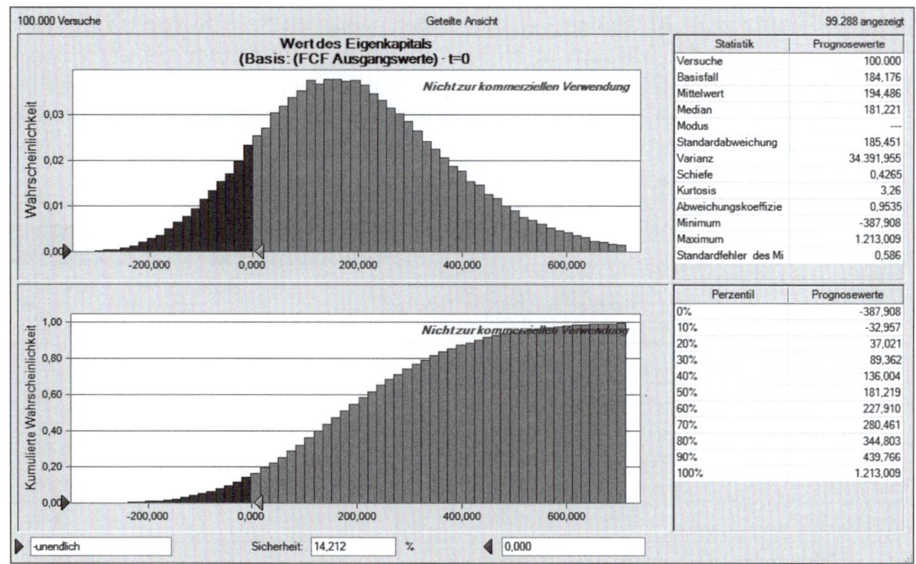

Abb. 4-58: Simulationsergebnis Free Cashflow Jahr 1 (Alternative IV) mit Crystal Ball: Unterschreitungswahrscheinlichkeit für den Eigenkapitalwert von 0

Zudem zeigt die Grafik aus Abb. 4-59, dass der Eigenkapitalwert des Ausgangszenarios in Höhe von 184,176 M€ mit einer Wahrscheinlichkeit von 50,624 % gerade erreicht oder unterschritten und entsprechend in 49,376 % der Fälle überschritten wird.

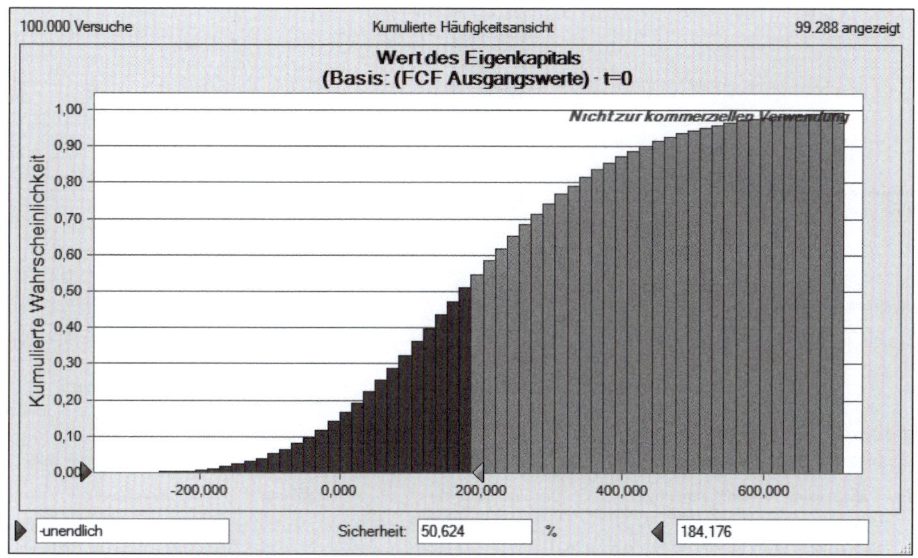

Abb. 4-59: Simulationsergebnis Free Cashflow Jahr 1 (Alternative IV) mit Crystal Ball: Unterschreitungswahrscheinlichkeit für den Eigenkapitalwert von 184,176 M€

Zusammenfassender Vergleich der Simulationsergebnisse aller Alternativen

Durch die Simulation des Unternehmenswertes erfolgt eine mathematische Risikoaggregation für das gesamte Unternehmen unter Berücksichtigung von verschiedenen Risikofaktoren sowie deren Zusammenhängen, soweit sie quantifiziert werden können, zu einer Gesamtrisikoposition. Ausgangspunkt der Simulation bildet die auf einer deterministischen Punktschätzung beruhende Berechnung vom Unternehmenswert „Marktwert des Eigenkapitals" auf Basis des WACC-Ansatzes in Höhe von 184,176 M€. In die Marktwertberechnung gehen der Free Cashflow der Jahre 1 bis 5 … ∞, dessen Eingangsgrößen nach dem Wertgeneratoren-Modell von Rappaport bestimmt werden, und der Zinssatz ein. In den Alternativen I bis IV wurden die Eingangsgrößen der Free-Cashflow-Werte mit identischen Ausgangswerten, Verteilungs- und Korrelationsannahmen simuliert. Aus der Abb. 4-60 geht hervor, dass sich die Simulationsalternativen I bis IV in der Definition vom Zielwert und im Zinssatz bzw. dessen Behandlung als ein- und mehrwertige Eingangsgröße unterscheiden. In allen Alternativen findet die Unsicherheit der Eingangsgrößen der Free-Cashflow-Werte anhand mehrwertiger Verteilungsannahmen Berücksichtigung. Die berechneten Unternehmenswerte aller Alternativen sind wiederum Erwartungswerte, die sich von den Ausgangswerten des einwertigen Planungsszenarios von 184,176 M€ bzw. 487,327 M€ unterscheiden. Die Abweichungen sind recht gering. Der große Vorteil der Simulation liegt in der Mehrwertigkeit des berechneten Unternehmenswertes und der sich daraus ergebenden Analysemöglichkeiten, die im oberen Teil dieses Abschnitts aufgeführt sind. Nachfolgend werden die Erwartungswerte der verschiedenen Alternativen gegenübergestellt.

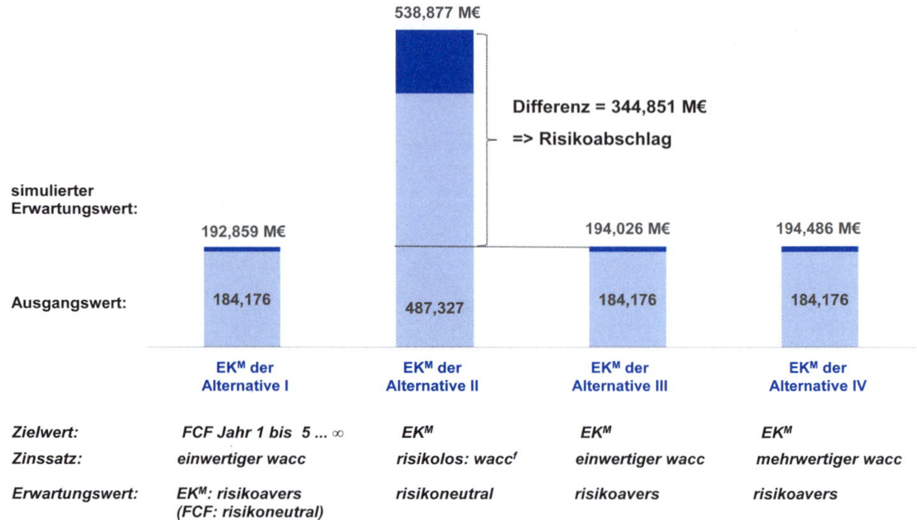

Abb. 4-60: Vergleich der simulierten Erwartungswerte des Eigenkapitals EK^M

Die Alternative I unterscheidet sich von der deterministischen Ausgangsschätzung dadurch, dass die Free-Cashflow-Werte jeweils für jedes Jahr simuliert werden und der jeweils daraus bestimmte Erwartungswert in die Unternehmensbewertung eingeht. Dadurch resultiert zwar lediglich ein Unternehmenswert, allerding bietet die Simulation den Vorteil einer transparenteren Schätzung des simulierten Erwartungswertes gegenüber einer Punktschätzung. In der Abb. 4-60 sticht der Unternehmenswert der Alternative II infolge seiner Höhe deutlich gegenüber den anderen Alternativen hervor. Der wesentliche Unterschied liegt im Zinssatz. Denn in der Alternative II wird mit dem risikolosen Zinssatz *waccf* von 3,584 % diskontiert, während in den übrigen Alternativen der gewichtete und risikoangepasste Gesamtkapitalkostensatz von 7,48 % zur Diskontierung dient. Aus diesem Grund ist der Unternehmenswert der Alternative II ein risikoneutraler Erwartungswert, während aus den Berechnungen der übrigen Alternativen ein risikoaverser Erwartungswert resultiert. Denn die Bestimmung der Gesamtkapitalkosten *wacc* fußt bei der Berechnung der Eigenkapitalkosten nach dem CAPM auf einer risikoaversen Einstellung. Dabei wird ein entsprechender Risikozuschlag im Zins berücksichtigt. Das führt zu einem geringeren erwarteten Unternehmenswert. Im Vergleich zur Alternative III mit einem Unternehmenswert in Höhe von 194,026 M€, die sich von Alternative II mit einem Eigenkapitalwert von 538,877 M€ nur durch den Diskontierungssatz unterscheidet, kann die Differenz von 344,851 M€ bzw. 178 % als Risikoabschlag interpretiert werden. Die Alternative IV unterscheidet sich gegenüber der Alternative III durch die zusätzliche Simulation des bereits risikoangepassten Zinssatzes. Somit findet in Alternative IV das entsprechende Marktrisiko eine mehrfache Berücksichtigung. Zahlenmäßig ist im Beispiel mit einer Differenz von 0,46 M€ bzw. 0,24 % jedoch kaum eine Auswirkung auf den erwarteten Unternehmenswert zu sehen, was vermutlich an der geringen Schwankungsbreite von 6,28 % bis 8,68 % in den Verteilungsannahmen der Kapitalkosten *wacc* liegt.

Resümierend ist festzuhalten, dass die Eingangsgrößen einer Unternehmenswertberechnung und somit der Unternehmenswert selbst nicht zuletzt infolge der Zukunftsorientierung mit vielen Unsicherheiten bzw. Risiken behaftet sind. Mithilfe der Risikoquantifizierung werden die Risiken transparent veranschaulicht und bilden die Basis für ein besseres Risikoverständnis und für darauf aufbauende Abwägungen sowie Maßnahmen zur Risikosteuerung. Insbesondere die Monte-Carlo-Simulation erlaubt die Berücksichtigung verschiedener Einzelrisiken mit ihren Interdependenzen, deren Aggregation sowie die Schätzung einer Bandbreite bzw. Vielzahl von Unternehmenswerten, die der Risikobeurteilung dienen. Software-Add-Ins unterstützen die Simulation technisch. Gleichwohl bleibt die Monte-Carlo-Simulation mit verschiedenen Herausforderungen, insbesondere in Bezug auf eine valide Planung, die auf zahlreichen Prämissen fußt und möglichst realitätsnah zu modellieren ist, verbunden.

Literatur

Ackermann, P./Haßlinger, M./Krauß, S. (2019): Zur Fortbestehensprognose gem. §19 Abs. 2 Satz 1 InsO mittels simulativer Risikoanalyse, in: Der Betrieb, 72. Jg. (2019), Heft 49, S. 2697–2703.

AICPA (1994): Improving Business Reporting – a Customer Focus, New York 1994.

AK-IW (2001): Kategorisierung und bilanzielle Erfassung immaterieller Werte, in: Der Betrieb, 54. Jg. (2001), Heft 19, S. 989–995.

AK-IW (2003): Freiwillige externe Berichterstattung über immaterieller Werte, in: Der Betrieb, 56. Jg. (2003), Heft 23, S. 1233–1237.

AK-WFM (2006): Gestaltung wertorientierter Vergütungssysteme für mittelständische Unternehmen, in: Betriebs-Berater, 61. Jg. (2006), Heft 38, S. 2066–2076.

Auer, B. R./Rottmann, H. (2010): Statistik und Ökonometrie für Wirtschaftswissenschaftler, Wiesbaden 2010.

Auerbach, A. J. (1983): Taxation, Corporate Financial Policy and the Cost of Capital, in: Journal of Economic Literature, 21. Jg. (1983), Heft 3, S. 905–940.

Bachmann, C./Schultze, W. (2008): Unternehmensteuerreform 2008 und Unternehmensbewertung, in: Die Betriebswirtschaft, 68. Jg. (2008), Heft 1, S. 9–34.

Baetge, J./Kümmel, J./Schulz, R./Wiese, J. (2019): Darstellung der Discounted Cashflow-Verfahren (DCF-Verfahren) mit Beispiel, in: Peemöller, V. H. (Hrsg.): Praxishandbuch der Unternehmensbewertung, 7. Aufl., Herne 2019, S. 409–569.

Ballwieser, W./Hachmeister, D. (2021): Unternehmensbewertung, 6. Aufl., Stuttgart 2021.

Bamberg, G./Baur, F./Krapp, M. (2012a): Statistik, 17. Aufl., München 2012a.

Bamberg, G./Coenenberg, A. G./Krapp, M. (2012b): Betriebswirtschaftliche Entscheidungslehre, 15. Aufl., München 2012b.

Bassemir, M./Gebhardt, G./Leyh, S. (2012): Der Basiszinssatz in der Praxis der Unternehmensbewertung, in: Schmalenbachs Zeitschrift für betriebswirtschaftliche Forschung, 64. Jg. (2012), Heft 6, S. 655–678.

Baum, H.-G./Coenenberg, A. G./Günther, T. (2013): Strategisches Controlling, 5. Aufl., Stuttgart 2013.

Baumüller, J. (2023): European Sustainability Reporting Standards (ESRS) Set 1 – Die Vorschläge der EFRAG vom November 2022, in: Zeitschrift für internationale und kapitalmarktorientierte Rechnungslegung, 23. Jg. (2023), Heft 5, S. 200–211.

Baumüller, J./Hartmann, A./Kreuzer, C. (2018): Integrierte Unternehmensplanung, 2. Aufl., Wien 2018.

Baumüller, J./Mühlenberg-Schmitz, D./Zöbeli, D. (2018): Die Umsetzung der EU-CSR-Richtlinie und ihre Bedeutung für die Schweiz, in: Expert Fokus, 4. Jg. (2018), Heft 12, S. 981–986.

Berens, W./Siemes, A./Segbers, K. (2004): Die Finanzsimulation als Instrument der Investitionsrechnung Entwicklung eines Gewerbegebiets als Praxisproblem, in: Bensberg, F./v. Brocke, J. /Schultz, M. B. (Hrsg.): Trendberichte zum Controlling, Heidelberg 2004, S. 213–234.

Bergmann, I./Schultze, W./Weiler, A. (2012): Langfristorientierung der Unternehmensführung und bonusbankorientierte Entlohnungssysteme, in: Controlling, 24. Jg. (2012), Heft 10, S. 554–560.

Bernoulli, D. (1996): „Specimen theoriae novae de mensura sortis", Comentarii academiae scientiarum petropolitanae 1738, S. 175 – 192 (Deutsche Übersetzung von Lutz und Peter Kruschwitz: Entwurf einer neuen Theorie zur Bewertung von Lotterien), in: Die Betriebswirtschaft, 56. Jg. (1996), Heft 6, S. 733–742.

Beyer, D. (2018): A matrix approach to valuation and performance measurement based on accounting information considering different financing policies, in: Journal of Management Control, 29. Jg. (2018), Heft 1, S. 37–61.

Beyer, D. (2023): Capital Cashflow und ein hierzu kompatibler Residualgewinn als kompaktes Bewertungskalkül und Performance-Maß, in: Corporate Finance, 14. Jg. (2023), Heft 5/6, S. 138–145.
Blume, M. E. (1971): On the Assessment of Risk, in: Journal of Finance, 26. Jg. (1971), Heft 1, S. 1–10.
Bol, G. (1992): Wahrscheinlichkeitstheorie, München 1992.
Bosch, K. (2012): Statistik für Nichtstatistiker, 6. Aufl., München 2012.
Braun, I. (2005): Discounted Cashflow-Verfahren und der Einfluss von Steuern, Wiesbaden 2005.
Brealey, R. A./Myers, S. C./Allen, F. (2014): Principles of Corporate Finance, 11. Aufl., Maidenhead 2014.
Brennan, M. J. (1970): Taxes, Market Valuation and Corporate Financial Policy, in: National Tax Journal, 23. Jg. (1970), Heft 4, S. 417–427.
Bromwich, M./Walker, M. (1998): Residual income past and future, in: Management Accounting Research, 9. Jg. (1998), Heft 4, S. 391–419.
Bronder, T. (2016): Spiel, Zufall und Kommerz: Theorie und Praxis des Spiels um Geld zwischen Mathematik, Recht und Realität, Berlin 2016.
Bühner, R. (1990): Das Management-Wert-Konzept, Stuttgart 1990.
Bysikiewicz, M./Zwirner, C. (2017): Ertragswertverfahrn nach IDW S1, in: Petersen, K./Zwirner, C. (Hrsg.): Handbuch Unternehmensbewertung, 2. Aufl., Köln 2017, S. 317–351.
Casey, C. (2004): Neue Aspekte des Roll Back-Verfahrens in der Unternehmensbewertung, in: Zeitschrift für Betriebswirtschaft, 74. Jg. (2004), Heft 2, S. 139–163.
Charnes, J. M. (2012): Financial modeling with Crystal Ball and Excel, Hoboken 2012.
Churchman, C. W./Ackoff, R. L./Arnoff, E. L. (1957): Introduction to operations research, New York 1957.
Coenenberg, A./Schultze, W. (2003): Residualgewinn- vs. Ertragswertmethode in der Unternehmensbewertung, in: Richter, F./Schüler, A./Schwetzler, B. (Hrsg.): Kapitalgeberansprüche, Marktwertorientierung und Unternehmenswert, München 2003, S. 117–141.
Coenenberg, A. G. (1970): Unternehmungsbewertung mit Hilfe der Monte-Carlo-Simulation, in: Zeitschrift für Betriebswirtschaft, 40. Jg. (1970), Heft 12, S. 793–804.
Coenenberg, A. G./Fischer, T. M./Günther, T. (2016): Kostenrechnung und Kostenanalyse, 9. Aufl., Stuttgart 2016.
Coenenberg, A. G./Haller, A./Schultze, W. (2021): Jahresabschluss und Jahresabschlussanalyse, 26. Aufl., Stuttgart 2021.
Copeland, T. E./Koller, T./Murrin, J. (1990): Valuation, New York 1990.
Cottin, C./Döhler, S. (2013): Risikoanalyse, 2. Aufl., Wiesbaden 2013.
Damodaran, A. (2002): Investment Valuation, 2. Aufl., Hoboken 2002.
Damodaran, A. (2003): Country Risk and Company Exposure, in: Journal of Applied Finance, 13. Jg. (2003), Heft 2, S. 63–76.
Damodaran, A. (2018). Facing Up to Uncertainty: Using Probabilistic Approaches in Valuation, URL: https://papers.ssrn.com/sol3/papers.cfm?abstract_id=3237778, abgerufen am 25.03.2021.
Dannenberg, H. (2012): Quantitative Bewertung des Ausfallrisikos von Forderungsportfolios gewerblicher Unternehmen, Halle (Saale) 2012.
Daske, H./Gebhardt, G./Klein, S. (2006): Estimating the Expected Cost of Equity Capital Using Analysts' Consensus Forecasts, in: Schmalenbach Business Review, 58. Jg. (2006), Heft 1, S. 2–36.
Dausend, F./Lenz, H. (2006): Unternehmensbewertung mit dem Residualgewinnmodell unter Einschluss persönlicher Steuern, in: Die Wirtschaftsprüfung, 59. Jg. (2006), Heft 11, S. 719–729.
Dehmel, I. (2021): Aktuelle Herausforderungen für die Rechnungslegung immaterieller Vermögensgegenstände in Anbetracht ihrer steigenden Bedeutung durch die Digitalisierung, in: Zeitschrift für internationale und kapitalmarktorientierte Rechnungslegung, 21. Jg. (2021), Heft 6, S. 245–253.
Dehmel, I./Hommel, M. (2017): Äquivalenzanforderungen in der Unternehmensbewertung, in: Petersen, K./Zwirner, C. (Hrsg.): Handbuch Unternehmensbewertung, 2. Aufl., Köln 2017, S. 123–140.

Diederichs, M. (2018): Risikomanagement und Risikocontrolling, 4. Aufl., München 2018.
Diedrich, R./Dierkes, S. (2015): Kapitalmarktorientierte Unternehmensbewertung, Stuttgart 2015.
Diedrich, R./Dierkes, S./Gröger, H.-C. (2011): Kapitalmarktorientierte Unternehmensbewertung bei asymmetrischer Besteuerung von Soll- und Habenzinsen, in: Zeitschrift für Betriebswirtschaft, 81. Jg. (2011), Heft 6, S. 657–675.
Dierkes, S./Schäfer, U. (2017): Corporate taxes, capital structure, and valuation: Combining Modigliani/Miller and Miles/Ezzell, in: Review of Quantitative Finance and Accounting, 48. Jg. (2017), Heft 2, S. 363–383.
Dinstuhl, V. (2002): Discounted-Cash-Flow-Methoden im Halbeinkünfteverfahren, in: Finanz-Betrieb, 4. Jg. (2002), Heft 2, S. 79–90.
Dinstuhl, V. (2003): Konzernbezogene Unternehmensbewertung, Wiesbaden 2003.
Disch, O./Wolfrum, M. (2021): Risikomaße: Kennzahlen zum Vergleich und zur Priorisierung von Risiken, in: RMA (Hrsg.): Risikoquantifizierung, Berlin 2021, S. 50 – 61.
Dörschell, A./Franken, L./Schulte, J. (2012): Der Kapitalisierungszinssatz in der Unternehmensbewertung, 2. Aufl., Düsseldorf 2012.
Drefke, S. (2016): Der Fortführungswert in der Unternehmensbewertung, Wiesbaden 2016.
Drukarczyk, J./Lobe, S. (2002): Unternehmensbewertung und Halbeinkünfteverfahren, in: Betriebs-Berater, 57 Jg. (2002), Beilage 6, S. 2–9.
Drukarczyk, J./Schüler, A. (2021): Unternehmensbewertung, 8. Aufl., München 2021.
Eccles, R. G./Krzus, M. P. (2010): One Report. Integrated Reporting for a Sustainable Strategy, Hoboken 2010.
Eckstein, P. P. (2014): Repetitorium Statistik, Wiesbaden 2014.
Enzinger, A./Kofler, P. (2010): Das Adjusted-Present-Value-Verfahren in der Praxis, in: Königsmaier, H./Rabel, K. (Hrsg.): Unternehmensbewertung, Wien 2010, S. 185–215.
Enzinger, A./Kofler, P. (2011): DCF-Verfahren: Anpassung der Betafaktoren zur Erzielung konsistenter Bewertungsergebnisse, in: Zeitschrift für Recht und Rechnungswesen, 21. Jg. (2011), Heft 2, S. 52–57.
Ernst, D./Gleißner, W. (2012): Damodarans Länderrisikoprämie – Eine Ergänzung zur Kritik von Kruschwitz/Löffler/Mandl aus realwissenschaftlicher Perspektive, in: Die Wirtschaftsprüfung, 23. Jg. (2012), Heft 2012, S. 1252–1264.
Ernst, D./Schneider, S./Thielen, B. (2012): Unternehmensbewertungen erstellen und verstehen, 5. Aufl., München 2012.
EU (2014): Richtlinie 2014/95/EU des Europäischen Parlaments und des Rates vom 22. Oktober 2014 zur Änderung der Richtlinie 2013/34/EU im Hinblick auf die Angabe nichtfinanzieller und die Diversität betreffender Informationen durch bestimmte große Unternehmen und Gruppen, in Amtsblatt L330 vom 15.11.2014, 2014.
EU-Kom (2001): Europäische Rahmenbedingungen für die soziale Verantwortung der Unternehmen, Brüssel 2001.
EU-Kom (2011): Eine neue EU-Strategie (2011–14) für die soziale Verantwortung der Unternehmen; Mitteilung der Kommission an das Europäische Parlament, den Rat, den Europäischen Wirtschafts- und Sozialausschuss und den Ausschuss der Regionen, Brüssel 2011.
EU-Kom (2021): Proposal for a Directive of the European Parliament and of the Council amending Directive 2013/34/EU, Directive 2004/109/EC, Directive 2006/43/EC and Regulation (EU) No 537/2014, as regards corporate sustainability reporting, Brüssel 2021.
Ewert, R./Wagenhofer, A. (2014): Interne Unternehmensrechnung, 8. Aufl., Berlin 2014.
Fahrmeir, L./Künstler, R./Pigeot, I./Tutz, G. (2007): Statistik, 6. Aufl., Berlin 2007.
Fama, E. F. (1977): Risk-adjusted discount rates and capital budgeting under uncertainty, in: Journal of Financial Economics, 5. Jg. (1977), Heft 1, S. 3–24.
Fama, E. F./French, H. R. (1992): The Cross-Section of Expected Stock Returns, in: Journal of Finance, 47. Jg. (1992), Heft 2, S. 427–465.
Farmer, R. N./Richman, B. M. (1965): Comparative Management and Economic Progress, Homewood 1965.
FASB (2001): Improving Business Reporting: Insights into Enhancing Voluntary Disclosures. Stanford (2001).
Finke, R. (2017): Grundlagen des Risikomanagements, 2. Aufl., Weinheim 2017.

Fisher, I. (1906): The Nature of Capital and Income, New York 1906.
Fisher, I. (1930): The Theory of Interest, New York 1930.
Förster, H. H. (2011): Stochastische Unternehmensbewertung mittels Monte-Carlo-Simulation am Beispiel der Verlagsbranche, in: Die Unternehmung, 65. Jg. (2011), Heft 4, S. 352–379.
Franken, L./Schulte, J./Brunner, A./Dörschell, A. (2020): Kapitalkosten und Multiplikatoren für die Unternehmensbewertung, 6. Aufl., Düsseldorf 2020.
Frey, H. C./Nießen, G. (2001): Monte-Carlo-Simulation, München 2001.
Friedl, G./Schwetzler, B. (2017): Wachstum und Inflation im Rahmen der Unternehmensbewertung, in: Petersen, K./Zwirner, C. (Hrsg.): Handbuch Unternehmensbewertung, 2. Aufl., Köln 2017, S. 949–967.
Frost, I. (2015): Statistik für Wirtschaftswissenschaftler, 2. Aufl., Renningen 2015.
Fuller, R. J./Kerr, H. S. (1981): Estimating the Divisional Cost of Capital: An Analysis of the Pure-Play Technique, in: Journal of Finance, 36. Jg. (1981), Heft 5, S. 997–1009.
Galata, R./Scheid, S. (2012): Deskriptive und Induktive Statistik für Studierende der BWL, München 2012.
Gebhardt, W. R./Lee, C. M./Swaminathan, B. (2001): Toward an Implied Cost of Capital, in: Journal of Accounting Research, 39. Jg. (2001), Heft 1, S. 135–176.
Gladen, W. (2014): Performance Measurement, 6. Aufl., Wiesbaden 2014.
Glaser, H./Baldy, R./Reimers, B./Meyer, W. (1982): Sigma: mathematisches Unterrichtswerk für die Sekundarstufe II Grundkurs Stochastik, Stuttgart 1982.
Gleißner, W. (2017): Bandbreitenplanung über mehrere Jahre: Planungssicherheit mit der Monte-Carlo-Simulation, in: Gleißner, W./Klein, A. (Hrsg.): Risikomanagement und Controlling, 2. Aufl., München 2017, S. 111 – 128.
Gleißner, W. (2021): Krisenfrüerkennung und Kennzahlen einer Krisenampel, in: Controller Magazin, 46. Jg. (2021), Heft 5, S. 34–42.
Gleißner, W. (2022): Grundlagen des Risikomanagements, 4. Aufl., München 2022.
Gleißner, W./Wolfrum, M. (2008): Eigenkapitalkosten und die Bewertung nicht börsennotierter Unternehmen: Relevanz von Diversifikationsgrad und Risikomaß, in: Finanz-Betrieb, 9. Jg. (2008), Heft 2008, S. 602–614.
Gleißner, W./Wolfrum, M. (2019): Risikoaggregation und Monte-Carlo-Simulation, Wiesbaden 2019.
Gordon, M. J./Halpern, P. J. (1974): Cost of Capital for a Division of a Firm, in: Journal of Finance, 29. Jg. (1974), Heft 4, S. 1153–1163.
Gordon, M. J./Shapiro, E. (1956): Capital Equipment Analysis: The Required Rate of Profit, in: Management Science, 3. Jg. (1956), Heft 1, S. 102–110.
Graf, U./Henning, H.-J./Stange, K./Wilrich, P.-T. (1987): Formeln und Tabellen der angewandten mathematischen Statistik, 3. Aufl., Berlin 1987.
GRI (2022): Consolidated Set of the GRI Standards 2021, Amsterdam 2022.
Günther, T. (1997): Unternehmenswertorientiertes Controlling, München 1997.
Häder, M. (2009): Delphi-Befragungen, 2. Aufl., Wiesbaden 2009.
Hajdu, M./Bokor, O. (2014): The effects of different activity distributions on project duration in PERT networks, in: Procedia-Social and Behavioral Sciences, 119. Jg. (2014), Heft 19, S. 766–775.
Haller, A./Dietrich, R. (2001): Intellectual Capital Bericht als Teil des Lageberichts, in: Der Betrieb, 54. Jg. (2001), Heft 20, S. 1045–1052.
Haller, A./Fuhrmann, C. (2012): Die Entwicklung der Lageberichterstattung in Deutschland vor dem Hintergrund des Konzepts des „Integrated Reporting", in: Zeitschrift für internationale und kapitalmarktorientierte Rechnungslegung, 12. Jg. (2012), Heft 10, S. 461–469.
Hamada, R. S. (1972): The Effect of the Firm's Capital Structure on the Systematic Risk of Common Stocks, in: Journal of Finance, 27. Jg. (1972), Heft 2, S. 435–452.
Harris, R. S./Pringle, J. J. (1985): Risk-adjusted Discount Rates – Extensions from the Average-risk Case, in: Journal of Financial Research, 8. Jg. (1985) – Heft 3, S. 237–244.
Hartung, J./Elpelt, B./Klösener, K.-H. (2009): Statistik, 15. Aufl., München 2009.
Hax, A. C./Majluf, N. S. (1988): Strategisches Management, Frankfurt am Main 1988.

Hebertinger, M. (2002): Wertsteigerungsmaße – Eine kritische Analyse, Frankfurt am Main 2002.
Hedderich, J./Sachs, L. (2016): Angewandte Statistik, 15. Aufl., Berlin 2016.
Hedley, B. (1977): Strategy and the "Business Portfolio", in: Long Range Planning, 10. Jg. (1977), Heft 1, S. 9–15.
Henselmann, K. (2019): Geschichte der Unternehmensbewertung, in: Peemöller, V. H. (Hrsg.): Praxishandbuch der Unternehmensbewertung, 7. Aufl., Herne 2019, S. 97–132.
Henze, N. (2010): Stochastik für Einsteiger, Wiesbaden 2010.
Hering, T. (2014): Unternehmensbewertung, 3. Aufl., München 2014.
Hertz, D. B. (1964): Risk analysis in capital investment, in: Harvard Business Review, 42. Jg. (1964), Heft 1, S. 95–106.
Höfner, K./Pohl, A. (1994): Wertsteigerungstechniken für das Geschäftsfeld- und Beteiligungsportfolio, in: Höfner, K./Pohl, A. (Hrsg.): Wertsteigerungsmanagement – Das Shareholder Value-Konzept: Methoden und erfolgreiche Beispiele, Frankfurt am Main 1994, S. 59–84.
Homburg, C./Lorenz, M./Sievers, S. (2011): Unternehmensbewertung in Deutschland: Verfahren, Finanzplanung und Kapitalkostenermittlung, in: Controlling & Management Review, 55. Jg. (2011), Heft 2, S. 119–130.
Hommel, M./Dehmel, I. (2021): Unternehmensbewertung case by case, 8. Aufl., Frankfurt am Main 2021.
Hommel, M./Pauly, D./Schuster, C. (2008): Unternehmensbewertung und Unternehmensteuerreform 2008, in: Finanz-Betrieb, 10. Jg. (2008), Heft 6, (6), S. 412–423.
Horváth, P./Gleich, R./Seiter, M. (2020): Controlling, 14. Aufl., München 2020.
Hostettler, S. (1997): Das Konzept des Economic Value Added (EVA), 2. Aufl., Bern 1997.
House Jr, W. C. (1966): The Usefulness of Sensitivity Analysis in Capital Investment Decision Making, in: Management Accounting, 22. Jg. (1966), Heft 2, S. 22–29.
Husmann, S./Kruschwitz, L./Löffler, A. (2001): Über einige Probleme mit DCF-Verfahren – Kritische Anmerkungen zum Beitrag von Thomas Schildbach im Heft 12/2000 der zfbf, in: Schmalenbachs Zeitschrift für betriebswirtschaftliche Forschung, 53. Jg. (2001), Heft 5, S. 277–282.
Husmann, S./Kruschwitz, L./Löffler, A. (2002): Unternehmensbewertung unter deutschen Steuern, in: Die Betriebswirtschaft, 62. Jg. (2002), Heft 1, S. 24–42.
Hüttche, T. (2012): Zur Praxis der Unternehmensbewertung in der Schweiz, in: Der Schweizer Treuhänder, 86. Jg. (2012), Heft 4, S. 208–212.
IDW (2008): IDW S 1 i. d. F. 2008: Grundsätze zur Durchführung von Unternehmensbewertungen, in: Die Wirtschaftsprüfung/Supplement, 61. Jg. (2008), Heft 3, S. 68–89.
IDW (2014): WP Handbuch 2014 – Band II, Düsseldorf 2014.
Ihlau, S./Duscha, H. (2019): Liquidationswert, in: Peemöller, V. H. (Hrsg.): Praxishandbuch der Unternehmensbewertung, 7. Aufl., Herne 2019, S. 865–890.
IIRC (2021): International Integrated Reporting Framework, London 2021.
Jensen, M. C. (1986): Agency Costs of Free Cash Flow, Corporate Finance, and Takeovers, in: American Economic Review, 76. Jg. (1986), Heft 2, S. 323–329.
Jöckel, K.-H./Pflaumer, P. (1980): Die Anwendung ökonometrischer Verfahren bei der Risikoanalyse für Investitionsentscheidungen, in: Statistische Hefte, 21. Jg. (1980), Heft 1, S. 53–60.
Jöckel, K.-H./Pflaumer, P. (1981): Stochastische Investitionsrechnung: Ein analytisches Verfahren zur Risikoanalyse, in: Zeitschrift für Operations Research, 25. Jg. (1981), Heft 2, S. B39-B47.
Jödicke, D. (2007): Risikosimulation in der Unternehmensbewertung, in: Finanz-Betrieb, 9. Jg. (2007), S. 166–170.
Jonas, M. (1995): Unternehmensbewertung – Zur Anwendung der Discounted-Cashflow-Methode in Deutschland, in: Betriebswirtschaftliche Forschung und Praxis, 47. Jg. (1995), Heft 1, S. 83–98.
Jonas, M./Wieland-Blöse, H./Schiffrath, S. (2005): Basiszinssatz in der Unternehmensbewertung, in: Finanz-Betrieb, 7. Jg. (2005), Heft 10, S. 647–653.
Kah, A. (1994): Profitcenter-Steuerung, Stuttgart 1994.
Kaplan, R. S./Norton, D. P. (1997): Balanced Scorecard, Stuttgart 1997.

Kirchner-Khairy, S. (2006): Mess- und Bewertungskonzepte immaterieller Ressourcen im kybernetischen Controlling-Kreislauf, Hamburg 2006.

Kivikas, M./Wulf, I. (2006): Wissensbilanzierung als Element des Value Reporting, in: Controlling & Management, 50. Jg. (2006), Heft 9, S. 42–61.

Klein, M. (2010a) Add-In basierte Softwaretools zur stochastischen Unternehmensbewertung? Spreadsheet basierte Monte-Carlo-Simulation und Risikoanalyse bei den vier marktführenden Softwarepaketen im Vergleich. In Erlangen-Nürnberg, F.-A.-U. (Series Ed.). Erlangen: Working papers in accounting valuation auditing, No 2010-7.

Klein, M. (2010b). Monte-Carlo Simulation und Due Diligence: Ein methodischer Ansatz zur computergestützten Aggregierung von Wahrscheinlichkeitsverteilungen aus Expertenbefragungen. In: Working Papers in Accounting Valuation Auditing der Friedrich-Alexander Universität Erlangen-Nuremberg, No. 2012-5.

Klein, M. (2010c). Valuation is fuzzy-Integration qualitativer Risiken ins stochastische Unternehmensbewertungsmodell mit Hilfe der Fuzzy-Set Theorie. In: Working Papers in Accounting Valuation Auditing der Friedrich-Alexander Universität Erlangen-Nuremberg, No 2010-8.

Knoll, L./Kruschwitz, L./Löffler, A. (2019): Basiszins: Vielfalt statt Einheit!, in: Zeitschrift für Bankrecht und Bankwirtschaft, 31. Jg. (2019), Heft 4, S. 262–268.

Kockelkorn, U. (2012): Statistik für Anwender, Berlin 2012.

Koller, T./Goedhart, M./Wessels, D. (2010): Valuation, 5. Aufl., Hoboken 2010.

KPMG (2020): Cost of Capital Study 2020, URL: www.kpmg.com/de/en/home/insights/2020/10/cost-of-capital-study-2020, abgerufen am 14.3.2022.

KPMG. (2022). Cost of Capital Study 2022, URL: www.kpmg.de/cost-of-capital-study, abgerufen am 3.11.2022.

Krebs, P./Müller, N./Reinhardt, S./Schellmann, H./von Bredow, M./Reinhart, G. (2009): Ganzheitliche Risikobewertung für produzierende Unternehmen, in: Zeitschrift für wirtschaftlichen Fabrikbetrieb, 104. Jg. (2009), Heft 3, S. 174–181.

Kremers, M. (2002). Risikoübernahme in Industrieunternehmen, Sternenfels 2002.

Kruschwitz, L./Husmann, S. (2012): Finanzierung und Investition, 7. Aufl., München 2012.

Kruschwitz, L./Löffler, A. (2006): Discounted cash flow, Chichester 2006.

Kruschwitz, L./Löffler, A. (2008): Kapitalkosten aus theoretischer und praktischer Perspektive, in: Die Wirtschaftsprüfung, 61. Jg. (2008), Heft 17, S. 803–810.

Kruschwitz, L./Löffler, A. (2014): Warum Total Beta totaler Unsinn ist, in: Corporate Finance, 5. Jg. (2014), Heft 6, S. 263–267.

Kruschwitz, L./Löffler, A./Canefield, D. (2007): Hybride Finanzierungspolitik und Unternehmensbewertung, in: Finanz-Betrieb, 9. Jg. (2007), Heft 7/8, S. 427–431.

Kruschwitz, L./Löffler, A./Essler, W. (2009): Unternehmensbewertung für die Praxis, Stuttgart 2009.

Kruschwitz, L./Löffler, A./Lorenz, D. (2012): Zum Unlevering und Relevering von Betafaktoren. Stellungnahme zu Meitner/Streitferdt, WPg 2012, S. 1037–1047; zugleich Grundsatzüberlegungen zu Kapitalkostendefinitionen, in: Die Wirtschaftsprüfung, 65. Jg. (2012), Heft 19, S. 1048–1052.

Kruschwitz, L./Löffler, A./Mandl, G. (2011): Damodarans Country Risk Premium – und was davon zu halten ist, in: Die Wirtschaftsprüfung, 64. Jg. (2011), Heft 4, S. 167–176.

Kruschwitz, L./Löffler, A./Scholze, A. (2010): Zahlungsverpflichtungen, bilanzielle Schulden und DCF-Theorie, in: Die Wirtschaftsprüfung, 63. Jg. (2010b), Heft 9, S. 474–480.

KSW (2014): Fachgutachten des Fachsenats für Betriebswirtschaft und Organisation der Kammer der Wirtschaftstreuhänder zur Unternehmensbewertung (KFS/BW 1), Wien 2014.

Kuhner, C./Maltry, H. (2017a): Der Restwert (Terminal Value) in der Unternehmensbewertung, in: Petersen, K./Zwirner, C. (Hrsg.): Handbuch Unternehmensbewertung, 2. Aufl., Köln 2017, S. 977–994.

Kuhner, C./Maltry, H. (2017b): Unternehmensbewertung, 2. Aufl., Berlin 2017.

Küpper, H.-U./Friedl, G./Hofmann, C./Hofmann, Y./Pedell, B. (2013): Controlling, 6. Aufl., Stuttgart 2013.

Kürsten, W. (2002): „Unternehmensbewertung unter Unsicherheit", oder: Theoriedefizit einer künstlichen Diskussion über Sicherheitsäquivalent- und Risikozuschlagsmethode

: Anmerkungen (nicht nur) zu dem Beitrag von Bernhard Schwetzler in der zfbf (August 2000, S. 469 – 486), in: Schmalenbachs Zeitschrift für betriebswirtschaftliche Forschung, 54. Jg. (2002), Heft 2, S. 128–144.

Labhart, P. A. (1999): Value Reporting, Zürich 1999.

Laitenberger, J. (2003): Kapitalkosten, Finanzierungsprämissen und Einkommensteuer, in: Zeitschrift für Betriebswirtschaft, 73. Jg. (2003), Heft 11, S. 1221–1239.

Laux, H. (2006): Unternehmensrechnung, Anreiz und Kontrolle, 3. Aufl., Berlin 2006.

Laux, H. (2006): Wertorientierte Unternehmenssteuerung und Kapitalmarkt, 2. Aufl. Berlin 2006.

Laux, H./Gillenkirch, R. M./Schenk-Mathes, H. Y. (2014): Entscheidungstheorie, 9. Aufl., Berlin 2014.

Laux, H./Liermann, F. (1997): Grundlagen der Organisation, 4. Aufl., Berlin 1997.

Lev, B./Gu, F. (2016): The End of Accounting and the Path Forward for Investors and Managers, Hoboken 2016.

Lewis, T. G. (1995): Steigerung des Unternehmenswertes, 2. Aufl., Landsberg am Lech 1995.

Lintner, J. (1965): The Valuation of Risk Assets and the Selection of Risky Investments in Stock Portfolios and Capital Budgets, in: The Review of Economics and Statistics, 47. Jg. (1965), Heft 1, S. 13–37.

Lobe, S. (2001): Marktbewertung des Steuervorteils der Fremdfinanzierung und Unternehmensbewertung, in: Finanz-Betrieb, 3. Jg. (2001), Heft 12, S. 645–652.

Lobe, S. (2006): Unternehmensbewertung und Terminal Value, Frankfurt am Main 2006.

Löffler, A. (1998): WACC aproach and Nonconstant Leverage Ratio, in: Arbeitspapier Freie Universität Berlin.

Löhnert, P./Böckmann, U. (2019): Multiplikatorverfahren in der Unternehmensbewertung, in: Peemöller, V. H. (Hrsg.): Praxishandbuch der Unternehmensbewertung, 7. Aufl., Herne 2019, S. 841–863.

Loy, T. (2015): Szenarioanalyse und Jahresabschlusssimulation im Controlling zur proaktiven Vermeidung von Unternehmenskrisen, in: Der Betrieb, 68. Jg. (2015), Heft 50, S. 2885–2892.

Lübke, K./Vogt, M. (2014): Angewandte Wirtschaftsstatistik, Wiesbaden 2014.

Lücke, W. (1955): Investitionsrechnung auf der Grundlage von Ausgaben oder Kosten?, in: Zeitschrift für handelswissenschaftliche Forschung, 7. Jg. (1955), Heft 7, S. 310–324.

Lundholm, R./O'Keefe, T. (2001): Reconciling Value Estimates from the Discounted Cash Flow Model and the Residual Income Model, in: Contemporary Accounting Research, 18. Jg. (2001), Heft 2, S. 311–335.

Maaß, S./Mürdter, H./Rieß, H. C. (1983): Statistik für Wirtschafts- und Sozialwissenschaftler, Berlin 1983.

Madlener, R./Siegers, L./Bendig, S. (2009): Risikomanagement und -controlling bei Offshore-Windenergieanlagen, in: Zeitschrift für Energiewirtschaft, 33. Jg. (2009), Heft 2, S. 135–146.

Madrian, J./Auerbach, J. (2009): Zum Risikokalkül in der Unternehmensbewertung, in: Littkemann, J. (Hrsg.): Strategische und operative Unternehmensführung im Beteiligungscontrolling, 2. Aufl., 2009, S. 77–106.

Mandl, G./Rabel, K. (1997): Unternehmensbewertung, Wien 1997.

Mandl, G./Rabel, K. (2019): Methoden der Unternehmensbewertung, in: Peemöller, V. H. (Hrsg.): Praxishandbuch der Unternehmensbewertung, 7. Aufl., Herne 2019, S. 51–96.

Mandl, G./Wagenhofer, A. (2002): Renaissance des Übergewinnverfahrens, in: Österreichische Zeitschrift für Recht und Rechnungswesen 39. Jg. (2002), Heft 5, S. 133–138.

Markowitz, H. (1952): Portfolio Sselection, in: Journal of Finance, 7. Jg. (1952), Heft 1, S. 77–91.

Matschke, M. J./Brösel, G. (2013): Unternehmensbewertung, 4. Aufl., Wiesbaden 2013.

Maul, K.-H./Menninger, J. (2000): Das „Intellectual Property Statement" – eine notwendige Ergänzung des Jahresabschlusses?, in: Der Betrieb, 53. Jg. (2000), Heft 11, S. 529–533.

Meichelbeck, A. (2019): Unternehmensbewertung im Konzern, in: Peemöller, V. H. (Hrsg.): Praxishandbuch der Unternehmensbewertung, 7. Aufl., Herne 2019, S. 916–936.

Meitner, M./Streitferdt, F. (2011): Unternehmensbewertung, Stuttgart 2011.

Meitner, M./Streitferdt, F. (2014): Was sind Kapitalkosten?, in: Corporate Finance, 5. Jg. (2014), Heft 12, S. 527–536.

Meitner, M./Streitferdt, F. (2019a): Die Bestimmung des Betafaktors, in: Peemöller, V. H. (Hrsg.): Praxishandbuch der Unternehmensbewertung, 7. Aufl., Herne 2019a, S. 585–650.

Meitner, M./Streitferdt, F. (2019b): Risikofreier Zins und Marktrisikoprämie, in: Peemöller, V. H. (Hrsg.): Praxishandbuch der Unternehmensbewertung, 7. Aufl., Herne 2019b, S. 651–709.

Meucci, A./Loregian, A. (2016): Neither "Normal" nor "Lognormal": modeling interest rates across all regimes, in: Financial Analysts Journal, 72. Jg. (2016), Heft 3, S. 68–82.

Miles, J. A./Ezzell, J. R. (1980): The Weighted Average Cost of Capital, Perfect Capital Markets, and Project Life: A Clarification, in: Journal of Financial and Quantitative Analysis, 15. Jg. (1980), Heft 3, S. 719–730.

Mochty, L./Hoffmann, D./Hülsberg, F. (2018): Risikoaggregation: wenn 1+1 nicht 2 ist, in: Der Betrieb, 71. Jg. (2018), Heft 51/52, S. 3061–3072.

Modigliani, F./Miller, M. H. (1958): The Cost of Capital, Corporation Finance and the Theory of Investment, in: The American Economic Review, 48. Jg. (1958), Heft 3, S. 261–297.

Moser, U./Schieszl, S. (2001): Unternehmenswertanalysen auf der Basis von Simulationsrechnungen am Beispiel eines Biotech-Unternehmens, in: Finanzbetrieb, 3. Jg. (2001), Heft 10, S. 530–541.

Mosler, K. C./Schmid, F. (2011): Wahrscheinlichkeitsrechnung und schließende Statistik, Heidelberg 2011.

Mossin, J. (1966): Equilibrium in a Capital Asset Market, in: Econometrica, 34. Jg. (1966), Heft 4, S. 768–783.

Moutchnik, A. (2011): Verästelung der Umwelt-, Nachhaltigkeits- und CSR-Kommunikation von Unternehmen, in: Umweltwirtschaftsforum, 19. Jg. (2011), Heft 3/4, S. 123–134.

Moxter, A. (1983): Grundsätze ordnungsmäßiger Unternehmensbewertung, 2. Aufl., Wiesbaden 1983.

Müller, M. (1998): Shareholder Value Reporting. Veränderte Anforderungen an die Berichterstattung börsennotierter Unternehmen, Wien 1998.

Müller, S./Scheid, O./Baumüller, J. (2021): Kommissionsvorschlag zur Corporate Sustainability Reporting Directive, in: Betriebs-Berater, 76. Jg. (2021), Heft 22, S. 1323–1327.

Munkert, M. J. (2005): Der Kapitalisierungszinssatz in der Unternehmensbewertung, Wiesbaden 2005.

Münstermann, H. (1970): Wert und Bewertung der Unternehmung, Wiesbaden 1970.

Myers, S. C. (1974): Interactions of Corporate Financing and Investment Decisions: Implications for Capital Budgeting, in: Journal of Finance, 29. Jg. (1974), Heft 1, S. 1–25.

Nadvornik, W./Sylle, F. (2012): Eine Bestandsaufnahme der aktuellen Unternehmensbewertungslandschaft in Österreich, in: Zeitschrift für Recht und Rechnungswesen, 22. Jg. (2012), Heft 1, S. 10–18.

Nelson, C. R./Siegel, A. F. (1987): Parsimonious Modeling of Yield Curves, in: Journal of Business, 60. Jg. (1987), Heft 473–489.

Neumann, J. v./Morgenstern, O. (1944): Theory of Games and Economic Behavior, Princeton 1944.

Nitzsch, R. v. (2015): Entscheidungslehre, 8. Aufl., Aachen 2015.

O'Brien, T. J. (2003): A Simple and Flexible DCF Valuation Formula, in: Journal of Applied Finance, 13. Jg. (2003), Heft 2, S. 54–62.

OECD (2011): OECD-Leitsätze für multinationale Unternehmen, Paris 2011.

O'Hanlon, J./Peasnell, K. (2002): Residual Income and Value-Creation: The Missing Link, in: Review of Accounting Studies, 7. Jg. (2002), Heft 2, S. 229–245.

Ohlson, J. A. (1995): Earnings, Book Values, and Dividends in Equity Valuation, in: Contemporary Accounting esearch, 11. Jg. (1995), Heft 2, S. 661–687.

Olbrich, M./Frey, N. (2017): Multiplikatorverfahren, in: Petersen, K./Zwirner, C. (Hrsg.): Handbuch Unternehmensbewertung, 2. Aufl., Köln 2017, S. 405–419.

Peemöller, V. H. (2019): Due Diligence Review, in: Peemöller, V. H. (Hrsg.): Praxishandbuch der Unternehmensbewertung, 7. Aufl., Herne 2019, S. 257–280.

Peemöller, V. H./Kunowski, S. (2019): Ertragswertverfahren nach IDW, in: Peemöller, V. H. (Hrsg.): Praxishandbuch der Unternehmensbewertung, 7. Aufl., Herne 2019, S. 333–408.

Pellens, B./Hillebrandt, F./Tomaszewski, C. (2000): Value Reporting – eine empirische Analyse der DAX-Unternehmen, in: Wagenhofer, A./Hrebicek, G. (Hrsg.): Wertorientiertes Management, Stuttgart 2000, S. 177–207.

Penman, S. (2013): Financial Statement Analysis and Security Valuation, 5. Aufl., New York 2013.

Perlitz, M. (1977): Sensitivitätsanalysen für Investitionsentscheidungen, in: Schmalenbachs Zeitschrift für betriebswirtschaftliche Forschung, 29. Jg. (1977), Heft 12, S. 223–232.

Perridon, L./Steiner, M./Rathgeber, A. W. (2012): Finanzwirtschaft der Unternehmung, 16. Aufl., München 2012.

Pflaumer, P. (2004): Investitionsrechnung, München 2004.

Plaschke, F. J. (2003): Wertorientierte Management-Incentivesysteme auf Basis interner Wertkennzahlen, Wiesbaden 2003.

Pohl, P. (2013): Unternehmensbewertung mittels Simulation stochastischer Prozesse, in: Betriebswirtschaftliche Forschung und Praxis, 65. Jg. (2013), Heft 6, S. 626–652.

Popp, M. (2019a): Berücksichtigung von Steuern, in: Peemöller, V. H. (Hrsg.): Praxishandbuch der Unternehmensbewertung, 7. Aufl., Herne 2019a, S. 1425–1491.

Popp, M. (2019b): Vergangenheits- und Lageanalyse, in: Peemöller, V. H. (Hrsg.): Praxishandbuch der Unternehmensbewertung, 7. Aufl., Herne 2019b, S. 177–224.

Porter, M. E. (2010): Wettbewerbsvorteile, 7. Aufl., Frankfurt am Main 2010.

Porter, M. E. (2013): Wettbewerbsstrategie, 12. Aufl., Frankfurt am Main 2013.

Pratt, S. P./Grabowski, R. J. (2014): Cost of Capital, 5. Aufl., Hoboken 2014.

Preinreich, G. (1937): Valuation and Amortization, in: Accounting Review, 12. Jg. (1937), Heft 3, S. 209–226.

Prokop, J. (2004): Der Einsatz des Residualgewinnmodells im Rahmen der Unternehmensbewertung nach IDW S 1, in: Finanz-Betrieb, 6. Jg. (2004), Heft 3, S. 188–193.

Rappaport, A. (1986): Creating Shareholder Value, New York 1986.

Rappaport, A. (1998): Creating Shareholder Value, 2. Aufl., New York 1998.

Rau-Bredow, H. (2002): Value at Risk, Normalverteilungshypothese und Extremwertverhalten, in: Finanzbetrieb, 3. Jg. (2002), Heft 10, S. 603–607.

Reese, R./Wiese, J. (2007): Die kapitalmarktorientierte Ermittlung des Basiszinses für die Unternehmensbewertung, in: Zeitschrift für Bankrecht und Bankwirtschaft, 19. Jg. (2007), Heft 1, S. 38–52.

Reichling, P./Spengler, T./Vogt, B. (2006): Sicherheitsäquivalente, Wertadditivität und Risikoneutralität, in: Zeitschrift für Betriebswirtschaft, 76. Jg. (2006), Heft 7/8, (7/8), S. 759–769.

Reichmann, T./Kißler, M./Baumöl, U. (2017): Controlling mit Kennzahlen, 9. Aufl., München 2017.

Richter, F. (1998): Unternehmensbewertung bei variablem Verschuldungsgrad, in: Zeitschrift für Bankrecht und Bankwirtschaft, 10. Jg. (1998), Heft 6, S. 379–389.

Rietsch, M. (2008): Messung und Analyse des ökonomischen Wechselkursrisikos aus Unternehmenssicht, Frankfurt am Main 2008.

Rinne, H. (2008): Taschenbuch der Statistik, 4. Aufl., Frankfurt am Main 2008.

RNE (2017): Der Deutsche Nachhaltigkeitskodex, Berlin 2017.

RNE (2020): Leitfaden zum Deutschen Nachhaltigkeitskodex, Berlin 2020.

Roll, R. (1977): A critique of the asset pricing theory's tests, in: Journal of Financial Economics, 4. Jg. (1977), Heft 2, S. 129–176.

Romeike, F./Hager, P. (2020): Erfolgsfaktor Risiko-Management 4.0, Wiesbaden 2020.

Ross, S. A. (1976): The arbitrage theory of capital asset pricing, in: Journal of Economic Theory, 13. Jg. (1976), Heft 3, S. 341–360.

Ross, S. A./Westerfield, R./Jaffe, J. F. (2013): Corporate Finance, 10. Aufl., 2013.

Ruback, R. S. (2002): Capital Cash Flows: A Simple Approach to Valuing Risky Cash Flows, in: Financial Management, 31. Jg. (2002), Heft 2, S. 85–103.

Ruhwedel, F./Schultze, W. (2002): Value reporting: theoretische Konzeption und Umsetzung bei den DAX 100-Unternehmen, in: Schmalenbachs Zeitschrift für betriebswirtschaftliche Forschung, 54. Jg. (2002), Heft 7, S. 602–632.

Ruhwedel, F./Schultze, W. (2004): Konzeption des value reporting und Beitrag zur Konvergenz im Rechnungswesen, in: Controlling, 16. Jg. (2004), Heft 8/9, S. 489–495.

Rupp, R./Haberstumpf, E. (2018): Verbreitung und Ausgestaltung der wertorientierten Berichterstattung, in: Der Betrieb, 71. Jg. (2018), Heft 36, S. 2129–2134.

SASB (2017): SASB Conceptual Framework, San Francisco 2017.

Schich, S. T. (1997): Schätzung der deutschen Zinsstrukturkurve, Diskussionspapier 4/1997, Volkswirtschaftliche Forschungsgruppe der Deutschen Bundesbank, 1997,

Schierenbeck, H./Lister, M./Kirmße, S. (2008): Ertragsorientiertes Bankmanagement, Band 2: Risiko-Controlling und integrierte Rendite-/Risikosteuerung, Wiesbaden 2008.

Schildbach, T. (2000): Ein fast problemloses DCF-Verfahren zur Unternehmensbewertung, in: Schmalenbachs Zeitschrift für betriebswirtschaftliche Forschung, 52. Jg. (2000), Heft 8, S. 707–723.

Schindel, V. (1978): Risikoanalyse, 2. Aufl., München 1978.

Schira, J. (2016). Statistische Methoden der VWL und BWL, 5. Aufl., Hallbergmoos 2016.

Schneider, D. (1998): Marktwertorientierte Unternehmensrechnung: Pegasus mit Klumpfuß, in: Der Betrieb, 51. Jg. (1998), Heft 30, S. 1473–1478.

Schneider, E. (1951): Wirtschaftlichkeitsrechnung, Bern 1951.

Schosser, J. (2012): Zur „Präferenzabhängigkeit" von Unternehmenswerten bei persönlicher Besteuerung, in: Zeitschrift für Betriebswirtschaft, 82. Jg. (2012), Heft 1, S. 29–45.

Schüler, A./Bauer, G./Krotter, S. (2008): Unternehmenswertorientierte Performance-Messung mit Cashflows und Residualgewinnen, in: Controlling & Management Review, 52. Jg. (2008), Heft 5, S. 336–345.

Schüler, A./Krotter, S. (2004): Konzeption wertorientierter Steuerungsgrößen, in: Finanz-Betrieb, 6. Jg. (2004), Heft 6, S. 430–437.

Schüler, A./Lampenius, N. (2007): Wachstumsannahmen in der Bewertungspraxis, in: Betriebswirtschaftliche Forschung und Praxis, 59. Jg. (2007), Heft 3, S. 233–248.

Schultze, W. (2003): Kombinationsverfahren und Residualgewinnmethode in der Unternehmensbewertung: konzeptioneller Zusammenhang, in: Kapitalmarktorientierte Rechnungslegung, 3. Jg. (2003), Heft 10, S. 458–464.

Schultze, W./Hirsch, C. (2005): Unternehmenswertsteigerung durch wertorientiertes Controlling, München 2005.

Schumann, J. (2005): Residualgewinn-orientierte Unternehmensbewertung im Halbeinkünfteverfahren: Äquivalenz- und Transparenzaspekte, in: Finanz-Betrieb, 7. Jg. (2005), Heft 1, S. 22–32.

Schumann, J. (2008): Unternehmenswertorientierung in Konzernrechnungslegung und Controlling, Wiesbaden 2008.

Schweren, F. C./Brink, A. (2016): CSR-Berichterstattung in Europa, in: Zeitschrift für Wirtschafts- und Unternehmensethik, 17. Jg. (2016), Heft 1, S. 177–191.

Schwetzler, B. (2006): Unternehmensbewertung bei Rückstellungen, Mittelverwendungsannahme und APV-Bewertungsmodell, in: Betriebswirtschaftliche Forschung und Praxis, 58. Jg. (2006), Heft 2, S. 109–127.

Sharpe, W. F. (1963): A Simplified Model for Portfolio Analysis, in: Management Science, 9. Jg. (1963), Heft 2, S. 277–293.

Sharpe, W. F. (1964): Capital asset prices: a theory of market equilibrium under condition of risk, in: Journal of Finance, 19. Jg. (1964), Heft 3, S. 425–442.

Sibbertsen, P./Lehne, H. (2015): Statistik, 2. Aufl., Berlin 2015.

Sieben, G./Maltry, H. (2019): Der Substanzwert der Unternehmung, in: Peemöller, V. H. (Hrsg.): Praxishandbuch der Unternehmensbewertung, 7. Aufl., Herne 2019, S. 815–839.

Steinke, K.-H./Löhr, B. W. (2014): Bandbreitenplanung als Instrument des Risikocontrollings – ein Beispiel aus der Praxis bei der Deutschen Lufthansa AG, in: Controlling, 26. Jg. (2014), Heft 11, S. 616–623.

Stelter, D. (1999): Wertorientierte Anreizsysteme, in: Bühler, W./Siegert, T. (Hrsg.): Unternehmenssteuerung und Anreizsysteme, Stuttgart 1999, S. 207–241.

Stewart, G. B. (1991): The Quest for Value, New York 1991.

Stewart, G. B. (1994): EVA: Fact and Fantasy, in: Journal of Applied Corporate Finance, 7. Jg. (1994), Heft 2, S. 71–84.

Stiefl, J. (2011): Wirtschaftsstatistik, 2. Aufl., Berlin 2011.

Strack, R./Villis, U. (2001): RAVE™: Die nächste Generation im Shareholder Value Management, in: Zeitschrift für Betriebswirtschaft, 71. Jg. (2001), Heft 1, S. 67–84.

Svensson, L. E. (1994). Estimating and Interpreting Forward Interest Rates: Sweden 1992–1994: National bureau of economic research.
Tobin, J. (1958): Liquidity Preference as Behavior Towards Risk, in: Review of Economic Studies, 25. Jg. (1958), Heft 2, S. 65–86.
Töpfer, A. (2000a): Die Fokussierung auf Werttreiber, in: Töpfer, A. (Hrsg.): Das Management der Werttreiber, Frankfurt am Main 2000, S. 31–49.
Töpfer, A. (2000b): Messung und Messgrößen für die Gestaltungsfelder der Balanced Scorecard, in: Töpfer, A. (Hrsg.): Das Management der Werttreiber, Frankfurt am Main 2000, S. 124–144.
UN (2014): Leitfaden für nachhalties Wirtschaften, New York 2014.
Ungemach, F./Hachmeister, D. (2019): Einsatz stochastischer Simulationen im Rahmen der Unternehmensbewertung, in: Ballwieser, W./Hachmeister, D. (Hrsg.): Digitalisierung und Unternehmensbewertung: Neue Objekte, Prozesse, Parametergewinnung, Stuttgart 2019, S. 193–220.
Urschel, O. (2010): Risikomanagement in der Immobilienwirtschaft, 4. Aufl., 2010.
RMA (2015): Praxisleitfaden Risikomanagement im Mittelstand, Berlin 2015.
Vanini, U./Heise, L. (2017): Monte-Carlo-Simulation in der GuV-Planung des Audi-Konzerns-Eine Fall-Studie, in: Nadig, L./Egle, E. (Hrsg.): CARF Luzern 2017 Konferenzband, Luzern 2017, S. 547–562.
Vanini, U./Rieg, R. (2021): Risikomanagement, 2. Aufl., Stuttgart 2021.
Vasicek, O. A. (1973): A Note on Using Cross-Sectional Information in Bayesian Estimation of Security Betas, in: Journal of Finance, 28. Jg. (1973), Heft 5, S. 1233–1239.
Velthuis, L. J./Wesner, P. (2005): Value Based Management, Stuttgart 2005.
von Weizsäcker, R. K./Krempel, K. (2004): Risikoadäquate Bewertung nicht-börsennotierter Unternehmen, in: Finanz-Betrieb, 6. Jg. (2004), Heft 12, S. 808–814.
Vose, D. (2008): Risk analysis, Chichester 2008.
VRF (2021): Transition to Integrated Reporting, London 2021.
Wagener, F. (1978): Die partielle Risikoanalyse als Instrument der integrierten Unternehmensplanung, München 1978.
Wagner, W./Mackenstedt, A./Schieszl, S./Lenckner, C./Willershausen, T. (2013): Auswirkungen der Finanzmarktkrise auf die Ermittlung des Kapitalisierungszinssatzes in der Unternehmensbewertung, in: Die Wirtschaftsprüfung, 66. Jg. (2013), Heft 948–959.
Waldmann, K.-H./Helm, W. E. (2016): Simulation stochastischer Systeme, Berlin 2016.
Wallmeier, M. (1999): Kapitalkosten und Finanzierungsprämissen, in: Zeitschrift für Betriebswirtschaft, 69. Jg. (1999), Heft 12, S. 1473–1490.
Weisheit, F./Göhler, G.-F./Meser, M. (2019): Die Monte-Carlo-Simulation bei der Bewertung junger Unternehmen, in: Der Betrieb, 72. Jg. (2019), Heft 23, S. 1277–1285.
Welfonder, J./Bensch, T. (2017): Status Quo der Unternehmensbewertungsverfahren in der Praxis, in: Corporate Finance, 8. Jg. (2017), Heft 7/8, S. 175–179.
Welge, M. K./Al-Laham, A./Eulerich, M. (2017): Strategisches Management, 7. Aufl. Wiesbaden 2017.
Wenger, E./Knoll, L. (1999): Aktienkursgebundene Management-Anreize, in: Betriebswirtschaftliche Forschung und Praxis, 51. Jg. (1999), Heft 6, S. 565–591.
Werthschulte, H. (2005): Kreditrisikomessung bei Projektfinanzierungen durch Risikosimulation, Wiesbaden 2005.
Wiese, J. (2007): Unternehmensbewertung und Abgeltungssteuer, in: Die Wirtschaftsprüfung, 60. Jg. (2007), Heft 9, S. 368–375.
Wiese, J. (2017): Zins(satz)ermittlung mit dem CAPM, in: Petersen, K./Zwirner, C. (Hrsg.): Handbuch Unternehmensbewertung, 2. Aufl., Köln 2017, S. 367–380.
Williams, J. B. (1938): The Theory of Investment Value, Cambridge 1938.
Williams, M. A./Baek, G./Li, Y./Park, L. Y./Zhao, W. (2017): Global evidence on the distribution of GDP growth rates, in: Physica a: Statistical mechanics and its applications, 468. Jg. (2017), S. 750–758.
Williams, M. A./Pinto, B. P./Park, D. (2015): Global evidence on the distribution of firm growth rates, in: Physica a: Statistical mechanics and its applications, 432. Jg. (2015), S. 102–107.

Wilson, I. A. (1983): The Benefits of Environmental Analysis, in: Albert, K. J. (Hrsg.): The Strategic Management Handbook, New York 1983, S. 1–19.
Witzemann, T./Currle, M. (2004): Bonusbanken – Unternehmenswertsteigerung und Managementvergütung langfristig verbinden, in: Controlling, 16. Jg. (2004), Heft 11, S. 631–638.
Wolf, K. (2009): Monte-Carlo-Simulation – Einsatz im Rahmen der Unternehmensplanung, in: Controlling, 21. Jg. (2009), Heft 10, S. 545–552.
Yüksel, I. (2012): Developing a Multi-Criteria Decision Making Model for PESTEL Analysis, in: International Journal of Business and Management, 7. Jg. (2012), Heft 24, S. 52.
Zeidler, G. W./Schöniger, S./Tschöpel, A. (2008): Auswirkungen der Unternehmensteuerreform 2008 auf Unternehmensbewertungskalküle, in: Finanz-Betrieb, 10. Jg. (2008), Heft 4, S. 276–288.
Zucchini, W./Schlegel, A./Nenadic, O./Sperlich, S. (2009): Statistik für Bachelor-und Masterstudenten, Berlin 2009.
Zwerenz, K. (2001): Statistik verstehen mit Excel, München 2001.
Zwirner, C./Lindmayr, S. (2016): Unternehmensbewertung: Der FAUB empfiehlt eine neue Vorgehensweise bei der Rundung des Basiszinssatzes, in: Der Betrieb, 69. Jg. (2016), Heft 44, S. 2561.
Zwirner, C./Zimny, G. (2017a): Besonderheiten bei der Bewertung von KMU, in: Petersen, K./Zwirner, C. (Hrsg.): Handbuch Unternehmensbewertung, 2. Aufl., Köln 2017, S. 1233–1250.
Zwirner, C./Zimny, G. (2017b): Relevanz von Einzelbewertungsverfahren (Substanz-/Liquidationswert), in: Petersen, K./Zwirner, C. (Hrsg.): Handbuch Unternehmensbewertung, 2. Aufl., Köln 2017, S. 1033–1051.
Zwirner, C./Zimny, G./Lindmayr, S. (2017): Anforderungen an eine integrierte Planungsrechnung, in: Petersen, K./Zwirner, C. (Hrsg.): Handbuch Unternehmensbewertung, 2. Aufl., Köln 2017, S. 275–288.

Notationen

$\cap$	...	*Mengenoperator: UND*
$\cup$	...	*Mengenoperator: Schnittmenge*
$\vert$	...	*unter der Bedingung*
α^{j}	...	*Von der Marktrendite unabhängiger, konstanter Renditeteil der Aktie j*
β^{bV}	...	*Beta-Faktor des betriebsnotwendigen Vermögens*
β^{FK}	...	*Beta-Faktor des Fremdkapitals*
β^{j}	...	*Beta-Faktor des Wertpapiers j*
$\beta^{j\,(total)}$	...	*Total-Beta-Faktor des Wertpapiers j*
β^{l}	...	*Beta-Faktor des verschuldeten Unternehmens (levered)*
β^{nbV}	...	*Beta-Faktor des nichtbetriebsnotwendigen Vermögens*
β^{op}	...	*Operativer Beta-Faktor ohne Fixkosteneinfluss (naked)*
β^{TS}	...	*Beta-Faktor der fremdfinanzierungsbedingten Steuervorteile (Tax Shields)*
β^{u}	...	*Beta-Faktor bei reiner Eigenfinanzierung (unlevered)*
γ	...	*Quantilbezeichnung*
Δ	...	*Veränderung gegenüber der Vorperiode*
ε	...	*absolute Häufigkeit*
η	...	*Anzahl*
λ	...	*Marktpreis des Risikos*
μ	...	*Erwartungswert der normalverteilten Zufallsvariable*
π	...	*Allgemeine Inflationsrate*
π^{Absatz}	...	*Veränderungsrate des Absatzpreises (z. B. durch Inflation)*
π^{Unt}	...	*Unternehmensspezifische Inflationsrate*
$\rho^{j,m}$	...	*Korrelationskoeffizient zwischen Wertpapier- und Marktrendite*
$\rho_{X,Y}$	...	*Korrelationskoeffizient zwischen den Zufallsvariablen X und Y*
σ	...	*Standardabweichung*
$\hat{\sigma}$	...	*Volatilität*
σ^{j}	...	*Standardabweichung der Rendite des Wertpapiers j*
σ^{m}	...	*Standardabweichung der Rendite des Marktportfolios*
Φ	...	*Standardnormalverteilung*
Ω	...	*Wahrscheinlichkeitsraum*
ΔEK^{AF}	...	*Veränderung des Eigenkapitals aus Außenfinanzierung (Einlagen oder Rückgewähr)*
ΔLRS	...	*Veränderung der langfristigen Rückstellungen*
ΔNWC	...	*Veränderung des Net Working Capitals*
$\Delta V^{FE/UE}$	...	*Bestandsveränderungen der fertigen und unfertigen Erzeugnisse*
i_{n}^{f}	...	*Risikoloser impliziter Terminzins (Forward Rate)*
$i_{0,t}^{f}$	...	*Risikoloser Kassazinssatz (Spot Rate) einer Laufzeit von t Perioden*
$\overline{x}$	...	*Arithmetisches Mittel*

$\overline{x}^{GEO}$	…	*Geometrisches Mittel*
$\overline{x}^{GEW}$	…	*Gewichtetes arithmetisches Mittel*
A	…	*Abschreibungen*
AA	…	*Abschreibbare Aktiva des operativen Anlagevermögens*
a^{A}	…	*Aufwandsstrukturanteil für Abschreibungen*
ACC	…	*Average Cost per Customer (durchschnittliche Marketing- und Vertriebskosten pro Kunde)*
ACP	…	*Average Cost per Person (durchschnittliche Personalkosten pro Mitarbeiter)*
a^{HKU}	…	*Aufwandsstrukturanteil für Herstellungskosten des Umsatzes*
a^{MA}	…	*Aufwandsstrukturanteil für Materialaufwand*
a^{n}	…	*Aufwandsstrukturanteil der Aufwandsart n*
A^{OAV}	…	*Abschreibungen auf das operative Anlagevermögen*
a^{PA}	…	*Aufwandsstrukturanteil für Personalaufwand*
a^{SBA}	…	*Aufwandsstrukturanteil für sonstigen betrieblichen Aufwand*
$Aufwand^{RS}$	…	*Aufwand bei der Bildung von Rückstellungen*
a^{VVK}	…	*Aufwandsstrukturanteil für Verwaltungs- und Vertriebskosten*
AZ	…	*Auszahlungsbetrag*
AZA	…	*Anzahl der unterschiedlichen Ausprägungen*
B	…	*Bonus*
b	…	*Umsatzrelation bzw. umsatzbezogener Bindungskoeffizient*
BCF	…	*Brutto-Cashflow*
Ber	…	*Bernoulli-Verteilung*
Bet	…	*Beta*
BET	…	*Break-even-Time*
BEW	…	*Break-even-Wert*
$b^{FE/UE}$	…	*Umsatzrelation der fertigen und unfertigen Erzeugnisse (Erzeugnisbindung)*
BG^{BO}	…	*Bezugsgröße des Bewertungsobjekts*
BG^{VU}	…	*Bezugsgröße des Vergleichsunternehmens*
BIB	…	*Brutto-Investitionsbasis*
b^{IC}	…	*Umsatzrelation des Invested Captital (Kapitalbindung des IC)*
Bin	…	*Binomial-Verteilung*
b^{LRS}	…	*Umsatzrelation der langfristigen Rückstellungen*
b^{NWC}	…	*Umsatzrelation des Net Working Capitals (Kapitalbindung des NWC)*
b^{OAV}	…	*Umsatzrelation des operativen Anlagevermögens (operat. Anlagenbindung)*
BP	…	*Bewertungsparameter*
BV	…	*Baseline Value*
C	…	*Customers (Anzahl der Kunden)*
$cfroi$	…	*Cashflow return on investment*
CF^{RS}	…	*Cashflow, der durch den Rückstellungsgrund ausgelöst wird*
COV	…	*Kovarianz*
$COV(r^{j},r^{m})$	…	*Kovarianz zwischen der Rendite des Wertpapiers j und der Marktrendite*
$COV(Ü, r^{m})$	…	*Kovarianz zwischen Überschuss und Marktrendite*
CVA	…	*Cash Value Added*
D	…	*Gewinnausschüttung bzw. Dividende*

dGl	…	*Diskrete Gleichverteilung*
dol	…	*Degree of Operating Leverage*
dr	…	*Decay Rate (Verfallrate der Kapitalwerte von Neuinvestitionen)*
dRe	…	*doppelte Rechteckverteilung*
Dre	…	*Dreieckverteilung*
DRG	…	*Diskontierter Residualgewinn*
$E(X)$	…	*Erwartungswert*
$E(FCF)$	…	*erwarteter Free Cashflow*
$E(r^{j})$	…	*Erwartete Rendite des Wertpapiers j*
$E(r^{m})$	…	*Erwartete Rendite des Marktportfolios*
$E(Ü)$	…	*Erwarteter Überschuss*
$EBIT$	…	*Earnings before Interest and Taxes (Ergebnis vor Zinsen und Steuern)*
$EBITDA$	…	*Earnings before Interest, Taxes, Depreciation and Amortization (Ergebnis vor Zinsen, Steuern und Abschreibungen)*
e^{IC}	…	*Erweiterungsrate des Invested Capitals*
EK	…	*Eigenkapital*
EK^{AF}	…	*Eigenkapital aus Außenfinanzierung (Einlagen)*
$EK^{AF(min)}$	…	*Mindestbestand an Eigenkapital aus Außenfinanzierung (nicht herabsetzbar)*
EK^{IF}	…	*Eigenkapital aus Innenfinanzierung (Thesaurierung)*
EK^{M}	…	*Marktwert des Eigenkapitals*
EK^{M*}	…	*Marktwert des Eigenkapitals nach persönlichen Steuern*
e^{LRS}	…	*Erweiterungsrate der langfristigen Rückstellungen*
e^{NWC}	…	*Erweiterungsinvestitionsrate des Net Working Capitals*
e^{OAV}	…	*Erweiterungsinvestitionsrate des operativen Anlagevermögens*
ER	…	*Ereignis*
ERI	…	*Ereignisintensität*
$ERIC$	…	*Earnings less Riskfree Interest Charge*
$Ertrag^{RS}$	…	*Ertrag aus der Auflösung unbeanspruchter Rückstellungen*
$EU(Ü)$	…	*Erwartungsnutzen der Überschüsse*
EVA	…	*Economic Value Added*
Exp	…	*Exponentialverteilung*
$exp(x)$	…	*Natürliche Exponentialfunktion (Basis ist die Eulersche Zahl)*
EXZ	…	*Exzess*
$F(x)$	…	*Verteilungsfunktion*
$f(x)$	…	*Wahrscheinlichkeitsfunktion*
$F^{-1}(x)$	…	*inverse Verteilungsfunktion*
FCF	…	*Free Cashflow*
FCF^{*}	…	*Free Cashflow nach persönlichen Steuern*
FK	…	*Fremdkapital*
FK^{M}	…	*Marktwert des Fremdkapitals*
FK^{M*}	…	*Marktwert des Fremdkapitals nach persönlichen Steuern*
fkq^{M}	…	*Marktwertbasierte Fremdkapitalquote*
fkq^{M*}	…	*Marktwertbasierte Fremdkapitalquote nach persönlichen Steuern*
fr	…	*Fade Rate (Verfallrate der Reinvestitionsrentabilität)*

FTD	...	*Flow to Debt*
FTD^*	...	*Flow to Debt nach persönlichen Steuern*
FTE	...	*Flow to Equity*
FTE^*	...	*Flow to Equity nach persönlichen Steuern*
$g^{Absatzmenge}$	...	*Wachstumsrate der Absatzmenge*
g^{U}	...	*Wachstumsrate des Umsatzes*
g	...	*Wachstumsrate*
$g^{\Delta FCF}$	...	*Wachstumsrate der Free-Cashflow-Veränderung*
GA	...	*Gesamtabweichung*
g^{EBIT}	...	*Wachstumsrate des EBIT*
g^{Ein}	...	*Wachstumsrate des Einnahmeüberschusses*
g^{Ent}	...	*Wachstumsrate des Entnahmeüberschusses*
GER	...	*Gegenereignis*
g^{Ert}	...	*Wachstumsrate des Ertragsüberschusses*
g^{EVA}	...	*Wachstumsrate des Economic Value Added*
g^{Ez}	...	*Wachstumsrate des Einzahlungsüberschusses*
g^{FCF}	...	*Wachstumsrate des Free Cashflows*
g^{FCF*}	...	*Wachstumsrate des Free Cashflows nach persönlichen Steuern*
g^{FK}	...	*Wachstumsrate des Fremdkapitals*
g^{FTE}	...	*Wachstumsrate des Flow to Equity*
g^{FTE*}	...	*Wachstumsrate des Flow to Equity nach persönlichen Steuern*
GG	...	*Grundgesamtheit*
g^{IC}	...	*Wachstumsrate des Invested Capitals*
g^{Markt}	...	*Wachstumsrate des Marktes*
g^{Mengen}	...	*Wachstum aufgrund von Mengenänderungen*
g^{n}	...	*Wachstumsrate der Aufwandsart n*
g^{NI}	...	*Wachstumsrate der Netto- bzw. Erweiterungsinvestitionen*
g^{NOPLAT}	...	*Wachstumsrate des NOPLAT*
$grenz\text{-}ros$	...	*Grenzumsatzrentabilität*
g^{SVA}	...	*Wachstumsrate des Shareholder Value Added*
g^{TCF}	...	*Wachstumsrate des Total Cashflows*
g^{TCF*}	...	*Wachstumsrate des Total Cashflows nach persönlichen Steuern*
g^{TS}	...	*Wachstumsrate des Tax Shields*
$g^{Ü}$	...	*Wachstumsrate des bewertungsrelevanten Überschusses*
g^{U}	...	*Wachstumsrate des Umsatzes*
$g^{Ü(nom)}$	...	*Nominale Wachstumsrate des bewertungsrelevanten Überschusses*
$g^{Ü(real)}$	...	*Reale Wachstumsrate des bewertungsrelevanten Überschusses*
h	...	*relative Häufigkeit*
H	...	*Gewerbesteuerhebesatz*
HD	...	*Haltedauer*
HKU	...	*Herstellungskosten des Umsatzes*
Hyp	...	*Hypergeometrische Verteilung*
i^{f}	...	*Risikoloser Zinssatz*
i^{FK}	...	*Fremdkapitalzinssatz*

I^{AA} … *Investitionen in abschreibbare Aktiva des operativen Anlagevermögens*
IC … *Invested Capital*
i^{e} … *Einheitlicher laufzeitunabhängiger Basiszins*
i^{FK} … *Fremdkapitalzinssatz*
I^{OAV} … *Investitionen in operatives Anlagevermögen*
i^{s} … *Stetiger Zinssatz nach der Svensson-Methode*
J … *Gesamtzahl der analysierten Werttreiber*
$JÜ$ … *Jahresüberschuss*
K^{Y} … *Aktienkurs der Y AG*
k … *Kalkulationszinssatz (Kapitalkostensatz)*
k^{*} … *Kalkulationszinssatz nach persönlichen Steuern*
KB … *Kapitalbasis*
k^{bV} … *Kalkulationszinssatz für betriebsnotwendiges Vermögen*
KF … *Kundenforderungen*
k^{FK} … *Kalkulationszinssatz bzw. Kapitalkostensatz der FK-Geber*
k^{nbV} … *Kalkulationszinssatz für nichtbetriebsnotwendiges Vermögen*
k^{nom} … *Nominaler Kalkulationszinssatz*
k^{real} … *Realer Kalkulationszinssatz*
KRS … *Kurzfristige Rückstellungen*
ks^{VVK} … *Kostenrechnerischer Kalkulationssatz für Verwaltungs- und Vertriebskosten*
k^{TCF} … *Gewichteter durchschnittlicher Kapitalkostensatz (TCF-Ansatz)*
k^{TCF*} … *Gewichteter durchschnittlicher Kapitalkostensatz (TCF-Ansatz) nach persönlichen Steuern*
k^{TS} … *Kalkulationszinssatz für die Tax Shields*
KUR … *Kurtosis*
LM … *Liquide Mittel*
ln … *natürlicher Logarithmus*
Lon … *Lognormalverteilung*
lrp … *Länderrisikoprämie*
LRS … *Langfristige Rückstellungen*
LV … *Lieferantenverbindlichkeiten*
MA … *Materialaufwand*
mrp … *Marktrisikoprämie*
mrp^{*} … *Marktrisikoprämie nach persönlichen Steuern*
MVA … *Market Value Added*
mz^{GewSt} … *Gewerbesteuermesszahl*
n … *Zeit- bzw. Periodenindex*
N … *Zeitspanne (Gesamtzahl der Perioden)*
NAA … *Nichtabschreibbare Aktiva des operativen Anlagevermögens*
NGV … *Netto-Geldvermögen*
NI … *Netto- bzw. Erweiterungsinvestitionen*
n^{IC} … *Nettoinvestitionsrate bzw. Thesaurierungsquote des NOPLAT*
NI^{IC} … *Netto- bzw. Erweiterungsinvestitionen in das Invested Capital*
NI^{NWC} … *Netto- bzw. Erweiterungsinvestitionen in das Net Working Capital*

NI^{OAV}	…	*Netto- bzw. Erweiterungsinvestitionen in das operative Anlagevermögen*
NOPLAT	…	*Net Operating Profit less adjusted Taxes (Ergebnis vor Zinsen nach angepassten Steuern)*
Nor	…	*Normalverteilung*
NPV	…	*Net Present Value (Kapitalwert)*
NVC	…	*Net Value Created*
NVC^{WACC}	…	*Net Value Created auf Basis des WACC-Ansatzes*
NWC	…	*Net Working Capital (Netto-Umlaufvermögen)*
ÖA	…	*Ökonomische Abschreibungen*
OAV	…	*Operatives Anlagevermögen*
OCF^{l}	…	*Operativer Cashflow (verschuldet)*
OCF^{u}	…	*Operativer Cashflow bei unterstellter Eigenfinanzierung (unverschuldet)*
ör	…	*Ökonomische Rentabilität*
$ör^{FTE}$	…	*Ökonomische Rentabilität auf Basis des FTE-Ansatzes*
$ör^{WACC}$	…	*Ökonomische Rentabilität auf Basis des WACC-Ansatzes*
OVA	…	*Ohne kundenbezogenen Vertriebsaufwand*
p	…	*Eintrittswahrscheinlichkeit*
P	…	*Persons (Anzahl der Mitarbeiter)*
PA	…	*Personalaufwand*
Per	…	*PERT-Verteilung*
Pi	…	*Kreiszahl Pi 3,14….*
Poi	…	*Poisson-Verteilung*
PV	…	*Present Value (Barwert)*
QUA	…	*Quartilsabstand*
$\overline{r}$	…	*Arithmetisches Mittel der Renditen*
r^{ERIC}	…	*Sicherheitsäquivalente Rentabilität des investierten Kapitals*
r^{j}	…	*Rendite des Wertpapiers j*
r^{j*}	…	*Rendite des Wertpapiers j nach Steuern*
r^{K}	…	*Kursrendite bzw. -wachstumsrate*
r^{l}	…	*Renditeforderung der Eigenkapitalgeber bei Verschuldung (levered)*
r^{l*}	…	*Renditeforderung der Eigenkapitalgeber nach persönlichen Steuern bei gegebener Verschuldung*
r^{m}	…	*Rendite des Marktportfolios*
$r^{m(D)}$	…	*Dividendenrendite des Marktportfolios vor Steuern*
$r^{m(K)}$	…	*Kursgewinnrendite des Marktportfolios vor Steuern*
r^{m*}	…	*Rendite des Marktportfolios nach Steuern*
r^{u}	…	*Renditeforderung der Eigentümer bei reiner Eigenfinanzierung (unlevered)*
r^{u*}	…	*Renditeforderung der Eigentümer bei reiner Eigenfinanzierung (unlevered) nach persönlichen Steuern*
r^{Y}	…	*Rendite der Y AG*
r	…	*Rendite*
RA	…	*Risikoabschlag*
Rec	…	*Rechteckverteilung*
RG	…	*Residualgewinn*

$\overline{r}^{GEO}$	...	*Geometrisches Mittel der Renditen*
RI	...	*Residual Income*
roe	...	*Return on Equity*
$RÖG$	...	*Residualer ökonomischer Gewinn*
$RÖG^{EVA}$	...	*Residualer ökonomischer Gewinn auf Basis von EVA*
$RÖG^{WACC}$	...	*Residualer ökonomischer Gewinn auf Basis des WACC-Ansatzes*
$roic$	...	*Return on Invested Capital*
$ronic$	...	*Return on New Invested Capital (Reinvestitionsrentabilität)*
ros	...	*Return on Sales (Umsatzrentabilität)*
RP	...	*Risikoprämie*
RS	...	*Rückstellungen*
$SÄ$	...	*Sicherheitsäquivalent*
S^{adj}	...	*Angepasste Steuern (Steuerbelastung bei hypothetischer Eigenfinanzierung)*
s^{ASt}	...	*Abgeltungsteuersatz auf Kapitalerträge*
SBA	...	*Sonstiger betrieblicher Aufwand*
SCF	...	*Schiefe*
S^{D}	...	*Einkommensteuer auf Gewinnausschüttungen bzw. Dividenden*
s^{D}	...	*Persönlicher Steuersatz auf Gewinnausschüttungen bzw. Dividenden*
SER	...	*sicheres Ereignis*
S^{ESt}	...	*Einkommensteuer auf persönlicher Ebene*
s^{ESt}	...	*Persönlicher Einkommensteuersatz*
S^{G}	...	*Einkommensteuer auf gewerbliche Einkünfte*
s^{G}	...	*Persönlicher Steuersatz auf gewerbliche Einkünfte*
S^{GewSt}	...	*Gewerbesteuer*
s^{GewSt}	...	*Gewerbesteuersatz*
SIM	...	*Simulationslauf*
s^{K}	...	*Nominaler persönlicher Steuersatz auf Kursgewinne*
$s^{K(eff)}$	...	*Effektiver persönlicher Steuersatz auf Kursgewinne*
S^{KSt}	...	*Körperschaftsteuer*
s^{KSt}	...	*Körperschaftsteuersatz*
SPW	...	*Spannweite*
s^{SolZ}	...	*Solidaritätszuschlag*
S^{Unt}	...	*Unternehmenssteuern*
s^{Unt}	...	*Unternehmenssteuersatz*
SVA	...	*Shareholder Value Added*
S^{Z}	...	*Einkommensteuer auf Zinserträge*
s^{Z}	...	*Persönlicher Steuersatz auf Zinserträge*
T	...	*Ende des Detailplanungszeitraums*
t	...	*Zeit- bzw. Periodenindex*
T'	...	*Ende der Anpassungs- bzw. Grobplanungsphase*
TA^{alt}	...	*Teilabweichung bei alternativer Abweichungsverrechnung*
TA^{kum}	...	*Teilabweichung bei kumulativer Abweichungsverrechnung*
TCF	...	*Total Cashflow*
TCF^{*}	...	*Total Cashflow nach persönlichen Steuern*

TS ... *Tax Shield (fremdfinanzierungsbedingter Steuervorteil)*

TS^* ... *Steuervorteil der Fremdfinanzierung (Tax Shield) unter Berücksichtigung persönlicher Steuern bei Orientierung am Zahlungsstrom eines unverschuldeten Unternehmens (Risikoniveau I)*

ts^* ... *Tax-Shield-Satz bei privater Finanzanlage und Orientierung am Zahlungsstrom des unverschuldeten Unternehmens (Risikoniveau I)*

TS^{**} ... *Steuervorteil der Fremdfinanzierung (Tax Shield) unter Berücksichtigung persönlicher Steuern bei Orientierung am Zahlungsstrom eines verschuldeten Unternehmens (Risikoniveau II)*

ts^{**} ... *Tax-Shield-Satz bei privater Kreditaufnahme und Orientierung am Zahlungsstrom des verschuldeten Unternehmens (Risikoniveau II)*

ts^P ... *Persönlicher Tax-Shield-Satz durch steuerliche Abzugsfähigkeit privater Schuldzinsen*

ts^{Unt} ... *Tax-Shield-Satz auf Unternehmensebene*

ts^{Unt} ... *Tax-Shield-Satz auf Unternehmensebene*

$\ddot{U}$ ... *Bewertungsrelevanter Überschuss*

$\ddot{U}$ ... *Bewertungsrelevanter Überschuss*

U ... *Umsatzerlöse*

$u(\ddot{U})$ ... *Nutzenwert des Überschusses Ü*

$\ddot{U}^*$ ... *Bewertungsrelevanter Überschuss nach persönlichen Steuern*

$\ddot{U}_0$ ... *Startwert der bewertungsrelevanten Überschüsse*

$\ddot{U}^{Brutto}$ ... *Operativ erwirtschaftete Brutto-Überschüsse, allen Kapitalgebern zustehend*

$\ddot{U}^{bV}$ ... *Überschüsse aus betriebsnotwendigem Vermögen*

$\ddot{U}^{Ein}$ ... *Einnahmeüberschuss*

$\ddot{U}^{Ent}$ ... *Entnahmeüberschuss*

$\ddot{U}^{Ert}$ ... *Ertragsüberschuss*

$\ddot{U}^{Ez}$ ... *Einzahlungsüberschuss*

$\ddot{U}^{min}$ ... *Minimalwert des denkbaren Überschusses (Worst Case)*

$\ddot{U}^{nbV}$ ... *Überschüsse aus nichtbetriebsnotwendigem Vermögen*

$\ddot{U}^{Netto}$ ... *Netto-Überschüsse, allein den Eigenkapitalgebern zustehend*

$\ddot{U}^{nom}$ ... *Nominaler Überschuss*

$\ddot{U}^{real}$ ... *Realer Überschuss*

UW^* ... *Unternehmenswert nach persönlichen Steuern*

UW^{APV} ... *Unternehmenswert des APV-Ansatzes*

UW^{APV*} ... *Unternehmenswert des APV-Ansatzes nach persönlichen Steuern*

UW^{BO} ... *Unternehmenswert des Bewertungsobjekts*

UW^{Brutto} ... *Brutto-Unternehmenswert (Wert des Gesamtkapitals bzw. Enterprise Value)*

$UW^{Brutto*}$ ... *Brutto-Unternehmenswert (Enterprise Value) nach persönlichen Steuern*

UW^{FTE} ... *Unternehmenswert des FTE-Ansatzes*

UW^{FTE*} ... *Unternehmenswert des FTE-Ansatzes nach persönlichen Steuern*

UW^{Netto} ... *Netto-Unternehmenswert (Wert des Eigenkapitals bzw. Equity Value)*

UW^{TCF} ... *Unternehmenswert des TCF-Ansatzes*

UW^{TCF*} ... *Unternehmenswert des TCF-Ansatzes nach persönlichen Steuern*

UW^u ... *Unternehmenswert bei reiner Eigenfinanzierung (unlevered)*

UW^{u*} ... *Unternehmenswert bei reiner Eigenfinanzierung (unlevered) nach persönlichen Steuern*

UW^{VU}	...	*Unternehmenswert des Vergleichsunternehmens*
UW^{WACC}	...	*Unternehmenswert des WACC-Ansatzes*
UW^{WACC*}	...	*Unternehmenswert des WACC-Ansatzes nach persönlichen Steuern*
UW^{ZEW}	...	*Zukunftserfolgswert des Unternehmens*
V	...	*Vorräte an Materialien und Erzeugnissen*
VA	...	*Kundenbezogener Vertriebsaufwand*
$VÄ$	...	*Veränderung*
VAC	...	*Value Added per Customer (durchschnittlicher Wertbeitrag pro Kunde)*
VAK	...	*Variationskoeffizient*
VAP	...	*Value Added per Person (durchschnittlicher Wertbeitrag pro Mitarbeiter)*
$VAR(r^m)$	...	*Varianz der Marktrendite*
$V^{FE/UE}$	...	*Vorratsbestand an fertigen und unfertigen Erzeugnissen*
VVK	...	*Verwaltungs- und Vertriebskosten*
$wacc$	...	*Gewichteter durchschnittlicher Kapitalkostensatz (WACC-Ansatz)*
$wacc^*$	...	*Gewichteter durchschnittlicher Kapitalkostensatz (WACC-Ansatz) nach persönlichen Steuern*
WB	...	*Wertbeitrag*
wb	...	*Wertbeitragsfunktion*
$WB^{Bereich}$	...	*Wertbeitrag eines aufbauorganisatorischen Unternehmensbereichs*
WB^{bV}	...	*Wertbeitrag des betriebsnotwendigen Vermögens*
WB^{nbV}	...	*Wertbeitrag des nichtbetriebsnotwendigen Vermögens*
$WB^{Projekt}$	...	*Wertbeitrag eines Investitionsprojektes*
WB^{SGE}	...	*Wertbeitrag einer strategischen Geschäftseinheit (SGE)*
WB^{TS}	...	*Wertbeitrag der fremdfinanzierungsbedingten Steuervorteile (Tax Shields)*
WB^{TS*}	...	*Wertbeitrag der fremdfinanzierungsbedingten Steuervorteile (Tax Shields) unter Einbezug persönlicher Steuern*
$WB^{Zentrale}$	...	*Wertbeitrag der Zentrale*
WT_j	...	*Werttreiber j*
x	...	*Einzelwerte*
X	...	*Zufallsvariable*
$x_{0,25}$	...	*25%-Quantil*
$x0,75$	...	*75%-Quantil*
x^{MAX}	...	*Maximalwert*
x^{MED}	...	*Median*
x^{MIN}	...	*Minimalwert*
x^{MOD}	...	*Modus*
x^{Nor}	...	*normalverteilte Einzelwerte*
Y	...	*Zufallsvariable*
z	...	*Risikozuschlag*
ZA	...	*Zinsaufwand*
ZE	...	*Zinsertrag*
z^{max}	...	*Maximal zulässiger Risikozuschlag*
zet	...	*standardnormalverteilte Einzelwerte bzw. zet-Werte*
ZET	...	*Standardnormalverteilte Zufallsvariable*

Zt	...	*Zustands-/Zeitindex (Eintritt von Zustand Z in Periode t)*
ZVE	...	*Zu versteuerndes Einkommen*
β^{Sv}	...	*Empirischer Schätzparameter der Svensson-Methode*
τ^{Sv}	...	*Empirischer Schätzparameter der Svensson-Methode*

Abkürzungen

Abb.	…	Abbildung
ACP	…	Average Cost per Person
AG	…	Aktiengesellschaft
AICPA	…	American Institute of Certified Public Accountants
AK-IW	…	Arbeitskreis „Immaterielle Werte im Rechnungswesen" der Schmalenbach-Gesellschaft für Betriebswirtschaft e. V.
AK-WFM	…	Arbeitskreis „Wertorientierte Führung in mittelständischen Unternehmen" der Schmalenbach-Gesellschaft für Betriebswirtschaft e. V.
APV	…	Adjusted Present Value
Art.	…	Artikel
ASC	…	Accounting Standards Committee
BCF	…	Brutto-Cashflow
BCG	…	Boston Consulting Group
BET	…	Break-even-Time
BEW	…	Break-even-Value
BIB	…	Brutto-Investitionsbasis
BSC	…	Balanced Scorecard
BV	…	Baseline Value
bzw.	…	beziehungsweise
c. p.	…	ceteris paribus
ca.	…	circa
CAGR	…	Compound Annual Growth Rate
CAPM	…	Capital Asset Pricing Model
CCC	…	Cash Conversion Cycle
CCF	…	Capital Cashflow
CDAX	…	Composite DAX
cfroi	…	Cashflow Return on Investment
CSR	…	Corporate Social Responsibility
CSR-RUG	…	CSR-Richtlinie-Umsetzungsgesetz
CSRD	…	Corporate Sustainability Reporting Directive
CVA	…	Cash Value Added
DAX	…	Deutscher Aktienindex
DCF	…	Discounted Cashflow
DIH	…	Days Inventory Held
dol	…	Degree of Operating Leverage
DPO	…	Days Payables Outstanding
DRS	…	Deutsche Rechnungslegungsstandards
DRSC	…	Deutsches Rechnungslegungs Standards Committee

DSO	...	Days Sales Outstanding
EBIAT	...	Earnings before Interest after Taxes
EBIT	...	Earnings before Interest and Taxes
EBITDA	...	Earnings before Interest, Taxes, Depreciation and Amortization
EBT	...	Ergebnis vor Steuern
EFRAG	...	European Framework Reporting Advisory Group
EK	...	Eigenkapital
EP	...	Economic Profit
ERIC	...	Earnings less Riskfree Interest Charge
EStG	...	Einkommensteuergesetz
ESRS	...	European Sustainability Reporting Standards
et al.	...	et alia
etc.	...	et cetera
EU	...	Europäische Union
EU-Kom	...	Europäische Kommission
EVA	...	Economic Value Added
EZB	...	Europäische Zentralbank
f.	...	folgende
FASB	...	Financial Accounting Standards Board
FAUB	...	Fachausschuss für Unternehmensbewertung und Betriebswirtschaft
FAV	...	Finanzanlagevermögen
FCF	...	Free Cashflow
FE	...	Fertige Erzeugnisse
ff.	...	folgend
FK	...	Fremdkapital
FTD	...	Flow to Debt
FTE	...	Flow to Equity
FuE	...	Forschung und Entwicklung
GE	...	Geldeinheiten
GewSt	...	Gewerbesteuer
GewStG	...	Gewerbesteuergesetz
GKV	...	Gesamtkostenverfahren
GmbH	...	Gesellschaft mit beschränkter Haftung
GRI	...	Global Reporting Initiative
GuV	...	Gewinn- und Verlustrechnung
HGB	...	Handelsgesetzbuch
i. e. S.	...	im engeren Sinne
i. V.	...	in Verbindung
i. V. m.	...	in Verbindung mit
i. w. S.	...	im weiteren Sinne
IAS	...	International Accounting Standard
IC	...	Invested Capital
IDW	...	Institut der Wirtschaftsprüfer
IFRS	...	International Financial Reporting Standards

IIRC	…	International Integrated Reporting Council
IR	…	Integrated Reporting
ISSB	…	International Sustainability Standards Board
JÜ	…	Jahresüberschuss
KFR	…	Kapitalflussrechnung
KFS/BW	…	Fachsenat für Betriebswirtschaft der Kammer der Wirtschaftstreuhänder
KMU	…	Kleines oder mittleres Unternehmen
KPMG	…	KPMG (Wirtschaftsprüfungsgesellschaft)
KSt	…	Körperschaftsteuer
KStG	…	Körperschaftsteuergesetz
KSW	…	Kammer für Steuerberater und Wirtschaftsprüfer
LRS	…	Langfristige Rückstellungen
M	…	Million(en)
M€	…	Million(en) Euro
min	…	Minimumfunktion
MSCI	…	Morgan Stanley Capital International
MVA	…	Market Value Added
NaDiVeG	…	Nachhaltigkeits- und Diversitätsverbesserungsgesetz
nb	…	nichtbetriebsnotwendig
ND	…	Nutzungdauer
NFRD	…	Non-Financial Reporting Directive
NGV	…	Netto-Geldvermögen
NOPAT	…	Net Operating Profit after Taxes
NOPLAT	…	Net Operating Profit less adjusted Taxes
NVC	…	Net Value Created
NWC	…	Net Working Capital
OAV	…	operatives Anlagevermögen
OECD	…	Organization for Economic Co-operation and Development
OR	…	Obligationenrecht (Schweiz)
PESTEL	…	Political, economical, socio-cultural, technological, environmental and legal
RAVE	…	Real Asset Value Enhancer
REXP	…	Deutscher Rentenindex (Performance)
RG	…	Residualgewinn
RHB	…	Roh-, Hilfs- und Betriebsstoffe
RI	…	Residual Income
RMA	…	Risk Management & Rating Association e. V.
RNE	…	Rat für Nachhaltige Entwicklung
roce	…	Return on Capital Employed
roe	…	Return on Equity
RÖG	…	Residualer ökonomischer Gewinn
roi	…	Return on Investment
roic	…	Return on Invested Capital

rona	...	Return on Net Assets
RP	...	Risikoprämie
S	...	Standard
S.	...	Seite
s.	...	siehe
SASB	...	Sustainability Accounting Standards Board
SAV	...	Sachanlagevermögen
SGE	...	Strategische Geschäftseinheit
SolZ	...	Solidaritätszuschlag
SolZG	...	Solidaritätszuschlaggesetz
SVA	...	Shareholder Value Added
SWOT	...	Strengths, Weaknesses, Opportunities and Threats
TBR	...	Total Business Return
TCF	...	Total Cashflow
Tsd.	...	Tausend
TSR	...	Total Shareholder Return
Tz.	...	Textziffer
u. a.	...	unter anderem
UE	...	Unfertige Erzeugnisse
UG	...	Unternehmergesellschaft
UGB	...	Unternehmensgesetzbuch (Österreich)
UKV	...	Umsatzkostenverfahren
UN	...	United Nations
US	...	United States
USA	...	United States of America
US-GAAP	...	United States Generally Accepted Accounting Principles
UW	...	Unternehmenswert
VAP	...	Value Added per Person
vgl.	...	vergleiche
VRF	...	Value Reporting Foundation
WACC	...	Weighted Average Cost of Capital
z. B.	...	zum Beispiel
ZEW	...	Zukunftserfolgswert

Stichwortverzeichnis